Massimo Bergamini
Graziella Barozzi
Anna Trifone

5 Manuale blu 2.0 di matematica

Seconda edizione

PER IL COMPUTER E PER IL TABLET

L'eBook multimediale

1 REGÌSTRATI A MYZANICHELLI

Vai su **my.zanichelli.it** e regìstrati come studente

2 SCARICA BOOKTAB

- Scarica **Booktab** e installalo
- Lancia l'applicazione e fai login

3 ATTIVA IL TUO LIBRO

- Clicca su **Attiva il tuo libro**
- Inserisci il **codice di attivazione** che trovi sul **bollino argentato adesivo** in questa pagina

4 CLICCA SULLA COPERTINA

Scarica il tuo libro per usarlo offline

ZANICHELLI

Copyright © 2017 Zanichelli editore S.p.A., Bologna [72121der]
www.zanichelli.it

I diritti di elaborazione in qualsiasi forma o opera, di memorizzazione anche digitale su supporti di qualsiasi tipo (inclusi magnetici e ottici), di riproduzione e di adattamento totale o parziale con qualsiasi mezzo (compresi i microfilm e le copie fotostatiche), i diritti di noleggio, di prestito e di traduzione sono riservati per tutti i paesi. L'acquisto della presente copia dell'opera non implica il trasferimento dei suddetti diritti né li esaurisce.

Le fotocopie per uso personale (cioè privato e individuale, con esclusione quindi di strumenti di uso collettivo) possono essere effettuate, nei limiti del 15% di ciascun volume, dietro pagamento alla S.I.A.E. del compenso previsto dall'art. 68, commi 4 e 5, della legge 22 aprile 1941 n. 633. Tali fotocopie possono essere effettuate negli esercizi commerciali convenzionati S.I.A.E. o con altre modalità indicate da S.I.A.E.

Per le riproduzioni ad uso non personale (ad esempio: professionale, economico, commerciale, strumenti di studio collettivi, come dispense e simili) l'editore potrà concedere a pagamento l'autorizzazione a riprodurre un numero di pagine non superiore al 15% delle pagine del presente volume. Le richieste vanno inoltrate a

CLEARedi Centro Licenze e Autorizzazioni per le Riproduzioni Editoriali
Corso di Porta Romana, n. 108
20122 Milano
e-mail autorizzazioni@clearedi.org e sito web www.clearedi.org

L'editore, per quanto di propria spettanza, considera rare le opere fuori del proprio catalogo editoriale. La loro fotocopia per i soli esemplari esistenti nelle biblioteche è consentita, oltre il limite del 15%, non essendo concorrenziale all'opera. Non possono considerarsi rare le opere di cui esiste, nel catalogo dell'editore, una successiva edizione, né le opere presenti in cataloghi di altri editori o le opere antologiche. Nei contratti di cessione è esclusa, per biblioteche, istituti di istruzione, musei e archivi, la facoltà di cui all'art. 71 - ter legge diritto d'autore. Per permessi di riproduzione, anche digitali, diversi dalle fotocopie rivolgersi a ufficiocontratti@zanichelli.it

Realizzazione editoriale:
- Coordinamento editoriale: Giulia Laffi
- Redazione: Silvia Gerola, Marinella Lombardi
- Collaborazione redazionale: Massimo Armenzoni, Parma
- Segreteria di redazione: Deborah Lorenzini, Rossella Frezzato
- Progetto grafico: Byblos, Faenza
- Composizione e impaginazione: Litoincisa, Bologna
- Disegni: Livia Marin, Luca Pacchiani; Francesca Ponti; Dario Zannier; Graffito, Cusano Milanino
- Ricerca iconografica: Silvia Basso; Anna Boscolo; Byblos, Faenza; Silvia Gerola; Marinella Lombardi; Ilaria Lovato; Damiano Maragno

Contributi:
- Revisione dei testi e degli esercizi: Silvia Basso, Anna Boscolo, Annalisa Castellucci, Ilaria Lovato, Damiano Maragno, Federico Munini
- Coordinamento degli esercizi Realtà e modelli: Luca Malagoli
- Stesura delle schede di approfondimento: Daniela Cipolloni, Adriano Dematté, Daniele Gouthier, Chiara Manzini, Elisa Menozzi, Ilaria Pellati, Antonio Rotteglia
- Rilettura dei testi: Marco Giusiano, Luca Malagoli, Lorenzo Meneghini, Francesca Anna Riccio
- Stesura degli esercizi: Chiara Ballarotti, Anna Maria Bartolucci, Davide Bergamini, Andrea Betti, Cristina Bignardi, Francesco Biondi, Daniela Boni, Silvia Bruno, Silvana Calabria, Lisa Cecconi, Roberto Ceriani, Daniele Cialdella, Chiara Cinti, Adriano Dematté, Paolo Maurizio Dieghi, Daniela Favaretto, Francesca Ferlin, Rita Fortuzzi, Ilaria Fragni, Lorenzo Ghezzi, Chiara Lucchi, Mario Luciani, Chiara Lugli, Francesca Lugli, Armando Magnavacca, Luca Malagoli, Lorenzo Meneghini, Elisa Menozzi, Luisa Morini, Monica Prandini, Tiziana Raparelli, Laura Recine, Daniele Ritelli, Antonio Rotteglia, Giuseppe Sturiale, Renata Tolino, Maria Angela Vitali, Alessandro Zagnoli, Alessandro Zago, Lorenzo Zordan
- Stesura degli esercizi Realtà e Modelli: Riccardo Avigo, Arcangela Bennardo, Andrea Betti, Daniela Boni, Silvia Bruno, Roberto Ceriani, Paolo Maurizio Dieghi, Maria Falivene, Marco Ferrigo, Lorenzo Ghezzi, Giovanna Guidone, Nicola Marigonda, Marcello Marro, Lorenzo Meneghini, Nadia Moretti, Marta Novati, Francesco Parigi, Marta Parroni, Marco Petrella, Pasquale Ronca, Marco Sgrignoli, Giulia Signorini, Enrico Sintoni, Claudia Zampolini
- Stesura dei Listen to it: Silvia Basso, Fabio Bettani, Anna Boscolo, Beatrice Franzolini, Ilaria Lovato
- Stesura degli esercizi in lingua inglese: Anna Baccaglini-Frank, Andrea Betti
- Revisione dei Listen to it e degli esercizi in lingua inglese: Jessica Halpern, Luisa Doplicher
- Coordinamento della correzione degli esercizi: Francesca Anna Riccio
- Correzione degli esercizi: Silvano Baggio, Francesco Benvenuti, Davide Bergamini, Angela Capucci, Elisa Capucci, Lisa Cecconi, Barbara Di Fabio, Elisa Garagnani, Daniela Giorgi, Erika Giorgi, Cristina Imperato, Francesca Incensi, Chiara Lugli, Francesca Lugli, Elisa Menozzi, Elena Meucci, Monica Prandini, Francesca Anna Riccio, Daniele Ritelli, Renata Schivardi, Elisa Targa, Ambra Tinti

Realizzazione dell'eBook multimediale:
Booktab Z:
- Progettazione esecutiva e sviluppo software: duDAT srl, Bologna
Revisione: CHIARA comunicazione, Parma
Video:
- Coordinamento redazionale: Fabio Bettani, Elena Zaninoni
- Redazione e realizzazione: Christian Biasco
- Revisione: Agnese Barbensi, Annalisa Castellucci, Sara Di Ruzza, Beatrice Franzolini, Damiano Maragno
Animazioni interattive:
- Coordinamento redazionale: Fabio Bettani, Giulia Tosetti, Elena Zaninoni
- Stesura e realizzazione: Davide Bergamini
- Revisione: Beatrice Franzolini, Francesca Elisa Leonelli, Paolo Scarpat
Audio Listen to it:
- Realizzazione: Immagina, Castel Maggiore (BO)

Copertina:
- Progetto grafico: Miguel Sal & C., Bologna
- Realizzazione: Roberto Marchetti e Francesca Ponti
- Immagine di copertina: Ellsworth Kelly, **Dark Blue Panel**, 1985. Olio su tela. Parigi, Musée National d'Art Moderne, Centre Georges Pompidou. © Ellsworth Kelly

Prima edizione: 2012
Seconda edizione: aprile 2017

Ristampa:

9 8 7   2022   2023   2024

Zanichelli garantisce che le risorse digitali di questo volume sotto il suo controllo saranno accessibili, a partire dall'acquisto dell'esemplare nuovo, per tutta la durata della normale utilizzazione didattica dell'opera. Passato questo periodo, alcune o tutte le risorse potrebbero non essere più accessibili o disponibili: per maggiori informazioni, leggi my.zanichelli.it/fuoricatalogo

File per sintesi vocale
L'editore mette a disposizione degli studenti non vedenti, ipovedenti, disabili motori o con disturbi specifici di apprendimento i file pdf in cui sono memorizzate le pagine di questo libro. Il formato del file permette l'ingrandimento dei caratteri del testo e la lettura mediante software screen reader. Le informazioni su come ottenere i file sono sul sito www.zanichelli.it/scuola/bisogni-educativi-speciali

Grazie a chi ci segnala gli errori
Segnalate gli errori e le proposte di correzione su www.zanichelli.it/correzioni. Controlleremo e inseriremo le eventuali correzioni nelle ristampe del libro. Nello stesso sito troverete anche l'errata corrige, con l'elenco degli errori e delle correzioni.

Soluzioni degli esercizi e altri svolgimenti di compiti assegnati
Le soluzioni degli esercizi, compresi i passaggi che portano ai risultati e gli altri svolgimenti di compiti assegnati, sono tutelate dalla legge sul diritto d'autore in quanto elaborazioni di esercizi a loro volta considerati opere creative tutelate, e pertanto non possono essere diffuse, comunicate a terzi e/o utilizzate economicamente, se non a fini esclusivi di attività didattica.

Solutions of the exercises
The solutions of the exercises, including the steps leading to the results and other forms of treatment of the assigned exercises, are protected by Copyright Law (L.633/1941) as a modification of the exercises deemed original creative intellectual property work and therefore may not be used economically or disseminated to third parties, except for the exclusive purpose of teaching activities.

Diritto di TDM
L'estrazione di dati da questa opera o da parti di essa e le attività connesse non sono consentite, salvi i casi di utilizzazioni libere ammessi dalla legge. L'editore può concedere una licenza.
La richiesta va indirizzata a **tdm@zanichelli.it**

Data mining out of this work or parts thereof and connected uses are not allowed, unless for free uses permitted by law. Publisher may agree to license specific uses. The request may be sent to **tdm@zanichelli.it**

Zanichelli editore S.p.A. opera con sistema qualità certificato CertiCarGraf n. 477
secondo la norma UNI EN ISO 9001:2015

Questo libro è stampato su carta che rispetta le foreste.
www.zanichelli.it/chi-siamo/sostenibilita

Stampa: Grafica Ragno
Via Lombardia 25, 40064 Tolara di Sotto, Ozzano Emilia (Bologna)
per conto di Zanichelli editore S.p.A.
Via Irnerio 34, 40126 Bologna

Massimo Bergamini
Graziella Barozzi
Anna Trifone

5 Manuale blu 2.0 di matematica

Seconda edizione

Matematica e arte

Ellsworth Kelly di Emanuela Pulvirenti

Che cos'è quella strana macchia blu in copertina? Difficile crederlo, ma è un quadro: un'opera di Ellsworth Kelly dal titolo *Dark Blue Panel*. Certo, ha una forma anomala, dimensioni esagerate, non presenta immagini né disegni astratti, non si capisce quale sia il significato... eppure è un dipinto a tutti gli effetti. E come tutti i dipinti, anche quelli più essenziali, nasce dall'esigenza di rappresentare un aspetto della realtà. Nel caso di Kelly, artista americano morto a dicembre del 2015 all'età di 92 anni, quell'aspetto è la forma che hanno le cose, soprattutto quelle della natura e delle piante a lungo disegnate negli anni della formazione.

"Non sono interessato alla struttura di una roccia ma alla sua ombra", amava dire Kelly.

I contorni delle cose, dunque, sono per Kelly più importanti di quello che ci sta dentro; la sagoma del quadro è più interessante del colore con cui è riempito. Si tratta quindi di un'esplorazione precisa e paziente delle infinite geometrie del quadro. Un'operazione di reinvenzione del mondo attraverso un linguaggio "pulito" e astratto. Talmente rigoroso e oggettivo che l'opera deve quasi sembrare essersi fatta da sé, senza l'intervento della volontà dell'artista.

La sua produzione è vicina al movimento del *Hard Edge Painting*, la pittura realizzata con campiture uniformi accostate in modo netto, ed è affine al *Minimalismo*, la corrente artistica che si esprime con elementi geometrici semplici e basilari. Eppure la sua opera sfugge a queste definizioni, perché riduce la tavolozza a pochi colori base, per di più usati separatamente, e poi perché le sue tele, con quelle forme originali e non classificabili, possiedono un dinamismo estraneo all'arte minimalista.

Le sue sagome colorate parlano lo stesso linguaggio essenziale ed esatto della matematica, sono formule visive che raccontano, proprio come fa questo libro, un universo misterioso tutto da scoprire.

Per saperne di più http://su.zanichelli.it/copertine-bergamini

Ellsworth Kelly, *Dark Blue Panel*, 1985
olio su tela
246,4 × 281,9 cm

ZANICHELLI

SOMMARIO

		T	E
VERSO L'INVALSI			I2

CAPITOLO 25

DERIVATE

		T	E
1	Derivata di una funzione	1560	1590
2	Derivate fondamentali	1567	1598
3	Operazioni con le derivate	1570	1599
4	Derivata di una funzione composta	1574	1605
	Riepilogo: Operazioni con le derivate e funzioni composte		1607
5	Derivata di $[f(x)]^{g(x)}$	1576	1611
6	Derivata della funzione inversa	1577	1612
	Riepilogo: Calcolo delle derivate		1615
7	Derivate di ordine superiore al primo	1577	1619
8	Retta tangente	1578	1621
9	Punti di non derivabilità	1580	1633
10	Applicazioni alla fisica	1583	1639
11	Differenziale di una funzione	1585	1644
■	**IN SINTESI**	1588	
■	**VERIFICA DELLE COMPETENZE**		
	● Allenamento		1646
	● Verso l'esame		1650
	● Prove		1656

Nell'eBook

6 video (● Derivata in un punto ● Continuità e derivabilità ● Regole di derivazione: quoziente ● Derivata della funzione inversa ● Retta tangente al grafico di una funzione ● La legge oraria del moto)

e inoltre 15 animazioni

TUTOR matematica **60 esercizi interattivi in più**
risorsa riservata a chi ha acquistato l'edizione con tutor

CAPITOLO 26

TEOREMI DEL CALCOLO DIFFERENZIALE

		T	E
1	Teorema di Rolle	1658	1672
2	Teorema di Lagrange	1660	1675
3	Conseguenze del teorema di Lagrange	1662	1678
4	Teorema di Cauchy	1664	1685
	Riepilogo: Teoremi di Rolle, Lagrange, Cauchy		1686
5	Teorema di De l'Hospital	1666	1689
	Riepilogo: Teorema di De l'Hospital		1693
■	**IN SINTESI**	1671	
■	**VERIFICA DELLE COMPETENZE**		
	● Allenamento		1696
	● Verso l'esame		1698
	● Prove		1705

Nell'eBook

2 video (● Teorema di Lagrange ● Segno della derivata e funzioni crescenti e decrescenti)

e inoltre 6 animazioni

TUTOR matematica **45 esercizi interattivi in più**
risorsa riservata a chi ha acquistato l'edizione con tutor

Sommario

CAPITOLO 27

Nell'eBook

7 video (● Punti di flesso ● Punti stazionari e derivata prima di funzioni derivabili ● Massimi, minimi e cuspidi ● Punti di non derivabilità ● Flessi e derivata seconda ● Massimi, minimi, flessi e funzioni con parametri ● Problemi di massimo e minimo)

e inoltre 10 animazioni

TUTOR matematica **45 esercizi interattivi in più**
risorsa riservata a chi ha acquistato l'edizione con tutor

MASSIMI, MINIMI E FLESSI

1	Definizioni	1706	1727
2	Massimi, minimi, flessi orizzontali e derivata prima	1710	1730
	Riepilogo: Massimi e minimi relativi e flessi orizzontali		1735
3	Flessi e derivata seconda	1715	1743
4	Massimi, minimi, flessi e derivate successive	1719	1749
	Riepilogo: Massimi, minimi, flessi e derivate successive		1751
5	Problemi di ottimizzazione	1722	1753
■	IN SINTESI	1725	
■	VERIFICA DELLE COMPETENZE		
	● Allenamento		1770
	● Verso l'esame		1773
	● Prove		1780

CAPITOLO 28

Nell'eBook

2 video (● Studio di funzioni ● Studio di una funzione logaritmica)

e inoltre 12 animazioni

TUTOR matematica **60 esercizi interattivi in più**
risorsa riservata a chi ha acquistato l'edizione con tutor

STUDIO DELLE FUNZIONI

1	Studio di una funzione	1782	1799
	Riepilogo: Studio di una funzione		1830
2	Grafici di una funzione e della sua derivata	1788	1841
3	Applicazioni dello studio di una funzione	1789	1846
4	Risoluzione approssimata di un'equazione	1791	1849
	Riepilogo: Risoluzione approssimata di un'equazione		1853
■	IN SINTESI	1798	
■	VERIFICA DELLE COMPETENZE		
	● Allenamento		1855
	● Verso l'esame		1861
	● Prove		1872

CAPITOLO 29

Nell'eBook

5 video (● Integrali di funzioni composte: le potenze ● Integrali di funzioni composte: il logaritmo ● Integrazione per sostituzione ● Integrazione per parti ● Integrazione delle funzioni razionali fratte)

e inoltre 18 animazioni

TUTOR matematica **45 esercizi interattivi in più**
risorsa riservata a chi ha acquistato l'edizione con tutor

INTEGRALI INDEFINITI

1	Integrale indefinito	1874	1892
2	Integrali indefiniti immediati	1877	1896
	Riepilogo: Integrali indefiniti immediati		1905
3	Integrazione per sostituzione	1881	1910
4	Integrazione per parti	1882	1914
5	Integrazione di funzioni razionali fratte	1884	1917
	Riepilogo: Integrazione di funzioni razionali fratte		1922
	Riepilogo: Integrali indefiniti		1924
■	IN SINTESI	1890	
■	VERIFICA DELLE COMPETENZE		
	● Allenamento		1930
	● Verso l'esame		1933
	● Prove		1938

V

Sommario

CAPITOLO 30

INTEGRALI DEFINITI

1	Integrale definito	1940	1969
2	Teorema fondamentale del calcolo integrale	1946	1972
3	Calcolo delle aree	1950	1983
	Riepilogo: Calcolo delle aree		1988
4	Calcolo dei volumi	1953	1994
	Riepilogo: Volume di un solido di rotazione		1999
5	Integrali impropri	1958	2001
	Riepilogo: Integrali impropri		2004
6	Applicazioni degli integrali alla fisica	1961	2006
7	Integrazione numerica	1963	2009
	Riepilogo: Integrazione numerica		2012
■	IN SINTESI	1967	
■	VERIFICA DELLE COMPETENZE		
	● Allenamento		2014
	● Verso l'esame		2018
	● Prove		2028

Nell'eBook

4 video (● Valore medio di una funzione in un intervallo ● Integrale definito e calcolo delle aree ● Volume dei solidi ● Integrali impropri)
e inoltre 13 animazioni

TUTOR matematica **45 esercizi interattivi in più**
risorsa riservata a chi ha acquistato l'edizione con tutor

CAPITOLO 31

EQUAZIONI DIFFERENZIALI

1	Che cos'è un'equazione differenziale	2030	2041
2	Equazioni differenziali del primo ordine	2031	2043
	Riepilogo: Equazioni differenziali del primo ordine		2052
3	Equazioni differenziali del secondo ordine	2036	2055
	Riepilogo: Equazioni differenziali del secondo ordine		2058
4	Equazioni differenziali e fisica	2039	2059
■	IN SINTESI	2040	
■	VERIFICA DELLE COMPETENZE		
	● Allenamento		2062
	● Verso l'esame		2065
	● Prove		2069

Nell'eBook

2 video (● Biglia nella glicerina ● Oscillatore armonico smorzato)
e inoltre 4 animazioni

TUTOR matematica **45 esercizi interattivi in più**
risorsa riservata a chi ha acquistato l'edizione con tutor

CAPITOLO σ

DISTRIBUZIONI DI PROBABILITÀ

1	Variabili casuali discrete e distribuzioni di probabilità	σ2	σ31
2	Valori caratterizzanti una variabile casuale discreta	σ10	σ35
3	Distribuzioni di probabilità di uso frequente	σ14	σ40
4	Giochi aleatori	σ19	α45
5	Variabili casuali standardizzate	σ21	σ46
6	Variabili casuali continue	σ22	σ47
■	IN SINTESI	σ29	
■	VERIFICA DELLE COMPETENZE		
	● Allenamento		σ53
	● Verso l'esame		σ54
	● Prove		σ58

Nell'eBook

2 video (● Roulette e distribuzioni di probabilità ● Pacchetti di caffè)
e inoltre 8 animazioni

TUTOR matematica **45 esercizi interattivi in più**
risorsa riservata a chi ha acquistato l'edizione con tutor

VERSO L'ESAME
2070

VERSO L'UNIVERSITÀ
2094

CAPITOLO C11
Disponibile nell'eBook

GEOMETRIE E FONDAMENTI
1 Elementi di Euclide
2 Geometrie non euclidee
3 Fondamenti della matematica

Fonti delle immagini

Verso l'INVALSI

I5: horiyan/Shutterstock
I6: Sarah2/Shutterstock

Capitolo 25 Derivate

1562: Analia26/Shutterstock
1564: Tim UR/Shutterstock
1587: Mircea Bezergheanu/Shutterstock
1591: Flat Design/Shutterstock
1601: servickuz/Shutterstock
1611 (a): Ivan Smuk/Shutterstock
1611 (b): Comaniciu Dan/Shutterstock
1611 (c): wavebreakmedia/Shutterstock
1607: Winai Tepsuttinun/Shutterstock
1618: Lepas/Shutterstock
1629: Nickolay Stanev/Shutterstock
1630: Barrawel/Shutterstock
1638 (a): PHOTOMDP/Shutterstock
1638 (b): marcovarro/Shutterstock
1639: prochasson frederic/Shutterstock
1640: Pavel Tops/Shutterstock
1641 (a): Lena Pan/Shutterstock
1641 (b): Jacob Lund/Shutterstock
1643: ncristian/Shutterstock
1644: Nova methodus pro maximis et minimis, Leibniz
1645: Franco Nadalin/Shutterstock
1651: leungchopan/Shutterstock
1652 (a): Spantomoda/Shutterstock
1652 (b): allyy/Shutterstock
1653 (a): Maridav/Shutterstock
1653 (b): nattanan726/Shutterstock
1657: Lucy Liu/Shutterstock

Capitolo 26 Teoremi del calcolo differenziale

1670: Zimmytws/Shutterstock, Tim Scott/Shutterstock
1677 (a): katalinks/Shutterstock
1677 (b): Paulo Goncalves/Shutterstock
1683: Dokmaihaeng/Shutterstock
1700: Vladimir Melnikov/Shutterstock
1701: BestPhotoStudio/Shutterstock

Capitolo 27 Massimi, minimi e flessi

1722: GoodMood Photo/Shutterstock
1724: xoomer.virgilio.it
1737: andersphoto/Shutterstock
1738: Ken Weinrich/Shutterstock
1740: alex7370/Shutterstock
1766: Villiers Steyn/Shutterstock
1767: Vadim Ratnikov/Shutterstock
1768 (a): yurchello108/Shutterstock
1768 (b): Vladimiroquai/Shutterstock

1769: Syda Productions/Shutterstock
1775: Lighthunter/Shutterstock
1776 (a): Coprid/Shutterstock
1776 (b): Beneda Miroslav/Shutterstock
1776 (c): Alexander Chaikin/Shutterstock
1781: Dmitry Kalinovsky/Shutterstock

Capitolo 28 Studio delle funzioni

1787: Jan van der Hoeven/Shutterstock
1806 (a): Elena Kharichkina/Shutterstock
1806 (b): TK Studio/Shutterstock
1811: Mary Rice/Shutterstock
1818: Izf/Shutterstock
1827: Stefan Schurr/Shutterstock
1839: Yuriy Ponomarev/Shutterstock
1840 (a): Scanrail1/Shutterstock
1840 (b): Suwat wongkham/Shutterstock
1840 (c): Artsplav/Shutterstock
1840 (d): urfin/Shutterstock
1845: PHOTOMDP/Shutterstock
1862: eZeePics/Shutterstock
1864 (a): makuromi/Shutterstock
1864 (b): TorriPhoto/Shutterstock
1865: Spasta/Shutterstock
1873: fujii/Shutterstock

Capitolo 29 Integrali indefiniti

1877: Potapov Alexander/Shutterstock
1898 (a): Natalya Chumak/Shutterstock
1898 (b): Berents/Shutterstock
1898 (c): spinetta/Shutterstock
1905: Instituzioni analitiche ad uso della gioventù italiana, Agnesi
1909 (a): Ljupco Smokovsk/Shutterstocki
1909 (b): MimaCZ/Shutterstock
1910 (a): sheff/Shutterstock
1910 (b): Fouad A. Saad/Shutterstock
1917 (a): Designsstock/Shutterstock
1917 (b): PhotoBalance/Shutterstock
1924: Mark Ahn/Shutterstock
1934: canbedone/Shutterstock
1935 (a): M. Unal Ozmen/Shutterstock
1935 (b): DONOT6_Studio/Shutterstock
1935 (c): seahorsetwo/Shutterstock
1939: Ingrid Balabanova/Shutterstock

Capitolo 30 Integrali definiti

1966: Jurie Maree/Shutterstock
1979: allegro/Shutterstock
1980: Pedarilhos/Shutterstock
1992 (a): dvoevnore/Shutterstock
1992 (b): givaga/Shutterstock
1992 (c): givaga/Shutterstock
1995: SherSor/Shutterstock

1997: Goldenarts/Shutterstock
2001: Anneka/Shutterstock
2006: Blue Planet Earth/Shutterstock
2007: T-gomo/Shutterstock
2008 (a): BlueRingMedia/Shutterstock
2008 (b): bouybin/Shutterstock
2009: TADDEUS/Shutterstock
2021: Sekulovski Emilijan/Shutterstock
2022 (a): Syda Productions/Shutterstock
2022 (b): Aleks vF/Shutterstock
2029: Gita Kulinitch Studio/Shutterstock

Capitolo 31 Equazioni differenziali

2035: Daniel Hebert/Shutterstock
2038: Natalia Lukiyanova/Shutterstock
2039: JonikFoto.pl/Shutterstock
2042: Brian A Jackson/Shutterstock
2049: Sean Locke Photography/Shutterstock
2050 (a): Fouad A. Saad/Shutterstock
2050 (b): ConstantinosZ/Shutterstock
2050 (c): topseller/Shutterstock
2051: Anna Jedynak/Shutterstock
2053: Apolikhina Anna/Shutterstock
2054: Shaiith/Shutterstock
2059: Serjio74/Shutterstock
2060 (a): Andrekart Photography/Shutterstock
2060 (b): Debu55y/Shutterstock
2066 (a): pikselstock/Shutterstock
2066 (b): Danshutter/Shutterstock
2067 (a): jonson/Shutterstock
2067 (b): petelin/Shutterstock
2069: Stock image/Shutterstock

Capitolo σ Distribuzioni di probabilità

σ4: kurhan/Shutterstock
σ17: nazarovsergey/Shutterstock
σ21: charles taylor/Shutterstock
σ28: O.Bellini/Shutterstock
σ38: Chutima Chaochaiya/Shutterstock
σ43: rook76/Shutterstock
σ44 (a): mariakraynova/Shutterstock
σ44 (b): Claudio Gennari/Shutterstock
σ45: Artesia Wells/Shutterstock
σ47: Joana Lopes/Shutterstock
σ50: Swapan Photography/Shutterstock
σ57: Tatyana Kokoulina/Shutterstock
σ58: kao/Shutterstock

Verso l'esame

2070: Dmitry Kalinovsky/Shutterstock
2071: molekuul.be/Shutterstock
2072: kanumen/Shutterstock

Verso l'INVALSI

VERSO L'INVALSI

⏱ 120 minuti

▶ Su http://online.scuola.zanichelli.it/invalsi trovi tante simulazioni interattive in più per fare pratica in vista della prova INVALSI.

1 Quale delle seguenti espressioni è *diversa* da 0?

A $\cos\dfrac{\pi}{6} - \sin\dfrac{\pi}{3}$

B $\sin\pi$

C $\cos 15° + \cos 195°$

D $\sin 20° + \sin 160°$

2 Considera il polinomio $p(x) = x^3 + 5x^2 + 8x + 4$.

a. $p(x)$ è divisibile per $x + 1$.   V   F

b. $p(-2) = 0$.   V   F

c. $p(x) > 0$ per $x > -1$.   V   F

d. $\dfrac{p(x)}{x+2} \le 0$ se $x < -2 \lor x \ge -1$.   V   F

3 a. L'equazione $\ln x^2 = 1$ è equivalente a $2\ln x = 1$.   V   F

b. L'equazione $\log_2(-x^2) = 4$ è impossibile.   V   F

c. L'insieme delle soluzioni di $\log_{10}(x^2 - 3x) = 1$ è $\{-2, 5\}$.   V   F

d. L'equazione $\log_2(-x) = 3$ ha come soluzione $x = -8$.   V   F

4 Qual è il limite per $n \to +\infty$ della successione $a_n = ne^{\frac{1}{n}} - n$?

A $+\infty$ C 1

B $-\infty$ D 0

5 Un rettangolo ha area $\dfrac{27}{5}$ e perimetro $\dfrac{51}{5}$. Qual è la lunghezza della sua diagonale?

6 La disequazione $\sqrt{x^2} < x + 1$ ha come soluzione:

A $-\dfrac{1}{2} < x < 0$.   C ogni $x \in \mathbb{R}$.

B $x \ge 0$.   D $x > -\dfrac{1}{2}$.

7
8 Si stima che il numero di individui di una certa popolazione di parassiti sia rappresentato dalla funzione

$$N(t) = \frac{200}{1 + 4e^{-0,3t}},$$

dove il tempo t è misurato in minuti.

◼ Qual è il numero iniziale di parassiti, al tempo $t = 0$?

◼ Cosa succede dopo un tempo molto lungo, secondo questo modello?

A La popolazione cala fino a raggiungere gli 0 individui.

B La popolazione si stabilizza intorno ai 200 individui.

C La popolazione continua a crescere senza limite.

D La popolazione continua ad aumentare e a diminuire senza stabilizzarsi.

9
10 Dopo la morte di un organismo, il numero N di atomi di carbonio-14 (un isotopo radioattivo del carbonio) presenti in esso diminuisce secondo la legge

$$N(t) = N_0 e^{-\frac{t}{\tau}},$$

dove il tempo t è misurato in anni, N_0 è il numero iniziale di atomi presenti e τ è una costante detta *vita media* del carbonio-14.

◼ Sapendo che il *tempo di dimezzamento* del carbonio-14 (ovvero il tempo necessario affinché la quantità di atomi si riduca della metà) è di 5730 anni, qual è il valore della costante τ? Approssima il risultato all'unità.

◼ In un esperimento effettuato per datare un reperto fossile si stima che il rapporto $\dfrac{N}{N_0}$ sia del 9%. Che età si può attribuire al reperto? Esprimi il risultato in migliaia di anni, approssimando all'unità.

11 Una stanza a forma di parallelepipedo ha le dimensioni in figura. Si vuole passare una mano di vernice sulle pareti e sul soffitto.

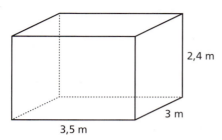

Se 25 litri di vernice sono sufficienti per 225 m², quanti litri di vernice sono necessari per dipingere la stanza? (Approssima il risultato al decimo.)

12
13 Oggi la professoressa di italiano interroga. Per farlo, apre a caso il libro (che ha 612 pagine) e guarda il numero della pagina. Se coincide con il numero di registro di uno degli studenti, lo sceglie, altrimenti somma le cifre del numero, e ripete il procedimento finché ottiene un numero di registro (la classe è composta da 21 studenti). Per esempio, se esce il numero 599, sommando le cifre si ottiene $5 + 9 + 9 = 23$, che è più grande di 21, quindi viene interrogato il numero $2 + 3 = 5$ sul registro.

- Carlo si sente tranquillo, perché è il secondo sul registro. Qual è la probabilità che Carlo venga interrogato?

  A $\dfrac{1}{612}$ **C** $\dfrac{1}{153}$

  B $\dfrac{1}{306}$ **D** $\dfrac{1}{102}$

- Il prof. di matematica, invece, per interrogare prende un libro di 210 pagine, lo apre a caso, calcola il resto nella divisione per 21 del numero di pagina e somma 1. Spiega perché questo metodo è più equo rispetto a quello della prof. di italiano.

14 Determina l'area della figura formata dai punti $(x; y)$ del piano che soddisfano la disuguaglianza $|x| + 2|y| \leq 1$.

15 Le classi 5ªA e 5ªB, formate rispettivamente da 18 e 22 alunni, partecipano a un viaggio del costo totale di € 640. Il costo viene ripartito tra le due classi in parti direttamente proporzionali al numero di alunni. Qual è la spesa, in euro, che sosterrà complessivamente la 5ªB?

16 Considera un cono con raggio di base R e altezza h. Quale delle seguenti funzioni esprime il raggio della sezione circolare ottenuta intersecando con il cono il piano parallelo alla base e a distanza x da essa?

A $f(x) = \sqrt{R^2 + x^2}$

B $f(x) = \sqrt{R^2 + (h-x)^2}$

C $f(x) = \dfrac{R}{h}(h - x)$

D $f(x) = \dfrac{h}{R}(R - x)$

17 Qual è il più grande fra i seguenti numeri?

A $\sqrt{2^5}$

B $\left(\dfrac{1}{2^{-10}}\right)^{\frac{1}{4}}$

C 4

D $\left(\dfrac{1}{16}\right)^{-\frac{3}{4}}$

18 Se f è una funzione continua nell'intervallo $[a; b]$, e $f(a) \cdot f(b) < 0$, possiamo affermare che:

A l'equazione $f(x) = 0$ non ha soluzioni reali.

B l'equazione $f(x) = 0$ ha almeno una soluzione reale.

C $f(x) < 0$ per ogni $x \in [a; b]$.

D f è monotòna nell'intervallo $[a; b]$.

19 Andrea si è dimenticato il codice che deve digitare per aprire il portone del palazzo in cui vive. Sa che è formato da 4 cifre (da 0 a 9), e si ricorda che le cifre diverse che compaiono nel codice sono 3 e che le due cifre uguali sono consecutive. Quanti tentativi dovrebbe fare Andrea, al massimo, per entrare nel palazzo?

20 L'equazione
$$3 \sin x - 3 = 0,$$
nell'intervallo $[0, 2\pi[$, ha come soluzione:

A 0 **C** $\dfrac{\pi}{2}$

B 1 **D** $\dfrac{3\pi}{2}$

Verso l'INVALSI

21 Un foglio A4 (21 cm × 29,7 cm) viene ritagliato come mostrato in figura.

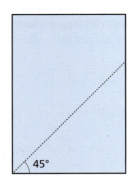
a

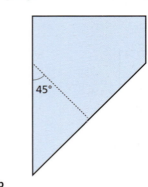
b

c

Qual è l'area del foglio (in cm²) dopo i due tagli? (Approssima il risultato all'unità.)

---

22 Sul tetto schematizzato in figura si è accumulato uno strato uniforme di neve alto $h = 30$ cm.

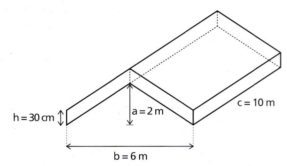

Se la densità della neve è 120 kg/m³, qual è la massa, in kg, della neve sul tetto?

23
24 Considera la seguente funzione:

$$f(x) = \begin{cases} \dfrac{\sin(x+\pi) - x^2}{x} & \text{se } x \neq 0 \\ a & \text{se } x = 0 \end{cases}.$$

■ Per quale valore di $a \in \mathbb{R}$ la funzione f risulta continua?

- **A** π
- **B** 1
- **C** $-\pi$
- **D** -1

■ a. f è una funzione periodica.   V   F

   b. f interseca l'asse x esattamente una volta.   V   F

   c. La retta di equazione $y = -1$ è un asintoto orizzontale di f.   V   F

25 Ordina in modo crescente i seguenti numeri:

$$\cos\frac{\pi}{6}, \qquad \cos 3, \qquad \cos 45°.$$

26
27 La seguente tabella riporta il numero di abitanti della Nigeria nel periodo 1990-2015.

Anno	Popolazione (mln)
1990	95,6
1995	108,4
2000	122,9
2005	139,6
2010	159,4
2015	182,2

■ Spiega perché è corretto, in questo caso, parlare di «crescita esponenziale» della popolazione.

■ Supponendo che la crescita negli anni successivi al 2015 mantenga approssimativamente questo andamento, quale fra le seguenti è una stima possibile della popolazione della Nigeria nel 2020?

- **A** Tra 197 e 200 milioni.
- **B** Tra 200 e 203 milioni.
- **C** Tra 203 e 206 milioni.
- **D** Tra 206 e 209 milioni.

28 L'equazione $x + y^2 + 1 = 0$ rappresenta, sul piano cartesiano:

- **A** una retta.
- **B** una circonferenza.
- **C** un'ellisse.
- **D** una parabola.

Verso l'INVALSI

29 Considera la seguente funzione definita per casi.

$$f(x) = \begin{cases} x^2 & \text{se } x \leq -2 \\ |x| & \text{se } -2 < x < 2 \\ -x^2 & \text{se } x \geq 2 \end{cases}$$

a. $f(-2) = 2$ V F

b. f è una funzione pari.   V F

c. La funzione è discontinua in $x = -2$ e in $x = 2$.   V F

d. $\lim_{x \to +\infty} f(x) = -\infty$ V F

30 Lo specchio in figura ha forma ellittica.
31

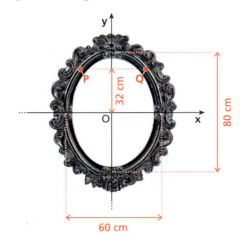

- Qual è l'equazione del bordo dello specchio nel sistema di riferimento cartesiano Oxy?

  A $900x^2 + 1600y^2 = 1$

  B $3600x^2 + 6400y^2 = 1$

  C $\dfrac{x^2}{900} + \dfrac{y^2}{1600} = 1$

  D $\dfrac{x^2}{3600} + \dfrac{y^2}{6400} = 1$

- Lo specchio viene appeso tramite due ganchetti situati nei punti P e Q dell'ellisse (sul retro dello specchio). Quanto distano tra loro i due ganchetti?

32 Nel gioco della briscola si distribuiscono 3 carte (da un mazzo di 40) a ciascun giocatore. Qual è la probabilità, per un giocatore, di avere una mano formata da 3 assi?

33 Scrivi l'equazione di una parabola con il vertice di ordinata 2 e tangente nell'origine alla bisettrice del primo e del terzo quadrante.

34 Quale delle seguenti coppie di equazioni rappresenta una trasformazione geometrica che trasforma la retta di equazione $x = 2y$ in se stessa?

A $\begin{cases} x' = 3x - 4 \\ y' = 3y - 2 \end{cases}$ C $\begin{cases} x' = x + 1 \\ y' = y + 2 \end{cases}$

B $\begin{cases} x' = -y \\ y' = x \end{cases}$ D $\begin{cases} x' = 2 - x \\ y' = 4 - y \end{cases}$

35 Sia $ABCD$ un quadrilatero inscritto in una circonferenza. Allora:

A $\cos \widehat{A} = \cos \widehat{C}$.

B $\sin \widehat{A} = \sin \widehat{C}$.

C $\cos(\widehat{A} + \widehat{C}) = 0$.

D $\sin(\widehat{A} + \widehat{C}) = 1$.

36 Associa a ognuna delle funzioni nella prima colonna il suo dominio naturale nella seconda colonna.

a. $y = \ln(x^2 - 2x)$ 1. $x < 0 \lor x > 2$

b. $y = \ln \dfrac{x}{x+2}$ 2. $x > 0$

c. $y = \ln x + \ln(x+2)$ 3. $x < -2 \lor x > 0$

37 L'equazione $\ln x = x^2 - 2x$:

A   ha due soluzioni, $x_1 = 1$ e $x_2 \in \,]1; 2[$.

B   ha due soluzioni, $x_1 \in \,]0; 1[$ e $x_2 \in \,]2; 3[$.

C   ha una soluzione, $x = 0$.

D   non ha soluzioni.

38 Quale funzione è rappresentata nel seguente grafico?

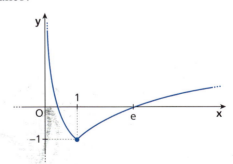

A $y = |\ln x| - 1$

B $y = |\ln(x - e)|$

C $y = |\ln x - 1|$

D $y = \ln(|x| - e)$

VERSO L'INVALSI

⏱ 120 minuti

▶ Su http://online.scuola.zanichelli.it/invalsi trovi tante simulazioni interattive in più per fare pratica in vista della prova INVALSI.

1 Siano x e y numeri reali tali che $y < 0 < x < \sqrt{x}$. Quale delle seguenti disuguaglianze è sicuramente vera?

A $y^2 > x$

B $x > 1$

C $y < xy$

D $\sqrt{xy^2} < xy$

2 Quali sono le soluzioni dell'equazione

$$\frac{\sqrt{x^2-1}}{x-3} = -1?$$

3 Se $\tan\alpha = 2\sqrt{6}$ e $0 < \alpha < \pi$, quanto vale $\cos\alpha$?

4 La figura mostra il profilo di un tratto delle montagne russe di un luna park: quello evidenziato in rosso è un arco di parabola.

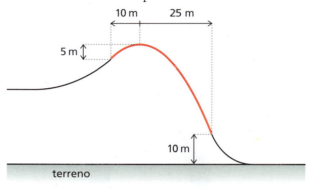

Qual è la massima altezza dal terreno che raggiunge la giostra in questo tratto?

5 Quale dei seguenti è il grafico di $f(x) = -\log_2(x+4)$?

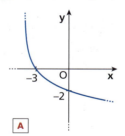

A

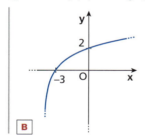

B

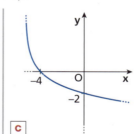

C

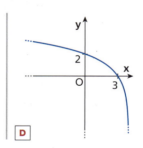

D

6 Per stimare la capacità della damigiana in figura, possiamo approssimare la sua forma all'unione di un tronco di cono e un cono con le dimensioni riportate.

Quanti litri, all'incirca, contiene la damigiana?

A 9   B 13   C 17   D 70

Verso l'INVALSI

7 Qual è la scomposizione in fattori primi del numero $4^{10} + 4^{11} + 4^{12}$?

- A 2^{2640}
- C $2^{20} \cdot 3 \cdot 7$
- B $2^{22} \cdot 5$
- D 2^{1322}

8 Ogni sabato sera Daria va alla gelateria Pinguino. Può scegliere tra 26 gusti di gelato. Decide che ogni settimana dovrà ordinare una combinazione diversa di tre gusti. Per quante settimane potrà rispettare questa decisione?

9 **10** Giorgio toglie una torta dal forno. La temperatura della torta al tempo t segue la legge di raffreddamento

$$T(t) = 18 + 182 e^{-0,01t},$$

dove il tempo t è misurato in minuti dal momento in cui la torta esce dal forno.

■ Qual è la temperatura della torta appena uscita dal forno?

- A 182 °C
- C 200 °C
- B 201,8 °C
- D 18 °C

■ Dopo quanti minuti la torta raggiunge la temperatura di 50 °C? (Approssima il risultato all'unità.)

11 Due fratelli possiedono un terreno di forma triangolare, rappresentato in figura dal triangolo ABC. Vogliono dividerlo in due parti che abbiano la stessa area, posizionando una recinzione lungo il segmento PQ, parallelo al lato BC.

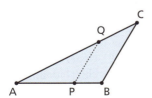

Se il lato AB è lungo 80 m, quale deve essere la distanza tra il punto P e il punto A?

- A 60 m
- B 40 m
- C Circa 57 m.
- D Circa 53 m.

12 Un macchinario produce 12 pezzi in un'ora e mezza. Quanti pezzi produce in 24 ore?

13 In una palestra è presente una parete da arrampicata delle dimensioni riportate in figura.

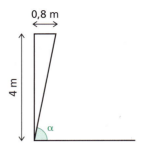

Quanto misura l'angolo α che la parete forma con il pavimento? Esprimi il risultato in gradi, approssimando all'unità.

14 Quale tra le seguenti equazioni rappresenta una retta tangente alla circonferenza di centro $C(1; 0)$ e raggio $r = 2$ nel suo punto di intersezione con l'asse y di ordinata positiva?

- A $\sqrt{3}\, y + x - 3 = 0$
- B $y = 3$
- C $y = \sqrt{3}$
- D $x = \sqrt{3}\, y - 3$

15 Siano a e b due numeri reali positivi, con $a \neq 1$. Se $\log_a b = 3$, quanto vale $\log_{\frac{1}{a}} \frac{1}{b}$?

- A 3
- B -3
- C $\frac{1}{3}$
- D $-\frac{1}{3}$

16 Il volume di un parallelepipedo a base quadrata è 288, mentre la sua superficie laterale è 192. Qual è la superficie totale del parallelepipedo?

17 **18** Considera la funzione $f(x) = \sqrt{\dfrac{|x| - 4}{3 - x}}$.

■ Qual è il dominio di f?

- A $]3; 4]$
- B $[-4; 3[\, \cup\, [4; +\infty[$
- C $]-\infty; 3]$
- D $]-\infty; -4]\, \cup\,]3; 4]$

■ f ha un asintoto orizzontale. Determina la sua equazione.

Verso l'INVALSI

19 Sia f una funzione da $\mathbb{R}$ in $\mathbb{R}$ pari:

   a. Necessariamente $f(0) = 0$.   **V** **F**

   b. Necessariamente $f(1) - f(-1) = 0$.   **V** **F**

   c. f è strettamente monotòna in tutto $\mathbb{R}$.   **V** **F**

   d. Se esiste il $\lim\limits_{x \to +\infty} f(x)$, allora esiste anche $\lim\limits_{x \to -\infty} f(x)$ e coincide con $\lim\limits_{x \to +\infty} f(x)$.   **V** **F**

20 L'equazione $x^2 + y^2 + 2x = 0$ rappresenta, sul piano cartesiano:

   A una retta.

   B una circonferenza.

   C una parabola.

   D l'insieme vuoto.

21 Determina le coordinate del punto appartenente alla retta di equazione $2x - y = -5$ più vicino all'origine degli assi.

22 Se $p(x)$ è un polinomio tale che

$$\lim_{x \to 1^+} \frac{x^2}{p(x)} = +\infty,$$

allora:

   A $p(1) = 0$.

   B $\lim\limits_{x \to 1^+} p(x) = +\infty$.

   C il grado di $p(x)$ è maggiore di 2.

   D il grado di $p(x)$ è minore di 2.

---

23   **a.** L'equazione $\cos\left(x + \frac{\pi}{4}\right) = \cos\left(x - \frac{\pi}{4}\right)$ ha come soluzione $x = k\pi$, con $k \in \mathbb{Z}$.   **V** **F**

   b. L'equazione $\sin\left(x + \frac{\pi}{2}\right) = \frac{1}{2}$ equivale a $\cos x = \frac{1}{2}$.   **V** **F**

   c. L'equazione $\tan x = -4$ è impossibile.   **V** **F**

   d. L'equazione $\sin x = \frac{\sqrt{3}}{4}$ ha esattamente una soluzione nell'intervallo $\left[\frac{\pi}{4}; \frac{\pi}{2}\right]$.   **V** **F**

---

24 Quale delle seguenti funzioni *non* ammette zeri nell'intervallo $]1; e[$?

   A $y = x \ln x - 1$

   B $y = \ln x - \cos x$

   C $y = x^2 - \ln\left(\frac{1}{x}\right) - 2$

   D $y = \frac{x}{2} - \ln x$

25 La funzione $f(x) = \frac{1}{2^x} - 1$:

   a. è crescente.   **V** **F**

   b. ha come dominio $\mathbb{R}$.   **V** **F**

   c. ha come insieme immagine $f(x) > -1$.   **V** **F**

   d. non ha zeri.   **V** **F**

26 Luigi ha in tasca 3 monete da 50 centesimi, 6 da 20 centesimi, 5 da 10 centesimi e 3 da 5 centesimi. In un negozio deve pagare un articolo da 80 centesimi. Se prende dalla tasca 4 monete a caso, qual è la probabilità che ottenga la somma giusta?

27 Quante soluzioni ha l'equazione $\ln(x^2 - 1) = 0$?

28 Con un pentolino di forma cilindrica, pieno d'acqua fino all'orlo, si riescono a riempire completamente 5 bicchieri identici, di forma cilindrica e con la stessa altezza del pentolino. Qual è il rapporto tra il raggio di base del pentolino e quello di un bicchiere?

29 Associa a ogni serie il suo carattere.

   a. $\sum\limits_{n=0}^{+\infty} 2^n 3^{-n}$ **1.** indeterminata

   b. $\sum\limits_{n=1}^{+\infty} \frac{3}{2n}$ **2.** convergente

   c. $\sum\limits_{n=0}^{+\infty} \cos(n\pi)$ **3.** divergente

30 La soffitta di Elena ha la forma in figura.

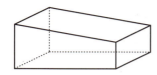

L'area del pavimento è 18 m², l'altezza massima della stanza è 2,6 m e quella minima 1,6 m. Qual è il volume, in m³, della soffitta di Elena?

- A 37,8
- B 28,8
- C 46,8
- D 74,88

31 32 La *legge di Benford* afferma che in una raccolta di dati reali la frequenza dei numeri che iniziano con la cifra n, con $1 \leq n \leq 9$, è:

$$\log_{10}(n+1) - \log_{10} n.$$

■ Qual è, approssimativamente, la frequenza dei numeri che iniziano con la cifra 1?

- A 30,1%
- B 3,01%
- C 0,693%
- D 69,3%

■ Per quali cifre la frequenza data dalla legge di Benford è minore del 10%?

---

33 Quale dei seguenti grafici si ottiene applicando alla circonferenza di equazione $x^2 + y^2 = 1$ la trasformazione di equazioni $\begin{cases} x' = 2x + 2 \\ y' = y - 1 \end{cases}$?

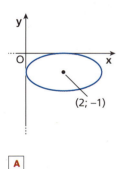

A

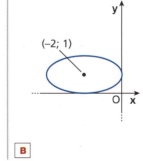

B

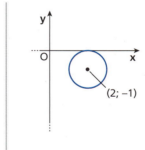

C

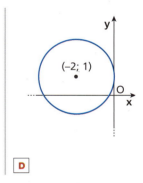

D

---

34 35 Una gallina sta covando 3 uova. Ogni uovo ha una probabilità del 60% di schiudersi.

■ Qual è la probabilità che si schiudano tutte e tre le uova?

- A 21,6%
- B 27%
- C 20%
- D 60%

■ Qual è la probabilità che si schiuda *almeno* un uovo?

36 37 Irene osserva per 15 minuti le auto che passano davanti alla finestra della sua camera, e per ogni auto che passa segna il numero di passeggeri a bordo.

Numero passeggeri	1	2	3	4	5
Numero auto	25	8	6	0	1

■ Qual è la moda del numero di passeggeri per auto?

■ Qual è la media del numero di passeggeri per auto?

CAPITOLO 25 DERIVATE

1 Derivata di una funzione

Problema della tangente

Uno dei problemi classici che portarono al concetto di derivata è quello della determinazione della retta tangente a una curva in un punto.
In alcuni casi, come per esempio quello della parabola, sappiamo già come procedere. L'equazione della tangente a una parabola in un suo punto $P(x_0; y_0)$ si ottiene scrivendo il sistema fra l'equazione $y - y_0 = m(x - x_0)$ del fascio di rette passanti per P e quella della parabola, $y = ax^2 + bx + c$, e ponendo la condizione $\Delta = 0$ nell'equazione risolvente.
Infatti, se una retta è tangente, ha due intersezioni con la parabola coincidenti in P.

Lo stesso metodo non si può applicare in generale.

Per esempio, se vogliamo determinare la tangente al grafico di $y = e^x$ in $(0; 1)$, e scriviamo il sistema

$$\begin{cases} y - 1 = mx \\ y = e^x \end{cases}, \quad \begin{array}{l} \text{equazione del fascio per } P \\ \text{equazione della funzione} \end{array}$$

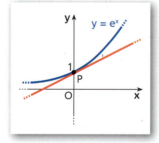

notiamo che l'equazione risolvente $mx + 1 = e^x$ non è di secondo grado, quindi non possiamo porre $\Delta = 0$.
Per ottenere allora m, utilizziamo un metodo valido in generale, basato sul concetto di limite, pensando a un procedimento nuovo secondo il quale si può approssimare la tangente mediante rette secanti che le si avvicinano sempre di più.

DEFINIZIONE

La **retta tangente a una curva** in un punto P è la posizione limite, se esiste, della secante PQ al tendere (sia da destra sia da sinistra) di Q a P.

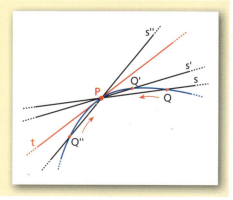

Paragrafo 1. Derivata di una funzione

Consideriamo una funzione $y = f(x)$ e troviamo il coefficiente angolare della tangente al grafico in un suo punto applicando la definizione appena data.
Dobbiamo innanzitutto considerare il *rapporto incrementale*.

■ Rapporto incrementale

▶ Esercizi a p. 1590

Dati una funzione $y = f(x)$, definita in un intervallo $[a; b]$, e un punto del suo grafico $A(c; f(c))$, incrementiamo l'ascissa di A di una quantità $h \neq 0$ e così otteniamo il punto B di coordinate:

$$x_B = c + h, \qquad y_B = f(x_B) = f(c + h) \rightarrow B(c + h; f(c + h)).$$

Sia c sia $c + h$ devono appartenere all'intervallo $]a; b[$, ossia essere **interni** all'intervallo $[a; b]$. h può essere positivo o negativo.
Consideriamo gli incrementi:

$$\Delta x = x_B - x_A = h \qquad e \qquad \Delta y = y_B - y_A = f(c + h) - f(c).$$

Il rapporto dei due incrementi è $\dfrac{\Delta y}{\Delta x}$.

DEFINIZIONE
Dati una funzione $y = f(x)$, definita in un intervallo $[a; b]$, e due numeri reali c e $c + h$ (con $h \neq 0$) interni all'intervallo, il **rapporto incrementale** di f nel punto c (o relativo a c) è il numero:

$$\frac{\Delta y}{\Delta x} = \frac{f(c + h) - f(c)}{h}.$$

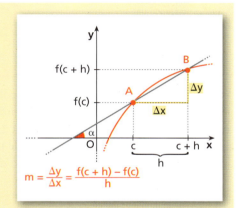

🇬🇧 Listen to it
The **difference quotient** is the average rate of change of a function $y = f(x)$ with respect to x. It is the ratio of the change in output to the change in input.

Considerati i punti $A(c; f(c))$ e $B(c + h; f(c + h))$ del grafico di f, il rapporto incrementale di f nel punto c è **il coefficiente angolare della retta passante per A e B**.

ESEMPIO
Calcoliamo il rapporto incrementale di $y = f(x) = 2x^2 - 3x$ relativo al punto $c = 1$ per un generico incremento $h \neq 0$.
Applicando la formula, troviamo:

$$\frac{\Delta y}{\Delta x} = \frac{f(1 + h) - f(1)}{h}.$$

Determiniamo $f(1 + h)$ sostituendo alla x della funzione l'espressione $1 + h$:

$$f(1+h) = 2(1+h)^2 - 3(1+h) = 2(1 + 2h + h^2) - 3 - 3h = -1 + h + 2h^2.$$

Determiniamo $f(1) = -1$.
Calcoliamo il rapporto incrementale:

$$\frac{f(1+h) - f(1)}{h} = \frac{-1 + h + 2h^2 - (-1)}{h} = \frac{h(2h + 1)}{h} = 2h + 1.$$

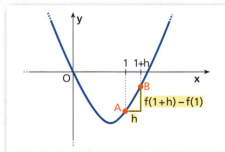

▢ Animazione
Considerata
$f(x) = -x^2 + 6x - 4$,
nell'animazione calcoliamo il rapporto incrementale in $x_0 = 1$ e con una figura dinamica esaminiamo come cambia al variare di h.

▶ Calcola il rapporto incrementale della funzione $f(x) = -x^2 + 2x$ nel suo punto $c = 2$ e per un generico incremento h.

Capitolo 25. Derivate

> L'espressione trovata rappresenta, al variare di h, il coefficiente angolare di una generica retta secante passante per il punto A del grafico di ascissa $c = 1$.

Il valore del rapporto incrementale in un punto c dipende dal valore dell'incremento di h. Nell'esempio precedente, se $h = 0{,}2$, il rapporto incrementale vale $2(0{,}2) + 1 = 1{,}4$; se $h = 0{,}1$, vale $2(0{,}1) + 1 = 1{,}2$ e così via.

■ Derivata di una funzione

▶ Esercizi a p. 1592

Consideriamo una funzione $y = f(x)$ definita in un intervallo $[a; b]$. Del grafico della funzione consideriamo i punti $A(c; f(c))$ e $B(c + h; f(c + h))$, con c e $c + h$ interni all'intervallo. Il punto A è fissato, il punto B varia al variare di h.
Tracciamo la retta AB, secante il grafico, per diversi valori di h. Disegniamo inoltre la retta t tangente al grafico in A.

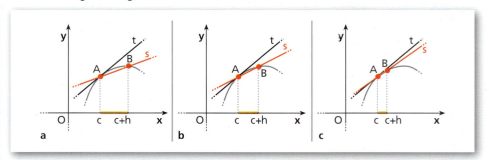

Attribuendo a h valori sempre più piccoli, il punto B si avvicina sempre di più al punto A. Quando $h \to 0$, il punto B tende a sovrapporsi al punto A e la retta AB tende a diventare la retta tangente alla curva in A. Il coefficiente angolare della secante AB, ossia il rapporto incrementale nel punto c, tende al coefficiente angolare della tangente in A, che viene chiamato *derivata* della funzione nel punto c.

> **DEFINIZIONE**
> Data una funzione $y = f(x)$, definita in un intervallo $[a; b]$, la **derivata della funzione** nel punto c interno all'intervallo, che indichiamo con $f'(c)$, è il limite, se esiste ed è *finito*, per h che tende a 0, del rapporto incrementale di f relativo a c:
>
> $$f'(c) = \lim_{h \to 0} \frac{f(c + h) - f(c)}{h}.$$
>
>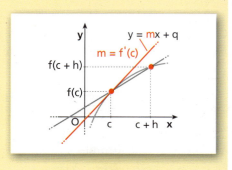

> La derivata di una funzione in un punto c rappresenta il **coefficiente angolare m della retta tangente** al grafico della funzione nel suo punto di ascissa c.

Calcolato m, possiamo scrivere l'equazione della tangente in $A(c; f(c))$:

$$y - f(c) = m(x - c).$$

Una funzione è **derivabile** in un punto c se esiste la derivata $f'(c)$.
Quindi, se una funzione è derivabile in c:

1. la funzione è definita in un intorno del punto c;

MATEMATICA E STORIA
Chi è il padre del calcolo? Nel 1712 Newton accusò Leibniz di plagio.

▶ Chi è l'inventore del calcolo differenziale?

La risposta

Paragrafo 1. Derivata di una funzione

2. esiste il limite del rapporto incrementale, relativo a c, per h che tende a 0, cioè esistono il limite destro e il limite sinistro di tale rapporto e tali limiti coincidono;
3. questo limite è un numero finito.

Indichiamo la derivata di una funzione $y = f(x)$ in un punto generico x con uno dei simboli seguenti:

$f'(x)$; $D f(x)$; y'.

Se il limite per h che tende a 0 del rapporto incrementale di una funzione in un punto *non esiste o è infinito*, la funzione **non è derivabile** in quel punto.

In sintesi

Rapporto incrementale e derivata di una funzione			
Concetto	Figura	Definizione	Significato geometrico
Rapporto incrementale		$\dfrac{\Delta y}{\Delta x}$	Coefficiente angolare della **secante** al grafico della funzione nei punti P e Q
Derivata in x_P		$\displaystyle\lim_{\Delta x \to 0} \dfrac{\Delta y}{\Delta x}$	Coefficiente angolare della **tangente** al grafico della funzione nel punto P

Calcolo della derivata con la definizione

Calcoliamo la derivata di $f(x) = x^2 - x$ in $c = 3$ mediante la definizione:

$$f'(3) = \lim_{h \to 0} \frac{f(3+h) - f(3)}{h}.$$

Calcoliamo i valori che assume la funzione nei punti di ascissa 3 e $3 + h$:

$f(3) = 6$; $f(3+h) = (3+h)^2 - (3+h) = 6 + 5h + h^2$.

Sostituiamo nel rapporto incrementale:

$$f'(3) = \lim_{h \to 0} \frac{6 + 5h + h^2 - 6}{h} = \lim_{h \to 0} \frac{h(5+h)}{h} = \lim_{h \to 0} (5+h) = 5.$$

Quindi $f'(3) = 5$.

La derivata $f'(3)$ è un numero reale ed è il coefficiente angolare della tangente al grafico di $f(x)$ nel punto $(3; f(3))$.

▶ **Video**

Derivata in un punto

▶ Com'è definita la derivata in un punto? Vediamolo con un esempio:

$f(x) = \dfrac{1}{4}x^2 - x + 3$.

1563

Capitolo 25. Derivate

> Possiamo calcolare la derivata di una funzione anche in un punto generico x. In questo caso il valore $f'(x)$ che otteniamo è funzione di x e, per questo, parliamo anche di **funzione derivata**.

La funzione derivata, al variare di x, fornisce il coefficiente angolare di tutte le rette tangenti al grafico della funzione data.

ESEMPIO
Calcoliamo la derivata della funzione $f(x) = 4x^2$ in un generico punto x:

$$f'(x) = \lim_{h \to 0} \frac{f(x+h) - f(x)}{h} = \lim_{h \to 0} \frac{4(x+h)^2 - 4x^2}{h} =$$

$$\lim_{h \to 0} \frac{4x^2 + 4h^2 + 8hx - 4x^2}{h} = \lim_{h \to 0} \frac{4h(h+2x)}{h} = \lim_{h \to 0} 4(h+2x) = 8x.$$

La derivata $f'(x) = 8x$ è una funzione di x.

▶ Calcola la derivata di
$f(x) = x^2 + 1$
in un generico punto x.

▢ **Animazione**

■ Derivata e velocità di variazione

Velocità di variazione di una grandezza rispetto a un'altra

Se versiamo del liquido in un bicchiere a forma conica come quello a lato, con quale velocità varia il volume del liquido al variare della sua altezza nel bicchiere? Schematizziamo il problema con un modello matematico, considerando un cono il cui raggio di base è lungo la metà dell'altezza: $\overline{GA} = \frac{1}{2}\overline{GC}$.

Esprimiamo il volume V del liquido in funzione dell'altezza FC, tenendo presente che, essendo simili i triangoli CFE e CGA, $\overline{FE} = \frac{1}{2}\overline{FC}$:

$$V = \frac{1}{3}\pi\,\overline{FE}^2 \cdot \overline{FC} = \frac{1}{3}\pi\left(\frac{1}{2}\overline{FC}\right)^2 \cdot \overline{FC} = \frac{1}{12}\pi\,\overline{FC}^3.$$

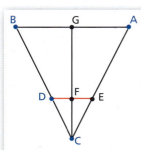

Se x è l'altezza del liquido e y il suo volume, abbiamo la funzione:

$$y = \frac{1}{12}\pi x^3, \quad \text{con } x \geq 0.$$

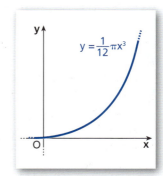

Dal suo grafico rappresentato in figura vediamo che all'aumentare dell'altezza il volume cresce sempre più rapidamente.
Mediante il concetto di derivata possiamo calcolare la velocità di variazione del volume.

Consideriamo i punti x e $x + h$.
All'incremento $\Delta x = h$ corrisponde un incremento Δy. Il rapporto $\frac{\Delta y}{\Delta x}$ è la **velocità media** di variazione di y rispetto a x, perché indica l'incremento di y per ogni unità di incremento di x. Da un punto di vista geometrico, esso è il coefficiente angolare della retta PQ.
La **velocità istantanea** di variazione è il limite a cui tende il rapporto incrementale per $h \to 0$, cioè la derivata di y rispetto a x, ed è il coefficiente angolare della retta tangente in P.
Applicando quindi la definizione di derivata, otteniamo la velocità di variazione di y in funzione di x.

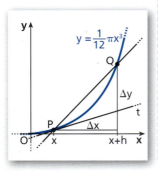

$$\lim_{h \to 0} \frac{\Delta y}{\Delta x} = \lim_{h \to 0} \frac{\frac{\pi}{12}(x+h)^3 - \frac{\pi}{12}x^3}{h} = \lim_{h \to 0} \frac{\pi}{12} \cdot \frac{\cancel{x^3} + 3x^2h + 3xh^2 + h^3 - \cancel{x^3}}{h} =$$

$$\lim_{h \to 0} \frac{\pi}{12} \frac{\cancel{h}(3x^2 + 3xh + h^2)}{\cancel{h}} = \frac{\pi}{12} \cdot 3x^2 = \frac{\pi}{4}x^2$$

■ Derivata sinistra e derivata destra   ▶ Esercizi a p. 1594

Poiché la derivata è il limite del rapporto incrementale, in analogia a quanto abbiamo detto per i limiti, possiamo definire la *derivata sinistra* e la *derivata destra* di una funzione.

DEFINIZIONE

Data una funzione $y = f(x)$, in un punto c:

la **derivata sinistra** è	la **derivata destra** è
$f'_-(c) = \lim\limits_{h \to 0^-} \dfrac{f(c+h) - f(c)}{h};$	$f'_+(c) = \lim\limits_{h \to 0^+} \dfrac{f(c+h) - f(c)}{h}.$

Una funzione è derivabile in un punto c se esistono *finite* e *uguali* tra loro la derivata sinistra e la derivata destra.

ESEMPIO

Consideriamo la funzione $f(x) = |x|$. Nel punto $x = 0$ abbiamo:

$$f'_-(0) = \lim_{h \to 0^-} \frac{f(0+h) - f(0)}{h} = \lim_{h \to 0^-} \frac{-h - 0}{h} = -1;$$

$|h| = -h$ se $h < 0$

$$f'_+(0) = \lim_{h \to 0^+} \frac{f(0+h) - f(0)}{h} = \lim_{h \to 0^+} \frac{h - 0}{h} = 1.$$

$|h| = h$ se $h > 0$

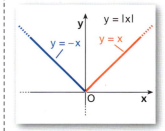

La derivata destra e quella sinistra esistono ma sono diverse, quindi nel punto $x = 0$ **non** esiste la derivata della funzione $y = |x|$.
A destra di $x = 0$, il grafico coincide con la retta $y = x$, cioè con la tangente di coefficiente angolare 1, quindi $f'_+(0) = 1$.
A sinistra di $x = 0$, il grafico della funzione e quello della tangente coincidono con la retta $y = -x$; il coefficiente angolare è -1, quindi $f'_-(0) = -1$.

▶ Verifica che, per $y = |x|$, nel punto $x = 2$, le derivate sinistra e destra coincidono e sono uguali alla derivata nel punto.

Esaminiamo graficamente un altro esempio nella figura a lato.

Nel punto $x = 1$, il grafico ha due tangenti diverse: la derivata sinistra e la derivata destra non coincidono.

DEFINIZIONE

Una funzione $y = f(x)$ è **derivabile in un intervallo** chiuso $[a; b]$ se è derivabile in tutti i punti interni di $[a; b]$ e se esistono e sono finite la derivata destra in a e la derivata sinistra in b.

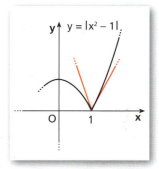

Capitolo 25. Derivate

> **ESEMPIO**
> La funzione $y = |x|$ è derivabile nell'intervallo $[0; 2]$. Infatti:
> - si può dimostrare che è derivabile in tutti i punti interni dell'intervallo;
> - nell'esempio precedente abbiamo visto che esistono la derivata destra in 0 e la derivata sinistra in 2.

■ Continuità e derivabilità
▶ Esercizi a p. 1596

Esaminiamo ora il legame tra continuità e derivabilità di una funzione.
Ci sono dei punti in cui una funzione è continua ma non è derivabile.

> **ESEMPIO**
> 1. La funzione $y = |x|$ è continua in $x = 0$, perché $\lim_{x \to 0} |x| = f(0) = |0| = 0$; tuttavia essa non è derivabile in $x = 0$. Abbiamo già visto infatti che:
> $$f'_-(0) \neq f'_+(0).$$
> Nel punto di ascissa $x = 0$ la derivata sinistra è diversa dalla derivata destra.
> 2. La funzione $y = \sqrt[3]{x - 1}$ è continua in $x = 1$, ma non è derivabile in questo punto perché il limite del rapporto incrementale non è finito, infatti:
> $$\lim_{h \to 0} \frac{\sqrt[3]{1+h-1} - \sqrt[3]{1-1}}{h} = \lim_{h \to 0} \frac{\sqrt[3]{h}}{h} = \lim_{h \to 0} \sqrt[3]{\frac{h}{h^3}} = \lim_{h \to 0} \frac{1}{\sqrt[3]{h^2}} = +\infty.$$

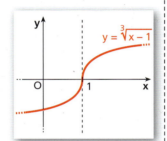

Viceversa, esistono punti in cui una funzione è derivabile ma non è continua? Il teorema seguente lo esclude.

> **TEOREMA**
> Se una funzione $f(x)$ è derivabile nel punto x_0, in quel punto la funzione è anche continua.

Ipotesi $\lim_{h \to 0} \dfrac{f(x_0 + h) - f(x_0)}{h} = f'(x_0)$ **Tesi** $\lim_{x \to x_0} f(x) = f(x_0)$

> **DIMOSTRAZIONE**
> Scriviamo la seguente relazione, che è un'identità (per $h \neq 0$):
> $$f(x_0 + h) = f(x_0) + \frac{f(x_0 + h) - f(x_0)}{h} \cdot h.$$
> Calcoliamo il limite per $h \to 0$ dei due membri, ricordando che $f(x)$ è derivabile in x_0 per ipotesi:
> $$\lim_{h \to 0} f(x_0 + h) = \underbrace{\lim_{h \to 0} f(x_0)}_{\text{tende a } f(x_0)} + \underbrace{\lim_{h \to 0} \frac{f(x_0 + h) - f(x_0)}{h}}_{\text{tende a } f'(x_0)} \cdot \underbrace{\lim_{h \to 0} h}_{\text{tende a } 0} = f(x_0).$$
> Posto $x_0 + h = x$, se $h \to 0$, si ha che $x \to x_0$. Sostituendo nella relazione precedente, concludiamo che la funzione $f(x)$ è continua in x_0, in quanto:
> $$\lim_{x \to x_0} f(x) = f(x_0).$$

Paragrafo 2. Derivate fondamentali

Nella dimostrazione del teorema abbiamo visto che la scrittura $\lim_{h \to 0} f(x_0 + h) = f(x_0)$ è equivalente a $\lim_{x \to x_0} f(x) = f(x_0)$.

Possiamo quindi assumerla come definizione di funzione continua:

una funzione è continua in x_0 se $\lim_{h \to 0} f(x_0 + h) = f(x_0)$.

Per quanto abbiamo detto, possiamo affermare che l'insieme D delle funzioni derivabili è un sottoinsieme dell'insieme C delle funzioni continue. Esistono funzioni continue ma non derivabili, mentre le funzioni derivabili sono sempre continue: $D \subset C$.

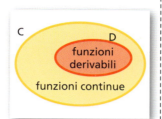

▶ **Video**

Continuità e derivabilità

▶ La funzione $f(x) = \sqrt{|x|+1}$ è continua?
▶ È derivabile?

2 Derivate fondamentali ▶ Esercizi a p. 1598

Determiniamo ora le formule di derivazione che permettono di calcolare le derivate di alcune funzioni senza dover applicare la definizione.

Derivata della funzione costante

TEOREMA

La derivata di una funzione costante è 0: $\mathbf{D\,k = 0}$.

DIMOSTRAZIONE

Ricordando che, se $f(x) = k$, anche $f(x + h) = k$, calcoliamo:

$$f'(x) = \lim_{h \to 0} \frac{f(x+h) - f(x)}{h} = \lim_{h \to 0} \frac{k - k}{h} = 0.$$

Evidenziamo che $\lim_{h \to 0} \frac{k-k}{h}$ non è una forma indeterminata perché il numeratore è costante e vale 0 prima ancora di calcolare il limite.

Interpretazione grafica
Dal grafico della funzione $y = k$ è intuitivo notare che la tangente al grafico in ogni suo punto è rappresentata da una retta parallela all'asse x, quindi con coefficiente angolare $m = f'(x) = 0$.

Derivata della funzione identità

TEOREMA

La derivata di $f(x) = x$ è $f'(x) = 1$: $\mathbf{D\,x = 1}$.

DIMOSTRAZIONE

Se $f(x) = x$, risulta che $f(x + h) = x + h$. Calcoliamo $f'(x)$:

$$f'(x) = \lim_{h \to 0} \frac{f(x+h) - f(x)}{h} = \lim_{h \to 0} \frac{x + h - x}{h} = \lim_{h \to 0} \frac{h}{h} = 1.$$

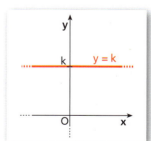

1567

Capitolo 25. Derivate

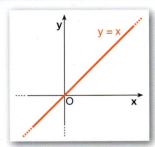

Interpretazione grafica

La funzione $y = x$ ha come grafico la bisettrice del primo e del terzo quadrante e coincide con la tangente al grafico stesso in ogni suo punto; il suo coefficiente angolare è $m = f'(x) = 1$.

Derivata della funzione potenza

TEOREMA

La derivata di $f(x) = x^\alpha$, con $\alpha \in \mathbb{R}$ e $x > 0$, è $f'(x) = \alpha x^{\alpha-1}$:

$$D\, x^\alpha = \alpha x^{\alpha-1}.$$

DIMOSTRAZIONE

$$f'(x) = \lim_{h \to 0} \frac{f(x+h) - f(x)}{h} = \lim_{h \to 0} \frac{(x+h)^\alpha - x^\alpha}{h} =$$

$$\lim_{h \to 0} \frac{x^\alpha\left(1 + \frac{h}{x}\right)^\alpha - x^\alpha}{h} = \lim_{h \to 0} x^\alpha \frac{\left(1 + \frac{h}{x}\right)^\alpha - 1}{h} = \quad) \; x^\alpha = x^{\alpha-1} \cdot x = \frac{x^{\alpha-1}}{\frac{1}{x}}$$

↳ raccogliamo x^α al numeratore

$$\lim_{h \to 0} x^{\alpha-1} \underbrace{\frac{\left(1 + \frac{h}{x}\right)^\alpha - 1}{\frac{h}{x}}}_{} = \alpha x^{\alpha-1} \quad \longleftarrow \text{tende ad } \alpha \text{ per il limite notevole}$$

non dipende da h

$$\lim_{f(x) \to 0} \frac{[1 + f(x)]^k - 1}{f(x)} = k$$

Se α è intero, oppure $\alpha = \frac{m}{n}$ con n dispari, il teorema vale anche con $x < 0$.

Per le potenze con esponente naturale, cioè per $n \in \mathbb{N} - \{0\}$ e $\forall x \in \mathbb{R}$, si ha:

$$D\, x^n = n x^{n-1}.$$

ESEMPIO

1. $y = x^2 \;\to\; y' = 2x$.

2. $y = x^7 \;\to\; y' = 7x^6$.

3. $y = \dfrac{1}{x} = x^{-1} \;\to\; y' = -1 x^{-1-1} = -\dfrac{1}{x^2}$, con $x \neq 0$.

4. $y = \sqrt[4]{x^3} = x^{\frac{3}{4}} \;\to\; y' = \dfrac{3}{4} x^{\frac{3}{4}-1} = \dfrac{3}{4} x^{-\frac{1}{4}} = \dfrac{3}{4} \cdot \dfrac{1}{\sqrt[4]{x}}$, con $x > 0$.

5. $y = \dfrac{1}{x^4} = x^{-4} \;\to\; y' = -4 x^{-5} = \dfrac{-4}{x^5}$, con $x \neq 0$.

▶ Calcola la derivata delle funzioni:

a. $y = \dfrac{1}{x^6}$;

b. $y = \sqrt[5]{x^3}$.

□ **Animazione**

Derivata della funzione radice quadrata

Se come esponente di x^α, con $x > 0$, abbiamo $\alpha = \dfrac{1}{2}$:

$$D\, x^{\frac{1}{2}} = \frac{1}{2} x^{\frac{1}{2}-1} = \frac{1}{2} x^{-\frac{1}{2}} = \frac{1}{2\sqrt{x}} \;\to\; \boxed{D\, \sqrt{x} = \frac{1}{2\sqrt{x}}}.$$

Paragrafo 2. Derivate fondamentali

Per $x = 0$ esiste la funzione $\sqrt{x}$, ma non la sua derivata.

Derivata della funzione seno

TEOREMA

La derivata di $f(x) = \sin x$, con x espresso in radianti, è $f'(x) = \cos x$:

$$\mathbf{D} \sin x = \cos x.$$

DIMOSTRAZIONE

$$f'(x) = \lim_{h \to 0} \frac{f(x+h) - f(x)}{h} =$$

$$\lim_{h \to 0} \frac{\sin(x+h) - \sin x}{h} = \qquad \big)\, \sin(\alpha + \beta) = \sin\alpha\cos\beta + \cos\alpha\sin\beta$$

$$\lim_{h \to 0} \frac{\sin x \cos h + \cos x \sin h - \sin x}{h} =$$

$$\lim_{h \to 0} \frac{\sin x (\cos h - 1) + \cos x \sin h}{h} =$$

$$\lim_{h \to 0} \left(\sin x \cdot \boxed{\frac{\cos h - 1}{h}} + \cos x \cdot \boxed{\frac{\sin h}{h}} \right) =$$

tende a 0   tende a 1

$$\sin x \cdot 0 + \cos x \cdot 1 = \cos x$$

Se x è misurato in gradi, si dimostra che: $\mathrm{D} \sin x° = \dfrac{\pi}{180°} \cdot \cos x°$.

In modo analogo si può dimostrare il seguente teorema.

Derivata della funzione coseno

TEOREMA

La derivata di $f(x) = \cos x$, con x espresso in radianti, è $f'(x) = -\sin x$:

$$\mathbf{D} \cos x = -\sin x.$$

Se x è misurato in gradi, si dimostra che: $\mathrm{D} \cos x° = -\dfrac{\pi}{180°} \cdot \sin x°$.

Derivata della funzione esponenziale

TEOREMA

La derivata di $f(x) = a^x$ è $f'(x) = a^x \ln a$:

$$\mathbf{D}\, a^x = a^x \ln a.$$

DIMOSTRAZIONE

$$f'(x) = \lim_{h \to 0} \frac{f(x+h) - f(x)}{h} = \lim_{h \to 0} \frac{a^{x+h} - a^x}{h} =$$

$$\lim_{h \to 0} \frac{a^x(a^h - 1)}{h} = \lim_{h \to 0} \left(a^x \cdot \boxed{\frac{a^h - 1}{h}} \right) = a^x \ln a$$

non dipende da h tende a $\ln a$

1569

In particolare, quando $a = e$, $\ln e = 1$: $\boxed{D\,e^x = e^x}$.

Derivata della funzione logaritmica

TEOREMA

La derivata di $f(x) = \log_a x$ è $f'(x) = \dfrac{1}{x} \cdot \log_a e$:

$$D \log_a x = \frac{1}{x} \cdot \log_a e.$$

DIMOSTRAZIONE

$$f'(x) = \lim_{h \to 0} \frac{f(x+h) - f(x)}{h} = \lim_{h \to 0} \frac{\log_a(x+h) - \log_a x}{h}$$

Per la proprietà dei logaritmi $\log_a x - \log_a y = \log_a \dfrac{x}{y}$:

$$\log_a(x+h) - \log_a x = \log_a \frac{x+h}{x} = \log_a\left(1 + \frac{h}{x}\right),$$

$$f'(x) = \lim_{h \to 0} \frac{\log_a\left(1 + \dfrac{h}{x}\right)}{h} = \lim_{h \to 0} \frac{\dfrac{1}{x}\log_a\left(1 + \dfrac{h}{x}\right)}{\dfrac{1}{x}\,h} =$$

$$\lim_{h \to 0} \left[\frac{1}{x} \cdot \boxed{\frac{\log_a\left(1 + \dfrac{h}{x}\right)}{\dfrac{h}{x}}} \right] = \frac{1}{x} \cdot \log_a e.$$

tende a $\log_a e$

In particolare, per $a = e$, si ha: $\boxed{D \ln x = \dfrac{1}{x}}$.

3 Operazioni con le derivate

■ Derivata del prodotto di una costante per una funzione

▶ Esercizi a p. 1599

TEOREMA

La derivata del prodotto di una costante k per una funzione derivabile $f(x)$ è uguale al prodotto della costante per la derivata della funzione:

$$D\,[k \cdot f(x)] = k \cdot f'(x).$$

DIMOSTRAZIONE

$$y' = \lim_{h \to 0} \frac{k \cdot f(x+h) - k \cdot f(x)}{h} = \lim_{h \to 0} \frac{k \cdot [f(x+h) - f(x)]}{h} =$$

$$\lim_{h \to 0} k \cdot \boxed{\frac{f(x+h) - f(x)}{h}} = k \cdot f'(x)$$

tende a $f'(x)$

Paragrafo 3. Operazioni con le derivate

ESEMPIO

1. $y = -3 \cdot \ln x \quad \rightarrow \quad y' = -3 \cdot \dfrac{1}{x} = -\dfrac{3}{x}$

2. $y = \dfrac{2}{3} \cdot \cos x \quad \rightarrow \quad y' = \dfrac{2}{3} \cdot (-\sin x) = -\dfrac{2}{3} \sin x$

▶ Calcola la derivata di:
a. $y = -5 \sin x$;
b. $y = \dfrac{4}{3} e^x$.

■ Derivata della somma di funzioni

▶ Esercizi a p. 1599

TEOREMA
La derivata della somma algebrica di due o più funzioni derivabili è uguale alla somma algebrica delle derivate delle singole funzioni:

$$D[f(x) + g(x)] = f'(x) + g'(x).$$

🇬🇧 Listen to it

If *f* and *g* are differentiable functions, then the **derivative of their sum** is defined as
$D[f(x) + g(x)] = f'(x) + g'(x)$.

DIMOSTRAZIONE
Calcoliamo il limite del rapporto incrementale di $f(x) + g(x)$:

$$y' = \lim_{h \to 0} \dfrac{[f(x+h) + g(x+h)] - [f(x) + g(x)]}{h} =$$

$$\lim_{h \to 0} \dfrac{[f(x+h) - f(x)] + [g(x+h) - g(x)]}{h}.$$

Ricordando che il limite di una somma è uguale alla somma dei limiti e l'ipotesi di derivabilità delle funzioni $f(x)$ e $g(x)$, possiamo scrivere:

$$y' = \lim_{h \to 0} \dfrac{f(x+h) - f(x)}{h} + \lim_{h \to 0} \dfrac{g(x+h) - g(x)}{h} = f'(x) + g'(x).$$

ESEMPIO

1. $y = x + 2 \cdot \sin x \quad \rightarrow \quad y' = 1 + 2 \cdot \cos x$
2. $y = 2 \cdot e^x - 3 \cdot \cos x + 1 \quad \rightarrow \quad y' = 2 \cdot e^x + 3 \cdot \sin x$

▶ Calcola la derivata di:
a. $y = 3x + \cos x$;
b. $y = \ln x - x$.

■ Derivata del prodotto di funzioni

▶ Esercizi a p. 1601

□ Animazione

Nell'animazione trovi sia la risoluzione dell'esercizio appena proposto, sia quelle degli esercizi successivi, relativi a derivate di prodotti.

TEOREMA
La derivata del prodotto di due funzioni derivabili è uguale alla somma della derivata della prima funzione moltiplicata per la seconda non derivata e della derivata della seconda funzione moltiplicata per la prima non derivata:

$$D[f(x) \cdot g(x)] = f'(x) \cdot g(x) + f(x) \cdot g'(x).$$

🇬🇧 Listen to it

If *f* and *g* are differentiable functions, then the **derivative of their product** is defined as
$D[f(x) \cdot g(x)] =$
$f'(x) \cdot g(x) + f(x) \cdot g'(x)$.

DIMOSTRAZIONE

$$y' = \lim_{h \to 0} \dfrac{f(x+h) \cdot g(x+h) - f(x) \cdot g(x)}{h} = \quad \text{sottraiamo e sommiamo } g(x+h) \cdot f(x)$$

$$\lim_{h \to 0} \dfrac{f(x+h) \cdot g(x+h) - g(x+h) \cdot f(x) + g(x+h) \cdot f(x) - f(x) \cdot g(x)}{h} =$$

$$\lim_{h \to 0} \dfrac{g(x+h) \cdot [f(x+h) - f(x)] + f(x) \cdot [g(x+h) - g(x)]}{h} =$$

$$\lim_{h \to 0} \left[g(x+h) \cdot \dfrac{f(x+h) - f(x)}{h} \right] + \lim_{h \to 0} \left[f(x) \cdot \dfrac{g(x+h) - g(x)}{h} \right] =$$

Capitolo 25. Derivate

$$\lim_{h \to 0} g(x+h) \cdot \lim_{h \to 0} \frac{f(x+h) - f(x)}{h} + \lim_{h \to 0} f(x) \cdot \lim_{h \to 0} \frac{g(x+h) - g(x)}{h}$$

Poiché $g(x)$ è derivabile, e quindi anche continua, per ipotesi, abbiamo:

$$\lim_{h \to 0} g(x+h) = g(x).$$

Inoltre, $\lim_{h \to 0} f(x) = f(x)$ perché $f(x)$ è una costante rispetto a h. Di conseguenza:

$$y' = g(x) \cdot f'(x) + f(x) \cdot g'(x).$$

▶ Calcola la derivata di:
a. $y = e^x \cos x$;
b. $y = x \cos x + (x+2) \sin x$.

ESEMPIO
Calcoliamo la derivata della funzione $y = x \cdot \sin x$:

$$y' = 1 \cdot \sin x + x \cdot \cos x.$$

▶ Calcola la derivata di $y = x \sin x \cos x$.

Estendendo il teorema al prodotto di più funzioni, si può dimostrare che, per esempio, data la funzione $y = f(x) \cdot g(x) \cdot z(x)$, la sua derivata è:

$$y' = f'(x) \cdot g(x) \cdot z(x) + f(x) \cdot g'(x) \cdot z(x) + f(x) \cdot g(x) \cdot z'(x).$$

In generale la derivata del prodotto di più funzioni derivabili è la somma dei prodotti della derivata di ognuna delle funzioni per le altre funzioni non derivate.

■ Derivata del reciproco di una funzione

> **TEOREMA**
> La derivata del reciproco di una funzione derivabile non nulla è uguale a una frazione in cui:
> - il numeratore è l'opposto della derivata della funzione;
> - il denominatore è il quadrato della funzione.
>
> $$D \frac{1}{f(x)} = -\frac{f'(x)}{f^2(x)}, \qquad \text{con } f(x) \neq 0.$$

DIMOSTRAZIONE

$$y' = \lim_{h \to 0} \frac{\frac{1}{f(x+h)} - \frac{1}{f(x)}}{h} = \lim_{h \to 0} \frac{\frac{f(x) - f(x+h)}{f(x)f(x+h)}}{h} =$$

$$\lim_{h \to 0} \frac{f(x) - f(x+h)}{hf(x)f(x+h)} = \lim_{h \to 0} \left[-\frac{f(x+h) - f(x)}{h} \cdot \frac{1}{f(x)f(x+h)} \right] =$$

$$-\lim_{h \to 0} \frac{f(x+h) - f(x)}{h} \cdot \lim_{h \to 0} \frac{1}{f(x)f(x+h)}$$

Essendo $f(x)$ derivabile (e quindi anche continua), si ha

$$\lim_{h \to 0} f(x+h) = f(x).$$

Quindi: $y' = -\dfrac{f'(x)}{f^2(x)}.$

Paragrafo 3. Operazioni con le derivate

ESEMPIO

1. $y = \dfrac{1}{\sin x} \rightarrow y' = -\dfrac{\cos x}{\sin^2 x}$

2. $y = \dfrac{5}{x^3 - 2} \rightarrow y' = -5 \cdot \dfrac{3x^2}{(x^3-2)^2} = -\dfrac{15x^2}{(x^3-2)^2}$

▶ Calcola la derivata di $y = \dfrac{1}{e^x}$.

■ Derivata del quoziente di due funzioni

▶ Esercizi a p. 1603

TEOREMA

La derivata del quoziente di due funzioni derivabili (con funzione divisore non nulla) è uguale a una frazione che ha:

- per numeratore la differenza fra la derivata del dividendo moltiplicata per il divisore non derivato e il dividendo non derivato moltiplicato per la derivata del divisore;
- per denominatore il quadrato del divisore.

$$D\left[\dfrac{f(x)}{g(x)}\right] = \dfrac{f'(x) \cdot g(x) - f(x) \cdot g'(x)}{g^2(x)}, \quad \text{con } g(x) \neq 0.$$

🇬🇧 Listen to it

For f and g differentiable functions, with $g(x)$ never equal to 0, the **derivative of the ratio** $\dfrac{f(x)}{g(x)}$ is

$$D\left[\dfrac{f(x)}{g(x)}\right] = \dfrac{f'(x) \cdot g(x) - f(x) \cdot g'(x)}{g^2(x)}.$$

DIMOSTRAZIONE

Consideriamo la funzione quoziente come prodotto di due funzioni:

$$y = f(x) \cdot \dfrac{1}{g(x)}.$$

Applichiamo la regola della derivata di un prodotto:

$$D\left[\dfrac{f(x)}{g(x)}\right] = D\left[f(x) \cdot \dfrac{1}{g(x)}\right] = f'(x) \cdot \dfrac{1}{g(x)} + f(x) \cdot D\left[\dfrac{1}{g(x)}\right].$$

Applichiamo la regola della derivata del reciproco di una funzione:

$$D\left[\dfrac{1}{g(x)}\right] = -\dfrac{g'(x)}{g^2(x)} \rightarrow D\left[\dfrac{f(x)}{g(x)}\right] = f'(x) \cdot \dfrac{1}{g(x)} + f(x) \cdot \left[\dfrac{-g'(x)}{g^2(x)}\right].$$

Riduciamo allo stesso denominatore e concludiamo:

$$D\left[\dfrac{f(x)}{g(x)}\right] = \dfrac{f'(x) \cdot g(x) - f(x) \cdot g'(x)}{g^2(x)}.$$

▶ Video

Regole di derivazione: quoziente

▶ Qual è la derivata della funzione $f(x) = \dfrac{\ln x}{x^2}$?

ESEMPIO

$y = \dfrac{3x^2 - 1}{x^2 + x} \rightarrow y' = \dfrac{3 \cdot 2x \cdot (x^2 + x) - (2x+1) \cdot (3x^2 - 1)}{(x^2 + x)^2} =$

$\dfrac{\cancel{6x^3} + 6x^2 - \cancel{6x^3} + 2x - 3x^2 + 1}{(x^2 + x)^2} = \dfrac{3x^2 + 2x + 1}{(x^2 + x)^2}.$

▶ Calcola la derivata di $y = \dfrac{\ln x - x}{x^3}$.

▶ Animazione

Dal teorema precedente, come casi particolari, si ricavano le derivate della funzione tangente e della funzione cotangente.

Derivata della funzione tangente e della funzione cotangente

Poiché $y = \tan x = \dfrac{\sin x}{\cos x}$, applichiamo la formula di derivazione di un quoziente.

Capitolo 25. Derivate

$$y' = \frac{\cos x \cdot \cos x - \sin x \cdot (-\sin x)}{\cos^2 x} = \frac{\sin^2 x + \cos^2 x}{\cos^2 x} \rightarrow y' = \frac{1}{\cos^2 x},$$

(uguale a 1)

oppure

$$y' = \frac{\cos^2 x}{\cos^2 x} + \frac{\sin^2 x}{\cos^2 x} = 1 + \tan^2 x.$$

Quindi: $\mathbf{D \tan x = \dfrac{1}{\cos^2 x} = 1 + \tan^2 x}$.

Analogamente, se scriviamo $y = \cot x = \dfrac{\cos x}{\sin x}$, otteniamo:

$$\mathbf{D \cot x = -\dfrac{1}{\sin^2 x} = -(1 + \cot^2 x)}.$$

4 Derivata di una funzione composta

▶ Esercizi a p. 1605

Richiamiamo il concetto di funzione composta, spiegando quali simboli utilizzeremo per il calcolo della sua derivata.
Consideriamo per esempio la funzione:

$$y = \ln(x^2 + 2).$$

Essa rappresenta il logaritmo del polinomio $x^2 + 2$, che a sua volta è una funzione di x.
Se poniamo $z = x^2 + 2$, otteniamo $y = \ln z$. In questo modo mettiamo in evidenza che l'argomento della funzione logaritmo non è la variabile indipendente x, ma è a sua volta un'altra funzione, cioè $z = g(x) = x^2 + 2$.
In generale, consideriamo $z = g(x)$ funzione della variabile x, dal dominio A all'immagine B, e $y = f(z)$ funzione della variabile z, dal dominio B all'immagine C. La funzione $y = f(g(x))$ è una funzione composta (o funzione di funzione) perché y è funzione di z, che a sua volta è funzione di x.
Le due funzioni $z = g(x)$ e $y = f(z)$ sono dette *componenti* della funzione composta.
Vale il seguente teorema.

TEOREMA

Se la funzione g è derivabile nel punto x e la funzione f è derivabile nel punto $z = g(x)$, allora la funzione composta $y = f(g(x))$ è derivabile in x e la sua derivata è il prodotto delle derivate di f rispetto a g e di g rispetto a x:

$$\mathbf{D[f(g(x))] = f'(g(x)) \cdot g'(x)}.$$

DIMOSTRAZIONE

$$D[f(g(x))] = \lim_{h \to 0} \frac{f(g(x+h)) - f(g(x))}{h}$$

Paragrafo 4. Derivata di una funzione composta

Poiché $z = g(x)$, allora $g(x + h) - g(x) = \Delta z$, da cui:

$$g(x + h) = g(x) + \Delta z = z + \Delta z.$$

Sostituendo nel limite si ha: $\displaystyle\lim_{h \to 0} \frac{f(z + \Delta z) - f(z)}{h}$.

Moltiplichiamo numeratore e denominatore per Δz:

$$\lim_{h \to 0} \frac{f(z + \Delta z) - f(z)}{\Delta z} \cdot \frac{\Delta z}{h}.$$

Poiché la funzione $z = g(x)$ è derivabile per ipotesi e quindi continua, si ha:

$$\lim_{h \to 0} \Delta z = \lim_{h \to 0} [g(x + h) - g(x)] = 0.$$

Calcoliamo allora:

$$\lim_{h \to 0} \frac{f(z + \Delta z) - f(z)}{\Delta z} \cdot \frac{g(x + h) - g(x)}{h} = f'(z) \cdot g'(x).$$

Concludiamo che: $D[f(g(x))] = f'(g(x)) \cdot g'(x)$.

ESEMPIO

Calcoliamo la derivata di $y = \ln(x^2 + 2)$, in cui:

$$y = f(z) = \ln z \text{ e } z = g(x) = x^2 + 2.$$

$$y' = \left(\frac{1}{x^2 + 2} \right) \cdot (2x) \text{ ———— } \text{derivata della funzione della variabile } x, \text{ argomento del logaritmo}$$

derivata della funzione logaritmica

> ▶ Calcola la derivata di $y = e^{3x-1}$.

Consideriamo un esempio di derivazione della potenza di una funzione.

ESEMPIO

Calcoliamo la derivata di $y = (2x^3 - 3x^2 + x - 1)^4$, in cui consideriamo:

$$g(x) = 2x^3 - 3x^2 + x - 1 \text{ e } y = f(g(x)) = [g(x)]^4.$$

Per la formula di derivazione della funzione composta, otteniamo:

$$y' = 4 \cdot [g(x)]^3 \cdot g'(x), \quad \text{dove } g'(x) = 6x^2 - 6x + 1.$$

Sostituendo:

$$y' = 4 \cdot (2x^3 - 3x^2 + x - 1)^3 \cdot (6x^2 - 6x + 1).$$

> ▶ Calcola la derivata di $y = (4x^2 - 1)^2$.

Generalizzando, per una funzione $f(x)$ vale la regola di derivazione:

$$\mathbf{D}\,[f(x)]^\alpha = \alpha\,[f(x)]^{\alpha-1} f'(x), \quad \text{con } \alpha \in \mathbb{R}.$$

Il teorema della derivazione di una funzione composta può essere esteso a un numero qualunque di funzioni componenti.

Per esempio, nel caso di tre funzioni, essendo $y = f(g(z(x)))$, abbiamo:

$$\mathbf{D}\,f(g(z(x))) = f'(g(z(x))) \cdot g'(z(x)) \cdot z'(x).$$

Animazione

Nell'animazione c'è la risoluzione di entrambi gli esercizi che proponiamo, sulla derivazione di $y = e^{3x-1}$ e di $y = (4x^2 - 1)^2$.

> ▶ Calcola la derivata di $y = \ln^4 \cos x$.

Animazione

TEORIA

1575

Capitolo 25. Derivate

5 Derivata di $[f(x)]^{g(x)}$

▶ Esercizi a p. 1611

Utilizzando le formule relative alla derivata di una funzione composta e alla derivata di un prodotto, studiamo un metodo per calcolare la derivata della funzione $y = [f(x)]^{g(x)}$, in cui $f(x) > 0$ e $f(x)$ e $g(x)$ sono funzioni derivabili.

Data la funzione

$$y = [f(x)]^{g(x)},$$

essendo $f(x) > 0$, è anche $[f(x)]^{g(x)} > 0$, quindi possiamo calcolare i logaritmi dei due membri:

$$\ln y = \ln [f(x)]^{g(x)}.$$

Per la proprietà $\log_a b^c = c \log_a b$, con $b > 0$, abbiamo:

$$\ln y = g(x) \cdot \ln f(x).$$

Se ora deriviamo, rispetto alla variabile x, i due membri dell'uguaglianza applicando i teoremi per la derivazione delle funzioni composte e del prodotto di due funzioni, otteniamo

$$\frac{1}{y} \cdot y' = g'(x) \cdot \ln f(x) + g(x) \cdot \frac{1}{f(x)} \cdot f'(x),$$

da cui, essendo $y \neq 0$:

$$y' = y \cdot \left[g'(x) \cdot \ln f(x) + \frac{g(x) \cdot f'(x)}{f(x)} \right].$$

Poiché $y = [f(x)]^{g(x)}$:

$$y' = [f(x)]^{g(x)} \cdot \left[g'(x) \cdot \ln f(x) + \frac{g(x) \cdot f'(x)}{f(x)} \right].$$

ESEMPIO
Calcoliamo la derivata della funzione:

$$y = (x+2)^{x-1}.$$

La funzione è definita per $x > -2$ perché la base di una funzione esponenziale deve essere positiva.

Calcoliamo la derivata ripetendo i passaggi della dimostrazione.

Applichiamo il logaritmo a entrambi i membri:

$$\ln y = \ln(x+2)^{x-1} \quad \rightarrow \quad \ln y = (x-1) \cdot \ln(x+2).$$

Calcoliamo le derivate dei due membri:

$$\frac{1}{y} \cdot y' = 1 \cdot \ln(x+2) + (x-1) \cdot \frac{1}{(x+2)} \cdot 1.$$

Possiamo moltiplicare i due membri per y, con $y \neq 0$:

$$y' = y \cdot \left[\ln(x+2) + \frac{x-1}{x+2} \right] \quad \rightarrow \quad ⟩\, y = (x+2)^{x-1}$$

$$y' = (x+2)^{x-1} \cdot \left[\ln(x+2) + \frac{x-1}{x+2} \right].$$

▶ Calcola la derivata di $y = (2x)^{x^2}$.

☐ **Animazione**

Paragrafo 7. Derivate di ordine superiore al primo

6 Derivata della funzione inversa

▶ Esercizi a p. 1612

TEOREMA

Consideriamo la funzione $y = f(x)$ definita e invertibile nell'intervallo I e la sua funzione inversa $x = f^{-1}(y)$. Se $f(x)$ è derivabile nel punto $x \in I$ con $f'(x) \neq 0$, allora anche $f^{-1}(y)$ è derivabile nel punto $y = f(x)$ e vale la relazione:

$$D[f^{-1}(y)] = \frac{1}{f'(x)}, \quad \text{con } x = f^{-1}(y).$$

Supponendo che esistano le due derivate, per giustificare la relazione che intercorre fra loro, ricordiamo che:

$$f^{-1}[f(x)] = x.$$

Deriviamo i due membri di questa uguaglianza:

$$D[f^{-1}(y)] \cdot f'(x) = 1 \quad \rightarrow \quad D[f^{-1}(y)] = \frac{1}{f'(x)}.$$

Di particolare interesse è l'applicazione del teorema nel calcolo delle derivate delle funzioni goniometriche inverse.

$y = f(x) = \arcsin x$, definita per $x \in [-1; 1]$, è l'inversa di $x = f^{-1}(y) = \sin y$, con $y \in \left[-\frac{\pi}{2}; \frac{\pi}{2}\right]$. Inoltre, la funzione seno è derivabile in $\left]-\frac{\pi}{2}; \frac{\pi}{2}\right[$ con derivata non nulla. Per il teorema precedente la funzione $f(x) = \arcsin x$ è derivabile in $]-1; 1[$ e possiamo calcolare la sua derivata utilizzando $f'(x) = \frac{1}{D[f^{-1}(y)]}$.

Tenendo conto che se $y \in \left]-\frac{\pi}{2}; \frac{\pi}{2}\right[$ si ha $\cos y > 0$, otteniamo:

$$D \arcsin x = \frac{1}{D \sin y} = \frac{1}{\cos y} = \frac{1}{\sqrt{1 - \sin^2 y}} = \frac{1}{\sqrt{1 - x^2}}.$$

Quindi: $\mathbf{D \arcsin x = \dfrac{1}{\sqrt{1-x^2}}}.$

In modo analogo si ottengono:

$$D \arccos x = -\frac{1}{\sqrt{1-x^2}}, \quad D \arctan x = \frac{1}{1+x^2}, \quad D \text{arccot } x = -\frac{1}{1+x^2}.$$

▶ Sai che $y = e^x$ ha per derivata se stessa ed è la funzione inversa di $y = \ln x$. Utilizza il teorema della derivata della funzione inversa per dimostrare che:

$D \ln x = \dfrac{1}{x}$.

Video

Derivata della funzione inversa

▶ Come possiamo interpretare graficamente la derivata della funzione inversa?

▶ Calcola la derivata $y = \arcsin \sqrt{1-x}$.

Animazione

▶ Calcola la derivata della funzione inversa di $y = f(x) = \ln x + 2x$ nel punto $y_0 = 2$, sapendo che $f(x)$ è invertibile nel suo dominio.

Animazione

7 Derivate di ordine superiore al primo

▶ Esercizi a p. 1619

Consideriamo la funzione:

$$y = f(x) = x^3 - 2x + 1, \quad \text{con } x \in \mathbb{R}.$$

La sua derivata,

$$y' = f'(x) = 3x^2 - 2,$$

Capitolo 25. Derivate

è, a sua volta, una funzione della variabile x, definita sempre per $x \in \mathbb{R}$. Anche di tale funzione possiamo calcolare la derivata:

$$D\, y' = 6x.$$

A tale derivata diamo il nome di **derivata seconda** di $f(x)$, e la indichiamo con y'' oppure con $f''(x)$.

Per analogia, $y' = f'(x)$ è anche detta **derivata prima**.

Anche la derivata seconda ottenuta è una funzione che possiamo derivare; derivando quindi $y'' = 6x$ otteniamo la **derivata terza**:

$$y''' = 6.$$

In generale, data una funzione $y = f(x)$, con il procedimento esaminato si possono ottenere la derivata seconda, terza, quarta, ... che sono le **derivate di ordine superiore** della funzione data.

In generale, indichiamo la derivata di ordine n di una funzione $y = f(x)$ con $y^{(n)}$.

▶ Calcola la derivata terza della funzione $y = \ln x - \ln^2 x$ nel punto $x_0 = 1$.

☐ Animazione

ESEMPIO
Le derivate prima, seconda, terza e quarta di $y = \sin x$ sono:

$$y = \sin x, \quad y' = \cos x, \quad y'' = -\sin x, \quad y''' = -\cos x, \quad y^{(4)} = \sin x.$$

▶ Calcola la derivata nona di $y = \cos x$.

8 Retta tangente

▪ Retta tangente

▶ Esercizi a p. 1621

Abbiamo visto nel primo paragrafo che il coefficiente angolare della tangente in un punto $P(x_0; y_0)$ al grafico di una funzione $f(x)$ si calcola con la derivata di $f(x)$ in x_0.

In generale, data la funzione $y = f(x)$, l'equazione della retta tangente al grafico di f nel punto $(x_0; f(x_0))$, se tale retta esiste e non è parallela all'asse y, è:

$$\boxed{y - f(x_0) = f'(x_0) \cdot (x - x_0).}$$

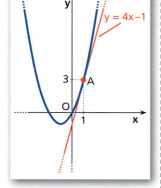

☐ Animazione

Considerata la funzione
$f(x) = 2x^3 - x^4 + \dfrac{1}{4}$,

nell'animazione prima determiniamo la tangente nel punto di ascissa 1, poi, con una figura dinamica, esaminiamo come essa varia se consideriamo un punto di ascissa generica x_0.

ESEMPIO
Determiniamo l'equazione della retta tangente alla parabola $f(x)$ di equazione $y = x^2 + 2x$ nel suo punto $A(1; 3)$.

L'equazione della retta passante per $A(1; 3)$ è:

$$y - 3 = m(x - 1).$$

Il coefficiente angolare m è $f'(1)$:

$$f'(x) = 2x + 2 \quad \rightarrow \quad f'(1) = 2 + 2 = 4.$$

L'equazione della retta tangente in $A(1; 3)$ è: $y - 3 = 4(x - 1) \rightarrow y = 4x - 1$.

Punti stazionari

Nella figura vediamo alcuni esempi in cui la retta tangente al grafico della funzione in un suo punto di ascissa c è parallela all'asse x. In tutti i casi descritti l'equazione della tangente è del tipo $y = k$, ossia il suo coefficiente angolare è 0. Ciò significa che, in quel punto, la derivata è uguale a 0.

Paragrafo 8. Retta tangente

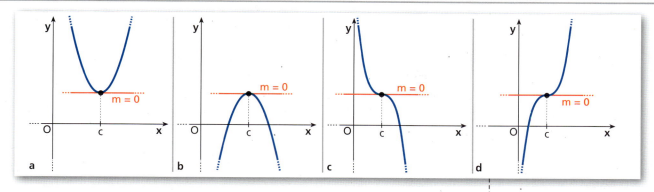

DEFINIZIONE
Dati la funzione $y = f(x)$ e un suo punto $x = c$, se $f'(c) = 0$, allora $x = c$ è un **punto stazionario** o **punto a tangente orizzontale**.

Listen to it
A **stationary point** of a function f is a value in the domain of f where the derivative of f is zero. At a stationary point the graph of f has a horizontal tangent.

■ Retta normale

▶ Esercizi a p. 1623

La **retta normale** a una curva in un suo punto $(x_0; y_0)$ è la retta perpendicolare alla tangente passante per il punto. L'equazione della retta normale al grafico di f in $(x_0; f(x_0))$ è quindi:

$$y - f(x_0) = -\frac{1}{f'(x_0)}(x - x_0),$$

con $f'(x_0) \neq 0$. Se $f'(x_0) = 0$, la tangente in x_0 è parallela all'asse x, quindi la normale è parallela all'asse y, con equazione $x = x_0$.

ESEMPIO
Determiniamo le equazioni della retta tangente e della retta normale al grafico della funzione $f(x) = \sqrt{x+3}$ nel suo punto A di ascissa 6.

Calcoliamo l'ordinata del punto A:
$$f(6) = \sqrt{6+3} = 3.$$

Calcoliamo la derivata:
$$f'(x) = \frac{1}{2\sqrt{x+3}}.$$

I coefficienti angolari della tangente e della normale nel punto A sono:
$$f'(6) = \frac{1}{6} \quad \text{e} \quad -\frac{1}{f'(6)} = -6.$$

Scriviamo le equazioni:

tangente: $y - 3 = \frac{1}{6}(x - 6) \quad \rightarrow \quad x - 6y + 12 = 0$;

normale: $y - 3 = -6(x - 6) \quad \rightarrow \quad 6x + y - 39 = 0$.

▶ Determina le equazioni della tangente e della normale al grafico di $f(x) = \frac{x}{x+2}$ nel suo punto di ascissa $x_0 = 1$.

□ **Animazione**

Grafici tangenti

▶ Esercizi a p. 1632

Due curve sono tangenti in un punto se in quel punto hanno la stessa retta tangente.

Consideriamo i grafici di $y = f(x)$ e $y = g(x)$. Le due curve sono tangenti se:
- hanno un punto in comune, cioè esiste x_0 per cui $f(x_0) = g(x_0)$;
- nel punto in comune le rette tangenti alle curve hanno lo stesso coefficiente angolare: $f'(x_0) = g'(x_0)$, supponendo f e g derivabili.

Quindi i grafici di f e g, funzioni derivabili nel loro dominio, sono tangenti in un punto di ascissa x_0 se e solo se

$$\begin{cases} f(x_0) = g(x_0) \\ f'(x_0) = g'(x_0) \end{cases}.$$

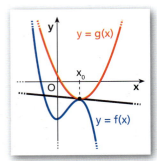

ESEMPIO

Determiniamo se i grafici delle funzioni

$$f(x) = x^3 - x^2 - 2x \quad \text{e} \quad g(x) = x^3 + x^2 + \frac{1}{2}$$

sono tangenti in un punto.

Calcoliamo le derivate: $f'(x) = 3x^2 - 2x - 2$; $g'(x) = 3x^2 + 2x$.

Cerchiamo x_0 che soddisfa il sistema

$$\begin{cases} x^3 - x^2 - 2x = x^3 + x^2 + \dfrac{1}{2} \\ 3x^2 - 2x - 2 = 3x^2 + 2x \end{cases} \rightarrow \begin{cases} 2x^2 + 2x + \dfrac{1}{2} = 0 \\ 4x = -2 \end{cases}.$$

La seconda equazione ha soluzione per $x = -\dfrac{1}{2}$. Verifichiamo che questo valore soddisfa anche la prima equazione:

$$2 \cdot \left(\frac{1}{4}\right) + 2 \cdot \left(-\frac{1}{2}\right) + \frac{1}{2} = \frac{1}{2} - 1 + \frac{1}{2} = 0.$$

Le due curve sono tangenti in $x_0 = -\dfrac{1}{2}$.

▶ Determina se i grafici delle funzioni
$f(x) = x^2 - 3x$ e
$g(x) = -x^3 + x^2 - 2$
sono tangenti in un punto.

▭ Animazione

9 Punti di non derivabilità

▶ Esercizi a p. 1633

Esaminiamo ora alcuni punti in cui la tangente è parallela all'asse y. In tali punti la funzione è continua ma **non** derivabile.

Flessi a tangente verticale

Osserviamo il grafico della figura **a**. Le rette secanti passanti per A tendono alla retta parallela all'asse y, man mano che gli ulteriori punti di intersezione si avvicinano ad A. Il coefficiente angolare delle secanti, ossia il rapporto incrementale della funzione, per $x \to c$, tende a $+\infty$, sia da destra sia da sinistra. Poiché, per la definizione di derivata, il limite del rapporto incrementale $f'(c)$ dovrebbe essere un valore finito, la funzione non è derivabile in $x = c$. Per esprimere questo concetto possiamo anche scrivere: $f'_-(c) = f'_+(c) = +\infty$.

Si ragiona in modo analogo con la funzione della figura **b**.

Paragrafo 9. Punti di non derivabilità

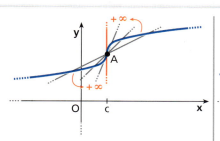

a. Nel punto di ascissa c la tangente al grafico è una retta parallela all'asse y, di equazione $x = c$.
In questo caso $f'_-(c) = f'_+(c) = +\infty$.

b. Nel punto di ascissa c la tangente al grafico è ancora una retta parallela all'asse y, di equazione $x = c$, ma in questo caso $f'_-(c) = f'_+(c) = -\infty$.

Entrambe le funzioni hanno la proprietà che nel punto considerato sono continue e il limite del rapporto incrementale, pur non essendo finito, ha *la stessa tendenza sia da destra sia da sinistra* (o sempre a $+\infty$ o sempre a $-\infty$).
I punti di non derivabilità come A e B dei grafici delle figure **a** e **b** si chiamano punti di **flesso a tangente parallela all'asse y** o **a tangente verticale**.

Cuspidi

Osserviamo ora i grafici della figura seguente.

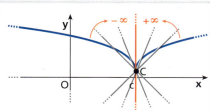
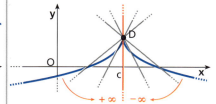

a. Nel punto di ascissa c la tangente al grafico della funzione è ancora una retta parallela all'asse y, di equazione $x = c$, ma $f'_-(c) = -\infty$, mentre $f'_+(c) = +\infty$, quindi $f'_-(c) \neq f'_+(c)$.

b. In questo caso $f'_-(c) = +\infty$, mentre $f'_+(c) = -\infty$; quindi abbiamo ancora: $f'_-(c) \neq f'_+(c)$.

I punti di non derivabilità come C e D dei grafici della figura si chiamano **cuspidi**. Esistono altri punti in cui una funzione è continua ma non derivabile.

Punti angolosi

Consideriamo i grafici della figura sotto.

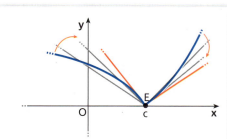
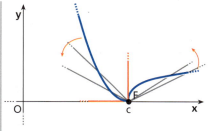

a. La derivata sinistra e la derivata destra nel punto c sono finite ma diverse fra loro: $f'_-(c) \neq f'_+(c)$.

b. Nel punto c la derivata sinistra è finita (uguale a 0), mentre $f'_+(c) = +\infty$.

▶ **Video**

Retta tangente al grafico di una funzione
Consideriamo la funzione
$f(x) = x^2 - \sqrt[3]{x} + 1$.

▶ Come varia la retta tangente nei suoi punti?

Capitolo 25. Derivate

Così come si parla di derivata destra e derivata sinistra, possiamo parlare di tangente destra e tangente sinistra. Nel caso dei punti angolosi esistono due tangenti al grafico nello stesso punto e diverse tra loro.

I punti di non derivabilità come E e F dei grafici della figura si chiamano **punti angolosi**.

In sintesi

Punti di non derivabilità	Grafico	Derivata
flesso a tangente verticale		a. $f'_-(c) = f'_+(c) = +\infty$ b. $f'_-(c) = f'_+(c) = -\infty$
cuspide	a. Verso il basso. b. Verso l'alto.	a. $f'_-(c) = -\infty, \quad f'_+(c) = +\infty$ b. $f'_-(c) = +\infty, \quad f'_+(c) = -\infty$
punto angoloso		$f'_-(c) \neq f'_+(c)$ a. entrambe finite b. una finita, l'altra infinita

Criterio di derivabilità

Enunciamo un criterio utile per esaminare la derivabilità di una funzione in un punto senza ricorrere al calcolo del limite del rapporto incrementale.

Lo dimostreremo nel prossimo capitolo.

> Sia $f(x)$ una funzione continua in $[a; b]$, derivabile in $]a; b[$ tranne al più in $x_0 \in]a; b[$. Allora:
> $$f'_-(x_0) = \lim_{x \to x_0^-} f'(x) \text{ e } f'_+(x_0) = \lim_{x \to x_0^+} f'(x).$$
> In particolare, se $\lim_{x \to x_0^-} f'(x) = \lim_{x \to x_0^+} f'(x) = l$, allora la funzione è derivabile in x_0 e risulta $f'(x_0) = l$.

ESEMPIO

Verifichiamo se $f(x) = \begin{cases} \sqrt[3]{x^3 - 1} & \text{se } x \leq 0 \\ -\sqrt{x^2 + 1} & \text{se } x > 0 \end{cases}$ è derivabile in $x = 0$.

La funzione è continua perché $\lim_{x \to 0^-} \sqrt[3]{x^3 - 1} = \lim_{x \to 0^+} -\sqrt{x^2 + 1} = f(0) = -1$.

Calcoliamo la derivata a sinistra e a destra di $x = 0$:

$$f'(x) = \frac{1}{\cancel{3}} \cdot \frac{\cancel{3}x^2}{\sqrt[3]{(x^3-1)^2}} = \frac{x^2}{\sqrt[3]{(x^3-1)^2}} \quad \text{se } x < 0,$$

$$f'(x) = -\frac{1}{\cancel{2}} \cdot \frac{\cancel{2}x}{\sqrt{x^2+1}} = \frac{-x}{\sqrt{x^2+1}} \quad \text{se } x > 0.$$

Poiché $\lim\limits_{x \to 0^-} f'(x) = \lim\limits_{x \to 0^+} f'(x) = 0$, la funzione è derivabile in $x = 0$ e $f'(0) = 0$.

10 Applicazioni alla fisica   ▶ Esercizi a p. 1639

Velocità

In fisica, per lo studio di un moto rettilineo, si scrive la **legge oraria** $s = f(t)$, ossia una funzione in cui la posizione s è la variabile dipendente e il tempo t è la variabile indipendente.

ESEMPIO

1. Nel moto rettilineo uniforme la legge oraria è

   $$s = vt + s_0,$$

   dove v è la velocità costante e s_0 la posizione al tempo $t = 0$.

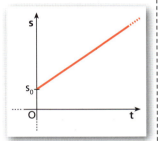

2. Nel moto rettilineo uniformemente accelerato la legge oraria è:

   $$s = \frac{1}{2}at^2 + v_0 t + s_0,$$

   con a accelerazione costante, v_0 e s_0 velocità e posizione al tempo $t = 0$.

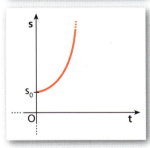

La grandezza *velocità media* è definita dal rapporto fra lo spazio percorso Δs, che è la differenza tra la posizione finale e la posizione iniziale, e il tempo Δt impiegato a percorrerlo, ossia:

$$v_{\text{media}} = \frac{\Delta s}{\Delta t} = \frac{f(t + \Delta t) - f(t)}{\Delta t}.$$

Quindi v_{media} rappresenta il rapporto incrementale della legge oraria $s = f(t)$.

La *velocità istantanea* all'istante t è il limite della velocità media v_{media} per $\Delta t \to 0$, ossia il limite del rapporto incrementale $\dfrac{\Delta s}{\Delta t}$:

$$v_{\text{istantanea}} = \lim_{\Delta t \to 0} \frac{\Delta s}{\Delta t} = \lim_{\Delta t \to 0} \frac{f(t + \Delta t) - f(t)}{\Delta t} = f'(t).$$

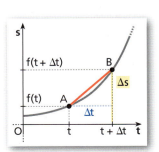

Capitolo 25. Derivate

▶ Il moto di un corpo è descritto dalla legge oraria $s(t) = 3t + 4t^2$. Calcola la sua velocità istantanea a $t = 4$ s.

🇬🇧 **Listen to it**

The **instantaneous velocity** of a particle, at any particular time, is the derivative of the position with respect to time.

Video

La legge oraria del moto
Il moto di un oggetto su una rotaia è descritto dalla legge oraria:
$$\ell = \frac{8}{t^2 - 2t + 4}.$$
▶ Qual è la sua velocità iniziale?
▶ E la distanza percorsa all'arresto?

▶ Calcola l'accelerazione per $t = 1$ s di un corpo che si muove con la legge oraria $s(t) = -2 + 3t + 6t^2$.

Pertanto la velocità istantanea è la derivata della funzione che rappresenta la legge oraria calcolata nell'istante preso in considerazione.

ESEMPIO
Data la legge oraria $s(t) = 2t + 6t^2$, con s misurato in metri e t in secondi, calcoliamo la velocità istantanea all'istante $t = 3$ s.

$$s'(t) = 2 + 12t \rightarrow v_{\text{istantanea}} = s'(3) = 2 + 36 = 38 \rightarrow v_{\text{istantanea}} = 38 \text{ m/s}.$$

Puoi ricavare informazioni sulla velocità dal grafico di $s = f(t)$, sfruttando il significato geometrico della derivata.

La velocità istantanea indica la «rapidità» con cui varia la posizione al variare del tempo ed è il coefficiente angolare della retta tangente nel punto considerato. Con un grafico come quello della figura, puoi verificare, tracciando in più punti la tangente, che la velocità aumenta all'aumentare del tempo.

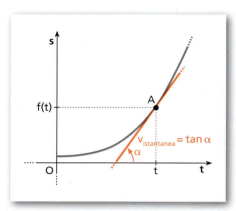

Accelerazione

Data la legge oraria $s = f(t)$ e $v = f'(t)$, la grandezza *accelerazione media* è

$$a_{\text{media}} = \frac{\Delta v}{\Delta t},$$

cioè l'accelerazione media è il rapporto incrementale della funzione $v(t)$.

Passando al limite del rapporto incrementale, al tendere a 0 dell'incremento Δt, questo limite, se esiste, rappresenta l'*accelerazione istantanea* che possiede il punto materiale all'istante t:

$$a_{\text{istantanea}} = \lim_{\Delta t \to 0} \frac{\Delta v}{\Delta t} = \lim_{\Delta t \to 0} \frac{v(t + \Delta t) - v(t)}{\Delta t} = v'(t) = f''(t).$$

L'accelerazione istantanea è quindi la derivata prima della funzione velocità rispetto al tempo, ossia la derivata seconda della posizione rispetto al tempo.
L'accelerazione indica la rapidità con cui varia la velocità.

ESEMPIO
Data la legge oraria $s(t) = 5t + 2t^2$, calcoliamo l'accelerazione all'istante $t = 2$ s.

Poiché $s'(t) = 5 + 4t$ e $s''(t) = 4$, possiamo affermare che $a_{\text{istantanea}} = 4 \text{ m/s}^2$.
L'accelerazione risulta costante e uguale a 4 m/s^2, anche al tempo $t = 2$ s; infatti, la legge del moto assegnata è quella di un moto uniformemente accelerato.

Intensità di corrente

Si definisce *intensità di corrente* la quantità di carica che attraversa una certa sezione di un conduttore nell'unità di tempo. Se conosciamo la funzione $q(t)$ che lega la quantità di carica al tempo, per ottenere l'intensità di corrente media relativa a una quantità di carica Δq passata in un intervallo di tempo Δt, calcoliamo:

$$i_{\text{media}} = \frac{\Delta q}{\Delta t} = \frac{q(t + \Delta t) - q(t)}{\Delta t}.$$

Paragrafo 11. Differenziale di una funzione

i_{media} è il rapporto incrementale della quantità di carica considerata come funzione del tempo.

Passando al limite del rapporto incrementale al tendere a 0 dell'incremento Δt, ossia calcolando la derivata della funzione $q(t)$, otteniamo, se il limite esiste, l'*intensità istantanea* della corrente che circola nel conduttore all'istante t:

$$i_{\text{istantanea}} = \lim_{\Delta t \to 0} \frac{\Delta q}{\Delta t} = \lim_{\Delta t \to 0} \frac{q(t + \Delta t) - q(t)}{\Delta t} = q'(t).$$

ESEMPIO

Data la quantità di carica, misurata in coulomb, che attraversa un conduttore, secondo la legge $q = 3t^2 - 2t + 4$, determiniamo l'intensità di corrente all'istante $t = 3$ s:

$$i_{\text{istantanea}} = q'(t) = 6t - 2 \ \to \ i_{\text{istantanea}}(3) = 18 - 2 = 16 \ \to \ i_{\text{istantanea}} = 16 \text{ A}.$$

Con A indichiamo l'ampere, unità di misura dell'intensità di corrente.

11 Differenziale di una funzione

▶ Esercizi a p. 1644

Sia $f(x)$ una funzione derivabile, e quindi continua, in un intervallo e siano x e $(x + \Delta x)$ due punti di tale intervallo.

DEFINIZIONE

Il **differenziale** di una funzione $f(x)$, relativo al punto x e all'incremento Δx, è il prodotto della derivata della funzione, calcolata in x, per l'incremento Δx. Il differenziale viene indicato con $df(x)$ oppure dy:

$$\boldsymbol{dy = f'(x) \cdot \Delta x}.$$

ESEMPIO

Calcoliamo i seguenti differenziali:

$$d \cos x = -\sin x \cdot \Delta x, \qquad d \ln x = \frac{1}{x} \cdot \Delta x.$$

Notiamo che il differenziale dipende da due elementi: il punto x in cui calcoliamo il differenziale e l'incremento Δx che consideriamo.

ESEMPIO

Il differenziale di $y = 2x^3 + 3$ è $dy = 6x^2 \cdot \Delta x$.

Per $x = 1$ e $\Delta x = 0,3$ vale $dy = 6 \cdot (1)^2 \cdot 0,3 = 1,8$.

Per $x = 2$ e $\Delta x = 0,2$ vale $dy = 6 \cdot (2)^2 \cdot 0,2 = 24 \cdot 0,2 = 4,8$.

Consideriamo la funzione $y = x$ e calcoliamone il differenziale:

$$dy = dx = 1 \cdot \Delta x \quad \to \quad \boldsymbol{dx = \Delta x}.$$

Ciò significa che *il differenziale della variabile indipendente x è uguale all'incremento della variabile stessa*.

1585

Capitolo 25. Derivate

Sostituendo nella definizione di differenziale, possiamo scrivere $dy = f'(x) \cdot dx$, cioè *il differenziale di una funzione è uguale al prodotto della sua derivata per il differenziale della variabile indipendente*.

Da quest'ultima relazione, ricavando $f'(x)$, abbiamo: $f'(x) = \dfrac{dy}{dx}$.

La derivata prima di una funzione è dunque il rapporto fra il differenziale della funzione e quello della variabile indipendente.

La scrittura $f'(x) = \dfrac{dy}{dx}$ è utile anche nelle applicazioni relative a funzioni per le quali, nell'espressione analitica, oltre alla variabile indipendente, sono presenti dei parametri. Se per esempio $y = \dfrac{1}{2}at^2 + kt$, dove t è la variabile indipendente e a e k sono parametri, allora la derivata è:

$$\dfrac{dy}{dt} = at + k.$$

Interpretazione geometrica del differenziale

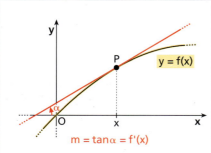

a. Consideriamo il grafico della funzione $y = f(x)$ e la retta tangente nel punto P, di ascissa x.

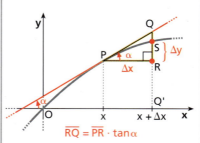

b. In corrispondenza del punto Q' di ascissa $x + \Delta x$, tracciamo i punti R, S e Q. Il triangolo PRQ è rettangolo in R. Per il teorema dei triangoli rettangoli si ha: $\overline{RQ} = \overline{PR} \cdot \tan\alpha$.

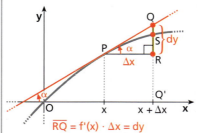

c. Poiché $\overline{PR} = \Delta x$ e $\tan\alpha = f'(x)$, risulta $\overline{RQ} = dy$.

Consideriamo il triangolo rettangolo PRQ. Applicando a esso il teorema dei triangoli rettangoli della trigonometria, si ha:

$$\overline{RQ} = \overline{PR} \cdot \tan\alpha.$$

Ma $\overline{PR} = \Delta x$ e $\tan\alpha = f'(x)$.

Sostituendo, otteniamo:

$$\overline{RQ} = f'(x) \cdot \Delta x = dy.$$

Ciò significa che il differenziale dy è la variazione che subisce l'ordinata della retta tangente alla curva quando si passa dal punto di ascissa x al punto di ascissa $(x + \Delta x)$.

L'incremento Δy della funzione relativo al punto x e al punto $(x + \Delta x)$ è la variazione che subisce l'ordinata della curva, cioè $\overline{RS}$:

$$\overline{RS} = \overline{Q'S} - \overline{Q'R} = f(x + \Delta x) - f(x) = \Delta y.$$

Da quanto detto possiamo concludere che sostituire all'incremento Δy della fun-

---

Animazione

Considerata
$f(x) = -\dfrac{1}{4}x^2 + 3x - 5$,
nell'animazione tracciamo la tangente al suo grafico in $x = 3$ ed esaminiamo con una figura dinamica la differenza fra Δy e dy al variare dell'incremento Δy.

zione il suo differenziale da un punto di vista geometrico significa sostituire al grafico della funzione la sua tangente.

Il differenziale costituisce quindi un'approssimazione dell'incremento della funzione. Nella figura **c** possiamo notare che l'errore commesso nel compiere tale approssimazione è $\overline{QS}$. Più grande viene preso Δx, più tale errore aumenta.

Vediamo ora con il seguente esempio un'applicazione del differenziale.

> **ESEMPIO**
> Calcoliamo il valore approssimato di $\sqrt{9,12}$.
> Consideriamo $f(x) = \sqrt{x}$; scegliendo $x = 9$ e $\Delta x = 0,12$, possiamo scrivere:
> $$\sqrt{9,12} = \sqrt{9 + 0,12} = f(x + \Delta x).$$
> Calcoliamo:
> $$\Delta y = f(x + \Delta x) - f(x) = \sqrt{9 + 0,12} - \sqrt{9},$$
> $$dy = f'(x) \cdot dx = \frac{1}{2\sqrt{x}} \cdot \Delta x \quad \rightarrow \quad dy = \frac{1}{2\sqrt{9}} \cdot 0,12.$$
> Poiché sappiamo che $\Delta y \simeq dy$, otteniamo:
> $$\sqrt{9 + 0,12} - \sqrt{9} \simeq \frac{1}{2\sqrt{9}} \cdot 0,12.$$
> Quindi:
> $$\sqrt{9,12} \simeq \sqrt{9} + \frac{1}{2\sqrt{9}} \cdot 0,12 = 3 + \frac{1}{6} \cdot 0,12 = 3 + 0,02 \quad \rightarrow \quad \sqrt{9,12} \simeq 3,02.$$

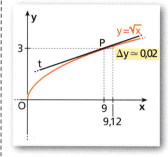

▶ Calcola il valore approssimato di $\sqrt{16,09}$.

In generale si può calcolare $f(x + \Delta x)$ in modo approssimato, generalizzando il ragionamento fatto nell'esempio precedente:

$$f(x + \Delta x) = f(x) + \Delta y \simeq f(x) + dy \quad \rightarrow \quad \boxed{f(x + \Delta x) \simeq f(x) + f'(x) \cdot \Delta x.}$$

MATEMATICA E NATURA

Frattali I frattali sono curve con alcune caratteristiche particolari: un esempio di frattale è la curva di von Koch, che è continua ma priva di tangente in ogni punto.

▶ Come si costruisce la curva di von Koch?
▶ Quali sono le caratteristiche dei frattali?

☐ La risposta

IN SINTESI
Derivate

■ Derivata di una funzione

Siano $y = f(x)$ una funzione definita in $[a; b]$ e c e $c + h$, con $h \neq 0$, due numeri reali interni all'intervallo.

- **Il rapporto incrementale** relativo a c è il numero: $\dfrac{f(c+h) - f(c)}{h}$.

- **Interpretazione geometrica**: considerati nel piano cartesiano i punti $A(c; f(c))$ e $B(c+h; f(c+h))$, il rapporto incrementale

$$\frac{\Delta y}{\Delta x} = \frac{f(c+h) - f(c)}{h}$$

è il coefficiente angolare della retta passante per A e per B.

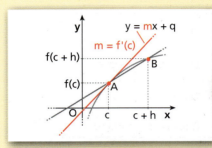

- **La derivata** della funzione f nel punto c interno all'intervallo è il limite, se esiste ed è finito, per h che tende a 0, del rapporto incrementale relativo a c e si indica con $f'(c)$:

$$f'(c) = \lim_{\Delta x \to 0} \frac{\Delta y}{\Delta x} = \lim_{h \to 0} \frac{f(c+h) - f(c)}{h}.$$

- **Interpretazione geometrica**: la derivata di una funzione in un punto c rappresenta il **coefficiente angolare** della retta tangente al grafico della funzione nel punto di ascissa c.

- Data la funzione $y = f(x)$, in un punto c,

  - la **derivata sinistra** è: $f'_-(c) = \lim\limits_{h \to 0^-} \dfrac{f(c+h) - f(c)}{h}$;

  - la **derivata destra** è: $f'_+(c) = \lim\limits_{h \to 0^+} \dfrac{f(c+h) - f(c)}{h}$.

  Una funzione $y = f(x)$ **è derivabile in un punto** c se esistono finite e uguali tra loro la derivata sinistra e la derivata destra.

- Una funzione $y = f(x)$ **è derivabile in un intervallo chiuso** $[a; b]$ se è derivabile in tutti i punti interni di $[a; b]$ e se esistono e sono finite in a la derivata destra e in b la derivata sinistra.

- Se una funzione $f(x)$ è **derivabile** nel punto x_0, in quel punto la funzione è anche **continua**. Invece non è detto che, se una funzione è continua in x_0, allora in x_0 sia anche derivabile.

- Data la funzione $y = f(x)$, la **derivata seconda** $y'' = f''(x)$ è la derivata della derivata prima. In modo analogo si definisce la **derivata terza**, che è la derivata della derivata seconda, e così via.

■ Punti di non derivabilità

Un punto di ascissa c del grafico di $y = f(x)$ è:

- un **flesso a tangente verticale** se $f'_-(c) = f'_+(c) = \pm\infty$;

- una **cuspide** se $f'_-(c) = -\infty$ e $f'_+(c) = +\infty$ oppure $f'_-(c) = +\infty$ e $f'_+(c) = -\infty$;

- un **punto angoloso** se $f'_-(c) \neq f'_+(c)$, dove almeno una delle due derivate ha un valore finito.

In sintesi

Derivate	
Potenze di x	**Funzioni goniometriche**
$D\,k = 0$	$D\sin x = \cos x$
$D\,x = 1$	$D\cos x = -\sin x$
$D\,x^\alpha = \alpha x^{\alpha-1}$ se $\alpha \in \mathbb{N} - \{0\}$, $x \in \mathbb{R}$; se $\alpha \in \mathbb{R}$, $x > 0$	$D\tan x = \dfrac{1}{\cos^2 x} = 1 + \tan^2 x$
$D\sqrt{x} = \dfrac{1}{2\sqrt{x}},\quad x > 0$	$D\cot x = -\dfrac{1}{\sin^2 x} = -(1+\cot^2 x)$
Funzioni logaritmiche ed esponenziali	**Inverse delle funzioni goniometriche**
$D\,a^x = a^x \ln a,\quad a > 0$	$D\arctan x = \dfrac{1}{1+x^2}$
$D\,e^x = e^x$	$D\operatorname{arccot} x = -\dfrac{1}{1+x^2}$
$D\log_a x = \dfrac{1}{x}\log_a e,\quad x > 0,\quad a > 0 \wedge a \ne 1$	$D\arcsin x = \dfrac{1}{\sqrt{1-x^2}}$
$D\ln x = \dfrac{1}{x},\quad x > 0$	$D\arccos x = -\dfrac{1}{\sqrt{1-x^2}}$
Regole di derivazione	
$D[k \cdot f(x)] = k \cdot f'(x)$	$D\,\dfrac{f(x)}{g(x)} = \dfrac{f'(x)\cdot g(x) - f(x)\cdot g'(x)}{g^2(x)}$
$D[f(x) + g(x)] = f'(x) + g'(x)$	$D[f(g(x))] = f'(g(x)) \cdot g'(x)$
$D[f(x) \cdot g(x)] = f'(x)\cdot g(x) + f(x)\cdot g'(x)$	$D[f(x)]^{g(x)} = [f(x)]^{g(x)}\left[g'(x)\ln f(x) + \dfrac{g(x)\cdot f'(x)}{f(x)}\right]$
$D\,\dfrac{1}{f(x)} = -\dfrac{f'(x)}{f^2(x)}$	$D[f^{-1}(y)] = \dfrac{1}{f'(x)},\quad \text{con } x = f^{-1}(y)$

■ Tangente al grafico di una funzione

- Data la funzione $y = f(x)$, l'**equazione della tangente** al grafico di f nel punto $(x_0; f(x_0))$, quando esiste e non è parallela all'asse y, è $y - f(x_0) = f'(x_0)(x - f(x_0))$.
- Un punto $x = c$ si dice **stazionario** se $f'(c) = 0$.
La tangente nel punto stazionario $(c; f(c))$ ha coefficiente angolare $m = 0$.

■ Differenziale

- Il **differenziale** di una funzione $f(x)$, relativo al punto x e all'incremento Δx, è il prodotto della derivata della funzione, calcolata in x, per l'incremento Δx. Lo indichiamo con $df(x)$ oppure dy: $dy = f'(x) \cdot \Delta x$.
- Il differenziale della variabile indipendente x è uguale all'incremento della variabile stessa: $dx = \Delta x$. Quindi $dy = f'(x) \cdot dx$.
- Il differenziale dy è la variazione che subisce l'ordinata della tangente alla curva quando si passa dal punto della curva di ascissa x, cioè P, al punto della tangente di ascissa $(x + \Delta x)$, cioè Q.
Sostituire all'incremento Δy della funzione il suo differenziale, **da un punto di vista geometrico**, significa sostituire al grafico della funzione la sua tangente.

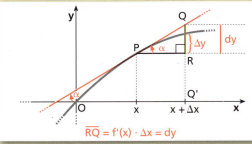

Capitolo 25. Derivate

CAPITOLO 25
ESERCIZI

1 Derivata di una funzione

Rapporto incrementale
▶ Teoria a p. 1561

Data la funzione $f(x)$, calcola i valori indicati.

1 $f(x) = (x-1)^2$, $\quad f(1), f(-2), f(2+a) - f(2)$. $\hfill [0; 9; a^2 + 2a]$

2 $f(x) = 2x^2 - 3x$, $\quad f(4), f(2c), f(c+h) - f(c)$. $\hfill [20; 8c^2 - 6c; 2h^2 + 4ch - 3h]$

Esprimi l'incremento $f(c+h) - f(c)$ delle seguenti funzioni nel punto c indicato.

3 $y = \sqrt{x+1}$, $\quad c = 2$.

4 $y = \cos x$, $\quad c = \dfrac{\pi}{3}$.

5 $y = \dfrac{x+4}{x}$, $\quad c = 4$.

6 $y = \ln(2x-1)$, $\quad c = 1$.

7 **VERO O FALSO?** Data una funzione $y = f(x)$, definita in un intervallo $[a; b]$, e due numeri reali c e $c+h$ appartenenti ad $]a; b[$, il rapporto incrementale di f rispetto a c:

a. dipende dall'incremento h. $\hfill$ V F

b. rappresenta il rapporto tra l'incremento in ascissa e l'incremento in ordinata. $\hfill$ V F

c. è un numero reale positivo. $\hfill$ V F

d. rappresenta il coefficiente angolare della retta secante il grafico nei punti $(c; f(c))$ e $(c+h; f(c+h))$. $\hfill$ V F

e. non si può calcolare per h negativo. $\hfill$ V F

LEGGI IL GRAFICO Determina l'equazione di $f(x)$ e calcola il rapporto incrementale di f nel punto c e incremento h assegnati. Nell'esercizio 8 la curva è una parabola, nell'esercizio 9 è un'iperbole.

8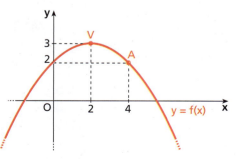

a. $c = 1$, $\quad h = 2$;

b. $c = 5$, $\quad h = 1$.

$\left[\text{a) } 0; \text{ b) } -\dfrac{7}{4} \right]$

9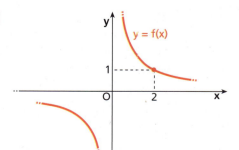

a. $c = 2$, $\quad h = 1$;

b. $c = -1$, $\quad h = -2$.

$\left[\text{a) } -\dfrac{1}{3}; \text{ b) } -\dfrac{2}{3} \right]$

Paragrafo 1. Derivata di una funzione

10 **REALTÀ E MODELLI** **Pubblicità** Nel grafico a fianco vediamo l'andamento delle vendite di automobili in risposta a una spesa in pubblicità, sostenuta dalla casa produttrice.

a. Calcola il rapporto incrementale delle vendite per 0, 20 e 40 milioni di euro spesi con incremento $h = 20$.

b. Il rapporto incrementale cresce o diminuisce? Sapresti interpretare il risultato?

$$\left[\text{a) } 3; \frac{3}{2}; 1; \text{ b) diminuisce}\right]$$

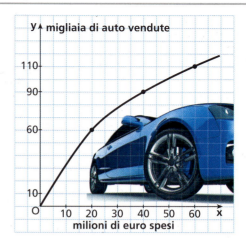

Determina il rapporto incrementale delle seguenti funzioni quando x varia nel modo indicato.

11 $f(x) = 2x - 3$, x varia da -3 a -1. $[2]$

12 $f(x) = x^4 - 3x^2$, x varia da 0 a 2. $[2]$

13 $f(x) = \dfrac{x-1}{x^2}$, x varia da 1 a 3. $\left[\dfrac{1}{9}\right]$

14 **TEST** Il rapporto incrementale di una funzione f nel punto $c = 0$ con incremento h si calcola con l'espressione:

A $\dfrac{f(h) - f(0)}{h}$.   B $\dfrac{f(0+h) + f(0)}{h}$.   C $\dfrac{f(0) - f(h)}{h}$.   D $\dfrac{f(0+h) - f(h)}{h}$.   E $\dfrac{f(h)}{h}$.

15 **ESERCIZIO GUIDA** Calcoliamo il rapporto incrementale di $f(x) = x^2 - x$ nel suo punto $c = 2$, e con un generico incremento $h \neq 0$.

Calcoliamo il rapporto $\dfrac{f(c+h) - f(c)}{h}$, con $c = 2$.

$f(c+h) = f(2+h) = (2+h)^2 - (2+h) = 4 + 4h + h^2 - 2 - h = h^2 + 3h + 2$

$f(c) = f(2) = 2^2 - 2 = 2$

Quindi: $\dfrac{f(c+h) - f(c)}{h} = \dfrac{f(2+h) - f(2)}{h} = \dfrac{h^2 + 3h + \cancel{2} - \cancel{2}}{h} = h + 3$.

Determina il rapporto incrementale delle seguenti funzioni nel punto c indicato e per un incremento h generico.

16 $f(x) = 3x^2 + 2$, $c = -1$. $[-6 + 3h]$ **18** $f(x) = x^2 - 4x + 8$, $c = -3$. $[h - 10]$

17 $f(x) = \dfrac{x-5}{x}$, $c = 4$. $\left[\dfrac{5}{4(h+4)}\right]$ **19** $f(x) = 1 - \dfrac{\cos 2x}{2}$, $c = \dfrac{\pi}{4}$. $\left[\dfrac{\sin 2h}{2h}\right]$

TEST

20 Il rapporto incrementale di $f(x) = -x^2 + 2x - 3$ relativo al punto $x_0 = 2$ è:

A -6.   D $\dfrac{h-2}{h}$.

B $\dfrac{-(2+h)^2 + 2 + h - 3}{h}$.   E $-h$.

C $-h - 2$.

21 Il rapporto incrementale di $f(x) = -\dfrac{2}{x}$ relativo al punto $x_0 = 2$ è:

A -1.   D $\dfrac{h+2}{h}$.

B $\dfrac{1}{h+2}$.   E $-\dfrac{1}{h+2}$.

C $-\dfrac{h}{h+2}$.

Capitolo 25. Derivate

Determina il rapporto incrementale delle seguenti funzioni nel punto generico c del dominio, per un incremento h generico.

22 $y = x^2 + x - 1$ $\qquad [h + 2c + 1]$ **25** $y = \dfrac{2x-1}{x}$ $\qquad \left[\dfrac{1}{c(c+h)}\right]$

23 $y = \dfrac{x^2 - 4x + 1}{x}$ $\qquad \left[\dfrac{ch + c^2 - 1}{c(c+h)}\right]$ **26** $y = 2^{-x}$ $\qquad \left[\dfrac{2^{-c}(2^{-h} - 1)}{h}\right]$

24 $y = \dfrac{2}{x} + 1$ $\qquad \left[-\dfrac{2}{c(c+h)}\right]$ **27** $y = -\dfrac{1}{2}\ln x$ $\qquad \left[-\dfrac{1}{2h}\ln\dfrac{c+h}{c}\right]$

Derivata di una funzione
▶ Teoria a p. 1562

28 **VERO O FALSO?**

a. Una funzione è derivabile in un punto se esiste il limite del rapporto incrementale in quel punto. **V F**
b. La derivata di una funzione in un punto è il coefficiente angolare della tangente al grafico in quel punto. **V F**
c. La derivata di una funzione in un punto generico è a sua volta una funzione. **V F**
d. La derivata di una funzione in un punto è un numero reale. **V F**

LEGGI IL GRAFICO Determina, considerando il suo significato geometrico, la derivata della funzione f nel punto indicato in figura, dove la retta t è tangente al grafico di f.

29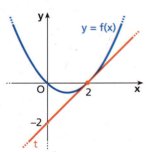

$[1]$

30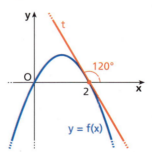

$[-\sqrt{3}]$

31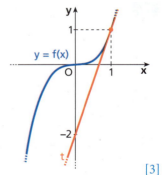

$[3]$

Calcolo della derivata in un punto assegnato

32 **ESERCIZIO GUIDA** Calcoliamo la derivata della funzione $f(x) = \dfrac{x^2 - 2}{x + 1}$ nel punto $c = -2$, applicando la definizione di derivata.

Per la definizione di derivata sappiamo che: $f'(c) = \lim\limits_{h \to 0} \dfrac{f(c+h) - f(c)}{h}$.

Calcoliamo prima il rapporto incrementale nel punto $c = -2$:

$$f(-2+h) = \dfrac{(-2+h)^2 - 2}{-2+h+1} = \dfrac{h^2 - 4h + 2}{h - 1}; \qquad f(-2) = \dfrac{(-2)^2 - 2}{-2+1} = -2;$$

$$\dfrac{f(-2+h) - f(-2)}{h} = \dfrac{\dfrac{h^2 - 4h + 2}{h-1} + 2}{h} = \dfrac{\dfrac{h^2 - 4h + 2 + 2h - 2}{h-1}}{h} = \dfrac{h^2 - 2h}{h-1} \cdot \dfrac{1}{h} = \dfrac{h-2}{h-1}.$$

Calcoliamo poi il limite del rapporto incrementale per $h \to 0$: $\lim\limits_{h \to 0} \dfrac{h-2}{h-1} = 2$.

Concludiamo che: $f'(-2) = 2$.

Paragrafo 1. Derivata di una funzione

Calcola la derivata delle seguenti funzioni nel punto c indicato, applicando la definizione di derivata.

33 $f(x) = 2x - 1$, $c = 6$. [2]

34 $f(x) = x^2 + 4x + 1$, $c = 1$. [6]

35 $f(x) = 1 + \frac{1}{4}x^2$, $c = 4$. [2]

36 $f(x) = 2x^3 - x$, $c = 0$. [−1]

37 $f(x) = \frac{1}{2}x^2 - 2x$, $c = -3$. [−5]

38 $f(x) = \frac{x-1}{2-x}$, $c = 1$. [1]

39 $f(x) = \frac{x-1}{x}$, $c = 2$. $\left[\frac{1}{4}\right]$

40 $f(x) = -\frac{5}{x}$, $c = 2$. $\left[\frac{5}{4}\right]$

41 $f(x) = \frac{3}{x-1}$, $c = 4$. $\left[-\frac{1}{3}\right]$

42 $f(x) = \frac{2-x^2}{1-x^2}$, $c = 0$. [0]

43 $f(x) = \frac{4-x^2}{x^2-2x+2}$, $c = -2$. $\left[\frac{2}{5}\right]$

44 $f(x) = -\frac{1}{\sqrt{x}}$, $c = 9$. $\left[\frac{1}{54}\right]$

45 $f(x) = \frac{1}{\sqrt{x-1}}$, $c = 5$. $\left[-\frac{1}{16}\right]$

46 $f(x) = -2\ln x$, $c = 1$. [−2]

47 $f(x) = e^{x-1}$, $c = 1$. [1]

48 $f(x) = \tan x$, $c = 0$. [1]

Dimostra, applicando la definizione, che non esiste la derivata delle seguenti funzioni nel punto c indicato.

49 $y = \sqrt{x-1}$, $c = 1$.

50 $y = \frac{1}{x}$, $c = 0$.

51 $y = \sqrt[3]{x}$, $c = 0$.

52 $y = \frac{1}{x-2}$, $c = 2$.

---

53 **TEST** Il limite $\lim_{h \to 0} \frac{(3+h)^2 - 9}{h}$ è per definizione la derivata di:

- **A** $f(x) = x^2 - 9$ in $c = 3$.
- **B** $f(x) = (x+3)^2$ in $c = 0$.
- **C** $f(x) = \frac{(3+x)^2 - 9}{x}$ in $c = 0$.
- **D** $f(x) = (x+1)^2$ in $c = 2$.
- **E** $f(x) = (x+1)^2$ in $c = 3$.

54 **COMPLETA** con il simbolo $>$, $<$, $=$, ragionando sul significato geometrico di derivata:

a. $f'(-2)$ ☐ 0;

b. $f'(0)$ ☐ 0;

c. $f'(3)$ ☐ 0;

d. $f'(4)$ ☐ 0.

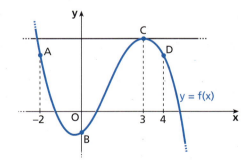

Calcolo della funzione derivata

55 **ESERCIZIO GUIDA** Data la funzione $f(x) = \sqrt{x+2}$, calcoliamo la sua derivata in un generico punto x.

Applicando la definizione di derivata, otteniamo:

$$f'(x) = \lim_{h \to 0} \frac{\sqrt{x+h+2} - \sqrt{x+2}}{h} = \lim_{h \to 0} \frac{(\sqrt{x+h+2} - \sqrt{x+2}) \cdot (\sqrt{x+h+2} + \sqrt{x+2})}{h \cdot (\sqrt{x+h+2} + \sqrt{x+2})} =$$

$$\lim_{h \to 0} \frac{x+h+2-x-2}{h(\sqrt{x+h+2} + \sqrt{x+2})} = \lim_{h \to 0} \frac{h}{h(\sqrt{x+h+2} + \sqrt{x+2})} = \frac{1}{2\sqrt{x+2}}.$$

Capitolo 25. Derivate

Calcola la funzione derivata delle seguenti funzioni, applicando la definizione.

56 $f(x) = 4x - 9$ $\qquad$ $[f'(x) = 4]$

57 $f(x) = -x^2 + 4x$ $\qquad$ $[f'(x) = -2x + 4]$

58 $f(x) = 2x^3 - x$ $\qquad$ $[f'(x) = 6x^2 - 1]$

59 $f(x) = x^2 - 8x + 7$ $\qquad$ $[f'(x) = 2x - 8]$

60 $f(x) = \dfrac{1}{2}x^2 - 4x$ $\qquad$ $[f'(x) = x - 4]$

61 $f(x) = \dfrac{2}{x}$ $\qquad$ $\left[f'(x) = -\dfrac{2}{x^2}\right]$

62 $f(x) = \dfrac{1}{x^3}$ $\qquad$ $\left[f'(x) = -\dfrac{3}{x^4}\right]$

63 $f(x) = \dfrac{x+1}{x}$ $\qquad$ $\left[f'(x) = -\dfrac{1}{x^2}\right]$

64 $f(x) = \dfrac{5}{x^2 + 4}$ $\qquad$ $\left[f'(x) = -\dfrac{10x}{(x^2+4)^2}\right]$

65 $f(x) = \dfrac{x}{x-5}$ $\qquad$ $\left[f'(x) = \dfrac{-5}{(x-5)^2}\right]$

66 $f(x) = \dfrac{9-x}{x-1}$ $\qquad$ $\left[f'(x) = -\dfrac{8}{(x-1)^2}\right]$

67 $f(x) = \sqrt{3x}$ $\qquad$ $\left[f'(x) = \dfrac{3}{2\sqrt{3x}}\right]$

68 $f(x) = \dfrac{8}{\sqrt{x}}$ $\qquad$ $\left[f'(x) = -\dfrac{4}{x\sqrt{x}}\right]$

69 $f(x) = \sqrt{x} - 2$ $\qquad$ $\left[f'(x) = \dfrac{1}{2\sqrt{x}}\right]$

70 $f(x) = 1 + \sqrt{1 + x^2}$ $\qquad$ $\left[f'(x) = \dfrac{x}{\sqrt{1+x^2}}\right]$

71 $f(x) = 3\ln x$ $\qquad$ $\left[f'(x) = \dfrac{3}{x}\right]$

72 $f(x) = -e^{1+x}$ $\qquad$ $[f'(x) = -e^{1+x}]$

73 $f(x) = \sin(-x)$ $\qquad$ $[f'(x) = -\cos(-x)]$

74 $f(x) = x\cos x$ $\qquad$ $[f'(x) = \cos x - x\sin x]$

75 $f(x) = (x-1)e^x$ $\qquad$ $[xe^x]$

---

76 Sia $f(x) = \dfrac{2x}{x+3}$. Trova una formula per $f'(x)$ utilizzando la definizione di derivata come limite. Mostra i passaggi del tuo calcolo.

(USA *Stanford University*)

$\left[\dfrac{6}{(x+3)^2}\right]$

LEGGI IL GRAFICO Determina l'equazione della retta *r* e della parabola γ, calcola poi la funzione derivata con la definizione e rappresentala nello stesso piano cartesiano.

77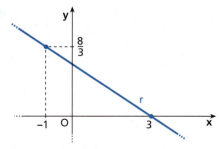

78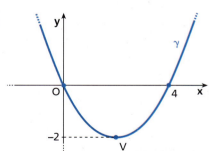

Derivata sinistra e derivata destra

▶ Teoria a p. 1565

79 **ESERCIZIO GUIDA** Calcoliamo la derivata destra e la derivata sinistra della funzione $y = |x^2 - 4|$, in $x = 2$.

Poiché $x^2 - 4 \geq 0 \rightarrow x \leq -2 \lor x \geq 2$, la funzione può anche essere scritta nella forma

$$y = \begin{cases} x^2 - 4 & \text{se } x \leq -2 \lor x \geq 2 \\ -x^2 + 4 & \text{se } -2 < x < 2 \end{cases},$$

Paragrafo 1. Derivata di una funzione

dalla quale notiamo che a sinistra e a destra di 2 la funzione ha due espressioni analitiche diverse, che utilizziamo per il calcolo del rapporto incrementale.

A sinistra di 2, cioè per $h < 0$: $\quad f(2+h) = -(2+h)^2 + 4 = -\not{4} - h^2 - 4h + \not{4} = -h^2 - 4h$.

A destra di 2, cioè per $h > 0$: $\quad f(2+h) = (2+h)^2 - 4 = h^2 + \not{4} + 4h - \not{4} = h^2 + 4h$.

Inoltre: $\quad f(2) = (2)^2 - 4 = 4 - 4 = 0$.

Calcoliamo le due derivate, sostituendo nei rapporti incrementali i valori trovati:

$$f'_-(2) = \lim_{h \to 0^-} \frac{f(2+h) - f(2)}{h} = \lim_{h \to 0^-} \frac{-h^2 - 4h - 0}{h} = \lim_{h \to 0^-}(-h - 4) = -4;$$

$$f'_+(2) = \lim_{h \to 0^+} \frac{f(2+h) - f(2)}{h} = \lim_{h \to 0^+} \frac{h^2 + 4h - 0}{h} = \lim_{h \to 0^+}(h + 4) = 4.$$

Essendo $f'_-(2) \neq f'_+(2)$, nel punto $x = 2$ la funzione non è derivabile.

Calcola la derivata destra e la derivata sinistra delle seguenti funzioni nei punti indicati.

80 $f(x) = |x - 1|$, $\qquad c = 1$. $\qquad [f'_-(1) = -1; f'_+(1) = 1]$

81 $f(x) = |2x| - 1$, $\qquad c = 0$. $\qquad [f'_-(0) = -2; f'_+(0) = 2]$

82 $f(x) = \begin{cases} x - 3 & \text{se } x \leq 3 \\ \frac{1}{3}x - 1 & \text{se } x > 3 \end{cases}$, $\qquad c = 3$. $\qquad \left[f'_-(3) = 1; f'_+(3) = \frac{1}{3}\right]$

83 $f(x) = x^3 - x + 2$, $\qquad c = 1$. $\qquad [f'_-(1) = f'_+(1) = 2]$

84 $f(x) = \begin{cases} x^2 - 2x & \text{se } x \leq 2 \\ 2x^2 - 5x + 2 & \text{se } x > 2 \end{cases}$, $\qquad c = 2$. $\qquad [f'_-(2) = 2; f'_+(2) = 3]$

85 $f(x) = \begin{cases} x^2 + x & \text{se } x \leq 0 \\ \sqrt{x} & \text{se } x > 0 \end{cases}$, $\qquad c = 0$. $\qquad [f'_-(0) = 1; f'_+(0) \text{ non esiste finita}]$

86 $f(x) = \sqrt[3]{x^2}$, $\qquad c = 0$. $\qquad [f'_-(0) \text{ e } f'_+(0) \text{ non esistono finite}]$

87 $f(x) = |-x^2 + 2x|$, $\qquad c = 2$. $\qquad [f'_-(2) = -2; f'_+(2) = 2]$

LEGGI IL GRAFICO Esamina i seguenti grafici e ricava, se è possibile, il valore delle derivate, sinistra e destra, nel punto indicato, utilizzando il significato geometrico di derivata.

88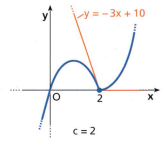
$c = 2$

89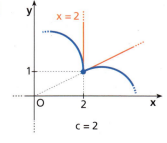
$c = 2$

90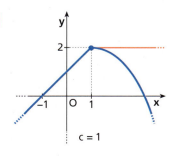
$c = 1$

Capitolo 25. Derivate

91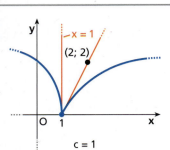
c = 1

92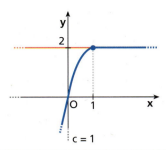
c = 1

93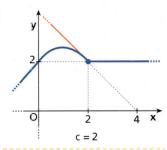
c = 2

94 **LEGGI IL GRAFICO** Nel grafico a lato, relativo alla funzione $f(x)$ definita e continua in tutto $\mathbb{R}$, sono rappresentate anche le rette e le semirette tangenti al grafico in alcuni suoi punti.

a. Determina $f'(1)$ e $f'(3)$.

b. Esiste $f'(-1)$? Esistono $f'_-(-1)$ e $f'_+(-1)$? Qual è il loro valore?

c. Indica gli intervalli in cui $f'(x)$ è negativa.

$$\left[a)\ 0, -\frac{1}{2};\ b)\ f'(-1)\ \text{non esiste},\ f'_-(-1) = -2,\ f'_+(-1) = 0; \right.$$
$$\left. c)\ x < -1 \lor x > 1 \right]$$

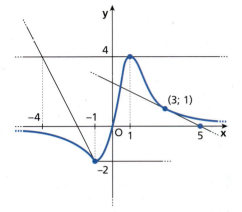

LEGGI IL GRAFICO Esaminando i grafici e utilizzando il significato geometrico di derivata, deduci se le seguenti funzioni sono derivabili negli intervalli indicati.

95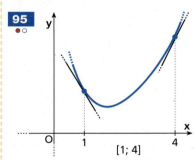
[1; 4]

96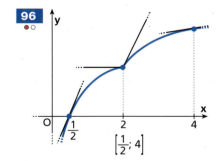
$\left[\frac{1}{2}; 4\right]$

97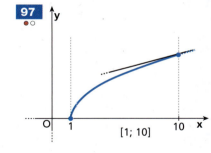
[1; 10]

Continuità e derivabilità
▶ Teoria a p. 1566

98 **LEGGI IL GRAFICO** Indica se i seguenti grafici rappresentano funzioni: **a.** continue in $[a; b]$; **b.** derivabili in $[a; b]$. In caso negativo, giustifica le tue risposte.

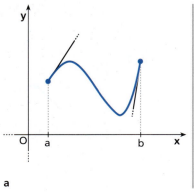
a

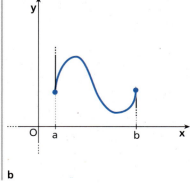
b

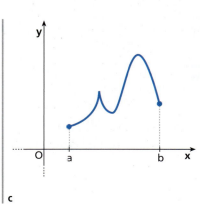
c

Paragrafo 1. Derivata di una funzione

99 **VERO O FALSO?**
a. Una funzione derivabile in $[a; b]$ è sempre continua in $[a; b]$ e viceversa. V F
b. Se esistono, finite, $f'_+(c)$ e $f'_-(c)$, allora $f(x)$ è derivabile nel punto c. V F
c. Se $f'_+(c) = +\infty$, allora $f(x)$ non è derivabile nel punto c. V F
d. Se $f'_+(c) \neq f'_-(c)$, allora $f(x)$ non è derivabile in c, e nel punto c si hanno due tangenti distinte. V F
e. Se in un punto c il grafico di una funzione $f(x)$ ha una tangente parallela all'asse y, allora la funzione è derivabile in c. V F

Rappresenta i grafici di ciascuna funzione e determina l'insieme dei punti in cui la funzione è:
a. continua;   b. derivabile.

100 $y = |\cos x|$ $\left[\text{a) } \mathbb{R}; \text{ b) } \mathbb{R} - \left\{ \frac{\pi}{2} + k\pi \right\} \right]$

101 $y = |\ln x - 1|$ $[\text{a) }]0; +\infty[; \text{ b) }]0; e[\cup]e; +\infty[\,]$

102 $y = \begin{cases} 2 & \text{se } x < -1 \\ x + 3 & \text{se } -1 \leq x < 1 \\ 0 & \text{se } x \geq 1 \end{cases}$ $[\text{a) } \mathbb{R} - \{1\}; \text{ b) } \mathbb{R} - \{-1; 1\}]$

103 $y = \begin{cases} \frac{1}{2}x^2 & \text{se } x \leq 2 \\ 2x - 2 & \text{se } x > 2 \end{cases}$ $[\text{a) } \mathbb{R}; \text{ b) } \mathbb{R}]$

104 $y = \begin{cases} \sin x & \text{se } x < 0 \\ e^x & \text{se } x \geq 0 \end{cases}$ $[\text{a) } \mathbb{R} - \{0\}; \text{ b) } \mathbb{R} - \{0\}]$

105 $y = \begin{cases} \sqrt{x} & \text{se } x \geq 0 \\ x^2 + x & \text{se } x < 0 \end{cases}$ $[\text{a) } \mathbb{R}; \text{ b) } \mathbb{R} - \{0\}]$

106 $f(x) = 2|x| - 1$ $[\text{a) } \mathbb{R}; \text{ b) } \mathbb{R} - \{0\}]$

107 $f(x) = \dfrac{2|x|}{x}$ $[\text{a) } \mathbb{R} - \{0\}; \text{ b) } \mathbb{R} - \{0\}]$

Spiega perché le seguenti funzioni non sono derivabili nel punto x_0 indicato.

108 $f(x) = |x - 3| + 1$, $x_0 = 3$.   **109** $f(x) = \dfrac{1}{1 - x^2}$, $x_0 = 1$.   **110** $f(x) = \tan x$, $x_0 = \dfrac{\pi}{2}$.

111 **ESERCIZIO GUIDA** Studiamo la continuità e la derivabilità nel punto $x = 0$ della funzione

$$f(x) = \begin{cases} x^2 - 1 & \text{se } x \leq 0 \\ \sqrt{x} - 1 & \text{se } x > 0 \end{cases}$$

• Per studiare la continuità calcoliamo: $\lim\limits_{x \to 0^-} (x^2 - 1) = -1$, $\lim\limits_{x \to 0^+} (\sqrt{x} - 1) = -1$.

La funzione è quindi continua in $x = 0$.

• Studiamo la derivabilità.
Calcoliamo la derivata sinistra e la derivata destra in $x = 0$:

$$f'_-(0) = \lim_{h \to 0^-} \frac{[(0+h)^2 - 1] - (-1)}{h} = \lim_{h \to 0^-} \frac{h^2 - 1 + 1}{h} = \lim_{h \to 0^-} h = 0;$$

1597

Capitolo 25. Derivate

$$f'_+(0) = \lim_{h \to 0^+} \frac{[\sqrt{0+h} - 1] - (-1)}{h} = \lim_{h \to 0^+} \frac{\sqrt{h}}{h} = \lim_{h \to 0^+} \frac{1}{\sqrt{h}} = +\infty.$$

La derivata sinistra è diversa dalla derivata destra, quindi $f(x)$ non è derivabile in $x = 0$.

Studia la continuità e la derivabilità delle seguenti funzioni nel punto indicato a fianco.

112 $y = \sqrt{4 - |x| + 3x}$, $x = 0$. [continua; non derivabile]

113 $y = |2x - 4| + |x|$, $x = 2$. [continua; non derivabile]

114 $y = \begin{cases} \sqrt{x} - 2 & \text{se } x < 1 \\ x^2 - x - 2 & \text{se } x \geq 1 \end{cases}$, $x = 1$. [non continua; non derivabile]

115 $y = \begin{cases} \dfrac{x+2}{|x|} & \text{se } x < -1 \\ x + 2 & \text{se } x \geq -1 \end{cases}$, $x = -1$. [continua; non derivabile]

116 $y = \begin{cases} 2|x|(x-1) & \text{se } x \leq 1 \\ x^2 - 1 & \text{se } x > 1 \end{cases}$, $x = 1$. [continua; derivabile]

2 Derivate fondamentali

▶ Teoria a p. 1567

AL VOLO Calcola la derivata delle seguenti funzioni.

117 $y = \pi$; $y = \ln x$.   **120** $y = \dfrac{3}{2}$; $y = \cos x$.

118 $y = \log_2 x$; $y = \sin \dfrac{\pi}{4}$. **121** $y = 4^x$; $y = x$.

119 $y = e$; $y = \cos \dfrac{\pi}{2}$.   **122** $y = \log x$; $y = \sin x$.

123 **CACCIA ALL'ERRORE** Ognuna delle seguenti derivate contiene un errore. Trovalo e correggilo.

$D\, 2^x = 2^x$ $D \cos x = \sin x$ $D \sin \dfrac{3}{4}\pi = \cos \dfrac{3}{4}\pi$

$D \sin x = -\cos x$ $D\, e^3 = e^3$ $D \log_3 x = \dfrac{1}{x}$

Calcola la derivata delle seguenti funzioni.

124 $y = x^2$ $[y' = 2x]$ **131** $y = x^{\sqrt{2}+1}$ $[y' = (\sqrt{2}+1)x^{\sqrt{2}}]$

125 $y = x^9$ $[y' = 9x^8]$ **132** $y = \dfrac{1}{x^3}$ $\left[y' = -\dfrac{3}{x^4}\right]$

126 $y = \dfrac{1}{x^2}$ $\left[y' = -\dfrac{2}{x^3}\right]$ **133** $y = \sqrt{\sqrt[3]{x}}$ $\left[y' = \dfrac{1}{6\sqrt[6]{x^5}}\right]$

127 $y = \sqrt[7]{x^2}$ $\left[y' = \dfrac{2}{7} \cdot \dfrac{1}{\sqrt[7]{x^5}}\right]$ **134** $y = \dfrac{x}{\sqrt{x}}$ $\left[y' = \dfrac{1}{2\sqrt{x}}\right]$

128 $y = \dfrac{1}{\sqrt[4]{x}}$ $\left[y' = -\dfrac{1}{4} \cdot \dfrac{1}{\sqrt[4]{x^5}}\right]$ **135** $y = \dfrac{x^2}{\sqrt[6]{x}}$ $\left[y' = \dfrac{11}{6}\sqrt[6]{x^5}\right]$

129 $y = \dfrac{1}{x}$ $\left[y' = -\dfrac{1}{x^2}\right]$ **136** $y = x^4 \sqrt{x}$ $\left[y' = \dfrac{9}{2}x^3\sqrt{x}\right]$

130 $y = x^{2\pi}$ $[y' = 2\pi x^{2\pi - 1}]$ **137** $y = \pi^x$ $[y' = \pi^x \ln \pi]$

1598

Paragrafo 3. Operazioni con le derivate

138 $y = (\sqrt{2})^x$ $\qquad [y' = \sqrt{2}^x \ln \sqrt{2}]$ **142** $y = x^e$ $\qquad [y' = e x^{e-1}]$

139 $y = \dfrac{6^x \cdot 2^x}{8^x}$ $\qquad \left[y' = \left(\dfrac{3}{2}\right)^x \ln \dfrac{3}{2}\right]$ **143** $y = \dfrac{1}{5^x}$ $\qquad \left[y' = -\dfrac{1}{5^x} \ln 5\right]$

140 $y = \dfrac{\sqrt{x}}{x^2}$ $\qquad \left[y' = \dfrac{-3}{2x^2 \sqrt{x}}\right]$ **144** $y = x^2 \sqrt{x}$ $\qquad \left[y' = \dfrac{5}{2} \sqrt{x^3}\right]$

141 $y = \sqrt{x} \sqrt[3]{x}$ $\qquad \left[y' = \dfrac{5}{6} \cdot \dfrac{1}{\sqrt[6]{x}}\right]$ **145** $y = \dfrac{\sqrt{x} \sqrt[4]{x}}{x^2}$ $\qquad \left[y' = -\dfrac{5}{4x^2 \sqrt[4]{x}}\right]$

---

146 **ASSOCIA** a ogni funzione il grafico della sua derivata.

a. $y = \ln x$ $\qquad$ b. $y = x^3$ $\qquad$ c. $y = \cos x$ $\qquad$ d. $y = x^2$

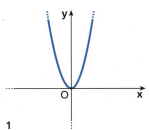
1

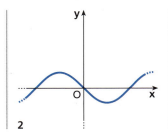
2

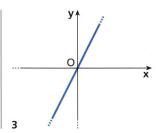
3

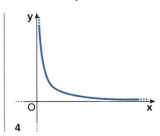
4

3 Operazioni con le derivate

Derivata del prodotto di una costante per una funzione
▶ Teoria a p. 1570

AL VOLO Calcola la derivata delle seguenti funzioni.

$y = kf(x) \rightarrow y' = kf'(x)$

147 $y = 5x$; $\qquad y = 2e^x$; $\qquad y = 5 \ln x$; $\qquad y = 2 \sin x$.

148 $y = -3 \cos x$; $\qquad y = 4 \log_2 x$; $\qquad y = -\dfrac{3}{4} x$; $\qquad y = 3 \cdot 5^x$.

149 $y = \dfrac{3}{x^4}$; $\qquad y = \dfrac{2}{3} x$; $\qquad y = -5x^2$. $\qquad \left[y' = -\dfrac{12}{x^5}; y' = \dfrac{2}{3}; y' = -10x\right]$

150 $y = \dfrac{x^\pi}{\pi}$; $\qquad y = \dfrac{1}{4x}$; $\qquad y = \sqrt{3} x^5$. $\qquad \left[y' = x^{\pi-1}; y' = -\dfrac{1}{4x^2}; y' = 5\sqrt{3} x^4\right]$

151 $y = 3x\sqrt{x}$; $\qquad y = \dfrac{9}{\sqrt[3]{x}}$; $\qquad y = 4\sqrt{x}$. $\qquad \left[y' = \dfrac{9}{2} \sqrt{x}; y' = -\dfrac{3}{\sqrt[3]{x^4}}; y' = \dfrac{2}{\sqrt{x}}\right]$

Derivata della somma di funzioni
▶ Teoria a p. 1571

152 **TEST** Le seguenti funzioni hanno la stessa derivata, *tranne* una. Quale?

A $y = \sqrt{x} + 1$ $\quad$ **B** $y = \sqrt{x} - 1$ $\quad$ **C** $y = \sqrt{x} + 2x$ $\quad$ **D** $y = \sqrt{x} + 2$ $\quad$ **E** $y = \sqrt{x}$

AL VOLO Calcola la derivata delle seguenti funzioni.

$y = f(x) + g(x) \rightarrow y' = f'(x) + g'(x)$

153 $y = 4x + 2 \ln x - 3$ $\qquad\qquad$ **155** $y = 4^x + 3^x - 2$

154 $y = e^x - 3 \ln x^2$ $\qquad\qquad$ **156** $y = 2^x + \log_3 x$

1599

Capitolo 25. Derivate

157 $y = \sin x - 2\cos x + 1$

158 $y = 5x - 3\sin x$

159 $y = 2x - \dfrac{1}{2} + 2^x$

160 $y = 5e^x + \sin x$

161 $y = 3e^x - 4$

162 $y = 2\sqrt{x} + \dfrac{1}{2}x^2 + \ln x$

---

163 **ESERCIZIO GUIDA** Calcoliamo la derivata di: **a.** $y = 5x^3 + 2x^2$; **b.** $y = \dfrac{2x^3 + 3}{x^2}$.

a. $D[5x^3 + 2x^2] = D[5x^3] + D[2x^2] = 5 \cdot 3x^2 + 2 \cdot 2x^1 = 15x^2 + 4x$

b. Scriviamo la funzione come somma di potenze di x.

$$y = \dfrac{2x^3 + 3}{x^2} = \underbrace{\dfrac{2x^3}{x^2} + \dfrac{3}{x^2}}_{\text{separiamo in somma di frazioni}} = \underbrace{2x + 3x^{-2}}_{\text{semplifichiamo}}$$

$$y' = D[2x + 3x^{-2}] = D[2x] + D[3x^{-2}] = 2 + 3\cdot(-2)x^{-2-1} = 2 - 6x^{-3} = 2 - \dfrac{6}{x^3}$$

Calcola la derivata delle seguenti funzioni.

164 $y = x^5 + 6x$ $\qquad [y' = 5x^4 + 6]$

165 $y = -3x^2 + 3$ $\qquad [y' = -6x]$

166 $y = \dfrac{3}{2}x^4 - 7x$ $\qquad [y' = 6x^3 - 7]$

167 $y = -\dfrac{5}{3}x^3 - \dfrac{1}{3}x^6$ $\qquad [y' = -5x^2 - 2x^5]$

168 $y = -x^2 + 4x - 12$ $\qquad [y' = -2x + 4]$

169 $y = \dfrac{1}{3}x^3 + \dfrac{1}{2}x^2$ $\qquad [y' = x^2 + x]$

170 $y = 2x^5 - 3x^3 + 2x - 4$ $\qquad [y' = 10x^4 - 9x^2 + 2]$

171 $y = \dfrac{x^6}{6} - \dfrac{x^5}{5} - 1$ $\qquad [y' = x^5 - x^4]$

172 $y = 5x^4 - 3x^3 + 2x^2$ $\qquad [y' = 20x^3 - 9x^2 + 4x]$

173 $y = x^4 - 3x^2 - 4$ $\qquad [y' = 2x \cdot (2x^2 - 3)]$

174 $y = x^5 + 5^x + \log_5 x$ $\qquad \left[y' = 5x^4 + 5^x \ln 5 + \dfrac{1}{x}\log_5 e\right]$

175 $y = x^3 - 2\cos x + \dfrac{\pi}{2}$ $\qquad [y' = 3x^2 + 2\sin x]$

176 $y = \dfrac{x^2}{2} - \dfrac{2}{x^2}$ $\qquad \left[y' = x + \dfrac{4}{x^3}\right]$

177 $y = \dfrac{1}{x} + \dfrac{1}{x^2} + \dfrac{1}{x^3}$ $\qquad \left[y' = -\dfrac{x^2 + 2x + 3}{x^4}\right]$

178 $y = \dfrac{x^2 - 1}{x}$ $\qquad \left[y' = 1 + \dfrac{1}{x^2}\right]$

179 $y = \dfrac{2}{x^4} - \dfrac{3}{x^3} - \dfrac{1}{x^2}$ $\qquad \left[y' = -\dfrac{8}{x^5} + \dfrac{9}{x^4} + \dfrac{2}{x^3}\right]$

180 $y = \dfrac{1 + 8x^2}{2x^3}$ $\qquad \left[y' = -\dfrac{8x^2 + 3}{2x^4}\right]$

181 $y = 2x^{\frac{3}{2}} - 4x^{-\frac{1}{2}}$ $\qquad \left[y' = 3x^{\frac{1}{2}} + 2x^{-\frac{3}{2}}\right]$

182 $y = \dfrac{7x + 5x^3}{x^2}$ $\qquad \left[y' = \dfrac{-7 + 5x^2}{x^2}\right]$

183 $y = \dfrac{x^8 - 1}{7x^7}$ $\qquad \left[y' = \dfrac{x^8 + 7}{7x^8}\right]$

184 $y = \dfrac{1 - x^3 - x^5}{x^5}$ $\qquad \left[y' = \dfrac{-5 + 2x^3}{x^6}\right]$

185 $y = \dfrac{4 + x^4}{x^5} + \dfrac{1}{2}$ $\qquad \left[y' = -\dfrac{20 + x^4}{x^6}\right]$

186 $y = \dfrac{(x-1)^2}{2x}$ $\qquad \left[y' = \dfrac{1}{2} - \dfrac{1}{2x^2}\right]$

187 $y = \dfrac{x^3 + 2x}{x^2} + \dfrac{1}{x}$ $\qquad \left[y' = 1 - \dfrac{3}{x^2}\right]$

1600

Paragrafo 3. Operazioni con le derivate

188 **ESERCIZIO GUIDA** Calcoliamo la derivata di $y = \sqrt[3]{x^2} - \ln\frac{1}{x}$.

Riscriviamo la funzione:

$$y = x^{\frac{2}{3}} - \ln x^{-1} = x^{\frac{2}{3}} + \ln x.$$

Deriviamo e otteniamo:

$$\frac{2}{3}x^{\frac{2}{3}-1} + \frac{1}{x} = \frac{2}{3}x^{-\frac{1}{3}} + \frac{1}{x} = \frac{2}{3\sqrt[3]{x}} + \frac{1}{x}.$$

Calcola la derivata delle seguenti funzioni.

189 $y = \sqrt[5]{x} - 3x^3$ $\left[y' = \dfrac{1}{5\sqrt[5]{x^4}} - 9x^2\right]$

190 $y = \sqrt[4]{x^3} + 3x - 2$ $\left[y' = \dfrac{3}{4} \cdot \dfrac{1}{\sqrt[4]{x}} + 3\right]$

191 $y = 2\sqrt{x} - \dfrac{1}{x}$ $\left[y' = \dfrac{1}{\sqrt{x}} + \dfrac{1}{x^2}\right]$

192 $y = \dfrac{1}{4}x^8 - \dfrac{2}{\sqrt{x}} + \dfrac{1}{x^3}$ $\left[y' = 2x^7 + \dfrac{1}{\sqrt{x^3}} - \dfrac{3}{x^4}\right]$

193 $y = \dfrac{x}{\sqrt{x}} + \dfrac{5}{2} \cdot \dfrac{1}{\sqrt[5]{x^2}}$ $\left[y' = \dfrac{1}{2\sqrt{x}} - \dfrac{1}{\sqrt[5]{x^7}}\right]$

194 $y = \dfrac{1}{2}x^2 - 3\dfrac{1}{\sqrt[3]{x}}$ $\left[y' = x + \dfrac{1}{\sqrt[3]{x^4}}\right]$

195 $y = x^3 + \dfrac{1}{2x^2} + 2\dfrac{\sqrt[3]{x}}{x}$ $\left[y' = 3x^2 - \dfrac{1}{x^3} - \dfrac{4}{3} \cdot \dfrac{1}{\sqrt[3]{x^5}}\right]$

196 $y = -\dfrac{\sqrt[3]{x^2} + 4x}{\sqrt{x}}$ $\left[y' = \dfrac{-(12\sqrt[3]{x} + 1)}{6\sqrt[6]{x^5}}\right]$

197 $y = \sqrt{\sqrt{x}} - \ln\dfrac{1}{x^2} + e^4$ $\left[y' = \dfrac{1}{4\sqrt[4]{x^3}} + \dfrac{2}{x}\right]$

198 $y = x^2 \ln 4 - x\sqrt{x} + 4\sin x$ $\left[y' = 2x\ln 4 - \dfrac{3}{2}\sqrt{x} + 4\cos x\right]$

199 **REALTÀ E MODELLI** **Contatto radar** La portata r (misurata in km) di un particolare radar, in funzione della potenza x di funzionamento (misurata in watt), è regolata dalla legge $r(x) = 8\sqrt[4]{x}$.

a. Calcola la velocità media e la velocità istantanea con le quali varia la portata del radar quando la potenza di funzionamento varia da 0 watt a 60 watt.

b. Esiste un livello di potenza in corrispondenza del quale la velocità di variazione istantanea è uguale a quella media?

$$\left[\text{a) } v_{\text{media}} = 0{,}37 \text{ km/W}; v_{\text{istantanea}} = \dfrac{2}{\sqrt[4]{x^3}}; \text{ b) } 9{,}45 \text{ W}\right]$$

■ **Derivata del prodotto di funzioni** ▶ Teoria a p. 1571

TEST

200 La derivata di $y = e^x \cos x$ è:

A $y' = e^x(\cos x + \sin x)$.

B $y' = e^x(\cos 2x)$.

C $y' = \cos x(e^x - \sin x)$.

D $y' = \sin x(e^x - \sin x)$.

E $y' = e^x(\cos x - \sin x)$.

201 La funzione $y = \ln x + 1$ ($x > 0$) è la derivata di tutte le seguenti funzioni, *tranne* una. Quale?

A $y = x \cdot \ln x$

B $y = x \cdot \ln x + 2$

C $y = x \cdot \ln x - 2$

D $y = x \cdot \ln x + 2x$

E $y = x \cdot \ln x + 1$

1601

Capitolo 25. Derivate

202 **ESERCIZIO GUIDA** Calcoliamo la derivata di $y = x^2 \ln x$.

$y = f \cdot g \rightarrow y' = f' \cdot g + f \cdot g'$

$y' = D[x^2 \cdot \ln x] = D[x^2] \cdot \ln x + x^2 \cdot D[\ln x] = 2x \ln x + x^2 \cdot \dfrac{1}{x} = 2x \ln x + x = x(2 \ln x + 1)$

Calcola la derivata delle seguenti funzioni.

203 $y = x^2 \cos x$ $\quad [y' = 2x \cos x - x^2 \sin x]$

204 $y = 5x^3 e^x$ $\quad [y' = e^x(15x^2 + 5x^3)]$

205 $y = 2 \sin x \cdot \cos x$ $\quad [y' = 2 \cos 2x]$

206 $y = 5e^x \cdot \sin x$ $\quad [y' = 5e^x \cdot (\sin x + \cos x)]$

207 $y = x \cdot \ln x - \sin x$ $\quad [y' = \ln x + 1 - \cos x]$

208 $y = (\ln x - 3) \ln x$ $\quad \left[y' = \dfrac{1}{x} \cdot (2 \ln x - 3)\right]$

209 $y = 3x \cdot \ln x$ $\quad [y' = 3 \cdot (\ln x + 1)]$

210 $y = (e^x + 3) \ln x$ $\quad \left[y' = e^x \cdot \ln x + \dfrac{1}{x}(e^x + 3)\right]$

211 $y = e^x(x + 3)$ $\quad [y' = e^x(x + 4)]$

212 $y = \dfrac{1}{16} x^4 \ln x$ $\quad \left[y' = \dfrac{1}{16} x^3 (4 \ln x + 1)\right]$

213 $y = (x + 2 \ln x) \cdot \cos x$ $\quad \left[y' = \left(1 + \dfrac{2}{x}\right) \cdot \cos x - (x + 2 \ln x) \cdot \sin x\right]$

214 $y = (\cos x - \sin x)(-\sin x - \cos x)$ $\quad [y' = 4 \sin x \cos x]$

215 $y = 2xe^x + (x - 2)e^x$ $\quad [y' = e^x(3x + 1)]$

216 $y = x^4 \sin x + (x^2 - 1) \cos x$ $\quad [y' = \sin x(4x^3 - x^2 + 1) + \cos x(x^4 + 2x)]$

217 $y = 2\sqrt{2} x^2 \ln x - \sqrt{2} x^2$ $\quad [y' = 4\sqrt{2} x \ln x]$

218 $y = 2(\sin x - x \cos x) \sin x$ $\quad [y' = -2x \cos 2x + \sin 2x]$

219 $y = \dfrac{1}{2} e^x(\sin x + \cos x) - e^x \cos x$ $\quad [y' = e^x \sin x]$

220 $y = (x \ln x + 1)(x^2 - 1) + x\left(1 - \dfrac{x^2}{3}\right)$ $\quad [y' = (3x^2 - 1) \ln x + 2x]$

221 $y = x \sin x - (2x - 1) \cos x$ $\quad [y' = x \cos x + 2x \sin x - 2 \cos x]$

222 **ESERCIZIO GUIDA** Calcoliamo la derivata di $y = 2x \cdot e^x \cdot \cos x$.

$y = f \cdot g \cdot z$
$y' = f' \cdot g \cdot z + f \cdot g' \cdot z + f \cdot g \cdot z'$

$y' = \underbrace{2 \cdot (1)}_{D[2x]} \cdot e^x \cdot \cos x + 2x \cdot \underbrace{e^x}_{D[e^x]} \cdot \cos x + 2x \cdot e^x \cdot \underbrace{(-\sin x)}_{D[\cos x]} = 2e^x \cdot (\cos x + x \cdot \cos x - x \cdot \sin x).$

Calcola la derivata delle seguenti funzioni.

223 $y = x \cdot e^x \cdot \ln x$ $\quad [y' = e^x \cdot (\ln x + x \cdot \ln x + 1)]$

224 $y = x \cdot \sin x \cdot (3x + 2)$ $\quad [y' = 6x \sin x + 2 \sin x + 3x^2 \cos x + 2x \cos x]$

225 $y = 2x \cdot \ln x \cdot \sin x$ $\quad [y' = 2 \cdot (\ln x \cdot \sin x + \sin x + x \cdot \ln x \cdot \cos x)]$

226 $y = x^2(x - 1)(x^3 + 2x^2)$ $\quad [y' = x^3(6x^2 + 5x - 8)]$

1602

Paragrafo 3. Operazioni con le derivate

227 $y = x \sin x \cos x$ $\qquad [y' = \sin x \cos x + x \cos^2 x - x \sin^2 x]$

228 $y = 2x(x-6)(2x-1) + 14x^2$ $\qquad [y' = 12(x-1)^2]$

Derivata del quoziente di due funzioni
▶ Teoria a p. 1573

229 **ESERCIZIO GUIDA** Calcoliamo la derivata della funzione:
$$y = \frac{3x-2}{x^2-4}.$$

$$y = \frac{f(x)}{g(x)} \to y' = \frac{f'(x)\cdot g(x) - f(x)\cdot g'(x)}{g^2(x)}$$

Se poniamo $f(x) = 3x - 2$, $g(x) = x^2 - 4$, le loro derivate sono: $f'(x) = 3$ e $g'(x) = 2x$.

Utilizzando la regola di derivazione, abbiamo:
$$y' = \frac{3\cdot(x^2-4)-(3x-2)\cdot(2x)}{(x^2-4)^2} = \frac{3x^2-12-6x^2+4x}{(x^2-4)^2} = \frac{-3x^2+4x-12}{(x^2-4)^2}.$$

Calcola la derivata delle seguenti funzioni.

230 $y = \dfrac{1}{3-x}$ $\qquad \left[y' = \dfrac{1}{(3-x)^2}\right]$

231 $y = \dfrac{5+x}{2x^2}$ $\qquad \left[y' = -\dfrac{x^2+10x}{2x^4}\right]$

232 $y = \dfrac{x^2+1}{6-x}$ $\qquad \left[y' = \dfrac{-x^2+12x+1}{(6-x)^2}\right]$

233 $y = \dfrac{x^2}{2-x^3}$ $\qquad \left[y' = \dfrac{x\cdot(x^3+4)}{(2-x^3)^2}\right]$

234 $y = \dfrac{x^2+5}{x^2-1}$ $\qquad \left[y' = \dfrac{-12x}{(x^2-1)^2}\right]$

235 $y = \dfrac{x^4}{3x+2}$ $\qquad \left[y' = \dfrac{x^3(9x+8)}{(3x+2)^2}\right]$

236 $y = \dfrac{x^2}{x^2-4x+4}$ $\qquad \left[y' = \dfrac{-4x}{(x-2)^3}\right]$

237 $y = \dfrac{3x^2-2x+1}{3x-2}$ $\qquad \left[y' = \dfrac{9x^2-12x+1}{(3x-2)^2}\right]$

238 $y = \dfrac{x^2-3}{x^2+2x+1}$ $\qquad \left[y' = \dfrac{2(x+3)}{(x+1)^3}\right]$

239 $y = \dfrac{x^2-3x+2}{x(x-1)}$ $\qquad \left[y' = \dfrac{2}{x^2}\right]$

240 $y = \dfrac{2x}{x^3-x^2-1}$ $\qquad \left[y' = -2\dfrac{2x^3-x^2+1}{(x^3-x^2-1)^2}\right]$

241 $y = \dfrac{\sin x}{x}$ $\qquad \left[y' = \dfrac{x\cos x - \sin x}{x^2}\right]$

242 $y = \dfrac{\sin x - \cos x}{\sin x + \cos x}$ $\qquad \left[y' = \dfrac{2}{1+\sin 2x}\right]$

243 $y = \dfrac{x^2}{\sin x}$ $\qquad \left[y' = \dfrac{2x\sin x + x^2\cos x}{\sin^2 x}\right]$

244 $y = \dfrac{\cos x}{x^2}$ $\qquad \left[y' = \dfrac{-x\sin x - 2\cos x}{x^2}\right]$

245 $y = \dfrac{1-3\sin x}{x^2}$ $\qquad \left[y' = \dfrac{-3x\cos x + 6\sin x - 2}{x^3}\right]$

246 $y = \dfrac{x + \cos x}{\sin x}$ $\qquad \left[y' = \dfrac{\sin x - x\cos x - 1}{\sin^2 x}\right]$

247 $y = \dfrac{\sin x \cos x}{1+\sin x}$ $\qquad \left[y' = \dfrac{1-2\sin^2 x - \sin^3 x}{(1+\sin x)^2}\right]$

248 $y = \dfrac{\ln x - 2}{x}$ $\qquad \left[y' = \dfrac{3 - \ln x}{x^2}\right]$

249 $y = \dfrac{3x^2-2}{e^x}$ $\qquad \left[y' = \dfrac{-3x^2+6x+2}{e^x}\right]$

250 $y = \dfrac{x^2}{\ln x}$ $\qquad \left[y' = \dfrac{x(2\ln x - 1)}{\ln^2 x}\right]$

251 $y = \dfrac{2\ln x}{x^2}$ $\qquad \left[y' = \dfrac{2(1-2\ln x)}{x^3}\right]$

252 $y = \dfrac{x\sin x}{e^x}$ $\qquad \left[y' = \dfrac{(1-x)\sin x + x\cos x}{e^x}\right]$

253 $y = \dfrac{x^3 - \ln x}{x}$ $\qquad \left[y' = \dfrac{2x^3 - 1 + \ln x}{x^2}\right]$

254 $y = \dfrac{(x-1)e^x}{x}$ $\qquad \left[y' = \dfrac{e^x(x^2-x+1)}{x^2}\right]$

255 $y = \dfrac{1-\ln x}{1+\ln x}$ $\qquad \left[y' = -\dfrac{2}{x(1+\ln x)^2}\right]$

256 $y = \dfrac{\ln x - x}{x^3}$ $\qquad \left[y' = \dfrac{1+2x-3\ln x}{x^4}\right]$

257 $y = \dfrac{xe^x - 4}{1+xe^x}$ $\qquad \left[y' = \dfrac{5e^x(x+1)}{(1+xe^x)^2}\right]$

258 $y = \dfrac{1+x^2 e^x}{x^2 e^x}$ $\qquad \left[y' = -\dfrac{e^{-x}(x+2)}{x^3}\right]$

1603

Capitolo 25. Derivate

259 $y = \dfrac{1 + \cos^2 x}{\sin x}$ $\left[y' = \dfrac{\cos x \, (-\sin^2 x - 2)}{\sin^2 x} \right]$

260 $y = \dfrac{e^x - 1}{e^x + 1}$ $\left[y' = \dfrac{2e^x}{e^{2x} + 2e^x + 1} \right]$

261 $y = x - \dfrac{x \ln x}{1 + \ln x}$ $\left[y' = \dfrac{\ln x}{(1 + \ln x)^2} \right]$

262 $y = \dfrac{x^2 - 4x}{x \ln x}$ $\left[y' = \dfrac{x \ln x - x + 4}{x \ln^2 x} \right]$

263 $y = \dfrac{x^2}{6 + 2x} - \dfrac{x^2 - 1}{x + 3}$ $\left[y' = \dfrac{-x^2 - 6x - 2}{2(x + 3)^2} \right]$

264 $y = \dfrac{x(\ln x - 1)}{x^2 - 4}$ $\left[y' = \dfrac{2x^2 - x^2 \ln x - 4 \ln x}{(x^2 - 4)^2} \right]$

---

265 **LEGGI IL GRAFICO** Date le funzioni f e g i cui grafici sono rappresentati in figura, calcola:

a. $D\left[\dfrac{f(x)}{g(x)} \right]$;

b. $D\left[\dfrac{g(x)}{f(x)} \right]$.

Quanto valgono le due derivate nel punto A?

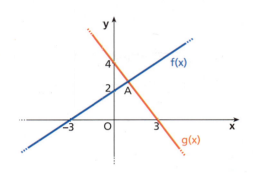

266 **YOU & MATHS** Evaluate the derivative $\dfrac{d}{dx}\left[\dfrac{f(x)g(x)}{x} \right]$ at $x = 3$, given the table below.

x	1	2	3	4	5
f(x)	5	4	1	2	3
f'(x)	4	2	3	1	5
g(x)	2	3	5	1	4
g'(x)	1	4	2	5	3

A $\dfrac{4}{3}$ **B** $\dfrac{5}{3}$ **C** $\dfrac{46}{3}$ **D** $\dfrac{46}{9}$ **E** None of these.

(USA *Arkansas Council of Teachers of Mathematics Regional Contest*)

Derivata di $y = \tan x$ e di $y = \cot x$

Calcola la derivata delle seguenti funzioni.

267 $y = \tan x - \cot x$ $\left[y' = \dfrac{1}{\cos^2 x \sin^2 x} \right]$

268 $y = 2x^2 \cdot \cot x$ $\left[y' = -\dfrac{2x^2}{\sin^2 x} + 4x \cot x \right]$

269 $y = \ln x \cdot \tan x$ $\left[y' = \dfrac{\tan x}{x} + \dfrac{\ln x}{\cos^2 x} \right]$

270 $y = \dfrac{\tan x}{x}$ $\left[y' = \dfrac{x - \sin x \cos x}{x^2 \cos^2 x} \right]$

271 $y = \dfrac{4 + \tan x}{\tan x}$ $\left[y' = -\dfrac{4}{\sin^2 x} \right]$

272 $y = \dfrac{2}{\cot x} - \tan x$ $\left[y' = \dfrac{1}{\cos^2 x} \right]$

273 $y = \cos x \cdot \cot x$ $\left[y' = -\cos x (2 + \cot^2 x) \right]$

274 $y = \dfrac{\cot x}{e^x}$ $\left[y' = -\dfrac{1 + \sin x \cos x}{e^x \sin^2 x} \right]$

275 $y = \dfrac{\tan x - 1}{\sin x - \cos x}$ $\left[y' = \dfrac{\sin x}{\cos^2 x} \right]$

276 $y = \dfrac{1 + \tan x}{\sin x + \cos x} - \dfrac{1}{\cos x}$ $\left[y' = 0 \right]$

277 $y = \dfrac{2(\tan x - 1)}{\cos x - \sin x}$ $\left[y' = -\dfrac{2 \sin x}{\cos^2 x} \right]$

278 $y = \dfrac{1 + \sin x}{\tan x}$ $\left[y' = -\sin x - \dfrac{1}{\sin^2 x} \right]$

1604

Paragrafo 4. Derivata di una funzione composta

E

ESERCIZI

4 Derivata di una funzione composta

▶ Teoria a p. 1574

279 Le funzioni $f(x)$ e $g(x)$ sono definite e derivabili in tutto $\mathbb{R}$. Sapendo che

$$g(1) = 2, \ g'(1) = 4, \ f(1) = 1, \ f'(1) = 2, \ f(2) = 3, \ f'(2) = \frac{1}{2},$$

calcola $(f \circ g)'(1)$. [2]

280 **ESERCIZIO GUIDA** Calcoliamo la derivata di $y = e^{x^3 + 2x}$.

$$y = f(g(x)) \ \rightarrow \ y' = f'(g(x)) \cdot g'(x)$$

La funzione presenta due funzioni componenti: $f(x) = e^{g(x)}$, $g(x) = x^3 + 2x$.

Deriviamo: $y' = \underbrace{e^{x^3 + 2x}}_{\substack{\text{derivata} \\ \text{dell'esponenziale}}} \cdot \underbrace{(3x^2 + 2)}_{\substack{\text{derivata del polinomio} \\ \text{all'esponente}}}$.

Calcola la derivata delle seguenti funzioni.

281 $y = e^{4x}$ $\left[y' = 4e^{4x}\right]$

282 $y = \ln(2x^2 - x)$ $\left[y' = \dfrac{4x - 1}{2x^2 - x}\right]$

283 $y = e^{\frac{2x}{x-1}}$ $\left[y' = -\dfrac{2e^{\frac{2x}{x-1}}}{(x-1)^2}\right]$

284 $y = e^{x^2 - 3x}$ $\left[y' = e^{x^2 - 3x}(2x - 3)\right]$

285 $y = e^{-x}$ $\left[y' = -e^{-x}\right]$

286 $y = 5\ln(x^2 + 3)$ $\left[y' = \dfrac{10x}{x^2 + 3}\right]$

287 $y = \ln(x^2 - 1) + 5$ $\left[y' = \dfrac{2x}{x^2 - 1}\right]$

288 $y = e^{x^2 - 2}$ $\left[y' = 2xe^{x^2 - 2}\right]$

289 $y = \ln(x^4 - 3x^2)$ $\left[y' = \dfrac{4x^2 - 6}{x^3 - 3x}\right]$

290 $y = \ln\dfrac{1 - x}{1 + x}$ $\left[y' = \dfrac{2}{x^2 - 1}\right]$

291 $y = \sin 5x$ $\left[y' = 5\cos 5x\right]$

292 $y = \cos x^3$ $\left[y' = -3x^2 \sin x^3\right]$

293 $y = 3\cos 4x$ $\left[y' = -12\sin 4x\right]$

294 $y = \tan 4x^4$ $\left[y' = \dfrac{16x^3}{\cos^2 4x^4}\right]$

295 $y = \cot 5x$ $\left[y' = -\dfrac{5}{\sin^2 5x}\right]$

296 $y = \tan(3x^2 - 2)$ $\left[y' = \dfrac{6x}{\cos^2(3x^2 - 2)}\right]$

297 $y = 5\sin x^4$ $\left[y' = 20x^3 \cos x^4\right]$

298 $y = \cot(x^3 + 1)$ $\left[y' = -\dfrac{3x^2}{\sin^2(x^3 + 1)}\right]$

299 $y = e^{2x} + 2e^{-x}$ $\left[y' = 2(e^{2x} - e^{-x})\right]$

300 $y = 4\ln 3x + \ln x$ $\left[y' = \dfrac{5}{x}\right]$

301 $y = \sqrt{2x} + \sqrt{e^{2x} + 1}$ $\left[y' = \dfrac{1}{\sqrt{2x}} + \dfrac{e^{2x}}{\sqrt{e^{2x} + 1}}\right]$

302 $y = \ln(2\ln x)$ $\left[y' = \dfrac{1}{x\ln x}\right]$

303 $y = e^{-\sqrt{x}}(2 - \sqrt{x})$ $\left[y' = \dfrac{e^{-\sqrt{x}}(\sqrt{x} - 3)}{2\sqrt{x}}\right]$

304 $y = \ln\tan x + \ln\cos x$ $\left[y' = \dfrac{1}{\tan x}\right]$

305 **ESERCIZIO GUIDA** Calcoliamo la derivata di
$y = \ln\sin(x^4 - 2)$.

$$y = f(g(z(x))) \rightarrow y' = f'(g(z(x))) \cdot g'(z(x)) \cdot z'(x)$$

▶

1605

Capitolo 25. Derivate

La funzione presenta tre funzioni componenti:

$$f(x) = \ln g(x), \quad g(x) = \sin z(x) \quad \text{e} \quad z(x) = x^4 - 2.$$

Utilizzando la regola di derivazione delle funzioni composte, otteniamo:

$$y = \ln \sin (x^4 - 2)$$

$$y' = \frac{1}{\sin (x^4 - 2)} \cdot \cos (x^4 - 2) \cdot 4x^3.$$

- derivata del logaritmo
- derivata del seno
- derivata del polinomio

Calcola la derivata delle seguenti funzioni.

306 $y = \sin \ln 2x$ $\quad \left[y' = \dfrac{\cos \ln 2x}{x} \right]$

307 $y = \ln \sin 3x$ $\quad [y' = 3 \cot 3x]$

308 $y = 4 \sin \ln \dfrac{x}{2}$ $\quad \left[y' = \dfrac{4}{x} \cos \ln \dfrac{x}{2} \right]$

309 $y = \cos \ln 2x^2$ $\quad \left[y' = -\dfrac{2 \sin \ln 2x^2}{x} \right]$

310 $y = e^{\sin x^2}$ $\quad [y' = 2x \cos x^2 \cdot e^{\sin x^2}]$

311 $y = \tan \sqrt{x}$ $\quad \left[y' = \dfrac{1}{2\sqrt{x} \cos^2 \sqrt{x}} \right]$

312 $y = \ln \cos \sqrt{2x}$ $\quad \left[y' = -\dfrac{\tan \sqrt{2x}}{\sqrt{2x}} \right]$

313 $y = \ln(e^{2x} - 1)$ $\quad \left[y' = \dfrac{2e^{2x}}{e^{2x} - 1} \right]$

314 $y = \sqrt{\sin 2x}$ $\quad \left[y' = \dfrac{\cos 2x}{\sqrt{\sin 2x}} \right]$

315 $y = e^{\sqrt{x^2 + 1}}$ $\quad \left[y' = \dfrac{x \cdot e^{\sqrt{x^2 + 1}}}{\sqrt{x^2 + 1}} \right]$

316 $y = \sqrt{\cos \sqrt{x}}$ $\quad \left[y' = \dfrac{-\sin \sqrt{x}}{4\sqrt{x}\sqrt{\cos \sqrt{x}}} \right]$

317 $y = \ln \sqrt{\dfrac{1+x}{1-x}}$ $\quad \left[y' = \dfrac{1}{1 - x^2} \right]$

318 $y = \ln \dfrac{\sqrt{4 + x^2}}{x}$ $\quad \left[y' = \dfrac{-4}{x(4 + x^2)} \right]$

319 $y = \ln (\cos \sqrt{x^2 + 1})$ $\quad \left[y' = -x \cdot \dfrac{\tan \sqrt{x^2 + 1}}{\sqrt{x^2 + 1}} \right]$

320 $y = \ln \tan \dfrac{x}{2} - \dfrac{1}{\sin x}$ $\quad \left[y' = \dfrac{\sin x + \cos x}{\sin^2 x} \right]$

321 $y = \ln \cos \dfrac{x^2 - 1}{x^2 + 1}$ $\quad \left[y' = -\dfrac{4x}{(x^2 + 1)^2} \cdot \tan \dfrac{x^2 - 1}{x^2 + 1} \right]$

Derivata della potenza di una funzione, $y = [f(x)]^\alpha$, $\alpha \in \mathbb{R}$

322 ESERCIZIO GUIDA Calcoliamo la derivata di $y = \dfrac{1}{(7x - 3)^4}$.

La funzione $y = \dfrac{1}{(7x - 3)^4}$ può essere scritta $y = (7x - 3)^{-4}$.

Utilizziamo la regola: $\boxed{D[f(x)]^\alpha = \alpha [f(x)]^{\alpha - 1} \cdot f'(x), \ \alpha \in \mathbb{R}.}$

Quindi: $y' = -4 \cdot (7x - 3)^{-4-1} \cdot (7) = -28 \cdot (7x - 3)^{-5} = -\dfrac{28}{(7x - 3)^5}$.

Calcola la derivata delle seguenti funzioni.

323 $y = (x^3 - x^2 + 1)^3$
$\quad [y' = 3x \cdot (x^3 - x^2 + 1)^2 \cdot (3x - 2)]$

324 $y = (2x^2 - 3x + 1)^2$ $\quad [y' = 2 \cdot (2x^2 - 3x + 1) \cdot (4x - 3)]$

325 $y = \dfrac{3}{(2x - 1)^2}$ $\quad \left[y' = -\dfrac{12}{(2x - 1)^3} \right]$

326 $y = \sqrt[3]{3x + 1}$ $\quad \left[y' = \dfrac{1}{\sqrt[3]{(3x + 1)^2}} \right]$

1606

Riepilogo: Operazioni con le derivate e funzioni composte

327 $y = (2 + \sin x)^4$ $\quad [y' = 4(2 + \sin x)^3 \cos x]$

328 $y = 4x^2 + \cos^2 x$ $\quad [y' = 8x - \sin 2x]$

329 $y = 2\sin^2 x$ $\quad [y' = 4\sin x \cos x]$

330 $y = (2x-1)^5 + \cos^2 x$ $\quad [y' = 10(2x-1)^4 - \sin 2x]$

331 $y = x^4 + \ln^2 x$ $\quad \left[y' = 4x^3 + \dfrac{2\ln x}{x}\right]$

332 $y = (\ln x + 1)^8$ $\quad \left[y' = \dfrac{8(\ln x + 1)^7}{x}\right]$

333 $y = 5 + \ln^2 x$ $\quad \left[y' = \dfrac{2\ln x}{x}\right]$

334 $y = \dfrac{1}{\ln^2 x}$ $\quad \left[y' = -\dfrac{2}{x \ln^3 x}\right]$

335 $y = \cos^8 2x$ $\quad [y' = -16 \sin 2x \cos^7 2x]$

336 $y = \ln^4 \cos x$ $\quad [y' = -4 \tan x \ln^3 \cos x]$

337 $y = (\cos^2 x - \cos 2x)^2$ $\quad [y' = 4\sin^3 x \cos x]$

338 $y = \sin^2 x \cot x$ $\quad [y' = 2\cos^2 x - 1]$

339 $y = \dfrac{x^3}{(x^2 - 1)^2}$ $\quad \left[y' = -\dfrac{x^2(x^2 + 3)}{(x^2 - 1)^3}\right]$

340 $y = \dfrac{x^2 + 5}{(x + 1)^2}$ $\quad \left[y' = \dfrac{2(x - 5)}{(x + 1)^3}\right]$

341 $y = \dfrac{(2x + 1)^2}{(x - 2)^3}$ $\quad \left[y' = \dfrac{(2x + 1)(-2x - 11)}{(x - 2)^4}\right]$

342 $y = \sqrt[4]{\sin^3(x^2 - 3)}$ $\quad \left[y' = \dfrac{3x \cos(x^2 - 3)}{2\sqrt[4]{\sin(x^2 - 3)}}\right]$

---

343 **YOU & MATHS** If $g(\theta) = e^{e^{\theta} + e^{-\theta}}$, then $g'(\ln 2)$ equals:

A 1. $\quad$ B $e^{\frac{5}{2}}$. $\quad$ C $\dfrac{3}{2} e^{\frac{5}{2}}$. $\quad$ D 4. $\quad$ E None of the above.

(USA *Florida Gulf Coast University Mathematics Competition*)

344 **IN FISICA** **Bacchette in forno** Una bacchetta in acciaio lunga 30 cm viene messa in un forno. Dalla temperatura iniziale $T_0 = 20$ °C si raggiungono linearmente i 160 °C in 10 minuti. Per effetto del calore la bacchetta si dilata secondo la legge $l = l_0(1 + \lambda \Delta T)$; il coefficiente di dilatazione lineare per l'acciaio vale

$\lambda = 17 \cdot 10^{-6}$ °C^{-1}.

a. Scrivi l'espressione analitica delle funzioni lineari che descrivono la temperatura T e la lunghezza l della bacchetta in funzione del tempo, misurato in minuti.
b. Determina la velocità di allungamento della bacchetta in funzione del tempo. $\quad$ [b) $7{,}140 \cdot 10^{-3}$ cm/min]

Allenati con **15 esercizi interattivi** con feedback "hai sbagliato, perché..."

su.zanichelli.it/tutor3 $\quad$ risorsa riservata a chi ha acquistato l'edizione con tutor

---

Riepilogo: Operazioni con le derivate e funzioni composte

345 **ASSOCIA** a ogni funzione la sua derivata.

a. $y = 3x^2 + 1$ $\quad$ b. $y = \dfrac{x - 2}{x + 1}$ $\quad$ c. $y = 2x^3$ $\quad$ d. $y = \dfrac{1}{x - 1}$

1. $y' = \dfrac{3}{(x + 1)^2}$ $\quad$ 2. $y' = -\dfrac{1}{(x - 1)^2}$ $\quad$ 3. $y' = 6x$ $\quad$ 4. $y' = 6x^2$

346 **TEST** La derivata di $y = \ln x^3 + 4$ è:

A $y' = \dfrac{3x^2}{x^3 + 4}$. $\quad$ B $y' = \dfrac{3 \ln x^2}{x}$. $\quad$ C $y' = \dfrac{1}{x^3 + 4}$. $\quad$ D $y' = \dfrac{3}{x}$. $\quad$ E $y' = \dfrac{1}{x^3}$.

Capitolo 25. Derivate

347 **CACCIA ALL'ERRORE**

a. $y = \cos(5x+1) \rightarrow y' = -\sin x \cdot 5$
b. $y = \ln x^3 \rightarrow y' = \ln x^3 \cdot 3x^2$
c. $y = \sqrt{\cos x} \rightarrow y' = \dfrac{1}{2\sqrt{-\sin x}}$
d. $y = e^{x^2+2x} \rightarrow y' = e^{x^2+2x} + 2x + 2$

348 **TEST** La derivata di $y = f(x^2 + 1)$ è:

A $y' = 2xf'(x)$.
B $y' = (x^2 + 1)f(x^2 + 1)$.
C $y' = 2xf'(x^2 + 1)$.
D $y' = (2x + 1)f'(x^2 + 1)$.
E $y' = 2xf(x^2 + 1)$.

RIFLETTI SULLA TEORIA Verifica che entrambe le funzioni hanno la stessa derivata. Spiega perché.

349 $y = 5\ln x$ e $y = \ln(2x)^5$ **350** $y = \cos 2x$ e $y = 2\cos^2 x + 3$ **351** $y = \dfrac{1}{2}\ln(x-1)$ e $y = \ln\dfrac{4\sqrt{x-1}}{3}$

352 **LEGGI IL GRAFICO** Date le funzioni f e g i cui grafici in figura sono rispettivamente una parabola e una retta, siano $z(x) = f(g(x))$ e $w(x) = g(f(x))$. Calcola $z'(1)$ e $w'(2)$.

353 Considera la funzione $f(x) = 3x^2$ e verifica che per ogni coppia di numeri reali x_1 e x_2 si ha:
$$f(x_2) - f(x_1) = (x_2 - x_1)\, f'\!\left(\dfrac{x_1 + x_2}{2}\right).$$

354 Se $y = f(x^2)$, quanto vale y'?

355 Trova una funzione $y = f(g(x))$ che ha come derivata $y' = 3x^2 \sin(x^3 + 2)$.

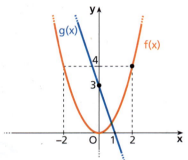

Calcola la derivata delle seguenti funzioni.

356 $y = \dfrac{1}{x^2 - 1}$ $\left[y' = \dfrac{-2x}{(x^2-1)^2}\right]$

357 $y = (5x^2 + 2)\cdot(x^2 - 4)^3$ $[y' = (x^2 - 4)^2(40x^3 - 28x)]$

358 $y = \sqrt{6x - 5}$ $\left[y' = \dfrac{3}{\sqrt{6x-5}}\right]$

359 $y = \dfrac{1}{x^2} + 3\sin^4 x$ $\left[y' = -\dfrac{2}{x^3} + 12\sin^3 x \cos x\right]$

360 $y = \sqrt[3]{\cos x}$ $\left[y' = -\dfrac{\sin x}{3\sqrt[3]{\cos^2 x}}\right]$

361 $y = x\ln^2 x$ $[y' = \ln x(\ln x + 2)]$

362 $y = \sqrt{e^x}$ $\left[y' = \dfrac{1}{2}\sqrt{e^x}\right]$

363 $y = \ln x \cdot \sin^2 x$ $\left[y' = \dfrac{\sin^2 x}{x} + \sin 2x \ln x\right]$

364 $y = (x^3 + 3x + 1)^3$ $[y' = 9(x^2 + 1)(x^3 + 3x + 1)^2]$

365 $y = (2 + 3x^3)^4$ $[y' = 36x^2(2 + 3x^3)^3]$

366 $y = \dfrac{2}{(x^3 + 2)^2}$ $\left[y' = -\dfrac{12x^2}{(x^3+2)^3}\right]$

367 $y = \sqrt[3]{x^3 - 3x}$ $\left[y' = \dfrac{x^2 - 1}{\sqrt[3]{(x^3-3x)^2}}\right]$

368 $y = \sqrt[4]{2x^3 - 3x^2}$ $\left[y' = \dfrac{3x^2 - 3x}{2\sqrt[4]{(2x^3-3x^2)^3}}\right]$

369 $y = 3\sin^4 x$ $[y' = 12\sin^3 x \cdot \cos x]$

370 $y = \dfrac{1}{(\sin 3x - 1)^3}$ $\left[y' = -\dfrac{9\cos 3x}{(\sin 3x - 1)^4}\right]$

371 $y = \cot^2 x$ $\left[y' = \dfrac{-2\cot x}{\sin^2 x}\right]$

372 $y = \sqrt[3]{\tan x}$ $\left[y' = \dfrac{1}{3\sqrt[3]{\tan^2 x} \cdot \cos^2 x}\right]$

373 $y = \dfrac{(3x-2)^2}{(x-1)^3}$ $\left[y' = \dfrac{3x(2-3x)}{(x-1)^4}\right]$

Riepilogo: Operazioni con le derivate e funzioni composte

374 $y = (3\sqrt[3]{x} - 2)^4$ $\qquad \left[y' = \dfrac{4(3\sqrt[3]{x} - 2)^3}{\sqrt[3]{x^2}}\right]$

375 $y = \dfrac{x^2 - 2x}{x + 1}$ $\qquad \left[y' = \dfrac{x^2 + 2x - 2}{(x + 1)^2}\right]$

376 $y = \dfrac{x^2 - 4x + 3}{x^2 - 4x + 4}$ $\qquad \left[y' = \dfrac{2}{(x - 2)^3}\right]$

377 $y = \dfrac{x^4}{4} + \dfrac{4}{x^4}$ $\qquad \left[y' = \dfrac{x^8 - 16}{x^5}\right]$

378 $y = -x(x - 2)^2$ $\qquad [y' = -3x^2 + 8x - 4]$

379 $y = \sqrt{6x - x^2}$ $\qquad \left[y' = \dfrac{3 - x}{\sqrt{6x - x^2}}\right]$

380 $y = \dfrac{x^2 - x - 2}{x^2 - 2x}$ $\qquad \left[y' = -\dfrac{1}{x^2}\right]$

381 $y = 2x - \dfrac{1}{x} + 2$ $\qquad \left[y' = 2 + \dfrac{1}{x^2}\right]$

382 $y = 1 - \sqrt{2x - x^2}$ $\qquad \left[y' = \dfrac{x - 1}{\sqrt{2x - x^2}}\right]$

383 $y = \dfrac{8x + 2}{\sqrt[4]{4x + 1}}$ $\qquad \left[y' = \dfrac{6}{\sqrt[4]{4x + 1}}\right]$

384 $y = \ln^2(x^2 - 1)$ $\qquad \left[y' = \dfrac{4x \ln(x^2 - 1)}{x^2 - 1}\right]$

385 $y = e^{\ln^2 x}$ $\qquad \left[y' = \dfrac{2 \ln x \cdot e^{\ln^2 x}}{x}\right]$

386 $y = x^2 \ln 3x^2$ $\qquad [y' = 2x(\ln 3x^2 + 1)]$

387 $y = \dfrac{\ln(1 - x^2)}{x}$ $\qquad \left[y' = -\dfrac{2}{1 - x^2} - \dfrac{\ln(1 - x^2)}{x^2}\right]$

388 $y = \ln \dfrac{3x^2 - 1}{x}$ $\qquad \left[y' = \dfrac{3x^2 + 1}{x(3x^2 - 1)}\right]$

389 $y = 2 \ln x - \sqrt{\ln x}$ $\qquad \left[y' = \dfrac{1}{x}\left(2 - \dfrac{1}{2\sqrt{\ln x}}\right)\right]$

390 $y = \ln(3x - 1)^2 - \dfrac{4}{3x - 1}$ $\qquad \left[y' = \dfrac{6(3x + 1)}{(3x - 1)^2}\right]$

391 $y = 2^{2x+3} - 8 \cdot 4^x$ $\qquad [y' = 0]$

392 $y = e^{3x+1}(3x - 2)^2$ $\qquad [y' = 9xe^{3x+1}(3x - 2)]$

393 $y = e^{4x} + \dfrac{1}{\sqrt{e^x}}$ $\qquad \left[y' = \dfrac{8\sqrt{e^{9x}} - 1}{2\sqrt{e^x}}\right]$

394 $y = e^{\sqrt{x}} + \ln \sqrt{x}$ $\qquad \left[y' = \dfrac{\sqrt{x}\,e^{\sqrt{x}} + 1}{2x}\right]$

395 $y = \dfrac{x \ln x}{\sqrt{x}}$ $\qquad \left[y' = \dfrac{\ln x + 2}{2\sqrt{x}}\right]$

396 $y = \ln \dfrac{x}{2 - x}$ $\qquad \left[y' = -\dfrac{2}{x^2 - 2x}\right]$

397 $y = e^{\frac{x+2}{x-1}}$ $\qquad \left[y' = -\dfrac{3}{(x - 1)^2} \cdot e^{\frac{x+2}{x-1}}\right]$

398 $y = \dfrac{xe^x}{4 - e^x}$ $\qquad \left[y' = \dfrac{e^x(4x + 4 - e^x)}{(e^x - 4)^2}\right]$

399 $y = \dfrac{-4\ln^2 x}{1 + \ln x}$ $\qquad \left[y' = \dfrac{-4\ln^2 x - 8\ln x}{x(\ln x + 1)^2}\right]$

400 $y = \dfrac{2 - \ln x}{x^2}$ $\qquad \left[y' = \dfrac{2\ln x - 5}{x^3}\right]$

401 $y = xe^x - x$ $\qquad [y' = xe^x + e^x - 1]$

402 $y = x^2 e^x$ $\qquad [y' = xe^x(2 + x)]$

403 $y = \dfrac{1 + e^x}{1 - e^x}$ $\qquad \left[y' = \dfrac{2e^x}{(1 - e^x)^2}\right]$

404 $y = \dfrac{1}{xe^x}$ $\qquad \left[y' = -\dfrac{x + 1}{x^2 e^x}\right]$

405 $y = \dfrac{1}{2} \ln^2 x - \ln x^2$ $\qquad \left[y' = \dfrac{\ln x - 2}{x}\right]$

406 $y = \dfrac{1 - \sin x}{1 + \sin x}$ $\qquad \left[y' = -\dfrac{2\cos x}{(1 + \sin x)^2}\right]$

407 $y = \sin^3 x^2$ $\qquad [y' = 6x \sin^2 x^2 \cos x^2]$

408 $y = 2 \tan^2 x^3$ $\qquad \left[y' = \dfrac{12x^2 \cdot \tan x^3}{\cos^2 x^3}\right]$

409 $y = \sin^2 x - \tan(x^2 - 1)$ $\qquad \left[y' = \sin 2x - \dfrac{2x}{\cos^2(x^2 - 1)}\right]$

410 $y = \sin^2 x \cos x$ $\qquad [y' = \sin x(3\cos^2 x - 1)]$

411 $y = 3 \tan^3 x + \tan x$ $\qquad \left[y' = \dfrac{9\tan^2 x + 1}{\cos^2 x}\right]$

412 $y = 2 \tan^2 5x - 3 \cot 2x$ $\qquad \left[y' = \dfrac{20 \tan 5x}{\cos^2 5x} + \dfrac{6}{\sin^2 2x}\right]$

413 $y = x \cdot \cos^3 5x$ $\qquad [y' = \cos^2 5x(\cos 5x - 15x \sin 5x)]$

414 $y = \dfrac{1}{\sqrt{\tan x}}$ $\qquad \left[y' = -\dfrac{1}{\sin 2x\sqrt{\tan x}}\right]$

415 $y = \tan^2 \sqrt{x}$ $\qquad \left[y' = \dfrac{\tan \sqrt{x}}{\sqrt{x} \cdot \cos^2 \sqrt{x}}\right]$

416 $y = \sqrt{\tan 4x^2}$ $\qquad \left[y' = \dfrac{4x}{\cos^2 4x^2 \cdot \sqrt{\tan 4x^2}}\right]$

417 $y = \ln \sin^2 x$ $\qquad [y' = 2 \cot x]$

418 $y = \ln^3 \sin x^2$ $\qquad [y' = 6x \cdot \cot x^2 \cdot \ln^2 \sin x^2]$

Capitolo 25. Derivate

419 $y = \ln\dfrac{x^2-1}{2x+3}$ $\left[y' = \dfrac{2(x^2+3x+1)}{(x^2-1)(2x+3)}\right]$

420 $y = \dfrac{\sqrt[3]{x}}{e^{x^2}}$ $\left[y' = \dfrac{1-6x^2}{3e^{x^2}\cdot\sqrt[3]{x^2}}\right]$

421 $y = \sqrt[4]{\ln x^3}$ $\left[y' = \dfrac{3}{4x\sqrt[4]{\ln^3 x^3}}\right]$

422 $y = \ln\sqrt{x^2+2x+4}$ $\left[y' = \dfrac{x+1}{x^2+2x+4}\right]$

423 $y = \sqrt[3]{(e^{x^2+1}-2)^2}$ $\left[y' = \dfrac{4x\cdot e^{x^2+1}}{3\sqrt[3]{e^{x^2+1}-2}}\right]$

424 $y = \ln^2\sqrt{x^2+4}$ $\left[y' = \dfrac{2x\cdot\ln\sqrt{x^2+4}}{x^2+4}\right]$

425 $y = \dfrac{x\ln x - x + 1}{1 - x\ln x}$ $\left[y' = \dfrac{2\ln x - x + 1}{(1-x\ln x)^2}\right]$

426 $y = \dfrac{1}{2}\tan^2 x + \ln\cos x + \tan^2\dfrac{\pi}{3}$ $[y' = \tan^3 x]$

427 $y = \dfrac{3\sin 2x}{2\cos x(1+\sin^2 x)}$ $\left[y' = \dfrac{3\cos^3 x}{(1+\sin^2 x)^2}\right]$

428 $y = \dfrac{xe^{4x^2}}{x-1}$ $\left[y' = \dfrac{e^{4x^2}(8x^3-8x^2-1)}{(x-1)^2}\right]$

429 $y = x\cos\left(\ln x - \dfrac{3}{4}\pi\right)$ $[y' = \sqrt{2}\sin\ln x]$

430 $y = \ln\dfrac{1}{x-\sqrt{x^2+1}}$ $\left[y' = \dfrac{1}{\sqrt{x^2+1}}\right]$

431 $y = \ln\dfrac{\sqrt{x^2+1}+x}{\sqrt{x^2+1}-x}$ $\left[y' = \dfrac{2}{\sqrt{x^2+1}}\right]$

432 $y = \dfrac{1}{2\sqrt{x}}\ln^4 x$ $\left[y' = \dfrac{\ln^3 x}{4x\sqrt{x}}(8-\ln x)\right]$

433 $y = \dfrac{\sqrt{x^2+1}}{2^x}$ $\left[y' = \dfrac{-(x^2+1)\cdot\ln 2 + x}{2^x\cdot\sqrt{x^2+1}}\right]$

434 $y = \dfrac{2\tan\dfrac{x}{2}}{1+\tan^2\dfrac{x}{2}}$ $[y' = \cos x]$

435 $y = \sin^2 x^4$ $[y' = 4x^3\sin 2x^4]$

436 $y = \dfrac{1-\tan^2 x}{1+\tan^2 x}$ $[y' = -2\sin 2x]$

437 $y = \ln(9-x) - \ln\dfrac{3-\sqrt{x}}{3+\sqrt{x}}$ $\left[y' = \dfrac{3-\sqrt{x}}{\sqrt{x}(9-x)}\right]$

438 $y = \ln(1+\cos^2 x^3)$ $\left[y' = \dfrac{-6x^2\cos x^3\sin x^3}{1+\cos^2 x^3}\right]$

439 $y = x\sqrt{1+x^2} - \ln(x+\sqrt{1+x^2})$ $\left[y' = \dfrac{2x^2}{\sqrt{1+x^2}}\right]$

440 $y = \ln(x-\sqrt{5+x^2})$ $\left[y' = \dfrac{-1}{\sqrt{5+x^2}}\right]$

---

441 Calcola, applicando la definizione, la derivata di $y = \sin^3 x$ e conferma il risultato con le regole di derivazione.

442 Utilizzando la definizione, calcola la derivata di $y = 2xe^{x-1}$ nel punto $x = 2$ e conferma il risultato con le regole di derivazione.

443 Siano f e g funzioni derivabili con alcuni valori delle funzioni e delle loro derivate dati nella tabella a fianco. Qual è la derivata di $f(g(x))$ in $x = 2$?
(USA *Texas A&M University Math Contest*)
[16]

	x			
	1	2	3	4
f(x)	2	4	3	1
f'(x)	4	3	2	1
g(x)	3	1	4	2
g'(x)	2	4	1	2

444 **EUREKA!** Sia $f(x) = (x-a)^n$, dove a è un parametro reale e n è un numero intero maggiore o uguale a 2. Se i grafici di $y = f(x)$ e $y = f'(x)$ sono rappresentati nello stesso sistema di assi, il numero dei loro punti di intersezione:

A è sempre dispari.

B è sempre pari.

C dipende da a ma non da n.

D dipende da n ma non da a.

E dipende sia da a sia da n.

(GB *University of Oxford-Imperial College London, Mathematics Admissions Test*)

445 **EUREKA!** Se il grafico della funzione u passa per l'origine con pendenza -1, trova $v'(3)$, sapendo che $v(x) = x\cdot u(x^2+4x-21)$.

A -1 **B** -3 **C** -30 **D** 0 **E** Nessuna delle precedenti.

(USA *Florida Gulf Coast University Invitational Mathematics Competition*)

1610

Paragrafo 5. Derivata di [f(x)]^g(x)

REALTÀ E MODELLI

446

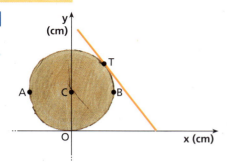

Falegnameria Un'asse di legno è appoggiata a un tronco la cui sezione circolare ha un raggio di 10 cm, come mostra la figura.

a. Verifica che l'equazione della semicirconferenza $\widehat{ATB}$ è
$$y = 10 + \sqrt{100 - x^2}.$$

b. Calcola con le derivate il coefficiente angolare della tangente nel punto di appoggio T che ha ordinata 16.

$$\left[b) -\frac{4}{3} \right]$$

447 **Quanti semi** Nello studio in laboratorio di una pianta, si interra un certo numero di semi alla temperatura iniziale di 5 °C. La percentuale di semi che germogliano entro una settimana, in base alla temperatura T a cui viene portato poi il terreno, è data dalla funzione, detta *sigmoide*, $G(T) = \dfrac{a}{1 + e^{5-T}}$.

a. Determina il valore di a, sapendo che $\lim\limits_{T \to +\infty} G(T) = 100$, e sostituiscilo nella funzione.

b. Per semplificare lo studio nell'intervallo di temperature 4 °C $\leq T \leq$ 6 °C, la curva a sigmoide può essere ben approssimata dalla retta tangente al grafico della funzione nel suo punto di ascissa 5. Determina l'equazione di tale retta.

$$[a)\ 100;\ b)\ G = 25T - 75]$$

448 **Curva della memoria** Nessuno riesce a ricordare tutto quello che apprende. Secondo la curva della memoria di Ebbinghaus, la percentuale di conoscenze che rimangono impresse dopo t settimane dall'apprendimento segue una curva descritta dalla funzione:

$$P(t) = M + (100 - M)e^{-kt}.$$

Sostituisci nella funzione i parametri di Riccardo indicati in figura, quindi:

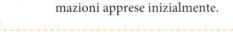

a. calcola il limite di $P(t)$ per t che tende a $+\infty$ e stabilisci il significato di M;

b. determina la velocità con cui varia $P(t)$ nel tempo;

c. stabilisci per quale valore di t il valore assoluto della velocità di variazione di $P(t)$ risulta uguale a 10; ciò equivale a dire che da quell'istante in poi Riccardo dimentica, ogni settimana, meno del 10% delle informazioni apprese inizialmente.

$$\left[a)\ 40;\ b)\ P'(t) = -30e^{-\frac{t}{2}} \right]$$

5 Derivata di [f(x)]^g(x)

▶ Teoria a p. 1576

449 **ESERCIZIO GUIDA** Calcoliamo la derivata di $y = x^x$.

Il dominio della funzione è $x > 0$, quindi è anche $x^x > 0$. Possiamo allora calcolare i logaritmi dei due membri:

$$\ln y = \ln x^x \quad \to \quad \ln y = x \cdot \ln x.$$

per la proprietà $\log_a b^c = c \log_a b$

Deriviamo entrambi i membri, osservando che al primo membro abbiamo y che è una funzione composta, mentre al secondo membro abbiamo un prodotto di due funzioni:

$$\frac{1}{y} \cdot y' = \ln x + x \cdot \frac{1}{x} \quad \to \quad y' = y \cdot (\ln x + 1).$$

isoliamo y'

Essendo $y = x^x$, otteniamo: $y' = x^x \cdot (\ln x + 1)$.

1611

Capitolo 25. Derivate

ESERCIZI

Calcola la derivata delle seguenti funzioni.

450 $y = x^{2x+1}$ $\left[y' = x^{2x+1}\left(2\ln x + \dfrac{1}{x} + 2\right)\right]$

451 $y = x^{x^2}$ $\left[y' = x^{x^2+1}(2\ln x + 1)\right]$

452 $y = (x+2)^{x+1}$

$$\left[y' = (x+2)^{x+1}\left[\ln(x+2) + \dfrac{x+1}{x+2}\right]\right]$$

453 $y = x^{\cos x}$ $\left[y' = x^{\cos x}\left(\dfrac{\cos x}{x} - \sin x \ln x\right)\right]$

454 $y = x^{\frac{2}{x}}$ $\left[y' = x^{\frac{2}{x}}\left[\dfrac{2}{x^2}(1 - \ln x)\right]\right]$

455 $y = x^{\sqrt{x}}$ $\left[y' = x^{\sqrt{x}}\left[\dfrac{1}{\sqrt{x}}\left(\dfrac{\ln x}{2} + 1\right)\right]\right]$

456 $y = (x-1)^x$ $\left[y' = (x-1)^x \cdot \left[\ln(x-1) + \dfrac{x}{x-1}\right]\right]$

457 $y = (\ln x)^x$ $\left[y' = (\ln x)^x \cdot \left[\ln(\ln x) + \dfrac{1}{\ln x}\right]\right]$

458 $y = x^{\ln x}$ $\left[y' = 2x^{\ln x}\dfrac{\ln x}{x}\right]$

459 $y = (\sqrt{x})^x$ $\left[y' = \dfrac{(\sqrt{x})^x}{2}(\ln x + 1)\right]$

460 $y = (2x^2)^{x^2}$ $\left[y' = 2x(2x^2)^{x^2}(\ln 2x^2 + 1)\right]$

461 $y = (\sin x)^x$ $\left[y' = (\sin x)^x(\ln \sin x + x\cot x)\right]$

462 $y = (\sin x)^{\ln x}$

$$\left[y' = (\sin x)^{\ln x} \cdot \left(\dfrac{\ln \sin x}{x} + \ln x \cdot \cot x\right)\right]$$

463 $y = x^{e^x}$ $\left[y' = x^{e^x}e^x\left(\ln x + \dfrac{1}{x}\right)\right]$

464 **YOU & MATHS** For $x > 0$, let $f(x) = x^x$. Find all values of x for which $f(x) = f'(x)$.

(USA *Harvard-MIT Mathematics Tournament*)

$[x = 1]$

---

6 Derivata della funzione inversa

▶ Teoria a p. 1577

465 **ESERCIZIO GUIDA** Per calcolare la derivata di $y = e^{3x}$, determiniamo prima la sua funzione inversa e poi utilizziamo la regola di derivazione della funzione inversa.

Troviamo la funzione inversa. Applichiamo il logaritmo a entrambi i membri di $y = e^{3x}$:

$$\ln y = \ln e^{3x} \;\rightarrow\; \ln y = 3x\ln e \;\rightarrow\; \ln y = 3x \;\rightarrow\; x = \dfrac{\ln y}{3}.$$

Applichiamo la regola di derivazione della funzione inversa:

$$\boxed{D\, f^{-1}(y) = \dfrac{1}{f'(x)}, \text{con } x = f^{-1}(y)}$$

$$D e^{3x} = \dfrac{1}{D\left(\dfrac{\ln y}{3}\right)} = \dfrac{1}{\dfrac{1}{3y}} = 3y \;\rightarrow\; D e^{3x} = 3e^{3x}.$$

Calcola la derivata delle seguenti funzioni, determinando prima la loro funzione inversa e poi applicando la regola di derivazione della funzione inversa. Verifica i risultati con le regole di derivazione che già conosci.

466 $y = 5x;$ $\qquad y = x - 2.$

467 $y = 4\ln x;$ $\qquad y = \dfrac{x}{3} + 1.$

468 $y = x^3;$ $\qquad y = \sqrt[3]{x}.$

469 $y = \sqrt{x};$ $\qquad y = 5e^{4x}.$

470 **ESERCIZIO GUIDA** Data $f(x) = 2e^{2x}$, calcoliamo la derivata della funzione inversa $x = g(y)$ in $y_0 = 2$.

Determiniamo il punto x_0 tale che $f(x_0) = y_0$:

$$2e^{2x} = 2 \;\rightarrow\; e^{2x} = 1 \;\rightarrow\; 2x = 0.$$

Quindi $x_0 = 0$. Poiché $f'(x) = 4e^{2x}$, applicando la regola di derivazione della funzione inversa, otteniamo:

$$g'(2) = \dfrac{1}{f'(0)} = \dfrac{1}{4e^{2\cdot 0}} = \dfrac{1}{4}.$$

1612

Paragrafo 6. Derivata della funzione inversa

Data la funzione $y = f(x)$, calcola la derivata della funzione inversa $x = g(y)$ nel punto y_0 indicato a fianco.

471 $f(x) = 4x + \ln x$, $\quad y_0 = 4$. $\qquad \left[g'(4) = \dfrac{1}{5}\right]$

472 $f(x) = x + 1 + \arctan x$ $\quad y_0 = 1$. $\qquad \left[g'(1) = \dfrac{1}{2}\right]$

473 $f(x) = e^{x-1} + x$, $\quad y_0 = 2$. $\qquad \left[g'(2) = \dfrac{1}{2}\right]$

474 $f(x) = 2\ln(x-2) + x$, $\quad y_0 = 3$. $\qquad \left[g'(3) = \dfrac{1}{3}\right]$

---

475 **ESERCIZIO GUIDA** Verifichiamo graficamente che la funzione $f(x) = \sqrt{x+2} - 1$ è invertibile, calcoliamo $Df^{-1}(1)$ e interpretiamo geometricamente il risultato.

Tracciamo il grafico di $f(x)$ a partire da $y = \sqrt{x}$ con una traslazione di vettore $\vec{v}(-2; -1)$. È un arco di parabola crescente, perciò è invertibile.

Determiniamo x_0, tale che $f(x_0) = 1$:

$1 = \sqrt{x_0 + 2} - 1 \;\rightarrow\; \sqrt{x_0 + 2} = 2 \;\rightarrow\;$

$x_0 + 2 = 4 \;\rightarrow\; x_0 = 2$.

Calcoliamo $f'(x) = \dfrac{1}{2\sqrt{x+2}}$, quindi:

$Df^{-1}(1) = \dfrac{1}{f'(2)} = \dfrac{1}{\dfrac{1}{2\sqrt{2+2}}} = \dfrac{1}{\dfrac{1}{4}} = 4.$

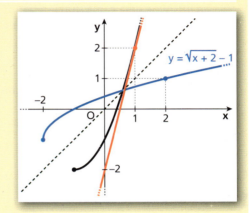

Il valore trovato è il coefficiente angolare della retta tangente al grafico della funzione inversa in $(1; 2)$.

Traccia il grafico della funzione $f(x)$ verificando che è invertibile nel suo dominio e calcola $Df^{-1}(y_0)$ nel punto indicato.

476 $f(x) = x^3 + 4$, $\quad y_0 = 5$. $\qquad \left[Df^{-1}(5) = \dfrac{1}{3}\right]$

479 $f(x) = \sqrt{25 - 4x}$, $\quad y_0 = 3$. $\qquad \left[Df^{-1}(3) = -\dfrac{2}{3}\right]$

477 $f(x) = \dfrac{1}{2}x - 3$, $\quad y_0 = -6$. $\qquad [Df^{-1}(-6) = 2]$

480 $f(x) = \dfrac{1}{e^x - 1}$, $\quad y_0 = 1$. $\qquad \left[Df^{-1}(1) = -\dfrac{1}{2}\right]$

478 $f(x) = \dfrac{8}{x+1}$, $\quad y_0 = -4$. $\qquad \left[Df^{-1}(-4) = -\dfrac{1}{2}\right]$

481 $f(x) = -\ln(x-1)$, $\quad y_0 = 0$. $\qquad [Df^{-1}(0) = -1]$

---

482 **YOU & MATHS** Let $p(x) = x^5 + 2x + 2015$ and $q = p^{-1}$ denote the inverse function of p. Determine the value of $q'(2015)$.

(USA *Florida Gulf Coast University Invitational Mathematics Competition*)

$\left[\dfrac{1}{2}\right]$

Derivata delle funzioni inverse delle funzioni goniometriche

$D[\arcsin x] = \dfrac{1}{\sqrt{1-x^2}} \qquad D[\arccos x] = -\dfrac{1}{\sqrt{1-x^2}} \qquad D[\arctan x] = \dfrac{1}{1+x^2} \qquad D[\text{arccot}\, x] = -\dfrac{1}{1+x^2}$

Calcola la derivata delle seguenti funzioni.

483 $y = 2\arcsin x + \arccos x$ $\qquad \left[y' = \dfrac{1}{\sqrt{1-x^2}}\right]$

484 $y = 4x - \arctan x$ $\qquad \left[y' = \dfrac{4x^2 + 3}{x^2 + 1}\right]$

E

Capitolo 25. Derivate

485 $y = (1 + x^2)\arctan x$ $\quad [y' = 2x\arctan x + 1]$

489 $y = \arctan x + \dfrac{1}{1 + x^2}$ $\quad \left[y' = \dfrac{(x-1)^2}{(x^2+1)^2} \right]$

486 $y = x\arccos x - \sqrt{1 - x^2}$ $\quad [y' = \arccos x]$

490 $y = \arcsin x + \sqrt{1 - x^2}$ $\quad \left[y' = \dfrac{1-x}{\sqrt{1-x^2}} \right]$

487 $y = \arctan x + \dfrac{1}{2}\operatorname{arccot} x$ $\quad \left[y' = \dfrac{1}{2(1+x^2)} \right]$

491 $y = \arcsin x \cdot \arccos x$ $\quad \left[y' = \dfrac{\arccos x - \arcsin x}{\sqrt{1-x^2}} \right]$

488 $y = x - \sqrt{1 - x^2}\arcsin x$ $\quad \left[y' = \dfrac{x\arcsin x}{\sqrt{1-x^2}} \right]$

492 $y = \dfrac{\arccos x}{\arcsin x}$ $\quad \left[y' = -\dfrac{\arcsin x + \arccos x}{\sqrt{1-x^2}\,(\arcsin x)^2} \right]$

---

493 **ESERCIZIO GUIDA** Calcoliamo la derivata di $y = \arcsin(5x + 3)$.

La funzione data è una funzione composta.
Chiamando $g(x) = 5x + 3$, la funzione data si può scrivere $y = \arcsin g(x)$, la cui derivata è

$$y' = \frac{1}{\sqrt{1 - g^2(x)}} \cdot g'(x).$$

Poiché $g'(x) = 5$, sostituendo otteniamo:

$$y' = \frac{1}{\sqrt{1 - (5x + 3)^2}} \cdot 5 = \frac{5}{\sqrt{1 - (5x + 3)^2}}.$$

Calcola la derivata delle seguenti funzioni.

494 $y = \arcsin x^2$ $\quad \left[y' = \dfrac{2x}{\sqrt{1-x^4}} \right]$

505 $y = \ln(\arctan x)$ $\quad \left[y' = \dfrac{1}{\arctan x \cdot (1+x^2)} \right]$

495 $y = \arccos 4x$ $\quad \left[y' = -\dfrac{4}{\sqrt{1-16x^2}} \right]$

506 $y = \operatorname{arccot}(e^x + 1)$ $\quad \left[y' = \dfrac{-e^x}{1 + (e^x + 1)^2} \right]$

496 $y = \arctan x^3$ $\quad \left[y' = \dfrac{3x^2}{1+x^6} \right]$

507 $y = 4\operatorname{arccot}\dfrac{x}{2}$ $\quad \left[y' = -\dfrac{8}{x^2+4} \right]$

497 $y = \dfrac{1}{3}\arccos^2 x$ $\quad \left[y' = -\dfrac{2\arccos x}{3\sqrt{1-x^2}} \right]$

508 **AL VOLO** $\quad y = \arcsin\left(\sin\dfrac{x}{2}\right)$ $\quad \left[y' = \dfrac{1}{2} \right]$

498 $y = \arctan e^x$ $\quad \left[y' = \dfrac{e^x}{1+e^{2x}} \right]$

509 $y = \arccos(\cos x)$ $\quad \left[y' = \dfrac{\sin x}{|\sin x|} \right]$

499 $y = (\arctan x)^4$ $\quad \left[y' = \dfrac{4(\arctan x)^3}{1+x^2} \right]$

510 $y = x \cdot \arctan 2x$ $\quad \left[y' = \arctan 2x + \dfrac{2x}{1+4x^2} \right]$

500 $y = 2\arccos\dfrac{x}{2}$ $\quad \left[y' = -\dfrac{2}{\sqrt{4-x^2}} \right]$

511 $y = \arccos(1 - x^2)$ $\quad \left[y' = \dfrac{2x}{|x|\sqrt{2-x^2}} \right]$

501 $y = 2\arcsin\sqrt{x}$ $\quad \left[y' = \dfrac{1}{\sqrt{x(1-x)}} \right]$

512 $y = 2\arcsin\sqrt{1-x^2}$ $\quad \left[y' = -\dfrac{2x}{|x|\sqrt{1-x^2}} \right]$

502 $y = \ln(\arcsin x)$ $\quad \left[y' = \dfrac{1}{\arcsin x \cdot \sqrt{1-x^2}} \right]$

513 $y = 2\operatorname{arccot}\dfrac{x^2-1}{x^2+1}$ $\quad \left[y' = -\dfrac{4x}{x^4+1} \right]$

503 $y = \operatorname{arccot}(\ln x)$ $\quad \left[y' = -\dfrac{1}{x(1+\ln^2 x)} \right]$

514 $y = \arctan\dfrac{x-1}{x+1} + \arctan x$ $\quad \left[y' = \dfrac{2}{1+x^2} \right]$

504 $y = \arcsin^2 x$ $\quad \left[y' = \dfrac{2\arcsin x}{\sqrt{1-x^2}} \right]$

515 $y = \arcsin 2x + \sqrt{1-4x^2}$ $\quad \left[y' = \dfrac{2(1-2x)}{\sqrt{1-4x^2}} \right]$

Riepilogo: Calcolo delle derivate

TEST

516 La funzione $y = 1 + \ln x$, con $x > 0$, è la derivata di una sola delle seguenti funzioni. Quale?

- A $y = x + \dfrac{1}{x}$
- B $y = x - \dfrac{1}{x}$
- C $y = x + \ln x$
- D $y = x - \ln x$
- E $y = x \cdot \ln x$

517 La funzione $y = \dfrac{1 - \ln x}{x^2}$ è la derivata di tutte le seguenti funzioni, *tranne* una. Quale?

- A $y = \dfrac{\ln x + 2x}{x}$
- B $y = 1 + \dfrac{\ln x}{x}$
- C $y = \dfrac{\ln x}{x}$
- D $y = x + \dfrac{\ln x}{x}$
- E $y = \dfrac{\ln x - x}{x}$

CACCIA ALL'ERRORE Ognuna delle seguenti derivate contiene un errore. Trovalo e correggilo.

518 $y = \tan \dfrac{\pi}{4}$ → $y' = \dfrac{1}{\cos^2 \dfrac{\pi}{4}}$

519 $y = \sqrt{e}$ → $y' = \dfrac{1}{2\sqrt{e}}$

520 $y = \dfrac{1}{\sin^2 x}$ → $y' = \dfrac{1}{2 \sin x \cos x}$

521 $y = \sin(\ln x)$ → $y' = \cos \dfrac{1}{x}$

522 $y = \dfrac{\sin x}{x^2}$ → $y' = \dfrac{\cos x}{2x}$

523 $y = \sin^2(\ln x)$ → $y' = 2\sin(\ln x)$

COMPLETA

524 $y = 5e^{-x}$ → $y' = \dfrac{\square \, 5}{e^x}$

525 $y = \tan(1 + x^4)$ → $y' = \dfrac{\square}{\cos^{\square}(1 + x^4)}$

526 $y = \cos^4 x$ → $y' = \square \sin x$

527 $y = \arctan \cos x$ → $y' = \dfrac{\square}{1 + \cos^2 x}$

528 $y = \sqrt[3]{2x^2 - 1}$ → $y' = \dfrac{4}{3} x^{\square}$

529 $y = \dfrac{4}{e^{\sqrt{x}}}$ → $y' = \dfrac{-2}{\square \, e^{\sqrt{x}}}$

530 **LEGGI IL GRAFICO** Dal grafico della funzione $f(x)$ della figura deduci quello della derivata $f'(x)$.

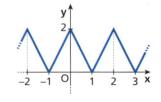

Calcola la derivata delle seguenti funzioni.

531 $y = \dfrac{x^3}{1 - x^4}$ $\left[y' = \dfrac{x^6 + 3x^2}{(1 - x^4)^2}\right]$

532 $y = \dfrac{3x^2 + 4x}{x^2 - 2x}$ $\left[y' = \dfrac{-10}{(x - 2)^2}\right]$

533 $y = \dfrac{x^4 - 3x^2 + x}{x}$ $[y' = 3x^2 - 3]$

534 $y = \dfrac{1}{(1 - 2x)^3}$ $\left[y' = \dfrac{6}{(1 - 2x)^4}\right]$

535 $y = (3x^2 - 2)^2 (2x + 1)$ $[y' = 2(3x^2 - 2)(15x^2 + 6x - 2)]$

536 $y = x^3(4 - x^2)^2$ $[y' = -x^2(4 - x^2)(7x^2 - 12)]$

537 $y = \dfrac{x^2 - 2x}{(x - 1)^2}$ $\left[y' = \dfrac{2}{(x - 1)^3}\right]$

538 $y = (x^3 - 1)^2(x + 2)$ $[y' = (x^3 - 1)(7x^3 + 12x^2 - 1)]$

539 $y = \sqrt{\dfrac{1 - x}{x + 3}}$ $\left[y' = \dfrac{-2}{(x + 3)^2} \sqrt{\dfrac{x + 3}{1 - x}}\right]$

540 $y = \dfrac{\sqrt{1 + x^2}}{2x}$ $\left[y' = \dfrac{-1}{2x^2 \sqrt{1 + x^2}}\right]$

Capitolo 25. Derivate

ESERCIZI

541 $y = \dfrac{3x^4 - 2x^2 + 4}{x^3}$ $\left[y' = \dfrac{3x^4 + 2x^2 - 12}{x^4}\right]$

542 $y = x\sqrt{4 - x^2}$ $\left[y' = \dfrac{4 - 2x^2}{\sqrt{4 - x^2}}\right]$

543 $y = \dfrac{1 + \sqrt{x}}{1 - \sqrt{x}}$ $\left[y' = \dfrac{1}{\sqrt{x}(1 - \sqrt{x})^2}\right]$

544 $y = \sqrt[5]{x^3} - 2\sqrt[4]{x^3}$ $\left[y' = \dfrac{3}{5} \cdot \dfrac{1}{\sqrt[5]{x^2}} - \dfrac{3}{2} \cdot \dfrac{1}{\sqrt[4]{x}}\right]$

545 $y = \sqrt[3]{x^3 - x^2}$ $\left[y' = \dfrac{3x - 2}{3\sqrt[3]{x(x-1)^2}}\right]$

546 $y = e^{x^2}$ $\left[y' = 2xe^{x^2}\right]$

547 $y = (e^x)^2$ $\left[y' = 2e^{2x}\right]$

548 $y = e^{x^2 - 2}$ $\left[y' = e^{x^2 - 2} \cdot 2x\right]$

549 $y = 2xe^{-x} + 1$ $\left[y' = 2e^{-x}(1 - x)\right]$

550 $y = (x - 1)e^{3-x}$ $\left[y' = e^{3-x}(2 - x)\right]$

551 $y = \ln^2 x - 4\ln x + 3$ $\left[y' = \dfrac{2}{x}(\ln x - 2)\right]$

552 $y = \dfrac{xe^x + x^2 - 3}{x}$ $\left[y' = \dfrac{x^2 + x^2 e^x + 3}{x^2}\right]$

553 $y = 2x^4 \ln x$ $\left[y' = 2x^3(4 \ln x + 1)\right]$

554 $y = x^2 e^{x^2} + 2$ $\left[y' = 2xe^{x^2}(1 + x^2)\right]$

555 $y = \dfrac{2e^x}{e^x - 2}$ $\left[y' = \dfrac{-4e^x}{(e^x - 2)^2}\right]$

556 $y = \dfrac{\ln(x + 2)}{x}$ $\left[y' = \dfrac{x - (x + 2)\ln(x + 2)}{x^2(x + 2)}\right]$

557 $y = \ln x^2 + \dfrac{x - 1}{x}$ $\left[y' = \dfrac{2x + 1}{x^2}\right]$

558 $y = 7 - 2\log_x 2$ $\left[y' = \dfrac{2\ln 2}{x\ln^2 x}\right]$

559 $y = 1 - \dfrac{1}{4}\left(\log_x 4 + \dfrac{1}{\log_4 x}\right)$ $\left[y' = \dfrac{\ln 2}{x\ln^2 x}\right]$

560 $y = \dfrac{(x - 1)^2}{x} - \ln x^3$ $\left[y' = \dfrac{x^2 - 3x - 1}{x^2}\right]$

561 $y = \tan^3 x$ $\left[y' = 3\tan^2 x(1 + \tan^2 x)\right]$

562 $y = \tan x^3$ $\left[y' = \dfrac{3x^2}{\cos^2 x^3}\right]$

563 $y = e^{e^{x+1}}$ $\left[y' = e^{e^{x+1} + x + 1}\right]$

564 $y = x - \dfrac{1}{2}\ln \cos x^2$ $\left[y' = 1 + x\tan x^2\right]$

565 $y = x^3 \sin x$ $\left[y' = x^2(3\sin x + x\cos x)\right]$

566 $y = \dfrac{1}{3}x^3 e^x \ln x$ $\left[y' = x^2 e^x\left(\ln x + \dfrac{1}{3}x\ln x + \dfrac{1}{3}\right)\right]$

567 $y = e^{\sqrt{x}} - \ln(3x + 1)$ $\left[y' = \dfrac{e^{\sqrt{x}}}{2\sqrt{x}} - \dfrac{3}{3x + 1}\right]$

568 $y = \arctan\sqrt{2x - 1}$ $\left[y' = \dfrac{1}{2x\sqrt{2x - 1}}\right]$

569 $y = \arctan\sqrt{x^2 - 1}$ $\left[y' = \dfrac{1}{x\sqrt{x^2 - 1}}\right]$

570 $y = \arctan(x^2 - 1)$ $\left[y' = \dfrac{2x}{x^4 - 2x^2 + 2}\right]$

571 $y = (\cos x + \pi)\cot x$ $\left[y' = -\cos x - \dfrac{\cos x + \pi}{\sin^2 x}\right]$

572 $y = \arctan x + \dfrac{x}{1 + x^2}$ $\left[y' = \dfrac{2}{(1 + x^2)^2}\right]$

573 $y = \ln \ln x + \dfrac{1}{\ln x}$ $\left[y' = \dfrac{\ln x - 1}{x\ln^2 x}\right]$

574 $y = x^\pi$ $\left[y' = \pi x^{\pi - 1}\right]$

575 $y = 2x^{1+\pi}$ $\left[y' = 2(1 + \pi)x^\pi\right]$

576 $y = 2e^x + x^{2e}$ $\left[y' = 2e^x + 2e\, x^{2e-1}\right]$

AL VOLO

577 $y = \ln\sqrt{\sin\dfrac{3}{4}\pi}$

578 $y = e^{\ln x}$

579 $y = \cos^2 x - \sin^2 x$

580 $y = \sqrt[3]{\dfrac{1}{x^3}}$

581 $y = \dfrac{\sin x + \cos x}{2e^x}$ $\left[y' = -\dfrac{\sin x}{e^x}\right]$

582 $y = 3 + \ln\tan\left(\pi - \dfrac{x}{2}\right)$ $\left[y' = -\dfrac{1}{\sin x}\right]$

583 $y = \dfrac{x^2 \sin x + 2}{x}$ $\left[y' = \dfrac{x^2 \sin x + x^3 \cos x - 2}{x^2}\right]$

584 $y = 2\cos^2 x \tan x$ $\left[y' = -2(2\sin^2 x - 1)\right]$

585 $y = x^2 \sin x \cos x$ $\left[y' = x(\sin 2x + x\cos 2x)\right]$

586 $y = \dfrac{6x - x^2}{(3 - x)^2}$ $\left[y' = \dfrac{18}{(3 - x)^3}\right]$

1616

Riepilogo: Calcolo delle derivate

587 $y = \dfrac{5x^2 - 2x + 1}{(1+x)^2}$ $\left[y' = \dfrac{4(3x-1)}{(1+x)^3}\right]$

588 $y = 2\cos\left(x - \dfrac{\pi}{6}\right)\sin x$ $\left[y' = 2\cos\left(2x - \dfrac{\pi}{6}\right)\right]$

589 $y = \dfrac{1}{2}\ln(x^2+1) - x\arctan x$ $[y' = -\arctan x]$

590 $y = \dfrac{1}{3}\sin^3 x - \sin x$ $[y' = -\cos^3 x]$

591 $y = \dfrac{(x^2-4)^3}{x^2-1}$ $\left[y' = \dfrac{2x(x^2-4)^2(2x^2+1)}{(x^2-1)^2}\right]$

592 $y = \sqrt{4-x^2} + 2\arcsin\dfrac{x}{2}$ $\left[y' = \dfrac{\sqrt{4-x^2}}{2+x}\right]$

593 $y = \ln x^{\sin x}$ $\left[y' = \cos x \ln x + \dfrac{\sin x}{x}\right]$

594 $y = \sqrt{1-x^4} - \arcsin\sqrt{1-x^4}$ $\left[y' = \dfrac{2x\sqrt{1-x^2}}{\sqrt{1+x^2}}\right]$

595 $y = x^3 \sin x + \dfrac{\cos x}{x}$
$\left[y' = 3x^2 \sin x + x^3 \cos x - \dfrac{x\sin x + \cos x}{x^2}\right]$

596 $y = \dfrac{1+\sin x}{1-2\sin x}$ $\left[y' = \dfrac{3\cos x}{(2\sin x - 1)^2}\right]$

597 $y = \tan x \ln \cos x + \tan x - x$ $\left[y' = \dfrac{\ln\cos x}{\cos^2 x}\right]$

598 $y = \dfrac{1}{\cos x} + \sin x(1 - \tan x)$
$[y' = \cos x - \sin x]$

599 $y = \dfrac{1-2x^2}{\sqrt{1-x^2}}$ $\left[y' = \dfrac{2x^3 - 3x}{\sqrt{(1-x^2)^3}}\right]$

600 $y = \dfrac{3}{x}\sqrt[3]{(1-x)^2}$ $\left[y' = \dfrac{3-x}{x^2 \sqrt[3]{x-1}}\right]$

601 $y = 4\arcsin\dfrac{x}{2} + x\sqrt{4-x^2}$ $[y' = 2\sqrt{4-x^2}]$

602 $y = \ln^2 \tan^2 x^2$ $\left[y' = \dfrac{16x \ln \tan^2 x^2}{\sin 2x^2}\right]$

603 $y = \sqrt{1-x^2} - x\arccos x$ $[y' = -\arccos x]$

604 $y = 2 + (2x)^{2x}$ $[y' = 2(2x)^{2x}(1 + \ln 2x)]$

605 $y = (2^x)^{x^2}$ $[y' = 3 \cdot 2^{x^3} x^2 \ln 2]$

606 $y = \log_x \dfrac{1}{4}$ $\left[y' = \dfrac{2\ln 2}{x \ln^2 x}\right]$

607 $y = (x^2 + x\ln x)(4 - x^2)$
$[y' = (4-3x^2)\ln x - 4x^3 - x^2 + 8x + 4]$

608 EUREKA! $y = \dfrac{1-\tan^2 \dfrac{x}{2}}{1+\tan^2 \dfrac{x}{2}}$ $[y' = -\sin x]$

609 $y = \sqrt{\tan 3x^2}$ $\left[y' = \dfrac{3x}{\cos^2 3x^2 \cdot \sqrt{\tan 3x^2}}\right]$

610 $y = \dfrac{\ln(x+1)^2}{2e^x}$ $\left[y' = \dfrac{1 - (x+1)\ln(x+1)}{e^x(x+1)}\right]$

611 $y = \pi^x + x^\pi$ $[y' = \pi^x \ln \pi + \pi x^{\pi-1}]$

612 $y = 2(\sqrt{x})^\pi$ $[y' = \pi(\sqrt{x})^{\pi-2}]$

613 $y = x^4 + 4^x + x^{\sqrt{2}}$
$[y' = 4x^3 + 4^x \ln 4 + \sqrt{2}\, x^{\sqrt{2}-1}]$

614 $y = (\sin^2 x + \cos 2x)^2$ $[y' = -4\sin x \cos^3 x]$

615 $y = \sin x e^{\cos x}$ $[y' = e^{\cos x}(\cos x - \sin^2 x)]$

616 $y = e^{\cos\frac{1}{x}}$ $\left[y' = \dfrac{1}{x^2}\sin\dfrac{1}{x} e^{\cos\frac{1}{x}}\right]$

617 $y = \sqrt{\arctan 3x}$ $\left[y' = \dfrac{3}{2(1+9x^2)\sqrt{\arctan 3x}}\right]$

618 $y = \ln^2(x^3 + 3x)$ $\left[y' = \dfrac{6(x^2+1)}{x(x^2+3)}\ln[x(x^2+3)]\right]$

619 $y = \left(\dfrac{1}{x}\right)^x$ $\left[y' = -\left(\dfrac{1}{x}\right)^x(\ln x + 1)\right]$

620 $y = (\sin x)^{\cos x}$
$[y' = (\sin x)^{\cos x}(\cotan x \cos x - \sin x \ln \sin x)]$

621 $y = \sin x^x$ $[y' = x^x(\ln x + 1)\cos x^x]$

622 $y = 4\arctan\sqrt{\dfrac{1+x}{1-x}}$ $\left[y' = \dfrac{2}{\sqrt{1-x^2}}\right]$

623 $y = \dfrac{x^{\ln x}}{e^x}$ $\left[y' = \dfrac{x^{\ln x}}{e^x}\left(2\dfrac{\ln x}{x} - 1\right)\right]$

624 $y = \arctan(x+1) - \arctan\dfrac{x}{x+2}$ $[y' = 0]$

625 $y = \ln\sqrt{\dfrac{1-\cos x}{1+\cos x}}$ $\left[y' = \dfrac{1}{\sin x}\right]$

626 $y = \sqrt{\dfrac{1-\sin x}{1+\sin x}}$ $\left[y' = -\dfrac{\cos x}{|\cos x|(1+\sin x)}\right]$

627 $y = \arctan\dfrac{x^3-x}{1+x^4} + \arctan x$ $\left[y' = \dfrac{3x^2}{x^6+1}\right]$

628 $y = \arcsin\dfrac{x-1}{x+1} - 2\arccos\dfrac{x-1}{x+1}$
$\left[y' = \dfrac{3}{(x+1)\sqrt{x}}\right]$

629 $y = \ln\tan\sqrt{e^{5x}}$ $\left[y' = \dfrac{5\sqrt{e^{5x}}}{\sin 2\sqrt{e^{5x}}}\right]$

Capitolo 25. Derivate

630 $y = \ln x^2 + \arctan \dfrac{x-3}{x+3}$ $\left[y' = \dfrac{2x^2 + 3x + 18}{x(x^2+9)} \right]$

631 $y = \ln \dfrac{\sqrt{x}+x}{\sqrt{x}-x} + 2\arctan \sqrt{x}$

$\left[y' = \dfrac{2}{\sqrt{x}(1-x^2)} \right]$

632 $y = \arccos \dfrac{1}{\sqrt{1+e^{2x^2}}}$ $\left[y' = \dfrac{2xe^{x^2}}{1+e^{2x^2}} \right]$

633 $y = \ln \dfrac{1-\sin x}{1+\sin x}$ $\left[y' = \dfrac{-2}{\cos x} \right]$

634 $y = \arcsin \sqrt{1-x} + \sqrt{x-x^2}$ $\left[y' = -\sqrt{\dfrac{x}{1-x}} \right]$

635 $y = \ln \sqrt{\arccos x}$ $\left[y' = \dfrac{-1}{2\sqrt{1-x^2} \arccos x} \right]$

---

636 **LEGGI IL GRAFICO** Date le funzioni f e g, i cui grafici sono una retta e una parabola, rappresentate in figura, calcola:

a. $D f(g(x))$;

b. $D \ln \dfrac{g(x)}{f(x)}$;

c. $D [g(x)]^2$.

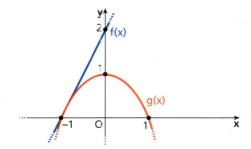

637 **REALTÀ E MODELLI** **Il profitto marginale** Un laboratorio artigianale produce sciarpe di qualità. Ogni mese ne vende 100 a un commerciante a € 35 l'una e generalmente riesce a vendere le altre a € 45 l'una. L'azienda sostiene un costo fisso mensile di € 1600, ogni sciarpa prodotta costa € 14 e in più c'è un costo variabile, che si può pensare proporzionale al cubo del numero di sciarpe prodotte, con costante di proporzionalità pari a € 0,0001.

a. Esprimi il profitto mensile P in funzione del numero x di sciarpe prodotte, nell'ipotesi che vengano realizzati e venduti almeno 100 pezzi.

b. Calcola la derivata di tale funzione, che viene chiamata *profitto marginale*.

c. Utilizzando la definizione di derivata, interpreta il significato del profitto marginale.

[a) $P(x) = -0,0001x^3 + 31x - 2600$, con $x \geq 100$; b) $P'(x) = -0,0003x^2 + 31$]

Derivata di una funzione con più variabili

638 **ESERCIZIO GUIDA** Data la funzione $y = x + \sin \omega t$, deriviamola rispetto a ognuna delle variabili, considerando le altre come costanti.

- Deriviamo rispetto a x. Poiché pensiamo costanti ω e t, anche $\sin \omega t$ è costante, quindi: $D \sin \omega t = 0$. Pertanto: $y'_x = 1$.
- Deriviamo rispetto a ω (x e t costanti): $y'_\omega = t \cos \omega t$.
- Deriviamo rispetto a t (x e ω costanti): $y'_t = \omega \cos \omega t$.

Date le seguenti funzioni, derivale rispetto a ognuna delle variabili (o alle variabili indicate), considerando le altre come costanti.

639 $y = xt^2 + 1$ $[y'_x = t^2; y'_t = 2xt]$

640 $y = 4ax^2 + x^4$ $[y'_x = 8ax + 4x^3; y'_a = 4x^2]$

641 $y = 5x^2 + ax + b$ $[y'_x = 10x + a; y'_a = x; y'_b = 1]$

Paragrafo 7. Derivate di ordine superiore al primo

642 $y = 5 \sin \omega t + \cos t$ $\qquad [y'_t = 5\omega \cos \omega t - \sin t; \; y'_\omega = 5t \cos \omega t]$

643 $y = \dfrac{1}{2} at^2 + vt$ $\quad$ *t* $\qquad [y'_t = at + v]$

644 $y = mgh$ $\qquad [y'_m = gh; \; y'_g = mh; \; y'_h = mg]$

645 $F = k\dfrac{Mm}{r^2}$ $\quad$ *m* $\quad$ *r* $\qquad \left[F'_m = \dfrac{kM}{r^2}; \; F'_r = -\dfrac{2kMm}{r^3}\right]$

646 $y = 2\sqrt{x^2 - 1} \cdot a$ $\quad$ *a* $\qquad [y'_a = 2\sqrt{x^2 - 1}]$

647 $y = a \sin(\omega t + b)$ $\quad$ *t* $\quad$ ω $\qquad [y'_t = a\omega \cos(\omega t + b); \; y'_\omega = at \cos(\omega t + b)]$

648 $y = e^{-t} \cos \omega t$ $\quad$ ω $\qquad [y'_\omega = -t\, e^{-t} \sin \omega t]$

649 $s = t \sin^2 at$ $\qquad [s'_t = \sin^2 at + at \sin 2at; \; s'_a = t^2 \sin 2at]$

650 $y = x \cos \omega t + \omega^2 t$ $\quad$ ω $\quad$ *t* $\qquad [y'_\omega = -xt \sin \omega t + 2\omega t; \; y'_t = -x\omega \sin \omega t + \omega^2]$

651 $y = x^2 t^2 + 2 \sin t$ $\qquad [y'_x = 2xt^2; \; y'_t = 2x^2 t + 2 \cos t]$

7. Derivate di ordine superiore al primo

▶ Teoria a p. 1577

652 **ESERCIZIO GUIDA** Calcoliamo le derivate prima, seconda e terza di $y = x^2 \cdot \ln x$.

Applichiamo la regola di derivazione del prodotto di due funzioni.

Derivata prima: $y' = 2x \cdot \ln x + x^2 \cdot \dfrac{1}{x} = 2x \cdot \ln x + x = x \cdot (2 \ln x + 1)$.

Derivata seconda: $y'' = 1 \cdot (2 \ln x + 1) + x \cdot \left(\dfrac{2}{x}\right) = 2 \ln x + 1 + 2 = 2 \ln x + 3$.

Derivata terza: $y''' = \dfrac{2}{x}$.

Calcola la derivata seconda delle seguenti funzioni.

653 $y = x^4 - 2x^2 - 1$ $\qquad [y'' = 4(3x^2 - 1)]$

654 $y = \dfrac{3}{x + 1}$ $\qquad \left[y'' = \dfrac{6}{(x + 1)^3}\right]$

655 $y = x^3 \cdot (x - 2)^2$ $\qquad [y'' = 4x(5x^2 - 12x + 6)]$

656 $y = -\dfrac{2}{x}$ $\qquad \left[y'' = -\dfrac{4}{x^3}\right]$

657 $y = \sqrt{x + 3}$ $\qquad \left[y'' = -\dfrac{1}{4\sqrt{(x + 3)^3}}\right]$

658 $y = e^{2x} + \ln x$ $\qquad \left[y'' = 4e^{2x} - \dfrac{1}{x^2}\right]$

659 $y = 2x \cdot \ln x$ $\qquad \left[y'' = \dfrac{2}{x}\right]$

660 $y = 3 \ln x$ $\qquad \left[y'' = -\dfrac{3}{x^2}\right]$

661 $y = 2x \cdot e^x$ $\qquad [y'' = 2e^x(2 + x)]$

662 $y = e^x + x^2$ $\qquad [y'' = e^x + 2]$

663 $y = \cos^2 x$ $\qquad [y'' = -2 \cos 2x]$

664 $y = \sin x + \cos x$ $\qquad [y'' = -(\sin x + \cos x)]$

665 $y = x \cdot \sin x$ $\qquad [y'' = 2 \cos x - x \sin x]$

666 $y = \sin 2x$ $\qquad [y'' = -4 \sin 2x]$

Capitolo 25. Derivate

667 $y = \tan x$ $\left[y'' = \dfrac{2\sin x}{\cos^3 x}\right]$ **668** $y = \ln(\sin x)$ $\left[y'' = -\dfrac{1}{\sin^2 x}\right]$

669 **ASSOCIA** a ogni funzione la sua derivata seconda.

a. $y = \ln x$ b. $y = \dfrac{1}{x}$ c. $y = \ln \dfrac{1}{x}$ d. $y = \ln \dfrac{1}{x^2}$

1. $y'' = \dfrac{1}{x^2}$ 2. $y'' = -\dfrac{1}{x^2}$ 3. $y'' = \dfrac{2}{x^2}$ 4. $y'' = \dfrac{2}{x^3}$

670 Data la funzione $y = \sqrt{4x^2 + 1}$, calcola la derivata seconda nel punto $x_0 = 0$. $[y''(0) = 4]$

Calcola la derivata terza delle seguenti funzioni.

671 $y = 2x^4 - 3x^3 + 2x^2$ $[y''' = 6 \cdot (8x - 3)]$ **674** $y = 2\sin x + \cos x$ $[y''' = -2\cos x + \sin x]$

672 $y = \sqrt{2x + 1}$ $\left[y''' = \dfrac{3}{\sqrt{(2x+1)^5}}\right]$ **675** $y = x - \ln x$ $\left[y''' = -\dfrac{2}{x^3}\right]$

673 $y = \dfrac{1}{3}x^3 + x^2 - x - 1$ $[y''' = 2]$ **676** $y = \ln(\cos x)$ $\left[y''' = -\dfrac{2\sin x}{\cos^3 x}\right]$

677 **FAI UN ESEMPIO** di una funzione $y = f(x)$ non costante che abbia tutte le derivate di ordine superiore al primo uguali, cioè
$$f''(x) = f'''(x) = \ldots = f^{(n)}(x), \quad \forall n \geq 2.$$

678 **FAI UN ESEMPIO** di una funzione non costante che sia uguale alla propria derivata di ordine 4: $f(x) = f^{(4)}(x)$.

679 Determina il dominio della funzione $y = \dfrac{x^2 - 1}{x + 3}$, individua gli eventuali punti di discontinuità e calcola le derivate prima e seconda nei punti di intersezione del grafico di y con l'asse x.

$\left[D: x \neq -3; x = -3 \text{ punto di discontinuità di II specie}; y'(-1) = -1; y''(-1) = 2; y'(1) = \dfrac{1}{2}; y''(1) = \dfrac{1}{4}\right]$

680 Data la funzione $y = \cos x + \sin x + 2$, verifica che $y'' + y = 2$.

681 Considera la funzione $y = xe^x$. Verifica che $x(y' - y'') + y = 0$.

682 Considera la funzione $y = x^2 + \ln x$ e trova per quale valore di x si ha $y''(x) = -2$. $\left[\dfrac{1}{2}\right]$

683 Verifica che la funzione $y = x \ln x$ risolve l'equazione $y - \dfrac{y'}{y''} = -x$.

684 Data la funzione $y = ax^4 + bx^2$, trova a e b in modo che risulti $y'(1) = 0$, $y''(0) = 4$. $[a = -1, b = 2]$

685 Data la funzione $y = ax^4 + bx^2 + cx$, trova a, b, c, sapendo che $y''' = 4x$, $y'' = 0$ per $x = 1$ e $y'(3) = 13$.

$\left[a = \dfrac{1}{6}; b = -1; c = 1\right]$

686 **TEST** La funzione $y = \dfrac{1}{\sqrt[3]{x}}$ è:

   A la derivata prima di $y = \sqrt[3]{x^2}$.   **D** la derivata prima di $y = \dfrac{2}{3}\sqrt[3]{x}$.

   B la derivata seconda di $y = \dfrac{6}{15}\sqrt[3]{x^5}$.   **E** nessuna delle precedenti.

   C la derivata seconda di $y = \dfrac{2}{3}\sqrt[3]{x^2}$.

Paragrafo 8. Retta tangente

EUREKA!

687 Trova una formula per la derivata di ordine n della funzione $y = \sin x$. $\left[y^{(n)} = \sin\left(x + n\dfrac{\pi}{2}\right) \right]$

688 Trova un polinomio $p(x)$ tale che $xp''(x) + p(x) = x^2 + 1$. (USA *University of Cincinnati Calculus Contest*)
$[x^2 - 2x + 1]$

689 La funzione $f: \mathbb{R} \to \mathbb{R}$ soddisfa $f(x^2)f''(x) = f'(x)f'(x^2)$ per ogni numero reale x. Sapendo che $f(1) = 1$ e $f'''(1) = 8$, determina $f'(1) + f''(1)$. (USA *Harvard*-MIT *Mathematics Tournament*)
$[6]$

690 Le funzioni f, g, h sono tali che $f'(x) = g(x+1)$, $g'(x) = h(x-1)$. Segue che $f''(2x)$ è uguale a:

A $h(2x+1)$. **B** $2h'(2x)$. **C** $h(2x)$. **D** $4h(2x)$.

(GB *University of Oxford-Imperial College London, Mathematics Admissions Test*)

   Allenati con **15 esercizi interattivi** con feedback "hai sbagliato, perché…"
☐ **su.zanichelli.it/tutor3**   risorsa riservata a chi ha acquistato l'edizione con tutor

---

8 Retta tangente

Retta tangente

▶ Teoria a p. 1578

691 **VERO O FALSO?** Se per una funzione $y = f(x)$ si ha che:

a. la tangente nel punto di ascissa $x = 1$ è la retta di equazione $4x - 2y + 1 = 0$, allora $f'(1) = 2$. **V** **F**

b. $f'(1) = 0$, allora la tangente nel punto di ascissa $c = 1$ è parallela all'asse x. **V** **F**

c. nel punto di ascissa $c = 2$ la tangente è parallela all'asse y, allora la derivata in c è nulla. **V** **F**

d. il suo grafico passa per l'origine e $f'(0) = \dfrac{1}{2}$, allora la tangente nel punto di ascissa 0 ha equazione $x - 2y = 0$. **V** **F**

692 **ESERCIZIO GUIDA** Determiniamo l'equazione della retta tangente al grafico della funzione $f(x) = x^2 + x$, nel suo punto P di ascissa $x_P = 1$.

Determiniamo l'ordinata di P sostituendo $x_P = 1$ nell'espressione della funzione: $y_P = 2$, quindi $P(1; 2)$.

La tangente (non parallela all'asse y) che passa per P ha equazione:
$$y - y_P = f'(x_P)(x - x_P).$$

Troviamo il coefficiente angolare $f'(x_P)$. Calcoliamo la derivata di $f(x)$:

$f'(x) = 2x + 1 \quad \to \quad f'(1) = 2 + 1 = 3.$

Sostituendo nell'equazione precedente, otteniamo l'equazione della retta tangente:

$y - 2 = 3(x - 1) \quad \to \quad y = 2 + 3x - 3 \quad \to \quad y = 3x - 1.$

Capitolo 25. Derivate

Determina l'equazione della retta tangente al grafico della seguente funzione, nel punto indicato a fianco.

693 $y = -x^2 + 4x$,   4. $[y = -4x + 16]$ **698** $y = 2xe^x + 1$,   0. $[y = 2x + 1]$

694 $y = -\dfrac{1}{3x}$,   1. $\left[y = \dfrac{1}{3}x - \dfrac{2}{3}\right]$ **699** $y = \dfrac{x^3}{x+1}$,   -2. $[y = -4x]$

695 $y = \dfrac{x}{x-1}$,   0. $[y = -x]$ **700** $y = \ln(4x^2 - 3)$,   -1. $[y = -8x - 8]$

696 $y = 1 - \dfrac{2}{x}$,   -1. $[y = 2x + 5]$ **701** $y = 2\ln^2 x - x^2$,   1. $[y = -2x + 1]$

697 $y = \dfrac{1}{4\sqrt{x}}$,   1. $\left[y = -\dfrac{1}{8}x + \dfrac{3}{8}\right]$ **702** $y = x^{x-2}$,   1. $[y = -x + 2]$

---

703 **LEGGI IL GRAFICO**   In ognuno dei seguenti casi segna sul grafico i punti stazionari (se esistono).

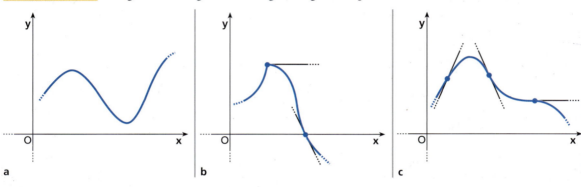

a   b   c

704 **ESERCIZIO GUIDA**   Determiniamo le coordinate dei punti nei quali la retta tangente al grafico della funzione $f(x) = x^3 + 2x + 3$ ha il coefficiente angolare $m = 5$.

Il coefficiente angolare della retta tangente al grafico di una funzione in un suo punto di ascissa x_0 è uguale al valore che la derivata prima della funzione assume per $x = x_0$, cioè $m = f'(x_0)$, per cui calcoliamo $f'(x)$ e poi la poniamo uguale al valore di m dato:

$f'(x) = 3x^2 + 2$ → $3x^2 + 2 = 5$ → $3x^2 = 3$ → $x^2 = 1$ → $x = \pm 1$.

Calcoliamo ora le ordinate dei punti di cui abbiamo trovato l'ascissa:

per $x = +1$,   si ha $y = 6$, $P_1(1; 6)$;   per $x = -1$,   si ha $y = 0$, $P_2(-1; 0)$.

Determina le coordinate dei punti nei quali le rette tangenti ai grafici delle seguenti funzioni hanno il coefficiente angolare indicato a fianco.

705 $y = \dfrac{x^2 - 1}{x}$, $m = 2$. $[P_1(-1; 0); P_2(1; 0)]$ **707** $y = \ln(x^2 + 1)$, $m = 1$. $[P(1; \ln 2)]$

706 $y = 2\sin x$, $m = -1$. $\left[P_1\left(\dfrac{2}{3}\pi; \sqrt{3}\right); P_2\left(\dfrac{4}{3}\pi; -\sqrt{3}\right)\right]$ **708** $y = \sqrt{1 - x^2}$, $m = 2$. $\left[P\left(-\dfrac{2\sqrt{5}}{5}; \dfrac{\sqrt{5}}{5}\right)\right]$

Utilizzando le derivate, individua il punto di tangenza tra la curva e la retta indicata a fianco.

709 $y = 4x^2 - 2x + 1$, $y = 2x$. $\left[P\left(\dfrac{1}{2}; 1\right)\right]$ **711** $y = \dfrac{4}{x^2}$, $y = x + 3$. $[P(-2; 1)]$

710 $y = x^3 + 3x + 1$, $y = 6x + 3$. $[P(-1; -3)]$ **712** $y = 2\sqrt{x + 2}$, $x - y + 3 = 0$. $[P(-1; 2)]$

Paragrafo 8. Retta tangente

Retta normale
▶ Teoria a p. 1579

Scrivi l'equazione della retta normale al grafico delle seguenti funzioni nei punti di ascissa riportati a fianco.

713 $y = x^3 + 2x^2$,   1. $[x + 7y - 22 = 0]$

714 $y = \dfrac{x^2 - 4}{x}$,   2. $[x + 2y - 2 = 0]$

715 $y = \ln(2 - e^x)$,   0. $[x - y = 0]$

716 $y = x + \ln x$,   1. $[x + 2y - 3 = 0]$

717 $y = \sin x + \cos x$, $\dfrac{\pi}{2}$. $[2x - 2y + 2 - \pi = 0]$

Problemi

718 Determina l'equazione della retta tangente alla curva $y = e^{\frac{x}{x-1}}$ nel suo punto di intersezione con l'asse y.
$[y = -x + 1]$

719 Data la curva di equazione $y = \sqrt{x-1} - 1$, determina l'equazione della retta normale a essa nel punto Q di intersezione con l'asse x.
$[y = -2x + 4]$

720 **LEGGI IL GRAFICO** Nella figura le rette r e s sono tangenti al grafico di $y = e^x$ rispettivamente nei punti B e C.
    a. Scrivi le equazioni di r e s.
    b. Calcola l'area del triangolo AOD.

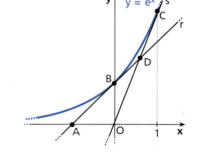

$\left[\text{a) } r: x - y + 1 = 0,\ s: ex - y = 0;\ \text{b) } \dfrac{e}{2(e-1)} \right]$

721 Scrivi le equazioni delle rette tangenti alla curva di equazione $y = \dfrac{x^2 - 4}{x + 1}$ nei suoi punti di intersezione con gli assi cartesiani.
$\left[y = 4x - 4;\ y = \dfrac{4}{3}x - \dfrac{8}{3};\ y = 4x + 8 \right]$

722 Scrivi l'equazione della tangente t alla curva di equazione $y = x^3 - 5x$ nel punto P di ascissa 2 e verifica che esiste un'altra retta tangente alla curva parallela a t.
$[y = 7x - 16;\ y = 7x + 16]$

723 Determina l'equazione della tangente alla curva di equazione $y = \dfrac{4}{1 + x}$ e parallela alla bisettrice del secondo e quarto quadrante.
$[y = -x + 3;\ y = -x - 5]$

724 Una corda della parabola $y = \dfrac{1}{2}x^2 - \dfrac{5}{2}x + 2$ congiunge i punti di ascissa $x = -1$ e $x = 3$. Trova l'equazione della retta tangente alla parabola parallela a questa corda.
$\left[y = -\dfrac{3}{2}(x - 1) \right]$

725 Determina in quale punto del grafico della funzione $y = \dfrac{3 - x}{(x + 1)^2}$ la tangente è parallela all'asse x.
$\left[\left(7;\ -\dfrac{1}{16}\right) \right]$

Capitolo 25. Derivate

ESERCIZI

726 Determina l'equazione della perpendicolare alla curva di equazione $y = \dfrac{6}{\sqrt{x}}$ nel suo punto di ordinata 6. $\quad [x - 3y + 17 = 0]$

727 Scrivi le equazioni delle rette tangenti alla curva $y = -e^{-x} - 4e^x$, nei suoi punti di ordinata -5. $\quad [y = -3x - 5; \; y = 3x - 5 + 6\ln 2]$

728 Individua i punti in cui la tangente al grafico della funzione $y = \dfrac{x^3 - 8}{x^2}$ è parallela alla bisettrice del secondo e quarto quadrante. $\quad [(-2; -4)]$

729 Scrivi l'equazione della retta tangente alla curva di equazione $y = \dfrac{x^3}{6} - x^2 + \dfrac{3}{2}x$ di coefficiente angolare $-\dfrac{1}{2}$. $\quad \left[y = -\dfrac{1}{2}x + \dfrac{4}{3}\right]$

730 Scrivi l'equazione della retta t tangente alla curva di equazione $y = \dfrac{x-1}{x-4}$ nel suo punto di ascissa 3 e determina gli altri eventuali punti che hanno tangente parallela a t. $\quad [y = -3x + 7; (5; 4)]$

731 Trova in quali punti della curva di equazione $y = x^3 - 3x^2$ la retta tangente è perpendicolare alla retta di equazione $x = -9y$. $\quad [(-1; -4), (3; 0)]$

732 Scrivi l'equazione della retta tangente al grafico della funzione $y = (x - 1)^4$ nel punto di ascissa $x_0 = 1$. $\quad [y = 32x - 16]$

733 Determina in quali punti la retta tangente al grafico della funzione $y = \dfrac{\sin x}{1 + \cos x}$ è parallela alla retta $y = x$ e in quali invece è parallela alla retta $y = \dfrac{1}{2}x$. $\quad \left[x = \dfrac{\pi}{2} + k\pi; \; x = 2k\pi, k \in \mathbb{Z}\right]$

734 Della funzione biunivoca $f(x)$ si sa che è definita e derivabile per ogni $x \in \mathbb{R}$. Sapendo inoltre che il punto $P(2; 1)$ appartiene al grafico di $f(x)$ e che la retta tangente al grafico della funzione inversa $f^{-1}(x)$ nel suo punto di ascissa $x = 1$ ha pendenza $m = \dfrac{1}{3}$, determina l'equazione della retta tangente al grafico di $f(x)$ nel punto P. $\quad [y = 3x - 5]$

735 **YOU & MATHS** What is the equation of the tangent line to the graph of the function $f(x) = \dfrac{1}{\sqrt{x}}$ at the point $\left(4, \dfrac{1}{2}\right)$?

(USA *Southern Illinois University Carbondale*, Final Exam)

$\left[y = -\dfrac{1}{16}x + \dfrac{3}{4}\right]$

736 Calcola l'area del triangolo definito dall'asse x e dalle due tangenti alla curva $y = \ln\sqrt{2x^2 - 1}$ nei suoi punti di intersezione con l'asse x. $\quad [2]$

RIFLETTI SULLA TEORIA

737 Dimostra che il coefficiente angolare della tangente all'iperbole equilatera $xy = k$ in un suo punto di ascissa x_0 vale $-\dfrac{k}{x_0^2}$.

738 Spiega perché tutte le rette tangenti alla curva di equazione $y = \dfrac{5 + 2x}{x}$ formano con l'asse x un angolo ottuso.

739 **REALTÀ E MODELLI** **Dal pendolo alla normale** Un pendolo oscillando descrive un arco di curva di equazione
$$y = 4 - \sqrt{9 + 8x - x^2},$$
con $x \in [0; 8]$.
Determina l'equazione delle rette su cui giace il filo quando il pendolo passa nei punti A e B. $\quad [4x - 3y - 4 = 0; \; 3x + 4y - 28 = 0]$

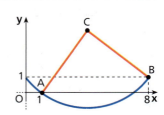

MATEMATICA AL COMPUTER

Derivate Con un software di geometria dinamica costruiamo un disegno che ci permetta di determinare l'equazione della tangente al grafico della funzione $f(x) = 10(x - 1)^2 e^{-x}$ in un suo punto T. Proviamo con $x_T = 2{,}50$.

📄 Risoluzione – 6 esercizi in più

1624

Paragrafo 8. Retta tangente

740 Data la curva di equazione: $y = \dfrac{-x^2 + x}{x^2 + 1}$, verifica che le rette tangenti ad essa nei punti di ascissa $x = -1$ e $x = 1$ sono simmetriche rispetto all'asse x.

741 La tangente al grafico di $y = f(x)$ nel punto di ascissa $x = 0$ è la retta $y = -x + 2$. Scrivi l'equazione della tangente al grafico della funzione $f\left(\dfrac{x}{2}\right)$ nel punto di ascissa 0. $\left[y = -\dfrac{1}{2}x + 2\right]$

742 Data nel piano Oxy la curva γ di equazione $y = \dfrac{1}{x^2}$, sia P un punto di γ di ascissa $t > 0$ e sia r la retta tangente a γ nel punto P.
   a. Esprimi in funzione di t l'area S_1 del triangolo OPA, essendo A l'intersezione di r con l'asse y.
   b. Detta n la normale a γ per P, esprimi in funzione di t l'area S_2 del triangolo OPB, essendo B l'intersezione di n con l'asse x.
   c. Calcola il limite $\lim\limits_{t \to +\infty} \dfrac{S_1}{S_2}$. $\left[\text{a) } S_1(t) = \dfrac{3}{2t}; \text{ b) } S_2(t) = \dfrac{t^6 - 2}{2t^7}; \text{ c) } 3\right]$

743 Determina l'equazione della tangente alla curva di equazioni parametriche $\begin{cases} x = t + 1 \\ y = t^3 + t + 1 \end{cases}, t \in \mathbb{R}$, nel punto di ascissa $x = 1$. $[y = x]$

744 **EUREKA!** Considera una tangente alla curva $y = e^x$. Dimostra che, se la tangente interseca l'asse delle ascisse in x_0, il punto di tangenza ha ascissa $x_0 + 1$.

Tangenti condotte da un punto non appartenente al grafico

745 **ESERCIZIO GUIDA** Scriviamo l'equazione della retta tangente al grafico della funzione di equazione $y = x^3 - 4x$ e passante per il punto $A(0; -2)$ non appartenente al grafico.

Calcoliamo la derivata della funzione: $y' = 3x^2 - 4$.

Un punto generico della curva ha coordinate $P(c; c^3 - 4c)$ e il coefficiente angolare della retta tangente in P è $m = y'(c) = 3c^2 - 4$.

Quindi l'equazione della retta tangente alla curva nel punto P è:

$y - (c^3 - 4c) = (3c^2 - 4)(x - c)$.

Imponiamo il passaggio della retta per $A(0; -2)$:

$-2 - (c^3 - 4c) = (3c^2 - 4)(-c) \;\to$
$2c^3 - 2 = 0 \;\to\; c = 1$.

Sostituiamo nell'equazione della retta e otteniamo:

$y = -x - 2$.

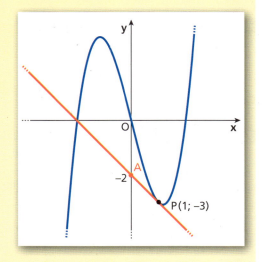

Scrivi le equazioni delle rette tangenti al grafico delle seguenti funzioni condotte dal punto indicato a fianco.

746 $y = x^2 + x - 2$, $(0; -6)$. $[y = 5x - 6; y = -3x - 6]$

747 $y = e^{x-1}$, $(1; 0)$. $[y = ex - e]$

748 $y = \dfrac{x-1}{x+1}$, $(-1; -1)$. $\left[y = \dfrac{1}{2}(x-1)\right]$

Capitolo 25. Derivate

749 $y = \dfrac{2x^2+1}{x}$, $(-1; 1)$. $[y = x+2;\ y = -7x-6]$

750 $y = x^3 - 3$, $(-1; -8)$. $[y = 3x-5]$

751 $f(x) = e^{x-2} + 1$; $(2; 1)$. $[y = ex - 2e + 1]$

752 $f(x) = 1 - \ln x$; $(0; 1)$. $\left[y = -\dfrac{1}{e}x + 1\right]$

753 Scrivi l'equazione della retta che passa per l'origine ed è tangente alla curva di equazione $y = -\ln 2x$.
$\left[y = -\dfrac{2}{e}x\right]$

754 Una retta passante per l'origine è tangente a $y = x^3 + 3x + 1$ nel punto $(a; b)$. Quanto vale a?
(USA *Rice University Mathematics Tournament*)
$\left[\dfrac{\sqrt[3]{4}}{2}\right]$

755 Verifica che due tra le tangenti condotte alla curva di equazione $f(x) = \dfrac{1}{4}x^4 - x^2 - 1$ dal punto $\left(0; \dfrac{5}{4}\right)$ sono perpendicolari tra loro.

EUREKA!

756 a. Scrivi le equazioni delle rette r e s che risultano tangenti a entrambe le parabole di equazioni:
$$y = -\dfrac{1}{2}x^2 + 2x + 3 \quad \text{e} \quad y = x^2 + 8x + 12.$$

b. Rappresenta graficamente le parabole e le rette trovate e determina i punti di tangenza.
[a) $y = 2x + 3$; $y = 6x + 11$; b) $A(-3; -3)$, $B(-1; 5)$, $C(0; 3)$, $D(-4; -13)$]

757 Data la curva γ di equazione $y = \dfrac{1}{1+x^2}$ e il punto $P(0; k)$, dimostra che nessuna retta tangente a γ può essere condotta dal punto P se $k > \dfrac{9}{8}$.

Con i parametri

758 **ESERCIZIO GUIDA** Data la funzione di equazione $f(x) = x^3 + 2kx + k - 1$, determiniamo per quale valore di k la tangente al grafico nel punto di ascissa $x_0 = 1$ forma un angolo di 135° con l'asse x.

Il coefficiente angolare m della retta tangente a una curva in un suo punto è uguale a $f'(x_0)$:
$f'(x) = 3x^2 + 2k \quad \rightarrow \quad m = f'(1) = 3 + 2k$.

Ricordando che il coefficiente angolare m di una retta è uguale alla tangente dell'angolo che la retta forma con l'asse delle x, cioè $m = \tan \alpha$, possiamo scrivere:
$m = \tan 135° \quad \rightarrow \quad 3 + 2k = -1 \quad \rightarrow \quad k = -2$.

759 **LEGGI IL GRAFICO** Determina il valore del parametro k affinché la curva in figura, che è tangente alla retta t in A, sia il grafico della funzione:
$y = kx^2 - 2kx + 1$.

$\left[k = \dfrac{1}{2}\right]$

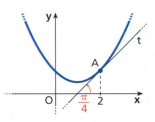

1626

Paragrafo 8. Retta tangente

760 Per quale valore di k la tangente alla parabola di equazione $y = (k-2)x^2 - 3kx$ nel punto $x_0 = 2$ forma con l'asse x un angolo di $\frac{3}{4}\pi$? $\quad [k = 7]$

761 Considera la parabola $y = x^2 - (k-1)x + k$. Determina il valore di k in modo che la tangente nel suo punto di ascissa $x = -1$ sia parallela alla bisettrice del primo e terzo quadrante. $\quad [k = -2]$

762 È data la curva di equazione $y = \frac{2+k}{x^2}$. Calcola il valore di k in modo che la tangente al suo grafico nel punto di ascissa $x = 1$ sia parallela alla retta $x + 2y - 1 = 0$. $\quad \left[k = -\frac{7}{4}\right]$

763 Data l'equazione della parabola
$$y = (2+k)x^2 - 5kx + 7 - 3k,$$
individua per quale valore di k la retta a essa tangente nel punto $x = 1$ è perpendicolare alla retta passante per i punti $A(4; -2)$ e $B(1; 4)$. $\quad \left[k = \frac{7}{6}\right]$

764 Determina per quale valore di k la normale al grafico della funzione $y = 4x^3 - kx^2 + 1$ nel suo punto di ascissa $x = -1$ forma un angolo di 150° con l'asse delle ascisse. $\quad \left[k = \frac{\sqrt{3} - 12}{2}\right]$

765 Data la funzione $y = kx^2 - (k-1)x - k + 3$, scrivi l'equazione della retta tangente al suo grafico nel punto di ascissa $x = 3$ e determina k in modo che la retta tangente passi per il punto $P(1; 2)$. $\quad \left[k = \frac{2}{5}\right]$

766 **ESERCIZIO GUIDA** Data la funzione $y = ax^3 + bx$, determiniamo a e b in modo che il suo grafico abbia nel punto $P(1; 2)$ una tangente di coefficiente angolare $m = 1$.

Per trovare a e b sono necessarie due condizioni:
1. il passaggio per $P(1; 2)$: $2 = a + b$; 2. la condizione di tangenza: $f'(1) = m$.

Calcoliamo: $f'(x) = 3ax^2 + b \to f'(1) = 3a + b$.

Impostiamo e risolviamo il sistema:
$$\begin{cases} 2 = a + b \\ 3a + b = 1 \end{cases} \to \begin{cases} a = -\frac{1}{2} \\ b = \frac{5}{2} \end{cases} \to \text{la funzione richiesta è } y = -\frac{1}{2}x^3 + \frac{5}{2}x.$$

767 Determina i parametri a e b in modo che il grafico della funzione $y = \frac{ax+b}{x}$ abbia nel punto $P(1; 1)$ una retta tangente parallela a quella passante per i punti $A(0; 2)$ e $B(4; -1)$. $\quad \left[a = \frac{1}{4}, b = \frac{3}{4}\right]$

768 Considera la funzione $y = \frac{ax+b}{x^2}$, con a e b numeri reali. Trova a e b in modo che il grafico passi per il punto $P(-1; 2)$ e in esso abbia tangente parallela alla retta r di equazione $y = 5x$. Mostra che le ascisse dei punti in cui la tangente al grafico è perpendicolare a r sono soluzioni dell'equazione $x^3 - 5x - 30 = 0$. $\quad [a = 1, b = 3]$

769 Considera la parabola di equazione
$$y = 2ax^2 - (3a - b)x - 4b.$$
Determina a e b in modo che la retta a essa tangente nel suo punto di ascissa $x = 1$ sia parallela alla retta passante per i punti $A(3; 5)$ e $B(1; 1)$ e passi per il punto $P(-1; 2)$. $\quad [a = 6, b = -4]$

770 Date le due funzioni $y = 2ax^3 - 2ax + 1$ e $y = x^2 - ax + 5$, individua per quale valore di a la retta tangente al grafico della prima nel suo punto di ascissa $x = 0$ e la retta tangente al grafico della seconda nel suo punto di ascissa $x = 2$ coincidono. $\quad [a = -4]$

771 Determina l'equazione della parabola passante per l'origine e tangente alla retta di equazione $y = -2x + 8$ nel punto $P(4; 0)$. $\quad \left[y = -\frac{1}{2}x^2 + 2x\right]$

772 Data la funzione $f(x) = ax^3 + 2x^2 - bx + 1$, calcola i valori di a e b in modo che il suo grafico sia tangente alla retta di equazione $2x - y + 5 = 0$ nel punto $A(2; 1)$. $\quad \left[a = -\frac{1}{4}, b = 3\right]$

773 Determina i coefficienti a e b in modo che il grafico della funzione $y = a \sin x + b \cos x$ abbia nel punto $A\left(\frac{\pi}{4}; 0\right)$ tangente parallela alla retta di equazione $y = \sqrt{2}\,x$. $\quad [a = 1, b = -1]$

1627

Capitolo 25. Derivate

774 Determina i parametri a, b, c, d in modo che il grafico della funzione $y = ax^3 + bx^2 + cx + d$ passi per l'origine degli assi cartesiani, in cui la tangente sia parallela alla retta $y = x + 5$ e passi per il punto $A(2; 0)$, nel quale la tangente sia perpendicolare alla retta $x + 2y = 1$.
$$\left[a = \frac{3}{4}, b = -2, c = 1, d = 0\right]$$

775 **LEGGI IL GRAFICO** Determina l'equazione della curva del tipo $y = ax^3 + bx^2 + cx + d$, tangente in A e B alle rette r e s. $\left[y = \dfrac{x^3}{4} - 2x + 2\right]$

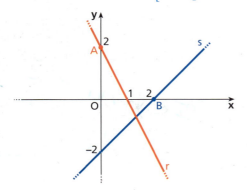

776 Trova i coefficienti a, b e c nell'equazione $y = a\cos^2 x + b \sin x + c$ in modo che il grafico relativo passi per i punti $P(0; 1)$ e $Q\left(\dfrac{\pi}{2}; 2\right)$ e abbia in P per tangente la retta di equazione $y = 3x + 1$. $[a = 2, b = 3, c = -1]$

777 È data la parabola di equazione
$$y = (a - 1)x^2 - x + b.$$

a. Trova per quali valori di a e b passa per il punto $A(0; 3)$ e ha la tangente nel suo punto di ascissa $x = 1$ parallela all'asse x.

b. Calcola in quale punto della parabola trovata la tangente è inclinata di 225° rispetto all'asse x.
$$\left[\text{a) } y = \frac{1}{2}x^2 - x + 3; \text{ b) } P(2; 3)\right]$$

778 Determina i coefficienti dell'equazione
$$y = \frac{ax^2 + bx + c}{4x + d},$$
sapendo che il grafico corrispondente passa per il punto $\left(1; -\dfrac{1}{3}\right)$, nell'origine ha per tangente la retta $y = 2x$ e inoltre si ha $\lim\limits_{x \to \frac{1}{4}} y = \infty$.
$$[a = 1, b = -2, c = 0, d = -1]$$

779 Trova i coefficienti della funzione $y = \dfrac{ax + b}{cx^2 + 1}$, sapendo che il suo grafico ha un punto con tangente orizzontale di ascissa -2 e nel punto $\left(0; \dfrac{1}{2}\right)$ ha per tangente la retta $y = x + \dfrac{1}{2}$.
$$\left[a = 1, b = \frac{1}{2}, c = \frac{1}{2}\right]$$

780 **LEGGI IL GRAFICO** Nel grafico la retta t è tangente a $f(x)$ in A. Utilizzando i dati del grafico:

a. determina $f'(6)$;

b. supponendo che $f(x)$ rappresenti un arco di parabola di vertice V, trova l'equazione di $f(x)$ e la tangente al grafico nel punto di ascissa $\dfrac{9}{4}$;

c. nel punto V la funzione è derivabile?

$$\left[\text{a) } \frac{1}{2}; \text{ b) } y = \sqrt{5x - 5}, y = x + \frac{1}{4}; \text{ c) no}\right]$$

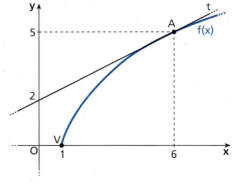

781 Data la funzione $y = \dfrac{ax^2 + bx - 1}{x - c}$, trova a, b, c sapendo che, nel punto $(0; 1)$, il grafico ha per tangente una retta parallela alla retta $x - 2y + 8 = 0$ e che ha per asintoto obliquo una retta parallela alla retta $4x - y = 0$. Traccia il grafico probabile della funzione.
$$\left[a = 4, b = \frac{1}{2}, c = 1\right]$$

782 **EUREKA!** Considera l'equazione di una tangente alla parabola di equazione $y^2 = 4ax$ e sia m il suo coefficiente angolare. Dimostra che l'equazione della retta tangente è $y = mx + \dfrac{a}{m}$.

Paragrafo 8. Retta tangente

Determina il valore di *a* affinché la retta *r* sia tangente alla curva di equazione *y* = *f*(*x*).

783 $f(x) = \dfrac{1-x}{x+3}$,   *r*: $y = -4x + a$. $[a = -21, a = -5]$

784 $f(x) = \ln(x-1) + a$,   *r*: $y - 2x = 0$. $[a = 3 + \ln 2]$

785 $f(x) = ax^2 + (a-1)x$,   *r*: $x - y - 1 = 0$. $[a = 4 \pm 2\sqrt{3}]$

Problemi — REALTÀ E MODELLI

RISOLVIAMO UN PROBLEMA

Zampillo

La piscina di un albergo ha una fontana ornamentale come quella in figura. La direzione di fuoriuscita del getto superiore forma in *A* un angolo α rispetto all'orizzontale con $\tan\alpha = \dfrac{5}{7}$.

Nel sistema di riferimento cartesiano rappresentato (dove l'unità di misura è il decimetro), il punto *B* è simmetrico di *A* rispetto a una retta parallela all'asse *y*. Determiniamo:

- l'equazione della traiettoria del getto superiore;
- le coordinate del punto *P* in cui il getto tocca l'acqua e l'angolo di impatto (cioè l'angolo tra la tangente alla traiettoria in *P* e la direzione positiva dell'asse *x*).

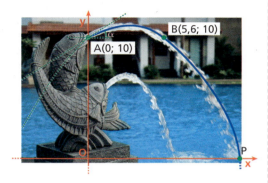

▶ **Modellizziamo il problema.**

Il getto d'acqua, essendo sottoposto alla sola forza di gravità, ha una traiettoria parabolica; dobbiamo quindi determinare un'equazione del tipo: $y = ax^2 + bx + c$, $x_A \leq x \leq x_P$. La direzione iniziale dello zampillo è la direzione della tangente alla parabola in *A*, quindi:

$$y'(x_A) = y'(0) = \dfrac{5}{7} \quad \rightarrow \quad b = \dfrac{5}{7}.$$

y'(x) = 2ax + b

Una volta trovata l'equazione, ricaveremo l'angolo di impatto attraverso la derivata della funzione in *P*.

▶ **Determiniamo l'equazione del getto.**

Dal passaggio per il punto *A*(0; 10) ricaviamo:

$$y(0) = 10 \quad \rightarrow \quad c = 10.$$

Inoltre, dalle coordinate del punto *B* deduciamo che l'asse di simmetria ha equazione $x = \dfrac{14}{5}$. Quindi:

$$-\dfrac{b}{2a} = \dfrac{14}{5} \rightarrow b = -\dfrac{28}{5}a \rightarrow \dfrac{5}{7} = -\dfrac{28}{5}a \rightarrow$$

$$a = -\dfrac{25}{196}.$$

Pertanto, l'equazione della traiettoria è:

$$y = -\dfrac{25}{196}x^2 + \dfrac{5}{7}x + 10, \quad \text{con } 0 \leq x \leq x_P.$$

▶ **Determiniamo le coordinate di *P*.**

Il punto *P* appartiene all'asse *x*. Intersechiamo la traiettoria con l'asse *x* e otteniamo l'equazione:

$$-\dfrac{25}{196}x^2 + \dfrac{5}{7}x + 10 = 0 \quad \rightarrow \quad 5x^2 - 28x - 392 = 0.$$

Risolviamola:

$$x = \dfrac{+14 \pm \sqrt{196 + 1960}}{5} = \dfrac{14 \pm 14\sqrt{11}}{5} = \dfrac{14}{5}(1 \pm \sqrt{11}).$$

La soluzione negativa non è accettabile, rimane quella positiva, quindi:

$$x_P = \dfrac{14}{5}(1 + \sqrt{11}) \simeq 12{,}1 \text{ dm}.$$

▶ **Calcoliamo l'angolo di impatto.**

Il coefficiente angolare della tangente alla parabola nel punto *P* vale:

$$m_P = y'(x_P) \rightarrow m = -\dfrac{25}{98} \cdot \dfrac{14}{5}(1 + \sqrt{11}) + \dfrac{5}{7} \rightarrow$$

y'(x) = $-\dfrac{25}{98}x + \dfrac{5}{7}$

$$m_P = -\dfrac{5}{7}\sqrt{11}.$$

Dal segno negativo del coefficiente angolare m_P deduciamo che l'angolo di impatto è ottuso, ed è dunque

$$\beta = \arctan\left(-\dfrac{5\sqrt{11}}{7}\right) + 180° \simeq 113°.$$

Capitolo 25. Derivate

786 **Pallonetto** Matteo si allena a fare dei tiri di precisione lanciando il pallone dal punto O. Il suo obiettivo è quello di sfiorare la tettoia esattamente nel punto T, in modo tale che la traiettoria del pallone non venga deviata.

  a. Qual è l'equazione della traiettoria parabolica che deve seguire il pallone, nel sistema di riferimento in figura?

  b. Con quale angolo Matteo deve lanciare il pallone?

$$\left[\text{a) } y = -\frac{2}{9}x^2 + \frac{23}{15}x; \text{ b) } \alpha \simeq 56{,}9°\right]$$

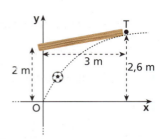

787 **Mansarda** Per ultimare l'edificazione di una villetta occorre costruire il tetto a due spioventi sopra la mansarda. Come dato di progetto è noto quanto segue: considerata in un opportuno sistema di riferimento cartesiano una parabola con la concavità rivolta verso il basso, di vertice $V(7; 2)$ e passante per $C(2; 0)$, i due spioventi poggiano sui punti della parabola di ascissa 5 e 9 e risultano tangenti alla parabola nei punti di contatto. Determina, nel sistema utilizzato, l'altezza massima del tetto e l'angolo formato dai due spioventi. $[2{,}32; 144{,}5°]$

Angolo formato da due curve

788 **ESERCIZIO GUIDA** Determiniamo l'angolo formato dalle due curve di equazioni

$$y = \frac{1}{x-1} \quad \text{e} \quad y = -\frac{x^2}{8} + \frac{x}{4} - \frac{1}{8}.$$

L'angolo formato da due curve è l'angolo formato dalle rette tangenti alle due curve nel loro punto di intersezione.

Noti i coefficienti angolari m_1 e m_2 delle due rette, la tangente dell'angolo acuto da esse formato è data da:

$$\tan\gamma = \left|\frac{m_1 - m_2}{1 + m_1 m_2}\right|.$$

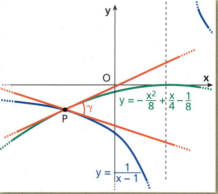

Troviamo il punto P di intersezione delle due curve con il sistema:

$$\begin{cases} y = \dfrac{1}{x-1} \\ y = -\dfrac{x^2}{8} + \dfrac{x}{4} - \dfrac{1}{8} \end{cases} \rightarrow \quad \frac{1}{x-1} = -\frac{x^2}{8} + \frac{x}{4} - \frac{1}{8} \quad \rightarrow \quad x^3 - 3x^2 + 3x + 7 = 0, \text{ con } x \neq 1.$$

Applicando la regola di Ruffini si ottiene l'unica soluzione $x = -1$.

Il punto di intersezione è $P\left(-1; -\dfrac{1}{2}\right)$.

Calcoliamo ora le derivate delle due funzioni:

$$y' = -\frac{1}{(x-1)^2} \quad \text{e} \quad y' = -\frac{1}{4}x + \frac{1}{4}.$$

Determiniamo i coefficienti angolari delle due rette tangenti nel punto di ascissa $x = -1$:

$$m_1 = y'(-1) = -\frac{1}{4} \quad \text{e} \quad m_2 = y'(-1) = \frac{1}{2}.$$

Calcoliamo infine:

$$\tan \gamma = \left| \frac{-\frac{1}{4} - \frac{1}{2}}{1 + \left(-\frac{1}{4}\right)\frac{1}{2}} \right| = \left| \frac{-\frac{3}{4}}{\frac{7}{8}} \right| = \left| -\frac{3}{4} \cdot \frac{8}{7} \right| = \frac{6}{7}.$$

Ricaviamo γ: $\gamma = \arctan \frac{6}{7}$.

789 Determina l'angolo formato dalle rette tangenti alle curve di equazione $y = \sqrt{x}$ e $y = \frac{x}{x+1}$ nel loro punto di intersezione. $\left[\frac{\pi}{4}\right]$

790 Trova l'angolo formato dalle curve di equazione $y = \frac{3x+2}{2-x}$ e $y = e^x$ nel loro punto di intersezione sull'asse y. $\left[\arctan \frac{1}{3}\right]$

791 Date le due curve di equazioni $y = \frac{e^x - 3}{e^x + 1}$ e $y = \frac{1}{e^x}$, individua, se esistono, i punti con la stessa ascissa in cui le rette tangenti sono perpendicolari. $[(0; -1), (0; 1)]$

792 Rappresenta graficamente le curve di equazioni $y = \ln(x-1)$ e $y = \ln(-3+2x)$ e trova l'angolo da esse formato. $\left[\arctan \frac{1}{3}\right]$

793 Determina l'angolo formato dalle due curve di equazioni $y = e^{x^2 - x}$ e $y = e^{1-x^2}$ nel loro punto di intersezione di ascissa maggiore. $[\arctan 3]$

794 Determina l'angolo acuto formato dalle rette tangenti alla parabola di equazione $y = 2x^2 - x + 1$ nei suoi punti di ordinata 4. $\left[\arctan \frac{5}{12}\right]$

795 Trova per quale valore di a e b le curve di equazioni $y = ax^2 + bx - \frac{4}{3}$ e $y = 2\ln x$ formano, incontrandosi nel punto di ascissa 1, un angolo di 45°. $\left[\left(a = -1, b = \frac{7}{3}\right) \vee \left(a = -\frac{13}{3}, b = \frac{17}{3}\right)\right]$

796 Determina i valori di a e b in modo che le curve di equazioni $y = ae^{1-x} + b$ e $y = -\frac{8}{3}x^2 + \frac{17}{3}x$, incontrandosi nel punto di ascissa 1, formino un angolo di 45°. $\left[(a = -2, b = 5) \vee \left(a = \frac{1}{2}, b = \frac{5}{2}\right)\right]$

797 Calcola i valori di a e b in modo che le curve di equazione $y = -x^2 + ax + b$ e $y = \ln \frac{x}{2} + 2$ formino nel loro punto comune di ascissa 2 un angolo di 45°. $[a = 7, b = -8]$

798 Date le funzioni $f(x) = ax^2 + x - a$ e $g(x) = x^3 + ax^2 - a$, con $a \in \mathbb{R}$:
a. verifica che, per ogni $a \in \mathbb{R}$, i grafici delle due funzioni si incontrano in tre e solo tre punti distinti;
b. determina i valori di a per i quali i grafici di $f(x)$ e $g(x)$ si intersecano perpendicolarmente in almeno uno dei tre punti comuni;
c. in ciascuno dei casi definiti nel punto precedente, ricava le equazioni delle rette tangenti alle due curve nel punto di intersezione.

[a) $(0; -a), (-1; -1), (1; 1)$; b) $a = 1, a = -1$; c) $y = -x - 2, y = x$; $y = -x + 2; y = x$]

Capitolo 25. Derivate

Grafici tangenti

▶ Teoria a p. 1580

799 **ESERCIZIO GUIDA** Determiniamo se le curve di equazioni

$$y = x^2 - \frac{15}{2}x + 4 \quad \text{e} \quad y = -\frac{1}{2}x^3 - 2x^2$$

sono tangenti e scriviamo le coordinate dell'eventuale punto di tangenza.

Calcoliamo le derivate:

$$y' = 2x - \frac{15}{2}; \quad y' = -\frac{3}{2}x^2 - 4x.$$

Per essere tangenti le due curve devono avere in comune un punto e la tangente in quel punto:

$$\begin{cases} x^2 - \frac{15}{2}x + 4 = -\frac{1}{2}x^3 - 2x^2 \\ 2x - \frac{15}{2} = -\frac{3}{2}x^2 - 4x \end{cases} \rightarrow \begin{cases} x^3 + 6x^2 - 15x + 8 = 0 \\ x^2 + 4x - 5 = 0 \end{cases}$$

Risolvendo la seconda equazione, otteniamo:

$$x = 1 \vee x = -5.$$

Dei due valori solo $x = 1$ soddisfa la prima equazione, quindi le curve sono tangenti solo in un punto. Sostituiamo $x = 1$ in una delle due equazioni.

$$y = -\frac{1}{2}(1)^3 - 2(1)^2 = -\frac{5}{2} \quad \rightarrow \quad T\left(1; -\frac{5}{2}\right).$$

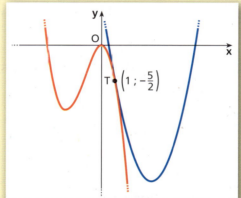

Determina se le seguenti coppie di curve sono tangenti e scrivi le coordinate dell'eventuale punto di tangenza e l'equazione della retta tangente.

800 $y = 2x^2 - 3x;\quad y = x^2 + x - 4.$ $\qquad [(2; 2); y = 5x - 8]$

801 $y = x^3 - 5x^2;\quad y = 4x^2 - 2.$ $\qquad$ [nessun punto di tangenza]

802 $y = -3x^2 + 5;\quad y = 2x^2 + 10x + 10.$ $\qquad [(-1; 2); y = 6x + 8]$

803 $y = -\dfrac{3}{x^2};\quad y = 4x^2.$ $\qquad$ [nessun punto di tangenza]

804 $y = -\dfrac{2}{x+3};\quad y = x^2 + 6x + 6.$ $\qquad [(-2; -2); y = 2x + 2]$

805 $y = e^{x-2};\quad y = \ln(ex - e).$ $\qquad [(2; 1); y = x - 1]$

806 Determina per quale valore non nullo di k le due curve di equazioni $y = -2x^3 + x^2$ e $y = (k+3)x^2 + kx$ sono tangenti. $\qquad [2]$

807 Trova i valori di a e b in modo che le due curve di equazioni $y = \dfrac{1}{x} + x^2 + 1$ e $y = a\ln(2x - 1) + b$ siano tangenti nel punto $P(1; 3)$. $\qquad \left[a = \dfrac{1}{2}; b = 3\right]$

808 Date le due curve, grafico delle funzioni $f(x) = x^2 + 4x + 5$ e $g(x) = (x-1)^4 + 4$, individua i punti, se esistono, nei quali esse risultano tra loro tangenti. $\qquad [P(0; 5)]$

Paragrafo 9. Punti di non derivabilità

809 Trova per quale valore dei parametri *a* e *b* le due curve di equazione

$$y = ae^{2(x-1)} \quad \text{e} \quad y = \frac{x+b}{x^2}$$

sono tangenti nel punto P di ascissa 1 e scrivi l'equazione della tangente comune.

$$\left[a = \frac{1}{4}, b = -\frac{3}{4}; 2x - 4y - 1 = 0\right]$$

810 Trova per quali valori di *a* e *b* le curve di equazioni $y = \sqrt{x+1}$ e $y = x^3 + ax + b$ sono tangenti nel punto di ascissa $x_0 = 0$.

$$\left[a = \frac{1}{2}, b = 1\right]$$

811 **FAI UN ESEMPIO** Scrivi l'equazione di una parabola tangente alla curva di equazione $y = \frac{2x}{3+x}$ nel punto di ascissa $x_0 = 3$.

812 Sia γ l'iperbole di equazione $y = \frac{1}{x}$ e sia λ la parabola di equazione $y = ax^2 + bx$. Detto P il punto di ascissa *t* dell'iperbole γ, con $t \in \mathbb{R} - \{0\}$:

  a. ricava i valori di *a* e *b* per i quali γ e λ sono tangenti nel punto P;

  b. verifica che la retta tangente comune alle due curve forma con gli assi coordinati un triangolo rettangolo di area costante al variare di $t \in \mathbb{R} - \{0\}$;

  c. ricava l'equazione del luogo descritto dal fuoco di λ al variare di $t \in \mathbb{R} - \{0\}$.

$$\left[\text{a) } a = -\frac{2}{t^3}, b = \frac{3}{t^2}; \text{ c) } y = -\frac{8}{27}x^3 + \frac{27}{32x}\right]$$

9 Punti di non derivabilità

▶ Teoria a p. 1580

Negli esercizi che seguono, sono dati una funzione e un punto, indicato a fianco. Rappresenta la funzione e calcola la sua derivata. La funzione è continua nel punto? È derivabile nel punto?

813 $y = \begin{cases} x & \text{se } x \geq 0 \\ \sin x & \text{se } x < 0 \end{cases}$, $x = 0$. $\left[y' = \begin{cases} 1 & \text{se } x \geq 0 \\ \cos x & \text{se } x < 0 \end{cases}; \text{ continua e derivabile}\right]$

814 $y = \begin{cases} \ln x & \text{se } x \geq 1 \\ x & \text{se } x < 1 \end{cases}$, $x = 1$. $\left[y' = \begin{cases} \frac{1}{x} & \text{se } x > 1 \\ 1 & \text{se } x < 1 \end{cases}; \text{ né continua, né derivabile}\right]$

815 $y = \begin{cases} e^x & \text{se } x \geq 0 \\ \cos x & \text{se } x < 0 \end{cases}$, $x = 0$. $\left[y' = \begin{cases} e^x & \text{se } x > 0 \\ -\sin x & \text{se } x < 0 \end{cases}; \text{ continua ma non derivabile}\right]$

816 $y = \begin{cases} 0 & \text{se } x < 1 \\ \ln x & \text{se } x \geq 1 \end{cases}$, $x = 1$. $\left[y' = \begin{cases} 0 & \text{se } x < 1 \\ \frac{1}{x} & \text{se } x > 1 \end{cases}; \text{ continua ma non derivabile}\right]$

817 Data la seguente funzione, calcola la sua derivata, se esiste, in $x = -2$, $x = 0$, $x = 1$, $x = 2$.

$$y = \begin{cases} x+1 & \text{se } x < 0 \\ e^x & \text{se } x \geq 0 \end{cases}$$

$$[1; 1; e; e^2]$$

Disegna il grafico delle seguenti funzioni, utilizzando le trasformazioni geometriche, e per ciascuna indica i punti del dominio nei quali esse non sono derivabili, specificando il tipo di punto.

818 $y = |x^2 - 3x|$ $[x=0, x=3, \text{punti angolosi}]$ **822** $y = -\sqrt{|x|}$ $[x=0, \text{cuspide}]$

819 $y = |\ln(x-1)|$ $[x=2, \text{punto angoloso}]$ **823** $y = |e^{x-1} - 1|$ $[x=1, \text{punto angoloso}]$

820 $y = \left|\dfrac{x}{x-2}\right|$ $[x=0, \text{punto angoloso}]$ **824** $y = e^{|x|}$ $[x=0, \text{punto angoloso}]$

821 $y = \sqrt{x^2 - 6x + 9}$ $[x=3, \text{punto angoloso}]$ **825** $y = \begin{cases} \sqrt{-x} & \text{se } x \leq 0 \\ -\sqrt{x} & \text{se } x > 0 \end{cases}$ $[x=0, \text{flesso a tangente verticale}]$

1633

Capitolo 25. Derivate

LEGGI IL GRAFICO In ognuno dei seguenti grafici indica i punti di non derivabilità, distinguendo i flessi a tangente parallela all'asse y, le cuspidi e i punti angolosi.

826

827

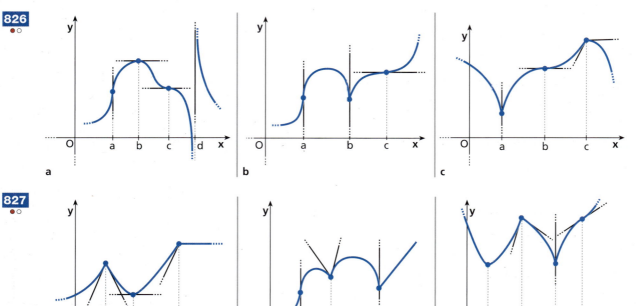

a   b   c

828 **VERO O FALSO?**

a. Se una funzione ha una cuspide rivolta verso l'alto in x_0, allora $f'_-(x_0) = +\infty$, oppure $f'_+(x_0) = -\infty$.   V F

b. Se una funzione, nel punto x_0, è tale che $f'_-(x_0) = -\infty$ e $f'_+(x_0) = -\infty$, allora presenta in x_0 un flesso a tangente verticale.   V F

c. Se una funzione $y = f(x)$ non è derivabile in un punto x_0, allora non esiste la tangente alla funzione in x_0.   V F

d. Se nel punto x_0 esiste una sola retta tangente, allora la funzione è derivabile in x_0.   V F

829 **FAI UN ESEMPIO** Scrivi una funzione che ha un punto angoloso in $x = 4$.

Traccia il grafico possibile di una funzione $y = f(x)$, date le seguenti informazioni.

830 Il dominio di $f(x)$ è $\mathbb{R}$. $f(x)$ è positiva per $x < -2$. Il grafico di $f(x)$ ha un flesso a tangente verticale nel punto $(-2; 0)$ e una cuspide nel punto $(0; 0)$.

831 Il dominio di $f(x)$ è $\mathbb{R} - \{1\}$. $x_0 = 1$ è un punto di discontinuità di seconda specie. $f(x)$ non è derivabile soltanto in un punto del dominio. $f(x)$ è positiva per $x > 1$ e il grafico interseca l'asse x in $x_1 = 0$ e $x_2 = 3$. Il punto $(3; 0)$ è angoloso con tangente sinistra di equazione $y = 0$ e tangente destra di equazione $x = 3$.

832 Il dominio di $f(x)$ è $\mathbb{R}$. $f(x)$ è positiva per $x < -1 \vee x > 2$. Il punto $(-1; 0)$ è angoloso con tangente sinistra di equazione $y = -x - 1$ e tangente destra di equazione $y = 0$. Il grafico di $f(x)$ ha un flesso a tangente parallela all'asse y nel punto $(0; -1)$.

833 Il dominio di $f(x)$ è $\mathbb{R} - \{2\}$. $f(x)$ è positiva per $x \geq 0$. $x_0 = 2$ è un punto di discontinuità di seconda specie. I punti $(0; 0)$ e $(4; 1)$ sono stazionari.

1634

Paragrafo 9. Punti di non derivabilità

834 Il dominio di $f(x)$ è $\mathbb{R}$. $f(x)$ è positiva per ogni $x \in \mathbb{R}$. $x_0 = 1$ è un punto di discontinuità di prima specie con salto 2 e $f(1) = 1$. Il grafico di $f(x)$ ha un flesso a tangente verticale nel punto $(2; 2)$, una cuspide in $(-1; 0)$ e un punto stazionario in $(3; 0)$.

---

835 **ESERCIZIO GUIDA** Studiamo la derivabilità di $f(x) = \sqrt[3]{(x-1)^2}$.

- La funzione è continua $\forall x \in \mathbb{R}$.
- Calcoliamo $f'(x)$ scrivendo $f(x)$ come potenza: $f(x) = (x-1)^{\frac{2}{3}}$.

$$f'(x) = \frac{2}{3}(x-1)^{\frac{2}{3}-1} \rightarrow f'(x) = \frac{2}{3(x-1)^{\frac{1}{3}}} \rightarrow f'(x) = \frac{2}{3\sqrt[3]{x-1}}$$

La funzione è derivabile per $x \neq 1$.

- Calcoliamo le derivate sinistra e destra in $x = 1$:

$$f'_-(1) = \lim_{x \to 1^-} f'(x) = \lim_{x \to 1^-} \frac{2}{3\sqrt[3]{x-1}} = -\infty;$$

$$f'_+(1) = \lim_{x \to 1^+} f'(x) = \lim_{x \to 1^+} \frac{2}{3\sqrt[3]{x-1}} = +\infty.$$

Poiché $f'_-(1) = -\infty$ e $f'_+(1) = +\infty$, la funzione non è derivabile in $x = 1$ e nel punto $x = 1$ si ha una cuspide rivolta verso il basso, come si può vedere nella figura.

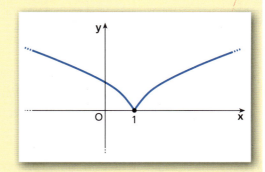

Studia la derivabilità delle seguenti funzioni.

836 $y = -\sqrt[3]{x^2}$ $[x = 0$ cuspide$]$ **838** $y = \sqrt[3]{x}$ $[x = 0$ flesso a tangente verticale$]$

837 $y = \sqrt[3]{x^2 - 1}$ $[x = \pm 1$ flessi a tangente verticale$]$ **839** $y = \sqrt[3]{x^2} + 2x$ $[x = 0$ cuspide$]$

---

840 $y = \dfrac{1-x}{2+x}$ [continua e derivabile per $x \neq -2$]

841 $y = \begin{cases} -x^2 - 2x & \text{se } x \leq 0 \\ \sqrt{x} & \text{se } x > 0 \end{cases}$ $[x = 0$ punto angoloso$]$

842 $y = \sqrt[3]{e^{-x} + 1}$ [derivabile $\forall x \in \mathbb{R}$]

843 $y = \sqrt{x^3 + 1}$ $[x = -1$ punto di non derivabilità$]$

844 $y = \begin{cases} -2x + 1 & \text{se } x < 0 \\ 2x^2 + x + 1 & \text{se } x \geq 0 \end{cases}$ $[x = 0$ punto angoloso$]$

845 $y = \begin{cases} 2\sin x & \text{se } x < 0 \\ \cos x - 1 & \text{se } x \geq 0 \end{cases}$ $[x = 0$ punto angoloso$]$

846 $y = \begin{cases} 4 & \text{se } x \leq 0 \\ 4(x^2 - 1) & \text{se } 0 < x < 1 \\ \ln x & \text{se } x \geq 1 \end{cases}$ $[x = 0$ punto di disc. di I specie, $x = 1$ punto angoloso$]$

847 $y = \begin{cases} e^{|x|} & \text{se } x < 1 \\ \dfrac{1-x}{x-2} & \text{se } x \geq 1 \wedge x \neq 2 \end{cases}$ $[x = 1$ punto di discontinuità di I specie, $x = 0$ punto angoloso, $x = 2$ punto di discontinuità di II specie$]$

Capitolo 25. Derivate

848 $y = \begin{cases} x\ln x^2 & \text{se } x \neq 0 \\ 0 & \text{se } x = 0 \end{cases}$ $\qquad [x = 0 \text{ flesso a tangente verticale}]$

849 $y = e^x \sqrt[3]{(x-1)^2}$ $\qquad [x = 1 \text{ cuspide}]$

850 $y = \begin{cases} \dfrac{x}{x-1} & \text{se } x \leq 2 \wedge x \neq 1 \\ \sqrt{9-x^2} & \text{se } 2 < x \leq 3 \end{cases}$ $\qquad [x = 1 \text{ punto di disc. di II specie, } x = 2 \text{ punto di disc. di I specie,} \\ x = 3 \text{ punto di non derivabilità}]$

851 $y = \dfrac{\sqrt[3]{1-x}}{3x}$ $\qquad [x = 0 \text{ punto di disc. di II specie, } x = 1 \text{ flesso a tangente verticale}]$

852 $y = \sqrt[3]{x^2 - x^3}$ $\qquad [x = 0 \text{ cuspide, } x = 1 \text{ flesso a tangente verticale}]$

853 Data la funzione $f(x) = \begin{cases} x^2 \sin\dfrac{1}{x} & \text{se } x \neq 0 \\ 0 & \text{se } x = 0 \end{cases}$:

    a. dimostra che è continua in $x = 0$;
    b. calcola $f'(x)$ per $x \neq 0$ e dimostra che non esiste $\lim\limits_{x \to 0} f'(x)$;
    c. calcola $f'(0)$ applicando la definizione di derivata;
    d. cosa puoi dedurre dal confronto dei risultati ottenuti in **b** e **c**?

$\qquad\qquad\qquad\qquad\qquad\qquad\qquad\qquad\qquad\qquad \left[\text{b) } f'(x) = 2x\sin\dfrac{1}{x} - \cos\dfrac{1}{x}; \text{ c) } 0\right]$

Verifica che le seguenti funzioni sono continue ma non derivabili nel punto indicato.

854 $f(x) = \begin{cases} \sqrt{1-x^2} & \text{se } -1 \leq x \leq 1 \\ x^2 - 5x + 4 & \text{se } x > 1 \end{cases}$, $x_0 = 1$.   **855** $f(x) = \begin{cases} \ln(1+x^2) & \text{se } x \leq 0 \\ x^3 + 2x & \text{se } x > 0 \end{cases}$, $x_0 = 0$.

---

856 Date le funzioni $f(x) = -1 - 4x^2$ e $g(x) = \sqrt{x-2}$:
    a. dimostra che $f(x)$ è derivabile $\forall x \in \mathbb{R}$ e $g(x)$ non è derivabile in $x = 2$;
    b. trova $f \circ g$ e dimostra che la funzione è derivabile nel suo dominio;
    c. disegna il grafico di $g(x)$ e determina il punto P di intersezione tra la tangente al grafico nel punto di ascissa 2 e la tangente di coefficiente angolare $\dfrac{1}{2}$. $\qquad \left[\text{b) } f(g(x)) = -4x + 7, \text{ con } x \geq 2; \text{ c) } P\left(2; \dfrac{1}{2}\right)\right]$

Derivabilità e parametri

Determina il valore di *a* e di *b* in modo che la funzione *f(x)* risulti continua e derivabile per ogni $x \in \mathbb{R}$.

857 $f(x) = \begin{cases} x^2 + bx - a & \text{se } x \leq 0 \\ x - 2b & \text{se } x > 0 \end{cases}$ $\qquad [a = 2, b = 1]$

858 $f(x) = \begin{cases} x^2 - ax - b & \text{se } x < 0 \\ e^x & \text{se } x \geq 0 \end{cases}$ $\qquad [a = -1, b = -1]$

859 $f(x) = \begin{cases} -2ax^2 + bx & \text{se } x \leq 1 \\ \dfrac{1}{x^2 + 1} & \text{se } x > 1 \end{cases}$ $\qquad \left[a = \dfrac{1}{2}, b = \dfrac{3}{2}\right]$

860 $f(x) = \begin{cases} ae^x + b & \text{se } x \leq 0 \\ \dfrac{1}{2e^x - 1} & \text{se } x > 0 \end{cases}$ $\qquad [a = -2, b = 3]$

Paragrafo 9. Punti di non derivabilità

861 $f(x) = \begin{cases} a\cos^2 x + b\sin x & \text{se } x < 0 \\ -\dfrac{2}{x+1} & \text{se } x \geq 0 \end{cases}$ $\quad [a = -2, b = 2]$

862 $f(x) = \begin{cases} \dfrac{ax^2 - 1}{x + b} & \text{se } x \leq 1 \\ \ln x + 1 & \text{se } x > 1 \end{cases}$ $\quad [a = 0, b = -2]$

863 $f(x) = \begin{cases} 1 + a\sin\dfrac{x}{2} + b & \text{se } x < 0 \\ \sin 2x + a & \text{se } x \geq 0 \end{cases}$ $\quad [a = 4, b = 3]$

864 $f(x) = \begin{cases} a + \sqrt{x^2 + 3} & \text{se } x \leq 1 \\ b\ln x + (2a+1)x & \text{se } x > 1 \end{cases}$ $\quad \left[a = 1, b = -\dfrac{5}{2}\right]$

865 Determina a e b affinché la funzione $f(x) = \begin{cases} \dfrac{3}{x-2} & \text{se } x \leq 1 \\ ax^2 + bx + 5 & \text{se } x > 1 \end{cases}$ sia derivabile in $\mathbb{R}$.

$[a = 5, b = -13]$

866 Calcola a e b in modo che la seguente funzione sia derivabile nel punto $x = 1$. Scrivi la derivata di $f(x)$.

$f(x) = \begin{cases} x^3 + ax & \text{se } x \leq 1 \\ a\sqrt{x} + b & \text{se } x > 1 \end{cases}$ $\quad \left[a = -6, b = 1; \; f'(x) = \begin{cases} 3x^2 - 6 & \text{se } x \leq 1 \\ -\dfrac{3}{\sqrt{x}} & \text{se } x > 1 \end{cases}\right]$

867 Trova a e b in modo che la seguente funzione sia derivabile nel punto $x = 0$.

$f(x) = \begin{cases} 2a e^x & \text{se } x < 0 \\ \dfrac{x+a}{b-x} & \text{se } x \geq 0 \end{cases}$ $\quad \left[a = -1, b = \dfrac{1}{2}\right]$

868 Determinare per quali valori del parametro $a > 0$ la seguente funzione risulta ovunque continua e derivabile.

$f(x) = \begin{cases} \log(4 + ax^5) & x \geq 0 \\ 3a + \cos\left(\dfrac{a}{3}x\right) & x < 0 \end{cases}$

(*Università di Torino, Test di Analisi I*)

$\left[\dfrac{\log 4 - 1}{3}\right]$

869 Data la funzione

$f(x) = \begin{cases} \arctan(x-2) & \text{se } x \leq 2 \\ a\ln(x-1) + b - 2a & \text{se } x > 2 \end{cases}$,

trova a e b in modo che risulti continua e derivabile in $x = 2$. Trova poi le equazioni delle tangenti nei punti di ascissa 2 e 3.

$\left[a = 1, b = 2; \; y = x - 2, \; y = \dfrac{1}{2}x - \dfrac{3}{2} + \ln 2\right]$

870 Determina il valore dei parametri a, b e c in modo tale che in $x = 0$ la funzione

$f(x) = \begin{cases} ae^x + b & \text{se } x < 0 \\ \dfrac{c}{x+1} & \text{se } x \geq 0 \end{cases}$

sia continua e abbia un punto angoloso con tangente destra la retta $y = -3x + 3$ e tangente sinistra la retta $y = 4x + 3$.

$[a = 4, b = -1, c = 3]$

Capitolo 25. Derivate

REALTÀ E MODELLI

871  **Slalom** La traiettoria di uno sciatore è descritta, in un opportuno sistema di riferimento, dalla funzione:

$$f(x) = \begin{cases} -x^3 + 9x^2 - 24x + 18 & \text{se } 0 \leq x < 3 \\ ax^2 + bx - 18 & \text{se } 3 \leq x \leq 7 \end{cases}$$

nell'intervallo $[0; 7]$. Determina il valore dei parametri reali a e b in modo che la funzione $f(x)$ sia continua e derivabile in $[0; 7]$. $[a = -1, b = 9]$

872 **Profili architettonici** La Città dello sport è una struttura sportiva progettata dall'architetto Santiago Calatrava e mai completata, situata a sud di Roma. Rispetto al sistema di riferimento indicato in figura (dove l'unità di misura è il decametro), il suo profilo può essere approssimato dalla funzione:

$$f(x) = \begin{cases} \dfrac{ax+b}{cx+3} & \text{se } 0 \leq x \leq 12 \\ \dfrac{1}{5} 2^{d-x} & \text{se } x > 12 \end{cases},$$

con a, b, c e d parametri reali. Il grafico di $f(x)$ passa per l'origine del sistema di riferimento e $f'(0) = \dfrac{16}{3}$.

a. Determina i parametri a, b, c, d.
b. Studia la derivabilità nel punto di ascissa $x = 12$.   [a) $a = 16, b = 0, c = 1, d = 18$; b) punto angoloso]

Derivata di una funzione definita a tratti o contenente valori assoluti

Calcola la derivata delle seguenti funzioni nel punto x_0 indicato.

873 $y = \left| \dfrac{1}{x-3} \right|$, $x_0 = 0$. $\left[y'(0) = \dfrac{1}{9} \right]$

874 $y = \dfrac{|x|-1}{x^2+1}$, $x_0 = -1$. $\left[y'(-1) = -\dfrac{1}{2} \right]$

Studia gli eventuali punti di non derivabilità delle seguenti funzioni.

875 $y = \dfrac{x}{|x|-1}$ [continua e derivabile per $x \neq \pm 1$]

876 $f(x) = |\ln \sqrt{x}|$ [$x = 1$ punto angoloso]

877 $y = \dfrac{|x^2-4|}{x-2} + 2x^2$ [continua per $x \neq 2$, derivabile per $x \neq \pm 2$]

878 $y = 2\sqrt{|x-3|} - 1$ [$x = 3$ punto di cuspide]

879 $y = \sqrt{2|x|-x^2}$ [$x = 0$ punto di cuspide, $x = 2$ e $x = -2$ punti a tangente verticale]

880 $f(x) = \sqrt{|x|-1}$ [$x = \pm 1$ punti a tangente verticale]

881 $f(x) = \begin{cases} \sqrt{4x-x^2} & \text{se } 0 \leq x \leq 4 \\ \sqrt{-x-x^2} & \text{se } -1 \leq x < 0 \end{cases}$ [$x = 0$ cuspide; $x = -1$ e $x = 4$ punti a tangente verticale]

882 $y = xe^{|x|}$ [derivabile $\forall x \in \mathbb{R}$]

883 $y = \dfrac{x|x|-1}{(x+2)^2}$ [continua e derivabile per $x \neq -2$]

884 $y = |x^2 - 6x|$ [$x = 0, x = 6$ punti angolosi]

Paragrafo 10. Applicazioni alla fisica

885 $y = \dfrac{1}{x} - e^{|x-1|}$ [derivabile per $x \neq 1 \wedge x \neq 0$; $x = 1$ punto angoloso]

886 $y = \dfrac{|x+1|}{x+1} \sqrt[3]{x}$ [derivabile per $x \neq -1 \wedge x \neq 0$; $x = 0$ flesso a tangente verticale]

887 $y = \ln(|x-1|-1)$ [continua e derivabile per $x < 0 \vee x > 2$]

888 $f(x) = \begin{cases} \ln(-x+1) & \text{se } x < 0 \\ \arcsin 4x & \text{se } 0 \leq x \leq \dfrac{1}{4} \end{cases}$ $\left[x = 0 \text{ punto angoloso}; x = \dfrac{1}{4} \text{ punto a tangente verticale}\right]$

Determina le tangenti, eventualmente destra e sinistra, al grafico delle seguenti curve nei punti di ascissa x_0 indicati a fianco.

889 $y = e^{|x|} - 1$, 0. $[y = \pm x]$ **892** $y = -x^2 + 2|x-4|$, 2. $[y = -6x + 12]$

890 $y = |\ln x|$, 1. $[y = \pm(x-1)]$ **893** $y^2 - x + 1 = 0$, 2. $\left[y = \pm \dfrac{1}{2} x\right]$

891 $y = x^2 - |x|$, 0. $[y = \pm x]$ **894** $x^2 + y^2 - 2x = 0$, $\dfrac{1}{2}$. $\left[y = \pm \dfrac{\sqrt{3}}{3}(x+1)\right]$

---

895 **FAI UN ESEMPIO** Scrivi l'espressione analitica di una funzione $y = f(x)$ non continua in $x = 0$, con un punto angoloso in $x = 1$, non derivabile in $x = -1$.

896 Dimostra che la funzione $f(x) = x|x|$ è derivabile per ogni $x \in \mathbb{R}$ ma la sua derivata seconda $f''(x)$ esiste solo per $x \neq 0$.

897 **REALTÀ E MODELLI** **Brooklyn bridge** Rispetto al sistema di riferimento indicato in figura, il profilo di una delle arcate dei piloni del ponte di Brooklyn può essere approssimato dalla funzione

$$f(x) = \dfrac{20}{3} \sqrt{-x^2 - 2|x| + 35}.$$

a. Determina l'altezza dell'arcata.
b. Studia i punti di non derivabilità.

$\left[\text{a}) \dfrac{20}{3}\sqrt{35} \simeq 40 \text{ m; b}) x = 0 \text{ punto angoloso}; x = -5 \text{ e } x = 5 \text{ punti di non derivabilità a tangente verticale}\right]$

---

10 Applicazioni alla fisica

▶ Teoria a p. 1583

898 **ESERCIZIO GUIDA** Un corpo si muove su una traiettoria rettilinea seguendo la legge oraria $s = 4 \ln t - 2t^2$. Determiniamo la velocità v e l'accelerazione a in funzione del tempo e calcoliamo in quale istante risulta $v = 0$ m/s e in quale $a = -20$ m/s^2.

La velocità è la derivata della posizione rispetto al tempo, quindi: $v = \dfrac{4}{t} - 4t$.

L'accelerazione è la derivata della velocità rispetto al tempo, quindi: $a = -\dfrac{4}{t^2} - 4$.

$v = 0$ per $\dfrac{4}{t} - 4t = 0$ → $4 - 4t^2 = 0$ → $t = \pm 1$.

Considerando il valore positivo di t, otteniamo che la velocità è nulla per $t = 1$ s.

$$a = -20 \quad \text{per} \quad -\frac{4}{t^2} - 4 = -20 \;\rightarrow\; \frac{4}{t^2} + 4 = 20 \;\rightarrow\; \frac{1}{t^2} = 4 \;\rightarrow\; t^2 = \frac{1}{4} \;\rightarrow\; t = \pm\frac{1}{2}.$$

Considerando il valore positivo di t, otteniamo che l'accelerazione vale -20 m/s² quando $t = 0{,}5$ s.

Determina la velocità e l'accelerazione in funzione del tempo nei moti rettilinei che hanno le seguenti leggi orarie.

899 $s = t^3 + t^2$ $\qquad [v = 3t^2 + 2t;\, a = 6t + 2]$ **901** $s = 3t - \frac{1}{4}t^2$ $\qquad \left[v = 3 - \frac{1}{2}t;\, a = -\frac{1}{2}\right]$

900 $s = -4t^2 + 2$ $\qquad [v = -8t;\, a = -8]$ **902** $s = 2\sin^2 t$ $\qquad [v = 2\sin 2t;\, a = 4\cos 2t]$

903 $s = \sin 3t + \cos^2 t$ $\qquad\qquad [v = 3\cos 3t - \sin 2t;\, a = -9\sin 3t - 2\cos 2t]$

904 $s = \dfrac{2t+1}{t+2}$ $\qquad\qquad \left[v = \dfrac{3}{(t+2)^2};\, a = \dfrac{-6}{(t+2)^3}\right]$

905 Una palla viene lanciata da terra verticalmente verso l'alto. Determina la velocità dopo 1 secondo sapendo che la sua distanza da terra dopo t secondi è $s = 20t - 4{,}9t^2$ (espressa in metri). $\qquad [v = 10{,}2$ m/s$]$

906 Il moto di un corpo su un percorso rettilineo segue la legge oraria $s = 4t^2 + 2t$. Calcola la velocità all'istante $t = 2$ s, sapendo che la posizione è misurata in metri. $\qquad [18$ m/s$]$

907 Una particella si muove lungo l'asse x in modo tale che la sua velocità nella posizione x è data dalla formula $v(x) = 2 + \sin x$. Qual è la sua accelerazione in $x = \dfrac{\pi}{6}$? (USA *Harvard-MIT Mathematics Tournament*)

$$\left[\frac{5\sqrt{3}}{4}\right]$$

908 **REALTÀ E MODELLI** **Roller** Paola e Fabio si sfidano in una corsa di pattinaggio. Dall'istante $t = 0$, in cui entrambi oltrepassano il via della pista rettilinea, il loro moto segue la legge oraria:

$s_{\text{Paola}} = \dfrac{1}{18}t^3 + 2t$ per Paola; $\qquad s_{\text{Fabio}} = \dfrac{1}{24}t^3 + \dfrac{5}{2}t$ per Fabio.

Il tempo è misurato in secondi e la posizione in metri.
a. Dopo 3 secondi chi dei due è più veloce?
b. Verifica che dopo 6 secondi sono fianco a fianco. Chi è più veloce ora? $\qquad$ [a) Fabio; b) Paola]

909 Un corpo si muove in linea retta seguendo la legge oraria $s = 4t^2 + t + 1$. Determina la velocità e l'accelerazione del corpo al variare del tempo e trova in quale istante la velocità è 17 m/s. $\qquad [v = 8t + 1;\, a = 8;\, t = 2$ s$]$

910 Un oggetto si muove in linea retta secondo la legge oraria $s = t^3 - 6t^2 + 12t - 1$.
a. Calcola in quali istanti la velocità è 3 m/s.
b. Determina l'istante in cui l'accelerazione è nulla. $\qquad$ [a) $t = 1$ s; $t = 3$ s; b) $t = 2$ s]

911 **LEGGI IL GRAFICO** Il grafico della figura rappresenta la legge oraria $s(t)$ di un moto armonico.
a. Scrivi l'equazione di $s(t)$.
b. Determina la velocità in funzione del tempo e disegna il relativo grafico. $\qquad$ [a) $s = 2\sin 2t$; b) $v = 4\cos 2t$]

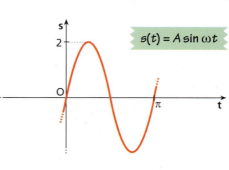

1640

Paragrafo 10. Applicazioni alla fisica

912 Due corpi si muovono seguendo le leggi orarie $s_1 = 2t^2 - t$ e $s_2 = -\frac{1}{2}t^2 + 9t$.
Calcola in quale istante il primo ha velocità doppia rispetto al secondo. $\left[\frac{19}{6} \text{ s}\right]$

913 **REALTÀ E MODELLI** **Giro in bici** Sofia percorre con la sua bici una strada rettilinea seguendo la legge oraria riportata in figura finché non si ferma.
Calcola la distanza percorsa dall'istante iniziale (tempo misurato in secondi e posizione in metri). [75 m]

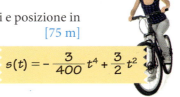

$s(t) = -\frac{3}{400}t^4 + \frac{3}{2}t^2$

914 Un moto oscillatorio smorzato è descritto dalla legge oraria $s = e^{-t} \sin \omega t$. Determina la velocità e l'accelerazione in funzione del tempo. $[v = e^{-t}(-\sin \omega t + \omega \cos \omega t); a = e^{-t}(\sin \omega t - \omega^2 \sin \omega t - 2\omega \cos \omega t)]$

915 **CACCIA ALL'ERRORE** In ognuna delle seguenti affermazioni c'è un errore. Trovalo e correggilo.
  a. Se la legge oraria di un moto rettilineo è $s = -t^2 + 2t$, allora l'accelerazione è $a = -1$.
  b. Se la legge oraria di un moto rettilineo è $s = 3 \sin \frac{3}{2} t$, si ha $a = 3$ m/s² per $t = \frac{\pi}{2}$ s.
  c. Nel moto armonico con legge oraria $s = A \cos \omega t$ la velocità è $v = A \sin \omega t$.
  d. Nel moto che segue la legge oraria $s = 3t^3 + 4t$ l'accelerazione è $a = 18t + 4$.
  e. In un moto la legge della velocità è $v = 8\sqrt{t} - 3$. L'accelerazione segue allora la legge $a = \frac{8}{\sqrt{t}}$.

916 **LEGGI IL GRAFICO** Un oggetto si muove seguendo la legge oraria $s(t)$ rappresentata dall'arco di parabola della figura.
  a. Determina l'equazione di $s(t)$.
  b. Trova la velocità agli istanti $t = 0$ e $t = 1$ (s in metri, t in secondi) e interpreta i risultati ottenuti.
  c. Osservando il grafico, indica per quali valori di t la velocità è positiva e per quali negativa.

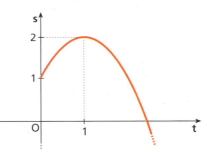

[a) $s = -t^2 + 2t + 1$; b) $v(0) = 2$ m/s, $v(1) = 0$ m/s; c) $v > 0$ per $0 \leq t < 1$, $v < 0$ per $t > 1$]

917 **REALTÀ E MODELLI** **Scatto** Un centometrista si sta riscaldando prima della gara. Dopo uno scatto di 4 s a velocità crescente, rapidamente decelera e si ferma in 2 s, per poi tornare ai blocchi con velocità costante. La legge oraria con cui si muove nella fase di accelerazione è $s(t) = 1,2t^2$; nella fase di decelerazione ha percorso 9,6 m e quando torna ai blocchi di partenza sono passati in tutto 20,4 s.
  a. Trova la legge oraria $s(t)$ che descrive tutte e tre le fasi.
  b. Calcola le funzioni $s'(t)$ e $s''(t)$ e spiegane il significato fisico.
  c. Disegna sullo stesso piano i tre grafici.

$$\left[a) \; s(t) = \begin{cases} 1,2t^2 & \text{se } 0 \leq t \leq 4 \\ -2,4t^2 + 28,8t - 57,6 & \text{se } 4 < t \leq 6 \\ -2t + 40,8 & \text{se } 6 < t \leq 20,4 \end{cases} \right]$$

918 Un carrello scende lungo un piano, inclinato di un angolo α rispetto al piano orizzontale, seguendo la legge
$$s = \frac{1}{2} g t^2 \sin \alpha.$$
  a. Se α è costante, trova la velocità e l'accelerazione in funzione del tempo.
  b. Se l'accelerazione è 4,9 m/s², calcola la lunghezza del piano, sapendo che il carrello lasciato cadere dal punto più alto del piano arriva a terra con velocità di 19,6 m/s. [a) $v = gt \sin \alpha$, $a = g \sin \alpha$; b) $s = 39,2$ m]

Capitolo 25. Derivate

919 La carica elettrica che attraversa la sezione di un conduttore al variare del tempo segue la legge $q = 3e^{-t}\cos t$. Determina l'intensità della corrente in funzione del tempo. $[i = -3e^{-t}(\cos t + \sin t)]$

920 Una corrente alternata attraversa la sezione di un conduttore. La carica q al variare del tempo segue la legge $q = 2\cos(2\pi t + 1)$. Calcola l'intensità della corrente in funzione del tempo. $[i = -4\pi \sin(2\pi t + 1)]$

921 La carica elettrica che attraversa la sezione di un conduttore, espressa in coulomb, è descritta al variare del tempo dalla relazione $q(t) = \dfrac{t^3}{3} - \dfrac{13}{2}t^2 + 41t + \dfrac{5}{2}$. Determina in quali istanti di tempo l'intensità di corrente vale 1 A. $[5\text{ s}; 8\text{ s}]$

Problemi relativi al moto nel piano

922 **ESERCIZIO GUIDA** Un corpo si muove in un piano Oxy seguendo la legge:

$$\begin{cases} x(t) = \dfrac{t}{3} & \text{nella direzione } x \\ y(t) = \dfrac{2}{9}t^2 - \dfrac{4}{3}t + 2 & \text{nella direzione } y \end{cases},$$

dove t è il tempo misurato in secondi e lo spazio è misurato in metri.

a. Determiniamo l'equazione cartesiana della traiettoria e rappresentiamola graficamente.
b. Troviamo le componenti lungo gli assi cartesiani della velocità e il modulo del vettore velocità al variare del tempo t.
c. Calcoliamo il modulo e la direzione della velocità per $t = \dfrac{15}{4}$ s.
d. Troviamo le componenti, il modulo e la direzione del vettore accelerazione al variare del tempo.

---

a. Dalla prima equazione ricaviamo la variabile t e la sostituiamo nella seconda determinando così l'equazione cartesiana della traiettoria:

$$\begin{cases} t = 3x \\ y = \dfrac{2}{9}\cdot(3x)^2 - \dfrac{4}{3}\cdot(3x) + 2 \end{cases} \to y = 2x^2 - 4x + 2.$$

La traiettoria del corpo è una parabola con concavità rivolta verso l'alto e vertice $V(1; 0)$.

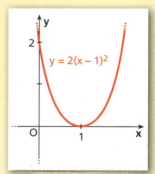

b. Le componenti del vettore velocità sono date dalle derivate delle componenti della posizione:

$$\vec{v}(t) = \begin{cases} x'(t) = \dfrac{1}{3} \\ y'(t) = \dfrac{4}{9}t - \dfrac{4}{3} \end{cases}.$$

Il modulo del vettore velocità è: $|\vec{v}(t)| = \sqrt{[x'(t)]^2 + [y'(t)]^2} = \sqrt{\dfrac{1}{9} + \left(\dfrac{4}{9}t - \dfrac{4}{3}\right)^2}$.

c. Per $t = \dfrac{15}{4}$, otteniamo: $\left|\vec{v}\left(\dfrac{15}{4}\right)\right| = \sqrt{\dfrac{1}{9} + \left(\dfrac{4}{9}\cdot\dfrac{15}{4} - \dfrac{4}{3}\right)^2} = \sqrt{\dfrac{1}{9} + \dfrac{1}{9}} = \dfrac{1}{3}\sqrt{2}$ m/s; la direzione del vettore $\vec{v}\left(\dfrac{15}{4}\right)$ forma con l'asse x un angolo α tale che: $\tan \alpha = \dfrac{y'\left(\dfrac{15}{4}\right)}{x'\left(\dfrac{15}{4}\right)} = \dfrac{1}{3}\cdot 3 = 1$.

Quindi $\alpha = 45°$.

d. Le componenti del vettore accelerazione sono date dalle derivate seconde delle componenti della posizione:

Paragrafo 10. Applicazioni alla fisica

$$\vec{a}(t) = \begin{cases} x''(t) = 0 \\ y''(t) = \dfrac{4}{9} \end{cases}.$$

L'accelerazione è costante, di modulo $a = \dfrac{4}{9}$ m/s^2 e diretta lungo l'asse y, con verso positivo.

923 Un corpo si muove in un piano in cui è stato fissato un riferimento cartesiano. L'espressione delle sue coordinate in funzione del tempo è data da:

$$\begin{cases} x = 4 - t + \dfrac{1}{2} t^2 \\ y = 3 + 4t \end{cases}.$$

a. Quanto vale il modulo della velocità dopo 4 secondi?
b. Come varia l'accelerazione in funzione del tempo? [a) 5 m/s; b) è costante]

924 La traiettoria descritta da un oggetto in un piano Oxy ha equazioni $\begin{cases} x = 4t \\ y = \dfrac{1}{2 + t^2} \end{cases}$, dove t rappresenta il tempo in secondi e x e y sono espresse in metri. Scrivi l'equazione cartesiana della traiettoria e il modulo della velocità all'istante $t = 2$ s. $\left[y = \dfrac{16}{x^2 + 32}; v(2) = \dfrac{\sqrt{1297}}{9} \text{ m/s} \right]$

925 Le equazioni del moto di un punto P sono $x = t + 1$ e $y = 2t^2 - 1$, dove x e y sono espresse in metri e t in secondi.
   a. Trova l'equazione cartesiana della traiettoria.
   b. Calcola il modulo e la direzione della velocità all'istante $t = 2$ s.
   c. Dimostra che l'accelerazione è costante.   [a) $y = 2x^2 - 4x + 1$; b) $\sqrt{65}$ m/s, $\simeq 83°$; c) 4 m/s^2, 90°]

926 Una pallina si muove su un piano Oxy. Le leggi orarie del moto sono $\begin{cases} x = t + 1 \\ y = 2t^2 \end{cases}$, dove t rappresenta il tempo (in secondi) e x, y la posizione (in metri).
   a. Trova l'equazione cartesiana della traiettoria.
   b. Determina il modulo della velocità della pallina nell'istante iniziale e dopo 5 s.
   c. Dimostra che l'accelerazione della pallina è costante al variare del tempo.
   [a) $y = 2(x - 1)^2$; b) $v(0) = 1$ m/s; $v(5) = 20,02$ m/s; c) $a = 4$ m/s^2]

927 Un corpo si muove in un piano secondo le leggi orarie $\begin{cases} x = \sin t - 1 \\ y = \cos^2 t \end{cases}$, dove t rappresenta il tempo (in secondi) e x, y la posizione (in metri).
   a. Scrivi l'equazione cartesiana della traiettoria.
   b. Calcola il modulo della velocità e dell'accelerazione all'istante $t = 0$.
   [a) $x^2 + y + 2x = 0$; b) $v(0) = 1$ m/s; $a(0) = 2$ m/s^2]

928 **REALTÀ E MODELLI** **Acrobazie in volo** Un aereo acrobatico sta iniziando un'evoluzione su un piano orizzontale; il moto del suo baricentro è descritto dalle seguenti equazioni, in cui x e y sono misurate in metri.

$$\begin{cases} x(t) = 70 \cos\left(\dfrac{t+1}{2}\right)^2 \\ y(t) = 70 \sin\left(\dfrac{t+1}{2}\right)^2 \end{cases}$$

   a. Verifica che la traiettoria è una circonferenza e trovane il raggio.
   b. Determina la velocità dell'aereo nell'istante $t_0 = 0$ s in cui il pilota inizia la manovra e all'istante $t_1 = 1,5$ s.
   c. Qual è il primo istante in cui le componenti della velocità sono uguali?   [b) 35 m/s; 87,5 m/s; c) 2,07 s]

Capitolo 25. Derivate

11 Differenziale di una funzione

▶ Teoria a p. 1585

929 ESERCIZIO GUIDA Calcoliamo il differenziale dy della funzione $y = f(x) = \dfrac{x-1}{e^x}$.

Essendo $dy = f'(x) \cdot dx$, per calcolare il differenziale della funzione basta calcolare la sua derivata prima e moltiplicarla per dx.

$$f'(x) = \frac{e^x - (x-1)e^x}{e^{2x}} = \frac{e^x(1-x+1)}{e^{2x}} = \frac{2-x}{e^x} \quad \rightarrow \quad dy = \frac{2-x}{e^x} dx.$$

Calcola il differenziale dy delle seguenti funzioni.

930 $y = x^2 + \sin x$; $\quad y = \dfrac{x^4 + 1}{x}$. $\qquad \left[dy = (2x + \cos x) dx; \; dy = \dfrac{3x^4 - 1}{x^2} dx \right]$

931 $y = \ln^3 x$; $\quad y = \sqrt{x^3 - x}$. $\qquad \left[dy = \dfrac{3\ln^2 x}{x} dx; \; dy = \dfrac{3x^2 - 1}{2\sqrt{x^3 - x}} dx \right]$

932 $y = \ln \dfrac{x+5}{x-2}$; $\quad y = \sin(4x^2 - 1)$. $\qquad \left[dy = \dfrac{-7}{x^2 + 3x - 10} dx; \; dy = 8x \cdot \cos(4x^2 - 1) dx \right]$

MATEMATICA E STORIA

Differenziali secondo Leibniz A Leibniz, assieme a Newton, si devono l'introduzione e i primi studi del calcolo infinitesimale. Fra l'altro, Leibniz coniò il termine «funzione» per indicare le caratteristiche di alcune curve, come l'andamento, la pendenza e la perpendicolare in un punto.
Nel suo *Nova methodus pro maximis et minimis*, del 1684, Leibniz scrive:
«Sia a una quantità data costante, sarà: $da = 0$ e $dax = adx$.
Addizione e sottrazione: se si ha $z - y + w + x = v$
sarà $d(z - y + w + x) = dv = dz - dy + dw + dx$.
Moltiplicazione: $dxv = xdv + vdx$».
a. Ricava la regola $dax = adx$ utilizzando le altre regole.
b. Applica la regola della moltiplicazione nel caso di x^2.
c. Leibniz si riferisce ai segmenti come dx, che compare in figura, come a «segmenti presi ad arbitrio». Spiega il significato geometrico della scrittura simbolica $\dfrac{dy}{dx}$ utilizzata per indicare la derivata di una funzione $y = f(x)$.

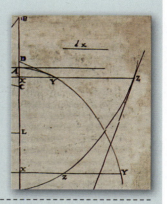

☐ Risoluzione – Esercizio in più

Incremento di una funzione

933 ESERCIZIO GUIDA Calcoliamo l'incremento Δy della funzione $y = x^3 - 2x^2$ quando $x_0 = 1$ viene incrementato di $\Delta x = 0{,}023$.

Calcoliamo Δy direttamente, cioè valutiamo la funzione $f(x) = x^3 - 2x^2$ nei punti $1{,}023$ e 1 e ne calcoliamo la differenza:

$$\Delta y = f(1{,}023) - f(1) = (1{,}023)^3 - 2 \cdot (1{,}023)^2 - (1 - 2) \simeq -0{,}02246.$$

Utilizzando il differenziale di $f(x)$, possiamo approssimare lo stesso risultato con calcoli più semplici:

$$\Delta y = f(x_0 + \Delta x) - f(x_0) \simeq f'(x_0) \cdot \Delta x = (3x_0^2 - 4x_0) \cdot \Delta x = (3 - 4) \cdot 0{,}023 = -0{,}023.$$

Calcola, sia direttamente sia con il differenziale, l'incremento Δy delle seguenti funzioni nei punti e per gli incrementi Δx indicati a fianco.

934 $y = 2x^4 - 2x^3$, $\quad x = 2, \Delta x = 10^{-3}$. $\qquad [\Delta y \simeq 0{,}04]$

935 $y = \dfrac{x^3}{6} - 2x + 1$, $\quad x = 4, \Delta x = 0{,}01$. $\qquad [\Delta y \simeq 0{,}06]$

1644

Paragrafo 11. Differenziale di una funzione

936 $y = (2x^2 - 1)^4$, $x = -1, \Delta x = 10^{-4}$. $[\Delta y \simeq -0{,}0016]$

937 $y = x^3 \cdot e^x$, $x = 1, \Delta x = 0{,}05$. $[\Delta y \simeq 0{,}5437]$

938 $y = \dfrac{5}{x^2 - 1}$, $x = -2, \Delta x = 0{,}05$. $[\Delta y = 0{,}\bar{1}]$

939 $y = \dfrac{e^x}{x}$, $x = 2, \Delta x = 0{,}002$. $[\Delta y \simeq 0{,}0037]$

Valore approssimato di una funzione in un punto

940   **ESERCIZIO GUIDA**   Calcoliamo il valore approssimato di $\ln(1{,}34)$.

Osserviamo che $\ln(1{,}34) = \ln(1 + 0{,}34)$. Allora possiamo calcolare il valore approssimato applicando la formula $f(x_0 + \Delta x) \simeq f(x_0) + dy = f(x_0) + \Delta x \, f'(x_0)$ alla funzione $f(x) = \ln x$, con $x_0 = 1$ e $\Delta x = 0{,}34$.

Poiché $f'(x_0) = \dfrac{1}{x_0} = 1$, otteniamo: $\ln(1 + 0{,}34) \simeq \ln(1) + 0{,}34 \cdot 1 = 0{,}34$.

Utilizza il differenziale per calcolare il valore approssimato dei seguenti numeri.

941 $\sqrt{4{,}005}$; $(2{,}039)^2$.   **942** $(1{,}028)^3$; $\sqrt[3]{8{,}012}$.   **943** $\ln(1{,}03)$; $e^{0{,}09}$.
       $[2{,}00125;\ 4{,}156]$ $[1{,}084;\ 2{,}001]$ $[0{,}03;\ 1{,}09]$

Problemi

944 Utilizzando il differenziale, calcola di quanto aumenta l'area di un cerchio se il raggio, lungo 4 m, aumenta di 2 mm. $[0{,}050265\ \text{m}^2]$

945 Un cilindro ha la base di area 4π m^2 e l'altezza lunga 8 m. Di quanto aumenta il volume se si aumenta il raggio di base di 3 cm? $[3{,}015929\ \text{m}^3]$

946 Un cubo ha il lato di 5 m. Di quanto aumenta il suo volume se si aumenta il lato di 4 cm? $[3\ \text{m}^3]$

947 Una sfera di raggio $r = 2$ m, facente parte di un monumento, deve essere completamente ricoperta da circa 5000 piccoli tasselli ceramici. Con il differenziale calcola quale area rimarrebbe scoperta se per un difetto di fabbricazione la sfera avesse il raggio più lungo di 1 cm e non si avessero a disposizione ulteriori tasselli. $[0{,}50\ \text{m}^2]$

948 Di quanto varia la forza gravitazionale tra due masse di 1 kg poste alla distanza di 10 km se si allontanano di 10 m? (Ricorda che la forza di attrazione tra due masse m_1 e m_2 a una distanza r è $F = G\dfrac{m_1 m_2}{r^2}$, con $G = 6{,}67 \cdot 10^{-11}$ Nm^2/kg^2.)
    $[\text{diminuisce di } 1{,}334 \cdot 10^{-21}\ \text{N}]$

949 Una corona circolare ha i raggi rispettivamente di 60 cm e 90 cm. Utilizzando il metodo del differenziale, determina di quanto aumenterebbe l'area della corona se il raggio interno si riducesse a 56 cm o di quanto aumenterebbe l'area se il raggio esterno aumentasse a 92 cm.
    $[1507{,}96\ \text{cm}^2;\ 1130{,}97\ \text{cm}^2]$

950   **REALTÀ E MODELLI**   **Un cilindro per il grano**   Un silo per contenere del grano ha la forma di un cilindro circolare retto, alto 20 m e con un raggio di 5 m. Calcola, utilizzando il differenziale, di quanto varia il volume del silo per una variazione generica del raggio Δr. Valuta poi la variazione del volume se il raggio aumentasse di 1 cm, 5 cm o 8 cm.
    $[\Delta V = 6{,}28\ \text{m}^3;\ \Delta V = 31{,}4\ \text{m}^3;\ \Delta V = 50{,}3\ \text{m}^3]$

Allenati con **15 esercizi interattivi** con feedback "hai sbagliato, perché..."
su.zanichelli.it/tutor3   risorsa riservata a chi ha acquistato l'edizione con tutor

1645

Capitolo 25. Derivate

VERIFICA DELLE COMPETENZE ALLENAMENTO

UTILIZZARE TECNICHE E PROCEDURE DI CALCOLO

TEST

1 Quale funzione ha derivata diversa dalle altre? (Considera $x > 0$.)

A $y = \ln\sqrt{\dfrac{\pi}{2}} + \ln x^2$

B $y = 2\ln x + e^{\sqrt{2}}$

C $y = 2\ln 2x + \ln\dfrac{1}{2}$

D $y = \dfrac{1}{2}\ln 2x^2 + 2$

E $y = 4\ln\sqrt{x}$

2 È data la funzione: $y = (x^3 - 2x)^{\frac{5}{7}}$.

Una delle seguenti proposizioni è *falsa*. Quale?

A y è continua in tutto $\mathbb{R}$.

B $y'(0) = 0$

C Esistono punti in cui y non è derivabile.

D $y'(-1) = \dfrac{5}{7}$

E $y'(1) = \dfrac{5}{7}$

Calcola le derivate delle seguenti funzioni nel punto indicato, applicando la definizione, e conferma il risultato con le regole di derivazione.

3 $f(x) = x^2 + 2$, $\quad c = 3$. $\qquad [6]$

4 $f(x) = \dfrac{3}{x^2}$, $\quad c = 1$. $\qquad [-6]$

5 $f(x) = \dfrac{4}{2x - 1}$, $\quad c = -\dfrac{1}{2}$. $\quad [-2]$

6 $f(x) = \sqrt{x + 3}$, $\quad c = 1$. $\qquad \left[\dfrac{1}{4}\right]$

7 $y = \sin 2x + 2x$, $\quad c = \dfrac{\pi}{6}$. $\qquad [3]$

8 $y = \ln 4x$, $\quad c = 1$. $\qquad [1]$

9 **YOU & MATHS** Calculate from first principles

$$\lim_{h \to 0}\left\{\frac{1}{h}\left[\frac{1}{(x+h)^3} - \frac{1}{x^3}\right]\right\},$$

where $x \neq 0$. Deduce an expression for $\dfrac{d}{dx}\left(\dfrac{1}{x^3}\right)$ from the result you have just found.

(UK *University of Essex*, First Year Examination)

$$\left[\frac{d}{dx}\left(\frac{1}{x^3}\right) = -\frac{3}{x^4}\right]$$

Calcola le derivate delle seguenti funzioni.

10 $y = x^5 - 3x^2 + \dfrac{2\sqrt{x}}{\sqrt[5]{x}}$

$$\left[y' = 5x^4 - 6x + \frac{3}{5}\cdot\frac{1}{\sqrt[10]{x^7}}\right]$$

11 $y = 5x^2 + x\cos x \quad [y' = 10x + \cos x - x\sin x]$

12 $y = x^2 e^x + 3 \qquad\qquad [y' = e^x(2x + x^2)]$

13 $y = (x^2 - 2)^3 \qquad\qquad [y' = 6x(x^2 - 2)^2]$

14 $y = x^2 e^{-x} \qquad\qquad [y' = xe^{-x}(2 - x)]$

15 $y = x^3(4 - x^2)^2 \quad [y' = -x^2(4 - x^2)(7x^2 - 12)]$

16 $y = \arctan\sqrt{x} \qquad\qquad \left[y' = \dfrac{1}{2\sqrt{x}(1 + x)}\right]$

17 $y = \ln\sqrt{\tan\dfrac{\pi}{12}} \qquad\qquad [y' = 0]$

18 $y = \cos x(2\tan x + 1) \qquad [y' = 2\cos x - \sin x]$

19 $y = \dfrac{\sqrt[3]{x^2}}{\sqrt{x}} \qquad\qquad \left[y' = \dfrac{1}{6\sqrt[6]{x^5}}\right]$

20 $y = (2\sqrt{x} - 1)(x^3 - 4)$

$$\left[y' = 7x^{\frac{5}{2}} - 3x^2 - 4x^{-\frac{1}{2}}\right]$$

21 $y = \dfrac{2x^2 - x}{x^2 + 4x} \qquad\qquad \left[y' = \dfrac{9}{(x + 4)^2}\right]$

22 $y = \dfrac{1}{(x^3 + 4x + 2)^2} \qquad \left[y' = \dfrac{-2(3x^2 + 4)}{(x^3 + 4x + 2)^3}\right]$

1646

Allenamento

23 $y = \sqrt{\tan x}$ $\left[y' = \dfrac{1 + \tan^2 x}{2\sqrt{\tan x}}\right]$

31 $y = \sqrt{\sin x^2}$ $\left[y' = \dfrac{x \cos x^2}{\sqrt{\sin x^2}}\right]$

24 $y = xe^x \ln x$ $[y' = e^x(\ln x + x \ln x + 1)]$

32 $y = \dfrac{2\sqrt[4]{x^3} - 3\sqrt[3]{x}}{\sqrt{x}}$ $\left[y' = \dfrac{1}{2\sqrt[4]{x^3}} + \dfrac{1}{2\sqrt[6]{x^7}}\right]$

25 $y = \dfrac{x}{\ln^2 x}$ $\left[y' = \dfrac{\ln x - 2}{\ln^3 x}\right]$

33 $y = \ln x^2 + \dfrac{1}{2}\ln^2 x$ $\left[y' = \dfrac{1}{x}(2 + \ln x)\right]$

26 $y = e^{2x} + \sin^2 x$ $[y' = 2e^{2x} + 2\sin x \cos x]$

34 $y = \dfrac{x^2 - 2x + 3}{x - 1}$ $\left[y' = \dfrac{x^2 - 2x - 1}{(x - 1)^2}\right]$

27 $y = \dfrac{\sqrt{x^2 + 4x}}{x}$ $\left[y' = \dfrac{-2}{x\sqrt{x^2 + 4x}}\right]$

35 $y = \dfrac{3x}{(2x - 1)^3}$ $\left[y' = -\dfrac{3(4x + 1)}{(2x - 1)^4}\right]$

28 $y = \dfrac{x + 1}{x - 2}$ $\left[y' = -\dfrac{3}{(x - 2)^2}\right]$

36 $y = \dfrac{xe^{-x} + 4}{x}$ $\left[y' = -e^{-x} - \dfrac{4}{x^2}\right]$

29 $y = \dfrac{\ln x}{x^3}$ $\left[y' = \dfrac{1 - 3\ln x}{x^4}\right]$

37 $y = \ln \cos x^4$ $[y' = -4x^3 \tan x^4]$

30 $y = x^{\ln x}$ $\left[y' = x^{\ln x} \cdot \dfrac{2 \ln x}{x}\right]$

38 $y = \arcsin \dfrac{x}{\sqrt{1 + x^2}}$ $\left[y' = \dfrac{1}{1 + x^2}\right]$

---

39 $y = \sqrt{x} + \cos 2 + 2 \cdot 2^x$ $\left[y' = \dfrac{1}{2\sqrt{x}} + 2 \cdot 2^x \ln 2\right]$

40 $y = x + \cos \dfrac{e^{\ln x}}{6x}$ $[y' = 1]$

41 $y = 2 \arctan \sqrt{\dfrac{2 - x}{2 + x}}$ $\left[y' = \dfrac{-1}{\sqrt{4 - x^2}}\right]$

42 $y = \ln \dfrac{1 - e^x}{e^x} + \dfrac{1}{e^x - 1}$ $\left[y' = \dfrac{-1}{(e^x - 1)^2}\right]$

43 $y = \dfrac{x^3 - 2x^2 + 1}{(x - 1)^2} + 2\ln(x - 1)$ $\left[y' = \dfrac{x^2}{(x - 1)^2}\right]$

44 $y = \dfrac{9}{4}x(\sin \ln 2x - \cos \ln 2x)$ $\left[y' = \dfrac{9}{2} \sin \ln 2x\right]$

45 **TEST** Data $x^2 + 3xy + y^2 = 5$, ricava $\dfrac{dy}{dx}$ nel punto $(1; -4)$.

A -2 **B** 1 **C** 0 **D** 3 **E** $(1; -4)$ non è un punto del grafico.

(USA *Southwest Virginia Community College Math Contest*)

Deriva le seguenti funzioni rispetto alla variabile indicata.

46 $y = x^2 t^2 + 2 \sin t$, *t*. $[y'_t = 2x^2 t + 2 \cos t]$

47 $y = x \sin \omega t + \omega^2 t$, ω. $[y'_\omega = xt \cos \omega t + 2\omega t]$

48 Calcola la derivata terza della funzione $y = xe^{2x}$. $[y''' = 4e^{2x}(3 + 2x)]$

49 **VERO O FALSO?**

a. La derivata centesima di $y = x^{100}$ è $y^{(100)} = 0$. V F

b. La derivata decima di $y = \dfrac{1}{x}$ è $y^{(10)} = \dfrac{1}{x^{10}}$. V F

c. La derivata ottantesima di $y = \cos x$ è $y^{(80)} = \cos x$. V F

50 Trova per quali valori di *a* e *b* per la funzione $y = a \cos x + b \sin x$ si ha:

$y'''\left(\dfrac{\pi}{4}\right) = \sqrt{3}$ e $y'\left(\dfrac{3}{2}\pi\right) = 4$. $[a = -4, b = -6]$

1647

Capitolo 25. Derivate

Determina le equazioni delle rette tangenti al grafico delle funzioni condotte dal punto indicato a fianco.

51 $y = \dfrac{x^2 + 2x}{x+1}$, $(-1; 1)$. $\left[y = \dfrac{5}{4}x + \dfrac{9}{4}\right]$ **53** $y = 1 + \ln 2x$, $(0; 0)$. $[y = 2x]$

52 $y = \dfrac{2x-1}{x}$, $(2; 2)$. $[y = x]$ **54** $y = e^{x-3}$, $(2; 0)$. $[y = x - 2]$

RISOLVERE PROBLEMI

55 Determina le coordinate del punto P in cui la retta tangente al grafico della funzione $y = \dfrac{x+1}{2x}$ ha coefficiente angolare $m = -\dfrac{1}{2}$. $[P_1(-1; 0); P_2(1; 1)]$

56 Date le due curve di equazioni $y = \dfrac{4x-4}{x}$ e $y = \ln 4(x-1)$, determina gli eventuali punti aventi la stessa ascissa in cui le tangenti sono parallele. $[(2; 2); (2; \ln 4)]$

57 Per quale valore del parametro k la tangente al grafico della funzione $y = \dfrac{kx}{x^2 - 1}$ nel suo punto di ascissa $x = -2$ è perpendicolare alla retta $2x - y = 1$? $\left[k = \dfrac{9}{10}\right]$

58 Determina i coefficienti a, b, c della funzione $y = ax^3 + x^2 + bx + c$ in modo che il suo grafico passi per il punto $A(0; 2)$ e che nel punto $B(1; -1)$ abbia la tangente di coefficiente angolare -4. $[a = -1; b = -3; c = 2]$

59 Scrivi l'equazione della retta che passa per l'origine ed è tangente alla curva di equazione $y = -\ln 2x$. $\left[y = -\dfrac{2}{e}x\right]$

60 **a.** Determina i coefficienti dell'espressione analitica della funzione $y = ax^5 + bx^2 + cx + d$, sapendo che la derivata quarta è $y^{(4)} = 24x$, che la derivata seconda y'' si annulla per $x = -1$ e che il grafico ha nel punto $P\left(1; \dfrac{6}{5}\right)$ una tangente di equazione $5y - 20x + 14 = 0$.
b. Trova l'equazione della retta tangente al grafico della funzione y nel punto di ascissa -1.
$\left[\text{a) } y = \dfrac{1}{5}x^5 + 2x^2 - x; \text{ b) } 5y + 20x + 6 = 0\right]$

61 Considera le curve γ_1 e γ_2, rispettivamente di equazioni $y = \sqrt{\dfrac{x^2 + 12}{2x}}$ e $y = 2\sqrt{4x - 7}$.
a. Verifica che γ_1 e γ_2 hanno un solo punto P in comune e ricavane le coordinate.
b. Trova le equazioni delle rette tangenti in P a entrambe le curve e verifica che sono tra loro perpendicolari.
c. Determina quale punto di γ_2 ha per tangente una retta che passa per l'origine del riferimento.
$\left[\text{a) } P(2; 2); \text{ b) } y = -\dfrac{1}{4}x + \dfrac{5}{2}; y = 4x - 6; \text{ c) } \left(\dfrac{7}{2}; 2\sqrt{7}\right)\right]$

62 **a.** Verifica, applicando la definizione di derivata, che la seguente funzione è derivabile in $x = 1$.
$$f(x) = \begin{cases} -\ln x - 2 & \text{se } 0 < x < 1 \\ x^2 - 3x & \text{se } x \geq 1 \end{cases}$$
b. Disegna il grafico di $f(x)$.
c. Trova eventuali punti che hanno la tangente parallela all'asse x e scrivi le equazioni di tali tangenti.
$\left[\text{c) } P\left(\dfrac{3}{2}; -\dfrac{9}{4}\right); y = -\dfrac{9}{4}\right]$

63 È data la funzione $f(x) = \begin{cases} \dfrac{x^2 - 4}{2x} & \text{se } x < 2, x \neq 0 \\ x\ln(x-1) & \text{se } x \geq 2 \end{cases}$.
a. Studia la continuità e la derivabilità di $f(x)$ in $x = 2$.
b. Studia la continuità e la derivabilità di $f(x)$ nel suo dominio.
c. Scrivi le equazioni delle tangenti nei punti $x = -1$ e $x = 2$. $\left[\text{c) } y = \dfrac{5}{2}x + 4; y = x - 2; y = 2(x - 2)\right]$

64 Considera la funzione $f(x) = x^3 + 4$.

a. Dimostra che f è invertibile e, detta $x = f^{-1}(y)$ la funzione inversa, determina l'insieme dei punti y dove essa è derivabile.

b. Calcola la derivata di $f^{-1}(y)$ nel punto $y = -4$.

c. Nel sistema di riferimento Oxy determina le coordinate di un punto P in cui il grafico della funzione inversa abbia la retta tangente perpendicolare alla retta $y + 3x - 7 = 0$.

$$\left[\text{a) } \mathbb{R} - \{4\}; \text{ b) } -\frac{1}{12}; \text{ c) } P_1(5; 1), P_2(3; -1)\right]$$

ANALIZZARE E INTERPRETARE DATI E GRAFICI

TEST

65 È dato il seguente grafico di funzione.

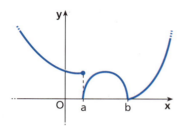

Possiamo affermare che la funzione:

A è continua ma non derivabile in $[0; b]$.
B è continua ma non derivabile in b.
C ha una cuspide in a.
D ha una cuspide in b.
E ha un punto stazionario in a.

66 La funzione che ha il grafico in figura è la derivata di:

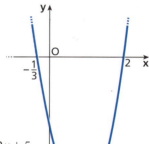

A $y = 3x - 5$.
B $y = x^3 - \frac{5}{2}x^2 - 2x + 5$.
C $y = \frac{x^3}{3} - \frac{5}{2}x^2 - 2$.
D $y = \frac{3}{2}x^2 - 5x - 2$.
E $y = \frac{x^3}{3} + \frac{x^2}{2} - 6x + 1$.

LEGGI IL GRAFICO Individua gli eventuali punti di discontinuità e non derivabilità delle funzioni rappresentate e classificali.

67
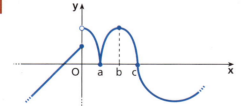

68
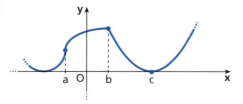

69 $f(x) = ax^3 - x^2 + bx + c$ e le rette r e s sono tangenti al grafico di $f(x)$ in A e B.

a. Trova a, b, c.

b. Scrivi le equazioni di r e s.

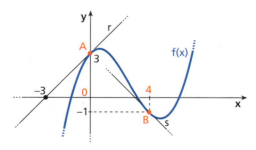

$$\left[\text{a) } a = \frac{1}{8}; b = 1; c = 3; \text{ b) } y = x + 3, y = -x + 3\right]$$

 Allenati con **15 esercizi interattivi** con feedback "hai sbagliato, perché..."

su.zanichelli.it/tutor3 risorsa riservata a chi ha acquistato l'edizione con tutor

Capitolo 25. Derivate

VERIFICA DELLE COMPETENZE VERSO L'ESAME

ARGOMENTARE E DIMOSTRARE

70 Per quale o quali valori di k la curva d'equazione $y = x^3 + kx^2 + 3x - 4$ ha una sola tangente orizzontale?
(*Esame di Stato, Liceo scientifico, Corso di ordinamento, Sessione ordinaria, 2009, quesito 3*)

71 Data la famiglia di funzioni $y = -x^3 + 6kx + 33$, trovare la funzione tangente nel punto di ascissa 3 a una retta parallela alla bisettrice del primo quadrante. Determinare l'equazione di detta tangente.
(*Esame di Stato, Liceo scientifico, Corso di ordinamento, Sessione suppletiva, 2015, quesito 2*)

72 Considera una funzione $f(x)$ pari e derivabile nell'intervallo $[-3; 3]$: puoi affermare che $f'(0) = 0$? Perché? Giustifica la tua risposta con degli esempi.

73 Considera le due funzioni $f(x) = x^2 - 3x + 8$ e $g(x) = x^3 - 11x + 10$, e determina la soluzione x_0 dell'equazione $f'(x) = g'(x)$ nell'intervallo $[1; 3]$. Cosa puoi dire relativamente al punto di ascissa x_0 sui grafici di f e di g?

74 Sia f la funzione definita da $f(x) = \pi^x - x^\pi$. Si precisi il dominio di f e si stabilisca il segno delle sue derivate, prima e seconda, nel punto $x = \pi$.
(*Esame di Stato, Liceo scientifico, Corso di ordinamento, Sessione ordinaria, 2008, quesito 8*)

75 Si trovi un polinomio di terzo grado $p(x)$ che si annulli per $x = -3$ e tale che la retta tangente alla curva $y = p(x)$ nel suo punto di ascissa zero abbia equazione $2x + y - 6 = 0$.
(*Esame di Stato, Liceo scientifico, Scuole italiane all'estero, Sessione ordinaria, 2014, quesito 3*)

76 Date le funzioni $f(x) = \sin x$ e $g(x) = |x|$, dimostra utilizzando la definizione di derivata che $f \circ g$ non è derivabile in 0. Rappresenta graficamente la funzione e fornisci un'interpretazione geometrica di questo fatto.

77 Si scriva l'equazione della tangente al diagramma della funzione $f(x) = \log_x 2$ nel punto P di ascissa $x = 2$.
(*Esame di Stato, Liceo scientifico, Corso sperimentale, Sessione straordinaria, 2013, quesito 4*)

78 Si scrivano le equazioni della tangente e della normale al diagramma della funzione
$$f(x) = \left(\frac{3}{4}x^2 - \frac{1}{4}\right)\log\frac{1+x}{1-x} - \frac{3}{2}x$$
nel punto P di ascissa $x = 0$. (*Esame di Stato, Liceo scientifico, Corso di ordinamento, Sessione suppletiva, 2014, quesito 4*)

79 Per il polinomio non nullo a coefficienti reali $f(x)$ vale la proprietà $f(x) = f'(x)f''(x)$. Qual è il coefficiente del termine di grado massimo di $f(x)$? (USA *Harvard-MIT Mathematics Tournament*)
$\left[\frac{1}{18}\right]$

80 Determinare la velocità di variazione dello spigolo di un cubo, sapendo che il volume del cubo è pari a 0,1 m³ e sta diminuendo alla velocità di 1200 cm³/s. (*Esame di Stato, Liceo scientifico, Sessione suppletiva, 2016, quesito 3*)

81 Una sfera ha il raggio che aumenta al passare del tempo secondo una data funzione $r(t)$. Calcolare il raggio della sfera nell'istante in cui la velocità di crescita della superficie sferica e la velocità di crescita del raggio sono numericamente uguali. (*Esame di Stato, Liceo scientifico, Sessione straordinaria, 2015, quesito 8*)

82 a. Considera le funzioni $f(x) = \dfrac{x^4 - 3x^2}{2x}$ e $g(x) = 2x^6 - x^4$ e indica se sono pari o dispari.
b. Calcola le derivate di $f(x)$ e di $g(x)$ e verifica se sono pari o dispari.
c. Si può generalizzare il risultato del punto b)? Cioè: la derivata di una funzione pari è dispari? La derivata di una funzione dispari è pari?

83 Se la funzione $f(x) - f(2x)$ ha derivata 5 in $x = 1$ e derivata 7 in $x = 2$, qual è la derivata di $f(x) - f(4x)$ in $x = 1$? (*Esame di Stato, Liceo scientifico, Corso sperimentale, Sessione ordinaria, 2013, quesito 2*)

Verso l'esame

84 Calcolare la derivata $f(x) = x \cdot e^x$, adoperando la definizione di derivata.

(Esame di Stato, Liceo scientifico, Corso di ordinamento, Sessione suppletiva, 2015, quesito 9)

85 Assegnata la funzione $y = e^{x^3 - 8}$:
   a. verificare che è invertibile;
   b. stabilire se la funzione inversa f^{-1} è derivabile in ogni punto del suo dominio di definizione, giustificando la risposta.

(Simulazione ministeriale dell'esame di Stato, 22 aprile 2015, quesito 1)

86 Si determinino le costanti a, b, c in modo che le curve di equazioni $f(x) = x^2 + ax + b$ e $g(x) = x^3 + c$ siano tangenti nel punto $A(1; 0)$. Si determini l'equazione della tangente comune.

(Esame di Stato, Liceo scientifico, Scuole italiane all'estero, Sessione ordinaria, 2008, quesito 6)

87 Per quale valore del parametro k nella funzione $f(x) = \dfrac{kx^2 - 2x}{3x - 2}$ si ha $\lim_{x \to \infty} f'(x) = -2$? Che significato geometrico assume tale limite?

$[k = -6]$

88 Una particella si muove lungo una certa curva secondo le seguenti leggi:

$$x(t) = 3 - 2\cos(t), \quad y(t) = 2 + 3\sin(t).$$

Disegnare la traiettoria percorsa dalla particella per t che va da 0 a 2π secondi e determinare la velocità di variazione di θ, l'angolo formato dalla tangente alla traiettoria con l'asse x, per $t = \dfrac{2}{3}\pi$ secondi.

(Esame di Stato, Liceo scientifico, Scuole italiane all'estero, Sessione ordinaria, 2015, quesito 7)

89 Data la funzione $f(x) = \begin{cases} \sin x \log(\sin 2x) & \text{per } 0 < x < \dfrac{\pi}{2} \\ 0 & \text{per } x = 0 \end{cases}$, si provi che è continua, ma non derivabile, nel punto $x = 0$.

(Esame di Stato, Liceo scientifico, Corso di ordinamento, Sessione suppletiva, 2012, quesito 2)

90 La funzione $f(x) = \sin \sqrt[3]{x}$ è evidentemente continua nel punto $x = 0$. Si dimostri che nello stesso punto non è derivabile.

(Esame di Stato, Liceo scientifico, Corso di ordinamento, Sessione suppletiva, 2014, quesito 2)

91 Si faccia un esempio di una funzione, definita per tutti i numeri reali x, che sia priva di derivata:
   a. in un certo punto;
   b. in più punti;
   c. in infiniti punti.

(Esame di Stato, Liceo scientifico, Scuole italiane all'estero (Europa), Sessione ordinaria, 2013, quesito 5)

COSTRUIRE E UTILIZZARE MODELLI

92 **Verso l'alto** Una palla viene lanciata verticalmente in aria. La legge che descrive l'altezza della palla, misurata in metri, al variare del tempo, misurato in secondi, durante l'ascensione è approssimativamente $h = 1 + 6t - 5t^2$.
   a. In quale istante raggiunge l'altezza massima?
   b. Qual è l'altezza massima raggiunta?

$\left[\text{a)} \dfrac{3}{5} \text{ s; b)} \dfrac{14}{5} \text{ m} \right]$

93 **Palloncini gonfiabili** Quando gonfi un palloncino introduci circa $0{,}5$ dm³ d'aria ogni secondo; supponiamo che la velocità di riempimento sia costante.
   a. Scrivi la funzione che esprime il volume in litri dell'aria immessa nel palloncino in funzione del tempo misurato in secondi.
   b. Approssimando il palloncino a una sfera, scrivi il suo raggio in funzione del tempo.
   c. Determina la velocità con cui aumenta il raggio del palloncino.

$\left[\text{a)} V(t) = 0{,}5t; \text{b)} r(t) = \sqrt[3]{\dfrac{3t}{8\pi}}; \text{c)} v = \dfrac{1}{3}\sqrt[3]{\dfrac{3}{8\pi t^2}} \right]$

1651

Capitolo 25. Derivate

RISOLVIAMO UN PROBLEMA

Demolizioni

Una sfera di metallo usata per le demolizioni si sta dilatando a causa di un aumento della temperatura. Indichiamo con $r(t)$ il suo raggio (misurato in cm) in funzione del tempo (misurato in ore) e supponiamo che la funzione $r(t)$ sia derivabile per $t > 0$.
All'istante $t = 1$ h la superficie della sfera è 240 dm² e il suo volume aumenta con velocità di 480 cm³/h. Determina, in tale istante $t = 1$ h:
- il raggio della sfera e la velocità con cui aumenta;
- la velocità con cui aumenta la superficie della sfera.

▶ **Modellizziamo il problema.**

Scriviamo le funzioni che esprimono la superficie e il volume della sfera in funzione del tempo:

$$S(t) = 4\pi[r(t)]^2 \quad \text{e} \quad V(t) = \frac{4}{3}\pi[r(t)]^3.$$

La funzione che esprime la velocità con cui ciascuna grandezza aumenta è la derivata rispetto al tempo della funzione corrispondente.

▶ **Calcoliamo il raggio all'istante $t = 1$ h.**

$$S(1) = 24\,000 \text{ cm}^2 \;\to\; 4\pi[r(1)]^2 = 24\,000 \;\to\; [r(1)]^2 = \frac{6000}{\pi} \;\to\; r(1) = 10\sqrt{\frac{60}{\pi}} \simeq 43,7 \text{ cm}$$

▶ **Calcoliamo la velocità con cui aumenta il raggio.**

Utilizziamo la funzione volume $V(t)$ che deriviamo con la regola della funzione composta:

$$V'(t) = \frac{4}{3}\pi \cdot 3[r(t)]^2 \cdot r'(t) = 4\pi[r(t)]^2 \cdot r'(t) = S(t) \cdot r'(t).$$

Ricaviamo che $r'(t) = \dfrac{V'(t)}{S(t)}$.

Dai dati iniziali conosciamo $V'(1) = 480$ cm³/h e $S(1) = 24\,000$ cm², quindi:

$$r'(1) = \frac{V'(1)}{S(1)} = \frac{480 \text{ cm}^3/\text{h}}{24\,000 \text{ cm}^2} = 0,02 \text{ cm/h}.$$

▶ **Calcoliamo la velocità con cui aumenta la superficie.**

Deriviamo la funzione che esprime la superficie e sostituiamo i valori per $t = 1$ h:

$$S'(t) = 8\pi \cdot r(t) \cdot r'(t) \;\to\; S'(1) = 8\pi \cdot 10\sqrt{\frac{60}{\pi}} \cdot 0,02 = 1,6\sqrt{60\pi} \simeq 22,0 \text{ cm}^2/\text{h}.$$

---

94 **Tuffi** Aldo si tuffa da una piattaforma alta 5 m sopra la superficie del mare. I suoi tuffi possono essere descritti, nel riferimento Oxy in figura, dalla famiglia di parabole:

$$y = -\frac{1+m^2}{10}x^2 + mx + 5, \; m \in \mathbb{R}.$$

a. Ricava in funzione di m la tangente dell'angolo α $\left(0 < \alpha < \dfrac{\pi}{2}\right)$ che le braccia di Aldo formano con la verticale nel punto di ingresso in acqua e dimostra che:

$$0 < \tan \alpha \leq \frac{\sqrt{2}}{2}.$$

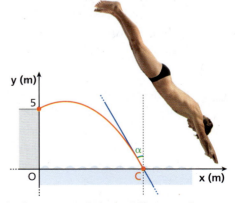

b. Determina il valore positivo di m per il quale $\alpha = 30°$ e calcola la distanza tra la base della piattaforma e il punto di ingresso in acqua per questo valore di m.

$$\left[\text{a) } \tan \alpha = \frac{1}{\sqrt{3m^2+2}}; \text{ b) } \frac{\sqrt{3}}{3}, x_C \simeq 8,66 \text{ m}\right]$$

1652

95 **Crociera** Un'agenzia organizza una crociera nel Mediterraneo, in cui la nave deve percorrere 1200 miglia. Il consumo di combustibile, espresso in tonnellate per miglio, è proporzionale al quadrato della velocità, con il coefficiente di proporzionalità $k = 0,001$. Il costo per una tonnellata di combustibile è di € 407 e la spesa oraria complessiva per il personale di bordo è di € 4050.

  a. Determina la funzione che esprime il costo totale della crociera, dovuto al carburante e al personale, in funzione della velocità v di navigazione.

  b. Individua il punto stazionario di tale funzione.

  $$\left[a)\ C(v) = 1200\left(0{,}407v^2 + \frac{4050}{v}\right);\ b)\ 17\ \text{nodi} \right]$$

96 **IN FISICA** Un pallone sonda viene rilasciato da terra a un certo istante $t = 0$ e la sua ascesa verticale viene seguita nel tempo. Dai dati telemetrici si estrapola una funzione $y(t)$ che rappresenta la quota y (in metri) raggiunta dal pallone dopo un tempo t (in secondi) dalla partenza:

$$y(t) = \frac{5t(2t^2 - 7t + 8)}{t^2 - 2t + 2}.$$

  a. In quali momenti, e a quali quote, la velocità del pallone è nulla?

  b. Qual è, in m/s, la velocità di ascesa del pallone dopo 3 secondi dalla partenza?

  c. Dimostra che la velocità di ascesa tende a stabilizzarsi nel tempo a un valore costante. Quale?

  $$\left[a)\ t = 1\ \text{s},\ y = 15\ \text{m};\ t = 2\ \text{s},\ y = 10\ \text{m};\ b)\ 8\ \text{m/s};\ c)\ \lim_{t \to +\infty} y'(t) = 10\ \text{m/s} \right]$$

97 **Un tuffo in piscina** Una piscina, a pianta rettangolare (5×16 m) e altezza che varia da 1 m a 2 m, viene riempita con delle pompe che forniscono 0,04 m³ di acqua al minuto. Sia $y(t)$ l'altezza (in metri) del livello dell'acqua al tempo t (misurato in minuti).

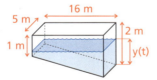

  a. Stabilisci il dominio di $y(t)$ e determina la sua espressione analitica.

  b. Determina la derivata di $y(t)$. La funzione è derivabile in tutti i punti del dominio?

  c. Come puoi interpretare la funzione $y'(t)$?

$$\left[a)\ D = [0; 3000];\ y(t) = \begin{cases} \dfrac{1}{10\sqrt{10}}\sqrt{t} & \text{se } 0 \le t < 1000 \\ \dfrac{t}{2000} + \dfrac{1}{2} & \text{se } 1000 \le t \le 3000 \end{cases};\ b)\ \text{derivabile in }]0; 3000[\right]$$

98 **IN FISICA** Un giocatore di basket lancia il pallone dal punto O del sistema di riferimento in figura.

  a. Scrivi l'equazione della traiettoria del pallone.

  b. Se nel punto A la componente della velocità v_y è di 6 m/s, calcola quanto vale il modulo della velocità in quel punto.

  $$\left[a)\ y = -x^2 + 3x;\ b)\ v = 6\sqrt{2}\ \text{m/s} \right]$$

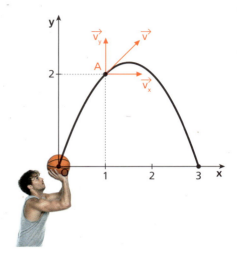

99 **Motocross** Prima di una gara di motocross, lo staff tecnico del favorito analizza nel dettaglio una doppia semicurva, il cui andamento è simmetrico rispetto all'origine del sistema cartesiano indicato in figura. In blu è colorata la tangente nel punto A.

  a. Supponendo di poter approssimare l'andamento della curva con una funzione polinomiale di terzo grado, determina la sua espressione analitica.

  b. Calcola le componenti, espresse in m/s, del vettore velocità in corrispondenza del punto di ascissa $x = -125$ nell'ipotesi di affrontare la curva a 40 m/s.

  $$\left[a)\ f(x) = 1{,}6 \cdot 10^{-5} x^3 + 0{,}1x;\ b)\ v_x = 30{,}5\ \text{m/s};\ v_y = 25{,}9\ \text{m/s} \right]$$

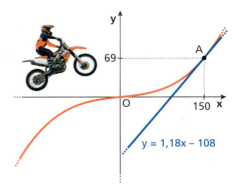

Capitolo 25. Derivate

INDIVIDUARE STRATEGIE E APPLICARE METODI PER RISOLVERE PROBLEMI

LEGGI IL GRAFICO

100 Determina l'espressione analitica della funzione $y = f(x)$ il cui grafico è composto da due rami di parabola, con asse coincidente con l'asse x e direttrice l'asse y, e da una semicirconferenza.

a. Studia la derivabilità della funzione e classifica gli eventuali punti di non derivabilità.
b. Verifica che la tangente al grafico in P passa per Q.
c. Ci sono altri punti del grafico con tangente parallela alla tangente in P?

$$\left[y = \begin{cases} -\sqrt{-4x-4} & \text{se } x \leq -1 \\ -\sqrt{1-x^2} & \text{se } -1 < x \leq 1; \text{ c) } (-3; -2\sqrt{2}); \left(\frac{\sqrt{3}}{3}; -\sqrt{\frac{2}{3}}\right) \\ \sqrt{4x-4} & \text{se } x > 1 \end{cases}\right]$$

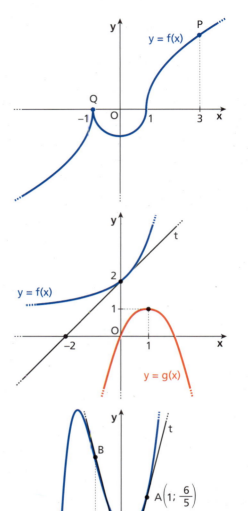

101 a. Nella figura è rappresentata la funzione $f(x) = ae^{bx}$ il cui grafico è tangente alla retta t. Trova a e b.
b. Determina l'espressione di $y = g(x)$, il cui grafico è una parabola.
c. Sia $h(x) = f(g(x))$. Determina le normali al grafico di h nei punti di ascissa 0 e 2.

$$\left[\text{a) } a = 2, b = \frac{1}{2}; \text{ b) } y = -x^2 + 2x; \text{ c) } x + 2y - 4 = 0; x - 2y + 2 = 0\right]$$

102 a. Determina i coefficienti dell'espressione analitica della funzione $y = ax^5 + bx^2 + cx + d$ rappresentata nella figura, sapendo che la derivata quarta è $y^{(4)} = 24x$ e la derivata seconda y'' si annulla per $x = -1$.
b. Applicando la definizione di derivata alla funzione $y''(x)$, verifica che $y'''(x) = 12x^2$.
c. Determina il punto di intersezione delle rette s e t tangenti al grafico in A e B.

$$\left[\text{a) } y = \frac{1}{5}x^5 + 2x^2 - x; \text{ c) } \left(\frac{1}{5}; -2\right)\right]$$

103 a. Trova a, b, c in modo che per la funzione $f(x) = a \ln(x+b) + c$ si abbia $f(0) = 1, f'(0) = 1, f''(0) = -1$.
b. Rappresenta il grafico di $f(x)$ e traccia le tangenti nei suoi punti di intersezione con gli assi cartesiani.
c. Disegna nello stesso piano cartesiano di $f(x)$ il grafico di $f'(x)$ e determina l'angolo formato dalle tangenti al grafico di $f(x)$ e di $f'(x)$ nel loro punto comune.

$$\left[\text{a) } a = 1, b = 1, c = 1; \text{ b) } y = ex - 1 + e, y = x + 1; \text{ c) } \frac{\pi}{2}\right]$$

104 Date le funzioni $f(x) = x \ln \frac{1}{x}$ e $g(x) = [f(x)]^2 + 2f(x)$:

a. giustifica che $f(x)$ è una funzione derivabile in $\mathbb{R}^+$ e trova la sua derivata prima;
b. giustifica che $g(x)$ è una funzione derivabile in $\mathbb{R}^+$ e che risulta $g'(x) = 2f'(x) \cdot [f(x) + 1]$;
c. dimostra che le tangenti ai grafici di $f(x)$ e $g(x)$ nel punto di ascissa $x = \frac{1}{e}$ sono parallele e che esiste solo un altro punto in cui i due grafici hanno la tangente parallela.

1654

Verso l'esame

105 Data la funzione $f(x) = ax(b+|x|)$, con $a, b \in \mathbb{R}_0$:

a. verifica che $f(x)$ è derivabile in $\mathbb{R}$;

b. determina i coefficienti a e b in modo che la retta tangente nell'origine sia parallela alla retta $12x - 2y + 5 = 0$ e che la retta tangente nel punto di ascissa $\frac{1}{3}$ abbia coefficiente angolare uguale a 8;

c. considera la funzione $g(x) = e^{f(x)}$ e verifica che è anch'essa derivabile in tutto $\mathbb{R}$ e che $g'(x) = 0$ negli stessi punti in cui $f'(x) = 0$.

$[b)\ a = 3,\ b = 2]$

106 a. Determina i valori di a, b, c per la funzione $f(x) = \dfrac{ax^2 + bx + c}{x^2}$, sapendo che il grafico di $f(x)$ ha per asintoto orizzontale la retta $y = 2$ e che nel punto $P(1; -1)$ ha per tangente una retta che forma con gli assi cartesiani un triangolo la cui area è uguale a $\dfrac{9}{4}$. (Tra i valori trovati considera solo la soluzione con numeri interi.)

b. Traccia il grafico probabile della funzione e individua il punto stazionario.

$\left[a)\ a = 2,\ b = -4,\ c = 1;\ b)\left(\dfrac{1}{2};\ -2\right)\right]$

107 Sia data la funzione $f(x) = \begin{cases} be^{ax} + a & \text{se } x \le 0 \\ 2b + \arctan(ax) & \text{se } x > 0 \end{cases}$, con $a, b > 0$.

a. Determina a e b in modo che $f(x)$ sia continua e derivabile per ogni $x \in \mathbb{R}$.

b. Per i valori di a e b trovati, ricava l'equazione della retta tangente al grafico di $f(x)$ nel suo punto di intersezione con l'asse y.

c. La funzione $f(x)$ così determinata ammette derivata seconda per $x = 0$? Motiva la risposta.

$[a)\ a = b = 1;\ b)\ y = x + 2;\ c)\ \text{no}]$

108 a. Trova per quali valori di a e $b \in \mathbb{R}$ per la funzione $f(x) = \ln\dfrac{ax^2}{x^2 + b}$ si ha $f(1) = -\ln 3$, $f'(2) = \dfrac{1}{3}$ e verifica che $f''(1) = -\dfrac{20}{9}$.

b. Determina poi il punto A del grafico di $f(x)$ in cui la tangente è parallela alla retta di equazione $4x - 3y = 0$.

c. Detto B il punto del grafico di $f(x)$ di ascissa $x = 2$, ricava $\tan\alpha$, essendo α l'angolo formato dalle rette tangenti nei punti A e B.

$\left[a)\ a = 1,\ b = 2;\ b)\ A(1;\ -\ln 3);\ c)\ \tan\alpha = \dfrac{9}{13}\right]$

109 Della parabola $f(x) = ax^2 + bx + c$ si hanno le seguenti informazioni, tutte localizzate nel punto $x = 0$: $f(0) = 1$, $f'(0) = 0$, $f''(0) = 2$.

a. Determinata la parabola, si scrivano le equazioni delle tangenti a essa condotte per il punto P dell'asse y di modo che valga 60° l'angolo $A\widehat{P}B$, essendo A e B i rispettivi punti di tangenza.

b. Accertato che il punto P ha ordinata $\dfrac{1}{4}$, si scriva l'equazione della circonferenza passante per A, B e P.

(Esempio 2 di prova del Nuovo Esame di Stato di Liceo scientifico proposto dal M.P.I. per corsi tradizionali)

$\left[a)\ y = x^2 + 1;\ y = \pm\sqrt{3}\,x + \dfrac{1}{4};\ b)\ x^2 + y^2 - \dfrac{5}{2}y + \dfrac{9}{16} = 0\right]$

110 Sia $f(x) = x - x^3$ sull'intervallo $[-2; 2]$.

1. Trovare m e n tali che la retta r d'equazione $y = mx + n$ sia tangente al grafico di f nel punto $(-1, 0)$.
2. Una seconda retta s passante per $(-1, 0)$ è tangente al grafico di f in un punto (a, b). Determinare a e b.
3. Dare una valutazione dell'angolo compreso tra le due rette r ed s.

[...] (Esame di Stato, Liceo scientifico, Scuole italiane all'estero (calendario australe), Sessione suppletiva, 2006, problema 2)

$\left[1)\ m = -2;\ n = -2;\ 2)\ a = \dfrac{1}{2},\ b = \dfrac{3}{8};\ 3) \simeq 77°\right]$

Capitolo 25. Derivate

VERIFICA DELLE COMPETENZE PROVE ⏱ 1 ora

PROVA A

1 Calcola attraverso la definizione la derivata della funzione $f(x) = x^2 - 2x$ nel punto $x_0 = 2$.

2 Calcola le derivate delle seguenti funzioni:

a. $y = \dfrac{5x^3 + 1}{3 - x^2}$;

b. $y = \sqrt{x}\, e^{3x^2 + 1}$;

c. $y = -3e^x + 5x^3$;

d. $y = 2\cos(3 - x^2)$;

e. $y = \left(\tan \dfrac{1}{x}\right)^2$;

f. $y = \ln \dfrac{x^5 - 6}{\sqrt{x}}$.

3 Nella figura è rappresentata una funzione $f(x)$. Il grafico è costituito da due archi di parabola che si congiungono nel punto A.
  a. Scrivi l'equazione di $f(x)$.
  b. Studia la derivabilità di $f(x)$ in A.
  c. Scrivi le equazioni delle rette tangenti in O e in B.

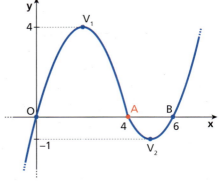

4 Data la curva di equazione $y = \dfrac{x - 4}{2x + 1}$, determina l'equazione della retta tangente nel suo punto di ascissa 1 e stabilisci se ci sono dei punti della curva con tangente parallela alla precedente.

5 Determina a e b in modo che il grafico della funzione $f(x) = ax^3 + x^2 + bx$ abbia per tangente la retta di equazione $y = 4x - 5$ nel punto $x = 1$.

6 La legge oraria del moto di un corpo che si muove di moto rettilineo è $s(t) = \dfrac{t^3}{3} - 3t^2 + 8t + 5$.
  a. Determina la velocità e l'accelerazione in funzione del tempo.
  b. In quale istante la velocità istantanea è 3 m/s?

PROVA B

1 Calcola le derivate delle seguenti funzioni.

a. $y = \sqrt{\arcsin \dfrac{x}{2}} + \arctan \dfrac{x}{2}$

b. $y = \dfrac{3}{x^{\cos x}}$

c. $y = \ln \dfrac{1 + \cos x}{1 - \cos x}$

d. $y = \dfrac{x^2 e^x + 2}{4 - x^2 e^x}$

2 Dimostra che $f(x) = x^3$ è derivabile in $x = 0$ ma la sua funzione inversa non è derivabile in tale punto.

3 Trova i coefficienti della funzione $f(x) = \dfrac{a}{x} + bx^2 + c$, sapendo che $f'''(x) = \dfrac{6}{x^4}$, il suo grafico passa per $A(1; 4)$ e la derivata prima si annulla per $x = -\dfrac{1}{2}$.

4 Determina per quale valore dei parametri m e q la retta di equazione $y = mx + q$ è tangente al grafico della funzione $f(x) = \tan x - x$ nel punto di coordinate $\left(\dfrac{\pi}{4}; 1 - \dfrac{\pi}{4}\right)$.

5 Dimostra che la funzione
$$f(x) = \sqrt{x+6}$$
è biunivoca. Applicando la regola di derivazione della funzione inversa, deduci l'espressione della derivata di $f^{-1}(x)$. Conferma il risultato determinando la funzione inversa e quindi la sua derivata.

6 Un punto si muove nel piano Oxy secondo le equazioni
$$x(t) = 2\sin t \text{ e } y(t) = \sin^2 2t,$$
con x e y in metri e t in secondi ($t \geq 0$).
  a. Determina l'equazione della traiettoria.
  b. Ricava i moduli della velocità e dell'accelerazione all'istante $t = \frac{\pi}{3}$ s.

PROVA C

Parco acquatico Lo scivolo di una piscina ha un profilo come quello rappresentato dal grafico della funzione in figura, composto dall'arco di parabola $\overset{\frown}{AB}$ di vertice A, avente come asse di simmetria l'asse y, e dall'arco $\overset{\frown}{BCD}$ che ha equazione del tipo
$$y = a - \sqrt{b - x^2 + 16x}.$$

a. Scrivi l'espressione analitica della funzione che esprime il profilo dello scivolo.
b. Se un ragazzo scivola giù dal punto A, con quale direzione lascia il punto D?
c. Stabilisci se la funzione è derivabile nel punto B.

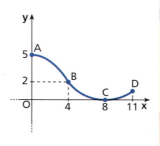

PROVA D

1 Sia f una funzione derivabile in un intorno di $x_0 = 2$, con $f(2) = 5$ e $f'(2) = 10$.
Quali sono le derivate delle funzioni
$$g(x) = \sqrt{f(x) - 1} \text{ e } h(x) = \ln f(x)$$
in $x_0 = 2$?

2 Dimostra, con l'utilizzo delle derivate, che la tangente a una circonferenza è perpendicolare al raggio nel punto di tangenza.

3
  a. Determina l'equazione della parabola γ, sapendo che la tangente in A è parallela alla retta r.
  b. Determina l'espressione della funzione polinomiale di quarto grado $f(x)$ il cui grafico è tangente a γ in A e alla retta r in B, e passa per il punto C.
  c. Sia $g(x) = f''(x)$. Determina se esistono delle rette tangenti al grafico di g parallele alla tangente a γ nel suo punto di ascissa -2.

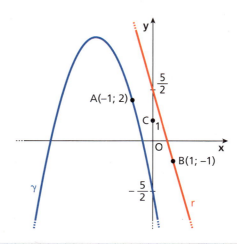

T

CAPITOLO 26

TEOREMI DEL CALCOLO DIFFERENZIALE

1 Teorema di Rolle

▶ Esercizi a p. 1672

Esaminiamo in questo capitolo alcuni teoremi che permettono di affrontare lo studio dettagliato di una funzione, in quanto forniscono strumenti per la ricerca dei massimi e dei minimi e per il calcolo dei limiti. Iniziamo con il teorema di Rolle.

TEOREMA

Teorema di Rolle

Data una funzione $f(x)$ definita in un intervallo limitato e chiuso $[a; b]$ tale che

- $f(x)$ è continua in $[a; b]$,
- $f(x)$ è derivabile in $]a; b[$,
- $f(a) = f(b)$,

allora esiste almeno un punto c, interno all'intervallo, per il quale risulta $f'(c) = 0$.

DIMOSTRAZIONE

Poiché $f(x)$ per ipotesi è continua nell'intervallo chiuso $[a; b]$, per il teorema di Weierstrass, essa ammette massimo M e minimo m in tale intervallo, cioè esistono $c, d \in [a; b]$ tali che:

$$m = f(c) \le f(x) \le f(d) = M \qquad \forall x \in [a; b].$$

- **Primo caso:** $m = M$. Allora:

$$m = f(c) = f(x) = f(d) = M \qquad \forall x \in [a; b],$$

e quindi f è costante. Pertanto la sua derivata è nulla per ogni $x \in [a; b]$.

- **Secondo caso:** $m < M$. La funzione non è costante e, poiché $f(a) = f(b)$ per ipotesi, almeno uno dei punti c e d deve essere interno all'intervallo $[a; b]$. Per esempio, supponiamo che c sia interno all'intervallo.
  Essendo $f(c)$ il valore minimo, per ogni incremento h (positivo o negativo) tale che $c + h \in]a; b[$ si ha:

$$f(c + h) \ge f(c), \quad \text{cioè} \quad f(c + h) - f(c) \ge 0.$$

Allora, considerando i rapporti incrementali relativi al punto c, risulta:

$$\frac{f(c + h) - f(c)}{h} \ge 0, \qquad \text{per } h > 0;$$

1658

$$\frac{f(c+h)-f(c)}{h} \leq 0, \qquad \text{per } h < 0.$$

L'inverso del teorema della permanenza del segno afferma che, se esiste un intorno del punto x_0 in cui $f(x) \geq 0$ e se esiste $\lim_{x \to x_0} f(x) = l$, allora $l \geq 0$.
Applicandolo, otteniamo:

$$\lim_{h \to 0^+} \frac{f(c+h)-f(c)}{h} \geq 0 \quad \text{e} \quad \lim_{h \to 0^-} \frac{f(c+h)-f(c)}{h} \leq 0.$$

I due limiti rappresentano rispettivamente la derivata destra e sinistra di $f(x)$ in c e, poiché $f(x)$ è derivabile, devono essere finiti e coincidenti, pertanto:

$$f'(c) = \lim_{h \to 0} \frac{f(c+h)-f(c)}{h} = 0.$$

Il teorema si dimostra analogamente nel caso in cui d, anziché c, sia interno all'intervallo $[a; b]$.

Da un punto di vista geometrico, il teorema di Rolle dice che, quando sono verificate le sue ipotesi, esiste sempre un punto c in cui la tangente al grafico è parallela alla retta AB e quindi all'asse x.
Osserviamo che il teorema garantisce l'esistenza di almeno un punto $c \in]a; b[$ in cui la derivata di f si annulla, ma nulla vieta che i punti siano più di uno (figura **a**).
Se una delle ipotesi non è soddisfatta, il teorema può non essere verificato (figura **b**).

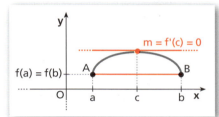

Animazione

Studiamo il significato geometrico del teorema di Rolle utilizzando una figura dinamica, il grafico di
$f(x) = x^3 - 6x^2 + 9x + \frac{1}{2}$
e l'intervallo
$[2 - \sqrt{3}; 2 + \sqrt{3}]$.

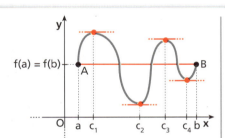

a. Il grafico di questa funzione presenta più punti in cui la tangente è parallela alla retta AB e all'asse x. In questi punti $f'(x) = 0$.

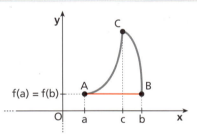

b. Per $x = c$ la funzione non è derivabile. Il suo grafico è privo di punti in cui la tangente è parallela alla retta AB e all'asse x.

▶ Quale delle due funzioni verifica le ipotesi del teorema di Rolle nell'intervallo $[-2; 2]$?

a. $y = |x| - 1$
b. $y = x^4 - x^2$

ESEMPIO

Consideriamo, nell'intervallo $[-1; 1]$, la funzione $f(x) = x^4 - 2x^2$.
$f(x)$ è continua e derivabile $\forall x \in \mathbb{R}$, e ha derivata $f'(x) = 4x^3 - 4x$.
Inoltre $f(-1) = -1 = f(1)$. Quindi sono verificate le ipotesi del teorema di Rolle.
In questo caso, esistono tre punti in $[-1; 1]$ per i quali la derivata si annulla, infatti:

$$f'(x) = 0 \rightarrow 4x^3 - 4x = 0 \rightarrow x(x^2 - 1) = 0,$$

da cui:

$$x_1 = -1, \quad x_2 = 0, \quad x_3 = 1.$$

In particolare, $x_2 \in]-1; 1[$ e quindi il teorema è verificato.

Capitolo 26. Teoremi del calcolo differenziale

◻ **Video**

Teorema di Lagrange
Perché il teorema di Lagrange vale solo se sono rispettate determinate ipotesi?

2 Teorema di Lagrange

▶ Esercizi a p. 1675

TEOREMA

Teorema di Lagrange o teorema del valore medio
Se una funzione $f(x)$ è
- continua nell'intervallo limitato e chiuso $[a;b]$,
- derivabile in ogni punto interno a esso,

allora esiste almeno un punto c interno all'intervallo per cui vale la relazione:

$$\frac{f(b) - f(a)}{b - a} = f'(c).$$

DIMOSTRAZIONE

Consideriamo la funzione:

$$F(x) = f(x) - kx, \qquad \text{con } k \in \mathbb{R}.$$

- $F(x)$ è continua in $[a; b]$, perché somma di funzioni continue in $[a; b]$;
- $F(x)$ è derivabile in $]a; b[$, perché somma di funzioni derivabili in $]a; b[$.

Determiniamo k in modo che $F(x)$ soddisfi la terza ipotesi del teorema di Rolle, e cioè si abbia $F(a) = F(b)$.
Deve essere:

$$f(a) - ka = f(b) - kb \quad \rightarrow \quad k = \frac{f(b) - f(a)}{b - a}.$$

Sostituiamo nella funzione $F(x) = f(x) - \frac{f(b) - f(a)}{b - a} x$.

Poiché $F(x)$ soddisfa le ipotesi del teorema di Rolle, esiste almeno un punto $c \in]a; b[$ tale che $F'(c) = 0$. Calcoliamo la derivata di $F(x)$,

$$F'(x) = f'(x) - \frac{f(b) - f(a)}{b - a},$$

da cui:

$$F'(c) = f'(c) - \frac{f(b) - f(a)}{b - a} = 0.$$

Otteniamo la tesi:

$$f'(c) = \frac{f(b) - f(a)}{b - a}.$$

◻ **Animazione**

Con una figura dinamica, studiamo il significato geometrico del teorema di Lagrange, considerando la funzione
$f(x) = -\frac{x^2}{4} + 2x$
nell'intervallo $[1; 6]$.

Diamo un'interpretazione geometrica del teorema.

Essendo $y = f(x)$ derivabile nell'intervallo aperto $]a;b[$, il corrispondente grafico in tutti i suoi punti è dotato di retta tangente. Il teorema afferma che deve esserci almeno un punto c per il quale questa retta tangente è parallela alla congiungente i punti del grafico A e B rispettivamente di ascisse a e b.

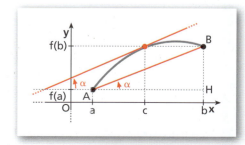

1660

Paragrafo 2. Teorema di Lagrange

La tangente al grafico della funzione nel punto di ascissa c ha coefficiente angolare $f'(c)$.

Determiniamo il coefficiente angolare della retta AB.

Nel triangolo rettangolo ABH è:

$$\tan \alpha = \frac{\overline{HB}}{\overline{AH}}, \quad \text{con } \overline{HB} = f(b) - f(a) \text{ e } \overline{AH} = b - a.$$

Il coefficiente angolare di AB è: $\tan \alpha = \dfrac{f(b) - f(a)}{b - a}$.

Se la tangente in c alla curva è parallela ad AB, ha lo stesso coefficiente angolare, perciò:

$$f'(c) = \frac{f(b) - f(a)}{b - a}.$$

Anche per il teorema di Lagrange valgono osservazioni analoghe a quelle fatte per il teorema di Rolle.

Il teorema afferma che esiste *almeno* un punto $c \in \,]a; b[$, ma nulla vieta che i punti siano più di uno, come si vede nella figura a lato.
Il grafico di questa funzione ha più punti in cui la tangente è parallela alla retta AB.

Listen to it

The **Mean-Value Theorem**, attributed to Joseph Louis Lagrange, has a geometric implication. The theorem guarantees the existence of a tangent line that is parallel to the secant line through the points $(a; f(a))$ and $(b; f(b))$.

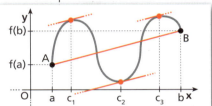

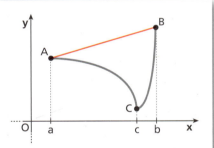

Se una delle ipotesi non è soddisfatta, il teorema può non risultare verificato, come evidenzia l'esempio della figura a lato, in cui nel punto c la funzione non è derivabile. Non esiste alcun punto in cui la tangente alla curva sia parallela alla retta AB. Per $x = c$ la funzione non è derivabile. Il suo grafico **non** ha punti in cui la tangente è parallela alla retta AB.

ESEMPIO

Consideriamo, nell'intervallo $[1; 2]$, la funzione $f(x) = \dfrac{x^2 + 1}{x}$.

La funzione è continua e derivabile per ogni $x \neq 0$. Quindi sono soddisfatte le ipotesi del teorema di Lagrange.
Verifichiamo che esiste un punto $c \in \,]1; 2[$ tale che $f'(c) = \dfrac{f(2) - f(1)}{2 - 1}$.
Poiché

$$f'(x) = \frac{2x \cdot x - 1 \cdot (x^2 + 1)}{x^2} = \frac{x^2 - 1}{x^2} = 1 - \frac{1}{x^2}$$

e

$$f(1) = 2, \quad f(2) = \frac{5}{2} \quad \rightarrow \quad \frac{f(2) - f(1)}{2 - 1} = \frac{5}{2} - 2 = \frac{1}{2},$$

deve essere:

$$1 - \frac{1}{c^2} = \frac{1}{2} \quad \rightarrow \quad \frac{1}{c^2} = \frac{1}{2} \quad \rightarrow \quad c^2 = 2 \quad \rightarrow \quad c = \pm\sqrt{2}.$$

Quindi, per $c_1 = \sqrt{2} \in \,]1; 2[$, il teorema di Lagrange è verificato.

▶ La funzione $y = \sqrt[3]{x}$ verifica le ipotesi del teorema di Lagrange nell'intervallo $[0; 8]$?

3. Conseguenze del teorema di Lagrange

▶ Esercizi a p. 1678

Dal teorema di Lagrange discendono i seguenti teoremi.

TEOREMA

Se una funzione $f(x)$ è continua nell'intervallo $[a;b]$, derivabile in $]a;b[$ e tale che $f'(x)$ è nulla in ogni punto interno dell'intervallo, allora $f(x)$ è costante in tutto $[a;b]$.

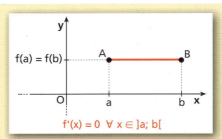

DIMOSTRAZIONE

Applichiamo il teorema di Lagrange all'intervallo $[a; x]$, dove x è un punto qualsiasi di $[a;b]$ diverso da a; esiste un punto $c \in]a; x[$ per cui si ha:

$$f'(c) = \frac{f(x) - f(a)}{x - a}.$$

Essendo $f'(x) = 0$ per ogni punto di $]a;b[$, allora $f'(c) = 0$.
Deve essere allora:

$$f(x) - f(a) = 0 \rightarrow f(x) = f(a) \quad \forall x \in [a;b].$$

Quindi f è costante in tutto $[a;b]$.

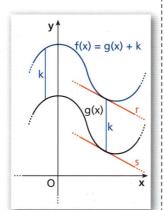

TEOREMA

Se $f(x)$ e $g(x)$ sono due funzioni continue nell'intervallo $[a;b]$, derivabili in $]a;b[$ e tali che $f'(x) = g'(x)$ per ogni $x \in]a;b[$, allora esse differiscono per una costante.

DIMOSTRAZIONE

Chiamiamo $z(x)$ la loro differenza, ossia $z(x) = f(x) - g(x)$; si ha:

$$z'(x) = f'(x) - g'(x).$$

Per ipotesi $f'(x) = g'(x)$, quindi $z'(x) = 0$, per ogni x in $]a;b[$.
Per il teorema precedente, $z(x) = k$ in tutto $[a;b]$ e quindi $f(x) - g(x) = k$.

Criterio di derivabilità

Nel capitolo precedente abbiamo enunciato il teorema che fornisce un criterio per studiare la derivabilità di una funzione, senza ricorrere al calcolo del limite del rapporto incrementale. Vediamo ora la dimostrazione che si serve del teorema di Lagrange.

TEOREMA

Se $f(x)$ è una funzione continua in $[a;b]$, derivabile in $]a;b[$ a eccezione al più di un punto $x_0 \in]a;b[$:

$$f'_-(x_0) = \lim_{x \to x_0^-} f'(x) \text{ e } f'_+(x_0) = \lim_{x \to x_0^+} f'(x).$$

Paragrafo 3. Conseguenze del teorema di Lagrange

In particolare, se
$$\lim_{x \to x_0^-} f'(x) = \lim_{x \to x_0^+} f'(x) = l,$$
allora la funzione è derivabile in x_0 e risulta:
$$f'(x_0) = l.$$

DIMOSTRAZIONE

Se consideriamo un punto $x < x_0$, allora nell'intervallo $[x; x_0]$ è applicabile il teorema di Lagrange, perché $f(x)$ è continua e derivabile nei punti interni, quindi deve esistere almeno un punto $c \in \,]x; x_0[$ per il quale si ha:
$$\frac{f(x_0) - f(x)}{x_0 - x} = f'(c).$$

Calcoliamo i limiti dei due membri per $x \to x_0^-$. Al primo membro, per definizione di derivata sinistra, si ha:
$$\lim_{x \to x_0^-} \frac{f(x_0) - f(x)}{x_0 - x} = f'_-(x_0).$$

Al secondo membro, se $x \to x_0^-$ anche $c \to x_0^-$, quindi per ipotesi si ha:
$$\lim_{c \to x_0^-} f'(c) = l.$$

Dunque si ottiene: $f'_-(x_0) = l$.
Si procede in modo analogo se si considera $x > x_0$, ottenendo $f'_+(x_0) = l$.
Si conclude allora che $f'(x_0) = l$.

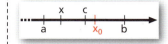

■ Funzioni crescenti e decrescenti e derivate

Esaminiamo ora un teorema che studia il legame tra le caratteristiche di una funzione $f(x)$ e le proprietà della sua derivata.

TEOREMA

Data una funzione $y = f(x)$, continua in un intervallo I e derivabile nei punti interni di I:
1. se $f'(x) > 0$ per ogni x interno a I, allora $f(x)$ è crescente in I;
2. se $f'(x) < 0$ per ogni x interno a I, allora $f(x)$ è decrescente in I.

L'intervallo I può essere sia limitato sia illimitato. Questo teorema è una **condizione sufficiente** per affermare che una funzione è crescente o decrescente in un intervallo.

DIMOSTRAZIONE

1. Siano x_1 e $x_2 \in I$, con $x_1 < x_2$.
   Per il teorema di Lagrange, applicato a $f(x)$ nell'intervallo $[x_1; x_2]$, si ha:
   $$\frac{f(x_2) - f(x_1)}{x_2 - x_1} = f'(c), \quad \text{con } c \in \,]x_1; x_2[.$$
   Essendo $x_2 - x_1 > 0$ e per ipotesi $f'(c) > 0$, anche $f(x_2) - f(x_1) > 0$, da cui:
   $$f(x_2) > f(x_1).$$
   Poiché x_1 e x_2 sono punti qualsiasi di I, la funzione è crescente in I.

2. Procedendo in modo analogo al caso precedente si ottiene:
   $$f(x_2) - f(x_1) < 0.$$

1663

Capitolo 26. Teoremi del calcolo differenziale

Infatti $x_2 - x_1 > 0$ e per ipotesi $f'(c) < 0$, quindi $f(x_2) < f(x_1)$.
Pertanto la funzione è decrescente in I.

Possiamo utilizzare questo teorema per determinare gli intervalli in cui una funzione è crescente o decrescente, studiando il segno della sua derivata prima.

ESEMPIO

Determiniamo in quali intervalli la funzione $y = 4x^3 - x^2 + 1$, definita per ogni x reale, è crescente e in quali intervalli è decrescente.

Calcoliamo la derivata prima: $y' = 12x^2 - 2x$.

Studiamo il segno di y' e compiliamo il quadro dei segni.

$$12x^2 - 2x > 0 \rightarrow 2x(6x - 1) > 0 \rightarrow$$

$$x < 0 \lor x > \frac{1}{6}$$

Applicando il teorema precedente, concludiamo che:

- per $x < 0$ $\quad f(x)$ è crescente;
- per $0 < x < \frac{1}{6}$ $\quad f(x)$ è decrescente;
- per $x > \frac{1}{6}$ $\quad f(x)$ è crescente.

▶ Data la funzione
$f(x) = \dfrac{x^2 - 6x + 12}{x^2}$,
determina gli intervalli in cui è crescente o decrescente.

Animazione

Video

Segno della derivata e funzioni crescenti e decrescenti
Come varia la funzione
$f(x) = -\dfrac{1}{5}x^5 + \dfrac{1}{4}x^4 + \dfrac{2}{3}x^3 + 1$?
Vediamo come risolvere il problema utilizzando le derivate.

Si può invertire il teorema precedente nel seguente modo.

TEOREMA
Data una funzione $y = f(x)$, continua in un intervallo I e derivabile nei punti interni di I:
1. se $f(x)$ è crescente in I, allora $f'(x) \geq 0$ per ogni x interno a I;
2. se $f(x)$ è decrescente in I, allora $f'(x) \leq 0$ per ogni x interno a I.

Per esempio, la funzione $f(x) = x^3$ è crescente in $\mathbb{R}$, e si ha $f'(x) = 3x^2 \geq 0$ $\forall x \in \mathbb{R}$.

4 Teorema di Cauchy

▶ Esercizi a p. 1685

TEOREMA
Teorema di Cauchy
Se le funzioni $f(x)$ e $g(x)$ sono tali che
- $f(x)$ e $g(x)$ sono continue nell'intervallo $[a; b]$,
- $f(x)$ e $g(x)$ sono derivabili in ogni punto interno a questo intervallo,
- $g'(x) \neq 0$, per ogni x interno ad $[a; b]$,

allora esiste almeno un punto c interno ad $[a; b]$ in cui si ha:

$$\frac{f(b) - f(a)}{g(b) - g(a)} = \frac{f'(c)}{g'(c)},$$

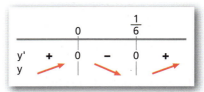

cioè il rapporto fra gli incrementi delle funzioni $f(x)$ e $g(x)$ nell'intervallo $[a; b]$ è uguale al rapporto fra le rispettive derivate calcolate in un particolare punto c interno all'intervallo.

DIMOSTRAZIONE

Consideriamo la funzione $F(x) = f(x) - kg(x)$, con $k \in \mathbb{R}$.

Per ipotesi, $F(x)$ è continua in $[a; b]$ e derivabile in $]a; b[$, perché differenza di funzioni continue e derivabili in tali intervalli.
Determiniamo k in modo che $F(x)$ soddisfi la terza ipotesi del teorema di Rolle e cioè $F(a) = F(b)$. Deve essere:

$$f(a) - kg(a) = f(b) - kg(b) \quad \rightarrow \quad k = \frac{f(b) - f(a)}{g(b) - g(a)}.$$

La funzione $F(x)$ diventa allora:

$$F(x) = f(x) - \frac{f(b) - f(a)}{g(b) - g(a)} g(x).$$

$F(x)$ soddisfa le ipotesi del teorema di Rolle, perciò esiste almeno un punto $c \in]a; b[$ tale che $F'(c) = 0$. Si ha

$$F'(x) = f'(x) - \frac{f(b) - f(a)}{g(b) - g(a)} g'(x) \rightarrow F'(c) = f'(c) - \frac{f(b) - f(a)}{g(b) - g(a)} g'(c) = 0.$$

Si ottiene così:

$$\frac{f(b) - f(a)}{g(b) - g(a)} = \frac{f'(c)}{g'(c)}.$$

ESEMPIO

Verifichiamo che il teorema di Cauchy è applicabile alle funzioni:

$$f(x) = 3x^2 - 5x + 1 \quad \text{e} \quad g(x) = 2x^2$$

nell'intervallo $[1; 3]$.
Le due funzioni sono continue e derivabili per ogni $x \in \mathbb{R}$.
Inoltre $g'(x) = 4x \neq 0 \quad \forall x \in]1; 3[$.
Quindi le ipotesi del teorema di Cauchy sono soddisfatte. Verifichiamo perciò che esiste un punto $c \in]1; 3[$ tale che:

$$\frac{f(3) - f(1)}{g(3) - g(1)} = \frac{f'(c)}{g'(c)}.$$

Svolgiamo i calcoli nel primo membro:

$$\frac{f(3) - f(1)}{g(3) - g(1)} = \frac{13 + 1}{18 - 2} = \frac{14}{16} = \frac{7}{8}.$$

Nel secondo membro, poiché $f'(x) = 6x - 5$ e $g'(x) = 4x$, si ha:

$$\frac{f'(c)}{g'(c)} = \frac{6c - 5}{4c}.$$

Allora:

$$\frac{6c - 5}{4c} = \frac{7}{8} \quad \rightarrow \quad \frac{12c - 10}{8c} = \frac{7c}{8c} \quad \rightarrow \quad 5c = 10 \quad \rightarrow \quad c = 2.$$

Poiché $c = 2 \in]1; 3[$, il teorema di Cauchy è verificato.

▶ Verifica se le funzioni
$f(x) = x^3 - x + 1$ e
$g(x) = x^2 + 1$
soddisfano le ipotesi del teorema di Cauchy nell'intervallo $[0; 2]$ e trova gli eventuali punti la cui esistenza è assicurata dal teorema.

Animazione

Capitolo 26. Teoremi del calcolo differenziale

5 Teorema di De L'Hospital

■ Forme indeterminate $\frac{0}{0}$ e $\frac{\infty}{\infty}$

▶ Esercizi a p. 1689

Il calcolo delle derivate e i teoremi studiati finora sono utili anche nella risoluzione di alcuni limiti che si presentano nelle forme di indecisione del tipo $\frac{0}{0}$ oppure $\frac{\infty}{\infty}$. Ciò è possibile in base al seguente teorema.

> **TEOREMA**
> **Teorema di De L'Hospital**
> Date due funzioni $f(x)$ e $g(x)$ definite nell'intorno I di un punto x_0, se
> - $f(x)$ e $g(x)$ sono continue in x_0 e $f(x_0) = g(x_0) = 0$,
> - $f(x)$ e $g(x)$ sono derivabili in I eccetto al più x_0,
> - $g'(x) \neq 0$ in $I - \{x_0\}$,
> - esiste $\lim_{x \to x_0} \frac{f'(x)}{g'(x)}$,
>
> allora esiste anche $\lim_{x \to x_0} \frac{f(x)}{g(x)}$ e risulta: $\lim_{x \to x_0} \frac{f(x)}{g(x)} = \lim_{x \to x_0} \frac{f'(x)}{g'(x)}$.

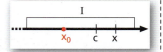

DIMOSTRAZIONE

Se consideriamo un punto qualsiasi x dell'intorno I diverso da x_0, possiamo applicare il teorema di Cauchy alle due funzioni $f(x)$ e $g(x)$ nell'intervallo $[x_0; x]$. Esiste allora un punto $c \in]x_0; x[$ per cui:

$$\frac{f(x) - f(x_0)}{g(x) - g(x_0)} = \frac{f'(c)}{g'(c)}.$$

Poiché per ipotesi è $f(x_0) = g(x_0) = 0$, scriviamo:

$$\frac{f(x)}{g(x)} = \frac{f'(c)}{g'(c)}.$$

Se $x \to x_0$ anche $c \to x_0$, quindi passando al limite scriviamo:

$$\lim_{x \to x_0} \frac{f(x)}{g(x)} = \lim_{c \to x_0} \frac{f'(c)}{g'(c)},$$

ma poiché è $\lim_{x \to x_0} \frac{f'(x)}{g'(x)} = \lim_{c \to x_0} \frac{f'(c)}{g'(c)}$, concludiamo che:

$$\lim_{x \to x_0} \frac{f(x)}{g(x)} = \lim_{x \to x_0} \frac{f'(x)}{g'(x)}.$$

ESEMPIO

Calcoliamo $\lim_{x \to 1} \frac{4x^2 - 4}{\ln x}$.

Il limite si presenta nella forma indeterminata $\frac{0}{0}$.

Le due funzioni $f(x) = 4x^2 - 4$ e $g(x) = \ln x$ verificano in un intorno di 1 le ipotesi del teorema di De L'Hospital, quindi possiamo scrivere che:

Paragrafo 5. Teorema di De L'Hospital

$$\lim_{x \to 1} \underbrace{\frac{4x^2 - 4}{\ln x}}_{g(x)}^{f(x)} = \lim_{x \to 1} \underbrace{\frac{8x}{\frac{1}{x}}}_{g'(x)}^{f'(x)} = 8.$$

▶ Calcola:
$\lim_{x \to 1} \frac{\ln x}{x^3 - x}$.

☐ Animazione

Diamo un'interpretazione geometrica del teorema considerando due funzioni $f(x)$ e $g(x)$ tali che $f(x_0) = 0$, $g(x_0) = 0$, entrambe derivabili in x_0.

Se nel punto x_0, invece delle funzioni, consideriamo le loro tangenti di equazioni

$s: y = f'(x_0)(x - x_0)$,

$t: y = g'(x_0)(x - x_0)$,

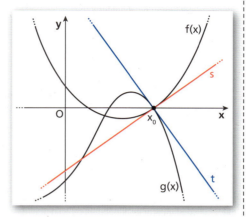

otteniamo:

$$\lim_{x \to x_0} \frac{f(x)}{g(x)} = \lim_{x \to x_0} \frac{f'(x_0)(x - x_0)}{g'(x_0)(x - x_0)} = \lim_{x \to x_0} \frac{f'(x_0)}{g'(x_0)} = \lim_{x \to x_0} \frac{f'(x)}{g'(x)}.$$

Si può dimostrare che il teorema è valido anche quando le due funzioni non sono definite in x_0, ma la prima ipotesi viene sostituita da

$\lim_{x \to x_0} f(x) = \lim_{x \to x_0} g(x) = 0$, oppure:

$\lim_{x \to x_0} f(x) = \lim_{x \to x_0} g(x) = \infty$.

Il teorema è vero anche se I è un intorno *destro* o *sinistro* di x_0, in tal caso ovviamente si considerano i limiti per $x \to x_0^+$ o per $x \to x_0^-$.

Il teorema si estende anche al caso di limite per $x \to +\infty$ (o $-\infty$). In questo caso le condizioni del teorema non devono essere vere per un intorno di un punto, bensì deve esistere un valore $M > 0$ tale che esse siano soddisfatte $\forall x > M$ (o $\forall x < -M$). Si ha allora

$$\lim_{x \to +\infty} \frac{f(x)}{g(x)} = \lim_{x \to +\infty} \frac{f'(x)}{g'(x)},$$

e la relazione è analoga per $x \to -\infty$.

ESEMPIO
Calcoliamo $\lim_{x \to +\infty} \frac{3x + \ln x}{2x + 1}$.

Tale limite si presenta nella forma indeterminata $\frac{\infty}{\infty}$, e sono rispettate le altre ipotesi del teorema di De L'Hospital; possiamo scrivere:

$$\lim_{x \to +\infty} \underbrace{\frac{3x + \ln x}{2x + 1}}_{g(x)}^{f(x)} = \lim_{x \to +\infty} \underbrace{\frac{3 + \frac{1}{x}}{2}}_{g'(x)}^{f'(x)} = \frac{3}{2}.$$

▶ Calcola:
a. $\lim_{x \to 1} \frac{\ln x}{x - 1}$;
b. $\lim_{x \to -\infty} \frac{e^x + x}{2x}$.

Osserva che per applicare il teorema di De L'Hospital calcoliamo il rapporto delle derivate e **non** la derivata del quoziente.

Capitolo 26. Teoremi del calcolo differenziale

Nel caso in cui il limite del rapporto delle derivate si presenti anch'esso come una una forma indeterminata del tipo $\frac{0}{0}$ oppure $\frac{\infty}{\infty}$ e le funzioni $f'(x)$ e $g'(x)$ soddisfino le ipotesi del teorema, si può passare al limite del quoziente delle derivate seconde, e così via per le derivate successive.

ESEMPIO
Consideriamo $\lim\limits_{x \to 0} \dfrac{\sin x - x}{2x^3}$.

Tale limite si presenta nella forma indeterminata $\frac{0}{0}$.

Applicando il teorema di De L'Hospital, essendo verificate le sue ipotesi, possiamo scrivere:
$$\lim_{x \to 0} \frac{\sin x - x}{2x^3} = \lim_{x \to 0} \frac{\cos x - 1}{6x^2}.$$

Anche questo limite si presenta nella forma indeterminata $\frac{0}{0}$.
Applichiamo ancora il teorema di De L'Hospital:
$$\lim_{x \to 0} \frac{\cos x - 1}{6x^2} = \lim_{x \to 0} \frac{-\sin x}{12x} = -\frac{1}{12}.$$

$\lim\limits_{x \to 0} \dfrac{\sin x}{x} = 1$

Pertanto:
$$\lim_{x \to 0} \frac{\sin x - x}{2x^3} = -\frac{1}{12}.$$

▶ Calcola:
$\lim\limits_{x \to 0} \dfrac{e^{x^3} - 1}{1 - \cos x}$.

Non sempre il teorema di De L'Hospital è utile nel calcolo di un limite; infatti, anche se non esiste $\lim\limits_{x \to c} \dfrac{f'(x)}{g'(x)}$, può comunque esistere $\lim\limits_{x \to c} \dfrac{f(x)}{g(x)}$.

ESEMPIO
Consideriamo $\lim\limits_{x \to \infty} \dfrac{2x + \sin x}{7x}$.

Abbiamo la forma indeterminata $\frac{\infty}{\infty}$ e applicando il teorema di De L'Hospital otteniamo
$$\lim_{x \to \infty} \frac{2 + \cos x}{7},$$

che non esiste, mentre, per il limite iniziale, dividendo numeratore e denominatore per x, otteniamo:
$$\lim_{x \to \infty} \frac{2x + \sin x}{7x} = \lim_{x \to \infty} \frac{\left(2 + \dfrac{\sin x}{x}\right)}{7} = \frac{2}{7}.$$

Confronto di infiniti

Applicando il teorema di De L'Hospital, ritroviamo i risultati ottenuti con la gerarchia degli infiniti, nel confronto tra le funzioni $\ln x$, x^α (con $\alpha > 0$), e^x per $x \to +\infty$.

I limiti $\lim\limits_{x \to +\infty} \dfrac{e^x}{x^\alpha}$ e $\lim\limits_{x \to +\infty} \dfrac{\ln x}{x^\alpha}$ si presentano nelle forme indeterminate $\frac{\infty}{\infty}$ e le funzioni considerate verificano le ipotesi del teorema di De L'Hospital, per cui:

- $\lim\limits_{x \to +\infty} \dfrac{e^x}{x^\alpha} = \lim\limits_{x \to +\infty} \dfrac{e^x}{\alpha x^{\alpha - 1}} = \ldots = \lim\limits_{x \to +\infty} \dfrac{e^x}{\alpha(\alpha - 1) \cdot \ldots \cdot 3 \cdot 2 \cdot 1} = +\infty;$

1668

Paragrafo 5. Teorema di De L'Hospital

- $\lim\limits_{x \to +\infty} \dfrac{\ln x}{x^\alpha} = \lim\limits_{x \to +\infty} \dfrac{\dfrac{1}{x}}{\alpha x^{\alpha-1}} = \lim\limits_{x \to +\infty} \dfrac{1}{\alpha x^{\alpha-1} \cdot x} = \lim\limits_{x \to +\infty} \dfrac{1}{\alpha x^\alpha} = 0.$

■ Forma indeterminata $0 \cdot \infty$ ▶ Esercizi a p. 1691

Vediamo come il teorema di De L'Hospital può essere utilizzato anche nelle forme indeterminate diverse da $\dfrac{0}{0}$ e $\dfrac{\infty}{\infty}$.

Se $\lim\limits_{x \to x_0} f(x) = 0$ e $\lim\limits_{x \to x_0} g(x) = \infty$, per calcolare il limite del prodotto $f(x) \cdot g(x)$ possiamo osservare che:

$$f(x) \cdot g(x) = \dfrac{f(x)}{\dfrac{1}{g(x)}}.$$

Quindi ci siamo ricondotti alla forma indeterminata $\dfrac{0}{0}$ per la quale possiamo applicare il teorema di De L'Hospital.

Analogamente, trasformando il prodotto nella forma

$$f(x) \cdot g(x) = \dfrac{g(x)}{\dfrac{1}{f(x)}},$$

ci riconduciamo alla forma indeterminata $\dfrac{\infty}{\infty}$.

ESEMPIO
Calcoliamo $\lim\limits_{x \to +\infty} 3x \cdot e^{-4x}$.

Questo limite si presenta nella forma indeterminata $0 \cdot \infty$.

Applicando il ragionamento precedente, abbiamo:

$$\lim\limits_{x \to +\infty} 3x \cdot e^{-4x} = \lim\limits_{x \to +\infty} \dfrac{3x}{e^{4x}} = \lim\limits_{x \to +\infty} \dfrac{3}{4e^{4x}} = 0.$$

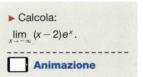

▶ Calcola:
$\lim\limits_{x \to -\infty} (x-2)e^x$.

▭ Animazione

■ Forma indeterminata $+\infty - \infty$ ▶ Esercizi a p. 1691

Quando si deve calcolare il limite della differenza di due funzioni che tendono entrambe a $+\infty$ o a $-\infty$, si cerca di scrivere la differenza come prodotto o quoziente di funzioni in modo da ricondursi a una delle forme precedenti.

ESEMPIO
Calcoliamo $\lim\limits_{x \to 0^+} \left(\dfrac{1}{\operatorname{sen} x} - \dfrac{3}{x} \right)$.

Il limite è nella forma indeterminata $+\infty - \infty$.
Ma poiché

$$\dfrac{1}{\sin x} - \dfrac{3}{x} = \dfrac{x - 3\sin x}{x \sin x}$$

e la seconda espressione tende a $\dfrac{0}{0}$, possiamo applicare il teorema di De l'Hospital a quest'ultima:

$$\lim\limits_{x \to 0^+} \left(\dfrac{1}{\sin x} - \dfrac{3}{x} \right) = \lim\limits_{x \to 0^+} \dfrac{x - 3\sin x}{x \sin x} = \lim\limits_{x \to 0^+} \dfrac{1 - 3\cos x}{\sin x + x \cos x} = -\infty.$$

▶ Calcola:
$\lim\limits_{x \to 0} \left[\dfrac{1}{\ln(x+1)} - \dfrac{1}{x} \right]$.

Capitolo 26. Teoremi del calcolo differenziale

■ Forme indeterminate 0^0, ∞^0, 1^∞

▶ Esercizi a p. 1692

Queste forme indeterminate si presentano quando si deve calcolare il limite

$$\lim_{x \to x_0} [f(x)]^{g(x)} \quad (\text{con } f(x) > 0),$$

in uno dei seguenti casi:

- $\lim_{x \to x_0} f(x) = 0, \quad \lim_{x \to x_0} g(x) = 0;$
- $\lim_{x \to x_0} f(x) = 1, \quad \lim_{x \to x_0} g(x) = \pm\infty;$
- $\lim_{x \to x_0} f(x) = \pm\infty, \quad \lim_{x \to x_0} g(x) = 0.$

Ma poiché $[f(x)]^{g(x)} = [e^{\ln f(x)}]^{g(x)} = e^{g(x)\ln f(x)}$:

$$\lim_{x \to x_0} [f(x)]^{g(x)} = e^{\lim\limits_{x \to x_0}[g(x)\ln f(x)]}.$$

Quindi basta calcolare $\lim_{x \to x_0}[g(x) \cdot \ln f(x)]$, che è della forma $0 \cdot \infty$.

ESEMPIO

Calcoliamo $\lim_{x \to 0^+} (e^x - 1)^{2x}$.

Questo limite è nella forma indeterminata 0^0. Riscriviamo il limite:

$$\lim_{x \to 0^+} (e^x - 1)^{2x} = \lim_{x \to 0^+} e^{\ln(e^x-1)^{2x}} = \lim_{x \to 0^+} e^{2x\ln(e^x-1)}.$$

Calcoliamo:

$$\lim_{x \to 0^+} [2x \cdot \ln(e^x - 1)] = \lim_{x \to 0^+} \frac{\overbrace{\ln(e^x - 1)}^{\text{tende a } -\infty}}{\underbrace{\frac{1}{2x}}_{\text{tende a } +\infty}} \underset{\text{per il teorema}\atop\text{di De L'Hospital}}{=} \lim_{x \to 0^+} \frac{\dfrac{e^x}{e^x - 1}}{-\dfrac{1}{2x^2}} =$$

$$\lim_{x \to 0^+} e^x \cdot \frac{-2x^2}{e^x - 1} \underset{\text{per il teorema del}\atop\text{limite del prodotto}}{=} 1 \cdot \lim_{x \to 0^+} \frac{-2x^2}{e^x - 1} \underset{\text{per il teorema}\atop\text{di De L'Hospital}}{=} \lim_{x \to 0^+} \frac{-4x}{e^x} = 0.$$

Pertanto: $\lim_{x \to 0^+} (e^x - 1)^{2x} = e^{\lim\limits_{x \to 0^+}[2x \cdot \ln(e^x-1)]} = e^0 = 1.$

▶ Calcola:
$\lim_{x \to 0^+} (1 + x^2)^{\frac{1}{x^3}}$.

MATEMATICA ED ECONOMIA

Inflazione La variazione dei prezzi dei principali beni di consumo è uno degli aspetti dell'economia che interessa più da vicino la nostra vita quotidiana e i nostri risparmi. Spesso si parla di inflazione, ma non sempre si conosce bene il significato di questa parola e ciò può far coltivare speranze illusorie.

▶ Se l'inflazione diminuisce vuol dire che i prezzi calano?

☐ La risposta

IN SINTESI
Teoremi del calcolo differenziale

■ Teorema di Rolle

Ipotesi: $f(x)$ continua in $[a;b]$;
$f(x)$ derivabile in $]a;b[$;
$f(a) = f(b)$.

Tesi: $\exists c \in]a;b[$ in cui:
$$f'(c) = 0.$$

■ Teorema di Lagrange

Ipotesi: $f(x)$ continua in $[a;b]$;
$f(x)$ derivabile in $]a;b[$.

Tesi: $\exists c \in]a;b[$ in cui:
$$\frac{f(b)-f(a)}{b-a} = f'(c).$$

Dal teorema di Lagrange discendono i seguenti teoremi.
- Se $f(x)$ è continua nell'intervallo $[a;b]$ e $f'(x)$ è nulla in ogni punto interno dell'intervallo, allora $f(x)$ è costante in tutto $[a;b]$.
- Se in tutto l'intervallo $[a;b]$ due funzioni $f(x)$ e $g(x)$ sono continue, derivabili nei punti interni e le loro derivate prime sono uguali, allora $f(x)$ e $g(x)$ differiscono per una costante.

■ Funzioni crescenti e decrescenti e derivate

- Data una funzione $y = f(x)$, continua in un intervallo I e derivabile nei suoi punti interni:
  - se $f'(x) > 0$ per ogni x interno a I, allora $f(x)$ è crescente in I;
  - se $f'(x) < 0$ per ogni x interno a I, allora $f(x)$ è decrescente in I.
- Data una funzione $y = f(x)$, continua in un intervallo I e derivabile nei suoi punti interni:
  - se $f(x)$ è crescente in I, allora $f'(x) \geq 0$ per ogni x interno a I;
  - se $f(x)$ è decrescente in I, allora $f'(x) \leq 0$ per ogni x interno a I.

■ Teorema di Cauchy

Ipotesi: $f(x)$ e $g(x)$ continue in $[a;b]$;
$f(x)$ e $g(x)$ derivabili in $]a;b[$;
$g'(x) \neq 0$ per ogni $x \in]a;b[$.

Tesi: $\exists c \in]a;b[$ in cui:
$$\frac{f(b)-f(a)}{g(b)-g(a)} = \frac{f'(c)}{g'(c)}.$$

■ Teorema di De L'Hospital

Se due funzioni $f(x)$ e $g(x)$, definite in un intorno I di un punto x_0 (escluso al più x_0), sono derivabili in tale intorno con $g'(x) \neq 0$, e inoltre le due funzioni per $x \to x_0$ tendono entrambe a 0 o a $+\infty$ (o $-\infty$), e se esiste, per $x \to x_0$, il limite del rapporto $\dfrac{f'(x)}{g'(x)}$ delle derivate delle funzioni date, allora esiste anche il limite del rapporto delle funzioni ed è:

$$\lim_{x \to x_0} \frac{f(x)}{g(x)} = \lim_{x \to x_0} \frac{f'(x)}{g'(x)}.$$

Il teorema si estende anche al caso di limite per $x \to +\infty$ (o $x \to -\infty$), dove le condizioni del teorema non devono essere vere in un intorno di un punto, bensì in un intorno di $+\infty$ (o $-\infty$), cioè deve esistere un valore $M > 0$ tale che esse siano soddisfatte $\forall x > M$ (o $\forall x < -M$). In questo caso:

$$\lim_{x \to +\infty} \frac{f(x)}{g(x)} = \lim_{x \to +\infty} \frac{f'(x)}{g'(x)}.$$

CAPITOLO 26
ESERCIZI

1 Teorema di Rolle
▶ Teoria a p. 1658

LEGGI IL GRAFICO Indica quale delle seguenti funzioni verifica il teorema di Rolle nell'intervallo [a; b]. Segna nel grafico il punto (o i punti) in cui vale la relazione del teorema.

1

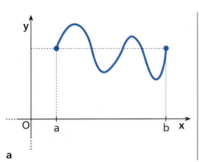

a   b   c

2

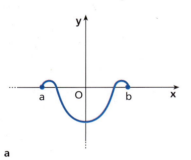

a   b   c

---

3 **ESERCIZIO GUIDA** Data la funzione $f(x) = -x^3 + 3x$, verifichiamo che nell'intervallo $[-\sqrt{3}; \sqrt{3}]$ valgono le ipotesi del teorema di Rolle e troviamo i punti la cui esistenza è assicurata dal teorema.

Si devono verificare tre condizioni:
- $f(x)$ è continua in $[-\sqrt{3}; \sqrt{3}]$ → la funzione è polinomiale, quindi continua in $\mathbb{R}$;
- $f(x)$ è derivabile in $]-\sqrt{3}; \sqrt{3}[$ → la sua derivata $f'(x) = -3x^2 + 3$ esiste $\forall x \in \mathbb{R}$;
- $f(-\sqrt{3}) = f(\sqrt{3})$ → infatti $f(-\sqrt{3}) = 3\sqrt{3} - 3\sqrt{3} = 0$ e $f(\sqrt{3}) = -3\sqrt{3} + 3\sqrt{3} = 0$.

Poiché vale il teorema, deve esistere almeno un punto c dell'intervallo nel quale $f'(c) = 0$:

$$-3c^2 + 3 = 0 \to -3c^2 = -3 \to c^2 = 1 \to c = \pm 1.$$

Entrambi i valori $c = 1$ e $c = -1$ sono accettabili perché interni all'intervallo $[-\sqrt{3}; \sqrt{3}]$.

> **Teorema di Rolle.**
> Se $f(x)$
> - è continua in $[a; b]$,
> - è derivabile in $]a; b[$,
> - ha $f(a) = f(b)$,
>
> allora esiste almeno un punto c tale che $f'(c) = 0$.

Date le seguenti funzioni, verifica che nell'intervallo indicato a fianco valgono le ipotesi del teorema di Rolle e trova il punto (o i punti) la cui esistenza è assicurata dal teorema.

4 $f(x) = \frac{1}{2}x^3 - \frac{3}{2}x$, $[-1; 2]$. $[c = 1]$

5 $f(x) = x^2 - 5x + 3$, $[-2; 7]$. $\left[c = \frac{5}{2}\right]$

1672

Paragrafo 1. Teorema di Rolle

6 $f(x) = -x^2 + 3x$, $[1; 2]$. $\left[c = \dfrac{3}{2}\right]$

7 $f(x) = \ln(-x^2 + 9)$, $[-2; 2]$. $[c = 0]$

8 $f(x) = x^2 + 2x + 3$, $[-3; 1]$. $[c = -1]$

9 $f(x) = \dfrac{1}{x^2 + 1}$, $[-1; 1]$. $[c = 0]$

10 $f(x) = 2\cos x$, $\left[\dfrac{\pi}{4}; \dfrac{7}{4}\pi\right]$. $[c = \pi]$

11 $f(x) = e^{x^2} + 4$, $[-1; 1]$. $[c = 0]$

12 $f(x) = \begin{cases} x^2 + 2x & \text{se } x \le 1 \\ -2x^2 + 8x - 3 & \text{se } x > 1 \end{cases}$, $[-3; 3]$.
$[c_1 = -1; c_2 = 2]$

13 $f(x) = -x^4 + 2x^2 + 3$, $[-3; 3]$.
$[c_1 = -1; c_2 = 0; c_3 = 1]$

14 $f(x) = \begin{cases} \sqrt{1 - x^2} - 1 & \text{se } -1 \le x < 0 \\ -x^3 & \text{se } 0 \le x \le 1 \end{cases}$, $[-1; 1]$.
$[c = 0]$

Le seguenti funzioni non verificano le ipotesi del teorema di Rolle nell'intervallo indicato a fianco. Spiega il perché.

15 $f(x) = 4x^2 - 2x$, $[-1; 3]$.

16 $f(x) = \dfrac{1}{\ln x}$, $\left[\dfrac{1}{2}; 3\right]$.

17 $f(x) = \sqrt[3]{x} + 1$, $[-1; 1]$.

18 $f(x) = 3x^3 - x$, $[0; 2]$.

19 $f(x) = \sin x$, $[-1; 1]$.

20 $f(x) = 1 + |x|$, $[-2; 2]$.

21 $f(x) = |-2x + 1|$, $[0; 1]$.

22 $f(x) = \begin{cases} x^2 + 3x & \text{se } x < 1 \\ -x^3 + 5 & \text{se } x \ge 1 \end{cases}$, $[0; 2]$.

23 $f(x) = \sqrt[5]{(x-1)^2}$, $[0; 1]$.

24 $f(x) = \begin{cases} \sqrt{-2x} & \text{se } x \le 0 \\ \sqrt{x} & \text{se } x > 0 \end{cases}$, $[-2; 1]$.

---

25 **TEST** Una sola delle seguenti funzioni non soddisfa le ipotesi del teorema di Rolle nell'intervallo $[-1; 1]$, quale?

A $f(x) = -x^2 + 5$

B $f(x) = |x^2 - 4|$

C $f(x) = x^2 + x - 2$

D $f(x) = \sqrt[3]{x^2 - 9}$

E $f(x) = \begin{cases} \cos x & \text{se } x \le \pi \\ x - 5 & \text{se } x > \pi \end{cases}$

26 **VERO O FALSO?** Sia $f(x)$ una funzione continua e derivabile in $\mathbb{R}$.

a. Se $f(x)$ è pari, verifica le ipotesi del teorema di Rolle in ogni intervallo del tipo $[-a; a]$, con $a > 0$. V F

b. Se $f(x)$ è dispari, in nessun caso soddisfa le ipotesi del teorema di Rolle. V F

c. Se $f(x)$ è periodica di periodo T, allora soddisfa il teorema di Rolle in ogni intervallo del tipo $[a; a + T]$. V F

d. Se $f(x)$ è strettamente crescente, non soddisfa il teorema di Rolle in nessun intervallo. V F

27 **RIFLETTI SULLA TEORIA** La funzione $f(x)$ è continua nell'intervallo $[a; b]$ e derivabile in $]a; b[$, ma non esiste alcun $c \in]a; b[$ tale che $f'(c) = 0$. Cosa puoi dire di $f(a)$ e $f(b)$?

28 **FAI UN ESEMPIO** di funzione definita in un intervallo, che non soddisfa tutte le ipotesi del teorema di Rolle, ma la cui derivata prima si annulla in un punto interno.

EUREKA!

29 Verifica che i punti che soddisfano la tesi del teorema di Rolle per la funzione $y = \sin(kx)$ nell'intervallo $[0; \pi]$ sono k.

30 Dimostra, senza calcolarla, che la derivata della funzione $f(x) = (3 - x)(x + 2)(5 - x)$ è nulla in due punti distinti.

Capitolo 26. Teoremi del calcolo differenziale

Con i parametri

Trova i valori dei parametri in modo che le seguenti funzioni verifichino il teorema di Rolle nell'intervallo indicato.

31 $f(x) = ax^3 + (a-1)x$, $\quad [-1; 2]$. $\quad \left[a = \dfrac{1}{4}\right]$

32 $f(x) = \begin{cases} ax^2 - 2x + 1 & \text{se } x \leq 2 \\ 2x + b & \text{se } x > 2 \end{cases}$, $\quad \left[-1; \dfrac{7}{2}\right]$. $\quad [a = 1, b = -3]$

33 $f(x) = \begin{cases} -x^3 + 3x + 1 & \text{se } x < 0 \\ ax^2 + bx + 1 & \text{se } x \geq 0 \end{cases}$, $\quad [-2; 4]$. $\quad \left[a = -\dfrac{5}{8}, b = 3\right]$

34 $f(x) = \begin{cases} ax^2 + bx + 2 & \text{se } 0 \leq x < 2 \\ \dfrac{16}{x+2} & \text{se } 2 \leq x \leq 6 \end{cases}$, $\quad [0; 6]$. $\quad [a = -1, b = 3]$

35 Determina per quali valori di a e b la funzione:
$$f(x) = \begin{cases} -x^3 + 3x + 1 & \text{se } x < 0 \\ ax^2 + bx + 1 & \text{se } x \geq 0 \end{cases}$$
verifica le ipotesi del teorema di Rolle nell'intervallo $[-2; 4]$. Trova i punti la cui esistenza è assicurata dal teorema.
$\quad \left[a = -\dfrac{5}{8}, b = 3; x_1 = -1, x_2 = \dfrac{12}{5}\right]$

Applicazioni del teorema di Rolle

36 **ESERCIZIO GUIDA** Dimostriamo che l'equazione $x^3 + 3x - 2 = 0$ ha una sola soluzione reale.

Consideriamo la funzione $f(x) = x^3 + 3x - 2$. Poiché $f(x)$ è continua in $\mathbb{R}$ e $\lim_{x \to -\infty} f(x) = -\infty$ e $\lim_{x \to +\infty} f(x) = +\infty$, il suo grafico interseca l'asse x almeno in un punto, ossia l'equazione ha *almeno* una soluzione.

Supponiamo ora per assurdo che la funzione si annulli in due punti distinti x_1 e x_2 (cioè supponiamo che l'equazione corrispondente abbia due soluzioni).
Poiché $f(x)$ è polinomiale, la funzione è continua e derivabile in tutto $\mathbb{R}$. Inoltre $f(x_1) = f(x_2) = 0$. Quindi $f(x)$ soddisfa le ipotesi del teorema di Rolle nell'intervallo $[x_1; x_2]$. Allora esiste un punto $c \in]x_1; x_2[$ tale che $f'(c) = 0$. Ma:
$$f'(x) = 3x^2 + 3 > 0 \quad \forall x \in \mathbb{R}.$$
La derivata di $f(x)$ è sempre strettamente positiva, quindi non si annulla mai. Abbiamo pertanto raggiunto un assurdo. Dunque $f(x)$ non si può annullare in due punti distinti, cioè l'equazione data non ammette più di una soluzione.

37 Dimostra che il grafico della funzione $y = x^5 + x^3 + 1$ interseca l'asse x in un solo punto.

38 Dimostra che l'equazione $6x^3 + 2x^2 + x + 4 = 0$ ammette una sola soluzione reale.

39 Data la funzione $f(x) = 3x^3 + x + 9$, verifica che l'equazione $f(x) = 0$ ammette una sola soluzione x_0 e dimostra che $x_0 \in [-2; 1]$.

40 Stabilisci se l'equazione $\ln x + 2x = 0$ ammette una sola soluzione nell'intervallo $\left[\dfrac{1}{8}; 1\right]$.

41 Se $f(x)$ è una funzione che ammette derivata prima e seconda in $[a; b]$ ed è tale che $f(a) = f(b) = f(c)$, con $c \in]a; b[$, dimostra che esiste un punto $d \in]a; b[$ tale che $f''(d) = 0$.

42 Considera la funzione
$$f(x) = \cos 2x(2 \sin x - \sqrt{3}),$$
con $0 \leq x \leq 2\pi$. Senza calcolare la derivata, stabilisci il numero minimo di soluzioni dell'equazione $f'(x) = 0$ nell'intervallo $]0; 2\pi[$. $\quad [5]$

2 Teorema di Lagrange

▶ Teoria a p. 1660

LEGGI IL GRAFICO Indica quale delle seguenti funzioni verifica le ipotesi del teorema di Lagrange nell'intervallo $[a; b]$. Segna nel grafico il punto (o i punti) in cui vale la relazione del teorema.

43

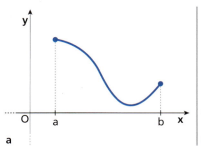

a

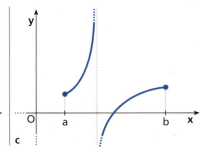

b c

44

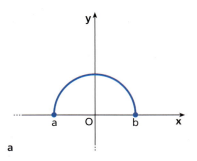

a

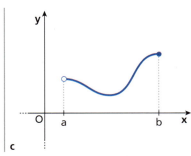

b c

45 **ESERCIZIO GUIDA** Data la funzione $f(x) = x^3 - 2x$, verifichiamo che nell'intervallo $\left[-\dfrac{1}{2}; 2\right]$ valgono le ipotesi del teorema di Lagrange e troviamo i punti la cui esistenza è assicurata dal teorema.

Si devono verificare due condizioni:

- la funzione è polinomiale, quindi è continua in $\mathbb{R}$ → $f(x)$ è continua in $\left[-\dfrac{1}{2}; 2\right]$;

- $f(x)$ è derivabile in $\left]-\dfrac{1}{2}; 2\right[$ → la sua derivata $f'(x) = 3x^2 - 2$ esiste $\forall x \in \mathbb{R}$.

Poiché vale il teorema, deve esistere almeno un punto c interno all'intervallo nel quale:

$$f'(c) = \frac{f(2) - f\left(-\dfrac{1}{2}\right)}{2 + \dfrac{1}{2}}.$$

> **Teorema di Lagrange.**
> Se $f(x)$ è
> • continua in $[a; b]$,
> • derivabile in $]a; b[$,
> allora esiste almeno un punto c interno ad $]a; b[$ tale che
> $f'(c) = \dfrac{f(b) - f(a)}{b - a}$.

Essendo

$$f'(c) = 3c^2 - 2, \quad f(2) = 4, \quad f\left(-\dfrac{1}{2}\right) = \dfrac{7}{8},$$

si ha:

$$3c^2 - 2 = \frac{4 - \dfrac{7}{8}}{\dfrac{5}{2}} \quad \rightarrow \quad 3c^2 = \dfrac{5}{4} + 2 \quad \rightarrow \quad c^2 = \dfrac{13}{12} \quad \rightarrow \quad c = \pm\sqrt{\dfrac{13}{12}}.$$

Solo $c = \sqrt{\dfrac{13}{12}}$ è accettabile, perché interno all'intervallo $\left[-\dfrac{1}{2}; 2\right]$.

Capitolo 26. **Teoremi del calcolo differenziale**

Date le seguenti funzioni, verifica che nell'intervallo indicato a fianco valgono le ipotesi del teorema di Lagrange e trova il punto (o i punti) la cui esistenza è assicurata dal teorema.

46 $f(x) = x^3 + 2x$, $[-2; 1]$. $[c = -1]$

47 $f(x) = \frac{1}{2}x^4 + 1$, $[0; 2]$. $[c = \sqrt[3]{2}]$

48 $f(x) = 2x^2 + x + 1$, $[-2; 3]$. $\left[c = \frac{1}{2}\right]$

49 $f(x) = \frac{x-1}{x}$, $[1; 2]$. $[c = \sqrt{2}]$

50 $f(x) = x^2 + x$, $[1; 2]$. $\left[c = \frac{3}{2}\right]$

51 $f(x) = \sqrt{x} - x$, $[0; 4]$. $[c = 1]$

52 $f(x) = \frac{2x-1}{x-1}$, $\left[-7; \frac{1}{2}\right]$. $[c = -1]$

53 $f(x) = \ln x - x$, $[1; e]$. $[c = e - 1]$

54 $f(x) = \frac{3}{\sqrt{x}}$, $[4; 9]$. $[c = \sqrt[3]{225}]$

55 $f(x) = -\frac{1}{2}x^2 + 5x + 2$, $[-2; 4]$. $[c = 1]$

56 $f(x) = \sqrt[3]{x} - 4x$, $[-1; 0]$. $\left[c = -\frac{\sqrt{3}}{9}\right]$

57 $f(x) = |x^2 - 1|$, $[2; 3]$. $\left[c = \frac{5}{2}\right]$

58 $f(x) = 2e^x + x$, $[0; 1]$. $[c = \ln(e - 1)]$

59 $f(x) = \begin{cases} -2x^2 + x & \text{se } x < 0 \\ \dfrac{x}{x^2 + 1} & \text{se } x \geq 0 \end{cases}$, $[-1; 2]$. $\left[c = -\frac{1}{30}\right]$

Le seguenti funzioni non verificano le ipotesi del teorema di Lagrange nell'intervallo indicato. Spiega il perché.

60 $f(x) = \frac{4}{x^2 - x}$, $\left[-\frac{1}{2}; 1\right]$.

61 $f(x) = \sqrt{4x^2 - 1}$, $[-1; 0]$.

62 $f(x) = \ln(x + 1)$, $[-1; 0]$.

63 $f(x) = \sqrt[3]{x} - 1$, $[-2; 1]$.

64 $f(x) = \sin x + \tan x$, $\left[0; \frac{\pi}{2}\right]$.

65 $f(x) = |x| + 7x^2 - x$, $[-2; 4]$.

66 $f(x) = \sqrt[3]{x^2}$, $[-1; 1]$.

67 $f(x) = 2|-x + 2|$, $[1; 3]$.

68 $f(x) = \begin{cases} -x & \text{se } x < 0 \\ \sqrt{x} & \text{se } x \geq 0 \end{cases}$, $[-1; 2]$.

69 $f(x) = \begin{cases} x^2 - 4x + 5 & \text{se } x \leq 2 \\ x & \text{se } x > 2 \end{cases}$, $[0; 3]$.

70 $f(x) = \begin{cases} e^x - 1 & \text{se } x < 0 \\ 3x^2 + 2x & \text{se } x \geq 0 \end{cases}$, $[-1; 2]$.

71 $f(x) = \begin{cases} \dfrac{x^2 + 3}{x} & \text{se } x \leq 1 \\ 4x^2 & \text{se } x > 1 \end{cases}$, $\left[\frac{1}{2}; 2\right]$.

72 $f(x) = \begin{cases} -2x + 1 & \text{se } x < 0 \\ 2x^2 + x + 1 & \text{se } x \geq 0 \end{cases}$, $[-1; 3]$.

TEST

73 Solo a una delle seguenti funzioni è possibile applicare il teorema di Lagrange nell'intervallo $[-2; 2]$. Quale?

  A $y = |x|$ **B** $y = 1 - |x|^2$ **C** $y = |x| - 1$ **D** $y = |x^2 - 1|$ **E** $y = |x^2 - 2x|$

74 Riguardo alla funzione $f(x) = |x - 1|^3$, possiamo dire che nell'intervallo $[-1; 2]$ il teorema di Lagrange:

  A è valido ed è verificato soltanto in un punto interno.
  B è valido ed è verificato in due punti interni.
  C non è valido perché $f(x)$ non è derivabile in $x = 1$.
  D non è valido perché $f'(1) = 0$.
  E non è valido perché $f(-1) \neq f(2)$.

75 **FAI UN ESEMPIO** di una funzione che non soddisfa le ipotesi del teorema di Lagrange nell'intervallo $[-2; 2]$.

Rappresenta ognuna delle seguenti funzioni e trova (se esiste) il punto P del grafico che verifica il teorema di Lagrange nell'intervallo individuato dai punti A e B. Interpreta poi graficamente i risultati ottenuti.

76 $f(x) = -x^2 + 1$, $A(-1; 0)$, $B(2; -3)$. $\left[P\left(\frac{1}{2}; \frac{3}{4}\right)\right]$

77 $f(x) = -x^3 + 1$, $A(-2; 9)$, $B(1; 0)$. $[P(-1; 2)]$

1676

Paragrafo 2. Teorema di Lagrange

78 $f(x) = \sin x$, $A\left(\frac{\pi}{4}; \frac{\sqrt{2}}{2}\right)$, $B\left(\frac{3}{4}\pi; \frac{\sqrt{2}}{2}\right)$. $\left[P\left(\frac{\pi}{2}; 1\right)\right]$

79 $f(x) = |x| + 1$, $A(-1; 2)$, $B(2; 3)$.   [P non esiste]

---

80 Verifica quale delle due funzioni $f(x) = |x^2 - 2x|$ e $g(x) = \frac{2-x}{x+4}$, con $x \in [1; 3]$, soddisfa le ipotesi del teorema di Lagrange. Trova quindi i punti previsti dal teorema.

81 Data la funzione $f(x) = \frac{x+2}{2-x}$, utilizzando il teorema di Lagrange deduci per quali intervalli $[a; b] \subset \,]0; 4[$ è vera la disuguaglianza:

$$f(b) - f(a) > b - a.$$

$[[a; b] \subset \,]0; 2[\text{ oppure } [a; b] \subset \,]2; 4[\,]$

82 **YOU & MATHS** Set $f(x) = x^3 - 6x$. The value of c that satisfies the Mean-Value Theorem for Derivatives on the interval $[0, 5]$ for f is

   A $\frac{5}{\sqrt{3}}$.   **B** 0.   **C** $\frac{1}{\sqrt{3}}$.   **D** $\frac{5}{3}$.   **E** $-\frac{5}{\sqrt{3}}$.

(USA *University of Houston Math Contest*)

83 **RIFLETTI SULLA TEORIA** Utilizza il teorema di Lagrange per spiegare se è vero che quando un automobilista percorre un tratto in autostrada senza soste a una velocità media di 90 km/h, c'è almeno un istante in cui la velocità è uguale a 90 km/h.

REALTÀ E MODELLI

84 **Pronti, partenza, via!** Un atleta si allena per una gara di corsa e in un percorso si può pensare che la sua legge oraria sia $s = 15t(t+1)^2$, dove t è il tempo in minuti e s è lo spazio in metri.

   a. Se il percorso è di 1500 m, qual è la velocità media v_m?

   b. Esiste almeno un istante in cui la sua velocità è esattamente v_m? Giustifica la risposta. Rappresenta graficamente la situazione.   [a) 6,25 m/s]

85 **Attenzione!** Un vaso di fiori cade da un balcone a 16 m dal suolo. Durante la caduta, la funzione che descrive la posizione s del vaso, cioè l'altezza da terra a cui si trova, è $s(t) = 16 - 4{,}9t^2$.

   a. Calcola la velocità media del vaso.

   b. Determina con il teorema di Lagrange il tempo t in cui la velocità istantanea è pari alla velocità media.   [a) $v_m = 8{,}9$ m/s; b) $t = 0{,}9$ s]

Con i parametri

86 **ESERCIZIO GUIDA** Determina per quali valori di a e b la funzione

$$f(x) = \begin{cases} x - 2a & \text{se } x < 2 \\ -x^2 + bx - 2 & \text{se } x \geq 2 \end{cases}$$

verifica le ipotesi del teorema di Lagrange nell'intervallo $[0; 3]$.

• $f(x)$ è continua per ogni $x \neq 2$.

   In $x = 2$ è continua se

$$\lim_{x \to 2^-} (x - 2a) = \lim_{x \to 2^+} (-x^2 + bx - 2) \;\to\; 2 - 2a = -4 + 2b - 2 \;\to\; a = -b + 4.$$

Capitolo 26. Teoremi del calcolo differenziale

- $f(x)$ è derivabile per ogni $x \neq 2$ con derivata

$$f'(x) = \begin{cases} 1 & \text{se } x < 2 \\ -2x + b & \text{se } x \geq 2 \end{cases}$$

In $x = 2$ è derivabile se $\lim_{x \to 2^-} 1 = \lim_{x \to 2^+} (-2x + b) \to 1 = -4 + b \to b = 5$.

- Risolviamo il sistema:

$$\begin{cases} a = -b + 4 \\ b = 5 \end{cases} \to a = -1, \ b = 5.$$

Trova i valori di a e b in modo che per le seguenti funzioni sia applicabile il teorema di Lagrange nell'intervallo indicato.

87 $f(x) = \begin{cases} x^2 + ax - 1 & \text{se } x < -1 \\ -4x^2 + x + b & \text{se } x \geq -1 \end{cases}$, $[-2; 0]$. $[a = 11, b = -6]$

88 $f(x) = \begin{cases} -x^2 + ax - 11 & \text{se } x \leq 1 \\ \dfrac{b}{x} & \text{se } x > 1 \end{cases}$, $[0; 3]$. $[a = 7, b = -5]$

89 $f(x) = \begin{cases} ax + b & \text{se } x < 2 \\ e^{2-x} & \text{se } x \geq 2 \end{cases}$, $[0; 4]$. $[a = -1, b = 3]$

90 $f(x) = \begin{cases} \dfrac{ax^2 - 1}{x + b} & \text{se } x \leq 1 \\ \ln x + 1 & \text{se } x > 1 \end{cases}$, $[-1; 2]$. $[a = 0, b = -2]$

91 $f(x) = \begin{cases} ae^x + b & \text{se } x \leq 0 \\ \dfrac{1}{2e^x - 1} & \text{se } x > 0 \end{cases}$, $[-1; 1]$. $[a = -2, b = 3]$

92 $f(x) = \begin{cases} a\cos^2 x + b\sin x & \text{se } x < 0 \\ -\dfrac{2}{x + 1} & \text{se } x \geq 0 \end{cases}$, $\left[-\dfrac{\pi}{2}; 2\pi\right]$. $[a = -2, b = 2]$

93 $f(x) = \begin{cases} a + \sqrt{x^2 + 3} & \text{se } x \leq 1 \\ b\ln x + (2a + 1)x & \text{se } x > 1 \end{cases}$, $[-2; 3]$. $\left[a = 1, b = -\dfrac{5}{2}\right]$

94 $f(x) = \begin{cases} \dfrac{3x - 2a}{x + b} & \text{se } 0 \leq x \leq 1 \\ e^{x-1} & \text{se } 1 < x \leq 2 \end{cases}$, $[0; 2]$. $\left[a = \dfrac{1}{2}, b = 1\right]$

95 Data la funzione $f(x) = \begin{cases} 3x^2 + 2ax & \text{se } -2 \leq x \leq 0 \\ -x^2 - ax + 3b & \text{se } 0 < x \leq 4 \end{cases}$ determina per quali valori dei parametri a e b essa verifica le ipotesi del teorema di Lagrange in $[-2; 4]$. Trova poi le coordinate dei punti la cui esistenza è garantita dal teorema. $\left[a = 0, b = 0; A\left(-\dfrac{7}{9}; \dfrac{49}{27}\right), B\left(\dfrac{7}{3}; -\dfrac{49}{9}\right)\right]$

3 Conseguenze del teorema di Lagrange

▶ Teoria a p. 1662

RIFLETTI SULLA TEORIA

96 È vero che, date le funzioni $f(x)$ e $g(x)$, se $f'(x) = g'(x)$ allora $f(x) = g(x)$?
Motiva la risposta aiutandoti con esempi.

97 Dopo aver derivato la funzione $y = \arcsin x + \arccos x$, cosa puoi dedurre sulla funzione?

Paragrafo 3. Conseguenze del teorema di Lagrange

98 Verifica che le funzioni $f(x) = \ln \frac{x^3}{8}$ e $g(x) = \ln\left(\frac{2}{5}x\right)^3$ hanno la stessa derivata. Cosa si può dedurre per le due funzioni e per i loro grafici?

99 Verifica che le funzioni $y = -\arcsin(x-1)$ e $y = \arccos(x-1)$ differiscono per una costante e individuala.

$$\left[-\frac{\pi}{2}\right]$$

100 Dimostra che la funzione $y = \arctan x + \arctan \frac{1}{x}$ è costante in $\mathbb{R}^-$ e $\mathbb{R}^+$ e trova il valore di y.

$$\left[y = -\frac{\pi}{2} \text{ per } x < 0,\ y = \frac{\pi}{2} \text{ per } x > 0\right]$$

Funzioni crescenti e decrescenti e derivate

101 **LEGGI IL GRAFICO** Nei seguenti grafici indica gli intervalli in cui le funzioni rappresentate sono crescenti o decrescenti.

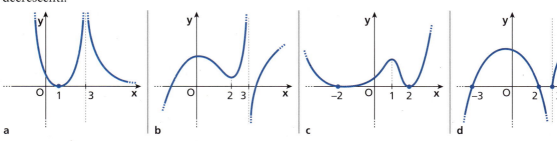

a   b   c   d

RIFLETTI SULLA TEORIA

102 Spiega perché la funzione $f(x)$ rappresentata non è decrescente nell'intervallo $[0; 5]$, mentre lo è in ciascuno dei due intervalli $[0; 2[$ e $]2; 5]$.

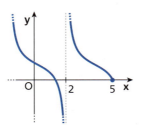

103 Poiché la funzione $f(x) = -\frac{1}{x}$ ha derivata $f'(x) = \frac{1}{x^2}$, positiva per ogni x del dominio di $f(x)$, possiamo concludere che $f(x)$ sia monotòna crescente in tutto il suo dominio. Perché?

104 **VERO O FALSO?** In un intervallo $[a; b]$:

a. se una funzione $f(x)$ è continua e derivabile, allora è certamente crescente.   V F

b. se una funzione $f(x)$ è discontinua, non può essere crescente.   V F

c. se $f'(x) > 0$, allora $f(x)$ è crescente.   V F

d. se una funzione $f(x)$ è crescente, allora è derivabile con $f'(x) > 0$.   V F

LEGGI IL GRAFICO

105 È data la funzione $f(x)$ rappresentata nella figura.

a. È corretto scrivere: «$f(x)$ crescente $\forall x \in \mathbb{R},\ x \neq 1$»?

b. È corretto scrivere: «$f(x)$ crescente in $[0; 1[$ e in $]1; 2]$»?

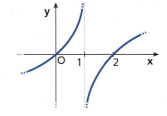

106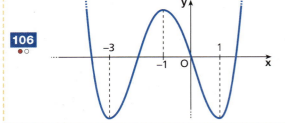

Individua gli intervalli in cui la derivata della funzione rappresentata è positiva.

Capitolo 26. Teoremi del calcolo differenziale

107 **FAI UN ESEMPIO** Traccia il grafico di una funzione $f(x)$ tale che $f'(x) > 0$ per $x < 0 \vee 3 < x \leq 5$, $f'(x) < 0$ per $0 < x < 3$, $f'(x) = 0$ per $x = 0 \vee x = 3$.

108 **LEGGI IL GRAFICO** Dal grafico di $f(x)$ deduci il segno di $f'(x)$.

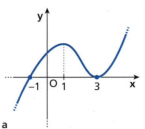
a

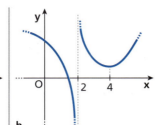
b

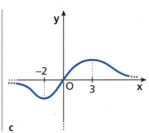
c

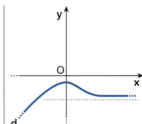
d

109 **TEST** Solo una delle seguenti affermazioni che riguardano la funzione $f(x)$ è *falsa*. Quale?

A $f'(x) > 0$ in $[-4; -2[$.

B $f'(x) < 0$ in $]-2; 1[$.

C $f(x)$ crescente in $]-\infty; -2]$.

D $f'(x) \geq 0$ in $[1; 4[$.

E $f(x)$ decrescente in $[0; 2]$.

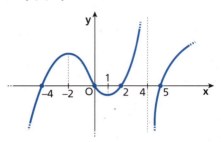

LEGGI IL GRAFICO I grafici rappresentano la derivata prima $f'(x)$ di una funzione $f(x)$. Indica gli intervalli in cui $f(x)$ è crescente e quelli in cui è decrescente. Deduci dal grafico anche il segno della derivata seconda $f''(x)$.

110
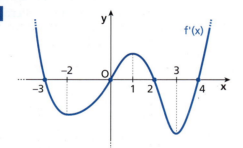

111
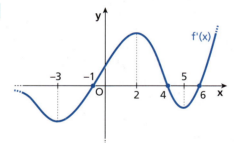

112 Una funzione f è derivabile nell'intervallo $]a; b[$. Quali delle seguenti affermazioni sono sempre vere?

a. Se f è non decrescente in $]a; b[$, allora $f'(x) \geq 0$, per ogni $x \in]a; b[$.

b. Se f è crescente in $]a; b[$, allora $f'(x) > 0$, per ogni $x \in]a; b[$.

c. Se f è crescente in $]a; b[$, allora $f'(x) > 0$, per almeno un $x \in]a; b[$.

d. Se $f'(x) \geq 0$ per ogni $x \in]a; b[$, allora f è crescente in $]a; b[$.

(USA *University of Houston Mathematics Contest*)

[a); c)]

113 **TEST** Se $f(x) = x^3 - 6x^2 + 9x$, allora f è crescente nell'intervallo:

A $x < 1$. B $1 < x < 3$. C $x < 1$ e $x > 3$. D $x > 3$. E Nessuno di questi.

(USA *University of Central Arkansas Regional Math Contest*)

Paragrafo 3. Conseguenze del teorema di Lagrange

114 **LEGGI IL GRAFICO** Il grafico rappresenta la derivata prima, $f'(x)$, di una funzione $f(x)$ continua in $\mathbb{R}$.
In base ai dati deducibili dal grafico:

a. individua e classifica i punti di non derivabilità della funzione $f(x)$;
b. individua gli intervalli in cui $f(x)$ è crescente e quelli in cui è decrescente;
c. spiega se la funzione $f(x)$ è invertibile in $[-2; 3]$.

[b) cresc. per $x < -2 \lor -1 < x < 1 \lor x > 3$]

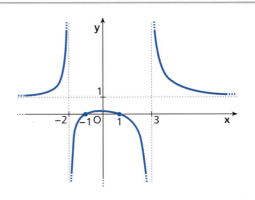

---

115 **ESERCIZIO GUIDA** Determiniamo gli intervalli in cui la funzione $y = \dfrac{4x^2 + 1}{2x}$ è crescente e quelli in cui è decrescente.

Dominio $2x \neq 0 \to D: x \neq 0$.
Calcoliamo la derivata prima:

$$y' = \frac{8x(2x) - 2(4x^2 + 1)}{(2x)^2} = \frac{16x^2 - 8x^2 - 2}{4x^2} = \frac{4x^2 - 1}{2x^2}.$$

> se $f'(x) > 0 \to f(x)$ crescente
> se $f'(x) < 0 \to f(x)$ decrescente

Studiamo il segno di y'. Essendo il denominatore sempre positivo per $x \neq 0$, il segno dipende solo dal numeratore.

$4x^2 - 1 > 0 \to x < -\dfrac{1}{2} \lor x > \dfrac{1}{2}$

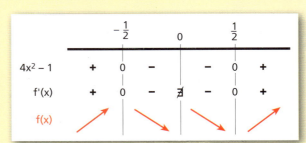

Dal quadro deduciamo che:

per $x < -\dfrac{1}{2} \lor x > \dfrac{1}{2}$ $f(x)$ è crescente;

per $-\dfrac{1}{2} < x < 0 \lor 0 < x < \dfrac{1}{2}$ $f(x)$ è decrescente.

Trova gli intervalli in cui le seguenti funzioni sono crescenti e quelli in cui sono decrescenti. Nelle soluzioni indichiamo per brevità solo gli intervalli in cui le funzioni sono crescenti.

116 **AL VOLO** $y = x^2 + 4$ $y = \sqrt{x}$ $y = e^{-x}$ $y = (x-3)^2$

117 $y = 2x^3 + x^2 - 4x + 10$ $\left[x < -1 \lor x > \dfrac{2}{3}\right]$ **123** $y = \dfrac{1}{3}x^3 + 2x^2 + 4x - 1$ $[\forall x \in \mathbb{R}]$

118 $y = x^3 + 2x^2 + 10x + 1$ $[\forall x \in \mathbb{R}]$ **124** $y = x^3 - 3x^2$ $[x < 0 \lor x > 2]$

119 $y = 4x^5 - 10x^2 + 9$ $[x < 0 \lor x > 1]$ **125** $y = x^2(x-4)^2$ $[0 < x < 2 \lor x > 4]$

120 $y = 2x^4 - 16x^2 + 1$ $[-2 < x < 0 \lor x > 2]$ **126** $y = x(x-2)^3$ $\left[x > \dfrac{1}{2}\right]$

121 $y = -x^3 + \dfrac{11}{2}x^2 - 6x + 3$ $\left[\dfrac{2}{3} < x < 3\right]$ **127** $y = \dfrac{x-6}{2x+1}$ $\left[x \neq -\dfrac{1}{2}\right]$

122 $y = \dfrac{x^4}{4} - 8x + \dfrac{1}{4}$ $[x > 2]$ **128** $y = \dfrac{2x-1}{x+3}$ $[x \neq -3]$

129 $y = \dfrac{2}{x^2 - 9}$ $[x < 0 \wedge x \neq -3]$

130 $y = \dfrac{1}{-x^2 + x}$ $\left[x > \dfrac{1}{2} \wedge x \neq 1\right]$

131 $y = \dfrac{x^2 - 6x + 9}{x^2 - 2}$ $\left[x < \dfrac{2}{3} \vee x > 3, x \neq -\sqrt{2}\right]$

132 $y = \dfrac{2x^2 - 8x + 8}{x^2 - 1}$ $\left[x < \dfrac{1}{2} \vee x > 2, x \neq -1\right]$

133 $y = \dfrac{x^2 - 4x + 2}{x^2}$ $[x < 0 \vee x > 1]$

134 $y = \dfrac{4x^2}{(x-1)^3}$ $[-2 < x < 0]$

135 $y = \dfrac{x^2 - 2x}{4x^2 + x}$ $\left[x \neq 0 \wedge x \neq -\dfrac{1}{4}\right]$

136 $y = \dfrac{x^2 - 4x + 2}{x^2 - 1}$ $[x \neq \pm 1]$

137 $y = \dfrac{(x-3)^2}{x^2 - 3x + 2}$ $\left[x < \dfrac{5}{3} \vee x > 3, x \neq 1\right]$

138 $y = \sqrt{x - 1}$ $[x > 1]$

139 $y = \sqrt{9 - x^2}$ $[-3 < x < 0]$

140 $y = \sqrt{\dfrac{x - 2}{x}}$ $[x < 0 \vee x > 2]$

141 $y = \sqrt{4x - x^2}$ $[0 < x < 2]$

142 $y = \sqrt[3]{x^2}$ $[x > 0]$

143 $y = \dfrac{\sqrt{x - 2}}{x}$ $[2 < x < 4]$

144 $y = \sqrt{3x - 2}$ $\left[x > \dfrac{2}{3}\right]$

145 $y = \sqrt[3]{x^2 - 16}$ $[x > 0]$

146 $y = \sqrt[3]{x + 1}$ $[x \neq -1]$

147 $y = \dfrac{2}{\sqrt{x}} - \sqrt{x}$ $[\text{decresc. per } x > 0]$

---

148 **ESERCIZIO GUIDA** Determiniamo gli intervalli in cui la funzione $y = \ln \dfrac{x - 1}{x + 2}$ è crescente e quelli in cui è decrescente.

La funzione è definita per $\dfrac{x - 1}{x + 2} > 0$, cioè per $x < -2 \vee x > 1$.

Calcoliamo ora la derivata prima:

$$y' = \dfrac{1}{\dfrac{x-1}{x+2}} \cdot \dfrac{1(x+2) - 1(x-1)}{(x+2)^2} = \dfrac{x+2}{x-1} \cdot \dfrac{\cancel{x} + 2 - \cancel{x} + 1}{(x+2)^2} = \dfrac{3}{(x-1)(x+2)}.$$

Studiamo il segno di y'. Poiché il numeratore è sempre positivo, y' ha lo stesso segno del denominatore:

$y' > 0 \quad \rightarrow \quad (x-1)(x+2) > 0 \quad$ per $x < -2 \vee x > 1$.

Dallo schema deduciamo che $f(x)$ è crescente per $x < -2 \vee x > 1$. Poiché questi intervalli coincidono con il dominio, la funzione non è mai decrescente.

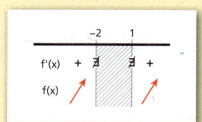

Trova gli intervalli in cui le seguenti funzioni sono crescenti e quelli in cui sono decrescenti. Nelle soluzioni indichiamo per brevità solo gli intervalli in cui $f(x)$ è crescente.

149 $y = e^{-2x^2}$ $[x < 0]$

150 $y = x^2 e^{-x}$ $[0 < x < 2]$

151 $y = \ln(2x + 5)$ $\left[x > -\dfrac{5}{2}\right]$

152 $y = x + 2\ln x$ $[x > 0]$

153 $y = x \ln x$ $\left[x > \dfrac{1}{e}\right]$

154 $y = \ln \dfrac{x + 3}{x - 5}$ $[\text{decresc. per } x < -3 \vee x > 5]$

155 $y = \ln(x^2 - 5x + 6)$ $[x > 3]$

156 $y = xe^x$ $[x > -1]$

Paragrafo 3. Conseguenze del teorema di Lagrange

157 $y = 4\sin^2 x$ $\qquad \left[k\pi < x < \dfrac{\pi}{2} + k\pi\right]$

158 $y = \cos^2 x - \cos x$ $\qquad \left[\dfrac{\pi}{3} + 2k\pi < x < \pi + 2k\pi \vee \dfrac{5}{3}\pi + 2k\pi < x < 2\pi + 2k\pi\right]$

159 $y = -2\cos^2 x - 2x + 1$ $\qquad \left[\text{decresc. per } x \neq \dfrac{\pi}{4} + k\pi\right]$

160 $y = 3\tan x - 1$ $\qquad \left[-\dfrac{\pi}{2} + k\pi < x < \dfrac{\pi}{2} + k\pi\right]$

161 $y = \sqrt{3}\,x + 2\cos x$ $\qquad \left[2k\pi < x < \dfrac{\pi}{3} + 2k\pi \vee \dfrac{2}{3}\pi + 2k\pi < x < 2\pi + 2k\pi\right]$

162 $y = x + 2\sin x$ $\qquad \left[2k\pi < x < \dfrac{2}{3}\pi + 2k\pi \vee \dfrac{4}{3}\pi + 2k\pi < x < 2\pi + 2k\pi\right]$

163 $y = 2\ln x + \ln^2 x$ $\qquad \left[x > \dfrac{1}{e}\right]$

164 $y = \ln\sqrt{1 - x^2}$ $\qquad [-1 < x < 0]$

165 $y = \ln\dfrac{4x^2 - 16}{x^2 + 4}$ $\qquad [x > 2]$

166 $y = \ln\dfrac{e^x - 1}{e^x + 1}$ $\qquad [x > 0]$

167 $y = \cos^4 x - \cos^2 x + 2$ $\qquad \left[\dfrac{\pi}{4} + k\dfrac{\pi}{2} < x < \dfrac{\pi}{2} + k\dfrac{\pi}{2}\right]$

168 $y = e^{\sqrt{\frac{x-2}{3-x}}}$ $\qquad [2 < x < 3]$

169 $y = 2x - |7x^2 - 3x|$ $\qquad \left[x < 0 \vee \dfrac{1}{14} < x < \dfrac{3}{7}\right]$

170 $y = \left|\dfrac{x^2 - 3x}{x + 2}\right|$ $\qquad [-2 - \sqrt{10} < x < -2 \vee 0 < x < -2 + \sqrt{10} \vee x > 3]$

---

171 **REALTÀ E MODELLI** **Giochi & auto** Una macchina giocattolo si muove su una traiettoria in base alla legge oraria $s(t) = 4\sin\left(\dfrac{\pi}{3}t + \dfrac{\pi}{6}\right)$. Nei primi 6 secondi, in quali intervalli la velocità aumenta e in quali intervalli diminuisce?

$$\left[\dfrac{5}{2} < t < \dfrac{11}{2} \text{ aumenta}; \ 0 < t < \dfrac{5}{2} \vee \dfrac{11}{2} < t < 6 \text{ diminuisce}\right]$$

172 Verifica che l'equazione $x^2 - 2 + \ln x = 0$ ammette un unico zero reale.

173 **VERO O FALSO?** Sia $f(x)$ una funzione derivabile in $\mathbb{R}$.

a. Se $f(x)$ è crescente in $[a; b]$, allora $f^2(x)$ è crescente in $[a; b]$. V F

b. Se $f(x)$ è decrescente in $[a; b]$, allora $\dfrac{1}{f(x)}$ è crescente in $[a; b]$. V F

c. Se $f(x)$ è pari, allora $f'(0) = 0$. V F

d. Se $f(x)$ è positiva e decrescente in $[a; b]$, allora $\ln[f(x)]$ è decrescente in $[a; b]$. V F

Con i parametri

174 **ESERCIZIO GUIDA** Determiniamo per quali valori di k la funzione

$$f(x) = kx^3 - 3kx^2 + x + 8, \quad \text{con } k \in \mathbb{R},$$

è sempre crescente in $\mathbb{R}$.

Calcoliamo $f'(x)$:

$$f'(x) = 3kx^2 - 6kx + 1.$$

Poiché se $f'(x) > 0 \ \forall x \in \mathbb{R}$ la funzione è sempre crescente in $\mathbb{R}$, poniamo:

$$3kx^2 - 6kx + 1 > 0.$$

La disequazione risulta sempre verificata se è $\Delta < 0 \wedge 3k > 0$. Utilizziamo $\dfrac{\Delta}{4}$:

$$\dfrac{\Delta}{4} = (3k)^2 - 3k = 9k^2 - 3k.$$

Capitolo 26. Teoremi del calcolo differenziale

> Poniamo $\dfrac{\Delta}{4} < 0$:
>
> $9k^2 - 3k < 0 \;\to\; 0 < k < \dfrac{1}{3}$.
>
> Poiché $3k > 0$ per $k > 0$, la funzione assegnata è sempre crescente in $\mathbb{R}$ per $0 < k < \dfrac{1}{3}$.

175 Trova per quali valori del parametro reale a la funzione $f(x) = ax^3 + 3x^2 + x + 2$ è sempre crescente in $\mathbb{R}$. $\quad [a \geq 3]$

176 Determina per quali valori di k la funzione $y = x^3 + 2x^2 - 2kx$ risulta sempre crescente in $\mathbb{R}$. $\quad \left[k < -\dfrac{2}{3}\right]$

177 Per quali valori di k la funzione $y = -x^3 + (2k-1)x$ è sempre decrescente in $\mathbb{R}$? $\quad \left[k < \dfrac{1}{2}\right]$

178 Trova per quali valori di a la funzione $y = a \ln x + 1$ è sempre crescente nel suo dominio. $\quad [a > 0]$

179 Determina per quali valori di a la funzione $y = \dfrac{ax - 1}{x}$ è sempre crescente in $\mathbb{R}^+$. $\quad [\forall a \in \mathbb{R}]$

180 Studia, al variare di a in $\mathbb{R}$, quando la funzione $f(x) = \dfrac{ax}{x^2 + 1}$ è crescente o decrescente.

$[a = 0: f \text{ costante}; \; a < 0: f \text{ crescente per } x < -1 \vee x > 1; \; a > 0: f \text{ crescente per } -1 < x < 1]$

181 Data la funzione $y = \ln \dfrac{ae + 2x}{e - x}$, determina $a \in \mathbb{R}$ tale che il grafico della funzione passi per il punto di ordinata 1 sull'asse y. Determina poi gli intervalli in cui la funzione è crescente e quelli in cui è decrescente.

$\left[a = e; \text{ cresc. per } -\dfrac{e^2}{2} < x < e\right]$

Funzioni invertibili

182 Dimostra che la funzione $f(x) = 2 - \sqrt{5 - x}$ è invertibile nel suo dominio considerando la sua derivata. Trova la funzione inversa $f^{-1}(x)$ e rappresenta graficamente sia $f(x)$ sia $f^{-1}(x)$.

183 Verifica che la funzione $y = -2\cos^2 x + 2x + 1$ è invertibile in tutto $\mathbb{R}$. Calcola poi la derivata della funzione inversa nel punto y_0 che corrisponde a $x_0 = \pi$. $\quad \left[\dfrac{1}{2}\right]$

184 Verifica che la funzione $y = x^3 + 2e^x$ è invertibile $\forall x \in \mathbb{R}$ e calcola la derivata della funzione inversa nel punto $y_0 = 2$. $\quad \left[\dfrac{1}{2}\right]$

185 Determina il dominio della funzione $y = \ln \dfrac{x}{x - 6}$ e dimostra che è monotòna per $x < 0 \vee x > 6$. Trova la sua funzione inversa e rappresenta graficamente la funzione data e la sua inversa. $\quad \left[y = \dfrac{6e^x}{e^x - 1}\right]$

186 Dimostra che la funzione $y = 4x + e^x$ è invertibile in tutto $\mathbb{R}$. Detta $g(y)$ la funzione inversa, calcola $g(1)$ e $g'(1)$. $\quad \left[g(1) = 0; \; g'(1) = \dfrac{1}{5}\right]$

187 Dimostra che la funzione $f(x) = \ln x + 2x^5$ è invertibile per $x > 0$. Calcola $f^{-1}(2)$ e determina la derivata della funzione inversa nel punto $y_0 = 2$. $\quad \left[f^{-1}(2) = 1; \; \dfrac{1}{11}\right]$

188 Considera la funzione $y = \arcsin \dfrac{1 - x}{1 + x}$. Determina il suo dominio, dimostra che è invertibile e determina l'equazione della sua funzione inversa. $\quad \left[y = \dfrac{1 - \sin x}{1 + \sin x}\right]$

189 Data la funzione $y = f(x) = e^x + \arctan 2x$:
  a. dimostra che $f(x)$ è invertibile nel suo dominio;
  b. detta $g(y)$ la funzione inversa di $f(x)$, calcola $g(1)$ e $g'(1)$. $\quad \left[\text{b) } 0; \; \dfrac{1}{3}\right]$

4 Teorema di Cauchy

▶ Teoria a p. 1664

190 **ESERCIZIO GUIDA** Date le funzioni $f(x) = x^2 - 2x + 4$ e $g(x) = 4x^2 + 2x$, verifichiamo che nell'intervallo $[1; 3]$ valgono le ipotesi del teorema di Cauchy e troviamo i punti la cui esistenza è assicurata dal teorema.

Sono verificate le tre condizioni:

- $f(x)$ e $g(x)$ sono continue in $[1; 3]$ perché sono funzioni polinomiali;
- $f(x)$ e $g(x)$ sono derivabili in $]1; 3[$, con $f'(x) = 2x - 2$ e $g'(x) = 8x + 2$;
- $g'(x) \neq 0$ in $]1; 3[$; infatti $g'(x) = 8x + 2 \neq 0$ per $x \neq -\dfrac{1}{4}$.

Poiché valgono le ipotesi del teorema, deve esistere almeno un punto c nel quale:

$$\dfrac{f'(c)}{g'(c)} = \dfrac{f(3) - f(1)}{g(3) - g(1)}.$$

> **Teorema di Cauchy**
> Se $f(x)$ e $g(x)$
> - sono continue in $[a; b]$,
> - sono derivabili in $]a; b[$,
> - e $g'(x) \neq 0$ in $]a; b[$,
>
> allora esiste almeno un punto c tale che
> $$\dfrac{f(b) - f(a)}{g(b) - g(a)} = \dfrac{f'(c)}{g'(c)}.$$

Si ha:

$$\dfrac{2c - 2}{8c + 2} = \dfrac{7 - 3}{42 - 6} \;\rightarrow\; \dfrac{c - 1}{4c + 1} = \dfrac{1}{9} \;\rightarrow\; 9(c - 1) = 4c + 1 \;\left(c \neq -\dfrac{1}{4}\right) \;\rightarrow\; c = 2.$$

Il punto cercato è $c = 2$.

Date le seguenti funzioni, verifica che nell'intervallo a fianco valgono le ipotesi del teorema di Cauchy e trova il punto (o i punti) la cui esistenza è assicurata dal teorema.

191 $f(x) = -x^2 + 3x$, $\quad g(x) = 2x^2$, $\quad [1; 4]$. $\quad\left[c = \dfrac{5}{2}\right]$

192 $f(x) = x^3 + 1$, $\quad g(x) = x^2 - 4x$, $\quad [-2; -1]$. $\quad\left[c = \dfrac{-1 - \sqrt{13}}{3}\right]$

193 $f(x) = \sqrt{1 + x}$, $\quad g(x) = 2x + 1$, $\quad [0; 3]$. $\quad\left[c = \dfrac{5}{4}\right]$

194 $f(x) = \dfrac{1}{x + 1}$, $\quad g(x) = \dfrac{x + 1}{x}$, $\quad [1; 2]$. $\quad\left[c = \dfrac{1 + \sqrt{3}}{2}\right]$

195 $f(x) = \sin x - \cos x$, $\quad g(x) = \cos x - 1$, $\quad \left[0; \dfrac{\pi}{2}\right]$. $\quad\left[c = \dfrac{\pi}{4}\right]$

196 $f(x) = \ln^2 x - 4 \ln x$, $\quad g(x) = 2 \ln x + 4$, $\quad [1; e]$. $\quad [c = \sqrt{e}]$

197 $f(x) = 5 \cos^2 x - 2 \cos x$, $\quad g(x) = \cos x + 3$, $\quad \left[\dfrac{\pi}{2}; \pi\right]$. $\quad\left[c = \dfrac{2}{3}\pi\right]$

198 $f(x) = 2 \ln x - 1$, $\quad g(x) = 5(x + 1)$, $\quad [1; e]$. $\quad [c = e - 1]$

199 $f(x) = \dfrac{x - 2}{x + 1}$, $\quad g(x) = 3x + 1$, $\quad [0; 2]$. $\quad [c = \sqrt{3} - 1]$

200 $f(x) = -x^3 + 4x^2$, $\quad g(x) = \dfrac{1}{2}x^2 + 4$, $\quad [1; 3]$. $\quad\left[c = \dfrac{13}{6}\right]$

201 $f(x) = 3 + e^x$, $\quad g(x) = 2x + 1$, $\quad [0; 1]$. $\quad [c = \ln(e - 1)]$

202 $f(x) = \ln(x^2 - 2x + 1)$, $\quad g(x) = 2x - 1$, $\quad \left[0; \dfrac{1}{2}\right]$. $\quad\left[c = 1 - \dfrac{1}{2 \ln 2}\right]$

Capitolo 26. Teoremi del calcolo differenziale

Per le seguenti coppie di funzioni non vale il teorema di Cauchy nell'intervallo indicato a fianco. Indica le condizioni che non sono verificate.

203 $f(x) = \dfrac{1}{x+3}$, $\qquad g(x) = 2x^2 - 2x + 1$, $\qquad [-2; 1]$.

204 $f(x) = x^3 + 3$, $\qquad g(x) = \sqrt{x^2 + 1}$, $\qquad [-1; 1]$.

205 $f(x) = \sqrt[3]{x-2}$, $\qquad g(x) = \ln x$, $\qquad [1; 4]$.

206 $f(x) = x^2 - 1$, $\qquad g(x) = \dfrac{1}{x}$, $\qquad [-1; 2]$.

207 **TEST** Sono date le funzioni $f(x) = \cos x + 2$ e $g(x) = \sin x - 3$, con $x \in \left[0; \dfrac{\pi}{2}\right]$. Possiamo dire che il teorema di Cauchy:

- **A** non è valido per nessun punto interno all'intervallo.
- **B** non è valido perché $g'\left(\dfrac{\pi}{2}\right) = 0$.
- **C** è verificato in $x = \dfrac{\pi}{4}$.
- **D** è verificato in $x = \dfrac{\pi}{2}$.
- **E** è verificato $\forall x \in \left]0; \dfrac{\pi}{2}\right[$.

208 **RIFLETTI SULLA TEORIA** Nell'enunciato del teorema di Cauchy non compare l'ipotesi $g(b) - g(a) \neq 0$, pur trattandosi di un'espressione al denominatore. Dimostra che questa ipotesi è superflua perché conseguenza delle altre ipotesi.

209 Stabilisci se $f(x) = x^3 - 3x$ e $g(x) = x^2 - x$ soddisfano le ipotesi del teorema di Cauchy nell'intervallo $[0; 1]$. In caso affermativo applica il teorema, altrimenti trova un sottointervallo in cui sono verificate le ipotesi e poi determina il punto (o i punti) la cui esistenza è assicurata dal teorema.

$$\left[\text{no; esempio: } c = \dfrac{11 - \sqrt{91}}{6} \text{ in } \left[0; \dfrac{1}{2}\right]\right]$$

Riepilogo: Teoremi di Rolle, Lagrange, Cauchy

210 **VERO O FALSO?**

a. Se una funzione verifica il teorema di Lagrange, non può verificare il teorema di Rolle. **V F**
b. Se una funzione verifica il teorema di Rolle, non verifica il teorema di Lagrange. **V F**
c. Se due funzioni hanno la stessa derivata e un punto del grafico in comune, allora sono uguali. **V F**
d. Due funzioni che verificano il teorema di Lagrange e non hanno punti stazionari verificano il teorema di Cauchy. **V F**

211 **TEST** Sia f definita su $[0; 1]$, continua e derivabile su $]0; 1[$, e tale che $f(0) = f(1)$. Allora:

- **A** esiste un punto $c \in \,]0; 1[$ tale che $f'(c) = 0$.
- **B** a f si può applicare il teorema di Lagrange nell'intervallo $\left[\dfrac{1}{4}; \dfrac{3}{4}\right]$.
- **C** f è continua nell'intervallo $[0; 1]$.
- **D** a f si può applicare il teorema di Rolle nell'intervallo $\left[\dfrac{1}{4}; \dfrac{3}{4}\right]$.

(Politecnico di Torino, Test di autovalutazione)

212 **RIFLETTI SULLA TEORIA** Sia $f(x)$ una funzione derivabile due volte in $\mathbb{R}$, con derivata seconda continua, e siano α, β (con $\alpha < \beta$) punti stazionari per $f(x)$. Esiste almeno un punto $c \in \,]\alpha; \beta[$ tale che $f''(c) = 0$?

Riepilogo: Teoremi di Rolle, Lagrange, Cauchy

213 Verifica che le funzioni

$$f(x) = \frac{1-x^2}{x^2+2} \quad \text{e} \quad g(x) = \frac{3}{x^2+2}$$

hanno la stessa derivata prima. Questo implica che $f(x) = g(x) \ \forall x \in \mathbb{R}$? Motiva la risposta.

214 La figura mostra il grafico di una funzione pari $f(x)$.

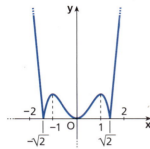

a. In base al grafico, valuta l'esistenza e il segno della derivata prima di $f(x)$, individuando in particolare gli eventuali punti stazionari di $f(x)$.

b. Spiega perché non è possibile applicare il teorema di Rolle a $f(x)$ nell'intervallo $[-2; 2]$.

c. L'esistenza di punti stazionari in tale intervallo è una contraddizione? Motiva la risposta.

215 Data la curva di equazione:

$$f(x) = \begin{cases} x^2 + bx - 4 + c & \text{se } x < 0 \\ \dfrac{ax-2}{x+3} & \text{se } x \geq 0 \end{cases}$$

individua, senza risolvere l'equazione $f'(x) = 0$, i valori dei parametri a, b e c per cui nell'intervallo $[-1; 2]$ è garantita l'esistenza di un punto in cui la retta tangente alla curva è orizzontale.

$$\left[a = \frac{23}{33}, b = \frac{15}{33}, c = \frac{10}{3} \right]$$

216 L'equazione

$$\ln|x-1| - \frac{1}{x-1} = 0$$

ha nell'intervallo $[2; 3]$ una sola soluzione. Spiegane il motivo utilizzando i teoremi a te noti.

217 Considera la funzione $y = x - 4|x|$ nell'intervallo $[-3; 3]$.

a. Sono verificate le ipotesi del teorema di Rolle?

b. Esistono dei punti interni all'intervallo $[-3; 3]$ in cui $f'(x) = 0$?

c. Le ipotesi del teorema sono una condizione necessaria e sufficiente, solo necessaria, o solo sufficiente per l'esistenza dei punti che verificano il teorema?

218 YOU & MATHS

a. Verify that $f(x) = 2x^3 + x^2 - x - 1$ satisfies the hypotheses of the Mean-Value Theorem on the interval $[0, 2]$.

b. Find all numbers c that satisfy the conclusion of the Mean-Value Theorem.

(USA *University of Wisconsin*, Final Exam)

219 Date le due curve di equazione $f(x) = e^{x^2 - 4x + 4}$ e $g(x) = \cos(x - 2)$, dimostra che esiste almeno un valore c interno all'intervallo $[0; 4]$ per il quale le rette tangenti alle curve, rispettivamente nei punti $(c; f(c))$ e $(c; g(c))$, sono parallele.

220 Considera il grafico della funzione

$$f(x) = x^3 - 4x + a, \quad \text{con } a \in \mathbb{R},$$

passante per il punto $A(1; 3)$. Dimostra, mediante il teorema di Lagrange, che esiste almeno una retta tangente al grafico in un punto D di ascissa interna all'intervallo $[-2; 1]$, parallela alla congiungente i punti A e B della curva, con B di ascissa -2. Determina l'area del triangolo BAD.

$$[a = 6; \ y = -x + 8; \ 6]$$

221 YOU & MATHS Suppose $f:[a, b] \to \mathbb{R}$ is differentiable and $f'(x) \geq M$ for all $x \in [a, b]$. Prove that

$$f(b) \geq f(a) + M(b - a).$$

(USA *University of Illinois at Chicago*, Analysis I Midterm Exam)

222 EUREKA! Dimostra che se $f(x)$ è una funzione derivabile con $f'(x) \geq k$ per ogni $x > 0$ e $f(0) = 0$, allora $f(x) \geq kx$ per $x \geq 0$.

(CAN *University of Windsor*, Problem Solving)

223 Utilizzando il teorema di Lagrange, dimostra che è valida la seguente relazione:

$$|\tan b - \tan a| \geq |b - a| \quad \forall [a; b] \subset \left] -\frac{\pi}{2}; \frac{\pi}{2} \right[.$$

Spiega poi perché non è valida nell'intervallo $[0; \pi]$.

224 YOU & MATHS Determine whether the following statement is true or false. If true supply a proof, and if false a counterexample.

«Suppose f is continuous on the closed interval $[a, b]$ and differentiable on the open interval (a, b), and there is a point $\xi \in (a, b)$ such that $f'(\xi) = 0$. Then the Mean Value Theorem tells us that we must have $f(a) = f(b)$.»

(USA *Texas A&M University*, Final Exam)

1687

Capitolo 26. Teoremi del calcolo differenziale

225 **LEGGI IL GRAFICO** La funzione rappresentata in figura è costituita da un arco di parabola di vertice A, dal segmento AB e da un arco di iperbole equilatera riferita ai propri asintoti e passante per B.

a. Determina l'espressione analitica della funzione.
b. Verifica l'applicabilità del teorema di Lagrange in $[0; 4]$ e determina il punto garantito dal teorema.

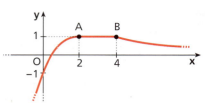

$$\left[a) \ f(x) = \begin{cases} -\dfrac{x^2}{2} + 2x - 1 & \text{se } x \leq 2 \\ 1 & \text{se } 2 < x \leq 4; \ b) \ c = \dfrac{3}{2} \\ \dfrac{4}{x} & \text{se } x > 4 \end{cases} \right]$$

226 **LEGGI IL GRAFICO** Osserva il grafico della funzione $f(x)$.

a. Stabilisci se sono vere o false le seguenti affermazioni, motivando le risposte.

1. In base al teorema di Lagrange, deve esistere almeno un valore di x interno all'intervallo $[0; 4]$ tale che $f'(x) = -1$.
2. In base al teorema di Lagrange, non può esistere alcun valore di x interno all'intervallo $[0; 4]$ tale che $f'(x) = -1$.
3. La funzione $f(x)$ non è ovunque derivabile in $[0; 4]$.

b. Date le funzioni $h(x) = \dfrac{-x + a}{x + 1}$ e $k(x) = -\dfrac{1}{4}x^2 + \dfrac{3}{4}x + b$, determina i valori delle costanti a e b in modo tale che sia:

$$f(x) = \begin{cases} h(x) & \text{se } 0 \leq x \leq 1 \\ k(x) & \text{se } 1 < x \leq 4 \end{cases}.$$

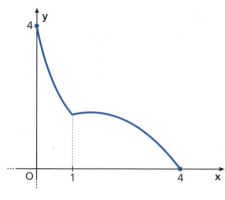

[a) 1-F, 2-F, 3-V; b) $a = 4, b = 1$]

EUREKA!

227 Sia $f(x)$ una funzione dispari derivabile due volte nell'intervallo $[-1; 1]$, tale che $f(-1) = 3$ e $f(0) = 0$.
Dimostra che esiste almeno un punto $c \in \ ]-1; 1[$ tale che $f''(c) = 0$.

228 Dimostra che per ogni $x \in \ ]0; \dfrac{\pi}{4}[$

$x \leq \tan x \leq 2x.$

229 Dimostra che $\forall x \in \mathbb{R}$ si ha $\sin^2 x \leq 2|x|$.
(USA *Texas A&M University*)

230 Data la funzione $f(x) = \begin{cases} ke^{x-1} & \text{se } x < 1 \\ k(x^2 - x) + k & \text{se } x \geq 1 \end{cases}$:

a. dimostra che $f(x)$ è continua e derivabile $\forall x \in \mathbb{R}$;
b. trova il valore di k in modo che la tangente al grafico della funzione nel suo punto di ascissa 1 abbia coefficiente angolare uguale a -1 e rappresenta graficamente $f(x)$;
c. applica il teorema di Lagrange agli intervalli $[1; 4]$ e $[0; 2]$ nelle ipotesi del punto **b**.

$$\left[b) \ k = -1; \ c) \ c_1 = \dfrac{5}{2}; \ c_2 = \dfrac{1}{4}\left(5 - \dfrac{1}{e}\right) \right]$$

231 **IN FISICA** Sofia e Filippo si muovono lungo una stessa strada rettilinea, partendo nello stesso istante $t = 0$ e fermandosi entrambi dopo 10 secondi. La velocità media di Sofia è di 0,5 m/s.

a. Supponendo che la legge oraria di Filippo sia $s_F(t) = \dfrac{at + b}{t + 1}$, $0 \leq t \leq 10$, e che $s_F(10) = 6$ m, quali valori si devono attribuire alle costanti a e b per essere sicuri che in almeno un istante la velocità istantanea di Filippo sia uguale alla velocità media di Sofia?
b. Con i valori di a e b trovati, in quale istante si realizza la richiesta del punto precedente?
c. Qual è l'accelerazione media di Filippo nell'intervallo $0 \leq t \leq 10$?

$$\left[a) \ a = \dfrac{13}{2}, b = 1; \ b) \ t = 2{,}32 \text{ s}; \ c) \ a_M = -\dfrac{6}{11} \text{ m/s}^2 \right]$$

 Allenati con **15 esercizi interattivi** con feedback "hai sbagliato, perché..."
□ su.zanichelli.it/tutor3   risorsa riservata a chi ha acquistato l'edizione con tutor

5 Teorema di De L'Hospital

Forme indeterminate $\frac{0}{0}$ e $\frac{\infty}{\infty}$

▶ Teoria a p. 1666

Forma indeterminata $\frac{0}{0}$

232 **ESERCIZIO GUIDA** Calcoliamo $\lim_{x \to 0} \frac{e^x - 1}{x^2 - x}$.

Poiché per $x \to 0$ sia $e^x - 1$ sia $x^2 - x$ tendono a 0, siamo in presenza della forma indeterminata $\frac{0}{0}$.

Le funzioni $f(x) = e^x - 1$ e $g(x) = x^2 - x$ hanno per derivate $f'(x) = e^x$ e $g'(x) = 2x - 1$, e $g'(x) \neq 0$ in un intorno di 0. Calcoliamo:

$$\lim_{x \to 0} \frac{f'(x)}{g'(x)} = \lim_{x \to 0} \frac{e^x}{2x - 1} = -1.$$

Tutte le ipotesi del teorema di De L'Hospital sono verificate, quindi:

$$\lim_{x \to 0} \frac{f(x)}{g(x)} = \lim_{x \to 0} \frac{f'(x)}{g'(x)} \quad \to \quad \lim_{x \to 0} \frac{e^x - 1}{x^2 - x} = \lim_{x \to 0} \frac{e^x}{2x - 1} = -1.$$

Calcola i seguenti limiti.

233 $\lim_{x \to -2} \frac{x^3 - 4x + 2x^2 - 8}{x + 2}$ [0]

234 $\lim_{x \to -1} \frac{x^5 - x^2 + 2}{x^3 - 2x - 1}$ [7]

235 $\lim_{x \to 2} \frac{x^4 - 4x - 8}{x^5 - 16x}$ $\left[\frac{7}{16}\right]$

236 $\lim_{x \to 1} \frac{x^3 - 1}{x^2 + 2x - 3}$ $\left[\frac{3}{4}\right]$

237 $\lim_{x \to 1} \frac{\sqrt[3]{x} - 1}{x - 1}$ $\left[\frac{1}{3}\right]$

238 $\lim_{x \to 1} \frac{\sqrt{x} - 1}{\sqrt[3]{x} - 1}$ $\left[\frac{3}{2}\right]$

239 $\lim_{x \to 1} \frac{\sqrt{x + 8} - 3}{\sqrt[3]{x} + 2\sqrt{x} - 3}$ $\left[\frac{1}{8}\right]$

240 $\lim_{x \to -1} \frac{x^6 + 2x^2 + 3x}{x^5 + x^2}$ $\left[-\frac{7}{3}\right]$

241 $\lim_{x \to 3} \frac{e^{x-3} - 1}{x^2 - 9}$ $\left[\frac{1}{6}\right]$

242 $\lim_{x \to 1} \frac{1 - e^{x^2 - 1}}{5x - 5}$ $\left[-\frac{2}{5}\right]$

243 $\lim_{x \to 0^-} \frac{\sin x - 4x}{x^2}$ $[-\infty]$

244 $\lim_{x \to 0} \frac{\sin 10x}{\sin 5x}$ [2]

245 $\lim_{x \to 0} \frac{1 - e^{-2x}}{x}$ [2]

246 $\lim_{x \to 0} \frac{e^{2x} - 1 - x^2}{\sin 2x}$ [1]

247 $\lim_{x \to 1} \frac{\ln(2x - 1)}{x - 1}$ [2]

248 $\lim_{x \to 1} \frac{x \ln x}{x^2 - 1}$ $\left[\frac{1}{2}\right]$

249 $\lim_{x \to 0} \frac{\sin x - x}{x^3}$ $\left[-\frac{1}{6}\right]$

250 $\lim_{x \to 0} \frac{\sin x + x}{x + \tan x}$ [1]

251 $\lim_{x \to 0} \frac{x \ln(3x + 1)}{\sin^2 x}$ [3]

252 $\lim_{x \to 0} \frac{x + \sin x}{x^2 + x \cos x}$ [2]

253 $\lim_{x \to 1} \frac{\ln(2x^2 - 1)}{x^3 - 1}$ $\left[\frac{4}{3}\right]$

254 $\lim_{x \to 0} \frac{e^x - 1}{4x^3 - 2x}$ $\left[-\frac{1}{2}\right]$

255 $\lim_{x \to 0} \frac{1 - \cos^3 x}{x^3 - x^2}$ $\left[-\frac{3}{2}\right]$

256 $\lim_{x \to \frac{\pi}{2}} \frac{1 - \sin^3 x}{\cot x}$ [0]

Capitolo 26. Teoremi del calcolo differenziale

257 $\lim_{x \to 0} \dfrac{e^x - 1 - x}{e^x - 2 + e^{-x}}$ $\left[\dfrac{1}{2}\right]$

258 $\lim_{x \to 2^+} \dfrac{\sqrt{x-2} + \sqrt{2x} - 2}{(x-2)^2}$ $[+\infty]$

259 $\lim_{x \to 0} \dfrac{\ln \cos x}{x \sin x}$ $\left[-\dfrac{1}{2}\right]$

260 $\lim_{x \to 0} \dfrac{x \sin^2 x}{\tan x - x}$ $[3]$

261 $\lim_{x \to 0} \dfrac{\sin^3 x}{\sin 2x - 2x}$ $\left[-\dfrac{3}{4}\right]$

262 $\lim_{x \to 0} \dfrac{2x + \sin 3x}{x + \tan 5x}$ $\left[\dfrac{5}{6}\right]$

---

263 **TEST** De L'Hospital, nel suo libro sul calcolo infinitesimale del 1696, illustrava la sua regola utilizzando il limite della funzione

$$f(x) = \dfrac{\sqrt{2a^3 x - x^4} - a\sqrt[3]{a^2 x}}{a - \sqrt[4]{ax^3}}$$

per x che tende ad a, con a > 0. Trova il limite.

   A $\dfrac{4a}{3}$ B $\dfrac{16a}{9}$ C 1 D $\dfrac{3a}{4}$ E Nessuno dei precedenti.

(USA *University of North Georgia Mathematics Tournament*)

Forma indeterminata $\dfrac{\infty}{\infty}$

Calcola i seguenti limiti.

264 $\lim_{x \to -\infty} \dfrac{e^{x^2}}{x^2 - 1}$ $[+\infty]$

265 $\lim_{x \to +\infty} \dfrac{x + 5}{e^x + x}$ $[0]$

266 $\lim_{x \to +\infty} \dfrac{\ln(x+2)}{x^3 + 1}$ $[0]$

267 $\lim_{x \to +\infty} \dfrac{x^5 - 1}{x \ln x}$ $[+\infty]$

268 $\lim_{x \to \infty} \dfrac{x^2 + x}{2x^2}$ $\left[\dfrac{1}{2}\right]$

269 $\lim_{x \to +\infty} \dfrac{4x^2 + e^x}{e^x}$ $[1]$

270 $\lim_{x \to +\infty} \dfrac{\ln x + e^x}{x^2}$ $[+\infty]$

271 $\lim_{x \to +\infty} \dfrac{\ln(1 + x^2)}{e^{x^2}}$ $[0]$

272 $\lim_{x \to +\infty} \dfrac{e^{3x}}{x^3}$ $[+\infty]$

273 $\lim_{x \to +\infty} \dfrac{\ln^2 x}{2x}$ $[0]$

274 $\lim_{x \to 0^+} \dfrac{\ln \sin x}{\ln x^2}$ $\left[\dfrac{1}{2}\right]$

275 $\lim_{x \to +\infty} \dfrac{3x + \ln x}{7x - 2}$ $\left[\dfrac{3}{7}\right]$

276 $\lim_{x \to 0^+} \dfrac{\ln \sin x}{\ln x}$ $[1]$

277 $\lim_{x \to 1^+} \dfrac{\ln(e^x - e)}{\ln(x - 1)}$ $[1]$

278 $\lim_{x \to \frac{\pi}{2}^-} \dfrac{e^{\tan x}}{\tan x}$ $[+\infty]$

279 $\lim_{x \to -\infty} \dfrac{5x^3 - 2x^2 + 4}{1 - 2x^3}$ $\left[-\dfrac{5}{2}\right]$

280 $\lim_{x \to -\infty} \dfrac{x^2 - 3x + 2}{1 - x^3}$ $[0]$

281 $\lim_{x \to +\infty} \dfrac{e^x + 5x}{x^2 - 3x}$ $[+\infty]$

282 $\lim_{x \to 0^+} \dfrac{\ln 3x}{5 e^{\frac{1}{x}}}$ $[0]$

283 $\lim_{x \to 3^+} \dfrac{\ln(x - 3)}{\ln(x^2 - 9)}$ $[1]$

284 $\lim_{x \to \pi^+} \dfrac{\ln(x - \pi)}{\cot 2x}$ $[0]$

285 $\lim_{x \to 0^+} \dfrac{\ln x^3}{\cot x}$ $[0]$

286 $\lim_{x \to 0^+} \dfrac{\ln \tan x}{\cot x}$ $[0]$

287 $\lim_{x \to 0^+} \dfrac{e^{\frac{2}{x}}}{2 \ln x}$ $[-\infty]$

288 $\lim_{x \to +\infty} \dfrac{x^2 - 1 + e^{2x}}{2x + 4 + e^x}$ $[+\infty]$

289 $\lim_{x \to 0^+} \dfrac{\ln \cot x}{\ln 2x^3}$ $\left[-\dfrac{1}{3}\right]$

290 $\lim_{x \to \frac{\pi}{2}^+} \dfrac{e^{-\frac{1}{\cos x}}}{\tan x}$ $[-\infty]$

Paragrafo 5. Teorema di De L'Hospital

Forma indeterminata $0 \cdot \infty$

▶ Teoria a p. 1669

291 ESERCIZIO GUIDA Calcoliamo $\lim\limits_{x \to 0^+} x \cdot \ln x$.

Il limite è nella forma indeterminata $0 \cdot \infty$. Trasformiamo la funzione con l'identità $x = \dfrac{1}{\frac{1}{x}}$ (se $x \neq 0$):

$$\lim_{x \to 0^+} x \cdot \ln x = \lim_{x \to 0^+} \dfrac{\ln x}{\frac{1}{x}}.$$

Il limite ottenuto è ora nella forma indeterminata $\dfrac{\infty}{\infty}$. Calcoliamo:

$$\lim_{x \to 0^+} \dfrac{D(\ln x)}{D\left(\frac{1}{x}\right)} = \lim_{x \to 0^+} \dfrac{\frac{1}{x}}{-\frac{1}{x^2}} = \lim_{x \to 0^+} \dfrac{1}{x} \cdot (-x^2) = \lim_{x \to 0^+} (-x) = 0.$$

Per il teorema di De L'Hospital: $\lim\limits_{x \to 0^+} x \cdot \ln x = 0$.

Calcola i seguenti limiti.

292 $\lim\limits_{x \to -\infty} x \cdot e^x$ [0]

293 $\lim\limits_{x \to 0^+} x^2 \cdot \ln x$ [0]

294 $\lim\limits_{x \to 0^+} x \ln^2 x$ [0]

295 $\lim\limits_{x \to -\infty} x^2 \cdot e^x$ [0]

296 $\lim\limits_{x \to 0^+} x \cdot e^{\frac{1}{x}}$ $[+\infty]$

297 $\lim\limits_{x \to 0} 2x \cdot \cot x$ [2]

298 $\lim\limits_{x \to 0^+} \ln x \cdot \tan x$ [0]

299 $\lim\limits_{x \to -\infty} x \cdot e^{2x}$ [0]

300 $\lim\limits_{x \to -\infty} x^3 \cdot e^{3x}$ [0]

301 $\lim\limits_{x \to 0} 3x \cdot \cot 4x$ $\left[\dfrac{3}{4}\right]$

302 $\lim\limits_{x \to 0^+} 2x \cdot \ln 5x$ [0]

303 $\lim\limits_{x \to +\infty} xe^{-x^2}$ [0]

304 $\lim\limits_{x \to +\infty} 2xe^{-x}$ [0]

305 $\lim\limits_{x \to +\infty} \ln x \cdot e^{-x^2}$ [0]

306 $\lim\limits_{x \to -\infty} \left(\dfrac{\pi}{2} - \arctan x^2\right)x^3$ $[-\infty]$

307 $\lim\limits_{x \to 0} (\sin x)^{-1} \cdot \ln(e^x + x)$ [2]

308 $\lim\limits_{x \to \frac{\pi}{4}} \tan 2x \cdot \ln \sin 2x$ [0]

309 $\lim\limits_{x \to \frac{\pi}{2}} (2x - \pi)^2 \cdot \tan^2 x$ [4]

Forma indeterminata $+\infty - \infty$

▶ Teoria a p. 1669

310 ESERCIZIO GUIDA Calcoliamo $\lim\limits_{x \to 0^+} \left(\dfrac{1}{x} - \cot x\right)$.

Il limite è nella forma indeterminata $+\infty - \infty$. Per poter applicare il teorema di De L'Hospital, cerchiamo di scriverlo nella forma $\dfrac{0}{0}$ o $\dfrac{\infty}{\infty}$.

Trasformiamo la funzione:

$$\lim_{x \to 0^+} \left(\dfrac{1}{x} - \cot x\right) = \lim_{x \to 0^+} \left(\dfrac{1}{x} - \dfrac{\cos x}{\sin x}\right) = \lim_{x \to 0^+} \dfrac{\sin x - x \cos x}{x \sin x}.$$

Il limite si presenta ora nella forma indeterminata $\dfrac{0}{0}$, quindi possiamo calcolare:

$$\lim_{x \to 0^+} \dfrac{D(\sin x - x \cos x)}{D(x \sin x)} = \lim_{x \to 0^+} \dfrac{\cancel{\cos x} - \cancel{\cos x} + x \sin x}{\sin x + x \cos x} = \lim_{x \to 0^+} \dfrac{x \sin x}{\sin x + x \cos x}.$$

Il limite ottenuto è ancora nella forma indeterminata $\dfrac{0}{0}$. Calcoliamo:

$$\lim_{x \to 0^+} \dfrac{D(x \sin x)}{D(\sin x + x \cos x)} = \lim_{x \to 0^+} \dfrac{\sin x + x \cos x}{\cos x + \cos x - x \sin x} = \lim_{x \to 0^+} \dfrac{\sin x + x \cos x}{2 \cos x - x \sin x} = 0.$$

Quindi: $\lim\limits_{x \to 0^+} \left(\dfrac{1}{x} - \cot x\right) = 0.$

1691

Capitolo 26. Teoremi del calcolo differenziale

Calcola i seguenti limiti.

311 $\lim_{x \to 0} \left(\dfrac{1}{e^x - 1} - \dfrac{1}{x} \right)$ $\left[-\dfrac{1}{2}\right]$

314 $\lim_{x \to 1^+} \left(\dfrac{1}{x - 1} - \dfrac{1}{\ln x} \right)$ $\left[-\dfrac{1}{2}\right]$

312 $\lim_{x \to 0^+} \left(\dfrac{1}{\sin x} - \cot x \right)$ $[0]$

315 $\lim_{x \to 0} \left(\cot^2 x - \dfrac{1}{\sin^2 x} \right)$ $[-1]$

313 $\lim_{x \to 0^+} \left(\dfrac{2}{\sin x} - \dfrac{2}{x} \right)$ $[0]$

316 $\lim_{x \to +\infty} (\ln x - 3x)$ $[-\infty]$

Forme indeterminate 0^0, ∞^0, 1^∞

▶ Teoria a p. 1670

317 **ESERCIZIO GUIDA** Calcoliamo:

a. $\lim\limits_{x \to 0^+} x^{\tan x}$;   b. $\lim\limits_{x \to \infty} (x^2 - 8x)^{\frac{1}{x}}$;   c. $\lim\limits_{x \to 0} (1 - x)^{\frac{1}{x}}$.

a. $\lim\limits_{x \to 0^+} x^{\tan x}$ si presenta nella forma indeterminata 0^0.

Ricordando l'identità $A = e^{\ln A}$, se $A = x^{\tan x}$, si può scrivere: $\underbrace{x^{\tan x}}_{A} = e^{\ln \underbrace{x^{\tan x}}_{A}}$.

$$\lim_{x \to 0^+} x^{\tan x} = \lim_{x \to 0^+} e^{\ln x^{\tan x}} = \lim_{x \to 0^+} e^{\tan x \cdot \ln x} = e^{\lim\limits_{x \to 0^+} \tan x \ln x}.$$

per la proprietà $\log_a b^c = c \log_a b$

Calcoliamo $\lim\limits_{x \to 0^+} \tan x \ln x = \lim\limits_{x \to 0^+} \dfrac{\ln x}{\cot x}$.

Il limite ottenuto è nella forma indeterminata $\dfrac{\infty}{\infty}$. Calcoliamo:

$$\lim_{x \to 0^+} \dfrac{D(\ln x)}{D(\cot x)} = \lim_{x \to 0^+} \dfrac{\dfrac{1}{x}}{-\dfrac{1}{\sin^2 x}} = \lim_{x \to 0^+} \dfrac{1}{x}(-\sin^2 x) = \lim_{x \to 0^+} \boxed{\dfrac{\sin x}{x}}(-\sin x) = 0.$$

tende a 1

Per il teorema di De L'Hospital: $\lim\limits_{x \to 0^+} \tan x \ln x = 0$.

Pertanto: $\lim\limits_{x \to 0^+} x^{\tan x} = e^{\lim\limits_{x \to 0^+} \tan x \ln x} = e^0 = 1$.

b. $\lim\limits_{x \to \infty} (x^2 - 8x)^{\frac{1}{x}}$ è nella forma indeterminata ∞^0.

Ragionando come al punto a, possiamo scrivere:

$$\lim_{x \to \infty} (x^2 - 8x)^{\frac{1}{x}} = \lim_{x \to \infty} e^{\ln(x^2 - 8x)^{\frac{1}{x}}} = \lim_{x \to \infty} e^{\frac{\ln(x^2 - 8x)}{x}} = e^{\lim\limits_{x \to \infty} \frac{\ln(x^2 - 8x)}{x}}.$$

Quindi calcoliamo $\lim\limits_{x \to \infty} \dfrac{\ln(x^2 - 8x)}{x}$, che si presenta nella forma indeterminata $\dfrac{\infty}{\infty}$.

Poiché sono verificate le ipotesi, applichiamo il teorema di De L'Hospital:

$$\lim_{x \to \infty} \dfrac{\ln(x^2 - 8x)}{x} = \lim_{x \to \infty} \dfrac{\dfrac{2x - 8}{x^2 - 8x}}{1} = 0.$$

Quindi: $\lim\limits_{x \to \infty} (x^2 - 8x)^{\frac{1}{x}} = e^{\lim\limits_{x \to \infty} \frac{\ln(x^2 - 8x)}{x}} = e^0 = 1$.

c. $\lim\limits_{x \to 0} (1 - x)^{\frac{1}{x}}$ è nella forma indeterminata 1^∞. Abbiamo

$$\lim_{x \to 0} (1 - x)^{\frac{1}{x}} = \lim_{x \to 0} e^{\ln(1 - x)^{\frac{1}{x}}} = \lim_{x \to 0} e^{\frac{\ln(1 - x)}{x}} = e^{\lim\limits_{x \to 0} \frac{\ln(1 - x)}{x}}.$$

Riepilogo: Teorema di De L'Hospital

Applichiamo il teorema di De L'Hospital:

$$\lim_{x \to 0} \frac{\ln(1-x)}{x} = -\lim_{x \to 0} \frac{1}{1-x} = -1,$$

per cui:

$$\lim_{x \to 0}(1-x)^{\frac{1}{x}} = e^{\lim_{x \to 0}\frac{\ln(1-x)}{x}} = e^{-1} = \frac{1}{e}.$$

Calcola i seguenti limiti.

318 $\lim_{x \to 0^+}(\sin x)^{2x}$ [1]

319 $\lim_{x \to 0^-}(-2x)^x$ [1]

320 $\lim_{x \to 2}[\ln(x-1)]^{x-2}$ [1]

321 $\lim_{x \to 0}(e^x + x)^{\frac{1}{x}}$ [e^2]

322 $\lim_{x \to 0^+} \tan x^{\sin x}$ [1]

323 $\lim_{x \to 2^+}(x-2)^{2-x}$ [1]

324 $\lim_{x \to \frac{\pi}{2}^+}\left(x - \frac{\pi}{2}\right)^{\cos x}$ [1]

325 $\lim_{x \to 0^+} x^x$ [1]

326 $\lim_{x \to +\infty}\left(\frac{e^x + 1}{x}\right)^{\frac{1}{x}}$ [e]

327 $\lim_{x \to 1^-}(1-x)^{1-x}$ [1]

328 $\lim_{x \to 0^+} x^{\sin x}$ [1]

329 $\lim_{x \to 0}(1 + \sin x)^{\cot x}$ [e]

---

330 TEST $\lim_{x \to 0^+}(x+1)^{\frac{2}{\tan x}} =$

A 1   B e C e^2 D $\frac{\pi}{2}$ E $\frac{\pi}{4}$

(USA *Arkansas Council of Teachers of Mathematics State Contest*)

Riepilogo: Teorema di De L'Hospital

TEST

331 Solo uno dei seguenti limiti vale 0. Quale?

A $\lim_{x \to +\infty} \frac{x^3 - x}{e^{3x}}$

B $\lim_{x \to 0^+} e^{\tan x \ln x}$

C $\lim_{x \to 2} \frac{\sqrt{x-1} - 1}{x^2 - 4}$

D $\lim_{x \to 0} \frac{x^2 - 2x}{\sin x}$

E $\lim_{x \to +\infty} \frac{4x^3}{1 - x^2 + x^3}$

332 I seguenti limiti sono tutti uguali a 2, *tranne* uno. Quale?

A $\lim_{x \to \infty} \frac{1 - 2x^2}{4 - x^2}$

B $\lim_{x \to 3} \frac{\sqrt{2}}{2} \cdot \frac{x - 3}{\sqrt{x-1} - \sqrt{2}}$

C $\lim_{x \to \infty} \frac{2x^3 - 3x^2}{x^3 - x^4}$

D $\lim_{x \to 0^+} 2e^{\tan x \ln x}$

E $\lim_{x \to \infty} 2(x^2 - 8x)^{\frac{1}{x}}$

---

333 Utilizzando il teorema di De L'Hospital, calcola il limite  e generalizza il risultato a:

, con $\alpha > 0$.

[$+\infty$]

Capitolo 26. Teoremi del calcolo differenziale

CACCIA ALL'ERRORE Ognuno dei seguenti limiti contiene un errore. Trovalo e correggilo.

334 $\lim\limits_{x \to 1} \dfrac{4x+1}{x^2-1} = \lim\limits_{x \to 1} \dfrac{4}{2x} = 2$

335 $\lim\limits_{x \to 0^+} x \ln x = \lim\limits_{x \to 0^+} (\ln x + 1) = -\infty$

336 $\lim\limits_{x \to 0^+} (x^2)^{2x} = \lim\limits_{x \to 0} (2x)^2 = 0$

337 $\lim\limits_{x \to +\infty} \dfrac{x}{x-1} = \lim\limits_{x \to +\infty} \dfrac{(x-1)-x}{(x-1)^2} = 0$

In quale di questi limiti è possibile applicare la regola di De L'Hospital e perché?

338 a. $\lim\limits_{x \to +\infty} \dfrac{2x + \sin x}{x - 3\sin x}$;   b. $\lim\limits_{x \to 0^+} x \ln x$;   c. $\lim\limits_{x \to \frac{\pi}{2}^+} \dfrac{e^{\tan x} - 1}{\tan x + 2}$.

339 a. $\lim\limits_{x \to +\infty} \dfrac{\arctan x}{x}$;   b. $\lim\limits_{x \to \frac{\pi}{2}^+} \dfrac{\tan^2 x - 1}{\frac{\pi}{2} - x}$;   c. $\lim\limits_{x \to 0} \left(\dfrac{1}{x} - \dfrac{1}{x^2 + x} \right)$.

340 **RIFLETTI SULLA TEORIA** Considera la funzione $f(x)$, derivabile in $\mathbb{R}$. Dimostra, applicando il teorema di De L'Hospital, che, se $y = 3x - 2$ è un asintoto obliquo per $f(x)$, allora è vero che $\lim\limits_{x \to +\infty} f'(x) = 3$.

Calcola i seguenti limiti.

341 $\lim\limits_{x \to 3} \dfrac{x^3 - 7x - 6}{x^3 + 2x^2 - 14x - 3}$ $\left[\dfrac{4}{5}\right]$

342 $\lim\limits_{x \to 1} \dfrac{x^6 + 2x^4 - 3x}{x^7 - x}$ $\left[\dfrac{11}{6}\right]$

343 $\lim\limits_{x \to 0} \dfrac{\sqrt{1-x} + \sqrt{x+9} - 4}{x^3 - 2x}$ $\left[\dfrac{1}{6}\right]$

344 $\lim\limits_{x \to 2} \dfrac{2-x}{\log_2 x - 1}$ $\left[\dfrac{-2}{\log_2 e}\right]$

345 $\lim\limits_{x \to +\infty} \dfrac{x + \ln x}{e^x + x}$ $[0]$

346 $\lim\limits_{x \to 0} \dfrac{\arcsin x^2}{\sin^2 x}$ $[1]$

347 $\lim\limits_{x \to 0} \dfrac{\arctan 2x}{4x}$ $\left[\dfrac{1}{2}\right]$

348 $\lim\limits_{x \to 0^+} \dfrac{e^{\frac{2}{x}}}{2 \ln x}$ $[-\infty]$

349 $\lim\limits_{x \to +\infty} \dfrac{x^2 + e^x}{4 - x}$ $[-\infty]$

350 $\lim\limits_{x \to 0^+} 2x^3 \cdot \ln x$ $[0]$

351 $\lim\limits_{x \to +\infty} \dfrac{x^3}{x + \ln x}$ $[+\infty]$

352 $\lim\limits_{x \to 0} \dfrac{1 - e^{3x}}{\sin 2x}$ $\left[-\dfrac{3}{2}\right]$

353 $\lim\limits_{x \to 0} \dfrac{e^{\tan^2 x} - 1}{\cos x - 1}$ $[-2]$

354 $\lim\limits_{x \to 0^+} \dfrac{2 \sin x - 4x}{x^2}$ $[-\infty]$

355 $\lim\limits_{x \to 0} \dfrac{\ln \cos^2 x}{\sin 2x}$ $[0]$

356 $\lim\limits_{x \to 1^+} \dfrac{\ln(x^2 - x)}{\ln(x^2 - 1)}$ $[1]$

357 $\lim\limits_{x \to +\infty} \dfrac{4x}{\ln(2x + e^x)}$ $[4]$

358 $\lim\limits_{x \to 0^+} \dfrac{\sin^2 x}{\sqrt{x} + x}$ $[0]$

359 $\lim\limits_{x \to 0} \dfrac{x + \sin x}{x^2 + 2x}$ $[1]$

360 $\lim\limits_{x \to 2^+} \left(\dfrac{1}{x-2} - \dfrac{1}{x^2 - 4} \right)$ $[+\infty]$

361 $\lim\limits_{x \to +\infty} \dfrac{\ln 2x}{x^2}$ $[0]$

362 $\lim\limits_{x \to 0^+} \left(\dfrac{1}{x} - \dfrac{2}{x^3 + x} \right)$ $[-\infty]$

363 $\lim\limits_{x \to +\infty} x^2 e^{-2x+1}$ $[0]$

364 $\lim\limits_{x \to -\infty} (x - 2) e^x$ $[0]$

365 $\lim\limits_{x \to +\infty} (4x - e^x)$ $[-\infty]$

366 $\lim\limits_{x \to 0^+} (x^2)^x$ $[1]$

367 $\lim\limits_{x \to +\infty} \dfrac{\ln^2 x}{2x}$ $[0]$

368 $\lim\limits_{x \to 0} \dfrac{2 \sin 3x}{7x}$ $\left[\dfrac{6}{7}\right]$

369 $\lim\limits_{x \to 3^+} (x - 3) \cdot \ln(e^x - e^3)$ $[0]$

370 $\lim\limits_{x \to \frac{\pi}{2}^-} \tan x \cdot \ln(\sin x)$ $[0]$

371 $\lim\limits_{x \to \frac{\pi}{2}^+} \dfrac{\cos x}{\sin x - 1}$ $[+\infty]$

372 $\lim\limits_{x \to 1^+} (x - 1)^{\ln x}$ $[1]$

373 $\lim\limits_{x \to 1^+} \left(\dfrac{1}{\ln x} - \dfrac{1}{x^2 - 1} \right)$ $[+\infty]$

374 $\lim\limits_{x \to e} \dfrac{\ln(x + 1 - e)}{\ln x - \cos(x - e)}$ $[e]$

375 $\lim\limits_{x \to \frac{\pi}{2}} (1 + \cos x)^{\tan x}$ $[e]$

376 $\lim\limits_{x \to 0} \dfrac{e^x - 1 - x \cdot \cos x}{\sin^2 x}$ $\left[\dfrac{1}{2}\right]$

Riepilogo: Teorema di De L'Hospital

377 $\lim\limits_{x \to 0} \dfrac{1 - \cos x^6}{x^{12}}$ $\left[\dfrac{1}{2}\right]$

378 $\lim\limits_{x \to \frac{1}{2}} \dfrac{\dfrac{1}{4} - x^2}{\cot(\pi x)}$ $\left[\dfrac{1}{\pi}\right]$

379 $\lim\limits_{x \to 0} \dfrac{2\ln(1 + e^x) - x - \ln 4}{x^2}$ $\left[\dfrac{1}{4}\right]$

380 $\lim\limits_{x \to 0} \dfrac{\dfrac{\pi}{2} - \arccos(x^2) - x^2}{x^6}$ $\left[\dfrac{1}{6}\right]$

381 $\lim\limits_{x \to 1^+} \sqrt{x-1} \cdot e^{\frac{1}{x-1}}$ $[+\infty]$

382 $\lim\limits_{x \to 1^+} \left(\dfrac{5}{\ln x} - \dfrac{3}{x-1}\right)$ $[+\infty]$

383 $\lim\limits_{x \to 0^+} x^2 \cdot \ln x$ $[0]$

384 $\lim\limits_{x \to 1} \dfrac{e^x - e}{x - 1}$ $[e]$

385 $\lim\limits_{x \to 0} \dfrac{\sin 5x}{\sin 3x}$ $\left[\dfrac{5}{3}\right]$

386 $\lim\limits_{x \to +\infty} e^x \cdot \sin \dfrac{1}{x}$ $[+\infty]$

387 $\lim\limits_{x \to 0} \dfrac{e^{x^3} - \cos x}{x \sin x}$ $\left[\dfrac{1}{2}\right]$

388 $\lim\limits_{x \to 0^+} \left(\dfrac{2}{\tan x} - \dfrac{1}{2x}\right)$ $[+\infty]$

389 $\lim\limits_{x \to 0^+} \left(\dfrac{1}{x} + \ln x\right)$ $[+\infty]$

390 $\lim\limits_{x \to 2^+} \left(\dfrac{1}{x-2} - \dfrac{1}{\ln(x-1)}\right)$ $\left[-\dfrac{1}{2}\right]$

391 $\lim\limits_{x \to 0^+} \dfrac{\ln x}{\ln(1 - \cos x)}$ $\left[\dfrac{1}{2}\right]$

392 $\lim\limits_{x \to 0} \sin 5x \cdot \cot 3x$ $\left[\dfrac{5}{3}\right]$

393 $\lim\limits_{x \to 0^+} \dfrac{\ln x}{e^{\frac{1}{x}}}$ $[0]$

394 $\lim\limits_{x \to 0^+} 2\ln(x+1) \cdot \ln x$ $[0]$

395 $\lim\limits_{x \to 0^+} \left(\dfrac{3}{x} - \dfrac{1}{\sin x}\right)$ $[+\infty]$

396 $\lim\limits_{x \to 0^+} x \cdot \ln(\tan x)$ $[0]$

397 $\lim\limits_{x \to 0^+} x \ln \sin x$ $[0]$

398 $\lim\limits_{x \to 0^+} \left(\dfrac{1}{\sin x} - \dfrac{1}{x^2}\right)$ $[-\infty]$

399 $\lim\limits_{x \to 0^+} x \ln^2 x$ $[0]$

400 $\lim\limits_{x \to 0} \dfrac{x + \tan x}{x^2 - x}$ $[-2]$

401 $\lim\limits_{x \to 0^+} \left(\dfrac{1}{x}\right) \ln(x+1)$ $[1]$

402 $\lim\limits_{x \to 2^+} (x-2)^{(x-2)}$ $[1]$

403 $\lim\limits_{x \to +\infty} x \ln \dfrac{x+1}{x}$ $[1]$

404 $\lim\limits_{x \to 0^+} \left[\dfrac{1}{x} - \dfrac{1}{\ln(x+1)}\right]$ $\left[-\dfrac{1}{2}\right]$

405 $\lim\limits_{x \to 1} x^{\frac{1}{x-1}}$ $[e]$

406 $\lim\limits_{x \to \frac{\pi}{3}} \dfrac{\ln \cos 6x}{\sin x + \sqrt{3} \cos x - \sqrt{3}}$ $[0]$

407 $\lim\limits_{x \to 1} \dfrac{\cos^2(x-1) - \cos(x-1)}{x^4 - 2x^3 - 3x^2 + 8x - 4}$ $\left[\dfrac{1}{6}\right]$

408 $\lim\limits_{x \to 0} (e^{2x} - 1) \cot 3x$ $\left[\dfrac{2}{3}\right]$

409 $\lim\limits_{x \to 0^+} \left(\dfrac{1}{5x} + 2\ln x\right)$ $[+\infty]$

---

410 **EUREKA!** Se $\lim\limits_{x \to 0} \dfrac{2x^2 - b \sin 2x}{5x^4 + 6x^2 + 3x} = 6$, quanto vale b?

MATEMATICA E STORIA

Un marchese con l'hobby della matematica Riportiamo la sintesi di un problema presentato dal marchese Guillaume François-Antoine De L'Hospital (1661-1704) nel suo *Analyse des infiniments petits*, sezione IX:
«Stabilire quale sia il valore dell'ordinata y, in corrispondenza del valore a, quando essa sia espressa da una frazione in cui numeratore e denominatore diventano ciascuno zero se $x = a$».

a. Confronta la precedente sintesi del problema di De l'Hospital con l'enunciato dell'omonimo teorema che trovi in questo libro: quali analogie rilevi?

b. Esamina ora il seguente esempio, proposto nel paragrafo 165 di *Analyse*, e verifica l'affermazione in esso contenuta, attraverso l'applicazione del teorema:
«Sia $y = \dfrac{aa - ax}{a - \sqrt{ax}}$. Si trova $y = 2a$ quando $x = a$».

165. Soit $y = \dfrac{aa - ax}{a - \sqrt{ax}}$. On trouve $y = 2a$, lorsque $x = a$.

☐ Risoluzione – Esercizio in più

 Allenati con **15 esercizi interattivi** con feedback "hai sbagliato, perché..."
☐ **su.zanichelli.it/tutor3** risorsa riservata a chi ha acquistato l'edizione con tutor

Capitolo 26. Teoremi del calcolo differenziale

VERIFICA DELLE COMPETENZE   ALLENAMENTO

UTILIZZARE TECNICHE E PROCEDURE DI CALCOLO

Calcola i seguenti limiti applicando, se possibile, il teorema di De L'Hospital.

1 $\lim\limits_{x \to 0^+} x \ln x^3$ [0]

2 $\lim\limits_{x \to +\infty} \dfrac{e^x + 5}{e^{2x} - 2x}$ [0]

3 $\lim\limits_{x \to 0} \dfrac{\ln(1 + 6x)}{\ln(1 + 3x)}$ [2]

4 $\lim\limits_{x \to +\infty} \dfrac{2 + \ln^2 x}{2 - \ln x}$ $[-\infty]$

5 $\lim\limits_{x \to -\infty} \dfrac{e^{-x} - e^x}{x^2 - 1}$ $[+\infty]$

6 $\lim\limits_{x \to 0} \dfrac{\tan x - x^2}{\sin x}$ [1]

7 $\lim\limits_{x \to 3^+} (x - 3) \ln(x^2 - 9)$ [0]

8 $\lim\limits_{x \to \frac{\pi}{2}^-} \left(\tan x - \dfrac{1}{\cos x} \right)$ [0]

9 $\lim\limits_{x \to 0^+} x \cdot e^{\frac{1}{x}}$ $[+\infty]$

10 $\lim\limits_{x \to 0} \dfrac{\tan^2 x}{\cos x - 1}$ $[-2]$

11 $\lim\limits_{x \to 0} \dfrac{x - \sin x}{x(1 - \cos x)}$ $\left[\dfrac{1}{3}\right]$

12 $\lim\limits_{x \to 0} [\ln(x + 1)]^x$ [1]

13 $\lim\limits_{x \to 0^+} \dfrac{e^{-\frac{1}{x^2}}}{x}$ [0]

14 $\lim\limits_{x \to 0^+} \sin x \ln x$ [0]

15 $\lim\limits_{x \to 0^+} \dfrac{\ln(1 + x^2)}{1 - e^{4x^2}}$ $\left[-\dfrac{1}{4}\right]$

16 $\lim\limits_{x \to 0^+} \arctan x \ln x$ [0]

17 $\lim\limits_{x \to 0} \dfrac{x^3 + x - \sin x}{x(\cos x - 1)}$ $\left[-\dfrac{7}{3}\right]$

Determina gli intervalli in cui le seguenti funzioni sono crescenti e quelli in cui sono decrescenti.

18 $y = \dfrac{2x}{x^2 - 4}$ [decresc. per $x \neq -2 \wedge x \neq 2$]

19 $y = x\sqrt{x + 3}$ [cresc. per $x > -2$]

20 $y = \sqrt[5]{(x - 4)^2}$ [cresc. per $x > 4$]

21 $y = (x - 4)e^x$ [cresc. per $x > 3$]

22 $y = \dfrac{1}{x} + \ln x + 4$ [cresc. per $x > 1$]

23 $y = -\dfrac{2x^3}{e^x}$ [cresc. per $x > 3$]

24 $y = \cos x + \sqrt{3} \sin x$ $\left[\text{cresc. per } -\dfrac{2}{3}\pi + 2k\pi < x < \dfrac{\pi}{3} + 2k\pi\right]$

25 $y = -2\cos^3 x$ [cresc. per $2k\pi < x < \pi + 2k\pi$]

26 $y = \ln\sqrt{3x + x^2}$ [cresc. per $x > 0$]

27 $y = e^{\sin^2 x}$ $\left[\text{cresc. per } k\pi < x < \dfrac{\pi}{2} + k\pi\right]$

28 $y = \ln\dfrac{x^2 - 4x}{x + 1}$ [cresc. per $x > 4$]

ANALIZZARE E INTERPRETARE DATI E GRAFICI

29 **TEST** Il teorema di Lagrange è applicabile alla funzione $y = \sqrt[3]{x}$ nell'intervallo [0; 3]?

A No, perché la funzione non è derivabile in $x = 0$.

B Sì, perché la funzione è continua in [0; 3] e derivabile in]0; 3[.

C No, perché la funzione non è continua in tutti i punti dell'intervallo [0; 3].

D No, perché la funzione non è derivabile nell'intervallo [0; 3].

E No, perché $f(b) \neq f(a)$ e cioè $f(3) = \sqrt[3]{3} \neq f(0) = 0$.

30 La funzione $f(x)$ rappresentata in figura è continua e derivabile in tutto $\mathbb{R}$. Indica il segno della derivata prima $f'(x)$ e traccia il suo grafico probabile.

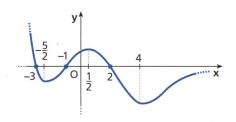

Verifica se le seguenti funzioni rispettano le ipotesi del teorema di Lagrange negli intervalli indicati.

31 $y = \begin{cases} x^2 + 1 & \text{se } x < 1 \\ 3x^2 - 4x + 3 & \text{se } x \geq 1 \end{cases}$, $[0; 2]$. [sì]

33 $y = \begin{cases} \dfrac{5}{x+2} & \text{se } x < 3 \\ \dfrac{1}{3}x^2 - 1 & \text{se } x \geq 3 \end{cases}$, $[-1; 4]$. [no]

32 $y = x^2 - 5|x - 2| + 1$, $[-1; 2]$. [sì]

---

34 Stabilisci se la funzione $f(x) = \ln(-x^2 + 9)$ verifica il teorema di Rolle nell'intervallo $[-2; 2]$; in caso affermativo, determina il punto la cui esistenza è assicurata dal teorema. $[c = 0]$

35 Stabilisci se vale il teorema di Lagrange per la funzione $f(x) = \sqrt{x^2 - 2x}$ nell'intervallo $[2; 4]$ e, in caso affermativo, scrivi l'equazione della tangente la cui esistenza è garantita dal teorema. $[y = \sqrt{2}\,x - \sqrt{2} - 1]$

36 Considera la funzione $f(x) = \begin{cases} \dfrac{4}{x-2} & \text{se } -2 \leq x < 0 \\ 4x^2 - x - 2 & \text{se } 0 \leq x \leq 1 \end{cases}$ nell'intervallo $[-2; 1]$. Verifica la validità delle ipotesi del teorema di Lagrange, determinando il punto che lo soddisfa. $\left[c = \dfrac{5}{24}\right]$

37 Determina i valori di a e b affinché la funzione
$$f(x) = \begin{cases} \sqrt{-x+1} & \text{se } -8 \leq x < 0 \\ ax^2 + bx + 1 & \text{se } 0 \leq x \leq 1 \end{cases}$$
verifichi le ipotesi del teorema di Rolle nell'intervallo $[-8; 1]$. Trova poi i punti la cui esistenza è garantita dal teorema. $\left[a = \dfrac{5}{2}, b = -\dfrac{1}{2}; x_0 = \dfrac{1}{10}\right]$

38 Data la funzione
$$f(x) = \begin{cases} \sqrt[3]{3x^2} & \text{se } 0 \leq x \leq 3 \\ a + b\sqrt{4-x} & \text{se } 3 < x \leq 4 \end{cases}$$
determina per quali valori dei parametri a e b le ipotesi del teorema di Lagrange sono verificate in $[0; 4]$. $\left[a = \dfrac{13}{3}, b = -\dfrac{4}{3}\right]$

39 Determina a e b in modo che la funzione
$$f(x) = \begin{cases} x^2 - 2x + a & \text{se } 0 \leq x \leq 2 \\ -\dfrac{b}{x-4} - 3 & \text{se } 2 < x \leq 3 \end{cases}$$
verifichi le ipotesi del teorema di Lagrange nell'intervallo $[0; 3]$. $[a = 1; b = 8]$

RISOLVERE PROBLEMI

40 Sono date le funzioni: $f(x) = \sin|x|$, $g(x) = \sqrt{\pi x - x^2 + 2\pi^2}$.

Stabilisci quale delle due funzioni non soddisfa le ipotesi del teorema di Rolle nell'intervallo $[-\pi; 2\pi]$. Per l'altra dimostra che il punto di cui il teorema garantisce l'esistenza è unico. $\left[f(x) \text{ non derivabile in } x = 0; x = \dfrac{\pi}{2}\right]$

Capitolo 26. Teoremi del calcolo differenziale

41 Data la funzione $f(x) = \ln x - e^{-x+1}$, dimostra attraverso il teorema di Lagrange che l'equazione $e(x\ln 2 + x - 1) = x(1 + e^{-x+2})$ ammette almeno una soluzione interna all'intervallo $[1; 2]$.

42 Dimostra che la funzione $y = \arcsin(2x + 1)$ è strettamente monotòna nell'intervallo $[-1; 0]$ e determina l'espressione analitica della funzione inversa. $\left[y = \dfrac{1}{2}(\sin x - 1)\right]$

43 La funzione f è continua e indefinitamente derivabile in $\mathbb{R}$. Nell'intervallo $[1; 8]$ ha le seguenti caratteristiche:
- $f(1) = \dfrac{3}{2}$, $f(8) = 5$;
- $f(x) = \dfrac{7}{2}$ soltanto in $x = 5$;
- $f''(x) < 0$ per $x \in [1; 5[$; $f''(5) = 0$; $f''(x) > 0$ per $x \in \,]5; 8]$.

Dimostra che esistono soltanto due punti interni all'intervallo $[1; 8]$ in cui la funzione verifica il teorema di Lagrange.

44 Considera la funzione $f(x) = \begin{cases} 2x - 1 & x \leq 2 \\ ax^2 + bx - 5 & 2 < x \leq 3 \end{cases}$, con a e b parametri reali.

a. Determina i valori di a e b in modo che la funzione $f(x)$ soddisfi le ipotesi del teorema di Lagrange nell'intervallo $[0; 3]$ e trova le coordinate del punto del suo grafico che ne realizza la tesi.

b. Dimostra che la funzione ottenuta è invertibile e determina l'espressione della funzione inversa, specificandone dominio e immagine.

$\left[\text{a) } a = -1,\ b = 6,\ \left(\dfrac{13}{6}; \dfrac{119}{36}\right);\ \text{b) } D: x \leq 4,\ I: y \leq 3\right]$

45 Considera la funzione $f(x) = \dfrac{1}{1 + e^{-x}}$.

a. Studia la crescenza della funzione e verifica che è invertibile.

b. Determina la funzione inversa $g(x)$ della funzione $f(x)$ esplicitandone dominio e immagine.

c. Calcola $\lim\limits_{x \to -\infty} x^2 f(x)$ e $\lim\limits_{x \to +\infty} x^2 f(x)$ utilizzando, se necessario, il teorema di De L'Hospital.

$\left[\text{b) } g(x) = \ln\dfrac{x}{1-x},\ D = \,]0; 1[,\ I = \mathbb{R};\ \text{c) } 0;\ +\infty\right]$

Allenati con **15 esercizi interattivi** con feedback "hai sbagliato, perché..."
su.zanichelli.it/tutor3 risorsa riservata a chi ha acquistato l'edizione con tutor

VERIFICA DELLE COMPETENZE VERSO L'ESAME

ARGOMENTARE E DIMOSTRARE

46 Si controlli se la funzione $f(x) = \tan x + \sin x + 7$, nell'intervallo chiuso $[0; \pi]$, verifica le ipotesi del teorema di Rolle e, in caso affermativo, si calcoli l'ascissa dei punti ove si annulla la derivata prima.

(*Esame di Stato, Liceo scientifico, Corso di ordinamento, Sessione suppletiva*, 2013, quesito 10)

47 Data la funzione: $f(x) = \dfrac{x^2 - x - 4}{x - 1}$, si verifichi che esiste un solo punto ξ, interno all'intervallo chiuso $[-1; 0]$, tale che la tangente al diagramma in questo punto è parallela alla corda congiungente i due punti estremi del diagramma.

(*Esame di Stato, Liceo scientifico, Corso di ordinamento, Sessione suppletiva*, 2012, quesito 10)

Verso l'esame

48 Si provi se per la funzione $f(x)=|x+1|-2x$, nell'intervallo $[-2; 3]$, sono verificate le condizioni previste per la validità del teorema di Langrange e, in caso affermativo, si trovi il punto in cui si verifica la tesi del teorema stesso.

(*Esame di Stato, Liceo scientifico, Corso sperimentale, Sessione straordinaria, 2008, quesito 3*)

49 Applicando il teorema di Lagrange all'intervallo di estremi 1 e x, provare che:

$$1 - \frac{1}{x} < \ln x < x - 1$$

e dare del risultato un'interpretazione grafica.

(*Esame di Stato, Liceo scientifico, Corso sperimentale, Sessione suppletiva, 2002, quesito 6*)

50 Dimostrare che se $p(x)$ è un polinomio, allora tra due qualsiasi radici distinte di $p(x)$ c'è una radice di $p'(x)$.

(*Esame di Stato, Liceo scientifico, Corso sperimentale, Sessione ordinaria, 2001, quesito 3*)

51 Data la funzione:

$$f(x) = \begin{cases} x^3 & 0 \leq x \leq 1 \\ x^2 - kx + k & 1 < x \leq 2 \end{cases}$$

determinare il parametro k in modo che nell'intervallo $[0; 2]$ sia applicabile il teorema di Lagrange e trovare il punto di cui la tesi del teorema assicura l'esistenza.

(*Esame di Stato, Liceo scientifico, Corso di ordinamento, Sessione ordinaria, 2015, quesito 9*)

52 Dimostrate, senza risolverla, che l'equazione $2x^3 + 3x^2 + 6x + 12 = 0$ ammette una e una sola radice reale.

(*Esame di Stato, Liceo scientifico, Scuole italiane all'estero (Europa), Sessione ordinaria, 2003, quesito 3*)

53 Sia α tale che la funzione $f(x) = \alpha x - \dfrac{x^3}{1+x^2}$ risulti crescente. Provare che $\alpha \geq \dfrac{9}{8}$.

(*Esame di Stato, Liceo scientifico, Scuole italiane all'estero (Americhe), Sessione ordinaria, 2004, quesito 2*)

54 Si calcoli il limite della funzione $\dfrac{\sin x + \cos x - \sqrt{2}}{\log \sin 2x}$, quando x tende a $\dfrac{\pi}{4}$.

(*Esame di Stato, Liceo scientifico, Corso di ordinamento, Sessione suppletiva, 2014, quesito 8*)

$$\left[\frac{1}{2\sqrt{2}}\right]$$

55 Si calcoli $\displaystyle\lim_{x \to 0^+} \dfrac{2^{3x} - 3^{4x}}{x^2}$.

(*Esame di Stato, Liceo scientifico, Corso sperimentale, Sessione ordinaria, 2012, quesito 1*)

$$[-\infty]$$

56 Si enunci il teorema di Rolle e si mostri, con opportuni esempi, che se una qualsiasi delle tre condizioni previste non è soddisfatta, il teorema non è valido.

(*Esame di Stato, Liceo scientifico, Corso di ordinamento, Sessione suppletiva, 2009, quesito 10*)

57 La funzione reale di variabile reale $f(x)$ è continua nell'intervallo chiuso e limitato $[1; 3]$ e derivabile nell'intervallo aperto $]1; 3[$. Si sa che $f(1) = 1$ e inoltre $0 \leq f'(x) \leq 2$ per ogni x dell'intervallo $]1; 3[$. Spiegare in maniera esauriente perché risulta $1 \leq f(3) \leq 5$.

(*Esame di Stato, Liceo scientifico, Corso di ordinamento, Sessione ordinaria, 2002, quesito 8*)

58 Si calcoli il limite della funzione $y = \dfrac{x - \sin x}{x(1 - \cos x)}$, quando x tende a 0.

(*Esame di Stato, Liceo scientifico, Corso sperimentale, Sessione suppletiva, 2007, quesito 8*)

$$\left[\frac{1}{3}\right]$$

Capitolo 26. Teoremi del calcolo differenziale

59 Data la funzione $y = x^3 + kx^2 - kx + 3$, nell'intervallo chiuso $[1; 2]$, si determini il valore di k per il quale sia ad essa applicabile il teorema di Rolle e si trovi il punto in cui si verifica la tesi del teorema stesso.

(*Esame di Stato, Liceo scientifico, Corso sperimentale, Sessione suppletiva, 2007, quesito 3*)

60 Calcola la derivata della funzione:
$$f(x) = \arctan x - \arctan \frac{x-1}{x+1}.$$
Quali conclusioni se ne possono trarre per la $f(x)$?

(*Esame di Stato, Liceo scientifico, Corso sperimentale, Sessione suppletiva, 2001, quesito 2*)

$$\left[f'(x) = 0; \ f(x) = \frac{\pi}{4} \text{ se } x > -1; \ f(x) = -\frac{3}{4}\pi \text{ se } x < -1 \right]$$

61 Il dominio della funzione $f(x) = 3\arctan x - \arctan \dfrac{3x - x^3}{1 - 3x^2}$ è l'unione di tre intervalli. Si dimostri, calcolandone la derivata, che la funzione è costante in ciascuno di essi; indi si calcoli il valore di tale costante.

(*Esame di Stato, Liceo scientifico, Scuole italiane all'estero, Sessione ordinaria, 2006, quesito 8*)

62 Mediante il teorema di Lagrange, dimostra che $\forall a, b \in \mathbb{R}$ vale la disuguaglianza:
$$|\sin b - \sin a| \le |b - a|.$$

63 Dimostra che la funzione $f(x) = x^3 - 6x + m$ non può avere due zeri in $[-1; 1]$.

EUREKA!

64 Dimostra che se $f''(x) = 0$ in $]a; b[$, allora la funzione $f(x)$ è un polinomio di grado non superiore a 1.

65 Applicando il teorema di Lagrange, verifica che $|\arctan x| \le |x|, \forall x \in \mathbb{R}$.

COSTRUIRE E UTILIZZARE MODELLI

RISOLVIAMO UN PROBLEMA

■ Il fiume

Un geologo sta studiando il territorio che circonda un tratto di un fiume. Tale tratto forma un'ansa che può essere rappresentata dalla curva OA del grafico di $f(x) = x + \sin(\pi x)$.

- Scrivi l'equazione della retta OA.

In questa zona si vuole delimitare un'area protetta, per salvaguardare la fauna. Il progetto prevede un'area a forma di parallelogramma in cui sia inscritta la curva OA, cioè il parallelogramma che ha due lati tangenti alla curva e paralleli alla corda OA e due lati sulle rette di equazioni $x = 0$ e $x = 2$.

- Perché è garantita l'esistenza di almeno una delle rette tangenti alla curva e parallele alla corda OA?
- Calcola l'area, in km^2, che diventerà protetta.

▶ **Scriviamo l'equazione della retta OA.**

Il punto A ha ordinata $f(2) = 2 + \sin(2\pi) = 2$. Quindi $A(2; 2)$ appartiene alla bisettrice del primo quadrante:

$OA: y = x$.

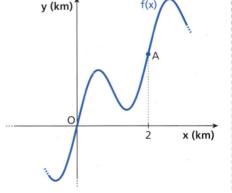

1700

▶ **Interpretiamo il problema.**

L'esistenza di almeno una delle rette tangenti alla curva parallela a OA è garantita dal teorema di Lagrange.

▶ **Verifichiamo che valgono le ipotesi del teorema di Lagrange nell'intervallo [0; 2].**

La funzione $f(x) = x + \sin(\pi x)$ è continua in $\mathbb{R}$, perché somma di funzioni continue. La derivata

$$f'(x) = 1 + \pi \cos(\pi x)$$

esiste $\forall x \in \mathbb{R}$. In particolare, quindi, $f(x)$ è continua e derivabile nell'intervallo $[0; 2]$. Il teorema garantisce l'esistenza di almeno un punto $c \in\,]0; 2[$ in cui

$$f'(c) = \frac{f(2) - f(0)}{2 - 0} = 1.$$

▶ **Individuiamo i punti di tangenza.**

Risolviamo l'equazione $f'(c) = 1$. Ci aspettiamo di trovare due soluzioni e quindi due punti di tangenza, T e T'.

$$f'(c) = 1 + \pi \cos(\pi c)$$

$$f'(c) = 1 \to 1 + \pi \cos(\pi c) = 1 \to \cos(\pi c) = 0 \to$$

$$\pi c = \frac{\pi}{2} + k\pi \to c = \frac{1}{2} + k, \quad \text{con } k \in \mathbb{Z}.$$

Le soluzioni in $[0; 2]$ sono $c_1 = \frac{1}{2}$ e $c_2 = \frac{3}{2}$. Quindi T ha ascissa $\frac{1}{2}$ e T' ha ascissa $\frac{3}{2}$. Calcoliamo le ordinate:

$$f\left(\frac{1}{2}\right) = \frac{1}{2} + \sin\frac{\pi}{2} = \frac{1}{2} + 1 = \frac{3}{2},$$

$$f\left(\frac{3}{2}\right) = \frac{3}{2} + \sin\frac{3\pi}{2} = \frac{3}{2} - 1 = \frac{1}{2}.$$

Quindi $T\left(\frac{1}{2}; \frac{3}{2}\right)$, $T'\left(\frac{3}{2}; \frac{1}{2}\right)$.

▶ **Disegniamo il parallelogramma.**

Tracciamo le rette a e b, tangenti alla curva nei punti T e T', e parallele a OA.

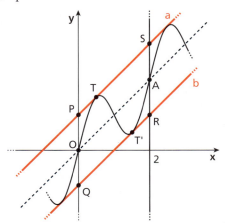

▶ **Troviamo l'equazione di a e b.**

a è la retta passante per T con coefficiente angolare 1:

$$y - \frac{3}{2} = 1\left(x - \frac{1}{2}\right) \quad \to \quad y = x + 1.$$

b è la retta passante per T' con coefficiente angolare 1:

$$y - \frac{1}{2} = 1\left(x - \frac{3}{2}\right) \quad \to \quad y = x - 1.$$

▶ **Calcoliamo l'area del parallelogramma PQRS.**

La base è PQ, dove P e Q sono i punti di intersezione delle rette a e b con l'asse y: $P(0; 1)$, $Q(0; -1)$.
Quindi $\overline{PQ} = 2$.

L'altezza è uguale alla distanza tra le rette di equazioni $x = 0$ e $x = 2$, cioè 2. Allora:

$$A_{PQRS} = 2 \cdot 2 = 4.$$

L'area protetta è quindi di 4 km².

---

66 **Esposizione di quadri** Un quadro è appeso alla parete sopra al livello dell'osservatore come indicato in figura.

a. Esprimi in funzione di x l'angolo θ sotteso da $a + b$ e l'angolo β sotteso da b.

Calcola poi:

b. $\lim\limits_{x \to +\infty} \frac{\theta}{\beta}$;

c. $\lim\limits_{x \to 0^+} \frac{\theta}{\beta}$.

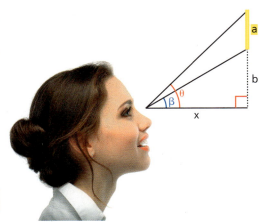

$$\left[\text{b)}\ \frac{a+b}{b}\,;\ \text{c)}\ 1\right]$$

Capitolo 26. Teoremi del calcolo differenziale

67 **IN FISICA** **Intensità di corrente** Sia $q(t) = -t^3 + 4t^2$ la quantità di carica in funzione del tempo, espressa in coulomb, che attraversa la sezione di un conduttore. Il tempo è misurato in secondi e $0 \leq t \leq 2$.

a. Determina l'intensità media di corrente i_m, ossia il rapporto tra la variazione della quantità di carica e l'intervallo di tempo, per un generico intervallo di tempo $[t; t+h]$ e per l'intervallo $\left[0; \frac{3}{2}\right]$.

b. Determina se esiste un istante t interno all'intervallo $\left[0; \frac{3}{2}\right]$ nel quale l'intensità istantanea di corrente è uguale a quella media.

$$\left[\text{a) } i_m = \frac{15}{4} \text{ A; b) } t \simeq 0,6 \text{ s}\right]$$

68 **IN FISICA** **Moto in fluido viscoso** Un corpo si muove lungo l'asse x sotto l'azione di un sistema di forze; la legge oraria del suo centro di massa G è $x(t) = 8(e^{-t} - e^{-2t})$, per $t > 0$.

a. Scrivi l'espressione della velocità $v(t)$ di G in funzione del tempo e calcola la velocità media nell'intervallo $[0; \ln 2]$. Esiste un istante in cui la velocità istantanea del corpo è uguale alla velocità media? In caso di risposta affermativa, determinalo.

b. Determina gli intervalli di tempo in cui il corpo si allontana o si avvicina all'origine del riferimento.

$$\left[\text{a) } v(t) = 8(2e^{-2t} - e^{-t}); v_m = \frac{2}{\ln 2}; t \simeq 0,3 \text{ s; b) si allontana per } 0 \leq t \leq \ln 2\right]$$

INDIVIDUARE STRATEGIE E APPLICARE METODI PER RISOLVERE PROBLEMI

69 **LEGGI IL GRAFICO** Considera la funzione $f(x)$, definita nell'intervallo $[-1; 5]$, il cui grafico è costituito da un arco di parabola di vertice V e da un arco di circonferenza di centro C.

a. Determina l'espressione analitica della funzione.

b. Verifica che la funzione data soddisfa le ipotesi del teorema di Lagrange nell'intervallo $[-1; 5]$ e determina il punto la cui esistenza è garantita da tale teorema. Esiste un intervallo in cui la funzione soddisfa anche le ipotesi del teorema di Rolle?

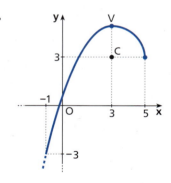

$$\left[\text{a) } f(x) = \begin{cases} -\frac{1}{2}x^2 + 3x + \frac{1}{2} & \text{se } x \leq 3 \\ 3 + \sqrt{-x^2 + 6x - 5} & \text{se } 3 < x \leq 5 \end{cases}; \text{ b) } c = 2\right]$$

70 **LEGGI IL GRAFICO**

a. Scrivi l'equazione della parabola γ rappresentata nella figura e trova il punto di intersezione A della retta r di equazione $3x - 2y = 0$ con la tangente a γ nel suo punto P di ascissa 1.

b. Data la funzione $f(x) = \left|\frac{mx}{x-3}\right| - 5$, calcola per quale valore di $m \in \mathbb{R}^+$ il suo grafico passa per A e determina gli intervalli in cui $f(x)$ è crescente e decrescente.

c. Spiega perché $f(x)$ non è invertibile nel suo dominio, effettua una restrizione di $f(x)$ nell'intervallo $]0; 3[$ e determina la funzione inversa sia analiticamente che graficamente.

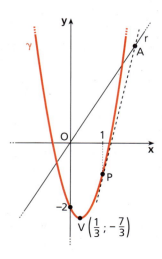

$$\left[\text{a) } y = 3x^2 - 2x - 2, A(2; 3); \text{ b) } m = 4; f(x) \text{ cresc. per } 0 < x < 3,\right.$$
$$\left.\text{decresc. per } x < 0 \vee x > 3; \text{ c) } y = \frac{15 + 3x}{x + 9}\right]$$

71 **LEGGI IL GRAFICO** Data la funzione $f(x) = 2xe^{2+ax} + b$:

a. trova a e b in modo che il grafico sia quello rappresentato in figura, determina gli intervalli in cui è crescente e decrescente e calcola l'equazione dell'asintoto orizzontale;

b. considera la funzione $g(x) = e^{2-x}$ e verifica se è possibile applicare il teorema di Cauchy per le due funzioni $f(x)$ e $g(x)$ nell'intervallo $[0; 2]$, determinando il punto c che soddisfa il teorema;

c. calcola $\lim_{x \to -\infty} \dfrac{f(x)}{g^2(x)}$.

$\left[\text{a) } a=-1; b=2; \text{ cresc. per } x<1; \text{ decresc. per } x>1; y=2; \text{ b) } c = \dfrac{e^2-3}{e^2-1}; \text{ c) } 0 \right]$

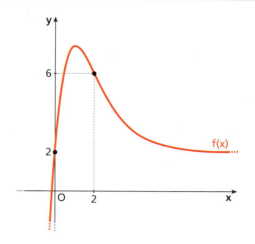

72 a. Determina il dominio della funzione $f(x) = \sqrt[3]{x^3 + 6x^2 + 3x - 10}$.

b. Verifica che $f(x)$ soddisfa le ipotesi del teorema di Rolle nell'intervallo $[-5; -2]$, determinando il valore di c la cui esistenza è garantita da tale teorema.

c. Determina gli intervalli di crescenza e quelli di decrescenza della funzione $f(x)$.

d. Verifica che la funzione ammette la retta $y = x + 2$ come asintoto obliquo.

$\left[\text{a) } \mathbb{R}; \text{ b) } c = -2 - \sqrt{3}; \text{ c) cresc. per } x < -2 - \sqrt{3} \vee x > -2 + \sqrt{3} \right]$

73 Sono date le funzioni $f(x) = -x^2 + 3x + 1$ e $g(x) = \dfrac{1}{3}x^2 + \dfrac{1}{3}x + 1$.

a. Utilizzando il teorema di Cauchy, dimostra che deve esistere almeno un valore $c \in \,]0; 2[$ tale che sia $f'(c) = g'(c)$ e determina esplicitamente tale valore.

b. Dette r e s, rispettivamente, le rette tangenti ai grafici di $f(x)$ e $g(x)$ nei loro punti di ascissa c, e detti A e B i punti di intersezione di r con il grafico di $g(x)$, e C e D i punti di intersezione di s con il grafico di $f(x)$, ricava l'area del trapezio $ABCD$.

$\left[\text{a) } c = 1; \text{ b) } \dfrac{8}{9}(3 + \sqrt{3}) \right]$

74 a. Dimostra che la funzione $f(x) = \sqrt{x^2 + 1}$ è invertibile in $\mathbb{R}^+$, quindi determina e rappresenta nello stesso riferimento la funzione inversa $f^{-1}(x)$.

b. Utilizzando il teorema di De L'Hospital, calcola: $\lim_{x \to 0^+} \dfrac{f(x) - 1}{\ln f(x)}$.

c. Determina il punto P del grafico di $f(x)$ tale che la retta normale in P al grafico incontri il grafico di $f^{-1}(x)$ nel suo punto A di intersezione con l'asse x.

$\left[\text{a) } f^{-1}(x) = \sqrt{x^2 - 1}; \text{ b) } 1; \text{ c) } P\left(\dfrac{1}{2}; \dfrac{\sqrt{5}}{2}\right) \right]$

75 Considera la funzione $f(x) = x - \arctan x$.

a. Verifica che $f(x)$ è dispari e che ammette due distinti asintoti obliqui.

b. Dimostra che $x - \dfrac{\pi}{2} < f(x) < x + \dfrac{\pi}{2}$, per ogni $x \in \mathbb{R}$.

c. Verifica che $f(x)$ non soddisfa le ipotesi del teorema di Rolle in alcun intervallo del tipo $[-k; k]$, dove k è un parametro reale positivo, ma che ammette comunque un punto stazionario.

d. Studia la crescenza della funzione e dimostra che si tratta di una funzione invertibile in $\mathbb{R}$.

Capitolo 26. Teoremi del calcolo differenziale

76 Considera la funzione:

$$f(x) = \begin{cases} ax^2 + x + 1 & \text{se } -2 \leq x \leq 0 \\ b\tan x + c & \text{se } 0 < x \leq \frac{\pi}{4} \end{cases}$$

a. Trova a, b, c in modo che $f(x)$ soddisfi le ipotesi del teorema di Rolle in $\left[-2; \frac{\pi}{4}\right]$ e determina il punto x_0 che verifica il teorema.

b. Rappresenta graficamente $f(x)$.

c. Determina, se esiste nell'intervallo in cui è definita $f(x)$, un punto P in cui la tangente è parallela alla retta di equazione $4x - 3y - 12 = 0$.

$$\left[\text{a) } a = \frac{3}{4}; b = 1; c = 1; x_0 = -\frac{2}{3}; \text{c) } P\left(\frac{\pi}{6}; \frac{\sqrt{3}}{3} + 1\right)\right]$$

77 Data la funzione $f(x) = x^3 + ax^2 + bx + 4$, con a e b parametri reali:

a. determina a e b in modo che la funzione sia crescente solo per $x < 1$ e $x > 3$;

b. con i valori di a e b trovati, verifica le ipotesi del teorema di Rolle nell'intervallo $[2; 2 + \sqrt{3}]$ e trova le coordinate del punto P che soddisfa il teorema;

c. dimostra che il grafico della funzione interseca l'asse x una volta sola nell'intervallo $[-1; 0]$.

$$[\text{a) } a = -6; b = 9; \text{b) } P(3; 4)]$$

78 È data la funzione:

$$f(x) = \begin{cases} ax^2 + 2x & \text{se } x \leq 2 \\ \dfrac{bx + 4}{x - 1} & \text{se } x > 2 \end{cases}$$

a. Trova a e b in modo che nell'intervallo $[0; 3]$ siano verificate le ipotesi del teorema di Lagrange e determina le coordinate del punto P che soddisfa il teorema.

b. Traccia il grafico di $f(x)$.

c. Disegna il grafico di $|f(x)|$ e studia i suoi punti di non derivabilità indicando per ciascuno di essi l'equazione della tangente destra e sinistra.

$$\left[\text{a) } a = -1; b = -2; P\left(\frac{7}{6}; \frac{35}{36}\right); \text{c) } (0;0); (2;0); y = \pm 2x; y = \pm 2x \mp 4\right]$$

79 È data la funzione $f(x) = \dfrac{2x + \cos x}{x}$.

a. Determina il suo dominio e calcola $\lim\limits_{x \to +\infty} f(x)$.

b. Dimostra che tale limite non può essere calcolato con la regola di De L'Hospital. Quale ipotesi viene a mancare?

c. Scrivi l'equazione della tangente al grafico della funzione nel suo punto di ascissa $\dfrac{\pi}{2}$.

$$\left[\text{a) } D: x \neq 0; 2; \text{c) } y = -\frac{2}{\pi}x + 3\right]$$

80 a. Determina il dominio della funzione $f(x) = \dfrac{\ln x}{1 - 2\ln x}$ e calcola i limiti per $x \to 0^+$ e per $x \to +\infty$.

b. Dimostra che la funzione è invertibile nel suo dominio e scrivi l'equazione della funzione inversa. Perché la funzione è invertibile pur non essendo crescente?

c. Considera $|f(x)|$ e verifica che assume lo stesso valore agli estremi dell'intervallo $[\sqrt[3]{e}; e]$. Si può affermare che vale il teorema di Rolle nell'intervallo $[\sqrt[3]{e}; e]$?

$$\left[\text{a) } D: x > 0 \wedge x \neq \sqrt{e}; -\frac{1}{2}; -\frac{1}{2}; \text{b) } y = e^{\frac{x}{2x+1}}\right]$$

VERIFICA DELLE COMPETENZE PROVE ⏱ 1 ora

PROVA A

1 Determina per quali valori dei parametri a e b la funzione
$$f(x) = \begin{cases} ax^2 + bx + 2 & \text{se } 0 \leq x < 2 \\ \dfrac{16}{x+2} & \text{se } 2 \leq x \leq 6 \end{cases}$$
verifica il teorema di Rolle nell'intervallo $[0; 6]$.

Calcola i seguenti limiti utilizzando il teorema di De L'Hospital.

2 $\lim\limits_{x \to -\infty} x \ln(e^x + 1)$; $\quad \lim\limits_{x \to 0} (1 - \cos x)^{\sin x}$.

3 $\lim\limits_{x \to 1^-} \dfrac{\ln x}{1 + \cos \pi x}$; $\quad \lim\limits_{x \to +\infty} \dfrac{2x^2 - 1}{e^{x^2}}$.

---

4 Considera la funzione $f(x) = 2x + \cos x$.
   a. Dimostra che è biunivoca e, detta $g(x)$ la sua inversa, calcola $g'(\pi)$.
   b. Dimostra che, nell'intervallo $[0; 2\pi]$, $f(x)$ soddisfa le ipotesi del teorema di Lagrange e determina i punti che lo verificano.

5 Date le funzioni $f(x) = x^3 - 3x$ e $g(x) = e^{-3x}$, dimostra mediante il teorema di Cauchy che esiste almeno una soluzione interna all'intervallo $[0; 1]$ per l'equazione $(1 - e^3)(1 - x^2) + 2e^{3(1-x)} = 0$.

6 Determina gli intervalli in cui le seguenti funzioni sono crescenti:
   a. $y = x^3 + 3x^2$;   **b.** $y = x^5 e^x$.

PROVA B

1 **LEGGI IL GRAFICO** Il grafico a fianco corrisponde a una funzione del tipo $f(x) = ax^3 + bx + c$, con $a, b, c \in \mathbb{R}$.
   a. Determina i coefficienti a, b, c, sapendo che la tangente al grafico nel punto P è parallela alla retta s.
   b. Scrivi l'equazione delle tangenti al grafico nei punti di ascissa $\pm \dfrac{1}{2}$.
   c. Dimostra che nell'intervallo $[-1; 1]$ la funzione soddisfa il teorema di Rolle e determina i punti che lo verificano.
   d. Determina gli intervalli in cui $f(x)$ è crescente e quelli in cui è decrescente.

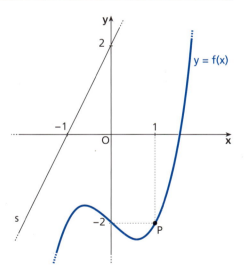

2 È data la funzione:
$$f(x) = \begin{cases} ax^3 + 3x^2 - ax - 3 & \text{se } x < 1 \\ x - \dfrac{1}{x} & \text{se } x \geq 1 \end{cases}$$
   a. Dimostra che è continua per ogni valore reale di a.
   b. Determina a in modo che la funzione sia derivabile su tutto $\mathbb{R}$.
   c. Trova per quale intervallo $[0; q]$, con $q > 1$, il punto di ascissa 1 è uno di quelli previsti dal teorema di Lagrange.

CAPITOLO 27
MASSIMI, MINIMI E FLESSI

1 Definizioni

▶ Esercizi a p. 1727

Massimi e minimi assoluti

DEFINIZIONE

Data una funzione $y = f(x)$ il cui dominio è D, x_0 è il **punto di massimo assoluto** se $f(x) \leq f(x_0)$ per ogni $x \in D$. Il valore $f(x_0) = M$ è il **massimo assoluto** della funzione.

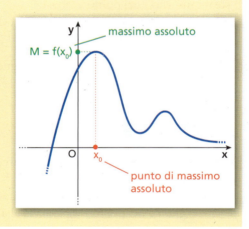

DEFINIZIONE

Data una funzione $y = f(x)$ il cui dominio è D, x_0 è il **punto di minimo assoluto** se $f(x) \geq f(x_0)$ per ogni $x \in D$. Il valore $f(x_0) = m$ è il **minimo assoluto** della funzione.

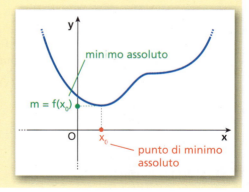

I punti di massimo e minimo assoluti di una funzione si dicono anche **punti di estremo assoluto**.
Il massimo e il minimo assoluti di una funzione, se esistono, sono unici.

Ricordiamo che, per il **teorema di Weierstrass**, se una funzione è continua in un intervallo limitato e chiuso $[a; b]$, allora essa assume, in tale intervallo, il massimo assoluto e il minimo assoluto.

Paragrafo 1. Definizioni

■ Massimi e minimi relativi

DEFINIZIONE
Data una funzione $y = f(x)$, definita in un intervallo $[a; b]$, $x_0 \in [a; b]$ è un **punto di massimo relativo** se esiste un intorno I del punto x_0 tale che $f(x_0) \geq f(x)$ per ogni x dell'intorno I.
Il valore $f(x_0)$ è detto **massimo relativo** della funzione in $[a; b]$.

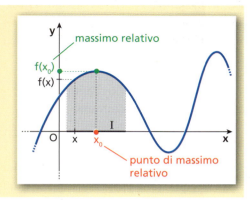

Listen to it

$f(x_0)$ is a **relative maximum** if there exists within the domain of f an open interval I_{x_0} containing x_0 such that $f(x_0) \geq f(x)$, for all x in I_{x_0}.

▶ Verifica, applicando la definizione, che la funzione
$$f(x) = 3x^3 - 9x + 2$$
ha un punto di massimo relativo in $x = -1$.

☐ **Animazione**

DEFINIZIONE
Data una funzione $y = f(x)$, definita in un intervallo $[a; b]$, $x_0 \in [a; b]$ è un **punto di minimo relativo** se esiste un intorno I del punto x_0 tale che $f(x_0) \leq f(x)$ per ogni x dell'intorno I.
Il valore $f(x_0)$ è detto **minimo relativo** della funzione in $[a; b]$.

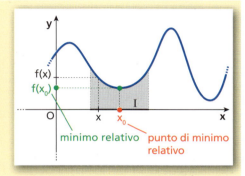

Nelle definizioni appena date, l'intorno del punto x_0 deve avere le seguenti caratteristiche:

- se x_0 è interno all'intervallo $[a; b]$, l'intorno considerato di x_0 deve essere completo;
- se x_0 coincide con a, l'intorno di x_0 è destro;
- se x_0 coincide con b, l'intorno di x_0 è sinistro.

Una funzione definita in $[a; b]$ può avere più punti di massimo o minimo relativi in $[a; b]$.
I punti di massimo e minimo relativi si dicono **punti estremanti relativi** di $f(x)$.

I valori assunti dalla funzione in questi punti si chiamano **estremi relativi** di $f(x)$.

Un punto di estremo assoluto è anche un punto di estremo relativo, ma non è sempre vero il viceversa.

Per esempio, per la funzione della figura x_0 è un punto di massimo relativo e assoluto, x_2 è un punto di massimo relativo, x_1 è un punto di minimo relativo; non esiste il punto di minimo assoluto.

Nelle definizioni date non è richiesta la continuità o la derivabilità della funzione $f(x)$.

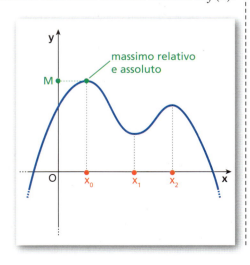

1707

Capitolo 27. Massimi, minimi e flessi

Questo significa che $f(x)$ può avere un punto di estremo relativo o assoluto in un punto in cui non è continua oppure non è derivabile. Per esempio, la funzione del grafico ha in x_0, punto di discontinuità, un punto di massimo relativo, mentre in x_1, punto di non derivabilità, ha un punto di minimo relativo.

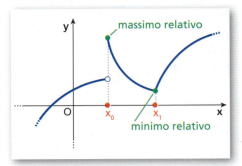

■ Concavità

Siano date la funzione $y = f(x)$, definita e derivabile nell'intervallo $]a; b[$, e la retta di equazione $y = t(x)$, tangente al grafico di $f(x)$ nel suo punto di ascissa x_0, interno all'intervallo $]a; b[$. Poiché $f(x)$ è derivabile in $]a; b[$, la retta tangente esiste in ogni punto.

> **DEFINIZIONE**
> Diciamo che in x_0 la funzione $f(x)$ ha la **concavità rivolta verso il semiasse positivo delle y (verso l'alto)** se esiste un intorno completo I di x_0 tale che, per ogni x appartenente all'intorno e diverso da x_0, la funzione assume valori maggiori di quelli di $t(x)$ nei punti aventi la stessa ascissa, ossia:
> $$f(x) > t(x) \quad \forall x \in I \wedge x \neq x_0.$$

Questo significa che $f(x)$ è concava verso l'alto in x_0 se il suo grafico, in un intorno di x_0, escluso x_0, si trova al di sopra della retta tangente.

> **DEFINIZIONE**
> Diciamo che in x_0 la funzione $f(x)$ ha la **concavità rivolta verso il semiasse negativo delle y (verso il basso)** se esiste un intorno completo I di x_0 tale che, per ogni x appartenente all'intorno e diverso da x_0, la funzione assume valori minori di quelli di $t(x)$ nei punti aventi la stessa ascissa, ossia:
> $$f(x) < t(x) \quad \forall x \in I \wedge x \neq x_0.$$

Questo significa che $f(x)$ è concava verso il basso in x_0 se il suo grafico, in un intorno di x_0, escluso x_0, si trova al di sotto della retta tangente.
Dato un intervallo $]a; b[$, diciamo che il grafico ha la concavità verso l'alto (oppure verso il basso) **nell'intervallo**, se ha la concavità verso l'alto (o verso il basso) in ogni punto interno dell'intervallo.

Una funzione il cui grafico rivolge la concavità verso l'alto si dice anche **convessa**.
Una funzione il cui grafico rivolge la concavità verso il basso si dice anche **concava**.

■ Flessi

> **DEFINIZIONE**
> Data la funzione $y = f(x)$ definita e continua in $]a; b[$, diciamo che presenta in x_0, interno a $]a; b[$, un punto di **flesso** se in tale punto il grafico di $f(x)$ cambia concavità.

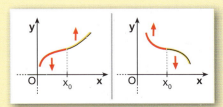

🇬🇧 Listen to it

An **inflection point** is a point across which the direction of concavity changes.

Paragrafo 1. Definizioni

Se la funzione è derivabile nel punto di flesso, esiste la tangente alla curva in tale punto ed è obliqua o parallela all'asse x; se la derivata è infinita, la tangente è parallela all'asse y.

La tangente in un punto di flesso viene anche detta **tangente inflessionale**.
Essa ha la caratteristica di attraversare la curva. Inoltre, il punto di tangenza è un «punto triplo», come si nota nella figura a fianco.
Facendo tendere la secante AB passante per F alla posizione della tangente, i punti A e B si avvicinano sempre più al punto F. Il punto F può quindi essere considerato come un punto in cui la tangente ha tre intersezioni coincidenti con la curva.

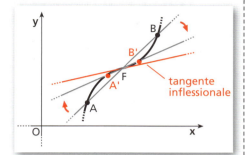

▶ **Video**

Punti di flesso
Spieghiamo cosa sono i punti di flesso dal punto di vista grafico.

Se in un punto di flesso esiste la retta tangente, il flesso viene detto:

- **orizzontale** se la tangente nel punto di flesso è parallela all'asse x;
- **verticale** se la tangente è parallela all'asse y;
- **obliquo** se la tangente non è parallela a uno degli assi.

Se esiste un intorno del punto di flesso in cui il grafico della funzione ha:

- concavità verso il basso a sinistra del punto di flesso e verso l'alto a destra, il flesso è **ascendente**;

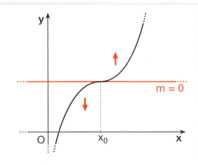
a. x_0 è punto di flesso orizzontale ascendente.

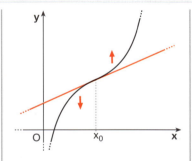
b. x_0 è punto di flesso obliquo ascendente.

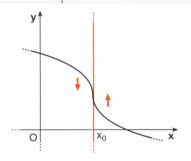
c. x_0 è punto di flesso verticale ascendente.

- concavità verso l'alto a sinistra del punto di flesso e verso il basso a destra, il flesso è **discendente**.

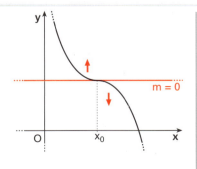
a. x_0 è punto di flesso orizzontale discendente.

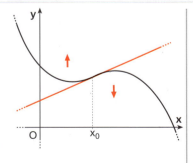
b. x_0 è punto di flesso obliquo discendente.

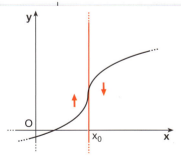
c. x_0 è punto di flesso verticale discendente.

Capitolo 27. Massimi, minimi e flessi

2. Massimi, minimi, flessi orizzontali e derivata prima

▶ Esercizi a p. 1730

Dati una funzione derivabile $y = f(x)$ in un suo punto $x = c$, se $f'(c) = 0$, allora $x = c$ è un **punto stazionario**.

Se $f'(c) = 0$, allora, per il significato geometrico di derivata, la tangente nel punto del grafico della funzione che ha ascissa $x = c$ è parallela all'asse x.

■ Teorema di Fermat

TEOREMA

Teorema di Fermat
Data una funzione $y = f(x)$, definita in un intervallo $[a; b]$ e derivabile in $]a; b[$, se $f(x)$ ha un massimo o un minimo relativo nel punto x_0, *interno* ad $[a; b]$, la derivata della funzione in quel punto si annulla, cioè: $f'(x_0) = 0$.

DIMOSTRAZIONE

Supponiamo che x_0 sia un punto di massimo relativo. Allora, per definizione, esiste un intorno completo I di x_0 tale che

$$f(x) \leq f(x_0) \quad \forall x \in I,$$

ossia:

$$f(x_0 + h) \leq f(x_0) \quad \forall h \in \mathbb{R} \quad \text{tale che} \quad x_0 + h \in I.$$

Quindi si ha:

$$\frac{f(x_0 + h) - f(x_0)}{h} \leq 0, \quad \text{per } h > 0,$$

$$\frac{f(x_0 + h) - f(x_0)}{h} \geq 0, \quad \text{per } h < 0.$$

Per l'inverso del teorema della permanenza del segno, risulta:

$$\lim_{h \to 0^+} \frac{f(x_0 + h) - f(x_0)}{h} \leq 0 \quad \text{e} \quad \lim_{h \to 0^-} \frac{f(x_0 + h) - f(x_0)}{h} \geq 0.$$

Poiché $f(x)$ è derivabile in x_0, entrambi i limiti coincidono con $f'(x_0)$. Quindi:

$$f'(x_0) \leq 0 \quad \text{e} \quad f'(x_0) \geq 0.$$

Concludiamo che deve essere

$$f'(x_0) = 0.$$

Con un ragionamento analogo si dimostra il caso in cui x_0 è un punto di minimo relativo.

Il teorema afferma che i punti di massimo e di minimo relativo di una funzione derivabile, interni all'intervallo di definizione, sono punti stazionari.

Dal teorema si deduce allora che la tangente in un punto del grafico di massimo o minimo relativo (che non sia un estremo dell'intervallo) è parallela all'asse x.

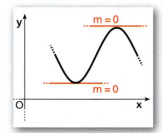

Paragrafo 2. Massimi, minimi, flessi orizzontali e derivata prima

Il teorema di Fermat fornisce una *condizione necessaria* per l'esistenza di un massimo o di un minimo relativo in un punto interno ad $[a; b]$, ma tale condizione *non* è *sufficiente*.

Può infatti accadere che in un punto la retta tangente al grafico della funzione sia parallela all'asse x, ma che in quel punto non ci sia né un massimo né un minimo.
Per esempio, consideriamo la funzione $y = x^3$ e il suo grafico. Calcoliamo la derivata della funzione, $y' = 3x^2$.
La derivata prima si annulla per $x = 0$. D'altra parte, poiché la derivata è positiva (ossia la funzione è crescente) sia a destra sia a sinistra di 0, in tale punto non può esserci né un massimo né un minimo.

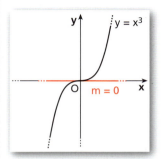

Inoltre il teorema parla dei punti *interni* all'intervallo di definizione. Come si vede nell'esempio della figura **a**, per un estremo dell'intervallo la condizione del teorema può non essere neppure necessaria, ossia un estremo può essere un punto di massimo o minimo con $f'(x) \neq 0$ e quindi con tangente non parallela all'asse x.

Anche quando viene a mancare l'ipotesi della derivabilità in tutti i punti interni dell'intervallo, la condizione del teorema può non essere necessaria (figure **b** e **c**).

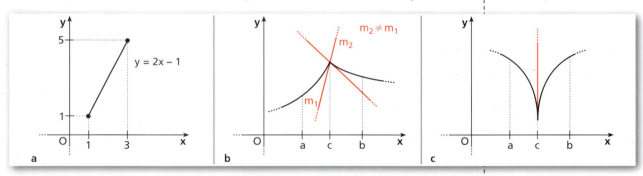

Possiamo concludere che, data una funzione $y = f(x)$ definita in un intervallo $[a; b]$, i possibili punti di massimo e minimo vanno ricercati tra:

- i punti in cui $f'(x) = 0$;
- gli estremi dell'intervallo;
- i punti in cui la funzione non è derivabile.

■ Ricerca dei massimi e minimi relativi con la derivata prima

Esaminiamo ora una condizione sufficiente per l'esistenza di un massimo o minimo relativo in un punto interno a un intervallo.

TEOREMA

Data la funzione $y = f(x)$ definita e continua in un intorno completo I del punto x_0 e derivabile nello stesso intorno per ogni $x \neq x_0$:

a. se per ogni x dell'intorno si ha $f'(x) > 0$ quando $x < x_0$ e $f'(x) < 0$ quando $x > x_0$, allora x_0 è un punto di massimo relativo;

b. se per ogni x dell'intorno si ha $f'(x) < 0$ quando $x < x_0$ e $f'(x) > 0$ quando $x > x_0$, allora x_0 è un punto di minimo relativo;

c. se il segno della derivata prima è lo stesso per ogni $x \neq x_0$ dell'intorno, allora x_0 non è un punto estremante.

Capitolo 27. Massimi, minimi e flessi

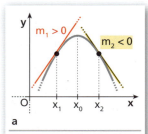

a

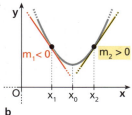

b

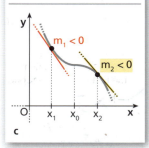

c

DIMOSTRAZIONE

a. Per $x < x_0$ si ha $f'(x) > 0$, quindi $f(x)$ è crescente (per il teorema delle funzioni crescenti e decrescenti); pertanto, se $x < x_0$, $f(x) < f(x_0)$.
   Per $x > x_0$ si ha $f'(x) < 0$, quindi $f(x)$ è decrescente; pertanto, se $x > x_0$, $f(x) < f(x_0)$.
   Per ogni $x \neq x_0$ dell'intorno si ha $f(x) < f(x_0)$, quindi x_0 è punto di massimo relativo (figura **a**).

b. Si dimostra in modo analogo al precedente (figura **b**).

c. Supponiamo che per ogni $x \neq x_0$ dell'intorno si abbia $f'(x) < 0$ (dimostrazione analoga si ha se $f'(x) > 0$). La funzione è decrescente sia per $x < x_0$ sia per $x > x_0$. Pertanto se $x < x_0$, $f(x) > f(x_0)$, mentre se $x > x_0$, $f(x) < f(x_0)$. Concludiamo che x_0 non è né punto di massimo né punto di minimo (figura **c**).

ESEMPIO

Consideriamo la funzione $y = f(x) = x^3 - 3x$.

La funzione è continua $\forall x \in \mathbb{R}$. La sua derivata è $f'(x) = 3x^2 - 3$.
Studiamo il segno di $f'(x)$:

$$3x^2 - 3 > 0 \rightarrow 3(x^2 - 1) > 0 \rightarrow x^2 - 1 > 0 \rightarrow x < -1 \lor x > 1.$$

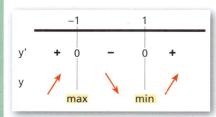

Compiliamo il quadro relativo al segno della derivata prima $y' = 3x^2 - 3$, determinando gli intervalli in cui la funzione è crescente o decrescente.

La condizione sufficiente permette di affermare che $x = -1$ è un punto di massimo relativo, mentre $x = 1$ è di minimo relativo.
I corrispondenti valori della funzione sono:

$$M = f(-1) = 2 \quad \text{e} \quad m = f(1) = -2.$$

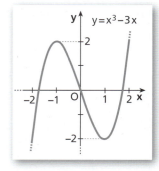

▶ Determina gli eventuali punti di massimo e di minimo della funzione:
$y = 2x^3 + 4x^2$.

Osserviamo che il teorema non richiede che la funzione sia derivabile in $x = x_0$. Se ciò avviene, allora, per il teorema dei massimi e dei minimi relativi di funzioni derivabili, si ha $f'(x_0) = 0$, e quindi x_0 è un punto stazionario per $f(x)$.

Se **in x_0 la funzione non è derivabile**, invece, non si ha un punto stazionario anche se x_0 è un punto di massimo o di minimo relativo.

■ **Animazione**

Data la funzione
$y = \sqrt[3]{(x-1)^2} + 1$,
ricaviamo che ha un punto di minimo relativo a tangente verticale e lo verifichiamo con una figura dinamica.

ESEMPIO

Consideriamo la funzione $y = |x^2 - 1|$, ossia:

$$y = \begin{cases} x^2 - 1 & \text{se } x \leq -1 \lor x \geq 1 \\ -x^2 + 1 & \text{se } -1 < x < 1 \end{cases}.$$

1712

Paragrafo 2. Massimi, minimi, flessi orizzontali e derivata prima

La funzione è continua $\forall x \in \mathbb{R}$. La sua derivata non esiste per $x = \pm 1$:

$$y' = \begin{cases} 2x & \text{se } x < -1 \vee x > 1 \\ -2x & \text{se } -1 < x < 1 \end{cases}.$$

Poiché $2x > 0$ per $x > 0$ e $-2x > 0$ per $x < 0$, per lo studio del segno della derivata otteniamo il quadro a lato.
La derivata della funzione in $x = \pm 1$ non esiste, ma il teorema può essere applicato ugualmente.

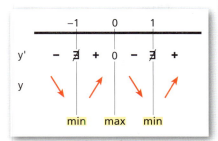

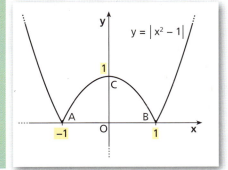

La funzione ha due minimi relativi in -1 e 1, mentre ha un massimo relativo in 0. I corrispondenti punti del grafico sono $A(-1; 0)$, $B(1; 0)$, $C(0; 1)$.

I due punti A e B sono punti di minimo relativo e punti angolosi. Il punto C è punto di massimo relativo e punto stazionario.

▶ Determina ed esamina i punti di massimo e di minimo relativo della funzione
$$f(x) = \frac{1}{3}x^3 - 4|x| + 3,$$
indicando i punti stazionari e quelli angolosi.

□ **Animazione**

▶ Determina gli eventuali punti di massimo e di minimo relativo della funzione
$$y = \left| -\frac{1}{2}x^2 + x \right|$$
e stabilisci se tali punti sono stazionari.

Se **in x_0 la funzione non è continua**, il verificarsi delle altre ipotesi del teorema non è sufficiente per poterlo applicare.
Consideriamo due esempi in cui la funzione non è continua in un punto.

ESEMPIO

1. Nell'intervallo $[0; 2]$, la funzione
$$y = \begin{cases} x^2 - 2x & \text{se } x \neq 1 \\ \frac{1}{2} & \text{se } x = 1 \end{cases}$$

 presenta nel punto $x = 1$ un massimo relativo, pur essendo la derivata $y' = 2x - 2$ negativa prima di 1 e positiva dopo.

2. Nell'intervallo $[0; 2]$, la funzione
$$y = \begin{cases} x & \text{se } x < 1 \\ x - 2 & \text{se } x \geq 1 \end{cases}$$

 presenta nel punto $x = 1$ un minimo relativo, pur essendo la derivata $y' = 1$ positiva sia prima sia dopo 1.

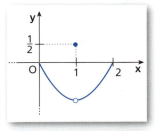

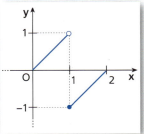

■ **Punti stazionari di flesso orizzontale**

□ **Video**

TEOREMA

Data la funzione $y = f(x)$ definita e continua in un intorno completo I del punto x_0 e derivabile nello stesso intorno, x_0 è un punto di flesso orizzontale se sono soddisfatte le seguenti condizioni:
- $f'(x_0) = 0$;
- il segno della derivata prima è lo stesso per ogni $x \neq x_0$ dell'intorno I.

Punti stazionari e derivata prima di funzioni derivabili
Studiamo la funzione
$$f(x) = -\frac{1}{5}x^5 + \frac{1}{4}x^4 + \frac{2}{3}x^3 + 1.$$

1713

Capitolo 27. Massimi, minimi e flessi

▶ **Video**

Massimi, minimi e cuspidi
Studiamo la funzione
$f(x) = x - \frac{5}{4}\sqrt[5]{x^4}$.

▶ Determina gli eventuali punti di flesso orizzontale di $y = x^4 - 4x^3$.

▶ **Animazione**

Studiamo, con una figura dinamica, massimi e minimi relativi e flessi orizzontali di
$f(x) = \frac{3}{4}x^4 - 2x^3 + 2$ e
$g(x) = -\frac{x^4}{4} + \frac{3}{2}x^2 + 2x$.

▶ Trova i punti di massimo, di minimo relativo e di flesso orizzontale della funzione
$f(x) = \frac{1}{8}(3x^5 - 20x^3)$.

▶ **Animazione**

I casi possibili sono due.

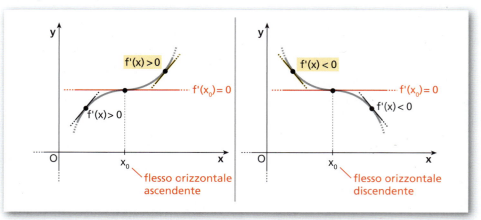

ESEMPIO

Consideriamo la funzione $y = 3x^5 + 1$.
Calcoliamo la derivata prima e studiamo il segno:

$$f'(x) = 15x^4; \quad 15x^4 = 0 \rightarrow x = 0; \quad 15x^4 > 0 \rightarrow \forall x \neq 0.$$

Compiliamo il quadro dei segni e concludiamo che $x = 0$ è un punto di flesso orizzontale.

In sintesi

Data una funzione $f(x)$ continua, per la **ricerca dei massimi e dei minimi relativi e dei flessi orizzontali** con lo studio del segno della derivata prima:

- calcoliamo $f'(x)$ e determiniamo il suo dominio per trovare gli eventuali punti in cui la funzione non è derivabile (cuspidi, flessi verticali, punti angolosi);
- risolviamo l'equazione $f'(x) = 0$ per trovare i punti stazionari;
- studiamo il segno di $f'(x)$ per trovare i punti di massimo e minimo *relativo* (anche non stazionari) e i punti di flesso a tangente orizzontale.

I casi possibili per i punti stazionari sono indicati in figura.

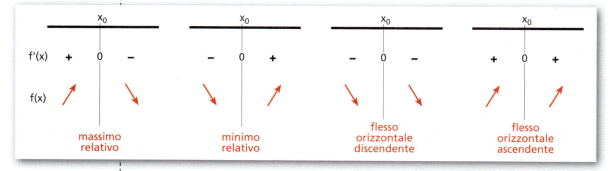

I teoremi enunciati valgono per i punti interni agli intervalli di definizione della funzione, pertanto occorre esaminare anche i valori che la funzione assume negli eventuali estremi di tali intervalli.

Paragrafo 3. Flessi e derivata seconda

Se inoltre dobbiamo trovare **il massimo e il minimo** *assoluti*:

- se la funzione $f(x)$ è continua e l'intervallo I di definizione della funzione è chiuso e limitato, il teorema di Weierstrass assicura l'esistenza di massimo e minimo assoluti; per determinarli si confrontano le ordinate dei punti di massimo e minimo relativi tra di loro e con i valori che $f(x)$ assume negli estremi dell'intervallo: il valore maggiore corrisponde al punto di massimo assoluto e quello minore corrisponde al punto di minimo assoluto;

- se l'intervallo I non è chiuso o non è limitato, massimo e minimo assoluti potrebbero non esistere. In questo caso, oltre allo studio degli eventuali punti stazionari e di non derivabilità, si calcolano i limiti della funzione agli estremi di I, finiti o infiniti.

▶ Determina i punti di massimo e di minimo assoluto della funzione
$f(x) = \frac{1}{2}x^4 - 4x^2 + 4$
nell'intervallo $[-1; 3]$.

☐ **Animazione**

3 Flessi e derivata seconda

■ Concavità e segno della derivata seconda
▶ Esercizi a p. 1743

Criterio per la concavità

Un criterio per stabilire la concavità del grafico di una funzione in un suo punto di ascissa x_0 è dato dal seguente teorema.

> **TEOREMA**
> Sia $y = f(x)$ una funzione definita e continua in un intorno completo I del punto x_0, insieme con le sue derivate prima e seconda. Se in x_0 è $f''(x_0) \neq 0$, il grafico della funzione volge in x_0:
> - la concavità verso l'alto se $f''(x_0) > 0$;
> - la concavità verso il basso se $f''(x_0) < 0$.

DIMOSTRAZIONE

Consideriamo l'equazione della retta tangente $y = t(x)$ al grafico di $f(x)$ nel punto $(x_0; f(x_0))$:

$$y - f(x_0) = f'(x_0) \cdot (x - x_0) \quad \rightarrow \quad t(x) = f(x_0) + f'(x_0)(x - x_0).$$

La differenza tra le ordinate dei punti del grafico di $f(x)$ e della tangente $t(x)$, aventi la stessa ascissa x, è:

$$g(x) = f(x) - t(x) = f(x) - [f(x_0) + f'(x_0) \cdot (x - x_0)].$$

La funzione $g(x)$ è derivabile due volte perché differenza di due funzioni derivabili due volte, e si ha:

$$g'(x) = f'(x) - f'(x_0) \quad \text{e} \quad g''(x) = f''(x).$$

In particolare per $x = x_0$ si ha:

$$g(x_0) = 0 \quad \text{e} \quad g'(x_0) = 0.$$

- Sia $f''(x_0) > 0$. Poiché $g''(x) = f''(x)$ è continua:

$$\lim_{x \to x_0} g''(x) = g''(x_0) = f''(x_0) > 0.$$

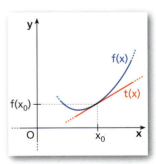

Allora, per il *teorema della permanenza del segno*, esiste un intorno I di x_0 tale che $g''(x) > 0$ per ogni $x \in I$, e quindi, essendo $g''(x)$ la derivata prima di $g'(x)$, segue che $g'(x)$ è crescente in I. Pertanto:

$$g'(x) < g'(x_0) = 0 \qquad \forall x \in I, \text{ con } x < x_0;$$
$$g'(x) > g'(x_0) = 0 \qquad \forall x \in I, \text{ con } x > x_0.$$

Quindi, per la condizione sufficiente per i massimi e i minimi relativi, x_0 è un punto di minimo relativo per $g(x)$, cioè:

$$g(x) > g(x_0) = 0 \qquad \forall x \in I, \text{ con } x \neq x_0.$$

Ossia, per ogni $x \in I$, con $x \neq x_0$:

$$f(x) - t(x) > 0 \quad \rightarrow \quad f(x) > t(x).$$

Per definizione, questo significa che la funzione $f(x)$ ha in x_0 la concavità rivolta verso l'alto.

- Sia $f''(x_0) < 0$. Con ragionamento analogo al precedente, si dimostra che la funzione $f(x)$ ha in x_0 la concavità rivolta verso il basso.

ESEMPIO

Data la funzione $y = f(x) = 2x^3 - 5$, cerchiamo gli intervalli in cui il grafico della funzione volge la concavità verso l'alto o verso il basso.
Calcoliamo le derivate prima e seconda:

$$f'(x) = 6x^2, \quad f''(x) = 12x.$$

Studiamo il segno della derivata seconda:

$$f''(x) > 0 \quad \rightarrow \quad 12x > 0 \quad \rightarrow$$
$$x > 0.$$

Se $x < 0$, la concavità è rivolta verso il basso.

Se $x > 0$, la concavità è rivolta verso l'alto.

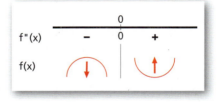

▶ Studia la concavità della funzione $y = x^4 - 6x^2$.

Sappiamo che una parabola di equazione $y = ax^2 + bx + c$ ha la concavità rivolta verso l'alto se $a > 0$, verso il basso se $a < 0$. Ora possiamo comprenderne il motivo: infatti $f''(x) = 2a$, e quindi la concavità dipende dal segno di a.

Condizione necessaria per i flessi

Ricordiamo che un punto di flesso è un punto in cui la funzione cambia concavità. Per la ricerca dei flessi è utile il seguente teorema di cui ci limitiamo a fornire l'enunciato.

TEOREMA

Sia data una funzione $y = f(x)$ definita in un intervallo $[a; b]$ e in tale intervallo esistano le sue derivate prima e seconda. Se $f(x)$ ha un flesso nel punto x_0, interno ad $[a; b]$, la derivata seconda della funzione in quel punto si annulla, cioè: $f''(x_0) = 0$.

Il teorema fornisce una *condizione necessaria* ma *non sufficiente* per l'esistenza di un flesso in un punto.

Paragrafo 3. Flessi e derivata seconda

ESEMPIO

La funzione $y = x^6$ ha come derivate:

$y' = 6x^5; \quad y'' = 30x^4$.

La derivata seconda è nulla in $x = 0$.
Studiamo il segno della derivata prima:

$6x^5 > 0 \quad \rightarrow \quad x > 0$.

Il quadro dei segni è quello della figura a lato. La derivata seconda è nulla in 0, ma nel punto c'è un minimo relativo e non un flesso.

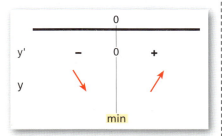
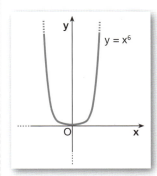

Se **in x_0 la funzione non è derivabile**, non è possibile applicare il teorema precedente, ma nel punto può esserci ugualmente un flesso.

ESEMPIO

$$y = \begin{cases} -x^2 & \text{se } x \leq -1 \\ 2x^2 + 4x + 1 & \text{se } x > -1 \end{cases}$$

è continua in $\mathbb{R}$, ma non è derivabile in $x = -1$, in quanto:

per $x < -1 \quad y' = -2x \quad \rightarrow \quad y'_-(-1) = 2$.

per $x > -1 \quad y' = 4x + 4 \quad \rightarrow \quad y'_+(-1) = -4 + 4 = 0$.

Il punto $x = -1$ è un punto angoloso.

Poiché il grafico della funzione è costituito da due rami di parabola, il primo con concavità verso il basso e il secondo con concavità verso l'alto, esso ha per definizione un flesso in $x = -1$, anche se la derivata prima non esiste.

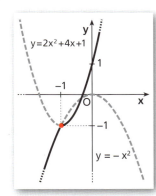

In particolare, se

$$\lim_{x \to x_0} f'(x) = +\infty \quad \text{oppure} \quad \lim_{x \to x_0} f'(x) = -\infty,$$

nel punto x_0 c'è un flesso verticale rispettivamente discendente oppure ascendente.

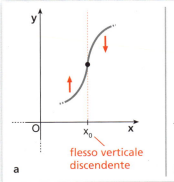
a — flesso verticale discendente

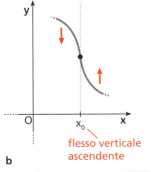
b — flesso verticale ascendente

▶ Video

Punti di non derivabilità
Vediamo alcuni esempi di punti in cui la funzione non è derivabile.

Capitolo 27. Massimi, minimi e flessi

Ricerca dei flessi e derivata seconda

▶ Esercizi a p. 1744

Per trovare i punti di flesso possiamo studiare il segno della derivata seconda. Vale infatti il seguente teorema.

TEOREMA

Sia data la funzione $y = f(x)$ definita e continua in un intorno completo I del punto x_0 e in tale intorno esistano le sue derivate prima e seconda per ogni $x \neq x_0$.
Se per ogni $x \neq x_0$ dell'intorno si ha
- $f''(x) > 0$ per $x < x_0$ e $f''(x) < 0$ per $x > x_0$, oppure
- $f''(x) < 0$ per $x < x_0$ e $f''(x) > 0$ per $x > x_0$,

allora x_0 è un punto di flesso.

ESEMPIO

La funzione $f(x) = x^3 - 2x^2 + x$ è continua $\forall x \in \mathbb{R}$; calcoliamo $f'(x)$ e $f''(x)$:

$$f'(x) = 3x^2 - 4x + 1; \quad f''(x) = 6x - 4.$$

Studiamo il segno di $f''(x)$ e deduciamo la concavità:

$$6x - 4 > 0 \quad \to \quad x > \frac{2}{3}.$$

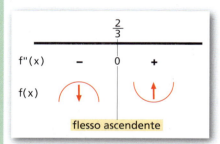

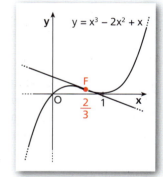

▶ Trova i punti di flesso della funzione
$y = f(x) = -\frac{1}{4}x^4 + x^3 - 2.$

☐ Animazione

Se, oltre alle ipotesi del teorema precedente, è vero che in x_0 la derivata seconda è continua, allora necessariamente $f''(x_0) = 0$. Quindi, i punti di flesso delle funzioni che hanno derivate prima e seconda continue vanno cercati fra le soluzioni dell'equazione $f''(x) = 0$. Inoltre, nei punti x_0 di flesso, se $f'(x_0) \neq 0$ il flesso è obliquo, se $f'(x_0) = 0$ il flesso è orizzontale.
Nell'esempio precedente, poiché $f''(x)$ è una funzione continua, possiamo cercare i punti di flesso risolvendo l'equazione $f''(x) = 0$, ossia:

$$6x - 4 = 0 \to x = \frac{2}{3}.$$

Lo studio del segno di $f''(x)$ completa la ricerca; inoltre, poiché $f'\left(\frac{2}{3}\right) = -\frac{1}{3} \neq 0$, il flesso è obliquo.
Esaminiamo ora un esempio in cui una funzione $f(x)$ presenta anche un flesso a tangente verticale.

☐ Video

Flessi e derivata seconda
Studiamo la funzione
$f(x) = x - \ln(x^2 + 1).$

ESEMPIO

$f(x) = \sqrt[3]{8 - x^3}$ è continua $\forall x \in \mathbb{R}$; calcoliamo la derivata prima e seconda:

$$f'(x) = \frac{1}{3} \cdot \frac{-3x^2}{\sqrt[3]{(8-x^3)^2}} = -\frac{x^2}{\sqrt[3]{(8-x^3)^2}};$$

Paragrafo 4. Massimi, minimi, flessi e derivate successive

$$f''(x) = \frac{-2x\sqrt[3]{(8-x^3)^2} + x^2 \cdot \frac{-2x^2}{\sqrt[3]{8-x^3}}}{(8-x^3) \cdot \sqrt[3]{8-x^3}} = \frac{-2x \cdot (8-x^3) - 2x^4}{(8-x^3) \cdot \sqrt[3]{(8-x^3)^2}} =$$

$$\frac{-16x}{(8-x^3) \cdot \sqrt[3]{(8-x^3)^2}}.$$

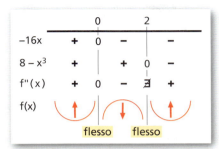

$f'(x)$ e $f''(x)$ hanno come dominio $\mathbb{R} - \{2\}$.

Studiamo il segno di $f''(x)$:
il numeratore è positivo per $x < 0$; il denominatore è positivo se $8 - x^3 > 0$, cioè per $x < 2$.

Quindi, per $x < 0$ e $x > 2$ la concavità è rivolta verso l'alto, mentre per $0 < x < 2$ la concavità è rivolta verso il basso.

In $x = 0$, la funzione ha un flesso discendente; inoltre:

$f'(0) = 0 \quad \rightarrow \quad$ il punto $F_1(0; 2)$ è un flesso discendente orizzontale.

In $x = 2$, la funzione ha un flesso ascendente; inoltre:

$\lim\limits_{x \to 2} f'(x) = -\infty \quad \rightarrow \quad$ il punto $F_2(2; 0)$ è un flesso ascendente verticale.

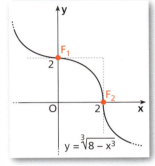

In sintesi

Data una funzione $f(x)$, continua e derivabile, per la **ricerca dei flessi**:
- calcoliamo la derivata seconda $f''(x)$ e determiniamo il suo dominio;
- studiamo il segno di $f''(x)$ e cerchiamo i punti in cui la concavità cambia, ossia i punti di flesso;
- se x_0 è un punto di flesso e:

    $f'(x_0) = 0$,   il flesso è **orizzontale**;

    $f'(x_0) \neq 0$,   il flesso è **obliquo**.

Se la funzione $f(x)$ non è derivabile in x_0 dove $f''(x)$ cambia segno, allora, quando $\lim\limits_{x \to x_0} f'(x) = +\infty$ oppure $\lim\limits_{x \to x_0} f'(x) = -\infty$, in x_0 c'è un flesso **verticale**.

▶ **Video**

Massimi, minimi, flessi e funzioni con parametri
Consideriamo la funzione $f(x) = x^4 + ax^3 + bx^2 + cx$. Determiniamo i valori dei parametri a, b, c in modo da avere un flesso orizzontale per $x = 0$ e un flesso obliquo per $x = 1$.

4 Massimi, minimi, flessi e derivate successive

■ Massimi, minimi, flessi orizzontali e derivate successive

▶ Esercizi a p. 1749

Esaminiamo un'altra condizione sufficiente che, come vedremo negli esercizi, è utile per la ricerca di massimi, minimi e flessi orizzontali nei casi in cui non è facile studiare il segno della derivata prima o se non si vogliono risolvere disequazioni. In questi casi utilizziamo le *derivate successive* alla prima. Per indicare le derivate successive alla terza utilizziamo indici che ne precisano l'**ordine**. Per esempio,

$$f^{(5)}(x), f^{(8)}(x), f^{(n)}(x)$$

indicano rispettivamente la derivata quinta, la derivata ottava e la generica derivata n-esima di $f(x)$.

Diremo che la derivata è di **ordine pari** se l'indice è pari, è di ordine **dispari** se l'indice è dispari. Vale il seguente teorema.

> **TEOREMA**
> Sia $y = f(x)$ una funzione definita in un intervallo $[a; b]$, tale che nei punti interni dell'intervallo esistano le sue derivate fino alla n-esima, continue in $]a; b[$. Sia x_0 un punto interno all'intervallo in cui:
>
> $$f'(x_0) = f''(x_0) = \ldots = f^{(n-1)}(x_0) = 0 \text{ e } f^{(n)}(x_0) \neq 0, \text{ con } n \geq 2.$$
>
> Se la derivata n-esima diversa da 0 è di ordine pari, allora in x_0 si ha:
> **a.** un massimo relativo se $f^{(n)}(x_0) < 0$;
> **b.** un minimo relativo se $f^{(n)}(x_0) > 0$.
>
> Se la derivata n-esima diversa da 0 è di ordine dispari, allora in x_0 si ha un flesso orizzontale che è:
> **c.** un flesso discendente se $f^{(n)}(x_0) < 0$;
> **d.** un flesso ascendente se $f^{(n)}(x_0) > 0$.

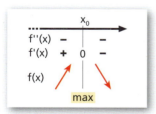

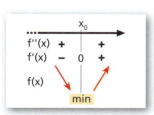

DIMOSTRAZIONE

Per semplicità, dimostriamo i casi a) e b) per $n = 2$ e i casi c) e d) per $n = 3$.

a. Sia $f'(x_0) = 0$ e $f''(x_0) < 0$. Poiché la derivata seconda è continua in x_0, si ha

$$\lim_{x \to x_0} f''(x) = f''(x_0) < 0,$$

e quindi, per il teorema della permanenza del segno, esiste un intorno completo I di x_0 tale che:

$$f''(x) < 0 \quad \forall x \in I.$$

Essendo $f''(x)$ la derivata prima di $f'(x)$, segue che $f'(x)$ è decrescente in I, e poiché $f'(x_0) = 0$:

$$f'(x) > 0, \quad \text{per } x < x_0 \text{ e } x \in I;$$

$$f'(x) < 0, \quad \text{per } x > x_0 \text{ e } x \in I.$$

Questo significa che nell'intorno I:

$f(x)$ è crescente per $x < x_0$ $\rightarrow$ $f(x) < f(x_0)$ per $x < x_0$;

$f(x)$ è decrescente per $x > x_0$ $\rightarrow$ $f(x) < f(x_0)$ per $x > x_0$.

Dunque x_0 è un punto di massimo relativo.

b. Sia $f'(x_0) = 0$ e $f''(x_0) > 0$. Con un ragionamento analogo al precedente si dimostra che x_0 è un punto di minimo relativo.

c. Sia $f'(x_0) = f''(x_0) = 0$ e $f'''(x_0) < 0$. La funzione $f'(x)$ soddisfa le ipotesi del risultato **a** di questo teorema perché la derivata prima di $f'(x)$, cioè $f''(x)$, si annulla in x_0 e la derivata seconda di $f'(x)$, cioè $f'''(x)$, è negativa in x_0, per ipotesi. Quindi possiamo dire che x_0 è un punto di massimo relativo per $f'(x)$.

Paragrafo 4. Massimi, minimi, flessi e derivate successive

Allora esiste un intorno completo I di x_0 in cui:

$$f'(x) < f'(x_0) = 0 \qquad \text{per } x \neq x_0.$$

Quindi, per il teorema sui punti stazionari di flesso orizzontale, x_0 è un punto di flesso orizzontale. Inoltre, essendo $f'(x) < 0$, sappiamo che $f(x)$ è decrescente sia per $x < x_0$, sia per $x > x_0$. Pertanto a sinistra di x_0 la concavità di $f(x)$ è rivolta verso l'alto, mentre a destra di x_0 la concavità è rivolta verso il basso, cioè x_0 è un punto di flesso discendente.

d. Sia $f'(x_0) = f''(x_0) = 0$ e $f'''(x_0) > 0$. Con un ragionamento analogo al precedente si dimostra che x_0 è un punto di flesso orizzontale ascendente.

ESEMPIO

Consideriamo $f(x) = 4x^3 - 3x + 1$.
Calcoliamo $f'(x)$ e $f''(x)$:

$$f'(x) = 12x^2 - 3; \qquad f''(x) = 24x.$$

Poniamo

$$f'(x) = 0 \quad \rightarrow \quad 12x^2 - 3 = 0 \quad \rightarrow$$

$$3(4x^2 - 1) = 0 \quad \rightarrow \quad x = \pm \frac{1}{2}.$$

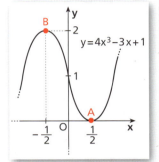

Poiché

$$f''\left(\frac{1}{2}\right) = 12 > 0 \text{ e } f''\left(-\frac{1}{2}\right) = -12 < 0,$$

in $x = \frac{1}{2}$ si ha un minimo relativo, mentre in $x = -\frac{1}{2}$ si ha un massimo relativo.

▶ Determina gli eventuali massimi, minimi o flessi orizzontali della funzione

$y = x^4 - 2x^2$

con il metodo delle derivate successive.

■ Flessi e derivate successive

▶ Esercizi a p. 1750

TEOREMA

Sia $y = f(x)$ una funzione definita in un intervallo $[a; b]$, tale che nei punti interni dell'intervallo esistano le sue derivate fino alla n-esima, continue in $]a; b[$. Sia x_0 un punto interno all'intervallo in cui:

$$f''(x_0) = f'''(x_0) = \ldots = f^{(n-1)}(x_0) = 0 \text{ e } f^{(n)}(x_0) \neq 0, \text{ con } n \geq 3.$$

Se la derivata n-esima diversa da 0 è di ordine dispari, allora in x_0 si ha un flesso che è:

- un flesso discendente se $f^{(n)}(x_0) < 0$;
- un flesso ascendente se $f^{(n)}(x_0) > 0$.

Se la derivata n-esima diversa da 0 è di ordine pari, allora in x_0 la curva non ha flesso e volge la:

- concavità verso il basso se $f^{(n)}(x_0) < 0$;
- concavità verso l'alto se $f^{(n)}(x_0) > 0$.

In questo teorema si suppone $f'(x_0)$ diversa da 0.
Se invece $f'(x_0) = 0$, si ricade nel teorema precedente e si ha un flesso orizzontale quando n è dispari.

Capitolo 27. Massimi, minimi e flessi

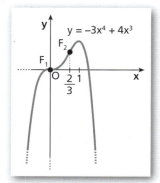

▶ Determina gli eventuali punti di flesso della funzione:

$$y = \frac{1}{3}x^4 - x^3$$

con il metodo delle derivate successive.

Video

Problemi di massimo e minimo
Fra tutti i coni inscrivibili in una sfera di raggio r_s, qual è quello con la superficie laterale più grande?

MATEMATICA INTORNO A NOI
Una scatola in cartone
Ti trovi con un quadrato di cartone di dimensioni un metro per un metro e devi ricavarne un contenitore. Va benissimo che sia aperto sopra: non ti serve avere un coperchio. Però vuoi che sia il più grande possibile. Per realizzarlo, decidi di tagliare via i quattro angoli e di piegare il cartone per formare le facce laterali.

▶ Come bisogna tagliare un quadrato di cartone per avere il contenitore più capiente di tutti?

La risposta

ESEMPIO

Data la funzione $f(x) = -3x^4 + 4x^3$, continua $\forall x \in \mathbb{R}$, determiniamo le derivate prima, seconda e terza:

$$f'(x) = -12x^3 + 12x^2; \quad f''(x) = -36x^2 + 24x; \quad f'''(x) = -72x + 24.$$

Calcoliamo gli zeri della derivata seconda:

$$f''(x) = 0 \quad \rightarrow \quad 12x \cdot (-3x + 2) = 0 \quad \rightarrow \quad x_1 = 0, x_2 = \frac{2}{3}.$$

Calcoliamo il segno che la derivata terza assume negli zeri di $f''(x)$:

$$f'''(0) = 24 > 0 \quad \rightarrow \quad \text{in } x = 0 \text{ si ha un flesso ascendente};$$

$$f'''\left(\frac{2}{3}\right) = -24 < 0 \quad \rightarrow \quad \text{in } x = \frac{2}{3} \text{ si ha un flesso discendente}.$$

Poiché $f'(0) = 0$, 0 è punto di flesso orizzontale.

Invece, poiché $f'\left(\frac{2}{3}\right) = \frac{16}{9} \neq 0$, $\frac{2}{3}$ è un punto di flesso obliquo.

In sintesi

Per determinare i massimi e i minimi relativi e i flessi, con il metodo delle derivate successive, procediamo in questo modo:

- calcoliamo la derivata prima $f'(x)$ e troviamo gli zeri $x_1, x_2, \ldots$ di questa funzione;
- per ogni x_i calcoliamo i valori che assumono le derivate successive; se la prima derivata $f^{(n)}(x)$ che non si annulla in x_i è di ordine pari, allora x_i è un punto di massimo o di minimo relativo, mentre se è di ordine dispari in x_i si ha un flesso orizzontale;
- cerchiamo gli zeri $z_1, z_2, \ldots$ della derivata seconda $f''(x)$;
- per ogni z_i calcoliamo i valori che assumono le derivate successive; se la prima derivata $f^{(n)}(x)$ che non si annulla in z_i è di ordine dispari, allora in z_i si ha un flesso obliquo.

5 Problemi di ottimizzazione

▶ Esercizi a p. 1753

In un **problema di ottimizzazione**, risolvibile utilizzando una funzione a una variabile, si cerca il valore da assegnare alla variabile per ottenere il miglior valore possibile di una funzione che soddisfi particolari condizioni.
Questo si traduce nella ricerca del **massimo** o del **minimo assoluto** di una funzione in un intervallo. La funzione viene detta **funzione obiettivo**.
Esaminiamo un primo esempio in cui l'intervallo di definizione della funzione obiettivo è chiuso e limitato.

ESEMPIO

Dividiamo un segmento AB, di misura $\overline{AB} = a$, in due parti in modo che la somma delle aree dei quadrati costruiti su di esse sia minima.

Paragrafo 5. Problemi di ottimizzazione

La funzione obiettivo è:
$$y = \overline{AP}^2 + \overline{PB}^2.$$

Poniamo $\overline{AP} = x$, con $0 \le x \le a$.

Scriviamo y in funzione di x:
$$y = x^2 + (a-x)^2 \;\;\to\;\; y = 2x^2 - 2ax + a^2.$$

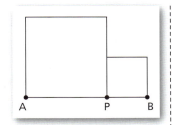

Calcoliamo la derivata prima:
$$y' = 4x - 2a.$$

Troviamo gli zeri della derivata e studiamo il suo segno.
$$y' = 0 \;\;\to\;\; x = \frac{a}{2}; \qquad y' > 0 \;\;\to\;\; x > \frac{a}{2}.$$

Compiliamo il quadro con y' e y.

$x = \dfrac{a}{2}$ è il punto di minimo cercato.

La somma minima delle aree dei quadrati è:
$$y\!\left(\frac{a}{2}\right) = 2\left(\frac{a}{2}\right)^2 - 2a\left(\frac{a}{2}\right) + a^2 = \frac{a^2}{2}.$$

▶ Sull'arco $\overset{\frown}{AB}$ di un settore circolare di raggio che misura r, centro O e ampiezza $\dfrac{2}{3}\pi$, prendi un punto P in modo che l'area del quadrilatero $AOBP$ sia massima.

Esaminiamo ora un esempio in cui l'intervallo di definizione della funzione non è chiuso.

ESEMPIO

Un foglio di carta rettangolare deve contenere un'area di stampa di 50 cm², con margini superiore e inferiore di 4 cm e margini laterali di 2 cm. Quali sono le dimensioni del foglio di carta di area minima che si può utilizzare?
Nella figura è rappresentato il foglio di carta $ABCD$ con area di stampa $A'B'C'D'$.
Poniamo $\overline{AB} = x$, $\overline{BC} = y$:
$$\overline{A'B'} = x - 8, \; \overline{B'C'} = y - 4, \quad \text{con } x > 8 \text{ e } y > 4.$$

L'area di stampa deve essere di 50 cm², quindi:
$$(x-8)(y-4) = 50 \;\;\to\;\; y = \frac{4x + 18}{x - 8}.$$

Pertanto:
$$\text{area}_{ABCD} = \overline{AB} \cdot \overline{BC} = xy = \frac{4x^2 + 18x}{x - 8}.$$

L'area è funzione di x e la funzione da minimizzare è:
$$A(x) = \frac{4x^2 + 18x}{x - 8}.$$

Calcoliamo la derivata prima e studiamo il suo segno.
$$A'(x) = \frac{(8x + 18)(x - 8) - (4x^2 + 18x)}{(x - 8)^2} = \frac{4(x + 2)(x - 18)}{(x - 8)^2}.$$

▶ Dagli estremi A e B di un segmento lungo 5 cm, prendi, perpendicolari ad AB e dalla stessa parte rispetto ad AB, i segmenti AP, lungo 2 cm, e BQ, lungo 4 cm. Determina il percorso minimo per andare da P a Q passando per un punto R di AB.

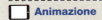 Animazione

▶ Determina la distanza minima di un punto dell'iperbole di equazione $xy = 4$, con $x > 0$, dalla retta di equazione $2x + y = 0$.

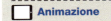 Animazione

1723

Capitolo 27. Massimi, minimi e flessi

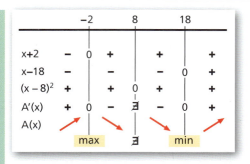

L'area $A(x)$ è minima per $x = 18$. Il corrispondente valore di y è:

$$y = \frac{18 + 4 \cdot 18}{18 - 8} = \frac{90}{10} = 9.$$

Il foglio di carta di area minima ha dimensioni 18 cm e 9 cm.

▶ Determina l'area massima del quadrilatero $OAPB$ della figura, inscritto nel quadrante di circonferenza OAB, al variare di P sull'arco $\overset{\frown}{AB}$.

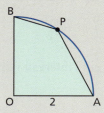

☐ **Animazione**

In sintesi

Per risolvere problemi di ottimizzazione:
- cerchiamo la **funzione obiettivo** da rendere massima o minima;
- poniamo le **condizioni** (o **vincoli**) relative alla variabile indipendente;
- determiniamo i massimi o i minimi della funzione;
- fra i valori trovati, accettiamo solo quelli che soddisfano le condizioni poste.

MATEMATICA INTORNO A NOI

Il problema di Plateau Spesso è difficile trovare una funzione che descriva la grandezza che si vuole ottimizzare. Si cercano allora strade alternative, come fece Joseph-Antoine-Ferdinand Plateau per risolvere il seguente problema: come si determina, fra tutte le superfici di contorno assegnato, quella di area minima?

▶ Perché Plateau risolse questo problema con le lamine di sapone?

☐ **La risposta**

Cerca nel Web: lamine saponate, esperimenti Plateau, superfici minime

1724

IN SINTESI
Massimi, minimi e flessi

Definizioni

- Data la funzione $y = f(x)$ di dominio D:
  - M è **massimo assoluto** di $f(x)$ se $M = f(x_0)$, $x_0 \in D \wedge M \geq f(x)$, $\forall x \in D$; x_0 è **punto di massimo assoluto**;
  - m è **minimo assoluto** di $f(x)$ se $m = f(x_0)$, $x_0 \in D \wedge m \leq f(x)$, $\forall x \in D$; x_0 è **punto di minimo assoluto**.

- Data una funzione $y = f(x)$, definita in un intervallo $[a; b]$, il punto x_0 di $[a; b]$ è di:
  - **massimo relativo** se esiste un intorno I di x_0 tale che $f(x_0) \geq f(x)$ $\forall x \in I$;
  - **minimo relativo** se esiste un intorno I di x_0 tale che $f(x_0) \leq f(x)$ $\forall x \in I$.

- Siano date la funzione $y = f(x)$, definita e derivabile nell'intervallo $[a; b]$, e la retta di equazione $y = t(x)$, tangente alla curva che rappresenta il grafico di $f(x)$ nel suo punto di ascissa x_0 interno all'intervallo.

  Se esiste un intorno completo I di x_0 tale che:
  - $f(x) > t(x) \forall x \in I \wedge x \neq x_0$, in x_0 la curva ha la **concavità** rivolta **verso l'alto**;
  - $f(x) < t(x) \forall x \in I \wedge x \neq x_0$, in x_0 la curva ha la **concavità** rivolta **verso il basso**.

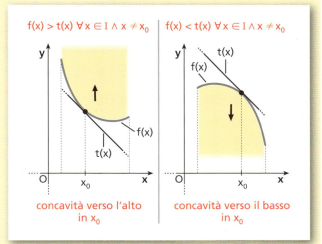

- Una curva ha la concavità verso l'alto (oppure verso il basso) **nell'intervallo $[a; b]$** se ha la concavità verso l'alto (o verso il basso) in ogni punto interno dell'intervallo.

- La funzione $y = f(x)$, definita e continua nell'intervallo $[a; b]$, ha in x_0, interno a $[a; b]$, un punto di **flesso** se, in x_0, il grafico di $f(x)$ cambia concavità. Un flesso, in un punto in cui esiste la tangente, può essere orizzontale, obliquo o verticale.

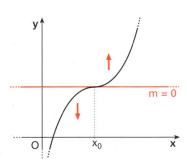

a. x_0 è punto di flesso orizzontale ascendente.

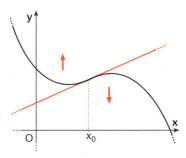

b. x_0 è punto di flesso obliquo discendente.

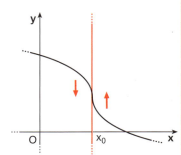

c. x_0 è punto di flesso verticale ascendente.

Capitolo 27. Massimi, minimi e flessi

■ Ricerca dei massimi, dei minimi e dei flessi orizzontali

- **Condizione necessaria per i massimi e minimi relativi (funzioni derivabili, punti interni)**
  Data una funzione $y = f(x)$, definita in un intervallo $[a; b]$ e derivabile in $]a; b[$, se $f(x)$ ha un massimo o un minimo relativo nel punto x_0, interno ad $[a; b]$, allora $f'(x_0) = 0$, cioè x_0 è un punto stazionario.

- **Condizione sufficiente per i massimi e minimi relativi**
  Data la funzione $y = f(x)$, definita e continua in un intorno completo I del punto x_0 e derivabile nello stesso intorno per ogni $x \neq x_0$, se per ogni $x \neq x_0$ dell'intorno:
  - si ha $f'(x_0) > 0$ per $x < x_0$ e $f'(x_0) < 0$ per $x > x_0$, allora x_0 è un punto di massimo relativo;
  - si ha $f'(x_0) < 0$ per $x < x_0$ e $f'(x_0) > 0$ per $x > x_0$, allora x_0 è un punto di minimo relativo.

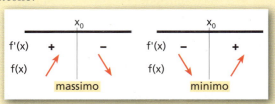

- **Condizione sufficiente per i flessi orizzontali**
  Data la funzione $y = f(x)$ definita e continua in un intorno completo del punto x_0 e derivabile nello stesso intorno, se:
  - $f'(x_0) = 0$,
  - il segno della derivata prima è lo stesso per ogni $x \neq x_0$ dell'intorno, allora x_0 è un punto di flesso orizzontale.

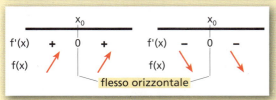

■ Flessi e derivata seconda

- **Condizione sufficiente per stabilire la concavità**
  Se $y = f(x)$ è una funzione definita e continua in un intervallo I, insieme con le sue derivate prima e seconda, in x_0, punto interno di I, il grafico della funzione volge:
  - la concavità verso l'alto se $f''(x_0) > 0$;
  - la concavità verso il basso se $f''(x_0) < 0$.

- **Condizione necessaria per i flessi**
  Sia $y = f(x)$ una funzione definita in un intervallo $[a; b]$ e tale che esistano le sue derivate prima e seconda. Se $f(x)$ ha un flesso nel punto x_0, interno ad $[a; b]$, la derivata seconda della funzione in quel punto si annulla, cioè: $f''(x_0) = 0$.

- **Condizione sufficiente per i flessi**
  Sia data la funzione $y = f(x)$ definita e continua in un intorno completo I del punto x_0 e tale che esistano le sue derivate prima e seconda per ogni $x \in I$, $x \neq x_0$.
  Se per ogni $x \neq x_0$ dell'intorno si ha
  - $f''(x) > 0$ per $x < x_0$ e $f''(x) < 0$ per $x > x_0$, oppure
  - $f''(x) < 0$ per $x < x_0$ e $f''(x) > 0$ per $x > x_0$,
  allora x_0 è un punto di flesso.

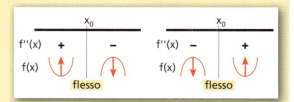

■ Problemi di ottimizzazione

Per risolvere un **problema di ottimizzazione**:
- si cerca la funzione da rendere massima o minima (**funzione obiettivo**);
- si pongono le **condizioni** (o **vincoli**) relativi alla variabile indipendente;
- si determinano i massimi o i minimi della funzione;
- fra i valori trovati, si accettano soltanto quelli che soddisfano le condizioni poste.

Paragrafo 1. Definizioni

CAPITOLO 27
ESERCIZI

1 Definizioni

▶ Teoria a p. 1706

Massimi e minimi

LEGGI IL GRAFICO

1 Individua i punti di massimo e di minimo, relativi e assoluti, delle seguenti funzioni nell'intervallo di definizione.

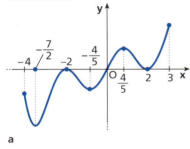

a

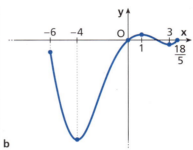

b

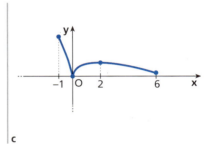

c

2 Individua i punti di massimo e di minimo delle seguenti funzioni nel loro dominio, specificando se sono relativi o assoluti.

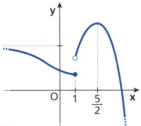

a

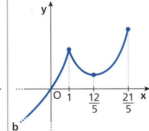

b

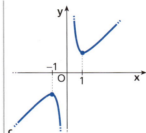

c

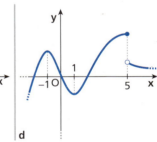

d

3 **VERO O FALSO?** Dal grafico di $f(x)$ si può dedurre che:

a. il massimo di $f(x)$ è 3.   V F
b. $f(x)$ ha due massimi relativi.   V F
c. il punto di minimo relativo è -1.   V F
d. $f(x)$ non ha minimo assoluto.   V F
e. 2 è un massimo relativo.   V F

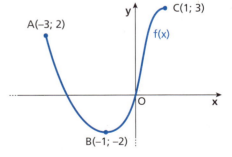

4 **TEST** Nella figura è disegnato il grafico della funzione $y = f(x)$. Quale proposizione è vera?

A $x = 2$ e $x = 4$ sono punti di massimo relativo.
B In $x = -2$, $f(x)$ ha un massimo relativo.
C $f(x)$ non ha minimi relativi.
D $x = 0$ e $x = 2$ sono punti di minimo relativo.
E Soltanto $f(-4)$ è massimo relativo.

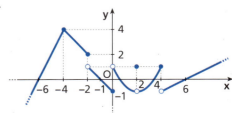

1727

Capitolo 27. Massimi, minimi e flessi

Traccia il grafico delle seguenti funzioni, indica se hanno dei punti di massimo o di minimo, relativi o assoluti, negli intervalli assegnati e scrivi il massimo e il minimo assoluto di *f(x)*.

5 $f(x) = -x^2 + 6x + 9$, $\quad [1; 4]$.

6 $f(x) = x^2 - 2x$, $\quad [-1; 2]$.

7 $f(x) = 1 + e^x$, $\quad]-\infty; 0]$.

8 $f(x) = 2\sin 2x$, $\quad [0; 2\pi]$.

9 $f(x) = \tan x$, $\quad \left[0; \frac{\pi}{2}\right[$.

10 $f(x) = -\ln(x+2)$, $\quad [-1; 0]$.

11 **VERO O FALSO?**

a. Esistono sempre il massimo assoluto e il minimo assoluto di una funzione continua.   V F
b. Un estremo relativo è il valore assunto dalla funzione in un punto estremante.   V F
c. Un punto di minimo assoluto è anche di minimo relativo.   V F
d. Se una funzione ha un punto di massimo assoluto, questo è unico.   V F

12 **FAI UN ESEMPIO** Disegna il grafico di una funzione definita in $\mathbb{R}$ che abbia il minimo assoluto uguale a -2, un minimo relativo per $x = 1$ e non ammetta massimo assoluto.

Concavità e flessi

13 Indica per ognuna delle seguenti funzioni se nei punti indicati la curva rivolge la concavità verso l'alto o verso il basso, oppure se i punti evidenziati corrispondono a punti di flesso.

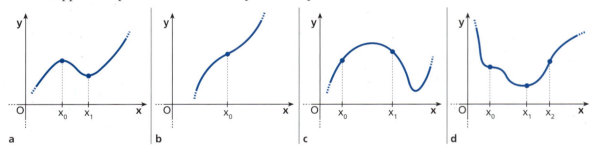

14 Nei seguenti grafici indica i punti di flesso, specificando se sono orizzontali, verticali o obliqui e se sono ascendenti o discendenti.

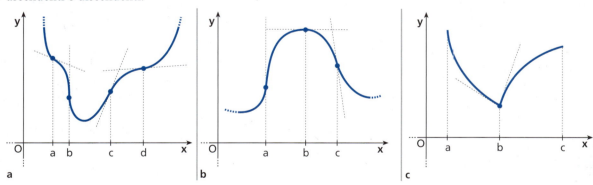

15 **ESERCIZIO GUIDA** Verifichiamo, applicando la definizione, che la funzione $f(x) = x^3 - 12x + 2$ ha un punto di massimo relativo in $x = -2$.

Paragrafo 1. Definizioni

Per verificare che $x = -2$ è punto di massimo relativo è necessario trovare un suo intorno completo nel quale si abbia per ogni x:

$$f(x) \leq f(-2) \ \to \ x^3 - 12x + 2 \leq -8 + 24 + 2.$$

Risolviamo la disequazione:

$$x^3 - 12x + 2 \leq 18 \ \to \ x^3 - 12x - 16 \leq 0 \ \to \ (x+2)^2(x-4) \leq 0.$$

Poiché è $(x+2)^2 \geq 0$ per ogni x, la disequazione è verificata per $x \leq 4$ e quindi sicuramente in un intorno completo di -2, perciò -2 è punto di massimo relativo.

Applicando le definizioni di massimo e minimo, verifica quanto è indicato a fianco di ogni funzione.

16 $\quad y = |x - 5|$, $\qquad\qquad\qquad x = 5$ punto di minimo relativo e assoluto.

17 $\quad y = 2x^4 + x^2 + 3$, $\qquad\qquad x = 0$ punto di minimo relativo e assoluto.

18 $\quad y = \dfrac{x}{(x+3)^2}$, $\qquad\qquad\quad x = 3$ punto di massimo relativo e assoluto.

19 $\quad y = \sqrt{4 - x^2}$, $\qquad\qquad\quad x = 0$ punto di massimo relativo e assoluto,
$\qquad\qquad\qquad\qquad\qquad\qquad\quad x = \pm 2$ punti di minimo relativi e assoluti.

20 $\quad y = x^3 + x^2 - x$, $\qquad\qquad x = -1$ punto di massimo relativo.

21 $\quad y = \sqrt{8x - 4x^2}$, $\qquad\qquad x = 1$ punto di massimo relativo e assoluto,
$\qquad\qquad\qquad\qquad\qquad\qquad\quad x = 0$ e $x = 2$ punti di minimo relativi e assoluti.

22 $\quad y = |x^2 - 4x|$, $\qquad\qquad\quad x = 2$ punto di massimo relativo,
$\qquad\qquad\qquad\qquad\qquad\qquad\quad x = 0$ e $x = 4$ punti di minimo relativi e assoluti.

23 $\quad y = 2x^3 - 6x + 9$, $\qquad\qquad x = -1$ punto di massimo relativo,
$\qquad\qquad\qquad\qquad\qquad\qquad\quad x = 1$ punto di minimo relativo.

24 Verifica che la funzione $\ f(x) = x^2 e^x \ $ ha un punto di minimo relativo in $x = 0$. Determina poi il massimo e il minimo assoluto della funzione nell'intervallo $[-1; 1]$, sapendo che non ci sono altri estremanti relativi nell'intervallo.
$\hfill [x = 0: \text{min ass.}; \ x = e: \text{max ass.}]$

25 **ESERCIZIO GUIDA** Verifichiamo, con la definizione, che la funzione $g(x) = \dfrac{2x}{1 - x^2}$ ha un flesso obliquo ascendente in $x = 0$.

Per verificare che il punto x_0 è di flesso, occorre dimostrare che, in x_0, $g(x)$ cambia concavità, cioè $g(x) < t(x)$ per $x < x_0$ e $g(x) > t(x)$ per $x > x_0$ (o viceversa), essendo $y = t(x)$ l'equazione della tangente in $(x_0; g(x_0))$.

Per $x = 0$, si ha $g(0) = 0$. Essendo $g'(x) = \dfrac{2(1 + x^2)}{(1 - x^2)^2}$, si ha $g'(0) = 2$. L'equazione della tangente nel punto $x = 0$ è:

$$y - 0 = 2(x - 0) \ \to \ y = 2x \ \to \ t(x) = 2x.$$

Risolviamo la disequazione che si ottiene con $g(x) < t(x)$:

$$\frac{2x}{1 - x^2} < 2x \ \to \ \frac{2x - 2x(1 - x^2)}{1 - x^2} < 0 \ \to \ \frac{2x^3}{1 - x^2} < 0.$$

▶

1729

Capitolo 27. Massimi, minimi e flessi

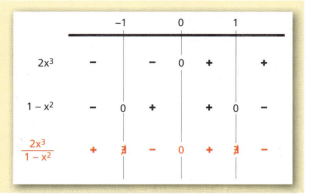

Studiamo il segno della frazione.
Dallo schema deduciamo che la disequazione è verificata in un intorno sinistro di 0, dove si ha quindi $g(x) < t(x)$, mentre in un intorno destro di 0 la frazione è positiva e quindi $g(x) > t(x)$. In 0 abbiamo quindi un flesso che è obliquo in quanto la tangente in $(0; 0)$ non è parallela a uno degli assi.
Il flesso è ascendente perché per $x < 0$ la concavità è rivolta verso il basso, essendo $g(x) < t(x)$, e per $x > 0$ la concavità è rivolta verso l'alto, essendo $g(x) > t(x)$.

Applicando la definizione di flesso, verifica quanto è indicato a fianco di ogni funzione.

26 $y = x^4 - 6x^2$, $\quad x = -1$ punto di flesso obliquo discendente.

27 $y = x^3 - 4x$, $\quad x = 0$ punto di flesso obliquo ascendente.

28 $y = \dfrac{2x^3}{x+2}$, $\quad x = 0$ punto di flesso orizzontale ascendente.

29 $y = x^3 e^{-x}$, $\quad x = 0$ punto di flesso orizzontale ascendente.

30 $y = \dfrac{1}{2} \sin 2x + \cos x$ in $[0; 2\pi]$, $\quad x = \dfrac{3}{2}\pi$ punto di flesso orizzontale ascendente.

31 Verifica che la funzione $f(x) = -x^3 + 3x$ ha un punto di minimo relativo in $x = -1$, un punto di massimo relativo in $x = 1$ e un flesso in $x = 0$. Stabilisci il tipo di flesso e trova l'equazione della retta tangente.

$[x = 0: \text{fl. ob. discendente}; \, y = 3x]$

2 Massimi, minimi, flessi orizzontali e derivata prima |▶ Teoria a p. 1710

Massimi, minimi e flessi orizzontali di funzioni derivabili

32 **ESERCIZIO GUIDA** Troviamo i punti di massimo e di minimo relativo e di flesso orizzontale della funzione:

$$f(x) = \dfrac{1}{4}x^4 - \dfrac{4}{3}x^3 + 2x^2.$$

La funzione è definita e continua per ogni $x \in \mathbb{R}$.

- **Calcoliamo la derivata prima e determiniamo il suo dominio.**

$$f'(x) = x^3 - 4x^2 + 4x = x(x^2 - 4x + 4) = x(x-2)^2.$$

$f'(x)$ esiste $\forall x \in \mathbb{R}$.

- $f'(x) = 0$: $x(x-2)^2 = 0 \to x = 0 \vee x = 2$.
Quindi $x = 0$ e $x = 2$ sono punti stazionari.

- **Studiamo il segno di $f'(x)$.**

$$x(x-2)^2 > 0.$$

Il primo fattore è positivo per $x > 0$ e per il secondo fattore abbiamo $(x-2)^2 > 0$ per $x \neq 2$.

Paragrafo 2. Massimi, minimi, flessi orizzontali e derivata prima

Compiliamo il quadro dei segni (figura a lato).
Dallo schema deduciamo che:
- per $x = 0$ si ha un punto di minimo relativo di coordinate $(0; 0)$, essendo $f(0) = 0$;
- per $x = 2$ si ha un flesso orizzontale perché il segno della derivata prima è lo stesso in un intorno di 2; tale punto ha coordinate $\left(2; \dfrac{4}{3}\right)$, essendo $f(2) = \dfrac{4}{3}$.

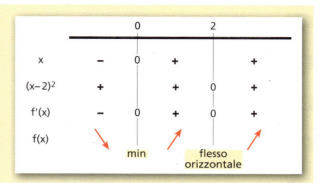

Trova i punti di massimo e di minimo relativo e di flesso orizzontale delle seguenti funzioni.
(Qui e in seguito nelle soluzioni indichiamo con max e min le ascisse dei punti di massimo e di minimo, con fl. quella dei punti di flesso.)

33 $y = 2x^3 + 6x^2$ $\quad [x = -2 \text{ max}; x = 0 \text{ min}]$

34 $y = (x - 3)^3$ $\quad [x = 3 \text{ fl. orizz.}]$

35 $y = x^3 + 9x^2 + 27x$ $\quad [x = -3 \text{ fl. orizz.}]$

36 $y = 3x^4 + 8x^3$ $\quad [x = -2 \text{ min}; x = 0 \text{ fl. orizz.}]$

37 $y = 3x^5 - 20x^3$
$\quad [x = 0 \text{ fl. orizz.}; x = -2 \text{ max}; x = 2 \text{ min}]$

38 $y = 3x^4 - 2x^3 - 3x^2$
$\quad \left[x = 0 \text{ max}; x = -\dfrac{1}{2}, x = 1 \text{ min}\right]$

39 $y = x^3 - 3x^2 + 1$ $\quad [x = 0 \text{ max}; x = 2 \text{ min}]$

40 $y = \dfrac{x^3}{3} - x^2 + x$ $\quad [x = 1 \text{ fl. orizz.}]$

41 $y = \dfrac{x^4}{4} - \dfrac{2}{3}x^3$ $\quad [x = 0 \text{ fl. orizz.}; x = 2 \text{ min}]$

42 $y = x^4 + 4x$ $\quad [x = -1 \text{ min}]$

43 $y = \dfrac{1}{5}x^5 + \dfrac{1}{3}x^3$ $\quad [x = 0 \text{ fl. orizz.}]$

44 $y = 6x^5 - 10x^3$
$\quad [x = -1 \text{ max}; x = 0 \text{ fl. orizz.}; x = 1 \text{ min}]$

45 $y = \dfrac{x^4}{4} - 2x^3 + 1$ $\quad [x = 0 \text{ fl. orizz.}; x = 6 \text{ min}]$

46 $y = \dfrac{x^4}{2} - x^3 + x + 8$
$\quad \left[x = -\dfrac{1}{2} \text{ min}; x = 1 \text{ fl. orizz.}\right]$

47 $y = \dfrac{x^5}{5} - \dfrac{x^4}{2} - \dfrac{7}{3}x^3 - 2x^2$
$\quad [x = -1 \text{ fl. orizz.}; x = 0 \text{ max}; x = 4 \text{ min}]$

48 $y = \dfrac{2x - 1}{x + 3}$ $\quad [\nexists \text{ max, min, fl. orizz.}]$

49 $y = \dfrac{5}{x^2 + 5}$ $\quad [x = 0 \text{ max}]$

50 $y = \dfrac{x}{x^2 + 9}$ $\quad [x = -3 \text{ min}; x = 3 \text{ max}]$

51 $y = \dfrac{x^3}{(1 - x)^2}$ $\quad [x = 0 \text{ fl. orizz.}; x = 3 \text{ min}]$

52 $y = \dfrac{1}{x^2 - 4}$ $\quad [x = 0 \text{ max}]$

53 $y = \dfrac{x^2 - x - 1}{x^2 - x + 1}$ $\quad \left[x = \dfrac{1}{2} \text{ min}\right]$

54 $y = \dfrac{2x^2}{x - 1}$ $\quad [x = 0 \text{ max}; x = 2 \text{ min}]$

55 $y = \dfrac{-x^2 + x - 1}{2x^2 - 3x + 3}$ $\quad [x = 0 \text{ max}; x = 2 \text{ min}]$

56 $y = \dfrac{1}{x^2 - 3x + 2}$ $\quad \left[x = \dfrac{3}{2} \text{ max}\right]$

57 $y = \dfrac{x^2 - 3x + 1}{2x^2 - 3x + 1}$ $\quad \left[x = 0 \text{ max}; x = \dfrac{2}{3} \text{ min}\right]$

58 $y = \dfrac{-x^2 + 3x}{2x - 8}$ $\quad [x = 2 \text{ min}; x = 6 \text{ max}]$

59 $y = \dfrac{x^2 - 4}{x^2 - 1}$ $\quad [x = 0 \text{ min}]$

60 $y = \dfrac{x - 3}{(x - 2)^3}$ $\quad \left[x = \dfrac{7}{2} \text{ max}\right]$

61 $y = \dfrac{x^3 - 3x^2 + 4}{x^2}$ $\quad [x = 2 \text{ min}]$

62 $y = \dfrac{1}{x^3 - x^2}$ $\quad \left[x = \dfrac{2}{3} \text{ max}\right]$

63 $y = \dfrac{(x + 1)(x - 2)}{(x - 3)^2}$ $\quad \left[x = \dfrac{7}{5} \text{ min}\right]$

1731

Capitolo 27. Massimi, minimi e flessi

64 $y = \dfrac{6x^4 + 2}{x^3}$ $\quad [x = -1 \text{ max}; x = 1 \text{ min}]$

65 $y = \dfrac{x^2 - 2x + 1}{x^2 + x + 1}$ $\quad [x = -1 \text{ max}; x = 1 \text{ min}]$

66 $y = \sqrt{2x^2 + 1}$ $\quad [x = 0 \text{ min}]$

67 $y = \sqrt{x^2 - 2x + 5}$ $\quad [x = 1 \text{ min}]$

68 $y = \dfrac{-2}{\sqrt{x^2 + 4}}$ $\quad [x = 0 \text{ min}]$

69 $y = \ln(-x^2 - 2x + 3)$ $\quad [x = -1 \text{ max}]$

70 $y = (x^2 - 4x + 5)e^x$ $\quad [x = 1 \text{ fl. orizz.}]$

71 $y = x^3 e^x$ $\quad [x = 0 \text{ fl. orizz.}; x = -3 \text{ min}]$

72 $y = \dfrac{1}{2} e^{-x^2}$ $\quad [x = 0 \text{ max}]$

73 $y = \ln x - x$ $\quad [x = 1 \text{ max}]$

74 $y = x \ln x$ $\quad \left[x = \dfrac{1}{e} \text{ min}\right]$

75 $y = e^x - x$ $\quad [x = 0 \text{ min}]$

76 $y = \dfrac{x^3}{3} e^{-x}$ $\quad [x = 0 \text{ fl. orizz.}; x = 3 \text{ max}]$

77 $y = 2x^2 \ln x$ $\quad \left[x = \dfrac{1}{\sqrt{e}} \text{ min}\right]$

78 $y = \dfrac{\ln x}{x}$ $\quad [x = e \text{ max}]$

79 $y = \dfrac{\ln x}{4x^2}$ $\quad [x = \sqrt{e} \text{ max}]$

80 $y = 18 \ln x - \dfrac{3}{4} x^2$ $\quad [x = 2\sqrt{3} \text{ max}]$

81 $y = 2x \ln x - 5x$ $\quad [x = e\sqrt{e} \text{ min}]$

82 $y = e^{2x-1} + \dfrac{2}{3} e^{-3x} + 6$ $\quad \left[x = \dfrac{1}{5} \text{ min}\right]$

83 $y = x^3 e^x - 4e^x + 2$ $\quad [x = -2 \text{ fl. orizz.}; x = 1 \text{ min}]$

---

84 $y = 4\cos^2 x + 4\cos x - 1$, in $[0; \pi]$. $\quad \left[x = \dfrac{2}{3}\pi \text{ min}; x = 0, x = \pi \text{ max}\right]$

85 $y = 1 + 2\cos 2x + 4\sin x$, in $[0; 2\pi[$. $\quad \left[x = \dfrac{\pi}{6} \text{ e } x = \dfrac{5}{6}\pi \text{ max}; x = \dfrac{\pi}{2} \text{ e } x = \dfrac{3}{2}\pi \text{ min}\right]$

86 $y = \arctan x - x$ $\quad [x = 0 \text{ fl. orizz.}]$

87 $y = 2 \sin 2x$, in $[0; \pi]$. $\quad \left[x = \dfrac{\pi}{4}, x = \pi \text{ max}; x = 0, x = \dfrac{3}{4}\pi \text{ min}\right]$

88 $y = 3\cos^2 x$, in $[0; \pi]$. $\quad \left[x = \dfrac{\pi}{2} \text{ min}; x = 0, x = \pi \text{ max}\right]$

89 $y = \dfrac{1}{\cos x}$ $\quad [x = \pi + 2k\pi \text{ max}; x = 2k\pi \text{ min}]$

90 $y = -\sin 2x + 4\cos x + 3x$, in $[0; 2\pi]$. $\quad \left[x = \dfrac{\pi}{6}, x = \dfrac{5}{6}\pi \text{ fl. orizz.}\right]$

91 $y = 2\sin x + \cos 2x + 6$, in $[0; 2\pi]$. $\quad \left[x = \dfrac{\pi}{6}, x = \dfrac{5}{6}\pi \text{ max}; x = \dfrac{\pi}{2}, x = \dfrac{3}{2}\pi \text{ min}\right]$

92 $y = \dfrac{\sin x}{1 - \sin x}$, in $]0; 2\pi[$. $\quad \left[x = \dfrac{3}{2}\pi \text{ min}\right]$

93 $y = \dfrac{1 + \cos x}{1 + \sin x}$, in $[0; 2\pi]$. $\quad [x = \pi \text{ min}]$

94 Verifica che la funzione $f(x) = x + \sin x$ ammette infiniti punti di flesso orizzontale ed è strettamente crescente in tutto il dominio.

Paragrafo 2. Massimi, minimi, flessi orizzontali e derivata prima

Punti di massimo e minimo relativi di funzioni non ovunque derivabili

Funzioni con punti angolosi

95 **ESERCIZIO GUIDA** Troviamo i punti di massimo e di minimo relativi della funzione

$$f(x) = \begin{cases} \dfrac{1}{(x-1)^2} & \text{se } x < 0 \\ x^2 - 2x + 1 & \text{se } x \geq 0 \end{cases},$$

distinguendo i punti stazionari da quelli angolosi.

La funzione è definita e continua in $\mathbb{R}$.

- Calcoliamo la derivata prima e determiniamo il suo dominio:

$$f'(x) = \begin{cases} \dfrac{-2(x-1)}{(x-1)^4} = \dfrac{-2}{(x-1)^3} & \text{se } x < 0 \\ 2x - 2 & \text{se } x > 0 \end{cases}$$

Per $x = 0$, $f'(x)$ non esiste in quanto $f'_-(0) = 2$ e $f'_+(0) = -2$.

- $f'(x) = 0$ soltanto se:

$$2x - 2 = 0 \rightarrow x = 1.$$

Quindi $x = 1$ è l'unico punto stazionario.

- Studiamo il segno di $f'(x)$.

Per $x < 0$, $\dfrac{-2}{(x-1)^3} > 0$ se $x < 1$, quindi:

$$f'(x) > 0 \quad \text{se } x < 0.$$

Per $x > 0$, $2x - 2 > 0$ se $x > 1$.

Dallo schema deduciamo che $x = 0$ è un punto di massimo relativo e $x = 1$ è un punto di minimo relativo.
Essendo $f(0) = 1$ e $f(1) = 0$, i corrispondenti punti del grafico sono $(0; 1)$ e $(1; 0)$.

Osservazione. Il punto $x = 0$ è un punto di massimo perché la funzione, pur non essendo derivabile, è continua e la derivata cambia segno nell'intorno di 0, come richiede la condizione sufficiente. Nella figura a fianco puoi osservare il grafico della funzione.

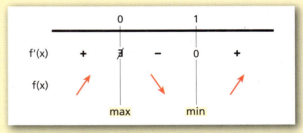

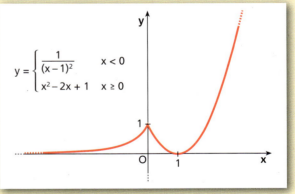

Trova i punti di massimo e di minimo relativi delle seguenti funzioni, distinguendo i punti stazionari da quelli angolosi.

96 $y = \begin{cases} x^2 + 4x & \text{se } x < 0 \\ -3x & \text{se } x \geq 0 \end{cases}$ $\left[x = -2 \text{ min (staz.)}; \ x = 0 \text{ max} \right]$

97 $y = |x^2 - x| + 3$ $\left[x = \dfrac{1}{2} \text{ max (staz.)}; \ x = 0, \ x = 1 \text{ min} \right]$

98 $y = \begin{cases} x^2 + x & \text{se } x < 0 \\ x^3 - 6x^2 + 9x & \text{se } x \geq 0 \end{cases}$ $\left[x = -\dfrac{1}{2}, \ x = 3 \text{ min (staz.)}; \ x = 1 \text{ max (staz.)} \right]$

99 $y = \begin{cases} -2x + 3 & \text{se } x \leq 1 \\ -x^3 + 3x^2 + 9x - 10 & \text{se } x > 1 \end{cases}$ $\left[x = 1 \text{ min}; \ x = 3 \text{ max (staz.)} \right]$

1733

Capitolo 27. Massimi, minimi e flessi

100 $y = \begin{cases} x^3 + 1 & \text{se } x \leq 0 \\ x^4 - 4x + 1 & \text{se } x > 0 \end{cases}$ $\qquad$ [$x = 0$ max; $x = 1$ min (staz.)]

101 $y = \begin{cases} \dfrac{9}{x + 2} & \text{se } x < 1 \\ \sqrt{x} + 2 & \text{se } x \geq 1 \end{cases}$ $\qquad$ [$x = 1$ min]

102 $y = \left| \dfrac{x - 1}{x + 2} \right|$ $\qquad$ [$x = 1$ min]

103 $y = \dfrac{|x^3|}{x^2 - 1}$ $\qquad$ [$x = 0$ max (staz.); $x = \pm\sqrt{3}$ min (staz.)]

104 $y = \begin{cases} x^2 + 2x + 2 & \text{se } x \leq 1 \\ 2^{2-x} + 3 & \text{se } x > 1 \end{cases}$ $\qquad$ [$x = -1$ min (staz.); $x = 1$ max]

Funzioni con punti di cuspide

105 **ESERCIZIO GUIDA** Troviamo i punti di massimo e di minimo relativi della seguente funzione, specificando se sono punti di cuspide:

$$f(x) = \sqrt[3]{(x - 3)^2}.$$

La funzione è continua in $\mathbb{R}$.

- Calcoliamo la derivata prima e determiniamo il suo dominio.

Poiché si può scrivere $f(x) = (x - 3)^{\frac{2}{3}}$, si ha:

$$f'(x) = \frac{2}{3}(x - 3)^{\frac{2}{3} - 1} = \frac{2}{3\sqrt[3]{x - 3}}.$$

La derivata non esiste per $x = 3$.

- Risolviamo $f'(x) = 0$. L'equazione

$$\frac{2}{3\sqrt[3]{x - 3}} = 0$$

non ha soluzioni, quindi non ci sono punti stazionari.

- Studiamo il segno di $f'(x)$:

$$f'(x) > 0 \rightarrow \frac{2}{3\sqrt[3]{x - 3}} > 0 \rightarrow x > 3.$$

Compiliamo il quadro dei segni (figura **a**).

In $x = 3$ si ha un punto di minimo relativo, di coordinate $(3; 0)$.

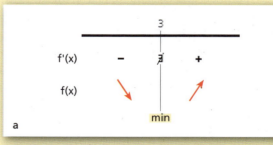
a

Notiamo che nel punto $x = 3$ la derivata non esiste perché:

$$\lim_{x \to 3^-} f'(x) = -\infty \quad \text{e} \quad \lim_{x \to 3^+} f'(x) = +\infty.$$

Il punto $x = 3$ è una cuspide. Nella figura **b** puoi osservare il grafico della funzione.

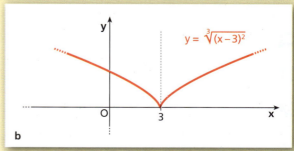
b

Riepilogo: Massimi e minimi relativi e flessi orizzontali

Determina i punti di massimo e di minimo relativi delle seguenti funzioni, specificando quando si tratta di cuspidi.

106 $y = \sqrt[3]{x^2} - x$ $\left[x = 0 \text{ min (cuspide)}; x = \dfrac{8}{27} \text{ max}\right]$

107 $y = \sqrt[3]{x^3 - x^2}$ $\left[x = 0 \text{ max (cuspide)}; x = \dfrac{2}{3} \text{ min}\right]$

108 $y = x - \dfrac{3}{2}\sqrt[3]{x^2} + 2$ $[x = 0 \text{ max (cuspide)}; x = 1 \text{ min}]$

109 $y = 1 - \sqrt[3]{x^2 - 2x + 1}$ $[x = 1 \text{ max (cuspide)}]$

110 $y = \sqrt[3]{(x-1)^2}$ $[x = 1 \text{ min (cuspide)}]$

111 $y = \sqrt[5]{x^2}$ $[x = 0 \text{ min (cuspide)}]$

112 $y = \dfrac{3}{2}\sqrt[3]{(1-2x)^2}$ $\left[x = \dfrac{1}{2} \text{ min (cuspide)}\right]$

113 $y = 1 - \sqrt[3]{x^3 + x^2}$ $\left[x = -\dfrac{2}{3} \text{ min}; x = 0 \text{ max (cuspide)}\right]$

Riepilogo: Massimi e minimi relativi e flessi orizzontali

TEST

114 Considera la funzione
$$f(x) = 2x^3 - 15x^2 + 24x + 6.$$
Una delle seguenti affermazioni che la riguardano è *falsa*: quale?
- **A** $x = 1$ è un punto stazionario.
- **B** $f(x)$ è ovunque crescente.
- **C** $f(x)$ ha un punto di massimo relativo e un punto di minimo relativo.
- **D** $f(x)$ è decrescente nell'intervallo $[1; 4]$.
- **E** $x = 4$ è un punto stazionario.

115 Se $f(x)$ ha un massimo in $c = 1$, allora:
- **A** $f(x)$ può essere discontinua in c.
- **B** $f(x)$ deve essere derivabile.
- **C** il grafico di $f(x)$ ha nel punto c la tangente orizzontale.
- **D** $f'(1) = 0$.
- **E** $f(x)$ è continua ma non necessariamente derivabile in c.

116 La funzione $f: \mathbb{R} \to \mathbb{R}$ definita da
$$f(x) = x^2 - |2x - 1|:$$
- **A** ha un punto di massimo relativo ed un punto di minimo relativo.
- **B** ha due punti di minimo relativo ed un punto di massimo relativo.
- **C** ha due punti di minimo relativo e nessun punto di massimo relativo.
- **D** nessuna delle altre risposte è corretta.

(*Università di Modena, Corso di laurea in Matematica, Test propedeutico*)

117 Sia f una funzione derivabile e con derivata prima strettamente positiva in tutti i punti interni al suo dominio. Allora:
- **A** f non ha punti di massimo o di minimo.
- **B** f è strettamente crescente nel suo dominio.
- **C** f è suriettiva.
- **D** f non ammette punti di flesso a tangente orizzontale.

(*Politecnico di Torino, Test di autovalutazione*)

118 VERO O FALSO?

a. Se $f'(x_0) = 0$, allora $f(x)$ ha in x_0 un punto di massimo o di minimo relativo.   V F

b. In un punto angoloso x_0 la funzione non può mai avere massimo o minimo.   V F

c. In un punto x_0 di flesso orizzontale di una funzione $f(x)$ si ha $f'(x_0) = 0$.   V F

d. Se in un intorno completo del punto x_0 si hanno $f'(x) > 0$ e $f'(x_0) = 0$, allora x_0 è un punto di flesso orizzontale.   V F

Capitolo 27. Massimi, minimi e flessi

119 ASSOCIA a ciascuna funzione il suo punto di massimo relativo.

a. $y = \frac{1}{3}x^3 + \frac{1}{2}x^2 - 2x$ b. $y = -x^3 + 2x^2 - x$ c. $y = \frac{1}{3}x^3 - x^2 - 3x$ d. $y = -\frac{1}{3}x^3 + \frac{3}{2}x^2 - 2x$

1. $x_0 = -1$ 2. $x_0 = 2$ 3. $x_0 = 1$ 4. $x_0 = -2$

Trova i punti di massimo e di minimo relativi e quelli di flesso orizzontale delle seguenti funzioni, evidenziando anche i punti angolosi e di cuspide.

120 $y = \frac{x^4}{4} + 4$ $\quad [x = 0 \text{ min}]$

121 $y = x^3 - 3x^2 + 2$ $\quad [x = 0 \text{ max}; x = 2 \text{ min}]$

122 $y = x^4 - 2x^2 + 2$ $\quad [x = -1, x = 1 \text{ min}; x = 0 \text{ max}]$

123 $y = x^5 + 1$ $\quad [x = 0 \text{ fl. orizz.}]$

124 $y = 3x^7 - 7x^6 + 1$ $\quad [x = 0 \text{ max}; x = 2 \text{ min}]$

125 $y = 3x - x^3$ $\quad [x = -1 \text{ min}; x = 1 \text{ max}]$

126 $y = \frac{x^4}{2} + \frac{x^3}{3} + \frac{1}{4}$ $\quad \left[x = -\frac{1}{2} \text{ min}; x = 0 \text{ fl. orizz.}\right]$

127 $y = \begin{cases} 2x + 1 & \text{se } x < 0 \\ x^2 - 2x + 1 & \text{se } x \geq 0 \end{cases}$
$\quad [x = 0 \text{ max (p. ang.)}; x = 1 \text{ min}]$

128 $y = 2x^4 + 3x^3 + 4$ $\quad \left[x = 0 \text{ fl. orizz.}; x = -\frac{9}{8} \text{ min}\right]$

129 $y = x^4 - \frac{8}{3}x^3 + 2x^2 + 3$ $\quad [x = 0 \text{ min}; x = 1 \text{ fl. orizz.}]$

130 $y = x - 1 + \frac{3}{x} - \frac{1}{x^2}$ $\quad [x = -2 \text{ max}; x = 1 \text{ fl. orizz.}]$

131 $y = \frac{x^3}{3x + 3}$ $\quad \left[x = 0 \text{ fl. orizz.}; x = -\frac{3}{2} \text{ min}\right]$

132 $y = \frac{2x^3 + 27}{x^2}$ $\quad [x = 3 \text{ min}]$

133 $y = \frac{2 - x}{x^2}$ $\quad [x = 4 \text{ min}]$

134 $y = 2x + \frac{8}{x}$ $\quad [x = -2 \text{ max}; x = 2 \text{ min}]$

135 $y = \frac{1}{x^{10} - 1}$ $\quad [x = 0 \text{ max}]$

136 $y = \frac{x^2 - 1}{2x - 2}$ $\quad [\text{né max, né min, né flessi}]$

137 $y = \frac{4x^3 + 1}{x}$ $\quad \left[x = \frac{1}{2} \text{ min}\right]$

138 $y = \frac{3x - 4}{x^2 + 1}$ $\quad \left[x = -\frac{1}{3} \text{ min}; x = 3 \text{ max}\right]$

139 $y = \frac{x^3}{x - 3}$ $\quad \left[x = 0 \text{ fl. orizz.}; x = \frac{9}{2} \text{ min}\right]$

140 $y = x - 1 + \frac{1}{x - 3}$ $\quad [x = 2 \text{ max}; x = 4 \text{ min}]$

141 $y = \frac{x^3}{x^2 + x - 1}$
$\quad [x = 1 \text{ min}; x = -3 \text{ max}; x = 0 \text{ fl. orizz.}]$

142 $y = \frac{3 - x^2}{x + 2}$ $\quad [x = -3 \text{ min}; x = -1 \text{ max}]$

143 $y = \frac{x^2 - 2x - 2}{x^2}$ $\quad [x = -2 \text{ max}]$

144 $y = \frac{x^2 - 4x + 5}{(x - 1)^2}$ $\quad [x = 3 \text{ min}]$

145 $y = \frac{5 - x}{x^2 - 6x + 9}$ $\quad [x = 7 \text{ min}]$

146 $y = x - \frac{x - 2}{x - 1}$ $\quad [x = 0 \text{ max}; x = 2 \text{ min}]$

147 $y = \frac{1}{x^2 + 6x + 8}$ $\quad [x = -3 \text{ max}]$

148 $y = -2\sqrt{x} + x$ $\quad [x = 0 \text{ max}; x = 1 \text{ min}]$

149 $y = 2 - \sqrt{x - 3}$ $\quad [x = 3 \text{ max}]$

150 $y = 1 + \sqrt[3]{(x + 3)^2}$ $\quad [x = -3 \text{ min (cuspide)}]$

151 $y = 2x\sqrt{x + 1}$ $\quad \left[x = -1 \text{ max}; x = -\frac{2}{3} \text{ min}\right]$

152 $y = \sqrt[3]{x^2 - x}$ $\quad \left[x = \frac{1}{2} \text{ min}\right]$

153 $y = \sqrt{4x - x^2}$ $\quad [x = 2 \text{ max}; x = 0 \text{ min}; x = 4 \text{ min}]$

154 $y = -2\sqrt{x + 2} + x - 2$ $\quad [x = -2 \text{ max (cuspide)}; x = -1 \text{ min}]$

155 $y = 2 - \sqrt{3x - x^2}$ $\quad \left[x = 0, x = 3 \text{ max (cuspide)}; x = \frac{3}{2} \text{ min}\right]$

1736

Riepilogo: Massimi e minimi relativi e flessi orizzontali

156 $y = \sqrt{\dfrac{1}{x^2+1}}$ $\qquad [x = 0 \text{ max}]$

157 $y = \sqrt{\dfrac{x^2+7}{x+4}}$ $\qquad [x = -4 + \sqrt{23} \text{ min}]$

158 $y = e^{2x} - 2x$ $\qquad [x = 0 \text{ min}]$

159 $y = e^{\frac{2x^2}{x-1}}$ $\qquad [x = 0 \text{ max}; x = 2 \text{ min}]$

160 $y = e^x + e^{-x}$ $\qquad [x = 0 \text{ min}]$

161 $y = 2xe^{-x}$ $\qquad [x = 1 \text{ max}]$

162 $y = 3x^2 e^x$ $\qquad [x = -2 \text{ max}; x = 0 \text{ min}]$

163 $y = e^{8-2x^2} + 2x^2 - 1$ $\qquad [x = \pm 2 \text{ min}; x = 0 \text{ max}]$

164 $y = \ln(x+2) - 3x$ $\qquad \left[x = -\dfrac{5}{3} \text{ max}\right]$

165 $y = 2\ln x - 8x$ $\qquad \left[x = \dfrac{1}{4} \text{ max}\right]$

166 $y = |2 \ln x| - 3$ $\qquad [x = 1 \text{ min (p. ang.)}]$

167 $y = \ln \sin x - x$ $\qquad \left[x = \dfrac{\pi}{4} + 2k\pi \text{ max}\right]$

168 $y = \dfrac{3}{\sin x}$, in $[0; 2\pi]$.
$\left[x = \dfrac{\pi}{2} \text{ min}; x = \dfrac{3}{2}\pi \text{ max}\right]$

169 $y = \dfrac{1 + \sin x}{3 \sin x}$
$\left[x = \dfrac{\pi}{2} + 2k\pi \text{ min}; x = \dfrac{3}{2}\pi + 2k\pi \text{ max}\right]$

170 $y = \dfrac{\sin^2 x}{2 \sin x + 1}$, in $[0; 2\pi]$.
$\left[x = 0, x = \pi, x = 2\pi \text{ min}; x = \dfrac{\pi}{2}, x = \dfrac{3}{2}\pi \text{ max}\right]$

171 $y = |2x^2 - 4x|$
$[x = 0 \text{ min (p. ang.)}; x = 2 \text{ min (p. ang.)}; x = 1 \text{ max}]$

172 $y = -x^2 + 6x - |x + 3|$
$\left[x = -3 \text{ (p. ang.)}; x = \dfrac{5}{2} \text{ max}\right]$

173 $y = \begin{cases} \dfrac{x-1}{x} & \text{se } x \leq 1 \\ 1 - x^2 & \text{se } x > 1 \end{cases}$ $\qquad [x = 1 \text{ max (p. ang.)}]$

174 $y = |-x^2 + 6x| - x + 3$
$\left[x = \dfrac{5}{2} \text{ max}; x = 6 \text{ min (p. ang.)}; x = 0 \text{ min (p. ang.)}\right]$

175 $y = \dfrac{\sqrt{-x^2 + 5x - 6}}{x}$ $\qquad \left[x = \dfrac{12}{5} \text{ max}\right]$

176 $y = \sqrt[3]{3x^3 + 2x^2}$
$\left[x = -\dfrac{4}{9} \text{ max}; x = 0 \text{ min (cuspide)}\right]$

177 $y = \dfrac{x^2 - 2x}{x^2 + x} + \dfrac{1}{x}$
$\left[x = \dfrac{1 - \sqrt{3}}{2} \text{ max}; x = \dfrac{1 + \sqrt{3}}{2} \text{ min}\right]$

178 $y = \sqrt[3]{(2-x)^2}$ $\qquad [x = 2 \text{ min (cuspide)}]$

179 $y = \begin{cases} \sqrt{5 - x^2} & \text{se } -2 \leq x < 1 \\ \dfrac{8}{5-x} & \text{se } x \geq 1 \end{cases}$
$[x = 0 \text{ max}; x = 1 \text{ min}]$

180 $y = \ln \dfrac{x^2 + 11}{x + 5}$ $\qquad [x = 1 \text{ min}]$

181 $y = \dfrac{1}{\tan^2 x} + \dfrac{2}{\tan x}$, in $[0; \pi]$. $\left[x = \dfrac{3}{4}\pi \text{ max}\right]$

182 $y = \dfrac{2\cos x - 1}{\cos^2 x}$ $\qquad [x = k\pi \text{ max}]$

183 $y = 2\ln \cos x - \ln \cos^3 x$ $\qquad [x = 2k\pi \text{ min}]$

184 $y = \arctan 2x + \ln \sqrt{1 + 4x^2}$ $\qquad \left[x = -\dfrac{1}{2} \text{ min}\right]$

---

185 $y = \dfrac{\cos x}{1 + 2\cos^2 x}$, in $[0; 2\pi]$. $\left[x = \dfrac{\pi}{4}, x = \pi, x = \dfrac{7}{4}\pi \text{ max}; x = 0, x = \dfrac{3}{4}\pi, x = \dfrac{5}{4}\pi, x = 2\pi \text{ min}\right]$

186 $y = \dfrac{\cos 2x}{\cos x + \sin x} - 2\cos x - x$ $\qquad \left[x = \dfrac{\pi}{2} + 2k\pi \text{ min}; x = \pi + 2k\pi \text{ max}\right]$

Problemi   REALTÀ E MODELLI

187

Quanto costa un panettone? Un'azienda dolciaria che produce panettoni ha calcolato che il costo unitario da sostenere per la produzione di x panettoni segue l'andamento della funzione:

$$C(x) = \dfrac{x^2 - 50x + 10\,000}{50x}.$$

Determina quanti panettoni occorre sfornare per minimizzare il costo unitario.
[100]

Capitolo 27. Massimi, minimi e flessi

188 **Pressione del sangue** La funzione $f(x)$ descrive l'andamento della pressione del sangue in seguito all'assunzione di una dose di x grammi di un farmaco, con $0 \leq x \leq 0{,}17$. Determina il dosaggio che produce il massimo della pressione sanguigna. $[x \simeq 0{,}11\ \text{g}]$

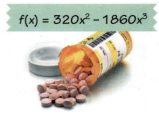

$f(x) = 320x^2 - 1860x^3$

189 **IN FISICA** Un punto materiale si muove di moto rettilineo secondo la legge oraria:

$$s(t) = \frac{2}{3} + (2-t)e^{-\frac{t^2 - 4t + 3}{2}},$$

dove s è espresso in metri e t in secondi (con $t > 0$).

a. In quali istanti la velocità del punto è nulla? In quali istanti è nulla l'accelerazione? A che cosa corrispondono, da un punto di vista matematico, per la funzione $s(t)$?
b. In quale istante la velocità del punto è massima in modulo?

$[\text{a)}\ v=0\ \text{per}\ t=1 \vee t=3;\ a=0\ \text{per}\ t=2 \vee t=2\pm\sqrt{3};\ \text{b)}\ t=2]$

Con i parametri

190 **ESERCIZIO GUIDA** Data la funzione $y = \dfrac{ax}{(bx-1)^2}$, con $a \neq 0$, determiniamo a e b in modo che il grafico che la rappresenta abbia un estremo relativo, cioè un minimo o un massimo, nel punto $\left(-1; -\dfrac{1}{4}\right)$.

Per trovare i valori di a e b servono due condizioni che, poste a sistema, forniranno i valori richiesti.

- Il punto di coordinate $\left(-1; -\dfrac{1}{4}\right)$ appartiene alla funzione, quindi sostituendo i valori -1 e $-\dfrac{1}{4}$ nell'espressione della funzione data otteniamo:

$$\frac{1}{4} = \frac{a}{(-b-1)^2}.$$

- Poiché il punto $\left(-1; -\dfrac{1}{4}\right)$ deve essere un estremo relativo e nel suo dominio la funzione data è derivabile, in $x = -1$ la derivata prima di y si deve annullare.
Calcoliamo la derivata prima:

$$y' = \frac{a(bx-1)^2 - ax \cdot 2 \cdot (bx-1) \cdot b}{(bx-1)^4} = \frac{a(bx-1)(bx-1-2bx)}{(bx-1)^4} = \frac{a(-bx-1)}{(bx-1)^3}.$$

Calcoliamo y' in $x = -1$ e poniamo il risultato uguale a 0, cioè poniamo $y'(-1) = 0$:

$$\frac{a \cdot (b-1)}{(-b-1)^3} = 0.$$

Poniamo a sistema le due equazioni con la condizione $b \neq -1$:

$$\begin{cases} \dfrac{1}{4} = \dfrac{a}{(-b-1)^2} \\ \dfrac{a \cdot (b-1)}{(-b-1)^3} = 0 \end{cases} \rightarrow \begin{cases} \dfrac{1}{4} = \dfrac{a}{(-b-1)^2} \\ a(b-1) = 0 \end{cases}.$$

Nella seconda equazione, poiché $a \neq 0$ per ipotesi, deve essere $b = 1$. Sostituendo il valore di b nella prima equazione, otteniamo:

Riepilogo: Massimi e minimi relativi e flessi orizzontali

$$\begin{cases} \dfrac{1}{4} = \dfrac{a}{4} \\ b = 1 \end{cases} \rightarrow \begin{cases} a = 1 \\ b = 1 \end{cases}.$$

La funzione diventa $y = \dfrac{x}{(x-1)^2}$.

---

191 Calcola il valore di a in modo che il grafico della funzione $y = ax^3 + 2x^2 - 1$ abbia un massimo nel punto di ascissa $x = 2$. $\left[-\dfrac{2}{3}\right]$

192 Determina per quale valore di a la funzione $y = \dfrac{a}{3}x^3 + \dfrac{a}{2}x^2 - 6x + 1$ ha un massimo per $x = -3$. $[1]$

193 Stabilisci per quale valore di k la funzione $y = x^3 + (k-1)x^2 + (1-k)x$ ha un minimo nel suo punto di ascissa $\dfrac{1}{3}$. $[2]$

194 Trova a e b in modo che il grafico della funzione $y = \dfrac{ax^2 - ax - 2}{x - b}$ abbia in $(0; 1)$ un punto di minimo. $[a = -1; b = 2]$

195 Determina a e b in modo che il grafico della funzione $y = -4x^2 + ax + b + 1$ abbia come valore massimo 2 nel punto $x = 1$. $[a = 8; b = -3]$

196 Dimostra che la funzione $y = x^3 + ax^2 - x + 1$ ammette per qualunque valore di a un punto di massimo e un punto di minimo relativo.

LEGGI IL GRAFICO

197 La funzione $y = f(x)$, il cui grafico è rappresentato in figura, è del tipo
$y = ax^3 + bx + c$.
Determina a, b e c, sapendo che M è un punto di massimo.
$\left[a = \dfrac{1}{3}; b = -4; c = 2\right]$

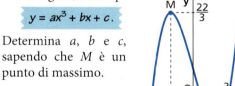

198 Nella figura è rappresentato il grafico di una funzione del tipo
$y = \dfrac{ax^2 + b}{2x + c}$.
Determina a, b e c.
$[a = 1; b = -3; c = -4]$

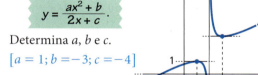

---

199 **EUREKA!** Trova per quali valori di a la funzione $y = x^3 - (a+1)x + a$ non presenta né massimi né minimi e per quali valori invece ha sempre un massimo e un minimo relativi. [né max né min per $a < -1$; $a > -1$]

200 Per quali valori di a la funzione $y = x^3 + 2ax^2 + \dfrac{1}{3}x - a$ non presenta né massimi né minimi? $\left[-\dfrac{1}{2} < a < \dfrac{1}{2}\right]$

201 Trova i coefficienti a, b, c della funzione $y = ax^3 + bx^2 + cx$, sapendo che il suo grafico ha un massimo in $(-1; 2)$ e che passa per il punto $(1; 0)$. $\left[a = \dfrac{3}{2}; b = 1; c = -\dfrac{5}{2}\right]$

202 Data la funzione $y = a \sin x + b \cos 2x$, calcola i valori di a e b, sapendo che il suo grafico ha un massimo in $\left(\dfrac{\pi}{6}; \dfrac{3}{2}\right)$. $[a = 2; b = 1]$

203 Dimostra che per qualunque valore di $a \neq 0$ la funzione $y = -\dfrac{a}{3}x^3 + 4ax + 12$ possiede un massimo e un minimo di ascisse ± 2.

204 Determina il coefficiente a della funzione $y = x^2 e^x + (a-1)x$, sapendo che il suo grafico è tangente all'asse x nell'origine. $[a = 1]$

Capitolo 27. Massimi, minimi e flessi

205 Determina i coefficienti a, b, c della funzione di equazione $y = \dfrac{x^2 + ax + b}{x + c}$, sapendo che possiede l'asintoto di equazione $y = x + 2$ e un massimo in $(1; -1)$.
$[a = -3, b = 6, c = -5]$

206 Trova per quali valori di a la funzione di equazione $y = \dfrac{ax - 2}{x^2 - ax + 1}$:
a. non ammette né massimi né minimi;
b. ammette un massimo relativo in $x = \sqrt{3}$.
$[a)\ a \leq -2 \vee a \geq 2;\ b)\ a = \sqrt{3}]$

207 Trova i coefficienti a, b, c e d della funzione $y = ax^4 + bx^3 + cx^2 + dx + 1$ in modo che il suo grafico sia simmetrico rispetto all'asse y e abbia un minimo di coordinate $(1; 0)$.
$[a = 1; b = 0; c = -2; d = 0]$

208 Determina per quali valori di a e b la funzione $y = ax^3 + 3x + b - 2$ ha un massimo coincidente con il minimo della funzione $y = x - \ln x$.
$[a = -1; b = 1]$

209 **YOU & MATHS** Determine the real number a having the property that $f(a) = a$ is a relative minimum of $f(x) = x^4 - x^3 - x^2 + ax + 1$.

(USA *Harvard-MIT Mathematics Tournament*)
$[a = 1]$

210 Data la funzione $y = \dfrac{ax^2 + x + c}{bx}$, determina a, b e c in modo che il suo grafico abbia un massimo nel punto di ascissa $x = 1$ e passi per i punti di coordinate $\left(-1; \dfrac{1}{2}\right)$ e $\left(2; -\dfrac{7}{4}\right)$.
$[a = 1; b = -2; c = 1]$

211 Data la funzione $y = \dfrac{ax^3 + bx^2 + cx}{x + 2}$, trova a, b, c in modo che il suo grafico abbia per tangente nel punto $(1; 2)$ la retta di equazione $y = 2x$ e abbia un minimo di ascissa -1.
$\left[a = -\dfrac{1}{6}; b = \dfrac{7}{3}; c = \dfrac{23}{6}\right]$

212 Trova i coefficienti a, b, c della funzione
$$y = \dfrac{x^3 + ax^2 - x + b}{x^2 + c}$$
in modo che il suo grafico abbia come asintoti le rette di equazione $x = 0$ e $y = x - 1$ e abbia un minimo di ascissa 1.
$[a = -1; b = 1; c = 0]$

213 **REALTÀ E MODELLI** **Montagne russe** Mario vuole descrivere il profilo del tratto dei binari delle montagne russe in figura con una funzione del tipo $f(x) = -\dfrac{x^5}{5} + ax^4 + bx^3 + 3x^2 + cx + d$.

Adotta come unità di misura il decametro e scegli il sistema di riferimento in modo che la curva parta con un minimo in $(0; 0)$ e presenti un massimo o un minimo nei punti di ascissa 1, 2 e 3. Determina i parametri a, b, c, d.

$\left[a = \dfrac{3}{2}; b = -\dfrac{11}{3}; c = d = 0\right]$

214 **YOU & MATHS** Let $g(x) = ax^3 - \dfrac{b}{x}$, where a and b are real numbers. If the point $(1, 10)$ lies on the graph of g and g' (NOT g) has a horizontal tangent at $x = 1$, compute the value of $a + b$.

(USA *Florida Gulf Coast University Invitational Mathematics Competition*)
$[-20]$

Paragrafo 2. Massimi, minimi, flessi orizzontali e derivata prima

Ricerca dei massimi e dei minimi assoluti

215 **ESERCIZIO GUIDA** Troviamo i punti di massimo e di minimo assoluti della funzione $f(x) = x^4 - 2x^2 + 1$, nell'intervallo $-2 \leq x \leq 1$.

La funzione è definita e continua in $\mathbb{R}$, quindi anche $\forall x \in [-2; 1]$.
Per il teorema di Weierstrass esistono il minimo e il massimo assoluti di f nell'intervallo $[-2; 1]$.
Determiniamo i minimi e i massimi relativi.

- Calcoliamo la derivata prima e il suo dominio.

$$f'(x) = 4x^3 - 4x = 4x(x^2 - 1).$$

$f'(x)$ esiste $\forall x \in \mathbb{R}$.

- $f'(x) = 0$:

$$4x(x^2 - 1) = 0 \;\rightarrow\; x = 0 \lor x = \pm 1.$$

Quindi $x = 0$ e $x = \pm 1$ sono punti stazionari.

- Studiamo il segno di $f'(x)$.

$f'(x) > 0$ se $4x(x^2 - 1) > 0$.

$4x > 0 \;\rightarrow\; x > 0$.

$x^2 - 1 > 0 \;\rightarrow\; x < -1 \lor x > 1$.

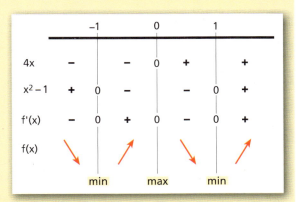

Compiliamo il quadro dei segni di $f'(x)$ e deduciamo che:

- in $x = \pm 1$ la funzione ha due minimi relativi di coordinate $(-1; 0)$ e $(1; 0)$, essendo $f(-1) = 0$ e $f(1) = 0$;
- in $x = 0$ la funzione ha un massimo relativo di coordinate $(0; 1)$, essendo $f(0) = 1$.

Per determinare ora i massimi e i minimi assoluti calcoliamo il valore della funzione agli estremi dell'intervallo assegnato:

$$f(-2) = 16 - 8 + 1 = 9, \; f(1) = 0.$$

Confrontando le ordinate dei punti considerati si può affermare che il minimo assoluto si ha in $x = -1$ e $x = 1$, mentre il massimo assoluto è in $x = -2$.
Per chiarire il risultato osserviamo il grafico della funzione. Il massimo relativo in $(0; 1)$ non è il massimo assoluto nell'intervallo.

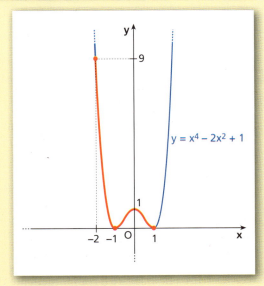

Trova il massimo e il minimo assoluti delle seguenti funzioni negli intervalli indicati a fianco.

216 $y = \dfrac{x^3}{3} - 4x$, $\quad [0; 3]$. $\qquad [x = 0 \max; x = 2 \min]$

217 $y = 2e^x - 2x$, $\quad [-1; 4]$. $\qquad [x = 0 \min; x = 4 \max]$

218 $y = x^3 + 3x + 2$, $\quad [0; 3]$. $\qquad [x = 0 \min; x = 3 \max]$

219 $y = x + \dfrac{2}{x}$, $\quad [1; 4]$. $\qquad [x = \sqrt{2} \min; x = 4 \max]$

220 $y = \dfrac{1}{2}x^4 - 4x^2 + 4$, $\quad [-1; 3]$. $\qquad [x = 3 \max; x = 2 \min]$

1741

Capitolo 27. Massimi, minimi e flessi

221 $y = \dfrac{x+3}{2\sqrt{x}}$, $\left[\dfrac{1}{9}; 4\right]$. $\left[x = \dfrac{1}{9} \max; x = 3 \min\right]$

222 $y = x\sqrt{4-x^2}$, $[1; 2]$. $[x = \sqrt{2} \max; x = 2 \min]$

223 $y = x\ln x$, $[1; e]$. $[x = 1 \min; x = e \max]$

224 $y = \dfrac{x^2+4}{4x}$, $[-3; -1]$. $[x = -2 \max; x = -1 \min]$

225 $y = (x-2)^4$, $[0; 3]$. $[x = 0 \max; x = 2 \min]$

226 $y = \ln\dfrac{x-1}{x+3}$, $[-6; -4]$. $[x = -6 \min; x = -4 \max]$

227 $y = \dfrac{x^2+2}{4x}$, $[-5; -1]$. $[x = -5 \min; x = -\sqrt{2} \max]$

228 $y = \sin 2x + 2\cos x$, $[0; \pi]$. $\left[x = \dfrac{\pi}{6} \max; x = \dfrac{5}{6}\pi \min\right]$

229 $y = e^{-x} + x$, $[-1; 1]$. $[x = -1 \max; x = 0 \min]$

230 $y = x(x-2)^3$, $[0; 3]$. $\left[x = \dfrac{1}{2} \min; x = 3 \max\right]$

231 IN FISICA La legge che esprime il valore della carica q in funzione del tempo t, durante il processo di carica di un condensatore di capacità C collegato in serie a una resistenza R in un circuito, è $q(t) = CV_0\left(1 - e^{-\frac{t}{RC}}\right)$, dove V_0 è la differenza di potenziale costante erogata da una batteria.

    a. Determina l'espressione analitica della corrente elettrica $i(t)$ in funzione del tempo, sapendo che $i(t) = q'(t)$.
    b. Se $R = 120\,\Omega$, $C = 3{,}33\,\mu F$ e $V_0 = 14{,}5\,V$, calcola il valore minimo della corrente nell'intervallo di tempo $[0; 0{,}003]$.

$$\left[a)\; \dfrac{V_0}{R} e^{-\frac{t}{RC}};\; b) \simeq 6{,}63 \cdot 10^{-5}\,A\right]$$

232 ESERCIZIO GUIDA Determiniamo, se esistono, il massimo e il minimo assoluti della funzione $f(x) = xe^x$ nel suo dominio.

La funzione è definita e continua in tutto $\mathbb{R}$.
Cerchiamo innanzitutto i massimi e i minimi relativi.

$f'(x) = e^x + xe^x = (1+x)e^x$

$f'(x) = 0 \;\to\; (1+x)e^x = 0 \;\to\; x = -1$

$f'(x) > 0 \;\to\; x > -1$

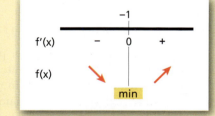

Dallo schema deduciamo che $x = -1$ è un punto di minimo relativo. Il minimo relativo vale $f(-1) = -\dfrac{1}{e}$.

Occorre ora indagare il comportamento della funzione agli estremi del dominio.

Calcoliamo i limiti:

$\lim\limits_{x \to +\infty} xe^x = +\infty$;

$\lim\limits_{x \to -\infty} xe^x$ è una forma indeterminata $\infty \cdot 0$.

Trasformiamo $f(x)$ in frazione e applichiamo il teorema di De L'Hospital.

$\lim\limits_{x \to -\infty} xe^x = \lim\limits_{x \to -\infty} \dfrac{x}{e^{-x}} = \lim\limits_{x \to -\infty} \dfrac{1}{-e^{-x}} = 0$.

Poiché $0 > -\dfrac{1}{e}$, deduciamo che in $x = -1$ si ha un punto di minimo assoluto e il minimo assoluto vale $-\dfrac{1}{e}$, mentre $f(x)$ non ammette il massimo assoluto perché $f(x)$ tende a $+\infty$ per $x \to +\infty$.

Paragrafo 3. Flessi e derivata seconda

Determina gli eventuali punti di massimo e minimo assoluti delle seguenti funzioni.

233 $y = x^5 - \frac{5}{4}x^4$ [né max, né min]

234 $y = \frac{4x^2 + 3x - 1}{x^2}$ $\left[x = \frac{2}{3} \text{ max}\right]$

235 $y = \frac{6x - x^2}{x + 2}$ [né max, né min]

236 $y = \sqrt{x^2 - 2x + 4}$ $[x = 1 \text{ min}]$

237 $y = \frac{\ln x}{x}$ $[x = e \text{ max}]$

238 $y = xe^{-x}$ $[x = 1 \text{ max}]$

239 $y = \frac{x^3 - 2x + 16}{x}$ [né max, né min]

240 $y = x\sqrt{x + 2}$ $\left[x = -\frac{4}{3} \text{ min}\right]$

241 $y = x\sqrt{2x - x^2}$ $[x = 0 \text{ min}]$

242 $y = (x^2 - 2x + 1)\sqrt{x}$ $[x = 0 \text{ e } x = 1 \text{ min}]$

243 $y = \ln(x^2 - 2x + 6)$ $[x = 1 \text{ min}]$

244 $y = (9x^2 + 5)e^{-x}$ [né max, né min]

245 $y = \ln\left(\frac{x^2 + 7}{x - 3}\right)$ $[x = 7 \text{ min}]$

246 $y = (x^2 - 1)e^{-x^2}$ $[x = 0 \text{ min}; x = \pm\sqrt{2} \text{ max}]$

 Allenati con **15 esercizi interattivi** con feedback "hai sbagliato, perché..."
☐ su.zanichelli.it/tutor3   risorsa riservata a chi ha acquistato l'edizione con tutor

3 Flessi e derivata seconda

Concavità e segno della derivata seconda
▶ Teoria a p. 1715

247 **ESERCIZIO GUIDA** Determiniamo gli intervalli in cui il grafico della funzione $y = \frac{x^4}{2} - 2x^3 - 9x^2 + 1$ rivolge la concavità verso l'alto o verso il basso.

La funzione è definita su tutto $\mathbb{R}$. Calcoliamo le derivate prima e seconda:

$y' = 2x^3 - 6x^2 - 18x;$ $y'' = 6x^2 - 12x - 18.$

Studiamo il segno della derivata seconda ponendo

$6x^2 - 12x - 18 > 0 \rightarrow 6(x^2 - 2x - 3) > 0 \rightarrow$
$x < -1 \vee x > 3.$

Compiliamo il quadro dei segni.
Per $x < -1 \vee x > 3$ la concavità è verso l'alto, per $-1 < x < 3$ la concavità è rivolta verso il basso.

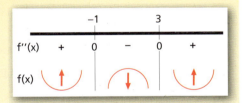

Trova gli intervalli in cui i grafici delle funzioni volgono la concavità verso il basso o verso l'alto. (Nei risultati, dove non c'è una diversa indicazione, indichiamo solo gli intervalli in cui la concavità è rivolta verso l'alto.)

248 $y = x^4 + 4x^3 + 1$ $[x < -2 \vee x > 0]$

249 $y = 2x^3 - 3x^2 + 4x$ $\left[x > \frac{1}{2}\right]$

250 $y = -x^4 + 6x^3 - 12x^2 + 6x$ $[1 < x < 2]$

251 $y = -2(x - 1)^3$ $[x < 1]$

252 $y = \frac{x^2}{x - 1}$ $[x > 1]$

253 $y = \frac{x^2 - x}{x + 2}$ $[x > -2]$

254 $y = \frac{x^4}{2} + \frac{2}{x^4}$ $[x \neq 0]$

255 $y = x + \sqrt{x - 4}$ [verso il basso $x > 4$]

256 $y = \ln\left(1 - \frac{2}{x}\right)$ $[x < 0]$

257 $y = xe^x + x$ $[x > -2]$

258 $y = \frac{5}{2}\sin x - 1$ $[2k\pi < x < \pi + 2k\pi]$

1743

Capitolo 27. Massimi, minimi e flessi

259 $y = x\ln(x-1)$ $[x > 2]$

260 $y = xe^{-x}$ $[x > 2]$

261 $y = \ln\dfrac{x^2+1}{x^2-1}$ [verso il basso $x < -1 \lor x > 1$]

262 $y = e^{\frac{x-1}{x+2}}$ $\left[x < -\dfrac{1}{2} \land x \neq -2\right]$

263 $y = x + \arctan(x-1)$ $[x < 1]$

264 $y = \ln\cos x - 2x$ $\left[\text{verso il basso } -\dfrac{\pi}{2} + 2k\pi < x < \dfrac{\pi}{2} + 2k\pi\right]$

265 $y = \dfrac{1}{2}\sin 2x - 2\cos x$ in $[0; 2\pi]$. $\left[0 < x < \dfrac{\pi}{6} \lor \dfrac{\pi}{2} < x < \dfrac{5}{6}\pi \lor \dfrac{3}{2}\pi < x < 2\pi\right]$

266 $y = \tan x + \dfrac{1}{\tan x}$ in $[0; \pi]$. $\left[0 < x < \dfrac{\pi}{2}\right]$

Ricerca dei flessi e derivata seconda
▶ Teoria a p. 1718

267 **LEGGI IL GRAFICO** Nei seguenti grafici indica le caratteristiche del flesso e se in x_0 le derivate prima e seconda si annullano.

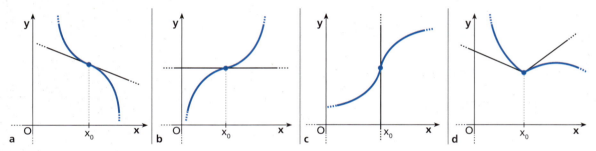

268 **VERO O FALSO?**

a. In un punto di flesso orizzontale le derivate prima e seconda si annullano sempre.   V F

b. Se le derivate prima e seconda si annullano in un punto x_0 di una funzione, allora x_0 è un punto di flesso orizzontale.   V F

c. Se $f''(x_0) = 0$, allora si ha un flesso obliquo.   V F

d. In un flesso verticale la derivata prima non esiste.   V F

269 **RIFLETTI SULLA TEORIA** Una funzione polinomiale di terzo grado ammette sempre un punto di flesso. Spiega perché aiutandoti anche con un esempio.

270 **ESERCIZIO GUIDA** Troviamo i punti di flesso delle seguenti funzioni:

a. $f(x) = -x(x+1)^3$;

b. $g(x) = \sqrt[3]{x+2}$.

---

a. La funzione è definita per ogni $x \in \mathbb{R}$. Calcoliamo la derivata prima e la derivata seconda:

$$f'(x) = -(x+1)^3 - 3x(x+1)^2 = (x+1)^2(-x-1-3x) = (x+1)^2(-4x-1);$$

$$f''(x) = 2(x+1)(-4x-1) + (x+1)^2(-4) = (x+1)(-8x-2-4x-4) =$$

$$(x+1)(-12x-6) = -6(x+1)(2x+1).$$

La derivata seconda è continua, quindi possiamo cercare i punti di flesso imponendo $f''(x) = 0$:

$$-6(x+1)(2x+1) = 0 \rightarrow x = -1 \vee x = -\frac{1}{2}.$$

Studiamo il segno di $f''(x)$:

$$f''(x) > 0 \text{ se } -6(x+1)(2x+1) > 0 \rightarrow (x+1)(2x+1) < 0 \rightarrow -1 < x < -\frac{1}{2}.$$

Compiliamo il quadro di confronto della derivata seconda e della funzione.

Dal quadro si deduce che $x_1 = -1$ e $x_2 = -\frac{1}{2}$ sono punti di flesso.
Essendo

$$f'(-1) = 0 \text{ e } f'\left(-\frac{1}{2}\right) = \frac{1}{4} \neq 0, x_1 = -1$$

è un punto di flesso orizzontale, mentre $x_2 = -\frac{1}{2}$ è un punto di flesso obliquo.

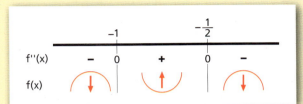

b. La funzione è definita $\forall x \in \mathbb{R}$. Calcoliamo le derivate prima e seconda:

$$g'(x) = \frac{1}{3}(x+2)^{-\frac{2}{3}} = \frac{1}{3} \cdot \frac{1}{\sqrt[3]{(x+2)^2}};$$

$$g''(x) = \frac{1}{3} \cdot \left(-\frac{2}{3}\right)(x+2)^{-\frac{5}{3}} = -\frac{2}{9} \cdot \frac{1}{\sqrt[3]{(x+2)^5}}.$$

La derivata seconda non esiste in $x = -2$ ed è positiva per $x < -2$ e negativa per $x > -2$.
Il punto $x = -2$ è di flesso. Poiché in -2 anche la $g'(x)$ non esiste e $\lim_{x \to -2} g'(x) = +\infty$, il flesso è verticale.

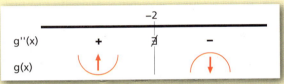

Determina i punti di flesso delle seguenti funzioni.

271 $y = -x^3(x+1)$ $\left[x = 0 \text{ fl. or.}; x = -\frac{1}{2} \text{ fl. ob.}\right]$

272 $y = 2x^3 - 8x$ $[x = 0 \text{ fl. ob.}]$

273 $y = x^4 - 3x^3 + 2$ $\left[x = 0 \text{ fl. or.}; x = \frac{3}{2} \text{ fl. ob.}\right]$

274 $y = -x(x-1)^2$ $\left[x = \frac{2}{3} \text{ fl. ob.}\right]$

275 $y = x^4 - 2x^2 - 3x$ $\left[x = \frac{\sqrt{3}}{3}, x = -\frac{\sqrt{3}}{3} \text{ fl. ob.}\right]$

276 $y = 2x + \frac{1}{x}$ [nessun flesso]

277 $y = \frac{x^3}{4 + 3x^2}$ $[x = 0 \text{ fl. or.}; x = \pm 2 \text{ fl. ob.}]$

278 $y = \frac{10x}{1 - x^2}$ $[x = 0 \text{ fl. ob.}]$

279 $y = x^2 + \frac{1}{x}$ $[x = -1 \text{ fl. ob.}]$

280 $y = \frac{x^2}{x - 1}$ [nessun flesso]

281 $y = \frac{x^3}{x + 1}$ $[x = 0 \text{ fl. or.}]$

282 $y = \frac{2x^2 - x + 2}{x^2 + 1}$ $[x = 0, x = \pm\sqrt{3} \text{ fl. ob.}]$

283 $y = \frac{x^2 - 4x + 3}{2} + \ln x$ $[x = 1 \text{ fl. orizz.}]$

284 $y = x\sqrt{9 - x^2}$ $[x = 0 \text{ fl. ob.}]$

285 $y = \frac{x + 2}{\sqrt{x + 1}}$ $[x = 2 \text{ fl. ob.}]$

286 $y = \sqrt[3]{4 - x}$ $[x = 4 \text{ fl. ver.}]$

287 $y = \sqrt[3]{x^2 - 4}$ $[x = \pm 2 \text{ fl. ver.}]$

288 $y = x\sqrt[3]{x - 1}$ $\left[x = 1 \text{ fl. ver.}; x = \frac{3}{2} \text{ fl. ob.}\right]$

289 $y = \sqrt{x^2 - 2x - 1}$ [nessun flesso]

290 $y = \ln(x^2 - 5x + 6)$ [nessun flesso]

Capitolo 27. Massimi, minimi e flessi

291 $y = xe^{-x}$ $[x = 2 \text{ fl. ob.}]$

292 $y = x\ln x - \dfrac{1}{x}$ $[x = \sqrt{2} \text{ fl. ob.}]$

293 $y = e^{\frac{x^3}{3}}$ $[x = 0 \text{ fl. or.}; x = -\sqrt[3]{2} \text{ fl. ob.}]$

294 $y = \ln x + \dfrac{1}{x}$ $[x = 2 \text{ fl. ob.}]$

295 $y = 2\tan x + 1$, in $\left[-\dfrac{\pi}{2}; \dfrac{\pi}{2}\right]$. $[x = 0 \text{ fl. ob.}]$

296 $y = \dfrac{1}{2}\sin 2x + 4\sin x$, in $\left[\dfrac{\pi}{2}; \dfrac{3}{2}\pi\right]$.
  $[x = \pi \text{ fl. ob.}]$

297 $y = 2\sin x + 2\cos x$, in $[0; 2\pi]$.
  $\left[x = \dfrac{3}{4}\pi, x = \dfrac{7}{4}\pi \text{ fl. ob.}\right]$

298 $y = \sqrt{\dfrac{2-x}{x}}$ $\left[x = \dfrac{3}{2} \text{ fl. ob.}\right]$

299 $y = \sqrt[3]{x-1}$ $[x = 1 \text{ fl. ver.}]$

300 $y = 2\sqrt[3]{x+3} + 1$ $[x = -3 \text{ fl. ver.}]$

301 $y = 1 + \sqrt[3]{x-8}$ $[x = 8 \text{ fl. ver.}]$

302 $y = 2e^{-x^2} + 2$ $\left[x = \pm\dfrac{\sqrt{2}}{2} \text{ fl. ob.}\right]$

303 $y = e^{\frac{1}{x-1}}$ $\left[x = \dfrac{1}{2} \text{ fl. ob.}\right]$

304 $y = 1 + \arcsin x$ $[x = 0 \text{ fl. ob.}]$

305 $y = \arctan x + x$ $[x = 0 \text{ fl. ob.}]$

306 $y = \arctan e^x$ $[x = 0 \text{ fl. ob.}]$

307 $y = \dfrac{3}{5}\sqrt[3]{(x-1)^5}$ $[x = 1 \text{ fl. orizz.}]$

308 $y = \sqrt[3]{2-2x^3}$ $[x = 0 \text{ fl. orizz.}; x = 1 \text{ fl. ver.}]$

---

309 Considera la funzione $y = \sin x + \tan x$ nell'intervallo $]0; 10[$.
  a. Verifica che la funzione è crescente.
  b. Esistono punti a tangente orizzontale? Di che tipo?
  c. Determina nello stesso intervallo eventuali punti di flesso obliquo e scrivi le equazioni delle relative tangenti.
  $[\text{b)} \; x = \pi, x = 3\pi \text{ fl. orizz.}; \text{c)} \; x = 2\pi, y = 2x - 4\pi]$

---

310 **ESERCIZIO GUIDA** Determiniamo i punti di flesso della funzione $f(x) = x^3 - 6x + 2$ e scriviamo le equazioni delle tangenti inflessionali.

$f(x)$ è continua e derivabile in $\mathbb{R}$. Calcoliamo le derivate prima e seconda.
$f'(x) = 3x^2 - 6$; $f''(x) = 6x$.
$f''(x) = 0$: $6x = 0 \to x = 0$;
$f''(x) > 0$: $6x > 0 \to x > 0$.

Deduciamo che $x = 0$ è un punto di flesso obliquo perché $f'(0) \neq 0$.
Il coefficiente angolare della tangente inflessionale è $f'(0) = -6$.
Per $x = 0$ si ha $f(0) = 2$, quindi il punto di flesso ha coordinate $(0; 2)$.
L'equazione della tangente è: $y - 2 = -6x \to y = -6x + 2$.

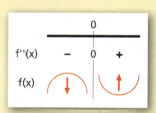

Determina i punti di flesso e scrivi le equazioni delle tangenti inflessionali delle seguenti funzioni.

311 $y = x^3 - 6x^2 + 4x + 5$ $[\text{fl. }(2; -3); y = -8x + 13]$

312 $y = x^3 + 4x - 1$ $[\text{fl. }(0; -1); y = 4x - 1]$

313 $y = \tan x$, in $\left[\dfrac{\pi}{2}; \dfrac{3}{2}\pi\right]$. $[\text{fl. }(\pi; 0); y = x - \pi]$

314 $y = x(x+3)^2$ $[\text{fl. }(-2; -2); y = -3x - 8]$

315 $y = \arcsin(x-1)$ $[\text{fl. }(1; 0); y = x - 1]$

316 $y = \dfrac{x^4}{12} - \dfrac{x^3}{6} - x^2$ $\left[\text{fl. }\left(-1; -\dfrac{3}{4}\right); y = \dfrac{7}{6}x + \dfrac{5}{12}; \text{fl. }(2; -4); y = -\dfrac{10}{3}x + \dfrac{8}{3}\right]$

317 $y = xe^x$ $\left[\text{fl.}\left(-2; -\frac{2}{e^2}\right); y = \frac{-x-4}{e^2}\right]$ **319** $y = 3\sin x$, in $[-\pi; \pi]$. $[\text{fl.}(0;0); y = 3x]$

318 $y = (x-2)^3$ $[\text{fl.}(2;0); y = 0]$ **320** $y = x\sqrt{2-x^2}$ $[\text{fl.}(0;0); y = \sqrt{2}x]$

Funzioni con parametri e flessi

321 **ESERCIZIO GUIDA** Determiniamo i coefficienti a, b, c, d in modo che il grafico della funzione

$$y = ax^3 + bx^2 + cx + d$$

passi per $(0; 1)$ e abbia un flesso orizzontale in $(-1; 0)$.

Per determinare a, b, c, d servono quattro condizioni ricavabili da:
- passaggio per $(0; 1) \to 1 = d$;
- passaggio per $(-1; 0) \to 0 = -a + b - c + d$;
- punto di flesso; calcoliamo la derivata prima e seconda: $y' = 3ax^2 + 2bx + c$, $y'' = 6ax + 2b$; imponiamo che sia $y''(-1) = 0$, sostituendo -1 a x nella derivata seconda: $-6a + 2b = 0$;
- tangente orizzontale nel punto di flesso: $y'(-1) = 0 \to 3a - 2b + c = 0$.

Esprimiamo le condizioni analiticamente e le poniamo a sistema.

$$\begin{cases} 1 = d \\ 0 = -a + b - c + d \\ -6a + 2b = 0 \\ 3a - 2b + c = 0 \end{cases} \to \begin{cases} 1 = d \\ 0 = -a + 3a - c + 1 \\ b = 3a \\ 3a - 6a + c = 0 \end{cases} \to \begin{cases} d = 1 \\ 2a - c + 1 = 0 \\ b = 3a \\ -3a + c = 0 \end{cases} \to$$

$$\begin{cases} d = 1 \\ 2a - 3a + 1 = 0 \\ b = 3a \\ c = 3a \end{cases} \to \begin{cases} d = 1 \\ -a + 1 = 0 \\ b = 3a \\ c = 3a \end{cases} \to \begin{cases} a = 1 \\ b = 3 \\ c = 3 \\ d = 1 \end{cases}$$

Sostituendo i valori trovati nella funzione iniziale, otteniamo: $y = x^3 + 3x^2 + 3x + 1$.

322 Determina per quali valori di a e b la funzione $y = ax^3 + bx^2$ ha un flesso nel punto $F(-2; 16)$. $[a = 1; b = 6]$

323 Trova per quali valori di a e b la funzione $y = ax^3 + bx^2 + x$ ha un flesso nel punto $P(-1; -3)$.
$[a = -1; b = -3]$

324 Determina a, b, c nella funzione $y = ax^3 + bx^2 + cx + 1$ in modo che il suo grafico abbia un punto di flesso in $A(1; 0)$ e un punto di minimo di ascissa 3. $\left[a = \frac{1}{11}; b = -\frac{3}{11}; c = -\frac{9}{11}\right]$

LEGGI IL GRAFICO

325 La funzione $f(x)$ ha un'equazione del tipo

$$y = ax^4 + bx^3 + 6x^2$$

e ha in F un flesso orizzontale.
Calcola a e b. Trova poi le coordinate dell'altro flesso di $f(x)$ e l'equazione della tangente inflessionale.

$\left[a = 3, b = -8; \left(\frac{1}{3}; \frac{11}{27}\right); 48x - 27y - 5 = 0\right]$

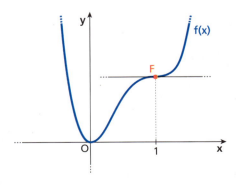

Capitolo 27. Massimi, minimi e flessi

326 Il grafico della figura rappresenta una funzione del tipo

$$y = ax^3 + bx^2 + cx + d.$$

Trova a, b, c, d, sapendo che F è un punto di flesso e che la retta t di equazione $3x + 2y - 6 = 0$ è tangente in F al grafico.
Determina le coordinate del massimo e del minimo.

$$\left[a = \frac{1}{2}, b = -3, c = \frac{9}{2}, d = -1; (1;1), (3;-1)\right]$$

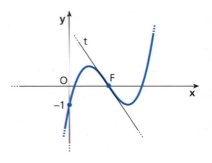

327 Trova a, b, c nella funzione $y = \dfrac{ax^3 + bx + c}{x}$ in modo che il suo grafico passi per $(1;0)$ e abbia un flesso in $(-1;4)$. $[a = -2; b = 4; c = -2]$

328 Trova a, b nella funzione $y = e^{ax^2} + b$, in modo che il suo grafico abbia un flesso nel punto di ascissa -1 e passi per $(0;2)$. $\left[a = -\dfrac{1}{2}; b = 1\right]$

329 Determina a, b, c nella funzione $y = ax^3 + bx^2 + cx$, in modo che il suo grafico abbia in $F(1;2)$ un flesso orizzontale. $[a = 2; b = -6; c = 6]$

330 Determina a, b, c nella funzione $y = ax^3 + bx^2 + cx + a$, in modo che il suo grafico abbia un flesso in $(0;8)$ e la tangente nel punto di flesso abbia coefficiente angolare -12.
Verifica che il punto di flesso è il punto medio del segmento che congiunge i punti di massimo e minimo. $[a = 8; b = 0; c = -12]$

331 Trova per quali valori di a e b il grafico della funzione $y = a\sin x + b\cos x$ ha un flesso con tangente di coefficiente angolare 2 nel punto di ascissa $\dfrac{\pi}{6}$. $[a = \sqrt{3}; b = -1]$

332 Nella funzione di equazione $y = ax^3 + bx^2 + cx + d$, trova a, b, c, d in modo che il grafico relativo passi per l'origine e abbia nel punto di ascissa -1 un flesso con tangente di equazione $y = 2x + 2$. $[a = -2; b = -6; c = -4; d = 0]$

333 Determina i coefficienti a e b della funzione $y = \dfrac{ax^2 - b}{x^2 + b}$ in modo che il suo grafico abbia come asintoto orizzontale la retta di equazione $y = 1$ e un flesso in $x = \dfrac{2}{3}\sqrt{3}$. $[a = 1; b = 4]$

334 Trova a in modo che il grafico della funzione $y = (x + a)e^{-x}$ abbia un punto di flesso di ascissa 3. $[a = -1]$

335 Considera la funzione $f(x) = \dfrac{ax^2 + b - 2}{x^2 + c}$ e trova i coefficienti a, b, c in modo che il suo grafico abbia un flesso in $(2; -3)$ e un estremo relativo di ordinata -1. $[a = -9; b = -10; c = 12]$

336 Determina i coefficienti a, b, c e d della funzione di equazione $y = ax^3 + bx^2 + cx + d$, sapendo che passa per il punto $(0;1)$ e che ha come tangente la retta di equazione $y = -5x$ nel suo punto di flesso di ascissa -1. $[a = 1; b = 3; c = -2; d = 1]$

337 Trova a, b, c, d, e in modo che la funzione di equazione $y = ax^4 + bx^3 + cx^2 + dx + e$ abbia un flesso orizzontale in $(-1;3)$ e nel punto di intersezione con l'asse y abbia come tangente la retta di equazione $36x + y + 10 = 0$. $[a = 3, b = -4, c = -30, d = -36, e = -10]$

Paragrafo 4. Massimi, minimi, flessi e derivate successive

338 Tra le funzioni di equazione

$$y = \frac{1}{3}x^3 + 2kx^2 + k^2x - 30k,$$

con $k \geq 0$, trova quella il cui punto di flesso ha la minima ordinata. $\quad [k = \sqrt{3}]$

339 Data la funzione $y = (x + a)e^{b-x}$, calcola a e b sapendo che il suo grafico ha un flesso di ascissa 4 e un massimo di ordinata e. $\quad [a = -2; b = 4]$

340 Scrivi l'equazione del luogo descritto dai punti di flesso della funzione

$$y = \frac{1}{3}kx^3 - 2x^2$$

al variare di $k \in \mathbb{R} - \{0\}$ e tracciane il grafico. $\quad \left[y = -\frac{4}{3}x^2\right]$

4 | Massimi, minimi, flessi e derivate successive

Massimi, minimi, flessi orizzontali e derivate successive ▶ Teoria a p. 1719

341 **ESERCIZIO GUIDA** Troviamo i punti di massimo, di minimo e di flesso orizzontale della funzione $f(x) = x^4 - \frac{8}{3}x^3 + 2x^2$ con il metodo delle derivate successive.

La funzione è definita per ogni $x \in \mathbb{R}$. Calcoliamo:

$$f'(x) = 4x^3 - 8x^2 + 4x = 4x(x^2 - 2x + 1) = 4x(x-1)^2.$$

Poniamo $f'(x) = 0$:

$$4x(x-1)^2 = 0 \quad \rightarrow \quad x_1 = 0 \lor x_2 = 1.$$

Calcoliamo ora la derivata seconda: $f''(x) = 12x^2 - 16x + 4$.

Calcoliamo il valore della derivata seconda nei punti x_1 e x_2.

$$f''(0) = 4.$$

Poiché $f'(0) = 0$ e $f''(0) > 0$, in $x_1 = 0$ si ha un minimo.

$$f''(1) = 0.$$

Poiché $f''(1) = 0$, calcoliamo la derivata successiva: $f'''(x) = 24x - 16$.

Calcoliamo ora il valore della derivata terza in $x_2 = 1$: $f'''(1) = 24 - 16 = 8$.

Poiché $f'(1) = 0$, $f''(1) = 0$ e $f'''(1) \neq 0$, allora $x_2 = 1$ è un punto di flesso orizzontale.

Determina i punti di massimo, di minimo e di flesso orizzontale delle seguenti funzioni con il metodo delle derivate successive.

342 $y = x^4 - \frac{4}{3}x^3$ $\quad [x = 1 \text{ min}; x = 0 \text{ fl. orizz.}]$

343 $y = \frac{3}{5}x^5 + \frac{3}{4}x^4$ $\quad [x = 0 \text{ min}; x = -1 \text{ max}]$

344 $y = \frac{x^4}{4} - x^3 + 4x$ $\quad [x = -1 \text{ min}; x = 2 \text{ fl. orizz.}]$

345 $y = x^3(x-2)^2$ $\quad \left[x = 2 \text{ min}; x = \frac{6}{5} \text{ max}; x = 0 \text{ fl. orizz.}\right]$

1749

Capitolo 27. Massimi, minimi e flessi

346 $y = x + \dfrac{1}{x}$ $\qquad [x = 1 \text{ min}; x = -1 \text{ max}]$

347 $y = \dfrac{1}{8}x^8 + \dfrac{7}{6}x^6$ $\qquad [x = 0 \text{ min}]$

348 $y = \dfrac{x-2}{(x-1)^3}$ $\qquad \left[x = \dfrac{5}{2} \text{ max}\right]$

349 $y = \dfrac{1}{3}x^3 - \dfrac{1}{2}x^2 - 6x$ $\qquad [x = -2 \text{ max}; x = 3 \text{ min}]$

350 $y = x^4 + \dfrac{4}{3}x^3 + \dfrac{x^2}{2} + 3$ $\qquad \left[x = -\dfrac{1}{2} \text{ fl. orizz.}; x = 0 \text{ min}\right]$

351 $y = \cos 2x + 2\sin x$, in $[0; 2\pi]$. $\qquad \left[x = \dfrac{\pi}{2}, x = \dfrac{3}{2}\pi \text{ min}; x = \dfrac{\pi}{6}, x = \dfrac{5}{6}\pi \text{ max}\right]$

352 $y = (x-2)e^x$ $\qquad [x = 1 \text{ min}]$

353 $y = e^{x^2-1} - x^2$ $\qquad [x = \pm 1 \text{ min}; x = 0 \text{ max}]$

354 $y = \ln(x-1)^2 + 2x$ $\qquad [x = 0 \text{ max}]$

355 $y = \cos^2 x - \cos x$, in $[0; 2\pi]$. $\qquad \left[x = 0, x = \pi, x = 2\pi \text{ max}; x = \dfrac{1}{3}, x = \dfrac{5\pi}{3} \text{ min}\right]$

356 $y = 8 \arctan x - 4x$ $\qquad [x = -1 \text{ min}; x = 1 \text{ max}]$

Flessi e derivate successive

▶ Teoria a p. 1721

357 **ESERCIZIO GUIDA** Troviamo i punti di flesso della funzione $f(x) = -2x^4 + 4x^3 + 3x + 1$ con il metodo delle derivate successive.

La funzione è definita per ogni $x \in \mathbb{R}$.
Calcoliamo:

$$f'(x) = -8x^3 + 12x^2 + 3; \qquad f''(x) = -24x^2 + 24x.$$

Troviamo gli zeri della derivata seconda ponendo $f''(x) = 0$:

$$-24x^2 + 24x = 0 \;\rightarrow\; 24x(-x+1) = 0 \;\rightarrow\; x_1 = 0 \vee x_2 = 1.$$

Calcoliamo la derivata terza,

$$f'''(x) = -48x + 24,$$

e troviamo il segno che essa assume nei punti $x_1 = 0$ e $x_2 = 1$:

$$f'''(0) = 24 > 0$$

$$f'''(1) = -48 + 24 = -24 < 0.$$

Il punto $x_1 = 0$ è di flesso ascendente, $x_2 = 1$ è di flesso discendente.

Trova i punti di flesso delle seguenti funzioni con il metodo delle derivate successive.

358 $y = \dfrac{x^3}{2} + 2x^2$ $\qquad \left[x = -\dfrac{4}{3} \text{ fl. ascend.}\right]$

359 $y = x^5 - 10x^3 + 25x$ $\qquad [x = 0 \text{ fl. discend.}; x = \pm\sqrt{3} \text{ fl. ascend.}]$

360 $y = \dfrac{1}{10}x^6 - x^4$ $\qquad [x = 2 \text{ fl. ascend.}; x = -2 \text{ fl. discend.}]$

361 $y = xe^x$ $\qquad [x = -2 \text{ fl. ascend.}]$

362 $y = 2\sin \dfrac{x}{2}$, in $[\pi; 3\pi]$. $\qquad [x = 2\pi \text{ fl. ascend.}]$

1750

363 $y = 4\sin x + \sin 2x$, in $[-\pi; \pi]$. $\left[x = 0 \text{ fl. discend.}; x = \pm\dfrac{2\pi}{3} \text{ fl. ascend.}\right]$

364 $y = x^3(x-2)$ $[x = 0 \text{ fl. discend.}; x = 1 \text{ fl. ascend.}]$

365 $y = x^2 \ln x$ $\left[x = \dfrac{1}{\sqrt{e^3}} \text{ fl. ascend.}\right]$

366 $y = \dfrac{1}{2}x^4 - \dfrac{7}{6}x^3 + \dfrac{1}{2}x^2 + x$ $\left[x = \dfrac{1}{6} \text{ fl. discend.}; x = 1 \text{ fl. ascend.}\right]$

367 $y = \dfrac{1}{2}\sin^2 x$, in $[0; \pi]$. $\left[x = \dfrac{\pi}{4} \text{ fl. discend.}; x = \dfrac{3}{4}\pi \text{ fl. ascend.}\right]$

Riepilogo: Massimi, minimi, flessi e derivate successive

368 **AL VOLO** Stabilisci se il punto $x = 0$ è di massimo, di minimo o di flesso per le seguenti funzioni.

a. $y = x^4$ b. $y = -x^5$ c. $y = -x^{10}$ d. $y = x^{33}$

TEST

369 Osserva il grafico della funzione $f(x)$.
Le seguenti relazioni sono tutte corrette, *tranne una*. Quale?

A $f(0) = 0$ e $f'(0) \neq 0$.

B $f'(2) = 0$ e $f''(2) < 0$.

C $f'(3) = 0$ e $f''(3) = 0$.

D $f'(4) = 0$ e $f''(4) > 0$.

E $f''(2) \neq 0$ e $f''(3) = 0$.

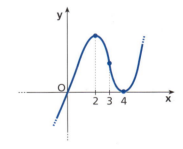

370 Sia $f: \mathbb{R} \to \mathbb{R}$ continua. Quale delle seguenti affermazioni è sempre vera?

A Se f è due volte derivabile e
$$f'(x_0) = f''(x_0) = 0,$$
allora x_0 non è né massimo né minimo relativo.

B Se, per ogni x, $f(x) > 0$ e se
$$\lim_{x \to -\infty} f(x) = \lim_{x \to +\infty} f(x) = 0,$$
allora f ha massimo in $\mathbb{R}$.

C Se f è due volte derivabile e x_0 è un punto di massimo relativo per f, allora $f''(x_0) < 0$.

D Se f è due volte derivabile e $f''(x_0) < 0$, allora x_0 è un punto di massimo relativo.

(Università di Trento)

371 Sia $f(x)$ una funzione derivabile quante volte si vuole. Quali condizioni devono essere verificate affinché la funzione $f'(x)$ abbia un minimo relativo in $x = x_0$?

A $f'(x_0) = 0$ e $f''(x_0) > 0$.

B $f''(x_0) = 0$ e $f'''(x_0) > 0$.

C $f''(x_0) = 0$ e $f'''(x_0) \leq 0$.

D $f''(x_0) > 0$ e $f'''(x_0) \neq 0$.

E $f'(x_0) \neq 0$ e $f''(x_0) = 0$.

Trova i punti di massimo, di minimo e di flesso delle seguenti funzioni con il metodo delle derivate successive.

372 $y = (x-3)^4$ $[x = 3 \text{ min}]$

373 $y = \dfrac{x^4}{4} - \dfrac{4}{3}x^3 + 2x^2 + 1$ $\left[x = 0 \text{ min}; x = \dfrac{2}{3} \text{ fl. ob. disc.}; x = 2 \text{ fl. orizz. asc.}\right]$

374 $y = -2x^4 + 4x^3 - 3x^2 + x$ $\left[x = \dfrac{1}{2} \text{ max}\right]$

375 $y = x^4 - \dfrac{20}{3}x^3 + 14x^2 - 12x$ $\left[x = 3 \text{ min}; x = 1 \text{ fl. orizz. disc.}; x = \dfrac{7}{3} \text{ fl. ob. asc.}\right]$

1751

Capitolo 27. Massimi, minimi e flessi

376 $y = x^4 - \frac{1}{3}x^3 + 2$ $\left[x = \frac{1}{4} \text{ min}; x = 0 \text{ fl. orizz. disc.}; x = \frac{1}{6} \text{ fl. ob. asc.}\right]$

377 $y = \frac{x-3}{(x+1)^3}$ $[x = 5 \text{ max}; x = 7 \text{ fl. ob. asc.}]$

378 $y = \frac{2x^3}{x^2 - 4}$ $[x = -2\sqrt{3} \text{ max}; x = 2\sqrt{3} \text{ min}; x = 0 \text{ fl. orizz. disc.}]$

379 $y = 2\ln x + \frac{1}{x}$ $\left[x = \frac{1}{2} \text{ min}; x = 1 \text{ fl. ob. disc.}\right]$

380 $y = \frac{\sin x}{1 - \cos x}$, in $[0; 2\pi]$. $[x = \pi \text{ fl. ob. disc.}]$

381 $y = e^{2x} - 2e^x$ $\left[x = 0 \text{ min}; x = \ln\frac{1}{2} \text{ fl. ob. asc.}\right]$

382 $y = 2x^2 \ln x$ $\left[x = \frac{1}{\sqrt{e}} \text{ min}; x = \frac{1}{\sqrt[3]{e^2}} \text{ fl. obl. asc.}\right]$

383 $y = 3x^7 - 7x^6 + 1$ $\left[x = 0 \text{ max}; x = 2 \text{ min}; x = \frac{5}{3} \text{ fl. obl. asc.}\right]$

384 $y = x - \arcsin 2x$ $[x = 0 \text{ fl. ob. disc.}]$

385 $y = 2x\sqrt{x+1}$ $\left[x = -1 \text{ max}; x = -\frac{2}{3} \text{ min}\right]$

386 $y = 2x^4 + 3x^3 + 4$ $\left[x = -\frac{9}{8} \text{ min}; x = -\frac{3}{4} \text{ fl. obl. disc.}; x = 0 \text{ fl. orizz. asc.}\right]$

387 $y = \frac{x^3}{x^2 + x - 1}$ $[x = 1 \text{ min}; x = -3 \text{ max}; x = 0 \text{ fl. orizz. asc.}]$

388 $y = \frac{x^2 - 4x + 5}{(x-1)^2}$ $[x = 3 \text{ min}; x = 4 \text{ fl. obl. disc.}]$

389 $y = 2x - \arcsin x$ $\left[x = -1 \text{ max}; x = -\frac{\sqrt{3}}{2} \text{ min}; x = \frac{\sqrt{3}}{2} \text{ max}; x = 1 \text{ min}; x = 0 \text{ fl. ob. asc.}\right]$

390 $y = 2x^4 - 12x^2$ $[x = -\sqrt{3} \text{ min}; x = 0 \text{ max}; x = \sqrt{3} \text{ min}; x = -1 \text{ fl. obl. disc.}; x = 1 \text{ fl. obl. asc.}]$

391 $y = x + \arctan(x - 1)$ $[x = 1 \text{ fl. obl. disc.}]$

392 $y = e^{\frac{x-1}{x+2}}$ $\left[x = -\frac{1}{2} \text{ fl. obl. disc.}\right]$

393 $y = x\ln(x-1) - 2$ $[x = 2 \text{ fl. obl. asc.}]$

394 $y = \frac{x+2}{\sqrt{x+1}}$ $[x = 0 \text{ min}; x = 2 \text{ fl. obl. disc.}]$

395 $y = \sqrt[3]{4-x}$ $[x = 4 \text{ fl. obl. disc.}]$

396 $y = \frac{x^2 - 4x + 5}{1 - |x - 1|}$ $[x = -\sqrt{5} \text{ max}; x = 1 \text{ min}; x = 3 \text{ max}]$

397 $y = x\sqrt{1 - x^2}$ $\left[x = \frac{\sqrt{2}}{2} \text{ max}; x = -\frac{\sqrt{2}}{2} \text{ min}; x = 0 \text{ fl. ob. disc.}\right]$

398 **YOU & MATHS** Verify that the following function has stationary points at $x = -1, 0, 1$:
$$f(x) = 5x^6 + 12x^5 - 20x^3 - 15x^2 + 1.$$

Classify each of these three stationary points as a maximum, a minimum or a point of inflection. Are there any other stationary points? If so, find them but do not attempt to classify them.

(UK *University of Essex,* First Year Examination)
$[\text{min }(-1, -1); \text{max }(0, 1); \text{min }(1, -17)]$

Paragrafo 5. Problemi di ottimizzazione

5 | Problemi di ottimizzazione

▶ Teoria a p. 1722

Problemi sui numeri

399 Trova x e y in modo che sia minima la somma dei loro quadrati, sapendo che $x+y=20$. [10; 10]

400 Verifica che, se due numeri hanno somma costante a, il loro prodotto è massimo quando sono uguali.

401 La somma di due numeri positivi x e y è 40. Trova quali numeri rendono il prodotto x^2y^3 massimo. [16; 24]

402 Trova x e y in modo che sia minima la somma dei loro quadrati, sapendo che $xy=36$. [6, 6 o −6, −6]

403 Verifica che, se due numeri hanno prodotto positivo e costante, la somma dei loro cubi è minima quando i due numeri sono uguali.

404 Trova per quale numero reale è minima la differenza tra il suo cubo e il numero stesso. $\left[\dfrac{\sqrt{3}}{3}\right]$

Problemi di geometria analitica

405 **ESERCIZIO GUIDA** È data la parabola di equazione $y=-x^2+4$. Determiniamo su di essa un punto P interno al primo quadrante in modo che sia massima la somma delle distanze di P dagli assi cartesiani.

Rappresentiamo graficamente la parabola assegnata.

Scegliamo la variabile
Il punto P ha generiche coordinate $(x;y)$ con $y=-x^2+4$, quindi scegliendo come variabile l'ascissa di P abbiamo:

$P(x;-x^2+4)$.

Condizioni sulla variabile
La posizione del punto P può variare da $V(0;4)$ ad $A(2;0)$. Poiché P deve essere *interno* al primo quadrante, sono esclusi i casi limite di $P \equiv V$ e $P \equiv A$. Pertanto: $0 < x < 2$.

Determiniamo la funzione obiettivo
Se indichiamo con $\overline{PH}$ e $\overline{PK}$ le distanze di P dall'asse x e dall'asse y, la funzione è

$y = \overline{PH} + \overline{PK} \rightarrow y = -x^2 + 4 + x = -x^2 + x + 4$.

Calcoliamo il massimo
Calcoliamo la derivata prima:

$y' = -2x + 1$,

$y' = 0: -2x + 1 = 0 \rightarrow x = \dfrac{1}{2}$.

Quindi $x = \dfrac{1}{2}$ è un punto stazionario.
Studiamo il segno di y':

$-2x+1 > 0 \rightarrow 2x-1 < 0 \rightarrow x < \dfrac{1}{2}$.

Il valore massimo di y si ha per $x = \dfrac{1}{2}$.
In corrispondenza di questo valore otteniamo $y = -\left(\dfrac{1}{2}\right)^2 + 4 = \dfrac{15}{4}$, quindi il punto cercato è $P\left(\dfrac{1}{2};\dfrac{15}{4}\right)$.

Capitolo 27. Massimi, minimi e flessi

406 Determina il punto della retta $y = 4x - 1$ per il quale è minima la distanza dal punto $A(0; 3)$.
$$\left[P\left(\frac{16}{17}; \frac{47}{17}\right)\right]$$

407 Stabilisci qual è il punto P del quarto quadrante, appartenente alla parabola di equazione $y = x^2 - 4$, che ha distanza minima dal punto $Q(0; -2)$.
$$\left[P\left(\sqrt{\frac{3}{2}}; -\frac{5}{2}\right)\right]$$

408 Determina sul segmento AB un punto P in modo che la somma dei quadrati delle sue distanze dagli assi cartesiani sia minima.
$$\left[P\left(\frac{4}{5}; \frac{8}{5}\right)\right]$$

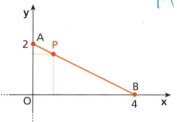

409 Determina le coordinate del punto P del primo quadrante appartenente alla curva rappresentata in figura in modo che l'area del rettangolo colorato sia massima.
$[P(1; 1)]$

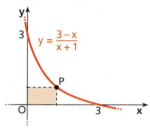

410 Individua il punto della retta $2x + y - 5 = 0$ per il quale è minima la distanza dall'origine degli assi cartesiani.
$[P(2; 1)]$

411 Data la parabola di equazione $y = -x^2 + 1$, determina su di essa un punto P di ordinata positiva in modo che sia minima la somma dei quadrati delle distanze di P dai punti di intersezione della parabola con l'asse x.
$$\left[x = \pm\frac{\sqrt{2}}{2}\right]$$

412 Data la parabola di equazione $y = -x^2 + 4x$, inscrivi un rettangolo di area massima nella parte di piano delimitata dalla parabola e dall'asse x.
$$\left[\text{indicando con } y = k \text{ una parallela all'asse } x, \text{ si ha il massimo per } k = \frac{8}{3}\right]$$

413 Data la parabola di equazione $y = -x^2 + 5$, indica con A e B i punti in cui interseca la retta di equazione $y = k$. Determina k in modo che sia massima l'area della superficie del triangolo OAB, in cui O è l'origine degli assi.
$$\left[k = \frac{10}{3}\right]$$

414 È data la circonferenza di equazione $x^2 + y^2 = 1$. Determina su di essa un punto P in modo che sia massima la somma dei quadrati delle sue distanze dai punti $A(2; 0)$ e $B(0; 2)$.
$$\left[\text{se } x \text{ è l'ascissa di } P, x = -\frac{\sqrt{2}}{2}\right]$$

415 Data la parabola di equazione $y = 4 - x^2$, individua sull'arco $\widehat{VA}$ (dove V è il vertice della parabola e A l'intersezione della parabola con il semiasse positivo delle x) il punto P per il quale è minima la distanza dal punto $B(0; 3)$.
$$\left[P\left(\frac{\sqrt{2}}{2}; \frac{7}{2}\right)\right]$$

416 Determina un punto P sulla retta di equazione $x = 4$ in modo che la somma $\overline{PH}^2 + \overline{PK}^2$ sia minima, essendo $\overline{PH}$ e $\overline{PK}$ le distanze di P dalle rette di equazione $y = 2$ e $y = x - 3$.
$$\left[\left(4; \frac{5}{3}\right)\right]$$

417 Fra tutti i rettangoli inscritti nella circonferenza di equazione $x^2 + y^2 = 4$, determina quello di area massima.
[il quadrato di lato $2\sqrt{2}$]

418 Inscrivi un rettangolo nella parte di piano compresa tra la parabola di equazione $y = -x^2 + 2$ e l'asse x in modo che sia massimo il volume del cilindro che si ottiene con una rotazione completa intorno all'asse y.
[se $y = k$ è la retta parallela all'asse x, si ha il massimo per $k = 1$]

419 Date la circonferenza di equazione $x^2 + y^2 = 4$ e la retta r di equazione $y = mx$, siano P il loro punto di intersezione nel primo quadrante e A la proiezione di P sull'asse x. Trova per quale valore di m il triangolo OPA ha area massima.
[1]

420 Considera una generica retta passante per il punto $(1; 4)$ e di coefficiente angolare m negativo. Siano P e Q i punti di intersezione rispettivamente con gli assi x e y. Determina l'equazione della retta per cui è minima la somma $\overline{OP} + \overline{OQ}$.
$[y = -2x + 6]$

421 Individua il punto della parabola di equazione $y = -x^2$ per il quale è minima la distanza dalla retta $y = x + 3$.
$$\left[P\left(-\frac{1}{2}; -\frac{1}{4}\right)\right]$$

Paragrafo 5. Problemi di ottimizzazione

422 Detti A e B i punti di intersezione della retta di equazione $x = k$ con, rispettivamente, l'iperbole di equazione $y = \dfrac{6}{x}$ e la retta di equazione $y = 7 - x$, qual è il valore di k, compreso tra 1 e 6, per cui è massima la lunghezza del segmento AB?
$$[k = \sqrt{6}]$$

423 Siano C e D i punti di intersezione, con ascissa compresa tra 0 e 2, della retta di equazione $y = k^2$, con $0 < k < 1$, con le parabole rispettivamente di equazioni:
$$y = x^2 - 4x + 4 \quad e \quad y = x^2.$$
Siano poi A e B le proiezioni di D e C sull'asse x. Per quale valore di k il rettangolo $ABCD$ ha area massima?
$$\left[k = \dfrac{2}{3}\right]$$

424 **YOU & MATHS** Compute the x-coordinate of the point on the curve $y = \sqrt{x}$ that is closest to the point (2, 1).
$$\left[\dfrac{2 + \sqrt{3}}{2}\right]$$

425 Data la parabola
$$y = -x^2 + 8x - 7,$$
inscrivi nella parte di piano limitata dalla parabola e dall'asse x un trapezio isoscele con la base maggiore sull'asse x e di area massima.
$$[\text{se } y = k \text{ è la retta della base minore, } k = 8]$$

426 La parabola di equazione $y = -2x^2 + x + 1$ interseca l'asse y nel punto C e l'asse x nei punti A e B (A è il punto di ascissa negativa). Considera un punto P variabile sull'arco $\overset{\frown}{CB}$ della parabola e trova l'ascissa di P per la quale è massima l'area del quadrilatero $OCPB$.
$$\left[x = \dfrac{1}{2}\right]$$

427 Determina le coordinate di un punto P, appartenente alla parabola di equazione $y = -x^2 + 4x$, tale che la sua distanza dalla retta $y = -x + 8$ sia minima. Calcola la misura di tale distanza.
$$\left[P\left(\dfrac{5}{2}; \dfrac{15}{4}\right); d = \dfrac{7\sqrt{2}}{8}\right]$$

428 Scrivi l'equazione della parabola che passa per l'origine O e per i punti $A(2; 0)$ e $B(-1; 3)$. La retta di equazione $y = mx$ interseca l'arco di parabola $\overset{\frown}{OA}$, oltre che in O, in un punto P. Trova P in modo che l'area del triangolo OPA sia massima.
$$[P(1; -1)]$$

429 **LEGGI IL GRAFICO** Determina le equazioni delle parabole rappresentate in figura e trova il triangolo ABC di area massima, inscritto nella regione da esse delimitata, che ha il lato BC parallelo all'asse y.
$$\left[C\left(\dfrac{2}{3}; -\dfrac{8}{9}\right)\right]$$

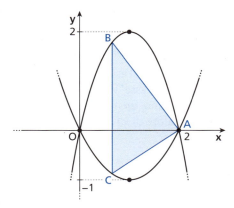

430 Trova per quale valore di a il vertice della parabola di equazione $y = ax^2 - 2x + 4$ ha la minima distanza dall'origine.
$$\left[a = \dfrac{1}{2}\right]$$

431 Date la parabola di equazione $y = x^2$ e l'iperbole equilatera di equazione $y = -\dfrac{4}{x}$, considera sulle due curve due punti P e Q con la stessa ascissa $a > 0$. Calcola la distanza $\overline{PQ}$ e trova per quale valore di a essa è minima.
$$[a = \sqrt[3]{2}]$$

432 Date la parabola di equazione $y = -x^2 - 4x$ e la circonferenza di equazione $x^2 + y^2 - 8x + 15 = 0$, conduci una retta parallela all'asse x in modo che la somma dei quadrati delle corde intercettate sulla retta dalle due curve sia massima.
$$\left[y = -\dfrac{1}{2}\right]$$

433 **LEGGI IL GRAFICO** Trova la posizione del punto P della parabola in figura in modo che l'area del trapezio $RHPV$ sia massima.
$$\left[x_P = \dfrac{9 + 5\sqrt{6}}{6}\right]$$

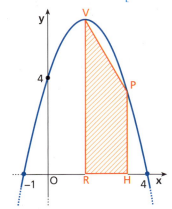

1755

Capitolo 27. Massimi, minimi e flessi

434 Trova la distanza minima tra il punto $\left(0;\dfrac{5}{2}\right)$ e il grafico di $y=\dfrac{x^4}{8}$.

(USA *Harvard-MIT Mathematics Tournament*)

$\left[\dfrac{\sqrt{17}}{2}\right]$

435 **LEGGI IL GRAFICO** Nella figura è rappresentato il grafico della funzione $y=\dfrac{1}{ax^2+bx+c}$, simmetrica rispetto all'asse y. Trova a, b, c. La retta $x=k$ parallela all'asse y e la sua simmetrica $x=-k$ determinano un rettangolo $PP'Q'Q$. Trova per quale valore di k l'area di $PP'Q'Q$ è massima.

$[a=1, b=0, c=1; k=1]$

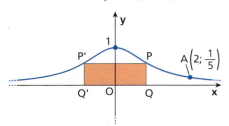

436 **LEGGI IL GRAFICO** Scrivi l'equazione della parabola di vertice V rappresentata nella figura e trova la posizione di A e B in modo che il triangolo OBA abbia area massima.

$\left[y_A=y_B=\dfrac{8}{3}\right]$

437 Determina il parametro k in modo che sia massima la distanza fra i vertici delle parabole di equazioni:

$y=-2x^2+kx+4$ e $y=2x^2+(4-k)x+2k$.

$[k=6]$

438 Data l'iperbole di equazione $xy=k$, $0<k<1$, sia A un suo punto di ascissa k e siano B e C i suoi vertici. Determina il valore di k che rende massima l'area del triangolo BAC.

$\left[k=\dfrac{1}{3}\right]$

439 Tra le parabole di fuoco $F(0;0)$ e asse parallelo all'asse delle ordinate, determina quella per cui sia minima la distanza tra il fuoco e il suo punto di ascissa 1.

$\left[y=\dfrac{1}{2}x^2-\dfrac{1}{2}; y=-\dfrac{1}{2}x^2+\dfrac{1}{2}\right]$

440 Tra le parabole di equazione $y=-x^2+2x+c$, determina la parabola avente il vertice sulla retta $y=2x+2$. Siano poi A il suo punto di ascissa nulla e B la sua intersezione con il semiasse positivo delle ascisse. Determina un punto P dell'arco $\overset{\frown}{AB}$ tale che la differenza tra le distanze di P dagli assi sia massima.

$\left[P\left(\dfrac{1}{2};\dfrac{15}{4}\right)\right]$

441 Scrivi l'equazione della circonferenza che è tangente all'asse y in $A(0;4)$ e che ha il centro sulla retta $y=3x-2$. Considerando poi una retta passante per l'origine che intersechi la circonferenza nei punti P e Q, determina il suo coefficiente angolare in modo che l'area del triangolo APQ sia massima.

$\left[x^2+y^2-4x-8y+16=0; \dfrac{3+\sqrt{21}}{6}\right]$

442 Inscrivi un rettangolo nella parte di piano compresa tra la parabola $y=-x^2+2$ e l'asse x in modo che sia massimo il volume del cilindro che si ottiene con una rotazione completa intorno all'asse y.

$[\text{se } y=k \text{ è la retta parallela all'asse } x, k=1]$

443 Nella parte di piano delimitata dalla parabola di equazione $y=-x^2+12x-20$ e dall'asse x inscrivi il rettangolo di perimetro massimo.

$[A(5;0), B(7;0), C(7;15), D(5;15)]$

444 Trova un punto P sulla retta di equazione $y=-2$ in modo che la somma dei quadrati delle distanze dalle rette $x=5$ e $2x-y-1=0$ sia minima.

$\left[P\left(\dfrac{23}{9};-2\right)\right]$

445 Sul ramo dell'iperbole di equazione $y=\dfrac{2x+3}{8x-4}$ posto nel semipiano $x>\dfrac{1}{2}$ determina il punto per cui è minima la somma dell'ascissa con l'ordinata.

$\left[\left(\dfrac{1+\sqrt{2}}{2};\dfrac{1+2\sqrt{2}}{4}\right)\right]$

446 **YOU & MATHS** What is the minimum vertical distance between the graphs of $2+\sin(x)$ and $\cos(x)$?

(USA *Harvard-MIT Mathematics Tournament*)

$[2-\sqrt{2}]$

447 Sono date l'ellisse di equazione $x^2+9y^2=9$ e la retta $y=t$ che interseca l'ellisse nei punti D ed E. Determina t in modo che sia minima l'area del triangolo isoscele formato dalle tangenti dell'ellisse in D e in E e dall'asse x.

$\left[t=\pm\dfrac{\sqrt{2}}{2}\right]$

Paragrafo 5. Problemi di ottimizzazione

 448 Sia data l'iperbole di equazione

$$y = \frac{(c^2+3)x + b}{(c^2+3)x + c}$$

che interseca l'asse y nel punto $A(0; 4)$. Considera il punto B dell'iperbole simmetrico di A rispetto al centro dell'iperbole. Determina il parametro $c \in \mathbb{R}^+$ in modo che l'area del triangolo AOB sia massima. $[c = \sqrt{3}]$

 449 Dopo aver scritto l'equazione della parabola che ha per asse di simmetria la retta $x = 1$ ed è tangente nell'origine all'iperbole di equazione

$$y = \frac{2x}{1-x},$$

trova le coordinate del punto A che le due curve hanno in comune oltre all'origine O. Determina poi un punto P sull'arco di parabola $\overset{\frown}{OA}$ tale che l'area del triangolo OPA sia massima. $\left[x_P = \dfrac{3}{2} \right]$

 450
  a. Determina le coordinate del punto di minimo P della funzione $f(x) = x^3 - 3ax^2 + 6a^2$ al variare di $a > 0$ e trova per quale valore di a il punto P ha la massima ordinata.
  b. Rappresenta il grafico di $f(x)$ per il valore di a trovato.
  $[a)\ P(2a; -4a^3 + 6a^2),\ a = 1]$

 451 Scrivi l'equazione dell'ellisse che ha vertice $V(-4; 0)$ e semiasse minore di lunghezza 2. Trova poi il coefficiente angolare della retta, passante per V, che intersechi l'ellisse nel punto A di ordinata $y \geq 0$ e formi il triangolo VAH di area massima, essendo H la proiezione di A sull'asse x. $\left[\dfrac{\sqrt{3}}{6} \right]$

 452 Data l'equazione $y = ax^4 + bx^2 + c$:
  a. determina il valore dei coefficienti a, b, c in modo che la curva α da essa rappresentata abbia un flesso nel punto $F(1; 1)$ con tangente parallela alla retta di equazione $y + 8x = 0$;
  b. scrivi l'equazione della parabola, con asse parallelo all'asse y, di vertice $(0; 2)$ e tangente alla curva α;
  c. nel segmento parabolico individuato dalla parabola e dall'asse x inscrivi il rettangolo di area massima.
  $\left[a)\ a = 1,\ b = -6,\ c = 6;\ b)\ y = -2x^2 + 2; \right.$
  $\left. c)\ \text{rettangolo con un lato su } y = \dfrac{4}{3} \right]$

453 Dopo aver determinato le coordinate dei punti base A e B del fascio di parabole di equazione

$$y(a+1) + 2ax^2 - x(11a+1) = 0,$$

scrivi l'equazione della parabola p del fascio che ha per asse la retta $x = 2$. Nel segmento parabolico delimitato da p e dalla retta AB inscrivi poi il triangolo ABQ di area massima.

$\left[A(0; 0),\ B(5; 5);\ p: y = x^2 - 4x;\ Q\left(\dfrac{5}{2}; -\dfrac{15}{4} \right) \right]$

454 **LEGGI IL GRAFICO** Scrivi l'equazione della parabola γ in figura, tangente in P alla retta r di equazione $3x - 2y - 14 = 0$.
Considera poi il punto Q di ordinata 8 appartenente all'asse di γ e trova i punti P_1 e P_2 di γ che hanno distanza minima da Q.

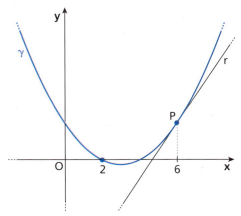

$\left[y = \dfrac{1}{4}x^2 - \dfrac{3}{2}x + 2;\ P_1(8; 6);\ P_2(-2; 6) \right]$

455 Sia $y = x + a + \dfrac{b}{x} + \dfrac{c}{x^2}$.
  a. Trova a, b, c in modo che il grafico abbia un punto di estremo relativo A in $x = 4$ e un flesso in $B(-2; -4)$.
  b. Il punto A è di massimo o di minimo? Quale tipo di flesso c'è in B? Motiva le risposte.
  c. Considera il triangolo isoscele ABB' di base BB' parallela all'asse x e inscrivi in esso il rettangolo di area massima.
  $\left[a)\ a = 2,\ b = 12,\ c = 8;\ b)\ A \text{ min};\ B \text{ fl. orizz.}; \right.$
  $\left. c)\ \text{rettangolo con un lato su } y = \dfrac{11}{4} \right]$

 456 Considera l'iperbole di equazione $y = \dfrac{x}{x-2}$, che ha centro di simmetria in C. Trova il coefficiente angolare della retta passante per l'origine, che, intersecando l'iperbole nel punto P, rende minima la distanza $\overline{PC}$. $\left[\pm \dfrac{\sqrt{2}}{2} \right]$

1757

Capitolo 27. Massimi, minimi e flessi

457 Per quali valori di k l'equazione

$$(k+1)x^2 + 2ky^2 = k-3$$

rappresenta un'ellisse? Dopo aver trovato l'equazione dell'ellisse che ha un fuoco nel punto $\left(\sqrt{\frac{15}{2}}; 0\right)$, inscrivi in essa il rettangolo di perimetro massimo.

$$\left[k < -1 \vee k > 3; \frac{x^2}{9} + \frac{2}{3}y^2 = 1; \text{ altezza del rettangolo} = 2\sqrt{\frac{3}{14}}\right]$$

458 Rappresenta nello stesso piano cartesiano le parabole γ_1 e γ_2 aventi rispettivamente equazioni $y = 4x^2 + 1$ e $y = \frac{1}{3}x^2 - x$, e verifica che non hanno punti comuni.
Sia P un punto di γ_1 e R il punto di γ_2 in cui la tangente a γ_2 è parallela alla retta tangente a γ_1 in P. Determina P in modo che sia minima la differenza, in valore assoluto, tra le ordinate di P e R.

$$\left[x_P = \pm \frac{\sqrt{77}}{44}\right]$$

459 Determina i punti A e B di intersezione della retta di equazione $2x + 2y + 5 = 0$ con la curva γ di equazione $xy = 1$. Considera un punto P di γ appartenente al primo quadrante e trova per quale posizione di P l'area del triangolo ABP è minima. $\left[A\left(-2; -\frac{1}{2}\right), B\left(-\frac{1}{2}; -2\right); P(1;1)\right]$

460 Data l'ellisse di equazione $9x^2 + 16y^2 = 144$, traccia una corda PQ parallela all'asse delle ascisse in modo che risulti massima l'area del trapezio avente come basi la corda stessa e l'asse maggiore. Generalizza il problema per un'ellisse qualsiasi $\frac{x^2}{a^2} + \frac{y^2}{b^2} = 1$.

$$\left[y = \pm\frac{3\sqrt{3}}{2}; y = \pm\frac{\sqrt{3}}{2}b\right]$$

461 Considera le parabole di equazioni $y = 9x^2 - 8x$ e $y = -9x^2 + 10x$ e indica con P il loro punto comune diverso dall'origine. Nella regione finita delimitata dalle due parabole traccia la retta $x = a$ che interseca le parabole in Q e R. Trova per quale valore di a l'area del triangolo PQR è massima.

$$\left[a = \frac{1}{3}\right]$$

462 Scrivi l'equazione della parabola, con asse parallelo all'asse y, tangente all'asse x in $B(4; 0)$ e passante per $A(0; 16)$. Determina sull'arco $\overset{\frown}{AB}$ di parabola un punto P in modo che la tangente alla parabola formi con gli assi cartesiani un triangolo di area massima.

$$\left[y = x^2 - 8x + 16; \left(\frac{4}{3}; \frac{64}{9}\right)\right]$$

463 Considera la retta r di equazione $y = -x + 3$ e il punto $A(0; 1)$. Per un punto B di r interno al primo quadrante traccia la perpendicolare alla retta AB che interseca l'asse x nel punto P.
Determina il punto B per cui è minima l'area del triangolo AOP. $\quad [B(\sqrt{3}; 3 - \sqrt{3})]$

464 Determina il punto P in cui la parabola di equazione $y = x^2 + 1$ ha distanza minima dal punto $A(5; 0)$.
Trova le equazioni della retta r passante per A e P e della tangente t in P alla parabola e spiega il significato geometrico della reciproca posizione.
$[P(1; 2); r: x + 2y - 5 = 0, t: y = 2x; r \perp t]$

465 Date le parabole di equazioni

$$y^2 = 4x \quad \text{e} \quad x = -\frac{1}{16}y^2 + 4,$$

nella zona finita di piano delimitata dalle due parabole inscrivi un rettangolo con i lati paralleli agli assi. Calcola l'altezza del rettangolo in modo che abbia volume massimo il cilindro ottenuto dalla rotazione completa del rettangolo intorno all'asse x.

$$\left[8\sqrt{\frac{2}{5}}\right]$$

■ **Problemi di geometria piana**

Un segmento come incognita

466 **ESERCIZIO GUIDA** Fra tutti i rettangoli inscritti in una circonferenza di raggio r, determiniamo quello di perimetro massimo.

Scegliamo la variabile
Consideriamo un rettangolo qualsiasi $ABCD$ inscritto nella circonferenza; poniamo $\overline{AB} = x$.

Condizioni sulla variabile
Dalla figura deduciamo che deve essere $0 < x < 2r$.

Se $x = 0 \rightarrow A \equiv B$ e $C \equiv D$; il rettangolo degenera nel diametro AC.

Se $x = 2r \rightarrow A \equiv D$ e $B \equiv C$; il rettangolo degenera nel diametro AB.

In conclusione: $0 \leq x \leq 2r$.

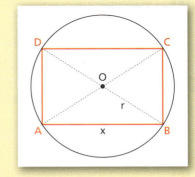

Determiniamo la funzione obiettivo
Calcoliamo $\overline{AD}$ con il teorema di Pitagora applicato al triangolo rettangolo DAB:

$$\overline{AD} = \sqrt{\overline{DB}^2 - \overline{AB}^2} = \sqrt{4r^2 - x^2}.$$

La funzione che esprime il perimetro del rettangolo è:

$$y = 2\overline{AB} + 2\overline{AD} = 2x + 2\sqrt{4r^2 - x^2} \rightarrow y = 2(x + \sqrt{4r^2 - x^2}), \text{ con } 0 \leq x \leq 2r.$$

Calcoliamo il massimo
Calcoliamo la derivata prima:

$$y' = 2\left(1 + \frac{-2x}{2 \cdot \sqrt{4r^2 - x^2}}\right) = 2\frac{\sqrt{4r^2 - x^2} - x}{\sqrt{4r^2 - x^2}}.$$

Studiamo il segno di y':

$$y' > 0 \quad \text{se} \quad 2\frac{\sqrt{4r^2 - x^2} - x}{\sqrt{4r^2 - x^2}} > 0.$$

Osserviamo che il denominatore è sempre positivo, quindi basta risolvere la disequazione irrazionale:

$$\sqrt{4r^2 - x^2} - x > 0 \rightarrow \sqrt{4r^2 - x^2} > x.$$

Eleviamo al quadrato entrambi i membri (senza porre altre condizioni, in quanto sono entrambi positivi):

$$4r^2 - x^2 > x^2 \rightarrow 2x^2 - 4r^2 < 0 \rightarrow$$
$$-\sqrt{2}\,r < x < \sqrt{2}\,r.$$

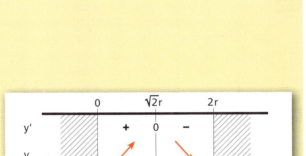

Dal quadro dei segni (figura **a**), che tiene conto delle limitazioni $0 \leq x \leq 2r$, deduciamo che il perimetro massimo si ha per $x = \sqrt{2}\,r$.
Notiamo che per il valore trovato il rettangolo inscritto nel cerchio diventa un quadrato (figura **b**).

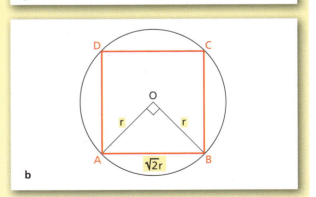

467 Fra tutti i rettangoli di area a^2, determina quello la cui diagonale è minima. $\quad$ [il quadrato di lato a]

468 Fra tutti i rettangoli di diagonale d, trova quello di area massima. $\quad \left[\text{il quadrato di lato } \dfrac{\sqrt{2}}{2}d\right]$

469 Verifica che fra tutti i rettangoli di perimetro a, quello di area massima è il quadrato.

470 Fra tutti i triangoli rettangoli la cui somma dei cateti misura b, determina quello di ipotenusa minima.

$\left[\text{il triangolo isoscele con i cateti che misurano } \dfrac{b}{2}\right]$

Capitolo 27. Massimi, minimi e flessi

471 Nel quadrato $ABCD$ di lato a, determina sul lato AB un punto P in modo che la somma dei quadrati delle sue distanze da C e dal punto medio M di AD sia minima. $\left[\overline{AP} = \dfrac{a}{2}\right]$

472 Fra tutti i triangoli rettangoli nei quali la somma di un cateto e dell'ipotenusa misura $2b$, determina quello di area massima.
$\left[\text{il triangolo nel quale un cateto misura } \dfrac{2}{3}b\right]$

473 Fra tutti i triangoli isosceli inscritti in un cerchio di raggio r, trova quello di area massima.
$\left[\text{il triangolo equilatero con altezza che misura } \dfrac{3}{2}r\right]$

474 Nell'insieme dei triangoli isosceli inscritti in una circonferenza di raggio r, determina quello in cui la somma dell'altezza AH e della base BC è massima.
$\left[\text{il triangolo in cui } \overline{AH} = r \cdot \left(1 + \dfrac{\sqrt{5}}{5}\right)\right]$

475 Il settore circolare OAB di una circonferenza di centro O ha perimetro 12. Determina il raggio della circonferenza che rende massima l'area del settore.
(CAN *Canadian Open Mathematics Challenge*)
$[r = 3]$

476 Fra tutti i rombi circoscritti a un cerchio di raggio r, determina quello:
 a. di perimetro minimo;
 b. di area minima.
 [a), b) il quadrato circoscritto]

477 Dati un triangolo equilatero ABC di lato $\overline{AB} = a$ e un punto P di AB, trova la posizione di P che rende massima l'area del trapezio $PBFE$.
$\left[\overline{AP} = \dfrac{a}{3}\right]$

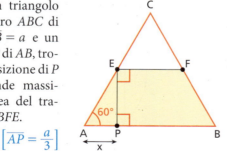

478 Data una circonferenza di centro O e raggio r, siano AB un suo diametro e t la retta tangente in B alla circonferenza. Determina un punto P di AB e un punto Q su t, con
$$\overline{PB} + \overline{QB} = 2r,$$
in modo che PQB abbia area massima. $[P \equiv O]$

479 Fra tutti i triangoli isosceli che hanno per base una corda di un cerchio di raggio r e il vertice nel centro del cerchio stesso, determina quello di area massima.
$\left[\text{il triangolo la cui altezza misura } \dfrac{r}{2}\sqrt{2}\right]$

480 Nell'insieme dei trapezi isosceli inscritti in una semicirconferenza di raggio r, determina quello di perimetro massimo. [il semiesagono inscritto]

481 Data una circonferenza di raggio r, inscrivi in essa un triangolo rettangolo isoscele ABC di ipotenusa AB. Determina un punto P, sull'arco AB non contenente C, tale che l'area del quadrilatero convesso $ACBP$ sia massima. $[\overline{AP} = r\sqrt{2}]$

482 Sia $ABCD$ un trapezio isoscele di area s^2 e con gli angoli adiacenti alla base di 45°. Determina l'altezza del trapezio in modo che abbia perimetro minimo.
$\left[\text{misura dell'altezza} = \dfrac{s}{\sqrt[4]{2}}\right]$

483 Sia $ABCD$ un quadrato di lato a. Determina un punto P sul segmento MN che congiunge i punti medi M e N rispettivamente dei segmenti AB e CB in modo che sia minima la somma $\overline{PH}^2 + \overline{PM}^2$.
$\left[\overline{PM} = \dfrac{\sqrt{2}}{3}a\right]$

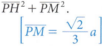

484 Tra tutti i rombi di perimetro a, determina quello di area massima.
$\left[\text{il quadrato di diagonale } \dfrac{a}{2\sqrt{2}}\right]$

485 Sia dato un triangolo rettangolo ABC inscritto in una semicirconferenza di diametro a e sia detta AH l'altezza relativa all'ipotenusa. Sia poi M il punto medio di AH e sia Q l'intersezione tra la retta AC e la retta passante per M e parallela a BC. Determina il punto H tale che l'area del trapezio $MBCQ$ sia massima.
$\left[\overline{CH} = \dfrac{\sqrt{33}-1}{8}a\right]$

486 Sia $ABCD$ un quadrato di lato 3 e M il punto di BC distante 1 da B. Per quale punto P del segmento AM è minima la quantità $\overline{PB}^2 + \overline{PD}^2$? Scegli come incognita $x = \overline{PP'}$, con P' proiezione di P su AB.
$\left[\overline{PP'} = \dfrac{3}{5}\right]$

Paragrafo 5. Problemi di ottimizzazione

487 Nell'insieme dei triangoli rettangoli inscritti in una semicirconferenza di raggio r, determina quello per il quale è massima la somma tra la proiezione di un cateto sull'ipotenusa e l'altezza relativa all'ipotenusa.

$\left[\text{il triangolo in cui la proiezione misura} \left(1 + \frac{1}{\sqrt{2}}\right)r\right]$

488 Nel triangolo qualsiasi ABC manda la parallela al lato AB che interseca i lati AC e BC rispettivamente nei punti G e F. Indicate con D ed E le proiezioni ortogonali di G e F sulla retta del lato AB, determina il rettangolo $DEFG$ di area massima.

[DG è metà dell'altezza del triangolo]

489 Sia $ABCD$ un rettangolo di base $\overline{AB} = 4$. La perpendicolare alla diagonale AC condotta da B interseca le rette AC e AD rispettivamente nei punti H ed E. Determina il valore di $\overline{BH}$ per cui è massima l'area del triangolo CEH. $[\overline{BH} = 2\sqrt{2}]$

490 Data una semicirconferenza di diametro $\overline{AB} = 2r$, traccia la tangente t in A e, preso sulla semicirconferenza un punto P, indica con C la sua proiezione su t. Trova P in modo che la somma $\overline{PB} + \overline{PC}$ sia massima. $[\overline{AP} = r\sqrt{3}]$

491 Considera un triangolo rettangolo isoscele e trova sull'ipotenusa un punto P in modo che la somma dei quadrati delle sue distanze dai punti medi dei cateti sia massima.

[P coincidente con uno degli estremi dell'ipotenusa]

Un angolo come incognita

492 Determina la misura degli angoli alla base di un trapezio isoscele, con base minore e lati obliqui che misurano 2, in modo che l'area sia massima. $\left[\frac{\pi}{3}\right]$

493 Considera il punto P sull'arco $\overset{\frown}{AB}$ in figura.

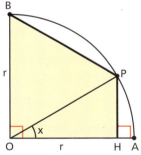

Determina la posizione di P che rende massima l'area del quadrilatero $OHPB$. $\left[x = \frac{\pi}{6}\right]$

494 Sulla semicirconferenza di diametro AB, con $\overline{AB} = 2r$, traccia la corda AC. Indica con P il suo punto medio e con K la proiezione ortogonale di P su AB. Determina l'angolo $B\widehat{A}C$ in modo che sia massimo il segmento PK. $\left[B\widehat{A}C = \frac{\pi}{4}\right]$

495 Sulla semicirconferenza di diametro AB, con $\overline{AB} = 2r$, conduci una corda AD e sia C il punto medio dell'arco BD. Determina l'angolo $B\widehat{A}C$ in modo che l'area del quadrilatero $ABCD$ risulti massima. $\left[B\widehat{A}C = \frac{\pi}{6}\right]$

496 Sulla semicirconferenza di diametro AB, con $\overline{AB} = 2r$, determina un punto P tale che, dette M e H le sue proiezioni ortogonali rispettivamente sulla retta tangente in A alla semicirconferenza e sul diametro AB, sia massima l'area del rettangolo $AHPM$. $\left[P\widehat{B}A = \frac{\pi}{3}\right]$

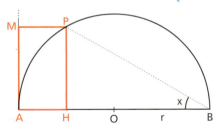

497 Data la semicirconferenza di diametro AB, con $\overline{AB} = 2r$, traccia la retta t tangente in B e da un punto P della semicirconferenza traccia la proiezione Q su t. Determina la posizione di P per cui la somma $\overline{PQ} + \overline{PA}$ è massima. $\left[P\widehat{A}B = x, x = \frac{\pi}{3}\right]$

498 Fra tutti i rombi circoscritti a un cerchio di raggio r, determina quello di perimetro minimo.

[il quadrato]

499 Sull'arco $\overset{\frown}{AB}$ di un settore circolare di raggio r, centro O e ampiezza $\frac{\pi}{3}$, prendi un punto P in modo che, indicate rispettivamente con H e K le proiezioni di P su OA e OB, risulti massima la somma dei segmenti PH e PK.

$\left[\text{posto } A\widehat{O}P = x, x = \frac{\pi}{6}\right]$

Capitolo 27. Massimi, minimi e flessi

500 Sia ABC un triangolo rettangolo con l'ipotenusa BC lunga 10 m e l'angolo $A\hat{B}C$ di ampiezza $\frac{\pi}{3}$. Traccia una semiretta uscente da B e appartenente all'angolo $A\hat{B}C$ in modo che, dette H e K le proiezioni ortogonali su di essa di A e di C, la somma delle misure dei segmenti AH e CK risulti massima.
$$\left[\text{posto } H\hat{B}C = x, \ x = \frac{\pi}{3} \right]$$

501 Sulla circonferenza in figura i punti A e B sono fissi. Determina quale posizione di P rende la somma $\overline{AP}^2 + \overline{PB}^2$ massima. $\left[x = \frac{\pi}{3} \right]$

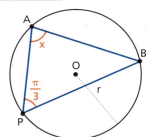

502 Su una semicirconferenza di diametro AB lungo 1 m, individua un punto C, in modo che, se D è il punto medio dell'arco BC, risulti massima la somma $\overline{AC} + \overline{DB}$. Indica l'angolo $C\hat{A}B$ con $2x$.
$$\left[x = \arcsin \frac{1}{4} \simeq 0{,}25 \right]$$

503 Dato un triangolo isoscele ABC che ha $\overline{AC} = 10$ e l'angolo al vertice A tale che $\cos \hat{A} = -\frac{7}{25}$, sia D un punto della semicirconferenza di diametro BC esterna al triangolo. Determina l'angolo $B\hat{C}D$ in modo che il perimetro del triangolo BCD sia massimo.
$$\left[B\hat{C}D = \frac{\pi}{4} \right]$$

504 Sia AOB un settore circolare di ampiezza $\frac{\pi}{2}$. Determina un punto P dell'arco AB in modo che sia minima la somma
$$\overline{BP}^2 + \overline{PC}^2,$$
con C punto medio di AO. $[P\hat{O}A = \arctan 2]$

505 Fra tutti i triangoli inscritti in una semicirconferenza trova quello di perimetro massimo.
[il triangolo rettangolo isoscele]

506 In un cerchio di raggio r considera la corda $\overline{AB} = r\sqrt{3}$. Trova un punto P sul maggiore dei due archi $\overset{\frown}{AB}$ in modo che l'area del triangolo PAB sia massima. [il triangolo equilatero]

507 Dato il settore circolare OBA, di centro O, con $A\hat{O}B = \frac{\pi}{3}$, considera su $\overset{\frown}{AB}$ un punto P. Considera inoltre il punto Q intersezione fra OB e la parallela a OA condotta da P. Di Q e di P traccia le rispettive proiezioni R e S su OA. Trova P in modo che sia massimo il perimetro del rettangolo $PQRS$.
$$\left[\text{posto } P\hat{O}A = x, \ x = \arctan\left(1 - \frac{\sqrt{3}}{3}\right) \right]$$

508 Sia data una circonferenza di raggio r e una retta l tangente alla circonferenza in un suo punto P. Da un punto variabile R della circonferenza è mandata la perpendicolare RQ a l, con Q appartenente a l.
Determina il valore massimo dell'area del triangolo PQR.
(CAN Canadian Mathematical Olympiad)
$$\left[\frac{3\sqrt{3}}{8} r^2 \right]$$

509 In una circonferenza di raggio r e centro O a distanza $\frac{r}{2}$ dal centro si traccia la secante s che la interseca nei punti M e N. Una seconda retta t passante per O incontra s in S ($\overline{NS} < \overline{MS}$) e la circonferenza nei punti A e B (B è il punto più vicino a S). Detto K il punto medio della corda MN, determina per quale valore dell'angolo $M\hat{S}A = x$ risulta massimo il rapporto fra l'area del rettangolo di lati AS e KS e l'area del rettangolo di lati OS e OK.
$$\left[x = \arcsin \frac{\sqrt{5}-1}{2} \right]$$

510 Data una semicirconferenza di diametro $AB = 2r$, a partire da B considera nell'ordine i punti C e D della semicirconferenza tali che $D\hat{O}C = 2 \cdot C\hat{O}B$. Determina questi due punti in modo che la somma delle basi del trapezio $HCDK$ sia massima, essendo H e K proiezioni di C e D su AB.
$$\left[C\hat{O}B = \arctan \frac{\sqrt{2}}{2} \simeq 35° \right]$$

511 Sia data una circonferenza di raggio r e centro O. Fissati un suo diametro AB e un punto C su di essa, siano t la retta tangente alla circonferenza in C e s la retta per O e perpendicolare al diametro AB. Detto D il punto di intersezione tra le due rette, determina l'angolo $B\hat{O}C$ in modo che la differenza tra l'area del triangolo AOD e la metà dell'area del triangolo COD sia minima.
$$\left[B\hat{O}C = \frac{\pi}{3} \right]$$

Paragrafo 5. Problemi di ottimizzazione

512 Nel piano cartesiano Oxy sia γ una circonferenza avente raggio 1 e come centro l'origine. Detto P un suo punto, siano Q l'intersezione dell'asse x con la tangente in P alla circonferenza e S l'intersezione tra la retta OP e la retta $y = 2$. Determina l'angolo $P\widehat{O}Q$ in modo che sia minimo il prodotto $\overline{PQ} \cdot \overline{PS}$. $\left[P\widehat{O}Q = \dfrac{\pi}{6}\right]$

513 Dato il punto P dell'arco $\widehat{AB}$ del settore circolare in figura di centro O e raggio r, trova per quale posizione di P l'area del rettangolo $RHPQ$ è massima.

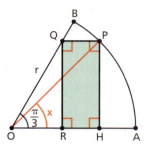

$\left[x = \dfrac{\pi}{6}\right]$

514 Sia AB una corda di una circonferenza di raggio r, a distanza $\dfrac{r}{2}$ dal centro O. Detto C un punto del minore dei due archi $\widehat{AB}$, determina l'angolo $C\widehat{A}B$ in modo che il perimetro di ABC sia massimo. $\left[C\widehat{A}B, = \dfrac{\pi}{6}\right]$

515 Una semicirconferenza ha diametro AB e centro O, e M è il punto medio di $\widehat{AB}$. Determina un punto P sull'arco $\widehat{MB}$ in modo tale che, detta H la sua proiezione su AB, sia minimo il valore di $\overline{MP}^2 + 2\overline{PH}^2$. $\left[\text{posto } P\widehat{O}H = x, x = \dfrac{\pi}{6}\right]$

516 Sia ABC un triangolo inscritto in una semicirconferenza di diametro $\overline{AB} = 2r$.
Su BC costruisci il rettangolo $BCEF$ tale che, detto M il punto medio di EF, il triangolo CBM sia equilatero.
Per quale valore dell'angolo $x = B\widehat{A}C$ è massima l'area di $ABFE$? $\left[x = \dfrac{5}{12}\pi\right]$

517 Una semicirconferenza di raggio r ha centro O e diametro AB. Considera il punto P su $\widehat{AB}$ e la sua proiezione R sulla tangente alla semicirconferenza in B. Dimostra che PB è bisettrice di $O\widehat{P}R$. Individua poi P in modo che sia massima l'area del quadrilatero $OPRB$.

$\left[\text{posto } O\widehat{P}B = x, x = \dfrac{1}{2}\arccos\dfrac{\sqrt{3}-1}{2}\right]$

518 **EUREKA!** Un angolo di una pagina di larghezza $a = 8$ pollici viene piegato in modo da toccare il lato opposto, come mostrato in figura. Dopo aver espresso la lunghezza della piega L in funzione dell'angolo θ, trova la larghezza x della parte ripiegata che rende minimo L.

(University of Cincinnati Calculus Contest)

[6]

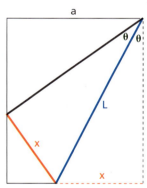

Problemi di geometria solida

519 Al parallelepipedo in figura viene sottratto un cubo di spigolo x.

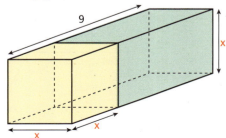

Determina per quale valore di x il parallelepipedo rimanente ha volume massimo. [6]

520 Dato un triangolo rettangolo la cui ipotenusa misura l, determina l'ampiezza degli angoli acuti affinché il cilindro avente per diametro di base un cateto e per altezza l'altro cateto abbia area laterale massima.

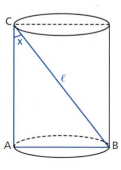

Capitolo 27. Massimi, minimi e flessi

521 Fra tutte le piramidi regolari a base quadrata di apotema 3, determina quella di volume massimo.
$$[\text{se } x = \text{misura dell'altezza}, \ x = \sqrt{3}]$$

522 Fra tutti i cilindri inscrivibili in una sfera di raggio r, determina quello di superficie laterale massima.
$$[\text{se } x = \text{misura dell'altezza del cilindro}, \ x = r \cdot \sqrt{2}]$$

523 Fra i parallelepipedi rettangoli con volume costante V e altezza $h = 4$, determina quello con area laterale minima.
$$[\text{parallelepipedo a base quadrata}]$$

524 Tra i cilindri di volume V, qual è il raggio di base di quello che ha superficie totale minima?
$$\left[r = \sqrt[3]{\frac{V}{2\pi}} \right]$$

525 Tra i cilindri inscritti in un cono retto di raggio di base r e altezza $2r$, qual è quello di volume massimo?
$$\left[\text{raggio di base del cilindro} = \frac{2}{3} r \right]$$

526 Fra tutti i trapezi isosceli inscritti in una semicirconferenza di raggio che misura r, determina quello per il quale è massimo il volume del solido generato da una rotazione completa intorno al diametro della semicirconferenza.
$$\left[\text{se } x = \text{misura della proiezione del lato obliquo sulla base maggiore}, \ x = \frac{r}{6}(7 - \sqrt{13}) \right]$$

527 Determina la posizione di una corda AB di una circonferenza di diametro AC, con $\overline{AC} = 2r$, affinché sia massima la superficie generata dalla rotazione completa della corda attorno ad AC.
$$\left[\text{posto } B\widehat{C}A = x, \ x = \arccos \frac{\sqrt{3}}{2} \right]$$

528 Fra tutti i triangoli rettangoli ABC di data ipotenusa AB, con $\overline{AB} = a$, determina quello che genera, in una rotazione completa intorno al cateto AC, un cono di volume massimo.
$$\left[\text{posto } \overline{CB} = x, \ x = \frac{\sqrt{6}}{3} a \right]$$

529 Fra tutti i triangoli rettangoli ABC, di data ipotenusa AB, con $\overline{AB} = a$, determina quello per il quale è massima la somma delle superfici laterali dei coni generati da una rotazione completa prima intorno a un cateto e poi intorno all'altro cateto.
$$\left[\text{se } x = \text{misura di un cateto}, \ x = \frac{\sqrt{2}}{2} a; \right.$$
$$\left. \text{il triangolo è rettangolo isoscele} \right]$$

530 Dato il trapezio rettangolo $ABCD$ (con AB base maggiore e BC lato obliquo) circoscritto a un cerchio di raggio r e centro O, determina l'angolo $B\widehat{O}H$ (dove H è il punto di tangenza del lato obliquo BC con la circonferenza) in modo che sia minima la superficie laterale del solido che si ottiene con una rotazione completa del trapezio rettangolo intorno alla sua base maggiore.
$$\left[x = \frac{\pi}{3} \right]$$

531 Fra tutti i coni inscritti in una sfera di raggio r, determina quello per il quale è massimo il rapporto tra il suo volume e quello della sfera.
$$\left[\text{posto } x = \text{misura dell'altezza del cono}, \ x = \frac{4}{3} r \right]$$

532 Di tutti i parallelepipedi a base quadrata con diagonale di misura d, determina quello di volume massimo.
$$\left[\text{posto } x = \text{misura dell'altezza del parallelepipedo}, \ x = \frac{d \cdot \sqrt{3}}{3} \right]$$

533 Determina fra i triangoli inscritti in una semicirconferenza di diametro BC, con $\overline{BC} = 2r$, quelli per i quali è massima la differenza dei volumi dei due coni che si formano in una rotazione completa del triangolo intorno al diametro BC.
$$\left[\text{posto } x = \text{misura della proiezione di un cateto del triangolo su } BC, \ x = \left(\frac{3 \pm \sqrt{3}}{3} \right) \cdot r \right]$$

534 Considera il rettangolo $DEFG$, inscritto nel triangolo equilatero ABC di lato l. In una rotazione completa intorno all'altezza AH si formano un cono e un cilindro inscritto in esso. Determina per quale valore di x si ha il cilindro di volume massimo.
$$\left[x = \frac{l}{3} \right]$$

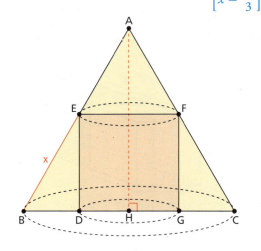

1764

Paragrafo 5. Problemi di ottimizzazione

535 Tra i parallelepipedi di base quadrata di lato a e volume 27, trova quello la cui sfera circoscritta abbia superficie minima. [cubo di spigolo 3]

536 Sia dato un cilindro equilatero di diametro $2r$. Detti O il centro di una sua base e AB una corda di questa base, determina l'angolo $A\widehat{B}O$ in modo che il volume del prisma di base ABO e altezza pari a quella del cilindro sia massimo.
$$\left[A\widehat{B}O = \frac{\pi}{4}\right]$$

537 Un settore circolare, di raggio 2, è lo sviluppo della superficie laterale di un cono.
a. Determina l'ampiezza dell'angolo al centro del settore in modo che il cono abbia volume massimo.
b. Nel cono trovato inscrivi il cilindro di volume massimo e determina tale volume.
$$\left[\text{a) } \frac{2}{3}\sqrt{6}\,\pi; \text{ b) } \frac{4}{9}\sqrt{6},\ \frac{64}{243}\sqrt{3}\,\pi\right]$$

538 Una figura solida è formata da un parallelepipedo a base quadrata sormontato da una piramide retta con la base coincidente con la base del parallelepipedo e con l'altezza uguale a metà del lato di base. Stabilisci la misura l del lato della base in modo che il volume della figura solida misuri 63 m³ e che la superficie laterale (formata dalle superfici laterali del parallelepipedo e della piramide) risulti minima.
$$\left[l = 3\sqrt[3]{3\sqrt{2}+2} \simeq 5{,}52 \text{ m}\right]$$

539 Data una semicirconferenza di diametro $\overline{AB} = 2r$, sia CD una corda parallela ad AB e siano K e H le proiezioni di C e D sul diametro. Determina la posizione di DC in modo che il solido generato dalla rotazione di $CMDHK$ attorno all'asse di DC abbia volume massimo, con M punto medio dell'arco $\overset{\frown}{CD}$.
$$\left[\overline{DH} = r\frac{\sqrt{13}-1}{6}\right]$$

540 Una piramide regolare ha per base un quadrato di lato $2l$ e ha altezza $6l$. Calcola a quale distanza d dal vertice si deve tracciare un piano parallelo alla base affinché sia massimo il volume del cilindro che ha per basi il cerchio inscritto nel quadrato intersezione fra il piano secante e la piramide e la proiezione di tale cerchio sulla base della piramide. Determina inoltre il volume massimo. Il cilindro di volume massimo è anche quello che ha massima la superficie laterale?
$$\left[d = 4l;\ \frac{8}{9}\pi l^3;\ \text{no}: d = 3l\right]$$

541 Sono dati un cono di vertice V, raggio r e altezza $4r$, e un piano parallelo alla base che interseca il cono. Nel cerchio intersezione è inscritto un triangolo ABC equilatero. A quale distanza da V si deve tracciare il piano affinché sia massimo il volume del prisma che ha per basi ABC e la sua proiezione sulla base del cono? Calcola il volume massimo.
$$\left[\frac{8}{3}r;\ \frac{4}{9}\sqrt{3}\,r^3\right]$$

542 Un cono è generato dalla rotazione completa di un triangolo isoscele ABC, di base AB, intorno alla sua altezza CH. Sapendo che $CH = 4$ cm, determina la base AB in modo che sia minimo il rapporto fra il volume del cono e quello della sfera, di centro O, inscritta nel cono.
$$\left[\overline{OH} = x,\ x = 1,\ AB = 2\sqrt{2} \text{ cm}\right]$$

543 Un cono di altezza h ha la base di centro O e raggio r. Considera il cono che ha per base la sezione del cono dato con un piano parallelo alla sua base e per vertice il punto O.
a. Determina il raggio di base di questo cono in modo che sia massimo il suo volume.
b. Calcola la superficie della sfera inscritta nel cono di volume massimo, quando $h = r$.
$$\left[\text{a) } \frac{2}{3}r;\ \text{b) } \frac{16\pi}{9}r^2(\sqrt{5}-2)^2\right]$$

544 Un solido, di volume 8 cm³, è costituito da un cilindro e da due coni equilateri, esterni al cilindro e ognuno con una base in comune con il cilindro stesso. Trova il raggio di base in modo che sia minima la superficie del solido.
$$\left[\sqrt[3]{\frac{3+\sqrt{3}}{\pi}}\right]$$

545 Un solido si ottiene come differenza tra una semisfera di raggio r e un cono, in essa inscritto, con la base in comune e altezza r. Le sezioni di tale solido con piani paralleli alla base sono delle corone circolari. Quale di esse ha area massima?
[quella ottenuta dal piano distante $\frac{r}{2}$ dalla base]

546 Sul diametro AB di una sfera di centro O e raggio r fissa due punti C e D equidistanti da O e considera il cono avente come vertice D e come base il cerchio ottenuto sezionando la sfera con un piano passante per C e perpendicolare ad AB. Determina il cono avente la superficie laterale massima.
$$\left[\text{posto } \overline{OC} = x,\ x = \frac{r\sqrt{3}}{3}\right]$$

1765

Capitolo 27. Massimi, minimi e flessi

Problemi REALTÀ E MODELLI

547 **Beware of dogs** Monica vuole realizzare sul retro della sua casa un recinto per i suoi cani, di forma rettangolare e che abbia un lato appoggiato al muro di casa. Ha a disposizione 5 m di rete. Individua qual è il recinto che consente ai cani di Monica di avere più spazio a disposizione.
[il recinto con il lato parallelo alla casa doppio di quello perpendicolare]

548 **Aquilone** Si vuole costruire un aquilone a forma di settore circolare con una superficie di 8 m². Determina l'angolo α del settore in modo che il contorno dell'aquilone sia minimo. [α = 2]

549 **Cartelloni minimi** Su un listello di legno si appendono due cartelloni come in figura: uno ha la forma di un quadrato, l'altro quella di un triangolo rettangolo con un cateto doppio dell'altro. Trova la misura di x in modo che la somma delle superfici dei due cartelloni risulti minima. [$x = 2$]

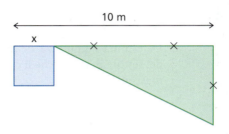

550 **Piscina massima** Una piscina ha la forma di un rettangolo con l'aggiunta di una zona a forma di semicerchio, avente il diametro coincidente con un suo lato. Determina le lunghezze dei lati del rettangolo in modo che la piscina abbia il perimetro esterno di 100 m e la superficie massima. $\left[b = \dfrac{200}{\pi + 4} \simeq 28 \text{ m}; h = \dfrac{100}{\pi + 4} \simeq 14 \text{ m}\right]$

551 **Giardini geometrici** Un giardiniere ha avuto l'incarico di realizzare un'aiuola a forma di settore circolare con un'area di 16 m². L'interno dell'aiuola sarà ricoperto d'erba, mentre lungo il perimetro saranno piantati dei fiori. Determina il raggio e l'angolo di apertura dell'aiuola in modo che si utilizzi il minor numero di fiori. [$r = 4$ m; α = 2 rad]

---

552 In un mercato in regime di monopolio, il prezzo di vendita p di un bene dipende dalla quantità x che rappresenta la domanda del mercato secondo la legge $p(x) = 80 - x$.
  a. Determina la funzione ricavo totale $R(x)$ data dal prodotto tra il prezzo e la quantità di merce venduta.
  b. Determina per quale quantità di merce venduta il ricavo è massimo.
[a) $R(x) = 80x - x^2$; b) $x = 40$]

553 Per una scenografia teatrale si deve preparare una colonna costituita da un cilindro sormontato da una semisfera con la base coincidente con quella del cilindro. Quali devono essere le dimensioni della colonna se si sa che la sua superficie è di 147π dm² e che il volume deve essere il più grande possibile?
$\left[\text{raggio di base} = \text{altezza} = \sqrt{\dfrac{147}{5}} \text{ dm}\right]$

554 **YOU & MATHS** What is the sum of the dimensions of the cheapest rectangular box of volume 3 ft³, with a square base and an open top that can be made if the sides cost $1 per ft² and the base costs $6 per ft²?

(USA *Florida Gulf Coast University Invitational Mathematics Competition*)
[5]

555 **TEST** La Container Company sta disegnando una scatola a forma di parallelepipedo, senza coperchio e con base quadrata, che abbia una capacità di 108 cm³. Calcola l'area minima che può avere la superficie della scatola.

A 120 cm².   D 96 cm².
B 108 cm².   E 92 cm².
C 102 cm².

(USA *North Carolina State High School Mathematics Contest*)

1766

Paragrafo 5. Problemi di ottimizzazione

RISOLVIAMO UN PROBLEMA

■ Lavori in corso

Un'impresa edile deve costruire una strada che colleghi tra loro due piccoli paesi, A e B, che distano tra loro 6 km, e due strade che colleghino A e B con la città C, che dista da entrambi 5 km, in modo che il percorso sia il più breve possibile. Decide quindi di costruire un tratto comune CH sull'asse del segmento AB per poi costruire due strade rettilinee che colleghino H con A e con B. Quanto deve essere lungo il tratto CH?

▶ **Modellizziamo il problema.**

Rappresentiamo con un disegno la situazione: le tre località si trovano ai vertici di un triangolo isoscele (dato che C ha la stessa distanza da A e da B); il tratto CH si trova sull'asse del segmento AB; CK è l'altezza relativa ad AB.

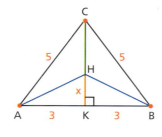

Chiamiamo x la misura del tratto KH. L'altezza CK, per il teorema di Pitagora, è lunga 4 km, quindi: $0 < x < 4$.

▶ **Troviamo la funzione obiettivo.**

Esprimiamo le tre misure in funzione di x.

$$\overline{CH} = \overline{CK} - \overline{KH} = 4 - x.$$

I tratti AH e HB sono uguali, dato che H è un punto dell'asse di AB. Calcoliamo la loro misura applicando il teorema di Pitagora al triangolo AHK:

$$\overline{AH} = \overline{HB} = \sqrt{\overline{AK}^2 + \overline{KH}^2} = \sqrt{9 + x^2}.$$

La funzione che esprime la misura della lunghezza delle strade da costruire è dunque:

$$f(x) = 2\sqrt{9 + x^2} + 4 - x.$$

▶ **Troviamo il minimo.**

Deriviamo la funzione:

$$f'(x) = \frac{2x}{\sqrt{9 + x^2}} - 1 = \frac{2x - \sqrt{9 + x^2}}{\sqrt{9 + x^2}}.$$

Studiamo il segno della derivata prima:

$$f'(x) > 0 \rightarrow \frac{2x - \sqrt{9 + x^2}}{\sqrt{9 + x^2}} > 0 \rightarrow$$

$$2x - \sqrt{9 + x^2} > 0 \rightarrow 2x > \sqrt{9 + x^2}.$$

Dato che $0 < x < 4$ e il radicando è sempre positivo, possiamo elevare al quadrato entrambi i membri:

$$4x^2 > 9 + x^2 \rightarrow x^2 > 3 \rightarrow x < -\sqrt{3} \lor x > \sqrt{3}.$$

Compiliamo il quadro dei segni tenendo conto delle limitazioni. Dunque $x = \sqrt{3}$ è un minimo per la funzione. Per questo valore il tratto di strada CH è lungo circa 2,3 km.

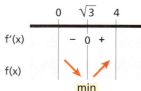

---

556 **YOU & MATHS** The concentration C of an antibiotic in the bloodstream after a time of t hours is given by:

$$C = \frac{5t}{1 + \left(\dfrac{t}{k}\right)^2} \text{ units,}$$

where $k > 0$. If the maximum concentration is reached at $t = 6$ hours, find the value of k.

(IR *Leaving Certificate Examination*, Higher Level)

$[k = 6 \text{ h}]$

557 Su un cartoncino rettangolare si deve applicare una foto di 300 cm² con il margine superiore e inferiore di 3 cm e con i margini laterali di 4 cm. Che dimensioni deve avere il cartone di area minima che serve allo scopo? $[28 \text{ cm}; 21 \text{ cm}]$

558 Si deve progettare una vasca a forma di parallelepipedo rettangolo a base quadrata della capacità di 64 m³, da rivestire di piombo. Determina il lato di base x affinché sia minima la quantità di piombo utilizzata (trascurando lo spessore delle pareti).

$[x = 4 \cdot \sqrt[3]{2}]$

559 **IN FISICA** Trova l'altezza massima che raggiunge un corpo lanciato verticalmente verso l'alto con velocità $v_0 = 20$ m/s $\left(\text{legge oraria } s = v_0 t - \frac{1}{2} gt^2, g \simeq 10 \text{ m/s}\right)$.

$[h = 20 \text{ m}]$

Capitolo 27. Massimi, minimi e flessi

560 Fra tutti i recipienti a forma cilindrica di uguale superficie S, determina quello di volume massimo.

$$\left[\text{posto } x = \text{raggio di base}, x = \sqrt{\frac{S}{6\pi}}\right]$$

561 Caldo caldo! Un'azienda produce thermos con capacità di 1 L, a forma di cilindro circolare retto. Il settore *Ricerca e sviluppo* dell'azienda vuole determinare il raggio di base r e l'altezza h del thermos che permettano di minimizzare il calore disperso all'esterno. Calcola la loro lunghezza in centimetri. $[r \simeq 5,4 \text{ cm}; h \simeq 10,8 \text{ cm}]$

562 Un falegname deve costruire una cassapanca a forma di parallelepipedo, con il coperchio, utilizzando la minima quantità di legno. Se uno spigolo deve essere di 15 dm e il volume di 630 dm³, quanto saranno lunghi gli altri due spigoli?

$[6,48 \text{ dm}; 6,48 \text{ dm}]$

---

563 Un silo ha la forma di un cilindro con l'aggiunta di una semisfera con la base coincidente con quella del cilindro. Calcola la lunghezza del raggio di base, supponendo che il volume del silo sia 18 m³ e la sua superficie laterale (formata dalla superficie della semisfera e dalla superficie laterale del cilindro) sia minima. $\left[c = \frac{3}{\sqrt[3]{\pi}} \simeq 2,05 \text{ m}\right]$

564 In una ditta i costi per la produzione sono suddivisi in costi fissi (1000 euro) e costi variabili secondo la quantità q di merce prodotta. I costi variabili seguono la legge $C(q) = 12q^2 - 960q$. Il ricavo rispetto alla quantità di merce venduta v è dato da $R(v) = 10v^2$. Supponendo che la quantità di merce prodotta e la quantità di merce venduta siano uguali, trova il quantitativo di merce per il massimo guadagno. $[240]$

---

565 Viaggi d'affari Il direttore commerciale di una grande azienda viaggia con un autista pagato € 60 l'ora. L'auto ha un costo fisso di € 0,10 al km e, per velocità v superiori a 50 km/h, ha un costo aggiuntivo di € $\frac{3(v-50)}{500}$ al kilometro.

a. Sapendo che il direttore deve fare un viaggio in autostrada di 100 km, calcola il costo fisso in euro di tale viaggio e, supponendo che nel corso del viaggio mantenga costantemente la velocità di crociera v, in km/h, esprimi il costo in euro dell'autista in funzione di v.

b. Scrivi la funzione che esprime il costo totale in euro del viaggio in funzione della velocità v, supponendo $v > 50$ km/h, e determina qual è la velocità di crociera che minimizza il costo del viaggio.

$$\left[\text{a) } C_{\text{fisso}} = 10; C_{\text{autista}} = \frac{6000}{v}; \text{ b) } C(v) = \frac{6000}{v} + \frac{3}{5}v - 20; v = 100 \text{ km/h}\right]$$

566 Una finestra ha la forma di un rettangolo, senza il lato superiore perché esso è sormontato da due archi uguali, a forma di semicirconferenze affiancate. I due diametri sono sovrapposti esattamente al lato del rettangolo. Determina le sue dimensioni in modo che la luce della finestra sia di 10 m² e il contorno abbia la misura minima possibile.

$$\left[b = \frac{4\sqrt{10}}{\sqrt{3\pi + 8}} \simeq 3,03 \text{ m}; h = \frac{\sqrt{10}(\pi + 4)}{2\sqrt{3\pi + 8}} \simeq 2,72 \text{ m}\right]$$

567 YOU & MATHS Sammy the Owl wants to design a window that is a rectangle with a semicircle on top. If the total perimeter is constrained to be 24 feet, what dimensions should Sammy pick so that the window admits the greatest amount of light? Give the radius of the semicircular region and the height of the rectangular portion.

(USA *Rice University Mathematics Tournament*)

$$\left[\frac{24}{4+\pi}; \frac{24}{4+\pi}\right]$$

1768

Paragrafo 5. Problemi di ottimizzazione

568 Silas non fa altro che dormire, bere caffè e dimostrare teoremi, e non fa mai più di una di queste cose alla volta. Impiega 5 minuti per bere una tazza di caffè. Quando fa matematica, Silas dimostra $s + \ln c$ teoremi ogni ora, dove c è il numero di tazze di caffè che beve quotidianamente e s è il numero di ore in cui dorme ogni giorno. Quante tazze di caffè deve bere Silas in un giorno per dimostrare il massimo numero di teoremi?

(USA *Rice University Mathematics Tournament*)

[12]

IN FISICA

569 Un corpo compie uno spostamento x sottoposto a una forza costante di intensità $F(x) = e^{-x^2}$, che forma un angolo di 60° con lo spostamento; determina x in modo che sia massimo il lavoro compiuto dalla forza.

$$\left[x = \frac{\sqrt{2}}{2} \simeq 0{,}7 \right]$$

570 Determina l'angolo α formato con la linea di terra per cui la gittata di un proiettile, lanciato da terra verso l'alto, è massima.

$$\left[\alpha = \frac{\pi}{4} \right]$$

571 **YOU & MATHS** A piece of wire, of length 20 cm, is to be cut into two parts. One of the parts, of length x cm, is to be formed into a circle and the other part into a square. Show that the sum, A cm^2, of the areas of the circle and the square has a stationary value when $x = \dfrac{20\pi}{4 + \pi}$.

(UK *Northern Examination Assessment Board, NEAB*)

MATEMATICA E STORIA

Il rettangolo massimo Leggi il documento seguente, tratto dal *Methodus ad disquirendam maximam et minimam* di Pierre de Fermat (1601-1665).

> Dividere il segmento AC in E in modo tale che il rettangolo di dimensioni AE ed EC sia massimo.
> Indichiamo con b il segmento AC.
> Se indichiamo con a una delle due parti di b, la restante sarà $b - a$ e il rettangolo che dovrà essere massimo sarà $ba - a^2$. Diventi poi $a + e$ la parte a di b; dunque la parte restante sarà $b - a - e$, per cui il rettangolo sarà $ab - a^2 + be - 2ae - e^2$, che deve essere *adeguagliato* al precedente rettangolo $ba - a^2$. Sottratti i termini comuni, be adeguaglierà $2ae + e^2$ e divisi tutti per e, b adeguaglierà $2a + e$. Si elida la e; b uguaglia $2a$ e dunque b si deve dividere in due parti uguali per risolvere il problema proposto, né si può dare un metodo più generale.

Interpretiamo il documento attraverso i seguenti punti.

a. Mostra che l'area del rettangolo avente lati (di lunghezza) a e $b - a$ è $ba - a^2$.
b. Mostra che l'area del rettangolo avente lati $a + e$ e $b - a - e$ è $ab - a^2 + be - 2ae - e^2$.
c. Indichiamo con $\approx$ l'«adequazione»; avremo: $ba - a^2 \approx ab - a^2 + be - 2ae - e^2$. Operando analogamente alla risoluzione delle equazioni, esegui le operazioni indicate da Fermat e completa i passaggi per ricavare b avendo anche eliso, cioè eliminato, e.
d. Risolvi attraverso una funzione obiettivo il problema «Dividere un segmento in due parti il cui prodotto sia massimo».

Risoluzione – Esercizio in più

Allenati con **15 esercizi interattivi** con feedback "hai sbagliato, perché..."

su.zanichelli.it/tutor3   risorsa riservata a chi ha acquistato l'edizione con tutor

1769

Capitolo 27. Massimi, minimi e flessi

VERIFICA DELLE COMPETENZE — ALLENAMENTO

UTILIZZARE TECNICHE E PROCEDURE DI CALCOLO

Determina i punti di massimo, di minimo e di flesso delle seguenti funzioni.

1 $y = \dfrac{2x}{x^2-4}$ $\quad$ [$x=0$ fl. obl.]

2 $y = \dfrac{3-x}{x^2}$ $\quad$ [$x=6$ min; $x=9$ fl. obl.]

3 $y = \dfrac{8x^3}{1+2x^3}$ $\quad$ [$x=0$ fl. orizz.; $x=-\dfrac{\sqrt[3]{2}}{2}$ fl. obl.]

4 $y = \sqrt[3]{4x-x^2-4}$ $\quad$ [$x=2$ max (cuspide)]

5 $y = \dfrac{1}{2}x\sqrt{6-x}$ $\quad$ [$x=4$ max; $x=6$ min]

6 $y = \sqrt[7]{x^2-6x+9}$ $\quad$ [$x=3$ min (cuspide)]

7 $y = x^2 e^{1-x}$ $\quad$ [$x=0$ min, $x=2$ max; $x=2\pm\sqrt{2}$ fl. obl.]

8 $y = \dfrac{1}{2x}+\ln x$ $\quad$ [$x=\dfrac{1}{2}$ min, $x=1$ fl. obl.]

---

9 $y = 3x^3 + \dfrac{9}{2}x^2 - 18x + \dfrac{1}{2}$ $\quad$ [$x=-2$ max; $x=1$ min; $x=-\dfrac{1}{2}$ fl. obl.]

10 $y = 6x^4 - 12x^2 + 6$ $\quad$ [$x=0$ max; $x=\pm 1$ min; $x=\pm\dfrac{\sqrt{3}}{3}$ fl. obl.]

11 $y = -\dfrac{1}{4}x^4 + x^3 - 2$ $\quad$ [$x=3$ max; $x=0$ fl. orizz.; $x=2$ fl. obl.]

12 $y = \dfrac{1}{3}x^3 - 4|x| + 3$ $\quad$ [$x=0$ max (p. ang.) e fl.; $x=2$ min]

13 $y = \sqrt[3]{x}\,(x-1)$ $\quad$ [$x=\dfrac{1}{4}$ min; $x=-\dfrac{1}{2}$ fl. obl.; $x=0$ fl. vert.]

14 $y = 3 + \dfrac{1}{3}\ln(x^2+2x+10)$ $\quad$ [$x=-1$ min; $x=2$, $x=-4$ fl. obl.]

15 $y = \begin{cases} x^3-3x+2 & \text{se } x \leq 0 \\ e^x+1 & \text{se } x < 0 \end{cases}$ $\quad$ [$x=-1$ max; $x=0$ min (p. ang.) e fl.]

16 $y = \dfrac{\sqrt[3]{x^2}}{x-2}$ $\quad$ [$x=-4$ min; $x=0$ max (cuspide)]

17 $y = |x| + \ln|x+2|$ $\quad$ [$x=0$ min (angoloso); $x=-1$ max]

18 $y = \arctan(x^2-1)$ $\quad$ [$x=0$ min; $x=\pm\sqrt{\dfrac{1+\sqrt{7}}{3}}$ fl. obl.]

19 $y = \dfrac{\sin x}{1+\cos x}$, in $]-\pi;\pi[$. $\quad$ [$x=0$ fl. obl.]

20 $y = e^{\frac{2+x}{x-1}}$ $\quad$ [$x=-\dfrac{1}{2}$ fl. obl.]

ANALIZZARE E INTERPRETARE DATI E GRAFICI

TEST

21 $y=f(x)$ ha derivata nulla in $x=-2$. Quale delle seguenti affermazioni è *vera*?
In $x=-2$, $f(x)$:

A ha un punto stazionario.

B ha un flesso a tangente orizzontale.

C ha un massimo relativo.

D ha un minimo relativo.

E si annulla.

1770

22 Se $f(0)=2$, $f'(0)=1$, $f''(0)=-2$, allora quale può essere, fra i seguenti, il grafico di $f(x)$ in un intorno di $x=0$?

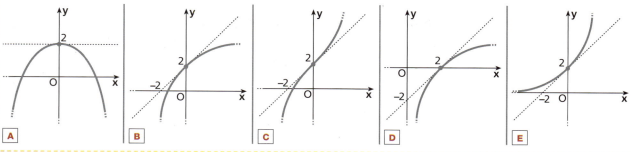

23 Determina per quali valori di $n \in \mathbb{N} - \{0\}$ l'origine $O(0;0)$ rappresenta un punto di flesso per

$f(x) = x^n$.

24 Trova i coefficienti a, b e c in modo che il grafico della funzione $f(x) = ax^4 + bx^3 + cx$ abbia un flesso orizzontale in $F(2;4)$.

$\left[a = \frac{1}{4}; b = -1; c = 4 \right]$

25 La curva di equazione $y = ax^3 + bx^2 + cx + d$ è tangente in $(1;0)$ all'asse delle ascisse e ha un flesso in $(2;-2)$. Trova a, b, c, d.

$[a = 1; b = -6; c = 9; d = -4]$

26 **LEGGI IL GRAFICO** In figura è rappresentato il grafico di una funzione del tipo $y = ax^4 + bx^2 + c$. Determina a, b, c. $[a = 1; b = -2; c = 2]$

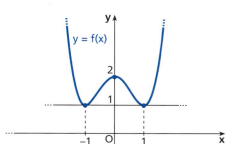

27 Data la funzione $y = e^{3x^2 - ax + b}$, determina i valori dei parametri a e b, sapendo che il suo grafico ha un punto stazionario di ascissa 1 e passa per il punto $(2;1)$. $[a = 6; b = 0]$

28 Trova a, b, c, d nella funzione di equazione

$$y = \frac{ax^3 + bx^2 + cx + d}{x^2 - 1},$$

sapendo che ha un asintoto obliquo di equazione $y = x + 1$ e un flesso orizzontale in $x = 0$.

$[a = 1, b = 1, c = 0, d = -1]$

29 Dimostra che la funzione

$$y = a \ln |x| + \frac{b}{x}$$

presenta, per ogni valore diverso da 0 di a e b, un estremo relativo e un punto di flesso di ascissa doppia di quella dell'estremo.

30 a. Trova per quali valori di k la curva di equazione $f(x) = kx^3 - (2k+1)x + 2$ ha punti estremanti e determina per quale valore di k ha un punto di flesso orizzontale.

b. Determina k in modo che la curva abbia un minimo di ascissa 1 e trova, in questo caso, l'ordinata del minimo e le coordinate del massimo.

$\left[\text{a) } k < -\frac{1}{2} \vee k > 0; k = -\frac{1}{2}; \text{b) } k = 1; y_m = 0; M(-1; 4) \right]$

31 Determina per quali valori di a e b la funzione $y = (x-a)e^{bx}$, con $a, b \in \mathbb{R}$, presenta un minimo relativo nel punto di ascissa $x = 2$ e un flesso obliquo nel punto di ascissa $x = 1$. Scrivi l'equazione della retta tangente al grafico della funzione nel suo punto di flesso.

$[a = 3, b = 1; y = -ex - e]$

Capitolo 27. Massimi, minimi e flessi

32 a. Studia al variare di k i massimi, i minimi e i flessi della funzione $y = \frac{1}{3}x^3 - kx$.
b. Considera i casi particolari $k = -3$, $k = 0$, $k = 3$ e trova i massimi, i minimi e i flessi.

[a) $k > 0$ un max e un min, $k \leq 0$ nessun estremante, $\forall k$ un fl. (orizz. se $k = 0$); b) $x = 0$ fl. obl.; $x = 0$ fl. orizz.; $x = \sqrt{3}$ min, $x = -\sqrt{3}$ max, $x = 0$ fl. obl.]

33 Nelle funzioni di equazione $y = a^2x^3 - 3ax^2 + \frac{5}{a}$ ($a \neq 0$) studia al variare di a gli estremanti e i flessi e verifica che esiste un solo punto di flesso, che è sempre punto medio del segmento che congiunge i punti di massimo e di minimo.

[se $a > 0$, $x = 0$ max, $x = \frac{2}{a}$ min; se $a < 0$, $x = \frac{2}{a}$ max, $x = 0$ min]

RISOLVERE PROBLEMI

34 Trova il punto P della parabola di equazione $y = 2x^2 - 3x + 1$ le cui coordinate hanno somma minima. $\left[P\left(\frac{1}{2}; 0\right)\right]$

35 Fra tutte le rette passanti per il punto $(1; 4)$ determina quella che, intersecando gli assi cartesiani, forma nel primo quadrante il triangolo di area minima. $[y = -4x + 8]$

36 Determina il punto del primo quadrante appartenente alla curva di equazione $y = \frac{x+1}{x}$ che si trova a distanza minima dalla retta di equazione $x + 4y - 4 = 0$. $\left[P\left(2; \frac{3}{2}\right)\right]$

37 Rappresenta le parabole γ_1 e γ_2 di equazioni $y = -x^2 + 10x - 9$ e $y = x^2 - 8x + 7$, e trova quale retta parallela all'asse y, intersecando la regione finita di piano delimitata da γ_1 e γ_2, individua la corda PQ di lunghezza massima. $\left[x = \frac{9}{2}\right]$

38 Dato il quadrato $ABCD$, determina per quale valore di x, ovvero per quale posizione di P sul lato AB, il quadrato inscritto $PQRS$ ha area minima. Quanto misura il lato in questo caso?
$[x = 1; \overline{PQ} = \sqrt{2}]$

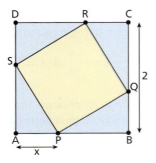

39 Determina il valore massimo dell'area del trapezio isoscele in figura.
$\left[x = \frac{1}{2}; \text{area max} = \frac{7}{4}\sqrt{7}\right]$

40 Due punti C e P sono presi su una semicirconferenza di diametro $\overline{AB} = 2r$, in modo tale che, detto α l'angolo $\widehat{CAP}$, sia $\cos\alpha = \frac{24}{25}$. Determina la posizione di P per cui è massima l'area di $ABPC$. $\left[\text{posto } \widehat{BAP} = x, x = \frac{1}{2}\arctan\frac{24}{7}\right]$

41 Fra tutti i coni inscritti in una sfera di raggio assegnato r, determina quello che ha area laterale massima. $\left[\text{altezza: } \frac{4}{3}r\right]$

42 Dato un triangolo rettangolo ABC inscritto in una semicirconferenza di diametro $\overline{AB} = 2r$, sia CH l'altezza relativa all'ipotenusa.
Detto M il punto medio di CH e Q l'intersezione tra BC e la retta passante per M e parallela ad AB, determina per quale posizione di C il trapezio $MABQ$ ha area massima.
$\left[\widehat{CAH} = \arcsin\sqrt{\frac{\sqrt{33}-1}{8}}\right]$

43 Considera i punti A e B dell'iperbole γ di equazione $xy = -2$ di ascissa -2 e -1 rispettivamente. Trova quale punto C appartenente all'arco $\overset{\frown}{AB}$ di γ determina il triangolo ABC di area massima.
$[C(-\sqrt{2}; \sqrt{2})]$

44 Sia A vertice di ascissa minore dell'ellisse γ di equazione $\dfrac{x^2}{25} + \dfrac{y^2}{4} = 1$.

Determina l'equazione di una retta r parallela all'asse y in modo che, detti M e N i punti di intersezione tra r e γ, sia massimo il volume della piramide di base il triangolo AMN e altezza il segmento AP perpendicolare al piano della figura, sapendo che $\overline{AP}$ è pari alla distanza di r da A.

$$\left[r: x = \dfrac{10}{3}\right]$$

45 Determina le parabole γ_1 e γ_2 del fascio di equazione $x = ay^2 - 1$, $a > 0$, sapendo che staccano sull'asse y un segmento di lunghezza 2 e 4, rispettivamente. Per il punto P comune a γ_1 e γ_2, traccia una retta r che interseca γ_1 in A e la perpendicolare a r che interseca γ_2 in B. Trova l'equazione della retta r che rende minima l'area del triangolo ABP.

$$\left[\gamma_1: x = y^2 - 1,\ \gamma_2: x = \dfrac{y^2}{4} - 1;\ y = x + 1,\ y = -x + 1\right]$$

46 Come deve essere l'altezza di un trapezio rettangolo avente il lato obliquo e la base minore entrambi uguali a b affinché sia massimo il volume del solido ottenuto dalla rotazione completa del trapezio attorno alla base maggiore?

$$\left[2b\sqrt{\dfrac{\sqrt{3}-1}{3}}\right]$$

47 Considera una piramide di base quadrata $ABCD$ e vertice V, la cui altezza VH sia congruente al lato di base. Detto P un punto dell'altezza VH, sia $A'B'C'D'$ la sezione della piramide definita da un piano passante per P e perpendicolare a VH.

a. Determina P in modo che il volume della piramide $A'B'C'D'H$ sia massimo.

b. Determina P in modo che sia massima la superficie laterale del cilindro avente una base inscritta nel quadrato $A'B'C'D'$ e l'altra interna alla base $ABCD$.

$$\left[\text{a) } VP = \dfrac{2}{3}l;\ \text{b) } VP = \dfrac{l}{2}\right]$$

Allenati con **15 esercizi interattivi** con feedback "hai sbagliato, perché..."
su.zanichelli.it/tutor3   risorsa riservata a chi ha acquistato l'edizione con tutor

VERIFICA DELLE COMPETENZE VERSO L'ESAME

ARGOMENTARE E DIMOSTRARE

48 Considera tutte le funzioni del tipo
$$y = ax^3 + bx^2 + cx + d.$$

a. Quali di esse non possiedono punti stazionari?

b. Dimostra che se una di esse ha un punto di minimo relativo allora ha anche un punto di massimo relativo.

49 Spiega perché una funzione polinomiale di terzo grado ammette sempre un punto di flesso. Motiva la risposta anche con un esempio.

50 Dimostra che la funzione $y = \sin\dfrac{1}{x}$ ha infiniti punti di massimo e minimo relativi nell'intervallo $]0; 1[$.

51 La funzione $f(x)$ è definita in tutto $\mathbb{R}$ e derivabile per ogni $x \neq 0$, inoltre $f(0) = 0$ e $f'(x) < 0$ per $x < 0$ e $f'(x) > 0$ per $x > 0$. Si può affermare che la funzione presenta in $x = 0$ un minimo di valore 0? Motiva la risposta.

52 Dimostra che, data una funzione $f(x)$ definita in un intervallo e derivabile almeno due volte in ogni punto del suo dominio con derivata seconda ovunque continua, se $f(x)$ ammette sia un punto di massimo relativo sia un punto di minimo relativo, allora ha almeno un punto di flesso.

53 Considerata la parabola di equazione $y = 4 - x^2$, nel primo quadrante ciascuna tangente alla parabola delimita con gli assi coordinati un triangolo. Determinare il punto di tangenza in modo che l'area di tale triangolo sia minima.

(*Esame di Stato, Liceo scientifico, opzione Scienze applicate, Scuole italiane all'estero (Americhe), 2015, quesito 5*)

$$\left[\dfrac{32\sqrt{3}}{9}\right]$$

54 Qual è la capacità massima, in litri, di un cono di apotema 1 metro?

(*Esame di Stato, Liceo scientifico, Corso di ordinamento, Sessione ordinaria, 2012, quesito 4*)

[403 L]

Capitolo 27. Massimi, minimi e flessi

55 Una targa d'argento ha la forma di un rettangolo di area 600 cm². La zona dove va incisa l'iscrizione è anch'essa rettangolare ed è posta a 2 cm sia dal lato superiore sia dal lato inferiore della targa, lasciando inoltre un bordo di 3 cm a sinistra e di 3 cm a destra. Si determinino le dimensioni della targa in modo che sia massima l'area della zona dedicata all'incisione e si calcoli la percentuale dell'area totale da essa occupata.

(*Esame di Stato, Liceo scientifico, Scuole italiane all'estero (Europa), Sessione ordinaria, 2014, quesito 5*)

[20 cm × 30 cm; 64%]

56 Sia f la funzione, definita per tutti gli x reali, da
$$f(x) = (x-1)^2 + (x-2)^2 + (x-3)^2 + \\ +(x-4)^2 + (x-5)^2,$$
determinare il minimo di f.

(*Esame di Stato, Liceo scientifico, Corso di ordinamento, Sessione ordinaria, 2015, quesito 6*)

[10]

57 Data una parabola di equazione
$$y = 1 - ax^2, \quad \text{con } a > 0,$$
si vogliono inscrivere dei rettangoli, con un lato sull'asse x, nel segmento parabolico delimitato dall'asse x. Determinare a in modo tale che il rettangolo di area massima sia anche il rettangolo di perimetro massimo.

(*Esame di Stato, Liceo scientifico, Corso di ordinamento, Sessione ordinaria, 2016, quesito 2*)

[$a = 3$]

58 Si dimostri che ogni funzione
$$f(x) = ax^3 + bx^2 + cx + d,$$
dove a, b, c, d sono valori reali con $a \neq 0$, ha un massimo e un minimo relativi oppure non ha estremanti.

(*Esame di Stato, Liceo scientifico, Corso di ordinamento, Sessione straordinaria, 2010, quesito 4*)

59 Data una statua AB di altezza $h = 2,5$ m, posta su di un piedistallo BP di altezza $a = 2$ m, si determini sul piano orizzontale passante per il punto P d'appoggio del piedistallo un punto O tale che da esso la statua sia vista sotto angolo massimo.

(*Esame di Stato, Liceo scientifico, Corso di ordinamento, Sessione straordinaria, 2014, quesito 3*)

[$PO = 3$ m]

60 Risolvere il seguente problema posto nel 1547 da Ludovico Ferrari a Niccolò Tartaglia:
«Si divida il numero 8 in 2 numeri reali non negativi in modo che sia massimo il prodotto di uno per l'altro e per la loro differenza».

(*Esame di Stato, Liceo scientifico, opzione Scienze applicate, Scuole italiane all'estero (Europa), 2015, quesito 9*)

$$\left[4 \pm \frac{4\sqrt{3}}{3}\right]$$

61 Preso un punto C su una semicirconferenza di diametro $\overline{AB} = 2r$, sia M il punto medio dell'arco BC. Determinare il valore massimo che può assumere l'area del quadrilatero $ABMC$.

(*Esame di Stato, Liceo scientifico, Corso di ordinamento, Sessione suppletiva, 2015, quesito 6*)

$$\left[\frac{3}{4}\sqrt{3}\, r^2\right]$$

62 Si trovi il punto della curva $y = \sqrt{x}$ più vicino al punto di coordinate (4; 0).

(*Esame di Stato, Liceo scientifico, Corso di ordinamento, Sessione ordinaria, 2011, quesito 2*)

$$\left[\left(\frac{7}{2}; \sqrt{\frac{7}{2}}\right)\right]$$

63 Si consideri la funzione $f(x) = (2x-1)^7 (4-2x)^5$. Stabilire se ammette massimo o minimo assoluti nell'intervallo $\frac{1}{2} \leq x \leq 2$.

(*Esame di Stato, Liceo scientifico, Corso di ordinamento, Sessione ordinaria, 2002, quesito 6*)

64 Fra tutti i triangoli isosceli inscritti in una circonferenza di raggio r, si determini quello per cui è massima la somma dell'altezza e del doppio della base.

(*Esame di Stato, Liceo scientifico, Corso di ordinamento, Sessione suppletiva, 2007, quesito 5*)

$$\left[\text{altezza} = \left(\frac{17 + \sqrt{17}}{17}\right)r\right]$$

65 In un piano riferito ad un sistema di assi cartesiani sono assegnati i punti $A(0; 1)$, $B(0; 4)$. Si determini sul semiasse positivo delle ascisse un punto C dal quale il segmento AB è visto con un angolo di massima ampiezza.

(*Esame di Stato, Liceo scientifico, Corso sperimentale, Sessione suppletiva, 2008, quesito 8*)

[$C(2; 0)$]

66 Trovare almeno tre funzioni polinomiali $f(x)$ di grado superiore al primo aventi andamenti diversi (per quanto riguarda la concavità o la convessità) in $x_0 = 0$ e tali che: $f(0) = 1$, $f'(0) = 1$ e $f''(0) = 0$.

(*Esame di Stato, Liceo scientifico, Corso sperimentale, Sessione ordinaria, 2000, quesito 1c*)

1774

67 Sia $f(x)$ una funzione reale di variabile reale. Si sa che: $f(x)$ è derivabile su tutto l'asse reale; $f(x) = 0$ solo per $x = 0$; $f(x) \to 0$ per $x \to \pm\infty$; $f'(x) = 0$ soltanto per $x = -2$ e $x = 1$; $f(-2) = 1$ ed $f(1) = -2$. Dire, dandone esauriente spiegazione, se le informazioni suddette sono sufficienti per determinare gli intervalli in cui la funzione è definita, quelli in cui è continua, quelli in cui è positiva, quelli in cui è negativa, quelli in cui cresce, quelli in cui decresce. Si può dire qualcosa circa i flessi di $f(x)$?

(*Esame di Stato, Liceo scientifico, Corso di ordinamento, Sessione suppletiva*, 2002, *quesito* 3)

68 Un serbatoio ha la stessa capacità del massimo cono circolare retto di apotema 80 cm. Quale è la capacità in litri del serbatoio?

(*Esame di Stato, Liceo scientifico, Corso di ordinamento*, 2010, *quesito* 5)

$[\simeq 206 \text{ L}]$

69 Una piramide, avente area di base B e altezza h, viene secata con un piano parallelo alla base. Si calcoli a quale distanza dal vertice si deve condurre tale piano, affinché il prisma che ha per basi la sezione di cui sopra e la sua proiezione ortogonale sul piano di base della piramide abbia volume massimo.

(*Esame di Stato, Liceo scientifico, Corso di ordinamento, Sessione suppletiva*, 2009, *quesito* 1)

$\left[\dfrac{2}{3}h\right]$

70 Un trapezio rettangolo è circoscritto ad una semicirconferenza di raggio r in modo che la base maggiore contenga il diametro. Si calcoli in gradi e primi (sessagesimali) l'ampiezza x dell'angolo acuto del trapezio, affinché il solido da esso generato in una rotazione completa attorno alla base maggiore abbia volume minimo.

(*Esame di Stato, Liceo scientifico, Corso di ordinamento, Sessione suppletiva*, 2008, *quesito* 2)

$[48°11']$

COSTRUIRE E UTILIZZARE MODELLI

RISOLVIAMO UN PROBLEMA

■ Caldo riposo

In economia si definisce *domanda di un bene economico* la quantità di bene x richiesta a un dato prezzo p.
Un'impresa produce piumini per letti matrimoniali e sostiene per la produzione una spesa fissa mensile di € 1600 e un costo per i materiali e la manodopera di € 80 per ogni pezzo. La domanda di piumini è espressa dalla funzione $x = 120 - 0,4p$, con $p \leq$ € 300. Esprimiamo le funzioni del costo mensile totale $C(x)$ e del ricavo $R(x) = x \cdot p(x)$, e determiniamo per quale quantità il guadagno mensile $G(x) = R(x) - C(x)$ è massimo.

▶ **Troviamo la funzione del costo.**

La funzione del costo è la somma di una componente fissa e di una variabile data dal prodotto di 80 per il numero x di piumini prodotti. Quindi:

$$C(x) = 1600 + 80x.$$

▶ **Troviamo la funzione del ricavo.**

Il ricavo è il prodotto tra la quantità di piumini venduti e il prezzo di vendita. Essendo

$$x = 120 - 0,4p \quad \to \quad p = 300 - 2,5x,$$

otteniamo:

$$R(x) = x \cdot (300 - 2,5x) = 300x - 2,5x^2.$$

▶ **Calcoliamo il massimo del guadagno.**

Scriviamo la funzione che esprime il guadagno:

$$G(x) = R(x) - C(x) = 300x - 2,5x^2 - (1600 + 80x) = 220x - 2,5x^2 - 1600.$$

Deriviamo la funzione e studiamo il segno della derivata:

$G'(x) = 220 - 5x;$

$G'(x) > 0 \quad \to \quad 220 - 5x > 0 \quad \to \quad x < 44.$

Dal quadro dei segni deduciamo che $x = 44$ è un massimo per la funzione del guadagno.

Capitolo 27. Massimi, minimi e flessi

71 Vendesi braccialetti Lucia produce braccialetti etnici che vende online. Sostiene mensilmente una spesa fissa di € 18, delle spese di spedizione, in euro, pari al 2% del quadrato del numero di braccialetti prodotti e un costo di € 2 per ogni braccialetto realizzato.

a. Scrivi la funzione del costo totale.
b. Determina la funzione del costo unitario, definito come rapporto tra il costo totale per produrre x braccialetti e la quantità x di braccialetti prodotti.
c. Calcola il numero x di braccialetti prodotti per i quali il costo unitario è minimo.

$$\left[\text{a) } C(x) = 0{,}02x^2 + 2x + 18; \text{ b) } C_u = \frac{0{,}02x^2 + 2x + 18}{x}; \text{ c) } x = 30 \right]$$

72 Un uovo strano All'interno di un uovo di cioccolato di forma sferica si inserisce una scatola, di forma cilindrica, che contiene la sorpresa.

a. Trova il volume massimo che può avere la scatola, supponendo che l'uovo contenitore abbia raggio R.
b. Calcola il rapporto tra il diametro di base e l'altezza del cilindro trovati al punto precedente.

$$\left[\text{a) } V = \frac{4\pi R^3}{3\sqrt{3}}; \text{ b) } \sqrt{2} \right]$$

73 Il maratoneta Un atleta sta partecipando a una maratona. In un tratto il percorso segue una traiettoria di equazione $y^2 = 2x$ (con $x \geq 0$), rispetto a un opportuno sistema di assi. Nello stesso sistema, il suo allenatore si trova nel punto $A(1; 5)$ e gli deve lanciare una spugna bagnata per farlo idratare. In che punto del percorso il maratoneta si troverà più vicino al suo allenatore per ricevere la spugna?

$$\left[\left(\frac{\sqrt[3]{10^2}}{2}; \sqrt[3]{10} \right) \right]$$

74 Mattoncini Una ditta produttrice di mattoncini per le costruzioni deve predisporre una scatola a forma di parallelepipedo, con due facce parallele quadrate, che abbia una capienza di 64 000 cm³.
Calcola qual è il quantitativo minimo di cartoncino da utilizzare per realizzare la scatola, supponendo che a causa dei lembi di cartoncino da incollare per chiuderla occorra circa il 5% in più di cartoncino.

$$[10\,080 \text{ cm}^2]$$

75 Il Ponte dei Salti Il profilo superiore del Ponte dei Salti che si trova a Lavertezzo, in Svizzera, è approssimabile con il grafico di una funzione che ha le seguenti caratteristiche:

- è simmetrica rispetto all'asse y;
- ha un minimo nell'origine e due massimi nei punti $(\pm 7; 2)$.

Tali caratteristiche sono tipiche di una funzione del tipo

$$f(x) = h(x)\, e^{-k \cdot h(x)},$$

dove $h(x) = ax^2 + bx + c$. Determina una possibile espressione analitica di $f(x)$ che rispetti le due condizioni.

$$\left[f(x) = \frac{2e}{49} x^2 e^{-\frac{x^2}{49}} \right]$$

76. Fra Bologna e Praga Una compagnia aerea pianifica una nuova tratta fra Bologna e Praga, di 664 km. Il consumo di Jet-A1 (il combustibile utilizzato) è di circa 1,2 L/km e il suo costo è di circa € 2 al litro. La spesa oraria complessiva per il personale di bordo è di circa € 1000. Va inoltre previsto un costo variabile proporzionale al cubo della velocità media, con costante di proporzionalità pari a 0,001.

a. Individua la funzione che esprime il costo totale della tratta aerea, dovuto a tutti i fattori indicati, in funzione della velocità media v di volo e determina il punto stazionario di tale funzione.

b. Che significato ha il punto stazionario trovato al punto precedente, sapendo che la velocità media del volo è di 500 km/h?

Bologna — Praga

$$\left[a)\ c(v) = 1593{,}6 + \frac{664\,000}{v} + \frac{v^3}{1000};\ c'(v_0) = 0 \text{ per } v_0 \simeq 122 \text{ km/h};\right.$$

$$\left. b)\ v_0 \text{ è punto di minimo per } c(v), \text{ ma non ha attinenza con la velocità «reale» dell'aereo} \right]$$

INDIVIDUARE STRATEGIE E APPLICARE METODI PER RISOLVERE PROBLEMI

77. Considera la funzione $f(x) = \dfrac{ax+b}{cx^2+1}$, con a, b, c numeri reali.

a. Determina a, b, c in modo che $f(x)$ sia dispari, abbia due punti di flesso in corrispondenza di $x = \pm 1$ e tangente in $x = 1$ con pendenza $\dfrac{1}{4}$.

b. Traccia un grafico probabile $f(x)$.

c. Scrivi l'equazione della retta tangente al grafico nel punto di ascissa $x = 0$.

$$[a)\ a = -2, b = 0, c = 3;\ c)\ y = -2x]$$

LEGGI IL GRAFICO

78. È data la cubica $y = ax^3 + bx^2 + cx + d$ con $a, b, c, d \in \mathbb{R}$, $a \neq 0$.

a. Verifica che ammette sempre un punto di flesso.

b. Determina il valore dei parametri per cui la curva sia quella rappresentata in figura, in cui il flesso si trova in O.

c. Dopo aver trovato l'equazione della retta t tangente nell'origine O, considera una retta passante per O e compresa tra l'asse x e t. Determina la retta che rende massima l'area del triangolo APB, dove con P si è indicato il punto di intersezione tra la retta e la cubica nel primo quadrante.

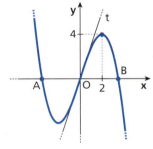

$$\left[b)\ y = -\frac{1}{4}x^3 + 3x;\ c)\ y = 2x \right]$$

79.
a. Il grafico rappresentato in figura ha equazione $y = ax^3 + bx^2 + cx + d$, con $a, b, c, d \in \mathbb{R}, a \neq 0$. Trova a, b, c, d sapendo che A è un massimo e F è un flesso con tangente t di equazione $y = -3x + 7$.

b. Trovato il minimo B, scrivi l'equazione dell'iperbole equilatera che ha F come centro di simmetria, asintoti paralleli agli assi cartesiani e passa per B.

c. Determina i punti dell'iperbole che hanno la distanza minima da F.

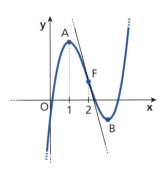

$$\left[a)\ y = x^3 - 6x^2 + 9x - 1;\ b)\ B(3; -1),\ y = \frac{x-4}{x-2};\ c)\ (2 \pm \sqrt{2};\ 1 \mp \sqrt{2}) \right]$$

Capitolo 27. Massimi, minimi e flessi

80 La curva γ rappresentata in figura ha equazione

$$y = \frac{ax^3 + bx^2 + cx + d}{x^2}, \text{ con } a, b, c, d \in \mathbb{R}.$$

a. Determina a, b, c, d, tenendo conto che F è un punto di flesso con tangente t.

b. Scrivi l'equazione della parabola, con asse parallelo all'asse y, tangente alla curva γ nel suo punto B di ascissa $\frac{1}{2}$ e con il vertice sull'asse y.

c. Determina il rettangolo inscritto nella parabola, individuato dalla retta di equazione $y = k$ e dall'asse x, di area massima.

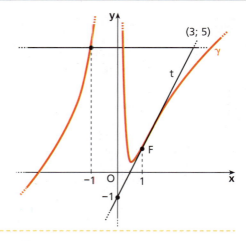

$$\left[\text{a)} \ a = 1, b = 2, c = -3, d = 1;\ \text{b)} \ y = -3x^2 + \frac{5}{4};\ \text{c)} \ k = \frac{5}{6} \right]$$

81 Il triangolo rettangolo ABC ha l'ipotenusa $AB = a$ e l'angolo $\widehat{CAB} = \frac{\pi}{3}$.

a. Si descriva, internamente al triangolo, con centro in B e raggio x, l'arco di circonferenza di estremi P e Q rispettivamente su AB e su BC. Sia poi R l'intersezione con il cateto CA dell'arco di circonferenza di centro A e raggio AP. Si specifichino le limitazioni da imporre a x affinché la costruzione sia realizzabile.

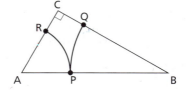

b. Si esprima in funzione di x l'area S del quadrilatero mistilineo $PQCR$ e si trovi quale sia il valore minimo e quale il valore massimo di $S(x)$.

c. Tra i rettangoli con un lato su AB e i vertici del lato opposto su ciascuno dei due cateti si determini quello di area massima. *(Esame di Stato, Liceo scientifico, Corso di ordinamento, Sessione ordinaria, 2008, dal problema 1)*

$$\left[\text{a)} \ \frac{a}{2} \leq x \leq \frac{\sqrt{3}}{2}a;\ \text{b)} \ \frac{\sqrt{3}}{8}a^2 - \frac{\pi}{12}[x^2 + 2(a-x)^2],\ S_{max} = \left(\frac{\sqrt{3}}{8} - \frac{\pi}{18}\right)a^2,\ S_{min} = \left[\frac{\sqrt{3}}{8} - \frac{\pi}{6}\left(\frac{17}{8} - \sqrt{3}\right)\right]a^2; \right.$$
$$\left. \text{c)} \ S_{max} = \frac{\sqrt{3}}{16}a^2 \text{ per } \overline{OL} = \frac{\sqrt{3}}{8}a, \text{ con } OL \text{ lato del rettangolo perpendicolare ad } AB \right]$$

82 Un filo metallico di lunghezza λ, viene utilizzato per delimitare il perimetro di un'aiuola rettangolare.

a. Qual è l'aiuola di area massima che è possibile delimitare?

Si pensa di tagliare il filo in due parti e utilizzarle per delimitare un'aiuola quadrata e un'altra circolare. Come si dovrebbe tagliare il filo affinché:

b. la somma delle due aree sia minima?

c. la somma delle due aree sia massima?

Un'aiuola, una volta realizzata, ha la forma di parallelepipedo rettangolo; una scatola, cioè, colma di terreno. Si discute di aumentare del 10% ciascuna sua dimensione.

d. Di quanto terreno in più, in termini percentuali, si ha bisogno?

(Esame di Stato, Liceo scientifico, Corso di ordinamento, Sessione ordinaria, 2006, problema 1)

$$\left[\text{a) quadrato, } A = \frac{\lambda^2}{16};\ \text{d) } 33{,}1\% \right]$$

83 a. Studia la continuità e la derivabilità della funzione, definita nel dominio $D = \{x|\ x > -2\pi\}$:

$$f(x) = \begin{cases} \arctan \sin x & \text{se } -2\pi < x < 0 \\ \ln \sqrt{1 + x^2} & \text{se } x \geq 0 \end{cases}.$$

b. Individua gli intervalli in cui la funzione è crescente e decrescente.

c. Scrivi le equazioni delle tangenti negli eventuali punti angolosi e nei punti di massimo e di minimo.

d. Trova i flessi della funzione.

$$\left[\text{a) continua in } D, \text{ derivabile in } D - \{0\};\ \text{b) decresc. per } -\frac{3}{2}\pi < x < -\frac{\pi}{2},\ \text{cresc. per } -2\pi < x < -\frac{3}{2}\pi \lor x > -\frac{\pi}{2}; \right.$$
$$\left. \text{c) } y = 0,\ y = x,\ y = \frac{\pi}{4},\ y = -\frac{\pi}{4};\ \text{d) } (1;\ \ln\sqrt{2}),\ (-\pi;\ 0) \right]$$

Verso l'esame

84 Date le curve di equazione $y = \dfrac{x^2 + kx + 2k}{x^2 - 1}$, con $k \in \mathbb{R}$, verifica che tutte le curve passano per uno stesso punto A e studia gli estremanti al variare di k. Considera i casi particolari di $k = -1$ e $k = -\dfrac{1}{3}$ e rappresenta le funzioni ottenute dopo aver riconosciuto che si tratta di iperboli equilatere.

$$\left[A\left(-2; \dfrac{4}{3}\right); \text{1 estr. per } k = 0; \text{2 estr. per } k < -1 \vee -\dfrac{1}{3} < k < 0 \vee k > 0; \text{ nessun estr. per } -1 \leq k \leq -\dfrac{1}{3}\right]$$

85 Data la funzione $y = \sqrt[3]{(9-x)x^2}$, studia il suo dominio e il segno e calcola i limiti agli estremi del dominio. Determina i punti di massimo e minimo e i punti di flesso, e traccia il grafico della funzione utilizzando le informazioni precedenti.

$$\left[D: \mathbb{R}, \ y > 0 \text{ per } x < 9 \wedge x \neq 0, \ \lim_{x \to \pm\infty} y = \mp\infty; (0;0) \text{ min (cuspide)}, (6; 3\sqrt[3]{4}) \text{ max}, (9;0) \text{ fl. vert.}\right]$$

86 **IN FISICA** L'oscillazione di una pallina fissata all'estremità di una molla e libera di muoversi su una retta è descritta dalla legge oraria: $x = ae^{-bt} \cos \omega t$ (a, b, ω costanti positive).

a. Trova il periodo dell'oscillazione e la posizione della pallina dopo due oscillazioni complete.

b. Posto $a = b = \omega = 1$, determina in quali istanti la pallina è ferma e in quali ha la massima velocità.

$$\left[\text{a) } \dfrac{2\pi}{\omega}, x = ae^{-\dfrac{b}{\omega}4\pi}; \text{ b) } t = \dfrac{3}{4}\pi + k\pi, k \in \mathbb{Z}^+, t = \pi + 2k\pi\right]$$

87 Uno spicchio sferico di ampiezza 20° ha il volume, approssimato a meno di 10^{-2}, uguale a 169,65 cm^3.

a. Si determini il raggio della sfera cui lo spicchio appartiene.

b. Supposto che la sfera sia di ferro (peso specifico = 7,8 g/m^3) e pesi 21,65 kg, si stabilisca se essa è piena o contiene al suo interno qualche cavità.

c. Si calcoli l'altezza del cono di volume minimo circoscritto alla sfera.

(Esame di Stato, Liceo scientifico, Scuole italiane all'estero, Corso di ordinamento, Sessione ordinaria, 2002, problema 2)

$$[\text{a) } r = 9; \text{ b) la sfera contiene al suo interno qualche cavità; c) 36 cm}]$$

88 **IN FISICA** Una particella si muove in un piano e le sue coordinate in funzione del tempo sono:

$$\begin{cases} x(t) = 2\cos t - 1 \\ y(t) = \sin t + 2 \end{cases}, \quad t \in [0; 2\pi[.$$

a. Verifica che la traiettoria è un'ellisse e calcola le componenti dei vettori velocità e accelerazione.

b. Verifica che la velocità non si annulla mai e calcola gli istanti in cui il suo modulo è massimo o minimo.

c. Ripeti per l'accelerazione le considerazioni del punto precedente.

$$\left[\text{a) } v = (-2\sin t; \cos t), a = (-2\cos t; -\sin t); \text{ b) } v_{\max} \text{ per } t = \dfrac{\pi}{2}, \dfrac{3\pi}{2}; v_{\min} \text{ per } t = 0, \pi; \right.$$
$$\left. \text{c) } a_{\max} \text{ per } t = 0, \pi; a_{\min} \text{ per } t = \dfrac{\pi}{2}, \dfrac{3\pi}{2}\right]$$

89 Il trapezio $ABCD$ è isoscele e circoscritto ad un cerchio di raggio 1. Si ponga la base minore $\overline{CD} = 2x$.

a. Si provi che è: $\overline{AB} = \dfrac{2}{x}$.

b. Si dimostri che il volume del solido, ottenuto dalla rotazione completa del trapezio attorno alla base maggiore, assume un valore minimo per $x = \dfrac{\sqrt{2}}{2}$.

c. In corrispondenza di tale valore di x, si calcoli l'area del quadrilatero avente per vertici i quattro punti in cui il trapezio è tangente al cerchio.

(Esame di Stato, Liceo scientifico, Scuole italiane all'estero, Sessione ordinaria, 2008, problema 2)

$$\left[\text{c) } \dfrac{4}{3}\sqrt{2}\right]$$

Capitolo 27. Massimi, minimi e flessi

VERIFICA DELLE COMPETENZE — PROVE   ⏱ 1 ora

PROVA A

1 Determina a, b e c in modo che la funzione
$$y = ax^4 + bx^3 + cx^2 - \frac{1}{3}$$
abbia un flesso orizzontale nel punto $(2; 1)$.

2 Trova per quali valori di a la funzione
$$y = \frac{x^2 - x - 2a}{x + a}$$
ammette punti di massimo e di minimo relativi.

3 Determina a, b, c in modo che la curva di equazione
$$y = ax^3 + bx^2 + c$$
abbia un flesso nel punto $x = 2$ con tangente di equazione $12x + y - 16 = 0$.

4 Fra tutti i triangoli isosceli PQR circoscritti al rettangolo $ABCD$ in figura, determina quello di area minima.

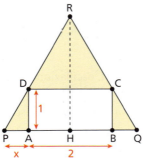

Determina i punti di massimo, di minimo e di flesso delle seguenti funzioni.

5 a. $y = -\frac{1}{3}x^3 - \frac{3}{2}x^2 + 4x$

   b. $y = \frac{3x^2 - 9}{2 - x}$

6 a. $y = e^x + xe^x$

   b. $y = \sqrt{x^3 - x}$

PROVA B

Determina gli eventuali punti di massimo, di minimo o di flesso delle seguenti funzioni.

1 a. $y = xe^{-\frac{1}{x^3}}$

   b. $y = \sqrt[3]{\ln x - 1}$

2 a. $y = 1 - \cos^2 x - 2\sin x$

   b. $y = x^3 - 2|x|$

3 Determina per quali valori del parametro reale k la funzione
$$f(x) = e^x - kx$$
non ha estremi relativi.

4 Calcola i valori di a e b, sapendo che il grafico della funzione $y = ax + \frac{b}{x} + \frac{1}{x^3}$ ha un massimo in $(-1; 0)$ e un flesso di ascissa $x = \sqrt{3}$.

5 Il segmento $\overline{AC}$ in figura misura $2r$, mentre la corda DE della semicirconferenza è parallela ad AC. Determina il triangolo DEB che abbia:

a. perimetro massimo;

b. area massima.

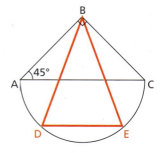

6 Lo sviluppo della superficie laterale di un cono è un settore circolare di raggio 4 cm. Se x è l'angolo al centro del settore, trova per quale valore di x si ha il cono di volume massimo.

PROVA C

1 **Forniture elettriche** Una centrale elettrica sulla sponda di un fiume deve essere collegata a un grande complesso residenziale sull'altra sponda, a 1 km di distanza. La posa del cavo elettrico costa € 100 al metro lungo la riva, mentre costa € 200 sott'acqua.

a. Scrivi la lunghezza L_1 del cavo sott'acqua e la lunghezza L_2 del cavo lungo la riva in funzione dell'angolo x in figura.
b. Trova la funzione che esprime il costo totale necessario per posare il cavo in funzione dell'angolo x.
c. Individua la configurazione che consente il costo minimo.

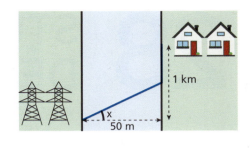

2 **Scorte in magazzino** Un'impresa ha un fabbisogno annuale di 12 000 kg di una certa materia prima. Per l'approvvigionamento, ne ordina ogni volta x kg, con un costo fisso di € 8 per ciascun ordine. Gli ordini vengono fatti in modo che in magazzino entri nuova merce appena è terminato lo stock precedente. Inoltre il consumo della materia prima è costante nel tempo. In media, in magazzino rimane una quantità di materia prima pari a $\frac{x}{2}$ kg e le spese fisse di mantenimento in magazzino ammontano a 1,20 €/kg. Qual è la quantità ottima da ordinare ogni volta per minimizzare i costi, immaginando che il prezzo della merce resti costante?

PROVA D

1 Considera il fascio di funzioni omografiche di equazione:

$$y = \frac{kx + k}{(k+1)x - 1}, \text{ con } k > 0.$$

a. Stabilisci se esistono funzioni degeneri.
b. Mostra che al variare di k tutte le funzioni hanno due punti in comune, di cui si chiedono le coordinate.
c. Determina la funzione γ del fascio il cui centro abbia distanza minima dall'origine.
d. Inscrivi nella regione finita di piano delimitata dalla curva γ, dall'asse x e dall'asse y il rettangolo, con i lati paralleli agli assi cartesiani, di area massima.

2 Determina per quali valori dei parametri reali a e b la curva in figura, che ha un flesso in F, è il grafico della funzione:

$$f(x) = a \sin x + (b - 1) \cos x + c.$$

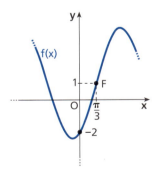

---

3 **TEST** Quale delle seguenti funzioni ha un punto di massimo relativo che appartiene all'intervallo $]2; 4[$?

A $f(x) = -\sqrt{x^2 - 6x}$

B $f(x) = e^{x^2 - 6x}$

C $f(x) = x^4 - 8x^3 + 18x^2$

D $f(x) = -(x - 3)^4$

E $f(x) = (x - 3)^3$

CAPITOLO 28
STUDIO DELLE FUNZIONI

1 Studio di una funzione

Gli argomenti svolti finora permettono di studiare le principali proprietà di una funzione e di rappresentarla graficamente nel piano cartesiano.

Schema generale

Per tracciare il grafico di una funzione $y = f(x)$ procediamo esaminando i seguenti punti.

1. *Dominio D* della funzione.

2. Eventuali *simmetrie* rispetto all'asse y e all'origine:
   - se la funzione è *pari*, il grafico è simmetrico rispetto all'asse y:

   $y = f(x)$ è *pari* in D se $f(-x) = f(x)$, $\forall x \in D$;

   - se è *dispari*, il grafico è simmetrico rispetto all'origine:

   $y = f(x)$ è *dispari* in D se $f(-x) = -f(x)$, $\forall x \in D$.

   Se una funzione è pari o dispari, possiamo limitarci a studiarla nell'intervallo $x \geq 0$, perché il grafico per $x < 0$ si può dedurre per simmetria.
   Anche se $f(x)$ è *periodica* di periodo T, possiamo limitarci a studiare la funzione in un solo intervallo di ampiezza T;

   $y = f(x)$ è *periodica* di periodo T ($T > 0$) se $f(x) = f(x + kT)$, $\forall k \in \mathbb{Z}$.

3. Coordinate degli eventuali *punti di intersezione* del grafico della funzione *con gli assi cartesiani*.

4. *Segno della funzione*: stabiliamo gli intervalli in cui essa è positiva, ponendo $f(x) > 0$ e trovando, di conseguenza, anche dove è negativa.

5. *Comportamento* della funzione *agli estremi del dominio*: calcoliamo i relativi *limiti* e cerchiamo poi gli eventuali *asintoti* della funzione. Classifichiamo inoltre gli eventuali punti di *discontinuità*, specificando se sono di prima, di seconda o di terza specie.

   - Asintoto verticale: $x = x_0$ se $\lim\limits_{x \to x_0} f(x) = +\infty, -\infty$ oppure ∞.

   - Asintoto orizzontale: $y = y_0$ se $\lim\limits_{x \to \infty} f(x) = y_0$.

   - Asintoto obliquo: $y = mx + q$, con $m = \lim\limits_{x \to \infty} \dfrac{f(x)}{x}$ e $q = \lim\limits_{x \to \infty} [f(x) - m \cdot x]$.

Listen to it

Studying the function $y = f(x)$ involves examining:
1. its **domain** D;
2. its **symmetries**;
3. its **points of intersection** with the Cartesian axes;
4. its **sign**;
5. its end **behaviour**;
6. its **first derivative**;
7. its **second derivative**.

6. *Derivata prima $f'(x)$.* Troviamo il dominio e gli zeri di $f'(x)$ e dallo *studio del segno della derivata prima* determiniamo gli intervalli in cui la funzione è *crescente* ($f'(x) > 0$) e, di conseguenza, quelli in cui è *decrescente* ($f'(x) < 0$); cerchiamo gli eventuali punti di *massimo* o di *minimo relativo* e di *flesso orizzontale* e i punti di non derivabilità per $f(x)$ (*flessi verticali*, *cuspidi* e *punti angolosi*).

7. *Derivata seconda $f''(x)$.* Calcoliamo il dominio e gli zeri di $f''(x)$ e dallo *studio del segno della derivata seconda* determiniamo gli intervalli in cui il grafico volge la *concavità* verso l'alto ($f''(x) > 0$) o verso il basso ($f''(x) < 0$). Cerchiamo inoltre i *punti di flesso* a tangente obliqua ed eventualmente la tangente inflessionale.

Osserviamo che è conveniente, man mano che si studiano i vari elementi di una funzione, riportare i risultati sul grafico per controllarne la coerenza.
Studiamo ora alcuni tipi di funzioni.

▶ **Video**

Studio di funzioni
Riassumiamo i passaggi di uno studio di funzioni analizzando i grafici di quattro funzioni diverse.

■ Funzioni polinomiali

▶ Esercizi a p. 1802

ESEMPIO
Studiamo e rappresentiamo graficamente la funzione: $y = f(x) = x - x^3$.

1. Il dominio della funzione coincide con $\mathbb{R}$ e non esistono punti di discontinuità.

2. Determiniamo $f(-x)$ per individuare eventuali simmetrie:
$$f(-x) = (-x) - (-x)^3 = -x + x^3 = -(x - x^3) = -f(x).$$
Poiché $f(-x) = -f(x)$, la funzione è dispari: il suo grafico è simmetrico rispetto all'origine O degli assi cartesiani.
Osserviamo inoltre che la funzione non è periodica.

3. Determiniamo i punti di intersezione del grafico con gli assi cartesiani.

Asse y: $\begin{cases} y = x - x^3 \\ x = 0 \end{cases} \rightarrow \begin{cases} y = 0 \\ x = 0 \end{cases}$

Il punto di intersezione con l'asse y è $O(0; 0)$.

Asse x: $\begin{cases} y = x - x^3 \\ y = 0 \end{cases} \rightarrow \begin{cases} x \cdot (1 - x^2) = 0 \\ y = 0 \end{cases}$

$\begin{cases} x = 0 \\ y = 0 \end{cases} \vee \begin{cases} x = +1 \\ y = 0 \end{cases} \vee \begin{cases} x = -1 \\ y = 0 \end{cases}$

I punti di intersezione con l'asse x sono $O(0; 0)$, $A(-1; 0)$, $B(1; 0)$.
Il grafico passa per l'origine perché nella funzione $y = x - x^3$ manca il termine noto. D'altra parte ciò si può dedurre dal fatto che la funzione è dispari.

4. Studiamo il segno della funzione ponendo:
$$x - x^3 > 0 \rightarrow x \cdot (1 - x^2) > 0.$$
Primo fattore: $x > 0$.
Secondo fattore: $1 - x^2 > 0 \rightarrow -1 < x < 1$.
Compiliamo il quadro dei segni.
La funzione è positiva negli intervalli $x < -1$ e $0 < x < 1$, è negativa negli intervalli $-1 < x < 0$ e $x > 1$.

▶ **Animazione**

Con diverse figure dinamiche, studiamo le funzioni cubiche di equazioni:
- $y = x^3 + px + q$,
- $y = a(x^3 + px + q)$,
- $y = ax^3 + bx^2 + cx + d$,

al variare dei parametri presenti.

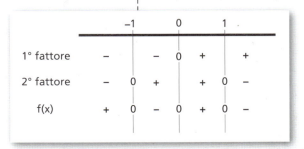

Capitolo 28. Studio delle funzioni

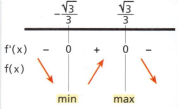

Rappresentiamo nel piano cartesiano gli intervalli in cui deve trovarsi il grafico della funzione. Tratteggiamo le zone che non dovremo poi considerare più, ossia quelle zone del piano cartesiano in cui **non** ci sono punti del grafico della funzione. Per esempio, per $x < -1$, poiché la funzione è positiva, i punti **non** possono essere «al di sotto» dell'asse x. Il grafico della funzione si trova quindi nelle zone **non** tratteggiate.

5. Calcoliamo i limiti della funzione agli estremi del dominio.

    Essendo $\lim\limits_{x \to -\infty}(x - x^3) = +\infty$ e $\lim\limits_{x \to +\infty}(x - x^3) = -\infty$, non esistono asintoti orizzontali, ma potrebbero esistere degli asintoti obliqui. Per questo calcoliamo:

    $$m = \lim_{x \to \pm\infty} \frac{f(x)}{x} = \lim_{x \to \pm\infty} \frac{x - x^3}{x} = -\infty.$$

    Poiché il limite non esiste finito, non esistono nemmeno asintoti obliqui. Inoltre, non essendoci punti esclusi dal dominio, non esistono neppure asintoti verticali.

6. Calcoliamo la derivata prima di $f(x)$ e studiamo il suo segno:

    $f'(x) = 1 - 3x^2$.

    $1 - 3x^2 > 0 \to -\dfrac{\sqrt{3}}{3} < x < \dfrac{\sqrt{3}}{3}$.

    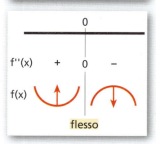

    Dal segno di $f'(x)$ si deduce che in $x = -\dfrac{\sqrt{3}}{3}$ la funzione ha un minimo, mentre in $x = \dfrac{\sqrt{3}}{3}$ ha un massimo. Calcoliamo le loro ordinate:

    $f\left(-\dfrac{\sqrt{3}}{3}\right) = -\dfrac{2}{9}\sqrt{3}$ e $f\left(\dfrac{\sqrt{3}}{3}\right) = \dfrac{2}{9}\sqrt{3}$.

    Riportando queste informazioni (insieme con quelle del punto 5) nel piano cartesiano siamo già in grado di tracciare un grafico *probabile* di $f(x)$.

7. Dal grafico ottenuto, considerata anche la simmetria rispetto all'origine, prevediamo la presenza di un flesso obliquo in $O(0; 0)$. Verifichiamolo con lo studio del segno della derivata seconda:

    $f''(x) = -6x > 0 \quad \to \quad x < 0$.

    Dal segno di $f''(x)$ si può dedurre che $x = 0$ è l'ascissa di un punto di flesso discendente.
    Poiché $f(0) = 0$, $O(0; 0)$ è il punto di flesso. Per disegnare meglio la funzione, calcoliamo l'equazione della retta tangente nel punto di flesso (tangente inflessionale).
    Poiché $m = f'(0) = 1$, la retta cercata è $y = x$.
    Possiamo ora confermare il grafico già tracciato, disegnando anche la tangente inflessionale.

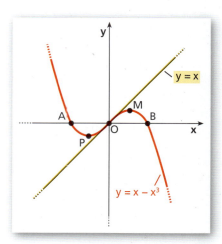

▶ Studia la funzione $y = x^4 - 4x^2$.

1784

In generale, le funzioni polinomiali $y = a_n x^n + \ldots + a_2 x^2 + a_1 x + a_0$, con $n \in \mathbb{N}$, quando $n > 2$:
- hanno come dominio $\mathbb{R}$;
- non hanno punti di discontinuità;
- non hanno asintoti;
- non hanno cuspidi, flessi verticali o punti angolosi;
- se sono funzioni dispari, hanno un flesso in $O(0; 0)$;
- se sono funzioni pari, hanno un punto di massimo o di minimo relativo in $x = 0$.

▶ Studia e rappresenta graficamente la funzione polinomiale
$y = x(x+2)^2$.

☐ **Animazione**

Funzioni razionali fratte

▶ Esercizi a p. 1806

ESEMPIO

Studiamo e rappresentiamo graficamente $y = f(x) = 2x + \dfrac{5}{x} - 4$.

1. Dominio: $x \neq 0$.

2. Cerchiamo eventuali simmetrie:
$$f(-x) = -2x - \frac{5}{x} - 4 \neq \pm f(x).$$

   La funzione non è né pari né dispari.
   La funzione non è periodica.

3. Determiniamo le intersezioni con gli assi.
   $x = 0$ non appartiene al dominio della funzione, quindi non ci sono intersezioni con l'asse y.
   Vediamo se ci sono intersezioni con l'asse x:
   $$\begin{cases} y = 2x + \dfrac{5}{x} - 4 \\ y = 0 \end{cases} \to \begin{cases} \dfrac{2x^2 - 4x + 5}{x} = 0 \\ y = 0 \end{cases} \to \begin{cases} 2x^2 - 4x + 5 = 0 \\ y = 0 \end{cases}$$

   $\dfrac{\Delta}{4} = 4 - 10 = -6 < 0 \to$ non ci sono intersezioni con l'asse x.

   Il grafico non interseca né l'asse x né l'asse y.

4. Studiamo il segno della funzione:
   $$2x + \frac{5}{x} - 4 > 0 \to \frac{2x^2 - 4x + 5}{x} > 0.$$

   $N > 0$ $\quad 2x^2 - 4x + 5 > 0 \quad \forall x \in \mathbb{R}$.

   $D > 0 \quad x > 0$.

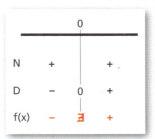

   Dal quadro dei segni deduciamo che $f(x) < 0$ per $x < 0$ e $f(x) > 0$ per $x > 0$.

   Riportiamo nel piano cartesiano queste informazioni.

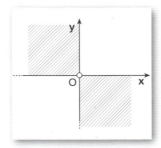

▶ Studia e rappresenta graficamente la funzione razionale fratta
$y = \dfrac{x^3}{6(x-2)}$.

☐ **Animazione**

Capitolo 28. Studio delle funzioni

> ▶ Studia e rappresenta graficamente la funzione irrazionale
> $y = \sqrt{x^3 + 8}$.
>
> ☐ **Animazione**

5. Determiniamo il comportamento della funzione agli estremi del dominio, ossia in 0, a $-\infty$ e a $+\infty$.

$$\lim_{x \to 0^-} f(x) = -\infty \quad \text{e} \quad \lim_{x \to 0^+} f(x) = +\infty,$$

pertanto $x = 0$ è un asintoto verticale.

$$\lim_{x \to -\infty} f(x) = -\infty \quad \text{e} \quad \lim_{x \to +\infty} f(x) = +\infty,$$

pertanto non ci sono asintoti orizzontali, ma possono esistere asintoti obliqui. Calcoliamo:

$$m = \lim_{x \to \pm\infty} \frac{f(x)}{x} = \lim_{x \to \pm\infty} \frac{2x + \frac{5}{x} - 4}{x} = \lim_{x \to \pm\infty} \frac{2x^2 + 5 - 4x}{x^2} = 2;$$

$$q = \lim_{x \to \pm\infty} [f(x) - mx] =$$

$$\lim_{x \to \pm\infty} \left[\left(2x + \frac{5}{x} - 4\right) - 2x\right] =$$

$$\lim_{x \to \pm\infty} \left(\frac{5}{x} - 4\right) = -4.$$

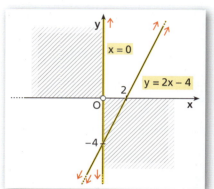

La retta di equazione $y = 2x - 4$ è asintoto obliquo sia per $x \to +\infty$ sia per $x \to -\infty$.

Tracciamo gli asintoti nel piano cartesiano.

> ☐ **Animazione**
>
> Con diverse figure dinamiche, studiamo le funzioni sinusoidali di equazioni:
> - $y = A \sin x$,
> - $y = \sin \omega x$,
> - $y = \sin(x + \phi)$,
> - $y = A \sin(\omega x + \phi)$,
>
> al variare dei parametri presenti.

6. Determiniamo la derivata prima

$$f'(x) = 2 - \frac{5}{x^2} = \frac{2x^2 - 5}{x^2}.$$

Il dominio della derivata è $x \neq 0$. Studiamo il segno della derivata:

$N > 0$: $2x^2 - 5 > 0 \to$

$x < -\sqrt{\frac{5}{2}} \vee x > \sqrt{\frac{5}{2}}$.

$D > 0$: $x^2 > 0 \to x \neq 0$.

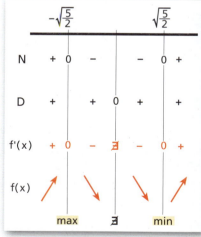

La funzione è crescente per $x < -\sqrt{\frac{5}{2}} \vee x > \sqrt{\frac{5}{2}}$, è decrescente per $-\sqrt{\frac{5}{2}} < x < \sqrt{\frac{5}{2}}$, con $x \neq 0$, e ha un massimo relativo nel punto $M\left(-\sqrt{\frac{5}{2}}; -2\sqrt{10} - 4\right)$, mentre in $P\left(\sqrt{\frac{5}{2}}; 2\sqrt{10} - 4\right)$ ha un minimo relativo.

> ▶ Studia e rappresenta graficamente la funzione goniometrica
> $y = \frac{\sin x}{\sin x - 1}$
> in $\left[-\frac{3}{2}\pi; \frac{\pi}{2}\right]$.
>
> ☐ **Animazione**

7. Determiniamo la derivata seconda e studiamone il segno:

$$f''(x) = \frac{10}{x^3}; \qquad D: x \neq 0.$$

Paragrafo 1. Studio di una funzione

Se $x > 0$, $f''(x) > 0$, quindi la funzione ha la concavità rivolta verso l'alto, mentre se $x < 0$, $f''(x) < 0$, quindi la funzione ha la concavità rivolta verso il basso.

Nonostante il cambio di concavità di $f(x)$ in $x = 0$, non ci sono punti di flesso, perché $x = 0$ non appartiene al dominio di $f(x)$.

I risultati ottenuti permettono di tracciare il grafico della funzione.

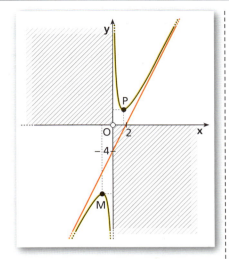

In generale, una funzione fratta del tipo

$$y = \frac{a_m x^m + \ldots + a_1 x + a_0}{b_n x^n + \ldots + b_1 x + b_0},$$

con m grado del numeratore e n grado del denominatore:

- non è definita nei punti in cui si annulla il denominatore;
- ha un asintoto verticale in ogni punto in cui si annulla il denominatore ma nel quale non si annulla contemporaneamente il numeratore;
- ha un asintoto orizzontale se $m = n$, e in tal caso l'asintoto ha equazione $y = \frac{a_m}{b_n}$, oppure se $m < n$, e in tal caso l'asintoto è l'asse x;
- ha un asintoto obliquo (lo stesso per $x \to +\infty$ e $x \to -\infty$) solo quando $m = n + 1$.

Negli esercizi studieremo altri tipi di funzione: le funzioni irrazionali, goniometriche, esponenziali e logaritmiche. Puoi esaminare esempi relativi allo studio di questi tipi di funzione nelle animazioni che proponiamo nella pagina precedente e in questa pagina.

MATEMATICA E FISICA

Fermat e la rifrazione della luce La luce percorre, fra tutti i possibili cammini da un punto a un altro, quello che richiede il minor tempo. Questo principio, formulato da Pierre de Fermat nel 1662, riconduce la determinazione della legge della rifrazione alla ricerca di una funzione che rappresenti il tempo di percorrenza e alla sua successiva minimizzazione.

▶ Come si può determinare la funzione che esprime il tempo di percorrenza della luce da un punto A a un punto B situati in due mezzi diversi?

□ La risposta

□ **Animazione**

Con diverse figure dinamiche, studiamo le funzioni esponenziali:
- $y = a^x$, con $a > 1$,
- $y = a^x$, con $0 < a < 1$,
- $y = e^{x+b} + c$,

al variare dei parametri presenti.

▶ Studia e rappresenta graficamente la funzione esponenziale
$y = (2 - x)e^x$.

□ **Animazione**

□ **Animazione**

Con diverse figure dinamiche, studiamo le funzioni logaritmiche:
- $y = \log_a x$, con $a > 1$,
- $y = \log_a x$, con $0 < a < 1$,
- $y = \ln(x + b) + c$,

al variare dei parametri presenti.

▶ Studia e rappresenta graficamente la funzione logaritmica
$y = \frac{\ln x - 1}{x}$.

□ **Animazione**

□ **Video**

Studio di una funzione logaritmica
Studiamo la funzione
$f(x) = \ln(x^2 + 1)$.

1787

Capitolo 28. Studio delle funzioni

2 Grafici di una funzione e della sua derivata

▶ Esercizi a p. 1841

Dato il grafico di una funzione, è possibile ricavare informazioni relative al grafico della funzione derivata e viceversa. In particolare, fra i due grafici esistono i collegamenti mostrati nella figura sotto.

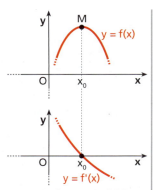
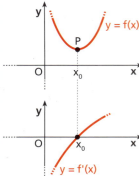
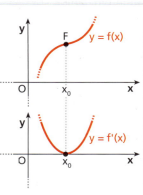
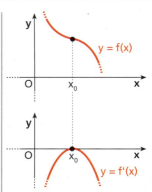

a. In x_0 la funzione $f(x)$ ha un massimo relativo. Nello stesso punto, la derivata $f'(x)$ è nulla e quindi il suo grafico interseca l'asse x in x_0. A sinistra di x_0 la derivata è positiva, a destra è negativa.

b. In x_0 la funzione $f(x)$ ha un minimo relativo: quindi $f'(x_0) = 0$.
Il grafico della derivata interseca l'asse x in x_0; a sinistra di x_0 la derivata è negativa, a destra è positiva.

c. In x_0 $f(x)$ ha un flesso orizzontale ascendente, quindi $f'(x_0) = 0$. Il grafico della derivata interseca l'asse x in x_0 ed è positivo sia a destra sia a sinistra di x_0. Pertanto in x_0 c'è un minimo per $f'(x)$.

d. In x_0 $f(x)$ ha un flesso orizzontale discendente: con considerazioni analoghe al caso precedente, per $x \ne x_0$ $f'(x)$ è negativa. Pertanto in x_0 c'è un massimo per $f'(x)$.

Se la funzione $f(x)$ è continua e derivabile due volte nell'intervallo considerato, per passare dal grafico di $f(x)$ a quello della sua derivata $f'(x)$ consideriamo che:

- nei punti di massimo e di minimo e nei punti di flesso orizzontale della funzione $f(x)$ si ha $f'(x) = 0$;
- negli intervalli in cui la funzione $f(x)$ è crescente si ha $f'(x) > 0$ e negli intervalli in cui la funzione è decrescente si ha $f'(x) < 0$;
- in tutti i punti di flesso di $f(x)$, sia orizzontali sia obliqui, si ha $f''(x) = 0$ e quindi $f'(x)$ ha la tangente orizzontale e può avere un massimo o un minimo.

Viceversa, dato il grafico di $f'(x)$, si possono ricavare informazioni sul grafico di $f(x)$, ma non è possibile disegnarlo univocamente. Infatti se $f'(x)$ è la derivata di $f(x)$, è anche la derivata di $f(x) + c$, dove c è una costante qualsiasi, in quanto la derivata di una costante è nulla. I grafici delle infinite funzioni che hanno come derivata $f'(x)$ sono traslati, l'uno rispetto all'altro, di un vettore parallelo all'asse y. Per esempio, la funzione $y = 2x$ è la funzione derivata di $y = x^2$, ma anche di $y = x^2 + 2$, di $y = x^2 - 1$ e in generale di $y = x^2 + c$, con $c \in \mathbb{R}$.

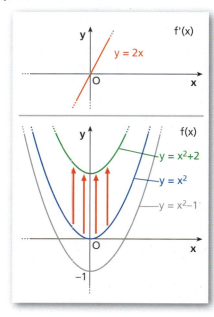

3 Applicazioni dello studio di una funzione

■ Risoluzione grafica di equazioni e disequazioni

▶ Esercizi a p. 1846

Quando è possibile trovare con un metodo algebrico le soluzioni di un'equazione, si dice anche che esiste un metodo di **risoluzione esatta** dell'equazione.

Per esempio, sappiamo che esiste la risoluzione esatta per le equazioni algebriche dal primo al quarto grado. Tuttavia, la risoluzione esatta di un'equazione non è sempre possibile. Per esempio, ci sono equazioni algebriche di grado superiore al quarto per le quali non esiste un procedimento di risoluzione esatta.

Anche per le equazioni trascendenti non esistono formule risolutive e soltanto alcune di esse si possono risolvere mediante un numero finito di operazioni elementari.

In questi casi è possibile *risolvere graficamente* l'equazione, individuando il numero di soluzioni e dando una stima del loro valore.
Ogni equazione a una incognita può essere scritta nella forma: $f(x) = 0$.
Trovare le radici, ossia le soluzioni, dell'equazione equivale a ricercare gli **zeri** della funzione $y = f(x)$, ossia le intersezioni del grafico con l'asse delle ascisse.
Se è agevole disegnare il grafico di $f(x)$, tracciamo un grafico probabile e individuiamo gli intervalli in cui cadono gli eventuali zeri.
Quando non è semplice disegnare il grafico di $f(x)$, scriviamo l'equazione $f(x) = 0$ nella forma $g(x) = h(x)$ e rappresentiamo le funzioni $g(x)$ e $h(x)$. Le ascisse dei punti di intersezione dei loro grafici sono le soluzioni cercate.

ESEMPIO
Risolviamo graficamente l'equazione $x^3 - 4x - \ln x = 0$.

Scriviamo l'equazione nella forma:

$x^3 - 4x = \ln x$.

Poiché $\ln x$ è definito solo per $x > 0$, l'equazione può ammettere soluzioni solo per $x > 0$. Possiamo immaginare l'equazione come l'equazione risolvente del sistema:

$\begin{cases} y = x^3 - 4x \\ y = \ln x \end{cases}$.

Disegniamo nello stesso piano i grafici delle funzioni.
Le ascisse dei loro punti di intersezione sono le soluzioni dell'equazione.

Osserviamo nel grafico che $x_1 < 1$ e $x_2 > 2$. Per ottenere una migliore approssimazione si può ingrandire il grafico con un software che disegna il grafico delle funzioni oppure applicare uno dei metodi numerici che studieremo in seguito.

In tal caso si osserva che $0{,}3 < x_1 < 0{,}4$ e $2 < x_2 < 2{,}1$.

Si procede in modo analogo anche per disequazioni.

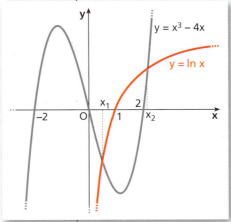

▶ Risolvi graficamente l'equazione
$\ln(x + 1) + 1 - x^2 = 0$.

□ Animazione

Capitolo 28. Studio delle funzioni

■ Discussione di equazioni parametriche   ▶ Esercizi a p. 1847

Possiamo applicare lo studio delle funzioni anche nella risoluzione delle **equazioni parametriche**, cioè equazioni nell'incognita x che dipendono da un parametro k, per le quali si vogliono determinare, al variare di k, le soluzioni che appartengono a un intervallo assegnato.

ESEMPIO

Discutiamo, al variare di k in $\mathbb{R}$, l'esistenza e il numero delle soluzioni dell'equazione parametrica $kx = \dfrac{1}{e^x}$ nell'intervallo $-2 \leq x < 4$. Poiché $x = 0$ non è soluzione dell'equazione assegnata, dividiamo per x e otteniamo:

$$k = \frac{1}{xe^x} \quad \rightarrow \quad \begin{cases} y = \dfrac{1}{xe^x} \\ y = k \\ -2 \leq x < 4 \end{cases}.$$

poniamo $k = y$

Dobbiamo trovare le intersezioni tra il grafico della funzione $f(x) = \dfrac{1}{xe^x}$ e le rette del fascio improprio $y = k$ che si trovano nell'intervallo $[-2; 4[$.
Studiamo la funzione $f(x)$ in questo intervallo.
Osserviamo che $f(x)$ non è definita per $x = 0$ e inoltre:

$$\lim_{x \to 0^-} \frac{1}{xe^x} = -\infty; \quad \lim_{x \to 0^+} \frac{1}{xe^x} = +\infty \rightarrow \text{l'asse } y \text{ è un asintoto verticale.}$$

La funzione non interseca gli assi cartesiani e il suo grafico è compreso tra i punti $A\left(-2; -\dfrac{e^2}{2}\right)$ e $B\left(4; \dfrac{1}{4e^4}\right)$. Il punto B non appartiene al grafico della funzione perché $x = 4$ non appartiene all'intervallo considerato.
Poiché e^x è sempre positiva, abbiamo:

$$f(x) > 0 \text{ per } x > 0; f(x) < 0 \text{ per } x < 0.$$

Calcoliamo la derivata prima: $f'(x) = -\dfrac{e^x + xe^x}{x^2 e^{2x}} = -\dfrac{1+x}{x^2 e^x}$.

Il denominatore della derivata è sempre positivo per cui:

per $x < -1$, si ha $f'(x) > 0 \rightarrow f(x)$ è crescente;

per $x > -1$, si ha $f'(x) < 0 \rightarrow f(x)$ è decrescente.

Allora la funzione ha un punto di massimo relativo in $M(-1; -e)$.

Per lo scopo che ci siamo prefissati non è importante procedere con lo studio della derivata seconda per stabilire la concavità e trovare i flessi.
Possiamo dunque tracciare il grafico di $f(x)$.
Osservando la figura, vediamo che:

- per $k < -\dfrac{e^2}{2}$, le rette del fascio intersecano la curva $y = f(x)$ in un solo punto di ascissa x_1, con $-1 < x_1 < 0$;

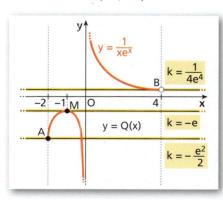

Paragrafo 4. Risoluzione approssimata di un'equazione

- per $-\dfrac{e^2}{2} \leq k \leq -e$, le rette del fascio intersecano la curva in due punti di ascissa x_1 e x_2, con $-2 \leq x_1 \leq -1$ e $-1 < x_2 < 0$ (per $k = -e$, la retta è tangente alla curva nel punto M, che ha ascissa $x_1 = -1$);

- per $-e < k \leq \dfrac{1}{4e^4}$, le rette del fascio non intersecano la curva;

- per $k > \dfrac{1}{4e^4}$, le rette del fascio intersecano la curva in un solo punto di ascissa x_1, con $0 < x_1 < 4$.

Riassumendo, nell'intervallo $[-2; 4[$, l'equazione parametrica data:

- non ha soluzioni per $-e < k \leq \dfrac{1}{4e^4}$;

- ha una soluzione x_1 per $k < -\dfrac{e^2}{2}$ e per $k > \dfrac{1}{4e^4}$;

- ha due soluzioni x_1 e x_2 per $-\dfrac{e^2}{2} \leq k \leq -e$.

▶ Discuti graficamente l'equazione
$kx^2 + 1 - x = 0$
nell'intervallo $[-1; 2]$.

In generale, per effettuare la discussione di un'equazione parametrica, si ricava il parametro k in funzione di x, cioè si riscrive l'equazione data nella forma $k = f(x)$. Risolvere questa equazione equivale a risolvere il sistema:
$$\begin{cases} y = f(x) \\ y = k \end{cases}.$$

È necessario, quindi, prima studiare la funzione $y = f(x)$ per poterne disegnare il grafico e poi ricercare le intersezioni tra questa curva e il fascio di rette $y = k$. Le soluzioni dell'equazione sono le ascisse dei punti di intersezione.

4 Risoluzione approssimata di un'equazione

■ Separazione delle radici

▶ Esercizi a p. 1849

Per determinare le soluzioni di un'equazione non risolubile algebricamente, non sempre è sufficiente la risoluzione grafica. Per ottenere una buona stima delle soluzioni si utilizzano dei procedimenti di **risoluzione approssimata**, o **numerica**.

I metodi di risoluzione numerica di un'equazione si basano sulla costruzione di una successione di numeri reali che converga alla soluzione esatta. I termini della successione sono **valori approssimati** della soluzione e, mediante *iterazioni* successive, cioè ripetendo più volte un certo procedimento, possiamo ottenere un valore approssimato vicino quanto vogliamo alla soluzione.

La ricerca delle soluzioni approssimate è composta da due fasi:

1. la **separazione delle radici**, ossia la determinazione di intervalli che contengono *soltanto una* radice;
2. il **calcolo di un valore approssimato** con la **precisione** voluta.

 Listen to it

Numerical root-finding methods consist in producing a sequence of values that gradually approach to the root of the equation.

La separazione delle radici di un'equazione $f(x) = 0$, dove $f(x)$ è una funzione continua, può essere facilitata da uno studio grafico preventivo. Attraverso il grafico possiamo renderci conto del numero di radici contenute in un intervallo.

> **ESEMPIO**
> Separiamo le radici dell'equazione $\ln x - x^2 + 2 = 0$.
> Scriviamo l'equazione nella forma $\ln x = x^2 - 2$ e confrontiamo i grafici delle funzioni $g(x) = \ln x$ e $h(x) = x^2 - 2$.
> Le intersezioni delle due curve rappresentano gli zeri della funzione $f(x) = \ln x - x^2 + 2$, cioè le soluzioni dell'equazione data.
> Dal grafico vediamo che g e h hanno due punti di intersezione, quindi l'equazione ha due soluzioni, x_1 e x_2. Possiamo notare che x_1 appartiene all'intervallo $[0; 1]$, mentre x_2 a $[\sqrt{2}; 2]$, e lo verifichiamo applicando il teorema di esistenza degli zeri.
>
>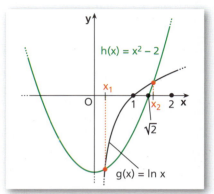
>
> Osserviamo però che la funzione $f(x)$ non è definita in $x = 0$, quindi consideriamo l'intervallo $[0,1; 1]$.
> In tale intervallo $f(x)$ è continua, negli estremi assume valori di segno opposto, cioè $f(0,1) \cdot f(1) < 0$, pertanto, per il teorema degli zeri, ammette almeno una soluzione.
> Si procede in modo analogo per x_2.

Il teorema degli zeri assicura l'esistenza di *almeno* una soluzione dell'equazione $f(x) = 0$ nell'intervallo $]a; b[$, ma non ne garantisce l'unicità. Vediamo allora due *condizioni sufficienti* per l'unicità della soluzione.

> **TEOREMA**
> **Primo teorema di unicità dello zero**
> Se $f(x)$ è una funzione continua nell'intervallo $[a; b]$ limitato e chiuso, derivabile con derivata prima diversa da 0 nei suoi punti interni e, inoltre, $f(a) \cdot f(b) < 0$, allora esiste *un solo* punto c interno ad $[a; b]$ in cui la funzione si annulla.
>
>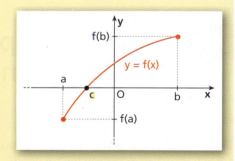

> **DIMOSTRAZIONE**
> Per il teorema di esistenza degli zeri esiste almeno un punto $c \in]a; b[$ tale che $f(c) = 0$. Supponiamo, per *assurdo*, che esista un altro punto $c' \in]a; b[$, per esempio maggiore di c, in cui la funzione si annulla. Se applichiamo il teorema di Rolle nell'intervallo $[c; c']$, deduciamo che esiste almeno un punto $m \in]c; c'[$ in cui $f'(m) = 0$.
> Ma ciò è contrario alla seconda ipotesi dell'enunciato, quindi la funzione data ammette, nell'intervallo $[a; b]$, soltanto uno zero.

In particolare, il teorema è valido se $f'(x) < 0$ oppure $f'(x) > 0$, quindi se la funzione è monotòna.

Paragrafo 4. Risoluzione approssimata di un'equazione

ESEMPIO

Consideriamo la funzione $f(x) = x \ln x - 4$ con $x \in [2; 4]$.
Essa è continua nell'intervallo considerato, perché è data dal prodotto di funzioni continue. La sua derivata prima è

$$f'(x) = \ln x + 1 \neq 0 \text{ se } \ln x \neq -1 \rightarrow x \neq \frac{1}{e},$$

quindi $f'(x) \neq 0 \ \forall x \in \,]2; 4[$.

Infine $f(2) = 2 \ln 2 - 4 < 0$ e $f(4) = 4 \ln 4 - 4 > 0$.

La funzione verifica tutte le ipotesi del teorema e quindi si annulla soltanto una volta in $[2; 4]$.

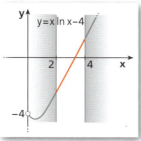

▶ Dimostra che l'equazione $x^3 - 3x + 1 = 0$ ha una e una sola soluzione nell'intervallo $[0; 1]$.

Se invece $f'(x) = 0$ in un punto di $]a; b[$, ossia $f(x)$ non è monotòna, l'equazione $f(x) = 0$ ammette ancora un'unica radice in $[a; b]$ se la concavità è rivolta verso l'alto in ogni punto di $[a; b]$, oppure rivolta verso il basso, ossia se $f''(x)$ ha segno costante in $[a; b]$.

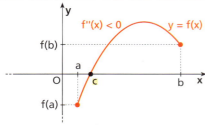

a. Le condizioni $f(a) \cdot f(b) < 0$ e $f''(x) < 0$ $\forall x \in [a; b]$ assicurano l'esistenza di uno zero soltanto.

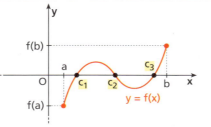

b. Se $f''(x)$ cambia di segno, la funzione può avere più di uno zero anche se $f(a) \cdot f(b) < 0$.

TEOREMA

Secondo teorema di unicità dello zero

Se f è una funzione continua nell'intervallo $[a; b]$, derivabile due volte nei suoi punti interni, e se $f(a) \cdot f(b) < 0$ e $f''(x) > 0$, oppure $f''(x) < 0$, $\forall x \in \,]a; b[$, allora esiste *un solo* punto c interno ad $[a; b]$ in cui la funzione si annulla.

DIMOSTRAZIONE

Dimostriamo il teorema supponendo $f(a) > 0, f(b) < 0, f''(x) > 0$. Negli altri casi la dimostrazione è simile.
Poiché la derivata seconda è positiva, la derivata prima è una funzione strettamente crescente nell'intervallo $]a; b[$. Si possono presentare tre casi.

1. $f'(x) > 0 \ \forall x \in \,]a; b[$; f è allora crescente, ma questo va contro l'ipotesi $f(a) > 0$ e $f(b) < 0$; questa possibilità è quindi da escludere.

2. $f'(x) < 0 \ \forall x \in \,]a; b[$; f è allora decrescente e per il primo teorema di unicità f ha soltanto una radice in $]a; b[$.

3. f' si annulla in un punto m interno all'intervallo. Poiché f' è crescente avremo $f'(x) < 0$ nei punti dell'intervallo $]a; m[$ e $f'(x) > 0$ nei punti dell'intervallo $]m; b[$. Pertanto la funzione data f è decrescente in $[a; m]$, crescente in $[m; b]$. Poiché $f(b) < 0$, sarà anche $f(m) < 0$, perciò, per il primo teorema di unicità, nell'intervallo aperto $]a; m[$, e quindi in $]a; b[$, esiste soltanto un punto c tale che $f(c) = 0$.

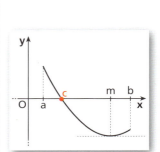

1793

Capitolo 28. Studio delle funzioni

ESEMPIO

Verifichiamo che, nell'intervallo [0; 2], la funzione $y = x^5 - 3x - 1$ presenta soltanto uno zero.

La funzione è continua in tutto l'intervallo e ammette derivata prima e seconda in tutti i suoi punti:

$$y' = 5x^4 - 3, \qquad y'' = 20x^3.$$

Inoltre risulta:

$$y'' > 0 \; \forall \, x \in \,]0; 2[,$$

$$y(0) = -1 < 0 \text{ e } y(2) = 25 > 0.$$

Per il secondo teorema di unicità, la funzione y si annulla una sola volta nell'intervallo [0; 2].

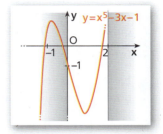

▶ Dimostra che l'equazione $e^x - 5x = 0$ ha solo una soluzione nell'intervallo [1; 3].

■ Approssimazione delle radici

▶ Esercizi a p. 1850

Vediamo ora due metodi per calcolare un valore approssimato di una radice.

Metodo di bisezione

ESEMPIO

Consideriamo l'equazione

$$x^3 - x + 1 = 0.$$

Cerchiamo eventuali soluzioni e determiniamo il loro valore approssimato con una cifra decimale esatta.
Separiamo le radici dell'equazione

$$x^3 - x + 1 = 0.$$

Scriviamo l'equazione nella forma $x^3 = x - 1$ e rappresentiamo i grafici di $g(x) = x^3$ e $h(x) = x - 1$.

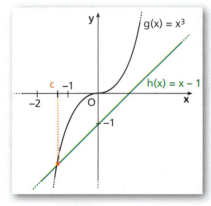

Le due curve si intersecano in un solo punto di ascissa c, appartenente all'intervallo $[-2; -1]$, che rappresenta l'unica soluzione dell'equazione $x^3 - x + 1 = 0$, come si può confermare con i teoremi di esistenza e unicità. Infatti in $[-2; -1]$ la funzione $f(x) = x^3 - x + 1$ è continua e $f(-2)f(-1) = (-5)(1) < 0$. È inoltre derivabile con $f''(x) = 6x < 0$, $\forall \, x \in \,]-2; -1[$.

Consideriamo l'intervallo

$$[a_0; b_0] = [-2; -1].$$

Il punto medio dell'intervallo è $m_0 = \dfrac{a_0 + b_0}{2} = -\dfrac{3}{2} = -1{,}5$: esso è un valore approssimato della soluzione c.

Ricerchiamo un'approssimazione migliore.
Dato che $f(-1{,}5) = -0{,}875 < 0$, per il teorema degli zeri la soluzione esatta è contenuta nell'intervallo $[a_1; b_1] = [-1{,}5; -1]$. Procedendo come prima, otteniamo il seguente valore approssimato per la soluzione:

$$m_1 = \dfrac{a_1 + b_1}{2} = -\dfrac{5}{4} = -1{,}25.$$

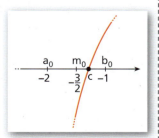

Paragrafo 4. Risoluzione approssimata di un'equazione

Poiché $f(-1{,}25) \simeq 0{,}297 > 0$, la soluzione esatta è compresa nell'intervallo $[a_2; b_2] = [-1{,}5; -1{,}25]$.

La prima cifra decimale della soluzione esatta può essere 2, 3, 4 o 5.

Dobbiamo ripetere il procedimento fino a trovare un intervallo sufficientemente piccolo da poter determinare con certezza la prima cifra decimale. Riportiamo i passi successivi nella tabella.

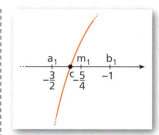

n	a_n	b_n	$f(a_n)$	$f(b_n)$	$m_n = \dfrac{a_n + b_n}{2}$	$f(m_n)$
0	-2	-1	$-5 < 0$	$1 > 0$	$-1{,}5$	$-0{,}875 < 0$
1	$-1{,}5$	-1	$-0{,}875 < 0$	$1 > 0$	$-1{,}25$	$0{,}297 > 0$
2	$-1{,}5$	$-1{,}25$	$-0{,}875 < 0$	$0{,}297 > 0$	$-1{,}375$	$-0{,}225 < 0$
3	$-1{,}375$	$-1{,}25$	$-0{,}225 < 0$	$0{,}297 > 0$	$-1{,}3125$	$0{,}052 > 0$
4	$-1{,}375$	$-1{,}3125$				

La soluzione esatta appartiene sicuramente all'intervallo $[-1{,}375; -1{,}3125]$, pertanto possiamo dire che la soluzione approssimata con una cifra decimale esatta è $-1{,}3$.

Riassumiamo in modo più generale il procedimento appena illustrato.
Data l'equazione $f(x) = 0$, vogliamo determinare il valore di una sua soluzione con k cifre decimali esatte. Cerchiamo un intervallo $[a_0; b_0]$ tale che $f(a_0) \cdot f(b_0) < 0$ (per esempio $f(a_0) < 0$ e $f(b_0) > 0$) e in cui la funzione f si annulla soltanto una volta. Successivamente eseguiamo i seguenti passi.

1. Determiniamo il punto medio dell'intervallo $[a_0; b_0]$, $m_0 = \dfrac{a_0 + b_0}{2}$, poi calcoliamo $f(m_0)$.
2. Se $f(m_0) = 0$, allora m_0 è la soluzione cercata e il procedimento è concluso.
3. Se invece $f(m_0) \neq 0$, allora m_0 è un valore approssimato della soluzione.

Scegliamo il semintervallo contenente la radice ponendo:

$a_1 = m_0, \quad b_1 = b_0 \quad$ se $f(m_0) < 0$;
$a_1 = a_0, \quad b_1 = m_0 \quad$ se $f(m_0) > 0$.

Dobbiamo cioè scegliere il nuovo intervallo $[a_1; b_1]$ in modo che f abbia segno opposto nei due estremi.

4. Se a_1 e b_1 coincidono fino alla k-esima cifra decimale, il procedimento è concluso e la soluzione approssimata coincide con a_1 e b_1 fino alla k-esima cifra. Altrimenti, ritorniamo al punto 1 e ripetiamo il procedimento per $[a_1; b_1]$.

Stima dell'errore

Se $\bar{x}$ è la soluzione approssimata trovata, vogliamo dare una stima dell'errore di approssimazione ε.
Al passo iniziale, in cui l'intervallo è $[a_0; b_0]$, il punto medio m_0 è un valore approssimato della soluzione c.
Il grado di approssimazione corrisponde alla quantità $|m_0 - c|$, che non possiamo determinare ma che è certamente minore della semiampiezza $\dfrac{b_0 - a_0}{2}$ dell'intervallo $[a_0; b_0]$. Assumiamo il numero positivo $\varepsilon_0 = \dfrac{b_0 - a_0}{2}$ come stima del grado di approssimazione.

Listen to it

The **bisection method** requires two initial guesses, a_0 and b_0, such that $f(a_0)$ and $f(b_0)$ have opposite signs. You then approach the root by halving the interval and keeping the half on which f changes sign.

▶ Dimostra che l'equazione $x^5 + x + 1 = 0$ ha una sola soluzione reale e determina un suo valore approssimato con due cifre decimali esatte.

☐ **Animazione**

Alla prima iterazione si ha $\varepsilon_1 = \dfrac{b_1 - a_1}{2}$, ma poiché $b_1 - a_1 = \dfrac{b_0 - a_0}{2}$, allora $\varepsilon_1 = \dfrac{b_0 - a_0}{2^2}$.

Gli intervalli che si ottengono nelle iterazioni successive hanno ampiezza

$$\varepsilon_n = \dfrac{b_0 - a_0}{2^{n+1}}$$

e ognuno di essi contiene la soluzione esatta. Poiché $\lim\limits_{n \to +\infty} \varepsilon_n = 0$, la successione delle soluzioni approssimate tende alla soluzione esatta.
L'approssimazione raggiunta con l'n-esima iterazione è ε_n.

Nell'esempio precedente, si ha:

$\varepsilon_0 = 0,5$, $\quad \varepsilon_1 = 0,25$, $\quad \varepsilon_2 = 0,125$, $\quad \varepsilon_3 = 0,0625$, $\quad \varepsilon_4 = 0,03125$.

Possiamo stabilire a priori l'errore di approssimazione massimo che vogliamo ottenere e arrestare il procedimento quando lo raggiungiamo.
Se cerchiamo, per esempio, un'approssimazione con errore minore di 0,3, ci fermiamo al secondo passo e prendiamo $\bar{x} = -1,25$ come soluzione approssimata.
Se vogliamo un errore minore di 0,1, ci fermiamo al quarto passo e prendiamo $\bar{x} = -1,3125$.

Il metodo di bisezione è semplice e intuitivo, ma richiede numerose iterazioni per ottenere una buona precisione.
Esaminiamo ora un secondo metodo che permette di ottenere una precisione migliore con un minor numero di iterazioni.

Metodo delle tangenti

Il metodo delle tangenti, detto anche metodo **di Newton-Raphson**, si applica quando, in un intervallo $[a_0; b_0]$, la derivata seconda della funzione f è continua e mantiene costante il suo segno.

Ogni approssimazione viene calcolata sostituendo al grafico di $f(x)$ una retta tangente, di cui cerchiamo l'intersezione con l'asse x.

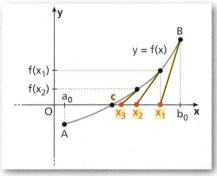

Cominciamo determinando la retta tangente al grafico della funzione $y = f(x)$ nell'estremo la cui ordinata è concorde con $f''(x)$.

Nell'esempio in figura abbiamo:

$f''(x) > 0 \quad \forall x \in [a_0; b_0]$ e $f(b_0) > 0$.

L'equazione della tangente in B è:

$y - f(b_0) = f'(b_0) \cdot (x - b_0)$.

Tale tangente interseca l'asse delle x nel punto di ascissa:

$x_1 = b_0 - \dfrac{f(b_0)}{f'(b_0)}$.

x_1 è un valore approssimato della radice c e non può coincidere con c perché sta sulla tangente e la concavità della curva non cambia.

 Listen to it

In the **tangent method** you approach the root by considering the intersection of the x-axis and the tangent of the graph of f at the point $(x_n; f(x_n))$.

Paragrafo 4. Risoluzione approssimata di un'equazione

Adesso calcoliamo $f(x_1)$ e determiniamo la tangente alla funzione nel punto $(x_1; f(x_1))$:

$$y - f(x_1) = f'(x_1) \cdot (x - x_1).$$

Determiniamo nuovamente il punto di intersezione della tangente con l'asse delle x:

$$x_2 = x_1 - \frac{f(x_1)}{f'(x_1)}.$$

Reiterando il procedimento, otteniamo la seguente **formula di ricorrenza**:

$$x_{n+1} = x_n - \frac{f(x_n)}{f'(x_n)}.$$

La successione $x_1, x_2, \ldots, x_n, \ldots$ è monotòna (in questo caso decrescente) e converge a c. I suoi termini sono valori approssimati (in questo caso per eccesso) di c. Il procedimento sarà arrestato quando comincia a stabilizzarsi la cifra decimale stabilita. La formula di ricorrenza vale in generale e si applica quando $f''(x)$ è continua e ha segno costante in $[a_0; b_0]$; il punto di partenza x_0 della successione approssimante è l'estremo dell'intervallo in cui la funzione ha lo stesso segno della derivata seconda.

ESEMPIO

Analizziamo di nuovo l'equazione $x^3 - x + 1 = 0$ nell'intervallo

$$[a_0; b_0] = [-2; -1].$$

Il punto di partenza è il primo estremo della curva, cioè $(-2; -5)$, perché:

$$f(-2) = -5 < 0 \quad \text{e} \quad f''(x) = 6x < 0, \quad \forall x \in [-2; -1].$$

Utilizzando la formula di ricorrenza, compiliamo una tabella.

n	x_n	$f(x_n) = x_n^3 - x_n + 1$	$f'(x_n) = 3x_n^2 - 1$
0	-2	-5	11
1	$-1,545454545$	$-1,145755071$	$6,165289256$
2	$-1,359614916$	$-0,153704934$	$4,545658159$
3	$-1,325801345$	$-0,004624917$	$4,273247619$
4	$-1,324719049$	$-4,65772 \cdot 10^{-6}$	$4,26464168$
5	$-1,324717957$	$-4,74043 \cdot 10^{-12}$	$4,264632999$
6	$-1,324717957$	$-2,22044 \cdot 10^{-16}$	$4,264632999$

Osserviamo che i valori approssimati della soluzione sono crescenti.
Inoltre, dal sesto in poi sono stabili otto cifre decimali.
Avendo usato 9 cifre decimali, nulla si può dire sull'ultima cifra.
Pertanto, la soluzione approssimata con 8 cifre decimali esatte è $-1,32471795$.

▶ Calcola, con il metodo delle tangenti, un valore approssimato con 8 cifre decimali esatte della minore delle soluzioni dell'equazione $3x - e^x = 0$.

Il metodo di Newton è molto efficiente se $f'(x_n)$ è grande (in valore assoluto); lo è poco se $f'(x_n)$ è piccola, cioè se f interseca l'asse delle ascisse con una pendenza piccola. In ogni caso, la convergenza è più rapida con il metodo delle tangenti che con il metodo di bisezione.

Uno svantaggio del metodo di Newton è quello di dover calcolare la derivata della funzione f. Quando f è definita da una formula semplice, questo non è un problema, ma nelle applicazioni reali può diventarlo.

Capitolo 28. Studio delle funzioni

IN SINTESI
Studio delle funzioni

■ **Studio di una funzione**

Per tracciare il grafico di una funzione $y = f(x)$ procediamo esaminando i seguenti punti.

1. Il **dominio** della funzione.
2. Eventuali **simmetrie** e **periodicità**.
3. Le coordinate degli eventuali **punti di intersezione** del grafico della funzione con gli assi cartesiani.
4. Il **segno della funzione**: stabiliamo gli intervalli in cui essa è positiva, ponendo $f(x) > 0$ e trovando, di conseguenza, anche gli intervalli in cui è negativa.
5. Il comportamento della funzione agli estremi del dominio: calcoliamo i relativi limiti e cerchiamo poi gli eventuali **asintoti** della funzione. Classifichiamo inoltre gli eventuali punti di **discontinuità**, specificando se sono di prima, di seconda o di terza specie.
6. La **derivata prima** e il suo dominio. Dallo studio del segno della derivata prima:
   - determiniamo gli intervalli in cui la funzione è *crescente* ($f'(x) > 0$) e, di conseguenza, quelli in cui è *decrescente* ($f'(x) < 0$);
   - cerchiamo gli eventuali punti di *massimo* o di *minimo relativo* e di *flesso orizzontale* e i punti di non derivabilità per $f(x)$ (*flessi verticali*, *cuspidi* e *punti angolosi*).
7. La **derivata seconda** e il suo dominio. Dallo studio del segno della derivata seconda:
   - determiniamo gli intervalli in cui il grafico volge la *concavità* verso l'alto ($f''(x) > 0$) o verso il basso ($f''(x) < 0$);
   - cerchiamo i *punti di flesso* a tangente obliqua ed eventualmente la tangente inflessionale.

■ **Risoluzione approssimata di un'equazione**

- Data l'equazione $f(x) = 0$, la **risoluzione approssimata** è composta da due fasi:
  1. la **separazione delle radici**, ossia la determinazione di intervalli che contengono *soltanto una* radice;
  2. il calcolo di un valore approssimato con la **precisione** voluta.

- **Teoremi**
  Se f è una funzione continua nell'intervallo $[a; b]$ limitato e chiuso e $f(a) \cdot f(b) < 0$, allora esiste *almeno* un punto c interno ad $[a; b]$ tale che $f(c) = 0$. Inoltre:
  - se $f'(x) \neq 0$ in ogni punto di $]a; b[$, la funzione ammette *soltanto uno* zero in $]a; b[$.
  - se $f''(x)$ ha segno costante in $]a; b[$, la funzione ammette *un unico* zero in $]a; b[$.

- **Metodi di approssimazione**
  Sia $[a_0; b_0]$ un intervallo in cui l'equazione $f(x) = 0$ ammette *una* radice, con $f(a_0) < 0$ e $f(b_0) > 0$.
  - **Metodo di bisezione.** Calcoliamo il punto medio m_0 dell'intervallo $[a_0; b_0]$. Se $f(m_0) \neq 0$, poniamo:

    $a_1 = m_0, \quad b_1 = b_0 \quad$ se $f(m_0) < 0$,

    $a_1 = a_0, \quad b_1 = m_0 \quad$ se $f(m_0) > 0$.

    Ripetiamo il procedimento fino alla precisione cercata.
  - **Metodo delle tangenti.** Se $f''(x)$ ha segno costante nell'intervallo $[a_0; b_0]$, costruiamo la successione x_0, ..., x_n ponendo:

    $x_0 = a_0$ e $x_{n+1} = x_n - \dfrac{f(x_n)}{f'(x_n)} \quad$ se $f(a_0) \cdot f''(x) > 0$;

    $x_0 = b_0$ e $x_{n+1} = x_n - \dfrac{f(x_n)}{f'(x_n)} \quad$ se $f(a_0) \cdot f''(x) < 0$.

CAPITOLO 28
ESERCIZI

1 Studio di una funzione

Dal grafico di una funzione alle sue caratteristiche

1 **VERO O FALSO?** Osserva il grafico.

a. La funzione è dispari. V F
b. Non ci sono né massimi né minimi. V F
c. La funzione ha due asintoti. V F
d. Il dominio della funzione è $\mathbb{R} - \{-1, 2\}$. V F
e. La concavità cambia, ma non ci sono flessi. V F

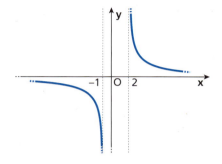

LEGGI IL GRAFICO Da ognuno dei seguenti grafici deduci:

1. il dominio della funzione rappresentata;
2. eventuali simmetrie e periodicità;
3. le intersezioni con gli assi;
4. gli intervalli in cui la funzione è positiva e negativa;
5. i limiti agli estremi del dominio e le equazioni degli asintoti;
6. i punti di massimo e minimo relativi;
7. i punti di flesso, evidenziando la concavità.

2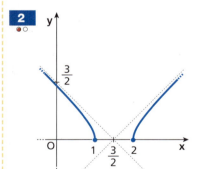

4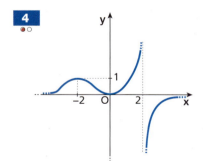

6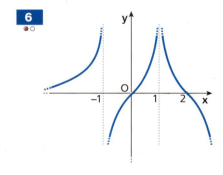

3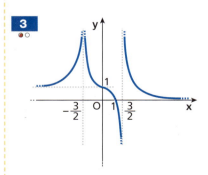

5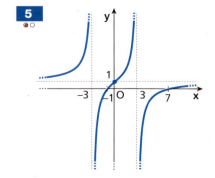

7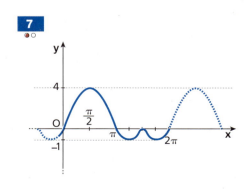

1799

Capitolo 28. Studio delle funzioni

8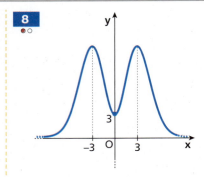

9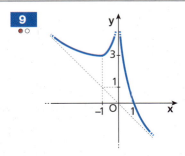

10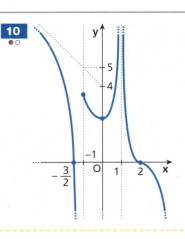

Dalle caratteristiche di una funzione al suo grafico

Traccia il grafico della funzione $y = f(x)$, sapendo che ha le seguenti caratteristiche.

11
1. Il dominio è $\mathbb{R}$.
2. È pari.
3. Le intersezioni con gli assi sono $O(0;0)$ $(-2;0)$ e $(2;0)$.
4. $f(x) > 0$ per $x < -2 \vee x > 2$, $f(x) < 0$ per $-2 < x < 2 \wedge x \neq 0$.
5. Non ci sono asintoti e $\lim_{x \to \pm\infty} f(x) = +\infty$.
6. C'è un massimo in $O(0;0)$ e due minimi in $(-\sqrt{2};-4)$ e $(\sqrt{2};-4)$.
7. Ci sono due flessi obliqui in $\left(\pm\sqrt{\frac{2}{3}}; -\frac{20}{9}\right)$.

12
1. Il dominio è $\mathbb{R} - \{0\}$.
2. Non è né pari né dispari.
3. Non interseca gli assi cartesiani.
4. $f(x) > 0$ per $x > 0$, $f(x) < 0$ per $x < 0$.
5. Esistono un asintoto verticale $x = 0$, un asintoto obliquo a destra di equazione $y = x$ e un asintoto orizzontale a sinistra $y = -1$.
6. C'è un minimo nel punto $(1; 4)$.
7. Non vi sono flessi.

13
1. Il dominio è $\mathbb{R}$.
2. È pari.
3. L'intersezione con gli assi è in $(0; 0)$.
4. $f(x) > 0$ in $\mathbb{R} - \{0\}$.
5. Esiste un asintoto orizzontale $y = 1$.
6. C'è un minimo in $(0; 0)$.
7. Vi sono due flessi obliqui $F_1\left(-2; \frac{1}{2}\right)$ e $F_2\left(2; \frac{1}{2}\right)$.

14
1. Il dominio è $\mathbb{R} - \{0\}$.
2. Non è né pari né dispari.
3. L'intersezione con l'asse x è in $(2; 0)$.
4. $f(x) > 0$ per $x < 2$, $f(x) < 0$ per $x > 2$.
5. Si ha $\lim_{x \to -\infty} f(x) = 0^+$ e $\lim_{x \to +\infty} f(x) = -\infty$ e $x = 0$ è asintoto verticale.
6. Non sono presenti massimi e minimi.
7. Non ci sono flessi.

15
1. Il dominio è $\mathbb{R} - \{\pm 1\}$.
2. È pari.
3. L'intersezione con gli assi è nell'origine.
4. $f(x) > 0$ per $x < -1 \vee x > 1$, $f(x) < 0$ per $-1 < x < 1 \wedge x \neq 0$.
5. Esistono due asintoti verticali $x = \pm 1$ e un asintoto orizzontale $y = 0$.
6. C'è un massimo nell'origine.
7. Non vi sono flessi.

16
1. Il dominio è $\mathbb{R} - \{1\}$.
2. Non è né pari né dispari.
3. Le intersezioni con gli assi sono in $\left(\frac{1}{2}; 0\right)$, $(-1; 0)$ e in $(0; 1)$.
4. $f(x) > 0$ per $\left(x < \frac{1}{2} \wedge x \neq -1\right) \vee x > 1$, $f(x) < 0$ per $\frac{1}{2} < x < 1$.
5. Esistono un asintoto verticale $x = 1$ e un asintoto orizzontale $y = 0$ a destra $(x \to +\infty)$, mentre si ha $\lim_{x \to -\infty} f(x) = +\infty$.
6. Ci sono un minimo in $(-1; 0)$ e un massimo in $(0; 1)$.
7. C'è un flesso in $\left(-\frac{1}{2}; \frac{1}{2}\right)$.

Paragrafo 1. Studio di una funzione

17
1. Il dominio è $\mathbb{R} - \{-1\}$.
2. Non è né pari né dispari.
3. L'intersezione con gli assi è in $O(0; 0)$.
4. $f(x) > 0$ per $x < -1 \lor x > 0$, $f(x) < 0$ per $-1 < x < 0$.
5. Esistono un asintoto orizzontale $y = 1$ e un asintoto verticale $x = -1$ con $\lim_{x \to -1^\pm} f(x) = \mp\infty$.
6. Non ci sono massimi e minimi.
7. Il punto $O(0; 0)$ è un flesso orizzontale ascendente e $F\left(1; \dfrac{1}{2}\right)$ è un flesso obliquo discendente.

Dalle caratteristiche di una funzione alla sua espressione analitica

TEST Quale delle seguenti funzioni è rappresentata dal grafico?

18

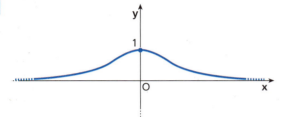

- **A** $y = x^2 + 1$
- **B** $y = \dfrac{1}{x+1}$
- **C** $y = \dfrac{1}{x^2+1}$
- **D** $y = \dfrac{x+1}{x^2+1}$
- **E** $y = \dfrac{-1}{x^2-1}$

19

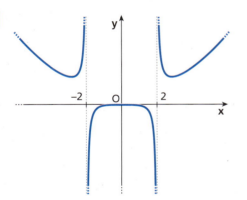

- **A** $y = x(x^2 - 4)$
- **B** $y = \dfrac{x^3}{x^2-4}$
- **C** $y = \dfrac{x^4}{10(x^2-4)}$
- **D** $y = \dfrac{4x^2}{x^2-4}$
- **E** $y = \dfrac{x^2-4}{x^4}$

20

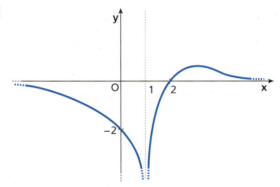

- **A** $y = \dfrac{-x+2}{(x-1)^2}$
- **B** $y = \dfrac{x-2}{(x-1)^3}$
- **C** $y = \dfrac{x-2}{(x-1)^2}$
- **D** $y = \dfrac{x-2}{x-1}$
- **E** $y = \dfrac{x+2}{(x+1)^2}$

21

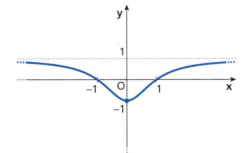

- **A** $y = \dfrac{x^2-1}{x^2+1}$
- **B** $y = \dfrac{x-1}{x+1}$
- **C** $y = -\dfrac{1}{x^2-1}$
- **D** $y = \dfrac{x-1}{x^2+1}$
- **E** $y = \dfrac{x^2+1}{x^2-1}$

1801

Capitolo 28. Studio delle funzioni

22 **TEST** Sia f una funzione che:
1. ha dominio $\mathbb{R} - \{3\}$;
2. ha intersezioni con gli assi nei punti $(0; 2)$ e $(6; 0)$;
3. ha un asintoto orizzontale di equazione $y = 1$ e uno verticale di equazione $x = 3$;
4. per $x > 6$ ha segno positivo.

Una possibile espressione analitica di f è:

A $y = \dfrac{6}{x-3}$.   **C** $y = \dfrac{1}{x+3} + x + 6$.   **E** $y = \dfrac{x+6}{x-3}$.

B $y = \dfrac{x+6}{x+3}$.   **D** $y = \dfrac{x-6}{x-3}$.

VERO O FALSO?

23 Sia $f(x)$ una funzione pari derivabile due volte in $\mathbb{R}$. Allora:
a. $x = 0$ è un punto di flesso. V F
b. se la retta di equazione $x = 4$ è un asintoto, allora lo è anche $x = -4$. V F
c. se la retta di equazione $y = 3x$ è un asintoto, per $x \to +\infty$ allora lo è anche per $x \to -\infty$. V F
d. se ha dei flessi, ne ha un numero pari. V F

24 Sia $f(x)$ una funzione dispari diversa dalla funzione identicamente nulla e derivabile due volte in $\mathbb{R}$. Allora:
a. $x = 0$ è un estremante. V F
b. se la retta di equazione $y = -5$ è un asintoto, allora lo è anche $y = 5$. V F
c. la retta di equazione $y = -x$ può essere l'unico asintoto obliquo. V F
d. la retta di equazione $y = 2x + 1$ può essere l'unico asintoto obliquo. V F

25 Scrivi l'espressione analitica di una funzione $f(x)$ che presenta le seguenti caratteristiche:
1. il dominio è $\mathbb{R} - \{2\}$;
2. i punti di intersezione con gli assi sono $O(0; 0)$ e $A(3; 0)$;
3. $x = 2$ è asintoto verticale e $y = -2$ è asintoto orizzontale;
4. $f(x) > 0$ per $0 < x < 3$.

Funzioni polinomiali

▶ Teoria a p. 1783

Le funzioni polinomiali,
$$y = a_n x^n + \ldots + a_2 x^2 + a_1 x + a_0, \text{ con } n \in \mathbb{N}, \text{ quando } n > 2,$$
- hanno come dominio $\mathbb{R}$;
- non hanno punti di discontinuità;
- non hanno asintoti;
- non hanno cuspidi, flessi verticali o punti angolosi;
- se sono funzioni dispari, hanno un flesso in $O(0; 0)$;
- se sono funzioni pari, $x = 0$ è un punto di massimo o di minimo relativo.

26 **TEST** A quale dei seguenti grafici corrisponde la funzione $y = x^4 - 4x^2$?

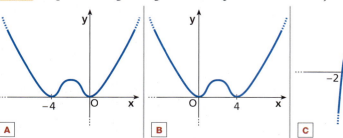
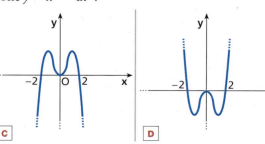

A   B   C   D

Paragrafo 1. Studio di una funzione

27 **ESERCIZIO GUIDA** Studiamo e rappresentiamo graficamente la funzione $y = f(x) = x^4 - 3x^2 + 2$.

1. Dominio: $\mathbb{R}$.

2. Simmetrie.
   Essendo $f(-x) = (-x)^4 - 3(-x)^2 + 2 = x^4 - 3x^2 + 2 = f(x)$, la funzione è pari e il suo grafico è simmetrico rispetto all'asse y.

3. Intersezioni con gli assi.

   Asse y: $\begin{cases} y = x^4 - 3x^2 + 2 \\ x = 0 \end{cases} \to \begin{cases} y = 2 \\ x = 0 \end{cases} \to$ il punto di intersezione con l'asse y è $A(0; 2)$.

   Asse x: $\begin{cases} y = x^4 - 3x^2 + 2 \\ y = 0 \end{cases} \to x^4 - 3x^2 + 2 = 0 \to x_1 = -1, x_2 = 1, x_3 = -\sqrt{2}, x_4 = +\sqrt{2}$.

   I punti di intersezione con l'asse x sono: $B(-1; 0)$, $C(1; 0)$, $D(-\sqrt{2}; 0)$, $E(\sqrt{2}; 0)$.

4. Segno della funzione.

   $x^4 - 3x^2 + 2 > 0 \to (x^2 - 2)(x^2 - 1) > 0$.

   1° fattore: $x^2 - 2 > 0 \to x < -\sqrt{2} \lor x > \sqrt{2}$.

   2° fattore: $x^2 - 1 > 0 \to x < -1 \lor x > 1$.

   Compiliamo il quadro dei segni.

   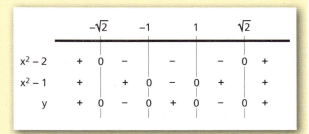

   Rappresentiamo i risultati nel riferimento cartesiano, tratteggiando le zone in cui **non** ci sono punti del grafico della funzione.

   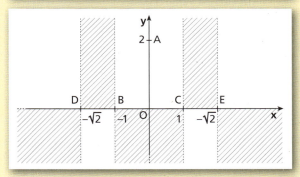

5. Limiti agli estremi del dominio: $\lim_{x \to \pm\infty} (x^4 - 3x^2 + 2) = +\infty$. Poiché la funzione è polinomiale, di quarto grado, **non** esiste un asintoto obliquo.

6. Derivata prima:

   $y' = 4x^3 - 6x$.

   Il dominio di y' è $\mathbb{R}$. Troviamo gli zeri e studiamo il segno.

   $y' = 0 \to 4x^3 - 6x = 0 \to 2x(2x^2 - 3) = 0 \to x = 0 \lor x = \pm\sqrt{\dfrac{3}{2}}$,

   $y' > 0 \to 2x(2x^2 - 3) > 0$.

   1° fattore: $2x > 0 \to x > 0$.

   2° fattore: $2x^2 - 3 > 0 \to x < -\sqrt{\dfrac{3}{2}} \lor x > \sqrt{\dfrac{3}{2}}$.

   Compiliamo il quadro relativo al segno della derivata prima e segniamo gli intervalli in cui la funzione è crescente e quelli in cui è decrescente.

Per $x = \pm\sqrt{\frac{3}{2}}$ si hanno due punti di minimo.

Calcoliamo le relative ordinate, sostituendo il valore delle ascisse nella funzione e otteniamo:

$$G\left(-\sqrt{\frac{3}{2}}; -\frac{1}{4}\right), H\left(\sqrt{\frac{3}{2}}; -\frac{1}{4}\right).$$

Per $x = 0$ si ha un massimo: $A(0; 2)$.

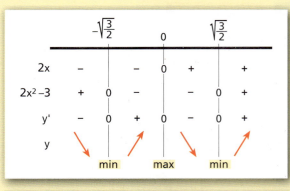

7. Derivata seconda:
$$y'' = 12x^2 - 6 = 6(2x^2 - 1),$$
$$y'' = 0 \rightarrow 2x^2 - 1 = 0 \rightarrow x = \pm\frac{\sqrt{2}}{2},$$
$$y'' > 0 \rightarrow 6(2x^2 - 1) > 0 \rightarrow$$
$$x < -\frac{\sqrt{2}}{2} \vee x > \frac{\sqrt{2}}{2}.$$

Compiliamo il quadro dei segni della derivata seconda e segniamo gli intervalli in cui il grafico della funzione ha concavità verso l'alto e quelli in cui l'ha verso il basso.

In $x = \pm\frac{\sqrt{2}}{2}$ abbiamo due flessi di coordinate:

$$F_1\left(-\frac{\sqrt{2}}{2}; \frac{3}{4}\right) \text{ e } F_2\left(\frac{\sqrt{2}}{2}; \frac{3}{4}\right).$$

Disegniamo il grafico della funzione.

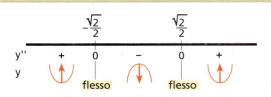

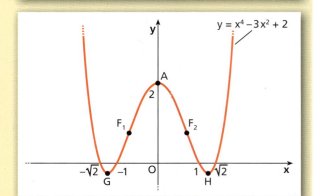

Studia e rappresenta graficamente le seguenti funzioni. (Qui e in seguito nelle soluzioni ci limitiamo a indicare i punti di massimo con max, quelli di minimo con min, quelli di flesso con F.)

28 $y = \frac{1}{3}x^3 - 3x^2$ $\quad\quad$ $[\max(0; 0); \min(6; -36); F(3; -18)]$

29 $y = x^4 - 8x^2$ $\quad\quad$ $\left[\min_{1,2}(\pm 2; -16); \max(0; 0); F_{1,2}\left(\pm\frac{2}{3}\sqrt{3}; -\frac{80}{9}\right)\right]$

30 $y = \frac{1}{3}x^3 - 9x$ $\quad\quad$ $[\max(-3; 18); \min(3; -18); F(0; 0)]$

31 $y = x^4 - \frac{4}{3}x^3$ $\quad\quad$ $\left[\min\left(1; -\frac{1}{3}\right); F_1(0; 0), F_2\left(\frac{2}{3}; -\frac{16}{81}\right)\right]$

32 $y = x^3 - 12x$ $\quad\quad$ $[\max(-2; 16); \min(2; -16); F(0; 0)]$

33 $y = x^2 - x^3$ $\quad\quad$ $\left[\min(0; 0); \max\left(\frac{2}{3}; \frac{4}{27}\right); F\left(\frac{1}{3}; \frac{2}{27}\right)\right]$

34 $y = x^3 - 3x + 2$ $\quad\quad$ $[\max(-1; 4); \min(1; 0); F(0; 2)]$

35 $y = x^4 - 16x^2$ $\quad\quad$ $\left[\min_{1,2}(\pm 2\sqrt{2}; -64); \max(0; 0); F_{1,2}\left(\pm\sqrt{\frac{8}{3}}; -\frac{320}{9}\right)\right]$

36 $y = x(x + 2)^2$ $\quad\quad$ $\left[\max(-2; 0); \min\left(-\frac{2}{3}; -\frac{32}{27}\right); F\left(-\frac{4}{3}; -\frac{16}{27}\right)\right]$

Paragrafo 1. Studio di una funzione

37 $y = \dfrac{x^3}{3} - 3x^2 + 8x$ $\qquad \left[\max\left(2; \dfrac{20}{3}\right); \min\left(4; \dfrac{16}{3}\right); F(3;6)\right]$

38 $y = \dfrac{x^5}{5} + \dfrac{x^4}{2}$ $\qquad \left[\max\left(-2; \dfrac{8}{5}\right); \min(0;0); F\left(-\dfrac{3}{2}; \dfrac{81}{80}\right)\right]$

39 $y = (x^2-4)(x^2-1)$ $\qquad \left[\min_{1,2}\left(\pm\sqrt{\dfrac{5}{2}}; -\dfrac{9}{4}\right); \max(0;4); F_{1,2}\left(\pm\sqrt{\dfrac{5}{6}}; \dfrac{19}{36}\right)\right]$

40 $y = \dfrac{x^3}{6} - x^2 + \dfrac{3}{2}x$ $\qquad \left[\max\left(1; \dfrac{2}{3}\right); \min(3;0); F\left(2; \dfrac{1}{3}\right)\right]$

41 $y = x^2 - 4x^4$ $\qquad \left[\max_{1,2}\left(\pm\sqrt{\dfrac{1}{8}}; \dfrac{1}{16}\right); \min(0;0); F_{1,2}\left(\pm\sqrt{\dfrac{1}{24}}; \dfrac{5}{144}\right)\right]$

42 $y = x - \dfrac{1}{5}x^5$ $\qquad \left[\min\left(-1; -\dfrac{4}{5}\right); \max\left(1; \dfrac{4}{5}\right); F(0;0)\right]$

43 $y = -x^4 - x^2$ $\qquad [\max(0;0)]$

44 $y = x(x^2-4)$ $\qquad \left[\max\left(-\dfrac{2}{3}\sqrt{3}; \dfrac{16}{9}\sqrt{3}\right); \min\left(\dfrac{2}{3}\sqrt{3}; -\dfrac{16}{9}\sqrt{3}\right); F(0;0)\right]$

45 $y = x^3 - 2x^2 + x - 2$ $\qquad \left[\max\left(\dfrac{1}{3}; -\dfrac{50}{27}\right); \min(1;-2); F\left(\dfrac{2}{3}; -\dfrac{52}{27}\right)\right]$

46 $y = x^3\left(1 - \dfrac{1}{4}x\right)$ $\qquad \left[\max\left(3; \dfrac{27}{4}\right); F_1(0;0), F_2(2;4)\right]$

47 $y = x^3 - 2x + 1$ $\qquad \left[\max\text{ in } x = -\sqrt{\dfrac{2}{3}}; \min\text{ in } x = \sqrt{\dfrac{2}{3}}; F(0;1)\right]$

48 $y = 2x^3 - x^4$ $\qquad \left[\max\left(\dfrac{3}{2}; \dfrac{27}{16}\right); F_1(0;0), F_2(1;1)\right]$

49 $y = x^4 - 2x^3 + 1$ $\qquad \left[\min\left(\dfrac{3}{2}; -\dfrac{11}{16}\right); F_1(0;1), F_2(1;0)\right]$

50 $y = 3x^4 + 2x^3 - 3x^2$ $\qquad \left[\min_1(-1;-2), \min_2\left(\dfrac{1}{2}; -\dfrac{5}{16}\right); \max(0;0); \text{flessi in } x = \dfrac{-1 \pm \sqrt{7}}{6}\right]$

51 $y = \dfrac{7}{4}x^4 - \dfrac{14}{3}x^3$ $\qquad \left[\min\left(2; -\dfrac{28}{3}\right); F_1(0;0), F_2\left(\dfrac{4}{3}; -\dfrac{448}{81}\right)\right]$

52 $y = 3x^4 + 4x^3 + 1$ $\qquad \left[\min(-1;0); F_1\left(-\dfrac{2}{3}; \dfrac{11}{27}\right), F_2(0;1)\right]$

53 $y = -x^3 + 5x^2 - 8x + 4$ $\qquad \left[\min\left(\dfrac{4}{3}; -\dfrac{4}{27}\right); \max(2;0); F\left(\dfrac{5}{3}; -\dfrac{2}{27}\right)\right]$

54 $y = \dfrac{1}{8}(x-1)^3(x+3)^3$ $\qquad \left[\min(-1;-8); F_1(-3;0), F_2(1;0); \text{flessi in } x = -1 \pm 2\dfrac{\sqrt{5}}{5}\right]$

55 **ASSOCIA** a ogni funzione il suo grafico senza svolgere lo studio completo.

a. $y = x^3 + x^2$ $\qquad$ **b.** $y = x^4 - x^3$ $\qquad$ **c.** $y = x^4 - x^2$ $\qquad$ **d.** $y = x^3 - x$

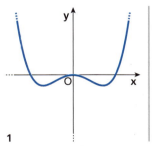

1

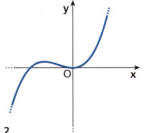

2

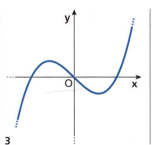

3

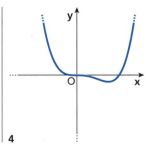

4

56 **FAI UN ESEMPIO** di funzione polinomiale $f(x)$ che interseca l'asse x in tre punti e tale che $\lim\limits_{x \to \pm\infty} f(x) = +\infty$.

1805

Capitolo 28. Studio delle funzioni

REALTÀ E MODELLI

57  **Che tosse!** La velocità dell'aria espulsa da un colpo di tosse provocato da un corpo estraneo dipende sia da fattori fisici della persona sia dal diametro r del corpo.
Per Laura, la velocità v (espressa in mm/s) varia in funzione di r (espresso in mm) secondo la legge:

$$v(r) = 15r^2 - r^3, \quad \text{con } 0 \leq r \leq 15.$$

Studia la funzione e rappresentala graficamente.
Calcola per quali dimensioni del corpo estraneo si ha la massima velocità.

[10 mm]

58 **Ombrelli Rainoff** La ditta Rainoff ha rilevato che quando si va oltre un certo numero di lavoratori addetti alla produzione dei suoi ombrelli pieghevoli, la produzione subisce una flessione.
In tabella sono riportati i dati della rilevazione.

Numero addetti	0	2	5	10
Numero ombrelli prodotti	0	6	30	70

a. Studia la funzione polinomiale di terzo grado il cui grafico passa per i punti corrispondenti ai dati rilevati.
b. Individua il numero di addetti in corrispondenza del quale la produzione inizia a diminuire.

[b) 11]

Funzioni razionali fratte

▶ Teoria a p. 1785

Le funzioni razionali fratte,

$$y = \frac{a_n x^n + a_{n-1} x^{n-1} + \ldots + a_0}{b_m x^m + b_{m-1} x^{m-1} + \ldots + b_0} = \frac{A(x)}{B(x)},$$

- hanno come dominio $\mathbb{R}$ con esclusione dei valori che annullano $B(x)$;
- possono avere asintoti verticali che vanno ricercati fra i valori che annullano $B(x)$;
- intersecano l'asse x nei punti in cui $A(x) = 0$;
- se $n = m$, hanno un asintoto orizzontale di equazione $y = \dfrac{a_n}{b_m}$;
- se $n < m$, hanno come asintoto orizzontale l'asse x;
- se $n > m$, con $n - m = 1$, hanno un asintoto obliquo.

TEST

59 Quale dei seguenti grafici rappresenta l'andamento della funzione $y = \dfrac{x-1}{x^2}$?

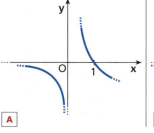
A

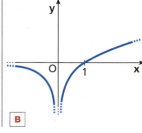
B

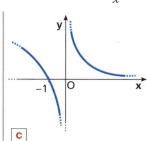
C

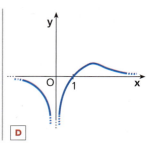
D

Paragrafo 1. Studio di una funzione

60 Fra i seguenti grafici, quale rappresenta l'andamento della funzione $y = x + \dfrac{1}{x}$?

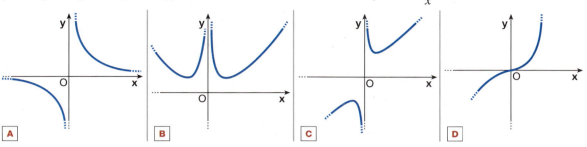

A B C D

---

61 **ESERCIZIO GUIDA** Studiamo e rappresentiamo graficamente la funzione:

$$y = f(x) = \dfrac{(2-x)^3}{3(x-4)}.$$

1. Dominio: il denominatore deve essere $\neq 0$, quindi: $D\colon x \neq 4$.

2. Cerchiamo eventuali simmetrie:

$$f(-x) = \dfrac{[2-(-x)]^3}{3(-x-4)} = \dfrac{(2+x)^3}{-3(x+4)} \neq \pm f(x) \;\to\; \text{la funzione non è né dispari né pari.}$$

3. Intersezioni con gli assi.

Asse y: $\begin{cases} y = \dfrac{(2-x)^3}{3(x-4)} \\ x = 0 \end{cases} \to \begin{cases} y = \dfrac{8}{-12} \\ x = 0 \end{cases} \to \begin{cases} y = -\dfrac{2}{3} \\ x = 0 \end{cases} \to A\left(0; -\dfrac{2}{3}\right).$

Asse x: $\begin{cases} y = \dfrac{(2-x)^3}{3(x-4)} \\ y = 0 \end{cases} \to \begin{cases} \dfrac{(2-x)^3}{3(x-4)} = 0 \\ y = 0 \end{cases} \to \begin{cases} (2-x)^3 = 0 \\ y = 0 \end{cases} \to \begin{cases} 2 - x = 0 \\ y = 0 \end{cases} \to \begin{cases} x = 2 \\ y = 0 \end{cases} \to B(2; 0).$

4. Segno della funzione:

$\dfrac{(2-x)^3}{3(x-4)} > 0 \quad N > 0$ per $x < 2$

$\phantom{\dfrac{(2-x)^3}{3(x-4)} > 0 \quad} D > 0$ per $x > 4$.

Compiliamo il quadro dei segni.

$f(x) > 0 \quad$ per $2 < x < 4$.

Rappresentiamo questi risultati nel piano cartesiano, tratteggiando le zone del piano in cui non ci sono punti del grafico della funzione.

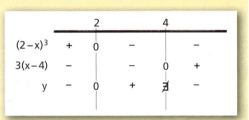

5. Limiti agli estremi del dominio:

- $\lim\limits_{x \to \pm\infty} \dfrac{(2-x)^3}{3(x-4)} = -\infty;$

  poiché la differenza fra il grado del numeratore e il grado del denominatore è 2, non esiste asintoto obliquo;

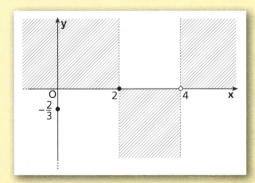

- $\lim\limits_{x \to 4^\pm} \dfrac{(2-x)^3}{3(x-4)} = \mp\infty \to x = 4$ è un asintoto verticale.

6. Derivata prima:

$$y' = \frac{1}{3} \cdot \frac{-3(2-x)^2(x-4)-(2-x)^3}{(x-4)^2} = \frac{2}{3} \cdot \frac{(2-x)^2(5-x)}{(x-4)^2}.$$

Il dominio di y' è $x \neq 4$ e coincide con quello di y.

$y' = 0$ per $x = 2$ e $x = 5$, che sono quindi punti stazionari.
Il segno di y' dipende solo da $5 - x$ perché $(2-x)^2$ e $(x-4)^2$ sono sempre positivi per $x \neq 2$ e $x \neq 4$, dunque:

$$y' > 0 \quad \text{per } x < 5 \land x \neq 2 \land x \neq 4.$$

Per $x = 2$ la funzione ammette un flesso orizzontale e per $x = 5$ presenta un massimo. Quindi il flesso orizzontale è in $B(2; 0)$ e, poiché $f(5) = -9$, il massimo è in $M(5; -9)$.

7. Derivata seconda:

$$y'' = -\frac{2}{3} \cdot \frac{(x-2)(x^2-10x+28)}{(x-4)^3}.$$

Il trinomio $x^2 - 10x + 28$ è sempre positivo perché ha $\Delta < 0$, quindi il segno di y'' dipende da $x - 2$ e $(x-4)^3$.
Risulta che:

$y'' < 0$ per $x < 2 \lor x > 4$ → il grafico ha la concavità verso il basso;

$y'' > 0$ per $2 < x < 4$ → il grafico ha la concavità verso l'alto.

In $x = 2$ c'è un punto di flesso (come già trovato con la derivata prima) e in $x = 4$ la funzione non è definita.
Tracciamo il grafico della funzione.

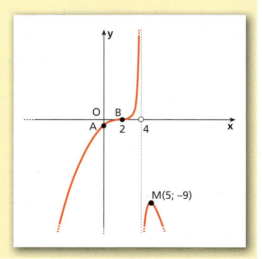

Studia e rappresenta graficamente le seguenti funzioni. (Nei risultati indichiamo con a le equazioni degli asintoti.)

62 $y = -\dfrac{2}{1+x^2}$ $\left[a: y = 0; \min(0; -2); F_{1,2}\left(\pm\dfrac{\sqrt{3}}{3}; -\dfrac{3}{2}\right)\right]$

63 $y = -\dfrac{x^2}{1+x}$ $[a: x = -1, y = -x + 1; \min(-2; 4); \max(0; 0)]$

64 $y = x - \dfrac{3}{x+2}$ $[a: x = -2; y = x]$

65 $y = \dfrac{2x^2+2}{x}$ $[a: x = 0, y = 2x; \max(-1; -4); \min(1; 4)]$

66 $y = \dfrac{3}{x^3-1}$ $\left[a: y = 0, x = 1; F_1(0; -3), F_2\left(-\dfrac{1}{\sqrt[3]{2}}; -2\right)\right]$

67 $y = \dfrac{4x+1}{(x+1)^2}$ $\left[a: y = 0, x = -1; \max\left(\dfrac{1}{2}; \dfrac{4}{3}\right); F\left(\dfrac{5}{4}; \dfrac{32}{27}\right)\right]$

68 $y = \dfrac{x^2-1}{x}$ $[a: x = 0, y = x]$

69 $y = \dfrac{x^2-4}{x^2-1}$ $[a: x = \pm 1, y = 1; \min(0; 4)]$

70 $y = \dfrac{x^2 - 3x + 2}{x^2 - 1}$ [discont. eliminabile per $x = 1$; a: $x = -1$, $y = 1$]

71 $y = \dfrac{1}{x^3 - 3x^2}$ $\left[a: x = 3, x = 0, y = 0; \max\left(2; -\dfrac{1}{4}\right)\right]$

72 $y = \dfrac{3 - x^2}{x - 2}$ $[a: x = 2, y = -x - 2; \min(1; -2); \max(3; -6)]$

73 $y = \dfrac{x^3 + 27}{x^3}$ $[a: x = 0, y = 1]$

74 $y = \dfrac{x^2 - 8}{2x - 1}$ $\left[a: x = \dfrac{1}{2}, y = \dfrac{1}{2}x + \dfrac{1}{4}\right]$

75 $y = -x - \dfrac{4}{x} + 6$ $[a: y = -x + 6, x = 0; \min(-2; 10); \max(2; 2)]$

76 $y = x + \dfrac{9}{x} - 1$ $[a: y = x - 1, x = 0; \max(-3; -7); \min(3; 5)]$

77 $y = x + \dfrac{1}{x}$ $[a: y = x, x = 0; \max(-1; -2); \min(1; 2)]$

78 $y = \dfrac{x - 1}{x^2}$ $\left[a: x = 0, y = 0; \max\left(2; \dfrac{1}{4}\right); F\left(3; \dfrac{2}{9}\right)\right]$

79 $y = \dfrac{-x^3}{x^3 - 1}$ $\left[a: y = -1, x = 1; F_1(0; 0), F_2\left(-\dfrac{1}{\sqrt[3]{2}}; -\dfrac{1}{3}\right)\right]$

80 $y = \dfrac{x}{x^2 + 4}$ $\left[a: y = 0; \min\left(-2; -\dfrac{1}{4}\right); \max\left(2; \dfrac{1}{4}\right); F_1(0; 0), F_2\left(-2\sqrt{3}; -\dfrac{\sqrt{3}}{8}\right), F_3\left(2\sqrt{3}; \dfrac{\sqrt{3}}{8}\right)\right]$

81 $y = \dfrac{x^2 - 4}{x^2 + 4}$ $\left[a: y = 1; \min(0; -1); F_1\left(-\dfrac{2\sqrt{3}}{3}; -\dfrac{1}{2}\right), F_2\left(\dfrac{2\sqrt{3}}{3}; -\dfrac{1}{2}\right)\right]$

82 $y = \dfrac{x^3 - 8}{x^2}$ $[a: x = 0, y = x; \max(\sqrt[3]{-16}; \sqrt[3]{-54})]$

83 $y = -\dfrac{(x + 1)^2}{x}$ $[a: y = -x - 2, x = 0; \min(-1; 0); \max(1; -4)]$

84 $y = \dfrac{x^2}{x^2 + 1}$ $\left[a: y = 1; \min(0; 0); F_1\left(-\dfrac{\sqrt{3}}{3}; \dfrac{1}{4}\right), F_2\left(\dfrac{\sqrt{3}}{3}; \dfrac{1}{4}\right)\right]$

85 $y = \dfrac{2x + 1}{x^2 - 2x + 1}$ $\left[a: x = 1, y = 0; \min\left(-2; -\dfrac{1}{3}\right); F\left(-\dfrac{7}{2}; -\dfrac{8}{27}\right)\right]$

86 $y = \dfrac{x^2 + 1}{x^2 - 9}$ $\left[a: x = \pm 3, y = 1; \max\left(0; -\dfrac{1}{9}\right)\right]$

87 $y = \dfrac{3}{x^2 + 4}$ $\left[a: y = 0; \max\left(0; \dfrac{3}{4}\right); F_{1,2}\left(\pm\dfrac{2\sqrt{3}}{3}; \dfrac{9}{16}\right)\right]$

88 $y = \dfrac{(x + 2)^2}{(x + 1)^2}$ $\left[a: y = 1, x = -1; \min(-2; 0); F\left(-\dfrac{5}{2}; \dfrac{1}{9}\right)\right]$

89 $y = \dfrac{x - 3}{(x - 2)^3}$ $\left[a: y = 0, x = 2; \max\left(\dfrac{7}{2}; \dfrac{4}{27}\right); F\left(4; \dfrac{1}{8}\right)\right]$

90 $y = \dfrac{x^2 - x - 2}{x^2 - 6x + 9}$ $\left[a: x = 3, y = 1; \min\left(\dfrac{7}{5}; -\dfrac{9}{16}\right); F\left(\dfrac{3}{5}; -\dfrac{7}{18}\right)\right]$

91 $y = \dfrac{3 - x}{(x + 1)^2}$ $\left[a: x = -1, y = 0; \min\left(7; -\dfrac{1}{16}\right); F\left(11; -\dfrac{1}{18}\right)\right]$

92 $y = \dfrac{x^3}{9 - x^2}$ $\left[a: x = \pm 3, y = -x; \min\left(-3\sqrt{3}; \dfrac{9}{2}\sqrt{3}\right); \max\left(3\sqrt{3}; -\dfrac{9}{2}\sqrt{3}\right)\right]$

Capitolo 28. Studio delle funzioni

93 $y = \dfrac{x^3 - 4}{x^2}$ $\left[a: x = 0, y = x; \max(-2; -3)\right]$

94 $y = \dfrac{x^4}{x^3 - 1}$ $\left[a: x = 1, y = x; \max(0; 0); \min\left(\sqrt[3]{4}; \dfrac{4}{3}\sqrt[3]{4}\right); F\left(-\sqrt[3]{2}; -\dfrac{2}{3}\sqrt[3]{2}\right)\right]$

95 $y = \dfrac{1}{3x^5 - 5x^3}$ $\left[a: x = \dfrac{\pm\sqrt{15}}{3}, x = 0, y = 0; \min\left(-1; \dfrac{1}{2}\right); \max\left(1; -\dfrac{1}{2}\right)\right]$

96 $y = \dfrac{(x^2 - 4)^2}{x^3}$ $\left[a: x = 0, y = x; \max(-2; 0); \min(2; 0); F_1\left(-2\sqrt{3}; -\dfrac{8}{9}\sqrt{3}\right), F_2\left(2\sqrt{3}; \dfrac{8}{9}\sqrt{3}\right)\right]$

97 $y = \dfrac{2(3 - x)^3}{(x - 2)^2}$ $\left[a: x = 2, y = -2x + 10; \min\left(0; \dfrac{27}{2}\right); F(3; 0)\right]$

98 $y = \dfrac{9(x + 1)}{(x + 2)^3}$ $\left[a: x = -2, y = 0; \max\left(-\dfrac{1}{2}; \dfrac{4}{8}\right); F\left(0; \dfrac{9}{8}\right)\right]$

99 $y = \dfrac{2x^2 - 3}{x^2 - 2x + 2}$ $\left[a: y = 2; \min\left(\dfrac{1}{2}; -2\right); \max(3; 3)\right]$

100 $y = \dfrac{x - 2}{(x + 1)(x^2 - 4)}$ $\left[a: x = -1, x = -2, y = 0; \text{discont. eliminabile in } x = 2; \max\left(-\dfrac{3}{2}; -4\right)\right]$

101 $y = \dfrac{x^3 - 3x^2 - x + 3}{x^2 - 2x}$ $[a: x = 0, x = 2, y = x - 1; F(1; 0)]$

LEGGI IL GRAFICO

102 L'equazione del grafico a fianco è del tipo:

$$y = \dfrac{ax^2}{x^2 + b}.$$

a. Determina a e b.
b. La funzione è pari o dispari? Giustifica la risposta con i calcoli.
c. La funzione ha massimi o minimi assoluti? E relativi? Quali?

[a) $a = 1, b = -4$; b) pari; c) $x = 0$ max rel.]

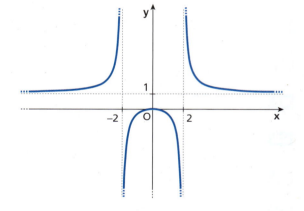

103 In figura è rappresentato il grafico della funzione:

$$f(x) = \dfrac{x^2 + ax}{4x + b}.$$

a. Trova a e b.
b. Scrivi le equazioni degli asintoti della funzione.
c. Dimostra che la funzione è crescente per

$$x < -\dfrac{1}{2} \quad \text{e} \quad x > -\dfrac{1}{2}.$$

[a) $a = 3, b = 2$; b) $x = -\dfrac{1}{2}$; $y = \dfrac{1}{4}x + \dfrac{5}{8}$]

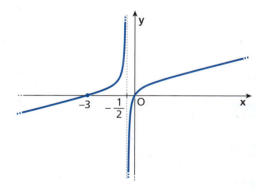

104 Considera la curva di equazione $y = \dfrac{x^3}{(x + 2)^2}$ e rappresentala graficamente individuando, in particolare, i suoi asintoti e i suoi punti di flesso. Determina poi l'equazione della retta t tangente alla curva nel suo punto di flesso.

$[a: x = -2, y = x - 4; F(0; 0); t: y = 0]$

Paragrafo 1. Studio di una funzione

105 **FAI UN ESEMPIO** di funzione razionale fratta con un asintoto obliquo e uno verticale.

106 **CACCIA ALL'ERRORE** Data la funzione $y = f(x) = \dfrac{2x}{1-x^2}$:

a. $f(-x) = \dfrac{-2x}{1+x^2}$ → non è né pari né dispari;

b. $\lim\limits_{x \to \pm 1} \dfrac{2x}{1-x^2} = \infty$ → $f(x)$ ha un asintoto orizzontale;

c. $\lim\limits_{x \to \pm\infty} \dfrac{2x}{1-x^2} = 0$ → la retta di equazione $x = 0$ è asintoto della funzione;

d. $y' = \dfrac{2x^2+2}{(1-x^2)^2}$ → per $x = \pm 1$ ci sono un massimo e un minimo.

107 **TEST** Quale tra le funzioni riportate sotto ha tutte le caratteristiche seguenti?
a. È pari.
b. È limitata sia superiormente sia inferiormente.
c. Ha due minimi relativi e un massimo relativo.

A $f(x) = \dfrac{x^2}{x^4+4}$

C $f(x) = -\dfrac{x^2}{x^4+1}$

E $f(x) = \dfrac{x^2}{x+x^3}$

B $f(x) = \dfrac{x^4}{x^2+1}$

D $f(x) = \dfrac{x}{x^3+x}$

108 **AL VOLO** Stabilisci per ognuna delle funzioni se ha asintoti verticali, orizzontali o obliqui, e specifica quali.

a. $y = \dfrac{3}{x^2+1}$
b. $y = \dfrac{2-x}{x+1}$
c. $y = \dfrac{3x^3+1}{x^2+2}$
d. $y = \dfrac{3+2x}{x-5}$

109 **REALTÀ E MODELLI** **Croccantini per Maggie** Dal momento in cui è stata lanciata sul mercato una nuova marca di croccantini, il prezzo di una confezione ha avuto il seguente andamento:

$$P(t) = 20 - \dfrac{10t^2}{(t+2)^2},$$

dove il tempo t è espresso in mesi, con $t \geq 0$, e il prezzo P in euro.
Studia e rappresenta la funzione $P(t)$. Qual è il prezzo iniziale della confezione di croccantini? Su quale valore si assesterà il prezzo al passare del tempo?

[€ 20; € 10]

MATEMATICA E STORIA
Uno studio di funzione... per i giovani La funzione

$$x = \dfrac{y^3 - 2ayy - aay + 2a^3}{ay}$$

è tratta da *Instituzioni analitiche ad uso della gioventù italiana*, opera del 1748 di Maria Gaetana Agnesi. In questo caso x rappresenta le ordinate, y le ascisse e a è un numero reale positivo.
Studia la funzione e rappresentala graficamente.

Risoluzione – Esercizio in più

1811

Capitolo 28. Studio delle funzioni

Funzioni irrazionali

Le funzioni irrazionali sono quelle che contengono radicali nei cui radicandi compare la variabile indipendente. Se i radicali sono di indice pari, dal dominio si escludono i valori che rendono negativi i radicandi.

110 **ESERCIZIO GUIDA** Studiamo la funzione $y = f(x) = \sqrt{x^2 - 3x}$.

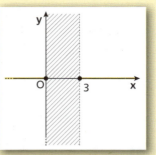

1. Dominio: la radice è di indice pari, quindi poniamo il radicando maggiore o uguale a 0.

   $x^2 - 3x \geq 0 \rightarrow x(x-3) \geq 0 \rightarrow x \leq 0 \vee x \geq 3$.

   Segniamo nel piano cartesiano il dominio, il pallino pieno indica che i punti sono compresi.

2. Sicuramente la funzione non ha simmetrie, dato che il dominio non è simmetrico rispetto all'origine.

3. Intersezioni con gli assi.

   Asse x: $\begin{cases} y = \sqrt{x^2-3x} \\ y = 0 \end{cases} \rightarrow \begin{cases} 0 = \sqrt{x^2-3x} \\ y = 0 \end{cases} \rightarrow \begin{cases} x^2-3x = 0 \\ y = 0 \end{cases} \rightarrow \begin{cases} x=0 \vee x=3 \\ y=0 \end{cases} \rightarrow O(0;0)$ e $A(3;0)$.

   Asse y: $\begin{cases} y = \sqrt{x^2-3x} \\ x = 0 \end{cases} \rightarrow \begin{cases} y = 0 \\ x = 0 \end{cases} \rightarrow O(0;0)$.

   Il grafico passa per i punti $O(0;0)$ e $A(3;0)$.

4. Segno della funzione: la radice quadrata è sempre positiva o nulla nel dominio della funzione.
   Cancelliamo nel piano cartesiano il semipiano sotto l'asse x.

5. Limiti agli estremi del dominio: calcoliamo i limiti solo a $\pm\infty$ perché abbiamo già visto che per $x = 0 \vee x = 3$ si ha $y = 0$.

   $\lim_{x \to +\infty} \sqrt{x^2 - 3x} = +\infty$; $\quad \lim_{x \to -\infty} \sqrt{x^2 - 3x} = +\infty$.

   Non ci sono né asintoti verticali né orizzontali.

   Cerchiamo eventuali asintoti obliqui. Calcoliamo:

   $\lim_{x \to +\infty} \frac{\sqrt{x^2-3x}}{x} = \lim_{x \to +\infty} \frac{|x|\sqrt{1-\frac{3}{x}}}{x} = \lim_{x \to +\infty} \sqrt{1-\frac{3}{x}} = 1;$

   raccogliamo ed estraiamo x^2 $\quad |x| = x$ per $x \to +\infty$

   $\lim_{x \to +\infty} [\sqrt{x^2-3x} - x] = \lim_{x \to +\infty} \frac{x^2-3x-x^2}{\sqrt{x^2-3x}+x} = \lim_{x \to +\infty} \frac{-3\cancel{x}}{\cancel{x}\left(\sqrt{1-\frac{3}{x}}+1\right)} = -\frac{3}{2}.$

   moltiplichiamo e dividiamo per $\sqrt{x^2-3x}+x$ $\quad |x| = x$ per $x \to +\infty$

   Analogamente, per $x \to -\infty$ (ricordando che $|x| = -x$ per $x \to -\infty$):

   $\lim_{x \to -\infty} \frac{\sqrt{x^2-3x}}{x} = -1;$

   $\lim_{x \to -\infty} [\sqrt{x^2-3x} + x] = \frac{3}{2}.$

Abbiamo dunque due asintoti obliqui di equazione

$$y = x - \frac{3}{2}, \text{ per } x \to +\infty, \quad e \quad y = -x + \frac{3}{2}, \text{ per } x \to -\infty.$$

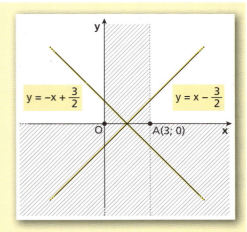

6. Derivata prima: $f'(x) = \dfrac{2x-3}{2\sqrt{x^2-3x}}$.

Il dominio della derivata è $x < 0 \vee x > 3$.

La derivata si annulla per $x = \dfrac{3}{2}$, punto escluso dal dominio.

Studiamo il segno della derivata:

$$\underbrace{\frac{2x-3}{2\sqrt{x^2-3x}}}_{\text{il denominatore è positivo dove esiste}} \geq 0 \;\to\; 2x-3 \geq 0 \;\to\; x \geq \frac{3}{2}.$$

Compiliamo il quadro dei segni limitandoci all'insieme del dominio.

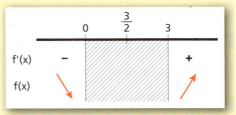

La funzione non ha punti stazionari. Tuttavia è sempre positiva o nulla, è decrescente per $x < 0$ e vale 0 per $x = 0$, quindi in $O(0; 0)$ c'è un minimo; è crescente per $x > 3$ e vale 0 per $x = 3$, quindi anche in $A(3; 0)$ c'è un minimo.

7. Derivata seconda: $f''(x) = -\dfrac{9}{4(x^2-3x)\sqrt{x^2-3x}}$.

La derivata seconda è negativa in tutto il dominio di f, quindi la concavità è rivolta verso il basso e non ci sono flessi.

Tracciamo il grafico della funzione in base alle informazioni raccolte. Il grafico non può intersecare gli asintoti, altrimenti avremmo trovato dei massimi e dei flessi.

Per un disegno più accurato possiamo calcolare il limite della derivata prima per $x \to 0^-$ e $x \to 3^+$, per capire con quale pendenza la curva incontra l'asse x:

$$\lim_{x \to 0^-} \frac{2x-3}{2\sqrt{x^2-3x}} = -\infty; \quad \lim_{x \to 3^+} \frac{2x-3}{2\sqrt{x^2-3x}} = +\infty.$$

I punti $x = 0$ e $x = 3$ sono allora punti a tangente verticale.

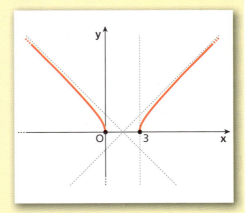

Studia e rappresenta graficamente le seguenti funzioni.

111 $y = \sqrt{x^2 - 9}$ $\qquad\qquad [a: y = x, y = -x; \min(\pm 3; 0)]$

112 $y = x\sqrt{x+3}$ $\qquad\qquad [\max(-3; 0); \min(-2; -2)]$

113 $y = \sqrt[3]{x-2}$ $\qquad\qquad [F(2; 0)]$

114 $y = \sqrt{\dfrac{x+1}{x-1}}$ $\qquad\qquad [a: x = 1, y = 1; \min(-1; 0)]$

115 $y = \dfrac{-2}{\sqrt{x+4}}$ $\qquad\qquad [a: y = 0, x = -4]$

Capitolo 28. Studio delle funzioni

116 $y = 1 + \sqrt{x-2}$ $\qquad\qquad$ $[\min (2;1)]$

117 $y = \sqrt{\dfrac{2x-1}{x}}$ $\qquad\qquad$ $\left[a: x = 0, \ y = \sqrt{2}; \ \min\left(\dfrac{1}{2};0\right)\right]$

118 $y = -\sqrt{x^2-4}$ $\qquad\qquad$ $[a: y = \pm x; \ \max_{1,2}(\pm 2; 0)]$

119 $y = x\sqrt{4-x^2}$ $\qquad\qquad$ $[\min_1(-\sqrt{2};-2), \min_2(2;0); \ \max_1(-2;0), \max_2(\sqrt{2};2); \ F(0;0)]$

120 $y = \dfrac{1}{\sqrt{x+3}}$ $\qquad\qquad$ $[a: x = -3, \ y = 0]$

121 $y = \sqrt{\dfrac{1}{x^2-1}}$ $\qquad\qquad$ $[a: x = \pm 1, \ y = 0]$

122 $y = \sqrt{x^3+1}$ $\qquad\qquad$ $[\min(-1;0); \ F(0;1)]$

123 $y = \dfrac{\sqrt{x^2-2x}}{x}$ $\qquad\qquad$ $[a: y = \pm 1, \ x = 0; \ \min(2;0)]$

124 $y = \sqrt{4x-x^2}$ $\qquad\qquad$ $[\max(2;2); \ \min_1(0;0), \min_2(4;0)]$

125 $y = \sqrt{x^2-1} - x$ $\qquad\qquad$ $[a: y = -2x, \ y = 0; \ \min_1(-1;1), \min_2(1;-1)]$

126 $y = \sqrt[3]{8-x^3}$ $\qquad\qquad$ $[a: y = -x; \ F_1(0;2), F_2(2;0)]$

127 $y = \dfrac{1+\sqrt{x}}{1-\sqrt{x}}$ $\qquad\qquad$ $\left[a: x = 1, \ y = -1; \ \min(0;1); \ F\left(\dfrac{1}{9};2\right)\right]$

128 $y = x - \sqrt{x^2-4}$ $\qquad\qquad$ $[a: y = 0, \ y = 2x; \ \max_1(-2;-2), \max_2(2;2)]$

129 $y = x - \sqrt{x^2+4x}$ $\qquad\qquad$ $[a: y = -2, \ y = 2x+2; \ \max_1(-4;-4), \max_2(0;0)]$

130 $y = 1 - \sqrt{x-x^2}$ $\qquad\qquad$ $\left[\min\left(\dfrac{1}{2};\dfrac{1}{2}\right); \ \max_1(0;1), \max_2(1;1)\right]$

131 $y = 2 + \sqrt{x+6}$ $\qquad\qquad$ $[\min(-6;2)]$

132 $y = \dfrac{2}{\sqrt{2-x}-1}$ $\qquad\qquad$ $\left[a: x = 1, \ y = 0; \ \max(2;-2); \ F\left(\dfrac{17}{9};-3\right)\right]$

133 $y = \sqrt{\dfrac{(x-1)^3}{x}}$ $\qquad\qquad$ $\left[a: x = 0; \ y = x - \dfrac{3}{2}, \ y = -x + \dfrac{3}{2}; \ \min_1\left(-\dfrac{1}{2};\dfrac{3}{2}\sqrt{3}\right), \min_2(1;0)\right]$

134 $y = \sqrt[3]{x^2(1-x)}$ $\qquad\qquad$ $\left[a: y = -x + \dfrac{1}{3}; \ \min(0;0) \text{ con cuspide}; \ \max\left(\dfrac{2}{3};\dfrac{\sqrt[3]{4}}{3}\right); \ F(1;0)\right]$

135 $y = \sqrt{\dfrac{x^2-4}{x^2-1}}$ $\qquad\qquad$ $[a: x = \pm 1, \ y = 1; \ \min_1(0;2), \min_{2,3}(\pm 2;0)]$

136 $y = \dfrac{x-2}{\sqrt{x^2-x}}$ $\qquad\qquad$ $[a: x = 0, \ x = 1, \ y = 1, \ y = -1]$

137 $y = \sqrt{\dfrac{2x-4}{x-4}} - 1$ $\qquad\qquad$ $[a: x = 4, \ y = \sqrt{2} - 1; \ \min(2;-1)]$

138 $y = \sqrt[3]{6x-x^2}$ $\qquad\qquad$ $[\max(3;\sqrt[3]{9}); \ F_1(0;0), F_2(6;0)]$

139 $y = \sqrt[3]{(x-4)^2}$ $\qquad\qquad$ $[\min(4;0) \text{ con cuspide}]$

140 $y = \sqrt[3]{x-1} - \sqrt[3]{x}$ $\qquad\qquad$ $\left[a: y = 0; \ \min\left(\dfrac{1}{2};-2\sqrt[3]{\dfrac{1}{2}}\right); \ F_1(0;-1), F_2(1;-1)\right]$

1814

Paragrafo 1. Studio di una funzione

141 **ASSOCIA** a ciascuna funzione il suo grafico senza eseguire lo studio.

a. $y = \sqrt{9 - 9x^2}$
b. $y = \sqrt{9 - x^2}$
c. $y = \sqrt{\dfrac{x^2}{9} - 1}$
d. $y = -\sqrt{1 - \dfrac{x^2}{9}}$

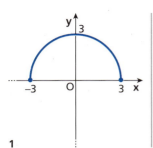
1

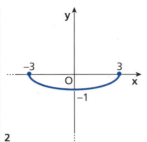
2

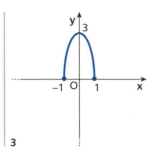
3

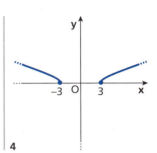
4

LEGGI IL GRAFICO

142 Determina i parametri a e b in modo che la curva in figura rappresenti il grafico di
$$f(x) = ax\sqrt{x^2 + bx}.$$
Scrivi le equazioni delle tangenti al grafico nei punti di ascissa 0 e 1.

$\left[a = \dfrac{1}{2}, b = -1; y = 0, x = 1\right]$

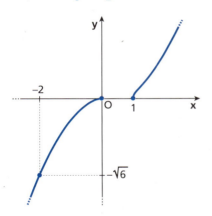

143 L'equazione del grafico in figura è
$$y = \dfrac{1}{2}x + \sqrt{x^2 + kx}.$$

a. Determina il valore di k.
b. Scrivi le equazioni delle tangenti in O e A.
c. La funzione ha asintoti obliqui?

[a) $k = -2$; b) $x = 0, x = 2$]

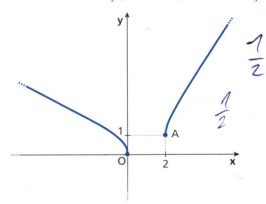

TUTOR matematica Allenati con **15 esercizi interattivi** con feedback "hai sbagliato, perché..."
su.zanichelli.it/tutor3 risorsa riservata a chi ha acquistato l'edizione con tutor

---

Funzioni esponenziali

144 **ESERCIZIO GUIDA** Studiamo $y = f(x) = xe^{-2x^2}$.

1. Dominio: $\mathbb{R}$.
2. Cerchiamo eventuali simmetrie:
$$f(-x) = (-x) \cdot e^{-2(-x)^2} = -xe^{-2x^2} = -f(x) \quad \rightarrow \quad \text{la funzione è dispari.}$$
3. Intersezione con gli assi: $O(0; 0)$.

1815

4. Segno della funzione:

$$f(x) > 0 \;\rightarrow\; xe^{-2x^2} > 0 \;\rightarrow\; x > 0 \;\rightarrow\; f(x) \text{ positiva per } x > 0.$$

(l'esponenziale è sempre positivo)

5. Limiti agli estremi del dominio:

$$\lim_{x \to \pm\infty} xe^{-2x^2} = \lim_{x \to \pm\infty} \frac{x}{e^{2x^2}} =$$

forma $\infty \cdot 0$; applichiamo il teorema di De L'Hospital

$$\lim_{x \to \pm\infty} \frac{1}{2xe^{2x^2}} = 0.$$

Quindi $y = 0$ è asintoto orizzontale.
La funzione non ha asintoti verticali e nemmeno obliqui.

6. Derivata prima: $f'(x) = (1 - 4x^2)e^{-2x^2}$.
Il dominio della derivata è $\mathbb{R}$.

$f'(x) = 0$ se $1 - 4x^2 = 0$, e cioè per $x = \pm\frac{1}{2}$.

Studiamo il segno di $f'(x)$. Dato che l'esponenziale è sempre positivo, è sufficiente porre:

$$1 - 4x^2 \geq 0 \;\rightarrow\; x^2 \leq \frac{1}{4} \;\rightarrow\; -\frac{1}{2} \leq x \leq \frac{1}{2}.$$

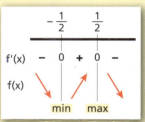

Dal quadro dei segni deduciamo che $x = -\frac{1}{2}$ è un punto di minimo e $x = \frac{1}{2}$ è un punto di massimo.
Sostituendo i valori nella funzione troviamo i punti del grafico:

$$P\left(-\frac{1}{2}; -\frac{1}{2\sqrt{e}}\right); \; M\left(\frac{1}{2}; \frac{1}{2\sqrt{e}}\right).$$

7. Derivata seconda: $f''(x) = 4x(4x^2 - 3)e^{-2x^2}$.
Studiamo il suo segno:

$$f''(x) > 0 \;\rightarrow\; 4x(x^2 - 3)e^{-2x^2} > 0.$$

Dato che $e^{-2x^2} > 0$ per ogni x, studiamo:

$4x \geq 0 \;\rightarrow\; x \geq 0$;

$4x^2 - 3 \geq 0 \;\rightarrow\; x \leq -\frac{\sqrt{3}}{2} \lor x \geq \frac{\sqrt{3}}{2}.$

Dal quadro dei segni ricaviamo che la funzione ha tre punti di flesso in corrispondenza di $x = 0$ e $x = \pm\frac{\sqrt{3}}{2}$.
Tracciamo il grafico di $f(x)$ in base alle informazioni raccolte.

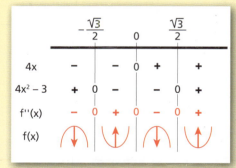

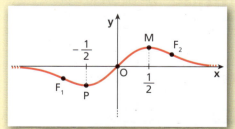

Studia e rappresenta graficamente le seguenti funzioni.

145 $y = xe^x$ $\qquad \left[a: y = 0; \min\left(-1; -\frac{1}{e}\right); F\left(-2; -\frac{2}{e^2}\right)\right]$

146 $y = x^2 e^x$ $\qquad \left[a: y = 0; \max\left(-2; \frac{4}{e^2}\right); \min(0; 0); \text{flessi in } x = -2 \pm \sqrt{2}\right]$

1816

Paragrafo 1. Studio di una funzione

E

ESERCIZI

147 $y = (2x - 1)e^{-x}$

$$\left[a: y = 0; \max\left(\frac{3}{2}; \frac{2}{\sqrt{e^3}}\right); F\left(\frac{5}{2}; \frac{4}{\sqrt{e^5}}\right)\right]$$

148 $y = 3e^{-(1+x^2)}$

$$\left[a: y = 0; \max\left(0; \frac{3}{e}\right); F_{1,2}\left(\pm\frac{\sqrt{2}}{2}; \frac{3}{\sqrt{e^3}}\right)\right]$$

149 $y = 2e^{\frac{1}{x}}$

$$\left[a: y = 2, x = 0; F\left(-\frac{1}{2}; \frac{2}{e^2}\right)\right]$$

150 $y = \dfrac{e^x}{x^3}$

$$\left[a: x = 0, y = 0; \min\left(3; \frac{e^3}{27}\right)\right]$$

151 $y = \dfrac{1}{e^x \cdot x}$

$$[a: x = 0, y = 0; \max(-1; -e)]$$

152 $y = e^{2x} + e^x$

$$[a: y = 0]$$

153 $y = \dfrac{x^2}{e^{2x}}$

$$\left[a: y = 0; \min(0; 0); \max\left(1; \frac{1}{e^2}\right); \text{flessi in } x = \frac{2 \pm \sqrt{2}}{2}\right]$$

154 $y = \dfrac{1}{e^{x^2}}$

$$\left[a: y = 0; \max(0; 1); F_1\left(-\frac{\sqrt{2}}{2}; \frac{1}{\sqrt{e}}\right), F_2\left(\frac{\sqrt{2}}{2}; \frac{1}{\sqrt{e}}\right)\right]$$

155 $y = \dfrac{e^{2x}}{2^x}$

$$[a: y = 0]$$

156 $y = e^x(e^x - 1)$

$$\left[a: y = 0; \min\left(-\ln 2; -\frac{1}{4}\right); F\left(-\ln 4; -\frac{3}{16}\right)\right]$$

157 $y = (x - 1)e^{3-x}$

$$[a: y = 0; \max(2; e); F(3; 2)]$$

158 $y = \dfrac{2e^x + 4}{e^x - 1}$

$$[a: y = 2, y = -4, x = 0]$$

159 $y = \dfrac{1 + e^x}{1 - e^{2x}}$

$$[a: y = 1, y = 0, x = 0]$$

160 $y = e^{\frac{2-x}{x}}$

$$\left[a: y = \frac{1}{e}, x = 0; F(-1; e^{-3})\right]$$

161 $y = e^{x^2 - 4x + 3}$

$$\left[\min\left(2; \frac{1}{e}\right)\right]$$

162 $y = (x^2 - 1)e^x$

$$[a: y = 0; \max \text{ in } x = -1 - \sqrt{2}; \min \text{ in } x = -1 + \sqrt{2}; \text{flessi in } x = -2 \pm \sqrt{3}]$$

163 $y = e^{\frac{x-1}{2x}}$

$$\left[a: y = \sqrt{e}, x = 0; F\left(\frac{1}{4}; \frac{1}{e\sqrt{e}}\right)\right]$$

164 $y = \sqrt{e^{-x} - 1}$

$$[F(-\ln 2; 1)]$$

165 $y = e^{2x-1} - 2e^x$

$$[a: y = 0; \min(1; -e); \text{flesso in } x = 1 - \ln 2]$$

166 $y = (x + 2)^2 e^{-x}$

$$[a: y = 0; \min(-2; 0); \max(0; 4); \text{flessi in } x = \pm\sqrt{2}]$$

167 $y = \dfrac{2e^x}{(x + 1)^2}$

$$\left[a: y = 0, x = -1; \min\left(1; \frac{e}{2}\right)\right]$$

168 $y = \dfrac{\sqrt{x}}{e^x}$

$$\left[a: y = 0; \min(0; 0); \max\left(\frac{1}{2}; \sqrt{\frac{1}{2e}}\right); \text{flesso in } x = \frac{1 + \sqrt{2}}{2}\right]$$

169 $y = xe^{-x^2}$

$$\left[a: y = 0; \min\left(-\frac{\sqrt{2}}{2}; -\frac{1}{\sqrt{2e}}\right); \max\left(\frac{\sqrt{2}}{2}; \frac{1}{\sqrt{2e}}\right); F_1(0; 0); \text{flessi in } x = \pm\sqrt{\frac{3}{2}}\right]$$

170 $y = \dfrac{x + 2}{e^{x+3}}$

$$\left[a: y = 0; \max\left(-1; \frac{1}{e^2}\right); F\left(0; \frac{2}{e^3}\right)\right]$$

1817

Capitolo 28. Studio delle funzioni

171 $y = (x^2 + 4x + 4)e^{-x}$
[$a: y = 0$; $\min(-2; 0)$; $\max(0; 4)$; flessi in $x = \pm\sqrt{2}$]

172 $y = (4-x)(e^x - 1)$
[$a: y = x - 4$; $3 < x_{\max} < 4$; $F(2; 2(e^2 - 1))$]

173 $y = \dfrac{2(e^{2x} - 1)}{e^x}$
[$F(0; 0)$]

174 $y = \dfrac{e^x}{x^2 - 4}$
[$a: x = \pm 2$, $y = 0$; max in $x = 1 - \sqrt{5}$; min in $x = 1 + \sqrt{5}$]

175 **RIFLETTI SULLA TEORIA** Spiega perché una funzione esponenziale del tipo $y = x^n e^x$, con $n \in \mathbb{N}$, non può avere asintoti obliqui.

LEGGI IL GRAFICO

176 In figura è rappresentato il grafico di
$$f(x) = x^2 e^{ax}.$$
Determina il valore del parametro a, sapendo che M è un punto di massimo, e trova la sua ordinata. La funzione ha punti di flesso? Quali?

$\left[a = -\dfrac{1}{2}; M\left(4; \dfrac{16}{e^2}\right); x_F = 4 \pm 2\sqrt{2} \right]$

177 Il grafico della funzione in figura ha equazione
$$y = e^{ax^2 + bx + 1}$$
e M è un punto di massimo.
a. Determina i valori di a e b.
b. Trova le coordinate dei punti di flesso.

$\left[\text{a)}\ a = -2,\ b = 1;\ \text{b)}\ F_1\left(-\dfrac{1}{4}; e^{\frac{5}{8}}\right), F_2\left(\dfrac{3}{4}; e^{\frac{5}{8}}\right) \right]$

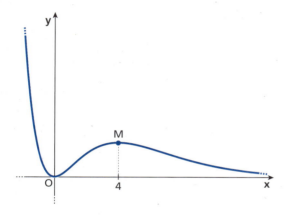

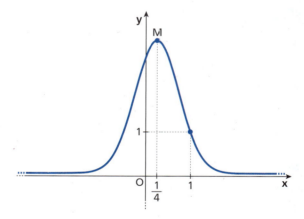

178 **REALTÀ E MODELLI** **Raccolta fragole** Durante le 10 settimane di raccolta, l'azienda Sempre Verde produce una quantità di fragole, espressa in kilogrammi, che segue l'andamento della funzione:

$$q(t) = \dfrac{10\,000\,t}{e^t + 100},$$

dove il tempo t, che varia in modo continuo, è espresso in settimane. Studia la funzione, tralasciando la derivata seconda, e stabilisci in quale settimana cade il giorno di massima raccolta. [quarta settimana]

179 **IN FISICA** **Decadimento** In medicina nucleare viene utilizzato un elemento radioattivo, il tecnezio, ottenuto dal decadimento del molibdeno. Il numero di decadimenti al passare del tempo segue la relazione:

$$N_1(t) = N_0 e^{-\lambda_1 t}, \qquad \text{con } t > 0.$$

a. Ricava dal grafico il numero iniziale N_0 di atomi di molibdeno e la costante di decadimento λ_1.

b. Anche il tecnezio effettua un decadimento, per cui il numero di atomi di tecnezio utilizzabili segue l'andamento:

$$N_2(t) = N_0 \frac{\lambda_1}{\lambda_2 - \lambda_1}(e^{-\lambda_1 t} - e^{-\lambda_2 t}), \quad \text{con } t > 0.$$

Sapendo che $\lambda_2 = 0,1\, h^{-1}$, studia l'andamento di questa funzione e trova dopo quanto tempo si ha il massimo numero di atomi di tecnezio utilizzabili.

[a) $N_0 \simeq 1000$, $\lambda_1 \simeq 0,01\, h^{-1}$; b) $25,6\, h$]

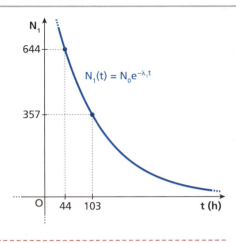

Funzioni logaritmiche

Le funzioni logaritmiche:
- hanno come dominio l'insieme dei valori di $\mathbb{R}$ che rendono positivo l'argomento del logaritmo;
- se sono funzioni del tipo $y = \log \frac{A(x)}{B(x)}$, possono presentare asintoti verticali per i valori che annullano o $A(x)$ o $B(x)$.

180 ESERCIZIO GUIDA Studiamo e rappresentiamo graficamente la funzione $y = x^2 \cdot \ln x$.

1. **Dominio:** $x > 0$.
   Poiché l'argomento del logaritmo deve essere positivo, il dominio è $D: x > 0$.

2. La funzione non presenta simmetrie rispetto agli assi cartesiani in quanto il suo dominio riguarda solo le ascisse positive.

3. **Intersezioni con gli assi:** calcoliamo l'intersezione soltanto con l'asse x, perché quella con l'asse y ($x = 0$) è esclusa dal dominio.

   Asse x: $\begin{cases} y = x^2 \cdot \ln x \\ y = 0 \end{cases} \rightarrow \begin{cases} x^2 \cdot \ln x = 0 \\ y = 0 \end{cases} \rightarrow \begin{cases} \ln x = 0 \\ y = 0 \end{cases} \rightarrow \begin{cases} x = 1 \\ y = 0 \end{cases} \rightarrow A(1; 0).$

4. **Segno della funzione:** $x^2 \cdot \ln x > 0$.

   Primo fattore: $x^2 > 0 \quad \forall x \in D$.
   Secondo fattore: $\ln x > 0$ per $x > 1$.
   Quindi $y > 0$ per $x > 1$.

   Rappresentiamo le informazioni finora ottenute nel riferimento cartesiano.

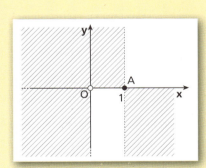

5. Calcoliamo i limiti agli estremi del dominio.

- $\lim\limits_{x \to 0^+} x^2 \cdot \ln x = \lim\limits_{x \to 0^+} \frac{\ln x}{\frac{1}{x^2}} = \lim\limits_{x \to 0^+} \frac{\frac{1}{x}}{-\frac{2x}{x^4}} = \lim\limits_{x \to 0^+} \left(-\frac{x^2}{2}\right) = 0.$

  forma $0 \cdot \infty$ — applichiamo il teorema di De L'Hospital

- $\lim\limits_{x \to +\infty} x^2 \cdot \ln x = +\infty.$

Capitolo 28. Studio delle funzioni

Inoltre non esiste un asintoto obliquo, dato che $\lim\limits_{x \to +\infty} \dfrac{x^2 \ln x}{x} = \lim\limits_{x \to +\infty} x \ln x = +\infty$.

6. Derivata prima:

$$y' = x \cdot (2 \ln x + 1).$$

$y' = 0$ per $x = 0$ non accettabile e per $2 \ln x + 1 = 0 \to \ln x = -\dfrac{1}{2} \to x = e^{-\frac{1}{2}} \to x = \dfrac{1}{\sqrt{e}}$.

$y' > 0 \quad \to \quad x \cdot (2 \ln x + 1) > 0.$

Primo fattore: è positivo per $x > 0$.

Secondo fattore: $2 \ln x + 1 > 0 \to x > \dfrac{1}{\sqrt{e}}$.

Compiliamo il quadro relativo al segno della derivata prima.

Per $x = \dfrac{1}{\sqrt{e}}$ c'è un punto di minimo:

$$B\left(\dfrac{1}{\sqrt{e}}; -\dfrac{1}{2e}\right).$$

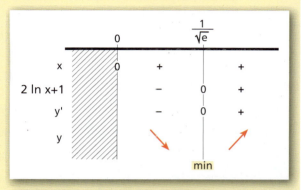

7. Derivata seconda:

$$y'' = 2 \ln x + 3;$$

$y'' > 0 \to 2 \ln x + 3 > 0 \to \ln x > -\dfrac{3}{2} \to$

$x > e^{-\frac{3}{2}} \to x > \dfrac{1}{e\sqrt{e}}$.

Compiliamo il quadro dei segni.

Per $x = \dfrac{1}{e\sqrt{e}}$:

$y = -\dfrac{3}{2e^3}$.

Quindi il punto di flesso è $F\left(\dfrac{1}{e\sqrt{e}}; -\dfrac{3}{2e^3}\right)$.

Tracciamo il grafico della funzione.

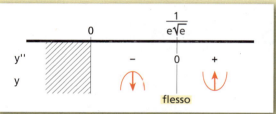

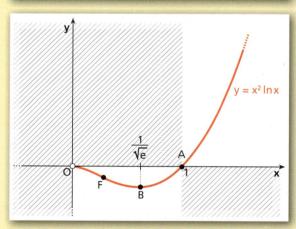

Studia e rappresenta graficamente le seguenti funzioni.

181 $y = 2 \ln x^2$ $\qquad [a: x = 0]$

182 $y = 3x \ln x$ $\qquad \left[\min\left(\dfrac{1}{e}; -\dfrac{3}{e}\right)\right]$

183 $y = \ln \dfrac{1}{(x+1)^2}$ $\qquad [a: x = -1]$

184 $y = x^2 \ln \dfrac{2}{x}$ $\qquad \left[\max\left(\dfrac{2}{\sqrt{e}}; \dfrac{2}{e}\right); F\left(\dfrac{2}{\sqrt{e^3}}; \dfrac{6}{e^3}\right)\right]$

185 $y = \dfrac{x}{\ln x}$ $\qquad \left[a: x = 1; \min(e; e); F\left(e^2; \dfrac{e^2}{2}\right)\right]$

186 $y = \ln(x^2 - 1)$ $\qquad [a: x = \pm 1]$

187 $y = \ln \dfrac{x}{x+2}$ $\qquad [a: x = -2, x = 0, y = 0]$

188 $y = \dfrac{1}{\ln x}$ $\qquad \left[a: x = 1, y = 0; F\left(e^{-2}; -\dfrac{1}{2}\right)\right]$

1820

Paragrafo 1. Studio di una funzione

E

ESERCIZI

189 $y = \dfrac{1 - \ln x}{\ln x}$ $\left[a: x = 1,\ y = -1;\ F\left(e^{-2};\ -\dfrac{3}{2}\right)\right]$

190 $y = \ln\left(1 - \dfrac{2}{x}\right)$ $[a:\ y = 0,\ x = 0,\ x = 2]$

191 $y = \ln(x - 2) + \ln(x + 2)$ $[a:\ x = 2]$

192 $y = \dfrac{\ln x}{x^2}$ $\left[a: x = 0,\ y = 0;\ \max\left(\sqrt{e};\ \dfrac{1}{2e}\right);\ F\left(e^{\frac{5}{6}};\ \dfrac{5}{6e^{\frac{5}{3}}}\right)\right]$

- -

193 $y = \ln(x^2 - 4x)$ $[a:\ x = 0,\ x = 4]$ **195** $y = \dfrac{\ln x}{\ln x - 1}$ $\left[a: y = 1,\ x = e;\ F\left(\dfrac{1}{e};\ \dfrac{1}{2}\right)\right]$

194 $y = \ln^2 x - 4\ln x + 3$ **196** $y = \dfrac{x^2}{2\ln x}$ $[a:\ x = 1;\ \min(\sqrt{e};\ e)]$
$\left[a: x = 0;\ \min(e^2;\ -1);\ F(e^3;\ 0)\right]$

- -

197 $y = \ln\dfrac{x^2 - 1}{x^2 - 4}$ $[a:\ x = \pm 2,\ x = \pm 1,\ y = 0;\ \max(0;\ -\ln 4)]$

198 $y = 2\ln^2 x - \ln x^2$ $\left[a: x = 0;\ \min\left(\sqrt{e};\ -\dfrac{1}{2}\right);\ F\left(e^{\frac{3}{2}};\ \dfrac{3}{2}\right)\right]$

199 $y = \ln\dfrac{2x - 8}{x - 3}$ $[a:\ x = 3,\ x = 4,\ y = \ln 2]$

200 $y = \ln(x^2 - 6x + 5)$ $[a:\ x = 1,\ x = 5]$

201 $y = \dfrac{4\ln x - 2}{x^2}$ $\left[a: x = 0,\ y = 0;\ \max\left(e;\ \dfrac{2}{e^2}\right);\ F\left(e^{\frac{4}{3}};\ \dfrac{10}{3e^{\frac{8}{3}}}\right)\right]$

202 $y = \dfrac{\ln x - 1}{\ln x + 1}$ $\left[a: x = \dfrac{1}{e},\ y = 1;\ F\left(\dfrac{1}{e^3};\ 2\right)\right]$

203 $y = \ln^2(x + 3)$ $[a:\ x = -3;\ \min(-2;\ 0);\ F(e - 3;\ 1)]$

204 $y = x\ln x^4$ $\left[\text{discont. eliminabile in } x = 0;\ \max\left(-\dfrac{1}{e};\ \dfrac{4}{e}\right);\ \min\left(\dfrac{1}{e};\ -\dfrac{4}{e}\right)\right]$

205 $y = x\ln(x + 2)$ $[a:\ x = -2;\ -1 < x_{\min} < 0]$

206 $y = \ln x + \dfrac{1}{\ln x}$ $\left[a: x = 0,\ x = 1;\ \max\left(\dfrac{1}{e};\ -2\right);\ \min(e;\ 2);\ 4 < x_F < 5\right]$

207 $y = \sqrt{x}\ln x$ $\left[\min\left(\dfrac{1}{e^2};\ -\dfrac{2}{e}\right);\ F(1;\ 0)\right]$

208 $y = \ln(e^x + 1)$ $[a:\ y = 0,\ y = x]$

209 $y = \dfrac{\ln(-x)}{2x}$ $\left[a: x = 0,\ y = 0;\ \min\left(-e;\ -\dfrac{1}{2e}\right);\ F\left(-e^{\frac{3}{2}};\ -\dfrac{3}{4e^{\frac{3}{2}}}\right)\right]$

210 $y = x^2(1 - \ln x)$ $\left[\max\left(\sqrt{e};\ \dfrac{e}{2}\right);\ F\left(\dfrac{1}{\sqrt{e}};\ \dfrac{3}{2e}\right)\right]$

211 $y = \ln(-x^3 + 2x)$ $\left[a: x = 0,\ x = \pm\sqrt{2};\ \max\left(\sqrt{\dfrac{2}{3}};\ \ln\dfrac{4}{3}\sqrt{\dfrac{2}{3}}\right)\right]$

212 **FAI UN ESEMPIO** di funzione logaritmica pari che abbia due asintoti verticali di equazioni $x = -2$ e $x = 2$.

1821

Capitolo 28. Studio delle funzioni

LEGGI IL GRAFICO

213 Determina a e b in modo che l'equazione

$$f(x) = \ln(ax^2 + bx)$$

rappresenti il grafico della figura.

a. La funzione ha asintoti? Scrivine le equazioni.
b. Scrivi le equazioni delle tangenti in A e B.

$$\left[a = 3, b = -2; \text{a}) \; x = 0, \; x = \frac{2}{3}; \right.$$
$$\left. \text{b}) \; y = -4x - \frac{4}{3}, \; y = 4x - 4 \right]$$

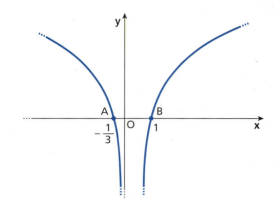

214 In figura è rappresentato il grafico della funzione:

$$f(x) = \ln\left(\frac{x-a}{x}\right), \text{ con } a > 0.$$

a. Determina il valore di a.
b. Riconosci gli intervalli in cui la funzione è crescente e quelli in cui è decrescente e verifica la tua risposta analiticamente.

[a) 2]

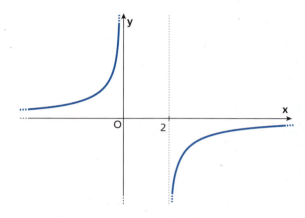

Funzioni goniometriche

215 **VERO O FALSO?** Sia $f(x)$ una funzione periodica. Allora:

a. ammette infiniti massimi e minimi.   V F
b. può ammettere un asintoto orizzontale.   V F
c. se ha un asintoto verticale, ne ha infiniti.   V F

> Le funzioni goniometriche:
> - sono quasi sempre periodiche, e in questo caso basta studiarle in un periodo;
> - se sono periodiche, non presentano asintoti orizzontali o obliqui; possono avere solo asintoti verticali.

216 **ESERCIZIO GUIDA** Studiamo $y = f(x) = 2\sin^3 x$.

1. Dominio: $\mathbb{R}$.

2. Cerchiamo eventuali simmetrie:

$$f(-x) = 2\sin^3(-x) = 2(-\sin x)^3 = -2\sin^3 x = -f(x),$$

la funzione è dispari.
Periodicità: dato che la funzione seno è periodica, anche $f(x)$ è periodica, di periodo 2π. Infatti:

$$f(x + 2\pi) = 2\sin^3(x + 2\pi) = 2\sin^3 x = f(x).$$

1822

Studiamo allora $f(x)$ nell'intervallo $[-\pi; \pi]$, ma poiché $f(x)$ è anche dispari, e cioè simmetrica rispetto a O, possiamo limitarci a $[0; \pi]$.

3. Intersezioni con gli assi in $[0; \pi]$.

    Asse y: $\begin{cases} y = 2\sin^3 x \\ x = 0 \end{cases}$ → $O(0; 0)$.

    Asse x: $\begin{cases} y = 2\sin^3 x \\ y = 0 \end{cases}$ → $\begin{cases} \sin^3 x = 0 \\ y = 0 \end{cases}$ → $\begin{cases} \sin x = 0 \\ y = 0 \end{cases}$ → $O(0; 0)$, $A(\pi; 0)$.

4. Segno della funzione in $[0; \pi]$:

    $2\sin^3 x \geq 0$ → $\sin x \geq 0$ → $0 \leq x \leq \pi$.

5. Limiti agli estremi del dominio: nel dominio $\mathbb{R}$ la funzione è periodica, quindi non ha asintoti: né verticali, né orizzontali, né obliqui. Inoltre non ammette limite per x che tende a $+\infty$ o a $-\infty$.

6. Derivata prima: $f'(x) = 6\sin^2 x \cos x$.
    Il dominio di f' è $\mathbb{R}$.

    $f'(x) = 0$ → $6\sin^2 x \cos x = 0$

    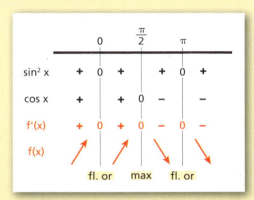

    In $[0; \pi]$:

    $\sin^2 x = 0$ per $x = 0 \lor x = \pi$;

    $\cos x = 0$ per $x = \dfrac{\pi}{2}$.

    Studiamo il segno:

    $\sin^2 x \geq 0$ $\quad \forall x \in [0; \pi]$;

    $\cos x \geq 0$ → $0 \leq x \leq \dfrac{\pi}{2}$.

    Compiliamo il quadro dei segni, considerando anche il segno di ciascun fattore in un intorno sinistro di 0 e destro di π. Deduciamo che la funzione ha un massimo relativo per $x = \dfrac{\pi}{2}$ che corrisponde al punto del grafico $M\left(\dfrac{\pi}{2}; 2\right)$. Il simmetrico di M rispetto a O è $P\left(-\dfrac{\pi}{2}; -2\right)$, che sarà un minimo relativo per la funzione. Inoltre, rileviamo nel quadro la presenza di due flessi orizzontali per $x = 0$ e $x = \pi$, che corrispondono alle intersezioni con l'asse x.

7. Derivata seconda: $f''(x) = 12\sin x \cos^2 x - 6\sin^3 x$. Studiamo il suo segno.

    $12\sin x \cos^2 x - 6\sin^3 x \geq 0$ → $6\sin x(2\cos^2 x - \sin^2 x) \geq 0$

Primo fattore: $6\sin x \geq 0$ → $0 \leq x \leq \pi$.

Secondo fattore: $2\cos^2 x - \sin^2 x \geq 0$ → $2\cos^2 x - 1 + \cos^2 x \geq 0$ → $\cos^2 x \geq \dfrac{1}{3}$ →

$\underbrace{}_{\sin^2 x = 1 - \cos^2 x}$

$\cos x \leq -\dfrac{\sqrt{3}}{3} \lor \cos x \geq \dfrac{\sqrt{3}}{3}$.

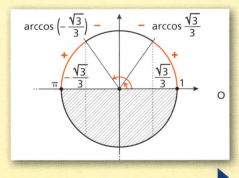

Utilizziamo la circonferenza goniometrica:

$0 \leq x \leq \arccos \dfrac{\sqrt{3}}{3} \lor \arccos\left(-\dfrac{\sqrt{3}}{3}\right) \leq x \leq \pi$.

Capitolo 28. Studio delle funzioni

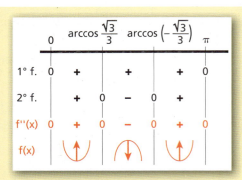

Compiliamo il quadro dei segni e deduciamo che in $[0; \pi]$ la funzione ha due flessi obliqui per:

$$x = \arccos \frac{\sqrt{3}}{3} \quad \text{e} \quad x = \arccos\left(-\frac{\sqrt{3}}{3}\right).$$

Ritroviamo anche i due flessi orizzontali che annullano la derivata seconda, $O(0; 0)$ e $A(\pi; 0)$.

Rappresentiamo nel piano cartesiano il grafico della funzione $f(x)$ inizialmente nell'intervallo $[0; \pi]$, poi per simmetria in $[-\pi; \pi]$, infine in tutto $\mathbb{R}$.

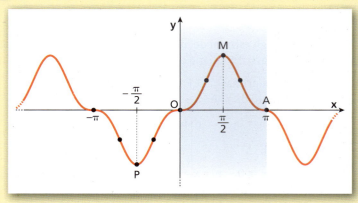

Studia e rappresenta graficamente le seguenti funzioni (indichiamo a fianco l'intervallo in cui studiare la funzione).

217 $y = \cos^3 x$, $[-\pi; \pi]$.
$\left[\max(0; 1); \min_1(-\pi; -1), \min_2(\pi; -1); F_{1,2}\left(\pm\frac{\pi}{2}; 0\right),\right.$
$\left.\text{flessi obliqui in } \alpha_{1,2} = \arccos\left(\pm\sqrt{\frac{2}{5}}\right) \text{ e in } \alpha_{1,2} - \pi\right]$

218 $y = \sin^2 x + 1$, $[0; \pi]$. $\left[\max\left(\frac{\pi}{2}; 2\right); \min_1(0; 1), \min_2(\pi; 1); F_1\left(\frac{\pi}{4}; \frac{3}{2}\right), F_2\left(\frac{3}{4}\pi; \frac{3}{2}\right)\right]$

219 $y = \sqrt{2}(\sin x + \cos x)$, $[0; 2\pi]$. $\left[\max_1(2\pi; \sqrt{2}), \max_2\left(\frac{\pi}{4}; 2\right); \min_1(0; \sqrt{2}), \min_2\left(\frac{5}{4}\pi; -2\right)\right]$

220 $y = 2\sin x \cos x - 1$, $[0; \pi]$. $\left[\max_1\left(\frac{\pi}{4}; 0\right), \max_2(\pi; -1); \min_1(0; -1), \min_2\left(\frac{3}{4}\pi; -2\right); F\left(\frac{\pi}{2}; -1\right)\right]$

221 $y = 2\sin x(\cos x - 1)$, $[-\pi; \pi]$. $\left[\max_1\left(-\frac{2}{3}\pi; \frac{3\sqrt{3}}{2}\right), \max_2(\pi; 0); \min_1(-\pi; 0), \min_2\left(\frac{2}{3}\pi; -\frac{3\sqrt{3}}{2}\right)\right]$

222 $y = \sin x + \sqrt{3}\cos x$, $]0; 2\pi[$. $\left[\max\left(\frac{\pi}{6}; 2\right); \min\left(\frac{7}{6}\pi; -2\right); F_1\left(\frac{2}{3}\pi; 0\right), F_2\left(\frac{5}{3}\pi; 0\right)\right]$

223 $y = \tan x + \sin x$, $[0; 2\pi]$. $\left[a: x = \frac{\pi}{2}, x = \frac{3}{2}\pi; \min(0; 0); \max(2\pi; 0); F(\pi; 0)\right]$

224 $y = \dfrac{1 - \sin x}{1 + \sin x}$, $[0; 2\pi]$. $\left[a: x = \frac{3}{2}\pi; \max(0; 1); \min_1\left(\frac{\pi}{2}; 0\right), \min_2(2\pi; 1)\right]$

225 $y = \dfrac{2\sin x - 1}{\cos^2 x - 1}$, $[0; 2\pi]$. $\left[\min_1\left(\frac{\pi}{2}; -1\right), \min_2\left(\frac{3}{2}\pi; 3\right)\right]$

226 $y = 2\sin x - 2\sin^2 x$, $]0; 2\pi[$. $\left[\max_1\left(\frac{\pi}{6}; \frac{1}{2}\right), \max_2\left(\frac{5}{6}\pi; \frac{1}{2}\right); \min_1\left(\frac{\pi}{2}; 0\right), \min_2\left(\frac{3}{2}\pi; -4\right)\right]$

227 $y = \dfrac{1}{\sin^2 x}$, $]0; \pi[$. $\left[a: x = 0, x = \pi; \min\left(\dfrac{\pi}{2}; 1\right)\right]$

228 $y = \dfrac{\cos^2 x - 1}{1 + 2\cos x}$, $[0; 2\pi]$. (trascura y'') $\left[a: x = \dfrac{2}{3}\pi, x = \dfrac{4}{3}\pi; \max_1(0; 0), \max_2(2\pi; 0); \min(\pi; 0)\right]$

229 $y = 4\cos^3 x - 3\cos x$, $[0; 2\pi]$. $\left[\max_1(0; 1), \max_2\left(\dfrac{2}{3}\pi; 1\right), \max_3\left(\dfrac{4}{3}\pi; 1\right), \max_4(2\pi; 1), \min_1\left(\dfrac{\pi}{3}; -1\right),\right.$
$\left. \min_2(\pi; -1), \min_3\left(\dfrac{5}{3}\pi; -1\right); F_1\left(\dfrac{\pi}{6}; 0\right), F_2\left(\dfrac{\pi}{2}; 0\right), F_3\left(\dfrac{5}{6}\pi; 0\right), F_4\left(\dfrac{7}{6}\pi; 0\right), F_5\left(\dfrac{3}{2}\pi; 0\right), F_6\left(\dfrac{11}{6}\pi; 0\right)\right]$

230 $y = \dfrac{\sin x + \cos x}{2\sin x \cos x}$, $]0; 2\pi[$. $\left[a: x = 0, x = \dfrac{\pi}{2}, x = \pi, x = \dfrac{3}{2}\pi, x = 2\pi;\right.$
$\left. \max\left(\dfrac{5}{4}\pi; -\sqrt{2}\right); \min\left(\dfrac{\pi}{4}; \sqrt{2}\right); F_1\left(\dfrac{7}{4}\pi; 0\right), F_2\left(\dfrac{3}{4}\pi; 0\right)\right]$

231 $y = \dfrac{1 - 4\sin^2 x}{\cos x}$, $[0; 2\pi]$. $\left[a: x = \dfrac{\pi}{2}, x = \dfrac{3}{2}\pi; \max_1(0; 1), \max_2(2\pi; 1); \min(\pi; -1)\right]$

232 $y = \sqrt{\sin x + 1}$, $[0; 2\pi]$. $\left[\min_1(0; 1), \min_2\left(\dfrac{3}{2}\pi; 0\right); \max_1\left(\dfrac{\pi}{2}; \sqrt{2}\right), \max_2(2\pi; 1)\right]$

233 $y = \dfrac{\cos x + \sqrt{3}\sin x}{\cos x - \sin x}$, $[0; 2\pi]$. $\left[a: x = \dfrac{\pi}{4}, x = \dfrac{5}{4}\pi; \min(0; 1); \max(2\pi; 1);\right.$
$\left. F_1\left(\dfrac{3}{4}\pi; \dfrac{1 - \sqrt{3}}{2}\right), F_2\left(\dfrac{7}{4}\pi; \dfrac{1 - \sqrt{3}}{2}\right)\right]$

234 $y = \dfrac{1 - \cos x}{\sin x + \cos x}$, $[0; 2\pi]$. $\left[a: x = \dfrac{3}{4}\pi, x = \dfrac{7}{4}\pi; \min_1(0; 0), \min_2(2\pi; 0), \max\left(\dfrac{3}{2}\pi; -1\right)\right]$

235 $y = \dfrac{3\cos x}{\sin^2 x - \cos^2 x}$, $[0; 2\pi]$. $\left[\max_1(0; -3), \max_2(2\pi; -3); \min(\pi; 3);\right.$
$\left. a: x = \dfrac{\pi}{4}, x = \dfrac{3}{4}\pi, x = \dfrac{5}{4}\pi, x = \dfrac{7}{4}\pi; F_1\left(\dfrac{\pi}{2}; 0\right), F_2\left(\dfrac{3}{2}\pi; 0\right)\right]$

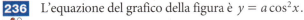

LEGGI IL GRAFICO

236 L'equazione del grafico della figura è $y = a\cos^2 x$.
   a. Determina il valore di a.
   b. La funzione è periodica? Se sì, qual è il periodo?
   c. Scrivi le coordinate dei punti A e B. Cosa rappresentano per la funzione?

$\left[a) -2; b) \pi; c) A\left(-\dfrac{\pi}{2}; 0\right), B\left(\dfrac{\pi}{2}; 0\right)\right]$

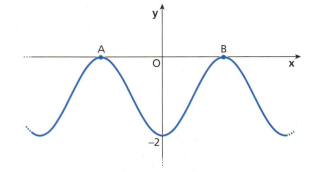

237 Determina per quali valori di a e b

$y = a\sin(x + b)$

è l'equazione del grafico in figura.
Trova gli eventuali punti di flesso in un periodo e scrivi le equazioni delle tangenti in quei punti.

$\left[a = -3, b = -\dfrac{\pi}{4}; F_1\left(\dfrac{\pi}{4}; 0\right), F_2\left(\dfrac{5}{4}\pi; 0\right);\right.$
$\left. y = -3x + \dfrac{3}{4}\pi, y = 3x - \dfrac{15}{4}\pi\right]$

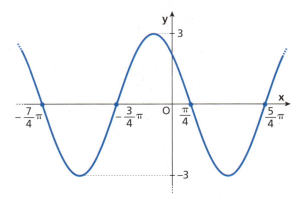

Capitolo 28. Studio delle funzioni

Funzioni inverse delle funzioni goniometriche

238 ESERCIZIO GUIDA Studiamo e rappresentiamo graficamente $y = f(x) = \arctan\dfrac{1-x^2}{1+x^2}$.

1. Dominio: poiché il denominatore $1 + x^2$ è non nullo per ogni x reale, il dominio è $\mathbb{R}$.
2. Cerchiamo eventuali simmetrie:
$$f(-x) = \arctan\dfrac{1-(-x)^2}{1+(-x)^2} = f(x).$$

Poiché $f(-x) = f(x)$, la funzione è pari. Il suo grafico è simmetrico rispetto all'asse y.

3. Intersezioni con gli assi.

Asse y: $\begin{cases} y = \arctan\dfrac{1-x^2}{1+x^2} \\ x = 0 \end{cases} \rightarrow \begin{cases} y = \arctan 1 \\ x = 0 \end{cases} \rightarrow A\left(0;\dfrac{\pi}{4}\right).$

Asse x: $\begin{cases} y = \arctan\dfrac{1-x^2}{1+x^2} \\ y = 0 \end{cases} \rightarrow \begin{cases} \dfrac{1-x^2}{1+x^2} = 0 \\ y = 0 \end{cases} \rightarrow \begin{cases} x_{1,2} = \pm 1 \\ y = 0 \end{cases} \rightarrow B(1;0), C(-1;0).$

4. Segno della funzione:

$\arctan\dfrac{1-x^2}{1+x^2} > 0 \rightarrow \dfrac{1-x^2}{1+x^2} > 0,$

$1 - x^2 > 0$ per $-1 < x < 1$,

$1 + x^2 > 0$ per ogni x.

La funzione ha quindi lo stesso segno di $1 - x^2$. Rappresentiamo nel piano cartesiano le informazioni ottenute, tratteggiando le zone del piano in cui non ci sono punti del grafico della funzione.

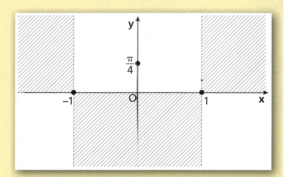

5. Limiti agli estremi del dominio:

$$\lim_{x \to \pm\infty} f(x) = \arctan(-1) = -\dfrac{\pi}{4} \rightarrow y = -\dfrac{\pi}{4} \text{ è un asintoto orizzontale.}$$

6. Derivata prima:

$$f'(x) = \dfrac{1}{1+\left(\dfrac{1-x^2}{1+x^2}\right)^2} \cdot \dfrac{-2x(1+x^2) - 2x(1-x^2)}{(1+x^2)^2} =$$

$$\dfrac{(1+x^2)^2}{(1+x^2)^2 + (1-x^2)^2} \cdot \dfrac{-2x - 2x^3 - 2x + 2x^3}{(1+x^2)^2} =$$

$$\dfrac{-4x}{1 + x^4 + 2x^2 + 1 + x^4 - 2x^2} = \dfrac{-4x}{2x^4 + 2} = \dfrac{-2x}{x^4 + 1}.$$

Il dominio di f' è $\mathbb{R}$.

$f'(x) = 0$ per $x = 0$. Per $x < 0$ la funzione è crescente e per $x > 0$ la funzione è decrescente.

La funzione ammette un massimo in $M\left(0;\dfrac{\pi}{4}\right)$.

7. Derivata seconda:

$$f''(x) = -2\dfrac{1(x^4+1) - x \cdot 4x^3}{(x^4+1)^2} = -2\dfrac{x^4 + 1 - 4x^4}{(x^4+1)^2} = -2\dfrac{-3x^4 + 1}{(x^4+1)^2} = \dfrac{6x^4 - 2}{(x^4+1)^2},$$

1826

Paragrafo 1. Studio di una funzione

$f''(x) > 0$ per $x < -\sqrt[4]{\frac{1}{3}} \lor x > \sqrt[4]{\frac{1}{3}}$,

$f''(x) < 0$ per $-\sqrt[4]{\frac{1}{3}} < x < \sqrt[4]{\frac{1}{3}}$.

In $x = \pm\sqrt[4]{\frac{1}{3}}$ ci sono due punti di flesso:

$F_{1,2}\left(\pm\sqrt[4]{\frac{1}{3}}; \frac{\pi}{12}\right)$.

Tracciamo il grafico della funzione.

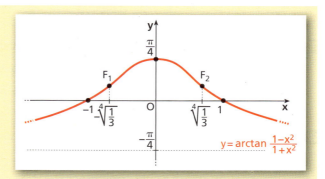

Studia e rappresenta graficamente le seguenti funzioni.

239 $y = \arcsin(x - 2)$ $\qquad \left[\min\left(1; -\frac{\pi}{2}\right); \max\left(3; \frac{\pi}{2}\right); F(2; 0)\right]$

240 $y = \arctan\frac{2-x}{4-x}$ $\qquad \left[a: y = \frac{\pi}{4}; F\left(3; -\frac{\pi}{4}\right)\right]$

241 $y = \arcsin\frac{1-x}{x+2}$ $\qquad \left[a: y = -\frac{\pi}{2}\right]$

242 $y = e^{\arctan x}$ $\qquad \left[a: y = e^{\frac{\pi}{2}}, y = e^{-\frac{\pi}{2}}; F\left(\frac{1}{2}; e^{\arctan\frac{1}{2}}\right)\right]$

243 $y = \arctan x + x$ $\qquad \left[a: y = x + \frac{\pi}{2}, y = x - \frac{\pi}{2}; F(0; 0)\right]$

244 $y = \arctan\frac{1-x}{1+x}$ $\qquad \left[a: y = -\frac{\pi}{4}; F\left(0; \frac{\pi}{4}\right)\right]$

245 $y = \arcsin x^2$ $\qquad \left[\min(0; 0); \max_1\left(-1; \frac{\pi}{2}\right), \max_2\left(1; \frac{\pi}{2}\right)\right]$

246 $y = \sqrt{\arctan x}$ $\qquad \left[a: y = \sqrt{\frac{\pi}{2}}; \min(0; 0)\right]$

247 $y = \arcsin\sqrt{1-x^2}$ $\qquad \left[\max\left(0; \frac{\pi}{2}\right); \min_1(-1; 0), \min_2(1; 0)\right]$

248 $y = \arcsin\frac{2}{\sqrt{x}}$ $\qquad \left[a: y = 0; \max\left(4; \frac{\pi}{2}\right)\right]$

249 $y = \frac{x}{2} - \arctan 2x$ $\qquad \left[a: y = \frac{1}{2}x \pm \frac{\pi}{2}; \max\left(-\frac{\sqrt{3}}{2}; -\frac{\sqrt{3}}{4} + \frac{\pi}{3}\right); \min\left(\frac{\sqrt{3}}{2}; \frac{\sqrt{3}}{4} - \frac{\pi}{3}\right); F(0; 0)\right]$

250 $y = \arctan\frac{1}{e^x - 1}$ $\qquad \left[a: y = 0, y = -\frac{\pi}{4}; F\left(\ln\sqrt{2}; \frac{3}{8}\pi\right)\right]$

251 $y = \sqrt{\arctan(1-2x)}$ $\qquad \left[a: y = \sqrt{\frac{\pi}{2}}; \min\left(\frac{1}{2}; 0\right)\right]$

252 $y = \frac{1}{\arctan x} + \frac{2}{\pi}$ $\qquad \left[a: x = 0, y = 0, y = \frac{4}{\pi}\right]$

253 **IN FISICA** **In curva** Quando un ciclista affronta una curva di raggio R a velocità v, l'angolo α di inclinazione della bicicletta rispetto alla verticale soddisfa la relazione $\tan\alpha = \frac{v^2}{10R}$.

   a. Considera una curva di raggio 30 m. Studia la funzione $\alpha(v)$ che esprime l'angolo α in funzione della velocità, espressa in m/s. Interpreta il significato di $\lim_{v \to +\infty} \alpha(v)$.

   b. Se μ è il coefficiente di attrito tra pneumatici e asfalto, affinché le ruote non perdano aderenza, e quindi il ciclista non cada, si deve avere $\frac{v^2}{10R} < \mu$.

   Se $\mu = 0{,}6$, qual è il massimo angolo di inclinazione che può raggiungere il ciclista?

$\left[a)\ \alpha(v) = \arctan\left(\frac{v^2}{10R}\right),\ \text{flesso in } v \simeq 13;\ b)\ \arctan(0{,}6) \simeq 31°\right]$

Funzioni con valori assoluti

254 **TEST** Solo una delle seguenti funzioni è pari. Quale?

A $y = x|x| + 1$
C $y = |x|\cos x - x$
E $y = \dfrac{x|x|}{x^2+1}$

B $y = |\cos x| - \sin x$
D $y = x^2 \log|x|$

255 **ESERCIZIO GUIDA** Studiamo e rappresentiamo graficamente $y = f(x) = \dfrac{x^2-1}{|x-2|+3x}$.

Per la definizione di valore assoluto si ha:

$$f(x) = \begin{cases} \dfrac{x^2-1}{4x-2} & \text{se } x \geq 2 \\ \dfrac{x^2-1}{2x+2} & \text{se } x < 2 \end{cases} \rightarrow f(x) = \begin{cases} \dfrac{x^2-1}{4x-2} & \text{se } x \geq 2 \\ \dfrac{x-1}{2} & \text{se } x < 2 \land x \neq -1 \end{cases}.$$

Studiamo $f_1(x) = \dfrac{x^2-1}{4x-2}$ e disegniamo l'arco che si ottiene per $x \geq 2$.

1. Dominio: $x \neq \dfrac{1}{2}$. Quindi $f_1(x)$ è sempre definita per $x \geq 2$.

2. Simmetrie: potremmo evitare la verifica, in quanto il dominio non è simmetrico. In ogni caso:

$$f_1(-x) = \dfrac{x^2-1}{-4x-2} \neq \pm f_1(x).$$

3. Intersezioni con l'asse x.

Asse x: $\begin{cases} y = 0 \\ y = \dfrac{x^2-1}{4x-2} \end{cases} \rightarrow \begin{cases} y = 0 \\ x^2 - 1 = 0 \end{cases} \rightarrow \begin{cases} y = 0 \\ x_{1,2} = \pm 1 \end{cases}$

I punti di intersezione sono $A(1; 0)$ e $B(-1; 0)$. Quindi non ci sono intersezioni per $x \geq 2$.

4. Segno della funzione:

$\dfrac{x^2-1}{4x-2} > 0 \qquad N > 0$ per $x < -1 \lor x > 1$

$\qquad\qquad\qquad\qquad D > 0$ per $x > \dfrac{1}{2}$.

Compiliamo il quadro dei segni.

Osserviamo che $f_1(x) > 0$ per $x \geq 2$.

5. Limiti agli estremi del dominio. Poiché ci interessa solo l'intervallo $x \geq 2$, calcoliamo soltanto il limite per x che tende a $+\infty$:

$$\lim_{x \to +\infty} f_1(x) = +\infty;$$

poiché il grado del numeratore supera di 1 quello del denominatore, esiste un asintoto obliquo di equazione $y = mx + q$.

$$m = \lim_{x \to +\infty} \dfrac{f_1(x)}{x} = \dfrac{1}{4},$$

$$q = \lim_{x \to +\infty} [f_1(x) - mx] = \lim_{x \to +\infty} \left(\dfrac{x^2-1}{4x-2} - \dfrac{1}{4}x\right) = \lim_{x \to +\infty} \dfrac{2x^2-2-2x^2+x}{4(2x-1)} = \lim_{x \to +\infty} \dfrac{x-2}{4(2x-1)} = \dfrac{1}{8}.$$

L'asintoto obliquo ha equazione: $y = \dfrac{1}{4}x + \dfrac{1}{8}$.

6. Derivata prima:

$$f_1'(x) = \frac{2x(4x-2) - 4(x^2-1)}{(4x-2)^2} = \frac{8x^2 - 4x - 4x^2 + 4}{4(2x-1)^2} = \frac{4(x^2-x+1)}{4(2x-1)^2} = \frac{x^2-x+1}{(2x-1)^2}.$$

$f_1'(x) > 0$ per ogni x del dominio, in quanto sia il numeratore che il denominatore sono sempre positivi. Quindi la funzione è sempre crescente in senso stretto e non presenta punti stazionari.

7. Derivata seconda:

$$f_1''(x) = \frac{(2x-1)(2x-1)^2 - (x^2-x+1)4(2x-1)}{(2x-1)^4} = \frac{(2x-1)^2 - 4(x^2-x+1)}{(2x-1)^3} = \frac{-3}{(2x-1)^3}.$$

$f_1''(x) > 0$ per $x < \frac{1}{2}$ concavità verso l'alto;

$f_1''(x) < 0$ per $x > \frac{1}{2}$ concavità verso il basso;

Quindi $f_1(x)$ ha concavità verso il basso per $x \geq 2$.

Tracciamo il grafico completo della funzione $f(x) = \frac{x^2-1}{|x-2|+3x}$, considerando il grafico di $f_1(x)$ per $x \geq 2$ e disegnando il grafico della retta $y = \frac{x-1}{2}$ per $x < 2 \wedge x \neq -1$.

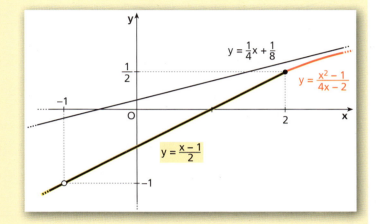

Quindi, la retta è privata del punto $(-1; -1)$. I due grafici si uniscono nel punto $\left(2; \frac{1}{2}\right)$.

Studia e rappresenta graficamente le seguenti funzioni.

256 $y = x^3 - 4|x|$ $\left[\max(0;0); \min\left(\frac{2\sqrt{3}}{3}; -\frac{16\sqrt{3}}{9}\right)\right]$

257 $y = \frac{|x|}{x^2-4}$ $[a: x = \pm 2, y = 0; \max(0;0)]$

258 $y = \left|x + \frac{3}{x}\right|$ $[a: x = 0, y = \pm x; \min(\pm\sqrt{3}; 2\sqrt{3})]$

259 $y = \sqrt{|x|-1}$ $[\min_{1,2}(\pm 1; 0)]$

260 $y = \frac{|x^2-6x+5|}{x^2}$ $\left[a: x = 0, y = 1; \min_1(1;0), \min_2(5;0); \max\left(\frac{5}{3}; \frac{4}{5}\right); F\left(\frac{5}{2}; \frac{3}{5}\right)\right]$

261 $y = \ln(|x+3| - 2x)$ $[a: x = 3; \text{punto angoloso } (-3; \ln 6)]$

262 $y = |3^{|x-1|} - 3|$ $[\min_1(0;0), \min_2(2;0); \max(1;2)]$

263 $y = \ln\sqrt{\left|\frac{x}{x-1}\right|}$ $\left[a: y = 0, x = 0, x = 1; F\left(\frac{1}{2}; 0\right)\right]$

264 $y = |x|e^{-2x}$ $\left[a: y = 0; \max\left(\frac{1}{2}; \frac{1}{2e}\right); \min(0;0); F\left(1; \frac{1}{e^2}\right)\right]$

265 $y = \sqrt{\frac{1-|x|}{4+|x|}}$ $\left[\max\left(0; \frac{1}{2}\right); \min_{1,2}(\pm 1; 0)\right]$

266 $y = x\ln|x|$ $\left[\max\left(-\frac{1}{e}; \frac{1}{e}\right); \min\left(\frac{1}{e}; -\frac{1}{e}\right)\right]$

Capitolo 28. Studio delle funzioni

267 $y = e^{\frac{|x|}{x-1}}$
$\left[a: x=1,\ y=e,\ y=\frac{1}{e};\ \max(0;1);\ F\left(\frac{1}{2};\frac{1}{e}\right)\right]$

268 $y = e^{\frac{x^2}{|x|-2}}$ (trascura y'')
$[a: x=\pm 2;\ \min_{1,2}(\pm 4;\ e^8);\ \max(0;1)]$

TEST Quale delle seguenti funzioni è rappresentata dal grafico?

269

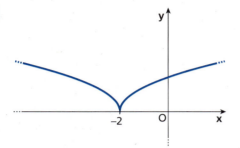

A $y = |\sqrt{x+2}|$ D $y = \sqrt{|x-2|}$
B $y = \sqrt{|x|+2}$ E $y = \sqrt{|x|-2}$
C $y = \sqrt{|x+2|}$

270

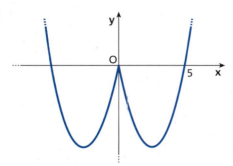

A $y = |x^2 - 5x|$ D $y = x^2 - 5|x|$
B $y = x|x^2 - 25|$ E $y = x|x-5|$
C $y = |x^2 - 5|x||$

Riepilogo: Studio di una funzione

TEST Quale delle seguenti funzioni è rappresentata dal grafico?

271

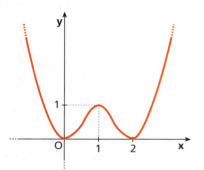

A $y = x(x-2)^2$ D $y = x(x+2)^2$
B $y = x^2(x-2)^2$ E $y = \frac{x-1}{x(x-2)}$
C $y = x(x-1)(x-2)$

272

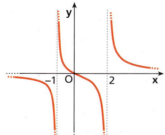

A $y = \frac{x}{(x-1)(x+2)}$ D $y = \frac{x}{(x+1)(x-2)}$
B $y = \frac{x^2}{(x+1)(x-2)}$ E $y = \frac{x^3}{(x+1)(x-2)}$
C $y = \frac{(x+1)(x-2)}{x}$

273 TEST Quale dei seguenti grafici rappresenta l'andamento della funzione $y = xe^x$?

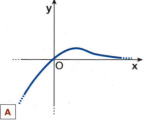
A

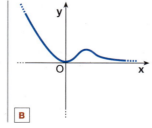
B

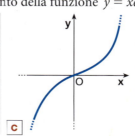
C

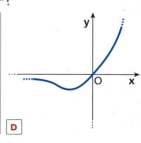
D

1830

Riepilogo: Studio di una funzione

274 **ASSOCIA** a ciascuna funzione il suo grafico.

a. $y = \sqrt{x^2 + 1}$ b. $y = e^{x^2 + 1}$ c. $y = \dfrac{1}{x^2 + 1}$ d. $y = \ln(x^2 + 1)$

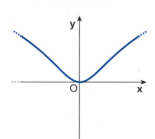
1

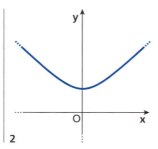
2

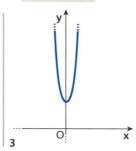
3

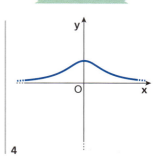
4

275 **RIFLETTI SULLA TEORIA** Può una funzione avere punti di intersezione con i suoi eventuali asintoti? (Esamina i casi di asintoti verticali, orizzontali, obliqui.)

TEST

276 Data la funzione $f(x) = 4x^4 + 4x$, quale delle seguenti affermazioni è vera riguardo a $f(x)$?

A $x = -1$ è un punto stazionario di $f(x)$.
B $(0; 0)$ è un punto di flesso di $f(x)$.
C $f(x)$ è concava verso il basso per $x < 0$.
D $f(x)$ è concava verso il basso per $x > 0$.
E Nessuna delle precedenti.

(USA *Southwest Virginia Community College Math Contest*)

277 Fra le seguenti affermazioni su $y = \dfrac{1}{|x| + x}$, una è *falsa*. Quale?

A Ha un punto angoloso in $x = 0$.
B Esiste solo per $x > 0$.
C Ha un asintoto verticale.
D Ha un asintoto orizzontale.
E È un ramo di iperbole.

278 Quanti punti di flesso ha $f(x) = x^8 - x^2$?

A 0 B 1 C 2 D 3 E 4

(USA *Southwest Virginia Community College Math Contest*)

279 Sia $f(x) = \dfrac{8}{3 + e^x}$.

a. Trova il dominio di f.
b. Trova, giustificandole in modo esauriente, le equazioni di tutti gli asintoti verticali di f, oppure spiega perché non ve ne siano.
c. Trova, giustificandole in modo esauriente, le equazioni di tutti gli asintoti orizzontali di f, oppure spiega perché non ve ne siano.

(USA *Stanford University*)

$\left[\text{a) } D: \mathbb{R}; \text{ c) } y = 0, y = \dfrac{8}{3}\right]$

280 **VERO O FALSO?**

a. Se il grafico di $y = f(x)$ ha un asintoto verticale in $x = 5$, allora il grafico di $y = f(2x + 1)$ deve avere un asintoto verticale in $x = 2$. V F

b. Se il grafico di $y = f(x)$ ha un asintoto orizzontale in $y = -3$, allora il grafico di $y = f(-x) - 1$ deve avere un asintoto orizzontale in $y = 2$. V F

c. Il grafico di $y = x^{2006}$ ha un flesso in $x = 0$. V F

(USA *Stanford University*)

Studia e rappresenta graficamente le seguenti funzioni.

281 $y = 4 - 3x^2 - x^3$ $[\max(0; 4); \min(-2; 0); F(-1; 2)]$

282 $y = x - \dfrac{1}{3}x^3 + \dfrac{2}{3}$ $\left[\max\left(1; \dfrac{4}{3}\right); \min(-1; 0); F\left(0; \dfrac{2}{3}\right)\right]$

283 $y = \dfrac{1}{5}x^5 - \dfrac{1}{3}x^3$ $\left[\max\left(-1; \dfrac{2}{15}\right); \min\left(1; -\dfrac{2}{15}\right); F(0; 0); \text{flesso in } x = \pm\dfrac{\sqrt{2}}{2}\right]$

284 $y = x^3 - 6x^2 + 12x + 7$ $[F(2; 15)]$

Capitolo 28. Studio delle funzioni

ESERCIZI

285 $y = (x^2 - 4x)^2$ $\left[\max(2;16); \min_1(0;0), \min_2(4;0); \text{flessi in } x = \dfrac{6 \pm 2\sqrt{3}}{3}\right]$

286 $y = (1 - x^2)^2$ $\left[\max(0;1); \min_{1,2}(\pm 1; 0); F_{1,2}\left(\pm \dfrac{\sqrt{3}}{3}; \dfrac{4}{9}\right)\right]$

287 $y = \dfrac{x^3}{6} + \dfrac{6}{x^3}$ $\left[a: x = 0; \max(-\sqrt[3]{6}; -2); \min(\sqrt[3]{6}; 2)\right]$

288 $y = \dfrac{1}{x^2 - x} - 1$ $\left[a: x = 0, x = 1; y = -1; \max\left(\dfrac{1}{2}; -5\right)\right]$

289 $y = (x+1)(x^2+x-1)$ $\left[\max\left(-\dfrac{4}{3}; \dfrac{5}{27}\right); \min(0; -1); F\left(-\dfrac{2}{3}; -\dfrac{11}{27}\right)\right]$

290 $y = x^2\sqrt{x^2+1}$ $\left[\min(0;0)\right]$

291 $y = xe^{\frac{1}{x}}$ $\left[a: x = 0, y = x + 1; \min(1; e)\right]$

292 $y = (x^2 - 4x + 4)e^x$ $\left[a: y = 0; \max(0;4); \min(2;0); F_{1,2}(\pm\sqrt{2}; (6 \mp 4\sqrt{2})e^{\pm\sqrt{2}})\right]$

293 $y = \dfrac{\sqrt{e^x}}{x}$ $\left[a: x = 0, y = 0; \min\left(2; \dfrac{e}{2}\right)\right]$

294 $y = |x^3 - 9x^2|$ $\left[\min_1(0;0), \min_2(9;0); \max(6;108); F(3;54)\right]$

295 $y = \dfrac{(x-1)^3}{x}$ $\left[a: x = 0; \min\left(-\dfrac{1}{2}; \dfrac{27}{4}\right); F(1;0)\right]$

296 $y = (x+1)^2(3x^2 - 2x + 1)$ $\left[\min(-1;0); F_1(0;1), F_2\left(-\dfrac{2}{3}; \dfrac{11}{27}\right)\right]$

297 $y = \ln\left(x + \dfrac{1}{x}\right)$ $\left[a: x = 0; \min(1; \ln 2); \text{flesso in } x = \sqrt{2 + \sqrt{5}}\right]$

298 $y = \dfrac{-2x^3}{x^2 - 4}$ $\left[a: x = \pm 2, y = -2x; \min(-2\sqrt{3}; 6\sqrt{3}); \max(2\sqrt{3}; -6\sqrt{3}); F(0;0)\right]$

299 $y = x - 1 - \dfrac{1}{x} + \dfrac{1}{x^2}$ $\left[a: x = 0, y = x - 1; \min(1;0); F\left(3; \dfrac{16}{9}\right)\right]$

300 $y = \dfrac{x^3}{(x+1)^2}$ $\left[a: x = -1, y = x - 2; \max\left(-3; -\dfrac{27}{4}\right); F(0;0)\right]$

301 $y = \sqrt{\dfrac{x+1}{x}}$ $\left[a: x = 0, y = 1; \min(-1;0)\right]$

302 $y = \sqrt[3]{x^3 - 3x}$ $\left[a: y = x; \max(-1; \sqrt[3]{2}); \min(1; -\sqrt[3]{2}); F_1(0;0) \text{ e } F_2(\pm\sqrt{3}; 0) \text{ flessi verticali}\right]$

303 $y = \dfrac{x^2 - 4}{x}$ $\left[a: x = 0, y = x\right]$

304 $y = \sqrt{x^2 - 1} + x$ $\left[a: y = 2x, y = 0; \min_1(-1; -1), \min_2(1; 1)\right]$

305 $y = \dfrac{x+1}{\sqrt{x^2 + 2x}}$ $\left[a: y = \pm 1, x = -2, x = 0\right]$

306 $y = 1 - \sqrt{x^2 - 5x + 6}$ $\left[a: y = x - \dfrac{3}{2}, y = -x + \dfrac{7}{2}; \max_1(2;1), \max_2(3;1)\right]$

307 $y = \ln\dfrac{x^2 - 3x + 2}{x^2}$ (trascura y'') $\left[a: y = 0, x = 0, x = 1, x = 2\right]$

308 $y = 2x \ln x$ $\left[\min\left(\dfrac{1}{e}; -\dfrac{2}{e}\right)\right]$

309 $y = \ln\sqrt{x^2 - 1}$ $\left[a: x = 1, x = -1\right]$

310 $y = \dfrac{e^x}{\sqrt{x}} - 1$ $\left[a: x = 0; \min\left(\dfrac{1}{2}; \sqrt{2e} - 1\right)\right]$

Riepilogo: Studio di una funzione

311 $y = e^x \dfrac{x}{x+4}$ $\qquad [a: y = 0, x = -4; F(-2; -e^{-2})]$

312 $y = x^4 e^{-x}$ $\qquad [a: y = 0; \min(0; 0); \max \text{ in } x = 4; \text{flessi in } x = 2 \text{ e } x = 6]$

313 $y = \ln \dfrac{x^2 - 1}{x^2 + 4}$ $\qquad [a: x = \pm 1, y = 0]$

314 $y = \ln \sin x$, $\quad]0; \pi[$. $\qquad \left[a: x = 0, x = \pi; \max\left(\dfrac{\pi}{2}; 0\right)\right]$

315 $y = e^{\sin x}$, $\quad]0; 2\pi[$. $\qquad \left[\min\left(\dfrac{3}{2}\pi; \dfrac{1}{e}\right); \max\left(\dfrac{\pi}{2}; e\right); \text{flessi in } \alpha = \arcsin\dfrac{-1+\sqrt{5}}{2} \text{ e } \pi - \alpha\right]$

316 $y = \sqrt{\sin x - \cos x}$, $\quad \left[\dfrac{\pi}{4}; \dfrac{5}{4}\pi\right]$. $\qquad \left[\min_1\left(\dfrac{\pi}{4}; 0\right), \min_2\left(\dfrac{5}{4}\pi; 0\right); \max\left(\dfrac{3}{4}\pi; \sqrt[4]{2}\right)\right]$

317 $y = \dfrac{1}{\sqrt{\sin 2x}}$, $\quad]0; 2\pi[$. $\qquad \left[a: x = 0, x = \dfrac{\pi}{2}, x = \pi, x = \dfrac{3}{2}\pi; \min_1\left(\dfrac{\pi}{4}; 1\right), \min_2\left(\dfrac{5}{4}\pi; 1\right)\right]$

318 $y = e^x |1 - 2x|$ $\qquad \left[a: y = 0; \min\left(\dfrac{1}{2}; 0\right); \max\left(-\dfrac{1}{2}; \dfrac{2}{\sqrt{e}}\right); F\left(-\dfrac{3}{2}; \dfrac{4}{\sqrt{e^3}}\right)\right]$

319 $y = \ln\left|\dfrac{x-1}{x+2}\right|$ $\qquad \left[a: y = 0, x = -2, x = 1; F\left(-\dfrac{1}{2}; 0\right)\right]$

320 $y = (\ln x - 2) \ln x$ $\qquad [a: x = 0; \min(e; -1); F(e^2; 0)]$

321 $y = \dfrac{1}{\cos^4 x} - 1$, $\quad [0; 2\pi]$. $\qquad \left[a: x = \dfrac{\pi}{2}, x = \dfrac{3}{2}\pi; \min_1(0; 0), \min_2(\pi; 0), \min_3(2\pi; 0)\right]$

322 $y = \dfrac{1}{(1-2x)^3}$ $\qquad \left[a: x = \dfrac{1}{2}, y = 0\right]$

323 $y = 2 \arcsin \dfrac{1+x}{1-x}$ $\qquad [a: y = -\pi; \max(0; \pi) \text{ con cuspide}]$

324 $y = \arctan \dfrac{x-1}{2x-1}$ $\qquad \left[a: y = \arctan \dfrac{1}{2}; F\left(\dfrac{3}{5}; -\arctan 2\right)\right]$

325 $y = \ln(x^2 - 2x + 3)$ $\qquad [\min(1; \ln 2); F_1(1 - \sqrt{2}; 2\ln 2); F_2(1 + \sqrt{2}; 2\ln 2)]$

326 $y = 2\cos^2 x - 2\cos x$, $\quad [0; 2\pi]$. $\qquad \left[\max_1(0; 0), \max_2(\pi; 4), \max_3(2\pi; 0); \min_1\left(\dfrac{\pi}{3}; -\dfrac{1}{2}\right), \min_2\left(\dfrac{5}{3}\pi; -\dfrac{1}{2}\right)\right]$

327 $y = \arctan x - \dfrac{1}{x}$ $\qquad \left[a: y = \pm \dfrac{\pi}{2}, x = 0\right]$

328 $y = \sqrt{\ln(x+3)}$ $\qquad [\min(-2; 0)]$

329 $y = \dfrac{x^4 - 5x^2 + 4}{\sqrt{x^2 - 1}}$ $\qquad [\min_{1,2}(\pm\sqrt{2}; -2)]$

330 $y = \dfrac{\ln(x^2 - 1)}{x^2 - 4}$ $\quad$ (trascura y'') $\qquad [a: x = \pm 1, x = \pm 2, y = 0]$

331 $y = \sin 2x + 2\cos^2 x$, $\quad [0; 2\pi]$. $\qquad [\min(0; 2); \max(2\pi; 2); \max \text{ e } \min \text{ per } \tan x = -1 \pm \sqrt{2};$
$\text{flessi per } \tan x = 1 \pm \sqrt{2}]$

332 $y = x^2 \ln|x|$ $\qquad \left[\min_{1,2}\left(\pm\dfrac{1}{\sqrt{e}}; -\dfrac{1}{2e}\right); F_{1,2}\left(\pm\dfrac{1}{\sqrt{e^3}}; -\dfrac{3}{2e^3}\right)\right]$

333 $y = \sqrt{\dfrac{1+x^2}{1+2x^2}}$ $\qquad \left[a: y = \dfrac{\sqrt{2}}{2}; \max(0; 1); \text{flessi in } x = \pm\sqrt{\dfrac{\sqrt{10}-2}{6}}\right]$

334 $y = \ln \dfrac{x^2 - x}{|x| + 2}$ $\qquad [a: x = 0, x = 1]$

335 $y = e^{\sqrt{\frac{1-x}{x+2}}}$ $\quad$ (trascura y'') $\qquad [a: x = -2; \min(1; 1)]$

Capitolo 28. Studio delle funzioni

336 $y = \begin{cases} \dfrac{\sqrt{x^2 - x}}{x} & \text{se } x < 0 \vee x \geq 1 \\ \dfrac{1 - x}{x} & \text{se } 0 < x < 1 \end{cases}$ $\left[a: x = 0, y = \pm 1; \min(1; 0)\right]$

337 $y = x^x$ $\left[\min\left(\dfrac{1}{e}; \sqrt[e]{\dfrac{1}{e}}\right)\right]$

338 $y = \arctan\sqrt{\dfrac{1 + x}{1 - x}}$ $\left[\min(-1; 0); F\left(0; \dfrac{\pi}{4}\right)\right]$

339 $y = 2\cos^2 x \tan x$ $\left[\max \text{ in } x = \dfrac{\pi}{4} + k\pi; \min \text{ in } x = \dfrac{3}{4}\pi + k\pi; \text{ flessi in } x = k\pi\right]$

340 $y = \sqrt{\dfrac{1 - \sin x}{1 + \sin x}}$, $[0; 2\pi]$. $\left[a: x = \dfrac{3}{2}\pi; \min_1\left(\dfrac{\pi}{2}; 0\right), \min_2(2\pi; 1); \max(0; 1)\right]$

341 $y = |\ln \sqrt{x}|$ $\left[a: x = 0; \min(1; 0)\right]$

342 $y = 2\sqrt{\arcsin x}$ $\left[\min(0; 0); \max(1; \sqrt{2\pi}); 0 < x_F < 1\right]$

343 $y = x + 1 - 2\sin^2 x$, $[0; 2\pi]$. $\left[\min_1(0; 1), \min_{2,3} \text{ in } x = \dfrac{5}{12}\pi \text{ e } x = \dfrac{17}{12}\pi; \max_{1,2} \text{ in } x = \dfrac{\pi}{12} \text{ e } x = \dfrac{13}{12}\pi, \max_3(2\pi; 2\pi + 1); \text{ flessi in } x = \dfrac{\pi}{4} + k\dfrac{\pi}{2}\right]$

344 Dimostra che il grafico della funzione $f(x) = \sqrt{x^2 - x} + 2x$ ammette un punto di massimo relativo e due asintoti obliqui distinti. Ricavane le equazioni e il punto di intersezione.

$\left[\max\left(\dfrac{1}{2} - \dfrac{\sqrt{3}}{3}; 1 - \dfrac{\sqrt{3}}{2}\right); y = x + \dfrac{1}{2}, y = 3x - \dfrac{1}{2}; \left(\dfrac{1}{2}; 1\right)\right]$

345 Studiare la seguente funzione (dominio, limiti, massimi e minimi, derivata seconda):

$$y = \arctan\left(\dfrac{x^3}{4x^2 - 3}\right).$$

(*Università di Firenze, Facoltà di Ingegneria Industriale, Test di Analisi I*)

346 Studiare la funzione $f(x) = \log(x^2 - 2x - |2x - 3| + 4)$ (in particolare specificare: dominio, segno e zeri, limiti agli estremi del dominio, monotonia, concavità e convessità, eventuali massimi e minimi e flessi; tracciare un grafico qualitativo).
(*Università di Torino, Corso di laurea in Informatica, Prova di Analisi I*)

YOU & MATHS

347 Let $f(x) = \dfrac{x}{x - 3}$, $x \neq 3$, and $x \in \mathbb{R}$.

a. Show that the curve $f(x)$ has no points of inflection.
b. Find the equations of the asymptotes of the curve $f(x)$.
c. Draw a sketch of the curve $f(x)$.
d. Find how x_1 and x_2 are related if the tangents at $(x_1; f(x_1))$ and $(x_2; f(x_2))$ are parallel.

(*IR Leaving Certificate Examination, Higher Level*)

$\left[\text{b}) \; x = 3, y = 1; \text{d}) \; x_1 = x_2 \vee x_1 + x_2 = 6\right]$

348 A curve C has equation $y = (x^2 + 1)e^{-x}$, $x \in \mathbb{R}$.

a. Show that $\dfrac{dy}{dx} = -(x - 1)^2 e^{-x}$. Hence find the coordinates of the stationary point on the curve C. Show that this stationary point is a point of inflection.

b. Show that $\dfrac{d^2y}{dx^2} = (x - a)(x - b)e^{-x}$, where a and b are constants to be determined.
Deduce that the curve has another point of inflection.

c. Sketch the curve C, indicating the two points of inflection.

(*UK Northern Examination Assessment Board, NEAB*)

$\left[\text{a}) \left(1; \dfrac{2}{e}\right); \text{b}) \; a = 1, b = 3; F\left(3; \dfrac{10}{e^3}\right)\right]$

1834

Riepilogo: Studio di una funzione

Traccia il grafico di f(x) e a partire da questo traccia quello delle funzioni indicate a fianco.

349 $f(x) = 4x^2 + 4x - 3$;   a. $f(-x) + 4$;   b. $\left| f\left(x + \frac{1}{2}\right) \right|$.

350 $f(x) = \dfrac{x-3}{2x}$;   a. $e^{f(x)}$;   b. $\ln f(x)$.

351 $f(x) = \arctan x$;   a. $-f(x) - 1$;   b. $e^{f(x) + \frac{\pi}{2}}$.

352 $f(x) = \dfrac{x^2 - 4}{2x}$;   a. $1 - f(x)$;   b. $|f(x)|$.

353 $f(x) = x^3 - 9x$;   a. $\dfrac{1}{f(x)}$;   b. $\ln f(x)$.

354 $f(x) = \dfrac{x^2 - 1}{x^2 + 1}$;   a. $|f(x)|$;   b. $e^{f(x)}$;   c. $\ln |f(x)|$.

355 Disegna il grafico di $y = -\dfrac{1}{x^2 - 2x}$ dopo aver rappresentato $y = x^2 - 2x$.

356 Rappresenta la funzione $y = \ln\left|\dfrac{x}{x+1}\right| + 1$ a partire da $y = \dfrac{x}{x+1}$.

357 Traccia il grafico di $y = 1 - e^{x^2 - 6x}$ dopo aver disegnato quello di $y = x^2 - 6x$.

Problemi con le funzioni

358 Trova a in modo che la funzione di equazione $y = \dfrac{ax^2 - 1}{x+2}$ abbia un massimo nel punto di ascissa $x = 1$ e rappresentala graficamente.
$$\left[a = -\frac{1}{5}\right]$$

359 Determina a, b, c, d in modo che la funzione $y = ax + b + \dfrac{c}{x} + \dfrac{d}{x^2}$ abbia come asintoto la retta di equazione $2y + x + 4 = 0$, nel punto $x = -1$ un minimo e nel punto $x = -2$ un flesso. Rappresenta il suo grafico.
$$\left[a = -\frac{1}{2}, b = -2, c = \frac{3}{2}, d = 1\right]$$

360 Determina a, b, c, d in modo che la funzione $y = \dfrac{ax^3 + b}{cx^2 + d}$ abbia per asintoti le rette di equazioni $y = 2x$ e $x = 1$ e un flesso in $x = 0$. Rappresenta poi la funzione ottenuta.
$$\left[y = \frac{2x^3}{x^2 - 1}\right]$$

361 Data la funzione $y = \ln \dfrac{ax^3}{bx^2 + c}$, con $a \neq 0$, trova a, b, c, sapendo che ha un minimo in $\left(3; \ln \dfrac{9}{2}\right)$ e un asintoto verticale in $x = \sqrt{3}$. Rappresenta graficamente la funzione ottenuta.
$$\left[y = \ln \frac{x^3}{x^2 - 3}\right]$$

362 Dato l'insieme di parabole $y = ax^2 - (2a+1)x + a + 1$, con $a > 0$:

a. determina le coordinate dei punti di intersezione con l'asse x, A e B ($x_A > x_B$), e quelle del punto di intersezione C con l'asse y;

b. scrivi la funzione che esprime la somma $\overline{OA} + \overline{OC}$ in funzione di a e rappresentala graficamente.
$$\left[\text{a) } A\left(\frac{a+1}{a}; 0\right), B(1; 0), C(0; a+1); \text{ b) } f(a) = \frac{(a+1)^2}{a}\right]$$

363 Sia γ la circonferenza del piano cartesiano con il diametro di estremi $O(0; 0)$ e $A(4; 4)$. Una retta passante per l'origine, di equazione $y = mx$, interseca la circonferenza in P.

a. Scrivi l'equazione della circonferenza.

b. Scrivi l'ascissa del punto P in funzione di m e studia la funzione ottenuta.
$$\left[\text{a) } x^2 + y^2 - 4x - 4y = 0; \text{ b) } f(m) = \frac{4 + 4m}{1 + m^2}\right]$$

1835

Capitolo 28. Studio delle funzioni

364 Rappresenta le funzioni $y = -e^{-x}$ e $y = e^x - 2$ nello stesso piano cartesiano e determina i loro punti di intersezione. Considera poi la retta $x = k$ che interseca i due grafici rispettivamente nei punti P e Q.
Esprimi $\overline{PQ}$ in funzione di k e rappresenta graficamente la funzione ottenuta. $\quad [(0;-1); y = e^k + e^{-k} - 2]$

365 In un sistema di riferimento cartesiano Oxy considera la semicirconferenza di diametro OA, con $A(4; 0)$, e passante per $B(2; 2)$. Determina la misura dell'area di $OBPA$ al variare del punto P sull'arco BA. Studia la funzione. $\quad [x_P = x: y = x + \sqrt{4x - x^2}, 2 \leq x \leq 4]$

366 Disegna il grafico di $f(x) = e^{ax+3} - e^{2ax+6} \ (a \in \mathbb{R})$ sapendo che passa per $A(3; 0)$.
Dal grafico deduci quello di $y = \dfrac{1}{f(x)}$. $\quad [a = -1]$

367 Data la funzione $y = \sqrt{\dfrac{3-ax}{6+x}} \ (a \in \mathbb{R})$, disegna il suo grafico sapendo che passa per il punto di minimo del grafico di $y = e^{\frac{1}{2}x^2 - 3x + \frac{9}{2}}$. $\quad [a = -2]$

368 Un prisma di volume 2 cm^3 ha per base un quadrato. Esprimi la misura della superficie totale in funzione del lato del quadrato di base e poi rappresenta graficamente la funzione. $\quad \left[y = \dfrac{8}{x} + 2x^2 \right]$

369 Disegna un quarto di cerchio AOB di centro O e delimitato dai raggi AO e BO, di misura $\sqrt{2}$. Sull'arco $\widehat{AB}$ considera un punto P e chiama T l'intersezione fra la retta OP e la tangente in A. Detto $x = P\widehat{O}A$, determina la funzione che a x associa la misura dell'area del triangolo PTA. Studia e rappresenta la funzione ottenuta.
$\quad \left[y = \dfrac{(1 - \cos x) \sin x}{\cos x} \right]$

370 Nel sistema di riferimento Oxy determina l'equazione della parabola, con asse parallelo all'asse x, passante per l'origine e con vertice $V(4; 2)$. Rappresentala graficamente. Considera poi la retta $x = a$ (con $a \geq 0$), che interseca in P e Q la parabola, e proietta P e Q sull'asse y in P' e Q'. Esprimi e studia la misura dell'area di $PP'QQ'$ al variare di a. $\quad [x = -y^2 + 4y; A = 2a\sqrt{4-a}, 0 \leq a \leq 4]$

371 Trova per quale valore dei parametri a e b la curva di equazione $f(x) = ax^2 + bx + \ln x$ ha un estremo in $(1; -3)$. Rappresenta il grafico di $f(x)$ così ottenuto. Quale traslazione fa in modo che il punto $(1; -3)$ sia l'origine del sistema di riferimento? Qual è in questo nuovo sistema l'equazione della funzione?
$\quad [a = 2, b = -5; \vec{v}(-1; 3); y = 2x^2 - x + \ln(x+1)]$

372 Considera un punto P su una semicirconferenza di diametro $\overline{AB} = 2$ e indica con H la sua proiezione sul diametro. Determina l'angolo $P\widehat{A}B = x$ in modo tale che valga $\dfrac{1}{6}$ il rapporto $\dfrac{\overline{AH}}{\overline{AP} + \overline{AB}}$. Studia poi la funzione $f(x) = \dfrac{\overline{AH}}{\overline{AP} + \overline{AB}}$, indipendentemente dalle limitazioni geometriche del problema. $\quad \left[\dfrac{\pi}{3} \right]$

373 Determina il rapporto y tra le aree dei triangoli PBC e PAB nella figura, al variare di P sulla semicirconferenza. Quindi studia la funzione ottenuta ed evidenzia il tratto del suo grafico relativo al problema.
$\quad \left[y = \dfrac{\sqrt{3}}{2} \tan x, 0 \leq x < \dfrac{\pi}{2} \right]$

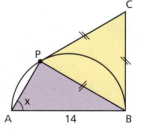

374 Data la semicirconferenza di diametro AB, con $\overline{AB} = 2r$, traccia una corda DC parallela ad AB e trova in funzione dell'angolo $C\widehat{A}B$ il volume V_1 del solido ottenuto dalla rotazione del trapezio $ABCD$ intorno al diametro AB e il volume V_2 del cilindro ottenuto dalla rotazione della corda DC intorno al diametro AB.
Studia la funzione $y = \dfrac{V_1}{V_2}$, disegna il suo grafico ed evidenzia il tratto relativo al problema.
$\quad \left[V_1 = \dfrac{2}{3}\pi r^3 \sin^2 2x (1 + 2\cos 2x), V_2 = 2\pi r^3 \sin^2 2x \cos 2x, y = \dfrac{1}{3} \cdot \dfrac{1}{\cos 2x} + \dfrac{2}{3}, 0 \leq x < \dfrac{\pi}{2} \right]$

Riepilogo: Studio di una funzione

375 Considera la funzione, dipendente dal parametro p, $f_p(x) = \dfrac{px^2 + (p-6)x + 7}{px - 2}$.

   a. Determina p in modo che la corrispondente funzione ammetta estremi nei punti di ascissa 1 e 3; disegna il grafico; verifica che il punto $C(2; -1)$ è il centro di simmetria.

   b. Per quali valori di p la funzione ammette estremi relativi? $\left[\text{a}) \, p = 1; \text{b}) \, p > \dfrac{8}{9}\right]$

376 Preso un punto P su una semicirconferenza di diametro AB e raggio r considera la proiezione T di P sulla tangente alla semicirconferenza in B. Determina il volume del solido, ottenuto dalla rotazione completa di $APTB$ intorno al diametro, in funzione di $\overline{AC} = x$, essendo C la proiezione di P su AB.
Fissato $r = 1$, rappresenta graficamente la funzione senza tener conto delle limitazioni ed evidenzia il tratto relativo al problema. $\left[y = \dfrac{2}{3}\pi x(2r - x)(3r - x), 0 \le x \le 2r\right]$

377 Data la funzione $y = e^{\frac{ax-b}{x+c}}$, trova a, b, c, sapendo che nel punto di ascissa 0 ha un flesso con tangente di equazione $y = \dfrac{2}{e}x + \dfrac{1}{e}$. Rappresenta la funzione ottenuta. $[a = 1, b = 1, c = 1]$

378 In un sistema di riferimento Oxy, verifica che tutte le parabole del fascio di equazione $y = x^2 - x(2 + k) + 2k$ passano per uno stesso punto P e trova la parabola γ del fascio che è tangente in P alla retta di equazione $y = -x + 2$.
Considerato poi un punto Q qualsiasi di γ, determina la misura dell'area A_{OPQ} del triangolo OPQ e studia la funzione $y = \dfrac{1}{A_{OPQ}}$. $\left[P(2; 0); \gamma: y = x^2 - 5x + 6; y = \dfrac{1}{|x^2 - 5x + 6|}\right]$

379 Data la curva di equazione:
$$y = -\dfrac{1}{3}x^3 + 2ax^2 + 3x - 2a,$$
verifica che ha un solo punto di flesso $\forall \, a \in \mathbb{R}$, trova l'equazione del luogo γ da esso descritto al variare di a e rappresenta γ graficamente. $\left[\gamma: y = \dfrac{2}{3}x^3 + 2x\right]$

380 Considera la funzione $f(x) = a\sin^2 x + b\cos x + c$.

   a. Trova a, b, c in modo che $f(x)$ abbia un flesso in $x = \dfrac{2}{3}\pi$ e che la tangente nel punto di ascissa $x = \dfrac{\pi}{2}$ abbia equazione $y = -2x + \pi + 1$.

   b. Rappresenta $f(x)$ nell'intervallo $[0; 2\pi]$ per i valori di a, b, c trovati.

   c. Verifica che il grafico di $f(x)$ è simmetrico rispetto alla retta $x = \pi$. $[\text{a}) \, a = 1, b = 2, c = 0]$

381 Trova i coefficienti a, b, c, d in modo che la curva di equazione
$$f(x) = \dfrac{ax^3 + bx^2 + c}{x^2 + d}$$
abbia per asintoti le rette di equazione $x = 0$, $y = x - 3$ e abbia un punto di minimo sull'asse x. Rappresenta la curva e, trovata l'equazione della retta tangente nel suo punto di ascissa -1, calcola l'area del triangolo che tale retta forma con gli asintoti di $f(x)$. $[a = 1, b = -3, c = 4, d = 0; y = 9x + 9; 9]$

382 La funzione
$$y = \log_3 \dfrac{3a + x}{-4 - x}$$
passa per il punto di intersezione tra la funzione omografica di centro $C(-2; 1)$ e passante per $O(0; 0)$ e la retta di equazione $y = -1$. Determina il valore del parametro a, studia l'andamento della funzione e disegna il suo grafico. $[a = 0]$

Capitolo 28. Studio delle funzioni

383 Studia la funzione $f(x) = 2 - \ln(2x - 1) - \ln(2x + 1)$ e traccia il suo grafico.

a. Verifica che la funzione ammette inversa e deduci la legge nella forma $y = f^{-1}(x)$.
b. Rappresenta la funzione inversa nello stesso sistema di assi cartesiani.

$$\left[a)\ y = \frac{\sqrt{e^{2-x} + 1}}{2} \right]$$

384 Sia data la funzione $y = f(x) = 3\sin^2 x - \cos^2 x$.

a. Studia il suo andamento in $[-\pi; \pi]$.
b. Dopo aver posto $x = t$ (con $t \geq 0$) e $y = s$, interpreta l'equazione $s = f(t)$ come legge oraria del moto di un punto P su una retta e trova per quali valori di t interni all'intervallo $]-\pi; \pi[$ la velocità e l'accelerazione sono massime in valore assoluto.

$$\left[b)\ \text{velocità max per } t = \frac{\pi}{4},\ t = \frac{3}{4}\pi,\ \text{accelerazione max per } t = \frac{\pi}{2},\ t = 0 \right]$$

385 Rappresenta graficamente la funzione:

$$y = \begin{cases} \ln(-x^2 + 2x) & \text{se } 0 < x < 2 \\ \dfrac{x^3}{x-1} & \text{se } x \geq 2 \end{cases}.$$

Dal grafico deduci quello di $\dfrac{1}{f(x)}$.

386 Disegna il grafico della funzione $y = \dfrac{1}{1 + x^4}$. Considera poi un generico punto P del grafico appartenente al primo quadrante e le sue proiezioni H e K rispettivamente sull'asse delle ascisse e su quello delle ordinate. Determina l'ascissa di P in modo che risulti massimo il volume del solido di rotazione generato dal triangolo OHP in una rotazione completa attorno all'asse x.

$$\left[\sqrt[4]{\frac{1}{7}} \right]$$

387 Determina a in modo che la funzione $y = (x + a)e^{\frac{x+1}{x}}$ abbia un punto di massimo in $x = -2$. Rappresenta poi la funzione che si ottiene.

$$[a = 6]$$

388 Determina il punto P per il quale passano tutte le curve del fascio di equazione $y = \dfrac{2(x^2 + a)}{ax + 1},\ a > 2$.

Sia r la retta tangente in P alla generica curva del fascio e sia s la perpendicolare a r passante per P. Esprimi l'area $S(a)$ del triangolo individuato dalle rette r, s e dall'asse x al variare di a. Studia la funzione ottenuta ed evidenzia il tratto del suo grafico relativo al problema.

$$\left[P(1; 2);\ S(a) = \frac{5a^2 - 14a + 17}{a^2 - a - 2},\ a > 2 \right]$$

389 Trova a e b in modo che la funzione $y = ax^4 - bx^3$ abbia un massimo nel punto di flesso della funzione

$$y = -4x^3 - 6x^2 + x + \frac{25}{16}$$

e rappresenta il suo grafico.

$$[a = -3,\ b = 2]$$

390 La curva γ è definita implicitamente dall'equazione $x^2 - \sqrt{3}\,xy + \sqrt{3}\,y = 0$.

a. Ricava l'espressione analitica $y = f(x)$ di γ.
b. Studia e rappresenta graficamente la funzione $f(x)$.
c. Determina il centro di simmetria O'.
d. Determina l'equazione della curva γ nel sistema $O'XY$ di origine O' e ruotato di $\dfrac{\pi}{3}$ in senso antiorario rispetto al sistema originale.

$$\left[a)\ y = \frac{x^2}{\sqrt{3}(x-1)};\ b)\ a: x = 1,\ y = \frac{\sqrt{3}}{3}(x+1);\ \max O(0; 0);\ \min\left(2; \frac{4}{3}\sqrt{3}\right); \right.$$
$$\left. c)\ O'\left(1; \frac{2}{3}\sqrt{3}\right);\ d)\ x^2 - 3y^2 = 2,\ \text{iperbole di semiassi } a = \sqrt{2}\ \text{e}\ b = \frac{\sqrt{6}}{3} \right]$$

Riepilogo: Studio di una funzione

RISOLVIAMO UN PROBLEMA

■ Luci sul palco

La potenza elettrica P assorbita da ciascuna lampada utilizzata per illuminare un palcoscenico segue la legge

$$P(r) = \frac{V^2 R}{R^2 + 2Rr + r^2},$$

dove V indica la tensione (misurata in volt) e R la resistenza (misurata in ohm) di ciascuna lampada. r indica invece la resistenza interna al circuito. Abbiamo a disposizione lampade che funzionano a una tensione di 230 V e hanno una resistenza di 100 Ω.

- Studia l'andamento della potenza P di ciascuna lampada in funzione della resistenza interna r del circuito.
- Cosa succede se la resistenza interna al circuito diventa molto grande?
- La potenza P assume un valore massimo?

▶ **Studiamo la funzione $P(r)$.**

Sostituiamo i valori della tensione e della resistenza nella funzione della potenza:

$$P(r) = \frac{230^2 \cdot 100}{100^2 + 200r + r^2} \quad \rightarrow \quad P(r) = \frac{230^2 \cdot 100}{(r + 100)^2}.$$

Il dominio naturale della funzione è $\mathbb{R} - \{-100\}$; poiché r rappresenta una resistenza, deve essere però $r \geq 0$. Consideriamo dunque come dominio $r \geq 0$.
Intersezioni con gli assi: se $r = 0$, $P(0) = 529$ W.
Non ci sono asintoti verticali, perché il denominatore della funzione è diverso da 0 per ogni $r \geq 0$.
La funzione ammette invece l'asintoto orizzontale $P = 0$, in quanto:

$$\lim_{r \to +\infty} \frac{230^2 \cdot 100}{100^2 + 200r + r^2} = 0.$$

Calcoliamo la derivata prima e studiamone il segno.

$$P(r) = 230^2 \cdot 100 \cdot (r + 100)^{-2} \quad \rightarrow \quad P'(r) = -2 \cdot 230^2 \cdot 100 \cdot (r + 100)^{-3}, \quad \text{con } P'(r) < 0 \text{ per } r \geq 0.$$

La funzione è dunque strettamente decrescente per $r \geq 0$.

Calcoliamo la derivata seconda e studiamone il segno:

$$P''(r) = 6 \cdot 230^2 \cdot 100 \cdot (r + 100)^{-4},$$

con $P''(r) > 0$ per $r \geq 0$.

La funzione volge quindi la concavità sempre verso l'alto.
Disegniamo a lato il grafico della funzione $P(r)$.

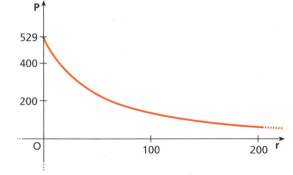

▶ **Andamento di $P(r)$ al crescere di r.**

Abbiamo già calcolato $\lim_{r \to +\infty} P(r) = 0$.
Possiamo dunque dire che, in linea teorica, la potenza elettrica assorbita da una lampada tende ad annullarsi quando la resistenza interna al circuito diventa molto grande. Una resistenza interna molto alta, infatti, ostacola la circolazione della corrente elettrica, e se non circola corrente i dispositivi non assorbono potenza.

▶ **Valore massimo della potenza.**

Dallo studio della funzione e dal grafico abbiamo ricavato che l'andamento della potenza è strettamente decrescente.
La potenza assume quindi il valore massimo $P = 529$ W per $r = 0$.

Capitolo 28. Studio delle funzioni

REALTÀ E MODELLI

391  **Smartphone mania** L'andamento delle vendite mensili di un nuovo modello di smartphone segue l'andamento della funzione $f(x) = \dfrac{3000x^2}{9+x^2}$, dove x esprime il tempo in mesi e varia in modo continuo nell'intervallo $[0;8]$.

a. Rappresenta graficamente la funzione.
b. In quale momento l'aumento delle vendite è massimo?

$$\left[\text{b)}\ x = \sqrt{3} \simeq 1\ \text{mese e 22 giorni}\right]$$

392 Più luce! Una lampada è sospesa al centro di un tavolo rotondo di diametro $d = 2$ m. La funzione che descrive l'intensità dell'illuminazione ai bordi del tavolo è:

$$I = \frac{2}{d} \sin x \cos^2 x,$$

dove x indica l'angolo formato dal diametro del tavolo e dal raggio che colpisce il bordo in un estremo del diametro.

a. Studia come varia l'illuminazione al variare di x.
b. A che altezza del tavolo va posizionata la lampada per avere la massima illuminazione?

$$\left[\text{b)}\ \text{circa}\ 1{,}71\ \text{m}\ \left(\text{per}\ x = \arctan\frac{\sqrt{2}}{2}\right)\right]$$

393 Medicinale in circolo La concentrazione di un medicinale nel sangue dopo un'iniezione è descritta dalla funzione

$$C(t) = \frac{50}{t^2 + 1},$$

dove $t \geq 0$ è il tempo espresso in ore e la concentrazione è misurata in mg/mL.

a. Studia e rappresenta graficamente la funzione.
b. Dopo quanto tempo la concentrazione è inferiore a 2 mg/mL?
c. In base al modello, la concentrazione del medicinale sarà mai nulla?

$$[\text{b)}\ 4\ \text{ore e}\ 54\ \text{minuti; c) no}]$$

MATEMATICA AL COMPUTER

Funzioni con il foglio elettronico Data la seguente famiglia di funzioni nella variabile reale x, con il parametro k,

$$f(x) = \frac{x^2 - 4}{kx - 4},$$

costruiamo un foglio che, ricevuto un valore del parametro, permetta di ottenere:

a. il dominio della funzione,
b. le coordinate degli eventuali punti di intersezione con gli assi cartesiani,
c. le equazioni degli eventuali asintoti,
d. le coordinate degli eventuali punti di massimo e di minimo relativi,
e. i grafici della funzione e degli asintoti dopo aver inserito gli estremi di variazione della x.

☐ **Risoluzione – 19 esercizi in più**

Allenati con **15 esercizi interattivi** con feedback "hai sbagliato, perché..."
☐ **su.zanichelli.it/tutor3** risorsa riservata a chi ha acquistato l'edizione con tutor

Paragrafo 2. Grafici di una funzione e della sua derivata

2 Grafici di una funzione e della sua derivata

▶ Teoria a p. 1788

■ **Dal grafico di una funzione a quello della sua derivata**

Se la funzione $f(x)$ è continua e derivabile due volte nell'intervallo considerato, per passare dal grafico di una funzione a quello della sua derivata consideriamo che:
- nei punti di massimo e di minimo e nei punti di flesso orizzontale della funzione $f(x)$ si ha $f'(x) = 0$;
- negli intervalli in cui la funzione $f(x)$ è crescente si ha $f'(x) > 0$ e negli intervalli in cui la funzione è decrescente si ha $f'(x) < 0$;
- in tutti i punti di flesso di $f(x)$, sia orizzontali sia obliqui, si ha $f''(x) = 0$ e quindi $f'(x)$ ha la tangente orizzontale e può avere un massimo o un minimo.

394 **ESERCIZIO GUIDA** Dato il grafico di $y = f(x)$ della figura, studiamo l'andamento del grafico della sua derivata $y = f'(x)$.

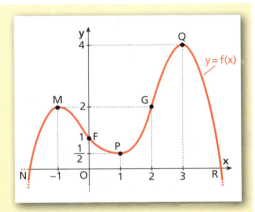

I punti M, P, Q, di ascisse rispettive -1, 1, 3, sono punti di massimo e minimo per $f(x)$, quindi $f'(x) = 0$ per $x = -1$, $x = 1$, $x = 3$.
Nei tratti NM e PQ la funzione $f(x)$ è crescente, quindi $f'(x) > 0$, mentre nei tratti MP e QR $f(x)$ è decrescente, quindi $f'(x) < 0$.
Nei punti di flesso F e G di $f(x)$ si ha $f''(x) = 0$, quindi $f'(x)$ ha un minimo in $x = 0$ e un massimo in $x = 2$.
Rappresentiamo graficamente in modo qualitativo l'andamento di $f'(x)$.

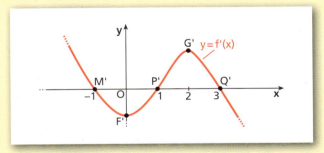

395 Nel grafico sono rappresentate una funzione $f(x)$ e la sua derivata $f'(x)$. Indica qual è il grafico di $f(x)$ e qual è quello di $f'(x)$.

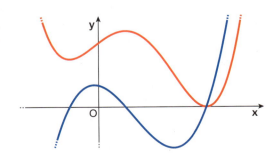

1841

Capitolo 28. Studio delle funzioni

TEST Dato il grafico di $y = f(x)$, individua l'andamento del grafico della sua derivata $y = f'(x)$ fra le tre alternative proposte.

396

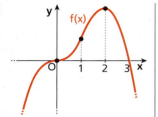
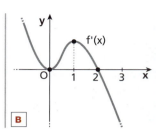
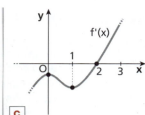

A B C

397

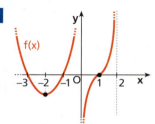
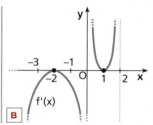
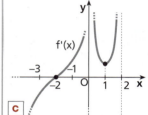

A B C

398 **ASSOCIA** al grafico di ciascuna funzione quello della sua derivata.

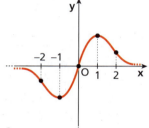
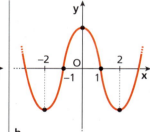
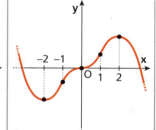
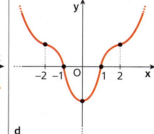

a b c d

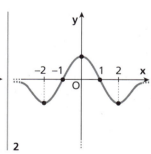
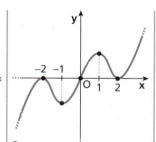
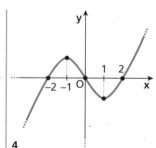

1 2 3 4

Dato il grafico della funzione $y = f(x)$, traccia l'andamento di quello della sua derivata.

399

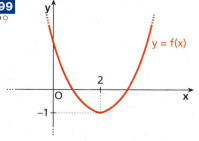

400

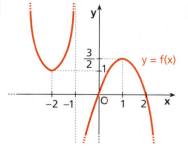

401

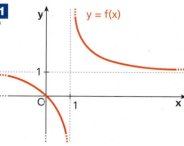

1842

Paragrafo 2. Grafici di una funzione e della sua derivata

402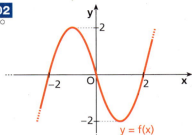

403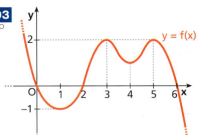

404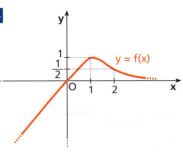

Rappresenta graficamente le seguenti funzioni *f(x)* e utilizzando il grafico di *f(x)* disegna quello di *f'(x)* e di *f"(x)*.

405 $f(x) = x^3 - 3x^2$

406 $f(x) = \frac{1}{4}x^4 - 2x^2$

407 $f(x) = e^{x^2}$

---

408 Traccia nello stesso piano cartesiano il grafico della funzione $y = 2xe^{2x}$ e quello della sua derivata e poi trova le coordinate del loro punto di intersezione. $[P(-1; -2e^{-2})]$

409 **LEGGI IL GRAFICO** Osserva il grafico della funzione $f(x)$.

a. Determina il segno e gli eventuali zeri della funzione $f'(x)$.

b. Calcola il valore dei limiti:

$$\lim_{x \to 0^-} f'(x); \quad \lim_{x \to 0^+} f'(x); \quad \lim_{x \to 3^-} f'(x);$$

$$\lim_{x \to 3^+} f'(x); \quad \lim_{x \to \infty} f'(x).$$

Deduci le equazioni degli asintoti di $f'(x)$.

c. Determina qual è il minimo numero di punti di flesso di $f'(x)$ e traccia un grafico indicativo.

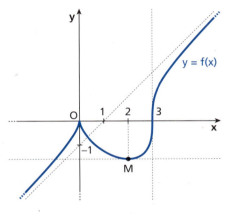

[a) $f'(x) \geq 0$ per $x < 0 \lor 2 \leq x < 3 \lor x > 3$;
b) $+\infty, -\infty, +\infty, +\infty, 1$; a: $y = 1, x = 0, x = 3$;
c) un flesso per $0 < x < 3$]

■ **Dal grafico della derivata a quello della funzione**

410 **ESERCIZIO GUIDA** Dato il grafico della funzione $y = f'(x)$ della figura, studiamo il possibile andamento del grafico di una funzione $f(x)$ che abbia $y = f'(x)$ come derivata.

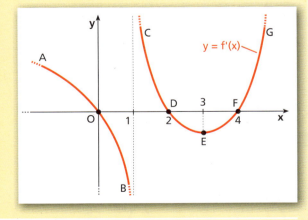

1843

Capitolo 28. Studio delle funzioni

Nei tratti AO, CD, FG in cui $f'(x)$ è positiva, la funzione $y = f(x)$ è crescente, mentre nei tratti OB e DEF in cui $f'(x)$ è negativa $y = f(x)$ è decrescente. In corrispondenza dei punti O, D, F in cui $f'(x) = 0$ si hanno punti del grafico di $f(x)$ a tangente orizzontale. Nel punto E la derivata di f', cioè f'', cambia segno, dunque $x = 3$ è un punto di flesso per f. Tracciamo quindi un possibile andamento grafico della funzione $y = f(x)$.
Se si trasla il grafico di un vettore parallelo all'asse y, si ottiene ancora il grafico di un'altra funzione che ha per derivata $y = f'(x)$. Rispetto alla precedente la nuova funzione ha come equazione $y = f(x) + c$, con c costante.

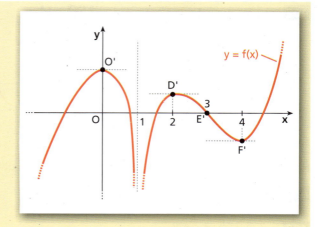

TEST Dato il grafico di $y = f'(x)$, individua un possibile andamento del grafico della funzione $y = f(x)$.

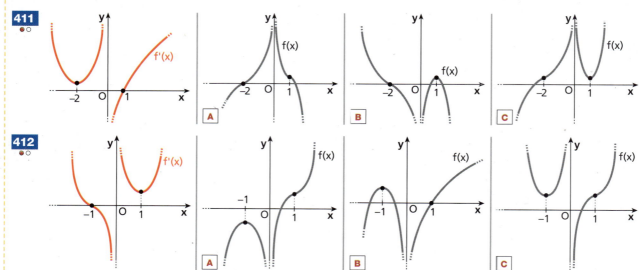

411

412

Dato il grafico della funzione $y = f'(x)$, traccia un possibile andamento della funzione $y = f(x)$ nei seguenti casi.

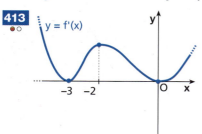

413

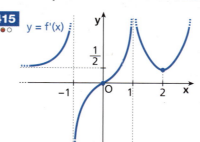

415

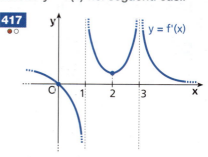

417

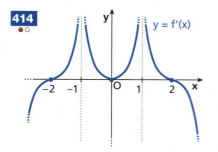

414

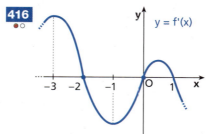

416

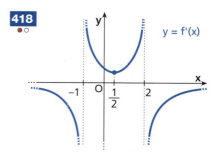

418

Paragrafo 2. Grafici di una funzione e della sua derivata

419 Studia la funzione $g(x) = \dfrac{3x+1}{x^2}$ e traccia il suo grafico. Disegna in modo approssimato il grafico della funzione $f(x)$, sapendo che $f'(x) = g(x)$.

420 Una funzione $y = f(x)$ ha per derivata una funzione $f'(x)$ il cui diagramma è una parabola che ha per asse di simmetria la retta $x = 1$ e che nel suo punto di intersezione con l'asse x di ascissa 3 ha per tangente la retta di coefficiente angolare -2.
Disegna l'andamento del grafico della funzione $f(x)$, sapendo che passa per l'origine.

421 **LEGGI IL GRAFICO** La figura mostra il grafico della derivata prima di una funzione $f(x)$, costituito da una semiretta orizzontale, due archi di parabola di vertici A e B e una semicirconferenza di diametro AB.

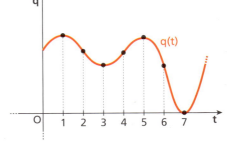

a. Studia la crescenza della funzione $f(x)$ e trovane gli estremanti.
b. Determina il segno di $f''(x)$ e studia i punti in cui non è definita.
c. Trova le ascisse dei punti in cui cambia la concavità di $f(x)$.
d. Spiega se è possibile che la funzione $f(x)$ ammetta asintoti verticali.

[a) cresc. per $x < -2 \lor x > 2$, max in $x = -2$, min in $x = 2$; b) $f''(x) = 0$ per $x < -3 \lor x = 0$, $f''(x) > 0$ per $-1 < x < 0 \lor x > 1$, non definita in $x = -3, -1, +1$; c) $x = -3, -1, +1$, $x = 0$ fl. orizz.; d) no, perché...]

422 **IN FISICA** **Carica & corrente** La carica elettrica che attraversa la sezione di un conduttore segue una legge $q(t)$ il cui grafico è rappresentato in figura.

a. In quali intervalli l'intensità di corrente $i(t) = q'(t)$ è positiva e in quali negativa?
b. In quali istanti si hanno dei massimi o dei minimi per $i(t)$?
c. Traccia il grafico possibile per $i(t)$.

[a) positiva $]0; 1[,]3; 5[,]7; +\infty[$; negativa $]1; 3[,]5; 7[$;
b) minimo in $t = 2$ e $t = 6$; massimo in $t = 4$]

423 **REALTÀ E MODELLI** **Expo in coda** La rapidità di afflusso/deflusso dei visitatori di un padiglione espositivo nel corso di una data ora è espresso dalla legge:

$f(t) = n'(t),$

dove $n(t)$ è il numero di persone presenti nel padiglione all'istante t. Il grafico di $f(t)$ è rappresentato in figura.

a. In quali momenti si ha un massimo relativo e un minimo relativo del numero di persone presenti nel padiglione?
b. Sapendo che inizialmente ($t = 0$) erano presenti 100 visitatori nel padiglione, traccia un grafico probabile della funzione $n(t)$.

[a) $t = 15$ min, $t = 45$ min]

Capitolo 28. Studio delle funzioni

3 Applicazioni dello studio di una funzione

Risoluzione grafica di equazioni e disequazioni

▶ Teoria a p. 1789

TEST

424 Dell'equazione $e^x - 2 = x$ possiamo dire che:
- A non ammette soluzioni reali.
- B ammette soltanto una soluzione reale.
- C ammette due soluzioni reali concordi.
- D ammette due soluzioni reali discordi.
- E non è possibile stabilire a priori il numero delle soluzioni.

425 L'equazione $4x^5 - 4x^2 + 1 = 0$:
- A ha 5 soluzioni.
- B ha soltanto 2 radici.
- C ha soltanto 3 zeri.
- D ha 4 soluzioni.
- E non ha soluzioni.

Risolvi graficamente le seguenti equazioni.

426 $\sin x + 2x = 0$ $\quad [x=0]$

427 $xe^x = 1$ $\quad [0,5 < x < 0,6]$

428 $\cos x - x + 1 = 0$ $\quad [1,2 < x_1 < 1,3]$

429 $x^4 + x^2 + x = 0$ $\quad [-0,7 < x_1 < -0,6; x_2 = 0]$

430 $x^2 - 2 - \ln x = 0$ $\quad [0,1 < x_1 < 0,2; 1,5 < x_2 < 1,6]$

431 $x + 1 + e^{2x} = 0$ $\quad [-1,2 < x_1 < -1,1]$

432 $2x^3 - x^4 - e^{-x} = 0$ $\quad [0,7 < x_1 < 0,8; 1,9 < x_2 < 2]$

433 $\dfrac{x-1}{x^2} + 2^x = 0$ $\quad [0,5 < x_1 < 0,6]$

434 $xe^x - \ln(x+4) = 0$ $\quad [-3,5 < x_1 < -3; 0,7 < x_2 < 0,8]$

435 $\ln x + 1 - x^4 + x^2 = 0$ $\quad [0,3 < x_1 < 0,4; 1,3 < x_2 < 1,4]$

436 **ESERCIZIO GUIDA** Risolviamo graficamente la disequazione $x^2 - 4x - \ln x \geq 0$.

Scritta la disequazione nella forma

$$x^2 - 4x \geq \ln x$$

e considerate le funzioni $y = x^2 - 4x$ e $y = \ln x$, disegniamo i loro grafici. Osservando la figura, dobbiamo considerare gli intervalli in cui la prima funzione si «trova sopra» la seconda, quindi possiamo affermare che le soluzioni della disequazione sono i valori di x tali che

$$0 < x \leq x_1 \lor x \geq x_2.$$

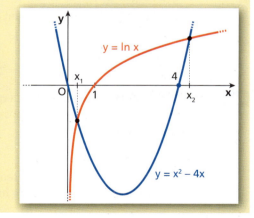

Risolvi graficamente le seguenti disequazioni.

437 $e^x + x^2 + 2x \leq 0$ $\quad [x_1 \leq x \leq x_2, \text{con} -2,0 < x_1 < -1,9 \text{ e} -1,5 < x_2 < -1,4]$

438 $(x-1)^3 - \ln x \leq 0$ $\quad [1 \leq x \leq x_1, \text{con } 1,8 < x_1 < 1,9]$

439 $x^4 + x^3 - x - 2 > 0$ $\quad [x < x_1 \lor x > x_2, \text{con} -1,4 < x_1 < -1,3 \text{ e } 1,1 < x_2 < 1,2]$

440 $\ln(-x) \leq x + 1$ $\quad [-1 \leq x < 0]$

441 $\sin x - x^2 > 0$ $\quad [0 < x < x_1; \text{con } 0,8 < x_1 < 0,9]$

442 $x^3 e^{-x^3} < 1 - x$ $\quad [x < x_1, \text{con } 0,7 < x_1 < 0,8]$

443 $4x - 1 + \ln(x+1) \leq 0$ $\quad [-1 < x \leq x_1, \text{con } 0 < x_1 < 0,25]$

1846

Paragrafo 3. Applicazioni dello studio di una funzione

444 Dimostra che la disuguaglianza $\dfrac{x}{1+x^2} < \arctan x$ è valida $\forall x > 0$.

445 Date le funzioni $f(x) = xe^{-x}$ e $g(x) = xe^x$:
  a. disegna i grafici e verifica che hanno un unico punto comune;
  b. dimostra che nel punto comune le funzioni hanno la stessa tangente;
  c. verifica che la funzione $h(x) = g(x) - f(x)$ è non negativa nel suo dominio.

Discussione di equazioni parametriche ▶ Teoria a p. 1790

446 **ESERCIZIO GUIDA** Determiniamo l'esistenza e il numero delle soluzioni reali della seguente equazione parametrica al variare di k in $\mathbb{R}$:

$$3x^4 - kx^3 + 1 = 0, \quad \text{con } -1 \leq x \leq 2.$$

1. Osserviamo che $x = 0$ non è soluzione dell'equazione parametrica, dunque ricaviamo k dividendo per x^3:

$$k = \frac{3x^4 + 1}{x^3}.$$

Poniamo $k = y$ e scriviamo il sistema: $\begin{cases} y = \dfrac{3x^4 + 1}{x^3} \\ y = k \\ -1 \leq x \leq 2 \end{cases}$.

Dobbiamo trovare le intersezioni del grafico della funzione $f(x) = \dfrac{3x^4 + 1}{x^3}$ con le rette del fascio $y = k$ nell'intervallo $[-1; 2]$.

2. Studiamo e rappresentiamo graficamente la funzione $f(x)$.
   a. Dominio $D: x \neq 0$.
   b. La funzione è dispari perché: $f(-x) = -\dfrac{3x^4 + 1}{x^3} = -f(x)$.
   c. Non ci sono intersezioni con gli assi.
   d. Segno: $\dfrac{3x^4 + 1}{x^3} > 0$ per $x > 0$.
   e. Limiti agli estremi del dominio:

   - $\lim_{x \to 0^\pm} f(x) = \pm\infty$, $x = 0$ asintoto verticale;
   - $\lim_{x \to \pm\infty} f(x) = \pm\infty$;

   $m = \lim_{x \to \pm\infty} \dfrac{f(x)}{x} = 3,$

   $q = \lim_{x \to \pm\infty}\left(\dfrac{3x^4 + 1}{x^3} - 3x\right) = \lim_{x \to \pm\infty} \dfrac{3x^4 + 1 - 3x^4}{x^3} = 0,$

   quindi $y = 3x$ è l'equazione dell'asintoto obliquo.

   f. Derivata:

   $$y' = \frac{12x^3 \cdot x^3 - 3x^2(3x^4 + 1)}{x^6} = \frac{3x^6 - 3x^2}{x^6} = \frac{3(x^4 - 1)}{x^4}.$$

   Si ha $y' > 0$ quando: $x^4 - 1 > 0 \to x < -1 \lor x > 1$.
   La funzione è crescente per $x < -1 \lor x > 1$, decrescente per $-1 < x < 1 \land x \neq 0$.

   Per $x = -1$ si ha un massimo: $M(-1; -4)$.

   Per $x = 1$ si ha un minimo: $N(1; 4)$.

   Tralasciamo lo studio di y'' e tracciamo il grafico della funzione $f(x)$.

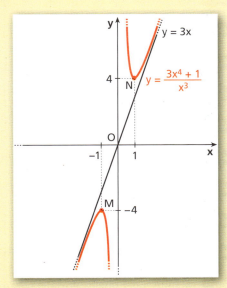

▶

Capitolo 28. Studio delle funzioni

3. Consideriamo il grafico soltanto per $-1 \leq x \leq 2$ e lo intersechiamo con un fascio di rette di equazione $y = k$, con $k \in \mathbb{R}$.

Abbiamo:
- per $k < -4$, una soluzione;
- per $k = -4 \vee k = 4$, due soluzioni coincidenti;
- per $4 < k < \frac{49}{8}$, due soluzioni distinte;
- per $k = \frac{49}{8}$, due soluzioni delle quali una limite;
- per $k > \frac{49}{8}$, una soluzione.

In sintesi:
- per $k = -4 \vee 4 \leq k \leq \frac{49}{8}$, due soluzioni;
- per $k < -4 \vee k > \frac{49}{8}$, una soluzione.

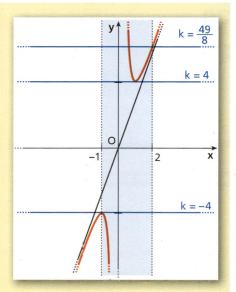

Determina il numero delle soluzioni delle seguenti equazioni, al variare di k, nell'intervallo indicato.

447 $x^3 - k - 3x = 0$, $\quad]-1; +\infty[$. $\quad [-2 \leq k < 2$ due sol.; $k \geq 2$ una sol.$]$

448 $e^x - 2x - k = 0$, $\quad]-\infty; +\infty[$. $\quad [k \geq 2 - 2\ln 2$ due sol.$]$

449 $x^4 - 2k = 0$, $\quad [-2; +\infty[$. $\quad [0 \leq k \leq 8$ due sol.; $k > 8$ una sol.$]$

450 $x^4 - kx^3 - 2x^2 + 1 = 0$, $\quad]-1; +\infty[$. $\quad [k < 0$ una sol.; $k \geq 0$ due sol.$]$

451 $\ln x - kx = 0$, $\quad]0; +\infty[$. $\quad \left[k \leq 0 \text{ una sol.}; 0 < k \leq \frac{1}{e} \text{ due sol.}\right]$

452 $(1 + k)\cos x - 2 = 0$, $\quad \left[-\frac{\pi}{2}; \pi\right[$. $\quad [k < -3$ una sol.; $k \geq 1$ due sol.$]$

453 $(k - 2)\ln x + k = 0$, $\quad]0; e[$. $\quad [k < 1 \vee k > 2$ una sol.$]$

454 $k\sqrt{x} - k - x = 0$, $\quad]1; 9]$. $\quad \left[4 \leq k \leq \frac{9}{2} \text{ due sol.}; k > \frac{9}{2} \text{ una sol.}\right]$

455 $x^6 - 8kx^3 - 64 = 0$, $\quad [-2; 2]$. $\quad [k = 0$ due sol.; $k \neq 0$ una sol.$]$

456 $e^x(1 - k) + k + 2 = 0$, $\quad]-1; 3]$. $\quad \left[k < \frac{1 + 2e}{1 - e} \vee k \geq \frac{e^3 + 2}{e^3 - 1} \text{ una sol.}\right]$

457 $k\sin^2 x - \tan x = 0$, $\quad \left[\frac{\pi}{4}; \frac{5}{4}\pi\right[$. $\quad [-2 < k < 2$ una sol.; $k \leq -2 \vee k \geq 2$ tre sol.$]$

458 $2k\sin x - \cos x - k = 0$, $\quad [0; \pi]$. $\quad [k \leq -1 \vee k \geq 1$ due sol.; $-1 < k < 1$ una sol.$]$

459 $x^3 - kx^2 + 4k - 2 = 0$, $\quad [1; 3]$. $\quad \left[k \leq \frac{1}{3} \vee k \geq 5 \text{ una sol.}\right]$

460 $x^4 - 2x^2 - kx - k = 0$, $\quad]-\infty; 0]$. $\quad [k > 0$ una sol.; $k < 0$ due sol.; $k = 0$ tre sol.$]$

461 $x^4 + 2kx^3 - 4x^2 + 4 = 0$, $\quad]-\infty; +\infty[$. $\quad [k = 0$ quattro sol.; $k \neq 0$ due sol.$]$

462 Stabilisci per quali valori del parametro reale k l'equazione $\frac{1}{3}x^3 + x^2 - k = 0$ ammette più di una soluzione.
$$\left[0 \leq k \leq \frac{4}{3}\right]$$

1848

Paragrafo 4. Risoluzione approssimata di un'equazione

463 Determina per quali valori del parametro reale k l'equazione $kx^3 - 3kx^2 + 4 = 0$ ha tre soluzioni.

$[k \geq 1]$

464 Discuti graficamente l'esistenza e il numero delle soluzioni dell'equazione

$(k-2)x^2 + 2(1-3k)x + 9k + 4 = 0$

al variare di $k \in \mathbb{R}$.

$\left[k < -\dfrac{9}{8} \text{ nessuna sol.}; -\dfrac{9}{8} \leq k < 2 \vee k > 2 \text{ due sol.}; k = 2 \text{ una sol.}\right]$

465 Discuti il numero delle soluzioni positive dell'equazione

$\dfrac{x^2 - 2x}{|x| - 3} = k$.

$[k \leq 0 \text{ una sol.}; 0 < k \leq 4 - 2\sqrt{3} \vee k \geq 4 + 2\sqrt{3} \text{ due sol.}; 4 - 2\sqrt{3} < k < 4 + 2\sqrt{3} \text{ nessuna sol.}]$

466 **LEGGI IL GRAFICO** Nella figura sono rappresentati il grafico della funzione $f(x) = \dfrac{ax^2 + bx + c}{x^2 + x}$

e la retta t, tangente nel punto A di ascissa 1 al grafico di $f(x)$.

a. Determina i parametri $a, b, c \in \mathbb{R}$.
b. Discuti graficamente le soluzioni dell'equazione $f(x) = k$, con $k \in \mathbb{R}$.

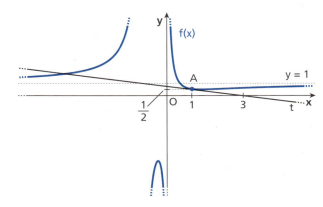

$[a)\ a = 1, b = -1, c = 1;\ b)\ k = 1 \text{ una sol.}; k \leq -2\sqrt{3} - 3 \vee 2\sqrt{3} - 3 \leq k < 1 \vee k > 1 \text{ due sol.}]$

4 Risoluzione approssimata di un'equazione

Separazione delle radici

▶ Teoria a p. 1791

467 **TEST** Data la funzione $f: [a; b] \to \mathbb{R}$, con $f(a) < 0$ e $f(b) > 0$, quale fra le seguenti affermazioni è vera?

A f ammette *più di uno* zero se è continua e crescente.

B f ammette sempre *almeno* uno zero indipendentemente dalla continuità.

C Se f ha qualche punto di discontinuità, allora non si annulla per alcun valore di x.

D Se f è continua e $f'(x) > 0$ in ogni punto di $]a; b[$, allora ammette un unico zero.

E Se f è ontinua, derivabile due volte e la derivata seconda è costantemente negativa, allora l'equazione $f(x) = 0$ ha almeno due soluzioni.

468 **VERO O FALSO?** Data una funzione $f(x)$ continua in $[a; b]$ e derivabile due volte in $]a; b[$:

a. se $f'(x) > 0 \ \forall x \in \ ]a; b[$, allora $f(x) = 0$ ha una soluzione in $]a; b[$.   V F
b. se $f(a) \cdot f(b) < 0$ e $f''(x) > 0$, allora $f(x) = 0$ non può avere una soluzione in $]a; b[$.   V F
c. se $f(a) \cdot f(b) < 0$, allora $f(x) = 0$ ha una sola soluzione nell'intervallo $]a; b[$.   V F
d. se $f(a) \cdot f(b) > 0$, allora f non ammette radici nell'intervallo $[a; b]$.   V F
e. se $f(a) < 0$, $f(b) < 0$, $f''(x) < 0 \ \forall x \in \ ]a; b[$, allora $f(x)$ può ammettere zeri.   V F

1849

Capitolo 28. Studio delle funzioni

Applicando il primo e il secondo teorema di unicità dello zero, dimostra che le equazioni seguenti hanno una e una sola soluzione nell'intervallo indicato a fianco.

469 $x^6 + x - 1 = 0$, $[0; 1]$.

470 $4x + \cos x = 0$, $[-1; 1]$.

471 $x^8 + 4x^2 - 1 = 0$, $[0; 2]$.

472 $x - 2 + \ln x = 0$, $[1; 4]$.

473 $e^x - 3 = x$, $[-1; 3]$.

474 $\arcsin x = 1 - 2x$, $[0; 1]$.

---

475 **ESERCIZIO GUIDA** Determiniamo il numero delle soluzioni dell'equazione $\ln(1 + x^2) - x^2 - x - \frac{1}{2} = 0$, separiamo le radici e verifichiamo quanto dedotto con i teoremi di esistenza e unicità.

Scriviamo l'equazione nella forma

$$\ln(1 + x^2) = x^2 + x + \frac{1}{2}$$

e confrontiamo i grafici delle funzioni:

$$g(x) = \ln(1 + x^2) \text{ e } h(x) = x^2 + x + \frac{1}{2}.$$

Le ascisse delle intersezioni delle due curve sono gli zeri della funzione $f(x) = \ln(1 + x^2) - x^2 - x - \frac{1}{2}$, cioè le soluzioni dell'equazione data.

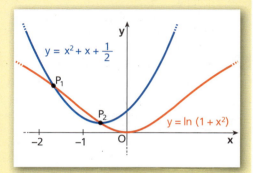

Dal grafico vediamo che g e h hanno due punti di intersezione, P_1 e P_2, quindi l'equazione ha due soluzioni, x_1 e x_2, che si trovano rispettivamente negli intervalli $[-2; -1]$ e $[-1; 0]$.

Lo confermiamo con i teoremi di esistenza e unicità. Nell'intervallo $[-1; 0]$ la funzione $f(x)$ è continua e si ha $f(-1) \cdot f(0) = \left(\ln 2 - \frac{1}{2}\right)\left(-\frac{1}{2}\right) < 0$. È inoltre derivabile con derivata $f'(x) = \frac{2x}{1 + x^2} - 2x - 1$ che si annulla in -1, pertanto è diversa da 0 nei punti interni a $[-1; 0]$, come richiede il primo teorema di unicità. In modo analogo, si procede per l'intervallo $[-2; -1]$.

Aiutandoti con un grafico, determina il numero delle soluzioni reali delle seguenti equazioni, individua gli intervalli in cui si trovano e verifica quanto dedotto con i teoremi di esistenza e unicità.

476 $x^3 - 2x - \frac{1}{2} = 0$ [tre sol.]

477 $xe^x - 4 = 0$ [una sol.]

478 $\ln(4 + x^2) + x^2 = 0$ [nessuna sol.]

479 $\sqrt{1 + x^2} = \ln x$ [nessuna sol.]

480 $2x \ln x - 1 = 0$ [una sol.]

481 $e^x + x = 0$ [una sol.]

482 $2x - \sin x = 0$ [una sol.]

483 $x^3 + x + 1 = 0$ [una sol.]

484 $x^4 + x - 2 = 0$ [due sol.]

485 $x^5 + x^3 - 1 = 0$ [una sol.]

486 $\ln(x^2 - x + 1) = x + 1$ [una sol.]

487 $e^x - 2x^2 = 0$ [tre sol.]

Approssimazione delle radici ▶ Teoria a p. 1794

Metodo di bisezione

488 **ESERCIZIO GUIDA** Dimostriamo che l'equazione $x^3 + x^2 - 4 = 0$ ha una sola radice nell'intervallo $[1; 2]$ e determiniamo il suo valore con una cifra decimale esatta, applicando il metodo di bisezione.

Paragrafo 4. Risoluzione approssimata di un'equazione

Scriviamo l'equazione nella forma

$$x^3 = -x^2 + 4$$

e confrontiamo i grafici delle funzioni

$$y = x^3 \quad \text{e} \quad y = -x^2 + 4.$$

L'ascissa del punto di intersezione P delle due curve è lo zero della funzione $f(x) = x^3 + x^2 - 4$, e cioè la soluzione dell'equazione data.
Dal grafico osserviamo che l'ascissa di P si trova nell'intervallo $[1; 2]$ e lo confermiamo con i teoremi di esistenza e unicità.
Infatti in $[1; 2]$ $f(x)$ è continua e $f(1)f(2) = (-2)(8) < 0$.
Inoltre $f(x)$ è derivabile con derivata prima $f'(x) = 3x^2 + 2x$ diversa da 0 nei punti interni a $[1; 2]$.

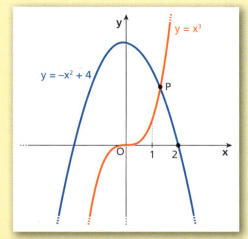

Applichiamo ora il metodo di bisezione per trovare un valore approssimato della soluzione. Utilizziamo la tabella seguente.

n	a_n	b_n	$f(a_n)$	$f(b_n)$	$m_n = \dfrac{a_n + b_n}{2}$	$f(m_n)$	$\varepsilon_n = \dfrac{b_n - a_n}{2}$
0	1	2	−2	8	1,5	1,625	0,5
1	1	1,5	−2	1,625	1,25	−0,48	0,25
2	1,25	1,5	−0,48	1,625	1,375	0,49	0,125
3	1,25	1,375	−0,48	0,49	1,3125	−0,016	0,0625
4	1,3125	1,375					0,03125

Il valore approssimato della soluzione con una cifra decimale esatta è 1,3. L'errore è $\varepsilon_4 = 0,03125$.

Possiamo valutare l'errore anche con la formula $\varepsilon_n = \dfrac{b_0 - a_0}{2^{n+1}}$, che nel nostro caso diventa

$$\varepsilon_4 = \dfrac{2-1}{2^5} = \dfrac{1}{32} = 0,03125.$$

Dimostra che le seguenti equazioni hanno una sola radice nell'intervallo indicato e determina il suo valore approssimato con una cifra decimale esatta, mediante il metodo di bisezione.

489 $x^3 - 2x - \dfrac{1}{2} = 0,$ $[1; 2]$. $[1,5]$

490 $2x + e^x = 0,$ $[-1; 0]$. $[-0,3]$

491 $x^3 - x + 2 = 0,$ $[-2; -1]$. $[-1,5]$

492 $x - \sin x - \dfrac{3}{2} = 0,$ $[2; 3]$. $[2,2]$

493 $x^5 + x^3 - 1 = 0,$ $[0; 1]$. $[0,8]$

494 $\sqrt{4 - x^2} - x^2 - 2x = 0,$ $[0; 1]$. $[0,7]$

495 $\ln(x^2 - x + 1) - x - 1 = 0,$ $[-1; 0]$. $[-0,4]$

496 $(x^2 - 2x + 1)e^{-x} - 2 = 0,$ $[-1; 0]$. $[-0,2]$

Capitolo 28. Studio delle funzioni

497 Verifica graficamente che l'equazione $xe^x + 2x - 1 = 0$ ha una sola soluzione e trova una sua approssimazione con una cifra decimale esatta. [0,3]

498 Considera la curva di equazione $y = ax^5 + bx^3 + c$.
  a. Calcola i coefficienti a, b, c in modo che passi per il punto (0; 2), abbia due estremi relativi per $x = \pm\sqrt{3}$ e la tangente nel punto di ascissa 2 sia parallela alla retta $20x - y = 0$.
  b. Separa i suoi zeri determinandone il numero.
  c. Col metodo di bisezione determina un valore approssimato della radice maggiore con una cifra decimale esatta.

[a) $a = 1, b = -5, c = 2$; b) $I_1 = [-3; -\sqrt{3}], I_2 = [-\sqrt{3}; \sqrt{3}], I_3 = [\sqrt{3}; 3]$; c) 2,1]

Metodo delle tangenti

499 **ESERCIZIO GUIDA** Determiniamo una soluzione approssimata della radice dell'equazione $e^x + 2x - 4 = 0$ utilizzando il metodo delle tangenti.

Dal grafico delle funzioni $g(x) = e^x$ e $h(x) = 4 - 2x$ deduciamo che l'equazione data ha una sola soluzione reale, nell'intervallo $[a_0; b_0] = [0; 2]$.

Detta $f(x) = e^x + 2x - 4$, abbiamo:

$$f(0) = -3, \quad f(2) = e^2;$$
$$f'(x) = e^x + 2, \quad f''(x) = e^x > 0 \quad \forall x \in [0; 2].$$

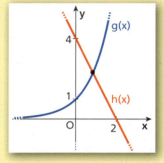

Applichiamo il metodo delle tangenti a partire da $x_0 = 2$, perché la sua ordinata è concorde con $f''(x)$.

$$\begin{cases} x_0 = 2 \\ x_{n+1} = x_n - \dfrac{f(x_n)}{f'(x_n)} \end{cases} = x_n - \dfrac{e^{x_n} + 2x_n - 4}{e^{x_n} + 2} = \dfrac{x_n e^{x_n} - e^{x_n} + 4}{e^{x_n} + 2}$$

n	x_n
0	2
1	1,213 013 958
2	0,879 351 364
3	0,841 241 515
4	0,840 841 538
5	0,840 841 495
6	0,840 841 495

Riportiamo i passi dell'iterazione nella tabella.

Osserviamo che, a partire da x_5, sono stabili almeno 8 cifre decimali:

$$\overline{x} = 0,840\,841\,49.$$

Si ha $f(\overline{x}) = -2,3 \cdot 10^{-8}$.

Verifica che le seguenti equazioni hanno una sola soluzione reale e calcolane un valore approssimato con tre cifre decimali esatte, utilizzando il metodo delle tangenti.

500 $x^3 + x^2 - 4 = 0$ [1,314]   **503** $xe^x - 5 = 0$ [1,326]

501 $x^3 - 6x^2 + 11x - 3 = 0$ [0,328]   **504** $x^5 + x + 1 = 0$ [−0,754]

502 $x + \dfrac{1}{2} - \sin x = 0$ [−1,497]   **505** $e^x + 4x - 5 = 0$ [0,730]

506 $\ln x + 2x = 0$ [0,426]

507 $x^3 + 12x^2 + 47x + 63 = 0$ [−5,671]

508 $xe^{2x} − 3 = 0$ [0,716]

509 $\arcsin x = 2e^{-2x}$ [0,583]

---

510 Dopo aver dimostrato che la funzione $f(x) = \dfrac{x^2 + 2x}{(x+1)^2}$ è simmetrica rispetto alla retta di equazione $x = -1$:

  a. determina l'equazione della parabola γ che ha lo stesso asse di simmetria, passa per il punto $A(-3; 0)$ e ha l'ordinata del vertice uguale a -3;

  b. disegna i grafici delle due curve e dimostra che hanno soltanto quattro punti di intersezione;

  c. calcola un valore approssimato dell'ascissa della radice maggiore con due cifre decimali esatte.

$$\left[\text{a) } y = \frac{3}{4}x^2 + \frac{3}{2}x - \frac{9}{4};\ \text{b) } I_1 = [-4; -3],\ I_2 = \left[-2; -\frac{4}{3}\right],\ I_3 = \left[-\frac{2}{3}; 0\right],\ I_4 = [1; 2];\ \text{c) } 1{,}25\right]$$

511 **YOU & MATHS** X_n is the n-th approximation to the positive root of $x^2 - 2 = 0$, and x_{n+1} is the next approximation. Using the Newton-Raphson method, $x_{n+1} = x_n - \dfrac{f(x_n)}{f'(x_n)}$, show that:

$$x_{n+1} = \frac{1}{2}\left(x_n + \frac{2}{x_n}\right).$$

If $x_0 = 1$, find x_2 correct to three places of decimals.

(IR *Leaving Certificate Examination*, Higher Level)

[1,417]

512 Considera la funzione $f(x) = 4\cos x$ e la parabola di equazione $g(x) = -\dfrac{2}{3}x^2 + \dfrac{2}{3}x$.

  a. Rappresenta le due curve sul piano cartesiano.

  b. Separa i punti di intersezione.

  c. Risolvi l'equazione $f(x) = g(x)$, indicando le soluzioni con tre cifre decimali esatte.

$$\left[\text{b) } x_1 \in \left[\frac{\pi}{2}; 2\right],\ x_2 \in [2; \pi];\ \text{c) } x_1 \simeq 1{,}822,\ x_2 \simeq 2{,}985\right]$$

Riepilogo: Risoluzione approssimata di un'equazione

Dimostra che le seguenti equazioni hanno una sola soluzione reale nell'intervallo indicato e calcolane un valore approssimato con due cifre decimali esatte.

513 $e^{2x} + x - 2 = 0$, $[0; 1]$.   [0,27]

514 $2e^x - x - 3 = 0$, $[0; 1]$.   [0,58]

515 $x = \cos 2x$, $[0; 1]$.   [0,51]

516 $2\sin x + x = 1$, $[0; 1]$.   [0,33]

517 $|x| - e^x = 0$, $[-1; 0]$.   [−0,56]

518 $x^5 - x + 3 = 0$, $[-2; -1]$.   [−1,34]

519 $x + 1 = \sqrt[5]{x + 5}$, $[0; 1]$.   [0,40]

520 $\cos x = x^2 - 3x$, $[2; 3]$.   [2,66]

521 $xe^{3x} - 1 - x = 0$, $[-2; -1]$.   [−1,04]

522 $e^{3x} + e^x = 4$, $[0; 1]$.   [0,32]

523 $\sin^2 x - x = 1$, $[-1; 0]$.   [−0,64]

524 $x^2 + 5\cos x - x = 0$, $[1; 2]$.   [1,95]

525 $x - e^{\sin x} = 1$, $[2; 3]$.   [2,63]

526 $\ln(2 + \sin x) = x$, $[1; 2]$.   [1,05]

Individua tutte le radici delle seguenti equazioni e determinane un valore approssimato con due cifre decimali esatte.

527 $x^4 + x^3 - x^2 - 3 = 0$ [−1,93; 1,26]

528 $x^6 + x^5 - x - 2 = 0$ [−1,24; 1,08]

529 $x^4 - x^3 - \dfrac{1}{4} = 0$ [−0,54; 1,16]

530 $e^x + 2x^2 - 5 = 0$ [−1,54; 1,04]

Capitolo 28. Studio delle funzioni

531 $e^x - \ln(x+3) = 0$ $[-1{,}82; 0{,}13]$ **533** $x^2 + \sin x - 2 = 0$ $[-1{,}72; 1{,}06]$

532 $x \arctan x - 1 = 0$ $[-1{,}16; 1{,}16]$ **534** $x^2 + \sin x - \cos x = 0$ $[-1{,}14; 0{,}56]$

LEGGI IL GRAFICO

535 Nel grafico sono rappresentate le funzioni
$$f(x) = e^x \text{ e } g(x) = ax^4 + bx + c.$$

a. Trova a, b, c.

b. Calcola il valore, approssimato con due cifre decimali esatte, dell'ascissa del punto A.

$[a)\ a = -1, b = 1, c = 2;\ b)\ 0{,}84]$

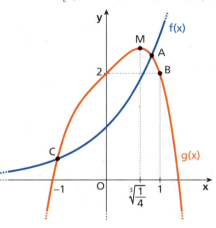

536 Il grafico rappresenta la funzione
$$y = 2x^5 + bx^2 + c.$$

a. Determina il valore di b e c.

b. Calcola il valore, approssimato con due cifre decimali esatte, dell'ascissa del punto B.

$[a)\ b = -5, c = 3;\ b) -0{,}72]$

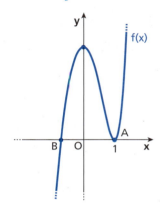

537 Considera le funzioni $f(x) = \sin^2 x$ e $g(x) = \ln \dfrac{x}{x-1}$.

a. Disegna i grafici utilizzando il medesimo riferimento cartesiano ortogonale.

b. Per via grafica verifica, motivando, che per $x < 0$ f e g non hanno intersezioni, per $x > 0$ ne hanno infinite.

c. Dimostra che nell'intervallo $\left[\dfrac{4}{3}; \dfrac{2\pi}{3}\right]$ hanno soltanto un'intersezione. Determina un valore approssimato con due cifre decimali esatte della radice dell'equazione $f(x) - g(x) = 0$. $[c)\ 1{,}58]$

538 Data la famiglia di funzioni
$$f_k(x) = \arctan x + kx^3, \quad \text{con } k \text{ parametro reale,}$$

a. dimostra che tutte hanno lo stesso dominio, sono dispari e, nell'origine, ammettono una tangente comune;

b. posto $k = -\dfrac{1}{3}$, dimostra che la corrispondente funzione ha due zeri oltre a quello nell'origine; calcola un valore approssimato della radice positiva con tre cifre decimali esatte. $[a)\ \text{tangente: } y = x;\ b)\ 1{,}421]$

539 Dati il fascio di rette $y = mx$ e la funzione $f(x) = x^2 \ln x$:

a. esegui lo studio completo di f e traccia il suo grafico;

b. studia il numero delle intersezioni della generica retta con la funzione, al variare di m;

c. dimostra che l'equazione $f(x) = x$ ha soltanto una radice, quindi determina una sua approssimazione con tre cifre decimali esatte. $[b)\ \text{per} -e^{-1} \le m < 0 \text{ due intersezioni, per } m \ge 0 \text{ un'intersezione;}\ c)\ 1{,}763]$

Allenamento V

VERIFICA DELLE COMPETENZE ALLENAMENTO

UTILIZZARE TECNICHE E PROCEDURE DI CALCOLO

1 **VERO O FALSO?**

a. La funzione $f(x) = \dfrac{x-3}{x^2+1}$ non ha asintoti.   V F

b. $f(x) = \dfrac{e^{-x} - e^x}{x^2}$ è una funzione pari.   V F

c. La funzione $y = x^2 e^x$ ha due flessi.   V F

d. La funzione $y = 4x^3 - 12x^2$ ha un flesso orizzontale.   V F

Studia e rappresenta graficamente le seguenti funzioni.

2 $f(x) = \dfrac{2x-1}{x+2}$

$[a: x = -2, \, y = 2; \, f(x) \text{ cresc. } \forall x \in D]$

3 $y = 3x(x^2 - 3)$

$[\max(-1; 6); \min(1; -6); F(0; 0)]$

4 $y = \dfrac{1}{12}x^4 - \dfrac{1}{2}x^2 + 1$

$\left[\max(0; 1); \min_1\left(-\sqrt{3}; \dfrac{1}{4}\right), \min_2\left(\sqrt{3}; \dfrac{1}{4}\right); F_1\left(1; \dfrac{7}{12}\right), F_2\left(-1; \dfrac{7}{12}\right)\right]$

5 $y = \dfrac{6}{5}x^5 - 2x^3$

$\left[\max\left(-1; \dfrac{4}{5}\right); \min\left(1; -\dfrac{4}{5}\right); F_1(0; 0), F_2\left(-\dfrac{\sqrt{2}}{2}; \dfrac{7\sqrt{2}}{20}\right), F_3\left(\dfrac{\sqrt{2}}{2}; -\dfrac{7\sqrt{2}}{20}\right)\right]$

6 $y = \dfrac{x^3}{6(x-2)}$

$\left[a: x = 2; \min\left(3; \dfrac{9}{2}\right); F(0; 0)\right]$

7 $y = \dfrac{x^2 - 7x + 10}{6 - x}$

$[a: x = 6, \, y = -x + 1; \max(8; -9); \min(4; -1)]$

8 $y = \sqrt{x^3 - 3x}$

$[\max(-1; \sqrt{2}); \min_1(-\sqrt{3}; 0), \min_2(0; 0), \min_3(\sqrt{3}; 0)]$

9 $y = \dfrac{x^3}{3} - \dfrac{9}{4}x^2 + 2x + \dfrac{7}{3}$

$\left[\max\left(\dfrac{1}{2}; \dfrac{45}{16}\right); \min\left(4; -\dfrac{13}{3}\right); \text{flesso in } x = \dfrac{9}{4}\right]$

10 $y = \dfrac{x^2 - 3x + 2}{x^2}$

$\left[a: x = 0, \, y = 1; \min\left(\dfrac{4}{3}; -\dfrac{1}{8}\right); \text{flesso in } x = 2\right]$

11 $y = \dfrac{x-1}{\sqrt{x-2}}$

$[a: x = 2; \min(3; 2); \text{flesso in } x = 5]$

12 $y = x \ln x^2$

$\left[\max\left(-\dfrac{1}{e}; \dfrac{2}{e}\right); \min\left(\dfrac{1}{e}; -\dfrac{2}{e}\right)\right]$

13 $y = \dfrac{\cos x}{1 + \cos x},$ $[0; 2\pi].$

$\left[a: x = \pi; \max_1\left(0; \dfrac{1}{2}\right), \max_2\left(2\pi; \dfrac{1}{2}\right)\right]$

14 $y = e^x(x^2 + 1)$

$[a: y = 0; \text{flessi in } x = -3 \text{ e } x = -1 \text{ (orizzontale)}]$

15 $y = \dfrac{x^3 - 2}{x^2}$

$\left[a: x = 0, \, y = x; \max\left(-\sqrt[3]{4}; -\dfrac{3}{\sqrt[3]{2}}\right)\right]$

16 $y = e^{\frac{2x+1}{x-1}}$

$\left[a: y = e^2, \, x = 1; F\left(-\dfrac{1}{2}; 1\right)\right]$

17 $f(x) = e^{\frac{x}{x+1}} + 2$

$\left[a: x = -1, \, y = e + 2; \, f(x) \text{ cresc. } \forall x \in D; F\left(-\dfrac{1}{2}; \dfrac{1}{e} + 2\right)\right]$

1855

Capitolo 28. Studio delle funzioni

18 $f(x) = \ln(3x^2 + 2x)$ $\qquad\qquad\left[a: x = -\dfrac{2}{3}, x = 0; f(x) \text{ cresc. per } x > 0\right]$

19 $y = x^2 \ln|x|$ $\qquad\qquad\left[\min_{1,2}\left(\pm\dfrac{1}{\sqrt{e}}; -\dfrac{1}{2e}\right); F_{1,2}\left(\pm\dfrac{1}{e\sqrt{e}}; -\dfrac{3}{2e^3}\right)\right]$

20 $y = \dfrac{\sin x}{\sin x - 1}, \quad \left]-\dfrac{3}{2}\pi; \dfrac{\pi}{2}\right[.$ $\qquad\left[a: x = -\dfrac{3}{2}\pi, x = \dfrac{\pi}{2}; \max\left(-\dfrac{\pi}{2}; \dfrac{1}{2}\right)\right]$

21 $y = \dfrac{4e^x}{1 - e^x}$ $\qquad\qquad[a: x = 0, y = 0, y = -4]$

22 $y = \dfrac{2\ln x}{\ln x - 1}$ $\qquad\qquad\left[a: y = 2, x = e; F\left(\dfrac{1}{e}; 1\right)\right]$

23 $y = \dfrac{3e^x - 1}{e^x - 1}$ $\qquad\qquad[a: x = 0, y = 1, y = 3]$

24 $y = e^{2x} - 3e^x + 2$ $\qquad\qquad\left[a: y = 2; \min\left(\ln\dfrac{3}{2}; -\dfrac{1}{4}\right); F\left(\ln\dfrac{3}{4}; \dfrac{5}{16}\right)\right]$

25 $y = x(\ln x - \ln 2)$ $\qquad\qquad\left[\min\left(\dfrac{2}{e}; -\dfrac{2}{e}\right)\right]$

26 $y = \ln^2 x - \ln x$ $\qquad\qquad\left[a: x = 0; \min\left(\sqrt{e}; -\dfrac{1}{4}\right); F\left(\sqrt{e^3}; \dfrac{3}{4}\right)\right]$

27 $y = xe^{-x^2}$ $\qquad\left[a: y = 0; \min\left(-\dfrac{1}{\sqrt{2}}; -\dfrac{1}{\sqrt{2e}}\right); \max\left(\dfrac{1}{\sqrt{2}}; \dfrac{1}{\sqrt{2e}}\right); \text{flessi in } x = \pm\sqrt{\dfrac{3}{2}}; F(0; 0)\right]$

28 $y = \dfrac{xe^x}{x - 2}$ $\qquad[a: y = 0; \max(1 - \sqrt{3}; \ldots); \min(1 + \sqrt{3}; \ldots); \text{flesso in } x = \alpha, \alpha \in]-2; -1[\,]$

29 $y = \dfrac{e^x}{|x| - 1}$ $\qquad\qquad[a: y = 0, x = -1, x = 1; \max(0; -1); \min(2; e^2)]$

30 $y = \dfrac{2 - |x^2 - 2|}{|x|}$ $\qquad\qquad[a: y = \pm x; \max(\pm\sqrt{2}; \sqrt{2})]$

31 Indica le proprietà comuni alle curve di equazione $y = x^3 + ax^2$ al variare di a in $\mathbb{R}$, con $a \neq 0$, e confermale studiando la funzione $y = x^3 + 3x^2$.

Determina il numero delle soluzioni reali delle seguenti equazioni e verifica quanto dedotto dal grafico con i teoremi di esistenza e unicità.

32 $x^5 + 2x - 4 = 0$ $\qquad$ [una sol.] $\qquad$ **34** $3x^4 - x - 1 = 0$ $\qquad$ [due sol.]

33 $\ln(x + 1) + x - 2 = 0$ $\qquad$ [una sol.] $\qquad$ **35** $|x|e^x - 5 = 0$ $\qquad$ [una sol.]

Dimostra che le seguenti equazioni hanno una sola soluzione reale nell'intervallo indicato e calcola un loro valore approssimato con due cifre decimali esatte.

36 $x^3 + 2x - 4 = 0$, $\quad [1; 2]$. $\qquad$ [1,17] $\qquad$ **39** $x + \dfrac{1}{2} - \cos x = 0$, $\quad [0; 1]$. $\qquad$ [0,41]

37 $xe^x - 3 = 0$, $\quad [1; 2]$. $\qquad$ [1,04] $\qquad$ **40** $\sin x - x^3 + 1 = 0$, $\quad [1; 2]$. $\qquad$ [1,24]

38 $x \ln x - 4 = 0$, $\quad [3; 4]$. $\qquad$ [3,32] $\qquad$ **41** $\sqrt{x + 1} + e^{-x} = x$, $\quad [1; 2]$. $\qquad$ [1,84]

ANALIZZARE E INTERPRETARE DATI E GRAFICI

TEST

42 Quale delle seguenti funzioni corrisponde al grafico?

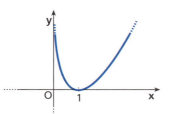

- A $y = (x+1)\ln x$
- B $y = x\ln(x-1)$
- C $y = x^2 \ln x$
- D $y = \dfrac{\ln x}{x-1}$
- E $y = (x-1)\ln x$

43 Quale delle seguenti funzioni è rappresentata dal grafico?

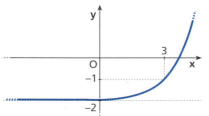

- A $y = e^{-x+3} - 2$
- B $y = e^x - 2$
- C $y = e^{x-3} - 2$
- D $y = e^{x+3} - 2$
- E $y = -e^{x-3} - 2$

44 Data una funzione $y = f(x)$ che

1. ha come dominio $\mathbb{R} - \{\pm 4\}$,
2. interseca l'asse x nei punti $A(-3; 0)$ e $B(3; 0)$,
3. ha come asintoti verticali le rette $x = 4$ e $x = -4$,
4. ha come asintoto orizzontale la retta $y = 2$,

la sua espressione analitica può essere:

- A $y = \dfrac{x^2 - 9}{x^2 - 4}$.
- B $y = \dfrac{2x^2 - 18}{16 - x^2}$.
- C $y = \dfrac{2(x^2 - 16)}{x^2 - 9}$.
- D $y = \dfrac{2(x^2 - 9)}{x^2 - 16}$.
- E $y = 2(x^2 - 16)(x^2 - 9)$.

LEGGI IL GRAFICO

45 Il grafico della funzione in figura ha equazione

$$y = \dfrac{e^{-\frac{1}{2}x}}{2x+a} + b.$$

a. Trova a e b.
b. Determina le coordinate dei punti stazionari.
c. Scrivi l'equazione della tangente al grafico nel punto A.

$$\left[\text{a) } a = 4, b = 1; \text{ b) } M\left(-4; -\dfrac{e^2+4}{4}\right); \text{ c) } x + 4y - 5 = 0\right]$$

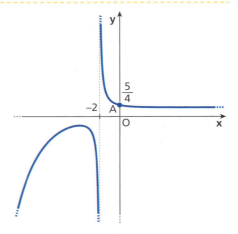

46 Determina per quale valore di k il grafico della funzione in figura ha equazione

$$y = e^{\frac{2x}{x^2+k}},$$

sapendo che i punti A e B sono rispettivamente un minimo e un massimo. Scrivi le equazioni delle tangenti al grafico in A e B. La funzione ha asintoti? Quali?

$$\left[k = 1, y = e; y = \dfrac{1}{e}; \text{asintoto orizz. } y = 1\right]$$

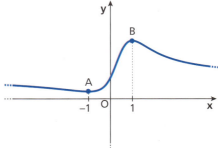

Capitolo 28. Studio delle funzioni

47 Dato il grafico della funzione $y = f(x)$, disegna in modo qualitativo il grafico della funzione derivata $y = f'(x)$.

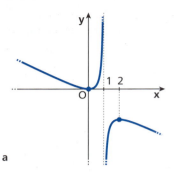
a

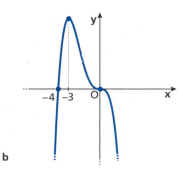
b

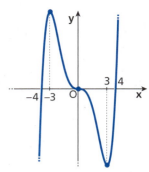
c

48 Dato il grafico della funzione $y = f'(x)$, disegna in modo qualitativo il grafico della funzione $y = f(x)$.

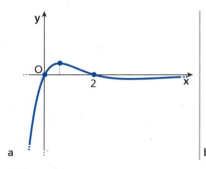
a

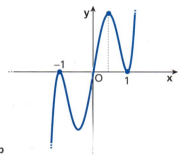
b

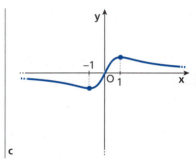
c

49 **EUREKA!** È dato il grafico della funzione f, insieme ai grafici delle funzioni derivate prima e seconda, rispettivamente f' e f''. Indica quale grafico appartiene a quale funzione e spiega il tuo ragionamento.

(USA *Stanford University*)

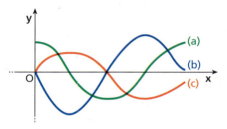

Risolvi graficamente le seguenti equazioni e disequazioni.

50 $\cos x + x - 1 = 0$ $\qquad [x_1 = 0]$

51 $2e^x - x^2 = 0$ $\qquad [-1 < x_1 < -0,9]$

52 $e^x + x^2 - x - 2 > 0$
$[x < x_1 \vee x > x_2, \text{con} -1 < x_1 < -0,9 \text{ e } 0,7 < x_2 < 0,9]$

53 $\ln \sqrt{1 - x^2} - e^x = 0$ $\qquad$ [impossibile]

54 $x^3 - 3x^2 + \ln x = 0$ $\qquad [2,8 < x_1 < 2,9]$

55 $\ln(x-1) - x + 3 \geq 0$
$[x_1 \leq x \leq x_2, \text{con } 1,1 \leq x_1 \leq 1,2 \text{ e } 4,1 \leq x_2 \leq 4,2]$

---

56 Stabilisci al variare di $k \in \mathbb{R}$ il numero di soluzioni dell'equazione:
$$\frac{1}{3}x^3 + \frac{1}{2}x^2 + k = 0.$$
$\left[k < -\frac{1}{6} \vee k > 0 \text{ una sol.}; -\frac{1}{6} \leq k \leq 0 \text{ tre sol.}\right]$

57 Stabilisci per quali valori del parametro reale k l'equazione $e^x - kx = 0$ ammette soluzione.
$[k < 0 \text{ una sol.}; k \geq e \text{ due sol.}]$

58 Studia e rappresenta graficamente la funzione $f(x) = (x+2)e^{\frac{1}{x}}$. Discuti l'equazione $f(x) = k$ al variare di k in $\mathbb{R}$.
$\left[k \leq 0 \text{ una sol.}; 0 < k \leq \frac{1}{e} \vee k \geq 4\sqrt{e} \text{ due sol.}\right]$

RISOLVERE PROBLEMI

59 Trova per quale valore dei parametri a e b la curva di equazione $y = \dfrac{x^2 + ax + 1}{x + b}$ ha per asintoti le rette di equazioni $x = 3$ e $y = x$. Rappresenta la funzione $y = f(x)$ ottenuta. Utilizzando il grafico precedente, rappresenta il grafico di $y = \dfrac{1}{f(x)}$.

$[a = b = -3]$

60 Determina i parametri a e b in modo che la curva γ di equazione $y = \dfrac{1}{x^2 + ax + b}$ abbia un massimo in $\left(1; -\dfrac{1}{2}\right)$. Rappresenta il grafico di γ. Detto P il punto della curva di ascissa nulla, stabilisci quali rette del fascio di centro P intersecano γ in due punti C e D distinti oltre P.

$[a = -2, b = -1;$ tutte tranne $y = -1$ e $y = 2x - 1]$

61 Dimostra che l'equazione $\ln x = (x - 1)^2$ ammette due soluzioni reali distinte. Determina la maggiore delle due con un'approssimazione di due cifre decimali esatte.

$[x_1 = 1, x_2 \simeq 1{,}74]$

62 Dato il quadrato di lato 1 in figura, scrivi la funzione che esprime il rapporto tra la somma delle aree dei rettangoli gialli e la somma delle aree dei quadrati verdi, al variare di P sulla diagonale. Rappresentala poi graficamente indipendentemente dalle limitazioni geometriche.

$\left[f(x) = \dfrac{2x - 2x^2}{2x^2 - 2x + 1}\right]$

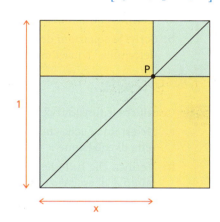

63 Il triangolo isoscele in figura ha perimetro 6. Studia la funzione $f(x) = \dfrac{\overline{AB}^2}{\overline{CH}^2}$ e rappresentala graficamente.

$\left[f(x) = \dfrac{(6 - 2x)^2}{6x - 9}\right]$

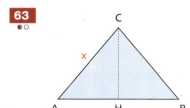

64
a. Verifica che, al variare di a e b in $\mathbb{R}$, con $a \neq 0$, la funzione $y = a\ln^2 x + b\ln x$ ammette un solo estremante e un solo flesso e che, indicate con x_M e x_F le loro ascisse, vale la relazione $x_F = e\, x_M$.
b. Rappresenta il grafico della funzione per $a = 1$ e $b = -1$ e verifica la proprietà precedente.

65 Considera le curve γ e γ' di equazioni rispettive $y = x^2$ e $y = \dfrac{1}{x}$ e, preso su γ un punto A di ascissa $k > 0$, traccia per A le parallele agli assi x e y e siano B e C le rispettive intersezioni con γ'.
a. Dimostra che la retta OA dimezza la corda BC.
b. Studia e rappresenta la funzione che esprime l'area del triangolo ABC al variare di $k \in \mathbb{R}$.

$\left[\text{b) } A(k) = \dfrac{(k^3 - 1)^2}{2k^3}\right]$

66 Data la funzione $y = e^{3x^2 - ax + b}$:
a. determina i valori dei parametri a e b, sapendo che il suo grafico ha un punto stazionario di ascissa 1 e passa per il centro della circonferenza di equazione $x^2 + y^2 - 4x - 2y - 4 = 0$;
b. disegna il grafico della funzione e da questo deduci quello della derivata della funzione.

$[a) \ a = 6, b = 0]$

Capitolo 28. Studio delle funzioni

67 a. Traccia il grafico della funzione $f(x) = \dfrac{x^3}{6} - \dfrac{x^2}{2} - \dfrac{3}{2}x + \dfrac{11}{6}$ e trova l'equazione della retta r passante per i suoi estremi relativi. Verifica che il punto di flesso della funzione appartiene alla retta r.

b. Disegna il grafico della funzione $g(x) = |f(x)|$ e analizza i suoi punti di non derivabilità.

$$\left[\text{a) } y = -\dfrac{4}{3}x + \dfrac{4}{3}\right]$$

68 Considera la funzione $f_a(x) = e^x - ax$, con $a \in \mathbb{R}$.

a. Determina l'equazione dell'asintoto obliquo di $f_a(x)$.

b. Trova gli estremi relativi della curva e verifica che per $a = 1$ risulta $f_1(x) \geq 1$ per ogni $x \in \mathbb{R}$.

c. Disegna i grafici delle funzioni $f_1(x)$ e $f_e(x)$, verificando che hanno un unico punto comune.

$$[\text{a) } y = -ax; \text{ b) min in } x = \ln a]$$

69 Determina i parametri reali a, b, c, in modo che la funzione $f(x) = \dfrac{ax^2 + b}{x^2 + c}$ ammetta l'asintoto orizzontale di equazione $y = 8$ e sia tale che $f''(-2) = 0$ e $f'(2) = 1$.

a. Verifica che la funzione ottenuta è pari e traccia il suo grafico.

b. Scrivi le equazioni delle tangenti alla curva nei suoi punti A e B rispettivamente di ascissa -2 e 2. Quindi determina l'equazione della parabola tangente alla curva in A e B.

$$\left[a = 8, b = 32, c = 12; \text{ b) } y = \pm x + 2, y = \dfrac{x^2}{4} + 3\right]$$

70 Considera le funzioni del tipo $y = ax^4 + bx^2 + c$.

a. Determina quella che descrive la curva con un flesso nel punto $F(1; -1)$, dove la tangente t è parallela alla retta di equazione $y = -8x + 3$. Quindi studia e rappresenta graficamente tale funzione.

b. Verifica che tutte le curve descritte dalle funzioni del tipo indicato hanno la tangente orizzontale nel punto A di ascissa zero.

$$[\text{a) } y = x^4 - 6x^2 + 4]$$

71 Dato un quarto di cerchio AOB, di centro O e delimitato dai raggi OA e OB di misura 2, siano P un punto dell'arco $\widehat{AB}$ e C il punto in cui la parallela ad AO condotta per P interseca OB. Da P traccia una semiretta che incontri OA in D, in modo tale che $D\hat{P}O \cong O\hat{P}C$. Esprimi il rapporto $y = \dfrac{\overline{OD}}{\overline{OC}}$ in funzione di $\overline{CP} = x$.

Studia la funzione, tenendo conto delle condizioni su x poste dal problema, e disegna il suo grafico.

$$\left[y = \dfrac{2}{x\sqrt{4 - x^2}}\right]$$

72 Studia il fascio di parabole di equazione $y = kx^2 - 4kx + 2$, verificando che tutte le parabole passano per due punti A e B. Calcola le coordinate del loro vertice V. Considera poi il punto P di intersezione di una generica parabola del fascio con la retta di equazione $x = 1$. Determina la misura A_{OVP} dell'area del triangolo OVP, dove O è l'origine degli assi, e la misura di PV, e studia la funzione $y = \dfrac{A_{OVP}}{PV}$ al variare di k.

$$[A(0; 2), B(4; 2), V(2; 2 - 4k); A_{OVP} = |k - 1|, \overline{PV} = \sqrt{1 + k^2}]$$

73 Ricava l'equazione del luogo γ descritto dal punto di massimo relativo della curva λ di equazione $y = x^2 e^{ax}$ al variare di $a \in \mathbb{R}$. Verifica che la curva λ presenta un minimo relativo (e assoluto) per $x = 0$, qualunque sia il valore di $a \in \mathbb{R}$. Quindi rappresenta graficamente λ nel caso $a = 1$. $\quad [\gamma: y = e^{-2}x^2, x \neq 0]$

74 È data una funzione polinomiale $y = f(x)$ tale che:

a. $f(-1) = f(1) = f(2) = 0$; b. $f(x) \neq 0$ per ogni $x \in \mathbb{R} - \{-1, 1, 2\}$; c. $\lim\limits_{x \to \pm\infty} f(x) = +\infty$.

Determina il grado minimo del polinomio e scrivi una sua possibile espressione analitica. $\quad [4° \text{ grado}]$

VERIFICA DELLE COMPETENZE VERSO L'ESAME

ARGOMENTARE E DIMOSTRARE

75 Nella figura sotto, denotati con I, II e III, sono disegnati tre grafici.
Uno di essi è il grafico di una funzione f, un altro lo è della funzione derivata f' e l'altro ancora di f''.
Quale delle seguenti alternative identifica correttamente ciascuno dei tre grafici?
Si motivi la risposta.

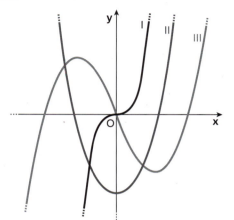

	f	f'	f''
A	I	II	III
B	I	III	II
C	II	III	I
D	III	II	I
E	III	I	II

(*Esame di Stato, Liceo scientifico, Corso di ordinamento, Sessione ordinaria, 2011, quesito 10*)

76 Il grafico in figura è quello della derivata prima $f'(x)$ di una funzione $f(x)$ continua in $\mathbb{R}$. Il grafico riportato è simmetrico rispetto all'origine ed ha come asintoti le rette di equazione $x = 0$ e $5x + 2y = 0$.
Descrivere le principali caratteristiche relative all'andamento della funzione $f(x)$ e tracciarne, indicativamente, un possibile grafico. Tracciare inoltre il grafico della funzione $f''(x)$.

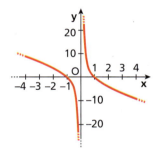

(*Esame di Stato, Liceo scientifico, Scuole italiane all'estero (Americhe), Sessione ordinaria, 2011, quesito 6*)

77 Si spieghi perché l'equazione $\cos x = x$ ha almeno una soluzione.
(*Esame di Stato, Liceo scientifico, Scuole italiane all'estero (Americhe), Sessione ordinaria, 2011, quesito 4*)

78 Si provi che l'equazione: $x^{2011} + 2011x + 12 = 0$ ha una sola radice compresa fra -1 e 0.
(*Esame di Stato, Liceo scientifico, Corso di ordinamento, Sessione ordinaria, 2011, quesito 7*)

79 Si determini, al variare di k, il numero delle soluzioni reali dell'equazione:
$x^3 - 3x^2 + k = 0$.   (*Esame di Stato, Liceo scientifico, Corso di ordinamento, Sessione ordinaria, 2008, quesito 7*)
$[k < 0 \vee k > 4\text{: 1 sol.;} \ 0 \leq k \leq 4\text{: 3 sol.}]$

80 Si consideri l'equazione:
$4x^3 - 14x^2 + 20x - 5 = 0$.

Si dimostri che essa per $0 < x < 1$ ha un'unica radice reale e se ne calcoli un valore approssimato con due cifre decimali esatte.

(*Esame di Stato, Liceo scientifico, Corso sperimentale, Sessione suppletiva, 2013, quesito 8*)
$[0{,}31]$

Capitolo 28. Studio delle funzioni

81 Si stabilisca per quali valori $k \in \mathbb{R}$ l'equazione $x^2(3-x) = k$ ammette due soluzioni distinte appartenenti all'intervallo $[0; 3]$. Posto $k = 3$, si approssimi con due cifre decimali la maggiore di tali soluzioni, applicando uno dei metodi iterativi studiati.

(Esame di Stato, Liceo scientifico, Corso sperimentale, Sessione ordinaria, 2013, quesito 10)
$$[0 \leq k < 4; 2{,}53]$$

82 Si consideri l'equazione $\log|x| - e^x = 0$.
Si dimostri che essa ammette una soluzione reale appartenente all'intervallo $-2 \leq x \leq -1$ e se ne calcoli un valore approssimato con due cifre decimali esatte.

(Esame di Stato, Liceo scientifico, Corso sperimentale, Sessione suppletiva, 2013, quesito 8)
$$[-1{,}31]$$

83 Provare che la funzione $y = e^x - \tan x$ ha infiniti zeri, mentre la funzione $y = e^x - \arctan x$ non ne ha alcuno.

(Esame di Stato, Liceo scientifico, opzione Scienze applicate, Sessione suppletiva, 2015, quesito 8)

84 Sia $f(x)$ una funzione reale di variabile reale. Si sa che: $f(x)$ è derivabile su tutto l'asse reale; $f(x) = 0$ solo per $x = 0$; $f(x) \to 0$ per $x \to \pm\infty$; $f'(x) = 0$ soltanto per $x = -2$ e $x = 1$; $f(-2) = 1$ e $f(1) = -2$.
Dire, dandone esauriente spiegazione, se le informazioni suddette sono sufficienti per determinare gli intervalli in cui la funzione è definita, quelli in cui è continua, quelli in cui è positiva, quelli in cui è negativa, quelli in cui cresce, quelli in cui decresce. Si può dire qualcosa circa i flessi di $f(x)$?

(Esame di Stato, Liceo scientifico, Corso di ordinamento, Sessione suppletiva, 2002, quesito 3)
$$[f(x) \text{ ha almeno 3 flessi, ma non si può stabilire il numero esatto}]$$

85 Si calcoli con la precisione di due cifre decimali lo zero della funzione $f(x) = \sqrt[3]{x} + x^3 - 1$. Come si può essere certi che esiste un unico zero?

(Esame di Stato, Liceo scientifico, Corso sperimentale, Sessione ordinaria, 2010, quesito 4)
$$[0{,}56]$$

COSTRUIRE E UTILIZZARE MODELLI

RISOLVIAMO UN PROBLEMA

■ Facciamo il pieno

Il serbatoio del carburante di una barca ha la forma di un prisma retto avente per base un triangolo isoscele rovesciato.
Claudio porta la sua barca a fare rifornimento, sapendo che gli restano solo 15 L di carburante. La pompa versa 2 L di carburante al secondo nel serbatoio.

- Scriviamo la funzione che esprime l'altezza del livello del carburante in funzione del tempo e rappresentiamola graficamente.
- Dopo quanto tempo il serbatoio è pieno?

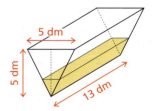

▶ **Esprimiamo il volume del carburante in funzione del tempo.**

Inizialmente, per $t = 0$, il volume è di 15 L = 15 dm³. Quando la pompa inizia a erogare il carburante, il volume aumenta di 2 L al secondo, pertanto:

$$V(t) = 15 + 2 \cdot t, \quad \text{con } t \text{ misurato in secondi.}$$

Verso l'esame

▶ **Esprimiamo il volume in funzione dell'altezza del livello del carburante.**

Il liquido prende la forma del recipiente che lo contiene, quindi in ogni istante lo spazio occupato dal carburante è un prisma a base triangolare.

Chiamiamo l la lunghezza del serbatoio, h l'altezza del triangolo di base (che è anche l'altezza del livello del carburante) e b la base. Osserviamo che l è costante nel tempo e misura 13 dm, mentre b e h cambiano.

Analizzando una sezione del serbatoio, notiamo che il triangolo ABC è simile al triangolo $AB'C'$, per cui:

$$5 : 5 = b(t) : h(t) \quad \rightarrow \quad b(t) = h(t).$$

Il volume del carburante è:

$$V(t) = \frac{b(t) \cdot h(t)}{2} \cdot l = \frac{13}{2} h(t)^2.$$

▶ **Esprimiamo l'altezza del livello del carburante in funzione del tempo.**

Uguagliamo le espressioni ottenute per il volume:

$$\frac{13}{2} h(t)^2 = 15 + 2t \quad \rightarrow \quad h(t) = \sqrt{\frac{30 + 4t}{13}}.$$

▶ **Studiamo la funzione $h(t)$.**

Il dominio naturale della funzione è dato da:

$$\frac{30 + 4t}{13} \geq 0 \quad \rightarrow \quad t \geq -\frac{15}{2}.$$

La funzione interseca gli assi in $\left(-\frac{15}{2}; 0\right)$ e $\left(0; \sqrt{\frac{30}{13}}\right)$, dove $\sqrt{\frac{30}{13}} \simeq 1{,}52$ dm è il livello del carburante prima del rifornimento.

Per $t \to +\infty$ è $h(t) \to +\infty$. La funzione non ammette però asintoto obliquo, infatti:

$$m = \lim_{t \to +\infty} \frac{f(t)}{t} = \lim_{t \to +\infty} \frac{1}{t} \sqrt{\frac{30 + 4t}{13}} = 0.$$

Calcoliamo la derivata prima:

$$h'(t) = \frac{2}{13} \sqrt{\frac{13}{30 + 4t}}.$$

La derivata prima è sempre positiva, quindi $h(t)$ è strettamente crescente (come era prevedibile rappresentando il livello del carburante durante il rifornimento).

▶ **Calcoliamo il tempo di riempimento.**

L'altezza massima del livello del carburante è data dalle dimensioni del serbatoio ed è di 5 dm, quindi:

$$5 = \sqrt{\frac{30 + 4t}{13}} \;\underset{\text{eleviamo al quadrato}}{\longrightarrow}\; 25 = \frac{30 + 4t}{13} \;\underset{\text{isoliamo } t}{\longrightarrow}\; t = 73{,}75 \text{ s}.$$

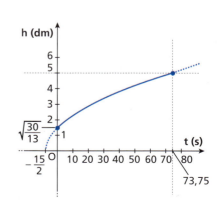

La funzione $h(t)$ è definita matematicamente per $t \geq -\frac{15}{2}$, ma dal punto di vista della situazione reale assume significato solo per $0 \leq t \leq 73{,}75$.

Capitolo 28. Studio delle funzioni

86 **Cotti a puntino** Pietro accende il forno di casa per preparare dei biscotti e imposta la temperatura indicata sulla ricetta. Durante la cottura legge la temperatura con il termometro del forno e prende nota dei valori. Poi elabora i dati con un foglio di calcolo e ottiene la funzione che descrive la temperatura T (in gradi centigradi) al variare del tempo t (in minuti).

$$T(t) = \frac{100 + 1800t}{5 + 12t}$$

a. Rappresenta graficamente la funzione.

b. A che temperatura Pietro ha impostato il forno? [b) 150 °C]

87 **Solare** Il grafico rappresenta in modo approssimato lo spettro della luce solare che raggiunge la superficie terrestre.

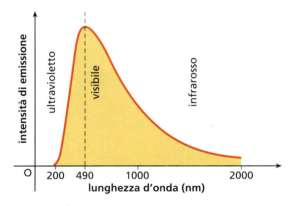

In ascissa è riportata la lunghezza d'onda, espressa in nanometri (10^{-9} m), e la curva rappresentata (densità spettrale) indica com'è distribuita, al variare della lunghezza d'onda, l'intensità della radiazione. L'area evidenziata in giallo corrisponde all'intensità complessiva.

Chiamata $f(x)$ la funzione rappresentata nel grafico, disegna in modo approssimato il grafico della funzione derivata.

88 **Torte e profitti** Un laboratorio di pasticceria produce torte decorate da un noto cake-designer. Ogni mese ne vende 50 a un negozio a € 35 l'una e le altre le vende a € 50 al pubblico.
Il laboratorio paga un affitto mensile di € 800, sostiene una spesa fissa media di € 500 per consumi e manutenzione attrezzature e una spesa variabile direttamente proporzionale al quadrato del numero delle torte prodotte, con costante di proporzionalità pari a € 0,125.
Al laboratorio una torta costa in media € 15.

a. Esprimi il profitto annuo in funzione del numero di torte realizzate, ipotizzando che mediamente (tenendo conto anche dei periodi di chiusura) ogni mese vengano preparate almeno 100 torte.

b. Calcola la derivata della funzione profitto e determina quando si annulla.

c. Rappresenta graficamente la funzione profitto in un opportuno sistema di riferimento e interpreta il significato del numero di torte per cui la derivata si annulla.

[a) $p(x) = -1,5x^2 + 420x - 24\,600$, con $x \geq 100$ torte prodotte al mese; b) $x = 140$; c) profitto max: $x = 140$]

1864

89 **Lo scivolo** La figura a fianco rappresenta il profilo verticale di uno scivolo lungo il quale sale una macchinina telecomandata dalla posizione iniziale A. Si hanno le seguenti informazioni:

- la macchinina è inizialmente ferma; Daniele aziona il telecomando e la fa partire;
- Daniele abbandona improvvisamente il gioco e la macchinina si ferma prima di oltrepassare la sommità dello scivolo;
- la macchinina inizia a indietreggiare ma non riesce a recuperare, scendendo, la sua posizione iniziale.

Nel diagramma sono rappresentate insieme la distanza $s(t)$ dall'origine, la velocità istantanea $v(t)$ e l'accelerazione istantanea $a(t)$ della macchinina in funzione del tempo t.

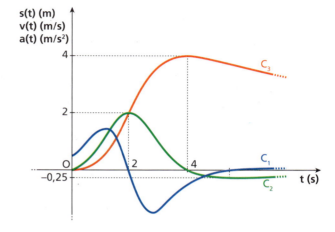

a. Associa ciascuna funzione a una delle curve rappresentate, motivando la tua risposta.

b. In base ai dati riportati sul diagramma, quali sono la massima distanza dall'origine e la massima velocità istantanea raggiunte dalla macchinina? In quali istanti vengono raggiunti tali massimi?

c. Per quali valori dei parametri a, b, c la funzione

$$s(t) = \frac{at^2}{t^2 + bt + c}, \quad \text{con } t \geq 0,$$

può plausibilmente adattarsi ai grafici rappresentati? Quale risulta la posizione finale della macchinina se $t \to +\infty$?

[a) $s(t)$, C_3; $v(t)$, C_2; $a(t)$, C_1; b) $s_M(4) = 4$ m, $v_M(2) = 2$ m/s; c) $a = 2$, $b = -4$, $c = 8$; 2]

90 **In equilibrio** Quando un bene è disponibile in abbondanza, il parametro che equilibra la domanda e l'offerta del bene stesso è il suo prezzo di vendita. Se x è il prezzo in euro a unità di un bene, $d(x) = e^{1-x}$ la legge della domanda e $g(x) = \frac{1}{2}x$ la legge dell'offerta, allora:

a. determina il prezzo di equilibrio del bene con due cifre decimali esatte, ossia il prezzo per il quale domanda e offerta assumono lo stesso valore;

b. traccia il grafico qualitativo della funzione $h(x) = |d(x) - g(x)|$, distanza tra domanda e offerta;

c. stabilisci per quale prezzo $x \in [0, 50; 3]$ si ottiene la massima distanza tra domanda e offerta. Che tipo di singolarità rappresenta per $h(x)$ il prezzo di equilibrio del punto **a**?

[a) € 1,37; c) € 0,50, punto angoloso]

91 **Imparo, imparo, imparo** Lo psicologo L.L. Thurstone nel 1916 elaborò un metodo per descrivere l'apprendimento L di una data abilità (imparare a leggere, a guidare un'auto, a risolvere problemi di matematica...) in funzione del grado di pratica x. L'equazione formulata è:

$$L(x) = \frac{x}{a + bx}, \quad a, b \text{ parametri reali positivi, } x \text{ reale positivo.}$$

a. Valori diversi del parametro b si riferiscono a persone che imparano con diversa facilità: a chi attribuire i valori minori di b?

b. Quale significato assume in psicologia dell'apprendimento l'esistenza dell'asintoto orizzontale?

c. Quale significato assume la derivata prima della funzione $L(x)$?

(U.M.I., umi.dm.unibo.it/umi, esempi di terze prove)

[a) persone che apprendono più facilmente; b) l'apprendimento si stabilizza all'aumentare della pratica; c) la velocità di apprendimento]

Capitolo 28. Studio delle funzioni

INDIVIDUARE STRATEGIE E APPLICARE METODI PER RISOLVERE PROBLEMI

LEGGI IL GRAFICO

92 Una funzione $f(x)$ è definita e derivabile, insieme alle sue derivate prima e seconda, in $[0; +\infty[$ e nella figura sono disegnati i grafici Γ e Λ di $f(x)$ e della sua derivata seconda $f''(x)$. La tangente a Γ nel suo punto di flesso, di coordinate $(2; 4)$ passa per $(0; 0)$, mentre le rette $y = 8$ e $y = 0$ sono asintoti orizzontali per Γ e Λ, rispettivamente.

a. Si dimostri che la funzione $f'(x)$, ovvero la derivata prima di $f(x)$, ha un massimo e se ne determinino le coordinate. Sapendo che per ogni x del dominio è $f''(x) \leq f'(x) \leq f(x)$, quale è il possibile andamento di $f'(x)$?

b. Si supponga che $f(x)$ costituisca, ovviamente in opportune unità di misura, il modello di crescita di un certo tipo di popolazione. Quali informazioni sulla sua evoluzione si possono dedurre dai grafici in figura e in particolare dal fatto che Γ presenta un asintoto orizzontale e un punto di flesso?

c. Se Γ è il grafico della funzione $f(x) = \dfrac{a}{1 + e^{b-x}}$, si provi che $a = 8$ e $b = 2$.

(*Esame di Stato, Liceo scientifico, Corso sperimentale, Sessione ordinaria, 2013, dal problema 1*)

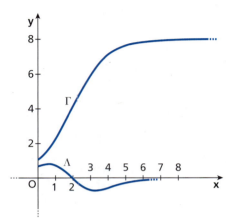

93 Della funzione f, definita per $0 \leq x \leq 6$, si sa che è dotata di derivata prima e seconda e che il grafico della sua derivata $f'(x)$ presenta due tangenti orizzontali per $x = 2$ e $x = 4$. Si sa anche che $f(0) = 9$, $f(3) = 6$ e $f(5) = 3$.

a. Si trovino le ascisse dei punti di flesso di f motivando le risposte in modo esauriente.

b. Per quale valore di x la funzione f presenta il suo minimo assoluto?

c. Sulla base delle informazioni note, quale andamento potrebbe avere il grafico di f?

d. Sia g la funzione definita da $g(x) = xf(x)$. Si trovino le equazioni delle rette tangenti ai grafici di f e di g nei rispettivi punti di ascissa $x = 3$ e si determini la misura, in gradi e primi sessagesimali, dell'angolo acuto che esse formano.

(*Esame di Stato, Liceo scientifico, Corso sperimentale, Sessione ordinaria, 2012, dal problema 1*)

[a) $x = 2$, $x = 4$; b) $x = 5$; d) $y = -x + 9$, $y = 3x + 9$, $63°26'$]

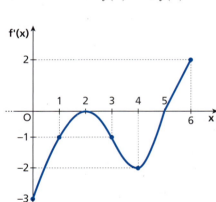

94 La figura mostra il grafico di una funzione $V(x)$.

a. Stabilisci quale delle seguenti funzioni può essere utilizzata come modello per descrivere tale andamento:
$$y = 1 - \cos(kx), \quad y = kx^3 - 3kx^2, \quad y = kx^2 e^{k-x}.$$

b. Individuata la famiglia di funzioni, determina il valore del parametro k in modo che M abbia ordinata $4e^{-1}$.

c. La funzione $V(x)$ rappresenta, per $x > 0$, il volume di una scatola con base quadrata di lato x (espresso in dm) e altezza h. Determina le dimensioni della scatola di massimo volume.

[a) $y = kx^2 e^{k-x}$; b) $k = 1$; c) $x = 2$, $h = e^{-1}$]

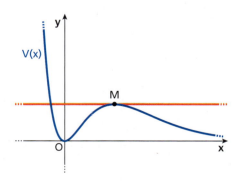

95 La figura mostra il grafico della funzione $f(x) = \dfrac{ax+b}{x+c}$.

a. Determina il valore dei parametri reali a, b, c.

b. Disegna il grafico della funzione $g(x) = |f(x)|$.

c. Considera la funzione $h(x) = e^{|f(x)|}$, trovane gli intervalli di crescenza, gli eventuali estremanti e determina le equazioni dei suoi asintoti. Quindi traccia il grafico di $h(x)$.

$[\text{a}) \ a = 1, b = -1, c = -2;$
$\text{c}) \text{ cresc. per } 1 < x < 2, \min(1;1) \text{ angoloso}, a: x = 2, y = e]$

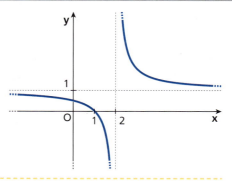

96 In un piano riferito a un sistema di assi ortogonali Oxy sono assegnate le rette $r: y = tx$ e $s: y = x + 2t$, con t parametro reale.

a. Determina le coordinate del punto P intersezione delle rette r e s in funzione di t, quindi ricava l'ordinata di P come funzione $y = f(x)$ della sua ascissa.

b. Stabilito che la funzione richiesta al punto **a** è $f(x) = \dfrac{x^2}{x-2}$, studiala e rappresentala graficamente.

c. Dimostra che dal punto $C(2; 4)$ non può essere condotta nessuna retta che sia tangente al grafico di $f(x)$.

$\left[\text{a}) \ P\left(\dfrac{2t}{t-1}; \dfrac{2t^2}{t-1}\right), y = \dfrac{x^2}{x-2}; \text{b}) \ a: x = 2, y = x+2, \max(0;0), \min(4;8), \text{nessun flesso}\right]$

97 Si consideri la funzione $f(x) = |e^{2x} - 3e^x|$.

a. Si mostri che
$$\lim_{x \to -\infty} f(x) = 0 \quad \text{e} \quad \lim_{x \to +\infty} f(x) = +\infty.$$

b. Si disegni il grafico Γ di $f(x)$.

c. Si dica se alla funzione $f(x)$ si può applicare il teorema di Rolle nell'intervallo $[0; \ln 2]$ e il teorema di Lagrange nell'intervallo $[1; 2]$, giustificando le risposte.

(*Esame di Stato, Liceo scientifico, Scuole italiane all'estero (Americhe), Sessione ordinaria, 2014, dal problema 1*)

98 Considera la famiglia di funzioni $f(x) = 2x^4 - 3x^2 - 2kx + 3$.

a. Determina il punto comune a tutte le funzioni.

b. Trova le coordinate dei punti di flesso in funzione di k e verifica che appartengono a una coppia di rette parallele tra loro.

c. Determina i valori del parametro k in modo che la curva abbia un flesso a tangente orizzontale e verifica che le curve corrispondenti sono tra loro simmetriche rispetto all'asse y.

d. Disegna il grafico delle curve trovate.

$\left[\text{a}) \ P(0;3); \text{b}) \ F_1\left(\dfrac{1}{2}; \dfrac{19}{8} - k\right), F_2\left(-\dfrac{1}{2}; \dfrac{19}{8} + k\right); \text{c}) \ k = \pm 1\right]$

99 Si consideri la funzione:

$f(x) = x - 2 \arctan x.$

a. Si studi tale funzione e si tracci il suo grafico γ, su un piano riferito ad un sistema di assi cartesiani ortogonali Oxy.

b. La curva γ incontra l'asse x, oltre che nell'origine, in altri due punti aventi ascisse opposte. Detta ξ l'ascissa positiva, si dimostri che $1 < \xi < \pi$ e se ne calcoli un valore approssimato con due cifre decimali esatte.

c. Si scriva l'equazione della tangente a γ nel suo punto di flesso, si verifichi che essa risulta perpendicolare ad entrambi gli asintoti e si calcoli l'area del triangolo che essa forma con uno degli asintoti e l'asse x.

(*Esame di Stato, Liceo scientifico, Corso sperimentale, Sessione suppletiva, 2013, dal problema 2*)

$\left[\text{b}) \ 2,33; \text{c}) \ y = -x, \dfrac{\pi^2}{4}\right]$

Capitolo 28. Studio delle funzioni

100 Sono dati un quarto di cerchio AOB e la tangente t a esso in A. Dal punto O si mandi una semiretta che intersechi l'arco AB e la tangente t, rispettivamente, in M ed N.

  a. Posto $A\widehat{O}M = \alpha$, si calcoli il rapporto:
  $$\frac{MN}{MA}$$
  e lo si esprima in funzione di $x = \sin\frac{\alpha}{2}$, controllando che risulta:
  $$f(x) = \frac{x}{1-2x^2}.$$

  b. Prescindendo dalla questione geometrica, si studi la funzione $f(x)$ e se ne tracci il grafico γ.

  c. Si scriva l'equazione della tangente a γ nel punto di flesso; si scriva poi l'equazione della circonferenza con il centro nel suddetto punto di flesso e tangente agli asintoti verticali di γ.

  (*Esame di Stato, Liceo scientifico, Corso di ordinamento, Sessione suppletiva, 2014, dal problema 1*)

  $$\left[\text{c)}\ y = x,\ x^2 + y^2 = \frac{1}{2}\right]$$

101 Considera la funzione $f(x) = e^{x\ln|x|}$.

  a. Dopo aver calcolato $\lim\limits_{x \to 0} x \cdot \ln|x|$, studia le discontinuità della funzione $f(x)$ e determina gli eventuali asintoti.

  b. Verifica che $f'(x) = f(x)(1 + \ln|x|)$ e determina gli estremi della funzione f.

  c. Studia la derivabilità della funzione in $x = 0$.

  d. Disegna un grafico indicativo della funzione, trascurando lo studio della derivata seconda.

  $$\left[\text{a)}\ x = 0\ \text{disc. III sp., a:}\ y = 0;\ \text{b)}\ \max\left(-\frac{1}{e};e^{\frac{1}{e}}\right),\ \min\left(\frac{1}{e};e^{-\frac{1}{e}}\right)\right]$$

102 Si consideri la funzione: $f(x) = \dfrac{e^x(x-1)}{x^2}$.

  a. Si studi tale funzione e si tracci il suo grafico γ, su un piano riferito ad un sistema di assi cartesiani ortogonali (Oxy).

  b. Si dimostri che l'equazione $x^3 - 3x^2 + 6x - 6 = 0$ ha, sull'intervallo $1 < x < 2$, un'unica radice reale ξ e se ne calcoli un valore approssimato con due cifre decimali esatte. Dopo aver constatato che ξ altro non è che l'ascissa del punto di flesso della curva γ, si calcoli il valore approssimato dell'ordinata.

  c. Si scrivano le equazioni della tangente e della normale a γ nel punto di intersezione con l'asse x e si calcoli l'area del triangolo che esse formano con l'asse y.

  (*Esame di Stato, Liceo scientifico, Corso sperimentale, Sessione suppletiva, 2014, dal problema 2*)

  $$\left[\text{b)}\ \xi \simeq 1{,}59,\ f(\xi) \simeq 1{,}14;\ \text{c)}\ t\!:\ y = e(x-1),\ n\!:\ y = \frac{1}{e}(1-x),\ A \simeq 1{,}54\right]$$

103 A lato è disegnato il grafico Γ della funzione
$$f(x) = x\sqrt{4-x^2}.$$

  a. Si calcolino il massimo e il minimo assoluti di $f(x)$.

  b. Si dica se l'origine O è centro di simmetria per Γ e si calcoli, in gradi e primi sessagesimali, l'angolo che la tangente in O a Γ forma con la direzione positiva dell'asse x.

  c. Sia $h(x) = \sin(f(x))$ con $0 \le x \le 2$. Quanti sono i punti del grafico di $h(x)$ di ordinata 1? Il grafico di $h(x)$ presenta punti di minimo, assoluti o relativi? Per quali valori reali di k l'equazione $h(x) = k$ ha 4 soluzioni distinte?

  (*Esame di Stato, Liceo scientifico, Corso di ordinamento, Sessione ordinaria, 2014, dal problema 2*)

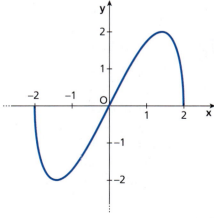

$$\left[\text{a)}\ \max(\sqrt{2};2),\ \min(-\sqrt{2};-2);\ \text{b)}\ 63°26';\ \text{c)}\ \text{due, min. rel. in}\ x = \sqrt{2},\ \text{min. ass. in}\ x = 0,\ x = 2;\ \sin 2 < k < 1\right]$$

104 Fissato $k \in \mathbb{R}$, la funzione $g_k \colon \mathbb{R} \to \mathbb{R}$ è così definita: $g_k(x) = e^{-kx^2}$.

Si indica con Γ_k il suo grafico, in un riferimento cartesiano Oxy.

a. Descrivi, a seconda delle possibili scelte di $k \in \mathbb{R}$, l'andamento della funzione g_k.

b. Determina per quali $k \in \mathbb{R}$ il grafico Γ_k possiede punti di flesso e dimostra che, in tali casi, le ordinate dei punti di flesso non dipendono dal valore di k e che le rette tangenti nei punti di flesso, qualunque sia k, passano tutte per il punto $T\left(0; \dfrac{2}{\sqrt{e}}\right)$.

Assumi nel seguito $k > 0$. Sia S_k la regione di piano compresa tra l'asse x e Γ_k.

c. Prova che esiste un unico rettangolo R_k di area massima, tra quelli inscritti in S_k e aventi un lato sull'asse x, e che tale rettangolo ha tra i suoi vertici i punti di flesso di Γ_k. È possibile scegliere k in modo che tale rettangolo R_k sia un quadrato?

(*Esame di Stato, Liceo scientifico, Corso di ordinamento, Sessione suppletiva, 2016, dal problema 2*)

[b) $k > 0$; c) quadrato se $k = 2e$]

105 Sia f la funzione definita da $f(x) = (4x - 2) \cdot e^{2x}$.

a. Dimostra che la funzione possiede un unico punto di minimo e un unico punto di flesso. Calcola le coordinate del minimo e del flesso e traccia il grafico G_f della funzione;

b. Dimostra che la funzione $g(x) = (-4x - 2) \cdot e^{-2x}$ è simmetrica a f rispetto all'asse y e tracciane il grafico G_g.

c. Sia f_a la famiglia di funzioni definite da $f_a(x) = (2ax - 2) \cdot e^{ax}$, con $a \in \mathbb{R} - \{0\}$. Per ogni funzione f_a la tangente al grafico nel punto di flesso interseca l'asse x e l'asse y delimitando un triangolo rettangolo. Determina i valori di a per i quali tale triangolo è anche isoscele, spiegando il procedimento seguito.

(*Esame di Stato, Liceo scientifico, Corso di ordinamento, Sessione straordinaria, 2015, dal problema 2*)

$\left[\text{a) } \min(0; -2), F\left(-\dfrac{1}{2}, -\dfrac{4}{e}\right); \text{c) } a = \pm\dfrac{e}{2}\right]$

106 Giustifica il fatto che la funzione

$$y = x^2 + \dfrac{4}{x^2 - a^2}$$

ammette *almeno* tre punti estremanti per qualunque valore di $a \neq 0$.

a. Stabilisci per quali valori di a il numero dei punti estremanti è superiore a 3, precisando anche se si tratta di punti di massimo o di minimo relativi.

b. Utilizzando le informazioni precedenti e le caratteristiche di simmetria della funzione, studia e rappresenta la funzione per $a = 2$ (trascura lo studio della derivata seconda).

c. Discuti il numero di soluzioni dell'equazione $x^2 + \dfrac{4}{x^2 - 4} = h$ al variare di h nell'insieme dei numeri reali.

[a) per $a < -\sqrt{2} \vee a > \sqrt{2}$ due punti di max e tre di min; c) per $h \geq 8 \vee -1 \leq h \leq 0$ quattro sol.; per $h < -1$ due sol.]

107 Considera il fascio di circonferenze di equazione:

$$x^2 + y^2 - 2kx - 2\left(k + \dfrac{1}{k-1}\right)y - 1 = 0, \quad k \in \mathbb{R}.$$

a. Determina l'equazione del luogo γ descritto dal centro delle circonferenze al variare di k e rappresenta il suo grafico dopo uno studio completo.

b. Traccia la retta r parallela all'asintoto obliquo di γ passante per il punto $(0; 2)$ e determina il punto di intersezione con γ.

c. Considerati i punti R e S, con uguale ascissa, rispettivamente sulla retta r e su γ, determina la funzione $f(x) = \overline{RS}$. Studia e rappresenta il grafico di $f(x)$.

$\left[\text{a) } y = x + \dfrac{1}{x-1}; \text{b) } y = x + 2, \left(\dfrac{3}{2}; \dfrac{7}{2}\right); \text{c) } f(x) = \left|\dfrac{2x-3}{x-1}\right|\right]$

Capitolo 28. Studio delle funzioni

108 Data la cubica

$$y = ax^3 + bx^2 - cx + d \text{ con } a, b, c, d \in \mathbb{R}, \ a \neq 0,$$

verifica che ammette sempre un punto di flesso.

a. Determina il valore dei parametri per cui la curva ha il punto di flesso nell'origine e il massimo nel punto (2; 8). Studia e rappresenta graficamente la funzione ottenuta.

b. Dopo aver trovato l'equazione della tangente t alla curva nell'origine, considera una retta passante per l'origine e compresa tra l'asse x e t. Determina la retta che rende massima l'area del triangolo APB, dove con P si è indicato il punto di intersezione tra la retta e la cubica nel primo quadrante e con A e B i punti di intersezione tra la cubica e l'asse x diversi dall'origine.

$$\left[\text{a) } y = -\frac{1}{2}x^3 + 6x; \text{ b) area max } 16\sqrt{3}, \text{ con la retta } y = 4x \right]$$

109 Considera l'insieme di funzioni $f(x) = \dfrac{kx^2 - k + 1}{x^2 + 1}$, con $k \in \mathbb{R}$.

a. Studia al variare di k in $\mathbb{R}$ l'andamento dei grafici delle funzioni (dominio, simmetrie, massimi e minimi).

b. Dopo aver determinato k in modo che il grafico sia tangente alla curva γ di equazione $y = 1 - \sqrt{1 - x^2}$ nel suo punto di minimo relativo, studia e rappresenta graficamente la funzione $f(x)$ ottenuta mettendone in evidenza anche i punti di flesso.

c. Considerato un punto P di ascissa positiva e appartenente al grafico di f, trova, in funzione dell'ascissa del punto, l'area del triangolo PHA, dove H indica la proiezione di P sull'asintoto e A è il punto (0; 1). Determina quindi il punto P per cui risulta massima l'area del triangolo.

$$\left[\text{b) } k = 1; \text{ c) } P\left(1; \frac{1}{2}\right) \right]$$

110 **IN FISICA** Una particella si muove lungo una retta con la seguente equazione oraria: $s(t) = te^{-t}$, con $t \geq 0$.

a. Disegna il grafico di $s(t)$.

b. In quale istante la particella raggiunge la distanza massima dal punto di partenza? Quanto misura tale distanza?

c. Come varia il verso della velocità nel corso del tempo?

d. Calcola velocità e accelerazione negli istanti $t_1 = 1$ e $t_2 = 2$.

[b) $t = 1$; distanza massima $= e^{-1}$; c) velocità positiva per $0 \leq t < 1$, nulla per $t = 1$, negativa per $t > 1$; d) $v_1 = 0$, $a_1 = -e^{-1}$; $v_2 = -e^{-2}$, $a_2 = 0$]

111 Considera la funzione $f(x) = \ln(x^2 - x + 2)$ e il fascio di rette con centro nell'origine.

a. Esegui lo studio di f dimostrando in particolare che ammette minimo assoluto; disegna il grafico.

b. Determina la retta del fascio passante per il punto di minimo e dimostra che non ha ulteriori intersezioni con f.

c. Dimostra che ogni retta del fascio, escluso l'asse delle ascisse, ha almeno un punto in comune con la funzione data.

$$\left[\text{a) min}\left(\frac{1}{2}; \ln\frac{7}{4}\right); \text{ b) } y = 2\left(\ln\frac{7}{4}\right)x \right]$$

112 Considera la funzione $f(x) = \sqrt[3]{x - 2}$.

a. Disegna il grafico e dimostra che è simmetrico rispetto al punto $C(2; 0)$.

b. Scrivi l'equazione del fascio di circonferenze tangenti in C alla retta $x = 2$ e quindi determina la circonferenza γ passante per il punto $(6; 0)$.

c. Aiutandoti anche con il grafico dai una giustificazione del fatto che f e γ hanno soltanto due punti in comune. Con uno dei metodi studiati determina l'ascissa del secondo punto di intersezione fra f e γ con due cifre decimali esatte.

[a) se $P(x; y)$ appartiene al grafico, anche il simmetrico $P'(4 - x; -y)$ appartiene al grafico; b) $x^2 + y^2 + ax - 2a - 4 = 0$; $(x - 4)^2 + y^2 = 4$; c) 5,33]

Verso l'esame

113 Data la funzione $y = xe^x$, rispondi ai seguenti quesiti.

  a. Disegna il grafico.

  b. Scrivi l'equazione del fascio di circonferenze con centro nel punto $C(-1; 0)$ e determina per quali valori del raggio tali circonferenze hanno punti in comune con il grafico della funzione.

  c. Verifica che la circonferenza avente raggio $r = 1$ interseca la funzione nell'origine O e in un altro punto A. Determina un'approssimazione dell'ascissa di A con uno dei metodi che conosci.

  [b) $(x+1)^2 + y^2 = r^2$, $r \geq e^{-1}$; c) $x(xe^{2x} + x + 2) = 0$, $x_A = -1,96118\dots$]

114 Sono dati la funzione $f(x) = e^{\cos x}$ e il fascio Γ di circonferenze:

$$x^2 + y^2 + (k-4)y - ke - e^2 + 4e = 0.$$

  a. Studia la funzione e disegna il grafico.

  b. Studia la natura di Γ e determina la circonferenza δ con centro nell'origine.

  c. Calcola un valore approssimato con due cifre decimali esatte dell'ascissa dei punti di intersezione fra tale circonferenza e la funzione.

  [a) f è pari con periodo 2π; max per $x = 2k\pi$, min per $x = (2k+1)\pi$; b) circonferenze tangenti in $(0; e)$ alla retta $y - e = 0$; generatrici $x^2 + (y-2)^2 = (e-2)^2$, $y - e = 0$; $x^2 + y^2 = e^2$; c) $-2,68$ e $2,68$]

115 Studia la funzione:

$$f(x) = \frac{|x|}{\sqrt{x^2 - 2}}.$$

  a. Sia $h(x)$ la restrizione di $f(x)$ nell'intervallo $]\sqrt{2}; +\infty[$ e γ il suo grafico. Prova che $h(x)$ ammette la funzione inversa h^{-1}, di cui devi precisare dominio e segno. Determina $y = h^{-1}(x)$ e tracciane il grafico γ_1 nello stesso sistema di assi cartesiani di γ.

  b. Scrivi le equazioni delle tangenti a γ e a γ_1 nel punto di intersezione tra le due curve.

  c. Verifica che γ_1 può essere vista come risultato di una trasformazione geometrica del tipo $\begin{cases} x' = ax \\ y' = by \end{cases}$ applicata alla curva γ.

  $\left[\text{a) } y = h^{-1}(x) = \frac{\sqrt{2}\,x}{\sqrt{x^2 - 1}};\ \text{b) } y = -2x + 3\sqrt{3},\ y = -\frac{1}{2}x + \frac{3\sqrt{3}}{2};\ \text{c) } a = \frac{1}{\sqrt{2}},\ b = \sqrt{2}\right]$

116 Considera la funzione $f(x) = \dfrac{2x+1}{x^2(x+1)^2}$.

  a. Determina gli asintoti della funzione $f(x)$.

  b. Dimostra che esistono due numeri reali A e B tali che $f(x) = \dfrac{A}{x^2} + \dfrac{B}{(x+1)^2}$ e che la funzione non ammette punti di estremo relativo.

  c. Disegna il grafico della funzione, determinando l'equazione della tangente inflessionale.

  d. Calcola $\lim\limits_{n \to +\infty} (f(1) + f(2) + f(3) + \dots + f(n))$.

  [a) $x = 0$, $x = -1$, $y = 0$; b) $A = 1$, $B = -1$; c) $y = 32x + 16$; d) 1]

117 L'ellisse Σ ha equazione $x^2 + 4y^2 = 4$ e $P(a; b)$, con $b \geq 0$, è un suo punto.

  a. Si determini l'equazione della tangente a Σ in P e se ne indichi con Q l'intersezione con l'asse y.

  b. Si determini l'equazione cartesiana del luogo geometrico Ω descritto dal punto medio M del segmento PQ al variare di P.

  c. Si studi e si rappresenti Ω avendo trovato che la sua equazione è: $y = \dfrac{(2-x^2)}{2\sqrt{1-x^2}}$.

  (*Esame di Stato, Liceo scientifico, Scuole italiane all'estero, Sessione ordinaria*, 2008, problema 1)

  $\left[\text{a) } y = -\dfrac{ax}{2\sqrt{4-a^2}} + \dfrac{2}{\sqrt{4-a^2}};\ \text{b) } y = \dfrac{(2-x^2)}{2\sqrt{1-x^2}}\right]$

 Allenati con **15 esercizi interattivi** con feedback "hai sbagliato, perché..."

□ su.zanichelli.it/tutor3   risorsa riservata a chi ha acquistato l'edizione con tutor

VERIFICA DELLE COMPETENZE PROVE ⏱ 1 ora

PROVA A

Studia e rappresenta graficamente le seguenti funzioni.

1 $y = x^4 + 2x^3 - 2x - 1$

2 $y = \dfrac{x^2 - 1}{x^2 + 1}$

3 $y = (2 - x)e^x$

---

4 **TEST** Quale delle seguenti funzioni è rappresentata dal grafico della figura?

- A $y = x^2(x + 2)$
- B $y = x(x + 2)^2$
- C $y = x(x + 1)(x + 2)$
- D $y = x^2(x + 2)^2$
- E $y = x^4 + 2x^2$

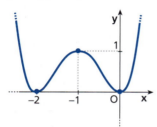

5 Il grafico della figura ha equazione
$$f(x) = (ax + b)e^x.$$
Calcola i valori di a e b. Determina l'ordinata di A e le coordinate del punto di flesso.

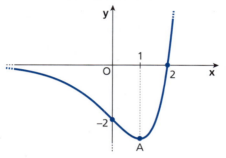

---

6 Risolvi graficamente l'equazione $4e^x + x - 5 = 0$.

PROVA B

1 **TEST** Osserva i grafici che rappresentano $f(x)$ e $g(x)$. Quale relazione è corretta?

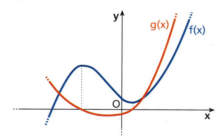

- A $f(x) = g'(x)$
- B $f(x) = g''(x)$
- C $f'(x) = g(x)$
- D $f''(x) = g(x)$
- E $f'(x) = g'(x)$

2 Considera la funzione $f(x) = \dfrac{x^2}{1 - \ln x}$.

  a. Disegna il grafico.

  b. Rappresenta il grafico della funzione:
  $$g(x) = f(|x|).$$

3 Dimostra che la disuguaglianza $x^2 + \dfrac{1}{x} < e^{x^2}$ è valida per ogni $x \geq 1$.

4 Trova per quali valori di a e $b \in \mathbb{R}$ il grafico della funzione:
$$f(x) = xe^{ax} + b$$
passa per l'origine e ha un flesso di ordinata $\dfrac{2}{e^2}$. Rappresenta $f(x)$ per i valori di a e b trovati.

5 Stabilisci per quali valori del parametro reale k l'equazione $x^3 - k \ln x = 0$ ammette soluzioni.

6 Dimostra che l'equazione $x - 1 - \sin x = 0$ ammette una e una sola soluzione nell'intervallo $\left[\dfrac{\pi}{2}; \pi\right]$ e calcola il suo valore approssimato con due cifre decimali esatte.

PROVA C

Car racing Un veicolo da corsa viaggia su una pista rettilinea e la legge che esprime la sua accelerazione rispetto al tempo è data da

$$a(t) = t^3 - 7t^2 + 12t, \quad \text{con } 0 \leq t \leq 5,$$

dove t è espresso in minuti e a in km al minuto quadrato.

a. Studia e rappresenta graficamente la funzione.
b. In quali intervalli la velocità aumenta e in quali diminuisce?
c. Quale dei seguenti grafici può rappresentare il grafico della velocità?

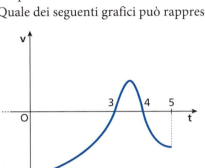
1

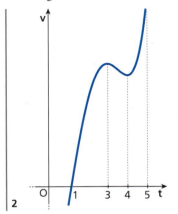
2

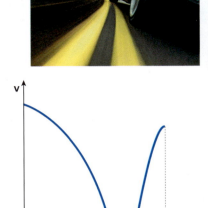
3

PROVA D

1 La funzione $f(x)$ disegnata a fianco rappresenta il grafico della derivata prima di una funzione $g(x)$, definita e continua in $[0; 6]$.

a. Deduci quale punto di non derivabilità potrebbe presentare $g(x)$ per $x = 3$, motivando la risposta in modo esauriente.
b. Indica in quali intervalli $g(x)$ è crescente e in quali rivolge la concavità verso l'alto; stabilisci, inoltre, se $g(x)$ cambia la sua concavità in $x = 3$, motivando la risposta.
c. Sapendo che $g(0) = 0$, rappresenta l'andamento indicativo di $g(x)$.

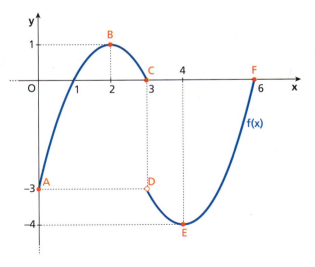

2 Considera la funzione $f(x) = x^2 - \ln x$.

a. Confrontando tra loro i grafici delle funzioni $y = x^2$ e $y = \ln x$, determina il segno della funzione e gli eventuali zeri.
b. Studia la crescenza della funzione f e determina il valore del parametro a in modo che $f(x) \geq a$ per ogni $x > 0$.
c. Traccia il grafico della funzione $y = f(x)$ e determina il numero delle radici reali dell'equazione $f(x) = m$, dove m è un parametro reale.

CAPITOLO 29
INTEGRALI INDEFINITI

1 Integrale indefinito

Primitive

▶ Esercizi a p. 1892

Sappiamo che l'operazione di derivazione, quando è possibile, associa a una funzione un'altra funzione, la sua derivata, che è unica.

Vogliamo ora affrontare il problema inverso della derivazione: data una funzione, esiste una funzione la cui derivata sia uguale alla funzione data? Per esempio, data $f(x) = 2x$, ci chiediamo se esiste una funzione $F(x)$ la cui derivata è $2x$. Una funzione di questo tipo viene detta *primitiva* di $f(x)$. Poiché $F(x) = x^2$ ha come derivata $2x$, allora x^2 è una primitiva di $2x$.

Listen to it

An **antiderivative** or **primitive function** of a given function *f* is a differentiable function *F* whose derivative is *f*.

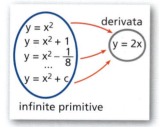

infinite primitive

▶ Scrivi alcune primitive di $f(x) = 3x^2$.

DEFINIZIONE

Una funzione $F(x)$ è una **primitiva** della funzione $f(x)$ definita nell'intervallo $[a; b]$ se $F(x)$ è derivabile in tutto $[a; b]$ e la sua derivata è $f(x)$:
$$F'(x) = f(x).$$

La primitiva di una funzione non è unica. Osserviamo che, oltre a x^2, anche $x^2 + 1$, $x^2 - \frac{1}{8}$ e in generale $x^2 + c$ (con c costante reale) hanno come derivata $2x$, quindi esistono infinite primitive di $2x$.

In generale, se una funzione $f(x)$ ammette una primitiva $F(x)$, allora ammette infinite primitive del tipo $F(x) + c$, con c numero reale qualunque. Infatti, poiché la derivata di una costante è nulla:
$$D[F(x) + c] = F'(x) = f(x), \quad \forall c \in \mathbb{R}.$$

Viceversa, se due funzioni $F(x)$ e $G(x)$ sono primitive della stessa funzione $f(x)$, allora le due funzioni differiscono per una costante. Infatti
$$D[F(x) - G(x)] = F'(x) - G'(x) = f(x) - f(x) = 0,$$

e, poiché per un corollario del teorema di Lagrange, se una funzione ha come derivata 0 in un intervallo, allora, in tale intervallo, è costante, si ha $F(x) - G(x) = c$. Vale quindi il seguente teorema.

TEOREMA

Se $F(x)$ è una primitiva di $f(x)$, allora le funzioni $F(x) + c$, con c numero reale qualsiasi, sono **tutte** e **sole** le primitive di $f(x)$.

1874

Paragrafo 1. Integrale indefinito

Interpretazione geometrica

Poiché tutte le primitive di una funzione $f(x)$ sono funzioni del tipo $F(x) + c$, geometricamente sono rappresentate da infinite curve piane, dette **curve integrali**, ottenute dal grafico di $F(x)$ mediante una traslazione verticale di vettore $\vec{v}(0; c)$; a ogni valore di c corrisponde una curva. Tutte le funzioni hanno la stessa derivata perché nei punti con la stessa ascissa hanno tangente parallela.

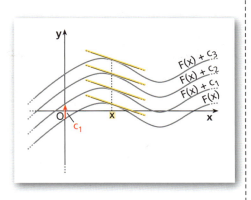

▶ Scrivi la primitiva di $f(x) = -4x$ che passa per il punto $(2; -1)$.

■ Integrale indefinito

▶ Esercizi a p. 1892

Riprendiamo l'esempio della funzione $f(x) = 2x$. Diamo all'insieme delle sue primitive $x^2 + c$, con c numero reale qualunque, il nome di *integrale indefinito* di $f(x) = 2x$ e usiamo questa scrittura:

$$\int 2x \, dx = x^2 + c.$$

DEFINIZIONE

L'**integrale indefinito** di una funzione $f(x)$ è l'insieme di tutte le primitive $F(x) + c$ di $f(x)$, con c numero reale qualunque.

Si indica con $\int f(x) \, dx$.

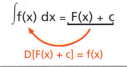

- Il simbolo $\int f(x) \, dx$ si legge «integrale indefinito di $f(x)$ in dx», la funzione $f(x)$ è detta **funzione integranda** e la variabile x **variabile di integrazione**.
- La primitiva $F(x)$ che si ottiene per $c = 0$ si chiama **primitiva fondamentale**.
- Per brevità, useremo spesso il termine «integrale» al posto di «integrale indefinito».

ESEMPIO

L'integrale indefinito di $\cos x$ è l'insieme delle primitive di $\cos x$, cioè $\sin x + c$. Scriviamo:

$$\int \cos x \, dx = \sin x + c.$$

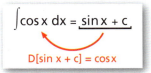

▶ Scrivi, in simboli, che l'integrale indefinito di $4x^3$ è $x^4 + c$.

Dalla definizione precedente, poiché $DF(x) = f(x)$, segue che

$$D\left[\int f(x) \, dx\right] = f(x).$$

Questo significa che l'integrazione indefinita agisce come operazione inversa della derivazione.

DEFINIZIONE

Una funzione che ammette una primitiva (e quindi infinite primitive) si dice **integrabile**.

🇬🇧 **Listen to it**

A function f is **integrable** if it has an integral.

Sappiamo che non sempre una funzione continua è derivabile. Per esempio, ci sono funzioni continue con punti angolosi, e in tali punti non sono derivabili.

Capitolo 29. Integrali indefiniti

Quali sono, invece, le funzioni integrabili?

Si può dimostrare che è valido il seguente teorema.

> **TEOREMA**
> **Condizione sufficiente di integrabilità**
> Se una funzione è continua in $[a; b]$, allora ammette primitive nello stesso intervallo.

Tuttavia, non è sempre facile determinare primitive anche di funzioni continue abbastanza semplici.

Per esempio, l'integrale $\int \frac{\sin x}{x} dx$, con $x \neq 0$, non è calcolabile con i metodi che esamineremo in questo capitolo.

Schematizziamo con un diagramma di Venn il legame tra funzioni continue, funzioni derivabili e funzioni integrabili.

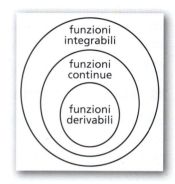

■ Proprietà dell'integrale indefinito

▶ Esercizi a p. 1896

> **PROPRIETÀ**
> **Prima proprietà di linearità**
> L'integrale indefinito di una somma di funzioni integrabili è uguale alla somma degli integrali indefiniti delle singole funzioni:
> $$\int [f(x) + g(x)] dx = \int f(x) dx + \int g(x) dx.$$

Infatti, se deriviamo entrambi i membri, otteniamo rispettivamente:

$$D\left[\int [f(x) + g(x)] dx\right] = f(x) + g(x);$$

$$D\left[\int f(x) dx + \int g(x) dx\right] = D\left[\int f(x) dx\right] + D\left[\int g(x) dx\right] = f(x) + g(x).$$

I due membri hanno la stessa derivata, quindi rappresentano le primitive della stessa funzione.

> **ESEMPIO**
> $$\int (3x^2 + \cos x) dx = \int 3x^2 dx + \int \cos x dx = x^3 + c_1 + \sin x + c_2$$
> Di solito si scrive una sola costante $c = c_1 + c_2$:
> $$\int (3x^2 + \cos x) dx = x^3 + \sin x + c.$$

> **PROPRIETÀ**
> **Seconda proprietà di linearità**
> L'integrale del prodotto di una costante per una funzione integrabile è uguale al prodotto della costante per l'integrale della funzione:
> $$\int k \cdot f(x) dx = k \cdot \int f(x) dx.$$

Infatti, se deriviamo entrambi i membri, otteniamo derivate uguali,

$$D\left[\int k \cdot f(x)\, dx\right] = k \cdot f(x), \qquad D\left[k \cdot \int f(x)\, dx\right] = kD\left[\int f(x)\, dx\right] = k \cdot f(x),$$

quindi i due membri rappresentano le primitive della stessa funzione.

ESEMPIO

$$\int 4\cos x\, dx = 4 \cdot \int \cos x\, dx = 4\sin x + c$$

Le proprietà di linearità si possono esprimere in un'unica formula:

$$\int [c_1 f(x) + c_2 g(x)]\, dx = c_1 \int f(x)\, dx + c_2 \int g(x)\, dx.$$

Si dice anche che **l'integrale è un operatore lineare**.

Non esistono proprietà riguardanti l'integrale di un prodotto o di un quoziente di funzioni, quindi è necessario studiare per tali casi altri metodi risolutivi. Occorre ricordare in particolare che, date due funzioni $f(x)$ e $g(x)$:

$$\int f(x)g(x)\, dx \neq \int f(x)\, dx \cdot \int g(x)\, dx \quad \text{e} \quad \int \frac{f(x)}{g(x)}\, dx \neq \frac{\int f(x)\, dx}{\int g(x)\, dx}.$$

2 Integrali indefiniti immediati

Dalle regole di derivazione delle funzioni elementari ricaviamo gli integrali indefiniti fondamentali.

■ Integrale di una potenza di x, $f(x) = x^\alpha$, con $\alpha \in \mathbb{R}$

▶ Esercizi a p. 1896

Primo caso: $\alpha \neq -1$

ESEMPIO

$\int x^2\, dx = \dfrac{x^3}{3} + c$. Infatti, derivando, abbiamo: $D\left[\dfrac{x^3}{3} + c\right] = \dfrac{3x^{3-1}}{3} = x^2$.

In generale:

$$\boxed{\int x^\alpha\, dx = \frac{x^{\alpha+1}}{\alpha+1} + c, \qquad \text{con } \alpha \in \mathbb{R} \text{ e } \alpha \neq -1.}$$

Infatti, derivando, abbiamo $D\left[\dfrac{x^{\alpha+1}}{\alpha+1} + c\right] = \dfrac{1}{\alpha+1} \cdot (\alpha+1)x^{\alpha+1-1} = x^\alpha$.

Per $\alpha = -1$ la regola non può essere applicata, in quanto il denominatore della frazione sarebbe 0.

Casi particolari

- $\int dx = x + c,$ infatti $\int dx = \int 1 \cdot dx = \int x^0\, dx = x + c;$
- $\int x\, dx = \dfrac{x^2}{2} + c;$
- $\int \sqrt{x}\, dx = \dfrac{2}{3}\sqrt{x^3} + c,$

MATEMATICA E FISICA

In caduta libera Galileo affermò che in assenza di attrito tutti i corpi cadono con lo stesso moto.

▶ Come si possono ricavare le leggi del moto di caduta di un grave utilizzando l'integrazione indefinita?

☐ La risposta

Capitolo 29. Integrali indefiniti

infatti $\int \sqrt{x}\, dx = \int x^{\frac{1}{2}}\, dx = \dfrac{x^{\frac{1}{2}+1}}{\frac{1}{2}+1} + c = \dfrac{2}{3} x^{\frac{3}{2}} + c = \dfrac{2}{3}\sqrt{x^3} + c.$

Con la regola appena enunciata e le proprietà del paragrafo precedente possiamo calcolare gli integrali delle funzioni polinomiali o di potenze della x con qualsiasi esponente (purché diverso da -1).

ESEMPIO

1. $\int (2x^5 - 4x + 3)\, dx =$ ⟩ prima proprietà di linearità

    $\int 2x^5\, dx - \int 4x\, dx + \int 3\, dx =$ ⟩ seconda proprietà di linearità

    $2 \cdot \int x^5\, dx - 4 \cdot \int x\, dx + 3 \cdot \int dx =$ ⟩ integriamo le potenze di x

    $2 \cdot \dfrac{x^6}{6} - 4 \cdot \dfrac{x^2}{2} + 3 \cdot x + c = \dfrac{x^6}{3} - 2x^2 + 3x + c$

2. $\int \dfrac{1}{\sqrt{x}}\, dx = \int x^{-\frac{1}{2}}\, dx = \dfrac{x^{-\frac{1}{2}+1}}{-\frac{1}{2}+1} + c = \dfrac{x^{\frac{1}{2}}}{\frac{1}{2}} + c = 2 \cdot x^{\frac{1}{2}} + c = 2 \cdot \sqrt{x} + c$

    $\dfrac{1}{\sqrt{x}} = \dfrac{1}{x^{\frac{1}{2}}} = x^{-\frac{1}{2}}$

▶ Calcola
$\int (3x^4 + x^2 - 2)\, dx$.

▶ Calcola
$\int \dfrac{6x + \sqrt{x}}{x^3 \sqrt{x}}\, dx.$

☐ **Animazione**

Secondo caso: $\alpha = -1$

Consideriamo ora il caso in cui l'esponente di x sia -1, cioè $x^{-1} = \dfrac{1}{x}$:

$$\int \dfrac{1}{x}\, dx = \ln|x| + c.$$

Osserviamo che il valore assoluto nell'argomento del logaritmo è necessario perché vogliamo avere una regola valida per tutto il dominio di $\dfrac{1}{x}$ e quindi anche per valori di x negativi.

Infatti $D[\ln|x| + c] = \dfrac{1}{x}$ perché:

- se $x > 0$, $D \ln|x| = D \ln x = \dfrac{1}{x}$;

- se $x < 0$, $D \ln|x| = D \ln(-x) = \dfrac{1}{(-x)} \cdot (-1) = \dfrac{1}{x}.$

▶ Calcola
$\int \dfrac{x+5}{x}\, dx.$

ESEMPIO

$\int \dfrac{3x^2 + 2}{x}\, dx = \int \left(3x + \dfrac{2}{x}\right) dx = 3 \int x\, dx + 2 \int \dfrac{1}{x}\, dx = \dfrac{3}{2} x^2 + 2\ln|x| + c$

■ Integrale della funzione esponenziale

▶ Esercizi a p. 1900

$\int e^x\, dx = e^x + c;$ infatti $D[e^x + c] = e^x.$

$\int a^x\, dx = \dfrac{1}{\ln a} \cdot a^x + c;$ infatti $D\left[\dfrac{1}{\ln a} \cdot a^x + c\right] = \dfrac{1}{\ln a} \cdot a^x \cdot \ln a = a^x.$

Paragrafo 2. Integrali indefiniti immediati

ESEMPIO

$$\int (2e^x + 5^x)\, dx = 2\int e^x\, dx + \int 5^x\, dx = 2e^x + \frac{1}{\ln 5}\cdot 5^x + c$$

▶ Calcola
$\int\left(\dfrac{6^x}{2^{x+1}} + 2e^x\right)dx.$

☐ Animazione

■ Integrale delle funzioni goniometriche   ▶ Esercizi a p. 1900

$\int \sin x\, dx = -\cos x + c$; infatti $D[-\cos x + c] = -(-\sin x) = \sin x$.

$\int \cos x\, dx = \sin x + c$; infatti $D[\sin x + c] = \cos x$.

$\int \dfrac{1}{\cos^2 x}\, dx = \tan x + c$; infatti $D[\tan x + c] = \dfrac{1}{\cos^2 x}$.

$\int \dfrac{1}{\sin^2 x}\, dx = -\cot x + c$; infatti $D[-\cot x + c] = \dfrac{1}{\sin^2 x}$.

▶ Calcola
$\int (4\cos x - \sin x)\, dx.$

ESEMPIO

$$\int \left(3\sin x - \frac{4}{\cos^2 x}\right)dx = 3\int \sin x\, dx - 4\int \frac{1}{\cos^2 x}\, dx =$$

$$3\cdot(-\cos x) - 4\cdot \tan x + c = -3\cos x - 4\tan x + c$$

▶ Calcola
$\int\left(\tan^2 x + \dfrac{\sin 2x + \sin x}{\sin x}\right)dx.$

☐ Animazione

■ Integrale delle funzioni le cui primitive sono le funzioni goniometriche inverse   ▶ Esercizi a p. 1901

Poiché $D[\arcsin x] = \dfrac{1}{\sqrt{1-x^2}}$, si ha: $\int \dfrac{1}{\sqrt{1-x^2}}\, dx = \arcsin x + c$.

Oppure, poiché $D[\arccos x] = -\dfrac{1}{\sqrt{1-x^2}}$:

$\int \dfrac{1}{\sqrt{1-x^2}}\, dx = -\int -\dfrac{1}{\sqrt{1-x^2}}\, dx = -\arccos x + c.$

Poiché $D[\arctan x] = \dfrac{1}{1+x^2}$, si ha: $\int \dfrac{1}{1+x^2}\, dx = \arctan x + c$.

Oppure:

$\int \dfrac{1}{1+x^2}\, dx = -\int -\dfrac{1}{1+x^2}\, dx = -\text{arccot}\, x + c.$

ESEMPIO

$$\int \left(\frac{1}{3\sqrt{1-x^2}} + \frac{7}{1+x^2}\right)dx = \frac{1}{3}\int \frac{1}{\sqrt{1-x^2}}\, dx + 7\int \frac{1}{1+x^2}\, dx =$$

$$\frac{1}{3}\arcsin x + 7\arctan x + c$$

▶ Calcola
$\int\left(\dfrac{2}{\sqrt{1-x^2}} + \dfrac{1}{3+3x^2}\right)dx.$

☐ Animazione

■ Integrale delle funzioni la cui primitiva è una funzione composta   ▶ Esercizi a p. 1902

Cerchiamo ora di applicare le formule precedenti nel caso di funzioni composte.

Capitolo 29. Integrali indefiniti

Per esempio, cerchiamo di calcolare $\int (\sin x)^4 \, dx$. Pensando alla regola $\int x^\alpha \, dx = \dfrac{x^{\alpha+1}}{\alpha+1} + c$, potremmo ipotizzare che il risultato sia $\dfrac{(\sin x)^5}{5} + c$.

Derivando questa funzione dovremmo ottenere $(\sin x)^4$. Abbiamo invece:

$$D\left[\frac{(\sin x)^5}{5} + c\right] = \frac{\cancel{5}(\sin x)^4}{\cancel{5}} \cdot \cos x = (\sin x)^4 \cdot \cos x.$$

Quindi $\int (\sin x)^4 \, dx$ non può essere calcolato mediante la regola di $\int x^\alpha dx$. Dalla precedente uguaglianza deduciamo la seguente:

$$\int (\sin x)^4 \cdot \cos x \, dx = \frac{(\sin x)^5}{5} + c.$$

Pertanto, per integrare la potenza di una funzione (che è una funzione composta) applicando la regola della potenza, è necessario che la funzione integranda sia moltiplicata per la derivata della funzione più «interna» nella composizione:

$$\int [f(x)]^\alpha f'(x) \, dx = \frac{[f(x)]^{\alpha+1}}{\alpha+1} + c, \quad \text{con } \alpha \neq -1.$$

Si procede analogamente anche per calcolare integrali di altre funzioni composte riconducibili a regole di integrazione diverse.

$$\int \frac{f'(x)}{f(x)} \, dx = \ln|f(x)| + c$$

$$\int f'(x) \, e^{f(x)} \, dx = e^{f(x)} + c \qquad \int f'(x) \, a^{f(x)} \, dx = \frac{a^{f(x)}}{\ln a} + c$$

$$\int f'(x) \sin f(x) \, dx = -\cos f(x) + c \qquad \int f'(x) \cos f(x) \, dx = \sin f(x) + c$$

$$\int \frac{f'(x)}{\cos^2 f(x)} \, dx = \tan f(x) + c \qquad \int \frac{f'(x)}{\sin^2 f(x)} \, dx = -\cot f(x) + c$$

$$\int \frac{f'(x)}{\sqrt{1 - [f(x)]^2}} \, dx = \arcsin f(x) + c \qquad \int \frac{f'(x)}{1 + [f(x)]^2} \, dx = \arctan f(x) + c$$

ESEMPIO

Calcoliamo i seguenti integrali.

1. $\int \underset{f'(x)}{3x^2} \underset{[f(x)]^2}{(x^3 + 2)^2} \, dx = \dfrac{(x^3 + 2)^3}{3} + c$

2. $\int \tan x \, dx$. Scriviamo la tangente come rapporto fra seno e coseno:

$$\int \tan x \, dx = \int \frac{\sin x}{\cos x} \, dx = -\int \frac{\overset{f'(x)}{\sin x}}{\underset{f(x)}{\cos x}} \, dx = -\ln|\cos x| + c.$$

Quindi:

$$\int \tan x \, dx = -\ln|\cos x| + c.$$

In modo simile si trova che: $\quad \int \cot x \, dx = \ln|\sin x| + c.$

TEORIA

▶ Calcola

$\int x\sqrt{x^2 + 9} \, dx$.

- - - - - - - - - - - - - - -

☐ **Animazione**

▶ Calcola

$\int \dfrac{x}{2x^2 + 5} dx$.

- - - - - - - - - - - - - - -

☐ **Animazione**

▶ Calcola

$\int \dfrac{\arcsin x}{4\sqrt{1 - x^2}} dx$.

- - - - - - - - - - - - - - -

☐ **Animazione**

☐ **Video**

Integrali di funzioni composte: le potenze

▶ Come possiamo calcolare $\int (e^x + 3)^5 e^x dx$?

Vediamo questo e altri esempi di funzioni con potenze.

☐ **Video**

Integrali di funzioni composte: il logaritmo

▶ Come possiamo calcolare $\int \dfrac{1}{x \ln x} dx$?

Vediamo questo e altri esempi con funzioni logaritmiche.

1880

Paragrafo 3. Integrazione per sostituzione

3. $\int x \sin x^2 \, dx$

   Osserviamo che, a meno di una costante moltiplicativa, x è la derivata di x^2, argomento della funzione seno. Pertanto, moltiplichiamo e dividiamo per 2:

   $$\int x \sin x^2 \, dx = \frac{1}{2} \int \underbrace{2x}_{f'(x)} \underbrace{\sin x^2}_{\sin f(x)} \, dx = -\frac{1}{2} \cos x^2 + c.$$

4. $\int 2e^x \cos e^x \, dx = 2 \int \underbrace{e^x}_{f'(x)} \cos e^x \, dx = 2 \sin e^x + c$

5. $\int \frac{1}{1+4x^2} \, dx = \int \frac{1}{1+(2x)^2} \, dx = \frac{1}{2} \int \frac{\overbrace{2}^{f'(x)}}{\underbrace{1+(2x)^2}_{[f(x)]^2}} \, dx = \frac{1}{2} \arctan 2x + c$

   $\underbrace{}_{D[2x] = 2}$

▶ Calcola
$\int 3x \sin(x^2 + 4) \, dx$.

☐ Animazione

3 Integrazione per sostituzione

▶ Esercizi a p. 1910

Quando l'integrale non è di risoluzione immediata può essere utile applicare il **metodo di sostituzione**, che consiste nell'effettuare un cambiamento di variabile che consenta di riscrivere l'integrale dato in una forma che sappiamo risolvere. Con questo metodo si può riscrivere $\int f(x) \, dx$ così:

$$\int f(x) \, dx = \int f[g(t)] g'(t) \, dt, \text{ dove } x = g(t) \text{ e } dx = g'(t) \, dt.$$

🇬🇧 **Listen to it**

Integration by substitution, or **u-substitution**, consists in changing the variable of integration to make it easier to identify the primitive.

ESEMPIO

Calcoliamo $\int \frac{1}{1+\sqrt{x}} \, dx$.

- Poniamo $\sqrt{x} = t$, ossia $x = t^2$.
- Calcoliamo il differenziale: $dx = 2t \, dt$.
- Sostituiamo nell'integrale dato e calcoliamo l'integrale rispetto a t,

  $$\int \frac{1}{1+\sqrt{x}} \, dx = \int \frac{1}{1+t} 2t \, dt = 2 \int \frac{t}{1+t} \, dt =$$

  ⟩ aggiungiamo e togliamo 1 al numeratore

  $$2 \int \frac{t+1-1}{1+t} \, dt = 2 \int \left[\left(\frac{t+1}{1+t} \right) - \left(\frac{1}{1+t} \right) \right] dt = 2 \int dt - 2 \int \frac{1}{t+1} \, dt =$$

  $$2t - 2 \ln|t+1| + c.$$

- Utilizzando la posizione iniziale, scriviamo il risultato in funzione di x:

  $$\int \frac{1}{1+\sqrt{x}} \, dx = 2\sqrt{x} - 2 \ln(\sqrt{x} + 1) + c.$$

Il metodo di sostituzione può essere utilizzato anche per calcolare l'integrale di una funzione composta nei casi già esaminati nel paragrafo precedente.

ESEMPIO

Calcoliamo $\int x \sin x^2 \, dx$ con il metodo di sostituzione.

▶ Calcola
$\int \frac{1}{(1+4x)\sqrt{x}} \, dx$.

☐ Animazione

☐ Video

Integrazione per sostituzione

▶ Applichiamo il metodo di integrazione per sostituzione per calcolare:
$\int \frac{\sqrt{x}}{x+x^2} \, dx$, $\int \frac{1}{1+\sqrt[3]{x}} \, dx$
e $\int \sqrt{1-x^2} \, dx$.

1881

Capitolo 29. Integrali indefiniti

- Poniamo $t = x^2$ e calcoliamo il differenziale: $dt = 2x\,dx$.
- Sostituiamo nell'integrale e risolviamo:

$$\int x \sin x^2\,dx = \int \sin t\,\frac{dt}{2} = \frac{1}{2}\int \sin t\,dt = -\frac{1}{2}\cos t + c.$$

- Scriviamo il risultato in funzione di x:

$$\int x \sin x^2\,dx = -\frac{1}{2}\cos x^2 + c.$$

▶ Calcola
$\int \dfrac{2e^x}{e^x + 1}\,dx$
ponendo $e^x = t$.

Ritroviamo il risultato già determinato nel paragrafo precedente.

In generale, per calcolare $\int f(x)\,dx$ con il metodo di sostituzione:

- si pone $x = g(t)$, oppure $t = g^{-1}(x)$, dove $g(t)$ è invertibile con $g'(t)$ continua e diversa da 0;
- si calcola il differenziale dx, oppure dt;
- si sostituisce nell'integrale dato, in modo da ottenere un integrale nella variabile t, e si calcola, se possibile, l'integrale rispetto a t;
- si utilizza la posizione iniziale per scrivere il risultato in funzione di x.

4 Integrazione per parti   ▶ Esercizi a p. 1914

Date due funzioni $f(x)$ e $g(x)$ derivabili, con derivata continua, in un intervallo $[a;b]$, consideriamo la derivata del loro prodotto:

$$D[f(x) \cdot g(x)] = f'(x) \cdot g(x) + f(x) \cdot g'(x).$$

Integriamo entrambi i membri:

$$\int D[f(x) \cdot g(x)]\,dx = \int [f'(x) \cdot g(x) + f(x) \cdot g'(x)]\,dx,$$

$$f(x) \cdot g(x) = \int f'(x) \cdot g(x)\,dx + \int f(x) \cdot g'(x)\,dx.$$

Isolando $\int f(x) \cdot g'(x)\,dx$, otteniamo:

$$\boxed{\int f(x) \cdot g'(x)\,dx = f(x) \cdot g(x) - \int f'(x) \cdot g(x)\,dx,}$$

detta formula di **integrazione per parti**.
Per semplicità di scrittura, in questa uguaglianza e nelle successive, trascuriamo le costanti relative alle primitive.

La formula è utile nei casi in cui la funzione integranda si può pensare come *prodotto di due fattori*.

$f(x)$ viene chiamato **fattore finito** e $g'(x)\,dx$ **fattore differenziale**.

Nell'applicazione della formula, una delle due funzioni, quella del fattore finito, viene soltanto derivata, mentre l'altra, quella del fattore differenziale, viene solo integrata. È quindi importante scegliere opportunamente i due fattori.

 Listen to it

Integration by parts is a technique that allows the integral of a product of functions to be determined by calculating the integral of their derivative and antiderivative.

 Video

Integrazione per parti

▶ Applichiamo il metodo di integrazione per parti per calcolare:
$\int x \cdot \ln x\,dx$, $\int \arctan x\,dx$
e $\int \sin x \cdot e^x\,dx$.

1882

ESEMPIO

$$\int \underbrace{x}_{g'} \underbrace{\ln x}_{f} \, dx = \frac{x^2}{2} \ln x - \int \frac{x^2}{2} \cdot \frac{1}{x} \, dx =$$

$$\frac{x^2}{2} \ln x - \frac{1}{2} \int x \, dx = \frac{x^2}{2} \ln x - \frac{1}{2} \cdot \frac{x^2}{2} + c =$$

$$\frac{x^2}{2} \left(\ln x - \frac{1}{2} \right) + c$$

Abbiamo scelto $x \, dx$ come fattore differenziale poiché sappiamo calcolare la primitiva di x. Del fattore finito $\ln x$ sappiamo invece calcolare la derivata, che si semplifica con la primitiva di x e permette di ottenere un integrale semplice da calcolare.

▶ Calcola
$\int 5x^4 \ln x \, dx.$

☐ **Animazione**

Al secondo membro della formula di integrazione per parti compare un altro integrale, quindi questo metodo di integrazione risulta utile se riusciamo a passare da un integrale più difficile a uno più facile da calcolare.

ESEMPIO

Calcoliamo $\int x \sin x \, dx$.

Sappiamo calcolare sia la derivata sia la primitiva di entrambe le funzioni. La scelta migliore è quella di derivare x, perché l'integrale si semplifica:

$$\int \underbrace{x}_{f} \underbrace{\sin x}_{g'} \, dx = x(-\cos x) - \int -\cos x \, dx = -x \cos x + \sin x + c.$$

Se scegliamo, invece, $\sin x$ come fattore finito, otteniamo:

$$\int x \sin x \, dx = \frac{x^2}{2} \sin x - \int \frac{x^2}{2} \cos x \, dx,$$

dove l'integrale a secondo membro è più complicato di quello di partenza.

▶ Calcola $\int x^2 e^x \, dx.$

☐ **Animazione**

In generale, negli integrali del tipo

$$\int x^n \sin x \, dx, \qquad \int x^n \cos x \, dx, \qquad \int x^n e^x \, dx$$

x^n si considera come fattore finito, mentre negli integrali del tipo

$$\int x^n \ln x \, dx, \qquad \int x^n \arctan x \, dx, \qquad \int x^n \arcsin x \, dx$$

$x^n \, dx$ si considera come fattore differenziale. In particolare, negli integrali

$$\int \ln x \, dx, \qquad \int \arctan x \, dx, \qquad \int \arcsin x \, dx$$

si considera come fattore differenziale $x^0 \, dx$; ossia $1 \cdot dx$.

ESEMPIO

$$\boxed{\int \ln x \, dx} = \int 1 \ln x \, dx = x \ln x - \int x \cdot \frac{1}{x} \, dx = \boxed{x \ln x - x + c}$$

▶ Calcola $\int \arctan 2x \, dx.$

☐ **Animazione**

Capitolo 29. Integrali indefiniti

5 Integrazione di funzioni razionali fratte

Affrontiamo qui il calcolo degli integrali di funzioni razionali fratte:

$$\int \frac{N(x)}{D(x)} \, dx,$$

dove il numeratore $N(x)$ e il denominatore $D(x)$ sono dei polinomi.
Nelle nostre considerazioni supporremo che il grado del numeratore sia minore del grado del denominatore perché, se ciò non accade, è sempre possibile eseguire la divisione del polinomio $N(x)$ per il polinomio $D(x)$, ottenendo un polinomio quoziente $Q(x)$, e un polinomio resto $R(x)$ di grado minore di quello di $D(x)$.
Infatti, se consideriamo la divisione tra polinomi $N(x) : D(x)$, il suo quoziente $Q(x)$ e il resto $R(x)$, è vero che

$$N(x) = Q(x) \cdot D(x) + R(x),$$

e dividendo per $D(x)$,

$$\frac{N(x)}{D(x)} = Q(x) + \frac{R(x)}{D(x)}, \quad \text{da cui}$$

$$\int \frac{N(x)}{D(x)} \, dx = \int \left[Q(x) + \frac{R(x)}{D(x)} \right] dx = \int \underbrace{Q(x)}_{\text{polinomio}} dx + \int \underbrace{\frac{R(x)}{D(x)}}_{\substack{\text{il grado di } R(x) \text{ è} \\ \text{minore di quello di } D(x)}} dx.$$

Nell'addizione dei due integrali, il primo è calcolabile in quanto è l'integrale di un polinomio; il secondo è l'integrale di una funzione razionale fratta con numeratore di grado inferiore al grado del denominatore.

> **ESEMPIO**
>
> Calcoliamo $\int \frac{x^3 + 2x^2 + x + 1}{x^2 + 1} \, dx$.
>
> Il numeratore ha grado maggiore del denominatore.
> Eseguiamo la divisione $(x^3 - 2x^2 + x + 1) : (x^2 + 1)$.
>
> $$\begin{array}{r|l} x^3 + 2x^2 + x + 1 & x^2 + 1 \\ \underline{-x^3 \quad\quad\quad -x} & x + 2 \\ \quad 2x^2 \quad\quad + 1 & \\ \underline{\quad -2x^2 \quad\quad - 2} & \\ \quad\quad\quad\quad -1 & \end{array} \quad \rightarrow \quad Q(x) = x + 2, \; R(x) = -1$$
>
> Il rapporto può essere scritto nel modo seguente:
>
> $$\frac{x^3 + 2x^2 + x + 1}{x^2 + 1} = x + 2 + \frac{-1}{x^2 + 1}.$$
>
> Calcoliamo l'integrale:
>
> $$\int \frac{x^3 + 2x^2 + x + 1}{x^2 + 1} \, dx = \int \left(x + 2 + \frac{-1}{x^2 + 1} \right) dx =$$
>
> $$\int x \, dx + 2 \int dx - \int \frac{1}{x^2 + 1} \, dx = \frac{x^2}{2} + 2x - \arctan x + c.$$

▶ Calcola
$\int \frac{x^2 - x}{x + 2} \, dx.$

◻ **Animazione**

▶ Calcola
$\int \frac{x^2 + 2x - 1}{x + 3} \, dx.$

Paragrafo 5. Integrazione di funzioni razionali fratte

Studiamo quindi integrali del tipo $\int \frac{R(x)}{D(x)} dx$, con $R(x)$ polinomio di grado inferiore a quello di $D(x)$. I primi due casi descritti sono integrali che abbiamo già incontrato e per loro ci limitiamo a degli esempi.

■ Il numeratore è la derivata del denominatore

▶ Esercizi a p. 1917

ESEMPIO

$$\int \frac{6x-2}{3x^2-2x-1} dx = \ln|3x^2-2x-1| + c$$

$D[3x^2 - 2x - 1] = 6x - 2$

▶ Calcola

$\int \frac{8x}{4x^2+3} dx.$

■ Il denominatore è di primo grado   ▶ Esercizi a p. 1918

ESEMPIO

$$\int \frac{1}{3x-2} dx = \frac{1}{3}\int \frac{3}{3x-2} dx = \frac{1}{3}\ln|3x-2| + c$$

▶ Calcola

$\int \frac{1}{3-4x} dx.$

■ Il denominatore è di secondo grado   ▶ Esercizi a p. 1919

Per calcolare l'integrale

$$\int \frac{px+q}{ax^2+bx+c} dx, \quad \text{con } a \neq 0,$$

si utilizzano metodi risolutivi diversi a seconda del segno del discriminante del denominatore $\Delta = b^2 - 4ac$.

Il discriminante è positivo: $\Delta > 0$

ESEMPIO

Calcoliamo $\int \frac{5x-1}{x^2-x-2} dx$.

$x^2 - x - 2 = 0$ ha $\Delta = 1 + 8 = 9 > 0$ e $x_1 = -1$, $x_2 = 2$, quindi:

$x^2 - x - 2 = (x+1)(x-2)$.

Poniamo:

$$\frac{5x-1}{x^2-x-2} = \frac{A}{x+1} + \frac{B}{x-2}, \quad \text{con } A \text{ e } B \text{ costanti da determinare.}$$

Calcoliamo la somma delle due frazioni:

$$\frac{A}{x+1} + \frac{B}{x-2} = \frac{Ax - 2A + Bx + B}{x^2 - x - 2} = \frac{(A+B)x - 2A + B}{x^2 - x - 2}.$$

L'uguaglianza

$$\frac{5x-1}{x^2-x-2} = \frac{(A+B)x - 2A + B}{x^2 - x - 2}$$

è valida, per $x \neq -1 \wedge x \neq 2$, soltanto se i numeratori sono polinomi identici, per il principio di identità dei polinomi. Quindi risolviamo il sistema:

$$\begin{cases} A + B = 5 \\ -2A + B = -1 \end{cases} \rightarrow \begin{cases} B = 5 - A \\ -2A + 5 - A = -1 \end{cases} \rightarrow \begin{cases} A = 2 \\ B = 3 \end{cases}.$$

▶ **Video**

Integrazione delle funzioni razionali fratte

▶ Calcoliamo il seguente integrale:

$\int \frac{x^2 + 2x - 4}{x^2 - x} dx.$

Capitolo 29. Integrali indefiniti

▶ Calcola
$\int \frac{6}{x^2 + 2x - 8} \, dx$.

☐ Animazione

Possiamo dunque scrivere

$$\frac{5x - 1}{x^2 - x - 2} = \frac{2}{x + 1} + \frac{3}{x - 2},$$

da cui:

$$\int \frac{5x - 1}{x^2 - x - 2} \, dx = \int \left(\frac{2}{x + 1} + \frac{3}{x - 2} \right) dx =$$

$$2 \int \frac{1}{x + 1} \, dx + 3 \int \frac{1}{x - 2} \, dx = 2 \ln|x + 1| + 3 \ln|x - 2| + c.$$

In generale, se $\Delta > 0$:
- si scompone il denominatore: $ax^2 + bx + c = a(x - x_1)(x - x_2)$;
- si scrive la frazione data come somma di frazioni con denominatore di primo grado:

$$\frac{px + q}{ax^2 + bx + c} = \frac{A}{a(x - x_1)} + \frac{B}{(x - x_2)};$$

- si calcola la somma delle due frazioni al secondo membro;
- si determinano i valori di A e B risolvendo il sistema le cui equazioni si ottengono uguagliando fra loro rispettivamente i coefficienti della x e i termini noti;
- si risolve l'integrale $\int \left[\frac{A}{a(x - x_1)} + \frac{B}{(x - x_2)} \right] dx$.

Questo metodo vale anche se il numeratore è di grado zero, ossia se $p = 0$.

Il discriminante è nullo: $\Delta = 0$

Se il numeratore è di grado zero (cioè $p = 0$), dopo aver scritto il denominatore come un quadrato, il calcolo dell'integrale risulta immediato:

$$\int \frac{q}{ax^2 + bx + c} \, dx = \int \frac{q}{a(x - x_1)^2} \, dx = \frac{q}{a} \cdot \frac{(x - x_1)^{-1}}{-2 + 1} + c = -\frac{q}{a(x - x_1)} + c.$$

> **ESEMPIO**
> Calcoliamo $\int \frac{1}{9x^2 + 6x + 1} \, dx$.
>
> Il discriminante del denominatore è $\frac{\Delta}{4} = 9 - 9 = 0$, possiamo quindi scrivere: $9x^2 + 6x + 1 = (3x + 1)^2$. Si ha allora:
>
> $$\int \frac{1}{9x^2 + 6x + 1} \, dx = \int \frac{1}{(3x + 1)^2} \, dx = \int (3x + 1)^{-2} \, dx =$$
>
> $$\frac{1}{3} \int 3(3x + 1)^{-2} \, dx = -\frac{1}{3} \cdot \frac{1}{(3x + 1)} + c.$$

▶ Calcola
$\int \frac{12}{9x^2 - 6x + 1} \, dx$.

☐ Animazione

Vediamo ora come si procede quando il numeratore è di primo grado ($p \neq 0$).

> **ESEMPIO**
> Calcoliamo $\int \frac{2x - 3}{x^2 - 4x + 4} \, dx$.

Paragrafo 5. Integrazione di funzioni razionali fratte

Il denominatore ha $\Delta = 0$, pertanto: $x^2 - 4x + 4 = (x-2)^2$.

La frazione $\dfrac{2x-3}{x^2-4x+4}$ può essere scritta come somma di due frazioni aventi come denominatori $(x-2)$ e $(x-2)^2$, cioè:

$$\frac{2x-3}{x^2-4x+4} = \frac{A}{x-2} + \frac{B}{(x-2)^2} = \frac{A(x-2)+B}{(x-2)^2} = \frac{Ax-2A+B}{x^2-4x+4}.$$

I numeratori della prima e dell'ultima frazione devono essere identici per ogni $x \neq 2$, quindi:

$$\begin{cases} A = 2 \\ -2A + B = -3 \end{cases} \rightarrow \begin{cases} A = 2 \\ B = 1 \end{cases}.$$

Possiamo scrivere

$$\frac{2x-3}{x^2-4x+4} = \frac{2}{x-2} + \frac{1}{(x-2)^2},$$

da cui:

$$\int \frac{2x-3}{x^2-4x+4}\, dx = \int \left[\frac{2}{x-2} + \frac{1}{(x-2)^2} \right] dx =$$

$$2\int \frac{1}{x-2}\, dx + \int \frac{1}{(x-2)^2}\, dx = 2\int \frac{1}{x-2}\, dx + \int (x-2)^{-2}\, dx =$$

$$2\ln|x-2| + \frac{(x-2)^{-1}}{-2+1} + c = 2\ln|x-2| - \frac{1}{x-2} + c.$$

Osservazione. In questo caso l'integrale può essere ricondotto alla forma $\int \dfrac{f'(x)}{f(x)}\, dx$. Infatti, essendo $D[x^2 - 4x + 4] = 2x - 4$, togliamo e aggiungiamo 1 al numeratore per ottenere:

$$\int \frac{2x-3-1+1}{x^2-4x+4}\, dx = \int \frac{2x-4}{x^2-4x+4}\, dx + \int \frac{1}{x^2-4x+4}\, dx =$$

$$\ln(x-2)^2 + \int (x-2)^{-2}\, dx = 2\ln|x-2| - \frac{1}{x-2} + c.$$

In generale, se $\Delta = 0$:

- si scompone il denominatore: $ax^2 + bx + c = a(x - x_1)^2$, dove $x_1 = -\dfrac{b}{2a}$;
- si scrive la frazione data come somma di due frazioni:

$$\frac{px+q}{ax^2+bx+c} = \frac{A}{a(x-x_1)} + \frac{B}{(x-x_1)^2};$$

- si calcola la somma delle frazioni al secondo membro;
- si determinano i valori di A e B risolvendo il sistema le cui equazioni si ottengono uguagliando rispettivamente i coefficienti della x e i termini noti;

- si risolve l'integrale $\int \left[\dfrac{A}{a(x-x_1)} + \dfrac{B}{(x-x_1)^2} \right] dx$.

▶ Calcola $\int \dfrac{2x}{x^2+2x+1}\, dx$.

Capitolo 29. Integrali indefiniti

Il discriminante è negativo: $\Delta < 0$

1. *Il numeratore è di grado zero*, ossia l'integrale è del tipo:

$$\int \frac{1}{ax^2 + bx + c}\, dx, \quad \text{con } a \neq 0.$$

ESEMPIO

Calcoliamo $\int \frac{1}{x^2 + 2x + 2}\, dx$.

Il denominatore ha $\Delta = -4 < 0$.

Cerchiamo di ricondurre l'integrale al modello:

$$\int \frac{f'(x)}{[f(x)]^2 + 1}\, dx = \arctan f(x) + c.$$

Scriviamo il denominatore nella forma $[f(x)]^2 + 1$ con il metodo del completamento del quadrato:

$$x^2 + 2x + 2 = x^2 + 2x + 1 - 1 + 2 = (x + 1)^2 + 1.$$

L'integrale dato diventa:

$$\int \frac{1}{x^2 + 2x + 2}\, dx = \int \frac{1}{(x + 1)^2 + 1}\, dx = \arctan(x + 1) + c.$$

(dove $f'(x) = 1$ al numeratore e $[f(x)]^2 = (x+1)^2$ al denominatore)

▶ Calcola $\int \frac{3}{x^2 + 3x + 3}\, dx$.

In generale, per calcolare $\int \frac{1}{ax^2 + bx + c}\, dx$ se $\Delta < 0$:

- si scrive il denominatore nella forma $[f(x)]^2 + 1$ con il metodo del completamento del quadrato;
- si trasforma il numeratore in modo che diventi $f'(x)$;
- si calcola l'integrale $\int \frac{f'(x)}{[f(x)]^2 + 1}\, dx = \arctan f(x) + c.$

▶ Calcola $\int \frac{1}{x^2 - 2x + 5}\, dx$.

▢ Animazione

2. *Il numeratore è un polinomio di primo grado*, cioè l'integrale è del tipo:

$$\int \frac{px + q}{ax^2 + bx + c}\, dx, \quad \text{con } a \neq 0 \text{ e } p \neq 0.$$

ESEMPIO

Calcoliamo $\int \frac{2x}{x^2 + 4x + 5}\, dx$.

Il denominatore ha $\Delta = -4 < 0$. Trasformiamo il numeratore in modo da farvi figurare la derivata del denominatore, ossia $2x + 4$:

$$\int \frac{2x}{x^2 + 4x + 5}\, dx = \int \frac{2x + 4 - 4}{x^2 + 4x + 5}\, dx =$$

$$\int \left(\frac{2x + 4}{x^2 + 4x + 5} - \frac{4}{x^2 + 4x + 5} \right) dx =$$

$$\int \frac{2x + 4}{x^2 + 4x + 5}\, dx - 4 \int \frac{1}{x^2 + 4x + 5}\, dx.$$

Calcoliamo separatamente i due integrali:

$$\int \frac{2x+4}{x^2+4x+5}\,dx = \ln|x^2+4x+5|+c = \ln(x^2+4x+5)+c.$$

$x^2+4x+5 > 0, \forall x$

$$\int \frac{1}{x^2+4x+5}\,dx = \int \frac{1}{x^2+4x+4+1}\,dx = \int \frac{1}{(x+2)^2+1}\,dx =$$

$\arctan(x+2)+c.$

Quindi:

$$\int \frac{2x}{x^2+4x+5}\,dx = \ln(x^2+4x+5) - 4\arctan(x+2)+c.$$

▶ Calcola

$\int \frac{4x}{x^2+2x+3}\,dx.$

In generale, per calcolare $\int \frac{px+q}{ax^2+bx+c}\,dx$, con $a \neq 0$, $p \neq 0$ e $\Delta < 0$:

- si opera sul numeratore per farvi figurare la derivata del denominatore;
- si scrive l'integrale come somma di due integrali:

$$r\int \frac{2ax+b}{ax^2+bx+c}\,dx + s\int \frac{1}{ax^2+bx+c}\,dx;$$

- si calcola il primo integrale ricordando che $\int \frac{f'(x)}{f(x)}\,dx = \ln|f(x)|+c$, quindi:

$$\int \frac{2ax+b}{ax^2+bx+c}\,dx = \ln|ax^2+bx+c|+c_1;$$

- si calcola il secondo integrale con il metodo già visto;
- si sommano i risultati ottenuti.

▶ Calcola

$\int \frac{2x+3}{x^2-6x+10}\,dx.$

📺 **Animazione**

Il denominatore è di grado superiore al secondo

▶ Esercizi a p. 1921

Quando il denominatore è di grado superiore al secondo, occorre, se è possibile, scomporlo in fattori e scrivere la frazione algebrica come somma di frazioni con denominatori di primo e secondo grado, riconducendosi così al calcolo di integrali dei tipi descritti in precedenza.

Per trasformare la frazione algebrica iniziale nella somma di due o più frazioni si procede diversamente a seconda di come è scomposto il denominatore.

ESEMPIO

1. $\dfrac{4x}{(x-1)(x+1)(x-3)} = \dfrac{A}{x-1} + \dfrac{B}{x+1} + \dfrac{C}{x-3}$

2. $\dfrac{2x+3}{(x-1)(x+2)^2} = \dfrac{A}{x-1} + \dfrac{B}{x+2} + \dfrac{C}{(x+2)^2}$

3. $\dfrac{6x-1}{(x-2)^3} = \dfrac{A}{x-2} + \dfrac{B}{(x-2)^2} + \dfrac{C}{(x-2)^3}$

▶ Calcola $\int \dfrac{6x-1}{(x-2)^3}\,dx.$

📺 **Animazione**

4. $\dfrac{x-3}{(x+2)(x^2+1)} = \dfrac{A}{x+2} + \dfrac{Bx+C}{x^2+1}$

Capitolo 29. Integrali indefiniti

IN SINTESI
Integrali indefiniti

■ Integrale indefinito

- **Funzione primitiva**: $F(x)$ si dice primitiva di $f(x)$ nell'intervallo $[a; b]$ se $F(x)$ è derivabile in $[a; b]$ e $F'(x) = f(x)$.
  Se $f(x)$ ammette una primitiva $F(x)$, allora ammette infinite primitive del tipo $F(x) + c$, con $c \in \mathbb{R}$.

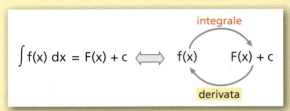

- **Integrale indefinito della funzione $f(x)$**: è l'insieme di tutte le primitive $F(x) + c$, con $c \in \mathbb{R}$. Si indica con $\int f(x)\,dx$. La funzione $f(x)$ è la **funzione integranda** e x è la **variabile di integrazione**.

- **Condizione sufficiente di integrabilità**
  Se una funzione è continua in un intervallo, allora ammette primitive in tale intervallo.

- **Proprietà di linearità**
  Se f e g ammettono integrale indefinito, allora

  - $\int [f(x) + g(x)]\,dx = \int f(x)\,dx + \int g(x)\,dx$ **prima proprietà**;

  - $\int k \cdot f(x)\,dx = k \cdot \int f(x)\,dx$ **seconda proprietà**.

■ Integrazione per sostituzione e per parti

- **Metodo di sostituzione** Per calcolare l'integrale $\int f(x)\,dx$:
  - si pone $x = g(t)$, e quindi $t = g^{-1}(x)$, dove $g(t)$ è invertibile, con $g'(t)$ continua e diversa da 0;
  - si calcola il differenziale dx, oppure dt;
  - si sostituisce nell'integrale dato, in modo da ottenere un integrale nella variabile t;
  - si calcola, se possibile, l'integrale rispetto a t;
  - ritornando alla variabile x, si ha il risultato cercato.

- **Formula di integrazione per parti**: $\int f(x)g'(x)\,dx = f(x) \cdot g(x) - \int f'(x)g(x)\,dx$.

  ESEMPIO: $\int \ln x\,dx = \int 1 \ln x\,dx = x \ln x - \int x \cdot \frac{1}{x}\,dx = x \ln x - x + c$.

■ Integrazione di funzioni razionali fratte

- **Primo caso**
  Nell'integrale $\int \frac{N(x)}{D(x)}\,dx$ il grado del numeratore $N(x)$ è **minore** del grado del denominatore $D(x)$: ci si riconduce a uno dei modelli che seguono.

  - **Il numeratore è la derivata del denominatore**: $\int \frac{f'(x)}{f(x)}\,dx = \ln|f(x)| + c$.

  - **Il denominatore è di primo grado**: $\int \frac{1}{ax+b}\,dx = \frac{1}{a}\ln|ax+b| + c$.

1890

In sintesi

TEORIA

- **Il denominatore è di secondo grado**, con integrale del tipo $\int \dfrac{px+q}{ax^2+bx+c}\,dx$.

  a. $\Delta > 0$, si cercano i valori A e B che rendono vera l'identità:

  $$\dfrac{px+q}{ax^2+bx+c} = \dfrac{A}{a(x-x_1)} + \dfrac{B}{x-x_2}, \text{ essendo } ax^2+bx+c = a(x-x_1)(x-x_2);$$

  b. $\Delta = 0$, si cercano i valori A e B che rendono vera l'identità:

  $$\dfrac{px+q}{ax^2+bx+c} = \dfrac{A}{a(x-x_1)} + \dfrac{B}{(x-x_1)^2}, \text{ essendo } ax^2+bx+c = a(x-x_1)^2;$$

  c. $\Delta < 0$: se $p = 0$, $\int \dfrac{1}{ax^2+bx+c}\,dx$ si trasforma in modo da utilizzare la formula:

  $$\int \dfrac{f'(x)}{k^2+[f(x)]^2}\,dx = \dfrac{1}{k}\arctan\dfrac{f(x)}{k} + c;$$

  se $p \neq 0$, $\int \dfrac{px+q}{ax^2+bx+c}\,dx$ si trasforma in $r\int \dfrac{2ax+b}{ax^2+bx+c}\,dx + s\int \dfrac{1}{ax^2+bx+c}\,dx$.

- **Secondo caso**

  In $\int \dfrac{N(x)}{D(x)}\,dx$ il grado di $N(x)$ è **maggiore o uguale** al grado di $D(x)$: si ritorna al primo caso mediante la divisione $\dfrac{N(x)}{D(x)} = Q(x) + \dfrac{R(x)}{D(x)}$, dove $R(x)$ è il resto della divisione e quindi ha grado minore di $D(x)$.

Integrali immediati	Integrali con una funzione composta
$\int x^\alpha\,dx = \dfrac{x^{\alpha+1}}{\alpha+1} + c, \quad \text{con } \alpha \neq -1$	$\int [f(x)]^\alpha f'(x)\,dx = \dfrac{[f(x)]^{\alpha+1}}{\alpha+1} + c, \quad \text{con } \alpha \neq -1$
$\int \dfrac{1}{x}\,dx = \ln|x| + c$	$\int \dfrac{f'(x)}{f(x)}\,dx = \ln|f(x)| + c$
$\int e^x\,dx = e^x + c$	$\int f'(x)\,e^{f(x)}\,dx = e^{f(x)} + c$
$\int a^x\,dx = \dfrac{a^x}{\ln a} + c$	$\int f'(x)\,a^{f(x)}\,dx = \dfrac{a^{f(x)}}{\ln a} + c$
$\int \sin x\,dx = -\cos x + c$	$\int f'(x)\sin f(x)\,dx = -\cos f(x) + c$
$\int \cos x\,dx = \sin x + c$	$\int f'(x)\cos f(x)\,dx = \sin f(x) + c$
$\int \dfrac{1}{\cos^2 x}\,dx = \tan x + c$	$\int \dfrac{f'(x)}{\cos^2 f(x)}\,dx = \tan f(x) + c$
$\int \dfrac{1}{\sin^2 x}\,dx = -\cot x + c$	$\int \dfrac{f'(x)}{\sin^2 f(x)}\,dx = -\cot f(x) + c$
$\int \dfrac{1}{\sqrt{1-x^2}}\,dx = \arcsin x + c$	$\int \dfrac{f'(x)}{\sqrt{1-[f(x)]^2}}\,dx = \arcsin f(x) + c$
$\int \dfrac{1}{1+x^2}\,dx = \arctan x + c$	$\int \dfrac{f'(x)}{1+[f(x)]^2}\,dx = \arctan f(x) + c$

Capitolo 29. Integrali indefiniti

CAPITOLO 29
ESERCIZI

1 Integrale indefinito

Primitive
▶ Teoria a p. 1874

TEST

1 Una primitiva di $f(x) = 3x + 1$ è:

- A 3.
- B $3x^2 + x$.
- C $\frac{3}{2}x^2 + x$.
- D $\frac{3}{2}x^2 + 1$.
- E $3x$.

2 Una primitiva di $f(x) = \sin 3x$ è:

- A $\cos 3x$.
- B $-\cos 3x$.
- C $-3\cos 3x$.
- D $-\frac{1}{3}\cos 3x$.
- E $3\cos 3x$.

3 **ASSOCIA** ogni funzione della prima riga a una sua primitiva nella seconda riga.

a. $y = 4x$
b. $y = \frac{2}{3}x^3$
c. $y = 4$
d. $y = x + 4$

1. $y = \frac{x^4}{6}$
2. $y = 2x^2$
3. $y = 4x + \frac{x^2}{2}$
4. $y = 4x + 1$

4 **VERO O FALSO?**

a. $y = \sin x$ è una primitiva di $y = \cos x$. V F
b. $y = 3x + 7$ e $y = 3x + 17$ sono primitive della stessa funzione. V F
c. Le primitive di una funzione, se esistono, sono infinite. V F
d. $y = x^2 + 1$ e $y = x^2 + 3$ hanno le stesse primitive. V F

Sono date due funzioni, $f(x)$ e $F(x)$. Modifica $F(x)$ in modo che sia una primitiva di $f(x)$.

5 $f(x) = x^2$, $F(x) = 3x^3 + 2$.

6 $f(x) = e^{-2x}$, $F(x) = e^{-2x}$.

7 $f(x) = 2\sin 2x$, $F(x) = -\frac{1}{3}\sin^2 x + 4$.

8 $f(x) = \frac{-3x}{x^2 + 1}$, $F(x) = \ln(x^2 + 1)$.

9 **TEST** Il grafico rappresenta una parabola di equazione $y = f(x)$. Individua una primitiva di $f(x)$.

- A $F(x) = 6(x - 1)$
- B $F(x) = x^3 + 3x^2$
- C $F(x) = x^3 + 3x^2 + 1$
- D $F(x) = x^3 - 3x^2$
- E $F(x) = x^2 - 2x$

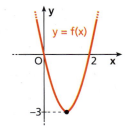

Integrale indefinito
▶ Teoria a p. 1875

10 **ESERCIZIO GUIDA** Una delle due funzioni $y = x - x^2 - x^3$ e $y = 1 - 2x - 3x^2$ è una primitiva dell'altra. Determiniamo quale e scriviamo la relazione che lega le due funzioni mediante un integrale indefinito.

1892

Paragrafo 1. Integrale indefinito

Calcoliamo la derivata delle due funzioni:
$$D[x - x^2 - x^3] = 1 - 2x - 3x^2,$$
$$D[1 - 2x - 3x^2] = -2 - 6x.$$

La derivata della prima funzione è uguale alla seconda funzione: $y = x - x^2 - x^3$ è una primitiva di $y = 1 - 2x - 3x^2$. Scriviamo:
$$\int (1 - 2x - 3x^2)\,dx = x - x^2 - x^3 + c.$$

Nelle seguenti coppie di funzioni, una delle due funzioni è una primitiva dell'altra. Determina quale e scrivi, mediante un integrale indefinito, la relazione che lega le due funzioni.

11 $y = 4 + 6x;$ $\qquad y = 4x + 3x^2.$

12 $y = \dfrac{1}{x+1};$ $\qquad y = -\dfrac{1}{(x+1)^2}.$

13 $y = \dfrac{2x}{x^2+1};$ $\qquad y = \ln(x^2+1).$

14 $y = \sqrt{x^2+1};$ $\qquad y = \dfrac{x}{\sqrt{x^2+1}}.$

15 $y = -e^{-x};$ $\qquad y = e^{-x}.$

16 $y = 1 + \tan^2 x;$ $\qquad y = \tan x.$

17 $y = \sin x + \cos x;$ $\qquad y = \cos x - \sin x.$

18 $y = -\dfrac{1}{x^2};$ $\qquad y = \dfrac{2}{x^3}.$

COMPLETA

19 $\int \boxed{} \sin 5x^2\, dx = \cos 5x^2 + c$

20 $\int \dfrac{\boxed{}}{\sqrt{x^2 - 2x}}\, dx = \sqrt{x^2 - 2x} + c$

21 $\int \dfrac{2}{e^x}\, dx = \dfrac{\boxed{}}{e^x} + c$

22 $\int \boxed{} \ln^3 x\, dx = \ln^4 x + c$

23 $\int \dfrac{1}{1+x} \boxed{}\, dx = \arctan \sqrt{x} + c$

24 $\int \boxed{} (x^3 + 3x)^5\, dx = (x^3 + 3x)^6 + c$

---

25 **TEST** Data la funzione $f(x) = \dfrac{-3e^x}{(e^x + 2)^2}$, la sua primitiva il cui grafico passa per il punto $(0; 1)$ è:

A $\dfrac{1}{e^x + 2} + \dfrac{2}{3}.$

B $\dfrac{-3}{e^x + 2} + 2.$

C $\dfrac{9}{(e^x + 2)^2}.$

D $\dfrac{9}{(e^x + 2)^2} - 1.$

E $\dfrac{3}{e^x + 2}.$

VERO O FALSO?

26
a. La derivata di $\int (x^2 + 4x)\, dx$ è $2x + 4$. V F

b. $\int (4x^3 + 7)\, dx = \dfrac{x^4}{4} + 7x + c.$ V F

c. Una primitiva di $\int x\, dx$ è $\dfrac{x^3}{6} + 1.$ V F

d. La derivata di $\int (\ln x + 4)\, dx$ è $\ln x$. V F

e. Una primitiva di $\sin x - \cos x$ è $-\cos x - \sin x - 6$. V F

27
a. Ogni funzione continua ammette primitive. V F

b. Ogni funzione derivabile è integrabile. V F

c. Ogni funzione integrabile è derivabile. V F

d. Se una funzione è integrabile e positiva, tutte le sue primitive sono crescenti. V F

1893

Capitolo 29. Integrali indefiniti

28 **LEGGI IL GRAFICO** Quali delle seguenti funzioni non sono integrabili in $\mathbb{R}$? Indicane il motivo.

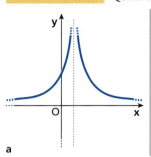
a

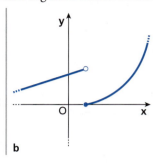
b

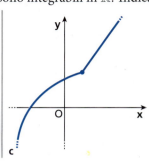
c

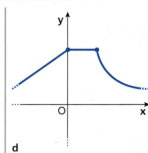
d

RIFLETTI SULLA TEORIA

29 Spiega perché $D\left[\int \ln 4x^2 \, dx\right] = \ln 4x^2$.

30 Puoi affermare che la funzione $f(x) = \begin{cases} 2x & \text{se } x < 0 \\ x + 3 & \text{se } x \geq 0 \end{cases}$ è integrabile nell'intervallo $[-2; 2]$? Perché?

Dal grafico di una funzione a quello di una primitiva

LEGGI IL GRAFICO In ciascuno dei seguenti grafici, una delle funzioni è una primitiva dell'altra. Determina quale.

31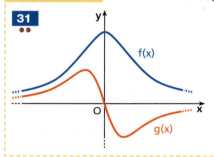

32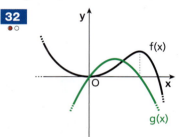

33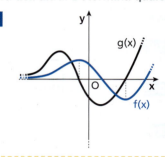

34 **ESERCIZIO GUIDA** Tracciamo l'andamento della primitiva $F(x)$, passante per l'origine, della funzione $f(x)$ rappresentata in figura.

$f(x)$ rappresenta la derivata di $F(x)$. Dal grafico di $f(x)$ deduciamo lo schema che indica dove $F(x)$ è crescente o decrescente.

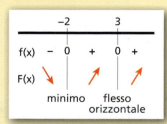

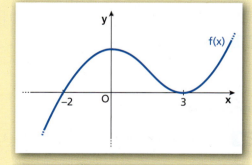

L'andamento della primitiva $F(x)$ che passa per l'origine può essere quello della figura.

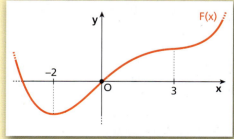

Paragrafo 1. Integrale indefinito

LEGGI IL GRAFICO Dato il grafico $y = f(x)$, traccia un possibile andamento della primitiva $y = F(x)$ che passa per l'origine.

35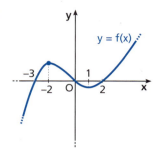

36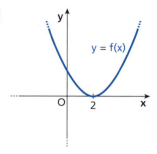

37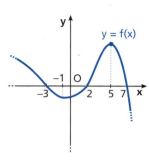

38 Dato il grafico di $y = f(x)$, traccia un possibile andamento della sua primitiva passante:
   a. per l'origine;
   b. per il punto $(0; 2)$.

39 Dato il grafico di $y = f(x)$, traccia un possibile andamento della sua primitiva che taglia l'asse y nel punto di ascissa -3.

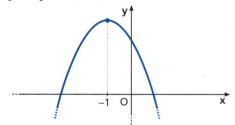

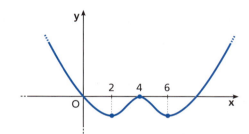

40 **RIFLETTI SULLA TEORIA** Se la funzione $f(x)$ ha un massimo relativo nel punto $P(2; -3)$, esiste una primitiva di $f(x)$ che ammette un flesso in P?

Con i parametri

Determina a e b in modo tale che $F(x)$ sia una primitiva di $f(x)$.

AL VOLO

41 $F(x) = x^2 + 5x$, $f(x) = ax + b$.

42 $F(x) = ax^3 - 2x^2$, $f(x) = 9x^2 + bx$.

43 $F(x) = ax^3 + bx^2 + 3$, $f(x) = 6x^2 - 4x$. $\qquad [a = 2, b = -2]$

44 $F(x) = a\sin 2x + b\cos x$, $f(x) = 8\cos 2x + 3\sin x$. $\qquad [a = 4, b = -3]$

45 $F(x) = (a + bx)e^x$, $f(x) = xe^x$. $\qquad [a = -1, b = 1]$

46 **TEST** La funzione $F(x) = p\sin x + 2q\sin^3 x$ è una primitiva di $f(x) = 8\cos x - 6\cos^3 x$ se:
   A $p = 1, q = 2$.
   B $p = 2, q = -1$.
   C $p = -2, q = 1$.
   D $p = 2, q = 1$.
   E non è possibile trovare i valori di p e q.

1895

Capitolo 29. Integrali indefiniti

Proprietà dell'integrale indefinito
▶ Teoria a p. 1876

47
a. $-2\int f(x)dx = -\int 2f(x)dx$ V F
b. $\int x^2 f(x)dx = \int x^2 dx \cdot \int f(x)dx$ V F
c. $\frac{1}{5x}\int 5x\, f(x)dx = \int f(x)dx$ V F
d. $\int [7+f(x)]dx = 7\int dx + \int f(x)dx$ V F
e. $\int Df(x)dx = D\int f(x)dx$ V F

48
a. $D\left[\int 8x\, dx\right] = 8x + c$ V F
b. $\int (3x - e^x)dx = 3\int x\, dx - \int e^x dx$ V F
c. $\int 5\, dx = 5\int dx$ V F
d. $\int \ln x^2 dx = 2\int \ln x\, dx$ V F
e. $\int 3x^2 dx - \int 3x^2 dx = 0$ V F

2 Integrali indefiniti immediati

Integrale di una potenza di x, $f(x) = x^\alpha$, con $\alpha \in \mathbb{R}$
▶ Teoria a p. 1877

49 VERO O FALSO?
a. $\int x^2 dx = \left(\int x\, dx\right)^2$ V F
b. $\int 3x\, dx - \int x\, dx = x^2 + c$ V F
c. $\int x^{-1}dx = \frac{x^{-1+1}}{-1+1} + c$ V F
d. $\int \frac{1}{x^2}dx = \ln x^2 + c$ V F

50 ESERCIZIO GUIDA Calcoliamo: a. $\int \left(2x^4 - \sqrt[3]{x^2} + \frac{1}{x^2}\right)dx$; b. $\int \left(3 + \frac{2}{x}\right)dx$.

a. $\int \left(2x^4 - \sqrt[3]{x^2} + \frac{1}{x^2}\right)dx =$) proprietà di linearità

$2\int x^4 dx - \int x^{\frac{2}{3}}dx + \int x^{-2}dx =$) integriamo le potenze di x $\quad \int x^\alpha dx = \frac{x^{\alpha+1}}{\alpha+1} + c, \text{con } \alpha \neq -1$

$2 \cdot \frac{x^{4+1}}{4+1} - \frac{x^{\frac{2}{3}+1}}{\frac{2}{3}+1} + \frac{x^{-2+1}}{-2+1} + c = \frac{2}{5}x^5 - \frac{x^{\frac{5}{3}}}{\frac{5}{3}} - x^{-1} + c = \frac{2}{5}x^5 - \frac{3}{5}x\sqrt[3]{x^2} - \frac{1}{x} + c.$

b. $\int \left(3 + \frac{2}{x}\right)dx = 3 \cdot \int dx + 2 \cdot \int \frac{1}{x}dx = 3 \cdot x + 2\ln |x| + c.$ $\quad \int \frac{1}{x}dx = \ln |x| + c$

Calcola i seguenti integrali.

AL VOLO

51 $\int 7x\, dx$; $\int 2\, dx$; $\int 6x^2 dx$.   **52** $\int x^3 dx$; $\int \sqrt{x}\, dx$; $\int x^9 dx$.

53 $\int \frac{1}{x^4}dx$; $\int \frac{5}{4}\sqrt[4]{x}\, dx$; $\int x^8 dx$. $\left[-\frac{1}{3x^3} + c; x\sqrt[4]{x} + c; \frac{x^9}{9} + c\right]$

54 $\int \frac{1}{2x^3}dx$; $\int \frac{4}{x}dx$; $\int -\frac{2}{3}x^6 dx$. $\left[-\frac{1}{4x^2} + c; 4\ln |x| + c; -\frac{2}{21}x^7 + c\right]$

1896

Paragrafo 2. Integrali indefiniti immediati

55 $\int \dfrac{3}{\sqrt[3]{x^2}}\,dx$; $\int 8\sqrt{x}\,dx$; $\int -\dfrac{1}{x^4}\,dx$. $\left[9\sqrt[3]{x}+c;\ \dfrac{16}{3}x\sqrt{x}+c;\ \dfrac{1}{3x^3}+c\right]$

56 $\int \dfrac{\sqrt{x}}{\sqrt[4]{x}}\,dx$; $\int \sqrt{x\sqrt{2x}}\,dx$; $\int x^3\sqrt{x}\,dx$. $\left[\dfrac{4}{5}x\sqrt[4]{x}+c;\ \dfrac{4}{7}x\sqrt{x}\sqrt[4]{2x}+c;\ \dfrac{2}{9}x^4\sqrt{x}+c\right]$

57 $\int \sqrt{2\sqrt{x}}\,dx$; $\int \dfrac{3\sqrt[3]{x}}{x}\,dx$; $\int \dfrac{1}{4\sqrt{x}}\,dx$. $\left[\dfrac{4}{5}\sqrt{2}\sqrt[4]{x^5}+c;\ 9\sqrt[3]{x}+c;\ \dfrac{\sqrt{x}}{2}+c\right]$

---

58 $\int (3x+1)\,dx$ $\left[\dfrac{3}{2}x^2+x+c\right]$

59 $\int (x^2+2x)\,dx$ $\left[\dfrac{x^3}{3}+x^2+c\right]$

60 $\int (x+\sqrt{x})\,dx$ $\left[\dfrac{x^2}{2}+\dfrac{2}{3}x\sqrt{x}+c\right]$

61 $\int x^2(4x-6)\,dx$ $[x^4-2x^3+c]$

62 $\int (x^2+x+10)\,dx$ $\left[\dfrac{x^3}{3}+\dfrac{x^2}{2}+10x+c\right]$

63 $\int (x^3-3x^2-8)\,dx$ $\left[\dfrac{x^4}{4}-x^3-8x+c\right]$

64 $\int \left(\dfrac{1}{x^3}+\dfrac{3}{x^2}\right)dx$ $\left[-\dfrac{1}{2x^2}-\dfrac{3}{x}+c\right]$

65 $\int \left(3x^2-\dfrac{6}{x^2}\right)dx$ $\left[x^3+\dfrac{6}{x}+c\right]$

66 $\int \left(\dfrac{5}{x^4}-\dfrac{4}{x^3}+\dfrac{3}{x^2}\right)dx$ $\left[-\dfrac{5}{3x^3}+\dfrac{2}{x^2}-\dfrac{3}{x}+c\right]$

67 $\int \left(x+\dfrac{1}{x}+1\right)dx$ $\left[\dfrac{x^2}{2}+\ln|x|+x+c\right]$

68 $\int \left(3x^2-2x+\dfrac{3}{x}\right)dx$ $[x^3-x^2+3\ln|x|+c]$

69 $\int \left(\dfrac{2}{x^3}-x^2-\dfrac{1}{x}\right)dx$ $\left[-\dfrac{1}{x^2}-\dfrac{x^3}{3}-\ln|x|+c\right]$

70 $\int \sqrt{x}(2-\sqrt{x})\,dx$ $\left[\dfrac{4}{3}x\sqrt{x}-\dfrac{x^2}{2}+c\right]$

71 $\int (3\sqrt{x}+\sqrt[4]{x^3})\,dx$ $\left[2x\sqrt{x}+\dfrac{4}{7}x\sqrt[4]{x^3}+c\right]$

72 $\int \left(\dfrac{2}{\sqrt{x}}-\dfrac{3}{\sqrt[3]{x}}\right)dx$ $\left[4\sqrt{x}-\dfrac{9}{2}\sqrt[3]{x^2}+c\right]$

73 $\int \left(\sqrt{x}+\dfrac{2}{\sqrt{x}}\right)dx$ $\left[\dfrac{2}{3}x\sqrt{x}+4\sqrt{x}+c\right]$

74 $\int \left(x+\dfrac{5x^2}{\sqrt{x}}-\dfrac{2}{x^3}\right)dx$ $\left[\dfrac{x^2}{2}+2\sqrt{x^5}+\dfrac{1}{x^2}+c\right]$

75 $\int (\sqrt{x}-2)^2\,dx$ $\left[\dfrac{x^2}{2}-\dfrac{8}{3}\sqrt{x^3}+4x+c\right]$

76 $\int (x+1)^2\,dx$ $\left[\dfrac{x^3}{3}+x^2+x+c\right]$

77 $\int (x-3)(x+3)\,dx$ $\left[\dfrac{x^3}{3}-9x+c\right]$

78 $\int [x^2-(2-x)^2]\,dx$ $[2x^2-4x+c]$

79 $\int \dfrac{1}{\sqrt{x}}(x-\sqrt{x\sqrt{x}})\,dx$ $\left[\dfrac{2}{3}x\sqrt{x}-\dfrac{4}{5}x\sqrt[4]{x}+c\right]$

---

80 **TEST** Solo uno dei seguenti grafici rappresenta una primitiva di $y=\dfrac{1}{2}x-1$. Quale?

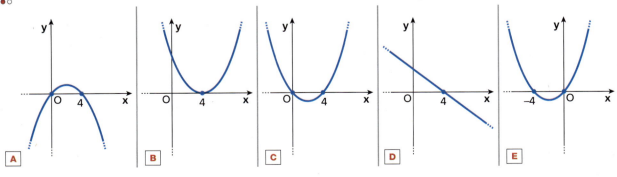

A B C D E

81 **EUREKA!** Spiega perché $\ln|\alpha x|$ è una primitiva di $\dfrac{1}{x}$ per ogni valore di α non nullo.

1897

Capitolo 29. Integrali indefiniti

82 **ESERCIZIO GUIDA** Calcoliamo $\int \frac{2x-1+x^3}{x^2} dx$.

Poiché il denominatore della frazione integranda è un monomio, possiamo scomporre la frazione in frazioni più semplici e applicare la prima proprietà di linearità:

$$\int \frac{2x-1+x^3}{x^2} dx = \int \frac{2x}{x^2} dx - \int \frac{1}{x^2} dx + \int \frac{x^3}{x^2} dx = 2\int \frac{1}{x} dx - \int x^{-2} dx + \int x \, dx = 2\ln|x| + \frac{1}{x} + \frac{x^2}{2} + c.$$

Calcola i seguenti integrali.

83 $\int \frac{x+5}{x} dx$ $\qquad \left[x + 5\ln|x| + c\right]$

84 $\int \frac{4x+x^2}{x} dx$ $\qquad \left[4x + \frac{x^2}{2} + c\right]$

85 $\int \frac{1-x^2+6x}{x^2} dx$ $\qquad \left[-\frac{1}{x} - x + 6\ln|x| + c\right]$

86 $\int \frac{3x^2+2-4x}{3x} dx$ $\qquad \left[\frac{x^2}{2} + \frac{2}{3}\ln|x| - \frac{4}{3}x + c\right]$

87 $\int \frac{10x^5+4x+1}{2x} dx$ $\qquad \left[x^5 + 2x + \frac{1}{2}\ln|x| + c\right]$

88 $\int \frac{x^2+2\sqrt{x}}{x^2} dx$ $\qquad \left[x - \frac{4}{\sqrt{x}} + c\right]$

89 $\int \frac{x^2(x^2+2)-1}{x} dx$ $\qquad \left[\frac{x^4}{4} + x^2 - \ln|x| + c\right]$

90 $\int \frac{x^4+x^3-2x}{x^3} dx$ $\qquad \left[\frac{x^2}{2} + x + \frac{2}{x} + c\right]$

91 $\int \frac{1+2x^2}{\sqrt{x}} dx$ $\qquad \left[2\sqrt{x} + \frac{4}{5}x^2\sqrt{x} + c\right]$

92 $\int \frac{(x-1)(x+2)}{x} dx$ $\qquad \left[\frac{x^2}{2} + x - 2\ln|x| + c\right]$

93 $\int \frac{x^3+\sqrt{x}-2}{6x^3} dx$ $\qquad \left[\frac{1}{6}x - \frac{1}{9x\sqrt{x}} + \frac{1}{6x^2} + c\right]$

94 $\int \frac{(2\sqrt{x}-1)^2}{x^2} dx$ $\qquad \left[4\ln x - \frac{1}{x} + \frac{8}{\sqrt{x}} + c\right]$

95 $\int \frac{x^3-5x^2+4x}{x-1} dx$ $\qquad \left[\frac{x^3}{3} - 2x^2 + c\right]$

96 $\int \frac{4-x}{\sqrt{x}+2} dx$ $\qquad \left[2x - \frac{2}{3}x\sqrt{x} + c\right]$

---

97 **TEST** Che valori devono assumere gli esponenti reali a e b affinché sia vera la seguente uguaglianza?

$$\int \frac{3+2x^a-6x^b}{x^2} dx = -\frac{3}{x} + x^2 - 2x^3 + c$$

A $a = 4 \wedge b = 5$

B $a = 3 \wedge b = 5$

C $a = 2 \wedge b = 4$

D $a = 3 \wedge b = 4$

E Nessuno dei valori precedenti.

Problemi

98 Rappresenta graficamente due primitive di $f(x) = 4x + 3$ assegnando alla costante due valori a piacere e verifica che le tangenti nei punti di ascissa -2 sono parallele tra loro.

99 Tra le primitive $F(x)$ di $f(x) = x^2 - \frac{1}{x}$, trova quella tale che $F(1) = 2$.

$$\left[F(x) = \frac{x^3}{3} - \ln|x| + \frac{5}{3}\right]$$

100 Tra le primitive $F(x)$ di $f(x) = 5 - 6x + 4x^3$, trova quella tale che $F(-1) = 4$.

$$\left[F(x) = 5x - 3x^2 + x^4 + 11\right]$$

101 **LEGGI IL GRAFICO** La figura mostra i grafici di una funzione $f(x)$, di una sua primitiva $F(x)$ e della sua derivata $f'(x)$. Individuali e determina le loro equazioni, sapendo che uno dei tre grafici ha equazione $y = 12x^2 - 2$.

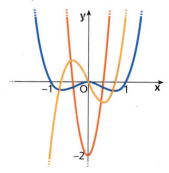

Paragrafo 2. Integrali indefiniti immediati

Problemi REALTÀ E MODELLI

RISOLVIAMO UN PROBLEMA

Quanto ci costi!

Il **costo totale** per la produzione di una quantità x di un certo prodotto è espresso dalla funzione $C(x)$.
La sua derivata $C'(x)$ è detta **costo marginale** e rappresenta il costo che un'impresa deve sostenere per produrre un'unità di prodotto in più, ovvero la variazione nei costi totali che si verifica quando varia di una unità la quantità prodotta.

Un caseificio sa che il costo marginale della sua produzione, in euro al kilogrammo, è espresso dalla funzione

$$C'(x) = 5 - 0{,}02x, \text{ per } x \leq 400 \text{ kg}.$$

- Scrivi la funzione costo totale, sapendo che i costi fissi sono di € 200.
- Trova il costo totale per produrre 300 kg di formaggio e il costo unitario medio.

▶ **Troviamo la funzione costo totale.**

Calcoliamo l'integrale di $C'(x)$.

$$\int (5 - 0{,}02x)\,dx = 5x - 0{,}02\frac{x^2}{2} + c =$$
$$5x - 0{,}01x^2 + c.$$

Quindi $C(x) = 5x - 0{,}01x^2 + c$.

▶ **Determiniamo la costante c.**

Sapendo che i costi fissi sono di € 200, possiamo scrivere:

$C(0) = 200 \quad \rightarrow$
$5 \cdot 0 - 0{,}01 \cdot 0 + c = 200 \quad \rightarrow \quad c = 200.$

Allora $C(x) = 5x - 0{,}01x^2 + 200$.

▶ **Calcoliamo il costo totale per produrre 300 kg di formaggio.**

$$C(300) = 5 \cdot 300 - 0{,}01(300)^2 + 200 = € 800.$$

▶ **Calcoliamo il costo unitario medio.**

Per produrre 300 kg di formaggio il costo è di € 800. In questo caso il costo unitario medio è:

$$\frac{800}{300} = 2{,}67 \text{ €/kg}.$$

102

Dolce fragranza Il costo marginale, espresso in euro a boccetta, per produrre x boccette di profumo è dato da

$$C'(x) = \frac{x^2}{10\,000} - \frac{x}{10} + 20, \text{ per } x \leq 200,$$

e non ci sono costi fissi.

a. Scrivi la funzione costo totale $C(x)$.
b. Trova il costo per produrre 100 boccette.

$$\left[\text{a) } C(x) = \frac{x^3}{30\,000} - \frac{x^2}{20} + 20x; \text{ b) } € 1533 \right]$$

103 **A tutta musica** Un sito promotore di eventi vende biglietti per un concerto. Il profitto marginale, che descrive la rapidità di variazione del profitto al variare dei biglietti venduti, è dato dalla funzione

$$P'(x) = \frac{x}{5} - 30,$$

dove x è il numero di biglietti venduti e il profitto è espresso in euro.
Trova il profitto totale ricavato dalla vendita dei primi 500 biglietti, sapendo che il sito ha un guadagno fisso di € 50, indipendente dal numero di biglietti venduti.

[€ 10050]

Capitolo 29. Integrali indefiniti

Integrale della funzione esponenziale
▶ Teoria a p. 1878

104 ESERCIZIO GUIDA Calcoliamo gli integrali:

a. $\int(2e^x + 3 \cdot 5^x)dx$; b. $\int \frac{10^{x-1}}{5^x}dx$.

$$\int e^x dx = e^x + c; \qquad \int a^x dx = \frac{1}{\ln a} \cdot a^x + c.$$

a. $\int(2e^x + 3 \cdot 5^x)dx = \underbrace{2\int e^x dx + 3\int 5^x dx}_{\text{proprietà di linearità}} = 2e^x + \frac{3}{\ln 5} \cdot 5^x + c.$

b. Semplifichiamo la frazione integranda in modo da ricondurci a un unico esponenziale:

$$\int \frac{10^{x-1}}{5^x}dx = \int \frac{10^x}{5^x} \cdot 10^{-1} dx = \int \left(\frac{10}{5}\right)^x \cdot \frac{1}{10} dx = \frac{1}{10}\int 2^x dx = \frac{1}{10} \cdot \frac{1}{\ln 2} \cdot 2^x + c.$$

Calcola i seguenti integrali.

105 AL VOLO $\int 4e^x dx$; $\int 25^x dx$.

106 $\int e^{x+2} dx$ $[e^{x+2} + c]$

107 $\int (2e^x + 1)dx$ $[2e^x + x + c]$

108 $\int (4e^x + 5 \cdot 3^x)dx$ $\left[4e^x + \frac{5}{\ln 3} \cdot 3^x + c\right]$

109 $\int 2^{4x} \cdot 4^{1-2x} dx$ $[4x + c]$

110 $\int (x + 7^{x+1})dx$ $\left[\frac{x^2}{2} + \frac{7}{\ln 7} \cdot 7^x + c\right]$

111 $\int 2^{2x} \cdot 3^x dx$ $\left[\frac{1}{\ln 12} \cdot 12^x + c\right]$

112 $\int \frac{3^{x+1} - 9^x}{3^x} dx$ $\left[3x - \frac{3^x}{\ln 3} + c\right]$

113 $\int \frac{16^x}{4^{x+1}} dx$ $\left[\frac{4^x}{4\ln 4} + c\right]$

114 $\int e^x(1 - 2xe^{-x})dx$ $[e^x - x^2 + c]$

115 $\int 8^x \cdot 2^{-3x+4} dx$ $[16x + c]$

116 $\int (2 - 3^x)^2 dx$ $\left[4x - \frac{4}{\ln 3} 3^x + \frac{9^x}{\ln 9} + c\right]$

117 $\int \frac{2 \cdot 3^x + 3 \cdot 2^x}{6^x} dx$ $\left[-\frac{2}{\ln 2} 2^{-x} - \frac{3}{\ln 3} 3^{-x} + c\right]$

118 $\int 4^{x-1} \cdot 2^{-x+2} dx$ $\left[\frac{1}{\ln 2} 2^x + c\right]$

119 $\int (2^{2x} - 1)^2 \cdot 4^x dx$ $\left[\frac{2^{6x}}{6\ln 2} - \frac{2^{4x}}{2\ln 2} + \frac{2^{2x}}{2\ln 2} + c\right]$

Integrale delle funzioni goniometriche
▶ Teoria a p. 1879

$$\int \sin x \, dx = -\cos x + c; \quad \int \cos x \, dx = \sin x + c; \quad \int \frac{1}{\sin^2 x} dx = -\cot x + c; \quad \int \frac{1}{\cos^2 x} dx = \tan x + c.$$

120 ESERCIZIO GUIDA Calcoliamo $\int \left(2\sin x - \cos x - \frac{4}{\sin^2 x}\right)dx$.

$$\int \left(2\sin x - \cos x - \frac{4}{\sin^2 x}\right)dx = \underbrace{2\int \sin x \, dx - \int \cos x \, dx - 4\int \frac{1}{\sin^2 x} dx}_{\text{proprietà di linearità}} =$$

$2(-\cos x) - \sin x - 4(-\cot x) + c = -2\cos x - \sin x + 4\cot x + c$

Calcola i seguenti integrali.

AL VOLO

121 $\int 2\sin x \, dx$

122 $\int (\sin x + 3\cos x)dx$

123 $\int (x - 2\sin x)dx$

1900

Paragrafo 2. Integrali indefiniti immediati

124 $\int \dfrac{\sin x - \sqrt{3}\cos x}{2}\,dx$ $\left[-\dfrac{\cos x + \sqrt{3}\sin x}{2} + c\right]$

131 $\int \dfrac{5\sin x + 2\sin 2x}{\sin x}\,dx$ $[5x + 4\sin x + c]$

125 $\int\left(\dfrac{3}{\sin^2 x} + \dfrac{\cos x}{2}\right)dx$ $\left[-3\cot x + \dfrac{\sin x}{2} + c\right]$

132 $\int \tan^2 x\,dx$ $[\tan x - x + c]$

126 $\int(\cos x - \sin x + 2e^x)\,dx$ $[\sin x + \cos x + 2e^x + c]$

133 $\int \dfrac{\cos 2x}{4\cos^2 x}\,dx$ $\left[\dfrac{1}{2}x - \dfrac{1}{4}\tan x + c\right]$

127 $\int\left(\dfrac{2}{\sin^2 x} + \dfrac{1}{x}\right)dx$ $[-2\cot x + \ln|x| + c]$

134 $\int \dfrac{1 - 8\cos^3 x}{\cos^2 x}\,dx$ $[\tan x - 8\sin x + c]$

128 $\int \dfrac{2\sin^2 x - 4}{\sin^2 x}\,dx$ $[2x + 4\cot x + c]$

135 $\int(2\cot^2 x - x)\,dx$ $\left[-2\cot x - 2x - \dfrac{x^2}{2} + c\right]$

129 **AL VOLO** $\int \cos^2 x\,dx + \int \sin^2 x\,dx$

136 $\int \dfrac{\cos 2x}{\sin^2 2x}\,dx$ $\left[-\dfrac{1}{2\sin 2x} + c\right]$

130 $\int \dfrac{-2\sin 2x}{\cos x}\,dx$ $[4\cos x + c]$

137 $\int \dfrac{1}{\cos^2 x \sin^2 x}\,dx$ $[\tan x - \cot x + c]$

■ **Integrale delle funzioni le cui primitive sono le funzioni goniometriche inverse**
▶ Teoria a p. 1879

$$\int \dfrac{1}{\sqrt{1-x^2}}\,dx = \arcsin x + c = -\arccos x + c; \qquad \int \dfrac{1}{1+x^2}\,dx = \arctan x + c = -\mathrm{arccot}\, x + c.$$

138 **ESERCIZIO GUIDA** Calcoliamo gli integrali:

a. $\int\left(\dfrac{2}{\sqrt{1-x^2}} + \dfrac{5}{1+x^2}\right)dx$;   b. $\int \dfrac{6x^2}{1+x^2}\,dx$.

a. $\int\left(\dfrac{2}{\sqrt{1-x^2}} + \dfrac{5}{1+x^2}\right)dx = 2\int\dfrac{1}{\sqrt{1-x^2}}\,dx + 5\int\dfrac{1}{1+x^2}\,dx = 2\arcsin x + 5\arctan x + c$

b. $\int \dfrac{6x^2}{1+x^2}\,dx = 6\int \dfrac{x^2 + 1 - 1}{1+x^2}\,dx = 6\int \dfrac{x^2+1}{1+x^2}\,dx - 6\int \dfrac{1}{1+x^2}\,dx = 6\int dx - 6\arctan x + c = 6(x - \arctan x) + c$

    ↑ aggiungiamo e togliamo 1 al numeratore

Calcola i seguenti integrali.

139 $\int \dfrac{3}{\sqrt{1-x^2}}\,dx$ $[3\arcsin x + c]$

145 $\int \dfrac{-x^2}{1+x^2}\,dx$ $[-x + \arctan x + c]$

140 $\int\left(1 - \dfrac{6}{\sqrt{9-9x^2}}\right)dx$ $[x + 2\arccos x + c]$

146 $\int \dfrac{1 + 2x^2}{1+x^2}\,dx$ $[2x - \arctan x + c]$

141 $\int\left(\dfrac{12}{1+x^2} - 4x\right)dx$ $[12\arctan x - 2x^2 + c]$

147 $\int \dfrac{2x^2 - 9}{3x^2 + 3}\,dx$ $\left[\dfrac{2}{3}x - \dfrac{11}{3}\arctan x + c\right]$

142 $\int\left(\dfrac{1}{x} + \dfrac{1}{4+4x^2}\right)dx$ $\left[\ln|x| + \dfrac{1}{4}\arctan x + c\right]$

148 $\int\left(\dfrac{\sqrt{1+x}}{\sqrt{1-x}} + \dfrac{\sqrt{1-x}}{\sqrt{1+x}}\right)dx$ $[2\arcsin x + c]$

143 $\int \dfrac{8x}{x^3 + x}\,dx$ $[8\arctan x + c]$

149 $\int \dfrac{4x^2 - 1}{2x^2 + 2}\,dx$ $\left[2x - \dfrac{5}{2}\arctan x + c\right]$

144 $\int\left(\dfrac{\sqrt{1-x^2}}{1-x^2} - \dfrac{\sqrt{x}}{x}\right)dx$ $[\arcsin x - 2\sqrt{x} + c]$

150 $\int \dfrac{x^4}{4 + 4x^2}\,dx$ $\left[-\dfrac{1}{4}x + \dfrac{x^3}{12} + \dfrac{1}{4}\arctan x + c\right]$

1901

Capitolo 29. Integrali indefiniti

Integrale delle funzioni la cui primitiva è una funzione composta ▶ Teoria a p. 1879

151 **TEST** Solo uno dei seguenti integrali *non* è nella forma $\int [f(x)]^\alpha f'(x)\,dx$. Quale?

- **A** $\int 3x(x^3-1)^2\,dx$
- **C** $\int 2x(x^2+1)^3\,dx$
- **E** $\int \sqrt{x-1}\,dx$
- **B** $\int 2(2x-6)^7\,dx$
- **D** $\int 2x\sqrt{x^2+4}\,dx$

152 **ESERCIZIO GUIDA** Calcoliamo $\int 3x^2(x^3-2)^4\,dx$.

Applichiamo la formula $\int [f(x)]^\alpha f'(x)\,dx = \dfrac{[f(x)]^{\alpha+1}}{\alpha+1}+c$, ponendo $f(x)=x^3-2$ e $\alpha=4$:

$$\int \underbrace{(x^3-2)^4}_{[f(x)]^4}\cdot \underbrace{3x^2}_{f'(x)}\,dx = \frac{(x^3-2)^{4+1}}{4+1}+c = \frac{(x^3-2)^5}{5}+c.$$

Calcola i seguenti integrali.

153 $\int 5(5x-2)^3\,dx$ $\qquad \left[\dfrac{(5x-2)^4}{4}+c\right]$ $\qquad$ **165** $\int \dfrac{(3\ln x)^2}{x}\,dx$ $\qquad [3\ln^3 x + c]$

154 $\int 4x(2x^2+3)^6\,dx$ $\qquad \left[\dfrac{(2x^2+3)^7}{7}+c\right]$ $\qquad$ **166** $\int \dfrac{3x}{(x^2+1)^3}\,dx$ $\qquad \left[-\dfrac{3}{4(x^2+1)^2}+c\right]$

155 $\int 2x(x^2-1)^3\,dx$ $\qquad \left[\dfrac{(x^2-1)^4}{4}+c\right]$ $\qquad$ **167** $\int \cos^3 x \sin x\,dx$ $\qquad \left[-\dfrac{\cos^4 x}{4}+c\right]$

156 $\int 15\sqrt{6-5x}\,dx$ $\qquad \left[-2\sqrt{(6-5x)^3}+c\right]$ $\qquad$ **168** $\int 6\sin^5 x \cos x\,dx$ $\qquad [\sin^6 x + c]$

157 $\int x\sqrt{1-x^2}\,dx$ $\qquad \left[-\dfrac{1}{3}\sqrt{(1-x^2)^3}+c\right]$ $\qquad$ **169** $\int 12\cos^2 x \sin x\,dx$ $\qquad [-4\cos^3 x + c]$

158 $\int \dfrac{x}{\sqrt{1-x^2}}\,dx$ $\qquad \left[-\sqrt{1-x^2}+c\right]$ $\qquad$ **170** $\int \dfrac{\cos 3x}{2\sqrt{\sin 3x}}\,dx$ $\qquad \left[\dfrac{1}{3}\sqrt{\sin 3x}+c\right]$

159 $\int (x^2+2x-1)^5(x+1)\,dx$ $\qquad \left[\dfrac{(x^2+2x-1)^6}{12}+c\right]$ $\qquad$ **171** $\int \dfrac{\arcsin^4 x}{\sqrt{1-x^2}}\,dx$ $\qquad \left[\dfrac{\arcsin^5 x}{5}+c\right]$

160 $\int x\sqrt{x^2+1}\,dx$ $\qquad \left[\dfrac{\sqrt{(x^2+1)^3}}{3}+c\right]$ $\qquad$ **172** $\int \dfrac{x^2+\ln^2 x}{x}\,dx$ $\qquad \left[\dfrac{x^2}{2}+\dfrac{\ln^3 x}{3}+c\right]$

161 $\int e^{2x}\sqrt{5+e^{2x}}\,dx$ $\qquad \left[\dfrac{1}{3}\sqrt{(5+e^{2x})^3}+c\right]$ $\qquad$ **173** $\int \dfrac{4x^3}{\sqrt[3]{(x^4+1)^2}}\,dx$ $\qquad \left[3\sqrt[3]{x^4+1}+c\right]$

162 $\int \dfrac{x}{\sqrt{x^2+4}}\,dx$ $\qquad \left[\sqrt{x^2+4}+c\right]$ $\qquad$ **174** $\int \dfrac{\sin x - \sin^2 x}{\cos^4 x}\,dx$ $\qquad \left[\dfrac{1}{3\cos^3 x}-\dfrac{\tan^3 x}{3}+c\right]$

163 $\int \dfrac{\ln x}{x}\,dx$ $\qquad \left[\dfrac{1}{2}\ln^2 x + c\right]$ $\qquad$ **175** $\int \dfrac{8\cos x + \sin^3 x}{\sin^5 x}\,dx$ $\qquad \left[-\dfrac{2}{\sin^4 x}-\cot x + c\right]$

164 $\int \dfrac{x^2+1}{(x^3+3x)^3}\,dx$ $\qquad \left[-\dfrac{1}{6(x^3+3x)^2}+c\right]$ $\qquad$ **176** $\int \dfrac{\arctan x + 3}{1+x^2}\,dx$ $\qquad \left[\dfrac{\arctan^2 x}{2}+3\arctan x + c\right]$

1902

Paragrafo 2. Integrali indefiniti immediati

TEST

177 Se $f(x)$ è una funzione continua e derivabile, tale che $f'(x) = 3x$, allora si può scrivere:

- A $\int x f(x) dx = f^2(x) + c$.
- B $\int 3x f^2(x) dx = f^3(x) + c$.
- C $\int 2x f(x) dx = 3f^2(x) + c$.
- D $\int x f^2(x) dx = \frac{1}{9} f^3(x) + c$.
- E $\int 6x f^5(x) dx = f^6(x) + c$.

178 Sapendo che la derivata della funzione $y = f(x)$ è il polinomio $P(x)$, quale delle seguenti uguaglianze è *falsa*?

- A $\int \frac{P(x)}{f(x)} dx = \ln|f(x)| + c$
- B $\int 2P(x) f(x) dx = f^2(x) + c$
- C $3\int P(x) f^2(x) dx = f^3(x) + c$
- D $\int \frac{P(x)}{f^2(x)} dx = \frac{1}{f(x)} + c$
- E $\int \frac{P(x)}{f^3(x)} dx = -\frac{1}{2f^2(x)} + c$

179 **ESERCIZIO GUIDA** Calcoliamo $\int \frac{12x}{2x^2 + 1} dx$.

Osserviamo che il numeratore è un multiplo della derivata del denominatore: $D[2x^2 + 1] = 4x$.

Applichiamo la seconda proprietà di linearità e $\int \frac{f'(x)}{f(x)} dx = \ln|f(x)| + c$:

$$\int \frac{12x}{2x^2 + 1} dx = 3 \int \frac{4x}{2x^2 + 1} dx = 3 \ln(2x^2 + 1) + c.$$

non scriviamo $|2x^2 + 1|$ perché $2x^2 + 1 > 0 \; \forall x$

Calcola i seguenti integrali.

180 $\int \frac{6x}{3x^2 + 4} dx$ $\quad [\ln(3x^2 + 4) + c]$

181 $\int \frac{7}{3 + 7x} dx$ $\quad [\ln|3 + 7x| + c]$

182 $\int \frac{1}{2x - 5} dx$ $\quad [\frac{1}{2} \ln|2x - 5| + c]$

183 $\int \frac{x^2}{x^3 + 2} dx$ $\quad [\frac{1}{3} \ln|x^3 + 2| + c]$

184 $\int \frac{8x^3}{x^4 + 1} dx$ $\quad [2\ln(x^4 + 1) + c]$

185 $\int \frac{x + 1}{x^2 + 2x - 3} dx$ $\quad [\frac{1}{2} \ln|x^2 + 2x - 3| + c]$

186 $\int \frac{3x^2 + 4x + 1}{x^3 + 2x^2 + x} dx$ $\quad [\ln|x^3 + 2x^2 + x| + c]$

187 $\int 3 \tan x \, dx$ $\quad [-3 \ln|\cos x| + c]$

188 $\int 2 \cot x \, dx$ $\quad [2 \ln|\sin x| + c]$

189 $\int \frac{\sin x}{\cos x + 2} dx$ $\quad [-\ln(\cos x + 2) + c]$

190 $\int \frac{2x + e^x}{e^x + x^2} dx$ $\quad [\ln(e^x + x^2) + c]$

191 $\int \frac{e^{-x}}{e^{-x} - 2} dx$ $\quad [-\ln|e^{-x} - 2| + c]$

192 $\int \frac{1}{x \ln x} dx$ $\quad [\ln|\ln x| + c]$

193 $\int \frac{2}{\sqrt{x}(1 + \sqrt{x})} dx$ $\quad [4\ln(1 + \sqrt{x}) + c]$

194 $\int \frac{\tan x}{1 + \ln \cos x} dx$ $\quad [-\ln|1 + \ln(\cos x)| + c]$

195 $\int \frac{7x + \arctan^3 x}{1 + x^2} dx \; [\frac{7}{2} \ln(1 + x^2) + \frac{\arctan^4 x}{4} + c]$

196 **ESERCIZIO GUIDA** Calcoliamo $\int e^{x^2 - x}(4x - 2) dx$.

$\int f'(x) e^{f(x)} dx = e^{f(x)} + c; \quad \int f'(x) a^{f(x)} dx = \frac{a^{f(x)}}{\ln a} + c.$

$\int e^{x^2 - x}(4x - 2) dx = 2 \int e^{x^2 - x}(2x - 1) dx = 2 e^{x^2 - x} + c$

raccogliamo 2 $\quad e^{f(x)} \quad f'(x)$

1903

Capitolo 29. Integrali indefiniti

Calcola i seguenti integrali.

197 $\int e^{-x} dx$ $\qquad [-e^{-x} + c]$

198 $\int 3e^{-3x} dx$ $\qquad [-e^{-3x} + c]$

199 $\int 5e^{4x-2} dx$ $\qquad \left[\dfrac{5}{4} e^{4x-2} + c\right]$

200 $\int e^{x^2} \cdot x \, dx$ $\qquad \left[\dfrac{1}{2} e^{x^2} + c\right]$

201 $\int e^{2x^3} \cdot 6x^2 dx$ $\qquad [e^{2x^3} + c]$

202 $\int (4x - 6)e^{x^2 - 3x} dx$ $\qquad [2e^{x^2 - 3x} + c]$

203 $\int (2x^3 + x)e^{x^4 + x^2} dx$ $\qquad \left[\dfrac{1}{2} e^{x^4 + x^2} + c\right]$

204 $\int e^{\cos x} \sin x \, dx$ $\qquad [-e^{\cos x} + c]$

205 $\int e^{x \sin x}(\sin x + x \cos x) dx$ $\qquad [e^{x \sin x} + c]$

206 $\int \dfrac{e^{\frac{1}{x}}}{x^2} dx$ $\qquad \left[-e^{\frac{1}{x}} + c\right]$

207 $\int \dfrac{e^{\sqrt{x}}}{\sqrt{x}} dx$ $\qquad [2e^{\sqrt{x}} + c]$

208 $\int \dfrac{3^{\ln x}}{x} dx$ $\qquad \left[\dfrac{3^{\ln x}}{\ln 3} + c\right]$

209 $\int e^x 5^{2e^x} dx$ $\qquad \left[\dfrac{5^{2e^x}}{2 \ln 5} + c\right]$

210 $\int 2^{x^3 - x^2}(6x^2 - 4x) dx$ $\qquad \left[\dfrac{2^{x^3 - x^2 + 1}}{\ln 2} + c\right]$

$\int f'(x) \sin f(x) \, dx = -\cos f(x) + c; \qquad \int f'(x) \cos f(x) \, dx = \sin f(x) + c.$

---

211 **ESERCIZIO GUIDA** Calcoliamo $\int \dfrac{\sin \ln x}{x} dx$.

$\int \dfrac{\sin \ln x}{x} dx = \int \underbrace{\dfrac{1}{x}}_{f'(x)} \underbrace{\sin \ln x}_{\sin f(x)} dx = -\cos \ln x + c$

Calcola i seguenti integrali.

212 $\int \sin 4x \, dx$ $\qquad \left[-\dfrac{\cos 4x}{4} + c\right]$

213 $\int \cos\left(x - \dfrac{\pi}{3}\right) dx$ $\qquad \left[\sin\left(x - \dfrac{\pi}{3}\right) + c\right]$

214 $\int (\cos 4x - \sin 2x) dx$ $\qquad \left[\dfrac{1}{4}\sin 4x + \dfrac{1}{2}\cos 2x + c\right]$

215 $\int 2x \cos x^2 \, dx$ $\qquad [\sin x^2 + c]$

216 $\int \dfrac{\cos \ln x}{x} dx$ $\qquad [\sin \ln x + c]$

217 $\int \dfrac{\sin \sqrt{x}}{\sqrt{x}} dx$ $\qquad [-2\cos \sqrt{x} + c]$

218 $\int (x + 2) \cos(x^2 + 4x) dx$ $\qquad \left[\dfrac{\sin(x^2 + 4x)}{2} + c\right]$

219 $\int \dfrac{\sin e^{-x}}{e^x} dx$ $\qquad [\cos e^{-x} + c]$

$\int \dfrac{f'(x)}{\cos^2 f(x)} dx = \tan f(x) + c; \qquad \int \dfrac{f'(x)}{\sin^2 f(x)} dx = -\cot f(x) + c.$

Calcola i seguenti integrali.

220 $\int \dfrac{2}{\cos^2 2x} dx$ $\qquad [\tan 2x + c]$

221 $\int \dfrac{x}{\sin^2 x^2} dx$ $\qquad \left[-\dfrac{\cot x^2}{2} + c\right]$

222 $\int \dfrac{e^x}{\cos^2 e^x} dx$ $\qquad [\tan e^x + c]$

223 $\int \dfrac{4x + 1}{\sin^2(2x^2 + x)} dx$ $\qquad [-\cot(2x^2 + x) + c]$

224 $\int \dfrac{1}{x \cos^2 \ln x} dx$ $\qquad [\tan \ln x + c]$

225 $\int \sec^2\left(2x + \dfrac{\pi}{4}\right) dx$ $\qquad \left[\dfrac{\tan\left(2x + \dfrac{\pi}{4}\right)}{2} + c\right]$

226 $\int \dfrac{x}{\cos^2 4x^2} dx$ $\qquad \left[\dfrac{\tan 4x^2}{8} + c\right]$

227 $\int \dfrac{1 + \sin^3 x}{\sin^2 2x} dx$ $\qquad \left[-\dfrac{\cot 2x}{2} + \dfrac{1}{4\cos x} + c\right]$

Riepilogo: Integrali indefiniti immediati

$$\int \frac{f'(x)}{\sqrt{1-[f(x)]^2}}\,dx = \arcsin f(x) + c; \quad \int \frac{f'(x)}{1+[f(x)]^2}\,dx = \arctan f(x) + c.$$

228 **ESERCIZIO GUIDA** Calcoliamo $\int \frac{1}{x + x\ln^2 x}\,dx$.

$$\int \frac{1}{x + x\ln^2 x}\,dx = \int \underbrace{\frac{1}{x}}_{f'(x)} \cdot \underbrace{\frac{1}{1+\ln^2 x}}_{\frac{1}{1+[f(x)]^2}}\,dx = \arctan \ln x + c$$

raccogliamo x a denominatore

Calcola i seguenti integrali di funzioni composte la cui primitiva è una funzione goniometrica inversa.

229 $\int \frac{2}{1+4x^2}\,dx$ $\quad [\arctan 2x + c]$ **235** $\int \frac{e^x}{\sqrt{1-e^{2x}}}\,dx$ $\quad [\arcsin e^x + c]$

230 $\int \frac{3}{\sqrt{1-9x^2}}\,dx$ $\quad [\arcsin 3x + c]$ **236** $\int \frac{1}{\sqrt{x}+x\sqrt{x}}\,dx$ $\quad [2\arctan \sqrt{x} + c]$

231 $\int \frac{6x}{1+9x^4}\,dx$ $\quad [\arctan 3x^2 + c]$ **237** $\int \frac{x^2}{\sqrt{1-x^6}}\,dx$ $\quad \left[\frac{\arcsin x^3}{3} + c\right]$

232 $\int \frac{4x}{\sqrt{1-4x^4}}\,dx$ $\quad [\arcsin 2x^2 + c]$ **238** $\int \frac{1}{\sqrt{9-25x^2}}\,dx$ $\quad \left[\frac{1}{5}\arcsin \frac{5x}{3} + c\right]$

233 $\int \frac{e^x}{1+e^{2x}}\,dx$ $\quad [\arctan e^x + c]$ **239** $\int \frac{2}{9+4x^2}\,dx$ $\quad \left[\frac{1}{3}\arctan \frac{2x}{3} + c\right]$

234 $\int \frac{x}{1+x^4}\,dx$ $\quad \left[\frac{1}{2}\arctan x^2 + c\right]$ **240** $\int \frac{\sin x}{4+\cos^2 x}\,dx$ $\quad \left[-\frac{1}{2}\arctan \frac{\cos x}{2} + c\right]$

MATEMATICA E STORIA

Integrali nella notazione d'oltremanica La notazione usuale oggi per gli integrali, $\int f(x)\,dx$, è dovuta a Leibniz. Nella traduzione inglese di *Instituzioni analitiche ad uso della gioventù italiana* (1748) di Maria Gaetana Agnesi appare invece la notazione newtoniana. In questo caso si parla di «integrale completo» (anziché indefinito) e lo si indica facendo seguire il simbolo $\dot{x}$ alla funzione da integrare; per esempio, l'integrale completo di $f(x) = x$ si indica con $x\dot{x}$. Ecco un passo preso dal libro III di Agnesi:
«Dunque, l'integrale completo di $\dot{x}$, per esempio, sarà $x \pm a$, dove a indica una quantità costante. Quello di $x^2\dot{x}$ sarà $\frac{1}{3}x^3 \pm a$; e così via».

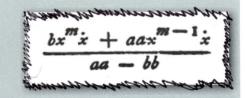

a. Trascrivi nella notazione di Leibniz i due esempi.
b. Calcola il seguente integrale: $\frac{bx^m\dot{x} + aax^{m-1}\dot{x}}{x\dot{x}}$.

Risoluzione – Esercizio in più

Riepilogo: Integrali indefiniti immediati

COMPLETA in modo che siano corretti i seguenti integrali.

241 $\int \boxed{}(3x+1)^3\,dx = \frac{(3x+1)^4}{4} + c$ **243** $\int 2\boxed{}e^{x^2}\,dx = e^{x^2} + c$

242 $\int (x^2+6x)^5(2x+\boxed{})\,dx = \frac{(x^2+6x)^6}{6} + c$ **244** $\int \frac{2(\boxed{})}{3x^2+4x}\,dx = \ln|3x^2+4x| + c$

1905

Capitolo 29. Integrali indefiniti

TEST

245 Uno dei seguenti integrali *non* è calcolabile con la regola della funzione composta. Quale?

A $\int \frac{2x}{\sin^2 x^2} dx$

B $\int 4x^3 \sqrt{x^4+2}\, dx$

C $\int \frac{3}{\cos^2 3x^2} dx$

D $\int \frac{\sin(\ln x)}{x} dx$

E $\int \frac{2x}{\sqrt{1-x^4}} dx$

246 L'uguaglianza $\int \frac{1}{2\sqrt{f(x)}} dx = \sqrt{f(x)} + c$ è generalmente falsa. Tuttavia vale per *una* delle seguenti funzioni. Quale?

A $f(x) = \sin x$
D $f(x) = e^x$
B $f(x) = 3x$
E $f(x) = x^2$
C $f(x) = x + 28$

247 Quale delle seguenti uguaglianze è *errata*?

A $\int x^{-n} dx = \frac{x^{1-n}}{1-n} + c \ (n \neq 1)$

B $\int a^x dx = \ln a \cdot a^x + c$

C $\int -\sin x\, dx = \cos x + c$

D $\int \frac{-1}{\sin^2 x} dx = \cot x + c$

E $\int \left(-\frac{1}{\sqrt{1-x^2}}\right) dx = \arccos x + c$

248 Affinché $\int \frac{dx}{x^2+8} = \frac{\sqrt{2}}{4} \arctan f(x) + c$ occorre che $f(x)$ sia uguale a:

A $\frac{\sqrt{2}}{8} x$.
D $\frac{\sqrt{2}\, x}{2}$.
B $\frac{x}{2\sqrt{2}}$.
E $\frac{2}{\sqrt{2}\, x}$.
C $\frac{4}{\sqrt{2}\, x}$.

249 **ASSOCIA** alle seguenti funzioni $f(x)$ le corrispondenti primitive $F(x)$.

a. $f(x) = \frac{4x-6}{x^2-3x}$
b. $f(x) = (2x-3)(x^2-3x)^2$
c. $f(x) = \frac{4x-6}{(x^2-3x)^2}$

1. $F(x) = \frac{1}{3}(x^2-3x)^3 + c$
2. $F(x) = \ln(x^2-3x)^2 + c$
3. $F(x) = \frac{2}{3x-x^2} + c$

Calcola i seguenti integrali.

250 $\int (5x^4 - 4x^3 + 2x) dx$ $\quad [x^5 - x^4 + x^2 + c]$

251 $\int \left(\frac{3}{2}\sqrt{x} + 3x^2 - 3\right) dx$ $\quad [x\sqrt{x} + x^3 - 3x + c]$

252 $\int \left(\frac{x^4+x^3-1}{3}\right) dx$ $\quad \left[\frac{x^5}{15} + \frac{x^4}{12} - \frac{x}{3} + c\right]$

253 $\int \frac{3-x}{x} dx$ $\quad [3\ln|x| - x + c]$

254 $\int \left(\frac{x^4+x^2}{4} - 4\right) dx$ $\quad \left[\frac{x^5}{20} + \frac{x^3}{12} - 4x + c\right]$

255 $\int \left(-\frac{3}{x} + x\sqrt{x}\right) dx$ $\quad \left[-3\ln|x| + \frac{2x^2 \cdot \sqrt{x}}{5} + c\right]$

256 $\int 2\sqrt{2x+10}\, dx$ $\quad \left[\frac{2}{3}\sqrt{(2x+10)^3} + c\right]$

257 $\int x(3x^2-1)^2 dx$ $\quad \left[\frac{(3x^2-1)^3}{18} + c\right]$

258 $\int \left(x + \frac{2}{x^2}\right)^2 dx$ $\quad \left[\frac{x^3}{3} - \frac{4}{3x^3} + 4\ln|x| + c\right]$

259 $\int \frac{(\sqrt{x}-1)^2}{x^2} dx$ $\quad \left[\frac{4}{\sqrt{x}} - \frac{1}{x} + \ln|x| + c\right]$

260 $\int \frac{x^3+x-1}{1+x^2} dx$ $\quad \left[\frac{x^2}{2} - \arctan x + c\right]$

261 $\int \frac{3x}{\sqrt{x^2-5}} dx$ $\quad [3\sqrt{x^2-5} + c]$

262 $\int \frac{5x^2}{x^2+1} dx$ $\quad [5x - 5\arctan x + c]$

263 $\int \frac{x}{1+9x^2} dx$ $\quad \left[\frac{1}{18}\ln(1+9x^2) + c\right]$

264 $\int \frac{3x^2-2}{\sqrt{2x^3-4x}} dx$ $\quad [\sqrt{2x^3-4x} + c]$

265 $\int \frac{4x+2}{x^2+x} dx$ $\quad [2\ln|x^2+x| + c]$

266 $\int 3x^2 \sin 4x^3 dx$ $\quad \left[-\frac{\cos 4x^3}{4} + c\right]$

267 $\int e^{4x^2-x}\left(2x - \frac{1}{4}\right) dx$ $\quad \left[\frac{1}{4}e^{4x^2-x} + c\right]$

1906

Riepilogo: Integrali indefiniti immediati

268 $\int \dfrac{\ln^3 x}{x}\,dx$ $\quad\left[\dfrac{\ln^4 x}{4}+c\right]$

269 $\int \dfrac{3\sin x - 2\cos x}{4}\,dx$ $\quad\left[-\dfrac{3}{4}\cos x - \dfrac{1}{2}\sin x + c\right]$

270 $\int\left(\dfrac{2}{\cos^2 x} - \dfrac{1}{\sin^2 x}\right)dx$ $\quad[2\tan x + \cot x + c]$

271 $\int \dfrac{2\cos x + \sin 2x}{\cos x}\,dx$ $\quad[2x - 2\cos x + c]$

272 $\int\left(\dfrac{1}{\sqrt{x}} - \dfrac{1}{\sqrt{1-x^2}}\right)dx$ $\quad[2\sqrt{x} - \arcsin x + c]$

273 $\int \dfrac{\cos x + \sin x}{\sin x - \cos x}\,dx$ $\quad[\ln|\sin x - \cos x| + c]$

274 $\int \dfrac{1}{x\sqrt{1-\ln^2 x}}\,dx$ $\quad[\arcsin \ln x + c]$

275 $\int \dfrac{\cos\sqrt{x}}{\sqrt{x}}\,dx$ $\quad[2\sin\sqrt{x} + c]$

276 $\int \dfrac{e^{\sqrt{2x+1}}}{\sqrt{2x+1}}\,dx$ $\quad[e^{\sqrt{2x+1}} + c]$

277 $\int \dfrac{\cos x}{2-\cos^2 x}\,dx$ $\quad[\arctan \sin x + c]$

278 $\int \dfrac{1}{(1+x^2)\arctan x}\,dx$ $\quad[\ln|\arctan x| + c]$

279 $\int (2\tan^2 x - 1)\,dx$ $\quad[2\tan x - 3x + c]$

280 $\int (x^2+1)\sin(x^3+3x)\,dx$ $\quad\left[\dfrac{-\cos(x^3+3x)}{3} + c\right]$

281 $\int \dfrac{e^{x+1}}{3+e^x}\,dx$ $\quad[e\cdot \ln(3+e^x) + c]$

282 $\int \dfrac{1-x^2}{1+x^2}\,dx$ $\quad[2\arctan x - x + c]$

283 $\int \dfrac{9x-3}{x^2+1}\,dx$ $\quad\left[\dfrac{9}{2}\ln(x^2+1) - 3\arctan x + c\right]$

284 $\int \dfrac{(\sin x - \cos x)^2}{\cos^2 x}\,dx$ $\quad[\tan x + 2\ln|\cos x| + c]$

285 $\int x^2 \sin(x^3 - 1)\,dx$ $\quad\left[-\dfrac{1}{3}\cos(x^3-1) + c\right]$

286 $\int \dfrac{4^{1+2x}}{8^x}\,dx$ $\quad\left[\dfrac{4}{\ln 2}2^x + c\right]$

287 $\int (2x-1)^8\,dx$ $\quad\left[\dfrac{(2x-1)^9}{18} + c\right]$

288 $\int \dfrac{x}{\sin^2 x^2}\,dx$ $\quad\left[-\dfrac{1}{2}\cot x^2 + c\right]$

289 $\int \dfrac{x}{\sqrt{x^2-9}}\,dx$ $\quad[\sqrt{x^2-9} + c]$

290 $\int \dfrac{e^{\sqrt{x}-4}}{\sqrt{x}}\,dx$ $\quad[2e^{\sqrt{x}-4} + c]$

291 $\int \dfrac{x^3}{\sqrt{1-x^8}}\,dx$ $\quad\left[\dfrac{1}{4}\arcsin x^4 + c\right]$

292 $\int (\cos x - \cos^3 x)\,dx$ $\quad\left[\dfrac{\sin^3 x}{3} + c\right]$

293 $\int \dfrac{\arcsin x}{4\sqrt{1-x^2}}\,dx$ $\quad\left[\dfrac{1}{8}\arcsin^2 x + c\right]$

294 $\int \dfrac{\cos x}{9+\sin^2 x}\,dx$ $\quad\left[\dfrac{1}{3}\arctan \dfrac{\sin x}{3} + c\right]$

295 $\int \cos 2x \cos x\,dx$ $\quad\left[\sin x - \dfrac{2}{3}\sin^3 x + c\right]$

296 $\int \dfrac{dx}{x(1+4\ln^2 x)}$ $\quad\left[\dfrac{\arctan(2\ln x)}{2} + c\right]$

297 $\int \dfrac{\ln x + 1}{x\ln^2 x}\,dx$ $\quad\left[\ln|\ln x| - \dfrac{1}{\ln x} + c\right]$

298 $\int \dfrac{e^{1+\sqrt{6x}}}{\sqrt{x}}\,dx$ $\quad\left[\dfrac{\sqrt{6}}{3}\cdot e^{1+\sqrt{6x}} + c\right]$

299 $\int \sin^5 x\,dx$ $\quad\left[-\cos x - \dfrac{\cos^5 x}{5} + \dfrac{2\cos^3 x}{3} + c\right]$

300 $\int \dfrac{4x+x^3}{\sqrt{1-x^4}}\,dx$ $\quad\left[2\arcsin x^2 - \dfrac{1}{2}\sqrt{(1-x^4)} + c\right]$

301 $\int \dfrac{\sin 2x}{4+4\sin^2 x}\,dx$ $\quad\left[\dfrac{\ln(\sin^2 x + 1)}{4} + c\right]$

302 $\int (\cos^2 x + \cos 2x)\,dx$ $\quad\left[\dfrac{1}{2}x + \dfrac{3\sin 2x}{4} + c\right]$

303 $\int \dfrac{1}{5+e^x}\,dx$ $\quad\left[\dfrac{1}{5}x - \dfrac{1}{5}\ln(5+e^x) + c\right]$

304 $\int \dfrac{x^4-16}{1+x^2}\,dx$ $\quad\left[\dfrac{x^3}{3} - x - 15\arctan x + c\right]$

305 $\int (\tan x + 1)^2\,dx$ $\quad[\tan x - 2\cdot \ln|\cos x| + c]$

306 $\int \dfrac{e^{\frac{1}{x^2}}}{x^3}\,dx$ $\quad\left[-\dfrac{e^{\frac{1}{x^2}}}{2} + c\right]$

307 $\int \dfrac{1}{25+4x^2}\,dx$ $\quad\left[\dfrac{1}{10}\arctan \dfrac{2x}{5} + c\right]$

308 $\int \sin x \sec x\,dx$ $\quad[-\ln|\cos x| + c]$

309 $\int \dfrac{1}{\sqrt{16-9x^2}}\,dx$ $\quad\left[\dfrac{1}{3}\arcsin \dfrac{3x}{4} + c\right]$

310 $\int 6^{2\sin x + 1}\cos x\,dx$ $\quad\left[\dfrac{3\cdot 6^{2\sin x}}{\ln 6} + c\right]$

Capitolo 29. Integrali indefiniti

311 $\int \frac{x^4 + \ln x}{x} dx$ $\quad \left[\frac{x^4}{4} + \frac{\ln^2 x}{2} + c\right]$ **321** $\int \frac{2x-1}{\sqrt{1-4x^2}} dx$ $\quad \left[-\frac{1}{2}(\sqrt{1-4x^2} + \arcsin 2x) + c\right]$

312 $\int \frac{3x\sqrt{4x^2-6}}{2} dx$ $\quad \left[\frac{2x^2-3}{4}\sqrt{4x^2-6} + c\right]$ **322** $\int \frac{1}{x}\cos\left(\ln\frac{1}{x^2}\right) dx$ $\quad \left[-\frac{1}{2}\sin\left(\ln\frac{1}{x^2}\right) + c\right]$

313 $\int \frac{1}{16 + 3x^2} dx$ $\quad \left[\frac{\sqrt{3}}{12}\arctan\frac{\sqrt{3}}{4}x + c\right]$ **323** $\int \left(\frac{x^2}{x-1}\right)^3 \cdot \frac{x^2-2x}{(x-1)^2} dx$ $\quad \left[\frac{1}{4}\left(\frac{x^2}{x-1}\right)^4 + c\right]$

314 $\int \left(\frac{16^x}{2^{3x+2}} + 3x^2\right) dx$ $\quad \left[\frac{1}{\ln 16} 2^x + x^3 + c\right]$ **324** $\int x\tan(4x^2-5) dx$ $\quad \left[-\frac{1}{8}\ln|\cos(4x^2-5)| + c\right]$

315 $\int \frac{dx}{(x-2)\ln(x-2)}$ $\quad [\ln|\ln(x-2)| + c]$ **325** $\int \frac{dx}{x(1+\ln^2 x^3)}$ $\quad \left[\frac{1}{3}\arctan(\ln x^3) + c\right]$

316 $\int \frac{x^4}{\sqrt{1-x^{10}}} dx$ $\quad \left[\frac{1}{5}\arcsin x^5 + c\right]$ **326** $\int \frac{2x-4}{\sqrt{1-x^2}} dx$ $\quad [-4\arcsin x - 2\sqrt{1-x^2} + c]$

317 $\int \frac{e^x \tan e^x}{\cos^2 e^x} dx$ $\quad \left[\frac{1}{2}\tan^2 e^x + c\right]$ **327** $\int \frac{4\sin^2 x + \cos^2 x}{\sin^2 2x} dx$ $\quad \left[\tan x - \frac{1}{4}\cot x + c\right]$

318 $\int \frac{x}{1+4x^4} dx$ $\quad \left[\frac{1}{4}\arctan 2x^2 + c\right]$ **328** $\int \frac{x \arcsin 4x^2}{\sqrt{1-16x^4}} dx$ $\quad \left[\frac{(\arcsin 4x^2)^2}{16} + c\right]$

319 $\int \frac{\arctan^2 4x}{1+16x^2} dx$ $\quad \left[\frac{1}{12}\arctan^3 4x + c\right]$ **329** $\int \tan 2x \cdot \ln \cos 2x \, dx$ $\quad \left[-\frac{1}{4}\ln^2 \cos 2x + c\right]$

320 $\int \frac{\cos x \cdot e^{\sqrt{\sin x}}}{2\sqrt{\sin x}} dx$ $\quad [e^{\sqrt{\sin x}} + c]$ **330** $\int \frac{\tan 4x}{\cos 4x} dx$ $\quad \left[\frac{1}{4\cos 4x} + c\right]$

EUREKA!

331 $\int \frac{1}{\sin x \cos x} dx$ $\quad [\ln|\tan x| + c]$ **332** $\int \frac{1}{1+\sin x} dx$ $\quad \left[\frac{\sin x - 1}{\cos x} + c\right]$

Per ciascuna delle seguenti funzioni, trova la primitiva passante per il punto P dato.

333 $f(x) = \frac{1+3x^2}{x}$, $P(1; 3)$. $\quad \left[F(x) = \ln|x| + \frac{3}{2}x^2 + \frac{3}{2}\right]$

334 $f(x) = 2e^x + x$, $P(0; -1)$. $\quad \left[F(x) = 2e^x + \frac{x^2}{2} - 3\right]$

335 $f(x) = \cos 2x + \sin 3x$, $P\left(\frac{\pi}{2}; 4\right)$. $\quad \left[F(x) = \frac{\sin 2x}{2} - \frac{\cos 3x}{3} + 4\right]$

336 $f(x) = 2x - \frac{1}{x}$, $P(1; -2)$. $\quad [F(x) = x^2 - \ln|x| - 3]$

337 Trova i valori di a e b in modo che la funzione $F(x) = a\ln|x| + bx$ sia una primitiva della funzione $f(x) = \frac{-2+x}{x} + \frac{1}{2}$. $\quad \left[a = -2, b = \frac{3}{2}\right]$

338 **LEGGI IL GRAFICO** Determina l'equazione della funzione rappresentata nel grafico, sapendo che è una primitiva di $y = 3x^2 - 1$.

$[F(x) = x^3 - x + 2]$

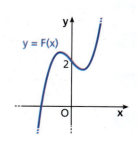

1908

Riepilogo: Integrali indefiniti immediati

339 Tra le primitive della funzione $y = 2\cos 2x$, individua quella il cui grafico nel punto di ascissa $\dfrac{\pi}{2}$ ammette per tangente la retta di equazione $y = -2x + \pi + 2$. $[y = \sin 2x + 2]$

340 Data la funzione $f(x) = 3x^2 - x$, determina fra le sue primitive $F(x)$ quella che ha un punto di massimo di ordinata 2. $\left[F(x) = x^3 - \dfrac{x^2}{2} + 2\right]$

341 La funzione $f(x)$ ha derivata seconda uguale a $\cos x + \sin 2x$ e $f'(0) = \dfrac{1}{2}$.
Quanto vale $f(2\pi) - f(\pi)$? $[\pi - 2]$

342 Trova la primitiva della funzione
$$f(x) = x^2 - 2x + 1$$
che ha un flesso di ordinata $\dfrac{4}{3}$. $\left[F(x) = \dfrac{x^3}{3} - x^2 + x + 1\right]$

343 Della funzione $f(x)$ si sa che $f(x_0) = -1$, che x_0 è un punto di minimo relativo e che:
$$f'(x) = -\dfrac{1}{2}\sin 2x.$$
Determina e rappresenta $f(x)$. $\left[f(x) = \dfrac{\cos 2x}{4} - \dfrac{3}{4}\right]$

MATEMATICA AL COMPUTER
Primitive Con Wiris troviamo le primitive della funzione $g(x) = \dfrac{2x^3 - 2}{x^2}$ passanti rispettivamente per i punti $P(2; 6)$ e $Q(2; 0)$.
Tracciamo i grafici di $g(x)$ e delle due primitive, dove evidenziamo i punti assegnati.

☐ Risoluzione – 6 esercizi in più

Determina la funzione f che soddisfa le condizioni date.

344 $f(0) = 3$, $f'(0) = 2$, $f''(x) = 4(e^{2x} + 6x)$. $[f(x) = e^{2x} + 4x^3 + 2]$

345 $f(0) = 0$, $f'(\pi) = 2$, $f''(x) = -\cos x$. $[f(x) = 2x + \cos x - 1]$

346 $f(1) = 0$, $f'\left(\dfrac{1}{2}\right) = 3$, $f''(x) = \dfrac{2x^2 - 1}{x^2}$. $[f(x) = \ln|x| + x^2 - 1]$

347 $f(0) = 4$, $f'(0) = 3$, $f''(x) = 3(3e^{3x} + 4x^2)$. $[f(x) = e^{3x} + x^4 + 3]$

Problemi REALTÀ E MODELLI

348 **Superlancio** Un giocoliere lancia una palla verso l'alto con velocità iniziale $v_0 = 15$ m/s da un'altezza $h_0 = 1$ m. L'accelerazione è $g = -10$ m/s.
  a. Scrivi la legge oraria $h(t)$ che descrive il moto della palla.
  b. Trova l'altezza raggiunta dalla palla dopo 1 secondo.
  $[\text{a) } h(t) = -5t^2 + 15t + 1; \text{ b) } 11 \text{ m}]$

349 **Scarico abusivo** Un'industria inquina un fiume scaricando liquami tossici con una portata, espressa in litri al mese, descritta dalla funzione $N'(t) = 250 t^{\frac{3}{2}}$.
  a. Determina la funzione $N(t)$ che esprime il volume di rifiuti immessi al tempo t, misurato in mesi.
  b. Se la densità dei liquami è paragonabile a quella dell'acqua, quanti rifiuti saranno stati dispersi nell'acqua dopo un anno?
  $\left[\text{a) } N(t) = 100 t^{\frac{5}{2}}; \text{ b) } \simeq 50 \text{ tonnellate}\right]$

1909

Capitolo 29. Integrali indefiniti

350 **Punge ma fa bene** Ad Agata viene somministrato un farmaco. La concentrazione massima del farmaco nel sangue è di 12 mg/L, dopodiché inizia a diminuire con una velocità pari a $C'(t) = -4e^{-\frac{t}{3}}$, dove il tempo è misurato in ore.

a. Scrivi la funzione $C(t)$ che esprime la concentrazione del farmaco nel sangue.

b. Dopo quante ore la concentrazione sarà dimezzata?

$\left[\text{a)}\ C(t) = 12e^{-\frac{t}{3}};\ \text{b)} \simeq 2\ \text{ore} \right]$

351 **IN FISICA** **Induzione elettromagnetica** Per la legge di Faraday-Neumann-Lenz, se la prima bobina in figura è attraversata da una corrente variabile $i_1(t)$, nella seconda bobina circola una corrente indotta $i_2(t)$ proporzionale alla variazione del flusso del campo magnetico concatenato. Sapendo che, se si considerano soltanto i valori numerici delle grandezze, $i_2(t) = -\dfrac{di_1}{dt}$, $i_2(t) = \dfrac{t}{\sqrt{(t^2+9)^3}}$ e $i_1(4) = 1$, determina l'espressione di $i_1(t)$.

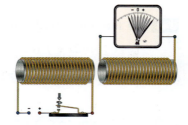

$\left[\dfrac{1}{\sqrt{t^2+9}} + \dfrac{4}{5} \right]$

  Allenati con **15 esercizi interattivi** con feedback "hai sbagliato, perché..."

☐ **su.zanichelli.it/tutor3** risorsa riservata a chi ha acquistato l'edizione con tutor

---

3 Integrazione per sostituzione

▶ Teoria a p. 1881

COMPLETA determinando il differenziale.

352 $2x + 1 = t \rightarrow dx = \boxed{} dt$

353 $\sqrt{x+1} = t \rightarrow dx = \boxed{} dt$

354 $2 + \sin x = t \rightarrow \boxed{} dx = dt$

355 $x^2 + 1 = t \rightarrow \boxed{} dx = dt$

356 $e^x = t \rightarrow \boxed{} dx = dt$

357 $3 \cos x = t \rightarrow -3 \boxed{} dx = dt$

TEST

358 L'integrale $\displaystyle\int \dfrac{x}{\sqrt{x+1}} dx$ con la sostituzione $\sqrt{x+1} = t$ diventa:

A $\displaystyle\int \dfrac{t^2 - 1}{t} dt$.

B $\displaystyle\int (t^2 - 1) dt$.

C $\displaystyle\int 2(t^2 - 1) dt$.

D $\displaystyle\int \dfrac{2(t^2 - 1)}{t} dt$.

E $\displaystyle\int (t - 1) dt$.

359 L'integrale $\displaystyle\int \dfrac{e^x}{2 + e^x} dx$ con la sostituzione $e^x = t$ diventa:

A $\displaystyle\int \dfrac{dt}{2 + t}$.

B $\displaystyle\int \dfrac{t}{2 + t} dt$.

C $\displaystyle\int \dfrac{e^t}{2 + e^t} dt$.

D $\displaystyle\int \dfrac{1}{t(2 + t)} dt$.

E $\displaystyle\int \dfrac{t}{2 + t} e^t dt$.

360 **ESERCIZIO GUIDA** Calcoliamo per sostituzione l'integrale $\displaystyle\int \dfrac{1}{2\sqrt{x}(1 + x)} dx$.

Paragrafo 3. Integrazione per sostituzione

E

ESERCIZI

Poniamo $t = \sqrt{x}$, da cui: $x = t^2 \rightarrow dx = 2t\,dt$. Sostituiamo nell'integrale:

$$\int \frac{1}{2t(1+t^2)} 2t\,dt = \int \frac{1}{1+t^2}\,dt = \arctan t + c.$$

Sostituiamo, nella primitiva trovata, $\sqrt{x}$ a t: $\int \frac{1}{2\sqrt{x}\,(1+x)}\,dx = \arctan\sqrt{x} + c$.

Calcola i seguenti integrali per sostituzione, utilizzando il suggerimento scritto a fianco.

361 $\int \dfrac{x}{\sqrt{x-1}}\,dx$ $t = \sqrt{x-1}$ $\left[\dfrac{2}{3}\sqrt{x-1}\,(x+2) + c\right]$

362 $\int \dfrac{1+e^{\sqrt{x}}}{\sqrt{x}}\,dx$ $t = \sqrt{x}$ $\left[2(e^{\sqrt{x}} + \sqrt{x}) + c\right]$

363 $\int \dfrac{1}{x\sqrt{2x-1}}\,dx$ $t = \sqrt{2x-1}$ $\left[2\arctan\sqrt{2x-1} + c\right]$

364 $\int \dfrac{x}{\sqrt[3]{1+x}}\,dx$ $x = t^3 - 1$ $\left[\dfrac{6x-9}{10}\sqrt[3]{(x+1)^2} + c\right]$

365 $\int \dfrac{1}{\sqrt{x}\,\sqrt{1-x}}\,dx$ $t = \sqrt{x}$ $\left[2\arcsin\sqrt{x} + c\right]$

Calcola i seguenti integrali per sostituzione.

366 $\int \dfrac{6}{\sqrt{8-3x}}\,dx$ $\left[-4\sqrt{8-3x} + c\right]$

367 $\int \dfrac{1}{\sqrt[3]{1-x}}\,dx$ $\left[-\dfrac{3}{2}\sqrt[3]{(1-x)^2} + c\right]$

368 $\int \dfrac{x}{\sqrt{2x+1}}\,dx$ $\left[\dfrac{1}{3}\sqrt{2x+1}\,(x-1) + c\right]$

369 $\int \dfrac{1}{x-\sqrt{x}}\,dx$ $\left[\ln(\sqrt{x}-1)^2 + c\right]$

370 $\int \dfrac{1}{e^x + e^{-x}}\,dx$ $\left[\arctan e^x + c\right]$

371 $\int \dfrac{e^x}{e^x - e^{-x}}\,dx$ $\left[\dfrac{1}{2}\ln|e^{2x}-1| + c\right]$

372 $\int \dfrac{dx}{\sqrt{x}+3}$ $\left[2\sqrt{x} - 6\ln(\sqrt{x}+3) + c\right]$

373 $\int \dfrac{3\,dx}{2\sqrt{x}+x\sqrt{x}}$ $\left[3\sqrt{2}\arctan\dfrac{\sqrt{2x}}{2} + c\right]$

374 $\int \dfrac{x+3}{\sqrt{x+2}}\,dx$ $\left[\dfrac{2}{3}\sqrt{x+2}\,(x+5) + c\right]$

375 $\int \dfrac{3x}{\sqrt{8-x}}\,dx$ $\left[-2\sqrt{8-x}\,(x+16) + c\right]$

376 $\int \dfrac{4\sqrt{x}}{1+x}\,dx$ $\left[8\sqrt{x} - 8\arctan\sqrt{x} + c\right]$

377 $\int \dfrac{x+3}{\sqrt{1-x}}\,dx$ $\left[-\dfrac{2}{3}\sqrt{1-x}\,(x+11) + c\right]$

378 $\int \dfrac{\sqrt{x}}{x+2}\,dx$ $\left[2\sqrt{x} - 2\sqrt{2}\arctan\dfrac{\sqrt{2x}}{2} + c\right]$

379 $\int \dfrac{1}{1+2\sqrt{x}}\,dx$ $\left[\sqrt{x} - \dfrac{1}{2}\ln(2\sqrt{x}+1) + c\right]$

----

380 **TEST** A quale dei seguenti integrali è equivalente $\int 3\,f\!\left(\dfrac{x}{2}\right)dx$?

   A $\int 6\,f(t)\,dt$ **B** $\int \dfrac{3}{2}\,f(t)\,dt$ **C** $\int \dfrac{2}{3}\,f(t)\,dt$ **D** $\int 3\,f(t)\,dt$ **E** $\int 4\,f\!\left(\dfrac{t}{3}\right)dt$

Indica come si trasformano i seguenti integrali con la sostituzione indicata a fianco.

381 $\int f(3x)\,dx$ $t = 3x$

382 $\int f(x^2)\,dx$ $t = x^2$

383 $\int 2f(2x-1)\,dx$ $t = 2x-1$

384 $\int 6f(\sqrt{x})\,dx$ $t = \sqrt{x}$

1911

Capitolo 29. Integrali indefiniti

385 ESERCIZIO GUIDA Calcoliamo l'integrale $\int \frac{\tan^2 x + 1}{\tan x + 1} dx$.

Poniamo $\tan x = z$ e utilizziamo il metodo di sostituzione senza ricavare la variabile x in funzione di z.
Poiché $\tan x = z$, calcolando il differenziale di entrambi i membri otteniamo:

$$(1 + \tan^2 x)dx = dz.$$

Sostituiamo:

$$\int \frac{\tan^2 x + 1}{\tan x + 1} dx = \int \frac{dz}{z+1} = \ln|z+1| + c = \ln|\tan x + 1| + c.$$

Calcola i seguenti integrali.

386 $\int \sqrt{1 + 2\cos x} \sin x \, dx$ $t = \cos x$ $\left[-\frac{1}{3}(1 + 2\cos x)^{\frac{3}{2}} + c \right]$

387 $\int \frac{\sin x}{\sqrt{1 - \cos x}} dx$ $t = 1 - \cos x$ $[2\sqrt{1 - \cos x} + c]$

388 $\int \cos x \sqrt{3 + 2\sin x} \, dx$ $t = 3 + 2\sin x$ $\left[\frac{1}{3}\sqrt{3 + 2\sin x}(3 + 2\sin x) + c \right]$

389 $\int \frac{e^x}{e^{2x} + 1} dx$ $t = e^x$ $[\arctan e^x + c]$

390 $\int \sin^2 x \cos^3 x \, dx$ $t = \sin x$ $\left[\frac{\sin^3 x}{3} - \frac{\sin^5 x}{5} + c \right]$

391 $\int \frac{e^x \sin e^x}{\cos e^x} dx$ $t = \cos e^x$ $[-\ln|\cos e^x| + c]$

392 $\int \frac{\sin x}{3 + 2\cos x} dx$ $\left[-\frac{1}{2}\ln|3 + 2\cos x| + c \right]$

393 $\int \frac{\tan x}{3 + \cos^2 x} dx$ $\tan x = t$ $\left[\frac{1}{6}\ln(4 + 3\tan^2 x) + c \right]$

394 $\int \frac{2\arctan x + 1}{x^2 + 1} dx$ $t = \arctan x$ $[\arctan^2 x + \arctan x + c]$

395 $\int \tan^3 x \, dx$ $\left[\frac{1}{2\cos^2 x} + \ln|\cos x| + c \right]$

396 $\int \frac{\sin x}{4 + \cos^2 x} dx$ $\left[-\frac{1}{2}\arctan \frac{\cos x}{2} + c \right]$

397 $\int \frac{2e^{2x}}{1 + e^x} dx$ $[2e^x - 2\ln(e^x + 1) + c]$

398 $\int \frac{1}{\tan^3 x} dx$ $\left[-\frac{1}{2\sin^2 x} - \ln|\sin x| + c \right]$

399 $\int \frac{\tan^3 x + \tan x}{\tan x + 2} dx$ $t = 2 + \tan x$ $[\tan x - \ln(\tan x + 2)^2 + c]$

Integrazione per sostituzione con le formule parametriche

400 ESERCIZIO GUIDA Calcoliamo $\int \frac{2}{1 + \sin x} dx$.

Paragrafo 3. Integrazione per sostituzione

Poniamo $\sin x = \dfrac{2t}{1+t^2}$, con $t = \tan \dfrac{x}{2}$, da cui:

$$\frac{x}{2} = \arctan t \;\rightarrow\; x = 2\arctan t, \quad dx = \frac{2}{1+t^2}\,dt.$$

> Se la funzione integranda contiene al denominatore $\sin x$ o $\cos x$ al primo grado, si pone
> $$\sin x = \frac{2t}{1+t^2}, \quad \cos x = \frac{1-t^2}{1+t^2}, \quad \text{con } t = \tan \frac{x}{2}.$$

Sostituiamo:

$$\int \frac{2}{1+\sin x}\,dx = \int \frac{2}{1+\dfrac{2t}{1+t^2}} \cdot \frac{2}{1+t^2}\,dt = 4\int \frac{\dfrac{1}{1+t^2}}{1+t^2+2t} \cdot \frac{1}{1+t^2}\,dt =$$

$$4\int \frac{1}{(t+1)^2}\,dt = 4\int (t+1)^{-2}\,dt = \frac{-4}{t+1} + c = \frac{-4}{\tan\dfrac{x}{2}+1} + c.$$

Calcola i seguenti integrali.

401 $\displaystyle \int \frac{4}{1+\cos x}\,dx$ $\qquad \left[4\tan\dfrac{x}{2} + c \right]$

402 $\displaystyle \int \frac{1}{\sin x - 1}\,dx$ $\qquad \left[\dfrac{2}{\tan\dfrac{x}{2}-1} + c \right]$

403 $\displaystyle \int \frac{2}{\sin x}\,dx$ $\qquad \left[2\ln\left|\tan\dfrac{x}{2}\right| + c \right]$

404 $\displaystyle \int \frac{2\sin^2 x - 1}{\sin x}\,dx$ $\qquad \left[-2\cos x - \ln\left|\tan\dfrac{x}{2}\right| + c \right]$

405 $\displaystyle \int \left(\cos x + \frac{4}{3\sin x} \right)dx$ $\quad \left[\sin x + \dfrac{4}{3}\ln\left|\tan\dfrac{x}{2}\right| + c \right]$

406 $\displaystyle \int \frac{3}{4+4\sin x}\,dx$ $\qquad \left[-\dfrac{3}{2} \cdot \dfrac{1}{\tan\dfrac{x}{2}+1} + c \right]$

407 $\displaystyle \int \left(\frac{1}{\sin x} - \frac{2}{\sin^2 x} \right)dx$ $\quad \left[\ln\left|\tan\dfrac{x}{2}\right| + 2\cot x + c \right]$

408 $\displaystyle \int \frac{\sin x + 3}{2\sin x}\,dx$ $\qquad \left[\dfrac{1}{2}x + \dfrac{3}{2}\ln\left|\tan\dfrac{x}{2}\right| + c \right]$

409 $\displaystyle \int \frac{1}{\cos x}\,dx$ $\qquad \left[\ln\left| \dfrac{1+\tan\dfrac{x}{2}}{1-\tan\dfrac{x}{2}} \right| + c \right]$

410 $\displaystyle \int \frac{1}{3+\sin x + 3\cos x}\,dx$ $\quad \left[\ln\left|3 + \tan\dfrac{x}{2}\right| + c \right]$

Integrazione di particolari funzioni irrazionali

Integrali del tipo $\displaystyle \int \sqrt{a^2 - x^2}\,dx$

411 **ESERCIZIO GUIDA** Calcoliamo $\displaystyle \int \sqrt{1-x^2}\,dx$.

Il dominio della funzione è $D: -1 \le x \le 1$.

Possiamo porre $x = \sin t$, con $t \in \left[-\dfrac{\pi}{2}; \dfrac{\pi}{2} \right]$, per l'invertibilità della funzione.

Calcoliamo $dx = \cos t\,dt$ e sostituiamo:

$$\int \sqrt{1-x^2}\,dx = \int \sqrt{1-\sin^2 t}\,\cos t\,dt = \int \sqrt{\cos^2 t}\,\cos t\,dt = \int \cos^2 t\,dt,$$

poiché $t \in \left[-\dfrac{\pi}{2}; \dfrac{\pi}{2} \right]$, allora $\cos t \ge 0$, e quindi $\sqrt{\cos^2 t} = \cos t$.

Utilizziamo la formula di bisezione $\cos\dfrac{\alpha}{2} = \pm\sqrt{\dfrac{1+\cos\alpha}{2}}$ per $\alpha = 2t$ ed eleviamo al quadrato:

$$\int \cos^2 t\,dt = \int \frac{1+\cos 2t}{2}\,dt = \frac{1}{2}t + \frac{1}{4}\sin 2t + c = \frac{1}{2}t + \frac{1}{2}\sin t \cos t + c.$$

$$\sin 2t = 2\sin t \cos t$$

Essendo $x = \sin t$, si ha $t = \arcsin x$, quindi:

$$\int \sqrt{1-x^2}\,dx = \frac{1}{2}\arcsin x + \frac{1}{2}x\sqrt{1-x^2} + c.$$

1913

Capitolo 29. Integrali indefiniti

Osservazione. In generale si può ottenere, ripetendo lo stesso procedimento, ma ponendo $x = a \sin t$:

$$\int \sqrt{a^2 - x^2}\, dx = \frac{1}{2} a^2 \arcsin \frac{x}{a} + \frac{1}{2} x \sqrt{a^2 - x^2} + c, \text{ con } a > 0.$$

Calcola i seguenti integrali.

412 $\int \sqrt{9 - x^2}\, dx$ $\left[\dfrac{9}{2} \arcsin \dfrac{x}{3} + \dfrac{x}{2}\sqrt{9 - x^2} + c\right]$

414 $\int \sqrt{16 - 4x^2}\, dx$ $\left[4 \arcsin \dfrac{x}{2} + x\sqrt{4 - x^2} + c\right]$

413 $\int \sqrt{1 - 4x^2}\, dx$ $\left[\dfrac{1}{4} \arcsin 2x + \dfrac{x}{2}\sqrt{1 - 4x^2} + c\right]$

415 $\int \sqrt{36 - 4x^2}\, dx$ $\left[9 \arcsin \dfrac{x}{3} + x\sqrt{9 - x^2} + c\right]$

416 **EUREKA!** Calcola $\int \dfrac{1}{\sqrt{x^2 + 1}}\, dx$, ponendo $t = x + \sqrt{x^2 + 1}$. $\left[\ln(x + \sqrt{x^2 + 1}) + c\right]$

4 Integrazione per parti
▶ Teoria a p. 1882

$$\int f(x) \cdot g'(x)\, dx = f(x) \cdot g(x) - \int f'(x) \cdot g(x)\, dx$$

CACCIA ALL'ERRORE Correggi i calcoli seguenti, applicando correttamente la formula di integrazione per parti.

417 $\int x \cos x\, dx = -x \sin x + \int \sin x\, dx = -x \sin x - \cos x + c$

418 $\int x \ln x\, dx = \dfrac{x^2}{2} \ln x - \int x \cdot \dfrac{1}{x}\, dx = \dfrac{x^2}{2} \ln x - x + c$

419 $\int x e^{-x}\, dx = x e^{-x} - \int e^{-x}\, dx = x e^{-x} - e^{-x} + c$

420 **TEST** Nell'uguaglianza

$$\int 2x\, e^{h(x)}\, dx = 2x\, e^{h(x)} - 2 \int e^{h(x)}\, dx$$

è stato applicato il metodo di integrazione per parti. $h(x)$ è uguale a:

A $2x$.   **B** x.   **C** $\dfrac{x}{2}$.   **D** x^2.   **E** $\dfrac{x}{4}$.

421 **ESERCIZIO GUIDA** Calcoliamo, applicando la formula di integrazione per parti, l'integrale $\int x^2 \ln x\, dx$.

$$\underset{g'}{\int x^2} \underset{f}{\ln x}\, dx = \underset{g}{\dfrac{x^3}{3}} \underset{f}{\ln x} - \int \underset{g}{\dfrac{x^3}{3}} \cdot \underset{f'}{\dfrac{1}{x}}\, dx = \dfrac{x^3}{3} \ln x - \int \dfrac{x^2}{3}\, dx = \dfrac{x^3}{3} \ln x - \dfrac{x^3}{9} + c$$

Calcola i seguenti integrali applicando la formula di integrazione per parti.

422 $\int 2x \ln x\, dx$ $\left[x^2\left(\ln x - \dfrac{1}{2}\right) + c\right]$

427 $\int 4x e^{2x}\, dx$ $[(2x - 1)e^{2x} + c]$

423 $\int 3x \cos x\, dx$ $[3x \sin x + 3 \cos x + c]$

428 $\int \arcsin x\, dx$ $[x \arcsin x + \sqrt{1 - x^2} + c]$

424 $\int x e^x\, dx$ $[e^x(x - 1) + c]$

429 $\int x\, 2^x \ln 2\, dx$ $\left[2^x\left(x - \dfrac{1}{\ln 2}\right) + c\right]$

425 $\int \dfrac{\ln x}{x^2}\, dx$ $\left[-\dfrac{1}{x}(\ln x + 1) + c\right]$

430 $\int \dfrac{\ln x}{2\sqrt{x}}\, dx$ $[\sqrt{x}\,(\ln x - 2) + c]$

426 $\int \arctan x\, dx$ $\left[x \arctan x - \dfrac{1}{2} \ln(x^2 + 1) + c\right]$

431 $\int \dfrac{x + 2}{e^x}\, dx$ $\left[-\dfrac{x + 3}{e^x} + c\right]$

Paragrafo 4. Integrazione per parti

432 $\int (x+2)\sin x\, dx$ $\qquad [-(x+2)\cos x + \sin x + c]$

433 $\int \ln^2 x\, dx$ $\qquad [x(\ln^2 x - \ln x^2 + 2) + c]$

434 $\int \sqrt[3]{x}\, \ln 2x\, dx$ $\qquad \left[\dfrac{3}{4}x\sqrt[3]{x}\left(\ln 2x - \dfrac{3}{4}\right) + c\right]$

435 $\int xe^{-x}\, dx$ $\qquad [-(x+1)e^{-x} + c]$

436 $\int \dfrac{\ln x}{x^3}\, dx$ $\qquad \left[-\dfrac{\ln x}{2x^2} - \dfrac{1}{4x^2} + c\right]$

437 $\int 5x^4 \ln x\, dx$ $\qquad \left[x^5 \ln x - \dfrac{x^5}{5} + c\right]$

438 $\int \ln 4x\, dx$ $\qquad [x\ln 4x - x + c]$

439 $\int x \sin 2x\, dx$ $\qquad \left[-\dfrac{x}{2}\cos 2x + \dfrac{1}{4}\sin 2x + c\right]$

440 $\int \dfrac{x}{2\sqrt{x+1}}\, dx$ $\qquad \left[\dfrac{1}{3}\sqrt{x+1}\,(x-2) + c\right]$

441 $\int 2x\, e^{2x}\, dx$ $\qquad \left[e^{2x}\left(x - \dfrac{1}{2}\right) + c\right]$

442 $\int x^2 \sin x\, dx$ $\qquad [-x^2 \cos x + 2x \sin x + 2\cos x + c]$

443 $\int x^2 \cos x\, dx$ $\qquad [x^2 \sin x + 2x \cos x - 2\sin x + c]$

444 $\int 4x \cos 2x\, dx$ $\qquad [2x \sin 2x + \cos 2x + c]$

445 $\int e^{\sqrt{x}}\, dx$ $\qquad [2e^{\sqrt{x}}(\sqrt{x} - 1) + c]$

446 $\int x^2 e^x\, dx$ $\qquad [e^x(x^2 - 2x + 2) + c]$

447 $\int \ln(2x+1)\, dx$ $\qquad \left[\ln(2x+1)\left(\dfrac{1}{2} + x\right) - x + c\right]$

448 $\int \sqrt{x}\, \ln x\, dx$ $\qquad \left[\dfrac{2x\sqrt{x}}{3}\left(\ln x - \dfrac{2}{3}\right) + c\right]$

449 $\int \dfrac{x}{\cos^2 x}\, dx$ $\qquad [x\tan x + \ln|\cos x| + c]$

450 $\int \arccos x\, dx$ $\qquad [x\arccos x - \sqrt{1-x^2} + c]$

451 $\int \dfrac{\ln x^2}{x^2}\, dx$ $\qquad \left[-\dfrac{1}{x}(2 + \ln x^2) + c\right]$

452 $\int 2x \arctan x\, dx$ $\qquad [(x^2+1)\arctan x - x + c]$

453 $\int 8x \sin x \cos x\, dx$ $\qquad [-2x\cos 2x + \sin 2x + c]$

- -

454 $\int \dfrac{x}{\sqrt{1-x^2}}\arcsin x\, dx$ $\qquad [-\sqrt{1-x^2}\,\arcsin x + x + c]$

455 $\int \ln(x^2+1)\, dx$ $\qquad [x\ln(x^2+1) - 2x + 2\arctan x + c]$

456 $\int \ln(x + \sqrt{1+x^2})\, dx$ $\qquad [x\ln(x + \sqrt{1+x^2}) - \sqrt{1+x^2} + c]$

457 $\int x \arctan\sqrt{x-1}\, dx$ $\qquad \left[\dfrac{x^2}{2}\arctan\sqrt{x-1} - \dfrac{x+2}{6}\sqrt{x-1} + c\right]$

458 $\int \left(x^2 \ln^2 x - \dfrac{2}{9}x^2\right) dx$ $\qquad \left[\dfrac{x^3}{3}\ln^2 x - \dfrac{2}{9}x^3 \ln x + c\right]$

---

459 **ESERCIZIO GUIDA** Calcoliamo $\int e^x \sin x\, dx$ applicando la formula di integrazione per parti.

$$\underset{g'}{\underline{\int e^x}}\, \underset{f}{\underline{\sin x}}\, dx = \underset{g}{\underline{e^x}}\, \underset{f}{\underline{\sin x}} - \int \underset{g}{\underline{e^x}}\, \underset{f'}{\underline{\cos x}}\, dx$$

Applichiamo nuovamente all'integrale $\int e^x \cos x\, dx$ la formula di integrazione per parti:

$$\underset{g'}{\underline{\int e^x}}\, \underset{f}{\underline{\cos x}} = \underset{g}{\underline{e^x}}\, \underset{f}{\underline{\cos x}} - \int \underset{g}{\underline{e^x}}\, \underset{f'}{\underline{(-\sin x)}}\, dx = e^x \cos x + \int e^x \sin x\, dx.$$

Dunque l'integrale dato diventa: $\qquad$ è lo stesso integrale del primo membro

$$\int e^x \sin x\, dx = e^x \sin x - e^x \cos x - \int e^x \sin x\, dx.$$

▶

1915

Capitolo 29. Integrali indefiniti

Portando al primo membro dell'uguaglianza il termine $-\int e^x \sin x \, dx$ e sommando, otteniamo:

$$2\int e^x \sin x \, dx = e^x \sin x - e^x \cos x + c_1 \to \int e^x \sin x \, dx = \frac{e^x \sin x - e^x \cos x}{2} + c, \quad \text{dove } c = \frac{c_1}{2}.$$

In conclusione: $\int e^x \sin x \, dx = \dfrac{e^x}{2}(\sin x - \cos x) + c.$

Calcola i seguenti integrali applicando la formula di integrazione per parti.

460 $\int e^x \cos x \, dx$ $\qquad \left[\dfrac{e^x}{2}(\sin x + \cos x) + c\right]$ **463** $\int \dfrac{\sin x}{e^x} dx$ $\qquad \left[\dfrac{-(\sin x + \cos x)}{2e^x} + c\right]$

461 $\int \dfrac{\cos x}{e^{x+1}} dx$ $\qquad \left[\dfrac{\sin x - \cos x}{2e^{x+1}} + c\right]$ **464** $\int \sin(\ln x) \, dx$ $\qquad \left[\dfrac{x}{2}[\sin(\ln x) - \cos(\ln x)] + c\right]$

462 $\int e^{2x} \sin x \, dx$ $\qquad \left[\dfrac{e^{2x}}{5}(2\sin x - \cos x) + c\right]$ **465** $\int e^{3x} \sin 2x \, dx$ $\qquad \left[\dfrac{e^{3x}}{13}(3\sin 2x - 2\cos 2x) + c\right]$

---

466 **EUREKA!** Calcola $\int \cos \ln x \, dx$ con il metodo di sostituzione. $\qquad \left[\dfrac{x}{2}[\sin(\ln x) + \cos(\ln x)] + c\right]$

467 Calcola $\int \cos^2 x \, dx$ in due modi: con l'integrazione per parti e con la sostituzione $\cos \dfrac{\alpha}{2} = \pm\sqrt{\dfrac{1+\cos\alpha}{2}}$.

$$\left[\dfrac{x + \sin x \cos x}{2} + c\right]$$

468 **EUREKA!** Verifica che integrando xe^x, poi il risultato con $c = 0$ e così via per n volte si ottiene $(x-n)e^x$.

469 **YOU & MATHS** Let $I_n = \int x^n e^x \, dx$. Use integration by parts to establish the reduction formula $I_n = x^n e^x - nI_{n-1}$. Hence find $\int x^3 e^x \, dx$.

(AUS *University of Sidney*, Math 1003)

$[e^x(x^3 - 3x^2 + 6x - 6) + c]$

470 Fra tutte le primitive della funzione $f(x) = \dfrac{x-3}{e^x}$, determina quella il cui grafico interseca l'asse y nel punto di ordinata 3.

$$\left[\dfrac{2-x}{e^x} + 1\right]$$

471 Tra le primitive della funzione $f(x) = 3x\cos x$ trova quella il cui grafico passa per il punto $\left(\dfrac{\pi}{3}; \dfrac{3}{2}\right)$.

$$\left[3x\sin x + 3\cos x - \dfrac{\sqrt{3}}{2}\pi\right]$$

LEGGI IL GRAFICO

472 Determina l'equazione di $y = F(x)$, sapendo che è una primitiva di $y = 2x\ln x$.

$$\left[F(x) = x^2 \ln x - \dfrac{x^2}{2} + \dfrac{1}{2}\right]$$

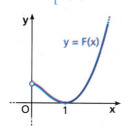

473 Trova l'equazione di $y = F(x)$, sapendo che è una primitiva di $y = -xe^x$.

$$[F(x) = e^x(1-x) + 3]$$

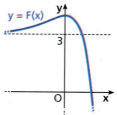

474 Determina $f(x)$, sapendo che $f''(x) = (2-x^2)\sin x + 4x\cos x$, $f'(0) = 3$ e $f(0) = 0$.

$$[f(x) = x^2 \sin x + 3x]$$

Paragrafo 5. Integrazione di funzioni razionali fratte

475 Determina i valori dei parametri m, n e p per i quali sia soddisfatta la seguente identità:
$$\int (mx^2 + nx + p)e^{-3x}dx = \frac{1}{27}e^{-3x}(-9x^2 + 3x - 17) + c.$$
$[m = 1, n = -1, p = 2]$

476 **REALTÀ E MODELLI** **Fitness** Nel corso di un allenamento al tapis roulant, Marco ha registrato sul tablet l'andamento della propria velocità istantanea $v(t)$ (espressa in m/s) in funzione del tempo t (in minuti); ha ricavato così il diagramma in figura.

a. Sapendo che la funzione $v(t)$ è del tipo $v(t) = ate^{1-t} + 1$, ricava il valore della costante a in modo che la massima velocità di 6 m/s sia raggiunta dopo un minuto.

b. Verificato che $a = 5$, qual è la distanza $s(t)$ che (virtualmente) Marco ha percorso dopo t minuti dall'inizio dell'allenamento?

$[a)\ a = 5;\ b)\ s(t) = 60t + 300[e - e^{1-t}(t+1)]]$

5 Integrazione di funzioni razionali fratte

Il numeratore è la derivata del denominatore
▶ Teoria a p. 1885

477 **ESERCIZIO GUIDA** Calcoliamo $\int \frac{6x^2 + 8x}{x^3 + 2x^2 + 3}dx$.

Osserviamo che, raccogliendo 2 al numeratore, otteniamo $3x^2 + 4x$, derivata del denominatore, quindi applichiamo $\int \frac{f'(x)}{f(x)}dx = \ln|f(x)| + c$:

$$\int \frac{6x^2 + 8x}{x^3 + 2x^2 + 3}dx = 2\int \frac{3x^2 + 4x}{x^3 + 2x^2 + 3}dx = 2\ln|x^3 + 2x^2 + 3| + c = \ln(x^3 + 2x^2 + 3)^2 + c.$$

Calcola i seguenti integrali.

478 $\int \frac{2x+1}{x^2+x}dx$ $[\ln|x^2 + x| + c]$

479 $\int \frac{4x+12}{x^2+6x}dx$ $[\ln(x^2 + 6x)^2 + c]$

480 $\int \frac{12x}{2+3x^2}dx$ $[\ln(2 + 3x^2)^2 + c]$

481 $\int \frac{6x}{4+x^2}dx$ $[\ln(x^2 + 4)^3 + c]$

482 $\int \frac{x^2-1}{x^3-3x+1}dx$ $[\ln\sqrt[3]{|x^3 - 3x + 1|} + c]$

483 $\int \frac{3x+3}{x^2+2x+9}dx$ $\left[\frac{3}{2}\ln(x^2 + 2x + 9) + c\right]$

484 $\int \frac{4-6x^2}{x^3-2x}dx$ $[-2\ln|x^3 - 2x| + c]$

485 $\int \frac{x^3-1}{x^4-4x+2}dx$ $\left[\frac{1}{4}\ln|x^4 - 4x + 2| + c\right]$

Calcola i seguenti integrali, dopo aver svolto la divisione

486 $\int \frac{4x^2+10x+3}{2x^2+3x}dx$ $[\ln|2x^2 + 3x| + 2x + c]$

487 $\int \frac{2x^3+x^2+1}{x^2+1}dx$ $[x^2 + x - \ln(x^2 + 1) + c]$

488 $\int \frac{6x^3+16x}{3x^2-1}dx$ $[\ln|3x^2 - 1|^3 + x^2 + c]$

489 $\int \frac{x^4+2x-1}{x^2-1}dx$ $\left[\frac{x^3}{3} + x + \ln|x^2 - 1| + c\right]$

1917

Capitolo 29. Integrali indefiniti

Il denominatore è di primo grado

▶ Teoria a p. 1885

490 ESERCIZIO GUIDA Calcoliamo: **a.** $\int \frac{2x^2+5x+1}{2x+1}dx$; **b.** $\int \frac{2x-1}{x+4}dx$.

a. Poiché il grado del numeratore è maggiore del grado del denominatore, eseguiamo la divisione:

$$\begin{array}{r|l} 2x^2+5x+1 & 2x+1 \\ -2x^2-x & \overline{x+2} \\ \hline 4x+1 & \\ -4x-2 & \\ \hline /\;-1 & \end{array}$$

$\rightarrow Q(x)=x+2;\quad R(x)=-1.$

Riscriviamo la funzione: $\frac{2x^2+5x+1}{2x+1}=x+2+\frac{-1}{2x+1}$.

L'integrale diventa:

$$\int \frac{2x^2+5x+1}{2x+1}dx = \int\left(x+2-\frac{1}{2x+1}\right)dx = \int(x+2)dx - \int\frac{1}{2x+1}dx =$$

$$\int(x+2)dx - \frac{1}{2}\int\frac{2}{2x+1}dx = \frac{x^2}{2}+2x-\frac{1}{2}\ln|2x+1|+c.$$

b. Essendo il grado del numeratore uguale al grado del denominatore, possiamo svolgere la divisione ma possiamo giungere allo stesso risultato aggiungendo e togliendo 8 al numeratore in modo da far apparire al numeratore un multiplo del denominatore:

$$\frac{2x-1+8-8}{x+4}=\frac{2(x+4)}{x+4}-\frac{9}{x+4}=2-\frac{9}{x+4}.$$

Calcoliamo:

$$\int \frac{2x-1}{x+4}dx = \int 2\,dx - 9\int\frac{1}{x+4}dx = 2x-\ln|x+4|^9+c.$$

Calcola i seguenti integrali.

AL VOLO

491 $\int \frac{1}{x+7}dx$

492 $\int \frac{2}{x-1}dx$

493 $\int -\frac{4}{1-2x}dx$

494 $\int \frac{5}{2x-3}dx$ $\quad \left[\frac{5}{2}\ln|2x-3|+c\right]$

498 $\int \frac{x^2+1}{x+1}dx$ $\quad \left[\frac{x^2}{2}-x+\ln(x+1)^2+c\right]$

495 $\int \frac{x+5}{x+3}dx$ $\quad [x+\ln(x+3)^2+c]$

499 $\int \frac{x^2+x+1}{x-4}dx$ $\quad \left[\frac{x^2}{2}+5x+21\ln|x-4|+c\right]$

496 $\int \frac{2x-5}{x+4}dx$ $\quad [2x-13\ln|x+4|+c]$

500 $\int \frac{x^2-x+3}{3-x}dx$ $\quad \left[-\frac{x^2}{2}-2x-9\ln|3-x|+c\right]$

497 $\int \frac{4x+1}{2x-1}dx$ $\quad \left[2x+\frac{3}{2}\ln|2x-1|+c\right]$

501 $\int \frac{2x^2-3x+4}{2x-3}dx$ $\quad \left[\frac{x^2}{2}+\ln(2x-3)^2+c\right]$

1918

Paragrafo 5. Integrazione di funzioni razionali fratte

E

ESERCIZI

■ Il denominatore è di secondo grado

► Teoria a p. 1885

Il discriminante è positivo: $\Delta > 0$

---

502 **ESERCIZIO GUIDA** Calcoliamo $\int \dfrac{x-1}{x^2+5x+6}\,dx$.

Calcoliamo il discriminante del denominatore: $\Delta = 25 - 24 = 1 > 0$.

Le soluzioni dell'equazione associata al denominatore sono: $x_1 = -2$ e $x_2 = -3$.

Il denominatore si scompone nel prodotto: $x^2 + 5x + 6 = (x+2)(x+3)$.

Scriviamo la funzione integranda come somma di due frazioni aventi come denominatori i fattori trovati. Dati $A, B \in \mathbb{R}$, si ha:

$$\frac{x-1}{x^2+5x+6} = \frac{A}{x+2} + \frac{B}{x+3} = \frac{Ax+3A+Bx+2B}{(x+2)(x+3)} = \frac{(A+B)x+3A+2B}{x^2+5x+6}.$$

Affinché tale uguaglianza sia un'identità, dobbiamo porre:

$$\begin{cases} A+B=1 & \text{uguaglianza dei coefficienti della } x \\ 3A+2B=-1 & \text{uguaglianza dei termini noti} \end{cases} \rightarrow \begin{cases} A=-3 \\ B=4 \end{cases}$$

L'integrale diventa:

$$\int \frac{x-1}{x^2+5x+6}\,dx = \int \left(\frac{-3}{x+2} + \frac{4}{x+3} \right) dx = -3\int \frac{1}{x+2}\,dx + 4\int \frac{1}{x+3}\,dx =$$

$$-3\ln|x+2| + 4\ln|x+3| + c.$$

Calcola i seguenti integrali.

503 $\int \dfrac{6}{x^2-9}\,dx$ $\qquad \left[\ln\left| \dfrac{x-3}{x+3} \right| + c \right]$

507 $\int \dfrac{3x-5}{x^2-2x-3}\,dx$ $\quad [2\ln|x+1| + \ln|x-3| + c]$

504 $\int \dfrac{1}{2x-x^2}\,dx$ $\qquad \left[\dfrac{1}{2}\ln\left| \dfrac{x}{2-x} \right| + c \right]$

508 $\int \dfrac{3x-9}{x^2-x-2}\,dx$ $\qquad \left[\ln\dfrac{|x+1|^4}{|x-2|} + c \right]$

505 $\int \dfrac{1}{x^2+x}\,dx$ $\qquad \left[\ln\left| \dfrac{x}{x+1} \right| + c \right]$

509 $\int \dfrac{-5}{3x^2-x-2}\,dx$ $\qquad \left[\ln\left| \dfrac{3x+2}{x-1} \right| + c \right]$

506 $\int \dfrac{3}{3x-2x^2}\,dx$ $\qquad \left[\ln\left| \dfrac{x}{3-2x} \right| + c \right]$

510 $\int \dfrac{x^4+x^3+6}{x^2+x}\,dx$ $\qquad \left[\dfrac{x^3}{3} + 6\ln\left| \dfrac{x}{x+1} \right| + c \right]$

---

511 $\int \dfrac{1-x}{2x^2+5x+2}\,dx$ $\qquad \left[\ln\sqrt{|2x+1|} - \ln|x+2| + c \right]$

512 $\int \dfrac{x^4+3x}{x^2-1}\,dx$ $\qquad \left[\dfrac{x^3}{3} + x + 2\ln|x-1| + \ln|x+1| + c \right]$

Il discriminante è nullo: $\Delta = 0$

---

513 **ESERCIZIO GUIDA** Calcoliamo $\int \dfrac{x+5}{x^2+6x+9}\,dx$.

Il denominatore ha $\Delta = 0$ e può essere scritto come quadrato di un binomio: $x^2 + 6x + 9 = (x+3)^2$.
La funzione integranda può allora essere scritta come la somma di due frazioni aventi come denominatori $(x+3)$ e $(x+3)^2$:

$$\frac{x+5}{x^2+6x+9} = \frac{A}{x+3} + \frac{B}{(x+3)^2} = \frac{A(x+3)+B}{(x+3)^2} = \frac{Ax+3A+B}{x^2+6x+9}.$$

►

1919

Capitolo 29. Integrali indefiniti

Affinché questa uguaglianza sia un'identità, dobbiamo porre:

$$\begin{cases} A = 1 \\ 3A + B = 5 \end{cases} \rightarrow \begin{cases} A = 1 \\ B = 2 \end{cases}.$$

L'integrale diventa:

$$\int \frac{x+5}{x^2+6x+9} dx = \int \left[\frac{1}{x+3} + \frac{2}{(x+3)^2} \right] dx = \int \frac{1}{x+3} dx + 2\int (x+3)^{-2} dx =$$

$$\ln|x+3| + 2\frac{(x+3)^{-2+1}}{-2+1} + c = \ln|x+3| - \frac{2}{x+3} + c.$$

Calcola i seguenti integrali.

514 $\int \frac{2}{x^2 - 6x + 9} dx$ $\left[-\frac{2}{x-3} + c \right]$ **518** $\int \frac{2x-1}{x^2+2x+1} dx$ $\left[\ln(x+1)^2 + \frac{3}{x+1} + c \right]$

515 $\int \frac{1}{4x^2 + 12x + 9} dx$ $\left[-\frac{1}{2(2x+3)} + c \right]$ **519** $\int \frac{4x+1}{4x^2+4x+1} dx$ $\left[\ln|2x+1| + \frac{1}{4x+2} + c \right]$

516 $\int \frac{3}{x^2 - 10x + 25} dx$ $\left[\frac{3}{5-x} + c \right]$ **520** $\int \frac{2x+1}{4x^2 - 12x + 9} dx$ $\left[\frac{\ln|2x-3|}{2} - \frac{2}{2x-3} + c \right]$

517 $\int \frac{x}{x^2 - 4x + 4} dx$ $\left[\ln|x-2| - \frac{2}{x-2} + c \right]$ **521** $\int \frac{x^2 - x + 1}{x^2 - 2x + 1} dx$ $\left[x + \ln|x-1| - \frac{1}{x-1} + c \right]$

Il discriminante è negativo: Δ < 0

522 **ESERCIZIO GUIDA** Calcoliamo $\int \frac{1}{x^2 - 6x + 10} dx$.

Calcoliamo il discriminante del denominatore: $\Delta = 36 - 40 = -4 < 0$.
Utilizzando il metodo del completamento del quadrato, cerchiamo di ricondurre l'integrale al modello:

$$\int \frac{f'(x)}{[f(x)]^2 + 1} dx = \arctan f(x) + c.$$

Possiamo scrivere: $x^2 - 6x + 10 = x^2 - 6x + 9 + 1 = (x-3)^2 + 1$.

L'integrale diventa: $\int \frac{1}{x^2 - 6x + 10} dx = \int \frac{1}{(x-3)^2 + 1} dx = \arctan(x-3) + c.$

Calcola i seguenti integrali.

523 $\int \frac{1}{x^2 + 4x + 5} dx$ $[\arctan(x+2) + c]$ **526** $\int \frac{1}{9x^2 - 6x + 5} dx$ $\left[\frac{1}{6} \arctan \frac{3x-1}{2} + c \right]$

524 $\int \frac{1}{x^2 + 2x + 2} dx$ $[\arctan(x+1) + c]$ **527** $\int \frac{4}{x^2 + 6x + 11} dx$ $\left[2\sqrt{2} \arctan \frac{x+3}{\sqrt{2}} + c \right]$

525 $\int \frac{2}{9x^2 + 4} dx$ $\left[\frac{1}{3} \arctan \frac{3x}{2} + c \right]$ **528** $\int \frac{-1}{4x^2 + 4x + 5} dx$ $\left[-\frac{1}{4} \arctan \left(x + \frac{1}{2} \right) + c \right]$

529 **ESERCIZIO GUIDA** Calcoliamo $\int \frac{x-1}{x^2 - 4x + 5} dx$.

Calcoliamo il discriminante del denominatore: $\Delta = 16 - 20 = -4 < 0$.
Trasformiamo il numeratore in modo da poter ottenere la derivata del denominatore:

$$D[x^2 - 4x + 5] = 2x - 4.$$

1920

Paragrafo 5. Integrazione di funzioni razionali fratte

$$\int \frac{x-1}{x^2-4x+5}\,dx = \frac{1}{2}\int \frac{2x-2}{x^2-4x+5}\,dx = \frac{1}{2}\int \frac{2x-4+4-2}{x^2-4x+5}\,dx$$

moltiplichiamo e   aggiungiamo
dividiamo per 2   e togliamo 4

Scriviamo quindi l'integranda come somma di due frazioni:

$$\frac{1}{2}\int\left(\frac{2x-4}{x^2-4x+5}+\frac{4-2}{x^2-4x+5}\right)dx = \frac{1}{2}\int \frac{2x-4}{x^2-4x+5}\,dx + \int \frac{1}{x^2-4x+5}\,dx.$$

Calcoliamo separatamente i due integrali; osserviamo che $x^2-4x+5 > 0$, $\forall x \in \mathbb{R}$, poiché $\Delta < 0$.

$$\int \frac{2x-4}{x^2-4x+5}\,dx = \ln(x^2-4x+5)+c_1,$$

$$\int \frac{1}{x^2-4x+5}\,dx = \int \frac{1}{x^2-4x+4-4+5}\,dx = \int \frac{1}{(x-2)^2+1}\,dx = \arctan(x-2)+c_2.$$

Otteniamo:

$$\int \frac{x-1}{x^2-4x+5}\,dx = \frac{1}{2}\ln(x^2-4x+5)+\arctan(x-2)+c.$$

Calcola i seguenti integrali.

530 $\displaystyle\int \frac{x+2}{4x^2+9}\,dx$ $\qquad\qquad\qquad\qquad \left[\dfrac{1}{8}\ln(4x^2+9)+\dfrac{1}{3}\arctan\dfrac{2x}{3}+c\right]$

531 $\displaystyle\int \frac{x-1}{x^2+25}\,dx$ $\qquad\qquad\qquad\qquad \left[\dfrac{1}{2}\ln(x^2+25)-\dfrac{1}{5}\arctan\dfrac{x}{5}+c\right]$

532 $\displaystyle\int \frac{2x+3}{x^2-6x+10}\,dx$ $\qquad\qquad\qquad \left[\ln(x^2-6x+10)+9\arctan(x-3)+c\right]$

533 $\displaystyle\int \frac{x+3}{x^2+4x+5}\,dx$ $\qquad\qquad\qquad \left[\dfrac{1}{2}\ln(x^2+4x+5)+\arctan(x+2)+c\right]$

534 $\displaystyle\int \frac{8x-3}{4x^2-4x+5}\,dx$ $\qquad\qquad\quad \left[\ln(4x^2-4x+5)+\dfrac{1}{4}\arctan\dfrac{2x-1}{2}+c\right]$

535 $\displaystyle\int \frac{x^2+x+2}{x^2+16}\,dx$ $\qquad\qquad\quad \left[x+\dfrac{1}{2}\ln(x^2+16)-\dfrac{7}{2}\arctan\dfrac{x}{4}+c\right]$

536 $\displaystyle\int \frac{x^3+4x+4}{x^2+4}\,dx$ $\qquad\qquad\qquad\qquad\qquad \left[\dfrac{x^2}{2}+2\arctan\dfrac{x}{2}+c\right]$

Il denominatore è di grado superiore al secondo

▶ Teoria a p. 1889

537   **ESERCIZIO GUIDA**   Calcoliamo $\displaystyle\int \frac{x^2+5x-1}{x^3+x^2-2}\,dx$.

Scomponiamo il denominatore applicando il teorema di Ruffini. Poiché $P(1)=0$, il polinomio è divisibile per $(x-1)$. Eseguiamo la divisione con la regola di Ruffini:

$$
\begin{array}{c|ccc|c}
 & 1 & 1 & 0 & -2 \\
1 & & 1 & 2 & 2 \\
\hline
 & 1 & 2 & 2 & 0
\end{array}
\quad\rightarrow\quad P(x)=(x-1)(x^2+2x+2).
$$

Il trinomio x^2+2x+2 ha discriminante $\Delta=-4<0$ ed è perciò irriducibile.

1921

Capitolo 29. Integrali indefiniti

Scriviamo la frazione algebrica iniziale come somma di due frazioni:

$$\frac{x^2+5x-1}{x^3+x^2-2} = \frac{A}{x-1} + \frac{Bx+C}{x^2+2x+2} = \frac{A(x^2+2x+2)+(Bx+C)(x-1)}{(x-1)(x^2+2x+2)} =$$

$$\frac{Ax^2+2Ax+2A+Bx^2+Cx-Bx-C}{x^3+x^2-2} = \frac{(A+B)x^2+(2A-B+C)x+2A-C}{x^3+x^2-2}.$$

Affinché l'uguaglianza

$$\frac{x^2+5x-1}{x^3+x^2-2} = \frac{(A+B)x^2+(2A-B+C)x+2A-C}{x^3+x^2-2}$$

sia un'identità, dobbiamo porre:

$$\begin{cases} A+B=1 \\ 2A-B+C=5 \\ 2A-C=-1 \end{cases} \to \begin{cases} A=1 \\ B=0 \\ C=3 \end{cases}.$$

L'integrale diventa:

$$\int \frac{x^2+5x-1}{x^3+x^2-2}dx = \int\left(\frac{1}{x-1} + \frac{3}{x^2+2x+2}\right)dx = \int \frac{1}{x-1}dx + 3\int \frac{1}{x^2+2x+2}dx =$$

$$\ln|x-1| + 3\int \frac{1}{(x+1)^2+1}dx = \ln|x-1| + 3\arctan(x+1) + c.$$

Calcola i seguenti integrali.

538 $\int \frac{2x}{(x-1)^3}dx$ $\quad\left[\frac{1-2x}{(x-1)^2} + c\right]$

539 $\int \frac{4}{(2x+3)^3}dx$ $\quad\left[-\frac{1}{(2x+3)^2} + c\right]$

540 $\int \frac{8}{x^3+4x}dx$ $\quad\left[2\ln|x| - \ln(x^2-4) + c\right]$

541 $\int \frac{2}{x(1+x)^2}dx$ $\quad\left[2\ln\left|\frac{x}{1+x}\right| + \frac{2}{1+x} + c\right]$

542 $\int \frac{x+4}{x^3-4x^2+4x}dx$ $\quad\left[\ln\left|\frac{x}{x-2}\right| - \frac{3}{x-2} + c\right]$

543 $\int \frac{4}{x^4-1}dx$ $\quad\left[\ln\left|\frac{x-1}{x+1}\right| - 2\arctan x + c\right]$

544 $\int \frac{x-3}{x^3-x^2-x+1}dx$ $\quad\left[\ln\left|\frac{x-1}{x+1}\right| + \frac{1}{x-1} + c\right]$

545 $\int \frac{x^2+5x+4}{x^3+3x^2+x-5}dx$ $\quad\left[\ln|x-1| + \arctan(x+2) + c\right]$

546 $\int \frac{1}{(x^2-1)(x+2)}dx$ $\quad\left[\frac{1}{6}\ln\frac{|x-1|(x+2)^2}{|x+1|^3} + c\right]$

547 $\int \frac{3x+2}{x^3+3x^2+2x}dx$ $\quad\left[\ln\frac{|x^2+x|}{(x+2)^2} + c\right]$

---

548 **EUREKA!** Trova un polinomio di primo grado P tale che $P(0)=1$ e $\int \frac{P(x)}{x^2(x-1)^2}dx$ sia una funzione razionale.

(USA *University of Houston Mathematics Contest*)
$[P = -2x+1]$

Riepilogo: Integrazione di funzioni razionali fratte

Calcola i seguenti integrali.

549 $\int \frac{1}{9-6x+x^2}dx$ $\quad\left[\frac{1}{3-x} + c\right]$

550 $\int \frac{1}{x^2-4}dx$ $\quad\left[\frac{1}{4}\ln\left|\frac{x-2}{x+2}\right| + c\right]$

551 $\int \frac{x-7}{x+3}dx$ $\quad\left[x - 10\ln|x+3| + c\right]$

552 $\int \frac{12}{9x^2-6x+1}dx$ $\quad\left[\frac{-4}{3x-1} + c\right]$

1922

Riepilogo: Integrazione di funzioni razionali fratte

553 $\int \dfrac{x+1}{x^2-3x}\,dx$ $\left[\dfrac{4}{3}\ln|x-3|-\dfrac{1}{3}\ln|x|+c\right]$

555 $\int \dfrac{1+2x}{2x-x^2-1}\,dx$ $\left[\ln\dfrac{1}{(x-1)^2}+\dfrac{3}{x-1}+c\right]$

554 $\int \dfrac{x^2-x}{x+2}\,dx$ $\left[\dfrac{x^2}{2}-3x+6\ln|x+2|+c\right]$

556 $\int \dfrac{5}{x^2-4x+5}\,dx$ $[5\arctan(x-2)+c]$

557 $\int \dfrac{x^4+2}{x-1}\,dx$ $\left[\dfrac{x^4}{4}+\dfrac{x^3}{3}+\dfrac{x^2}{2}+x+3\ln|x-1|+c\right]$

558 $\int \dfrac{x^2+8x+18}{x^2+6x+9}\,dx$ $\left[x+\ln(x+3)^2-\dfrac{3}{x+3}+c\right]$

559 $\int \dfrac{1}{x^2+6x+13}\,dx$ $\left[\dfrac{1}{2}\arctan\dfrac{x+3}{2}+c\right]$

560 $\int \dfrac{x^4-3x^3+5x-3}{x^2-4x+4}\,dx$ $\left[\dfrac{x^3}{3}+\dfrac{x^2}{2}+\ln|x-2|+\dfrac{1}{x-2}+c\right]$

561 $\int \dfrac{x^2-3x}{x^2-6x+8}\,dx$ $[x+\ln|x-2|+\ln(x-4)^2+c]$

562 $\int \dfrac{x^2+2}{x^3-3x^2+3x-1}\,dx$ $\left[\ln|x-1|-\dfrac{4x-1}{2(x-1)^2}+c\right]$

563 $\int \dfrac{2x^2+9x-3}{x^2+2x-3}\,dx$ $[2x+\ln(x-1)^2+\ln|x+3|^3+c]$

564 $\int \dfrac{2x^2+2}{x^3+x^2-x-1}\,dx$ $\left[\ln|x^2-1|+\dfrac{2}{x+1}+c\right]$

565 $\int \dfrac{2x+3}{x^3+3x^2-4}\,dx$ $\left[\dfrac{5}{9}\ln\left|\dfrac{x-1}{x+2}\right|-\dfrac{1}{3(x+2)}+c\right]$

Per ciascuna delle seguenti funzioni trova la primitiva passante per il punto *P* dato.

566 $f(x)=\dfrac{1}{x^2-2x+5}$, $P(1;1)$. $\left[F(x)=\dfrac{1}{2}\arctan\dfrac{x-1}{2}+1\right]$

567 $f(x)=\dfrac{8x^2-12x+2}{2x-3}$, $P(2;6)$. $[F(x)=2x^2+\ln|2x-3|-2]$

568 **LEGGI IL GRAFICO** Determina l'equazione di $y=F(x)$, sapendo che è una primitiva di $f(x)=\dfrac{4}{x^2-16}$.

$\left[F(x)=\dfrac{1}{2}\ln\left|\dfrac{x-4}{x+4}\right|+2\right]$

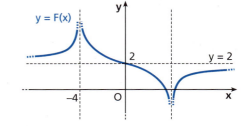

569 Determina il valore del parametro $a\neq 0$ per il quale sia soddisfatta la seguente identità:

$\int \dfrac{x^2-6x}{12+ax}\,dx=-\dfrac{1}{4}x^2+c$. $[a=-2]$

570 Determina il valore dei parametri *a* e *b* per i quali sia soddisfatta la seguente identità:

$\int \dfrac{ax^3+b}{x+1}\,dx=\dfrac{2}{3}x^3-x^2+2x+8\ln|x+1|+c$. $[a=2, b=10]$

Capitolo 29. Integrali indefiniti

571 **LEGGI IL GRAFICO** Considera la funzione $f(x) = \dfrac{x^2 + 3x + 6k}{x(x+k)^2}$, con $k \in \mathbb{R}$.

a. Determina il valore di k in modo che il grafico di $f(x)$ sia quello della figura.

b. Trova le costanti A, B e C in modo che risulti
$$f(x) = \frac{A}{x} + \frac{B}{x+k} + \frac{C}{(x+k)^2}.$$

c. Tra le primitive di $f(x)$ individua quella il cui grafico passa per il punto $(1; 0)$.

d. Aiutandoti con il grafico, dimostra che la primitiva trovata non ammette estremi relativi né assoluti.

$$\left[\text{a) } k = 2; \text{ b) } A = 3, B = -2, C = -5; \right.$$
$$\left. \text{c) } F(x) = 3\ln|x| - 2\ln\left|\frac{x+2}{3}\right| + \frac{5-5x}{3x+6} \right]$$

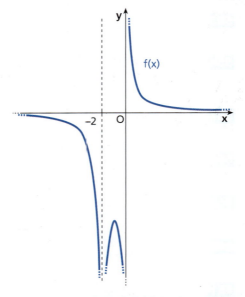

572 **REALTÀ E MODELLI** **Downhill** Il concorrente di una gara di mountain bike, specialità downhill, deve affrontare un tratto sterrato. La pendenza del sentiero, rispetto a un asse orizzontale di riferimento x, è individuata dall'angolo $\alpha(x)$ che la retta tangente alla strada in ogni punto forma con l'asse x. La tangente dell'angolo è espressa dalla relazione:

$$\tan \alpha(x) = \frac{a(x-8)}{x^2 - 16x + 65}, \quad \text{con } a \text{ costante reale positiva.}$$

Trova l'equazione della curva $y(x)$ che rappresenta il profilo verticale del percorso in un riferimento Oxy, supponendo che per $x = 8$ sia $y = 0$ (l'unità sugli assi x e y corrisponde a 100 m), e determina a in modo che sia $y(0) = 3$.

$$\left[y(x) = \frac{a}{2} \ln(x^2 - 16x + 65); \; a = \frac{6}{\ln 65} \right]$$

TUTOR matematica Allenati con **15 esercizi interattivi** con feedback "hai sbagliato, perché…"
□ **su.zanichelli.it/tutor3** risorsa riservata a chi ha acquistato l'edizione con tutor

---

Riepilogo: Integrali indefiniti

573 **ASSOCIA** a ciascun integrale della prima riga il risultato corrispondente nella seconda riga, senza effettuare calcoli.

a. $\displaystyle\int \frac{1}{x^2 + 8x + 16} dx$
b. $\displaystyle\int \frac{dx}{4x^2 + 4x + 2}$
c. $\displaystyle\int \frac{1}{x^2 + 2x} dx$

1. $-\dfrac{1}{x+4} + c$
2. $\dfrac{1}{2}\ln\left|\dfrac{x}{x+2}\right| + c$
3. $\dfrac{1}{2}\arctan(2x+1) + c$

574 **TEST** Data l'uguaglianza $\displaystyle\int f(x) \ln x \, dx = -\dfrac{1}{x}\ln x + \int \dfrac{1}{x^2} dx$, $f(x)$ è uguale a:

A $-\dfrac{1}{x^2}$. **B** $-x^2$. **C** $\dfrac{1}{x}$. **D** $\dfrac{1}{x^2}$. **E** $-\dfrac{1}{x}$.

Riepilogo: Integrali indefiniti

E

ESERCIZI

Calcola i seguenti integrali.

AL VOLO

575 $\int (\sin^2 2x + \cos^2 2x)\, dx$

576 $\int \dfrac{x \ln x^4}{\ln x}\, dx$

577 $\int \dfrac{4 \cdot 2^{3x-2}}{8^x}\, dx$

---

578 $\int \left(\dfrac{1}{2}\sqrt[3]{x} - \dfrac{5}{6}\sqrt[6]{x} \right) dx$ $\left[\dfrac{3}{8}x \cdot \sqrt[3]{x} - \dfrac{5}{7}x \cdot \sqrt[6]{x} + c \right]$

579 $\int \left(\dfrac{3}{x} + \sqrt[4]{x^3} \right) dx$ $\left[3\ln|x| + \dfrac{4}{7}\sqrt[4]{x^7} + c \right]$

580 $\int \dfrac{8x + 2x^2 - x^3}{2x}\, dx$ $\left[4x + \dfrac{x^2}{2} - \dfrac{x^3}{6} + c \right]$

581 $\int (x^4 - 1)^2\, 4x^3\, dx$ $\left[\dfrac{(x^4 - 1)^3}{3} + c \right]$

582 $\int \dfrac{1}{\sqrt[4]{2x + 1}}\, dx$ $\left[\dfrac{2}{3}\sqrt[4]{(2x+1)^3} + c \right]$

583 $\int \dfrac{3x^2}{\sqrt{x^3 + 4}}\, dx$ $\left[2\sqrt{x^3 + 4} + c \right]$

584 $\int \dfrac{6x^2 + 4}{x^3 + 2x + 1}\, dx$ $\left[\ln(x^3 + 2x + 1)^2 + c \right]$

585 $\int \dfrac{x^2 - 5\sqrt[3]{x} + 4}{x^3}\, dx.$ $\left[\ln|x| + \dfrac{3}{x\sqrt[3]{x^2}} - \dfrac{2}{x^2} + c \right]$

586 $\int \dfrac{x + 2}{\cos^2(x^2 + 4x)}\, dx$ $\left[\dfrac{1}{2}\tan(x^2 + 4x) + c \right]$

587 $\int \left(2x^2 - \dfrac{1}{x} \right)^2 dx$ $\left[\dfrac{4}{5}x^5 - \dfrac{1}{x} - 2x^2 + c \right]$

588 $\int \dfrac{3}{\sqrt{x + 2}}\, dx$ $\left[6\sqrt{x + 2} + c \right]$

589 $\int \dfrac{3}{2}\cos x\sqrt{8 + \sin x}\, dx$

$\left[(8 + \sin x)\sqrt{8 + \sin x} + c \right]$

590 $\int \dfrac{x}{x - 10}\, dx$ $\left[x + 10\ln|x - 10| + c \right]$

591 $\int \dfrac{x + 2}{x^2 + 10x + 25}\, dx$ $\left[\ln|x + 5| + \dfrac{3}{x + 5} + c \right]$

592 $\int x\cos(x - 3)\, dx$ $\left[\cos(x - 3) + x\sin(x - 3) + c \right]$

593 $\int \dfrac{1}{\sqrt{1 - 9x^2}}\, dx$ $\left[\dfrac{\arcsin 3x}{3} + c \right]$

594 $\int \dfrac{2x^2 - x + 1}{x + 3}\, dx$ $\left[x^2 - 7x + 22\ln|x + 3| + c \right]$

595 $\int \dfrac{5x - 1}{5x^2 - 2x - 2}\, dx$ $\left[\ln\sqrt{|5x^2 - 2x - 2|} + c \right]$

596 $\int \dfrac{x - 4}{x^2 - 14x + 49}\, dx$ $\left[\ln|x - 7| - \dfrac{3}{x - 7} + c \right]$

597 $\int \dfrac{15 - x}{x^2 + 5x - 6}\, dx$ $\left[\ln(x - 1)^2 - 3\ln|x + 6| + c \right]$

598 $\int \dfrac{4x}{\sqrt{1 - x^2}}\, dx$ $\left[-4\sqrt{1 - x^2} + c \right]$

599 $\int \dfrac{1}{x(1 + x)}\, dx$ $\left[\ln|x| - \ln|1 + x| + c \right]$

600 $\int \dfrac{2}{x\ln^2 x}\, dx$ $\left[-\dfrac{2}{\ln x} + c \right]$

601 $\int \dfrac{\sin x}{\sqrt{1 + \cos x}}\, dx$ $\left[-2\sqrt{1 + \cos x} + c \right]$

602 $\int \left(-\dfrac{\cos x}{3 - \sin x} \right) dx$ $\left[\ln(3 - \sin x) + c \right]$

603 $\int e^{x^2 + 3x + 1}(2x + 3)\, dx$ $\left[e^{x^2 + 3x + 1} + c \right]$

604 $\int \dfrac{\cos(\ln x)}{x}\, dx$ $\left[\sin(\ln x) + c \right]$

605 $\int \dfrac{e^x}{\sqrt{1 - e^{2x}}}\, dx$ $\left[\arcsin e^x + c \right]$

606 $\int xe^{2 - x}\, dx$ $\left[-e^{2 - x}(x + 1) + c \right]$

607 $\int \ln(x - 1)\, dx$ $\left[(x - 1)\ln(x - 1) - x + c \right]$

608 $\int \dfrac{e^x - e^{-x}}{e^x + e^{-x}}\, dx$ $\left[\ln(e^x + e^{-x}) + c \right]$

609 $\int \dfrac{1}{\sqrt{x}\cos^2 \sqrt{x}}\, dx$ $\left[2\tan\sqrt{x} + c \right]$

610 $\int \dfrac{1}{x\sin^2(\ln 3x)}\, dx$ $\left[-\cot(\ln 3x) + c \right]$

611 $\int \sin^3 x\cos^4 x\, dx$ $\left[\dfrac{\cos^7 x}{7} - \dfrac{\cos^5 x}{5} + c \right]$

612 $\int \dfrac{\sin 2x}{4\sin^2 x}\, dx$ $\left[\dfrac{1}{2}\ln|\sin x| + c \right]$

613 $\int \dfrac{2^{3x-1}}{3^{x-2}}\, dx$ $\left[\dfrac{9}{2(\ln 8 - \ln 3)} \cdot \left(\dfrac{8}{3} \right)^x + c \right]$

614 $\int (1 + \tan^2 2x) \cdot 3^{\tan 2x}\, dx$ $\left[\dfrac{3^{\tan 2x}}{2\ln 3} + c \right]$

615 $\int \dfrac{\ln x \cdot \sqrt[3]{\ln^2 x - 2}}{x}\, dx$

$\left[\dfrac{3}{8}(\ln^2 x - 2) \cdot \sqrt[3]{\ln^2 x - 2} + c \right]$

616 $\int \dfrac{8}{1 - \cos x}\, dx$ $\left[-8\cot\dfrac{x}{2} + c \right]$

617 $\int \sqrt{1 - 9x^2}\, dx$ $\left[\dfrac{1}{6}\arcsin 3x + \dfrac{x\sqrt{1 - 9x^2}}{2} + c \right]$

618 $\int \dfrac{9 - 9x}{9x^2 - 1}\, dx$ $\left[\ln\dfrac{|3x - 1|}{(3x + 1)^2} + c \right]$

1925

Capitolo 29. Integrali indefiniti

619 $\int \dfrac{2x-3}{1+4x^2}\,dx \qquad \left[\dfrac{1}{4}\ln(1+4x^2) - \dfrac{3}{2}\arctan 2x + c\right]$

620 $\int \dfrac{x^2+2}{x^3-1}\,dx \quad \left[\ln|x-1| - \dfrac{2}{\sqrt{3}}\arctan\dfrac{2x+1}{\sqrt{3}} + c\right]$

621 $\int 2e^{\sqrt{x}}\,dx \qquad\qquad\qquad [4e^{\sqrt{x}}(\sqrt{x}-1) + c]$

622 $\int \dfrac{1}{x^3+5x^2+7x+3}\,dx$

$$\left[\ln\sqrt[4]{\left|\dfrac{x+3}{x+1}\right|} - \dfrac{1}{2(x+1)} + c\right]$$

623 $\int \dfrac{1}{5+(3x+1)^2}\,dx \quad \left[\dfrac{1}{3\sqrt{5}}\arctan\dfrac{3x+1}{\sqrt{5}} + c\right]$

624 $\int \dfrac{x^2}{1+x^6}\,dx \qquad\qquad \left[\dfrac{\arctan x^3}{3} + c\right]$

625 $\int \dfrac{3}{\sqrt{4-9x^2}}\,dx \qquad\qquad \left[\arcsin\dfrac{3x}{2} + c\right]$

626 $\int \dfrac{x+1}{9x^2+16}\,dx$

$$\left[\dfrac{1}{18}\ln(9x^2+16) + \dfrac{1}{12}\arctan\dfrac{3x}{4} + c\right]$$

627 $\int \dfrac{2x+3}{x^2+2x+2}\,dx$

$$[\ln(x^2+2x+2) + \arctan(x+1) + c]$$

628 $\int x^3\ln x\,dx \qquad\qquad \left[\dfrac{x^4}{4}\left(\ln x - \dfrac{1}{4}\right) + c\right]$

629 $\int (x+2)\cos(x+\pi)\,dx \quad [-(x+2)\sin x - \cos x + c]$

630 $\int \dfrac{3x^3+1}{x^2-1}\,dx \quad \left[\dfrac{3}{2}x^2 + \ln(x-1)^2 + \ln|x+1| + c\right]$

631 $\int \sin\sqrt{x}\,dx \qquad [2(\sin\sqrt{x} - \sqrt{x}\cos\sqrt{x}) + c]$

632 $\int \dfrac{e^{-x}}{9+e^{-2x}}\,dx \qquad\qquad \left[-\dfrac{\arctan\dfrac{e^{-x}}{3}}{3} + c\right]$

633 $\int \dfrac{1}{1+\sqrt{x}}\,dx \qquad [2[\sqrt{x} - \ln(\sqrt{x}+1)] + c]$

634 $\int \sin\left(x-\dfrac{\pi}{2}\right)\cos^2 x\,dx \quad \left[-\sin x + \dfrac{\sin^3 x}{3} + c\right]$

635 $\int \dfrac{2+\sqrt[4]{x-1}}{x-1}\,dx \quad [2\ln|x-1| + 4\sqrt[4]{x-1} + c]$

636 $\int \dfrac{x^4+1}{x^2+1}\,dx \qquad \left[\dfrac{x^3}{3} - x + 2\arctan x + c\right]$

637 $\int x(x-9)^8\,dx \qquad \left[\dfrac{(x-9)^{10}}{10} + (x-9)^9 + c\right]$

638 $\int \dfrac{1}{2(\sqrt{x}-2)}\,dx \qquad [\sqrt{x} + 2\ln|\sqrt{x}-2| + c]$

639 $\int \dfrac{\sin x}{1+\cos^2 x}\,dx \qquad\qquad [-\arctan(\cos x) + c]$

640 $\int \dfrac{(x-1)^4}{\sin^2(x-1)^5}\,dx \qquad \left[-\dfrac{1}{5}\cot(x-1)^5 + c\right]$

641 $\int \dfrac{x}{\sqrt{1-x}}\,dx \qquad \left[-\dfrac{2}{3}\sqrt{1-x}\,(x+2) + c\right]$

642 $\int \dfrac{e^{\tan x}}{\cos^2 x}\,dx \qquad\qquad\qquad [e^{\tan x} + c]$

643 $\int \dfrac{x-2}{\sqrt{x+3}}\,dx \qquad \left[\dfrac{2}{3}\sqrt{x+3}\,(x-12) + c\right]$

644 $\int (\ln x - \ln^2 x)\,dx \quad [3x\ln x - x\ln^2 x - 3x + c]$

645 $\int \sqrt{e^x-1}\,dx \quad [2\sqrt{e^x-1} - 2\arctan\sqrt{e^x-1} + c]$

646 $\int \dfrac{-4x}{x^4+2x^2+1}\,dx \qquad\qquad \left[\dfrac{2}{x^2+1} + c\right]$

647 $\int \dfrac{1}{x^3}\sin\dfrac{1}{x}\,dx \qquad \left[\dfrac{1}{x}\cos\dfrac{1}{x} - \sin\dfrac{1}{x} + c\right]$

648 $\int \dfrac{dx}{(x+2)\sqrt{2x+3}} \qquad [2\arctan\sqrt{2x+3} + c]$

649 $\int \dfrac{1}{\sqrt{x}\,(\sqrt[3]{x}+\sqrt{x})}\,dx \qquad$ **poni** $\sqrt[6]{x} = t$

$$[6\ln(\sqrt[6]{x}+1) + c]$$

650 $\int \dfrac{4x\arcsin 2x}{\sqrt{1-4x^2}}\,dx \quad [-\sqrt{1-4x^2}\arcsin 2x + 2x + c]$

651 $\int \dfrac{dx}{4e^{2x}+3} \qquad\qquad \left[\dfrac{1}{6}\ln\left(\dfrac{e^{2x}}{4e^{2x}+3}\right) + c\right]$

652 $\int e^{3x}\ln e^{3x}\,dx \qquad\qquad \left[e^{3x}\left(x - \dfrac{1}{3}\right) + c\right]$

653 $\int \sin x\ln(1+\cos x)\,dx \qquad$ **poni** $\cos x = t$

$$[\cos x - (1+\cos x)\ln(1+\cos x) + c]$$

654 $\int \dfrac{e^x}{e^{2x}+e^x+1}\,dx \quad \left[\dfrac{2\sqrt{3}}{3}\arctan\left(\dfrac{2e^x+1}{\sqrt{3}}\right) + c\right]$

655 $\int \dfrac{dx}{\sqrt{-x^2+4x}} \qquad\qquad \left[\arcsin\left(\dfrac{x-2}{2}\right) + c\right]$

656 $\int \dfrac{\sqrt{x}+1}{\sqrt{x}\,(x+4)}\,dx \quad \left[\ln|x+4| + \arctan\dfrac{\sqrt{x}}{2} + c\right]$

657 $\int \dfrac{\sin^4 x}{\cos^6 x}\,dx \qquad\qquad \left[\dfrac{\tan^5 x}{5} + c\right]$

658 $\int \dfrac{x}{(2+x)^6}\,dx \qquad\qquad \left[\dfrac{-5x-2}{20(x+2)^5} + c\right]$

659 $\int x\dfrac{e^x+e^{-x}}{1+e^{2x}}\,dx \qquad\qquad [e^{-x}(-x-1) + c]$

660 $\int \dfrac{e^{2x}}{\sqrt{e^x+1}}\,dx \qquad \left[\dfrac{2}{3}(e^x-2)\sqrt{e^x+1} + c\right]$

661 $\int \cos^2 x\sin^2 x\cos 2x\,dx \qquad \left[\dfrac{\sin^3 2x}{24} + c\right]$

Riepilogo: Integrali indefiniti

662 EUREKA! $\int \frac{4x^2 - x}{(x+1)^7} dx$ $\qquad \left[\frac{9}{5(x+1)^5} - \frac{1}{(x+1)^4} - \frac{5}{6(x+1)^6} + c\right]$

663 $\int \frac{dx}{1 - \cos x - 2 \sin x}$ $\qquad \left[\frac{1}{2} \ln \left| \frac{\tan \frac{x}{2}}{\tan \frac{x}{2} - 2} \right| + c\right]$

664 $\int \frac{1}{\sqrt{x} + 2\sqrt[4]{x}} dx$ $\qquad [16 \ln(\sqrt[4]{x} + 2) + 2\sqrt{x} - 8\sqrt[4]{x} + c]$

665 $\int \left(\frac{1}{\sqrt{x}} - \sqrt{x}\right) e^{\sqrt{x}} dx$ $\qquad [e^{\sqrt{x}}(-2 - 2x + 4\sqrt{x}) + c]$

666 $\int \cos^3 x \sqrt[3]{\sin x} \, dx$ $\qquad \left[\frac{3}{4} \sqrt[3]{\sin^4 x} - \frac{3}{10} \sqrt[3]{\sin^{10} x} + c\right]$

667 $\int x \arctan 2x \, dx$ $\qquad \left[-\frac{1}{4} x + \frac{1}{2}\left(x^2 + \frac{1}{4}\right) \arctan 2x + c\right]$

668 $\int (\tan^3 x - \tan^2 x) dx$ $\qquad \left[\ln|\cos x| - \tan x + \frac{\tan^2 x}{2} + x + c\right]$

669 $\int \frac{\cos x}{\cos^2 x - 4 \sin x - 8} dx$ **poni sin x = t** $\qquad \left[-\frac{\sqrt{3}}{3} \arctan \frac{2 + \sqrt{3} \sin x}{3} + c\right]$

670 $\int \frac{1 + \cos^2 x}{\sin 2x} dx$ $\qquad \left[\ln|\sin x| - \frac{1}{2} \ln|\cos x| + c\right]$

671 $\int \frac{1 + \tan x}{\cos x} dx$ $\qquad \left[\ln \left| \frac{1 + \tan \frac{x}{2}}{1 - \tan \frac{x}{2}} \right| + c\right]$

---

672 Si calcoli il seguente integrale: $\int \frac{e^{2x}}{e^{2x-b}} dx$.

(Università di Bologna, Scienze di Internet, Prova di Matematica Generale)

$[xe^b]$

673 Determina $\int \frac{1}{e^{2x} + 3e^x + 2} dx$.

(USA *Youngstown State University, Calculus Competition*)

$\left[\frac{1}{2}[\ln(e^x + 2) - \ln(e^{2x} + 2e^x + 1) + x] + c\right]$

674 Determina l'integrale $\int x^3 \sin x^2 dx$.

(USA *University of Cincinnati, Calculus Contest*)

$\left[\frac{\sin x^2}{2} - \frac{x^2 \cos x^2}{2} + c\right]$

675 Determina $\int \frac{1}{1 + e^x} dx$.

(USA *Youngstown State University, Calculus Competition*)

$[x - \ln(e^x + 1) + c]$

---

676 YOU & MATHS Calculate the following integral and check your result by differentiation.

$\int \frac{1}{x^7 - x} dx$

(USA *University of Cincinnati Calculus Contest*)

$\left[\frac{1}{6} \ln(1 - x^6) - \ln x\right]$

Problemi

Per ciascuna delle seguenti funzioni, trova la primitiva il cui grafico passa per il punto *P* dato.

677 $f(x) = \frac{3x}{x - 4}$, $P(5; 10)$. $\qquad [F(x) = 3x + 12 \ln|x - 4| - 5]$

678 $f(x) = \frac{3x^3 + 1}{x}$, $P(-1; 2)$. $\qquad [F(x) = x^3 + \ln|x| + 3]$

679 $f(x) = 2xe^{-x}$, $P(0; 1)$. $\qquad [F(x) = -2e^{-x}(x + 1) + 3]$

Capitolo 29. Integrali indefiniti

680 Trova a e b in modo che la funzione
$$F(x) = e^{ax^2} + bx^2$$
sia una primitiva di $f(x) = 4x(e^{2x^2} - 1)$.
$[a = 2, b = -2]$

681 Trova la funzione $f(x)$, sapendo che $f(0) = 1$, $f'(1) = 4$ e $f''(x) = 12x + 2$.
$[f(x) = 2x^3 + x^2 - 4x + 1]$

682 **LEGGI IL GRAFICO** Trova l'equazione della funzione $f(x)$, sapendo che $f''(x) = e^x - 2$ e che la retta r è tangente al grafico di $f(x)$ in T.
$[f(x) = e^x - x^2]$

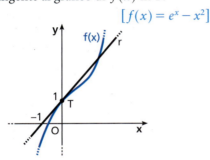

683 La derivata seconda di $f(x)$ è uguale a $\frac{1}{x^2}$ e si sa che $f'(1) = 3$. Quanto vale $f(e) - f(1)$? $[4e - 5]$

684 Tra le primitive della funzione $y = e^x \sin e^x$, individua quella il cui grafico passa per il punto $(\ln \pi; 1)$ e studia gli estremi relativi della funzione trovata. $[y = -\cos e^x; (\ln k\pi; (-1)^{k+1}), k \in \mathbb{N}_0]$

685 Data la funzione $g(x) = \frac{x-1}{(x^2 - 2x)^2}$, determina la primitiva $y = f(x)$ passante per il punto di coordinate $\left(1; -\frac{1}{2}\right)$.
Studia e rappresenta graficamente $f(x)$ e verifica, spiegandone i motivi, che il suo estremo relativo ha la stessa ascissa del punto di intersezione con l'asse x di $g(x)$.
$\left[y = -\frac{1}{2(x^2 - 2x)} - 1 \right]$

686 a. Tra le primitive di $f(x) = \frac{5x+7}{x-1}$ determina quella che passa per il punto $A(2; 10)$.
b. Trova l'equazione della parabola con asse parallelo all'asse y, passante per l'origine e avente vertice nel punto di intersezione tra il grafico della primitiva determinata nel punto **a** e la retta $y = 5x$. (Scegli il punto di intersezione con ascissa maggiore.)
$\left[\text{a)}\ y = 5x + 12 \ln|x-1|;\ \text{b)}\ y = -\frac{5}{2}x^2 + 10x \right]$

687 Determina $f(x)$, sapendo che $f''(x) = \ln x + 3$, $f'(1) = 2$ e $f(1) = \frac{3}{4}$.
$\left[f(x) = \frac{x^2}{2} \ln x + \frac{3}{4} x^2 \right]$

688 Trova la primitiva $F(x)$ di $f(x) = \frac{x^2 + 1}{x^2 - 1}$ tale che $F(2) = -\ln 3$.
$\left[F(x) = x + \ln\left|\frac{x-1}{x+1}\right| - 2 \right]$

689 Trova la funzione $f(x)$, sapendo che
$$f''(x) = 12x^2 - 24x + 1$$
nel punto di ascissa 1 ha per tangente la retta di equazione $8x + 2y - 9 = 0$.
$\left[f(x) = x^4 - 4x^3 + \frac{1}{2}x^2 + 3x \right]$

690 Fra tutte le primitive di
$$f(x) = \sqrt{\frac{e^x}{1 - e^x}},$$
determina quella passante per il punto P di coordinate $\left(-\ln 2; \frac{\pi}{2}\right)$. $[F(x) = 2 \arcsin \sqrt{e^x}]$

691 Tra le primitive di $f(x) = \frac{x^2 + 4x + 2}{(x+2)^2}$, trova quella che ha per asintoto obliquo la retta di equazione $y = x - 1$.
$\left[F(x) = \frac{x^2 + x}{x + 2} \right]$

692 Determina il valore del parametro reale a e la funzione $f(x)$, sapendo che:
a. $f''(x) = a + \ln x$;
b. $f'(1) = -1$, $f(1) = -\frac{1}{4}$, $\lim_{x \to 0} f(x) = 0$.
Trova l'equazione della retta tangente al grafico di $f(x)$ nel suo punto di flesso.
$\left[-\frac{5}{4} x^2 + \frac{1}{2} x^2 \ln x + x;\ y = (1 - e)x + \frac{e^2}{4} \right]$

693 Tra le primitive di $y = \frac{x^2 - 1}{x + 2}$ determina quella che presenta un massimo relativo di valore $\frac{5}{2}$, quindi scrivi l'equazione della retta tangente al grafico della funzione trovata nel suo punto di ascissa $x = 0$.
$\left[y = \frac{1}{2} x^2 - 2x + 3 \ln|x + 2|;\ y = -\frac{1}{2} x + 3 \ln 2 \right]$

694 **LEGGI IL GRAFICO** Determina l'equazione della funzione $f(x)$, sapendo che $f'(x)$ ha il grafico mostrato in figura e che $f''(x) = \dfrac{2x^2 - 1}{x^2}$.

$$[f(x) = x + x^2 + \ln|x|]$$

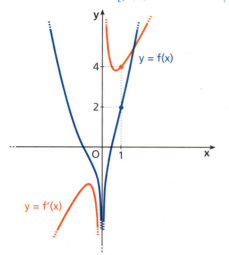

695 Dopo aver calcolato l'integrale indefinito della funzione $f(x) = x\ln x$, determina la primitiva $F(x)$ di $f(x)$ il cui grafico passa per $(2; 0)$. Dimostra che tutte le primitive hanno il minimo assoluto nel punto di ascissa $x = 1$.

$$\left[\dfrac{1}{2}x^2\ln x - \dfrac{1}{4}x^2 + k,\ k = 1 - 2\ln 2\right]$$

696 La funzione $f(x)$ ammette un minimo nel punto x_0 tale che $f(x_0) = -1$. Individua e rappresenta graficamente $f(x)$, sapendo che la sua derivata prima è $y' = \dfrac{\sin 2x}{4}$. $\left[y = \dfrac{1}{4}\sin^2 x - 1\right]$

697 Tra le primitive di $f(x) = \dfrac{1}{e^x + 1}$ individua quella il cui grafico passa per $A(0; -\ln 2)$ e rappresentala graficamente. Determina l'equazione della retta tangente alla curva nel suo punto di ascissa 0.

$$\left[y = -\ln(1 + e^{-x});\ y = \dfrac{1}{2}x - \ln 2\right]$$

698 Studia la funzione $f(x) = 2\cos x + \cos^3 x$ nell'intervallo $[0; 2\pi]$ e rappresentala graficamente. Determina poi i valori dei parametri reali a e b affinché $F(x) = (a + b)\sin x - 3a\sin^3 x$ sia una primitiva di $f(x)$. $\left[a = \dfrac{1}{9}, b = \dfrac{26}{9}\right]$

699 **a.** Dimostra che tutte le primitive della funzione $f(x) = e^{\sqrt{x}}$ rivolgono la concavità verso l'alto.
b. Determina la primitiva $F(x)$ di $f(x)$ che passa per l'origine degli assi.
c. Rappresenta il grafico di $f(x)$.
d. Usando il grafico di $f(x)$, rappresenta nello stesso piano cartesiano il grafico della sua derivata $f'(x)$ e quello della sua primitiva $F(x)$.

$$[\text{b})\ F(x) = 2e^{\sqrt{x}}(\sqrt{x} - 1) + 2]$$

700 Determina la funzione $y = f(x)$, sapendo che $y'' = 2e^x\cos x$ e che il suo grafico ha come tangente nell'origine la bisettrice del primo e terzo quadrante. Verifica che la funzione $f(x)$ ammette massimo per $x = \dfrac{3}{4}\pi$. $[y = e^x\sin x]$

701 **a.** Trova la funzione $y = f(x)$, sapendo che $y'' = xe^x$ e che la tangente di flesso ha equazione $y = -x - 2$.
b. Verifica che $f(x)$ ammette un minimo assoluto e non ammette massimi.
c. Rappresenta graficamente $f(x)$ e deduci il grafico di $y = |f(x)|$.

$$[\text{a})\ f(x) = (x - 2)e^x]$$

702 La derivata prima di una funzione $y = f(x)$ è $y' = 2 - \dfrac{1}{(x+2)^2}$.

a. Determina e rappresenta graficamente la funzione $f(x)$, sapendo che ha per asintoto obliquo la retta $y = 2x + 1$.
b. Determina e rappresenta graficamente la funzione $y = g(x)$, sapendo che $g'(x) = f'(x)$ e che ha per asintoto la retta $y = 2x$. Quale relazione esiste tra $f(x)$ e $g(x)$?

$$\left[\text{a})\ f(x) = 2x + 1 + \dfrac{1}{x+2};\right.$$
$$\left.\text{b})\ g(x) = 2x + \dfrac{1}{x+2},\ f(x) = g(x) + 1\right]$$

703 **a.** Studia la primitiva $F(x)$ della funzione $f(x) = e^x\cos x$ che passa per il punto di minimo di $g(x) = \dfrac{1}{2}x^2 + \dfrac{1}{2}$ nell'intervallo $[0; 2\pi]$.
b. Determina massimi, minimi e flessi di $F(x)$.

$$\left[\text{a})\ F(x) = \dfrac{1}{2}e^x(\sin x + \cos x);\ \text{b})\ \max: x = \dfrac{\pi}{2};\right.$$
$$\left.\min: x = \dfrac{3\pi}{2};\ \text{flessi}: x = \dfrac{\pi}{4},\ x = \dfrac{5\pi}{4}\right]$$

Capitolo 29. Integrali indefiniti

VERIFICA DELLE COMPETENZE — ALLENAMENTO

UTILIZZARE TECNICHE E PROCEDURE DI CALCOLO

TEST

1 Dato il polinomio $p(x) = 4x^3 + 2x^k - 4$, indica per quale valore di k una primitiva di $p(x)$ è
$$P(x) = x^4 + x^2 - 4x + c.$$
- A 0
- B 1
- C −1
- D 2
- E Nessuno dei valori precedenti.

2 Sia $F(x) = x\sin(\pi x)$ una primitiva di una funzione $f(x)$ continua e derivabile in un intervallo $[a; b]$.
Se $2 \in [a; b]$, $f(2)$ vale:
- A $\dfrac{\pi}{2}$.
- B -2π.
- C 2π.
- D $\dfrac{3}{2}\pi$.
- E non è possibile calcolare $f(2)$.

---

3 Quale dei seguenti integrali indefiniti è uguale a $\dfrac{1}{2}\arctan\dfrac{x}{2} + c$?

- A $\displaystyle\int \dfrac{x}{2+x^2}\,dx$
- B $\displaystyle\int \dfrac{1}{2+x^2}\,dx$
- C $\displaystyle\int \dfrac{x}{4+x^2}\,dx$
- D $\displaystyle\int \dfrac{1}{4+x^2}\,dx$
- E $\displaystyle\int \dfrac{1}{4-x^2}\,dx$

Calcola i seguenti integrali.

4 $\displaystyle\int\left(\dfrac{1}{\sqrt[3]{x}} - \dfrac{2}{x^3}\right)dx$ $\qquad \left[\dfrac{3}{2}\sqrt[3]{x^2} + \dfrac{1}{x^2} + c\right]$

5 $\displaystyle\int x^3(x^4+1)\,dx$ $\qquad \left[\dfrac{1}{8}(x^4+1)^2 + c\right]$

6 $\displaystyle\int x\sqrt{x^2+9}\,dx$ $\qquad \left[\dfrac{1}{3}(x^2+9)\sqrt{x^2+9} + c\right]$

7 $\displaystyle\int \dfrac{4x^2}{2x^3+3}\,dx$ $\qquad \left[\dfrac{2}{3}\ln|2x^3+3| + c\right]$

8 $\displaystyle\int 3x\sin(x^2+4)\,dx$ $\qquad \left[-\dfrac{3}{2}\cos(x^2+4) + c\right]$

9 $\displaystyle\int \dfrac{3\ln^3 x}{x}\,dx$ $\qquad \left[\dfrac{3}{4}\ln^4 x + c\right]$

10 $\displaystyle\int x\sqrt{x+4}\,dx$ $\qquad \left[\dfrac{2}{15}(x+4)(3x-8)\sqrt{x+4} + c\right]$

11 $\displaystyle\int \dfrac{6}{x^2+2x-8}\,dx$ $\qquad [-\ln|x+4| + \ln|x-2| + c]$

12 $\displaystyle\int \dfrac{2-x}{x^2-6x+9}\,dx$ $\qquad \left[-\ln|x-3| + \dfrac{1}{x-3} + c\right]$

13 $\displaystyle\int \sqrt{6-5x}\,dx$ $\qquad \left[-\dfrac{2}{15}(6-5x)^{\frac{3}{2}} + c\right]$

14 $\displaystyle\int \dfrac{1}{\sqrt{x}(1+\sqrt[3]{x})}\,dx$ $\qquad$ poni $\sqrt[6]{x} = t$
$$\left[6(\sqrt[6]{x} - \arctan\sqrt[6]{x}) + c\right]$$

15 $\displaystyle\int \dfrac{x^2}{e^x}\,dx$ $\qquad \left[-\dfrac{x^2+2x+2}{e^x} + c\right]$

16 $\displaystyle\int x\ln^2 x\,dx$ $\qquad \left[\dfrac{1}{2}x^2\ln^2 x - \dfrac{1}{2}x^2\ln x + \dfrac{x^2}{4} + c\right]$

17 $\displaystyle\int \dfrac{3}{8x-1}\,dx$ $\qquad \left[\dfrac{3}{8}\ln|8x-1| + c\right]$

18 $\displaystyle\int \dfrac{x}{9-x^2}\,dx$ $\qquad \left[-\dfrac{1}{2}\ln|9-x^2| + c\right]$

19 $\displaystyle\int \dfrac{1}{e^x + e^{-x}}\,dx$ $\qquad [\arctan e^x + c]$

20 $\displaystyle\int \dfrac{15}{4x^2-4x+26}\,dx$ $\qquad \left[\dfrac{3}{2}\arctan\left(\dfrac{2x-1}{5}\right) + c\right]$

21 $\displaystyle\int x\arctan x\,dx$ $\qquad \left[\dfrac{1}{2}(x^2+1)\arctan x - \dfrac{1}{2}x + c\right]$

22 $\displaystyle\int x^3 e^{-x}\,dx$ $\qquad [-e^{-x}(x^3+3x^2+6x+6) + c]$

23 $\displaystyle\int \dfrac{\arctan x - 4}{1+x^2}\,dx$ $\qquad \left[\dfrac{1}{2}\arctan^2 x - 4\arctan x + c\right]$

24 $\displaystyle\int \dfrac{x^4}{1+x^2}\,dx$ $\qquad \left[\dfrac{x^3}{3} - x + \arctan x + c\right]$

25 $\displaystyle\int \dfrac{5x-9}{x^2-4x+3}\,dx$ $\qquad [\ln[(x-1)^2|x-3|^3] + c]$

26 $\displaystyle\int \dfrac{\ln x}{x^2}\,dx$ $\qquad \left[-\dfrac{1}{x}(\ln x + 1) + c\right]$

27 $\displaystyle\int \dfrac{x^2-5x+4}{x^2-6x+9}\,dx$ $\qquad \left[x + \ln|x-3| + \dfrac{2}{x-3} + c\right]$

1930

Allenamento

28 $\displaystyle\int \frac{2x^2-3x+4}{x+4}\,dx$ $\qquad [x^2-11x+48\ln|x+4|+c]$

38 $\displaystyle\int \sqrt{\frac{x+1}{1-x}}\,dx$ $\qquad [\arcsin x - \sqrt{1-x^2}+c]$

29 $\displaystyle\int \frac{2}{x^2-6x+12}\,dx$ $\qquad \left[\dfrac{2}{\sqrt{3}}\arctan\dfrac{x-3}{\sqrt{3}}+c\right]$

39 $\displaystyle\int \ln\frac{x}{x+1}\,dx$ $\qquad \left[x\ln\dfrac{x}{x+1}-\ln|x+1|+c\right]$

30 $\displaystyle\int \frac{x-4}{x^2+x-2}\,dx$ $\qquad [\ln(x+2)^2-\ln|x-1|+c]$

40 $\displaystyle\int \sin^4 x\,dx$ $\qquad \left[\dfrac{3}{8}x-\dfrac{1}{4}\sin 2x+\dfrac{1}{32}\sin 4x+c\right]$

31 $\displaystyle\int \frac{x+1}{9x^2+6x+1}\,dx$ $\qquad \left[\dfrac{\ln|3x+1|}{9}-\dfrac{2}{27x+9}+c\right]$

41 $\displaystyle\int \frac{dx}{2+e^{3x}}$ $\qquad \left[\dfrac{1}{6}\ln\left(\dfrac{e^{3x}}{2+e^{3x}}\right)+c\right]$

32 $\displaystyle\int \frac{2\sin^2 x}{\cos^4 x}\,dx$ $\qquad \left[\dfrac{2}{3}\tan^3 x+c\right]$

42 $\displaystyle\int (x-1)^2 e^{x+1}\,dx$ $\qquad [(x^2-4x+5)e^{x+1}+c]$

33 $\displaystyle\int \frac{1+\tan x}{1-\tan x}\,dx$ $\qquad [-\ln|\cos x-\sin x|+c]$

43 $\displaystyle\int (x^2\ln x+\cos x)\,dx$ $\qquad \left[\dfrac{x^3}{3}\ln x-\dfrac{x^3}{9}+\sin x+c\right]$

34 $\displaystyle\int \frac{\ln\sqrt{x+1}}{x+1}\,dx$ $\qquad [\ln^2\sqrt{x+1}+c]$

44 $\displaystyle\int \frac{x-4}{x^2-14x+49}\,dx$ $\qquad \left[\ln|x-7|-\dfrac{3}{x-7}+c\right]$

35 $\displaystyle\int \sin^3 x\,dx$ $\qquad \left[-\cos x+\dfrac{1}{3}\cos^3 x+c\right]$

45 $\displaystyle\int \frac{x}{\sqrt{2x+1}}\,dx$ $\qquad \left[\dfrac{1}{3}\sqrt{2x+1}\,(x-1)+c\right]$

36 $\displaystyle\int 2x\tan^2 x\,dx$ $\qquad [2\ln|\cos x|+2x\tan x-x^2+c]$

46 $\displaystyle\int x\sqrt{x-4}\,dx$ $\qquad \left[\dfrac{2}{5}\sqrt{x-4}\,(x-4)\left(x+\dfrac{8}{3}\right)+c\right]$

37 $\displaystyle\int \sin^4 x\cos^3 x\,dx$ $\qquad \left[\dfrac{\sin^5 x}{5}-\dfrac{\sin^7 x}{7}+c\right]$

47 $\displaystyle\int \frac{x}{x^4+2x^2+1}\,dx$ $\qquad \left[-\dfrac{1}{2(x^2+1)}+c\right]$

ANALIZZARE E INTERPRETARE DATI E GRAFICI

Trova il valore di *a* e *b* in modo che *F*(*x*) sia una primitiva di *f*(*x*).

48 $F(x)=ax+b\ln|x|;$ $\qquad f(x)=\dfrac{4x-1}{x}.$ $\qquad [a=4,\,b=-1]$

49 $F(x)=a\sin x+b\cos x;$ $\qquad f(x)=2\sin x+3\cos x.$ $\qquad [a=3,\,b=-2]$

50 Determina per quali valori di *a* e *b* si ha:

$$\int \frac{ax^3-5x}{x+b}\,dx = \frac{5x^3}{3}+\frac{5x^2}{2}+c.$$
$\qquad [a=5,\,b=-1]$

51 Trova *a* e *b* in modo che la funzione

$$F(x)=a\ln|x|+bx^2$$

sia una primitiva di

$$f(x)=\frac{4x^2-1}{x}-3x.$$
$\qquad \left[a=-1,\,b=\dfrac{1}{2}\right]$

52 Fra tutte le primitive di $f(x)=(x-2)e^{-x}$, determina quella il cui grafico passa per (0; 1).
$\qquad [F(x)=e^{-x}(1-x)]$

53 Scrivi l'equazione della primitiva di $y=\dfrac{3x+2}{x}$ il cui grafico passa per il punto (1; 5).
$\qquad [F(x)=3x+2\ln|x|+2]$

VERIFICA DELLE COMPETENZE

1931

Capitolo 29. Integrali indefiniti

54 **LEGGI IL GRAFICO** Tra le primitive della funzione $f(x) = -3x^2 e^{-x^3}$, determina quella il cui grafico è rappresentato nella figura. $\left[F(x) = e^{-x^3} - 1\right]$

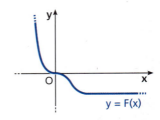

RISOLVERE PROBLEMI

55 Determina l'unica primitiva di $f(x) = e^x \sin x$ che ha per asintoto orizzontale la retta di equazione $y = 5$. $\left[\dfrac{e^x(\sin x - \cos x)}{2} + 5\right]$

56 Determina, fra le primitive della funzione
$$y = \dfrac{x^2 + 2x - 2}{x^2 + 2x + 1},$$
quella che ha per asintoto obliquo la retta $y = x - 3$. $\left[y = \dfrac{x^2 - 2x}{x+1}\right]$

57 Sia $f(x) = x^2 \ln x$.
 a. Ricava la funzione $F(x)$, primitiva di $f(x)$, tale che $F(1) = 0$.
 b. Dimostra che $x = 1$ è un minimo relativo per $F(x)$. $\left[a) \ \dfrac{1}{3}x^3 \ln x - \dfrac{1}{9}x^3 + \dfrac{1}{9}\right]$

58 Data la funzione $f(x) = \dfrac{x+k}{x^2 - 3x + 2}$, determina tra le sue primitive $F(x)$ quella la cui tangente nel punto $P(4; 4\ln 2)$ forma un angolo di 45° col semiasse positivo delle ascisse.
$\left[F(x) = -3\ln|x-1| + 4\ln|x-2| + 3\ln 3\right]$

59 Data la funzione
$$f(x) = x\left(\dfrac{3}{2} - \ln x\right),$$
determina fra le sue primitive $F(x)$ quella per cui la retta tangente al grafico di $F(x)$ nel suo punto di flesso passa per il punto di intersezione di ascissa maggiore del grafico di $f(x)$ con l'asse delle x.
$\left[F(x) = x^2\left(1 - \dfrac{\ln x}{2}\right) + \dfrac{e}{4} - e^2\right]$

60 Date $f(x) = e^x \sin x$ e $g(x) = e^x \cos x$, siano $P(x)$ e $Q(x)$ primitive rispettivamente di $f(x) + g(x)$ e di $f(x) - g(x)$ tali che: $P(0) + Q(0) = -1$, $P(0) - Q(0) = 5$. Determina $P(x)$ e $Q(x)$.
$[P(x) = e^x \sin x + 2, \ Q(x) = -e^x \cos x - 2]$

61 a. Rappresenta graficamente in $[0; 2\pi]$ la funzione $y = f(x)$ che ammette nell'origine la retta tangente $y = -2x$, sapendo che $y'' = \sin \dfrac{x}{2}$.
 b. Deduci dal grafico di $f(x)$ quello delle funzioni $y = |f(x)|$ e $y = -f(x)$. $\left[a) \ y = -4\sin\dfrac{x}{2}\right]$

62 a. Determina l'espressione analitica della funzione $y = f(x)$, sapendo che il suo grafico è tangente alla retta $y = 6x + 11$ in un punto del secondo quadrante e che $f'(x) = -2x^2 + 8$, per ogni x reale.
 b. Studia la crescenza della funzione e verifica che il suo punto di flesso appartiene all'asse y.
 c. Dimostra che l'equazione $f(x) = 0$ ammette un'unica radice reale.
$\left[a) \ f(x) = -\dfrac{2}{3}x^3 + 8x + \dfrac{37}{3}; \ b) \ \text{crescente per} -2 < x < 2\right]$

63 a. Considera la funzione $g(x) = -(\cos 2x + \cos x)$ e, dopo averne individuato il periodo, studiane la positività.
 b. Determina la funzione $f(x)$ che ha un estremo relativo nel punto $\left(\dfrac{3}{2}\pi; -\dfrac{7\pi + 1}{4}\right)$ e ammette per derivata seconda la funzione di equazione $y = g(x)$.
$\left[a) \ T = 2\pi, \ y \geq 0 \text{ per } \dfrac{\pi}{3} + 2k\pi \leq x \leq \dfrac{5}{3}\pi + 2k\pi; \ b) \ y = -x + \dfrac{1}{2}\cos^2 x + \cos x - \dfrac{\pi+1}{4}\right]$

Allenati con **15 esercizi interattivi** con feedback "hai sbagliato, perché..."
□ **su.zanichelli.it/tutor3** risorsa riservata a chi ha acquistato l'edizione con tutor

VERIFICA DELLE COMPETENZE VERSO L'ESAME

ARGOMENTARE E DIMOSTRARE

64 Scrivi la definizione di primitiva di una funzione e spiega la differenza che esiste fra primitiva e integrale indefinito di una funzione.

65 **TEST** Indica quale delle seguenti affermazioni è *falsa*:

- **A** se una funzione è discontinua in qualche punto di un intervallo $[a; b]$, allora non è integrabile in $[a; b]$.

- **B** se una funzione è continua in $[a; b]$, allora è integrabile in $[a; b]$.

- **C** se una funzione è derivabile in $[a; b]$, allora è integrabile in $[a; b]$.

- **D** le primitive di una funzione sono funzioni continue.

- **E** se una funzione è sempre negativa in un intervallo $[a; b]$, allora ogni sua primitiva è una funzione decrescente in $[a; b]$.

66 Indica la condizione sufficiente di integrabilità di una funzione e spiega perché le seguenti funzioni sono integrabili negli intervalli assegnati.

  a. $f(x) = \begin{cases} 2x - 1 & \text{se } x < 0 \\ x^2 + 2x - 1 & \text{se } x \geq 0 \end{cases}$, in $[-2; 2]$;   **b.** $g(x) = \dfrac{1}{x}$, in $[1; 2]$.

67 Si ricorda la seguente definizione: «Considerata una funzione reale di variabile reale, definita in un intervallo I, ogni funzione, derivabile in I e tale che $F'(x) = f(x)$, si dice primitiva di $f(x)$ in I». Stabilire se la funzione:

$$f(x) = \begin{cases} 1 & \text{se } 1 \leq x \leq 2 \\ 2 & \text{se } 2 \leq x \leq 3 \end{cases}$$

ammette primitiva nell'intervallo $[1; 3]$.

(Esame di Stato, Liceo scientifico, Corso sperimentale, Sessione straordinaria, 2006, quesito 6)

68 Dire se è corretto o no, affermare che si ha: $\int \dfrac{1}{x} dx = \ln(x) + c$ dove c è una costante arbitraria e fornire una esauriente spiegazione della risposta.

(Esame di Stato, Liceo scientifico, Corso sperimentale, Sessione suppletiva, 2006, quesito 6)

69 **TEST** Una primitiva della funzione $f(x) = \dfrac{1}{2x} + \dfrac{1}{2x + 4}$ è:

- **A** $\ln \dfrac{x}{x + 2}$.
- **B** $\ln \dfrac{x + 2}{x}$.
- **C** $\ln \sqrt{x^2 + 2x}$.
- **D** $\ln \sqrt{2x^2 + x}$.

Una sola alternativa è corretta: individuarla e fornire una spiegazione della scelta operata.

(Esame di Stato, Liceo scientifico, Corso di ordinamento, Sessione suppletiva, 2002, quesito 7)

70 Trova l'equazione di una curva sapendo che il suo coefficiente angolare nel punto $(x; y)$ è $x\sqrt{1 + x^2}$ e passa per il punto $(0; -2)$.

(Esame di Stato, Liceo scientifico, Scuole italiane all'estero (Europa), Sessione ordinaria, 2002, quesito 5)

$$\left[y = \frac{1}{3}(1 + x^2)^{\frac{3}{2}} - \frac{7}{3} \right]$$

71 Si determinino le costanti a e b in modo che la funzione

$$F(x) = a\sin^3 x + b\sin x + 2x$$

sia una primitiva della funzione $f(x) = \cos^3 x - 3\cos x + 2$.

(Esame di Stato, Liceo scientifico, Corso di ordinamento, Sessione straordinaria, 2007, quesito 10)

$$\left[a = -\frac{1}{3}, b = -2 \right]$$

1933

Capitolo 29. Integrali indefiniti

72 Determinare l'espressione analitica della funzione $y = f(x)$, sapendo che la retta $y = -2x + 5$ è tangente al grafico di f nel secondo quadrante e che $f'(x) = -2x^2 + 6$.

(Esame di Stato, Liceo scientifico, Corso di ordinamento, Sessione ordinaria, 2015, quesito 1)

$$\left[f(x) = -\frac{2}{3}x^3 + 6x + \frac{47}{3} \right]$$

73 Fra le primitive di $y = 3\cos^3 x$ trovare quella il cui diagramma passa per $P(0; 5)$.

(Esame di Stato, Liceo scientifico, Scuole italiane all'estero (Europa), Sessione ordinaria, 2003, quesito 7)

$$[F(x) = 3\sin x - \sin^3 x + 5]$$

74 Il coefficiente angolare della tangente al diagramma di $f(x)$ è, in ogni suo punto P, uguale al doppio dell'ascissa di P. Determinate $f(x)$ sapendo che $f(0) = 4$.

(Esame di Stato, Liceo scientifico, Scuole italiane all'estero (Europa), Sessione ordinaria, 2003, quesito 8)

$$[f(x) = x^2 + 4]$$

75 $F(x)$ e $G(x)$ sono due primitive rispettivamente di $y = x^2$ e $y = x$. Sapendo che è $G(0) - F(0) = 3$, quanto vale $G(1) - F(1)$?

(Esame di Stato, Liceo scientifico, Scuole italiane all'estero (Europa), Sessione suppletiva, 2003, quesito 7)

$$\left[\frac{19}{6} \right]$$

76 Di una funzione $f(x)$ si sa che la sua derivata seconda è 2^x e si sa ancora che $f(0) = \left(\frac{1}{\ln 2} \right)^2$ e $f'(0) = 0$. Qual è $f(x)$?

(Esame di Stato, Liceo scientifico, Corso di ordinamento, Sessione suppletiva, 2003, quesito 8)

$$\left[f(x) = \frac{2^x}{(\ln 2)^2} - \frac{x}{\ln 2} \right]$$

77 Di una funzione $f(x)$ si sa che ha derivata seconda uguale a $\sin x$ e che $f'(0) = 1$. Quanto vale $f\left(\frac{\pi}{2}\right) - f(0)$?

(Esame di Stato, Liceo scientifico, Corso sperimentale, Sessione ordinaria, 2003, quesito 9)

$$[\pi - 1]$$

78 Sia la derivata seconda di una funzione reale $f(x)$ data da $f''(x) = 3x - 6$. Determinare l'espressione di $f(x)$, sapendo che il grafico della funzione passa per il punto $P(2; -7)$ e che l'angolo formato dalla tangente al grafico di $f(x)$ con l'asse y nel punto di ascissa $x = 0$ vale 45°.

(Esame di Stato, Liceo scientifico, Corso di ordinamento, Sessione suppletiva, 2015, quesito 10)

$$\left[f(x) = \frac{x^3}{2} - 3x^2 + x - 1 \vee f(x) = \frac{x^3}{2} - 3x^2 - x + 3 \right]$$

COSTRUIRE E UTILIZZARE MODELLI

RISOLVIAMO UN PROBLEMA

■ Capitale in espansione

La velocità con cui è cresciuta la popolazione di Roma tra il 1870 e il 1970 si può esprimere come $P'(t) = \frac{9}{10} e^{\frac{t}{20}}$, dove t è il tempo in anni a partire dal 1870 e $P'(t)$ è espressa in migliaia di persone per anno.

- Determina la funzione $P(t)$ che esprime la popolazione in migliaia di persone, sapendo che nel 1870 si contavano circa 210 000 residenti, e calcola la popolazione nel 1970.
- A partire dagli anni Settanta la situazione è cambiata e il modello non è più valido. Calcola la popolazione prevista per l'anno 2014 e confronta il calcolo con il dato reale: circa 2,9 milioni di persone.

▶ **Determiniamo P(t) integrando P´(t).**

$$\int \frac{9}{10} e^{\frac{t}{20}} dt = 20 \cdot \frac{9}{10} e^{\frac{t}{20}} + c = 18 e^{\frac{t}{20}} + c.$$

Quindi

$$P(t) = 18 e^{\frac{t}{20}} + c.$$

▶ **Calcoliamo il valore di c.**

Sapendo che nel 1870 la popolazione contava 210 000 unità e considerando il 1870 come anno 0, possiamo scrivere:

$P(0) = 210$ (migliaia di persone) →

$18 \cdot e^0 + c = 210$ → $c = 210 - 18 = 192$.

Allora $P(t) = 18 e^{\frac{t}{20}} + 192$.

▶ **Troviamo la popolazione nel 1970.**

Il 1970 corrisponde a $t = 100$, quindi:

$$P(100) = 18 \cdot e^5 + 192 \simeq 2864.$$

Secondo il modello, nel 1970 gli abitanti di Roma erano quasi 2,9 milioni.

▶ **Calcoliamo la previsione per il 2014.**

Il 2014 corrisponde a $t = 144$:

$$P(144) = 18 \cdot e^{\frac{36}{5}} + 192 \simeq 24300.$$

Il modello prevede 24 milioni di abitanti, cifra che si discosta molto dalla realtà.

---

79  **Domanda e offerta** Il reparto marketing di un'azienda che produce gelati ha calcolato che la velocità con cui la quantità di prodotto richiesta dai consumatori varia rispetto al prezzo è data dalla funzione domanda marginale

$$D'(x) = -\frac{3000}{x^2},$$

dove il prezzo x è in euro.

a. Trova la funzione domanda $D(x)$, sapendo che quando il prezzo è di € 3 a confezione la domanda è di 1500 unità.

b. Calcola il numero di confezioni richieste quando il prezzo sale a € 4.

$$\left[a)\, D(x) = \frac{3000}{x} + 500;\ b)\, 1250 \right]$$

80 **L'ora del tè** Una tazza di tè, inizialmente alla temperatura di 90 °C, in un ambiente con una temperatura di 20 °C si raffredda a una velocità che si può esprimere come $T'(t) = -14 e^{-\frac{t}{5}}$, dove t è misurato in minuti e la velocità di raffreddamento è misurata in gradi centigradi al minuto.

a. Trova la temperatura del tè in funzione dei minuti che passano.

b. Quanti minuti devi aspettare se vuoi bere il tè a 40 °C?

c. Cosa prevede il modello per tempi di raffreddamento molto lunghi?

$$\left[a)\, T(t) = 70 e^{-\frac{t}{5}} + 20;\ b) \simeq 6\ \text{min};\ c)\, T(t) \to 20\ °C \right]$$

81 **Rotola, rotola...** Rotolando lungo il pendio innevato, una piccola palla di neve aumenta via via il proprio raggio fino a diventare una pericolosa valanga.
Indichiamo con r il raggio (variabile) della palla nel corso della discesa e con x la misura (in metri) del tratto percorso in discesa, a partire dalla sommità del pendio. Evidentemente r varia al variare di x, e quindi, indicando con $r_0 = r(0)$ il raggio della palla alla sommità del pendio, possiamo scrivere

$$r(x) = r_0 \cdot f(x) \quad \to \quad \frac{r(x)}{r_0} = f(x),$$

con $f(0) = 1$.
Sappiamo che il valore della funzione $f(x)$ varia in base alla relazione:

$$f'(x) = \frac{1}{2} \cdot \frac{x}{1 + \sqrt{x}}.$$

a. Ricava la funzione $f(x)$.

b. Qual è il raggio della palla dopo una discesa lunga 100 m se il raggio iniziale è $r_0 = 2$ cm?

$$\left[a)\, f(x) = \frac{1}{3} x \sqrt{x} - \frac{x}{2} + \sqrt{x} - \ln(1 + \sqrt{x}) + 1;\ b)\, r \simeq 297\ \text{cm} \right]$$

INDIVIDUARE STRATEGIE E APPLICARE METODI PER RISOLVERE PROBLEMI

LEGGI IL GRAFICO

82 La funzione $F(x)$ rappresentata ha un flesso nel punto A ed è una primitiva di $f(x) = ax^2 + bx + c$.

  a. Determina l'espressione analitica di $F(x)$ e di $f(x)$.

  b. Sull'arco $\overset{\frown}{OA}$ determina il punto P per il quale è massimo il prodotto delle sue distanze dagli assi cartesiani.

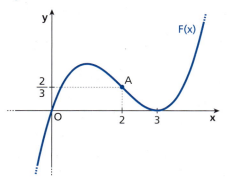

$$\left[\text{a) } F(x) = \frac{x^3}{3} - 2x^2 + 3x, \ f(x) = x^2 - 4x + 3; \ \text{b) } P\left(\frac{3}{2}; \frac{9}{8}\right)\right]$$

83 Considera la funzione $f(x) = x^2 \ln(kx)$, con $k > 0$, il cui grafico è riportato sotto.

  a. Determina il valore di k in modo che $f(x)$ sia tangente alla retta AB.

  b. Tra le primitive di $f(x)$, sia $F(x)$ quella passante per il punto $\left(2, -\frac{8}{9}\right)$. Determina $F(x)$ e disegnane il grafico.

  c. Dai dati ricavati deduci il grafico delle funzioni $y = |F(x)|$ e $y = \frac{1}{F(x)}$.

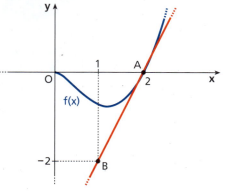

$$\left[\text{a) } k = \frac{1}{2}; \ \text{b) } F(x) = \frac{x^3}{3}\ln\left(\frac{x}{2}\right) - \frac{x^3}{9}\right]$$

84 La funzione $F(x)$ rappresentata nel grafico ha un minimo in A, è una primitiva di $f(x) = (ax + b)e^x$ ed è tangente in B alla retta r.

  a. Determina $F(x)$ e $f(x)$ e rappresenta graficamente $f(x)$.

  b. Trova il punto T di intersezione delle tangenti ai due grafici di $f(x)$ e $F(x)$ nel loro punto di ascissa nulla.

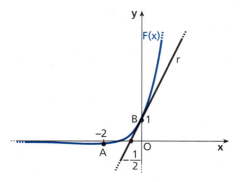

$$[\text{a) } F(x) = (x+1)e^x, \ f(x) = (x+2)e^x; \ \text{b) } T(-1; -1)]$$

85 **a.** Indica quale delle seguenti funzioni può descrivere l'andamento del grafico in figura:

$$f(x) = 2e^{-x^2} + k, \quad f(x) = \cos(kx) - 1,$$
$$f(x) = kx^4 - 2kx^2,$$

e determina il valore di k.

  b. Tra le primitive della funzione, determina quella che passa per il punto A e disegnane il grafico.

  c. Detta C l'intersezione tra la primitiva trovata e l'asse y, verifica che il grafico della primitiva è simmetrico rispetto a C.

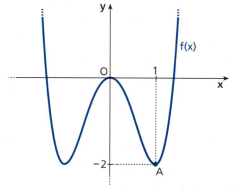

$$\left[\text{a) } f(x) = 2x^4 - 4x^2; \ \text{b) } F(x) = \frac{2}{5}x^5 - \frac{4}{3}x^3 - \frac{16}{15}\right]$$

86 Dividendo il polinomio $f(x) = 4x^3 + ax + a - 1$ per il binomio $x - a$, con $a \in \mathbb{R}$, si ottiene resto 5.

   a. Determina il valore di a e verifica che, per tale valore del parametro, l'equazione $f(x) = 0$ ammette un'unica soluzione reale.

   b. Tra le primitive della funzione $f(x)$, sia $F(x)$ quella che passa per il punto $A(1; 3)$; verifica che è una funzione pari e tracciane il grafico.

   c. Trova l'equazione della retta t, tangente in A al grafico di $y = F(x)$ e calcola l'area del triangolo OAB, dove B è l'intersezione di t con l'asse y e O è l'origine degli assi.

$$\left[\text{a) } a = 1; \text{ b) } F(x) = x^4 + \frac{x^2}{2} + \frac{3}{2}; \text{ c) } y = 5x - 2; 1 \right]$$

87 a. Calcola tutte le primitive $F(x)$ di $f(x) = \dfrac{x^2(x-6)}{3(x-2)^3}$, ponendo $x - 2 = t$, e determina i minimi delle funzioni $F(x)$ e $f(x)$.

   b. Trova il valore del parametro c in modo che la primitiva $F(x)$ abbia come asintoto la retta di equazione $y = \dfrac{1}{3}x + \dfrac{1}{3}$ e studia la funzione $F(x)$.

$$\left[\text{a) } F(x) = \frac{x^3 - 6x^2 + 24x - 24}{3(x-2)^2} + c; F(x): \left(6; c + \frac{5}{2}\right); f(x): (0;0); \text{ b) } c = 1 \right]$$

88 Si consideri la funzione: $y = \sin x(2\cos x + 1)$.

   a. Tra le sue primitive si individui quella il cui diagramma γ passa per il punto $P(\pi; 0)$.

   b. Si rappresenti graficamente la curva γ nell'intervallo $0 \leq x \leq 2\pi$ e si dimostri che essa è simmetrica rispetto alla retta $x = \pi$.

   c. Si scrivano le equazioni delle rette tangenti alla curva nei suoi due punti A e B di ascisse $\dfrac{\pi}{2}$ e $\dfrac{3}{2}\pi$ e si determini il loro punto d'intersezione C.

   (Esame di Stato, Liceo scientifico, Corso di ordinamento, Sessione suppletiva, 2008, dal problema 2)

$$\left[\text{a) } F(x) = -\cos x(\cos x + 1); \text{ c) } y = x - \frac{\pi}{2}, y = -x + \frac{3}{2}\pi, C\left(\pi; \frac{\pi}{2}\right) \right]$$

89 Nel piano riferito a coordinate cartesiane Oxy:

   a. si studi la funzione $f(x) = \dfrac{x^2 + 1}{\sqrt{3}\, x}$ e se ne tracci il grafico γ;

   b. si determini l'ampiezza degli angoli individuati dai due asintoti;

   c. si verifichi che il parallelogramma, avente due lati consecutivi sugli asintoti e un vertice su γ, ha area costante, mentre il suo perimetro ammette un valore minimo ma non un valore massimo;

   d. tra le infinite primitive di $f(x)$ si determini quella che passa per il punto di coordinate (1; 0).

   (Esame di Stato, Liceo scientifico, Scuole italiane all'estero (Americhe), Sessione ordinaria, 2010, problema 1)

$$\left[\text{b) } 60°, 120°; \text{ d) } \frac{x^2 - 1}{2\sqrt{3}} + \frac{1}{\sqrt{3}} \ln|x| \right]$$

90 Se il polinomio $f(x)$ si divide per $x^2 - 1$ si ottiene x come quoziente ed x come resto.

   a. Determinare $f(x)$.

   b. Studiare la funzione $y = \dfrac{f(x)}{x^2 - 1}$ e disegnare il grafico G.

   c. Trovare l'equazione della retta t tangente a G nel suo punto di ascissa $\dfrac{1}{2}$.

   d. Dopo aver determinato i numeri a, b tali che sussista l'identità:
   $$\frac{x}{x^2 - 1} = \frac{a}{x + 1} + \frac{b}{x - 1},$$
   calcolare una primitiva della funzione $\dfrac{f(x)}{x^2 - 1}$.

   (Esame di Stato, Liceo scientifico, Corso di ordinamento, Sessione suppletiva, 2002, dal problema 1)

$$\left[\text{a) } f(x) = x^3; \text{ c) } y = -\frac{11}{9}x + \frac{4}{9}; \text{ d) } a = b = \frac{1}{2}, F(x) = \frac{1}{2}(x^2 + \ln|x^2 - 1|) \right]$$

Capitolo 29. Integrali indefiniti

VERIFICA DELLE COMPETENZE   PROVE   ⏱ 1 ora

PROVA A

1 Scrivi due primitive della funzione
$$f(x) = \frac{2x^2 + 5x}{x}$$
e traccia i loro grafici nello stesso piano cartesiano.

Calcola i seguenti integrali.

2 a. $\int x e^{x^2 - 2} \, dx$ b. $\int \frac{x^3}{2x^4 + 1} \, dx$ c. $\int x\sqrt{4 - x^2} \, dx$

3 a. $\int \frac{x - 4}{x + 3} \, dx$ b. $\int x \sin 2x \, dx$ c. $\int \frac{\ln 5x}{x} \, dx$

4 a. $\int \frac{x^2 - 4}{x^2 + 1} \, dx$ b. $\int \frac{x}{x^2 + 2x + 1} \, dx$ c. $\int \frac{x^4 + 4x^2 - 1}{2x^3} \, dx$

5 Calcola $\int \frac{3x}{\sqrt{x + 5}} \, dx$ ponendo $\sqrt{x + 5} = t$.

6 Tra le primitive $F(x)$ della funzione $f(x) = 6x \cos 3x^2$, determina quella il cui grafico è rappresentato in figura.

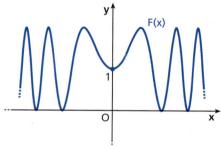

PROVA B

Calcola i seguenti integrali.

1 a. $\int \cos x \sqrt{3 - 2 \sin x} \, dx$ b. $\int \frac{x^2}{e^x} \, dx$ c. $\int \frac{x}{\sqrt{2 - x}} \, dx$

2 a. $\int 2x^2 \cos x \, dx$ b. $\int \cos(\ln x) \, dx$ c. $\int 15 \cos^5 x \, dx$

3 a. $\int \frac{x - 1}{3x^2 + 2} \, dx$ b. $\int \frac{x - 3}{4x^2 - 4x + 1} \, dx$ c. $\int x^3 \ln(x - 1) \, dx$

4 La funzione $f(x)$ è derivabile in $\mathbb{R}$ con derivata $f'(x) = -e^{-x} + x$ e il suo grafico passa per il punto $(0; 2)$. Trova $f(x)$ e l'insieme delle sue primitive $F(x) + c$, con $c \in \mathbb{R}$.

5 Determina i valori dei parametri a e b per i quali è soddisfatta la seguente identità:
$$\int \frac{ax^2 + b}{x + 2} \, dx = x^2 - 4x + \frac{9}{2} \ln|2x + 4| + c.$$

6 Determina la funzione $f(x)$ tale che $f(0) = 4$, $f'(\pi) = 4\pi^3$, $f''(x) = 3(4x^2 - \cos x)$.

1938

PROVA C

Vicini di casa Due piccoli Comuni limitrofi si stanno espandendo grazie alle buone opportunità di lavoro che offrono.

La velocità con cui la popolazione cresce è

- $P'(t) = 45$ per il primo Comune,
- $S'(t) = 50 e^{\frac{t}{100}}$ per il secondo Comune,

dove t è il tempo in anni, a partire dal 2000.
$P'(t)$ e $S'(t)$ esprimono il numero di nuovi abitanti per anno.

a. Determina le funzioni $P(t)$ e $S(t)$ che descrivono l'andamento della popolazione a partire dal 2000, sapendo che in quell'anno il primo Comune contava 5200 abitanti e il secondo 5000.
b. Quanti abitanti avevano i due Comuni nel 2010?
c. Disegna i grafici di $P(t)$ e $S(t)$. Stima a partire da quale anno, secondo questi modelli, il secondo Comune avrà più abitanti del primo.

PROVA D

1 a. Tra le primitive di

$$f(x) = \frac{1}{9 + 4x^2}$$

individua la funzione $F(x)$ il cui grafico passa per il punto $A\left(\frac{3}{2}; \frac{\pi}{24}\right)$.

b. Rappresenta il grafico della funzione $F(x)$ e da esso deduci quello di $y = e^{F(x)}$.

2 Nel grafico è rappresentata la funzione $F(x)$, che è una primitiva della funzione $f(x) = a + b \sin x$.

a. Trova tutte le primitive di $f(x)$ che soddisfano le condizioni date nel grafico.
b. Determina le ascisse dei minimi di queste funzioni.
c. Fra tutte le primitive trovate, determina quella tangente alla retta $r: y = \frac{x}{2}$ nel punto di ascissa π. In quali altri punti la funzione è tangente a r?
d. Trova le coordinate dei punti di flesso della funzione trovata.

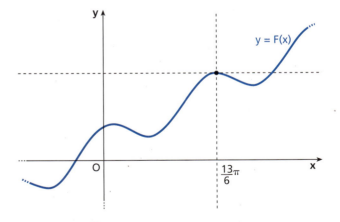

3 Considera la funzione

$$f(x) = \frac{\ln x}{\sqrt{x}}.$$

a. Verifica che la generica primitiva di $f(x)$ è crescente in $[1; +\infty[$.
b. Trova la primitiva $F(x)$ il cui grafico passa per il punto $P(1; -4)$ e determina i suoi eventuali asintoti.
c. Traccia il grafico di $F(x)$ e determina graficamente il numero di soluzioni dell'equazione $F(x) = 1$.

CAPITOLO 30
INTEGRALI DEFINITI

1 Integrale definito

■ Problema delle aree

L'introduzione del calcolo degli integrali definiti nasce dalla necessità di determinare le *aree* di figure piane aventi *contorno curvilineo* chiuso. Mentre per i poligoni il calcolo dell'area si riconduce a quella di un quadrato, per le figure il cui contorno è una curva qualsiasi il problema è più complesso.

L'esempio più semplice è il cerchio, la cui area è stata determinata da Archimede di Siracusa mediante il *metodo di esaustione*. Se si considerano due successioni di poligoni regolari di n lati inscritti e circoscritti al cerchio, si può dimostrare che l'area del cerchio coincide con il limite comune delle due successioni costituite rispettivamente dalle aree dei poligoni regolari inscritti e circoscritti al cerchio.

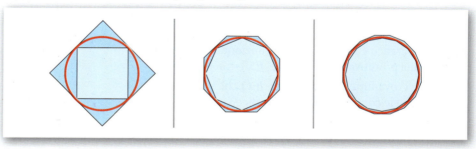

Con un ragionamento analogo vedremo che è possibile determinare l'area di un particolare tipo di superficie a contorno curvilineo, che chiamiamo *trapezoide*. Questo procedimento ha portato al concetto più generale e astratto di *integrale definito* che si presta a determinare aree e volumi e a risolvere anche problemi di natura diversa.

■ Definizione di integrale definito   ▶ Esercizi a p. 1969

Trapezoide

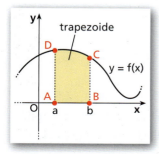

Dati una funzione $y = f(x)$ e un intervallo chiuso e limitato $[a; b]$ nel quale la funzione è *continua* e *positiva* (o nulla), il **trapezoide** è la figura piana delimitata dall'asse x, dalle rette $x = a$ e $x = b$ e dal grafico di $f(x)$. Si tratta di un quadrilatero mistilineo di vertici $A(a; 0)$, $B(b; 0)$, $C(b; f(b))$, $D(a; f(a))$, che viene chiamato trapezoide perché somiglia a un trapezio con le basi parallele all'asse y.

1940

Paragrafo 1. Integrale definito

L'*area S di un trapezoide* non può essere calcolata in modo elementare, tuttavia possiamo approssimarla utilizzando il seguente procedimento:

- dividiamo l'intervallo $[a; b]$ in n parti uguali di ampiezza $h = \dfrac{b-a}{n}$;

- consideriamo gli n rettangoli aventi ciascuno per base un segmento di suddivisione e per altezza il segmento associato al minimo m_i che la funzione assume in tale intervallo, la cui esistenza è garantita dal teorema di Weierstrass;

- indichiamo con s_n la somma delle aree di tutti questi n rettangoli:

$$s_n = m_1 h + m_2 h + \ldots + m_n h = \sum_{i=1}^{n} m_i h.$$

L'area del trapezoide viene così approssimata per difetto da s_n.

Con considerazioni analoghe, possiamo approssimare per eccesso l'area del trapezoide tramite la somma delle aree dei rettangoli associati a una scomposizione di $[a; b]$ in n parti uguali e aventi per altezza il segmento associato al massimo M_i della funzione nel corrispondente intervallo. Indichiamo la somma con S_n:

$$S_n = M_1 h + M_2 h + \ldots + M_n h = \sum_{i=1}^{n} M_i h.$$

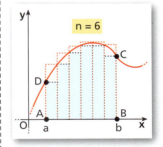

s_n e S_n vengono chiamate rispettivamente **somma integrale inferiore** e **somma integrale superiore**. L'area S del trapezoide risulta compresa fra l'area per difetto e quella per eccesso, ossia possiamo scrivere:

$$s_n \leq S \leq S_n.$$

Integrale definito di una funzione continua positiva o nulla

Vediamo in che modo le somme integrali portano a determinare l'area del trapezoide. Osserviamo che l'approssimazione delle due aree s_n e S_n risulta migliore man mano che si scelgono più piccoli gli intervalli di suddivisione di $[a; b]$.

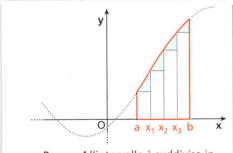

a. Per $n = 4$ l'intervallo è suddiviso in 4 parti. La somma delle aree dei 4 rettangoli approssima, per difetto, l'area del trapezoide.

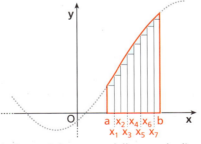

b. Se $n = 8$, la somma delle aree degli 8 rettangoli approssima meglio della precedente, per difetto, l'area del trapezoide.

MATEMATICA E STORIA

Integrali ante litteram Nel III secolo a.C., Archimede determinò con buona approssimazione le misure della lunghezza della circonferenza, dell'area del cerchio, del segmento parabolico (nella figura), quelle di numerose altre superfici e di molti volumi di rotazione.

Per $n = 1, 2, 3, \ldots$ i valori di s_n e S_n formano le due successioni:

$s_1, s_2, s_3, \ldots, s_n, \ldots$

$S_1, S_2, S_3, \ldots, S_n, \ldots$

Si può dimostrare, utilizzando l'ipotesi della continuità della funzione $f(x)$ in $[a; b]$, che tali successioni convergono allo stesso limite, ossia che:

$$\lim_{n \to +\infty} s_n = \lim_{n \to +\infty} S_n.$$

▶ Quale metodo usò?

☐ La risposta

Capitolo 30. Integrali definiti

> ▶ Calcola un valore approssimato per difetto e per eccesso dell'area del trapezoide definito dalla funzione $y = x^2$ nell'intervallo [0; 4], utilizzando prima 4 intervalli e poi 8 intervalli.

Il limite comune delle due successioni si chiama **integrale definito** e viene indicato con il simbolo

$$\int_a^b f(x)\,dx,$$

che si legge «integrale da a a b di $f(x)$ in dx».

Tale limite fornisce la misura dell'area S del trapezoide relativo a $f(x)$, considerato nell'intervallo $[a; b]$.

Il simbolo $\int$ rappresenta una S allungata per ricordare che, nella rappresentazione grafica, a un integrale corrisponde una somma di aree di rettangoli aventi altezza $f(x)$ e base dx.

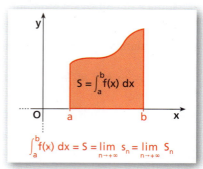

Integrale definito di una funzione continua di segno qualsiasi

Il procedimento seguito per una funzione $f(x)$ positiva nell'intervallo $[a; b]$ può essere ripetuto anche per una funzione che cambia segno in $[a; b]$ e si dimostra che, se una funzione $f(x)$ è continua in $[a; b]$, le successioni s_n e S_n per $n \to +\infty$ sono convergenti e ammettono lo stesso limite:

$$\lim_{n \to +\infty} s_n = \lim_{n \to +\infty} S_n.$$

Diamo allora la seguente definizione.

> **DEFINIZIONE**
> Data una funzione $f(x)$ continua in $[a; b]$, l'**integrale definito** esteso all'intervallo $[a; b]$ è il valore comune del limite per $n \to +\infty$ delle due successioni s_n, per difetto, e S_n, per eccesso.

Tale valore viene indicato con la scrittura $\int_a^b f(x)\,dx$, dove a e b sono gli **estremi di integrazione**, a è l'**estremo inferiore**, b l'**estremo superiore** e $f(x)$ è detta **funzione integranda**.

Il risultato del calcolo di un integrale definito è un numero reale qualsiasi e non rappresenta necessariamente l'area del trapezoide.

- Se $f(x) > 0$ in $[a; b]$, allora $\int_a^b f(x)\,dx > 0$ e il valore dell'integrale definito rappresenta l'area del trapezoide (figura **a**).

- Se $f(x) < 0$ in $[a; b]$, allora $\int_a^b f(x)\,dx < 0$. Per determinare l'area compresa tra il grafico di $f(x)$ e l'asse x (figura **b**) occorre calcolare il valore assoluto di $\int_a^b f(x)\,dx$.

- Se $f(x)$ cambia segno in $[a; b]$, allora $\int_a^b f(x)$ può essere positivo, negativo o nullo.

Per calcolare l'area compresa tra il grafico di $f(x)$ e l'asse x occorre suddividere l'intervallo $[a; b]$ in sottointervalli in ognuno dei quali la funzione mantiene lo stesso segno (figura **c**). Riprenderemo l'argomento nel paragrafo 3.

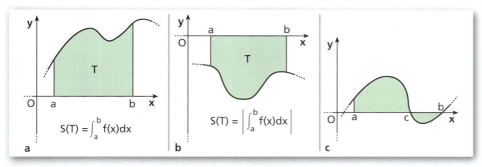

A differenza dell'integrale indefinito, che è un insieme di funzioni, l'integrale definito è un numero e non dipende dalla variabile x.

Definizione generale di integrale definito

Nella definizione di integrale definito non è necessario, come abbiamo ipotizzato finora, considerare dei sottointervalli di $[a; b]$ tutti della stessa ampiezza e neppure prendere per $f(x)$ i valori minimi e massimi negli intervalli.
Consideriamo una funzione $y = f(x)$ continua in $[a; b]$ e dividiamo l'intervallo in n intervalli chiusi mediante i punti $x_0, x_1, x_2, x_3, \ldots, x_n$, con:

$$a = x_0 < x_1 < x_2 < x_3 < \ldots < x_n = b.$$

x_0 coincide con a; x_n coincide con b.
Le ampiezze degli n intervalli possono essere diverse fra loro e sono date da:

$$\Delta x_1 = x_1 - a, \qquad \Delta x_2 = x_2 - x_1, \qquad \ldots, \qquad \Delta x_n = b - x_{n-1}.$$

Per ognuno degli intervalli fissiamo poi un qualsiasi punto dell'intervallo stesso, $c_1, c_2, c_3, \ldots, c_n$, e consideriamo i corrispondenti valori della funzione, $f(c_1), f(c_2), f(c_3), \ldots, f(c_n)$.

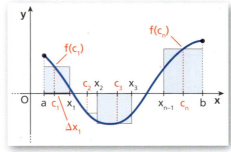

Scriviamo poi la somma $\overline{S}$ data da:

$$\overline{S} = f(c_1) \cdot \Delta x_1 + f(c_2) \cdot \Delta x_2 + f(c_3) \cdot \Delta x_3 + \ldots + f(c_n) \cdot \Delta x_n.$$

La somma $\overline{S}$ dipende:
- dal numero di suddivisioni;
- dalle ampiezze $\Delta x_1, \Delta x_2, \ldots, \Delta x_n$ degli intervalli;
- dai punti $c_1, c_2, \ldots, c_n$ scelti all'interno dei diversi intervalli.

Fra le ampiezze degli intervalli indichiamo quella massima con Δx_{max}: se $\Delta x_{max} \to 0$, anche tutte le altre ampiezze tendono a 0.

Si può dimostrare che se Δx_{max} tende a 0, tutte le somme $\overline{S}$, ottenute scegliendo in qualsiasi modo la suddivisione dell'intervallo e i punti all'interno dei diversi intervalli, tendono a uno stesso valore.

Capitolo 30. Integrali definiti

🇬🇧 **Listen to it**

Given a continuous real-valued function f defined on a closed interval $[a; b]$, $\int_a^b f(x)\,dx$ is called the **definite integral** over the interval $[a; b]$. The points a and b are called the **limits** of the integral.

Diamo allora la seguente definizione.

> **DEFINIZIONE**
>
> Data una funzione $f(x)$, continua in $[a; b]$, l'**integrale definito** esteso all'intervallo $[a; b]$ è il valore del limite per Δx_{max} che tende a 0 della somma $\overline{S}$:
>
> $$\int_a^b f(x)\,dx = \lim_{\Delta x_{max} \to 0} \overline{S}.$$

Poiché per calcolare il limite precedente si possono scegliere a piacere gli intervalli di suddivisione Δx_i e i valori $f(x_i)$, allora se suddividiamo l'intervallo $[a; b]$ in parti uguali e in ciascuna di queste consideriamo il valore minimo o massimo di $f(x)$, ritroviamo la definizione di integrale data nel sottoparagrafo precedente.

Per convenzione si pone:

- $\int_a^a f(x)\,dx = 0$;
- $\int_a^b f(x)\,dx = -\int_b^a f(x)\,dx$ se $a > b$.

Se per una funzione esiste l'integrale definito in un intervallo $[a; b]$, si dice che la **funzione è integrabile in $[a; b]$**. Tutte le funzioni continue sono integrabili, ma vedremo nel paragrafo 5 che non è necessario che f sia continua in $[a; b]$ per essere integrabile in $[a; b]$.

■ Proprietà dell'integrale definito

▶ Esercizi a p. 1971

Enunciamo, senza dimostrarle, le seguenti proprietà.

Additività dell'integrale rispetto all'intervallo di integrazione

Se $f(x)$ è continua in un intervallo e a, b, c sono punti qualunque di tale intervallo, allora:

$$\int_a^c f(x)\,dx = \int_a^b f(x)\,dx + \int_b^c f(x)\,dx.$$

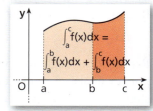

Integrale della somma di funzioni

Se $f(x)$ e $g(x)$ sono funzioni continue in $[a; b]$, allora è continua anche la loro somma $f(x) + g(x)$, e risulta:

$$\int_a^b [f(x) + g(x)]\,dx = \int_a^b f(x)\,dx + \int_a^b g(x)\,dx.$$

Integrale del prodotto di una costante per una funzione

Se $f(x)$ è una funzione continua in $[a; b]$, allora è continua anche la funzione $k \cdot f(x)$, con $k \in \mathbb{R}$, e risulta:

$$\int_a^b k \cdot f(x)\,dx = k \cdot \int_a^b f(x)\,dx.$$

Confronto tra gli integrali di due funzioni

Se $f(x)$ e $g(x)$ sono due funzioni continue e tali che $f(x) \leq g(x)$ in ogni punto dell'intervallo $[a; b]$, allora:

$$\int_a^b f(x)\,dx \leq \int_a^b g(x)\,dx.$$

▶ Dimostra che $\int_1^3 x\,dx \leq \int_1^3 x^2\,dx$ e verificalo graficamente.

Paragrafo 1. Integrale definito

Integrale del valore assoluto di una funzione

Se $f(x)$ è una funzione continua nell'intervallo $[a;b]$, allora:

$$\left| \int_a^b f(x)\,dx \right| \leq \int_a^b |f(x)|\,dx.$$

Integrale di una funzione costante

Se una funzione $f(x)$ è costante nell'intervallo $[a;b]$, cioè $f(x) = k$, allora:

$$\int_a^b k\,dx = k(b-a).$$

Interpretiamo graficamente questa proprietà quando k è positivo. L'integrale $\int_a^b k\,dx$ rappresenta l'area del rettangolo in figura, che è appunto $k(b-a)$.

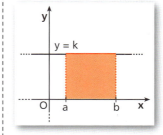

■ Teorema della media

▶ Esercizi a p. 1972

TEOREMA

Se $f(x)$ è una funzione continua in un intervallo $[a;b]$, esiste almeno un punto z dell'intervallo tale che:

$$\int_a^b f(x)\,dx = (b-a) \cdot f(z), \qquad \text{con } z \in [a;b].$$

Listen to it

The first **Mean-Value theorem** for definite integrals states that if f is a continuous function on the interval $[a;b]$, then f achieves its mean value at some point z in $[a;b]$.

DIMOSTRAZIONE

Poiché la funzione $f(x)$ è continua nell'intervallo $[a;b]$, allora per il teorema di Weierstrass la funzione assume in $[a;b]$ il suo valore massimo M e il suo valore minimo m. Quindi, per ogni x di $[a;b]$, vale la disuguaglianza:

$$m \leq f(x) \leq M.$$

Per le proprietà degli integrali, vale anche la disuguaglianza:

$$\int_a^b m\,dx \leq \int_a^b f(x)\,dx \leq \int_a^b M\,dx.$$

Applicando la proprietà dell'integrale di una funzione costante, otteniamo:

$$m(b-a) \leq \int_a^b f(x)\,dx \leq M(b-a).$$

Dividiamo tutti i membri della disuguaglianza per $(b-a)$:

$$m \leq \frac{\int_a^b f(x)\,dx}{b-a} \leq M.$$

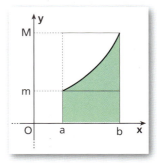

Per il teorema dei valori intermedi, la funzione deve assumere almeno una volta tutti i valori compresi fra il suo massimo e il suo minimo, quindi deve esistere un punto z appartenente ad $[a;b]$ tale che:

$$f(z) = \frac{\int_a^b f(x)\,dx}{b-a}.$$

Pertanto esiste almeno un punto z appartenente ad $[a;b]$ tale che:

$$\int_a^b f(x)\,dx = f(z)(b-a).$$

Capitolo 30. Integrali definiti

▢ **Animazione**

Mediante una figura dinamica, studiamo il significato geometrico del teorema della media, applicandolo a
$f(x) = -\dfrac{x^3}{6} + 2x^2 - 6x + \dfrac{19}{3}$
in [1; 8].

Geometricamente, se la funzione è positiva in $[a; b]$, il teorema della media esprime l'equivalenza fra un trapezoide, la cui area misura $\int_a^b f(x)\,dx$, e un rettangolo, aventi uguale base $b - a$. L'altezza del rettangolo è data dal valore di f in un particolare punto z dell'intervallo $[a; b]$:

$$f(z) = \dfrac{\int_a^b f(x)\,dx}{b-a}.$$

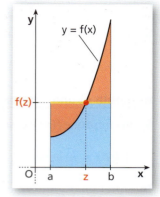

Questo valore si chiama **valore medio** della funzione $f(x)$ in $[a; b]$.

Spieghiamo perché lo chiamiamo valore medio. Pensiamo all'integrale come limite per $n \to +\infty$ della somma $\overline{S} = f(c_1)\Delta x_1 + \ldots + f(c_n)\Delta x_n$ e consideriamo degli intervalli Δx_i di ampiezza costante $\Delta x = \dfrac{b-a}{n}$.

Allora $\dfrac{\overline{S}}{b-a} = \dfrac{f(c_1)\dfrac{b-a}{n} + \ldots + f(c_n)\dfrac{b-a}{n}}{b-a} = \dfrac{(f(c_1) + \ldots + f(c_n))}{b-a} \cdot \dfrac{b-a}{n} =$

raccogliamo $\dfrac{b-a}{n}$

$\dfrac{f(c_2) + \ldots + f(c_n)}{n}.$

Questo rapporto è la media aritmetica dei numeri $f(c_1), \ldots, f(c_n)$. Al crescere di n la media viene calcolata su un numero sempre maggiore di valori della funzione f. Interpretiamo allora il limite $\displaystyle\lim_{n \to +\infty} \dfrac{\overline{S}}{b-a} = \dfrac{\int_a^b f(x)\,dx}{b-a}$ come media degli infiniti valori che assume f nell'intervallo $[a; b]$.

2 Teorema fondamentale del calcolo integrale

Il calcolo dell'integrale definito risulta molto laborioso se applichiamo la definizione. In questo paragrafo faremo vedere che è possibile calcolare rapidamente l'integrale definito di una funzione utilizzando gli integrali indefiniti.

■ Funzione integrale

▶ Esercizi a p. 1972

▢ **Animazione**

Con figure dinamiche, studiamo la funzione integrale di una funzione $f(x)$, continua in $[a; b]$, quando nell'intervallo $f(x)$ assume valori:
- sempre positivi;
- sempre negativi;
- sia positivi sia negativi.

Sia f una funzione continua nell'intervallo $[a; b]$. Consideriamo un punto qualsiasi x di $[a; b]$.

Definiamo **funzione integrale** di f in $[a; b]$ la funzione

$$F(x) = \int_a^x f(t)\,dt,$$

che associa a ogni $x \in [a; b]$ il numero reale $\int_a^x f(t)\,dt$, dove la variabile indipendente x coincide con l'estremo superiore di integrazione.

Per non creare confusione fra variabili, indichiamo la funzione integranda con $f(t)$, dove t diventa la variabile di integrazione.

Se la funzione $f(t)$ è *positiva* in $[a; b]$, la funzione integrale $F(x)$ rappresenta l'area del trapezoide $ABCD$. Tale area dipende dal valore di x, variabile nell'intervallo $[a; b]$.

Dalla definizione di $F(x)$ otteniamo le seguenti relazioni:

$$F(a) = \int_a^a f(t)\,dt = 0, \quad F(b) = \int_a^b f(t)\,dt.$$

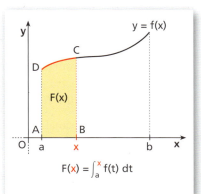

▶ Considera
$F(x) = \int_0^x t\,dt$, con $x > 0$.
Disegna $f(t) = t$ e calcola $F(0)$, $F(1)$, $F(3)$.

■ Teorema fondamentale

Il teorema fondamentale del calcolo integrale, chiamato anche **teorema di Torricelli-Barrow**, permette di collegare il concetto di integrale definito a quello di integrale indefinito, attraverso la funzione integrale.

> **TEOREMA**
>
> **Teorema fondamentale del calcolo integrale**
>
> Se una funzione $f(x)$ è continua in $[a; b]$, allora esiste la derivata della sua funzione integrale
>
> $$F(x) = \int_a^x f(t)\,dt$$
>
> per ogni punto x dell'intervallo $[a; b]$ ed è uguale a $f(x)$, cioè:
>
> $F'(x) = f(x)$,
>
> ovvero $F(x)$ è una primitiva di $f(x)$.

DIMOSTRAZIONE

Dimostriamo che esiste la derivata di $F(x)$ e calcoliamo tale derivata applicando la definizione.
Incrementiamo la variabile x di un valore $h \neq 0$ tale che $a < x + h < b$ e calcoliamo la differenza $F(x + h) - F(x)$ utilizzando l'espressione della funzione integrale:

$$F(x + h) - F(x) = \int_a^{x+h} f(t)\,dt - \int_a^x f(t)\,dt.$$

Applichiamo la proprietà di additività dell'integrale:

$$F(x + h) - F(x) = \int_a^x f(t)\,dt + \int_x^{x+h} f(t)\,dt - \int_a^x f(t)\,dt = \int_x^{x+h} f(t)\,dt.$$

Per il teorema della media, il valore dell'integrale è uguale al prodotto dell'ampiezza h dell'intervallo di integrazione per il valore $f(z)$, dove z è un particolare punto dell'intervallo $[x; x + h]$, nel caso in cui sia $h > 0$, oppure dell'intervallo $[x + h; x]$, se $h < 0$; pertanto possiamo scrivere:

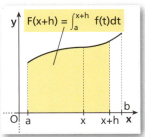

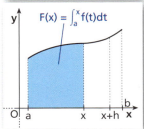

Capitolo 30. Integrali definiti

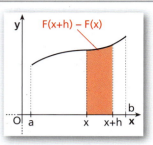

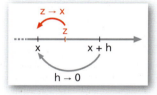

$$F(x+h) - F(x) = h \cdot f(z).$$

Dividiamo i due membri per h:

$$\frac{F(x+h) - F(x)}{h} = f(z).$$

Analizziamo il comportamento di $f(z)$ al tendere a 0 di h. Sia $h > 0$; poiché z è compreso fra x e $x+h$, se h tende a 0 (da destra), allora z tende a x (da destra) e $\lim_{h \to 0^+} f(z) = \lim_{z \to x^+} f(z) = f(x)$ perché f è continua per ipotesi.
Con ragionamento analogo, se $h < 0$, si deduce che

$$\lim_{h \to 0^-} f(z) = \lim_{z \to x^-} f(z) = f(x).$$

Dunque: $\lim_{h \to 0} f(z) = \lim_{z \to x} f(z) = f(x).$

Possiamo pertanto concludere che esiste anche il limite, per h tendente a 0, dell'espressione al primo membro, cioè del rapporto incrementale della funzione F nel punto x, e:

$$\lim_{h \to 0} \frac{F(x+h) - F(x)}{h} = \lim_{h \to 0} f(z) = f(x).$$

La funzione F è dunque derivabile, e quindi anche continua, e risulta:

$$F'(x) = f(x).$$

La derivata di $F(x)$ coincide con il valore che la funzione integranda $f(t)$ assume nell'estremo x di integrazione, ossia

$$F'(x) = D\int_a^x f(t)\,dt = f(x).$$

Per il teorema ora dimostrato, una funzione f continua in $[a; b]$ ammette come primitiva fondamentale la funzione integrale $F(x)$, con x variabile nell'intervallo $[a; b]$. Pertanto, l'integrale indefinito di f, inteso come la totalità delle sue primitive, si esprime come:

$$\int f(x)\,dx = \int_a^x f(t)\,dt + c,$$

dove c è una qualunque costante reale.

■ Calcolo dell'integrale definito

▶ Esercizi a p. 1972

Dal teorema fondamentale del calcolo integrale possiamo ottenere la formula per calcolare l'integrale definito.
Sia $\varphi(x)$ una primitiva qualsiasi di $f(x)$. Dal teorema fondamentale del calcolo integrale sappiamo che la funzione integrale $F(x)$ è una *particolare* primitiva della funzione f. Pertanto $\varphi(x)$ risulta della forma:

$$\varphi(x) = F(x) + c = \int_a^x f(t)\,dt + c,$$

dove c è una costante reale arbitraria.

- Calcoliamo $\varphi(a)$ (sostituiamo all'estremo di integrazione x il valore a):

$$\varphi(a) = \int_a^a f(t)\,dt + c = 0 + c = c.$$

Paragrafo 2. Teorema fondamentale del calcolo integrale

TEORIA

• Calcoliamo $\varphi(b)$ (sostituiamo all'estremo di integrazione x il valore b):

$$\varphi(b) = \int_a^b f(t)\,dt + c.$$

Poiché $\varphi(a) = c$, otteniamo:

$$\varphi(b) = \int_a^b f(t)\,dt + \varphi(a) \;\rightarrow\; \varphi(b) - \varphi(a) = \int_a^b f(t)\,dt.$$

portiamo al primo
membro $\varphi(a)$

Scriviamo l'uguaglianza da destra a sinistra e, poiché non ci sono più ambiguità di variabili, riutilizziamo la variabile x. Otteniamo la formula di **Leibniz-Newton**:

$$\int_a^b f(x)\,dx = \varphi(b) - \varphi(a),$$

primitiva di f(x)

ovvero la seguente regola.

L'integrale definito di una funzione continua $f(x)$ è uguale alla differenza tra i valori assunti da una qualunque primitiva $\varphi(x)$ di $f(x)$ rispettivamente nell'estremo superiore di integrazione e nell'estremo inferiore.

Di solito nella totalità delle primitive si sceglie quella corrispondente a $c = 0$. Indichiamo in modo sintetico:

$$\varphi(b) - \varphi(a) = \big[\varphi(x)\big]_a^b.$$

La formula trovata permette di ricondurre il calcolo di un integrale definito a quello di un integrale indefinito. Si supera in tal modo la difficoltà del calcolo del limite della successione s_n, che, in generale, non è facile da determinare.

▶ Trova il valore medio della funzione $f(x) = \sqrt{x - 1}$ nell'intervallo [2; 5] e determina il punto z in cui la funzione assume tale valore.

▢ **Animazione**

ESEMPIO

Calcoliamo $\int_2^3 2x\,dx$.

Utilizziamo l'integrale indefinito per determinare le primitive di $2x$:

$$\int 2x\,dx = x^2 + c.$$

Scegliamo la primitiva con $c = 0$, ossia x^2:

$$\int_2^3 2x\,dx = \big[x^2\big]_2^3.$$

Sostituiamo a x prima il valore 3 e poi il valore 2, ottenendo:

$$\big[x^2\big]_2^3 = 3^2 - 2^2 = 9 - 4 = 5.$$

▶ Verifica che il risultato non cambia se scegliamo come primitiva, per esempio, $x^2 + 3$.

▢ **Video**

Valore medio di una funzione in un intervallo
Qual è il valore medio di $y = \ln x$ in [1; e] e in quali punti la funzione assume questo valore?

▶ Calcola il valore dell'integrale $\int_0^1 \dfrac{3x}{1 + 9x^2}\,dx$.

▢ **Animazione**

1949

Capitolo 30. Integrali definiti

3 Calcolo delle aree

■ Area compresa tra una curva e l'asse x ► Esercizi a p. 1983

Abbiamo visto che l'integrale definito $\int_a^b f(x)\,dx$, con $a < b$, se $f(x) > 0$, rappresenta l'area della regione di piano delimitata dal grafico di $f(x)$, dall'asse x e dalle rette $x = a$ e $x = b$.

Se invece $f(x) < 0$, l'area è uguale a $-\int_a^b f(x)\,dx$.

Se $f(x)$ cambia segno nell'intervallo $[a; b]$, per determinare l'area compresa tra il suo grafico e l'asse x occorre suddividere l'intervallo $[a; b]$ in sottointervalli tali che in ciascuno di essi la funzione mantenga lo stesso segno. Si calcolano poi gli integrali nei diversi intervalli e si sommano algebricamente i risultati.

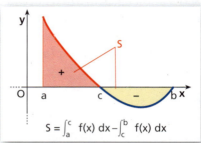

$S = \int_a^c f(x)\,dx - \int_c^b f(x)\,dx$

ESEMPIO
Calcoliamo l'area della superficie compresa tra il grafico della funzione $y = x^3$ e l'asse x nell'intervallo $[-1; 1]$:

$$S = -\int_{-1}^0 x^3\,dx + \int_0^1 x^3\,dx =$$

$$-\left[\frac{x^4}{4}\right]_{-1}^0 + \left[\frac{x^4}{4}\right]_0^1 =$$

$$-\left(-\frac{1}{4}\right) + \frac{1}{4} = \frac{1}{2}.$$

Osserviamo che se calcoliamo $\int_{-1}^1 x^3\,dx$ otteniamo il valore 0, che non fornisce la misura dell'area considerata.

► Calcola l'area della superficie compresa tra il grafico di $y = \cos x$ e l'asse x nell'intervallo $\left[-\frac{\pi}{2}; \frac{\pi}{2}\right]$.

Nell'esempio abbiamo considerato una funzione dispari, che ha pertanto il grafico simmetrico rispetto all'origine. Ricordiamo che le funzioni pari, invece, hanno il grafico simmetrico rispetto all'asse y. In generale:

- se f è **pari**: $\int_{-a}^a f(x)\,dx = 2\int_0^a f(x)\,dx$;

- se f è **dispari**: $\int_{-a}^a f(x)\,dx = 0$.

In entrambi i casi, l'area compresa tra il grafico di f e l'asse x nell'intervallo $[-a; a]$ misura: $2\int_0^a |f(x)|\,dx$.

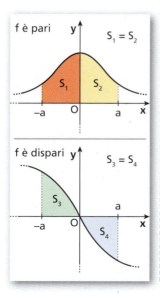

■ Area compresa tra due curve ► Esercizi a p. 1986

Consideriamo due funzioni $f(x)$ e $g(x)$ continue, entrambe positive e con $f(x) \geq g(x)$ nell'intervallo $[a; b]$. L'area S della superficie racchiusa dai loro gra-

1950

fici nell'intervallo $[a; b]$ si può ottenere facendo la differenza tra l'area del trapezoide individuato da $f(x)$ e l'area del trapezoide individuato da $g(x)$, cioè:

$$S = \int_a^b f(x)\,dx - \int_a^b g(x)\,dx.$$

Applicando la proprietà dell'integrale definito della somma di funzioni si ha:

$$S = \int_a^b [f(x) - g(x)]\,dx.$$

Questo vale in particolare per il calcolo dell'area chiusa delimitata dai grafici di due funzioni.

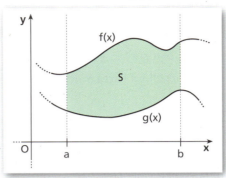

> **Video**
>
> **Integrale definito e calcolo delle aree**
> Consideriamo la funzione polinomiale
> $f(x) = -\dfrac{1}{15}(3x^4 - 35x^3 + 126x^2 - 136x)$.
> ▶ Quanto vale l'integrale definito $\int_1^6 f(x)\,dx$?
> ▶ Quanto vale l'area compresa tra $f(x)$ e l'asse x?

ESEMPIO

Calcoliamo l'area della superficie racchiusa dalle due parabole di equazioni $y = x^2 - 4x + 4$ e $y = -4x^2 + 16x - 11$.

Le due parabole si intersecano nei punti $A(1; 1)$ e $B(3; 1)$.
L'area S cercata è quindi data dalla differenza fra l'area del trapezoide $A'AV'BB'$ e l'area del trapezoide $AA'B'B$.

$S = \text{area}(A'AV'BB') - \text{area}(AA'B'B) =$

$\int_1^3 (-4x^2 + 16x - 11)\,dx - \int_1^3 (x^2 - 4x + 4)\,dx =$ ⟩ proprietà dell'integrale della somma di funzioni

$\int_1^3 (-4x^2 + 16x - 11 - x^2 + 4x - 4)\,dx =$

$\int_1^3 (-5x^2 + 20x - 15)\,dx =$

$\left[\dfrac{-5x^3}{3} + \dfrac{20x^2}{2} - 15x \right]_1^3 =$

$-45 + 90 - 45 + \dfrac{5}{3} - 10 + 15 = \dfrac{20}{3}.$

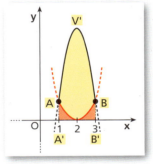

▶ Trova il valore dell'area racchiusa dalla retta di equazione $y = 4x$ e dalla parabola di equazione $y = x^2 + 3x$.

La formula resta valida anche se una o entrambe le funzioni sono negative. Infatti se la superficie non si trova tutta al di sopra dell'asse x, si può effettuare una traslazione in modo che essa sia tutta al di sopra dell'asse x e l'area non cambia.

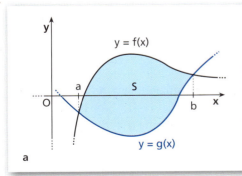
a

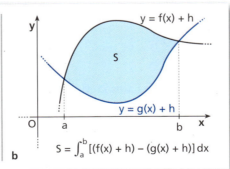
b

▶ Determina l'area della superficie racchiusa dai grafici delle funzioni di equazione $y = \sqrt{x}$, $y = \dfrac{2}{x+1}$ e dalla retta di equazione $x = 4$.

Animazione

Allora:

$$S = \int_a^b [(f(x) + h) - (g(x) + h)]\,dx = \int_a^b [f(x) - g(x)]\,dx.$$

Capitolo 30. Integrali definiti

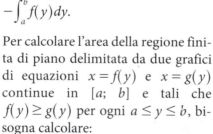

$S = \int_a^b [f(x) - g(x)] \, dx$

Quindi in generale vale la seguente regola.

> **REGOLA**
> **Area della superficie delimitata dai grafici di due funzioni**
> Siano $f(x)$ e $g(x)$ due funzioni continue definite nello stesso intervallo $[a; b]$, con $f(x) \geq g(x)$ per ogni x in $[a; b]$, i cui grafici racchiudano una superficie; allora l'area S della superficie è data da: $S = \int_a^b [f(x) - g(x)] \, dx$.

■ Area compresa tra una curva e l'asse y

▶ Esercizi a p. 1987

Con ragionamenti analoghi a quelli fatti per calcolare l'area compresa tra il grafico della funzione $y = f(x)$ e l'asse x, possiamo determinare l'area compresa tra il grafico di una curva di equazione $x = f(y)$ e l'asse y.

L'integrale $\int_a^b f(y) \, dy$ si calcola tenendo conto del fatto che: se $f(y) > 0$ in $[a; b]$, l'integrale fornisce l'area del trapezoide limitato da $x = f(y)$, l'asse y e le rette di equazioni $y = a$ e $y = b$; se invece $f(y) < 0$ in $[a; b]$, l'area è uguale a $-\int_a^b f(y) \, dy$.

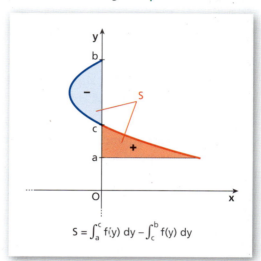

$S = \int_a^c f(y) \, dy - \int_c^b f(y) \, dy$

Per calcolare l'area della regione finita di piano delimitata da due grafici di equazioni $x = f(y)$ e $x = g(y)$ continue in $[a; b]$ e tali che $f(y) \geq g(y)$ per ogni $a \leq y \leq b$, bisogna calcolare:

$$\int_a^b [f(y) - g(y)] \, dy.$$

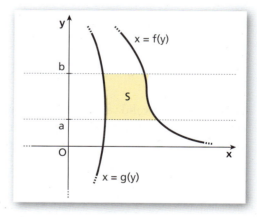

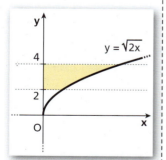

▶ Determina l'area del trapezoide individuato dalla parabola di equazione $x = y^2 - 3y - 4$ e dall'asse y.

ESEMPIO
Calcoliamo l'area compresa tra il grafico della funzione $y = \sqrt{2x}$, l'asse y e le rette di equazioni $y = 2$ e $y = 4$.
Possiamo invertire la funzione per portarla nella forma $x = f(y)$:

$$y^2 = 2x \rightarrow x = \frac{y^2}{2}.$$

Calcoliamo l'area:

$$\int_2^4 \frac{y^2}{2} \, dy = \left[\frac{y^3}{6}\right]_2^4 = \frac{64}{6} - \frac{8}{6} = \frac{56}{6} = \frac{28}{3}.$$

4 Calcolo dei volumi

Volume di un solido di rotazione

▶ Esercizi a p. 1994

Rotazione intorno all'asse x

Consideriamo la funzione $y = f(x)$, continua nell'intervallo $[a; b]$ e non negativa, e il trapezoide esteso all'intervallo $[a; b]$. Se facciamo ruotare il trapezoide attorno all'asse x di un giro completo (ossia di 360°), otteniamo un solido di rotazione.

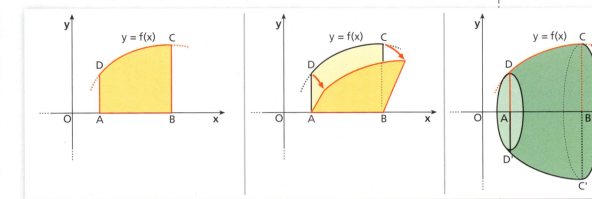

Notiamo che ogni sezione del solido con un piano perpendicolare all'asse x è un cerchio. Calcoliamo il volume del solido ottenuto.

Dividiamo l'intervallo $[a; b]$ in n parti uguali, ognuna di lunghezza $h = \dfrac{b-a}{n}$.

In ogni intervallo consideriamo il minimo m_i e il massimo M_i di $f(x)$ e disegniamo i rettangoli inscritti e circoscritti al trapezoide di altezze m_i e M_i.

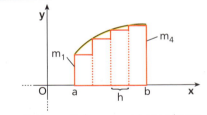 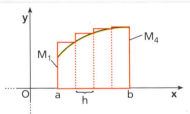

a. Rettangoli che approssimano l'area del trapezoide per difetto.

b. Rettangoli che approssimano l'area del trapezoide per eccesso.

Nella rotazione completa intorno all'asse delle x ogni rettangolo descrive un cilindro circolare retto di altezza h e raggio di base m_i o M_i.

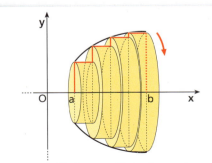 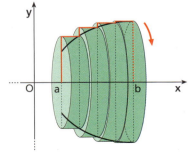

a. Ogni cilindro per difetto ha per base un cerchio di raggio m_i e per altezza h.

b. Ogni cilindro per eccesso ha per base un cerchio di raggio M_i e per altezza h.

1953

Capitolo 30. Integrali definiti

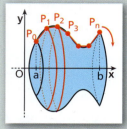

APPROFONDIMENTO
Area di una superficie di rotazione

▶ Come puoi ottenere l'area di una superficie di rotazione?

☐ La risposta – 15 esercizi in più

La somma dei volumi degli n cilindri con base i cerchi di raggi m_i approssima per difetto il volume del solido di rotazione iniziale, e la somma dei volumi degli n cilindri con base i cerchi di raggi M_i approssima per eccesso il volume dello stesso solido.

Poiché la formula del volume del cilindro circolare di raggio r e altezza h è $\pi r^2 h$, il volume v_n dei cilindri approssimanti il solido per difetto e il volume V_n dei cilindri approssimanti per eccesso sono:

$$v_n = \pi m_1^2 h + \pi m_2^2 h + \pi m_3^2 h + \ldots + \pi m_n^2 h;$$

$$V_n = \pi M_1^2 h + \pi M_2^2 h + \pi M_3^2 h + \ldots + \pi M_n^2 h.$$

Si può dimostrare che, per $n \to +\infty$, le due successioni hanno lo stesso limite:

$$\lim_{n \to +\infty} v_n = \lim_{n \to +\infty} V_n = \int_a^b \pi \cdot [f(x)]^2 \, dx = \pi \cdot \int_a^b [f(x)]^2 \, dx.$$

Diamo allora la seguente definizione.

DEFINIZIONE

Dato il trapezoide esteso all'intervallo $[a; b]$, delimitato dal grafico della funzione $y = f(x)$ (positiva o nulla), dall'asse x e dalle rette $x = a$ e $x = b$, il **volume del solido di rotazione** che si ottiene ruotando il trapezoide intorno all'asse x di un giro completo è:

$$V = \pi \cdot \int_a^b [f(x)]^2 \, dx.$$

☐ **Video**
Volume dei solidi
Calcoliamo il volume di alcuni solidi.

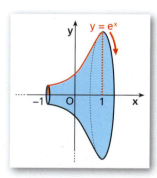

ESEMPIO

Calcoliamo il volume V del solido ottenuto dalla rotazione completa attorno all'asse x della regione di piano delimitata dal grafico della funzione $y = e^x$, con x appartenente all'intervallo $[-1; 1]$:

$$V = \pi \cdot \int_{-1}^{1} (e^x)^2 \, dx = \pi \cdot \int_{-1}^{1} e^{2x} \, dx = \pi \cdot \left[\frac{e^{2x}}{2}\right]_{-1}^{1} = \pi \cdot \left(\frac{e^2}{2} - \frac{e^{-2}}{2}\right).$$

▶ Calcola il volume del solido generato dalla rotazione completa attorno all'asse x del trapezoide individuato dal grafico della funzione $f(x) = x^2 - 2x + 2$ nell'intervallo $[0; 1]$.

☐ **Animazione**

Volume del cono

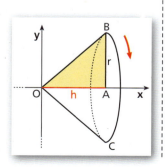

Consideriamo il cono ottenuto dalla rotazione del triangolo OAB attorno a OA. Se r è il raggio della base e h è l'altezza del cono, allora i punti A e B hanno coordinate $A(h; 0)$ e $B(h; r)$.

Il triangolo OAB è il trapezoide delimitato dal grafico della retta OB che ha equazione $y = \frac{r}{h} \cdot x$. Allora, applicando la definizione, il volume del cono è dato da:

$$V = \pi \cdot \int_0^h \left(\frac{r}{h} \cdot x\right)^2 dx = \pi \cdot \frac{r^2}{h^2} \cdot \int_0^h x^2 \, dx = \pi \cdot \frac{r^2}{h^2} \left[\frac{x^3}{3}\right]_0^h = \frac{1}{3}\pi r^2 h.$$

Paragrafo 4. Calcolo dei volumi

Volume della sfera

L'equazione della semicirconferenza in rosso nella figura è $y = \sqrt{r^2 - x^2}$.

Quindi, il volume della sfera è:

$$V = \pi \cdot \int_{-r}^{r} (\sqrt{r^2 - x^2})^2 \, dx = \pi \cdot \int_{-r}^{r} (r^2 - x^2) \, dx = \pi \cdot \left[r^2 x - \frac{x^3}{3}\right]_{-r}^{r} =$$

$$\pi \cdot \left(r^3 - \frac{r^3}{3} + r^3 - \frac{r^3}{3}\right) = \frac{4}{3}\pi r^3.$$

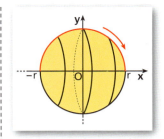

Rotazione intorno all'asse y

Consideriamo ora un solido che sia generato dalla rotazione intorno all'asse y di un trapezoide compreso tra il grafico di $x = f(y)$, l'asse y e le rette di equazioni $y = a$ e $y = b$. Si procede come per i solidi generati da una rotazione attorno all'asse x, giungendo a dare la seguente definizione.

> **DEFINIZIONE**
>
> Dato il trapezoide delimitato dal grafico della funzione $x = f(y)$ (positiva o nulla), dall'asse y e dalle rette $y = a$ e $y = b$, il valore del volume del solido di rotazione che si ottiene ruotando il trapezoide intorno all'asse y di un giro completo è il numero espresso dal seguente integrale: $V = \pi \int_{a}^{b} [f(y)]^2 \, dy$.

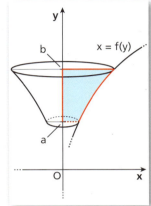

ESEMPIO

Calcoliamo il volume del solido ottenuto dalla rotazione completa attorno all'asse y della regione di piano delimitata dal grafico della funzione $y = x^2$, dall'asse y e dalle rette di equazioni $y = 1$ e $y = 4$, nel primo quadrante.
Per poter utilizzare la formula dobbiamo calcolare la funzione inversa di $y = x^2$ nell'intervallo $[1; 2]$:

$x = \sqrt{y}$, per $1 \leq y \leq 4$.

Calcoliamo il volume:

$$V = \pi \int_{1}^{4} (\sqrt{y})^2 \, dy = \pi \int_{1}^{4} y \, dy = \pi \left[\frac{y^2}{2}\right]_{1}^{4} = \pi\left(8 - \frac{1}{2}\right) = \frac{15\pi}{2}.$$

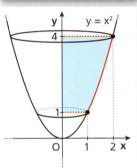

▶ Determina il volume del solido ottenuto dalla rotazione completa attorno all'asse y del trapezoide individuato dal grafico di $x = y^3$ e dall'asse y, per $0 \leq y \leq 1$.

Metodo dei gusci cilindrici

Vediamo ora cosa succede se facciamo ruotare intorno all'asse y il trapezoide delimitato dal grafico della funzione $y = f(x)$, dall'asse x e dalle rette di equazioni $x = a$ e $x = b$.

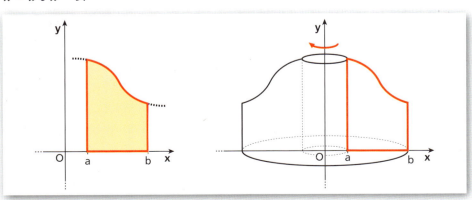

Capitolo 30. Integrali definiti

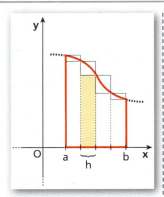

Dividiamo l'intervallo $[a; b]$ in n parti uguali, ognuna di lunghezza $h = \frac{b-a}{n}$. In ogni intervallo, consideriamo il minimo m_i e il massimo M_i di $f(x)$ e disegniamo i rettangoli inscritti e circoscritti al trapezoide di altezze m_i e M_i. Nella rotazione completa intorno all'asse y ogni rettangolo descrive un *guscio cilindrico*.

La somma dei volumi di tutti i gusci cilindrici di altezza m_i approssima per difetto il volume del solido, mentre la somma dei volumi dei gusci di altezza M_i lo approssima per eccesso.

Se h è sufficientemente piccola, possiamo approssimare il volume del guscio di altezza $f(x_i) = m_i$ con il volume di un parallelepipedo di lunghezza uguale alla circonferenza generata dalla rotazione del punto P, cioè $2\pi x_i$, di altezza $f(x_i)$ e di profondità h:

$$V_i \simeq 2\pi x_i f(x_i) h.$$

Si può dimostrare che, quando $n \to +\infty$, le somme dei volumi dei gusci cilindrici che approssimano il solido rispettivamente per difetto e per eccesso tendono allo stesso valore, cioè $2\pi \int_a^b x f(x) dx$. Possiamo quindi dare la seguente definizione.

> **DEFINIZIONE**
> Dato il trapezoide esteso all'intervallo $[a; b]$, delimitato dal grafico della funzione $y = f(x)$ (positiva o nulla), dall'asse x e dalle rette $x = a$ e $x = b$, il volume del solido che si ottiene ruotando il trapezoide intorno all'asse y di un giro completo è il numero espresso dal seguente integrale:
> $$V = 2\pi \int_a^b x f(x) dx.$$

ESEMPIO

Calcoliamo il volume del solido ottenuto dalla rotazione completa attorno all'asse y del trapezoide individuato dal grafico di $y = x - \frac{x^2}{2}$ e dall'asse x.

Disegniamo il grafico della parabola di equazione

$$y = x - \frac{x^2}{2}$$

che interseca l'asse x nell'origine e in $A(2; 0)$.

Costruiamo il solido generato dalla rotazione di 360° intorno all'asse y dell'area colorata.

Il volume di tale solido è:

$$2\pi \int_0^2 x\left(x - \frac{x^2}{2}\right) dx =$$
$$2\pi \int_0^2 \left(x^2 - \frac{x^3}{2}\right) dx = 2\pi \left[\frac{x^3}{3} - \frac{x^4}{8}\right]_0^2 = 2\pi \left(\frac{8}{3} - 2\right) = \frac{4}{3}\pi.$$

▶ Determina il volume del solido ottenuto dalla rotazione completa intorno all'asse y del trapezoide individuato dal grafico di $y = x^3$ e dall'asse x nell'intervallo $[1; 2]$.

Paragrafo 4. Calcolo dei volumi

■ Volume di un solido con il metodo delle sezioni

▶ Esercizi a p. 2000

Vediamo come i risultati ottenuti per i solidi di rotazione possono essere utilizzati per solidi qualsiasi.

Dato il solido T della figura, consideriamo due piani paralleli α e β che delimitano T, sono perpendicolari all'asse x e lo intersecano in a e b.
Dividiamo l'intervallo $[a; b]$ in n parti uguali di lunghezza $\Delta x = \dfrac{b-a}{n}$ e per ognuno dei punti di suddivisione conduciamo un piano parallelo ad α e a β.
Ogni piano, intersecando il solido, determina una sezione di area generica.

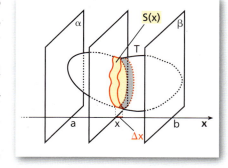

Se è nota la funzione $S(x)$ che esprime l'area della generica sezione del solido al variare di x, in modo simile a quello visto per i solidi di rotazione possiamo definire il volume V del solido T con l'integrale:

$$V = \int_a^b S(x)\,dx.$$

Osserviamo che possiamo ritrovare la formula vista per i solidi di rotazione quando le sezioni sono dei cerchi di raggio $f(x)$ e quindi $S(x) = \pi [f(x)]^2$.

APPROFONDIMENTO
Lunghezza dell'arco di una curva

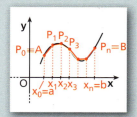

▶ Come puoi ottenere la lunghezza di un arco di curva mediante un integrale?

☐ La risposta –
13 esercizi in più

ESEMPIO

Consideriamo la regione di piano $\mathcal{A}$ che la parabola di equazione $y = -x^2 + 3x$ delimita nell'intervallo $[0; 3]$ con l'asse x (figura **a**).

Calcoliamo il volume del solido che ha come base $\mathcal{A}$ e le cui sezioni con piani perpendicolari all'asse x sono quadrate (figura **b**).

L'area della generica sezione è $(-x^2 + 3x)^2$, quindi il volume è dato da

$$V = \int_0^3 (-x^2 + 3x)^2\,dx.$$

Calcoliamo l'integrale definito:

$$\int_0^3 (-x^2 + 3x)^2\,dx =$$

$$\int_0^3 (x^4 - 6x^3 + 9x^2)\,dx =$$

$$\left[\dfrac{x^5}{5} - \dfrac{3}{2}x^4 + 3x^3\right]_0^3 = \dfrac{81}{10}.$$

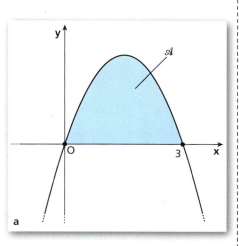

a

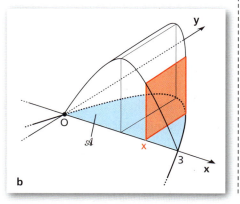

b

▶ Trova il volume del solido che ha come base la regione S delimitata dal grafico della funzione $f(x) = \sqrt{x-2}$, dall'asse x, nell'intervallo $[2; 6]$, e come sezioni perpendicolari all'asse x rettangoli con altezza tripla della base.

☐ Animazione

1957

Capitolo 30. Integrali definiti

5 | Integrali impropri

Nei precedenti paragrafi abbiamo calcolato gli integrali definiti di funzioni continue in intervalli limitati e chiusi [a; b]. In questo paragrafo vedremo come il concetto di integrale possa essere ampliato considerando funzioni con un numero finito di punti di discontinuità in un intervallo limitato oppure considerando intervalli illimitati.

■ Integrale di una funzione con un numero finito di punti di discontinuità in [a; b]

▶ Esercizi a p. 2001

Consideriamo per primo il caso in cui la funzione $f(x)$ sia continua in tutti i punti dell'intervallo [a; b[ma non in b.

Consideriamo un punto z interno all'intervallo [a; b[: la funzione $f(x)$ è continua nell'intervallo [a; z], quindi esiste l'integrale $\int_a^z f(x)\,dx$, il cui valore è un numero reale. Questo vale per tutti i punti z dell'intervallo [a; b[, perciò possiamo costruire la funzione integrale

$$F(z) = \int_a^z f(x)\,dx,$$

definita in [a; b[.

- Se esiste finito il limite di $F(z)$ quando z tende a b da sinistra, cioè se esiste

$$\lim_{z \to b^-} F(z),$$

allora si dice che la funzione $f(x)$ è **integrabile in senso improprio** (o **generalizzato**) **in [a; b]** e si definisce:

$$\int_a^b f(x)\,dx = \lim_{z \to b^-} \int_a^z f(x)\,dx.$$

L'integrale $\int_a^b f(x)\,dx$ è detto **integrale improprio** della funzione $f(x)$ in [a; b] e si dice anche che tale integrale è **convergente**.

- Se il limite considerato non esiste oppure è infinito, si dice che la funzione non è integrabile in senso improprio in [a; b] o anche che l'integrale è rispettivamente **indeterminato** oppure **divergente**.

La definizione data è utile per calcolare l'integrale per tutti i casi di discontinuità in b. Essa può anche essere applicata quando in b la funzione è continua. In questo caso si ottiene lo stesso risultato che si ha utilizzando la definizione già data di integrale definito.

ESEMPIO

Calcoliamo, se possibile, l'integrale improprio della funzione $f(x) = \dfrac{1}{\sqrt[3]{x^2}}$ nell'intervallo [−2; 0]. Osserviamo che la funzione tende a $+\infty$ per $x \to 0^-$. Determiniamo la funzione $F(z)$:

$$F(z) = \int_{-2}^z \frac{1}{\sqrt[3]{x^2}}\,dx = \left[\frac{x^{-\frac{2}{3}+1}}{-\frac{2}{3}+1}\right]_{-2}^z = \left[\frac{x^{\frac{1}{3}}}{\frac{1}{3}}\right]_{-2}^z = \left[3\sqrt[3]{x}\right]_{-2}^z =$$

🇬🇧 **Listen to it**

An **improper integral**
$\int_a^b f(x)\,dx$ can be
convergent or **divergent**.

Animazione

Studiamo graficamente il significato dell'integrale improprio convergente
$\int_0^4 \dfrac{3}{2\sqrt{4-x}}\,dx$.

Paragrafo 5. Integrali impropri

$3\sqrt[3]{z} + 3\sqrt[3]{2}$.

Calcoliamo $\lim_{z \to 0^-} F(z)$:

$\lim_{z \to 0^-} (3\sqrt[3]{z} + 3\sqrt[3]{2}) = 3\sqrt[3]{2}$.

La funzione $f(x) = \dfrac{1}{\sqrt[3]{x^2}}$ è integrabile in senso improprio nell'intervallo $[-2; 0]$ e vale:

$\int_{-2}^{0} \dfrac{1}{\sqrt[3]{x^2}} dx = 3\sqrt[3]{2}$.

La regione colorata non è limitata, ma la sua area è finita.

▶ Calcola, se possibile, l'integrale improprio $\int_{1}^{5} \dfrac{1}{\sqrt{5-x}} dx$.

Animazione

Studiamo graficamente il significato dell'integrale improprio divergente $\int_{0}^{4} \dfrac{1}{(x-4)^2} dx$.

Se la funzione $f(x)$ è continua in tutti i punti dell'intervallo $]a; b]$, ma non in a, possiamo definire l'integrale $\int_{a}^{b} f(x) dx$ in modo analogo.
Considerato $z \in]a; b]$, se esiste finito il limite della funzione $F(z) = \int_{z}^{b} f(x) dx$ quando z tende ad a da destra, cioè se esiste

$\lim_{z \to a^+} F(z)$,

allora si dice che la funzione $f(x)$ è **integrabile in senso improprio in $[a; b]$** e si definisce:

$$\int_{a}^{b} f(x)\, dx = \lim_{z \to a^+} \int_{z}^{b} f(x)\, dx.$$

▶ Dimostra che la funzione $f(x) = \dfrac{1}{x}$ non è integrabile in senso improprio in $[0; 1]$.

Se la funzione ha un punto di discontinuità di qualunque specie in un punto c interno all'intervallo $[a; b]$, l'integrale $\int_{a}^{b} f(x) dx$ può essere definito, in senso improprio, come la somma degli integrali $\int_{a}^{c} f(x) dx$ e $\int_{c}^{b} f(x) dx$, se tali integrali esistono, in base alle definizioni precedenti:

$$\int_{a}^{b} f(x)\, dx = \lim_{t \to c^-} \int_{a}^{t} f(x)\, dx + \lim_{z \to c^+} \int_{z}^{b} f(x)\, dx.$$

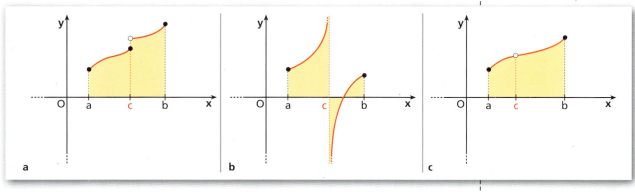

In modo analogo la definizione di integrale può essere estesa al caso di una funzione con un numero finito di punti di discontinuità.

Capitolo 30. Integrali definiti

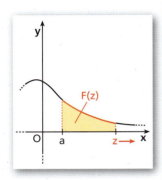

Animazione

Studiamo graficamente il significato dell'integrale improprio convergente

$\int_0^{+\infty} 4xe^{-x}\,dx$.

Animazione

Studiamo graficamente il significato dell'integrale improprio divergente

$\int_1^{+\infty} \dfrac{1}{\sqrt{x}}\,dx$.

▶ Calcola, se esiste, l'integrale $\int_3^{+\infty} \dfrac{1}{(x-2)^2}\,dx$.

Animazione

Video

Integrali impropri
Consideriamo la funzione

$f(x) = \begin{cases} \dfrac{4}{\sqrt{x}} - 3 & x \in]0;1] \\ \dfrac{1}{x^2} & x \in [1;+\infty[\end{cases}$.

▶ Quanto vale l'area compresa tra la funzione $f(x)$ e l'asse x?

▶ Calcola, se esiste, l'integrale improprio $\int_{-\infty}^{0} e^x\,dx$.

■ Integrale di una funzione in un intervallo illimitato

▶ Esercizi a p. 2003

Consideriamo una funzione $f(x)$ continua in tutti i punti di $[a;+\infty[$.
Comunque si scelga un punto z interno all'intervallo $[a;+\infty[$, esiste l'integrale $\int_a^z f(x)\,dx$ il cui valore è un numero reale, quindi possiamo costruire anche in questo caso la funzione integrale:

$$F(z) = \int_a^z f(x)\,dx,$$

definita in $[a;+\infty[$.

- Se esiste finito il limite della funzione $F(z)$ quando z tende a $+\infty$, cioè se esiste

$$\lim_{z \to +\infty} F(z),$$

allora si dice che la funzione $f(x)$ è **integrabile in senso improprio** in $[a;+\infty[$ e si definisce:

$$\int_a^{+\infty} f(x)\,dx = \lim_{z \to +\infty} \int_a^z f(x)\,dx.$$

Anche in questo caso si dice che l'integrale $\int_a^{+\infty} f(x)\,dx$ è **convergente**.

- Se il limite considerato è infinito, si dice che l'integrale $\int_a^{+\infty} f(x)\,dx$ è **divergente**. Se il limite non esiste, l'integrale $\int_a^{+\infty} f(x)\,dx$ è **indeterminato**.

In entrambi i casi diciamo che la funzione $f(x)$ non è integrabile in senso improprio in $[a;+\infty[$.

In modo del tutto analogo, se una funzione è continua in $]-\infty;a]$ e se esiste finito il limite $\lim_{z \to -\infty} \int_z^a f(x)\,dx$, diciamo che la funzione $f(x)$ è integrabile in senso improprio in $]-\infty;a]$ e definiamo:

$$\int_{-\infty}^{a} f(x)\,dx = \lim_{z \to -\infty} \int_z^a f(x)\,dx.$$

ESEMPIO

Calcoliamo, se esiste, l'integrale improprio della funzione $f(x) = \dfrac{1}{x^2}$ nell'intervallo $[1;+\infty[$.

Determiniamo la funzione integrale $F(z)$, con z appartenente a $[1;+\infty[$:

$$F(z) = \int_1^z \dfrac{1}{x^2}\,dx = \left[-\dfrac{1}{x}\right]_1^z = -\dfrac{1}{z} + 1.$$

Calcoliamo $\lim_{z \to +\infty} F(z)$:

$$\lim_{z \to +\infty}\left(-\dfrac{1}{z} + 1\right) = 1.$$

$f(x) = \dfrac{1}{x^2}$ è integrabile in senso improprio in $[1;+\infty[$ e $\int_1^{+\infty} \dfrac{1}{x^2}\,dx = 1$.

Anche in questo caso, la regione colorata non è limitata, ma la sua area è finita.

Paragrafo 6. Applicazioni degli integrali alla fisica

6 Applicazioni degli integrali alla fisica

▶ Esercizi a p. 2006

Gli integrali definiti non sono utilizzati solo in ambito geometrico, ma trovano larga applicazione anche in fisica. Vediamo alcuni esempi.

Posizione, velocità e accelerazione

In un moto rettilineo sappiamo che, se $s(t)$ è la posizione, cioè l'ascissa di un punto materiale all'istante t, allora:

$v(t) = s'(t)$ velocità;

$a(t) = v'(t) = s''(t)$ accelerazione.

Quindi, la velocità $v(t)$ è una primitiva dell'accelerazione $a(t)$ e la posizione $s(t)$ è una primitiva della velocità $v(t)$. Pertanto, nota l'accelerazione in funzione del tempo t, per determinare la velocità e la legge del moto, basta integrare successivamente $a(t)$ applicando il teorema fondamentale del calcolo integrale:

$$v(t) - v(t_0) = \int_{t_0}^{t} a(z)\, dz \quad \rightarrow \quad \boxed{v(t) = v(t_0) + \int_{t_0}^{t} a(z)\, dz};$$

$$s(t) - s(t_0) = \int_{t_0}^{t} v(z)\, dz \quad \rightarrow \quad \boxed{s(t) = s(t_0) + \int_{t_0}^{t} v(z)\, dz}.$$

ESEMPIO

Determiniamo la legge del moto di un punto che si muove lungo una retta con accelerazione $a(t) = -3t^2 + 1$, sapendo che per $t = 2$ s la posizione è $s(2) = 4$ m e la velocità è $v(2) = 2$ m/s.

Possiamo applicare le formule precedenti prendendo $t_0 = 2$:

$$v(t) = v(2) + \int_{2}^{t}(-3z^2 + 1)\, dz = 2 + [-z^3 + z]_{2}^{t} = -t^3 + t + 8;$$

$$s(t) = s(2) + \int_{2}^{t}(-z^3 + z + 8)\, dz =$$

$$4 + \left[-\frac{z^4}{4} + \frac{z^2}{2} + 8z\right]_{2}^{t} = -\frac{t^4}{4} + \frac{t^2}{2} + 8t - 10.$$

▶ Determina la legge oraria di un punto materiale che si muove lungo una retta con accelerazione $a(t) = 4$ m/s^2, sapendo che parte da fermo e che $s(0) = 5$ m.

Se fissiamo l'istante finale t_1 e calcoliamo

$$\int_{t_0}^{t_1} v(t)\, dt = \int_{t_0}^{t_1} s'(t)\, dt = s(t_1) - s(t_0),$$

otteniamo lo *spostamento* compiuto dal punto materiale tra gli istanti t_0 e t_1. Se $v(t) \geq 0$ nell'intervallo $[t_0; t_1]$, otteniamo la distanza effettivamente percorsa dal punto. Altrimenti è necessario tenere conto delle inversioni di moto e quindi, per calcolare la distanza percorsa, occorre calcolare $\int_{t_0}^{t_1} |v(t)|\, dt$.

ESEMPIO

Determiniamo lo spostamento di un punto materiale che si muove lungo una retta con velocità $v(t) = 3 - t$ (in m/s) tra gli istanti $t_0 = 0$ s e $t_1 = 6$ s, e calcoliamo la distanza effettivamente percorsa.

1961

Capitolo 30. Integrali definiti

Determiniamo lo spostamento:

$$\int_0^6 v(t)\, dt = \int_0^6 (3-t)\, dt = \left[3t - \frac{t^2}{2}\right]_0^6 = 18 - 18 = 0.$$

Quindi lo spostamento totale è nullo, cioè il punto materiale è tornato al punto di partenza. Calcoliamo lo spazio percorso.
Osserviamo che $3 - t > 0$ se $t < 3$.

$$\int_0^6 |v(t)|\, dt = \int_0^3 (3-t)\, dt + \int_3^6 (t-3)\, dt =$$

$$\left[3t - \frac{t^2}{2}\right]_0^3 + \left[\frac{t^2}{2} - 3t\right]_3^6 = 9 - \frac{9}{2} + \cancel{18} - \cancel{18} - \frac{9}{2} + 9 = 9.$$

La distanza percorsa è di 9 m.

► Calcola la distanza percorsa tra gli istanti $t_0 = 4\,$s e $t_1 = 10\,$s da un punto materiale che si muove su una retta con velocità $v(t) = 3t + 1$.

Analogamente

$$\int_{t_0}^{t_1} a(t)\, dt = \int_{t_0}^{t_1} v'(t)\, dt = v(t_1) - v(t_0)$$

è la variazione della velocità del punto.

In generale, data una grandezza $f(t)$ variabile nel tempo, $\int_{t_0}^{t_1} f'(t)\, dt = f(t_1) - f(t_0)$ esprime la variazione della grandezza tra gli istanti t_0 e t_1.

Lavoro di una forza

Consideriamo una forza avente per direzione costante una retta r e intensità variabile al variare del punto di applicazione, per esempio la forza di richiamo di una molla oppure la forza gravitazionale tra due corpi. Supponiamo che il punto di applicazione si muova lungo la retta orientata r e indichiamo con x la sua ascissa. Esprimeremo perciò l'intensità della forza come funzione $F(x)$ dell'ascissa del punto di applicazione.

Per determinare in modo approssimato il lavoro compiuto dalla forza per uno spostamento da un punto di ascissa a a un punto di ascissa b, possiamo suddividere l'intervallo in n parti, $\Delta x_1, \Delta x_2, \ldots, \Delta x_n$, all'interno delle quali si possa ritenere l'intensità della forza approssimativamente costante, con valori $F(c_1), F(c_2), \ldots$ e calcolare il lavoro nel modo seguente:

$$L_n = \Delta x_1 F(c_1) + \Delta x_2 F(c_2) + \ldots + \Delta x_n F(c_n).$$

L_n è un valore che dipende dalla suddivisione e varia al variare di n; si ha quindi una successione. Facendo tendere n all'infinito, se la successione L_n ammette limite, tale limite è l'integrale da a a b di $F(x)$ e coincide con il lavoro della forza, ossia:

$$L = \int_a^b F(x)\, dx.$$

ESEMPIO

Determiniamo il lavoro compiuto dalla forza elastica di una molla che sposta il suo punto di applicazione dal punto di ascissa $x_0 = 0$ al punto di ascissa $x_1 = 2$, sapendo che la forza varia con la legge $F(x) = -kx$, dove $k = 40$ è la costante elastica della molla.

► Calcola il lavoro necessario per allungare una molla da 2 cm a 8 cm, sapendo che la costante elastica della molla è 500 N/m.

Utilizzando la formula precedente, otteniamo:

$$L = \int_{x_0}^{x_1} F(x)\, dx = \int_0^2 -40x\, dx = -40 \int_0^2 x\, dx = -40 \left[\frac{1}{2} x^2\right]_0^2 = -80.$$

1962

Quantità di carica

L'intensità di una corrente è la quantità di carica che attraversa la sezione di un conduttore nell'unità di tempo. Per esprimere l'intensità della corrente che circola nel conduttore all'istante t, ossia l'intensità istantanea, si utilizza la derivata della funzione $q(t)$, che lega la quantità di carica al tempo:

$$i(t) = q'(t).$$

Possiamo dedurre che la quantità di carica $q(t)$ è una primitiva dell'intensità di corrente $i(t)$. Se vogliamo determinare la quantità di carica che attraversa la sezione di un conduttore nell'intervallo di tempo che va da t_0 a t_1, basta allora calcolare il seguente integrale:

$$Q = \int_{t_0}^{t_1} i(t)\, dt.$$

ESEMPIO

Calcoliamo la quantità di carica che attraversa la sezione di un circuito nel primo secondo dopo la chiusura del circuito stesso, sapendo che l'intensità di corrente varia con la legge $i(t) = k(1 - e^{-ht})$, con k e h costanti.
Utilizzando la formula precedente, poniamo $t_0 = 0$ e $t_1 = 1$, quindi scriviamo:

$$Q = \int_0^1 k(1 - e^{-ht})\, dt = \int_0^1 k\, dt - k\int_0^1 e^{-ht}\, dt = k\int_0^1 dt + \frac{k}{h}\int_0^1 -h e^{-ht}\, dt =$$

$$k[t]_0^1 + \frac{k}{h}[e^{-ht}]_0^1 = k + \frac{k}{h}(e^{-h} - 1).$$

▶ In un circuito l'intensità della corrente all'istante t è $i(t) = t^2 + 2t$. Calcola la quantità di carica che attraversa una sezione del circuito tra $t_0 = 0$ e $t_1 = 3$.

7 Integrazione numerica

■ Introduzione

L'integrazione numerica di una funzione $f(x)$ è un modo approssimato per calcolare un integrale definito di f. Si utilizza nelle applicazioni sperimentali o nell'analisi statistica, in particolare quando:

- la funzione è nota soltanto per punti, ossia è assegnata mediante una tabella oppure attraverso una rilevazione sperimentale o statistica;
- è nota l'espressione analitica della funzione, ma essa non è integrabile con le regole di integrazione;
- l'applicazione delle regole di integrazione conduce a calcoli laboriosi.

Il calcolo numerico di un integrale definito si basa sul suo significato geometrico. Sappiamo che l'integrale definito di una funzione su un intervallo $[a; b]$ rappresenta, quando $f(x) \geq 0$ in $[a; b]$, la misura dell'area della superficie delimitata dal grafico della funzione, dall'asse delle ascisse e dalle rette di equazioni $x = a$ e $x = b$ (figura a lato).

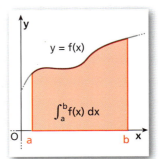

Ognuno dei metodi che studieremo non è altro che un modo approssimato di calcolare tale area.

Per semplicità, noi considereremo l'integrazione numerica soltanto nel caso di una funzione continua e derivabile in un intervallo limitato e chiuso.

Capitolo 30. Integrali definiti

> **Listen to it**
>
> **Numerical integration** consists in using different numerical techniques to calculate an approximate value of a definite integral.

La continuità è condizione sufficiente per l'esistenza dell'integrale

$$\int_a^b f(x)\, dx;$$

se inoltre la f è derivabile più volte, è possibile anche la stima dell'errore commesso.

■ Metodo dei rettangoli
▶ Esercizi a p. 2009

Consideriamo una funzione f continua nell'intervallo $[a; b]$ e, per semplicità, sia $f(x) \geq 0$ in $[a; b]$. Dividiamo l'intervallo $[a; b]$ in n parti di uguale ampiezza $h = \dfrac{b-a}{n}$, mediante i punti di suddivisione:

$$x_0 = a,\ x_1 = a + h,\ x_2 = a + 2h,\ \ldots,\ x_n = a + nh = b.$$

Ai punti di suddivisione corrispondono i seguenti valori della funzione:

$$y_0 = f(a),\ y_1 = f(x_1),\ y_2 = f(x_2),\ \ldots,\ y_{n-1} = f(x_{n-1}),\ y_n = f(b).$$

Sui segmenti di suddivisione disegniamo i rettangoli che hanno ciascuno:

- per base un intervallo di suddivisione;
- per altezza il segmento determinato dal valore di f calcolato nel primo estremo di tale intervallo oppure nel secondo.

Otteniamo così due figure costituite da n rettangoli la cui base è $h = \dfrac{b-a}{n}$. Ciascuna di queste figure si chiama **plurirettangolo**.

x	y
$x_0 = a$	$f(a)$
x_1	y_1
x_2	y_2
x_3	y_3
...	...
...	...
...	...
x_{n-2}	y_{n-2}
x_{n-1}	y_{n-1}
$x_n = b$	$f(b)$

a. Nella tabella sono riportati i valori della funzione che hanno per ascissa un punto della suddivisione.

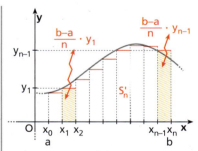

b. I rettangoli hanno come misura dell'altezza l'ordinata della funzione calcolata nel primo estremo degli intervalli di suddivisione.

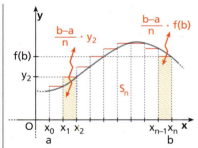

c. I rettangoli hanno come misura dell'altezza il valore della funzione calcolata nel secondo estremo degli intervalli di suddivisione.

Se consideriamo come altezza dei rettangoli il valore di f calcolato nel primo estremo degli intervalli di suddivisione, l'area del plurirettangolo, cioè la somma delle aree dei rettangoli, è data dalla formula:

$$S'_n = \frac{b-a}{n}[f(a) + y_1 + y_2 + \ldots + y_{n-1}] = \frac{b-a}{n}\sum_{i=0}^{n-1} f(x_i).$$

Se invece consideriamo come altezza dei rettangoli il valore di f nel secondo estremo degli intervalli, l'area del plurirettangolo è:

$$S_n = \frac{b-a}{n}[y_1 + y_2 + \ldots + y_{n-1} + f(b)] = \frac{b-a}{n}\sum_{i=1}^{n} f(x_i).$$

Queste somme costituiscono due valori approssimati dell'integrale della funzione e sono dette **formule dei rettangoli**.

Poiché la funzione è integrabile, tali somme convergono allo stesso limite per n tendente a $+\infty$; quindi la loro differenza si può rendere piccola a piacere aumentando opportunamente il numero degli intervalli di suddivisione.

Se la funzione ammette derivata prima continua, si dimostra che l'errore E_n commesso è minore o uguale alla quantità:

$$\varepsilon_n = \frac{(b-a)^2}{2n} \cdot M, \quad \text{dove } M \text{ è il massimo di } |f'(x)| \text{ in } [a; b].$$

ESEMPIO

Con le formule dei rettangoli calcoliamo due valori approssimati dell'integrale $\int_2^3 x^3 \, dx$, valutiamo l'errore commesso e confrontiamo i risultati ottenuti con l'integrale esatto.

Dividiamo l'intervallo in 10 intervalli di ampiezza $h = \frac{3-2}{10} = 0,1$ e quindi scriviamo i valori della funzione in una tabella.

x_i	2	2,1	2,2	2,3	2,4	2,5	2,6	2,7	2,8	2,9	3
$x_i = x_i^3$	8	9,261	10,648	12,167	13,824	15,625	17,576	19,683	21,952	24,389	27

Ora calcoliamo le due somme:

$S'_n = 0,1 \cdot (8 + 9,261 + 10,648 + \ldots + 24,389) = 15,3125;$

$S_n = 0,1 \cdot (9,261 + 10,648 + \ldots + 24,389 + 27) = 17,2125.$

I due valori approssimati dell'integrale sono pertanto:

$$\int_2^3 x^3 \, dx \simeq 15,3125 \quad \text{e} \quad \int_2^3 x^3 \, dx \simeq 17,2125.$$

Osserviamo che la derivata $f'(x) = 3x^2$ è continua nell'intervallo $[2; 3]$ e il suo massimo è $M = \max_{[2;3]} |3x^2| = 27$; possiamo quindi valutare l'errore commesso mediante la relazione:

$$E_{10} \leq \varepsilon_{10} = \frac{(3-2)^2}{2 \cdot 10} \cdot 27 = 1,35.$$

I due risultati hanno, pertanto, un'approssimazione minore o uguale a 1,35. Calcoliamo l'integrale in modo esatto:

$$\int_2^3 x^3 \, dx = \left[\frac{x^4}{4}\right]_2^3 = \frac{1}{4} \cdot (81 - 16) = 16,25.$$

Le differenze fra questo valore e quelli approssimati sono

$|S'_n - 16,25| = 0,9375 \text{ e } |S_n - 16,25| = = 0,9625,$

quindi entrambe minori di 1,35.

▶ Applicando il metodo dei rettangoli, con $n = 4$, calcola due valori approssimati di $\int_0^1 (3x^2 + 1) \, dx$ e confronta i risultati con il valore esatto.

■ Metodo dei trapezi

▶ Esercizi a p. 2011

Consideriamo una funzione $f(x)$ continua nell'intervallo $[a; b]$ e dividiamo $[a; b]$ in n parti di uguale ampiezza, $h = \frac{b-a}{n}$, mediante i punti di suddivisione $x_0 = a, \; x_1 = a + h, \; \ldots, \; x_n = a + nh = b$.

Capitolo 30. Integrali definiti

APPROFONDIMENTO
Metodo delle parabole
Per l'integrazione numerica si può anche utilizzare il **metodo delle parabole**, che si basa sull'approssimazione del grafico della funzione con archi di parabole.
▶ Come si procede?

☐ La risposta –
   21 esercizi in più

Il metodo dei trapezi consiste nel sostituire, in ogni intervallo di suddivisione, il grafico della funzione $y = f(x)$ con la corda sottesa (cioè il segmento che congiunge i punti del grafico di $f(x)$ corrispondenti al primo e al secondo estremo dell'intervallo). Otteniamo così n trapezi rettangoli aventi tutti uguale altezza h.

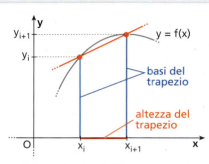
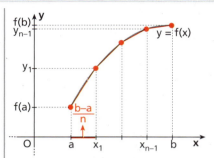

a. Il trapezio che si ottiene per ogni intervallo ha come misure delle basi le ordinate corrispondenti al primo e secondo estremo e come misura dell'altezza l'ampiezza dell'intervallo.

b. Il trapezoide è costituito dalla somma di n trapezi rettangoli aventi altezza uguale a:
$$h = \frac{b-a}{n}.$$

Possiamo così determinare un valore approssimato dell'integrale calcolando la somma delle aree dei trapezi. Tale area è espressa dalla seguente **formula dei trapezi**:

$$\int_a^b f(x)\,dx \simeq h \cdot \frac{f(a) + y_1}{2} + h \cdot \frac{y_1 + y_2}{2} + \ldots + h \cdot \frac{y_{n-1} + f(b)}{2} =$$
$$\frac{b-a}{n}\left[\frac{f(a) + f(b)}{2} + y_1 + y_2 + \ldots + y_{n-1}\right].$$

Se la funzione ammette derivata seconda continua, si dimostra che l'errore E_n commesso è minore o uguale alla quantità

$$\varepsilon_n = \frac{(b-a)^3}{12n^2} \cdot M,$$

▶ Applicando la formula dei trapezi, con $n = 10$, calcola un valore approssimato di $\int_0^2 \frac{4}{x+1}\,dx$.
Confronta il risultato ottenuto con quello relativo al calcolo esatto.

☐ Animazione

dove M è il massimo di $|f''(x)|$ in $[a; b]$.
Nell'animazione e negli esercizi trovi esempi di applicazione del metodo dei trapezi.

MATEMATICA E ARCHITETTURA
La torre Eiffel Il simbolo di Parigi, costruito per l'Esposizione universale del 1889, è una struttura in ferro forgiato, alta 312 metri.
▶ Perché Gustave Eiffel le ha dato proprio quella forma?

☐ La risposta

IN SINTESI
Integrali definiti

■ Integrale definito

- Data $f(x)$ continua su $[a; b]$, l'**integrale definito** esteso ad $[a; b]$ si indica con $\int_a^b f(x)\,dx$. a e b sono gli **estremi di integrazione**, $f(x)$ è la **funzione integranda**.

- L'integrale definito è un numero e non dipende dalla variabile x. Se $f(x) \geq 0$ in $[a; b]$, $\int_a^b f(x)\,dx$ rappresenta l'area del trapezoide determinato da f.

- $\int_b^a f(x)\,dx = -\int_a^b f(x)\,dx$, se $a < b$; $\quad \int_a^a f(x)\,dx = 0$.

- **Proprietà dell'integrale definito**
  - Se $a < b < c$, $\int_a^c f(x)\,dx = \int_a^b f(x)\,dx + \int_b^c f(x)\,dx$.
  - $\int_a^b [f(x) + g(x)]\,dx = \int_a^b f(x)\,dx + \int_a^b g(x)\,dx$.
  - $\int_a^b k \cdot f(x)\,dx = k \cdot \int_a^b f(x)\,dx$.
  - $f(x) \leq g(x) \rightarrow \int_a^b f(x)\,dx \leq \int_a^b g(x)\,dx$.
  - $\left| \int_a^b f(x)\,dx \right| \leq \int_a^b |f(x)|\,dx$.
  - $\int_a^b k\,dx = k(b-a)$.

- **Teorema della media**
  Se f è una funzione continua nell'intervallo $[a; b]$, allora $\exists z \in [a; b]$ tale che $\int_a^b f(x)\,dx = (b-a) \cdot f(z)$.
  $f(z) = \dfrac{1}{b-a} \int_a^b f(x)\,dx$ è il **valore medio** di $f(x)$ in $[a; b]$.

■ Teorema fondamentale del calcolo integrale

- Se f è una funzione continua in $[a; b]$, si dice **funzione integrale** di f in $[a; b]$ la funzione:
  $$F(x) = \int_a^x f(t)\,dt, \quad \forall x \in [a; b].$$

- **Teorema fondamentale del calcolo integrale**
  Se f è continua in $[a; b]$, allora la sua funzione integrale $F(x)$ è derivabile in $[a; b]$ e $F'(x) = f(x)$, $\forall x \in [a; b]$.

- **Calcolo dell'integrale definito**: se $\varphi(x)$ è una primitiva qualunque di $f(x)$ nell'intervallo $[a; b]$, allora:
  $$\int_a^b f(x)\,dx = [\varphi(x)]_a^b = \varphi(b) - \varphi(a).$$

■ Calcolo di aree

Aree di superfici piane

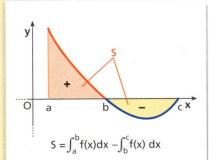

$S = \int_a^b f(x)\,dx - \int_b^c f(x)\,dx$

Area S della parte di piano compresa tra il grafico di una funzione e l'asse x.

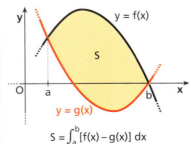

$S = \int_a^b [f(x) - g(x)]\,dx$

Area S della parte di piano compresa tra i grafici di due funzioni $f(x)$ e $g(x)$, con $f(x) \geq g(x)$.

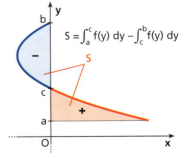

$S = \int_a^c f(y)\,dy - \int_c^b f(y)\,dy$

Area S della parte di piano compresa tra la funzione e l'asse y.

Capitolo 30. Integrali definiti

■ Calcolo di volumi

- **Solidi di rotazione attorno all'asse x**
  Dato il trapezoide della figura esteso all'intervallo $[a; b]$, delimitato dal grafico di $y = f(x)$ (positiva o nulla), dall'asse x e dalle rette $x = a$ e $x = b$, il **volume del solido** che si ottiene ruotando il trapezoide intorno all'asse x di un giro completo è:

  $$V = \pi \cdot \int_a^b [f(x)]^2 \, dx.$$

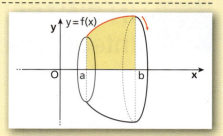

- **Solidi di rotazione attorno all'asse y**
  Dato il trapezoide in figura, delimitato dal grafico di $x = f(y)$ (positiva o nulla), dall'asse y e dalle rette $y = a$ e $y = b$, il **volume del solido** che si ottiene ruotando il trapezoide intorno all'asse y di un giro completo è:

  $$V = \pi \int_a^b [f(y)]^2 \, dy.$$

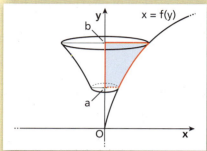

- **Metodo dei gusci cilindrici**
  Dato il trapezoide in figura, delimitato dal grafico di $y = f(x)$, dall'asse x e dalle rette $x = a$ e $x = b$, il **volume del solido** che si ottiene ruotando il trapezoide intorno all'asse y di un giro completo è:

  $$V = 2\pi \int_a^b x f(x) \, dx.$$

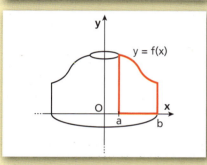

- **Volumi dei solidi con il metodo delle sezioni**
  Dato il solido T della figura, consideriamo i due piani paralleli α e β che delimitano T, sono perpendicolari all'asse x e lo intersecano in a e b. Consideriamo $x \in [a; b]$; se prendiamo il piano parallelo ad α e a β passante per x, esso, intersecando il solido, determina una sezione di area generica $S(x)$. Il volume V del solido è allora:

  $$V = \int_a^b S(x) \, dx.$$

  Per poter utilizzare questa formula, deve essere nota la funzione $S(x)$, che esprime l'area della generica sezione del solido al variare di x.

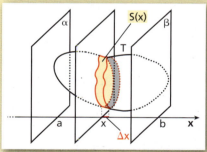

■ Integrali impropri

- **Discontinuità in un punto**
  - Se $f(x)$ è continua in $[a; b[$ ma discontinua in b: $\int_a^b f(x) \, dx = \lim_{z \to b^-} \int_a^z f(x) \, dx$.
  - Se $f(x)$ è continua in $]a; b]$ ma discontinua in a: $\int_a^b f(x) \, dx = \lim_{z \to a^+} \int_z^b f(x) \, dx$.
  - Se $f(x)$ è continua in $[a; b]$ tranne che in $c \in [a; b]$: $\int_a^b f(x) \, dx = \lim_{z \to c^-} \int_a^z f(x) \, dx + \lim_{z \to c^+} \int_z^b f(x) \, dx$.

- **Intervallo di integrazione illimitato**
  - Se $f(x)$ è continua in $[a; +\infty[$: $\int_a^{+\infty} f(x) \, dx = \lim_{z \to +\infty} \int_a^z f(x) \, dx$.
  - Se $f(x)$ è continua in $]-\infty; a]$: $\int_{-\infty}^a f(x) \, dx = \lim_{z \to -\infty} \int_z^a f(x) \, dx$.

CAPITOLO 30
ESERCIZI

1 Integrale definito

Definizione di integrale definito
▶ Teoria a p. 1940

Trapezoide

Disegna il trapezoide individuato dalla funzione nell'intervallo scritto a fianco.

1 $y = x^2 + 2$, $[-1; 4]$. **3** $y = x^3 - 1$, $[1; 2]$. **5** $y = \cos x$, $\left[-\frac{\pi}{4}; \frac{\pi}{2}\right]$.

2 $y = \sqrt{x}$, $[1; 3]$. **4** $y = \ln(x + 1)$, $[0; e]$. **6** $y = \frac{x+1}{x+2}$, $[-1; 2]$.

Trova, utilizzando sei suddivisioni di uguale ampiezza, un valore approssimato per eccesso e uno per difetto dell'area del trapezoide individuato dal grafico della funzione f(x) nell'intervallo indicato a fianco.

7 $f(x) = -x^2 + 8x$, $[2; 8]$. **8** $f(x) = \frac{1}{x+1}$, $[0; 4]$.

Integrale definito

9 **COMPLETA** in modo che gli integrali indichino la misura dell'area corrispondente.

a. $A_1 = \int_{-1}^{\square} f(x)dx$

b. $A_1 \cup A_2 = \int_{\square}^{\square} f(x)dx$

c. $A_3 = \left| \int_{\square}^{\square} f(x)dx \right|$

d. $A_2 \cup A_3 = \int_{\square}^{\square} f(x)dx - \int_{\square}^{\square} f(x)dx$

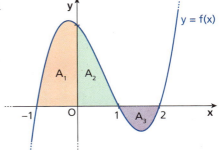

LEGGI IL GRAFICO Scrivi gli integrali che esprimono i valori delle aree delle regioni rappresentate nelle figure.
(I grafici in cui non è indicato il tipo di equazione sono rette o parabole.)

10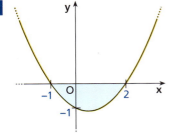

11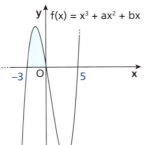

12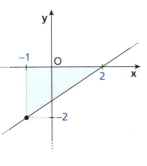

Rappresenta graficamente le regioni le cui aree sono date dagli integrali.

13 a. $\int_1^3 2x^2 dx$; b. $\int_0^{\frac{\pi}{4}} \cos x \, dx$. **15** a. $\left| \int_1^3 (1-x)dx \right|$; b. $\int_{-4}^0 \sqrt{-x} \, dx$.

14 a. $\int_1^4 (-x^2 + 4x) dx$; b. $\int_{\frac{1}{2}}^1 (-\ln x) dx$. **16** a. $\int_{-1}^1 e^x dx$; b. $\left| \int_{\pi}^{2\pi} \sin x \, dx \right|$.

Capitolo 30. Integrali definiti

ESERCIZI

RIFLETTI SULLA TEORIA Quali delle seguenti scritture non hanno significato? Motiva la risposta.

17 a. $\int_{-2}^{1} \sqrt{x}\, dx$; b. $\int_{0}^{4} \arcsin x\, dx$; c. $\int_{0}^{6} \sqrt{x+3}\, dx$. [a,b]

18 a. $\int_{-\pi}^{\pi} \sin x\, dx$; b. $\int_{-1}^{1} \frac{1}{x^2}\, dx$; c. $\int_{0}^{2} \frac{1}{x-1}\, dx$. [b,c]

19 **VERO O FALSO?** Osserva il grafico di $f(x)$ e rispondi.

a. $\int_{0}^{2} f(x)\, dx > 0$ V F

b. $\int_{-3}^{4} f(x)\, dx > 0$ V F

c. $\int_{-7}^{-1} f(x)\, dx < 0$ V F

d. $\int_{-5}^{-3} |f(x)|\, dx < 0$ V F

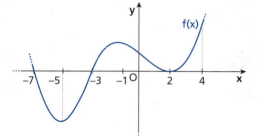

COMPLETA utilizzando i simboli >, <, =, dopo aver interpretato geometricamente ogni integrale.

20 $\int_{-6}^{-2} 3\, dx \;\square\; 0$; $\int_{-3}^{-1} 2x^2\, dx \;\square\; 0$; $\int_{5}^{1} x^4\, dx \;\square\; 0$; $\int_{0}^{1} (x^2-1)\, dx \;\square\; 0$.

21 $\int_{3}^{3} x \ln x\, dx \;\square\; 0$; $\int_{-1}^{1} (x^3 - 1)\, dx \;\square\; 0$; $\int_{-\frac{\pi}{4}}^{0} \tan x\, dx \;\square\; 0$; $\int_{2}^{1} 3x\, dx \;\square\; -\int_{1}^{2} 3x\, dx$.

VERO O FALSO?

22 a. $\int_{1}^{2} f(x)\, dx = -\int_{2}^{1} f(x)\, dx$ V F

b. $\int_{4}^{4} \ln x\, dx = 0$ V F

c. Se f è continua in $[a; b]$, allora esiste $\int_{a}^{b} f(x)\, dx$.   V F

d. Se f è integrabile in $[a; b]$, allora è continua in $[a; b]$.   V F

23 Se una funzione $f(x)$ è continua in $\mathbb{R}$, $\int_{1}^{5} f(x)\, dx$:

a. è una funzione.   V F

b. è un numero positivo.   V F

c. è la misura dell'area di un trapezoide se $f(x) \geq 0$ in $[1; 5]$.   V F

d. è opposto a $\int_{5}^{1} f(x)\, dx$.   V F

e. è uguale a $\int f(x)\, dx$.   V F

LEGGI IL GRAFICO Calcola il valore degli integrali indicati, riferendoti alle aree determinate dalla funzione rappresentata nelle figure.

24 a. $\int_{-2}^{-1} f(x)\, dx$ c. $\int_{-2}^{0} f(x)\, dx$

b. $\int_{0}^{2} f(x)\, dx$ d. $\int_{2}^{4} f(x)\, dx$

25 a. $\int_{-4}^{0} f(x)\, dx$ c. $\int_{0}^{4} f(x)\, dx$

b. $\int_{0}^{2} f(x)\, dx$ d. $\int_{4}^{6} f(x)\, dx$

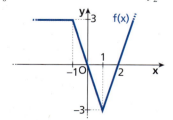
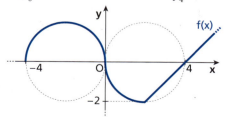

Paragrafo 1. Integrale definito

Rappresenta graficamente le regioni le cui aree sono date dagli integrali e calcola i loro valori.

26 $\left|\int_{-2}^{1}(x-1)dx\right|$ $\left[\dfrac{9}{2}\right]$ **27** $\int_{0}^{2}\sqrt{4-x^2}\,dx$ $[\pi]$ **28** $\int_{0}^{2}(2-|x|)dx$ $[2]$

Proprietà dell'integrale definito
▶ Teoria a p. 1944

VERO O FALSO?

29
a. $2\int_{1}^{4}(x-1)\,dx = \int_{1}^{4}(2x-2)\,dx$ V F

b. $\int_{0}^{\frac{\pi}{4}}\tan^2 x\,dx = \left(\int_{0}^{\frac{\pi}{4}}\tan x\,dx\right)^2$ V F

c. $\int_{-2}^{6}(2x^2+4)\,dx = -2\int_{6}^{-2}(x^2+2)\,dx$ V F

d. $\int_{1}^{4}3\,dx = 9$ V F

e. $\int_{2}^{3}k\,dx = k$ V F

f. $\int_{-1}^{2}x\,dx - \int_{2}^{-1}x\,dx = 0$ V F

30
a. $\int_{1}^{3}(x^2+3x)\,dx = \int_{1}^{3}x^2\,dx + 3\int_{1}^{3}x\,dx$ V F

b. $\int_{-1}^{0}xe^x\,dx = \left(\int_{-1}^{0}x\,dx\right)\left(\int_{-1}^{0}e^x\,dx\right)$ V F

c. $\int_{2}^{4}\sqrt{x+3}\,dx + \int_{4}^{2}\sqrt{x+3}\,dx = 0$ V F

d. $\int_{0}^{\pi}x\sin x\,dx = x\int_{0}^{\pi}\sin x\,dx$ V F

e. $\int_{0}^{1}x^2\,dx \leq \int_{0}^{1}x^4\,dx$ V F

f. Se $f(x) > 0$ in $[a;b]$, allora $\left|\int_{a}^{b}f(x)\,dx\right| = \int_{a}^{b}|f(x)|\,dx$.   V F

31 TEST L'integrale $\int_{1}^{4}x\,dx$ *non* è uguale a:

A $\int_{-1}^{-4}x\,dx$.   B $\int_{1}^{2}x\,dx + \int_{2}^{4}x\,dx$.   C $\int_{1}^{5}x\,dx + \int_{5}^{4}x\,dx$.   D $\int_{4}^{1}(-x)\,dx$.   E $\int_{4}^{1}x\,dx$.

32 Sapendo che $\int_{0}^{2}f(x)\,dx = 4$ e $\int_{2}^{5}f(x)\,dx = 6$, calcola:

a. $\int_{0}^{5}f(x)\,dx$;   b. $\int_{0}^{2}3f(x)\,dx$;   c. $\int_{5}^{2}f(x)\,dx$.   [a) 10; b) 12; c) −6]

33 Sapendo che $\int_{1}^{5}f(x)\,dx = 3$ e $\int_{1}^{5}g(x)\,dx = 7$, calcola:

a. $\int_{1}^{5}[f(x)+g(x)]\,dx$;   b. $\int_{1}^{5}[g(x)-4f(x)]\,dx$.   [a) 10; b) −5]

Calcola il valore dei seguenti integrali utilizzando i valori degli integrali definiti scritti a fianco e sfruttando le proprietà dell'integrale definito.

34 $\int_{0}^{1}(2^x \ln 2 + 1)\,dx$; $\int_{0}^{1}2^x\,dx = \dfrac{1}{\ln 2}$, $\int_{0}^{1}dx = 1$.   [2]

35 $\int_{1}^{3}(4x^3+2)\,dx$; $\int_{1}^{2}x^3\,dx = \dfrac{15}{4}$, $\int_{2}^{3}x^3\,dx = \dfrac{65}{4}$, $\int_{1}^{3}2\,dx = 4$.   [84]

36 $\int_{1}^{9}(1+3\sqrt{x})\,dx$; $\int_{1}^{4}\sqrt{x}\,dx = \dfrac{14}{3}$, $\int_{4}^{9}\sqrt{x}\,dx = \dfrac{38}{3}$, $\int_{1}^{9}dx = 8$.   [60]

Dimostra le seguenti disuguaglianze.

37 $\int_{1}^{2}x^2\,dx \leq \int_{1}^{2}x^3\,dx$ **38** $\int_{0}^{1}x^2\,dx \geq \int_{0}^{1}x^4\,dx$ **39** $\int_{2}^{5}\sqrt{x^2+5}\,dx \geq 9$

1971

Capitolo 30. Integrali definiti

Teorema della media
▶ Teoria a p. 1945

Indica quali delle seguenti funzioni rispettano le ipotesi del teorema della media nell'intervallo scritto a fianco.

40 $y = \ln(x+3)$, $\quad [-2; 0]$. $\quad$ [sì] $\quad\quad$ **42** $y = \dfrac{1}{\sqrt{x^2-1}}$, $\quad [1; 3]$. $\quad$ [no]

41 $y = \dfrac{x-2}{x^2-x-2}$, $\quad [0; 3]$. $\quad$ [no] $\quad\quad$ **43** $y = 6 + \dfrac{|x|}{x}$, $\quad [-1; 1]$. $\quad$ [no]

Rappresenta graficamente le funzioni indicate nei seguenti integrali e verifica che il punto di ascissa dato soddisfa la tesi del teorema della media.

44 $\int_0^4 (x+2)dx$, $\quad z = 2$. $\quad\quad$ **45** $\int_{-3}^1 (4-3x)dx$, $\quad z = -1$.

2 Teorema fondamentale del calcolo integrale

Funzione integrale
▶ Teoria a p. 1946

46 **TEST** Sia $F(x) = \int_{-1}^{x} t^2 dt$. Allora vale:

A $F(0) = 0$. $\quad$ **B** $F(1) = 0$. $\quad$ **C** $F(-1) = 0$. $\quad$ **D** $F(1) = 2$. $\quad$ **E** $F(-1) = 1$.

LEGGI IL GRAFICO

47 Sia $F(x) = \int_{-1}^{x} f(t)dt$.

Osserva il grafico e calcola:

a. $F(-1)$; $\quad$ c. $F(-2)$;
b. $F(0)$; $\quad$ d. $F(1)$.

48 Sia $G(x) = \int_0^x g(t)dt$.

Osserva il grafico e calcola:

a. $G(-2)$; $\quad$ c. $G(4)$;
b. $G(0)$; $\quad$ d. $G(-4)$.

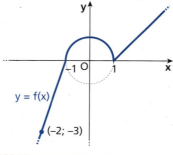

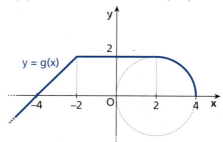

49 Il grafico della funzione $f(x)$ in figura è costituito da tre archi di circonferenza.

a. Ricava l'espressione analitica di $f(x)$ e metti in evidenza gli eventuali punti di non derivabilità della funzione stessa.

b. Senza far ricorso al calcolo integrale determina $F(1)$, $F(2)$, $F(3)$ e $F(4)$, dove $F(x)$ è la funzione integrale di f in $[0; 4]$.

$$\left[b)\ F(1) = 1 - \frac{\pi}{4},\ F(2) = 2,\ F(3) = 3 + \frac{\pi}{4},\ F(4) = 4 \right]$$

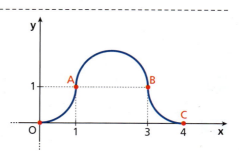

Calcolo dell'integrale definito
▶ Teoria a p. 1948

50 **ESERCIZIO GUIDA** Calcoliamo l'integrale definito $\int_1^2 (3x^2 + x)dx$.

Paragrafo 2. Teorema fondamentale del calcolo integrale

Utilizziamo la formula fondamentale:

$$\int_a^b f(x)\,dx = \left[\varphi(x)\right]_a^b = \varphi(b) - \varphi(a),$$

dove $\varphi(x)$ è una qualunque primitiva di $f(x)$. Determiniamo le primitive di $3x^2 + x$:

$$\int (3x^2 + x)\,dx = x^3 + \frac{1}{2}x^2 + c.$$

Una primitiva è dunque $\varphi(x) = x^3 + \frac{1}{2}x^2$.

Pertanto si ha:

$$\int_1^2 (3x^2 + x)\,dx = \left[x^3 + \frac{1}{2}x^2\right]_1^2.$$

Sostituiamo alla variabile x dentro la parentesi quadra prima 2 e poi 1 e calcoliamo la differenza:

$$\left[x^3 + \frac{1}{2}x^2\right]_1^2 = (8+2) - \left(1 + \frac{1}{2}\right) = \frac{17}{2}.$$

Quindi $\int_1^2 (3x^2 + x)\,dx = \frac{17}{2}$.

Calcola i seguenti integrali definiti.

51 $\int_3^4 (5 - 6x)\,dx$ $[-16]$

52 $\int_{-2}^0 (3x^2 - x)\,dx$ $[10]$

53 $\int_0^1 (x^2 + x)\,dx$ $\left[\dfrac{5}{6}\right]$

54 $\int_{-2}^1 \dfrac{3x^2 + 2x - 1}{3}\,dx$ $[1]$

55 $\int_1^2 \left(x^2 + \dfrac{1}{x^2}\right)dx$ $\left[\dfrac{17}{6}\right]$

56 $\int_4^9 (3\sqrt{x} + 2x)\,dx$ $[103]$

57 $\int_0^1 (\sqrt[3]{x} - x)\,dx$ $\left[\dfrac{1}{4}\right]$

58 $\int_2^3 \left(2x + \dfrac{1}{x} + 1\right)dx$ $\left[6 + \ln\dfrac{3}{2}\right]$

59 $\int_0^1 4(x + 1)^3\,dx$ $[15]$

60 $\int_{-3}^0 (2x^2 + 5)\,dx$ $[33]$

61 $\int_{-1}^1 (x^3 - 3x^2 + 1)\,dx$ $[0]$

62 $\int_0^3 |x - 1|\,dx$ $\left[\dfrac{5}{2}\right]$

63 $\int_{\frac{1}{4}}^{\frac{1}{2}} \left(\dfrac{1}{x^3} + \dfrac{1}{x^2}\right)dx$ $[8]$

64 $\int_1^4 \dfrac{x - 1}{x}\,dx$ $[3 - 2\ln 2]$

65 $\int_2^7 \dfrac{1}{\sqrt{x + 2}}\,dx$ $[2]$

66 $\int_1^{\pi + 1} \sin(x - 1)\,dx$ $[2]$

67 $\int_0^2 \dfrac{4x}{1 + x^2}\,dx$ $[2\ln 5]$

68 $\int_3^8 \dfrac{3\sqrt{x + 1}}{2}\,dx$ $[19]$

69 $\int_{-1}^{-\frac{1}{2}} \left(\dfrac{3}{x^4} - \dfrac{2}{x^2}\right)dx$ $[5]$

70 $\int_{-2}^{-1} \dfrac{x^2 + 1}{x}\,dx$ $\left[-\dfrac{3}{2} - \ln 2\right]$

71 $\int_1^2 \dfrac{3x^3 - 2}{x}\,dx$ $[7 - \ln 4]$

72 $\int_1^e \dfrac{1 - x}{x^2}\,dx$ $\left[-\dfrac{1}{e}\right]$

73 $\int_0^1 \dfrac{4x}{1 + 6x^2}\,dx$ $\left[\dfrac{1}{3}\ln 7\right]$

74 $\int_0^{\frac{1}{2}} \dfrac{4}{1 + 4x^2}\,dx$ $\left[\dfrac{\pi}{2}\right]$

75 $\int_0^1 x^3 (x^4 + 1)^5\,dx$ $\left[\dfrac{21}{8}\right]$

76 $\int_0^2 x(x^2 - 1)^3\,dx$ $[10]$

77 $\int_{-1}^4 x\,|3 - x|\,dx$ $\left[\dfrac{9}{2}\right]$

78 $\int_0^{\sqrt{8}} 6x\sqrt{x^2 + 1}\,dx$ $[52]$

79 $\int_{-1}^0 \dfrac{x^3}{x^4 + 1}\,dx$ $\left[-\dfrac{1}{4}\ln 2\right]$

80 $\int_0^1 \dfrac{x}{(x^2 - 2)^4}\,dx$ $\left[\dfrac{7}{48}\right]$

81 $\int_1^e \dfrac{6\ln^2 x}{x}\,dx$ $[2]$

82 $\int_0^{\frac{\pi}{3}} \tan x\,dx$ $[\ln 2]$

83 $\int_1^3 \dfrac{4x + 3}{2x^2 + 3x}\,dx$ $[\ln 27 - \ln 5]$

84 $\int_2^{\sqrt{5}} 6x\sqrt{x^2 - 4}\,dx$ $[2]$

1973

E **Capitolo 30.** Integrali definiti

ESERCIZI

85 $\displaystyle\int_0^1 \frac{2}{x^2 + 6x + 9}\, dx$ $\left[\dfrac{1}{6}\right]$

86 $\displaystyle\int_2^4 \frac{2x^2 + x + 1}{2x - 1}\, dx$ $[8 + \ln 7 - \ln 3]$

87 $\displaystyle\int_1^5 \left(3\sqrt{x} + \frac{1}{2\sqrt{x}}\right) dx$ $[11\sqrt{5} - 3]$

88 $\displaystyle\int_{-\frac{\pi}{2}}^{\frac{\pi}{2}} x \cos x\, dx$ $[0]$

89 $\displaystyle\int_{-1}^4 (x + \ln 2 \cdot 2^x)\, dx$ $[23]$

90 $\displaystyle\int_{\frac{\pi}{6}}^{\frac{\pi}{2}} \frac{\cos x}{\sin x + 1}\, dx$ $[\ln 4 - \ln 3]$

91 $\displaystyle\int_0^\pi (\sin x - \cos x)\, dx$ $[2]$

92 $\displaystyle\int_0^\pi \sin 2x\, dx$ $[0]$

93 $\displaystyle\int_2^4 x \ln\left(\frac{x}{2}\right) dx$ $[8\ln 2 - 3]$

94 $\displaystyle\int_1^e (\ln x + x)\, dx$ $\left[\dfrac{e^2}{2} + \dfrac{1}{2}\right]$

95 $\displaystyle\int_0^1 \frac{e^x}{e^x + 1}\, dx$ $\left[\ln\dfrac{e+1}{2}\right]$

96 $\displaystyle\int_0^1 2x e^{x^2}\, dx$ $[e - 1]$

97 $\displaystyle\int_1^{e^2} \ln x\, dx$ $[e^2 + 1]$

98 $\displaystyle\int_0^1 (2x - 1) 5^{x^2 - x}\, dx$ $[0]$

99 $\displaystyle\int_{-1}^2 x e^x\, dx$ $\left[e^2 + \dfrac{2}{e}\right]$

100 $\displaystyle\int_0^1 x e^{x-1}\, dx$ $\left[\dfrac{1}{e}\right]$

101 $\displaystyle\int_0^{\frac{\pi}{2}} \frac{\cos x}{(\sin x + 1)^2}\, dx$ $\left[\dfrac{1}{2}\right]$

102 $\displaystyle\int_1^2 \frac{1}{x\sqrt{1 - \ln^2 x}}\, dx$ $[\arcsin \ln 2]$

103 $\displaystyle\int_1^2 2x \ln x\, dx$ $\left[4\ln 2 - \dfrac{3}{2}\right]$

104 $\displaystyle\int_4^9 \frac{e^{2\sqrt{x} - 4}}{2\sqrt{x}}\, dx$ $\left[\dfrac{e^2}{2} - \dfrac{1}{2}\right]$

105 $\displaystyle\int_{\frac{\pi}{6}}^{\frac{\pi}{3}} 2\tan x\, dx$ $\left[-2\ln\dfrac{\sqrt{3}}{3}\right]$

106 $\displaystyle\int_{\frac{\pi^2}{36}}^{\frac{\pi^2}{9}} \frac{\cos\sqrt{x}}{\sqrt{x}}\, dx$ $[\sqrt{3} - 1]$

107 $\displaystyle\int_0^\pi \frac{\sin x}{\sqrt{3 + \cos x}}\, dx$ $[4 - 2\sqrt{2}]$

108 $\displaystyle\int_0^2 \frac{e^x}{(e^x + 1)^2}\, dx$ $\left[\dfrac{e^2 - 1}{2(e^2 + 1)}\right]$

109 $\displaystyle\int_{-\frac{\pi}{10}}^{\frac{\pi}{10}} \tan 2x\, dx$ $[0]$

110 $\displaystyle\int_{\frac{\pi}{8}}^\pi (\sin 2x + \cos 4x)\, dx$ $\left[\dfrac{\sqrt{2} - 3}{4}\right]$

111 $\displaystyle\int_1^3 \frac{1}{x(1 + x)}\, dx$ $\left[\ln\dfrac{3}{2}\right]$

112 $\displaystyle\int_1^4 \left(5x\sqrt{x} - \frac{1}{x}\right) dx$ $[62 - \ln 4]$

113 $\displaystyle\int_{\frac{2}{3}}^{\frac{e+1}{3}} \frac{3}{3x - 1}\, dx$ $[1]$

114 $\displaystyle\int_1^e \frac{1}{x(1 + \ln^2 x)}\, dx$ $\left[\dfrac{\pi}{4}\right]$

115 $\displaystyle\int_{\sqrt{2}}^{2\sqrt{2}} \frac{6x}{(x^2 + 1)^2}\, dx$ $\left[\dfrac{2}{3}\right]$

116 $\displaystyle\int_{\frac{1}{3}}^{\frac{1}{2}} \frac{e^{\frac{1}{x}}}{x^2}\, dx$ $[e^3 - e^2]$

117 $\displaystyle\int_0^{\ln\frac{1}{4}} \frac{e^x}{\cos^2(\pi e^x)}\, dx$ $\left[\dfrac{1}{\pi}\right]$

118 $\displaystyle\int_0^4 \frac{1}{\sqrt{64 - x^2}}\, dx$ $\left[\dfrac{\pi}{6}\right]$

119 $\displaystyle\int_0^{\frac{\sqrt{3}}{3}} \frac{4x}{1 + 9x^4}\, dx$ $\left[\dfrac{\pi}{6}\right]$

120 $\displaystyle\int_{\frac{\pi}{2}}^{\frac{2}{3}\pi} \frac{\sin 2x}{4\sin^2 x}\, dx$ $\left[\dfrac{1}{2}\ln\dfrac{\sqrt{3}}{2}\right]$

121 $\displaystyle\int_0^1 \arctan x\, dx$ $\left[\dfrac{\pi - \ln 4}{4}\right]$

122 $\displaystyle\int_e^{e^2} \frac{2}{x\ln^2 x}\, dx$ $[1]$

123 $\displaystyle\int_0^1 \arcsin x\, dx$ $\left[\dfrac{\pi - 2}{2}\right]$

124 $\displaystyle\int_0^{\frac{\sqrt{3}}{2}} \frac{4x}{\sqrt{1 - x^2}}\, dx$ $[2]$

125 $\displaystyle\int_{-\frac{\pi}{2}}^{\frac{\pi}{2}} x \sin x\, dx$ $[2]$

126 $\displaystyle\int_3^4 \frac{1}{(x - 1)\ln(x - 1)}\, dx$ $[\ln\ln 3 - \ln\ln 2]$

127 $\displaystyle\int_0^1 x \cdot 3^x\, dx$ $\left[\dfrac{3\ln 3 - 2}{\ln^2 3}\right]$

128 $\displaystyle\int_0^{\frac{\pi}{2}} e^x \cos x\, dx$ $\left[\dfrac{1}{2}\left(e^{\frac{\pi}{2}} - 1\right)\right]$

129 $\displaystyle\int_0^2 \frac{x + 2}{e^{x-3}}\, dx$ $[3e^3 - 5e]$

1974

Paragrafo 2. Teorema fondamentale del calcolo integrale

130 $\int_1^{e^\pi} \sin(\ln x)\,dx$ $\left[\dfrac{e^\pi+1}{2}\right]$ **138** $\int_1^e \dfrac{\ln x}{x^2}\,dx$ $\left[1-\dfrac{2}{e}\right]$

131 $\int_1^{e^2} \dfrac{\ln x}{\sqrt{x}}\,dx$ $[4]$ **139** $\int_0^1 \ln(x^2+1)\,dx$ $\left[\ln 2 - 2 + \dfrac{\pi}{2}\right]$

132 $\int_0^1 x^2 e^x\,dx$ $[e-2]$ **140** $\int_0^{\pi/2} \sin^2 x \cos^3 x\,dx$ $\left[\dfrac{2}{15}\right]$

133 $\int_0^{\pi/2} (\sin x \cos x + 1)\,dx$ $\left[\dfrac{\pi+1}{2}\right]$ **141** $\int_1^2 x^3 e^x\,dx$ $[2e(e+1)]$

134 $\int_{-\pi/2}^0 x \cos 2x\,dx$ $\left[\dfrac{1}{2}\right]$ **142** $\int_0^1 \dfrac{x^2+1}{e^x}\,dx$ $\left[3-\dfrac{6}{e}\right]$

135 $\int_{-\pi/4}^{\pi/4} \dfrac{\sin x}{\sqrt{1+\cos x}}\,dx$ $[0]$ **143** $\int_{e^{\pi/4}}^{e^{\pi/2}} \dfrac{1}{x \sin^2(\ln x)}\,dx$ $[1]$

136 $\int_{-1/2}^{1/2} \dfrac{1}{4x^2+4x+5}\,dx$ $\left[\dfrac{\pi}{16}\right]$ **144** $\int_0^1 \dfrac{x^3+3x^2+3x+2}{x^2+2x+1}\,dx$ $[2]$

137 $\int_{-2}^0 \dfrac{3x+5}{x^2+2x-3}\,dx$ $[-\ln 3]$ **145** $\int_1^2 \dfrac{2x^2+5x+1}{x^2+x}\,dx$ $[2+\ln 9 - \ln 2]$

---

146 $\int_{-1}^1 f(x)\,dx$, con $f(x)=\begin{cases} x+2 & \text{se } -1 \le x < 0 \\ \dfrac{1}{x+1} & \text{se } 0 \le x \le 1\end{cases}$. $\left[\dfrac{3}{2}+\ln 2\right]$

147 Calcolare il seguente integrale definito: $\int_1^e x^3(\ln x)^2\,dx$. $\left[\dfrac{1}{32}(5e^4-1)\right]$

(Università di Milano, Corso di laurea in Biologia, Prova di Matematica generale)

148 Se $f(1)=3$, $f(5)=3$ e $f'(x)$ è continua nell'intervallo $[1;5]$, quanto vale $\int_1^5 f'(x)\,dx$?

Trova per quale valore del parametro l'integrale assume il valore assegnato.

149 $\int_1^2 (-x^2+kx)\,dx = \dfrac{2}{3}$ $[2]$ **152** $\int_0^{\pi/8} k \cos 4x\,dx = 4$ $[16]$

150 $\int_1^3 (x+2a)^3\,dx = 60$ $\left[\dfrac{1}{2}\right]$ **153** $\int_\alpha^2 (3x-1)\,dx = -16$ $\left[-\dfrac{10}{3}, 4\right]$

151 $\int_0^{e-1} \dfrac{1}{x+a}\,dx = 1$ $(a>0)$ $[1]$ **154** $\int_0^\alpha \sin 3x\,dx = \dfrac{1}{3}$ $\left[\dfrac{\pi}{6}+k\dfrac{\pi}{3}\right]$

---

155 **TEST** Per quale α reale si ha $\int_1^\alpha \dfrac{1}{1+x^2}\,dx = \dfrac{\pi}{12}$?

A $\alpha = \dfrac{\pi}{3}$ **B** $\alpha = \sqrt{3}$ **C** $\alpha = 1$ **D** $\alpha = \arctan 1$ **E** $\alpha = \tan 1$

156 Verifica che $\int_a^{a+2\pi} \sin x\,dx = 0$. Se $f(x)$ è periodica di periodo T, è vero in generale che $\int_a^{a+T} f(x)\,dx = 0$?

Determina l'espressione analitica delle seguenti funzioni integrali e calcola il valore richiesto.

157 $F(x) = \int_1^x 4\,dt$, $F(0)$. $[F(x) = 4(x-1); -4]$

158 $F(x) = \int_{-2}^x (t+3)\,dt$, $F(2)$. $\left[F(x) = \dfrac{x^2}{2}+3x+4; 12\right]$

159 $G(x) = \int_1^x \dfrac{6t}{3t^2+4}\,dt$, $G(-1)$. $\left[G(x) = \ln\dfrac{3x^2+4}{7}; 0\right]$

1975

Capitolo 30. Integrali definiti

160 $F(x) = \int_x^3 \frac{5}{t^2} dt$,   F(1). $\left[F(x) = \frac{5}{x} - \frac{5}{3}; \frac{10}{3} \right]$

161 $G(x) = \int_\pi^x \sin 2t \, dt$, $G\left(\frac{\pi}{2}\right)$. $\left[G(x) = \frac{1 - \cos 2x}{2}; 1 \right]$

162 $F(x) = \int_0^x 10t e^{t^2} dt$,   F(0). $\left[F(x) = 5(e^{x^2} - 1); 0 \right]$

Trova gli zeri delle seguenti funzioni.

163 $F(x) = \int_0^x (t^3 + t) dt$ $[x = 0]$ **165** $F(x) = 3 - \int_0^x e^t dt$ $[x = \ln 4]$

164 $G(x) = \int_1^x (4t^3 - 1) dt$ $[x = 0, x = 1]$ **166** $G(x) = 1 + \int_1^x \frac{5}{t} dt$ $\left[x = e^{-\frac{1}{5}} \right]$

Con il metodo di sostituzione

COMPLETA

167 L'integrale $\int_0^2 \frac{1}{e^{\sqrt{2x}}} dx$, con la sostituzione $\sqrt{2x} = t$, diventa $\int_\square^\square \frac{\square}{e^t} dt$.

168 Se poniamo $\sqrt{x} = t$, l'integrale $\int_1^4 \frac{1}{\sqrt{x}(x+1)} dx$ si scrive come $2 \int_1^\square \frac{dt}{1 + \square}$.

169 **ESERCIZIO GUIDA** Calcoliamo l'integrale definito $\int_0^{\frac{\pi}{2}} \frac{\cos x}{\sqrt{1 + \sin x}} dx$.

Calcoliamo l'integrale definito per sostituzione, cambiando anche gli estremi di integrazione.
Poniamo $t = 1 + \sin x$ e calcoliamo il differenziale di t: $dt = D[1 + \sin x] dx = \cos x \, dx$.
Determiniamo il valore della variabile t in corrispondenza dei valori che la x assume negli estremi di integrazione:

Per $x = 0 \rightarrow t = 1 + \sin 0 = 1$;   per $x = \frac{\pi}{2} \rightarrow t = 1 + \sin \frac{\pi}{2} = 1 + 1 = 2$.

Riscriviamo l'integrale dato e sostituiamo le espressioni ricavate in precedenza:

$$\int_0^{\frac{\pi}{2}} \frac{1}{\sqrt{1 + \sin x}} \cdot \cos x \, dx = \int_1^2 \frac{1}{\sqrt{t}} dt = [2\sqrt{t}]_1^2 = 2\sqrt{2} - 2.$$

Osservazione. In alternativa avremmo potuto calcolare per sostituzione l'integrale *indefinito*

$$\int \frac{\cos x}{\sqrt{1 + \sin x}} dx = 2\sqrt{1 + \sin x} + c$$

e poi utilizzare tale risultato per il calcolo dell'integrale definito:

$$\int_0^{\frac{\pi}{2}} \frac{\cos x}{\sqrt{1 + \sin x}} dx = [2\sqrt{1 + \sin x}]_0^{\frac{\pi}{2}} = 2\sqrt{1 + \sin \frac{\pi}{2}} - 2\sqrt{1 + \sin 0} = 2\sqrt{2} - 2.$$

In questo modo si evita di calcolare gli estremi di integrazione per la variabile t.

Calcola i seguenti integrali utilizzando il metodo di sostituzione.

170 $\int_4^9 \frac{1}{x - \sqrt{x}} dx$ $[2 \ln 2]$ **172** $\int_1^3 \frac{1}{\sqrt{x}(1 + x)} dx$ $\left[\frac{\pi}{6} \right]$

171 $\int_{-3}^0 \frac{1}{\sqrt{3x + 25}} dx$ $\left[\frac{2}{3} \right]$ **173** $\int_0^{\pi^2} \sin \sqrt{x} \, dx$ $[2\pi]$

1976

Paragrafo 2. Teorema fondamentale del calcolo integrale

174 $\int_0^{\frac{\sqrt{2}}{2}} \frac{x^2}{\sqrt{1-x^2}} dx$ $\left[\frac{\pi-2}{8}\right]$

175 $\int_2^5 \frac{x}{\sqrt{x-1}} dx$ $\left[\frac{20}{3}\right]$

176 $\int_{-1}^0 x^2 \sqrt{x+1} \, dx$ $\left[\frac{16}{105}\right]$

177 $\int_{-1}^1 \frac{x+1}{\sqrt{x+2}} dx$ $\left[\frac{4}{3}\right]$

178 $\int_{-1}^6 \frac{x}{\sqrt[3]{x+2}} dx$ $\left[\frac{48}{5}\right]$

179 $\int_0^{\frac{7}{8}} \frac{x}{\sqrt{1-x}} dx$ $\left[\frac{4}{3} - \frac{23}{24\sqrt{2}}\right]$

180 $\int_{-\frac{2}{3}}^2 \frac{1}{\sqrt{x+1}(2+x)} dx$ $\left[\frac{\pi}{3}\right]$

181 $\int_0^1 \sqrt{1-x^2} \, dx$ $\left[\frac{\pi}{4}\right]$

182 $\int_{\frac{\pi}{4}}^{\frac{\pi}{2}} \sqrt{1+\cos x} \, dx$ $[2 - \sqrt{4 - 2\sqrt{2}}]$

183 $\int_0^{\frac{1}{2}} \sqrt{\frac{x+1}{1-x}} dx$ $\left[\frac{\pi}{6} - \frac{\sqrt{3}}{2} + 1\right]$

Cambiare gli estremi di integrazione

184 **ESERCIZIO GUIDA** Calcoliamo l'integrale $\int_0^2 f\left(\frac{x}{2}\right) dx$, sapendo che $\int_0^1 f(x) \, dx = 4$.

Poniamo $\frac{x}{2} = t$; allora: $x = 2t \rightarrow dx = 2dt$.

Per $x = 0 \rightarrow t = 0$; per $x = 2 \rightarrow t = 1$.

Sostituiamo e integriamo:

$\int_0^2 f\left(\frac{x}{2}\right) dx = \int_0^1 2f(t) \, dt = 2\int_0^1 f(t) \, dt = 2 \cdot 4 = 8$.

Abbiamo applicato la formula:
$\int_a^b f(g(x)) \, g'(x) \, dx = \int_{g(a)}^{g(b)} f(t) \, dt$.

Calcola il valore dei seguenti integrali definiti, noto il valore dell'integrale indicato a fianco.

185 $\int_0^4 f(2x) \, dx$, $\int_0^8 f(x) \, dx = 10$.   [5]

186 $\int_2^4 f\left(\frac{x}{4}\right) dx$, $\int_{\frac{1}{2}}^1 f(x) \, dx = 6$.   [24]

187 $\int_1^2 3f\left(\frac{x}{2}\right) dx$, $\int_{\frac{1}{2}}^1 f(x) \, dx = 9$.   [54]

188 $\int_0^8 2f(x) \, dx$, $\int_0^4 f(2x) \, dx = 10$.   [40]

189 $\int_0^3 x f(x^2) \, dx$, $\int_0^9 f(x) \, dx = 2$.   [1]

190 $\int_2^0 x^2 f(x^3) \, dx$, $\int_0^8 f(x) \, dx = 6$. $[-2]$

---

191 Calcola, se è possibile, i seguenti integrali, sapendo che $\int_1^2 f(x) \, dx = -4$ e che $\int_1^4 f(x) \, dx = 9$.

a. $\int_2^4 2f\left(\frac{x}{2}\right) dx$ b. $\int_4^8 f\left(\frac{x}{2}\right) dx$ c. $\int_1^2 f(4x) \, dx$

[a) -16; b) 26; c) impossibile]

192 Sapendo che $\int_1^4 f(x) \, dx = 3$, determina in quale intervallo $[a; b]$ è noto $\int_a^b f(3x+2) \, dx$ e calcola il suo valore.

$\left[\left[-\frac{1}{3}; \frac{2}{3}\right], 1\right]$

193 **VERO O FALSO?**

a. $\int_2^4 f(4x) \, dx = \int_1^2 f(2x) \, dx$.   V F

b. Se $\int_{-4}^2 f\left(\frac{x}{2}\right) dx = 9$, allora $\int_{-2}^1 f(x) \, dx = \frac{9}{2}$.   V F

c. Se $\int_{-2}^1 f(x) \, dx = 1$ e $\int_1^4 f(x) \, dx = 8$, allora $\int_{-4}^8 f\left(\frac{x}{2}\right) dx = 18$.   V F

d. Se $\int_0^2 f(2x) \, dx = 4$ e $\int_2^5 f(2x) \, dx = 10$, allora $\int_0^{10} f(x) \, dx = 14$.   V F

Capitolo 30. Integrali definiti

194 **YOU & MATHS** A continuous real function f satisfies the identity $f(2x) = 3f(x)$ for all x. If $\int_0^1 f(x)\,dx = 1$, what is $\int_1^2 f(x)\,dx$?

(USA *Harvard-MIT Mathematics Tournament, HMMT*)

[5]

195 Sia f una funzione definita e continua su $\mathbb{R}$. Determina a e b in modo che $\int_1^b f\!\left(\dfrac{x-2}{3}\right)dx = -3\int_1^a f(x)\,dx$.

$\left[a = -\dfrac{1}{3},\ b = 5\right]$

196 Data la funzione $f(x)$ definita e continua su $\mathbb{R}$, calcola $\int_4^9 f(\sqrt{x})\,dx$, sapendo che $\int_{\frac{2}{3}}^1 x\,f(3x)\,dx = \dfrac{7}{18}$. [7]

Valore medio di una funzione

197 **ESERCIZIO GUIDA** Calcoliamo il valore medio della funzione $y = \sqrt{x}$ nell'intervallo $[0;9]$ e determiniamo il punto z in cui la funzione assume tale valore. Interpretiamo geometricamente il risultato.

Verificato che la funzione è continua nell'intervallo dato, per calcolare il valore medio $f(z)$ della funzione utilizziamo il teorema della media:

$$f(z) = \dfrac{1}{b-a}\int_a^b f(x)\,dx.$$

$$f(z) = \dfrac{1}{9-0}\int_0^9 \sqrt{x}\,dx = \dfrac{1}{9}\left[\dfrac{2}{3}x\sqrt{x}\right]_0^9 = \dfrac{1}{9}(18 - 0) = 2.$$

Poiché $f(z) = \sqrt{z} = 2$, possiamo ricavare il valore di z, punto in cui la funzione vale 2:

$z = 2^2 = 4$.

Riportiamo i risultati ottenuti in un diagramma cartesiano. L'area del rettangolo azzurro è uguale a quella del trapezoide relativo all'intervallo $[0;9]$.

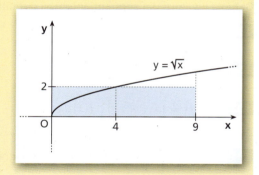

Determina il valore medio delle seguenti funzioni nell'intervallo scritto a fianco. Calcola il punto z in cui la funzione assume tale valore. Interpreta geometricamente il risultato.

198 $y = 2x + 4$, $[-1;2]$. $\left[f(z) = 5;\ z = \dfrac{1}{2}\right]$

199 $y = 4 - x^2$, $[1;2]$. $\left[f(z) = \dfrac{5}{3};\ z = \sqrt{\dfrac{7}{3}}\right]$

200 $y = \sqrt{x+2}$, $[-1;2]$. $\left[f(z) = \dfrac{14}{9};\ z = \dfrac{34}{81}\right]$

201 $y = \dfrac{1}{1+x^2}$, $[0;1]$. $\left[f(z) = \dfrac{\pi}{4};\ z = \sqrt{\dfrac{4}{\pi} - 1}\right]$

202 $y = \dfrac{1}{(x-2)^2}$, $[3;6]$. $\left[f(z) = \dfrac{1}{4};\ z = 4\right]$

203 $y = \dfrac{x+2}{x-1}$, $[2;e+1]$. $\left[f(z) = \dfrac{2+e}{e-1};\ z = e\right]$

Paragrafo 2. Teorema fondamentale del calcolo integrale

LEGGI IL GRAFICO Determina le coordinate del punto P in modo che i rettangoli colorati siano equivalenti ai trapezoidi definiti negli intervalli indicati in figura.

204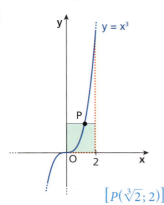
$[P(\sqrt[3]{2}; 2)]$

205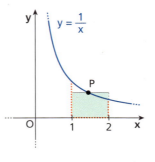
$\left[P\left(\dfrac{1}{\ln 2}; \ln 2\right)\right]$

206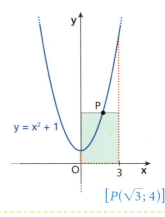
$[P(\sqrt{3}; 4)]$

Calcola il valore medio delle seguenti funzioni nell'intervallo dato.

207 $y = \dfrac{\cos x}{1 + \sin x}$, $\left[0; \dfrac{\pi}{2}\right]$. $\left[\dfrac{2\ln 2}{\pi}\right]$

209 $y = 2xe^{-x^2}$, $[0; 2]$. $\left[\dfrac{1 - e^{-4}}{2}\right]$

208 $y = 4x^3 - 3\sqrt{x+1}$, $[0; 3]$. $\left[\dfrac{67}{3}\right]$

210 $y = xe^{2x}$, $[0; 1]$. $\left[\dfrac{e^2 + 1}{4}\right]$

---

211 Studia e rappresenta graficamente la funzione $y = xe^x$ e determina poi l'altezza del rettangolo equivalente al trapezoide definito dal grafico nell'intervallo $[0; 2]$. $\left[\dfrac{e^2 + 1}{2}\right]$

212 Come nell'esercizio precedente, ma con la funzione $y = \dfrac{x}{\sqrt{1 + x^2}}$ nell'intervallo $[0; 2\sqrt{2}]$. $\left[\dfrac{\sqrt{2}}{2}\right]$

213 Si calcoli il valore medio della funzione: $y = \dfrac{x^5 - 1}{x^2 + 1}$, nell'intervallo $0 \leq x \leq 1$.
(*Esame di Stato, Liceo scientifico, Corso di ordinamento, Sessione straordinaria, 2012, quesito 9*)
$\left[\dfrac{\ln 4 - 1 - \pi}{4}\right]$

214 Si calcoli il valore medio della funzione: $y = \dfrac{x}{\cos^2 x}$, nell'intervallo $0 \leq x \leq \dfrac{\pi}{3}$.
(*Esame di Stato, Liceo scientifico, Corso di ordinamento, Sessione straordinaria, 2013, quesito 9*)
$\left[\sqrt{3} - \dfrac{3}{\pi}\ln 2\right]$

215 Si calcoli il valore medio della funzione: $f(x) = \dfrac{1 + e^{\sqrt{x}}}{\sqrt{x}}$, nell'intervallo $1 \leq x \leq 4$.
(*Esame di Stato, Liceo scientifico, Corso di ordinamento, Sessione suppletiva, 2013, quesito 9*)
$\left[\dfrac{2}{3}(1 + e^2 - e)\right]$

216 Disegna il grafico della funzione $y = x\sqrt{1 + x^2}$. Calcola il suo valore medio nell'intervallo $[0; 1]$ e dimostra che esiste un unico punto interno all'intervallo in cui la funzione è uguale al valor medio. $\left[\dfrac{2\sqrt{2} - 1}{3}\right]$

Problemi   REALTÀ E MODELLI

217 Saldi online Un'azienda che vende vestiti online lancia il mese dei saldi. Le vendite danno un guadagno, in euro, $G(t) = 100(e^{2t} - 1)$, dove t sono le settimane a partire dall'inizio dei saldi. Calcola il guadagno medio a settimana nelle prime 4 settimane. $[\simeq € 37\,149]$

Capitolo 30. Integrali definiti

218  **Aria di primavera** La temperatura, misurata in °C, in una località marina tra le 8 e le 20 varia secondo la funzione $T(x) = -\dfrac{x^2}{4} + 3x + 10$, dove x è la variabile che misura il tempo in ore a partire dalle 8, quindi $x = 0$ indica le 8. Qual è la temperatura media nell'arco di tempo considerato? [16 °C]

Con i parametri

219 Trova per quale valore di a la funzione $y = \dfrac{a}{\sqrt{x}}$ ha valore medio uguale a $\dfrac{12}{5}$ nell'intervallo [4; 9]. [6]

TEST

220 Per quale valore di $a \in \mathbb{R}$ la funzione $f(x) = x^2$ ha valore medio $\dfrac{4}{3}$ nell'intervallo $[0; a]$?

A 1   B 2   C 3   D 4   E 5

221 Nell'intervallo $[1; a]$, con $a > 1$, la funzione $y = 3x^2 - 2x$ ha valore medio uguale a 9. Qual è il valore di a?

A 2   B 3   C $\sqrt{3}$ D 9   E $\dfrac{1+\sqrt{28}}{3}$

222 Il valor medio della funzione $f(x) = x^3$ sull'intervallo chiuso $[0; k]$ è 9. Si determini k.

(Esame di Stato, Liceo scientifico, Corso di ordinamento, Sessione ordinaria, 2014, quesito 7)

$[\sqrt[3]{36}]$

223 Determina il valore medio della funzione $y = ax - x^3$, con $a > 0$, nell'intervallo $[0; \sqrt{a}]$. Trova per quale valore di a il valore medio è uguale 2 e stabilisci quanti sono i punti interni all'intervallo in cui la funzione è uguale al suo valore medio.

$\left[\dfrac{1}{4}\sqrt{a^3}; a = 4; \text{due}\right]$

Funzione integrale e sua derivata

224 **ESERCIZIO GUIDA** Calcoliamo la derivata di: **a.** $G(x) = \displaystyle\int_0^x \cos t \, dt$; **b.** $G(x) = \displaystyle\int_2^{x^2} \dfrac{\ln t}{t} dt$, con $x \neq 0$.

a. Per il teorema fondamentale del calcolo integrale:

se $F(x) = \displaystyle\int_a^x f(t) \, dt$, allora $F'(x) = f(x)$,

quindi se $G(x) = \displaystyle\int_0^x \cos t \, dt$, allora $G'(x) = \cos x$.

b. La funzione $G(x)$ si ottiene dalla composizione di due funzioni:

$G(x) = F(x^2) = F(z)$, con $F(z) = \displaystyle\int_2^z \dfrac{\ln t}{t} dt$ e $x^2 = z$.

$F(z)$ è la funzione integrale della funzione $\dfrac{\ln t}{t}$ e quindi, per il teorema fondamentale del calcolo integrale:

$F'(z) = \dfrac{\ln z}{z}$.

Applicando la regola di derivazione delle funzioni composte, otteniamo:

$G'(x) = F'(x^2) \cdot 2x = \dfrac{\ln x^2}{x^2} \cdot 2x = 2\dfrac{\ln x^2}{x}$.

> In generale: se $G(x) = \displaystyle\int_{x_0}^{f(x)} g(t) \, dt$, allora $G'(x) = g(f(x)) \cdot f'(x)$.

Calcola la derivata prima delle seguenti funzioni.

225 $G(x) = \displaystyle\int_0^x (2t^2 + 1) dt$ $[G'(x) = 2x^2 + 1]$

226 $F(x) = \displaystyle\int_{-1}^x e^t \, dt$ $[F'(x) = e^x]$

227 $G(x) = \displaystyle\int_3^x \sin 4t \, dt$ $[G'(x) = \sin 4x]$

1980

Paragrafo 2. Teorema fondamentale del calcolo integrale

228 $G(x) = \int_1^x \frac{t^2}{1+t} dt$ $\quad \left[G'(x) = \frac{x^2}{1+x} \right]$

229 $G(x) = \int_x^2 \sqrt{t}\, dt$, con $x \geq 0$. $\quad [G'(x) = -\sqrt{x}]$

230 $F(x) = \int_x^1 \frac{3}{t^2+1} dt$ $\quad \left[F'(x) = -\frac{3}{x^2+1} \right]$

231 $G(x) = \int_0^{3x} (t+4) dt$ $\quad [G'(x) = 9x+12]$

232 $G(x) = \int_4^{\ln x} e^t dt$ $\quad [G'(x) = 1]$

233 $G(x) = \int_1^{e^{x^2}} \ln^2 t\, dt$ $\quad [G'(x) = 2x^5 e^{x^2}]$

234 $G(x) = \int_2^{x^4} \arctan t\, dt$ $\quad [G'(x) = 4x^3 \arctan x^4]$

235 $G(x) = \int_1^{2x^2} \sqrt{4+t^3}\, dt$ $\quad [G'(x) = 8x\sqrt{1+2x^6}]$

COMPLETA

236 $F(x) = \int_1^x (3t^2 + 1) dt$, $\quad F'(0) = \square$.

237 $F(x) = \int_{-2}^x \frac{t+2}{t} dt$, $\quad F'(2) = \square$.

238 $F(x) = \int_0^{2x} e^t dt$, $\quad F'(0) = \square$.

239 $F(x) = \int_1^{x^2} \frac{1}{t^2+1} dt$, $\quad F'(-1) = \square$.

240 **ESERCIZIO GUIDA** Calcoliamo la derivata prima della funzione integrale $F(x) = \int_x^{3x} (1+t) dt$.

$F(x) = \int_x^0 (1+t) dt + \int_0^{3x} (1+t) dt = -\int_0^x (1+t) dt + \int_0^{3x} (1+t) dt$, quindi:

$F'(x) = -\left[\int_0^x (1+t) dt \right]' + \left[\int_0^{3x} (1+t) dt \right]' = -(1+x) + (1+3x) \cdot 3 = 8x + 2$.

Calcola la derivata prima delle seguenti funzioni.

241 $F(x) = \int_x^{x+2} \ln t\, dt$, con $x > 0$.
$\quad \left[F'(x) = \ln \frac{x+2}{x} \right]$

242 $G(x) = \int_{x-1}^x e^{-t} dt$ $\quad [G'(x) = e^{-x}(1-e)]$

243 $F(x) = \int_x^{2x} 3\sqrt{t-1}\, dt$, con $x \geq 1$.
$\quad [F'(x) = 3(2\sqrt{2x-1} - \sqrt{x-1})]$

244 $G(x) = \int_x^{x^2} (3t-1) dt$ $\quad [G'(x) = 6x^3 - 5x + 1]$

Calcola i seguenti limiti applicando, se possibile, il teorema di De L'Hospital.

245 $\lim_{x \to 0} \frac{\int_0^x \cos t\, dt}{4x}$ $\quad \left[\frac{1}{4} \right]$

246 $\lim_{x \to 1} \frac{\int_1^x (3t+1) dt}{e^{1-x} - 1}$ $\quad [-4]$

247 $\lim_{x \to 0} \frac{1}{x} \int_0^x \ln(1+t) dt$ $\quad [0]$

248 $\lim_{x \to 0} \frac{\int_0^{x^3} e^{t^2} dt}{6x^3}$ $\quad \left[\frac{1}{6} \right]$

249 $\lim_{x \to 2} \frac{\int_{e^2}^{e^x} \frac{t}{\ln t} dt}{x-2}$ $\quad \left[\frac{e^4}{2} \right]$

250 $\lim_{x \to 0} \frac{\int_0^x \sqrt{4+t^2}\, dt}{2x + x^2}$ $\quad [1]$

251 $\lim_{x \to 0^+} \frac{1}{x} \int_0^{\sqrt{x}} \frac{\ln(1+t^2)}{t} dt$ $\quad \left[\frac{1}{2} \right]$

252 $\lim_{x \to 0} \frac{\int_0^{\frac{\pi}{4}x^2} (1-\cos t) dt}{x^6}$ $\quad \left[\frac{\pi^3}{384} \right]$

253 Calcolare $\lim_{x \to 0} \frac{1}{x^3} \int_0^x \frac{t^2}{t^4+1} dt$.

(*Esame di Stato, Liceo scientifico, Corso sperimentale, Sessione suppletiva, 2002, quesito 5*)

$\left[\frac{1}{3} \right]$

Capitolo 30. Integrali definiti

254 Calcolare $\lim_{x \to 0} \dfrac{\int_0^x \sin t^3 \, dt}{x^4}$.

(*Esame di Stato, Liceo scientifico, Corso sperimentale, Sessione suppletiva, 2002, quesito 4*)

$\left[\dfrac{1}{4}\right]$

255 Sia $f(x)$ una funzione reale di variabile reale, derivabile con derivata continua in tutto il campo reale, tale che $f(0) = 1$ ed $f'(0) = 2$. Calcolare: $\lim_{x \to 0} \dfrac{\int_0^x f(t) \, dt - x}{\cos 2x - 1}$.

(*Esame di Stato, Liceo scientifico, Corso di ordinamento, Sessione suppletiva, 2001, quesito 4*)

$\left[-\dfrac{1}{2}\right]$

256 Trova gli intervalli in cui la funzione $F(x) = \int_0^x (t^2 + 7t + 6) \, dt$ è crescente. $[x < -6 \lor x > -1]$

257 Determina massimi e minimi della funzione $F(x) = \int_{-2}^x \dfrac{2t^2 - t - 6}{1 + t^2} \, dt$. $\left[\text{max in } x = -\dfrac{3}{2}; \text{min in } x = 2\right]$

258 Trova gli intervalli in cui la funzione $G(x) = \int_1^x t e^{-t^2} \, dt$ volge la concavità verso l'alto. $\left[-\dfrac{\sqrt{2}}{2} < x < \dfrac{\sqrt{2}}{2}\right]$

259 Trovare $f(4)$ sapendo che $\int_0^x f(t) \, dt = x \cos \pi x$.

(*Esame di Stato, Liceo scientifico, Corso sperimentale, Sessione ordinaria, 2002, quesito 9*)

$[1]$

260 **VERO O FALSO?** Osserva il grafico di $y = f(x)$. Detta $F(x) = \int_0^x f(t) \, dt$, allora:

a. $F(0) = 1$;   V F
b. $F(5) > 0$;   V F
c. $F'(5) = 0$;   V F
d. $F(x)$ è crescente per $x < 5$;   V F
e. $F(x)$ ha un solo punto di flesso.   V F

261 Sapendo che $f''(x) = -x^2 + 2x + 1$ e che $f'(0) = 1$, $F(1) = 1$, calcola la funzione integrale $F(x)$ di $f(x)$ con punto iniziale $x_0 = 0$.

$\left[F(x) = -\dfrac{x^5}{60} + \dfrac{x^4}{12} + \dfrac{x^3}{6} + \dfrac{x^2}{2} + \dfrac{4}{15} x\right]$

262 Trova gli intervalli in cui la funzione  è crescente. $[\,]0; 1[\, \cup \,]2; +\infty[\,]$

263 Trova i massimi e i minimi relativi della funzione integrale:

$F(x) = \int_0^x \dfrac{\sin t}{t} \, dt$, con $x > 0$. $[\text{max in } x_n = (2n - 1)\pi, \text{min in } x_n = 2n\pi, \text{con } n \in \mathbb{N} \land n \geq 1]$

264 Trova l'equazione della tangente al grafico di $f(x) = 2 + \int_0^x (5 - t^2) \, dt$ nel punto di ascissa 0. $[y = 5x + 2]$

Allenati con **15 esercizi interattivi** con feedback "hai sbagliato, perché…"

su.zanichelli.it/tutor3   risorsa riservata a chi ha acquistato l'edizione con tutor

3 Calcolo delle aree

Area compresa tra una curva e l'asse x
▶ Teoria a p. 1950

La funzione è positiva

LEGGI IL GRAFICO Calcola l'area del trapezoide rappresentato in ciascuna delle seguenti figure utilizzando gli integrali definiti.

265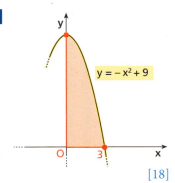
[18]

266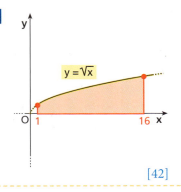
[42]

267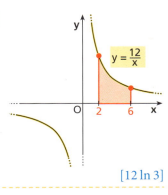
[12 ln 3]

Disegna i trapezoidi definiti dai grafici delle seguenti funzioni negli intervalli scritti a fianco e calcolane l'area utilizzando gli integrali definiti.

268 $y = -x^2 + 2x$, $[0; 2]$. $\left[\dfrac{4}{3}\right]$

271 $y = e^{-2x} + 1$, $[-1; 0]$. $\left[\dfrac{1}{2}(1 + e^2)\right]$

269 $y = \sqrt{x+1}$, $[-1; 1]$. $\left[\dfrac{4}{3}\sqrt{2}\right]$

272 $y = 2\tan x$, $\left[0; \dfrac{\pi}{4}\right]$. $\left[-2\ln\dfrac{\sqrt{2}}{2}\right]$

270 $y = \ln(x+1)$, $[0; 1]$. $[2\ln 2 - 1]$

273 $y = 4\sin^2 x + 2$, $\left[\dfrac{\pi}{4}; \dfrac{\pi}{2}\right]$. $[\pi + 1]$

LEGGI IL GRAFICO Determina l'area colorata nelle figure.

274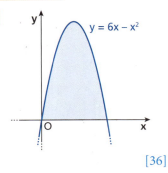
[36]

275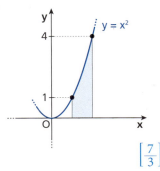
$\left[\dfrac{7}{3}\right]$

276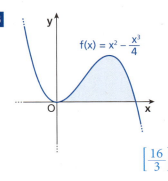
$\left[\dfrac{16}{3}\right]$

277 Disegna il grafico di $f(x) = 4x^3 - 2x^4$ e trova l'area che $f(x)$ delimita con l'asse x nel primo quadrante.
$\left[\dfrac{16}{5}\right]$

La funzione è negativa

278 **ESERCIZIO GUIDA** Determiniamo l'area S della superficie delimitata dall'asse x e dal grafico della funzione $y = x^2 - 9$ definita sull'intervallo $[0; 2]$.

Il grafico della funzione è una parabola di vertice $V(0; -9)$, che ha la concavità rivolta verso l'alto e incontra l'asse x nei punti di ascissa ± 3.

Capitolo 30. Integrali definiti

Disegniamo il grafico ed evidenziamo la superficie considerata.
Calcoliamo l'integrale definito esteso da 0 a 2:

$$\int_0^2 (x^2 - 9)\,dx = \left[\frac{x^3}{3} - 9x\right]_0^2 = \frac{8}{3} - 18 - 0 = -\frac{46}{3}.$$

Poiché la funzione è negativa in tutto l'intervallo, allora dobbiamo far precedere l'integrale definito da un segno meno, ossia:

$$S = -\int_0^2 (x^2 - 9)\,dx = -\left(-\frac{46}{3}\right) = \frac{46}{3}.$$

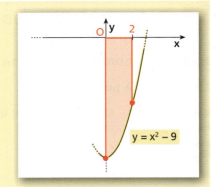

Dopo aver disegnato le superfici delimitate dall'asse *x* e dal grafico delle seguenti funzioni definite negli intervalli indicati, calcolane l'area.

279 $y = x^3$, $[-2; 0]$. $[4]$

280 $y = x^2 - 5x$, $[1; 4]$. $\left[\dfrac{33}{2}\right]$

281 $y = x^2 - 6x + 5$, $[2; 4]$. $\left[\dfrac{22}{3}\right]$

282 $y = -\dfrac{3}{x}$, $[3; 6]$. $[3\ln 2]$

283 $y = \sin x$, $[\pi; 2\pi]$. $[2]$

284 $y = \ln x$, $\left[\dfrac{1}{2}; 1\right]$. $\left[\dfrac{1}{2}(1 - \ln 2)\right]$

La funzione è in parte positiva o nulla e in parte negativa

285 ESERCIZIO GUIDA Determiniamo l'area *S* della superficie delimitata dall'asse *x* e dal grafico della funzione $y = -x^2 + 4$ definita sull'intervallo $[-1; 3]$.

Il grafico della funzione è una parabola di vertice $V(0; 4)$, che ha la concavità rivolta verso il basso e incontra l'asse *x* nei punti di ascissa ± 2. Evidenziamo nel grafico la superficie considerata.
Per calcolare l'area scomponiamo la superficie in due superfici: *ABCV*, delimitata dall'arco di curva *CVA*, in cui la funzione assume valori positivi, e *CDE*, delimitata dall'arco di curva *CD*, in cui la funzione assume valori negativi.
Calcoliamo i due integrali e cambiamo segno al secondo:

$$S = \int_{-1}^{2} (-x^2 + 4)\,dx - \int_{2}^{3} (-x^2 + 4)\,dx =$$

$$\left[-\frac{x^3}{3} + 4x\right]_{-1}^{2} - \left[-\frac{x^3}{3} + 4x\right]_{2}^{3} =$$

$$\left(-\frac{8}{3} + 8 - \frac{1}{3} + 4\right) - \left(-\frac{27}{3} + 12 + \frac{8}{3} - 8\right) =$$

$$-\frac{9}{3} + 12 + \frac{19}{3} - 4 = \frac{34}{3}.$$

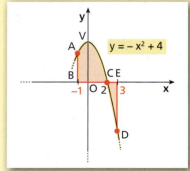

Dopo aver disegnato le superfici delimitate dall'asse *x* e dal grafico delle seguenti funzioni definite negli intervalli indicati, calcolane l'area.

286 $y = -x^3$, $[-1; 2]$. $\left[\dfrac{17}{4}\right]$

287 $y = x^2 - 3x$, $[-2; 2]$. $[12]$

288 $y = 3x^2 + 6x$, $[-1; 3]$. $[56]$

289 $y = -x^2 + 6x - 8$, $[2; 5]$. $\left[\dfrac{8}{3}\right]$

290 $y = \sqrt{x} - 1$, $[0; 4]$. $[2]$

291 $y = \cos x$, $\left[0; \dfrac{5\pi}{6}\right]$. $\left[\dfrac{3}{2}\right]$

1984

Paragrafo 3. Calcolo delle aree

Funzioni pari e funzioni dispari

AL VOLO

292

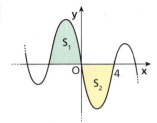

Sapendo che $f(x)$ è una funzione dispari e che $\int_0^4 f(x)dx = -7$, calcola il valore dell'area di:

a. S_1;   b. S_2;   c. $S_1 \cup S_2$.

293

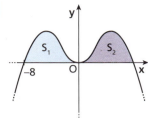

Sapendo che $f(x)$ è una funzione pari e che $\int_{-8}^8 f(x)dx = 18$, calcola il valore dell'area di:

a. S_1;   b. S_2;   c. $S_1 \cup S_2$.

VERO O FALSO?

294
a. $\int_{-2}^2 x^3 dx = 0$ V F

b. $\int_{-1}^1 x^3 dx = 2\int_0^1 x^3 dx$ V F

c. $\int_{-3}^0 x^3 dx = \int_0^3 x^3 dx$ V F

d. $\int_{-1}^{-2} x^3 dx = \int_1^2 x^3 dx$ V F

295
a. $\int_4^{-4} x^2 dx = 0$ V F

b. $\int_0^3 x^4 dx = \frac{1}{2}\int_{-3}^3 x^4 dx$ V F

c. $\int_0^2 x^2 dx + \int_0^{-2} x^2 dx = 0$ V F

d. $\int_{-2}^2 (4x + x^3) dx = 0$ V F

296 **AL VOLO** Calcola il valore dei seguenti integrali.

a. $\int_{-6}^6 3x^5 dx$ b. $\int_5^{-5} (x - x^3) dx$ c. $\int_{-1}^1 xe^{x^2} dx$

Determina l'area della regione delimitata dall'asse x e dalla funzione data negli intervalli indicati.

297 $y = 5x^4$; $[-1; 1]$, $[0; 1]$. $[2; 1]$

298 $y = \cos x - 1$; $\left[-\frac{3}{2}\pi; 0\right]$, $\left[-\frac{3}{2}\pi; \frac{3}{2}\pi\right]$. $\left[\frac{3}{2}\pi + 1; 3\pi + 2\right]$

299 $y = 4x^3 - x$; $[0; 2]$, $[-2; 2]$. $\left[\frac{113}{8}; \frac{113}{4}\right]$

300 Sapendo che $\int_{-6}^6 f(x)dx = 12$ e che f è una funzione pari, calcola:

$\int_0^6 f(x)dx$, $\int_0^{-6} f(x)dx$, $\int_{-6}^6 f(-x)dx$. $[6; -6; 12]$

301 Sapendo che $\int_0^3 f(x)dx = 8$ e che f è una funzione dispari, calcola:

$\int_{-3}^3 f(x)dx$, $\int_0^3 f(-x)dx$, $\int_0^{-3} f(x)dx$. $[0; -8; 8]$

RIFLETTI SULLA TEORIA

302 Se $f(x)$ è pari, quanto vale $\int_{-2}^2 xf(x)dx$?

303 Se $f(x)$ è dispari, quanto vale $\int_{-4}^4 x^4 f(x)dx$?

304 Se f è una funzione dispari continua in $\mathbb{R}$, qual è il valore medio di f nell'intervallo $[-a; a]$?

1985

Capitolo 30. Integrali definiti

Area compresa tra due curve

▶ Teoria a p. 1950

LEGGI IL GRAFICO Calcola l'area delle superfici evidenziate nelle seguenti figure.

305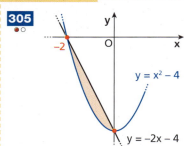

306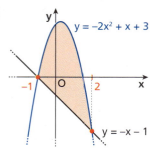

307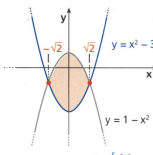

$\left[\dfrac{4}{3}\right]$ [9] $\left[\dfrac{16}{3}\sqrt{2}\right]$

308 ESERCIZIO GUIDA Determiniamo l'area della superficie racchiusa dalle parabole di equazioni:
$$y = x^2 + 1 \text{ e } y = -x^2 + 4x + 1.$$

Tracciamo le due parabole. La prima ha vertice nel punto $V_1(0; 1)$, asse di simmetria l'asse y e concavità rivolta verso l'alto. La seconda ha vertice nel punto $V_2(2; 5)$, asse di simmetria la retta di equazione $x = 2$ e concavità rivolta verso il basso.

Le due parabole si intersecano nei punti V_1 e V_2, perciò gli estremi di integrazione sono 0 e 2.

L'area della superficie da esse racchiusa è data dall'integrale della differenza tra la funzione maggiore (che sta sopra) e quella minore (che sta sotto), perciò:

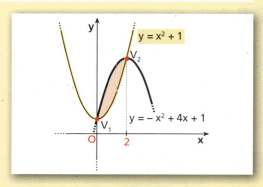

$$S = \int_0^2 [(-x^2 + 4x + 1) - (x^2 + 1)]\,dx = \int_0^2 (-2x^2 + 4x)\,dx = \left[-\dfrac{2}{3}x^3 + 2x^2\right]_0^2 = -\dfrac{16}{3} + 8 = \dfrac{8}{3}.$$

Rappresenta ogni coppia di funzioni e determina l'area della regione finita di piano da esse individuata.

309 $y = x^2 - 1$; $y = -x^2 - 3x - 1$. $\left[\dfrac{9}{8}\right]$

310 $y = x^2 + 4x$; $y = -2x^2 - 2x + 9$.   [32]

311 $y = x + 4$; $y = -\dfrac{3}{x}$. $[4 - 3\ln 3]$

312 $y = \dfrac{1}{1 + x^2}$; $y = \dfrac{x^2}{2}$. $\left[\dfrac{\pi}{2} - \dfrac{1}{3}\right]$

313 $y = \dfrac{4}{x}$; $y = x^2 - 6x + 9$. $[8\ln 2 - 3]$

314 $y = \sqrt{5 - x}$; $y = |3 - x|$. $\left[\dfrac{13}{6}\right]$

315 Determina l'area della regione finita di piano contenuta nel primo quadrante e individuata dalla parabola di equazione $y = -x^2 + 2$, dalla curva di equazione $y = x^3$ e dall'asse y. $\left[\dfrac{17}{12}\right]$

316 Determina la misura dell'area della superficie chiusa individuata nel secondo quadrante dalle parabole di equazioni $y = -x^2 + 2x + 4$ e $y = \dfrac{x^2}{4} + 2x + 4$ e dalla retta di equazione $y = 1$.   [1]

317 Calcola l'area della regione piana delimitata dalla curva di equazione $y = \dfrac{1}{1 - x}$, dall'asse y e dalla retta di equazione $y = 4$. $[3 - \ln 4]$

318 Dopo aver verificato che la parabola di equazione $y = -\dfrac{1}{2}x^2 + 1$ incontra la curva di equazione $y = 2^x$ nei punti $A\left(-1; \dfrac{1}{2}\right)$ e $B(0; 1)$, determina l'area della regione finita di piano delimitata dalle due curve. $\left[\dfrac{5}{6} - \dfrac{1}{\ln 4}\right]$

Paragrafo 3. Calcolo delle aree

319 Trova l'area della regione finita di piano delimitata dalle curve di equazioni $y = \sin x$ e $y = -\cos x$ nell'intervallo $\left[-\frac{\pi}{4}; \frac{3\pi}{4}\right]$. $[2\sqrt{2}]$

320 YOU & MATHS Determine the area enclosed by the curve $y = x^2 + 1$ and the line $y = 5$.
(IR *Leaving Certificate Examination*, Higher Level) $\left[\frac{32}{3}\right]$

321 Trova l'area della regione finita di piano delimitata dalla parabola di equazione $y = x^2 + 2x + 1$, dalla tangente passante per il suo punto di ascissa 1 e dall'asse x. $\left[\frac{2}{3}\right]$

322 Calcola l'area della regione finita di piano compresa tra le parabole di equazioni $y = x^2$ e $y = x^2 - 6x + 6$ e la bisettrice del secondo e quarto quadrante. $\left[\frac{5}{3}\right]$

323 Calcola le aree delle regioni di piano comprese tra le curve di equazioni $y = x^2$ e $y = \sqrt{|x|}$. $\left[\frac{1}{3}; \frac{1}{3}\right]$

324 Calcola l'area della regione finita di piano delimitata dalla parabola con asse parallelo all'asse x, avente vertice $V(-4; 0)$ e passante per il punto $A(0; 2)$, e dalla retta parallela alla bisettrice del secondo e quarto quadrante passante per A. $\left[\frac{125}{6}\right]$

325 Determina l'area del triangolo ABC, dove A è il vertice della parabola $y = -x^2 + 4x$ e B e C sono i punti della parabola di ordinata -5. Trova inoltre l'area della regione finita di piano compresa fra la parte di parabola che contiene il triangolo e il triangolo stesso. $[S_1 = 27; S_2 = 9]$

326 Trova l'equazione della parabola, con asse di simmetria parallelo all'asse delle ordinate, che interseca la retta di equazione $y = 2x + 1$ nei punti di ascissa 0 e 5 delimitando con essa una regione di piano di area $\frac{125}{18}$.
$\left[y = \frac{1}{3}x^2 + \frac{1}{3}x + 1; y = -\frac{1}{3}x^2 + \frac{11}{3}x + 1\right]$

Area compresa tra una curva e l'asse y
▶ Teoria a p. 1952

Determina l'area della superficie delimitata dal grafico delle seguenti funzioni, dall'asse y e dalle rette date.

327 $x = y^2 - 6y$; $\quad y = 0, y = 2$. $\left[\frac{28}{3}\right]$

328 $x = \sqrt{y - 3}$; $\quad y = 4, y = 7$. $\left[\frac{14}{3}\right]$

329 $y = \sqrt{3x + 1}$; $\quad y = 0, y = 1$. $\left[\frac{2}{9}\right]$

330 $y = \ln x$; $\quad y = 0, y = 1$. $[e - 1]$

331 $y = \sqrt{x} + 2$; $\quad y = 2, y = 4$. $\left[\frac{8}{3}\right]$

332 $y = \frac{4}{x}$; $\quad y = 1, y = 4$. $[8 \ln 2]$

333 ESERCIZIO GUIDA Determiniamo l'area della superficie racchiusa dalle curve di equazioni $y = \frac{6}{x}$ e $x = -y^2 + 2y + 5$.

Disegniamo i grafici delle due curve.
Determiniamo i loro punti di intersezione: ponendo le due equazioni a sistema troviamo $A(2; 3)$, $B(6; 1)$, $C(-3; -2)$.
Per calcolare l'area colorata, esplicitiamo la prima equazione in x:

$x = \frac{6}{y}$.

Quindi calcoliamo:

$\int_1^3 \left(-y^2 + 2y + 5 - \frac{6}{y}\right) dy = \left[-\frac{y^3}{3} + y^2 + 5y - 6\ln|y|\right]_1^3 =$

$-9 + 9 + 15 - 6\ln 3 + \frac{1}{3} - 1 - 5 = \frac{28}{3} - 6\ln 3$.

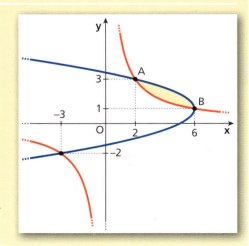

Capitolo 30. Integrali definiti

334 Determina l'area della regione finita di piano delimitata dai grafici di $x = y^2$ e $x + y - 2 = 0$. $\left[\dfrac{9}{2}\right]$

335 Determina l'area della superficie racchiusa dalle curve di equazioni $x = -y^2 + y + 8$ e $x = y^2 - 3y + 2$. $\left[\dfrac{64}{3}\right]$

336 Trova l'area della regione finita di piano delimitata da $y = x^3$ e $x = y^2$. $\left[\dfrac{5}{12}\right]$

337 Calcola l'area della regione finita di piano delimitata dai grafici di $y = \sqrt{x-5}$ e $x = -y^2 + 6y + 1$. $\left[\dfrac{1}{3}\right]$

Riepilogo: Calcolo delle aree

LEGGI IL GRAFICO In ognuna delle seguenti figure sono evidenziate delle superfici: calcolane l'area mediante gli integrali.

338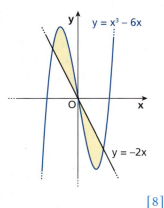
$[8]$

339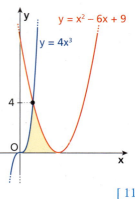
$\left[\dfrac{11}{3}\right]$

340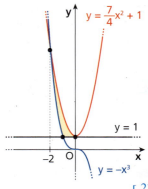
$\left[\dfrac{23}{12}\right]$

341 Disegna le parabole di equazioni $y = x^2 - 4x - 5$ e $y = -x^2 + 2x + 3$. Calcola poi l'area delle due zone delimitate dalle parabole e dal segmento che congiunge i loro punti di intersezione.
$\left[S_1 = S_2 = \dfrac{125}{6}\right]$

342 Calcolare l'area della regione di piano individuata dal grafico della funzione $f(x) = \dfrac{1}{\sqrt{x}-1}$, dalle rette $x = 4$ e $x = 9$ e dall'asse delle x.
(*Politecnico di Torino, Test di Analisi I*)
$[2 + \ln 4]$

343 **LEGGI IL GRAFICO** Trova la misura dell'area della superficie colorata racchiusa dalle due parabole γ_1 e γ_2, con γ_2 di equazione $y = -x^2 + 5x - 2$.

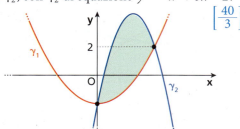
$\left[\dfrac{40}{3}\right]$

344 **LEGGI IL GRAFICO**
Nel grafico la retta è tangente alla parabola in A.
Trova l'area della regione colorata.
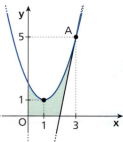
$\left[y = x^2 - 2x + 2;\ \dfrac{23}{8}\right]$

345 Rappresenta graficamente la funzione di equazione $y = 2 + \dfrac{4}{x-1}$. Calcola l'area della regione finita di piano delimitata dalla curva data, dalla tangente alla curva nel suo punto di ascissa 0 e dall'asse x.
$\left[4\ln 2 - \dfrac{5}{2}\right]$

346 **YOU & MATHS** Find the area of the bounded region enclosed by the curve $y = \dfrac{2x}{x^2 + 1}$, the x-axis, the line $x = 1$, and the line $x = 2\sqrt{2}$.
(IR *Leaving Certificate Examination*, Higher Level)
$\left[\ln\left(\dfrac{9}{2}\right)\right]$

347 Calcola l'area della regione finita di piano delimitata dalla parabola di equazione $y = -x^2 + 4$ e dalle tangenti condotte alla parabola nei suoi punti di intersezione con l'asse x. $\left[\dfrac{16}{3}\right]$

348 Trova l'area delle parti finite di piano racchiuse dalle due parabole di equazioni $y = \dfrac{x^2}{2} - \dfrac{3}{2}x$ e $x = y^2$. $\left[\dfrac{20}{3}; \dfrac{1}{12}\right]$

349 Considera la parabola di equazione
$$y = -\dfrac{1}{2}x^2 + 4x - \dfrac{7}{2}$$
e trova le equazioni delle rette tangenti s e t nei suoi punti di ascissa 2 e 5. Determina l'area della parte finita di piano delimitata dalle rette s, t e dal grafico della parabola. $\left[\dfrac{9}{8}\right]$

350 Disegna le parabole di equazioni
$$y = x^2 - 7x + 10 \text{ e } y = -x^2 + 8x - 12.$$
Conduci una retta parallela all'asse y nella zona S racchiusa dalle due parabole in modo che la corda intercettata su di essa dalle parabole abbia lunghezza massima. Calcola poi l'area di S e delle due parti in cui S resta divisa dalla retta trovata.
$\left[x = \dfrac{15}{4}; S = \dfrac{343}{24}; S_1 = S_2 = \dfrac{343}{48}\right]$

351 Le rette r e s sono tangenti alla parabola di equazione
$$y = -\dfrac{1}{2}x^2 + 2x$$
rispettivamente in O e A. Trova l'area della zona colorata. $\left[\dfrac{9}{8}\right]$

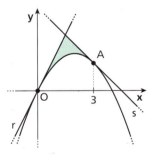

352 Determina l'equazione della parabola con asse parallelo all'asse y, con il vertice di ascissa $x = 2$ e passante per i punti $A(4; 0)$ e $B(-2; 12)$. Considera la retta t tangente in A alla parabola e la retta r parallela all'asse x passante per B. Calcola l'area della regione delimitata dalla parabola e dalle rette r e t. $\left[y = x^2 - 4x; S = \dfrac{14}{3}\right]$

353 Calcola l'area della regione contenuta nel semipiano delle ordinate positive delimitata dall'ellisse di equazione $\dfrac{x^2}{16} + \dfrac{y^2}{4} = 1$. $[4\pi]$

354 Trova l'equazione della parabola con asse parallelo all'asse y, che ha il vertice di ordinata $-\dfrac{9}{4}$, passa per $A(0; 10)$ e ha la tangente in A di coefficiente angolare -7. Disegna la curva, considera la retta di equazione $y = -1$ e trova l'area della parte finita di piano delimitata dalla parabola e dalla retta. $\left[y = x^2 - 7x + 10; \dfrac{5}{6}\sqrt{5}\right]$

355 Trova l'equazione della parabola che ha l'asse di equazione $y = \dfrac{5}{2}$, passa per il punto $(2; 1)$ e interseca l'asse x nel punto di ascissa 6.
Calcola l'area della regione di piano compresa tra la curva e l'asse delle ordinate. $\left[x = y^2 - 5y + 6; \dfrac{1}{6}\right]$

356 Determina l'area della regione di piano delimitata dall'ellisse di equazione $\dfrac{x^2}{9} + \dfrac{y^2}{16} = 1$. $[12\pi]$

357 **LEGGI IL GRAFICO** La parabola rappresentata in figura è tangente in A alla retta di equazione $y = 4x + 4$ e ha equazione $y = ax^2 + bx + 3$.

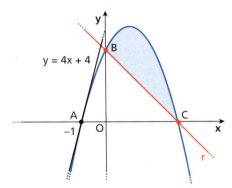

a. Trova a e b.
b. Determina l'equazione della retta r che passa per B e C.
c. Trova la misura dell'area della superficie colorata.

$\left[\text{a) } a = -1, b = 2; \text{ b) } y = 3 - x; \text{ c) } \dfrac{9}{2}\right]$

358 Calcola l'area della regione finita di piano delimitata dalla curva di equazione $y = \cos x$ e dalle rette di equazioni $x = \dfrac{\pi}{2}$ e $y = -2x + 1$.
$\left[1 + \dfrac{\pi^2}{4} - \dfrac{\pi}{2}\right]$

359 Trova $f(x)$ sapendo che $f'(x) = 2e^{-x}(1-x)$ e che $f(0) = 1$. Rappresenta il suo grafico e calcola l'area compresa tra la curva e l'asse x nell'intervallo $[0; 1]$. $[f(x) = 2xe^{-x} + 1; 3 - 4e^{-1}]$

360 Traccia il grafico della funzione $y = x^4 - 2x^3 + 2$ e le sue tangenti nei punti di flesso A e B. Detto C il punto di intersezione delle due tangenti, calcola l'area del triangolo mistilineo ABC. $\left[\dfrac{1}{20}\right]$

361 Traccia il grafico della parabola di equazione $x = y^2 - 2y$ e calcola l'area della regione finita di piano compresa tra la curva e l'asse y. $\left[\dfrac{4}{3}\right]$

362 Dopo aver disegnato il grafico della funzione $y = 1 - x e^{-x}$, calcola l'area della regione finita di piano delimitata dallo stesso grafico, dal suo asintoto, dall'asse y e dalla retta di equazione $x = 2$. $[1 - 3e^{-2}]$

363 Rappresenta la funzione $y = \dfrac{x^2 + 1}{x + 1}$ e determina l'area della regione finita delimitata dagli assi x e y, dal grafico della funzione e dalla retta parallela all'asse y passante per il punto di minimo relativo della funzione. $\left[\dfrac{5 - 4\sqrt{2}}{2} + \ln 2\right]$

364 Traccia il grafico di $f(x) = \dfrac{x^2 - 3x + 1}{x - 3}$ e successivamente calcola l'area della regione finita di piano delimitata dal grafico di $f(x)$, dal suo asintoto obliquo, dall'asse y e dalla retta di equazione $x = 2$. $[\ln 3]$

365 Rappresenta graficamente la funzione $y = \dfrac{2x}{\sqrt{1 - x^2}}$ e calcola l'area della regione finita di piano compresa fra il grafico della funzione, l'asse x e la retta di equazione $x = \dfrac{1}{2}$. $[2 - \sqrt{3}]$

366 Calcola l'area delle due regioni finite di piano individuate dall'intersezione tra la parabola di equazione $y = 2x^2 + 2x$ e la curva di equazione $y = x^3 + 3x^2$. $\left[\dfrac{8}{3}; \dfrac{5}{12}\right]$

367 Rappresenta graficamente la funzione $y = \sqrt{\dfrac{x}{4 - x}}$ e determina l'area della regione finita di piano compresa fra la curva, l'asse y e la retta tangente alla curva nel suo punto di flesso. (SUGGERIMENTO Per il calcolo dell'integrale poni $x = 4 \sin^2 t$.) $\left[\dfrac{11}{9}\sqrt{3} - \dfrac{2}{3}\pi\right]$

368 Determina la misura dell'area della regione finita di piano delimitata dal grafico della funzione $f(x) = 2^x$, dall'asse y e da quello della retta di equazione $y = 2x$. $\left[\dfrac{1}{\ln 2} - 1\right]$

369 EUREKA! Osserva il grafico. Cosa puoi dire delle aree di S_1 e di S_2?

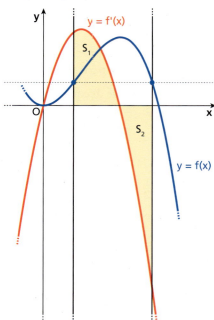

370 Trova l'area della parte di piano finita delimitata dalla parabola di equazione $y = \dfrac{3}{2}x^2 - 1$, dall'iperbole di equazione $y = \dfrac{x + 3}{x - 1}$ e dalla retta di equazione $3x - 8y + 1 = 0$. $\left[8\ln 2 + \dfrac{1}{2}\right]$

371 LEGGI IL GRAFICO Nel grafico sono rappresentate l'iperbole di equazione $y = \dfrac{a}{x}$, per $x > 0$, e le sue tangenti r e s rispettivamente in A e B.

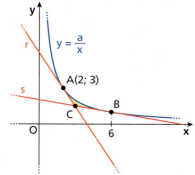

a. Trova il valore di a.
b. Determina le equazioni di r e s e le coordinate di C.
c. Calcola l'area del triangolo mistilineo ABC.

$\left[\text{a) } 6; \text{ b) } y = -\dfrac{3}{2}x + 6,\ y = 2 - \dfrac{x}{6},\ C\left(3; \dfrac{3}{2}\right);\right.$
$\left. \text{c) } 6(\ln 3 - 1)\right]$

Riepilogo: Calcolo delle aree

372 Dopo aver rappresentato graficamente il luogo dei centri delle iperboli di equazione

$$y = \frac{(m^2-3)x+2}{(m+2)x+4}, \text{ con } m \in \mathbb{R},$$

determina l'area della regione finita di piano compresa fra il luogo geometrico, la retta a esso tangente nel punto di minimo e la retta di equazione $x = -2$. $\left[4\ln 2 - \frac{5}{2}\right]$

373 Trova l'area della regione del primo quadrante delimitata inferiormente dal grafico di $y = \arcsin x$, superiormente dal grafico di $y = \arccos x$.
(USA *Harvard-MIT Mathematics Tournament*, HMMT) $[2 - \sqrt{2}]$

374 a. Rappresenta la curva di equazione $y = xe^{-2x}$.
b. Determina l'area della regione finita di piano delimitata dalla curva, dall'asse x e dalla retta $x = \ln 2$. $\left[b\right) -\frac{1}{8}\ln 2 + \frac{3}{16}\right]$

375 a. Studia e rappresenta graficamente la funzione $f(x) = \frac{4x^2 + x + 2}{x^2 + 1}$.
b. Detto A il punto di intersezione del grafico con l'asintoto orizzontale, determina l'equazione della tangente t in A e calcola l'area della regione finita di piano delimitata dall'asse y, dalla retta t e dal grafico di $f(x)$. $\left[b\right) 2\arctan 2 - \frac{\ln 5}{2} - \frac{2}{5}\right]$

376 Scrivi l'equazione della circonferenza con centro $C(2; -3)$ e raggio $r = 3\sqrt{2}$ e quella della parabola con asse parallelo all'asse y e tangente alla circonferenza nei punti A e B in cui quest'ultima interseca l'asse x. Calcola infine l'area della regione finita di piano racchiusa fra l'arco di circonferenza e quello di parabola. $\left[15 - \frac{9}{2}\pi\right]$

377 a. Studia la funzione $f(x) = \frac{2x-5}{(x-2)^3}$ e rappresentane il grafico γ.
b. Determina l'equazione della parabola che passa per i punti F, A, B, essendo F il flesso di γ, A l'ulteriore punto di intersezione di γ con la tangente inflessionale e B il punto di intersezione di γ con l'asse x. Calcola poi l'area della regione finita di piano delimitata dalle due curve. $\left[b\right) y = 2x^2 - 9x + 10; \frac{7}{24}\right]$

378 a. Considera la funzione $y = x^3 - 4x$ e rappresentala graficamente. Traccia la tangente t alla curva nel suo punto di intersezione con il semiasse positivo delle ascisse.
b. Calcola l'area della regione finita di piano delimitata dalla curva data, dalla retta t e dall'asse y. $[a) y = 8x - 16; b) S = 12]$

379 Calcola l'area della regione finita di piano i cui punti hanno coordinate $(x; y)$ che soddisfano il seguente sistema di disequazioni nelle due variabili x e y:

$$\begin{cases} y \leq -x^2 + 6x - 5 \\ y - 3 \leq 0 \\ y \geq 3 - \sqrt{12 - 3x} \end{cases} \quad \left[\frac{14}{3}\right]$$

380 **EUREKA!** Calcola il valore dell'area colorata.

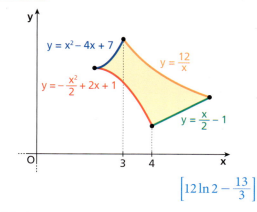

$\left[12\ln 2 - \frac{13}{3}\right]$

MATEMATICA AL COMPUTER
Area di una superficie Costruiamo una figura che permetta di assegnare un valore ai coefficienti a, b e c della parabola di equazione $q(x) = ax^2 + bx + c$ e che mostri, in corrispondenza, l'area dell'eventuale superficie finita di piano compresa fra la parabola di equazione $y = q(x)$ e la parabola di equazione $p(x) = -x^2 + 4$.
In particolare consideriamo:
$q(x) = x^2 - 4x + 4$.

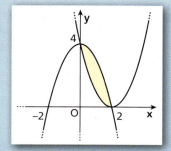

Risoluzione – 7 esercizi in più

Capitolo 30. Integrali definiti

Problemi REALTÀ E MODELLI

RISOLVIAMO UN PROBLEMA

■ L'aiuola

Un'aiuola in un parco ha, vista in pianta, la forma indicata in figura.

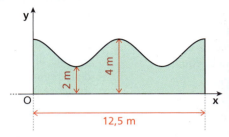

- Sapendo che il bordo superiore è descrivibile con la funzione $y = a\cos x + b$, determina a e b.
- Trova l'area occupata dall'aiuola.
- Bisogna riempire l'aiuola con uno strato, alto circa 70 cm, di terriccio speciale, che viene venduto in sacchi da 80 litri e costa € 11,80 al sacco. Calcola il costo totale del terriccio.

▶ **Determiniamo a e b.**

La distanza tra i «picchi» e le «valli» della cosinusoide è 2, pertanto l'ampiezza è 1. Allora $a = 1$.
Il grafico della funzione passa per il punto $(0; 4)$:

$$\cos 0 + b = 4 \;\to\; 1 + b = 4 \;\to\; b = 3.$$

La funzione è $y = \cos x + 3$.

▶ **Calcoliamo l'area.**

$$\int_0^{12,5} (\cos x + 3)\,dx = [\sin x + 3x]_0^{12,5} =$$

$\sin 12,5 + 37,5 - 0 \simeq 37,4 \text{ m}^2$.

▶ **Determiniamo il volume di terra necessario.**

Per calcolare il volume moltiplichiamo l'area di base per l'altezza:

$$V = 37,4 \cdot 0,70 = 26,18 \text{ m}^3 = 26\,180 \text{ L}.$$

▶ **Calcoliamo il costo totale.**

I sacchi da acquistare sono

$$\frac{26\,180}{80} = 327,25 \simeq 328.$$

Il costo totale è quindi:

$$328 \cdot \text{€ } 11,80 = \text{€ } 3870,40.$$

381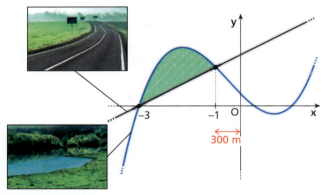

Turismo nel verde Una strada di campagna e un fiume delimitano un'area verde che il Comune decide di attrezzare per i turisti. Scegliendo sugli assi cartesiani l'unità uguale a 300 m, la strada e il fiume possono essere descritti come una retta di equazione $y = \dfrac{x+3}{2}$ e una curva di equazione $y = \dfrac{x^3}{4} + \dfrac{x^2}{2} - \dfrac{3}{4}x$, rispettivamente.

Quanto è estesa l'area verde? $[120\,000 \text{ m}^2]$

382 Il portale All'ingresso di un parco pubblico c'è un portale che ha il profilo mostrato in figura. Il portale deve essere rivestito di marmo, che viene venduto in lastre quadrate di 1 m² ciascuna.

a. Le equazioni delle curve che delimitano il portale sono $f(x) = 3 + \dfrac{a}{x^2+1}$ e $g(x) = bx^2 + c$. Trova a, b e c.

b. Determina il numero minimo di lastre necessarie per rivestire tutta la facciata.

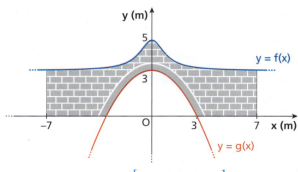

$\left[\text{a) } a = 2,\; b = -\dfrac{1}{3},\; c = 3;\; \text{b) } 36 \right]$

1992

Riepilogo: Calcolo delle aree

383 **IN FISICA** In una trasformazione isoterma di un gas ideale il prodotto $p \cdot V$ di pressione e volume rimane costante. Inoltre, il lavoro termodinamico è dato dall'area sottesa alla curva che descrive la trasformazione nel piano p-V. Determina il lavoro compiuto da un gas ideale che si espande a temperatura costante dallo stato iniziale $p_A = 2 \cdot 10^5$ Pa e $V_A = 5$ m³ al volume finale $V_B = 20$ m³. $[1{,}39 \cdot 10^6 \text{ J}]$

Aree, integrali definiti e parametri

384 Determina per quali valori di k l'area della regione finita di piano individuata dalla retta di equazione $y = kx$ e dalla parabola di equazione $y = 3x^2$ è uguale a 32. $[k = \pm 12]$

385 Data la parabola di equazione $y = ax^2 + 3x + 5$, con $a \in \mathbb{R}$, determina il valore di a in modo che l'area della regione finita di piano individuata dalla parabola e dalla retta di equazione $y = x + 5$ sia uguale a $\dfrac{1}{3}$. $[a = \pm 2]$

386 Dimostra che l'area compresa fra la curva di equazione $y = \dfrac{1}{x}$, le rette di equazioni $x = a$ e $x = 2a$ e l'asse x non dipende da a.

387 Trova per quale valore di k l'integrale $\int_k^1 2\sqrt{1-x}\, dx$ è uguale all'area della parte finita di piano delimitata dalla parabola di equazione $y = x^2 - 2x$ e dall'asse x. $[k = 0]$

388 Rappresenta graficamente la funzione $y = xe^{-a^2x^2}$, con $a > 0$, e determina l'area della regione finita di piano sottesa alla curva nell'intervallo $[0; a]$. Calcola il limite a cui tende l'area quando a tende a $+\infty$. $\left[\dfrac{1}{2a^2}(1 - e^{-a^4}); 0\right]$

389 Dato il fascio di parabole di equazione $y = -kx^2 + 2(k-1)x$, trova quale parabola (con $k > 1$) individua con l'asse x una regione finita di area uguale a $\dfrac{1}{3}$. $[k = 2]$

390 Trova la retta passante per l'origine che divide il segmento parabolico individuato dalla parabola di equazione $y = -x^2 + 4x$ e dall'asse x in due regioni di piano equivalenti. $[y = (4 - \sqrt[3]{32})x]$

391 **a.** Determina per quale valore del parametro reale a ($a \geq 0$) l'area del trapezoide individuato dalla curva $y = \dfrac{a+x}{x^2+1}$ e dalle rette di equazioni $x = 0$ e $x = 1$ vale $\dfrac{\pi + \ln 4}{4}$.
b. Rappresenta graficamente la curva trovata.
c. Determina l'equazione della retta tangente alla curva nel suo punto di flesso di ascissa positiva.
$\left[\text{a) } a = 1;\ \text{c) } y = -\dfrac{1}{2}x + \dfrac{3}{2}\right]$

392 Determina il valore positivo di a tale che la parabola $y = x^2 + 1$ divida in due l'area del rettangolo con vertici $(0; 0)$, $(a; 0)$, $(0; a^2 + 1)$ e $(a; a^2 + 1)$.
(USA *Harvard-MIT Mathematics Tournament, HMMT*) $[a = \sqrt{3}]$

393 Considera la parabola γ di equazione $y = kx^2 + 2$ con $k > 0$, traccia le tangenti r ed s passanti per il punto $(0; 1)$ e, detti R ed S i punti di contatto, verifica che il rapporto tra l'area del triangolo ORS e quella della regione delimitata da γ e dal segmento RS non dipende da k.

Capitolo 30. Integrali definiti

394 **LEGGI IL GRAFICO** Considera la funzione $f(x) = \sin x$ nell'intervallo $\left[0; \frac{\pi}{2}\right]$. La retta $y = k$ interseca il grafico nel punto P in modo che le superfici S_1 e S_2 abbiano area uguale. Determina le coordinate di P. $\left[P\left(\arcsin \frac{2}{\pi}; \frac{2}{\pi}\right)\right]$

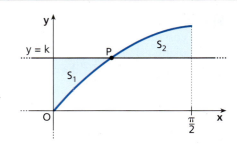

4 | Calcolo dei volumi

Volume di un solido di rotazione

▶ Teoria a p. 1953

Rotazione intorno all'asse x

395 **ESERCIZIO GUIDA** Consideriamo la funzione $y = x^2 + 1$ e calcoliamo il volume del solido di rotazione ottenuto facendo ruotare attorno all'asse x di un giro completo il trapezoide esteso all'intervallo $[1; 2]$.

- Disegniamo il solido: tracciamo il grafico della funzione nell'intervallo considerato e il suo simmetrico rispetto all'asse x (figura **a**).
  Tracciamo, in prospettiva, due circonferenze di raggio, rispettivamente, AB e CD. Rappresentiamo così il solido generato dalla rotazione completa intorno all'asse x del trapezoide $ABCD$ (figura **b**).

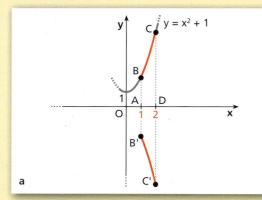
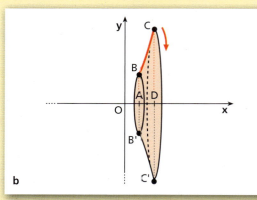

- Calcoliamo il volume di tale solido, applicando la formula $V = \pi \cdot \int_a^b f^2(x)\,dx$:

$$V = \pi \cdot \int_1^2 (x^2 + 1)^2\,dx = \pi \cdot \int_1^2 (x^4 + 2x^2 + 1)\,dx = \pi \cdot \left[\frac{x^5}{5} + \frac{2x^3}{3} + x\right]_1^2 =$$

$$\pi \cdot \left(\frac{32}{5} + \frac{16}{3} + 1 - \frac{1}{5} - \frac{2}{3}\right) = \frac{178}{15}\pi.$$

Calcola il volume del solido generato dalla rotazione completa attorno all'asse x del trapezoide individuato dal grafico della funzione data, nell'intervallo indicato.

396 $y = x\sqrt{x}$, $[2; 4]$. $[60\pi]$

397 $y = \sqrt{x+4}$, $[0; 6]$. $[42\pi]$

398 $y = \frac{3}{5}\sqrt{25 - x^2}$, $[-5; 5]$. $[60\pi]$

399 $y = \sqrt{\sin x}$, $\left[0; \frac{\pi}{2}\right]$. $[\pi]$

400 $y = \frac{1}{\cos x}$, $\left[0; \frac{\pi}{4}\right]$. $[\pi]$

401 $y = x^2 - 3x + 1$, $[0; 1]$. $\left[\frac{11}{30}\pi\right]$

1994

Paragrafo 4. Calcolo dei volumi

REALTÀ E MODELLI

402 **Coppette** Una ditta di casalinghi produce delle coppette in legno la cui forma può essere schematizzata come il solido ottenuto dalla rotazione intorno all'asse x del grafico della funzione $y = \sqrt[4]{27x}$, se si utilizza 1 cm come unità di misura. Determina la capienza di una coppetta, trascurandone lo spessore e sapendo che è alta 3 cm. [56,5 cm^3]

403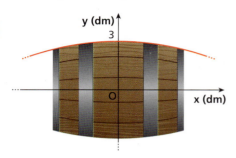

Botte piccola, vino buono Una botte *barrique* alta 80 cm ha il diametro di base di 50 cm e il diametro massimo di 60 cm. Può essere ottenuta ruotando un arco di parabola attorno all'asse x, come mostrato nella figura.

a. Determina l'equazione della parabola.

b. Quanti litri di vino può contenere questa botte?

$$\left[\text{a)}\ y = -\frac{x^2}{32} + 3;\ \text{b)}\ 202\ \text{L}\right]$$

404 Rappresenta la retta di equazione $y = 4 - 2x$ nell'intervallo $[0; 2]$ ed esegui una rotazione di 360° attorno all'asse x del grafico. Calcola il volume del solido ottenuto e verifica il risultato applicando la relativa formula geometrica. $\left[\dfrac{32}{3}\pi\right]$

405 Calcola il volume del solido che si ottiene ruotando di 360° attorno all'asse x il grafico della funzione $y = \sqrt{1-x^2}$ definita in $[-1; 1]$. Verifica il risultato applicando la relativa formula geometrica. $\left[\text{sfera};\ \dfrac{4}{3}\pi\right]$

406 Trova il volume del solido ottenuto ruotando di 360° attorno all'asse x il trapezoide definito dalla funzione $y = \dfrac{x}{2-x}$ nell'intervallo $[0; 1]$. $[\pi(3 - 4\ln 2)]$

407 Rappresenta la funzione $y = 3 + x$ nell'intervallo $[0; 3]$. Che solido ottieni ruotando di 360° attorno all'asse x il grafico di tale funzione? Calcola il volume del solido ottenuto e verifica il risultato applicando la relativa formula geometrica. [tronco di cono; 63π]

408 Rappresenta graficamente la funzione $y = \sqrt{e^{3x}}$ e determina il volume del solido ottenuto mediante una rotazione completa del grafico attorno all'asse x, con $x \in [0; 1]$. $\left[\dfrac{\pi}{3}(e^3 - 1)\right]$

409 Dopo aver studiato la funzione di equazione
$$y = \sqrt{\frac{x+1}{x-2}},$$
determina il volume del solido generato da una rotazione di 360° attorno all'asse x della regione finita di piano delimitata dal grafico della funzione e dalle rette di equazioni $x = 3$ e $x = 4$. $[\pi + 3\pi\ln 2]$

410 Data la curva di equazione $y = x \cdot e^{x^3}$, considera la regione finita del piano cartesiano delimitata dalla curva, dall'asse delle ascisse e dalla retta di equazione $x = -1$. Calcola il volume del solido generato da tale regione nella rotazione completa attorno all'asse x. $\left[\dfrac{\pi}{6}(1 - e^{-2})\right]$

411 **EUREKA!** Trova il volume del solido generato dalla rotazione completa attorno alla retta di equazione $y = 1$ della regione finita di piano individuata da $y = -\dfrac{x^2}{4} + 2$ e dalla retta stessa. $\left[\dfrac{32}{15}\pi\right]$

Capitolo 30. Integrali definiti

412 **REALTÀ E MODELLI** **Giochiamo a football americano** La forma di un pallone da football americano può essere approssimata matematicamente con un solido di rotazione come in figura; le sezioni perpendicolari all'asse di rotazione sono quindi dei cerchi.

a. Determina la funzione polinomiale di secondo grado
$$y = ax^2 + bx$$
che rappresenta l'arco superiore $\overset{\frown}{OA}$.

b. Ricava il volume del pallone in cm³, approssimato all'unità.

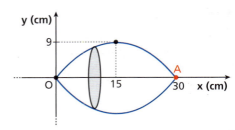

$\left[\text{a)} \ y = -\dfrac{1}{25}x^2 + \dfrac{6}{5}x; \ \text{b)} \ 4072 \text{ cm}^3 \right]$

413 Determinare il volume del solido generato dalla rotazione attorno alla retta di equazione $y = 3$ della regione di piano delimitata dalla curva di equazione $y = x^3 - 3x + 3$ e dalla retta stessa.

(*Esame di Stato, Liceo scientifico, Corso di ordinamento, Sessione straordinaria, 2015, quesito 1*)

$\left[\dfrac{144}{35}\sqrt{3}\,\pi \right]$

414 **ESERCIZIO GUIDA** Consideriamo la regione finita di piano delimitata dalla retta di equazione $y = \dfrac{x}{2} + 1$ e dalla parabola di equazione $y = \dfrac{x^2}{4} + 1$, e determiniamo il volume del solido ottenuto facendo ruotare di 360° attorno all'asse x questa regione.

Disegniamo le due funzioni e individuiamo la regione da ruotare. Disegniamo la regione simmetrica rispetto all'asse x. Il solido ottenuto è il tronco di cono ottenuto dalla rotazione della retta $y = \dfrac{x}{2} + 1$, «svuotato» del solido ottenuto dalla rotazione della parabola.
Calcoliamo il suo volume per sottrazione:

$$V = \pi \int_0^2 \left(\dfrac{x}{2} + 1 \right)^2 dx - \pi \int_0^2 \left(\dfrac{x^2}{4} + 1 \right)^2 dx =$$

$$\pi \int_0^2 \left(\dfrac{x^2}{4} + x + 1 - \dfrac{x^4}{16} - \dfrac{x^2}{2} - 1 \right) dx =$$

$$\pi \int_0^2 \left(-\dfrac{x^2}{4} + x - \dfrac{x^4}{16} \right) dx = \pi \left[-\dfrac{x^3}{12} + \dfrac{x^2}{2} - \dfrac{x^5}{80} \right]_0^2 =$$

$$\pi \left(-\dfrac{8}{12} + 2 - \dfrac{32}{80} \right) = \pi \left(-\dfrac{2}{3} + 2 - \dfrac{2}{5} \right) = \dfrac{14}{15}\pi.$$

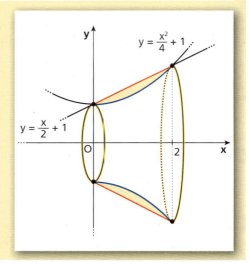

Calcola il volume del solido ottenuto dalla rotazione completa attorno all'asse x della regione finita di piano delimitata dalle due funzioni date.

415 $y = 3$, $y = x^2 + 2$. $\left[\dfrac{104}{15}\pi \right]$

417 $y = 5 - x^2$, $y = -x + 3$. $\left[\dfrac{153}{5}\pi \right]$

416 $y = 2 - x^2$, $y = -x + 2$. $\left[\dfrac{8}{15}\pi \right]$

418 $y = 1$, $y = \dfrac{x^2}{2} - x + 1$. $\left[\dfrac{16}{15}\pi \right]$

419 Nel piano cartesiano xOy disegna la parabola di equazione $y^2 = 4x$ e considera il suo punto P di ascissa 1 e di ordinata positiva. Determina il volume del solido generato dalla rotazione completa intorno all'asse x della superficie che ha come contorno l'arco $\overset{\frown}{OP}$ e il segmento OP. $\left[\dfrac{2}{3}\pi \right]$

420 Sull'iperbole di equazione $xy = 6$, considera i punti A e B di ascissa 1 e 3 rispettivamente, e traccia la retta r parallela all'asse x passante per B. Determina la misura del volume del solido ottenuto dalla rotazione intorno all'asse x della zona delimitata dall'arco $\overset{\frown}{AB}$, dalla retta r e dalla retta di equazione $x = 1$. $[16\pi]$

1996

Paragrafo 4. Calcolo dei volumi

Con i parametri

421 Trova per quale valore di $a > 0$ il solido generato dalla rotazione completa attorno all'asse x del trapezoide individuato dalla funzione $y = ax^2$ nell'intervallo $[0; 1]$ ha volume 5π. $\quad [a = 5]$

422 Determina per quale valore di k il solido generato dalla rotazione di 360° attorno all'asse x del trapezoide individuato dalla funzione $y = \sqrt{x+k}$ nell'intervallo $[1; 4]$ ha volume 30π. $\quad \left[k = \dfrac{15}{2}\right]$

423 Trova a in modo che il solido generato dalla rotazione completa intorno all'asse x del grafico della funzione $y = \dfrac{x+a}{x}$, definita in $[1; 3]$, abbia volume $\left(\dfrac{14}{3} - 4\ln 3\right)\pi$. $\quad [a = -2, \ a = 2 - 3\ln 3]$

424 Il solido generato dalla rotazione completa intorno all'asse x del trapezoide individuato dalla funzione $y = \sqrt{4 - 3x^2}$ nell'intervallo $[-1; a]$ ha volume 6π. Quanto vale a? $\quad [a = 1]$

Rotazione intorno all'asse y

Calcola il volume del solido generato dalla rotazione completa attorno all'asse y del trapezoide individuato dal grafico della funzione data e dall'intervallo sull'asse y indicato.

425 $y = \sqrt{1+x}$, $\quad 0 \le y \le 1$. $\quad \left[\dfrac{8}{15}\pi\right]$ **428** $y = 2x^2$, $\quad 0 \le y \le 8$. $\quad [16\pi]$

426 $y = \dfrac{1}{2}x + 1$, $\quad 1 \le y \le 3$. $\quad \left[\dfrac{32}{3}\pi\right]$ **429** $y = \sqrt{2x}$, $\quad 1 \le y \le 2$. $\quad \left[\dfrac{31}{20}\pi\right]$

427 $y = x^2 + 1$, $\quad 1 \le y \le 5$. $\quad [8\pi]$ **430** $y = \sqrt{\dfrac{3}{2x}}$, $\quad 1 \le y \le 3$. $\quad \left[\dfrac{13}{18}\pi\right]$

431 Data la curva di equazione $x = 4y^2$, rappresentala graficamente nel semipiano $y \ge 0$. Determina il volume V del solido generato in una rotazione di 360° attorno all'asse delle y del tratto di curva, con $y \in [0; 2]$.
$\quad \left[\dfrac{512}{5}\pi\right]$

432 Determina il volume del solido che si ottiene dalla rotazione completa intorno all'asse y della superficie delimitata dalla curva di equazione $x = y^2 - 3y$ e dall'asse y. $\quad \left[\dfrac{81}{10}\pi\right]$

433 Calcola il volume del solido generato dalla rotazione di 180° attorno all'asse y del trapezoide individuato dal grafico della funzione $y = \dfrac{2}{x} + 1$ e dall'intervallo $[2; 3]$ sull'asse y. $\quad [\pi]$

434 **EUREKA!** Determinare il volume del solido generato dalla rotazione attorno alla retta di equazione $x = 2$ della parte di piano delimitata dalla parabola di equazione $y^2 = 8x$ e dalla retta stessa.

(Esame di Stato, Liceo scientifico, Corso di ordinamento, Sessione suppletiva, 2015, quesito 5)
$\quad \left[\dfrac{256\pi}{15}\right]$

435 **REALTÀ E MODELLI** **Il tempo scorre!** Rispetto al sistema di riferimento in figura, con unità di misura il decimetro, il profilo che assume l'acqua quando è tutta contenuta nella parte superiore della clessidra è descritto nel primo quadrante dalla funzione $y = \sqrt{1 - \sqrt{1-x}}$, con $0 \le x \le 1$. Sapendo che il liquido al suo interno passa attraverso la strozzatura con una portata di $\dfrac{10}{3}$ cm³/s, calcola l'intervallo di tempo misurato dalla clessidra. $\quad [\simeq 320 \text{ s}]$

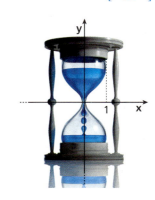

1997

Capitolo 30. Integrali definiti

Metodo dei gusci cilindrici

436 **ESERCIZIO GUIDA** Calcoliamo il volume del solido ottenuto dalla rotazione completa intorno all'asse y del trapezoide individuato dal grafico di $y = 2x^3$, dall'asse x e dalla retta di equazione $x = 1$.

Disegniamo il trapezoide e facciamolo ruotare intorno all'asse y.
Il volume del solido ottenuto si può calcolare con il metodo dei gusci cilindrici:

$$V = 2\pi \int_a^b x f(x)\, dx,$$

con $f(x) = 2x^3$, $a = 0$ e $b = 1$.

Calcoliamo:

$$V = 2\pi \int_0^1 x \cdot 2x^3\, dx = 4\pi \int_0^1 x^4\, dx = 4\pi \left[\frac{x^5}{5}\right]_0^1 = \frac{4}{5}\pi.$$

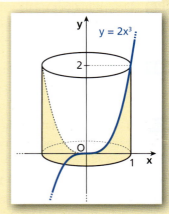

Osservazione. Questo volume di può calcolare, anche senza ricorrere al metodo dei gusci, come differenza tra il cilindro con raggio di base 1 e altezza 2 e il solido ottenuto ruotando il trapezoide individuato dalla funzione con l'asse y, tra 0 e 2:

$$V = \pi \cdot 1^2 \cdot 2 - \pi \int_0^2 \left(\sqrt[3]{\frac{y}{2}}\right)^2 dy.$$

Si ottiene lo stesso risultato, ma il calcolo dell'integrale è meno immediato.

Calcola il volume del solido generato dalla rotazione completa attorno all'asse y del trapezoide individuato dal grafico della funzione data e dall'intervallo sull'asse x indicato.

437 $y = 4x - x^2$, $[0; 2]$. $\left[\dfrac{40}{3}\pi\right]$

438 $y = \dfrac{x^3 - 8}{x}$, $[2; 4]$. $[88\pi]$

439 $y = \sqrt{x}$, $[0; 4]$. $\left[\dfrac{128}{5}\pi\right]$

440 $y = e^{-x^2}$, $[0; 1]$. $\left[\left(1 - \dfrac{1}{e}\right)\pi\right]$

441 $y = \dfrac{3\cos x}{x}$, $\left[\dfrac{\pi}{4}; \dfrac{\pi}{2}\right]$. $[(6 - 3\sqrt{2})\pi]$

442 $y = \dfrac{\ln(x^2)}{x^2}$, $[1; 2]$. $[2\pi \ln^2 2]$

---

443 Siano f e g le funzione definite da $f(x) = e^x$ e $g(x) = \ln x$.

a. Fissato un sistema cartesiano Oxy, si disegnino i grafici di f e g e si calcoli l'area della regione R che essi delimitano tra $x = \dfrac{1}{2}$ e $x = 1$.

b. La regione R, ruotando attorno all'asse x, genera il solido S e, ruotando intorno all'asse y, il solido T. Si scrivano, spiegandone il perché, ma senza calcolarli, gli integrali definiti che forniscono i volumi di S e di T.

(*Esame di Stato, Liceo scientifico, Corso sperimentale, Sessione ordinaria, 2012, dal problema 2*)

$$\left[\text{a}) e - \sqrt{e} - \ln\sqrt{2} + \frac{1}{2};\ \text{b}) V(S) = \pi \int_{\frac{1}{2}}^1 f^2(x)\, dx,\ V(T) = 2\pi \int_{\frac{1}{2}}^1 x[f(x) - g(x)]\, dx\right]$$

444 Disegna il grafico della funzione

$$f(x) = 1 + \cos x$$

e considera il trapezoide T formato da questa curva con l'asse x, l'asse y e la retta di equazione $x = \pi$. Calcola il volume del solido di rotazione ottenuto da una rotazione completa di T attorno all'asse delle ordinate.

$[\pi^3 - 4\pi]$

1998

Riepilogo: Volume di un solido di rotazione

445 Studia le funzioni

$$\gamma: y = 1 - \frac{1}{8}x^3 \quad e \quad \gamma': y = \sqrt{1 - \frac{1}{8}x^3}$$

e disegna i loro grafici nello stesso piano cartesiano Oxy. Calcola poi il volume del solido generato dalla rotazione intorno all'asse x della regione finita piana delimitata da γ e γ'. $\left[\dfrac{3}{14}\pi\right]$

446 Dopo aver rappresentato graficamente le parabole di equazioni $y = x^2$ e $x = y^2$, determina il volume del solido generato dalla rotazione intorno all'asse x della parte finita di piano delimitata dalle due parabole. $\left[\dfrac{3}{10}\pi\right]$

447 Si disegni in un piano cartesiano ortogonale Oxy la curva C di equazione $y = \dfrac{\sqrt{2x^2-1}}{x}$ e si calcoli il volume del solido ottenuto facendo ruotare di un giro completo attorno all'asse delle ascisse la regione finita di piano compresa tra l'arco della curva C, i cui estremi sono i punti di ascissa $\dfrac{\sqrt{2}}{2}$ e 1, e le rette tangenti a C negli estremi stessi.
(*Esame di Stato, Liceo scientifico, Corso di ordinamento, Sessione suppletiva, 1991, problema 2*)
$\left[\pi\left(\dfrac{23}{12}\sqrt{2} - \dfrac{8}{3}\right)\right]$

448 Calcola il volume del solido generato dalla rotazione completa attorno all'asse y del trapezoide individuato dalla porzione di parabola di equazione $x = 9 - y^2$ contenuta nel semipiano positivo delle y, dall'asse y e dalla retta di equazione $y = \dfrac{3}{5}x - 1$. $\left[\dfrac{4492}{135}\pi\right]$

449 Sia R la regione piana limitata compresa tra il grafico della funzione $y = \sqrt{16x+25}$, l'asse x e l'asse y. Determina il rapporto tra il volume del solido generato da una rotazione di 120° di R attorno all'asse x e il volume del solido generato dalla rotazione completa di R attorno all'asse y. [1]

450 Data la parabola di equazione $y = x^2 - 4x + 4$, determina il volume del solido che si ottiene facendo ruotare attorno all'asse y la parte finita di piano che si trova nel I quadrante, delimitata dalla parabola e dagli assi cartesiani. $\left[\dfrac{8}{3}\pi\right]$

451 Dimostra con gli integrali che il volume di un tronco di cono di altezza h e raggi di base r e R è
$$V = \frac{1}{3}\pi h(R^2 + r^2 + Rr).$$

452 Data la parabola di equazione $y = -4x^2 + 8x$, traccia le tangenti t_1 e t_2 nei suoi punti O e A di ascissa 0 e $\dfrac{3}{2}$. Detto B il punto di intersezione delle due rette, determina il volume del solido generato in una rotazione completa attorno all'asse x del triangolo mistilineo OBA. $\left[\dfrac{189}{20}\pi\right]$

453 Considera la parabola γ di equazione
$$y = -x^2 + 4x$$
e la retta r di equazione $y = 3$. Trova il volume del solido ottenuto dalla rotazione completa intorno a r della parte di piano delimitata da γ e da r. $\left[\dfrac{16}{15}\pi\right]$

454 **YOU & MATHS** Find the volume of the solid formed by the complete revolution about the x-axis of the area in common to the circles with equations $x^2 + y^2 - 4y + 3 = 0$ and $x^2 + y^2 = 3$.
(*USA Atlantic Provinces Council on the Sciences, APICS, Mathematics Contest*)
$\left[\pi\left(\dfrac{4}{3}\pi - \sqrt{3}\right)\right]$

455 Calcola l'area della parte di piano S racchiusa dall'asse delle ascisse e dalle due curve di equazioni
$$y = \sqrt{x} \quad e \quad y = \sqrt{8-x}.$$
Determina poi il rapporto tra i volumi dei solidi generati dalla superficie S in una rotazione completa attorno all'asse delle ascisse e in una rotazione completa attorno all'asse delle ordinate. $\left[A = \dfrac{32}{3};\ \dfrac{V_x}{V_y} = \dfrac{3}{16}\right]$

Con i parametri

456 Data la retta $y = 2x + a$, trova per quale valore di $a > 0$ il volume del solido generato dalla rotazione attorno all'asse x della parte di piano limitata dalla retta, dall'asse x e dalle rette $x = 2$ e $x = 3$, è uguale a $\dfrac{109}{3}\pi$. [$a = 1$]

Capitolo 30. Integrali definiti

457 Considera la parabola di equazione $y = ax^2 + bx$ e determina i coefficienti a e b sapendo che il grafico passa per $A(1; 1)$ e che il volume del solido generato dalla rotazione completa attorno all'asse x della parte di piano limitata dalla parabola e dalle rette $x = 0$ e $x = 1$ è uguale a $\frac{2}{15}\pi$. $\quad [a = 2, b = -1 \lor a = 3, b = -2]$

Volume di un solido con il metodo delle sezioni
▶ Teoria a p. 1957

458 **ESERCIZIO GUIDA** Consideriamo la regione di piano finita $\mathcal{A}$ delimitata dalla curva di equazione $y = e^{-x}$, dall'asse x, dall'asse y e dalla retta di equazione $x = 2$. Calcoliamo il volume del solido che ha come base $\mathcal{A}$ e le cui sezioni ottenute con piani perpendicolari all'asse x sono dei quadrati.

Tracciamo il grafico di $y = e^{-x}$ ed evidenziamo la regione $\mathcal{A}$. Costruiamo il solido che ha come base $\mathcal{A}$ e avente come sezioni perpendicolari all'asse x dei quadrati. L'area della generica sezione quadrata è $(e^{-x})^2$, quindi il volume si calcola con

$$V = \int_0^2 (e^{-x})^2 \, dx.$$

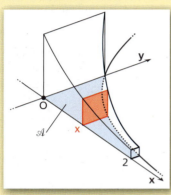

Calcoliamo l'integrale definito:

$$\int_0^2 e^{-2x} \, dx = \left[-\frac{1}{2} e^{-2x}\right]_0^2 = -\frac{1}{2} e^{-4} + \frac{1}{2}.$$

Il volume del solido è $V = \frac{1}{2}\left(1 - \frac{1}{e^4}\right)$.

Calcola il volume dei solidi che hanno come base le regioni finite di piano delimitate dalle curve di equazioni assegnate e dall'asse x negli intervalli indicati a fianco e come sezioni perpendicolari all'asse x quelle scritte.

459 $y = -2x^2 + 8x$, $[0; 4]$; sezioni: quadrati. $\qquad \left[\frac{2048}{15}\right]$

460 $y = 2\sqrt{x}$, $[1; 4]$; sezioni: quadrati. $\qquad [30]$

461 $y = \frac{2}{x}$, $[1; 3]$; sezioni: rettangoli con base doppia dell'altezza. $\qquad \left[\frac{4}{3}\right]$

462 $y = -x^2 + 6x$, $[1; 3]$; sezioni: semicerchi. $\qquad \left[\frac{301}{5}\pi\right]$

463 $y = \sqrt{\frac{x}{x-1}}$, $[2; 3]$; sezioni: rettangoli con altezza tripla della base. $\qquad [3 + 3\ln 2]$

464 $y = 4\sqrt{x+1}$, $[3; 8]$; sezioni: triangoli equilateri. $\qquad [130\sqrt{3}]$

465 $y = x\sqrt{x}$, $[1; 3]$; sezioni: esagoni regolari. $\qquad [30\sqrt{3}]$

466 $y = \sin x$, $[0; \pi]$; sezioni: quadrati. $\qquad \left[\frac{\pi}{2}\right]$

467 $y = 2\ln x$, $[1; e]$; sezioni: quadrati. $\qquad [4e - 8]$

468 Un solido Ω ha per base la regione R delimitata dal grafico $f(x) = e^{\frac{1}{x}}$ e dall'asse x sull'intervallo $[-2; -1]$. In ogni punto di R di ascissa x, l'altezza del solido è data da $h(x) = \frac{1}{x^2}$. Si calcoli il volume del solido.

(*Esame di Stato, Liceo scientifico, Corso di ordinamento, Sessione ordinaria*, 2014, quesito 4)

$$\left[\frac{\sqrt{e} - 1}{e}\right]$$

Paragrafo 5. Integrali impropri

469 La regione del I quadrante delimitata dall'iperbole di equazione $9x^2 - 4y^2 = 36$ e dall'asse x nell'intervallo $2 \le x \le 4$ è la base di un solido S, le cui sezioni, ottenute con piani perpendicolari all'asse x, sono tutte esagoni regolari. Si calcoli il volume di S.

(*Esame di Stato, Liceo scientifico, Corso di ordinamento, Sessione straordinaria, 2014, quesito 5*)

$[36\sqrt{3}]$

470 La base di un solido è la regione limitata da un'ellisse di equazione $\frac{x^2}{25} + \frac{y^2}{9} = 1$ e le sezioni ottenute tagliando il solido con i piani perpendicolari all'asse y sono dei quadrati. Trova il volume del solido. $[400]$

471 Un solido ha per base la regione R del piano cartesiano compresa tra il grafico della funzione $y = \frac{1}{x^2 + 1}$ e l'asse delle x nell'intervallo $[0; 3]$.
Per ogni punto P di R, di ascissa x, l'intersezione del solido col piano passante per P e ortogonale all'asse delle x è un rettangolo di altezza $3x$. Calcolare il volume del solido.

(*Esame di Stato, Liceo scientifico, opzione internazionale italo-inglese, Sessione ordinaria, 2015, quesito 4*)

$\left[\frac{3}{2}\ln 10\right]$

472 **REALTÀ E MODELLI** **Un modello di stagno** Il profilo di uno stagno può essere descritto, in un piano cartesiano, da una curva chiusa costituita da due archi di parabola di equazioni rispettivamente $y = -x^2 + 4x$ e $y = 2x^2 - 8x$.
La profondità dello stagno può essere modellizzata, punto per punto, dalla funzione $h(x) = \frac{1}{x + 1}$. Calcola il volume d'acqua, in litri, supponendo che l'unità di misura del sistema di riferimento sia il metro. $[3(12 - 5 \cdot \ln 5) \cdot 10^3]$

473 **ESERCIZIO GUIDA** Calcoliamo con il metodo delle sezioni il volume della piramide retta di altezza h e area di base B.

Detta $S(x)$ l'area di una generica sezione a distanza x dal vertice O e parallela alla base, vale la proporzione:

$S(x) : x^2 = B : h^2 \rightarrow S(x) = \frac{B}{h^2} x^2.$

Sostituiamo nella formula del volume:

$V = \int_0^h \frac{B}{h^2} x^2 \, dx = \left[\frac{B}{h^2} \cdot \frac{x^3}{3}\right]_0^h = \frac{Bh}{3}.$

Ritroviamo la formula già nota del volume della piramide.

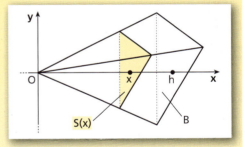

474 Utilizzando il metodo delle sezioni, calcola il volume di un cono retto con raggio di base r e altezza h.

475 Con il metodo delle sezioni, determina il volume di un tronco di piramide che ha altezza h e basi di aree A e B.

5. Integrali impropri

Integrale di una funzione con un numero finito di punti di discontinuità in [a; b]
▶ Teoria a p. 1958

TEST

476 Solo uno dei seguenti integrali è improprio. Quale?

A $\int_1^3 \ln x \, dx$ B $\int_0^1 \frac{1}{e^x} dx$ C $\int_2^3 \frac{1}{x-1} dx$ D $\int_1^4 \frac{x}{x-3} dx$ E $\int_{-1}^0 \frac{x}{x+3} dx$

Capitolo 30. Integrali definiti

477 Solo uno dei seguenti integrali *non* è improprio. Quale?

A $\int_0^2 \ln x \, dx$ B $\int_0^2 \frac{3x}{1-x} dx$ C $\int_{-2}^{-1} \frac{4}{x} dx$ D $\int_0^1 \frac{2}{e^x - 1} dx$ E $\int_{-1}^1 \frac{1}{\sin x} dx$

478 **RIFLETTI SULLA TEORIA**   Spiega perché non è vero che $\int_{-1}^1 \frac{1}{x} dx = \left[\ln|x|\right]_{-1}^1$.

479 **ESERCIZIO GUIDA**   Calcoliamo l'integrale $\int_0^3 \frac{1}{\sqrt[3]{(x-2)^2}} dx$, se è convergente.

La funzione $f(x)$ è continua per $x \neq 2$, quindi è integrabile negli intervalli $[0; t]$, con $0 < t < 2$, e $[z; 3]$, con $2 < z < 3$.
Determiniamo una primitiva $\varphi(x)$ della funzione $f(x)$:

$$\int \frac{1}{\sqrt[3]{(x-2)^2}} dx = \int (x-2)^{-\frac{2}{3}} dx = \frac{(x-2)^{\frac{1}{3}}}{\frac{1}{3}} = 3\sqrt[3]{x-2} + c \quad \rightarrow \quad \varphi(x) = 3\sqrt[3]{x-2}.$$

Allora:

$$\int_0^3 \frac{1}{\sqrt[3]{(x-2)^2}} dx = \lim_{t \to 2^-} \int_0^t \frac{1}{\sqrt[3]{(x-2)^2}} dx + \lim_{z \to 2^+} \int_z^3 \frac{1}{\sqrt[3]{(x-2)^2}} dx =$$

$$\lim_{t \to 2^-} [3\sqrt[3]{x-2}]_0^t + \lim_{z \to 2^+} [3\sqrt[3]{x-2}]_z^3 =$$

$$\lim_{t \to 2^-} (3\sqrt[3]{t-2} - 3\sqrt[3]{-2}) + \lim_{z \to 2^+} (3\sqrt[3]{1} - 3\sqrt[3]{z-2}) = -3\sqrt[3]{-2} + 3 = 3\sqrt[3]{2} + 3.$$

La funzione è integrabile nell'intervallo $[0; 3]$ e l'integrale $\int_0^3 \frac{1}{\sqrt[3]{(x-2)^2}} dx = 3(\sqrt[3]{2} + 1)$ è convergente.

Calcola i seguenti integrali, se sono convergenti.

480 $\int_0^1 \frac{1}{x^2} dx$ [diverge a $+\infty$]   **488** $\int_{-4}^0 \frac{6}{(x+3)^4} dx$ [diverge a $+\infty$]

481 $\int_0^1 \frac{1}{\sqrt{x}} dx$ [2]   **489** $\int_{\frac{\pi}{4}}^{\frac{\pi}{2}} \frac{1}{\cos^2 x} dx$ [diverge a $+\infty$]

482 $\int_0^3 \frac{1}{\sqrt{3-x}} dx$ $[2\sqrt{3}]$ **490** $\int_0^1 2\ln x \, dx$ $[-2]$

483 $\int_0^9 \frac{1}{\sqrt[3]{x-1}} dx$ $\left[\frac{9}{2}\right]$ **491** $\int_{\frac{\pi}{2}}^{\pi} \frac{\cos x}{\sqrt[4]{\sin^3 x}} dx$ $[-4]$

484 $\int_1^2 \frac{3}{x-2} dx$ [diverge a $-\infty$]   **492** $\int_{-1}^0 \frac{x+3}{x+1} dx$ [diverge a $+\infty$]

485 $\int_0^1 \frac{x+1}{\sqrt{x}} dx$ $\left[\frac{8}{3}\right]$ **493** $\int_0^9 \frac{1}{\sqrt{x}\sqrt{9-x}}$ $[\pi]$

486 $\int_1^2 \frac{2x}{x^2-1} dx$ [diverge a $+\infty$]   **494** $\int_0^2 \frac{1}{x^2 - 5x + 6}$ [diverge a $+\infty$]

487 $\int_0^1 \frac{1}{\sqrt{1-x^2}} dx$ $\left[\frac{\pi}{2}\right]$

495 **RIFLETTI SULLA TEORIA**   Dimostra che $\int_0^1 \frac{1}{x^\alpha} dx$ converge se e solo se $\alpha < 1$.

Paragrafo 5. Integrali impropri

Integrale di una funzione in un intervallo illimitato

▶ Teoria a p. 1960

496 **ESERCIZIO GUIDA** Calcoliamo l'integrale $\int_{1}^{+\infty} \frac{1}{(x+3)^2} dx$, se è convergente.

La funzione integranda è continua in tutti i punti dell'intervallo $[1; +\infty[$, perciò determiniamo la funzione integrale $F(z)$, con z appartenente a $[1; +\infty[$:

$$F(z) = \int_{1}^{z} \frac{1}{(x+3)^2} dx = \left[-\frac{1}{x+3}\right]_{1}^{z} = -\frac{1}{z+3} + \frac{1}{4}.$$

Calcoliamo $\lim_{z \to +\infty} F(z)$:

$$\lim_{z \to +\infty} \left(-\frac{1}{z+3} + \frac{1}{4}\right) = \frac{1}{4}.$$

L'integrale è convergente e vale $\int_{1}^{+\infty} \frac{1}{(x+3)^2} dx = \frac{1}{4}$.

Calcola i seguenti integrali, se sono convergenti.

497 $\int_{-\infty}^{-1} \frac{1}{x^4} dx$ $\left[\frac{1}{3}\right]$ **503** $\int_{1}^{+\infty} \frac{1}{x^2+1} dx$ $\left[\frac{\pi}{4}\right]$

498 $\int_{0}^{+\infty} \frac{1}{\sqrt{2x+1}} dx$ [diverge a $+\infty$]   **504** $\int_{3}^{+\infty} \frac{\ln x}{x} dx$ [diverge a $+\infty$]

499 $\int_{5}^{+\infty} \frac{1}{(x-3)^2} dx$ $\left[\frac{1}{2}\right]$ **505** $\int_{-\infty}^{-1} e^x dx$ $\left[\frac{1}{e}\right]$

500 $\int_{2}^{+\infty} \frac{8x}{x^2-2} dx$ [diverge a $+\infty$]   **506** $\int_{0}^{+\infty} xe^{-x} dx$ [1]

501 $\int_{2}^{+\infty} \frac{1}{\sqrt[3]{(x-1)^4}} dx$ [3]   **507** $\int_{-\infty}^{0} \frac{1}{x^2+2x+2} dx$ $\left[\frac{3\pi}{4}\right]$

502 $\int_{0}^{+\infty} \frac{1}{2x+3} dx$ [diverge a $+\infty$]   **508** $\int_{-\infty}^{0} \frac{e^x}{\sqrt{1-e^{2x}}} dx$ $\left[\frac{\pi}{2}\right]$

509 **RIFLETTI SULLA TEORIA** Dimostra che $\int_{1}^{+\infty} \frac{1}{x^\alpha} dx$ converge se e solo se $\alpha > 1$.

MATEMATICA E STORIA

Aree e iperbole Il gesuita belga Grégoire de Saint-Vincent (1584-1667) fece una notevole scoperta riguardo all'iperbole di equazione $xy = 1$: se si scelgono k, x_1, x_2, x_3, x_4 tali che $x_3 = kx_1$ e $x_4 = kx_2$, allora le aree A_1 e A_2 sottostanti all'iperbole e delimitate dalle rette verticali passanti per x_1 e x_2 e per x_3 e x_4, come indicato in figura, risultano uguali.

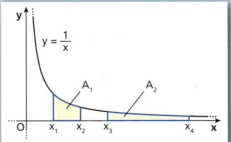

Alphonse Antonio de Sarasa (1618-1667), un altro matematico gesuita, nato nelle Fiandre, fece un'altra osservazione sull'iperbole $xy = 1$; ripercorriamo i suoi ragionamenti rispondendo alle seguenti domande.

a. Indicati con α e β due numeri maggiori di 1, utilizza i risultati precedenti di Grégoire de Saint-Vincent per mostrare che l'area della zona sottostante all'iperbole compresa fra le rette di equazioni $x = 1$ e $x = \beta$ è uguale all'area della zona sottostante all'iperbole compresa fra le rette $x = \alpha$ e $x = \alpha\beta$.

b. Considera la funzione $A(x)$, che esprime l'area della zona sottostante all'iperbole compresa fra 1 e x. Mostra che $A(\alpha\beta) = A(\alpha) + A(\beta)$.

c. Quale funzione a te nota gode di quest'ultima proprietà?

d. Attraverso l'utilizzo degli integrali, verifica la proprietà $A_1 = A_2$ individuata da Grégoire de Saint-Vincent.

▢ Risoluzione – Esercizio in più

Capitolo 30. Integrali definiti

Riepilogo: Integrali impropri

510 **TEST** La funzione $f(x)$ è continua $\forall x \in \mathbb{R} - \{0\}$ ed è tale che $\lim_{x \to 0} f(x) = +\infty$. Quale, fra i seguenti integrali, *non* è improprio?

A $\int_2^{+\infty} f(x)\,dx$ B $\int_{-\infty}^{-1} f(x)\,dx$ C $\int_0^3 f(x)\,dx$ D $\int_{-1}^1 f(x)\,dx$ E $\int_2^{100} f(x)\,dx$

Calcola i seguenti integrali, se sono convergenti.

511 $\int_{\frac{3}{2}}^{2} \dfrac{1}{2x-3}\,dx$ [diverge a $+\infty$]   **526** $\int_{-\infty}^{-2} xe^{-x^2}\,dx$ $\left[-\dfrac{1}{2e^4}\right]$

512 $\int_0^1 \dfrac{3x}{\sqrt{1-x^4}}\,dx$ $\left[\dfrac{3}{4}\pi\right]$ **527** $\int_{-\infty}^{1} e^{\frac{x}{2}}\,dx$ $[2\sqrt{e}]$

513 $\int_4^{+\infty} \dfrac{\sqrt{x}}{x^3}\,dx$ $\left[\dfrac{1}{12}\right]$ **528** $\int_{-\frac{\pi}{2}}^{0} \dfrac{\sin x}{\sqrt{\cos x}}\,dx$ $[-2]$

514 $\int_0^7 \dfrac{1}{x-7}\,dx$ [diverge a $-\infty$]   **529** $\int_0^{\frac{1}{\sqrt[3]{2}}} \dfrac{x^2}{\sqrt{1-4x^6}}\,dx$ $\left[\dfrac{\pi}{12}\right]$

515 $\int_1^2 \dfrac{1}{\sqrt{x-1}}\,dx$ $[2]$ **530** $\int_0^{+\infty} \dfrac{e^x}{1+4e^{2x}}\,dx$ $\left[\dfrac{\pi}{4} - \dfrac{1}{2}\arctan 2\right]$

516 $\int_{-\infty}^{+\infty} \dfrac{3}{1+x^2}\,dx$ $[3\pi]$ **531** $\int_{-2}^{-1} \dfrac{x+3}{\sqrt{x+2}}\,dx$ $\left[\dfrac{8}{3}\right]$

517 $\int_2^{+\infty} \dfrac{x+4}{2x+3}\,dx$ [diverge a $+\infty$]   **532** $\int_3^{+\infty} \dfrac{dx}{x\sqrt{x+1}}$ $[\ln 3]$

518 $\int_5^{+\infty} \dfrac{1}{x(x+1)}\,dx$ $\left[\ln \dfrac{6}{5}\right]$ **533** $\int_{-\infty}^{2} \dfrac{2}{x^2-4x+5}\,dx$ $[\pi]$

519 $\int_{-\infty}^{0} \dfrac{x}{1+9x^4}\,dx$ $\left[-\dfrac{\pi}{12}\right]$ **534** $\int_{-\infty}^{0} xe^x\,dx$ $[-1]$

520 $\int_{-\infty}^{-4} \dfrac{x}{9-x^2}\,dx$ [diverge a $+\infty$]   **535** $\int_0^1 \ln x^2\,dx$ $[-2]$

521 $\int_{-2}^{0} \dfrac{dx}{x^2+6x+8}$ [diverge a $+\infty$]   **536** $\int_{-1}^{0} \ln \dfrac{1}{x+1}\,dx$ $[1]$

522 $\int_2^5 \dfrac{x}{(x-2)^2}\,dx$ [diverge a $+\infty$]   **537** $\int_0^1 4x \ln x\,dx$ $[-1]$

523 $\int_{-\infty}^{1} \dfrac{1}{x^2-10x+25}\,dx$ $\left[\dfrac{1}{4}\right]$ **538** $\int_2^{+\infty} \dfrac{1}{x\ln^3 2x}\,dx$ $\left[\dfrac{1}{2\ln^2 4}\right]$

524 $\int_2^{+\infty} 2xe^{x^2}\,dx$ [diverge a $+\infty$]   **539** $\int_{-\infty}^{-1} \dfrac{1}{x^2-3x}\,dx$ $\left[\dfrac{2}{3}\ln 2\right]$

525 $\int_{-\infty}^{0} 4x^2 e^{x^3}\,dx$ $\left[\dfrac{4}{3}\right]$ **540** $\int_2^{+\infty} \dfrac{2\ln x}{x^3}\,dx$ $\left[\ln \sqrt[4]{2} + \dfrac{1}{8}\right]$

541 $\int_{-1}^{\pi} f(x)\,dx$,   con $f(x) = \begin{cases} -x^2+1, & \text{se } -1 \leq x \leq 0 \\ \sin x, & \text{se } 0 < x \leq \pi \end{cases}$ $\left[\dfrac{8}{3}\right]$

2004

Riepilogo: Integrali impropri

LEGGI IL GRAFICO Verifica che le superfici colorate nelle figure hanno area finita e calcolane il valore.

542 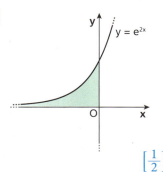 $\left[\dfrac{1}{2}\right]$

543 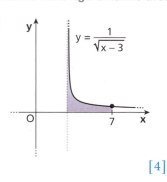 $[4]$

544 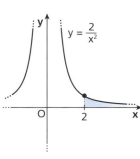 $[1]$

545 Traccia il grafico della funzione $y = e^{-x} + 1$ e quello simmetrico rispetto al suo asintoto orizzontale. Calcola l'area delimitata dai due grafici per $x \geq 1$. $\left[\dfrac{2}{e}\right]$

546 Calcola l'area della regione illimitata del quarto quadrante compresa fra il grafico della funzione $y = \ln x$ e l'asintoto verticale. $[1]$

547 Studia e rappresenta graficamente la funzione $y = \dfrac{3 \ln x}{x^2}$ e trova l'area della regione illimitata compresa tra il grafico della funzione e l'asse delle ascisse con $x \geq 1$. $[3]$

548 Rappresenta il grafico della funzione $f(x) = \dfrac{1}{x^2 + x}$ e trova l'area della regione illimitata compresa tra il grafico di $f(x)$ e l'asse x per $x \geq 5$. $\left[\ln \dfrac{6}{5}\right]$

549 Dopo aver disegnato il grafico della funzione $y = \dfrac{1}{\sqrt{1-x^2}}$, calcola l'area delimitata dal grafico della funzione, dall'asse x e dalle rette di equazioni $x = -1$ e $x = 1$. $[\pi]$

550 Disegna il grafico della funzione $y = \dfrac{x^2}{4 + x^2}$ e trova l'area della regione illimitata compresa tra il grafico della funzione e l'asintoto. $[2\pi]$

---

551 **LEGGI IL GRAFICO** Nel grafico è rappresentata la funzione $f(x) = \dfrac{ax + b}{x^3}$.

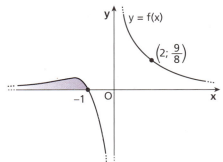

a. Trova a e b.
b. Calcola la misura dell'area colorata.

$\left[\text{a) } a = b = 3; \text{ b) } \dfrac{3}{2}\right]$

552 Dopo aver rappresentato graficamente la funzione $y = \dfrac{2x^2 + 1}{x^2}$, determina l'area della regione illimitata compresa fra il grafico e l'asintoto orizzontale della funzione, i cui punti hanno ascissa maggiore di 1. $[1]$

553 Rappresenta graficamente la funzione $y = xe^{-x^2}$ e calcola l'area della regione illimitata contenuta nel terzo quadrante e delimitata dall'asse x e dal grafico della funzione. $\left[\dfrac{1}{2}\right]$

554 Determina l'area della regione illimitata del primo quadrante compresa fra il grafico della funzione $y = \dfrac{x}{\sqrt{1-x^2}}$ e l'asintoto verticale. $[1]$

Capitolo 30. Integrali definiti

555 Rappresenta graficamente la funzione

$$y = \frac{1}{x^2 + x + 1}$$

e trova l'area della regione illimitata compresa tra l'asse x e il grafico della funzione. $\left[\dfrac{2}{3}\sqrt{3}\,\pi\right]$

556 Calcola il volume del solido generato dalla rotazione di 360° attorno all'asse x della funzione $y = e^{-x}$, per $x \geq 0$. $\left[\dfrac{\pi}{2}\right]$

557 **REALTÀ E MODELLI** **La tromba di Gabriele** La tromba di Torricelli, o di Gabriele, è un solido ottenuto con una rotazione completa intorno all'asse x della curva di equazione $y = \dfrac{1}{x}$, per $x \geq 1$. Ha la particolarità di avere una superficie infinita ma volume finito. Quanto misura il volume? $[\pi]$

558 **a.** Studia e rappresenta il grafico di $f(x) = \dfrac{\sqrt{9 - x^2}}{x}$.

b. Calcola il volume del solido di rotazione intorno all'asse y della regione delimitata dal grafico di $f(x)$, dall'asse x e dalla retta di equazione $y = \sqrt{3}$.

c. Trova il volume, se esiste, del solido generato da una rotazione dell'intero grafico intorno all'asse y.

[b) $3\pi^2$; c) $9\pi^2$]

559 **EUREKA!** Determina l'equazione dell'asintoto orizzontale della funzione integrale $F(x) = \int_0^x t e^{-t^2}\,dt$. $\left[y = \dfrac{1}{2}\right]$

Con i parametri

560 Determina per quale valore del parametro $k \in \mathbb{R}$ si ha: $\int_2^k \dfrac{1}{\sqrt{x - 2}}\,dx = 6$. $[k = 11]$

561 Trova il valore di $a \in \mathbb{R}$ in modo che $\int_{-\infty}^{+\infty} \dfrac{a}{x^2 + 1}\,dx = 5\pi$. $[a = 5]$

562 Dato l'integrale $\int_2^{+\infty} \dfrac{ax}{(x - 1)^4}\,dx$, trova a in modo che il suo valore sia 5. $[a = 6]$

563 Trova per quale valore di $a > 0$ si ha $\int_1^{+\infty} \dfrac{\ln ax}{x^2}\,dx = 2$. $[a = e]$

564 **LEGGI IL GRAFICO** Nel grafico è rappresentata la funzione $y = \dfrac{1}{(ax + b)^2}$.

Determina a e b, sapendo che la regione illimitata colorata ha area $\dfrac{1}{2}$.

$[a_1 = 2, b_1 = -1;\ a_2 = -2, b_2 = 1]$

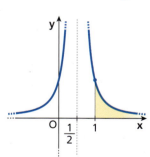

6 Applicazioni degli integrali alla fisica

▶ Teoria a p. 1961

Posizione, velocità e accelerazione

565 **ESERCIZIO GUIDA** Determiniamo la distanza percorsa, nell'intervallo di tempo compreso fra gli istanti $t_0 = 2$ s e $t_1 = 5$ s, da un punto materiale che si muove su una retta con una velocità $v(t)$, espressa in m/s, che è funzione del tempo t ed è definita dalla legge $v(t) = 2t^2 + 1$.

Paragrafo 6. Applicazioni degli integrali alla fisica

Se $v(t) \geq 0$ nell'intervallo $[t_0; t_1]$, la distanza percorsa da un punto materiale nell'intervallo di tempo dall'istante t_0 all'istante t_1 è data da $\quad s = \int_{t_0}^{t_1} v(t)\, dt \quad$. Sostituiamo i dati:

$$s = \int_{t_0}^{t_1} v(t)\, dt = \int_2^5 (2t^2 + 1)\, dt = \left[\frac{2t^3}{3} + t\right]_2^5 = \frac{2 \cdot 125}{3} + 5 - \left(\frac{2 \cdot 8}{3} + 2\right) = \frac{265 - 22}{3} = \frac{243}{3} = 81.$$

La distanza percorsa dal punto materiale è perciò 81 m.

566 In un moto rettilineo la velocità di un punto materiale in m/s è data dalla legge $v(t) = 3t^2 - 2$. Determina la distanza percorsa nell'intervallo compreso fra gli istanti $t_0 = 1$ s e $t_1 = 5$ s. [116 m]

567 Un punto materiale si muove su una retta con accelerazione uguale a 2 m/s². Determina la velocità al tempo $t = 15$ s, sapendo che la velocità iniziale è di 10 m/s. [40 m/s]

568 Andrea lancia un sasso in verticale, con velocità iniziale $v_0 = 12$ m/s, da un'altezza $h_0 = 1$ m. Trova la legge del moto del sasso, sapendo che $a(t) = -10$ m/s².

$$[s(t) = 1 + 12t - 5t^2]$$

---

569 In un moto rettilineo la velocità di un punto materiale in m/s è funzione del tempo ed è espressa dalla legge: $v(t) = \dfrac{t}{t^2 + 2}$. Determina la velocità media e la distanza percorsa nell'intervallo di tempo compreso fra gli istanti $t_0 = 2$ s e $t_1 = 8$ s.
[$v_m = 0{,}20$ m/s; $s = 1{,}20$ m]

570 Un'automobile si muove su un rettilineo con accelerazione che varia nel tempo secondo la legge $a(t) = \dfrac{t^2}{81} + \dfrac{2}{\sqrt{t}}$, dove t è in secondi e $a(t)$ in m/s². Calcola la velocità dopo 9 secondi dall'istante iniziale $t = 0$ s in cui $v_0 = 3{,}6$ km/h. [16 m/s]

571 **LEGGI IL GRAFICO** Nel grafico è rappresentata la funzione velocità di un'automobile che si muove su una strada rettilinea. Calcola la distanza percorsa dall'auto, senza determinare l'espressione analitica di $v(t)$. [1,1 km]

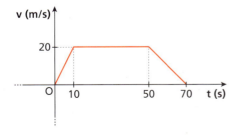

572 Un punto materiale si muove su una retta, su cui è stato fissato un sistema di riferimento, con velocità $v(t) = \cos \pi t$. Sapendo che la posizione occupata dal corpo all'istante iniziale $t_0 = 0$ s è $s_0 = 1$, determina la legge oraria del moto del punto materiale. $\left[s(t) = \dfrac{\sin \pi t}{\pi} + 1\right]$

573 Una pallina, collegata a una molla, oscilla di moto armonico con velocità $v(t) = 2 \sin 4t$ misurata in m/s. Determina la posizione e l'accelerazione in funzione del tempo, sapendo che nell'istante iniziale $s_0 = 2$ m. Rappresenta graficamente le tre leggi $s(t)$, $v(t)$ e $a(t)$ durante un'oscillazione completa.

$$\left[s(t) = -\frac{1}{2}\cos 4t + \frac{5}{2};\ a(t) = 8\cos 4t\right]$$

574 Determina lo spostamento e la distanza percorsa tra gli istanti $t_0 = 0$ s e $t_1 = 3$ s da un punto materiale che si muove su una retta con velocità $v(t) = t^2 - 1$, espressa in m/s. [6 m; 7,3 m]

575 Un punto materiale P si muove su un tratto rettilineo con accelerazione $a = a(t) = 6t + 2$, dove a è misurata in m/s² e t in secondi. Calcola la distanza percorsa tra l'istante $t_1 = 2$ s e $t_2 = 8$ s e la velocità al tempo t_2, sapendo che al tempo $t_3 = 1$ s la velocità è $v_3 = 1$ m/s e si trova a una distanza $s_3 = 1$ m dall'origine del sistema di riferimento scelto. [$s = 540$ m; $v(t_2) = 204$ m/s]

Capitolo 30. Integrali definiti

576 Un carrello inizia a muoversi su un binario rettilineo con accelerazione che varia nel tempo secondo la legge $a(t) = (2 - t)e^t$. In quale istante è massima la velocità? Che distanza ha percorso fino a quel momento?
$$[t = 2; s(2) = 2e^2 - 10]$$

577 In un moto su una retta orientata, la velocità in m/s di un punto materiale è data dalla legge $v(t) = t \cdot e^{-t}$. Trova la legge oraria del moto, sapendo che all'istante iniziale $t_0 = 0$ s il punto ha ascissa 1 m. $\quad [s(t) = 2 - (t + 1) \cdot e^{-t}]$

578 Una pallina si muove in linea retta con velocità istantanea $v(t) = 32k - 4t^3$, dove k è un parametro reale positivo, t è il tempo espresso in secondi e v è misurata in metri al secondo. Sapendo che nell'istante iniziale ($t = 0$) la pallina si trovava in $x = 1$ m, quanto deve valere k affinché la pallina raggiunga l'ascissa massima di 4 metri?
$$\left[k = \frac{1}{8}\right]$$

REALTÀ E MODELLI

579  **A pieni polmoni** Un ciclo inspiratorio normale dura circa 5 s. La velocità con cui si inspira ed espira l'aria può essere modellizzata con la funzione $v(t) = \frac{1}{2}\sin\left(\frac{2\pi t}{5}\right)$, dove il tempo t è misurato in secondi e $v(t)$ in litri al secondo.

a. Determina dopo quanto tempo dall'inizio di un ciclo respiratorio la velocità di inspirazione/espirazione è massima e dopo quanto è minima.

b. Calcola la quantità d'aria inalata in un ciclo. $\quad$ [a) 1,25 s; 3,75 s; b) 0,8 L]

580 **L'estate è finita** Michela ha una piscina di lati 4 m e 10 m, riempita d'acqua per una profondità di 1,5 m. Una volta aperta la saracinesca per svuotarla, l'acqua esce con una velocità di $200 - \frac{t}{6}$ litri al minuto, dove t indica il tempo trascorso, in minuti.

a. Quanta acqua esce nella prima ora?

b. Dopo quante ore la piscina sarà vuota?
$$[a) 11\,700 \text{ L; b)} \simeq 6 \text{ h}]$$

Lavoro di una forza

$$L = \int_a^b F(x)\,dx$$

581 Un punto materiale si muove su una retta, su cui è stato fissato un sistema di riferimento, sotto l'azione di una forza elastica F, misurata in newton, la cui intensità è legata all'ascissa del punto dalla legge $F(x) = -10x$. Determina il lavoro L compiuto dalla forza quando il punto materiale si sposta dalla posizione $x_0 = 5$ m alla posizione $x_1 = 1$ m.
$$[120 \text{ J}]$$

582 Su un punto materiale P che si muove lungo una retta orientata, su cui è stato fissato un sistema di riferimento, agisce una forza F, misurata in newton, che è legata all'ascissa di P dalla relazione $F(x) = x\sqrt{x^2 + 1}$. Determina il lavoro compiuto su P dalla forza F quando P si sposta dalla posizione $x_1 = 1$ m alla posizione $x_2 = 3$ m.
$$[9,59 \text{ J}]$$

583 Una forza misurata in newton, variabile a seconda della posizione in cui viene applicata, induce un corpo a spostarsi di un certo tratto. Calcola il lavoro, in joule (J), compiuto nello spostare il corpo dalla posizione $s_0 = 3$ m alla posizione $s_1 = 5$ m, se $F = 3s^2 - 4s + 2$.
$$[70 \text{ J}]$$

584 **RIFLETTI SULLA TEORIA** Un punto materiale si muove su una retta orientata sotto l'azione di una forza $F(x)$, dove x indica l'ascissa del punto. Spiega perché il lavoro di F è nullo quando sposta il punto materiale da $x_0 = a$ e lo riporta a $x_1 = a$.

Paragrafo 7. Integrazione numerica

585 Una molla a riposo è lunga 15 cm e quando viene estesa a una lunghezza di 20 cm esercita una forza elastica di richiamo di intensità 45 newton (N).

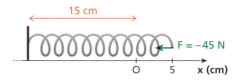

a. Ricordando che $F = -kx$, calcola k.
b. Determina il lavoro che bisogna compiere per allungare la molla da 20 cm a 25 cm.

[a) 900 N/m; b) 3,375 J]

Quantità di carica $Q = \int_{t_0}^{t_1} i(t)\,dt$

586 In un circuito l'intensità della corrente, misurata in ampere (A), all'istante t è data da $i(t) = 3t^2 + 4t$. Calcola la quantità di carica, in coulomb (C), che attraversa una sezione del circuito nell'intervallo di tempo che va dall'istante $t_0 = 1$ s all'istante $t_1 = 5$ s.
[172 C]

587 In un circuito l'intensità della corrente, misurata in ampere, all'istante t è data da $i(t) = -\dfrac{e^{-100t}}{100}$.

Calcola la quantità di carica, in coulomb (C), che attraversa una sezione del circuito nell'intervallo di tempo che va dall'istante $t_0 = \dfrac{1}{100}$ s all'istante $t_1 = 1$ s.
$[-3{,}68 \cdot 10^{-5}\text{ C}]$

588 Un filo conduttore è attraversato da una corrente alternata di intensità $i(t) = 5\sin(250\pi t)$, misurata in ampere (A). Determina la quantità di carica che fluisce attraverso una sezione del filo nell'intervallo di tempo tra 0 e 0,1 s e il valore medio dell'intensità di corrente nello stesso intervallo.

[0,0127 C; 0,127 A]

7 Integrazione numerica

Metodo dei rettangoli
▶ Teoria a p. 1964

589 Utilizzando il metodo dei rettangoli, calcola due valori approssimati dell'integrale della funzione definita dalla seguente tabella, nell'intervallo preso in considerazione.

x_i	0	0,1	0,2	0,3	0,4	0,5	0,6	0,7	0,8	0,9	1
y_i	1	1,123	1,125	1,236	1,254	2,256	2,321	1,254	1,287	2,125	3

[1,498; 1,698]

590 **ESERCIZIO GUIDA** Determiniamo due valori approssimati dell'integrale $\int_0^2 \sqrt{1+x}\,dx$ utilizzando il metodo dei rettangoli, valutiamo l'errore commesso e confrontiamo i risultati ottenuti con l'integrale esatto.

Dividiamo l'intervallo in 10 intervalli di ampiezza $h = \dfrac{2-0}{10} = 0{,}2$. Compiliamo una tabella con i punti di suddivisione dell'intervallo [0; 2] e i corrispondenti valori della funzione integranda.

x	0	0,2	0,4	0,6	0,8	1	1,2	1,4	1,6	1,8	2
$\sqrt{1+x}$	1	1,095	1,183	1,265	1,342	1,414	1,483	1,549	1,612	1,673	1,732

Ora calcoliamo le somme:

$S'_n = 0{,}2 \cdot (1 + 1{,}095 + 1{,}183 + \ldots + 1{,}612 + 1{,}673) \simeq 2{,}723;$

$S_n = 0{,}2 \cdot (1{,}095 + 1{,}183 + \ldots + 1{,}673 + 1{,}732) \simeq 2{,}870.$

Capitolo 30. Integrali definiti

I valori approssimati dell'integrale sono:

$$\int_0^2 \sqrt{1+x}\,dx \simeq 2{,}723 \quad e \quad \int_0^2 \sqrt{1+x}\,dx \simeq 2{,}870.$$

Ricordiamo che, se la funzione ammette derivata prima continua, l'errore commesso E_n è minore o uguale alla quantità ε_n, ossia:

$$E_n \le \varepsilon_n = \frac{(b-a)^2}{2n} \cdot M, \quad \text{dove } M \text{ è il massimo di } |f'(x)| \text{ in } [a; b].$$

Poiché la derivata $f'(x) = \dfrac{1}{2\sqrt{1+x}}$ è continua nell'intervallo $[0; 2]$ e

$$M = \max_{[0;2]} \left| \frac{1}{2\sqrt{1+x}} \right| = f'(0) = \frac{1}{2\sqrt{1+0}} = 0{,}5,$$

possiamo valutare l'errore commesso:

$$E_{10} \le \varepsilon_{10} = \frac{(2-0)^2}{2 \cdot 10} \cdot 0{,}5 = 0{,}1.$$

I due risultati hanno pertanto un'approssimazione minore o uguale a 0,1.
Calcolando l'integrale in modo esatto, otteniamo:

$$\int_0^2 \sqrt{1+x}\,dx = \left[\frac{2}{3}(1+x)\sqrt{1+x} \right]_0^2 \simeq 2{,}797.$$

Le differenze fra questo valore e quelli approssimati sono $|S'_n - 2{,}797| = 0{,}074$ e $|S_n - 2{,}797| = 0{,}073$, entrambe minori di 0,1.

Utilizzando il metodo dei rettangoli, calcola due valori approssimati dei seguenti integrali e valuta, se possibile, l'errore commesso. (Suddividi l'intervallo nel numero n di parti indicato a fianco.)

591 $\int_1^3 (x^2 + 2)\,dx$, $n = 5$. $\quad[11{,}12;\ 14{,}32;\ 2{,}4]$

592 $\int_{-4}^{-1} \dfrac{1}{x^2}\,dx$, $n = 6$. $\quad[0{,}55;\ 1{,}02;\ 1{,}5]$

593 $\int_e^{e+1} \ln x\,dx$, $n = 10$. $\quad[1{,}149;\ 1{,}180;\ 0{,}018]$

594 $\int_0^{\frac{1}{2}} e^{x^2+1}\,dx$, $n = 5$. $\quad[1{,}446;\ 1{,}523;\ 0{,}087]$

595 $\int_0^3 \sqrt{1+x^3}\,dx$, $n = 10$. $\quad[6{,}717;\ 8{,}004;\ 1{,}148]$

596 $\int_2^3 \sqrt[3]{x-2}\,dx$, $n = 10$. $\quad[0{,}687;\ 0{,}787;\ \text{imp.}]$

597 $\int_0^\pi (x + \cos x)\,dx$, $n = 6$. $\quad[4{,}64;\ 5{,}23;\ 0{,}82]$

598 $\int_0^{\frac{\pi}{4}} \tan x\,dx$, $n = 8$. $\quad[0{,}298;\ 0{,}396;\ 0{,}077]$

Calcola due valori approssimati dei seguenti integrali, utilizzando il metodo dei rettangoli, e confronta i risultati ottenuti con il valore esatto dell'integrale.

599 $\int_2^4 (5x^2 + 3x^3)\,dx$, $n = 10$. $\quad[250{,}96;\ 296{,}56;\ 273{,}33]$

600 $\int_1^5 x \ln x\,dx$, $n = 8$. $\quad[12{,}14;\ 16{,}16;\ 14{,}12]$

601 $\int_0^1 x\sqrt[3]{x^2+1}\,dx$, $n = 8$. $\quad[0{,}49;\ 0{,}65;\ 0{,}57]$

602 **IN FISICA** I valori della velocità di un corpo sono stati raccolti sperimentalmente nella seguente tabella. Determina un valore approssimato dello spostamento compiuto dal corpo nell'intervallo di tempo preso in esame.

t (s)	0	0,3	0,6	0,9	1,2	1,5	1,8	2,1	2,4
v (m/s)	0	10	12	13	11	9	8	10	11

$[21{,}9\ m;\ 25{,}2\ m]$

Paragrafo 7. Integrazione numerica

603 **EUREKA!** Calcola due valori approssimati di $\int_{2}^{4}\frac{x^2+1}{x}dx$, suddividendo l'intervallo in un numero di parti tale che l'errore risulti minore di 0,2. $\qquad$ [$6,52; 6,87; n=10$]

Metodo dei trapezi
▶ Teoria a p. 1965

604 Utilizzando il metodo dei trapezi, calcola un valore approssimato dell'integrale della funzione definita dalla seguente tabella, nell'intervallo preso in considerazione.

x_i	0	0,3	0,6	0,9	1,2	1,5	1,8	2,1
y_i	10	12	11	13	14	15	12	11

[26,25]

605 **ESERCIZIO GUIDA** Utilizzando la formula dei trapezi, calcoliamo un valore approssimato di $\int_{1}^{2}\ln x\,dx$, valutiamo l'errore commesso e confrontiamo il risultato con quello del calcolo esatto.

Dividiamo l'intervallo in 5 intervalli di ampiezza $h = \frac{2-1}{5} = 0,2$. Compiliamo una tabella con i punti di suddivisione dell'intervallo [1; 2] e i corrispondenti valori della funzione integranda.

x	1	1,2	1,4	1,6	1,8	2
$\ln x$	0	0,182	0,336	0,470	0,588	0,693

Applichiamo la formula dei trapezi:

$$\int_{1}^{2}\ln x\,dx \simeq \frac{2-1}{5}\left(\frac{0+0,693}{2} + 0,182 + 0,336 + 0,470 + 0,588\right) \simeq 0,385.$$

Ricordiamo che, se la funzione ammette derivata seconda continua, l'errore commesso E_n è minore o uguale alla quantità ε_n, ossia:

$$E_n \le \varepsilon_n = \frac{(b-a)^3}{12n^2}\cdot M, \quad \text{dove } M \text{ è il massimo di } |f''(x)| \text{ in } [a; b].$$

Poiché la derivata seconda $f''(x) = -\frac{1}{x^2}$ è continua nell'intervallo [1; 2] e

$$M = \max_{[1;2]}|f''(x)| = |f''(1)| = 1,$$

possiamo valutare l'errore:

$$E_5 \le \varepsilon_5 = \frac{(2-1)^3}{12\cdot 25}\cdot 1 = 0,00\overline{3}.$$

Il risultato dell'integrale ha pertanto un'approssimazione minore o uguale a $0,00\overline{3}$.

Calcolando l'integrale in modo esatto, otteniamo:

$$\int_{1}^{2}\ln x\,dx = [x\ln x]_1^2 - \int_1^2 1\,dx = 2\ln 2 - [x]_1^2 = 2\ln 2 - 1 \simeq 0,386.$$

La differenza fra questo valore e quello approssimato è $|0,385 - 0,386| = 0,001$, minore di $0,00\overline{3}$.

Utilizzando la formula dei trapezi, calcola il valore approssimato dei seguenti integrali e valuta l'errore. (Suddividi l'intervallo nel numero n di parti indicato a fianco.)

606 $\int_{e}^{e+2}(1+2x)\,dx$, $n=8$. [16,873; 0]

608 $\int_{-\frac{\pi}{2}}^{0}\sin x\,dx$, $n=4$. [$-0,99; 0,02$]

607 $\int_{1}^{3}\frac{x^4}{4}dx$, $n=5$. [12,45; 0,72]

609 $\int_{0}^{\frac{1}{2}}5e^x\,dx$, $n=5$. [$3,25; 3,4\cdot 10^{-3}$]

Capitolo 30. Integrali definiti

Utilizzando la formula dei trapezi, calcola il valore approssimato dei seguenti integrali, suddividendo l'intervallo nel numero *n* di parti indicato.

610 $\int_0^3 \sqrt{1+5x^2}\, dx$, $\quad n = 10$. $\quad$ [10,772]

611 $\int_3^5 \dfrac{1}{1+x^4}\, dx$, $\quad n = 8$. $\quad$ [0,0097]

612 $\int_1^{\frac{3}{2}} \ln x\, dx$, $\quad n = 5$. $\quad$ [0,1079; $4,2 \cdot 10^{-4}$]

613 $\int_0^\pi \sqrt{\sin^2 x + 1}\, dx$, $\quad n = 6$. $\quad$ [3,820; $7,2 \cdot 10^{-2}$]

614 $\int_0^{\frac{1}{2}} \sqrt{\dfrac{1}{1+x}}\, dx$, $\quad n = 5$. $\quad$ [0,4497]

615 $\int_{-\pi}^{\pi} \ln(\cos x + 2)\, dx$, $\quad n = 10$. $\quad$ [3,920]

Utilizzando la formula dei trapezi, calcola il valore approssimato dei seguenti integrali e confronta il risultato con quello del calcolo esatto. (Suddividi l'intervallo nel numero *n* di parti indicato a fianco.)

616 $\int_1^5 (x^3 + 3x)\, dx$, $\quad n = 10$. $\quad$ [192,96; 192]

617 $\int_{-1}^0 e^{x+1}\, dx$, $\quad n = 10$. $\quad$ [1,72; $e - 1$]

618 $\int_2^3 \ln x\, dx$, $\quad n = 5$. $\quad \left[0,909;\ \ln\left(\dfrac{27}{4}\right) - 1\right]$

619 $\int_0^{\frac{\pi}{4}} \dfrac{\cos x}{\sin x + 1}\, dx$, $\quad n = 6$. $\quad \left[0,535;\ \ln\left(\dfrac{\sqrt{2}}{2} + 1\right)\right]$

---

620 **IN FISICA** L'intensità di corrente *i* (misurata in ampere) che percorre un conduttore, al variare del tempo *t* (in secondi), è stata misurata sperimentalmente e i dati sono stati raccolti nella seguente tabella. Utilizzando il metodo dei trapezi, calcola un valore approssimato della quantità di carica che passa attraverso una sezione del conduttore nell'intervallo di tempo tra 0 s e 0,5 s.

t (s)	0	0,1	0,2	0,3	0,4	0,5
i (A)	3	5	6	12	15	18

[4,85 C]

621 Per calcolare il volume di un recipiente di forma irregolare, alto 20 cm, vengono misurate le aree *A* di alcune sezioni, a varie altezze *h*. I dati sono riportati nella tabella qui sotto. Calcola un valore approssimato del volume, utilizzando il metodo dei trapezi.

h (cm)	2	4	6	8	10	12	14	16	18	20
A (cm²)	10	12	14	12	15	13	10	12	10	10

[216 cm³]

622 **EUREKA!** Trova il numero *n* minimo di parti in cui bisogna suddividere l'intervallo [1; 2] affinché il valore approssimato di $\int_1^2 x e^x\, dx$, calcolato con il metodo dei trapezi, abbia un errore sicuramente minore di 10^{-3}.

[*n* = 50]

Riepilogo: Integrazione numerica

623 Calcola con uno dei metodi numerici di integrazione il valore approssimato di $\int_0^2 \ln(x+1)\, dx$, utilizzando una suddivisione in 8 parti. Confronta il valore ottenuto con quello esatto.

624 Utilizza il metodo dei trapezi per calcolare un'approssimazione di $\int_0^1 \ln(x+e)\, dx$, valutando l'errore commesso nel considerare una suddivisione in 10 parti dell'intervallo dato. $\quad$ [1,1647; $1,13 \cdot 10^{-4}$]

625 Calcola due valori approssimati di $\int_e^{e+2} x^2 \ln x\, dx$, utilizzando il metodo dei rettangoli e dei trapezi con una scomposizione dell'intervallo in 8 parti. Con quale precisione puoi dire di aver determinato il valore dell'integrale?

[34,851; 38,245]

626 Sapendo che $\int_0^1 \frac{1}{1+x^2}\,dx = \frac{\pi}{4}$, calcola un'approssimazione di π, utilizzando uno dei metodi di integrazione numerica.

627 Sapendo che $\int_0^{\frac{\pi}{4}} \tan x\,dx = \frac{1}{2}\ln 2$, determina un valore approssimato di $\ln 2$, utilizzando uno dei metodi di integrazione numerica.

628 **LEGGI IL GRAFICO** Nella figura è rappresentato il grafico della funzione $y = x\ln(x+k)$.
  a. Determina il valore di k.
  b. Calcola un valore approssimato dell'area colorata.

$$[a)\ k = 2;\ b)\ 2,4]$$

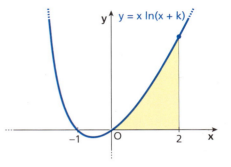

629 Utilizzando uno dei metodi di integrazione numerica studiati, calcola il valore di $\int_0^{\sqrt{\pi}} \sin x^2\,dx$.
Rappresenta la funzione integranda ed evidenzia la parte di piano la cui area è rappresentata dall'integrale riportato sopra. $\qquad [0,8855]$

630 **IN FISICA** L'accelerazione di un punto materiale, che si muove su una linea retta, è espressa in m/s² da $a(t) = e^{-t^2} + 1$. Il moto dura 3 secondi. Suddividendo l'intervallo di tempo $[0; 3]$ in 10 parti uguali, calcola un valore approssimato della velocità raggiunta dopo 3 secondi, utilizzando il metodo dei trapezi.

$$[3,886\ \text{m/s}]$$

631 a. Data la funzione $f(x) = \frac{x}{1+x^4}$, esegui lo studio e disegna il grafico.
  b. Mediante la formula dei rettangoli determina un'approssimazione per difetto e una per eccesso dell'integrale $\int_0^2 f(x)\,dx$, dividendo l'intervallo in 8 parti, e valuta l'errore commesso.

$$\left[b)\ S'_8 = 0{,}6421514\ldots,\ S_8 = 0{,}6715632\ldots;\ \varepsilon_8 = \frac{1}{4}\right]$$

632 Considera la funzione: $f(x) = \begin{cases} 0 & \text{se } x = 0 \\ x^2 \ln x & \text{se } x > 0 \end{cases}$.
  a. Dimostra che è continua in tutto il dominio, esegui lo studio e disegna il grafico.
  b. Con il metodo dei trapezi calcola in modo approssimato $\int_0^1 f(x)\,dx$ dividendo l'intervallo in 6 parti.

$$[b)\ I_6 = -0{,}1086574\ldots]$$

633 Sia data la funzione $y = \sin kx + \cos kx$, con k parametro reale positivo.
  a. Determina il valore minimo di k per cui la funzione ha un estremo relativo in $x = \pi$ e verifica che si tratta di un massimo assoluto.
  b. Col metodo dei rettangoli calcola un'approssimazione per difetto e una per eccesso dell'integrale $\int_0^{\pi} y\,dx$ utilizzando 8 intervalli.
  c. Calcola l'integrale esatto e confrontalo con la media delle due approssimazioni trovate al punto precedente.

$$\left[a)\ k = \frac{1}{4};\ b)\ S'_8 = 3{,}915456\ldots;\ S_8 = 4{,}078117\ldots;\ c)\ I = 4,\ S_m = 3{,}996780\ldots\right]$$

Capitolo 30. Integrali definiti

VERIFICA DELLE COMPETENZE ALLENAMENTO

UTILIZZARE TECNICHE E PROCEDURE DI CALCOLO

TEST

1 Se $\int_a^b f(x)\,dx = 0$, allora è necessario che:

  A $a = b$.

  B $f(x) = 0$.

  C $a = -b$ e $f(x)$ sia dispari.

  D $a = b = 0$.

  E nessuna delle precedenti.

2 Quale delle seguenti uguaglianze è *errata*?

  A $\int_a^b f(x)\,dx = -\int_b^a f(x)\,dx$

  B $\int_a^a f(x)\,dx = \int_b^b f(x)\,dx$

  C $\int_a^c f(x)\,dx = \int_a^b f(x)\,dx + \int_b^c f(x)\,dx$, con $a < b < c$.

  D $\int_a^b [f(x) - g(x)]\,dx = \int_b^a [g(x) - f(x)]\,dx$

  E $\int_{k\cdot a}^{k\cdot b} f(x)\,dx = k\cdot \int_a^b f(x)\,dx$

3 Solo uno dei seguenti integrali non è nullo. Quale?

  A $\int_1^1 3x\,dx$
  B $\int_{-1}^1 x^5\,dx$
  C $\int_{-2}^2 x^4\,dx$
  D $\int_0^{2\pi} \cos x\,dx$
  E $\int_3^{-3} \sin x\,dx$

Calcola i seguenti integrali.

4 **AL VOLO** $\int_{-5}^5 (x + 3x^3)\,dx$

5 $\int_{-1}^1 (3x^5 + 3x^2 - 1)\,dx$ $\qquad [0]$

6 $\int_1^2 x\sqrt{x^2 - 1}\,dx$ $\qquad [\sqrt{3}]$

7 $\int_0^4 (4\sqrt{x} - 3x^2)\,dx$ $\qquad \left[-\dfrac{128}{3}\right]$

8 $\int_1^2 \dfrac{x^2 + 5}{x}\,dx$ $\qquad \left[\dfrac{3}{2} + 5\ln 2\right]$

9 $\int_{-2}^0 \dfrac{x + 3}{x}\,dx$ $\qquad [\text{diverge a} -\infty]$

10 $\int_1^3 \dfrac{-4}{(2x - 1)^3}\,dx$ $\qquad \left[-\dfrac{24}{25}\right]$

11 $\int_{-2}^{-1} \dfrac{3x^2 + 2}{x^3 + 2x}\,dx$ $\qquad [-\ln 4]$

12 $\int_0^1 xe^{1-x^2}\,dx$ $\qquad \left[\dfrac{e-1}{2}\right]$

13 $\int_3^7 \dfrac{5}{\sqrt{x - 3}}\,dx$ $\qquad [20]$

14 $\int_0^{\frac{\pi}{2}} \cos x \cdot e^{\sin x}\,dx$ $\qquad [e - 1]$

15 $\int_{-1}^0 \dfrac{2x}{(x^2 - 1)^2}\,dx$ $\qquad [\text{diverge a} -\infty]$

16 $\int_1^5 |4 - x|\,dx$ $\qquad [5]$

17 $\int_{\frac{\pi}{3}}^{\pi} \dfrac{\sin x}{1 - \cos x}\,dx$ $\qquad [\ln 4]$

18 $\int_e^{e^3} \dfrac{1}{x\ln x}\,dx$ $\qquad [\ln 3]$

19 $\int_{\pi^2}^{4\pi^2} \dfrac{\sin\sqrt{x}}{\sqrt{x}}\,dx$ $\qquad [-4]$

20 $\int_{-\infty}^0 xe^{x^2}\,dx$ $\qquad [\text{diverge a} -\infty]$

- -

Calcola la derivata delle seguenti funzioni.

21 $F(x) = \int_x^1 \dfrac{t}{2 + 3t^2}\,dt$ $\qquad \left[F'(x) = -\dfrac{x}{2 + 3x^2}\right]$

22 $F(x) = \int_0^{2x} 3e^t\,dt$ $\qquad [F'(x) = 6e^{2x}]$

2014

23 $F(x) = \int_2^{x^2} \sin t \, dt$ $[F'(x) = 2x \sin x^2]$ **24** $G(x) = \int_x^{x+2}(2t^3 - t)dt$ $[G'(x) = 12x^2 + 24x + 14]$

Calcola i seguenti limiti.

25 $\lim\limits_{x \to 0} \dfrac{\int_0^x (1 - \cos t)\,dt}{2x^3}$ $\left[\dfrac{1}{12}\right]$ **26** $\lim\limits_{x \to 0} \dfrac{\int_0^x 4\sin t\,dt}{e^{x^2} - 1}$ $[2]$

---

27 Data la funzione $F(x) = \int_0^x \dfrac{t^2 - 1}{t^4 + 1}\,dt$, calcola il limite $\lim\limits_{x \to 0^+} \dfrac{x}{F(x)}$. $[-1]$

28 Utilizzando uno dei metodi di integrazione numerica studiati, calcola $\int_1^4 \dfrac{\ln x}{x}\,dx$, dividendo l'intervallo di integrazione in sei parti di uguale ampiezza. Confronta quindi il risultato con quello ottenuto dal calcolo esatto.

ANALIZZARE E INTERPRETARE DATI E GRAFICI

Trova l'area delle regioni colorate.

29 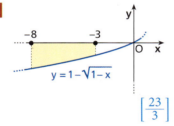   **30** 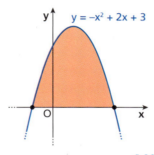   **31**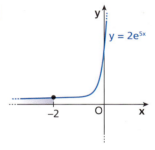

$\left[\dfrac{23}{3}\right]$ $\left[\dfrac{32}{3}\right]$ $\left[\dfrac{2}{5e^{10}}\right]$

---

32 Trova per quale valore di $k \in \mathbb{R}$ il valore medio della funzione $f(x) = 1 - x + 9x^2$ nell'intervallo $[0; k]$ è 1. $\left[k = \dfrac{1}{6}\right]$

33 Determina per quale valore di $a \in \mathbb{R}$ si ha:

$\int_1^4 \dfrac{ax^2 - 8}{x}\,dx = 15 - 8\ln 4.$ $[a = 2]$

---

34 Considera $F(x) = \int_1^x (6t^2 - 8t - 1)dt$ e calcola:

$F'(0)$, $F''(1)$, $F(1)$, $F(-1)$.

$[-1; 4; 0; -2]$

35 Data $G(x) = \int_{-3}^x \dfrac{6t - 1}{3t^2 - t + 5}\,dt$, calcola:

$G'(1)$, $G(-3)$, $G(0)$.

$\left[\dfrac{5}{7}; 0; -\ln 7\right]$

---

36 Trova il valore medio della funzione $g(x) = \dfrac{3}{(1 + x)^2}$ nell'intervallo $[0; 8]$ e determina il punto z in cui g assume tale valore. $\left[g(z) = \dfrac{1}{3}, z = 2\right]$

37 Verifica che le funzioni $f(x) = 6x - x^2$ e $g(x) = 9\pi \sin(\pi x)$ hanno lo stesso valore medio nell'intervallo $[0; 3]$.

38 Calcola la derivata di $y = (1 + x^2)\int_0^x \arctan t\,dt$ nel punto $x = \sqrt{3}$. $\left[\dfrac{10}{3}\pi - \sqrt{3}\ln 4\right]$

Capitolo 30. Integrali definiti

39 Data la funzione integrale $F(x) = \int_0^x \frac{2-3t+t^2}{t^4+1}\,dt$, determina gli intervalli in cui $F(x)$ è crescente (o decrescente) e gli eventuali punti di massimo e di minimo relativo. $\quad [x < 1 \vee x > 2;\ \min\ \text{in}\ x = 2;\ \max\ \text{in}\ x = 1]$

40 Trova per quali $a \in \mathbb{R}$ la funzione $F(x) = \int_0^x [t^2 - (a+2)t + a + 2]\,dt$ è sempre crescente. $\quad [-2 < a < 2]$

41 f è una funzione definita e continua su tutto l'asse reale. Calcola $\int_2^3 f(5x)\,dx$ sapendo che $\int_0^{10} f(x)\,dx = 2$ e $\int_0^{15} f(x)\,dx = 12$. $\quad [2]$

42 È data $f(x)$ continua, come pure le sue derivate prima e seconda. Se $\int_0^{x^2} f(t)\,dt = x^2(1+x)$ per ogni $x \in \mathbb{R}$, quanto vale $f(1)$? $\quad \left[\dfrac{5}{2}\right]$

43 Tenuto conto che:
$$\ln 2 = \frac{1}{2}\int_4^9 \frac{1}{x - \sqrt{x}}\,dx,$$
calcola un valore approssimato di $\ln 2$, utilizzando un metodo di integrazione numerica.

RISOLVERE PROBLEMI

Calcolo di aree

44 Considera la regione finita di piano individuata dall'iperbole di equazione $y = \dfrac{1}{x}$, dal ramo di parabola di equazione $y = \sqrt{x}$ e dalla retta di equazione $x = 9$. Calcola l'area. $\quad \left[\dfrac{52}{3} - \ln 9\right]$

45 Trova l'area della regione finita di piano delimitata dalla curva di equazione $y = \dfrac{2x-6}{x-4}$ e dagli assi cartesiani. $\quad [6 - 4\ln 2]$

46 **LEGGI IL GRAFICO** Trova l'equazione della parabola e della retta r rappresentate in figura e determina l'area della superficie colorata. $\quad \left[y = x^2 - 2x - 2,\ y = x - 2;\ \dfrac{9}{2}\right]$

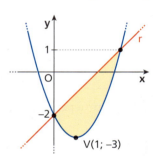

47 Calcola l'area della regione compresa fra l'asse x, la retta di equazione $x = -1$ e il grafico della funzione $y = \ln(x+1)$. $\quad [1]$

48 Studia la funzione $y = \dfrac{8-x^3}{3x^2}$ e rappresenta il suo grafico. Calcola l'area della parte di piano compresa tra l'asintoto obliquo e il grafico nel semipiano $x \geq 2$. $\quad \left[\dfrac{4}{3}\right]$

49 La parabola di equazione $y = ax^2 + bx + c$ ha asse di equazione $x = 2$, passa per il punto $P(8; 4)$ e interseca l'asse y nel punto Q di ordinata -4. Trova a, b e c, quindi calcola l'area della parte di piano delimitata dalla parabola e dalla retta PQ. $\quad \left[a = \dfrac{1}{4},\ b = -1,\ c = -4;\ \mathcal{A} = \dfrac{64}{3}\right]$

50 Rappresenta graficamente la funzione $y = \dfrac{2x+1}{x^2 - 4x + 4}$ e calcola l'area della regione finita di piano compresa fra l'asse x, la retta di equazione $x = 1$ e la retta parallela all'asse y passante per il punto di minimo della funzione. $\quad \left[2\ln\dfrac{4}{5} + 2\right]$

Allenamento

51 Sono dati il fascio di rette $y = q$ e la funzione $y = \dfrac{e^x}{e^x + 1}$. Trova quale retta determina un rettangolo equivalente al trapezoide definito dal grafico della funzione nell'intervallo $[-1; 1]$. Trova quindi in quali punti interni all'intervallo il valore della funzione è uguale all'altezza del rettangolo. $\left[q = \dfrac{1}{2}; x = 0\right]$

52 Considera la funzione $y = x^2 e^{-2x}$ e rappresentala graficamente. Determina poi il valore del parametro reale $a > 0$ in modo che l'area della regione finita di piano delimitata dal grafico della funzione data, dall'asse x e dalla retta di equazione $x = a$ valga $\dfrac{1}{4}(1 - 25e^{-6})$. $[a = 3]$

53 Calcola a, b, c, d in modo che il grafico della funzione $y = \dfrac{ax^2 + bx + c}{x^2 + d}$ passi per il punto $(0; 1)$, abbia come asintoti le rette di equazioni $x = -1$ e $y = 1$ e l'area compresa tra il grafico e l'asse x nell'intervallo $\left[0; \dfrac{1}{2}\right]$ sia uguale a $\dfrac{1}{2} - 2\ln\dfrac{3}{4}$. $[a = 1, b = -4, c = -1, d = -1]$

Calcolo di volumi

54 Determina il volume del solido generato dalla rotazione completa attorno all'asse x del trapezoide individuato dal grafico della funzione $y = \sqrt{3x^2 + 1}$ nell'intervallo $[-2; -1]$. $[8\pi]$

55 Calcola il volume del solido generato dalla rotazione completa attorno all'asse x della porzione di piano limitata dalla curva di equazione $y = \dfrac{x}{\sqrt{1 + x^2}}$ e dalle rette $x = 0$ e $x = 1$. $\left[\pi - \dfrac{\pi^2}{4}\right]$

56 Rappresenta graficamente le curve di equazioni $y = 2\sqrt{x-1}$ e $y = \sqrt{x}$ e calcola il volume del solido ottenuto dalla rotazione di 360° intorno all'asse x della figura definita dai due grafici e dall'asse x. $\left[\dfrac{2}{3}\pi\right]$

57 Data la curva di equazione $x = \sqrt{3y}$, calcola l'area della parte finita di piano S delimitata dalla curva, dalla retta r passante per i punti $A(3; 3)$ e $B(0; 4)$ e dall'asse y.
Determina poi il volume del solido generato dalla rotazione completa attorno all'asse y della superficie S. $\left[\dfrac{15}{2}, \dfrac{33}{2}\pi\right]$

58 Data la parabola di equazione $y = ax^2 + bx + c$, con $a, b, c \in \mathbb{R}$, trova i coefficienti a, b, c in modo che la parabola intersechi l'asse x nell'origine e in $A(1; 0)$ e in modo che l'arco OA di parabola generi nella rotazione di 360° intorno all'asse x un solido di volume uguale a $\dfrac{49}{30}\pi$. $[a = \pm 7, b = \mp 7, c = 0]$

Calcola il volume dei solidi che hanno come base le regioni finite di piano delimitate dalle curve di equazioni assegnate e dall'asse x negli intervalli segnati a fianco e come sezioni perpendicolari all'asse x quelle indicate.

59 $y = e^{-x}$, $[0; 1]$; sezioni: rettangoli con altezza doppia della base. $[1 - e^{-2}]$

60 $y = \dfrac{6}{x}$, $[2; 3]$; sezioni: semicerchi. $\left[\dfrac{3}{4}\pi\right]$

61 $y = -x^2 + 2x$, $[1; 2]$; sezioni: quadrati. $\left[\dfrac{8}{15}\right]$

62 $y = \sqrt{\dfrac{8}{x+1}}$, $[1; 7]$; sezioni: triangoli equilateri. $[4\sqrt{3} \ln 2]$

63 Determina il volume di un solido avente come base la regione delimitata dalla curva di equazione $y = \dfrac{1}{x+1}$ e dall'asse x nell'intervallo $[0; 3]$, e come sezione perpendicolare all'asse x un semicerchio. $\left[\dfrac{3}{8}\pi\right]$

Allenati con **15 esercizi interattivi** con feedback "hai sbagliato, perché..."
su.zanichelli.it/tutor3   risorsa riservata a chi ha acquistato l'edizione con tutor

2017

Capitolo 30. Integrali definiti

VERIFICA DELLE COMPETENZE VERSO L'ESAME

ARGOMENTARE E DIMOSTRARE

64 Fornisci degli esempi relativi alla seguente affermazione: se una funzione è continua in un intervallo $[a; b]$, allora è integrabile, mentre se una funzione è integrabile in $[a; b]$, non è detto che sia continua.

65 Spiegare in maniera esauriente perché una funzione reale di variabile reale integrabile in un intervallo chiuso e limitato $[a; b]$ non necessariamente ammette primitiva in $[a; b]$.
(Esame di Stato, Liceo scientifico, Corso sperimentale, Sessione suppletiva, 2005, quesito 7)

66 Sia $f(x)$ una funzione continua in $\mathbb{R}$ e sempre positiva. Dimostra che la funzione $F(x) = \int_a^x f(t)\, dt$ è crescente.

67 Si dimostri che $\int_1^2 \frac{x}{x-1}\, dx = +\infty$.
(Esame di Stato, Liceo scientifico, Corso sperimentale, Sessione straordinaria, 2012, quesito 6)

68 Dimostra che per ogni numero reale a si ha: $\int_0^1 \frac{a}{1+a^2 x^2}\, dx = \int_0^a \frac{dx}{1+x^2}$.

69 Sia $f(x)$ una funzione continua per ogni x reale tale che $\int_0^2 f(x)\, dx = 4$. Dei seguenti integrali:

$$\int_0^1 f(2x)\, dx \quad \text{e} \quad \int_0^1 f\left(\frac{x}{2}\right) dx$$

se ne può calcolare uno solo in base alle informazioni fornite. Dire quale e spiegarne la ragione.
(Esame di Stato, Liceo scientifico, Corso di ordinamento, Sessione straordinaria, 2005, quesito 8)

70 Si calcoli il valore medio della funzione:

$$y = \frac{1}{x^2}$$

nell'intervallo $a \leq x \leq b$, con $0 < a < b$, e si dimostri che esso è uguale alla media geometrica tra i due valori che la funzione assume nei due estremi dell'intervallo.
(Esame di Stato, Liceo scientifico, Corso di ordinamento, Sessione suppletiva, 2012, quesito 9)

71 La funzione $f(x)$ è continua per $x \in [-4; 4]$ il suo grafico è la spezzata passante per i punti:

$(-4; 0), (-3; 1), (-2; 0), (0; -2), (1; 0), (3; 2), (4; 1)$.

Qual è il valore medio di $f(x)$ per $x \in [-4; 4]$?
(Esame di Stato, Liceo scientifico, Scuole italiane all'estero (Europa), Sessione ordinaria, 2015, quesito 1)

$\left[\frac{3}{16}\right]$

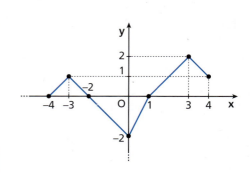

2018

Verso l'esame

V

VERIFICA DELLE COMPETENZE

---

72 Calcolare il valor medio della funzione

$$f(x) = \begin{cases} x - 1 & 1 \leq x \leq 3 \\ e^{x-3} + 1 & 3 < x \leq 6 \end{cases}$$

nell'intervallo $[1; 6]$ e determinare il valore della x in cui la funzione assume il valore medio.

(Esame di Stato, Liceo scientifico, Corso di ordinamento, Sessione straordinaria, 2015, quesito 7)

$$\left[\frac{e^3 + 4}{5}; x \simeq 4{,}3 \right]$$

73 Se $f(x) = \int_1^{x^3} \frac{1}{1 + \ln(t)} \, dt$ per $x \geq 1$, qual è il valore di $f'(2)$?

(Esame di Stato, Liceo scientifico, Scuole italiane all'estero (Europa), Sessione ordinaria, 2015, quesito 8)

$$\left[f'(2) = \frac{12}{1 + 3\ln 2} \right]$$

74 Sono date le funzioni $f(x) = e^{3-x}$ e $g(x) = e^{2x}$. Determinare l'area della regione limitata racchiusa dall'asse y e dai grafici di f e di g. *(Esame di Stato, Liceo scientifico, Scuole italiane all'estero (Europa), Sessione ordinaria, 2016, quesito 7)*

$$\left[e^3 - \frac{3}{2} e^2 + \frac{1}{2} \right]$$

75 Il grafico della funzione $f(x) = \sqrt{x}$ ($x \in \mathbb{R}$, $x \geq 0$) divide in due porzioni il rettangolo $ABCD$ avente vertici $A(1; 0)$, $B(4; 0)$, $C(4; 2)$ e $D(1; 2)$. Calcolare il rapporto tra le aree delle due porzioni.

(Esame di Stato, Liceo scientifico, Corso di ordinamento, Sessione ordinaria, 2015, quesito 10)

$$\left[\frac{7}{2} \right]$$

76 Una primitiva della funzione $f(x)$ è $\sin 2x$. Se è possibile, calcolare $\int_0^{\frac{\pi}{2}} f\left(\frac{x}{3} \right) dx$. Altrimenti spiegare perché il calcolo non è possibile.

(Esame di Stato, Liceo scientifico, Corso sperimentale, Sessione ordinaria, 2001, quesito 4)

$$\left[\frac{3\sqrt{3}}{2} \right]$$

77 Calcolare il seguente limite: $\lim\limits_{x \to 0} \dfrac{\displaystyle\int_0^x (1 - e^{-t}) \, dt}{\sin^2 x}$, essendo e la base dei logaritmi naturali.

(Esame di Stato, Liceo scientifico, Corso di ordinamento, Sessione straordinaria, 2003, quesito 10)

$$\left[\frac{1}{2} \right]$$

78 La superficie piana S, delimitata dalla curva γ di equazione $y = 1 + \tan x$ e dall'asse x nell'intervallo $0 \leq x \leq \frac{\pi}{4}$, è la base di un solido Σ, le cui sezioni, ottenute con piani perpendicolari all'asse x, sono tutte triangoli equilateri. Si calcoli il volume di Σ. *(Esame di Stato, Liceo scientifico, Corso di ordinamento, Sessione suppletiva, 2012, quesito 4)*

$$\left[\frac{\sqrt{3}}{4} (1 + \ln 2) \right]$$

79 Un solido Ω ha per base la regione R delimitata dal grafico di $f(x) = \ln x$ e dall'asse x sull'intervallo $[1; e]$. In ogni punto di R a distanza x dall'asse y, la misura dell'altezza del solido è data da $h(x) = x$. Quale sarà il volume del solido? *(Esame di Stato, Liceo scientifico, Corso di ordinamento, Sessione suppletiva, 2013, quesito 4)*

$$\left[\frac{e^2 + 1}{4} \right]$$

80 Data la funzione integrale $\int_1^x \ln(t) \, dt$, determinare per quali valori di x il suo grafico incontra la retta di equazione $y = 2x + 1$. *(Esame di Stato, Liceo scientifico, Corso di ordinamento, Sessione suppletiva, 2015, quesito 1)*

$$\left[e^3 \right]$$

2019

Capitolo 30. Integrali definiti

81 Sia R la regione del piano racchiusa tra il grafico di $y = \sqrt{x-1}$, la retta $x = 10$ e l'asse x. Si trovi il volume del solido generato da R nella rotazione attorno alla retta $y = -1$.
(Esame di Stato, Liceo scientifico, Scuole italiane all'estero (Europa), Sessione ordinaria, 2012, quesito 3)
$$\left[\frac{153\pi}{2}\right]$$

82 Un solido ha per base la regione R del piano cartesiano compresa tra il grafico della funzione $y = \dfrac{1}{x^2 + 1}$ e l'asse delle x nell'intervallo $[0; 3]$. Per ogni punto P di R, di ascissa x, l'intersezione del solido col piano passante per P e ortogonale all'asse delle x è un rettangolo di altezza $3x$. Calcolare il volume del solido.
(Esame di Stato, Liceo scientifico, opzione sportiva, Sessione ordinaria, 2015, quesito 4)
$$\left[\frac{3}{2}\ln 10\right]$$

83 Sia R la regione delimitata, per $x \in [0; \pi]$, dalla curva $y = \sin x$ e dall'asse x e sia W il solido ottenuto dalla rotazione di R attorno all'asse y. Si calcoli il volume di W.
(Esame di Stato, Liceo scientifico, Corso sperimentale, Sessione ordinaria, 2011, quesito 3)
$$[2\pi^2]$$

84 Un solido ha per base la regione R del piano cartesiano compresa tra il grafico della funzione:
$$f(x) = \frac{1}{x^2 + 1}$$
e l'asse delle x nell'intervallo $[0; 3]$; le sue sezioni ottenute su piani perpendicolari all'asse x sono tutte triangoli isosceli di altezza kx, con $k \in \mathbb{R}$. Determinare k in modo che il volume del solido sia pari a 2.
(Esame di Stato, Liceo scientifico, Scuole italiane all'estero (Americhe), Sessione ordinaria, 2016, quesito 4)
$$\left[k = \frac{8}{\ln 10}\right]$$

85 Il volume di una sfera è pari ai $\dfrac{2}{3}$ del cilindro ad essa circoscritto. È questo uno dei risultati più noti che si attribuisce ad Archimede, tant'è che una sfera e un cilindro furono scolpiti sulla sua tomba. Si ritrovi tale risultato mediante l'applicazione del calcolo integrale.
(Esame di Stato, Liceo scientifico, Scuole italiane all'estero (Americhe), Sessione ordinaria, 2013, quesito 5)

86 Posto, per $n \in \mathbb{N}$, $A_n = \int_0^1 x^n e^x \, dx$, stabilire il valore di A_1 e dimostrare che, per ogni $n > 0$, si ha $A_n = e - nA_{n-1}$.
(Esame di Stato, Liceo scientifico, Corso di ordinamento, Sessione suppletiva, 2016, quesito 4)

87 È noto che $\int_{-\infty}^{+\infty} e^{-x^2} dx = \sqrt{\pi}$.
Stabilire se il numero reale u, tale che $\int_{-\infty}^{u} e^{-x^2} dx = 1$, è positivo oppure negativo. Determinare inoltre i valori dei seguenti integrali, motivando le risposte:
$$A = \int_{-u}^{u} x^7 e^{-x^2} dx, \qquad B = \int_{-u}^{u} e^{-x^2} dx, \qquad C = \int_{-\infty}^{+\infty} e^{-5x^2} dx.$$
(Esame di Stato, Liceo scientifico, Corso di ordinamento, Sessione ordinaria, 2016, quesito 1)
$$\left[u > 0;\ A = 0;\ B = 2 - \sqrt{\pi};\ C = \sqrt{\frac{\pi}{5}}\right]$$

88 Un recipiente sferico con raggio interno r è riempito con un liquido fino all'altezza h. Utilizzando il calcolo integrale, dimostrare che il volume del liquido è dato da:
$$V = \pi \cdot \left(rh^2 - \frac{h^3}{3}\right).$$

(Esame di Stato, Liceo scientifico, Corso di ordinamento, Sessione ordinaria, 2016, quesito 3)

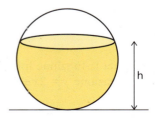

Verso l'esame

COSTRUIRE E UTILIZZARE MODELLI

RISOLVIAMO UN PROBLEMA

■ In palestra

Claudio si iscrive in una palestra e l'istruttore gli assegna alcuni esercizi per le braccia da eseguire con pesi in plastica riempiti di sabbia. Ciascun attrezzo può essere modellizzato con un solido ottenuto dalla rotazione intorno all'asse x del grafico della funzione rappresentata: si tratta di due archi di parabola e un segmento (misure in centimetri).

- Scrivi l'equazione dei tratti delle funzioni rappresentate.
- Calcola il volume a disposizione per inserire la sabbia.
- Sapendo che il peso specifico della sabbia è 1,4 kg/dm³, trova il peso degli attrezzi pieni.

▶ **Determiniamo l'equazione della retta.**

Il segmento appartiene alla retta di equazione $y = 2$.

▶ **Determiniamo l'equazione della parabola del primo quadrante.**

La parabola ha vertice in (10; 10) e passa per (15; 0).

$$\begin{cases} -\dfrac{b}{2a} = 100 \\ 10 = 100a + 10b + c \\ 0 = 225a + 15b + c \end{cases} \to \begin{cases} b = -20a \\ 10 = 100a - 200a + c \\ 0 = 225a - 300a + c \end{cases}$$

$$\begin{cases} b = -20a \\ 10 = -25a \\ 75a = c \end{cases} \to \begin{cases} b = 8 \\ a = -\dfrac{2}{5} \\ c = -30 \end{cases}$$

Quindi la parabola ha equazione $y = -\dfrac{2}{5}x^2 + 8x - 30$.

▶ **Troviamo l'intersezione tra il segmento e la parabola.**

$-\dfrac{2}{5}x^2 + 8x - 30 = 2 \to x^2 - 20x + 80 = 0$

Le soluzioni sono: $x_{1,2} = 10 \pm \sqrt{20}$.

L'ascissa del punto di intersezione tra il segmento e la parabola è $10 - \sqrt{20} \simeq 5,5$.

▶ **Determiniamo l'equazione della seconda parabola.**

La parabola del secondo quadrante è la simmetrica rispetto all'asse y della parabola del primo quadrante, perciò la sua equazione è:

$$y = -\dfrac{2}{5}x^2 - 8x - 30.$$

▶ **Calcoliamo il volume dell'attrezzo.**

Teniamo conto del fatto che la funzione è pari.

$$V = 2\pi \left[\int_0^{5,5} 4\,dx + \int_{5,5}^{15} \left(-\dfrac{2}{5}x^2 + 8x - 30\right)^2 dx \right]$$

Svolgendo i calcoli otteniamo:

$$V = 3487 \text{ cm}^3 = 3,487 \text{ dm}^3.$$

▶ **Determiniamo il peso.**

Il peso dell'attrezzo pieno di sabbia sarà:

$$P = 1,4 \cdot 3,487 = 4,88 \text{ kg}.$$

2021

89 **Decoro** Nel piano cartesiano è riportato il motivo a petalo di fiore rappresentato in figura su una piastrella quadrata di lato 3 dm. Il profilo superiore del petalo è rappresentato da una funzione del tipo $f(x) = \sqrt{ax}$, con $a > 0$ e $x \in [0; 3]$. Il profilo inferiore è dato dalla funzione $g(x) = f^{-1}(x)$.

a. Determina l'espressione di $f(x)$ e $g(x)$.
b. Calcola l'area racchiusa dal petalo.

$$\left[\text{a) } f(x) = \sqrt{3x},\ g(x) = \frac{x^2}{3};\ \text{b) } 3\ \text{dm}^2\right]$$

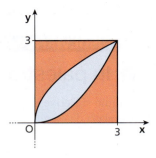

90 **Consumo benzina** Un'automobile, inizialmente ferma, parte con un'accelerazione costante di 2,5 m/s², che mantiene per 10 s. Successivamente prosegue a velocità costante per altri 10 s e infine decelera fino a fermarsi, con decelerazione costante pari a 5 m/s² in valore assoluto.

a. Qual è la distanza totale percorsa dall'automobile?
b. Il consumo di benzina in fase di accelerazione, espresso in litri al secondo, è $3 \cdot 10^{-5} t^2$, mentre a velocità costante è 0,002 litri al secondo. Se trascuriamo il consumo di benzina in fase di frenata, quanti litri di carburante ha consumato la macchina?

[a) 437,5 m; b) 0,03 L]

91 **Sui cieli inglesi** Il dirigibile britannico R101, costruito tra il 1926 e il 1930, aveva una forma approssimativamente ellissoidale, generata dalla rotazione completa della curva di equazione $y = \frac{5}{28}\sqrt{112^2 - x^2}$ attorno all'asse x, avendo scelto 1 m come unità di misura.

a. Determina la lunghezza e il diametro massimo del dirigibile.
b. Calcola il volume occupato dal dirigibile.

[a) 224 m, 40 m; b) 187 657 m³]

92 **IN FISICA** In un circuito in moto rispetto a un campo magnetico B, la forza elettromotrice indotta varia al variare del tempo secondo la legge $f = -3t^2 + 2t$, dove f è espressa in volt e t in secondi. Calcola il flusso del campo magnetico B all'istante $t = 4$ s, sapendo che all'istante $t = 0$ s il flusso vale $\phi = 0$ Wb. (Per la legge di Faraday-Neumann si ha $f(t) = -\phi'(t)$.) [48 Wb]

93 **LEGGI IL GRAFICO** **Test su strada** Durante il test di un'automobile su una pista rettilinea, viene registrata la sua accelerazione $a(t)$ per un breve intervallo di tempo; il suo andamento è rappresentato in figura.

a. Ricava le espressioni della velocità istantanea $v(t)$ e della posizione $s(t)$ nell'intervallo [0; 8], sapendo che l'auto parte da ferma dalla posizione iniziale zero.
b. Traccia i grafici di $v(t)$ e $s(t)$, quindi determina i valori massimi v_{max} e s_{max} delle due funzioni.
c. Vi sono istanti di tempo, nell'intervallo [0; 8], in cui una delle funzioni $a(t)$, $v(t)$, $s(t)$ presenta punti di non derivabilità? Se sì, quali?

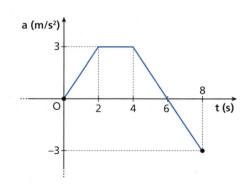

[b) $v_{max} = 12$ m/s, $s_{max} = 58$ m; c) $a(t)$ per $t = 2$ s, $t = 4$ s]

94 **Una vasca di gasolio** In un magazzino di prodotti petroliferi il gasolio è stoccato in una vasca il cui contorno, riferito a un sistema di riferimento cartesiano Oxy, è delimitato dalle curve di equazione $y = f(x) = -x^3 + 64x$ e $y = 0$, con x e y espressi in decimetri. La profondità della vasca è invece data, in ogni punto, dalla funzione $h(x) = x^2 - 2x$.
Calcola il peso massimo del gasolio che può essere immagazzinato, sapendo che il suo peso specifico è $0,85$ kg/dm^3. $[\simeq 11\,141$ kg$]$

95 Per il progetto di una piscina, un architetto si ispira alle funzioni f e g definite, per tutti gli x reali, da:

$$f(x) = x^3 - 16x \quad \text{e} \quad g(x) = \sin\frac{\pi}{2}x.$$

a. L'architetto rappresenta la superficie libera dell'acqua nella piscina con la regione R delimitata dai grafici di f e di g sull'intervallo $[0; 4]$. Si calcoli l'area di R.

b. Ai bordi della piscina, nei punti di intersezione del contorno di R con le rette $y = -15$ e $y = -5$, l'architetto progetta di collocare dei fari per illuminare la superficie dell'acqua. Si calcolino le ascisse di tali punti (è sufficiente un'approssimazione a meno di 10^{-1}).

c. In ogni punto di R a distanza x dall'asse y, la misura della profondità dell'acqua nella piscina è data da $h(x) = 5 - x$. Quale sarà il volume d'acqua nella piscina? Quanti litri d'acqua saranno necessari per riempire la piscina se tutte le misure sono espresse in metri?

(*Esame di Stato, Liceo scientifico, Corso sperimentale, Sessione ordinaria*, 2011, dal problema 2)

$$\left[\text{a) } 64; \text{ b) } x_1 \simeq 0,3;\ x_2 \simeq 3,8;\ \text{c) } \frac{2752\pi + 120}{15\pi}\ \text{m}^3 \simeq 186\,013,15\ \text{litri}\right]$$

INDIVIDUARE STRATEGIE E APPLICARE METODI PER RISOLVERE PROBLEMI

LEGGI IL GRAFICO

96 Nel grafico è rappresentata la funzione

$$f(x) = \frac{ax + 1}{x^2 + b}.$$

a. Determina a e b.

b. Trova l'equazione della retta r e verifica che è tangente a $f(x)$ in $(0; 1)$.

c. Determina l'area della regione finita R delimitata dal grafico di $f(x)$ e dalla retta r.

$$\left[\text{a) } a = -1, b = 1;\ \text{b) } y = -x + 1;\ \text{c) } \frac{1}{2} + \ln\sqrt{2} - \frac{\pi}{4}\right]$$

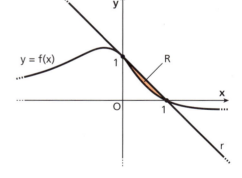

97 In figura è rappresentato il grafico di una funzione $f(x)$.

a. Una delle seguenti funzioni è l'espressione analitica del grafico di $f(x)$. Individuala motivando la tua scelta.

- $f_1(x) = (x+1)\ln(\sqrt{4-x^2}+1)$
- $f_2(x) = \sqrt{x+1}(4-x^2)$
- $f_3(x) = (x+1)\sqrt{4-x^2}$

b. Dimostrato che $f(x) = f_3(x)$, considera la funzione integrale $g(x) = \int_0^x f(t)\,dt$ e ricava l'equazione della retta tangente al grafico di $g(x)$ nel suo punto di ascissa $x = 0$.

c. Sia R la regione di piano sottostante al grafico di $f(x)$ nel semipiano delle ordinate positive. Calcola il volume V del solido di base R le cui sezioni con piani perpendicolari all'asse x sono dei quadrati.

$$\left[\text{b) } y = 2x;\ \text{c) } \frac{189}{10}\right]$$

Capitolo 30. Integrali definiti

98 In figura è rappresentato il grafico della funzione $g(x) = f'(x)$. I tratti AB e BC sono segmenti di retta, il tratto CDE appartiene a un arco di parabola con asse parallelo all'asse y, e in C la funzione $g(x)$ è derivabile.

a. Sapendo che $f(0) = 0$, calcola $f(2)$ e $f(4)$, quindi traccia un grafico plausibile della funzione $f(x)$.

b. Ricava l'espressione analitica di $g(x)$, quindi calcola $f(8)$ e $f(10)$.

c. Calcola il volume del solido generato dalla rotazione completa attorno all'asse x dell'arco di parabola $\widehat{CD}$.

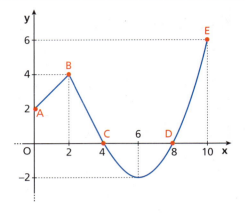

$$\left[\text{a) } f(2) = 6, f(4) = 10; \text{ b) } f(8) = \frac{14}{3}, f(10) = 10; \text{ c) } \frac{128}{15}\pi \right]$$

99 Nel piano Oxy sono tracciate la semicirconferenza γ_1 e la curva γ_2, grafico della funzione:

$$f(x) = \frac{ax}{x^4 + b},$$

con $x \geq 0$, a e b costanti reali positive.

a. Determina a e b in modo che γ_1 e γ_2 si intersechino nel punto di ascissa $x = 1$ e γ_2 presenti il massimo relativo in corrispondenza di $x = \frac{1}{\sqrt[4]{3}}$.

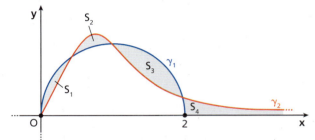

b. Per i valori di a e b trovati al punto precedente, dimostra che le regioni S_1 e S_2 delimitate dalle due curve hanno la stessa area.

c. Dimostra che, nelle stesse ipotesi, anche le regioni S_3 e S_4 hanno superfici equivalenti.

$$[\text{a) } a = 2, b = 1]$$

100 La curva riportata in figura è il grafico di una funzione $f(x)$, definita nell'intervallo $[-1; 6]$, derivabile e con derivata seconda continua.

a. Dimostra che tra due punti stazionari di $f(x)$ c'è almeno uno zero della sua derivata seconda. Stabilisci, inoltre, qual è il minimo numero di flessi di $f(x)$ compatibile con le ipotesi.

Considera poi la funzione $F(x) = \int_0^x f(t) dt$, primitiva di $f(x)$ che si annulla in $x = 0$.

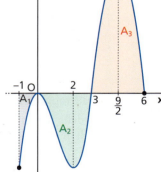

b. Sapendo che le aree di A_1, A_2 e A_3 valgono rispettivamente $\frac{5}{4}$, $\frac{27}{4}$ e $\frac{27}{2}$, calcola $F(-1)$, $F(3)$ e $F(6)$.

c. Calcola il limite:

$$\lim_{x \to 3} \frac{27 + 4F(x)}{x^2 - x - 6}.$$

$$\left[\text{a) } 2; \text{ b) } F(-1) = \frac{5}{4}, F(3) = -\frac{27}{4}, F(6) = \frac{27}{4}; \text{ c) } 0 \right]$$

101 Considera la funzione $g(x) = \frac{x}{\sqrt{x^2 + 1}}$ e il fascio di rette parallele all'asse x di equazione $f(x) = \frac{a}{4}$, con a parametro reale positivo.

a. Rappresenta $g(x)$ in un riferimento Oxy.

b. Determina per quale valore di a si realizza l'uguaglianza: $\int_0^a f(x) dx = \int_0^a g(x) dx$.

c. Calcola $\int_{-1}^1 [g(x)]^2 dx$.

$$\left[\text{b) } 2\sqrt{2}; \text{ c) } 2 - \frac{\pi}{2} \right]$$

102 Considera la funzione $y = \dfrac{1-x^2}{1+x^2}$, con $x \geq 0$, e il fascio improprio di rette di equazione $y = k$, con $0 \leq k \leq 1$.

    a. Calcola il valor medio m della funzione nell'intervallo $[0; 1]$.

    b. Dimostra che per $k = m$ la figura delimitata dall'asse y, dalla funzione e dalla retta $y = k$ risulta equivalente a quella individuata dalla funzione, dalla retta $x = 1$ e dalla retta $y = k$.

    c. Verifica che la figura illimitata individuata dall'asse y, dalla funzione e dalla retta $y = -1$ ha area uguale a quella di un cerchio di raggio 1.

$$\left[\text{a)}\ m = \dfrac{\pi}{2} - 1\right]$$

103 È data la famiglia di funzioni $y_k = x^3 + kx - k$, con k parametro reale.

    a. Dimostra che l'integrale $\int_0^2 y_k\, dx$, calcolato in modo esatto, è indipendente da k.

    b. Verifica che i grafici di tutte le funzioni passano per uno stesso punto P.

    c. Posto $k = 2$, calcola un valore approssimato dell'integrale $\int_{-1}^{1} y_2\, dx$, applicando uno dei metodi numerici studiati. Confronta il risultato con quello dell'integrazione esatta.

$$\left[\text{a)}\ \int_0^2 y_k\, dx = 4;\ \text{b)}\ P(1; 1)\right]$$

104 Data la funzione $f(x) = \dfrac{ax^3 + 6x^2 + b}{cx^2}$, con $a, b \neq 0$:

    a. determina i coefficienti a, b, c in modo che il punto $M(-2; 0)$ sia un massimo relativo e la retta $2x - 3y + 6 = 0$ sia asintoto obliquo;

    b. esegui lo studio e disegna il grafico;

    c. calcola l'area della regione finita di piano delimitata dal grafico di f, dall'asse delle ascisse e dalla retta $x - 4 = 0$;

    d. applicando uno dei metodi numerici studiati calcola un'approssimazione dell'area e confronta il risultato con il valore esatto.

$$[\text{a)}\ a = 2, b = -8, c = 3;\ \text{c)}\ 9]$$

105 Nel piano Oxy è data la funzione $f(x) = \dfrac{2\sqrt{x^2 - 1}}{x}$.

    a. Dopo aver dimostrato che è una funzione dispari, studiala in modo completo e tracciane il grafico.

    b. Calcola l'area del trapezoide T definito dalla curva nel I quadrante, con le ascisse comprese tra $x = 1$ e $x = 2$.

    c. Determina il volume del solido di rotazione ottenuto facendo ruotare di un giro completo il trapezoide T attorno all'asse delle ascisse.

    d. Calcola il seguente integrale improprio e spiegane il significato geometrico:

$$\int_1^{+\infty} [2 - f(x)]\, dx.$$

$$\left[\text{b)}\ 2\left(\sqrt{3} - \dfrac{\pi}{3}\right);\ \text{c)}\ 2\pi;\ \text{d)}\ \pi - 2\right]$$

106 Considera la funzione $f(x) = \dfrac{2x^2}{x^2 + 4}$.

    a. Studia in modo completo la funzione $f(x)$ e tracciane il grafico γ.

    b. Trova tutte le primitive di $f(x)$ e tra queste studia quella passante per l'origine degli assi.

    c. Calcola l'area della superficie situata nel primo quadrante, delimitata dalla curva γ, dall'asse y e dalla retta di equazione $y = 2$.

    d. Utilizzando il metodo dei trapezi (dividi in 4 parti uguali l'intervallo di integrazione) fornisci un'approssimazione dell'integrale $\int_0^2 f(x)\, dx$ e confrontala con il valore esatto.

$$\left[\text{b)}\ F(x) = 2x - 4\arctan\dfrac{x}{2};\ \text{c)}\ 2\pi;\ \text{d)}\ I_4 = 0{,}8688235\ldots;\ I = 4 - \pi\right]$$

Capitolo 30. Integrali definiti

107 Sia data la famiglia di funzioni $f(x) = axe^{-bx^2}$, con $a, b \in \mathbb{R}$.

a. Determina a e b in modo che $f(x)$ abbia un massimo relativo per $x = \dfrac{\sqrt{6}}{6}$ e che il suo valore medio nell'intervallo $[0; 1]$ sia $\dfrac{e^3 - 1}{3e^3}$.

b. Avendo dimostrato che i valori di a e b di cui al punto precedente sono $a = 2$ e $b = 3$, sia $f(x)$ la funzione corrispondente a tali valori. Ricava, se esiste, il limite seguente:
$$\lim_{k \to +\infty} \int_0^k f(x)\,dx.$$

c. Sia P un punto del grafico di $f(x)$ appartenente al primo quadrante e siano Q e R le sue proiezioni sugli assi x e y, rispettivamente. Ricava P in modo che sia massima l'area del rettangolo $PQOR$.

$$\left[\text{a) } a = 2, b = 3;\ \text{b) } \frac{1}{3};\ \text{c) } P\left(\frac{\sqrt{3}}{3}; \frac{2\sqrt{3}}{3e}\right)\right]$$

108 Sia R la regione del primo quadrante degli assi cartesiani delimitata da $y = \sqrt{x}$ e da $y = \dfrac{x}{4}$.

a. Si determini la retta $y = k$ che dimezza l'area di R.

b. Si disegni la regione piana simmetrica di R rispetto alla retta $y = 4$, e si scrivano le equazioni delle curve che la delimitano.

c. Si calcoli il volume del solido generato dalla rotazione di R attorno alla retta $y = 4$.

d. R è la base di un solido W le cui sezioni con piani ortogonali all'asse y sono tutte quadrati. Si calcoli il volume di W.

(Esame di Stato, Liceo scientifico, Scuole italiane all'estero (Americhe), Sessione ordinaria, 2013, problema 2)

$$\left[\text{a) } k = 2;\ \text{b) } y = -\frac{x}{4} + 8,\ y = 8 - \sqrt{x};\ \text{c) } \frac{128\pi}{3};\ \text{d) } \frac{512}{15}\right]$$

109 Considerata la funzione $G: \mathbb{R} \to \mathbb{R}$ così definita:
$$G(x) = \int_0^{2x} e^t \sin^2(t)\,dt,$$
svolgi le richieste che seguono.

a. Discuti campo di esistenza, continuità e derivabilità della funzione $G(x)$. Individua gli intervalli di positività/negatività e le eventuali intersezioni con gli assi cartesiani.

b. Determina l'esistenza degli asintoti della funzione $G(x)$, motivando opportunamente la risposta.

c. Individua i punti stazionari della funzione $G(x)$, riconoscendone la tipologia, e i punti di flesso. Disegna quindi il grafico della funzione, motivando le scelte fatte.

(Esame di Stato, Liceo scientifico, Scuole italiane all'estero (Americhe), Sessione ordinaria, 2016, dal problema 1)

$$\left[\text{a) } D = \mathbb{R},\ G(x) > 0 \text{ se } x > 0,\ G(x) < 0 \text{ se } x < 0;\ \text{b) } a\colon y = -k,\ \text{con } 0 < k < 1;\ \text{c) flessi in } x = \frac{k\pi}{2},\ \text{con } k \in \mathbb{Z}\right]$$

110 La funzione $f: \mathbb{R} \to \mathbb{R}$ è così definita:
$$f(x) = \begin{cases} \dfrac{\sin x}{x} & \text{per } x \neq 0 \\ 1 & \text{per } x = 0 \end{cases}.$$

a. Prova che f è una funzione pari e che essa è derivabile in $x = 0$. Dimostra inoltre che la funzione f ha un massimo assoluto in $x = 0$.

b. Detta R_0 la regione piana di area finita delimitata dal grafico di f, dall'asse x e dall'asse y, si indica con V_0 il volume del solido generato ruotando R_0 intorno all'asse y. Si indica inoltre con R_n la regione piana delimitata dal grafico di f e dal tratto dell'asse x compreso tra $n\pi$ e $(n+1)\pi$, qualsiasi sia $n \in \mathbb{N}$, e con V_n il volume del rispettivo solido di rotazione. Dimostra che risulta:
$$V_0 = V_n = 4\pi.$$

(Esame di Stato, Liceo scientifico, Comunicazione, opzione sportiva, Sessione ordinaria, 2016, dal problema 1)

111 Nella figura a lato è disegnato il grafico Γ di $g(x) = \int_0^x f(t)\,dt$, con f funzione definita sull'intervallo $[0; w]$ e ivi continua e derivabile. Γ è tangente all'asse x nell'origine O del sistema di riferimento e presenta un flesso e un massimo rispettivamente per $x = h$ e $x = k$.

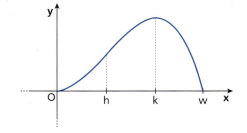

a. Si determinino $f(0)$ e $f(k)$; si dica se il grafico della funzione f presenti punti di massimo o di minimo e se ne tracci il possibile andamento.

b. Si supponga, anche nei punti successivi **c** e **d**, che $g(x)$ sia, nell'intervallo considerato, esprimibile come funzione polinomiale di terzo grado. Si provi che, in tal caso, i numeri h e k dividono l'intervallo $[0; w]$ in tre parti uguali.

c. Si determini l'espressione di $g(x)$ nel caso $w = 3$ e $g(1) = \dfrac{2}{3}$ e si scrivano le equazioni delle normali a Γ nei punti in cui esso è tagliato dalla retta $y = \dfrac{2}{3}$.

d. Si denoti con R la regione che Γ delimita con l'asse x e sia W il solido che essa descrive nella rotazione completa intorno all'asse y. Si spieghi perché il volume di W si può ottenere calcolando:

$$\int_0^3 (2\pi x) g(x)\,dx.$$

Supposte fissate in decimetri le unità del sistema monometrico Oxy, si dia la capacità in litri di W.

(Esame di Stato, Liceo scientifico, Corso di ordinamento, Sessione ordinaria, 2014, problema 1)

$$\left[\text{a) } f(0) = f(k) = 0,\ \max \text{ in } x = h,\ \min \text{ in } x = 0,\ x = w;\right.$$
$$\left.\text{c) } g(x) = -\dfrac{1}{3}x^3 + x^2,\ y = -x + \dfrac{5}{3},\ y = \dfrac{1}{2}x + \dfrac{1 - 3\sqrt{3}}{6};\ \text{d) } 25{,}45\ \text{L}\right]$$

112 Nella figura è rappresentato il grafico Γ della funzione continua $f: [0; +\infty[\to \mathbb{R}$, derivabile in $]0; +\infty[$, e sono indicate le coordinate di alcuni suoi punti.
È noto che Γ è tangente all'asse y in A, che B ed E sono un punto di massimo e uno di minimo, che C è un punto di flesso con tangente di equazione $2x + y - 8 = 0$.
Nel punto D la retta tangente ha equazione $x + 2y - 5 = 0$ e per $x \geq 8$ il grafico consiste in una semiretta passante per il punto G. Si sa inoltre che l'area della regione delimitata dall'arco $\overset{\frown}{ABCD}$, dall'asse x e dall'asse y vale 11, mentre

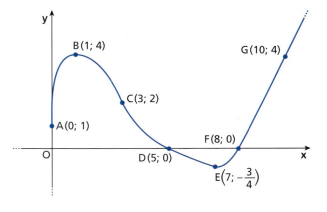

l'area della regione delimitata dall'arco $\overset{\frown}{DEF}$ e dall'asse x vale 1.

a. In base alle informazioni disponibili, rappresenta indicativamente i grafici delle funzioni
$$y = f'(x);$$
$$F(x) = \int_0^x f(t)\,dt.$$

Quali sono i valori di $f'(3)$ e $f'(5)$? Motiva la tua risposta.

b. Determina i valori medi di $y = f(x)$ e di $y = |f(x)|$ nell'intervallo $[0; 8]$, il valore medio di $y = f'(x)$ nell'intervallo $[1; 7]$ e il valore medio di $y = F(x)$ nell'intervallo $[9; 10]$.

c. Scrivi le equazioni delle rette tangenti al grafico della funzione $F(x)$ nei suoi punti di ascissa 0 e 8, motivando le risposte.

(Esame di Stato, Liceo scientifico, Corso di ordinamento, Sessione ordinaria, 2016, dal problema 2)

Capitolo 30. Integrali definiti

VERIFICA DELLE COMPETENZE — PROVE ⏱ 1 ora

PROVA A

Calcola i seguenti integrali.

1 a. $\int_{1}^{4}(8x-1)dx$ b. $\int_{1}^{2}\frac{4x+6}{x^2+3x}dx$ c. $\int_{0}^{1}(2x+1)e^{x^2+x}dx$

2 a. $\int_{-\infty}^{1}\frac{dx}{3-2x}$ b. $\int_{0}^{4}\frac{1}{\sqrt{4-x}}dx$ c. $\int_{0}^{+\infty}e^{-3x}dx$

3 a. Considera $F(x)=\int_{1}^{x}(3t^2-4t+1)dt$ e determina l'espressione analitica di $F'(x)$.
   b. Calcola $F(0)$, $F(1)$, $F(3)$.

4 a. Trova il valore medio della funzione $f(x)=3x^2-1$ nell'intervallo $[0;2]$.
   b. Determina il punto z in cui la funzione assume tale valore.

5 Calcola l'area della regione finita di piano delimitata dalla parabola di equazione $y=x^2-6x+8$ e dalla retta di equazione $y=4-x$.

6 Determina il volume del solido generato dalla rotazione completa attorno all'asse x del trapezoide individuato dal grafico della funzione $y=\sqrt{6x+1}$ nell'intervallo $[0;2]$.

PROVA B

1 Calcola i seguenti integrali.

   a. $\int_{0}^{\frac{\pi}{2}}(2-x)\cos x\,dx$ b. $\int_{0}^{1}\frac{1}{4-x^2}dx$ c. $\int_{0}^{+\infty}x^2 e^{-x}dx$

2 Determina il valore medio della funzione $f(x)=e^x(1-x)$ nell'intervallo $[0;1]$.

3 Data la funzione integrale $F(x)=\int_{0}^{x}\frac{t-1}{t^2+1}dt$, determina gli intervalli in cui $F(x)$ è crescente (o decrescente) e gli eventuali punti di massimo e di minimo relativo di $F(x)$.

4 La funzione reale $f(x)$ ha dominio $\mathbb{R}$, è continua in $\mathbb{R}$ e soddisfa le seguenti condizioni:
$$\int_{0}^{2}f(x)dx=3,\quad \int_{0}^{3}f(x)dx=4.$$
Dimostra che è possibile calcolare l'integrale $\int_{6}^{9}f\left(\frac{x}{3}\right)dx$ e determina il suo valore.

5 Un solido ha per base la regione R delimitata dal grafico di $f(x)=\sqrt{x-3}$ e dall'asse x nell'intervallo $[3;5]$, e le sue sezioni perpendicolari all'asse x sono quadrati. Calcola il volume del solido.

6 Con uno dei metodi numerici studiati, calcola un valore approssimato di $\int_{1}^{2}\ln x\,dx$. Confronta il valore ottenuto con quello esatto.

PROVA C

1 **Il vaso** In figura è rappresentata una sezione di un vaso da fiori, dove i dati sono in centimetri.
Il suo profilo è costituito da:
- un arco di parabola per $0 \leq x \leq 12$ di vertice V;
- un arco della curva di equazione $y = e^{12-x} + k$ per $12 < x \leq 26$.

a. Determina l'equazione del profilo del vaso.
b. Verifica che si tratta di una funzione continua e derivabile in tutto il suo dominio.
c. Calcola l'area della sezione del vaso rappresentata in figura, esprimendola in dm^2.
d. Determina la massima capienza del vaso, in dm^3.

2 **Al comando** Una macchina radiocomandata percorre una strada rettilinea; la sua velocità compare sul display del telecomando e nella seguente tabella ne vengono riportati alcuni valori.

t (min)	0	1	2	3	4	5	6	7	8	9	10
v (m/s)	0	1	1,8	2	2,1	2	1,8	1,3	1,1	1,1	1,2

Con uno dei metodi di integrazione numerica studiati, calcola lo spazio percorso dalla macchina nell'intervallo di tempo indicato in tabella.

PROVA D

La funzione g, continua e derivabile in tutto $\mathbb{R}$, ha il grafico Γ riportato in figura, simmetrico rispetto al punto di coordinate $(0; 1)$. Presenta un asintoto orizzontale e un flesso di ascissa $x = \sqrt{3}$. Inoltre, l'area della regione evidenziata vale $\ln 2$.

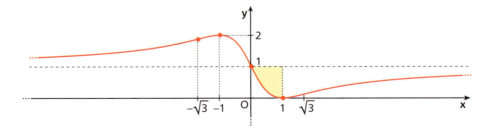

a. Indicata con G la funzione integrale $G(x) = \int_0^x g(t)\,dt$, determina $G(0)$, $G(1)$ e $G(-1)$.
b. Deduci da Γ l'andamento del grafico di G e scrivi le equazioni delle rette tangenti a quest'ultimo nei punti di ascissa $x = 1$ e $x = -1$.
c. Se come punto iniziale della funzione integrale fosse stata considerata l'ascissa 1 anziché l'ascissa 0, come sarebbe cambiato il grafico di G? Determina, in funzione di $G(x)$, l'equazione della funzione integrale $H(x) = \int_1^x g(t)\,dt$.
d. Sapendo che $g(x) = \dfrac{(x-1)^2}{x^2+1}$, stabilisci se la regione illimitata racchiusa da Γ e dall'asintoto per $x \geq 1$ ha area finita.

CAPITOLO 31
EQUAZIONI DIFFERENZIALI

1 Che cos'è un'equazione differenziale

▶ Esercizi a p. 2041

Sappiamo per esperienza che, se ci prepariamo una tazza di una bevanda bollente, con il passare del tempo la temperatura della bevanda tende a scendere e si avvicina sempre di più a quella dell'ambiente circostante. All'inizio la temperatura della bevanda scende molto velocemente, mentre quando la bevanda ha quasi raggiunto la temperatura dell'ambiente la variazione è molto più lenta. Effettuando misure precise, si scopre che la velocità con cui varia la temperatura è proporzionale in ogni istante alla differenza tra la temperatura del corpo e quella dell'ambiente.

La legge di raffreddamento è espressa da un'equazione che lega la temperatura della bevanda T alla sua variazione nel corso del tempo, cioè alla derivata T', e permette di ricavare la temperatura della bevanda istante per istante: se T_A è la temperatura dell'ambiente, per ogni istante di tempo t si ha $T'(t) = k[T(t) - T_A]$, dove k è una costante di proporzionalità.

Un'equazione di questo tipo, che mette in relazione una funzione con le sue derivate, è un'equazione differenziale.

🇬🇧 Listen to it

A **differential equation** relates a function with its derivatives.

> **DEFINIZIONE**
> Un'**equazione differenziale** è un'equazione che ha per incognita una funzione y nella variabile x e che stabilisce una relazione fra x, y e almeno una delle sue derivate (y', y'', …), cioè è un'equazione del tipo $F(x; y; y'; …; y^{(n)}; …) = 0$.

ESEMPIO
$y'' + y - 2x = 0$ e $y' - 4x^2 + 1 = 0$ sono equazioni differenziali.

L'**ordine** di un'equazione differenziale è l'ordine massimo delle derivate che compaiono nell'equazione. Per esempio, $y''' - 2y' = 3xy$ è un'equazione differenziale del terzo ordine, perché compare la derivata terza di y.

Ognuna delle funzioni che verifica un'equazione differenziale si chiama **soluzione** o **integrale** dell'equazione. Il grafico di una soluzione si chiama **curva integrale**.
In generale, le soluzioni di un'equazione differenziale sono infinite.
Risolvere un'equazione differenziale significa determinare tutte le sue soluzioni.

Paragrafo 2. Equazioni differenziali del primo ordine

ESEMPIO

L'equazione differenziale $y' - 6x^2 = 0$, che può essere scritta come $y' = 6x^2$, si risolve cercando le primitive di $6x^2$:

$$y = \int 6x^2 \, dx = 2x^3 + c.$$

Le infinite soluzioni del tipo $y = 2x^3 + c$, al variare di $c \in \mathbb{R}$ costituiscono l'**integrale generale** dell'equazione differenziale. Se poi vogliamo che il grafico della soluzione passi per il punto $(0; 1)$, troviamo $c = 1$ e otteniamo la funzione $y = 2x^3 + 1$, che rappresenta un **integrale** o **soluzione particolare**.

▶ Trova la soluzione dell'equazione differenziale $y' - 4x = 0$ il cui grafico passa per il punto $(2; 1)$.

$[y = 2x^2 - 7]$

Dunque, l'**integrale generale** di un'equazione differenziale è l'insieme di tutte le sue infinite soluzioni, dipendenti da uno o più parametri. Imponendo delle condizioni, si ottiene invece una soluzione che rappresenta un **integrale** o **soluzione particolare** dell'equazione.

Noi studieremo alcuni tipi di equazioni differenziali del **primo ordine**, in cui compare solo la derivata prima della funzione incognita, e del **secondo ordine**, in cui compaiono solo la derivata prima e la derivata seconda.

2 Equazioni differenziali del primo ordine

■ Definizione e problema di Cauchy ▶ Esercizi a p. 2043

Un'equazione differenziale del primo ordine è riconducibile alla forma:

$$F(x; y; y') = 0,$$

ossia è un'equazione che stabilisce una relazione tra x, y e la sua derivata prima y'.

ESEMPIO

L'equazione $y' - 6x^2 = 0$ dell'esempio precedente è un'equazione differenziale del primo ordine.

Data un'equazione differenziale del primo ordine $F(x; y; y') = 0$, l'**integrale generale** è una famiglia di funzioni $y = f(x; c)$; le **soluzioni particolari** si ottengono attribuendo al parametro c determinati valori, che dipendono dalle condizioni poste.

ESEMPIO

L'equazione $y' - e^x = x$ è un'equazione differenziale del primo ordine. La riscriviamo come $y' = e^x + x$. Una funzione $y = f(x)$ è soluzione dell'equazione se e solo se è una primitiva di $e^x + x$; l'integrale generale dell'equazione differenziale è quindi dato dall'integrale indefinito:

$$y = \int (e^x + x) \, dx = e^x + \frac{x^2}{2} + c.$$

Allora l'integrale generale è $y = e^x + \dfrac{x^2}{2} + c$, mentre una soluzione particolare è la funzione $y = e^x + \dfrac{x^2}{2} + 2$, ottenuta per $c = 2$.

Spesso, in un'equazione differenziale del primo ordine, si cerca una soluzione particolare la cui curva integrale passa per un punto $(x_0; y_0)$ assegnato. In questo caso la risoluzione dell'equazione differenziale consiste nella determinazione di una funzione $y = f(x)$ che soddisfi le due condizioni:

2031

Capitolo 31. Equazioni differenziali

Listen to it

A **Cauchy problem** is given by a differential equation that satisfies certain conditions.

$$\begin{cases} F(x; y; y') = 0 \\ y_0 = f(x_0) \end{cases}.$$

Un problema di questo genere è detto **problema di Cauchy** e la condizione $y_0 = f(x_0)$ è detta **condizione iniziale del problema di Cauchy**.

ESEMPIO

Determiniamo la soluzione del problema di Cauchy, con $y = f(x)$:

$$\begin{cases} y' - 2x = 1 \\ 5 = f(2) \end{cases}.$$

L'integrale generale è $y = x^2 + x + c$, rappresentato, al variare di $c \in \mathbb{R}$, da infinite parabole, ciascuna delle quali interseca l'asse y nel punto $(0; c)$.
Poniamo la condizione $f(2) = 5$:

$$(2)^2 + 2 + c = 5 \quad \rightarrow \quad c = -1.$$

La soluzione del problema è $y = x^2 + x - 1$.
La parabola che rappresenta questa equazione passa per il punto di coordinate $(2; 5)$.

▶ Determina la soluzione del problema di Cauchy, con $y = f(x)$:

$$\begin{cases} y' - 6x - 2 = 0 \\ 3 = f(-1) \end{cases}.$$

$[y = 3x^2 + 2x + 2]$

Animazione

Nell'animazione calcoliamo la soluzione dell'esercizio qui sopra e poi, con una figura dinamica, esaminiamo come varia la soluzione se si cambia la condizione iniziale.

Fra le equazioni differenziali del primo ordine studieremo:
- le equazioni del tipo $y' = f(x)$;
- le equazioni **a variabili separabili**;
- le equazioni **lineari**.

Equazioni del tipo $y' = f(x)$

▶ Esercizi a p. 2043

ESEMPIO

Risolviamo l'equazione differenziale:

$$y' - 2\cos x = 0.$$

- Isoliamo y': $y' = 2\cos x$.
- Integriamo entrambi i membri rispetto alla variabile x:

$$\int y'\, dx = \int 2\cos x\, dx \quad \rightarrow$$

$$y = \int 2\cos x\, dx = 2\sin x + c.$$

Le soluzioni sono rappresentate dalle curve integrali di equazione $y = 2\sin x + c$, con $c \in \mathbb{R}$.

▶ Quali sono le soluzioni dell'equazione differenziale $y' = \dfrac{1}{\sqrt{x}}$?

$[y = 2\sqrt{x} + c]$

In generale, per risolvere un'equazione differenziale del primo ordine, riconducibile al tipo $y' = f(x)$, si integrano entrambi i membri:

$$\int y'\, dx = \int f(x)\, dx.$$

L'integrale generale è: $y = \int f(x)\, dx$.

Paragrafo 2. Equazioni differenziali del primo ordine

■ Equazioni a variabili separabili

▶ Esercizi a p. 2045

DEFINIZIONE

Un'equazione differenziale del primo ordine è **a variabili separabili** quando può essere scritta nella forma $y' = g(x) \cdot h(y)$, con $g(x)$ e $h(y)$ funzioni continue rispettivamente nella sola variabile x e nella sola y.

$$y' = \boxed{g(x)} \cdot \boxed{h(y)}$$

funzione di x   funzione di y

Listen to it

A first order differential equation can be solved by **separation of variables** when it can be written as $y' = g(x) \cdot h(y)$, where $g(x)$ and $h(x)$ are continuous functions.

Per esempio, l'equazione $y' = 2x(y-1)^2$ è un'equazione differenziale a variabili separabili con $g(x) = 2x$ e $h(y) = (y-1)^2$.

Invece, l'equazione $y' = 2x + (y-1)^2$ non è a variabili separabili.

Vediamo ora con un esempio come risolvere un'equazione a variabili separabili.

▶ Quali delle seguenti equazioni sono a variabili separabili?

a. $y' = xy + y$

b. $y' = xy + y^2$

c. $y' = e^{2x+y}$

ESEMPIO

Consideriamo l'equazione differenziale $y' = 4xy^2$.

In questo caso $g(x) = 4x$ e $h(y) = y^2$.

Utilizziamo la notazione $y' = \dfrac{dy}{dx}$ e riscriviamo l'equazione

$$\frac{dy}{dx} = 4xy^2.$$

Separiamo le variabili in modo da avere al primo membro la y e al secondo membro la x. Per ottenere ciò, moltiplichiamo entrambi i membri per la quantità $\dfrac{1}{y^2} \cdot dx$, supponendo che sia $y \neq 0$:

$$\frac{dy}{y^2} = 4x\, dx.$$

Integriamo entrambi i membri:

$$\int \frac{1}{y^2}\, dy = \int 4x\, dx \quad \rightarrow \quad -\frac{1}{y} = 2x^2 + c \quad \rightarrow \quad y = -\frac{1}{2x^2 + c}.$$

Riprendiamo il caso precedentemente escluso di $y = 0$.

Per $y = 0$ abbiamo che $y' = 0$ e l'equazione data è soddisfatta.

La soluzione dell'equazione data è quindi:

$$y = -\frac{1}{2x^2 + c} \lor y = 0.$$

In generale, per risolvere un'equazione differenziale riconducibile alla forma

$$y' = g(x) \cdot h(y):$$

- si scrive $y' = \dfrac{dy}{dx}$ e quindi $\dfrac{dy}{dx} = g(x) \cdot h(y)$;

- si separano le variabili, moltiplicando entrambi i membri per $\dfrac{1}{h(y)} \cdot dx$ e supponendo $h(y) \neq 0$:

$$\frac{dy}{h(y)} = g(x)\, dx;$$

Video

Biglia nella glicerina

Una biglia di 100 g e con un volume di 14 cm³ viene lasciata affondare in un recipiente di glicerina, un liquido molto viscoso.

▶ Quale velocità raggiunge dopo 4 secondi?

▶ Quale velocità massima potrebbe raggiungere se il recipiente fosse molto profondo?

▶ Quali sono le soluzioni dell'equazione differenziale $y' = 3x^2y^2$?

$$\left[y = \frac{1}{c - x^3} \lor y = 0 \right]$$

▶ Determina la soluzione $y = f(x)$ dell'equazione $y' = \dfrac{3\sin x}{y}$ tale che $f(0) = -2$.

- - - - - - - - - - - - - - - - - -

Animazione

2033

Capitolo 31. Equazioni differenziali

- si integrano entrambi i membri, $\int \frac{1}{h(y)} dy = \int g(x)\, dx$, e si ricava y in funzione di x dall'uguaglianza fra le primitive trovate;
- si esaminano a parte i casi derivanti da $h(y) = 0$.

■ Equazioni lineari del primo ordine

▶ Esercizi a p. 2050

DEFINIZIONE

Un'equazione differenziale del primo ordine è **lineare** quando può essere scritta nella forma

$$y' = a(x)y + b(x),$$

dove $a(x)$ e $b(x)$ rappresentano funzioni note e continue in un opportuno intervallo.

$\boxed{y'} = a(x) \cdot \boxed{y} + b(x)$

derivata prima — funzione $y = f(x)$ — primo grado

L'equazione differenziale $y' - 3xy - x^4 = 0$ è lineare; l'equazione differenziale $y' = 4xy^2$ **non** è lineare, perché y compare al quadrato.

Se $b(x) = 0$, l'equazione è detta **omogenea**; se $b(x) \neq 0$, è detta **completa**.

$b(x) = 0$: equazione omogenea

$y' = a(x)y$ è lineare omogenea a variabili separabili. Risolviamola. Se $y \neq 0$:

$$y' = a(x)y \rightarrow \frac{dy}{dx} = a(x)y \rightarrow \frac{dy}{y} = a(x)\, dx \rightarrow$$

$$\int \frac{dy}{y} = \int a(x)\, dx \rightarrow \underbrace{\ln|y| + c = \int a(x)\, dx}_{\text{integriamo entrambi i membri}} \rightarrow$$

$$\ln|y| = -c + \int a(x)\, dx \rightarrow |y| = e^{-c + \int a(x)\, dx} \rightarrow$$

$$y = \pm e^{-c + \int a(x)\, dx} \rightarrow \underbrace{y = \pm e^{-c} e^{\int a(x)\, dx}}_{\text{per la proprietà delle potenze}},\ \text{con } c \in \mathbb{R}.$$

Poiché e^{-c} e $-e^{-c}$ sono costanti reali diverse da 0, possiamo indicarle genericamente con k e scrivere:

$$y = k e^{\int a(x)\, dx},\ \text{con } k \neq 0.$$

Se $y = 0$, anche $y' = 0$ e l'equazione differenziale è verificata. Questa soluzione è compresa nella scrittura precedente se poniamo $k = 0$. Quindi la soluzione è:

$$\boxed{y = k e^{\int a(x)\, dx},\ \text{con } k \in \mathbb{R}.}$$

ESEMPIO

Risolviamo $y' = 3x^2 y$. L'equazione è lineare omogenea con $a(x) = 3x^2$. Utilizziamo la formula che fornisce direttamente la soluzione:

$$y = k e^{\int 3x^2\, dx} = k e^{x^3}.$$

Per la presenza di k, non è necessario scrivere $x^3 + c$, introducendo una seconda costante.

▶ Risolvi l'equazione lineare omogenea $y' = (2x - 1)y$.

$[y = k e^{x^2 - x}]$

2034

Paragrafo 2. Equazioni differenziali del primo ordine

$b(x) \neq 0$: equazione completa

Per trovare la soluzione dell'equazione lineare completa $y' = a(x)y + b(x)$ seguiamo i seguenti passi.

- Determiniamo una primitiva $A(x)$ di $a(x)$:
$$A(x) = \int a(x)dx.$$

- Portiamo il termine $a(x)y$ dell'equazione al primo membro e moltiplichiamo entrambi i membri per $e^{-A(x)}$:
$$y'e^{-A(x)} - a(x)ye^{-A(x)} = b(x)e^{-A(x)}.$$

Per la regola di derivazione di una funzione composta, il primo membro risulta essere la derivata di $e^{-A(x)}y$. Infatti, ricordando che y è una funzione di x, si ha:
$$D(e^{-A(x)}y) = e^{-A(x)}y' - A'(x)e^{-A(x)}y = e^{-A(x)}y' - a(x)e^{-A(x)}y.$$

- Integriamo entrambi i membri:
$$\int D(e^{-A(x)}y)dx = \int b(x)e^{-A(x)}dx \;\rightarrow$$
$$e^{-A(x)}y = \int b(x)e^{-A(x)}dx + c \;\rightarrow$$
$$y = e^{A(x)}\left[\int b(x)e^{-A(x)}dx + c\right].$$

Enunciamo allora il teorema.

> **TEOREMA**
>
> L'integrale generale di un'equazione differenziale lineare del primo ordine del tipo $y' = a(x)y + b(x)$ è dato da:
> $$y = e^{\int a(x)\,dx}\left[\int b(x)e^{-\int a(x)\,dx}\,dx + c\right].$$

ESEMPIO

Risolviamo $y' + \dfrac{y}{x} = x$, con $x > 0$.

L'equazione lineare è completa. Scriviamola nella forma $y' = a(x)y + b(x)$, per individuare $a(x)$ e $b(x)$.

$$y' = -\frac{1}{x}\cdot y + x \;\rightarrow\; a(x) = -\frac{1}{x} \;\; \text{e} \;\; b(x) = x.$$

Per facilitare l'applicazione della formula risolutiva, scomponiamola in varie parti, calcolando alcuni integrali che vi compaiono.

- $\int a(x)\,dx = \int -\dfrac{1}{x}\,dx = -\ln|x| = -\ln x.$

Possiamo trascurare il valore assoluto perché per ipotesi è $x > 0$.

- $e^{-\int a(x)\,dx} = e^{+\ln x} = x$ e $e^{\int a(x)\,dx} = e^{-\ln x} = e^{\ln \frac{1}{x}} = \dfrac{1}{x}.$

- $\int b(x)e^{-\int a(x)\,dx}\,dx = \int x\cdot x\,dx = \int x^2\,dx = \dfrac{x^3}{3}.$

Sostituendo nella formula, otteniamo:
$$y = \frac{1}{x}\cdot\left[\frac{x^3}{3} + c\right] = \frac{x^2}{3} + \frac{c}{x}.$$

MATEMATICA E NATURA

Prede e predatori In natura prede e predatori coesistono sempre in uno stesso ambiente.

▶ Esiste un modello matematico che descrive questa situazione?

☐ La risposta

▶ Risolvi l'equazione $y' = \dfrac{3}{x}y + 4x^3$.

☐ Animazione

3 Equazioni differenziali del secondo ordine

▶ Esercizi a p. 2055

Un'equazione differenziale del secondo ordine è riconducibile alla forma:

$$F(x; y; y'; y'') = 0.$$

Si dice che è in **forma normale** quando è scritta come

$$y'' = G(x; y; y'),$$

ossia è esplicitata rispetto alla derivata seconda della funzione incognita y.

ESEMPIO

L'equazione differenziale $y' - y'' = xy$ è del secondo ordine, perché contiene anche la derivata seconda della funzione incognita.
Scritta in forma normale è $y'' = y' - xy$.

Le soluzioni delle equazioni differenziali del secondo ordine sono funzioni della variabile x, contenenti *due* costanti reali arbitrarie, che indicheremo con c_1 e c_2.

L'integrale generale di un'equazione differenziale del secondo ordine è dato quindi da una famiglia di funzioni del tipo $y = f(x; c_1; c_2)$.

Le soluzioni particolari si ottengono attribuendo ai parametri c_1 e c_2 determinati valori. Poiché l'integrale generale dipende da due parametri, occorre dare due condizioni se si vuol determinare una soluzione particolare.

Fra le equazioni differenziali del secondo ordine studieremo solo quelle **lineari con i coefficienti costanti**, ossia le equazioni del tipo

$$y'' + by' + cy = r(x),$$

dove b e c sono numeri reali e $r(x)$ è una funzione continua in un opportuno intervallo. Tali equazioni si dicono:

- **omogenee**, se $r(x) = 0$ in tutti i punti dell'intervallo in cui è definita;
- **complete**, se $r(x) \neq 0$ in qualche punto dell'intervallo in cui è definita.

$r(x) = 0$: equazione omogenea

Se $r(x) = 0$, l'equazione diventa:

$$y'' + by' + cy = 0, \quad \text{con } b, c \in \mathbb{R}.$$

Verifichiamo che la funzione esponenziale $y = e^{zx}$, dove z è un'opportuna costante, può essere una soluzione. Calcoliamo le derivate $y' = ze^{zx}$ e $y'' = z^2 e^{zx}$ e sostituiamo nell'equazione di partenza:

$$z^2 \cdot e^{zx} + bz \cdot e^{zx} + c \cdot e^{zx} = 0 \;\underset{\text{raccogliamo } e^{zx}}{\longrightarrow}\; (z^2 + bz + c) \cdot e^{zx} = 0 \;\underset{\text{dividiamo per } e^{zx} \neq 0}{\longrightarrow}\; z^2 + bz + c = 0.$$

La funzione $y = e^{zx}$ è soluzione dell'equazione differenziale data se z è soluzione dell'equazione

$$z^2 + bz + c = 0,$$

che si chiama **equazione caratteristica dell'equazione differenziale**. Tale equazione ha gli stessi coefficienti dell'equazione differenziale iniziale $y'' + by' + cy = 0$.

Paragrafo 3. Equazioni differenziali del secondo ordine

Risolvendo l'equazione caratteristica, si trovano soluzioni particolari dell'equazione differenziale con le quali è possibile costruire quella generale.

Il tipo delle soluzioni particolari che si ottengono è determinato dalle radici dell'equazione caratteristica, che, a loro volta, dipendono dal valore del discriminante.

In generale, per risolvere un'equazione lineare omogenea del secondo ordine scritta nella forma

$$y'' + by' + cy = 0, \quad \text{con } b, c \in \mathbb{R},$$

si applica il seguente procedimento, che illustriamo senza dimostrazione.

- Si scrive l'equazione caratteristica dell'equazione differenziale data e si calcola il suo discriminante:

$$z^2 + bz + c = 0, \quad \Delta = b^2 - 4c.$$

- Si distinguono tre casi.

1. **$\Delta > 0$**
   - si determinano le due soluzioni reali e distinte z_1 e z_2;
   - la soluzione generale dell'equazione differenziale è

$$\boxed{y = c_1 e^{z_1 x} + c_2 e^{z_2 x}, \quad \text{con } c_1, c_2 \in \mathbb{R}.}$$

2. **$\Delta = 0$**
   - si determinano le due soluzioni reali coincidenti $z_1 = z_2$;
   - la soluzione generale dell'equazione differenziale è

$$y = c_1 e^{z_1 x} + c_2 x e^{z_1 x}, \quad \text{con } c_1, c_2 \in \mathbb{R},$$

   ossia, raccogliendo $e^{z_1 x}$:

$$\boxed{y = e^{z_1 x}(c_1 + c_2 x), \quad \text{con } c_1, c_2 \in \mathbb{R}.}$$

3. **$\Delta < 0$**
   - si determinano le due soluzioni complesse coniugate $z_{1,2} = \alpha \pm i\beta$;
   - la soluzione generale dell'equazione differenziale è

$$y = c_1 e^{\alpha x} \cos \beta x + c_2 e^{\alpha x} \sin \beta x, \quad \text{con } c_1, c_2 \in \mathbb{R},$$

   ossia, raccogliendo $e^{\alpha x}$:

$$\boxed{y = e^{\alpha x}(c_1 \cos \beta x + c_2 \sin \beta x), \quad \text{con } c_1, c_2 \in \mathbb{R}.}$$

ESEMPIO

1. Risolviamo $y'' - 5y' + 6y = 0$.
   Scriviamo la sua equazione caratteristica: $z^2 - 5z + 6 = 0$.
   Risolviamo tale equazione: $\Delta = 25 - 24 = 1 > 0 \rightarrow z_1 = 2, z_2 = 3$.
   Le funzioni $y_1 = e^{2x}$ e $y_2 = e^{3x}$ sono soluzioni particolari dell'equazione differenziale data.
   La soluzione generale è: $y = c_1 e^{2x} + c_2 e^{3x}$, con $c_1, c_2 \in \mathbb{R}$.

2. Risolviamo $y'' - 2y' + y = 0$.
   L'equazione caratteristica associata è $z^2 - 2z + 1 = 0$.
   Si ha: $\Delta = 0$; $z_1 = z_2 = 1$.
   La soluzione generale dell'equazione differenziale data è:

$$y = e^x(c_1 + c_2 x), \quad \text{con } c_1, c_2 \in \mathbb{R}.$$

TEORIA

▢ **Video**

Oscillatore armonico smorzato

Consideriamo un cubo attaccato a una molla, fissata a sua volta a una parete, e immerso in un fluido viscoso.

▶ Qual è la funzione che descrive il suo moto in funzione del tempo?

▶ Scrivi gli integrali generali delle seguenti equazioni differenziali:
a. $y'' - 4y' + 3y = 0$;
b. $y'' + 6y' + 9y = 0$;
c. $y'' + y = 0$.

[a) $y = c_1 e^x + c_2 e^{3x}$;
b) $y = e^{-3x}(c_1 + c_2 x)$;
c) $y = c_1 \cos x + c_2 \sin x$]

2037

Capitolo 31. Equazioni differenziali

▶ Risolvi il problema di Cauchy, con $y = f(x)$:
$$\begin{cases} y'' + 4y' - 5y = 0 \\ f'(0) = -9 \\ f(0) = 3 \end{cases}$$

☐ **Animazione**

3. Risolviamo $y'' - 4y' + 13y = 0$.
   Scriviamo l'equazione caratteristica associata: $z^2 - 4z + 13 = 0$.
   Calcoliamo: $\dfrac{\Delta}{4} = -9$; $z_{1,2} = 2 \pm 3i$.
   La soluzione generale dell'equazione differenziale data è:
   $$y = e^{2x}(c_1 \cos 3x + c_2 \sin 3x), \quad \text{con } c_1, c_2 \in \mathbb{R}.$$

$r(x) \neq 0$: equazione completa

Per risolvere un'equazione lineare del secondo ordine completa e a coefficienti costanti, del tipo

$$\boxed{y'' + by' + cy = r(x),} \quad \text{con } b, c \in \mathbb{R},$$

si utilizza il seguente teorema, di cui non forniamo la dimostrazione.

> **TEOREMA**
> La soluzione generale y dell'equazione $y'' + by' + cy = r(x)$ si ottiene addizionando a una sua soluzione particolare la soluzione generale dell'equazione omogenea associata $y'' + by' + cy = 0$.

Ci limitiamo a considerare il caso particolare in cui $b = 0$, $c = 0$ e $r(x)$ è una qualsiasi funzione. L'equazione differenziale diventa della forma $y'' = r(x)$ e possiamo risolverla procedendo con due integrazioni successive.

ESEMPIO
Risolviamo
$$y'' = 12x^2 + 4.$$
Determiniamo la derivata prima della funzione y integrando ciascun membro dell'equazione:
$$y' = \int (12x^2 + 4)\, dx = 4x^3 + 4x + c_1.$$
Determiniamo la funzione con un'ulteriore integrazione:
$$y = \int (4x^3 + 4x + c_1)\, dx = x^4 + 2x^2 + c_1 x + c_2.$$

▶ Risolvi l'equazione differenziale $y'' = \cos x$.
$[y = -\cos x + c_1 x + c_2]$

MATEMATICA ED ENERGIA
Il decadimento radioattivo Il problema più grande dell'energia nucleare è che le scorie prodotte rimangono radioattive per molto tempo. Per stimarlo bisogna conoscere il tempo di dimezzamento della sostanza radioattiva dispersa nell'ambiente. Si chiama anche *emivita* ed è il tempo che la sostanza impiega per dimezzare la quantità dei suoi nuclei instabili. Il tempo di dimezzamento dell'uranio 238 è di circa 4 miliardi e mezzo di anni. Per questo motivo, lasciare scorie vuol dire lasciare un problema in eredità alle generazioni future.

▶ Come si fa a stimare la vita di una scoria radioattiva?

☐ **La risposta**

4 Equazioni differenziali e fisica

▶ Esercizi a p. 2059

Studiando fisica hai incontrato spesso esempi di equazioni differenziali.
Cercando relazioni che leghino una grandezza e la sua variazione nel tempo si ottengono equazioni del primo ordine; sono esempi di equazioni differenziali del primo ordine la legge oraria del moto uniforme, la legge di raffreddamento di un corpo, le leggi di carica e scarica di un condensatore.
Si ottengono equazioni del secondo ordine se si è invece interessati a studiare come evolve nel tempo la variazione di una certa grandezza. In questo caso, si considera anche la sua derivata seconda. Sono esempi di equazioni differenziali del secondo ordine la legge oraria di un moto accelerato o le equazioni dinamiche che descrivono le azioni di forze di varia natura su un corpo.

ESEMPIO

L'arco da competizione di Simona ha una costante elastica di 490 N/m. Supponiamo di concentrare nel punto P la massa $m = 0,1$ kg della corda e determiniamo la funzione $x(t)$ che descrive il moto di P quando Simona rilascia la corda dopo averla tesa di 60 cm.
All'istante $t = 0$, $x(0) = -0,6$ m nel sistema di riferimento in figura. Simona lascia la corda e P è sottoposto a una forza elastica $F_E = -490 \cdot x(t)$.
Per il secondo principo della dinamica, $F = m \cdot a$, possiamo esprimere F_E come $F_E = m\underbrace{x''(t)}_{a}$.

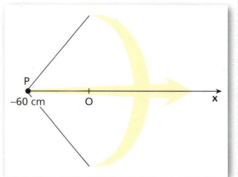

Pertanto, il moto di P è descritto dall'equazione differenziale

$$\frac{1}{10} \cdot x''(t) = -490 \cdot x(t).$$

Si tratta di un'equazione lineare omogenea del secondo ordine. Risolviamo l'equazione caratteristica:

$$\frac{1}{10} z^2 = -490 \;\to\; z = \pm i\sqrt{4900} = \pm 70i.$$

La soluzione generale dell'equazione è:

$$x(t) = c_1 \cos(70t) + c_2 \sin(70t).$$

La condizione $x(0) = -0,6$ ci permette di determinare un vincolo sui parametri:

$$c_1 = -0,6.$$

È però necessaria un'altra condizione per determinare c_2 (per esempio, l'istante t_1 in cui P passa per l'origine del riferimento).

MATEMATICA E FISICA

Un modello per il condensatore
Un condensatore inserito in un circuito chiuso si carica.

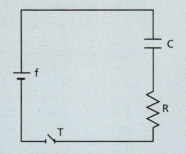

▶ Come varia nel tempo la carica Q accumulata?

☐ La risposta

Capitolo 31. Equazioni differenziali

IN SINTESI
Equazioni differenziali

■ Equazioni differenziali del primo ordine

- **Equazione differenziale del primo ordine**: è riconducibile alla forma $F(x; y; y') = 0$.
- **Integrale generale**: è una famiglia di funzioni $f(x; c)$ con c parametro reale.
- **Integrale particolare**: ogni soluzione ottenuta attribuendo a c un valore.
- **Problema di Cauchy**: data l'equazione del primo ordine $F(x; y; y') = 0$, consiste nella ricerca di una soluzione particolare $y = f(x)$ il cui grafico passi per un punto dato $(x_0; y_0)$, cioè che risolva il sistema:

$$\begin{cases} F(x; y; y') = 0 \\ y_0 = f(x_0) \end{cases} \quad \text{condizione iniziale.}$$

- **Equazione del tipo $y' = f(x)$**
  1. Si isola y' e si integrano entrambi i membri rispetto alla variabile x: $\int y' dx = \int f(x) dx$.
  2. La soluzione generale è $y = \int f(x) dx$.

- **Equazione a variabili separabili**: $y' = g(x) \cdot h(y)$, con $g(x)$ e $h(y)$ funzioni continue.
  1. Essendo $y' = \dfrac{dy}{dx}$, si ottiene $\dfrac{dy}{dx} = g(x) \cdot h(y)$.
  2. Si separano le variabili, supponendo $h(y) \neq 0$: $\dfrac{dy}{h(y)} = g(x) dx$.
  3. Si integrano entrambi i membri, $\int \dfrac{1}{h(y)} dy = \int g(x) dx$, e si ricava y in funzione di x.
  4. Si esaminano a parte i casi derivanti da $h(y) = 0$.

- **Equazione lineari del primo ordine**: $y' = a(x) \cdot y + b(x)$, dove $a(x)$ e $b(x)$ rappresentano funzioni note e continue in un opportuno intervallo.
  - $b(x) = 0$ **(equazione omogenea)**: la soluzione è $y = k e^{\int a(x) dx}$, con $k \in \mathbb{R}$.
  - $b(x) \neq 0$ **(equazione completa)**: la soluzione è $y = e^{\int a(x) dx} \left[\int b(x) e^{-\int a(x) dx} dx + c \right]$.

■ Equazioni differenziali del secondo ordine

- **Equazioni lineari con coefficienti costanti omogenee**: $y'' + by' + cy = 0$.
  1. Si trovano le radici (reali o complesse) dell'equazione caratteristica $z^2 + bz + c = 0$.
  2. Si determina l'integrale generale dell'equazione differenziale secondo lo schema seguente.

Radici dell'equazione caratteristica	Integrale generale
$\Delta > 0 \to z_1 \neq z_2$ (reali distinte)	$y = c_1 e^{z_1 x} + c_2 e^{z_2 x}$
$\Delta = 0 \to z_1 = z_2$ (reali coincidenti)	$y = (c_1 + c_2 x) e^{z_1 x}$
$\Delta < 0 \to z_{1,2} = \alpha \pm i\beta$ (complesse coniugate)	$y = e^{\alpha x}(c_1 \cos \beta x + c_2 \sin \beta x)$

- **Equazioni lineari con coefficienti costanti complete del tipo**: $y'' = r(x)$.
  Si determina direttamente la *soluzione generale* mediante due integrazioni successive.

CAPITOLO 31
ESERCIZI

1 Che cos'è un'equazione differenziale

▶ Teoria a p. 2030

1 Riconosci fra le seguenti equazioni quelle differenziali, indicandone l'ordine.

a. $y' = 3$;
b. $y - 3x^2 + 2 = y'$;
c. $\dfrac{y''}{y'} = x$;
d. $y' + e^x = -1$;
e. $y^2 y' - x = 0$;
f. $x^2 + y^2 = 1$;
g. $x + y' - 2 = 0$;
h. $y''' + y'' - y' = x$.

2 Determina per quali valori di a le seguenti equazioni differenziali sono del secondo ordine.

a. $y^2 - (a+1)y'' = 2ay'$
b. $8ay^3 + ay'' - (a-2)y^2 = 0$

3 **ESERCIZIO GUIDA** Verifichiamo se la funzione $y = e^{x^2} - \dfrac{1}{2}$ risolve l'equazione differenziale del primo ordine $y' = 2xy + x$.

Primo membro: derivando $y = e^{x^2} - \dfrac{1}{2}$, otteniamo $y' = 2xe^{x^2}$.

Secondo membro: sostituendo l'espressione di y, abbiamo $2xy + x = 2xe^{x^2} - x + x = 2xe^{x^2}$.

Confrontiamo i risultati e otteniamo l'identità: $2xe^{x^2} = 2xe^{x^2}$. Quindi l'equazione è verificata.

Verifica se le seguenti funzioni sono soluzioni delle equazioni differenziali scritte a fianco.

4 $y = 2x^2 - 3x + 1$, $\quad y' - 4x + 3 = 0$.

5 $y = x^4 - x^2 + 1$, $\quad y'' - 12x^2 + 2 = 0$.

6 $y = x^3 - x + 2$, $\quad y' + y + x - 1 = 0$.

7 $y = x + \ln x$, $\quad y'x - x - 1 = 0$.

8 $y = x \ln x$, $\quad y' - y - 1 = 0$.

9 $y = \sin x - 2$, $\quad y' + y - (\cos x + \sin x) + 2 = 0$.

TEST

10 Di quale delle seguenti equazioni differenziali è soluzione la funzione $y = x^2 + 1$?

A $y' = \dfrac{2x}{x^2+1} y$
B $y' = \dfrac{x}{x^2+1} y$
C $y' = \dfrac{1}{2(x^2+1)} y$
D $y' = \dfrac{x}{2(x^2+1)} y$
E $y' = \dfrac{2}{x(x^2+1)} y$

11 Quale tra le seguenti funzioni risolve entrambe le equazioni differenziali $y'' - 4y = 3$ e $y'' - 2y' = 0$?

A $y = e^{-2x}$
B $y = e^{2x} - \dfrac{3}{4}$
C $y = e^{2x} + \dfrac{3}{4}$
D $y = e^{2x} - e^{-2x}$
E $y = 2x$

12 Quale delle seguenti funzioni è soluzione di $y' + y = e^{-x}$?

A $y = \dfrac{x}{e^x}$
B $y = x \cdot e^x$
C $y = e^{2x}$
D $y = \dfrac{x^2}{e^x}$
E $y = e^x$

Capitolo 31. Equazioni differenziali

FAI UN ESEMPIO

13 Scrivi un'equazione differenziale del primo ordine che abbia come soluzione $y = x^2 - 1$.

14 Scrivi un'equazione differenziale del secondo ordine che abbia come soluzione $y = 4x^3 + x$.

---

15 **EUREKA!** Supponi che la funzione $y = f(x)$ sia la soluzione dell'equazione differenziale
$$y' = y^2 + 1.$$
Verifica che y è soluzione anche dell'equazione $y'' - 2y^3 = 2y$. La funzione $y = \tan x$ è una soluzione per entrambe le equazioni? [sì]

16 Calcola per quali valori di a e b la funzione $y = ax^3 - bx^2$ è soluzione dell'equazione differenziale $y'' - y' + 2 = 3x^2 - 4x$. $[a = -1, b = 1]$

YOU & MATHS

17 Given the equation $4y'' + 3y' - y = 0$ and its solution $y = e^{\lambda t}$, what are the values of λ?

(USA *Rice University Mathematics Tournament*)

$\left[-1 \vee \dfrac{1}{4}\right]$

18 Show that the function
$$y = ae^x + be^{-2x} + ce^{3x}$$
satisfies the (differential) equation
$$\frac{d^3 y}{dx^3} - 2\frac{d^2 y}{dx^2} - 5\frac{dy}{dx} + 6y = 0$$
for all values of the constants a, b and c.

(CAN *University of New Brunswick*, Final Exam)

19 **EUREKA!** Il valore di A tale che $y = Axe^x$ soddisfi $\dfrac{dy}{dx} - y = 4e^x$ è:

- A 1.
- B 2.
- C 4.
- D 5.
- E nessuno di questi.

(USA *University of Central Arkansas Regional Math Contest*)

20 Sia c un parametro reale e siano
$$y_1 = ce^{3x} + 2 \quad \text{e} \quad y_2 = 2e^{3x} + c$$
due famiglie di funzioni. Data l'equazione differenziale del primo ordine $y' = 3y - 6$, per quali valori di c la funzione y_1 è soluzione dell'equazione? Per quali valori di c la funzione y_2 è soluzione dell'equazione? $[\forall c \in \mathbb{R}; c = 2]$

21 Data la funzione $y = 6x^2 - 2x$, determina quale valore occorre assegnare a k affinché la funzione sia soluzione dell'equazione differenziale
$$y' - 2y'' + y - 6x^2 - 10x + k = 0.$$
$[k = 26]$

22 **LEGGI IL GRAFICO** Trova l'equazione della parabola in figura e stabilisci se è soluzione dell'equazione differenziale $y' = \dfrac{y}{x} + x$. $[y = x^2 - x]$

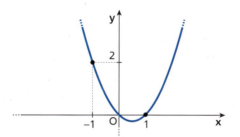

23 **REALTÀ E MODELLI** **Scena del crimine** La polizia scientifica sta effettuando i rilievi su una vittima di omicidio. Il cadavere si trova in un luogo in cui la temperatura ambiente è di 25 °C. Si presuppone che la temperatura del cadavere $T(t)$ vari nel tempo secondo la legge empirica $T'(t) = -\dfrac{6}{5}[T(t) - 25]$, dove t è il tempo in ore misurato a partire dall'ora del decesso.

a. Verifica che le soluzioni dell'equazione differenziale sono del tipo $T(t) = 25 + Ce^{-\frac{6}{5}t}$.

b. Determina il valore di C supponendo che all'ora del decesso il corpo avesse una temperatura di 36,5 °C.

c. Se il cadavere è stato rinvenuto alle 2:00, quando la sua temperatura era di 30 °C, qual è l'ora presunta del decesso?

$\left[\text{b) } T(t) = 11{,}5e^{-\frac{6}{5}t} + 25;\ \text{c) } 1{:}18\right]$

Paragrafo 2. Equazioni differenziali del primo ordine

2 Equazioni differenziali del primo ordine

Definizione e problema di Cauchy
▶ Teoria a p. 2031

24 Riconosci quali tra le seguenti sono equazioni differenziali del primo ordine.

a. $y'' = 2x + 4$; b. $y' - x^2 + y = 0$; c. $\dfrac{y'}{y} = \dfrac{1}{2}x^2$; d. $y'(y - 1) = 0$.

TEST

25 Stabilisci quale delle seguenti funzioni $y = f(x)$ è la soluzione del problema di Cauchy:
$$\begin{cases} y' = \dfrac{x+2}{x} \\ f(1) = 2 \end{cases}.$$

A $y = x + \ln x^2 + 2$
B $y = x^2 + \ln|x| + 1$
C $y = x + \ln|x| + 1$
D $y = x + \ln x^2 + 1$
E $y = x^2 + \ln|x^2| + 1$

26 Determina quale delle seguenti funzioni $y = f(x)$ è la soluzione del problema di Cauchy:
$$\begin{cases} y' = -y \tan x \\ f(0) = 2 \end{cases}.$$

A $y = \sin x + 2$
B $y = 2\cos x$
C $y = \cos x + 1$
D $y = 2 - \sin x$
E $y = \cos x$

27 Verifica che la funzione $y = \dfrac{1}{4}(1 - e^{2x}) + \dfrac{1}{2}x$ è soluzione del seguente problema di Cauchy, con $y = f(x)$:
$$\begin{cases} y' = 2y - x \\ f(0) = 0 \end{cases}.$$

28 Stabilisci se la funzione $y = e^x - \sin x + 1$ è soluzione del problema di Cauchy, con $y = f(x)$:
$$\begin{cases} y' + \cos x - e^x = 0 \\ f(0) = 1 \end{cases}.$$
[no, perché...]

Equazioni del tipo $y' = f(x)$
▶ Teoria a p. 2032

29 **ESERCIZIO GUIDA** Risolviamo l'equazione differenziale $2y' - \sin x - 1 = 0$.

$2y' - \sin x - 1 = 0 \;\rightarrow\; \underbrace{y' = \dfrac{\sin x + 1}{2}}_{\text{isoliamo } y'} \;\rightarrow\; \underbrace{\int y' dx = \int \dfrac{\sin x + 1}{2} dx}_{\text{integriamo entrambi i membri rispetto a } x} \;\rightarrow\; y = \dfrac{1}{2}(-\cos x + x) + c.$

La soluzione generale dell'equazione è:
$$y = \dfrac{x - \cos x}{2} + c.$$

Risolvi le seguenti equazioni differenziali.

AL VOLO

30 $y' = 2x$

31 $y' = 3\cos x$

32 $y' = e^x$

Capitolo 31. Equazioni differenziali

33 $y' - 3x^2 - 2x + 1 = 0$ $\quad [y = x^3 + x^2 - x + c]$

34 $y' - 4x + \cos x = 0$ $\quad [y = 2x^2 - \sin x + c]$

35 $2y' + \sqrt{x} = 0$ $\quad \left[y = -\dfrac{1}{3}\sqrt{x^3} + c\right]$

36 $y' - 3e^x + 2x = 0$ $\quad [y = 3e^x - x^2 + c]$

37 $(1 + x^2)y' = 1$ $\quad [y = \arctan x + c]$

38 $\tan^2 x - y' = 0$ $\quad [y = \tan x - x + c]$

Cerchiamo un integrale particolare

39 **TEST** Supponi che $f'(x) = \cos x$, $f(0) = 2$. Allora:

- **A** f è periodica di periodo π.
- **B** $f(x) = \sin x$.
- **C** $f(\pi) = 2$.
- **D** Le funzioni che soddisfano le condizioni differiscono per una costante additiva.
- **E** Le funzioni che soddisfano le condizioni differiscono per una costante moltiplicativa.

40 **ESERCIZIO GUIDA** Determiniamo la soluzione particolare $y = f(x)$ dell'equazione differenziale $y' = \dfrac{x+1}{x}$, che soddisfa la condizione iniziale $f(1) = 2$.

- Risolviamo l'equazione integrando entrambi i membri rispetto alla variabile x:

$$\int y' \, dx = \int \frac{x+1}{x} dx \quad \rightarrow \quad y = \int \left(1 + \frac{1}{x}\right) dx = x + \ln|x| + c, \text{ con } c \in \mathbb{R}.$$

L'integrale generale è $y = x + \ln|x| + c$, con $c \in \mathbb{R}$.

- Imponiamo la condizione $f(1) = 2$, sostituendo alla y il valore 2 e alla x il valore 1.

$$2 = 1 + \ln 1 + c \quad \rightarrow \quad 2 = 1 + c \quad \rightarrow \quad c = 1.$$

La soluzione particolare cercata è: $y = x + \ln|x| + 1$.

Determina la soluzione particolare $y = f(x)$ di ognuna delle seguenti equazioni differenziali, verificante la condizione iniziale posta a fianco di ciascuna.

41 $y' = x + \cos x - 1$, $\quad f(0) = 2.$ $\quad \left[y = \dfrac{x^2}{2} + \sin x - x + 2\right]$

42 $x^2 y' - x + 1 = 0$, $\quad f(1) = 2.$ $\quad \left[y = \ln|x| + \dfrac{1}{x} + 1\right]$

43 $y' = 6xe^{x^2} - 1$, $\quad f(0) = 4.$ $\quad \left[y = 3e^{x^2} - x + 1\right]$

44 $\dfrac{y' - x}{x^2 + 1} = \dfrac{3}{x}$, $\quad f(1) = 0.$ $\quad \left[y = 3\ln|x| + 2x^2 - 2\right]$

45 $(x+1)y' = x + 2$, $\quad f(-2) = -1.$ $\quad [y = x + \ln|x+1| + 1]$

46 $e^x y' - x = 0$, $\quad f(1) = \dfrac{1}{e}.$ $\quad \left[y = -\dfrac{x+1}{e^x} + \dfrac{3}{e}\right]$

47 Determina la curva integrale dell'equazione differenziale $4y' = 12x^2 - 1$ che passa per il punto $P\left(1; \dfrac{3}{4}\right)$ e traccia il suo grafico.

$$\left[y = x^3 - \dfrac{1}{4}x\right]$$

48 Traccia il grafico della curva integrale dell'equazione differenziale $(x - 1)y' = 2$ che passa per $P(2; 2)$.

$$[y = 2\ln|x - 1| + 2]$$

Paragrafo 2. Equazioni differenziali del primo ordine

49 **LEGGI IL GRAFICO** Verifica se l'equazione dell'iperbole in figura è soluzione dell'equazione differenziale

$$y' + \frac{4}{x^2} = 0.$$

Trova poi un'altra funzione che sia soluzione della stessa equazione differenziale.

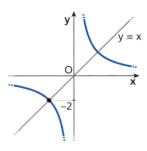

50 Determina la soluzione dell'equazione differenziale $(x-3)y' = \dfrac{2}{6x - x^2 - 9}$ che ha come asintoto orizzontale la retta $y = -\dfrac{1}{2}$. $\left[y = \dfrac{1}{(x-3)^2} - \dfrac{1}{2} \right]$

51 **TEST** Trova la soluzione particolare dell'equazione $f'(x) = 4x^{-\frac{1}{2}}$ che soddisfi la condizione $f(1) = 12$.

  A $8\sqrt{x} + c$. **B** $2\sqrt{x} + 10$. **C** $\dfrac{1}{2}\sqrt{4x} + 11$. **D** $8\sqrt{x} + 4$. **E** Nessuno di questi.

(USA *Arkansas Council of Teachers of Mathematics, State Mathematics Contest*)

52 Determina la soluzione del seguente problema di Cauchy, con $y = f(x)$:

$$\begin{cases} y' = \dfrac{2x-1}{x^2+1} \\ f(0) = 1 \end{cases}.$$

$[y = \ln(x^2 + 1) - \arctan x + 1]$

53 **EUREKA!** Sapendo che $y = f(x)$ è una soluzione di $(x^2 + 1)y' = 3$, calcola il valore di $f(1) - f(-1)$. $\left[\dfrac{3}{2}\pi \right]$

Equazioni a variabili separabili
▶ Teoria a p. 2033

Riconosci fra le seguenti equazioni differenziali quelle a variabili separabili.

54 **a.** $y' = 2y - 4x$; **b.** $xy' = 6x + y$; **c.** $e^x y' - x = xy$.

55 **a.** $y' = e^{x-y}$; **b.** $y' = \sin x - \cos y$; **c.** $y = 2y'(x - 1) + \dfrac{4}{y}$.

56 **TEST** Quale delle seguenti equazioni differenziali *non* è a variabili separabili?

  A $3y^2 \cdot y' = 2x + 1$ **C** $y' + xy - 2x^2 = 0$ **E** $\dfrac{y'}{x^3} = 1 + y^2$

  B $\sqrt{x} \cdot y \cdot y' + \dfrac{3}{x} = 0$ **D** $y' = \dfrac{y^2}{1 + x^2}$

57 **ESERCIZIO GUIDA** Risolviamo l'equazione differenziale $y' = 4x(y - 3)$.

L'equazione è a variabili separabili, perché è del tipo $y' = g(x) \cdot h(y)$.

Sostituiamo $y' = \dfrac{dy}{dx}$: $\dfrac{dy}{dx} = 4x(y - 3) \rightarrow dy = 4x(y - 3)dx$.

- $y \neq 3$: $dy = 4x(y-3)dx \underset{\text{dividiamo per } y-3}{\rightarrow} \dfrac{dy}{y-3} = 4x\,dx \underset{\substack{\text{integriamo entrambi}\\\text{i membri}}}{\rightarrow} \int \dfrac{1}{y-3}dy = \int 4x\,dx \rightarrow$

$$\ln|y - 3| = 2x^2 + c \rightarrow |y - 3| = e^{2x^2 + c} \rightarrow y = \pm e^{2x^2 + c} + 3.$$

- $y = 3$: $y' = 0$. $y = 3$ è una soluzione dell'equazione. ▶

Capitolo 31. Equazioni differenziali

Le soluzioni trovate sono $y = \pm e^{2x^2+c} + 3 \lor y = 3$.

Poiché $e^{2x^2+c} = e^c \cdot e^{2x^2}$, poniamo $k = \pm e^c$ e scriviamo le soluzioni nella forma $y = ke^{2x^2} + 3$; per $k = 0$ si ottiene la soluzione $y = 3$.

Pertanto, le soluzioni ammissibili hanno la forma $y = ke^{2x^2} + 3$, con $k \in \mathbb{R}$.

Risolvi le seguenti equazioni differenziali a variabili separabili.

58 $y' = xy$ $\qquad \left[y = ce^{\frac{x^2}{2}} \right]$

59 $\dfrac{y'}{y} = \dfrac{1}{(x-6)^2}$ $\qquad \left[y = ce^{-\frac{1}{x-6}}, c \neq 0 \right]$

60 $y' = -2xy^2$ $\qquad \left[y = \dfrac{1}{x^2+c} \lor y = 0 \right]$

61 $y' = ye^x(1+e^x)$ $\qquad \left[y = ce^{\frac{(1+e^x)^2}{2}} \right]$

62 $2y' = xy + 2y$ $\qquad \left[y = ce^{\frac{x^2}{4}+x} \right]$

63 $y' - 2y^2 = 0$ $\qquad \left[y = -\dfrac{1}{2x+c} \lor y = 0 \right]$

64 $y' = e^{4x-y}$ $\qquad \left[y = \ln\left(\dfrac{1}{4}e^{4x} + c\right) \right]$

65 $\dfrac{y'}{y-3} = 4x^2$ $\qquad \left[y = 3 + ce^{\frac{4}{3}x^3}, c \neq 0 \right]$

66 $y' = \dfrac{1+2x}{x^2+x} y$ $\qquad \left[y = c(x^2 + x) \right]$

67 $yy' = \dfrac{x^2-1}{2x^2}$ $\qquad \left[y = \pm\sqrt{x + \dfrac{1}{x} + c} \right]$

68 $3y^2 y' = x + 1$ $\qquad \left[y = \sqrt[3]{\dfrac{x^2}{2} + x + c} \right]$

69 $yy' - 3x^2 = 2$ $\qquad \left[y = \pm\sqrt{2x^3 + 4x + c} \right]$

70 $\sin x + 3yy' - 2 = 0$ $\qquad \left[y = \pm\sqrt{\dfrac{2}{3}(2x + \cos x) + c} \right]$

71 $\sqrt{x} yy' + \dfrac{1}{x} = 2$ $\qquad \left[y = \pm\sqrt{\dfrac{8x+4}{\sqrt{x}} + c} \right]$

72 $y' = \dfrac{y^3}{1+x^2}$ $\qquad \left[y = \pm\dfrac{1}{\sqrt{c - 2\arctan x}} \lor y = 0 \right]$

73 $\dfrac{y'}{x} = 1 + y^2$ $\qquad \left[y = \tan\left(\dfrac{x^2}{2} + c\right) \right]$

74 $y' = \dfrac{y}{x^2-2x+1}$ $\qquad \left[y = ce^{\frac{-1}{x-1}} \right]$

75 $y' = \dfrac{1}{y\sqrt{1-x^2}}$ $\qquad \left[y = \pm\sqrt{2\arcsin x + c} \right]$

76 $y' + y\tan x = 0$ $\qquad \left[y = c\cos x \right]$

77 $\dfrac{y'}{y} = \dfrac{x+6}{x(x+2)}$ $\qquad \left[y = c\dfrac{x^3}{(x+2)^2}, c \neq 0 \right]$

78 $y' \ln y = y$ $\qquad \left[y = e^{\pm\sqrt{2x+c}} \right]$

79 $5y' = y(y+5)$ $\qquad \left[y = \dfrac{5}{ce^{-x} - 1} \lor y = 0 \right]$

80 $y' = xy^2 - 4xy$ $\qquad \left[y = \dfrac{4}{1 - ce^{-2x^2}} \lor y = 0 \right]$

81 $y' - xy + 4x = 0$ $\qquad \left[y = ce^{\frac{x^2}{2}} + 4 \right]$

82 $yx - x = 2y'$ $\qquad \left[y = 1 + c \cdot e^{\frac{x^2}{4}} \right]$

83 $2yy' - y^2 x - 2x = 0$ $\qquad \left[y = \pm\sqrt{e^{\frac{x^2}{2}+c} - 2} \right]$

84 $3y' - (x-1)y = 0$ $\qquad \left[y = c \cdot e^{\frac{x^2}{6} - \frac{x}{3}} \right]$

85 $y' = \dfrac{y \ln y}{x}$ $\qquad \left[y = e^{cx} \right]$

86 $\sqrt{y+3} - y' = 0$ $\qquad \left[y = -3 + \left(\dfrac{x+c}{2}\right)^2 \lor y = -3 \right]$

87 $y' = e^{-x+y}$ $\qquad \left[y = \ln\dfrac{e^x}{1 + ce^x} \right]$

88 Ricava l'integrale generale dell'equazione differenziale $x^2 y = x^2 - 2y'$ e verifica che la funzione costante $y = 1$ è un integrale particolare dell'equazione stessa.

$$\left[y = 1 + ce^{-\frac{x^3}{6}} \right]$$

89 **RIFLETTI SULLA TEORIA** Una funzione derivabile $y = f(x)$ è tale che la sua derivata prima, moltiplicata per $\sin x$, è uguale al prodotto tra la funzione stessa e $\cos x$. Ricava ogni possibile funzione che soddisfi la condizione richiesta.

$$[y = c\sin x, \text{ con } c \in \mathbb{R}]$$

Paragrafo 2. Equazioni differenziali del primo ordine

90 Determinare la soluzione generale dell'equazione differenziale $y'(x) = \dfrac{e^{3x}}{1+e^{3x}} y(x)$.

(*Università di Firenze, Corso di laurea in Chimica, Prova di Matematica generale*)

$[y(x) = c\sqrt[3]{1+e^{3x}}]$

Cerchiamo un integrale particolare

91 **ESERCIZIO GUIDA** Determiniamo la soluzione $y = f(x)$ dell'equazione $y' - \dfrac{2x-1}{y} = 0$ tale che $f(1) = 1$.

Troviamo l'integrale generale:

$$y' = \dfrac{2x-1}{y} \to \dfrac{dy}{dx} = \dfrac{2x-1}{y} \to y\,dy = (2x-1)\,dx \to \int y\,dy = \int (2x-1)\,dx \to$$

$$\dfrac{y^2}{2} = x^2 - x + c' \to y^2 = 2x^2 - 2x + c \to y = \pm\sqrt{2x^2 - 2x + c}.$$

Poiché la soluzione deve soddisfare la condizione $f(1) = 1$, la y deve essere positiva, quindi consideriamo soltanto: $y = \sqrt{2x^2 - 2x + c}$.

Determiniamo c, ponendo nell'equazione trovata $x = 1$ e $y = 1$:

$$1 = \sqrt{2\cdot 1^2 - 2\cdot 1 + c} \to \sqrt{c} = 1 \to c = 1.$$

La soluzione particolare cercata è: $y = \sqrt{2x^2 - 2x + 1}$.

Determina la soluzione particolare $y = f(x)$ di ognuna delle seguenti equazioni differenziali che soddisfa la condizione data.

92 $yy' - \cos x + \sin x = 0$, $f(\pi) = -2$. $[y = -\sqrt{2\sin x + 2\cos x + 6}]$

93 $e^x y^2 - y' = 0$, $f(0) = -\dfrac{1}{3}$. $\left[y = -\dfrac{1}{e^x + 2}\right]$

94 $y' = \dfrac{1}{2y(x^2+1)}$, $f(1) = 0$. $\left[y = \pm\sqrt{\arctan x - \dfrac{\pi}{4}}\right]$

95 $y' = e^{x-y}$, $f(0) = 0$. $[y = x]$

96 $y' = \dfrac{x\cos x}{3y^2}$, $f(0) = 2$. $[y = \sqrt[3]{\cos x + x\sin x + 7}]$

97 $y' = \dfrac{y^2+1}{x^2}$, $f(-1) = 0$. $\left[y = -\tan\dfrac{x+1}{x}\right]$

98 Determina la soluzione dell'equazione differenziale $\dfrac{y'}{y} = -\tan x$ che assume $y = 8$ come valore massimo.

$[y = 8\cos x]$

99 Trova la funzione costante che verifica l'equazione differenziale $y' = 4y$. $[y = 0]$

100 Scrivi le soluzioni dell'equazione differenziale $y'y = 2$ che ha come dominio $x \geq -\dfrac{1}{2}$.

$[y = \pm\sqrt{4x+2}]$

2047

Capitolo 31. Equazioni differenziali

YOU & MATHS

101 Solve the initial value problem:
$$xy\frac{dy}{dx} = \ln x, \quad y(1) = 2.$$
(CAN *University of New Brunswick*, Final Exam)
$$\left[y = \sqrt{\ln^2 x + 4}\right]$$

102 Find $y(x)$ if $\frac{dy}{dx} = y + 2xy$ and $y(0) = 3$.
(CAN *University of New Brunswick*, Final Exam)
$$\left[y = 3e^{x+x^2}\right]$$

Risolvi i problemi di Cauchy, con $y = f(x)$.

103 $\begin{cases} y' = \left(\dfrac{y}{\cos x}\right)^2 \\ f(0) = -1 \end{cases}$ $\left[y = -\dfrac{1}{\tan x + 1}\right]$

104 $\begin{cases} y'y = xe^{-y^2} \\ f(0) = 1 \end{cases}$ $\left[y = \sqrt{\ln(x^2 + e)}\right]$

105 Sia $y = f(x)$ soluzione del seguente problema di Cauchy:
$$\begin{cases} y' - x\sqrt{y} = 0 \\ f(0) = 1 \end{cases}.$$
Quanto vale $f(1)$? $\left[\dfrac{25}{16}\right]$

TEST

106 Sia $y = f(x)$ soluzione del problema di Cauchy
$$\begin{cases} e^y \cdot y' = \dfrac{2(x-1)}{5} \\ f(4) = 0 \end{cases}.$$
Allora il dominio di f è:

A $-3 < x < 1$.
B $x < -3 \lor x > 1$.
C $x < -1 \lor x > 3$.
D $\mathbb{R}$.
E $-1 < x < 3$.

107 Sia $y = f(x)$ soluzione del problema di Cauchy
$$\begin{cases} y' = \dfrac{2x}{\sin y} \\ f(0) = \dfrac{\pi}{2} \end{cases}.$$
Allora f è definita per:

A $x \le 1$.
B $x \ne 0$.
C nessun x reale.
D ogni x reale.
E $-1 \le x \le 1$.

108 Sia $y = f(x)$ un integrale particolare dell'equazione differenziale $x^2 y' = y^2 - 2x^2 y^2$ tale che $f(1) = \dfrac{1}{3}$.
Senza risolvere l'equazione differenziale, ricava l'equazione della retta tangente al grafico di $y(x)$ nel suo punto di ascissa 1. $\left[y = -\dfrac{x}{9} + \dfrac{4}{9}\right]$

Problemi REALTÀ E MODELLI

109 **La forza d'interesse!** I regimi finanziari possono essere descritti analizzando come cresce nel tempo il capitale investito. Per studiare questo andamento si considera l'«intensità istantanea d'interesse», o «forza d'interesse», $\delta(t) = \dfrac{f'(t)}{f(t)}$. La forza d'interesse $\delta(t)$ dipende dalla legge di capitalizzazione utilizzata nell'investimento, in particolare dal «fattore di montante» $f(t)$ associato alla legge. Un capitale C in un tempo t dà origine a una somma, il montante, pari a $C \cdot f(t)$.

Se la forza d'interesse è $\delta(t) = \dfrac{3t^2}{2 + t^3}$:

a. determina il fattore di montante $f(t)$, sapendo che $f(0) = 1$ e $f(t) > 0 \; \forall \, t \ge 0$;
b. calcola il montante ottenuto dopo 3 anni da un capitale C di 500 euro.

$\left[\text{a) } f(t) = 1 + \dfrac{1}{2}t^3; \text{ b) } € \, 7250\right]$

Paragrafo 2. Equazioni differenziali del primo ordine

RISOLVIAMO UN PROBLEMA

■ Pinza rovente

Alla fine di una grigliata con gli amici Marco dimentica sulle braci ancora calde una pinza di metallo, che raggiunge in breve una temperatura di 80 °C. Per raffreddarla, immerge la pinza in un contenitore pieno d'acqua a 25 °C. Supponendo che la temperatura dell'acqua resti costante, la diminuzione della temperatura x della pinza (espressa in gradi centigradi) in funzione del tempo t (espresso in minuti) è descritta dalla seguente equazione differenziale:

$$\frac{dx}{dt} = k(x - 25),$$

con k parametro reale (misurato in $\min^{-1}$).
- Determina la soluzione generale $x = f(t)$ dell'equazione differenziale.
- Trova la soluzione che soddisfa la condizione iniziale $f(0) = 80$ °C.
- Calcola il valore del parametro k sapendo che, 4 minuti dopo la sua immersione in acqua, la pinza ha raggiunto una temperatura di 65 °C.
- Determina la temperatura della pinza quando sono trascorsi 24 minuti dalla sua immersione in acqua.

▶ **Troviamo la soluzione generale.**

Applichiamo al metodo di separazione delle variabili:

$$\frac{dx}{dt} = k(x-25) \to \frac{dx}{x-25} = k\,dt \to \int \frac{dx}{x-25} = \int k\,dt \to \ln|x-25| = kt + c \to \ln(x-25) = kt + c,$$

con c costante reale e $x > 25$ °C.

Esplicitiamo la variabile x in funzione del tempo:

$$\ln(x-25) = kt + c \to x - 25 = e^{kt+c} \to x - 25 = e^{kt} \cdot e^c \to x = 25 + a \cdot e^{kt}, \text{ con } a > 0.$$

▶ **Cerchiamo la soluzione particolare.**

Imponiamo la condizione iniziale:

$$f(0) = 25 + a = 80 \to a = 55 \text{ °C}.$$

Quindi la soluzione cercata è:

$$x = 25 + 55 \cdot e^{kt}.$$

▶ **Determiniamo il valore del parametro k.**

Imponiamo le condizioni per trovare il parametro k:

$$f(4) = 25 + 55 \cdot e^{4k} = 65 \to e^{4k} = \frac{8}{11} \to 4k = \ln \frac{8}{11} \to k = \frac{1}{4} \ln \frac{8}{11} \simeq -0{,}08.$$

k vale dunque circa $-0{,}08 \min^{-1}$.

▶ **Troviamo cosa succede dopo 24 minuti.**

Per determinare la temperatura della pinza dopo 24 minuti di immersione, basta valutare $f(t)$ per $t = 24$:

$$f(24) = 25 + 55 \cdot e^{24 \cdot \left(\frac{1}{4}\ln\frac{8}{11}\right)} = 25 + 55 \cdot e^{6\ln\frac{8}{11}} = 25 + 55 \cdot e^{\ln\left(\frac{8}{11}\right)^6} = 25 + 55 \cdot \left(\frac{8}{11}\right)^6 \simeq 33.$$

La temperatura della pinza è circa 33 °C.

Capitolo 31. Equazioni differenziali

IN FISICA

110 **In espansione** Marco ha verificato sperimentalmente che la velocità con cui aumenta il volume di un gas in espansione è inversamente proporzionale al volume stesso. Come può determinare il volume in funzione del tempo, sapendo che all'istante $t = 0$ esso misura 50 cm³? $\left[V = \sqrt{2kt + 2500}\right]$

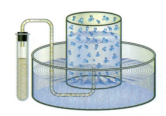

111 **Presto sarà vuoto** Martina ha notato la presenza di un foro sul fondo di un recipiente cilindrico pieno d'acqua e vuole sapere quanto tempo occorre perché esso si svuoti del tutto. Esprime la variazione del volume del liquido in due modi: dette S_1 e S_2, rispettivamente, l'area di base del recipiente e l'area del foro, h l'altezza del liquido nel recipiente e g l'accelerazione di gravità, ottiene le relazioni

$$dV = S_1 dh \quad \text{e} \quad dV = -S_2\sqrt{2gh}\, dt.$$

a. Determina come varia h in funzione del tempo t risolvendo l'equazione differenziale che si ottiene uguagliando le due espressioni di dV, supponendo che il diametro di base del contenitore sia di 0,4 m, il raggio del foro di 6 mm e il livello h_0 del liquido all'istante $t = 0$ sia pari a 1 m.

b. Quanto tempo occorre affinché il recipiente si svuoti completamente?

$$\left[\text{a)}\ h = \left(1 - \frac{9}{4}\sqrt{4,9}\cdot 10^{-4} t\right)^2;\ \text{b)} \simeq 33\ \text{min}\ 27\ \text{s}\right]$$

112 **Come neve al sole** Quando una palla di neve si scioglie, il suo raggio diminuisce con una velocità proporzionale alla superficie della palla.

a. Scrivi l'equazione differenziale che governa il fenomeno.

b. Sapendo che all'inizio la palla ha un raggio di 6 cm e che dopo 6 minuti il raggio è di 4 cm, determina la funzione che descrive il variare del raggio nel tempo t calcolato in minuti.

c. Quanto tempo ci vuole affinché la palla dimezzi il suo volume?

$$\left[\text{a)}\ r'(t) = kr^2(t);\ \text{b)}\ r = \frac{72}{t+12};\ \text{c)} \simeq 3\ \text{min}\right]$$

Equazioni lineari del primo ordine

▶ Teoria a p. 2034

113 **TEST** Quale fra le seguenti equazioni differenziali *non* è lineare del primo ordine?

A $xy' + 2y - x = 0$

B $y' + \dfrac{y}{x^2 + 1} = 1 - \sqrt{x}$

C $y' + 2xy = e^{-x}$

D $y' + 3x^2 y^2 = x^2$

E $y' + y\cos x = \cos x$

114 Riconosci fra le seguenti equazioni differenziali quelle lineari del primo ordine.

a. $y' + xy - 4 = 0$;
b. $y' + x^2 = y$;
c. $y' + x = y^2$;
d. $y'x^2 + xy + 2 = 0$;
e. $yx^2 + (y')^2 = 1$;
f. $2x^3 + x^2 y' + xy = 0$;
g. $y' + xy^2 - y = 0$.

115 **ESERCIZIO GUIDA** Risolviamo l'equazione differenziale $y' + 2xy - 2x = 0$.

Osserviamo che l'equazione è lineare, perché possiamo scriverla nella forma $y' = a(x)\cdot y + b(x)$:

$y' = -2xy + 2x.$

2050

Deduciamo che $a(x) = -2x$ e $b(x) = 2x$.

Utilizziamo la formula risolutiva $y = e^{\int a(x)dx} \cdot \left[\int b(x) e^{-\int a(x)dx} dx + c\right]$ in cui:

$$\int a(x)dx = \int -2x\, dx = -x^2; \quad e^{\int a(x)dx} = e^{-x^2}; \quad e^{-\int a(x)dx} = e^{x^2}; \quad \int b(x) e^{-\int a(x)dx} dx = \int 2xe^{x^2} dx = e^{x^2}.$$

Sostituiamo nella formula e otteniamo le soluzioni dell'equazione:

$$y = e^{-x^2} \cdot (e^{x^2} + c) = 1 + \frac{c}{e^{x^2}} \;\rightarrow\; y = 1 + \frac{c}{e^{x^2}} = 1 + ce^{-x^2}.$$

Risolvi le seguenti equazioni differenziali lineari del primo ordine.

116 $y' + 3y - 1 = 0$ $\qquad \left[y = \dfrac{1}{3} + \dfrac{c}{e^{3x}}\right]$

117 $y' + 2y - x = 0$ $\qquad \left[y = \dfrac{1}{2}\left(x - \dfrac{1}{2}\right) + \dfrac{c}{e^{2x}}\right]$

118 $y' - y = 2x$ $\qquad [y = ce^x - 2(x+1)]$

119 $y' + \dfrac{y}{x} = 7x\sqrt{x}$ $\qquad \left[y = 2x^2\sqrt{x} + \dfrac{c}{x}\right]$

120 $y' + xy - x = 0$ $\qquad \left[y = 1 + \dfrac{c}{e^{\frac{x^2}{2}}}\right]$

121 $y' + 3x^2 y = x^2$ $\qquad \left[y = \dfrac{1}{3} + \dfrac{c}{e^{x^3}}\right]$

122 $y' + y = e^{-x}$ $\qquad \left[y = \dfrac{x+c}{e^x}\right]$

123 $xy' + y = x\ln x$ $\qquad \left[y = \dfrac{x}{2}\left(\ln x - \dfrac{1}{2}\right) + \dfrac{c}{x}\right]$

124 $y' + y\cos x = \cos x$ $\qquad \left[y = 1 + \dfrac{c}{e^{\sin x}}\right]$

125 $y' - e^{x^2} = 2xy$ $\qquad [y = e^{x^2}(x+c)]$

126 $y' - y\tan x = x$ $\qquad \left[y = x\tan x + 1 + \dfrac{c}{\cos x}\right]$

127 $y' + 2xy = x^3$ $\qquad \left[y = \dfrac{1}{2}(x^2 - 1) + \dfrac{c}{e^{x^2}}\right]$

128 $xy' + y = x$ $\qquad \left[y = \dfrac{x^2 + c}{2x}\right]$

---

129 Risolvi il seguente problema di Cauchy, con $y = f(x)$: $\begin{cases} y' - \dfrac{y}{x} = \ln x \\ f(1) = 1 \end{cases}$. $\quad \left[y = \dfrac{1}{2}x\ln^2 x + x\right]$

130 Se $y = f(x)$ è la soluzione del problema di Cauchy: $\begin{cases} y' + (\sin x)(y - 1) = 0 \\ f(0) = 1 + e \end{cases}$, quanto vale $f(\pi)$?

$\left[1 + \dfrac{1}{e}\right]$

---

131 **REALTÀ E MODELLI** **L'isola delle vacanze** Su un'isola del Mediterraneo vivono stabilmente 5000 persone, che possono arrivare fino a 50 000 nel periodo estivo. Dal 1° giugno l'andamento del numero di abitanti al giorno t è descritto dalla relazione $N'(t) = k[50\,000 - N(t)]$.

a. Calcola il valore di k, approssimato alla seconda cifra decimale, se dopo 20 giorni sull'isola vivono 25 000 persone.

b. Calcola il numero medio di presenze nei primi 30 giorni usando il valore approssimato di k. $\qquad$ [a) $k \simeq 0{,}03$; b) 20 328]

MATEMATICA AL COMPUTER

Equazioni differenziali Data l'equazione differenziale

$$y' - \frac{2}{x} y = \frac{1}{x^2},$$

determiniamo con Wiris, fra le curve integrali che soddisfano l'equazione, quella che ammette un flesso nel punto di ascissa 1. Verifichiamo il risultato ottenuto e tracciamo il grafico della funzione.

Risoluzione – 5 esercizi in più

Capitolo 31. Equazioni differenziali

Riepilogo: Equazioni differenziali del primo ordine

TEST

132 Se $y = y(x)$ è la soluzione del problema $\begin{cases} y' = xy \\ y(0) = 1 \end{cases}$, allora $y(1) =$

    A $\sqrt{e}$.   **B** $\dfrac{1}{\sqrt{e}}$.   **C** e^2.   **D** e^{-2}.

(Università di Trento, Facoltà di Ingegneria, Test di analisi)

133 Le soluzioni di $2xy \dfrac{dy}{dx} = 1 + y^2$ sono date da:

    A $3y^2 = cx(3 + y^3)$.   **C** $1 + y^2 = cx^2$.   **E** nessuna delle precedenti.

    B $1 + y^2 = cx$.   **D** $3y^2 = cx(3 + x^3)$.

Risolvi le seguenti equazioni differenziali.

134 $y' + x = e^x - 1$ $\left[y = e^x - \dfrac{x^2}{2} - x + c \right]$ **137** $\dfrac{y'}{2y} = x + 1$ $\left[y = ce^{x^2 + 2x}, c \neq 0 \right]$

135 $x^3 y' - 2x - 1 = 0$ $\left[y = -\dfrac{1}{2x^2} - \dfrac{2}{x} + c \right]$ **138** $y' + \dfrac{y}{x} = \dfrac{1}{x^3 + x}$ $\left[y = \dfrac{\arctan x + c}{x} \right]$

136 $y' + \dfrac{2xy}{x^2 + 2} - 4x = 0$ $\left[y = \dfrac{x^4 + 4x^2 + c}{x^2 + 2} \right]$ **139** $y' \cos^2 x = y \ln y,$ $\left[y = e^{e^{\tan x}} \right]$

Determina la soluzione particolare $y = f(x)$ di ognuna delle seguenti equazioni differenziali che verifica la condizione data.

140 $y' + y - 3x = 0,$ $f(1) = 1.$ $\left[y = 3x - 3 + e^{1-x} \right]$

141 $y' + \dfrac{y}{x} = 1,$ $f(1) = 0.$ $\left[y = \dfrac{x^2 - 1}{2x} \right]$

142 $y' + xy - 2x = 0,$ $f(0) = -1.$ $\left[y = 2 - 3e^{-\frac{x^2}{2}} \right]$

143 $y' - \dfrac{y}{x} = 2x,$ $f(-1) = -1.$ $\left[y = 2x^2 + 3x \right]$

144 $y' - 2xy = e^{x^2},$ $f(0) = 2.$ $\left[y = (x + 2)e^{x^2} \right]$

145 $xy' = y + 1,$ $f(1) = 1.$ $\left[y = 2x - 1 \right]$

146 $y' - y \tan x = 1,$ $f(\pi) = 0.$ $\left[y = \tan x \right]$

147 $y' - y = 2y^2,$ $f(0) = 1.$ $\left[y = \dfrac{1}{3e^{-x} - 2} \right]$

---

148 Data l'equazione differenziale

$$y'(x) = y(x) + \sin x,$$

determinare la soluzione generale e la soluzione che soddisfa la condizione iniziale $y(0) = 1$.

(Università di Firenze, Corso di laurea in Chimica, Prova di Matematica generale)

$$\left[y = ce^x - \dfrac{1}{2}(\sin x + \cos x); c = \dfrac{3}{2} \right]$$

149 Risolvere il problema di Cauchy:

$$\begin{cases} x'(t) = \dfrac{t-1}{t} x(t) + 1 \\ x(-3) = -4 \end{cases}.$$

(Università di Torino, Facoltà di Ingegneria, Test di Analisi)

$$\left[x = -\dfrac{1}{t} e^t [(1 + t)e^{-t} - 10e^3] \right]$$

2052

Riepilogo: Equazioni differenziali del primo ordine

150 EUREKA! Supponi che y sia una funzione di x che soddisfa $\dfrac{dy}{dx} = \dfrac{\sqrt{1-y^2}}{x^2}$ e $y = 0$ in $x = \dfrac{2}{\pi}$.

Qual è il valore di y in $x = \dfrac{3}{\pi}$?

(USA *Youngstown State University, Calculus Competition*)

$\left[\dfrac{1}{2}\right]$

151 Per quale valore di $a \in \mathbb{R}$ il seguente problema di Cauchy

$$\begin{cases} y' + 4y = e^{-x} \\ f(0) = a \end{cases}$$

ha una soluzione $y = f(x)$ tale che $f'(0) = 0$?

$\left[a = \dfrac{1}{4}\right]$

Risolvi le seguenti equazioni differenziali e rappresenta le curve integrali assegnando alla costante il valore scritto a fianco.

152 $x^2 y' - x^2 - 1 = 0$, $c = 1$. $\left[y = x - \dfrac{1}{x} + 1\right]$

153 $y' = \dfrac{x+1}{y}$, con $y > 0$, $c = 0$. $\left[y = \sqrt{x^2 + 2x}\right]$

Determina la soluzione particolare dell'equazione differenziale il cui grafico passa per il punto dato.

154 $y' = \dfrac{2xy}{x^2 - 1}$, $A(0; 2)$. $[y = -2x^2 + 2]$

155 $\dfrac{y'}{x+1} + 2y^2 = 0$, $B(0; 1)$. $\left[y = \dfrac{1}{(x+1)^2}\right]$

156 $y'y = x + 3$, $P(1; 3)$. $\left[y = \sqrt{x^2 + 6x + 2}\right]$

157 $2xy' = y(y - 4)$, $A\left(1; \dfrac{16}{3}\right)$. $\left[y = \dfrac{16}{4 - x^2}\right]$

158 Determina e rappresenta la soluzione particolare dell'equazione differenziale $y' + y = -x^2$ che ha un massimo nel punto di ascissa $x = 1$.
$[y = -x^2 + 2x - 2]$

159 Traccia il grafico della funzione che ha un massimo nel punto di ascissa $x = 0$ ed è soluzione dell'equazione differenziale $y' + y = e^{-x}$.
$[y = (x + 1)e^{-x}]$

160 Rappresenta la funzione che è soluzione dell'equazione differenziale $y' - \dfrac{y}{x} = 2x^2$ e il cui grafico ha per tangente nel punto di ascissa $x = 1$ la retta di equazione $y = 2x - 2$.
$[y = x^3 - x]$

161 Rappresenta il grafico della funzione che ha un massimo nel punto di ascissa $x = -2$ ed è soluzione dell'equazione differenziale $xy' - y = x^3$.
$\left[y = \dfrac{x^3}{2} - 6x\right]$

162 Verifica che tutte le curve integrali dell'equazione $y'(x^2 - x - 6) = 5y$ passano per uno stesso punto. Quali sono le sue coordinate?
$[(3; 0)]$

163 **Sapore di sale** Una cisterna contiene 10 000 L d'acqua con 50 kg di sale disciolto. Al tempo $t = 0$ si inizia a versare nella cisterna acqua pura con una portata costante di 120 L/min. Il liquido nella cisterna viene mescolato continuamente. Contemporaneamente, dal fondo della cisterna viene fatto defluire il liquido con una portata di 120 L/min. Chiama $d(t)$ la concentrazione del sale (espressa in kg/L) presente nella cisterna al minuto t.

a. Com'è legata la velocità $v(t)$ con cui varia la quantità di sale nella cisterna alla concentrazione $d(t)$?
b. Scrivi, sotto forma di integrale, la quantità $Q(t)$ di sale che è fuoriuscita dalla cisterna dopo t minuti.
c. Scrivi un'equazione differenziale che caratterizzi la concentrazione $d(t)$ e risolvila con i dati iniziali.
d. Trova in quanto tempo la concentrazione del sale si dimezza rispetto all'inizio.

$\left[\text{a) } v(t) = 120 d(t);\ \text{b) } Q(t) = \int_0^t 120 d(\tau) d\tau;\ \text{c) } d(t) = \dfrac{1}{200} e^{-0,012t};\ \text{d) } \simeq 58 \text{ min}\right]$

Capitolo 31. Equazioni differenziali

RISOLVIAMO UN PROBLEMA

■ Sempre più dolce

In un esperimento di chimica si versa in un contenitore cilindrico contenente 30 litri di acqua, attraverso un foro, una soluzione zuccherata al 20% (in ogni litro di soluzione sono disciolti 200 g di zucchero). La portata con cui si versa è di 1,5 litri/min. La miscela così ottenuta, mantenuta uniforme mescolando per tutta la durata dell'esperimento, esce da un secondo foro posto all'estremità inferiore del contenitore, con la stessa portata con cui viene versata la soluzione zuccherata.

- Scrivi l'equazione differenziale che descrive l'andamento della massa di zucchero disciolta nel contenitore in funzione del tempo t, misurato in minuti.
- Risolvila, tenendo conto delle condizioni iniziali.
- Determina la quantità di zucchero nel recipiente dopo 5 minuti.

▶ **Scriviamo la massa di zucchero che entra ed esce.**

La quantità di zucchero che entra in ciascun minuto è:

$0,20 \text{ kg/L} \cdot 1,5 \text{ L/min} = 0,30 \text{ kg/min}$.

La quantità che esce è proporzionale alla massa m dello zucchero all'istante t, con costante di proporzionalità:

$k = 1,5 \text{ L/min} \cdot \dfrac{1}{30 \text{ L}} = 0,05 \text{ min}^{-1}$.

▶ **Ricaviamo l'equazione differenziale che descrive la variazione della massa m nel tempo.**

La variazione della massa di zucchero nell'unità di tempo è data dalla quantità fissa che entra diminuita della quantità che esce:

$m' = 0,30 - 0,05 m$.

▶ **Risolviamo l'equazione.**

È un'equazione lineare del tipo $m' = a(t)m + b(t)$, con $a(t) = -0,05$ e $b(t) = 0,30$.

Applichiamo la formula risolutiva per il calcolo dell'integrale generale:

$m(t) = e^{\int a(t)dt} \cdot \left[\int b(t) e^{-\int a(t)dt} dt + c \right]$

$m(t) = e^{-0,05 \int dt} \cdot \left[0,30 \int e^{0,05 \int dt} dt + c \right]$

$m(t) = e^{-0,05t} \cdot \left[0,30 \int e^{0,05t} dt + c \right]$

$m(t) = e^{-0,05t} \cdot \left[\dfrac{0,30}{0,05} e^{0,05t} + c \right] = 6 + c \cdot e^{-0,05t}$.

▶ **Determiniamo la soluzione particolare.**

Per determinare la costante c basta osservare che all'istante iniziale ($t = 0$) è $m(0) = 0$, da cui:

$0 = 6 + c \cdot e^{-0,05 \cdot 0} \rightarrow c = -6 \rightarrow$

$m(t) = 6 - 6 \cdot e^{-0,05t}$.

▶ **Calcoliamo la quantità di zucchero dopo 5 minuti.**

Dopo $t = 5$ minuti nel recipiente sono contenuti:

$m(5) = 6 - 6 \cdot e^{-0,05 \cdot 5} \simeq 1,3$ kg di zucchero.

MATEMATICA E STORIA

Matematici illustri per equazioni speciali Un'equazione differenziale del tipo

$y' = a(x) \cdot y^2 + b(x) \cdot y + c(x)$,

con $a(x)$, $b(x)$ e $c(x)$ funzioni continue, è chiamata **equazione di Riccati**, dal nome del matematico italiano Jacopo Riccati (1676-1754). Considera in particolare l'equazione:

$y' = \left(\dfrac{3}{4} - y - y^2 \right) \cos x$.

a. Mostra che, ponendo $y = \dfrac{1}{2} + \dfrac{1}{z}$, si ottiene l'equazione $z' - 2z \cos x = \cos x$.

b. Risolvi questa equazione lineare del primo ordine, quindi ricava la soluzione $y(x)$ dell'equazione di partenza.

☐ Risoluzione – Esercizio in più

Allenati con **15 esercizi interattivi** con feedback "hai sbagliato, perché..."

su.zanichelli.it/tutor3   risorsa riservata a chi ha acquistato l'edizione con tutor

Paragrafo 3. Equazioni differenziali del secondo ordine

3 Equazioni differenziali del secondo ordine

▶ Teoria a p. 2036

164 Fra le seguenti equazioni differenziali del secondo ordine, riconosci quelle lineari, omogenee e con i coefficienti costanti.

a. $y'' + y' - xy = 0$;
b. $y'' + 2y = y'$;
c. $y' + 2x = y'' + y$;
d. $2y' + y'' = y^3$;
e. $y'' + y + 2y' = 0$;
f. $y' + y'' = 2y' - y$;
g. $1 - y' + y - y'' = 0$;
h. $y' + xy - y'' = 0$.

165 **ASSOCIA** ogni equazione differenziale alla sua equazione caratteristica.

a. $y'' + 3y' = 0$
b. $y'' + 3y = 0$
c. $y'' + y' + 3y = 0$
d. $3y'' + y = 0$

1. $z^2 + 3z = 0$
2. $3z^2 + 1 = 0$
3. $z^2 + 3 = 0$
4. $z^2 + z + 3 = 0$

Il caso $\Delta > 0$

166 **ESERCIZIO GUIDA** Risolviamo l'equazione differenziale $y'' - 2y' - 3y = 0$.

> $\Delta > 0$: l'integrale generale di $y'' + by' + cy = 0$ è
> $y = c_1 e^{z_1 x} + c_2 e^{z_2 x}$, con z_1 e z_2 soluzioni di $z^2 + bz + c = 0$

L'equazione caratteristica dell'equazione differenziale è:

$$z^2 - 2z - 3 = 0 \quad \rightarrow \quad \frac{\Delta}{4} = 4 > 0 \quad \rightarrow \quad \text{soluzioni reali distinte: } z_1 = -1, z_2 = 3.$$

Le soluzioni dell'equazione iniziale sono:

$y = c_1 \cdot e^{-x} + c_2 \cdot e^{3x}$.

Risolvi le seguenti equazioni differenziali.

167 $y'' - 6y' + 5y = 0$ $\quad [y = c_1 \cdot e^x + c_2 \cdot e^{5x}]$

168 $y'' - 4y = 0$ $\quad [y = c_1 \cdot e^{-2x} + c_2 \cdot e^{2x}]$

169 $y'' - 25y = 0$ $\quad [y = c_1 \cdot e^{-5x} + c_2 \cdot e^{5x}]$

170 $2y'' + 3y' - 2y = 0$ $\quad [y = c_1 \cdot e^{-2x} + c_2 \cdot e^{\frac{x}{2}}]$

171 $y'' - 6y' = 0$ $\quad [y = c_1 + c_2 \cdot e^{6x}]$

172 $6y'' + y' - y = 0$ $\quad [y = c_1 \cdot e^{\frac{x}{3}} + c_2 \cdot e^{-\frac{x}{2}}]$

173 $y'' + 8y' = 0$ $\quad [y = c_1 + c_2 \cdot e^{-8x}]$

174 $y'' - 2y' - 8y = 0$ $\quad [y = c_1 \cdot e^{-2x} + c_2 \cdot e^{4x}]$

Il caso $\Delta = 0$

175 **ESERCIZIO GUIDA** Risolviamo l'equazione differenziale $y'' + 4y' + 4y = 0$.

> $\Delta = 0$: l'integrale generale di $y'' + by' + cy = 0$ è
> $y = (c_1 + c_2 x) e^{z_1 x}$, con z_1 soluzione doppia di $z^2 + bz + c = 0$

L'equazione caratteristica dell'equazione differenziale è:

$$z^2 + 4z + 4 = 0 \quad \rightarrow \quad \frac{\Delta}{4} = 0 \quad \rightarrow \quad \text{soluzioni reali coincidenti: } z_1 = z_2 = -2.$$

Le soluzioni dell'equazione iniziale sono:

$y = e^{-2x}(c_1 + c_2 x)$.

Risolvi le seguenti equazioni differenziali.

176 $y'' - 4y' + 4y = 0$ $\quad [y = e^{2x}(c_1 + c_2 x)]$

177 $y'' + 6y' + 9y = 0$ $\quad [y = e^{-3x}(c_1 + c_2 x)]$

178 $y'' + 8y' + 16y = 0$ $\quad [y = e^{-4x}(c_1 + c_2 x)]$

179 $25y'' - 20y' + 4y = 0$ $\quad [y = e^{\frac{2}{5}x}(c_1 + c_2 x)]$

180 $24y' - 9y = 16y''$ $\quad [y = e^{\frac{3}{4}x}(c_1 + c_2 x)]$

181 $4y'' - 4y' + y = 0$ $\quad [y = e^{\frac{x}{2}}(c_1 + c_2 x)]$

2055

Capitolo 31. Equazioni differenziali

Il caso $\Delta < 0$

182 **ESERCIZIO GUIDA** Risolviamo l'equazione differenziale
$$y'' - 2y' + 5y = 0.$$

> $\Delta < 0$: l'integrale generale di $y'' + by' + cy = 0$ è $y = e^{\alpha x}(c_1 \cdot \cos \beta x + c_2 \cdot \sin \beta x)$, con $z_{1,2} = \alpha \pm i\beta$ soluzioni di $z^2 + bz + c = 0$

L'equazione caratteristica dell'equazione differenziale è:
$$z^2 - 2z + 5 = 0 \quad \to \quad \frac{\Delta}{4} = -4 \quad \to \quad \text{soluzioni complesse coniugate: } z_{1,2} = 1 \pm 2i.$$

Poiché $\alpha = 1$ e $\beta = 2$, le soluzioni dell'equazione iniziale sono:
$$y = e^x(c_1 \cdot \cos 2x + c_2 \cdot \sin 2x).$$

Risolvi le seguenti equazioni differenziali.

183 $y'' + 2y' + 2y = 0$ $\quad [y = e^{-x}(c_1 \cdot \cos x + c_2 \cdot \sin x)]$

184 $y'' - 2y' + 10y = 0$ $\quad [y = e^x(c_1 \cdot \cos 3x + c_2 \cdot \sin 3x)]$

185 $y'' - 4y' + 8y = 0$ $\quad [y = e^{2x}(c_1 \cdot \cos 2x + c_2 \cdot \sin 2x)]$

186 $y'' + 16y = 0$ $\quad [y = c_1 \cdot \cos 4x + c_2 \cdot \sin 4x]$

187 $y'' + 25y = 0$ $\quad [y = c_1 \cdot \cos 5x + c_2 \cdot \sin 5x]$

188 $y'' + 2y' + 5y = 0$ $\quad [y = e^{-x}(c_1 \cdot \cos 2x + c_2 \cdot \sin 2x)]$

Equazioni differenziali del tipo $y'' = r(x)$

189 **ESERCIZIO GUIDA** Risolviamo l'equazione differenziale $y'' = 6x + \sin x$.

Poiché nell'equazione differenziale non compaiono né y' né y, procediamo con una doppia integrazione.
Determiniamo la derivata prima della funzione y integrando:
$$y' = \int (6x + \sin x) \, dx = 3x^2 - \cos x + c_1.$$

Determiniamo la funzione y con un'ulteriore integrazione:
$$y = \int (3x^2 - \cos x + c_1) \, dx = x^3 - \sin x + c_1 x + c_2.$$

Risolvi le seguenti equazioni differenziali.

190 $y'' = 1$ $\quad \left[y = \frac{x^2}{2} + c_1 x + c_2\right]$

191 $y'' = 6x + 2$ $\quad [y = x^3 + x^2 + c_1 x + c_2]$

192 $y'' = \sin x + \cos x$ $\quad [y = -\sin x - \cos x + c_1 x + c_2]$

193 $y'' = e^x$ $\quad [y = e^x + c_1 x + c_2]$

194 $y'' = \frac{1}{x}$ $\quad [y = x \ln|x| + c_1 x + c_2]$

195 $y'' = \frac{1}{x^2}$ $\quad [y = -\ln|x| + c_1 x + c_2]$

196 $y'' = 4x - \sin x$ $\quad \left[y = \frac{2}{3}x^3 + \sin x + c_1 x + c_2\right]$

197 $3y'' = 6e^x - x^2$ $\quad \left[y = 2e^x - \frac{x^4}{36} + c_1 x + c_2\right]$

198 $x^4 y'' = x + 1$ $\quad \left[y = \frac{1}{6x^2} + \frac{1}{2x} + c_1 x + c_2\right]$

199 $e^x y'' = x + 1$ $\quad [y = e^{-x}(x + 3) + c_1 x + c_2]$

Paragrafo 3. Equazioni differenziali del secondo ordine

Cerchiamo un integrale particolare

200 **ESERCIZIO GUIDA** Determiniamo la soluzione dell'equazione differenziale $y'' - 2y' - 15y = 0$, che soddisfa le condizioni: $y(0) = 5$, $y'(0) = 9$.

Troviamo tutte le soluzioni dell'equazione differenziale. La sua equazione caratteristica è:

$$z^2 - 2z - 15 = 0 \rightarrow \frac{\Delta}{4} = 16 > 0 \rightarrow \text{soluzioni reali e distinte: } z_1 = -3, z_2 = 5.$$

Le soluzioni dell'equazione data sono: $y = c_1 \cdot e^{-3x} + c_2 \cdot e^{5x}$.
Determiniamo i valori delle costanti c_1 e c_2. Calcoliamo y':

$$y' = c_1 e^{-3x}(-3) + c_2 e^{5x}(5) = -3c_1 e^{-3x} + 5c_2 e^{5x}.$$

Affinché siano soddisfatte le condizioni date, occorre che le uguaglianze trovate siano soddisfatte per $x = 0$, $y = 5$ e $y' = 9$.
Impostiamo un sistema con le due uguaglianze trovate:

$$\begin{cases} y = c_1 \cdot e^{-3x} + c_2 \cdot e^{5x} \\ y' = -3c_1 \cdot e^{-3x} + 5c_2 \cdot e^{5x} \end{cases}.$$

Sostituiamo nel sistema i valori $x = 0$, $y = 5$ e $y' = 9$:

$$\begin{cases} 5 = c_1 \cdot e^0 + c_2 \cdot e^0 \\ 9 = -3c_1 e^0 + 5c_2 e^0 \end{cases} \rightarrow \begin{cases} 5 = c_1 + c_2 \\ 9 = -3c_1 + 5c_2 \end{cases}.$$

Risolviamo il sistema nelle due incognite c_1 e c_2 per sostituzione:

$$\begin{cases} c_1 + c_2 = 5 \\ -3c_1 + 5c_2 = 9 \end{cases} \rightarrow \begin{cases} c_1 = 5 - c_2 \\ -3(5 - c_2) + 5c_2 = 9 \end{cases} \rightarrow \begin{cases} c_1 = 5 - c_2 \\ -15 + 3c_2 + 5c_2 = 9 \end{cases} \rightarrow \begin{cases} c_1 = 5 - c_2 \\ 8c_2 = 9 + 15 \end{cases} \rightarrow \begin{cases} c_1 = 2 \\ c_2 = 3 \end{cases}.$$

La soluzione particolare cercata è: $y = 2e^{-3x} + 3e^{5x}$.

Determina le soluzioni particolari $y = f(x)$ delle seguenti equazioni differenziali che verificano le condizioni poste a fianco di ciascuna.

201 $y'' - 3y' - 4y = 0$, $\qquad f(0) = -1, \quad f'(0) = -9.$ $\qquad [y = e^{-x} - 2e^{4x}]$

202 $y'' - 49y = 0$, $\qquad f(0) = 0, \quad f'(0) = 14.$ $\qquad [y = -e^{-7x} + e^{7x}]$

203 $y'' + y' = 0$, $\qquad f(0) = 2e, \quad f'(0) = -e.$ $\qquad [y = e + e^{1-x}]$

204 $2y'' + 5y' + 2y = 0$, $\qquad f(0) = -2, \quad f'(0) = 4.$ $\qquad [y = -2e^{-2x}]$

205 $y'' - 2y' + y = 0$, $\qquad f(0) = 1, \quad f'(0) = 3.$ $\qquad [y = e^x + 2xe^x]$

206 $y'' = e^x + \sin x$, $\qquad f(0) = 1, \quad f'(0) = 2.$ $\qquad [y = e^x - \sin x + 2x]$

207 $y'' + 10y' + 25y = 0$, $\qquad f(0) = 1, \quad f'(0) = -3.$ $\qquad [y = e^{-5x}(1 + 2x)]$

208 $y'' - 2y' + 2y = 0$, $\qquad f(0) = 1, \quad f'(0) = 2.$ $\qquad [y = e^x(\cos x + \sin x)]$

209 $y'' + 16y = 0$, $\qquad f(\pi) = -3, \quad f'(\pi) = 20.$ $\qquad [y = -3\cos 4x + 5\sin 4x]$

Capitolo 31. Equazioni differenziali

210 Risolvi il seguente problema di Cauchy, con $y = f(x)$:

$$\begin{cases} y'' - 2y' - 3y = 0 \\ f'(0) = 0 \\ f(0) = 4 \end{cases}.$$

$$[y = 3e^{-x} + e^{3x}]$$

211 **RIFLETTI SULLA TEORIA** Sia $y = f(x)$ soluzione del problema di Cauchy

$$\begin{cases} y'' + 4y' - y = 1 \\ f'(0) = 6 \\ f(0) = 3 \end{cases}.$$

Quanto vale $f''(0)$? $\qquad [-20]$

Riepilogo: Equazioni differenziali del secondo ordine

Risolvi le seguenti equazioni differenziali.

212 $y'' + 7y' = 0$ $\qquad [y = c_1 + c_2 \cdot e^{-7x}]$

213 $25y'' + 10y' + y = 0$ $\qquad \left[y = e^{-\frac{x}{5}}(c_1 + c_2 x)\right]$

214 $y'' + 4y = 0$ $\qquad [y = c_1 \cdot \cos 2x + c_2 \cdot \sin 2x]$

215 $y'' + 2y' - 3y = 0$ $\qquad [y = c_1 \cdot e^x + c_2 \cdot e^{-3x}]$

216 $y'' + 9y' - 10y = 0$ $\qquad [y = c_1 \cdot e^x + c_2 \cdot e^{-10x}]$

217 $9y'' + 12y' + 4y = 0$ $\qquad \left[y = e^{-\frac{2}{3}x}(c_1 + c_2 x)\right]$

218 $9y'' - 24y' + 16y = 0$ $\qquad \left[y = e^{\frac{4}{3}x}(c_1 + c_2 x)\right]$

219 $y'' = e^x - \cos x$ $\qquad [y = e^x + \cos x + c_1 x + c_2]$

220 $y'' - 6y' - 7y = 0$ $\qquad [y = c_1 \cdot e^{-x} + c_2 \cdot e^{7x}]$

221 $y'' - 9y = 0$ $\qquad [y = c_1 \cdot e^{-3x} + c_2 \cdot e^{3x}]$

222 $10y'' - 7y' + y = 0$ $\qquad \left[y = c_1 \cdot e^{\frac{x}{5}} + c_2 \cdot e^{\frac{x}{2}}\right]$

223 $y'' + 20y' + 100y = 0$ $\qquad [y = e^{-10x}(c_1 + c_2 x)]$

224 $12y' - 36y - y'' = 0$ $\qquad [y = e^{6x}(c_1 + c_2 x)]$

225 $e^x y'' = e^x + 1$ $\qquad \left[y = e^{-x} + \dfrac{x^2}{2} + c_1 x + c_2\right]$

226 $y'' - 6y' + 10y = 0$ $\qquad [y = e^{3x}(c_1 \cdot \cos x + c_2 \cdot \sin x)]$

227 $y'' + y' - 12y = 6$ $\qquad \left[y = -\dfrac{1}{2} + c_1 e^{-4x} + c_2 e^{3x}\right]$

228 Calcola l'integrale generale dell'equazione differenziale $y'' + 2y' + y = 0$ e successivamente determina e rappresenta la soluzione particolare che ha per tangente nel punto di ascissa $x = 0$ la retta di equazione $y = 2x - 1$. $\qquad [y = (x - 1)e^{-x}]$

229 Calcola l'integrale generale dell'equazione differenziale $y'' + y = 0$ e successivamente determina e rappresenta la soluzione particolare che incontra l'asse x nei punti $x = \dfrac{3}{4}\pi + k\pi$, con $k \in \mathbb{Z}$, e passa per il punto $P(0; 1)$. $\qquad [y = \cos x + \sin x]$

230 **TEST** Il valore della costante A tale che $y = A \sin 3t$ soddisfi $\dfrac{d^2 y}{dt^2} + 2y = 4 \sin 3t$ è:

A $-\dfrac{4}{7}$. $\qquad$ B $\dfrac{4}{7}$. $\qquad$ C 4. $\qquad$ D $\dfrac{3}{4}$. $\qquad$ E nessuno di questi.

(USA *Arkansas Council of Teachers of Mathematics, State Mathematics Contest*)

231 Verifica che la funzione $y(x) = he^{5x} + ke^x + 2xe^{-x}$ è soluzione dell'equazione differenziale

$$y'' - 6y' + 5y = 8(3x - 2)e^{-x}$$

per ogni $h, k \in \mathbb{R}$. Determina poi la soluzione del seguente problema di Cauchy:

$$\begin{cases} y'' - 6y' + 5y = 8(3x - 2)e^{-x} \\ y(0) = 0 \\ y'(0) = 0 \end{cases}.$$

$$\left[h = -\dfrac{1}{2}; k = \dfrac{1}{2}; y(x) = -\dfrac{1}{2}e^{5x} + \dfrac{1}{2}e^x + 2xe^{-x}\right]$$

232 Data la funzione
$$y(x) = (x+k)\ln x,$$
con $x > 0$ e $k \in \mathbb{R}$, ricava il valore di k per il quale $y(x)$ è soluzione dell'equazione differenziale:
$$xy'' + y' - y = 2 - x\ln x.$$
Determina poi $y(e)$ e $y'(1)$.

$[k = 1;\ y(e) = e + 1;\ y'(1) = 2]$

4 Equazioni differenziali e fisica

▶ Teoria a p. 2039

233 **ESERCIZIO GUIDA** In un film di animazione un treno si muove con velocità $v(t) = 3x(t) + 2$, dove x è l'ascissa del suo baricentro ed è funzione del tempo t. Sapendo che la posizione che il baricentro occupa al tempo $t = 0$ è $x_0 = 1$, calcoliamo come varia l'ascissa $x(t)$ del punto al variare del tempo t.

Poiché la velocità è $v(t) = \dfrac{dx}{dt} = x'(t)$, allora l'uguaglianza iniziale diventa:

$$x'(t) = 3x(t) + 2.$$

Conosciamo la posizione iniziale, quindi dobbiamo determinare una soluzione particolare dell'equazione. Risolviamo l'equazione che è un'equazione differenziale lineare del primo ordine:

$$x' = 3x + 2 \quad \rightarrow \quad a(t) = 3 \text{ e } b(t) = 2.$$

Applichiamo la formula risolutiva, scomponendola in varie parti e calcolando alcuni integrali che vi compaiono, ossia calcoliamo:

$$\int a(t)\,dt = \int 3\,dt = 3t; \quad e^{\int a(t)\,dt} = e^{3t}; \quad e^{-\int a(t)\,dt} = e^{-3t};$$

$$\int b(t) e^{-\int a(t)\,dt}\,dt = \int 2e^{-3t}\,dt = -\frac{2}{3}\int(-3e^{-3t})\,dt = -\frac{2}{3}e^{-3t}.$$

L'integrale generale è:

$$x = e^{3t}\left(-\frac{2}{3}e^{-3t} + c\right) = -\frac{2}{3} + ce^{3t}.$$

Determiniamo la costante c imponendo la condizione iniziale, ponendo cioè nell'equazione che abbiamo ottenuto $t = 0$ e $x = 1$:

$$1 = -\frac{2}{3} + ce^0 \quad \rightarrow \quad c - \frac{2}{3} = 1 \quad \rightarrow \quad c = 1 + \frac{2}{3} \quad \rightarrow \quad c = \frac{5}{3}.$$

La legge cercata è perciò: $x(t) = -\dfrac{2}{3} + \dfrac{5}{3}e^{3t} = \dfrac{5e^{3t} - 2}{3}.$

234 In un software di simulazione un'automobile si muove in linea retta con velocità $v(t) = 3 + x(t)$, dove $x(t)$ è l'ascissa del baricentro all'istante t. Sapendo che la posizione iniziale occupata al tempo $t = 0$ dal baricentro è $x_0 = 1$, calcola come varia l'ascissa x al variare del tempo t.

$[x = 4e^t - 3]$

Capitolo 31. Equazioni differenziali

235 Una barca si muove sulla superficie di un lago con velocità $v = 4 - 4x$ (x è l'ascissa del baricentro). La posizione al tempo $t = 0$ è $x_0 = 2$. Determina come varia x al variare di t. $\quad [x = e^{-4t} + 1]$

236 Un palloncino gonfiato con elio si muove verso l'alto a una velocità che varia in funzione del tempo secondo la legge: $v = 3t^2 + 1$. Sapendo che la posizione iniziale al tempo $t = 0$ è $y_0 = 1$, calcola come varia l'ordinata y del palloncino al variare del tempo t.

$$[y = t^3 + t + 1]$$

237 L'accelerazione di uno yo-yo è $a = -4y$, dove y è l'ordinata del punto. La posizione e la velocità dello yo-yo al tempo $t = 0$ sono rispettivamente $y_0 = 4$ e $v_0 = 0$. Trova come varia y al variare di t. $\quad [y = 4\cos 2t]$

238 Il pendolo di un orologio si muove in orizzontale con un'accelerazione $a = -9x$, dove x è l'ascissa del pendolo. Sapendo che la posizione e la velocità del pendolo al tempo $t = 0$ sono rispettivamente $x_0 = 0$ e $v_0 = 12$, calcola come varia x al variare di t. $\quad [x = 4\sin 3t]$

239 Le armature del condensatore di capacità $C = 10^{-4}$ F che è all'interno di un motore elettrico sono inizialmente cariche con una quantità di carica $q_0 = 10^{-2}$ C. Determina il valore della carica q presente sul condensatore al variare del tempo t, se si collegano tra loro le armature del condensatore con un conduttore di resistenza $R = 10$ Ω, ricordando che $\dfrac{q}{C} = -R\dfrac{dq}{dt}$. $\quad \left[q = \dfrac{e^{-10^3 t}}{100}\right]$

240 Un circuito costituito da una resistenza $R = 5$ Ω e da un'induttanza $L = 10$ H disposte in serie viene collegato all'istante $t = 0$ a un generatore di f.e.m. costante pari a $f = 50$ V. Determina l'intensità della corrente al variare del tempo, ricordando che $f - L\dfrac{di}{dt} = Ri$. $\quad \left[i = 10\left(1 - e^{-\frac{t}{2}}\right)\right]$

241 All'interno di un orologio antico una massa $m = 1$ kg oscilla lungo una retta orizzontale a causa di una forza elastica $F = -4x$ dovuta a una molla a cui è agganciata la massa. Sapendo che nell'istante iniziale la massa si trova nella posizione di equilibrio $x = 0$ e ha velocità $v = 2$ m/s e che l'attrito è trascurabile, determina l'equazione oraria del moto.

$$[x = \sin 2t]$$

242 Un attrezzo per la riabilitazione di massa $m = 2$ kg è agganciato a una molla di costante elastica $k = 6$ N/m. L'attrezzo viene sottoposto a una forza che determina un allungamento della molla di 0,2 m e quindi viene rilasciato e inizia a oscillare. Trascurando l'attrito e ipotizzando che la velocità iniziale sia nulla, determina l'equazione oraria del moto (il sistema è appoggiato su un piano orizzontale). $\quad [x = 0{,}2\cos\sqrt{3}\,t]$

243 Un carrello di massa 1 kg, inizialmente fermo, viene trascinato lungo un piano orizzontale da una forza costante di 10 N parallela al piano. A causa dell'attrito, la velocità del carrello (in m/s) varia secondo la legge:

$$x' = 10t - 2tx.$$

    a. Ricava la legge oraria $x(t)$, nell'ipotesi che sia $x(0) = 0$.

    b. Dimostra che il carrello non può percorrere più di 5 metri. $\quad [\text{a) } x(t) = 5 - 5^{-t^2};\ \text{b) } \lim_{t \to +\infty} x(t) = 5]$

Paragrafo 4. Equazioni differenziali e fisica

244 Una valvola termostatica è un dispositivo usato per mantenere costante la temperatura di un dato sistema fisico. Sia $T(t)$ la temperatura (in gradi centigradi) del sistema in funzione del tempo t (in secondi), T_F una temperatura costante assegnata e k un coefficiente costante positivo.

  a. Interpreta dal punto di vista fisico l'equazione differenziale: $T' = -k(T - T_F)$.
  b. Determina la soluzione generale $T(t)$ dell'equazione e verifica che: $\lim_{t \to +\infty} T(t) = T_F$.

$$[\text{b}) \; T(t) = T_F + ce^{-kt}]$$

245 Un pendolo di massa $m = 0{,}5$ kg sta compiendo piccole oscillazioni, cosicché l'arco descritto dal peso può essere approssimato da un tratto rettilineo di ascissa $x(t)$. Il corpo è soggetto alla forza elastica $F_e = -2mx$ e alla forza di attrito dell'aria $F_a = -x'$.

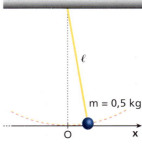

  a. Partendo dalla seconda legge della dinamica $F_e + F_a = mx''$, verifica che l'equazione differenziale che descrive la posizione $x(t)$ della massa del pendolo in un riferimento in cui $x = 0$ è la posizione di equilibrio è:
  $$x'' + 2x' + 2x = 0.$$
  b. Risolvi l'equazione differenziale con le condizioni iniziali $x(0) = 10^{-1}$ m, $x'(0) = 0$ m/s, e rappresenta graficamente la soluzione trovata in un riferimento Otx.

$$[\text{b}) \; x(t) = 10^{-1} e^{-t}(\cos t + \sin t)]$$

246 Se l'atmosfera fosse isoterma, la variazione di pressione seguirebbe la legge $dp = -g \frac{\rho_0}{p_0} p \, dy$, dove ρ_0 e p_0 rappresentano rispettivamente la densità dell'aria e la sua pressione a livello del mare. Determina la legge che esprime la pressione in funzione dell'altezza y dal livello del mare.

$$\left[p = p_0 e^{-g \frac{\rho_0}{p_0} y} \right]$$

247 In un gioco per bambini, una massa $m = 1{,}25$ kg è agganciata a una molla di costante elastica $k = 5$ N/m ed è inizialmente ferma a 0,5 m dalla posizione di equilibrio. La massa viene rilasciata e inizia a oscillare attorno alla posizione di equilibrio. Supponendo la presenza di una forza di attrito di modulo $F_a = 3v$, dove v è la velocità della massa, determina la legge oraria del moto (il sistema è appoggiato su un piano orizzontale).

$$[x = e^{-1{,}2t}[0{,}5 \cos(1{,}6t) + 0{,}375 \sin(1{,}6t)]]$$

248 Un condensatore di capacità C, caricato con una carica q_m, viene collegato a una bobina di resistenza trascurabile e di induttanza L. Calcola come varia, in funzione del tempo, la carica presente sulle armature del condensatore, sapendo che la legge che regola il fenomeno è $L \frac{d^2q}{dt^2} + \frac{q}{C} = 0$ e che all'istante iniziale tutta la carica si trova sulle armature del condensatore e l'intensità della corrente nel circuito è nulla.

$$\left[q = q_m \cos\left(\frac{t}{\sqrt{LC}} \right) \right]$$

249 **EUREKA!** Un cono circolare retto con un'altezza di 12 pollici e un raggio di base di 3 pollici è riempito con acqua e sospeso con il vertice rivolto verso il basso. L'acqua esce da un foro praticato nel vertice con una portata in pollici cubici al secondo numericamente uguale all'altezza dell'acqua nel cono. (Per esempio, quando l'altezza dell'acqua nel cono è di 4 pollici, l'acqua esce a una velocità di 4 pollici cubici al secondo.) Determina il tempo necessario affinché tutta l'acqua esca dal cono.

(USA *Harvard-MIT Mathematics Tournament*)

$$\left[\frac{9\pi}{2} \, \text{s} \right]$$

Capitolo 31. Equazioni differenziali

VERIFICA DELLE COMPETENZE — ALLENAMENTO

UTILIZZARE TECNICHE E PROCEDURE DI CALCOLO

TEST

1 È data l'equazione differenziale:
$$y' + y - 6x^2 - 10x + k = 0.$$
Della funzione $y = 6x^2 - 2x$ possiamo dire che:
- **A** $\forall k \in \mathbb{R}$ *non* è soluzione dell'equazione.
- **B** è l'integrale generale.
- **C** è un integrale particolare se $k = 0$.
- **D** $\forall k \in \mathbb{R}$ è un integrale dell'equazione.
- **E** è un integrale particolare se $k = 2$.

2 Quale delle seguenti funzioni è soluzione di
$$y'' = e^x + e^{-x}?$$
- **A** $e^x - e^{-x} + 3$
- **B** $e^x + \dfrac{1}{e^x} + 2x - 1$
- **C** $e^x + 2x - 1$
- **D** $e^x + \dfrac{1}{e^x} + x^2$
- **E** $2e^x + 2e^{-x}$

VERO O FALSO?

3
- a. Un'equazione differenziale del secondo ordine ha sempre due soluzioni. V F
- b. Esistono infinite funzioni che soddisfano l'equazione $y' = y$. V F
- c. Se due funzioni f e g sono soluzioni della stessa equazione differenziale, allora esiste sempre $k \in \mathbb{R}$ per cui $f(x) = kg(x)$. V F

4
- a. L'equazione $y' = 4e^{3x-y}$ è a variabili separabili. V F
- b. L'equazione $y' = y - 3x$ si risolve separando le variabili. V F
- c. Tutte le soluzioni dell'equazione $\dfrac{y'}{y^2} = -2$ sono funzioni decrescenti. V F
- d. Risolvere l'equazione $y' = x \sin 3x$ equivale a calcolare l'integrale indefinito della funzione $f(x) = x \sin 3x$. V F

Verifica se le funzioni date sono soluzioni delle equazioni differenziali.

5 $y' - 2y = 0$, $y = 4e^{2x}$, $y = e^{2x} + 1$.

6 $y' = 3yx - 6y$, $y = 0$, $y = -e^{3x}$.

7 $yy' = x - 3$, $y = \sqrt{x^2 - 6x}$, $y = x - 3$.

8 $y'' + y'x = (2 + x^2)\cos x$, $y = x \sin x$, $y = x \cos x$.

Risolvi le seguenti equazioni differenziali.

9 $y' - 2x + 4 = 0$ $\qquad [y = x^2 - 4x + c]$

10 $3y' - e^x = 6x$ $\qquad \left[y = x^2 + \dfrac{e^x}{3} + c\right]$

11 $y' = 4x^3 - 1$ $\qquad [y = x^4 - x + c]$

12 $y' = y \cos x$ $\qquad [y = c e^{\sin x}]$

13 $y' = y^2 - xy^2$ $\qquad \left[y = \dfrac{2}{x^2 - 2x + c}\right]$

14 $y'' = 6x - 2e^{2x}$ $\qquad \left[y = x^3 - \dfrac{e^{2x}}{2} + c_1 x + c_2\right]$

15 $y'' - 36y = 0$ $\qquad [y = c_1 e^{6x} + c_2 e^{-6x}]$

16 $y'' + 3y' = 0$ $\qquad [y = c_1 e^{-3x} + c_2]$

17 $y' - 6x^2 y + 12x^2 = 0$ $\qquad [y = 2 + ce^{2x^3}]$

18 $e^x y' - y^2 = 1$ $\qquad [y = \tan(c - e^{-x})]$

19 $y'' + 9y = 0$ $\qquad [y = c_1 \cos 3x + c_2 \sin 3x]$

20 $9y'' - 6y' + y = 0$ $\qquad \left[y = e^{\frac{x}{3}}(c_1 + c_2 x)\right]$

21 $y'' - 10y' + 34y = 0$ $\qquad [y = e^{5x}(c_1 \cos 3x + c_2 \sin 3x)]$

22 $y' = \dfrac{4y}{x} - x^2$ $\qquad [y = x^3 + cx^4]$

---

23 Verifica che sia la funzione $y = \sin(2x) + e^{2x}$ sia la funzione $y = 3\cos(2x) + e^{2x}$ sono integrali dell'equazione differenziale $y'' + 4y = 8e^{2x}$.

ANALIZZARE E INTERPRETARE DATI E GRAFICI

24 **ASSOCIA** a ciascuna equazione differenziale il grafico di una sua soluzione.

a. $y' = 2x$ $\qquad$ b. $y' = x - 1$ $\qquad$ c. $y' = 2x + 2$ $\qquad$ d. $y' = x$

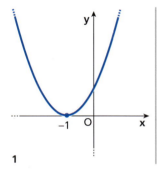 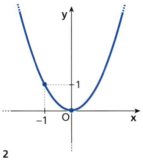 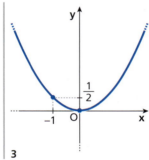 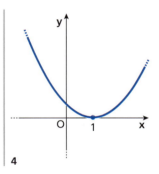

1 $\qquad$ 2 $\qquad$ 3 $\qquad$ 4

Determina la soluzione particolare $y = f(x)$ di ognuna delle equazioni date che soddisfa la condizione iniziale indicata.

25 $y' = 3x^2 - e^x$, $\qquad f(0) = 5.$ $\qquad [y = x^3 - e^x + 6]$

26 $y' = y(x - 5)$, $\qquad f(0) = -4.$ $\qquad \left[y = -4e^{\frac{x^2}{2} - 5x}\right]$

27 $y' - xy + 4x = 0$, $\qquad f(2) = e^2 + 4.$ $\qquad \left[y = 4 + e^{\frac{x^2}{2}}\right]$

28 $y'' - 3y' = 0$, $\qquad f(0) = 4, \quad f'(0) = 3.$ $\qquad [y = 3 + e^{3x}]$

29 $y'' + 6y' + 5y = 0$, $\qquad f(0) = 3, \quad f'(0) = -11.$ $\qquad [y = e^{-x} + 2e^{-5x}]$

30 Determina per quali valori di $k \in \mathbb{R}$ la funzione $y = \dfrac{e^x}{x + 1}$ è soluzione dell'equazione differenziale $e^x y' - kxy^2 = 0$. $\qquad [k = 1]$

31 Verifica che le funzioni della famiglia $y(x) = Axe^{-x}$, con $A \in \mathbb{R}$, risolvono l'equazione differenziale lineare del secondo ordine:
$y'' + 2y' + y = 0.$
Determina A in modo che sia $y(1) = 1$. $\qquad [A = e]$

32 Determina l'integrale generale dell'equazione differenziale $y'' + y' = 0$ e successivamente calcola e rappresenta la soluzione particolare che ha un asintoto orizzontale di equazione $y = 1$ e passa per il punto $P(0; 2)$. $\qquad [y = 1 + e^{-x}]$

Capitolo 31. Equazioni differenziali

33 Il grafico della funzione $y = f(x)$, definita e derivabile in tutto $\mathbb{R}$, è tale che in ogni suo punto la retta tangente ha coefficiente angolare pari alla somma di ordinata e ascissa del punto stesso.

   a. Scrivi e risolvi l'equazione differenziale che deve essere soddisfatta dalla funzione y.
   b. Determina la soluzione il cui grafico passa per l'origine. $\quad$ [a) $y' = y + x$; b) $y(x) = e^x - (x+1)$]

34 Determina la famiglia di tutte e sole le curve $y = f(x)$ la cui retta tangente nel punto di ascissa x abbia coefficiente angolare $\ln x + 3$. In particolare, ricava l'equazione della curva che passa per il punto $(1; 0)$ e tracciane un grafico plausibile. $\quad$ [$y = x\ln x + 2x + c$; $c = -2$]

RISOLVERE PROBLEMI

35 Determina la soluzione dell'equazione differenziale $4y'' + 4y' + y = 0$ il cui grafico è tangente alla retta $5x + 2y - 2 = 0$ nel suo punto di ascissa $x = 0$. $\quad \left[y = e^{-\frac{x}{2}}(1 - 2x) \right]$

36 Determina la soluzione particolare di
$$y' = (2x - 4)y$$
che nel punto di minimo assume valore 1. $\quad \left[y = e^{x^2 - 4x + 4} \right]$

37 Scrivi l'equazione della retta tangente nel punto di ascissa 0 al grafico della curva integrale di equazione $y = f(x)$ che risolve il problema di Cauchy
$$\begin{cases} y' + 3\ln(1+x)y = \dfrac{e^x}{3+x} \\ f(0) = 1 \end{cases} \quad \left[y = \dfrac{x}{3} + 1 \right]$$

38 Risolvi il seguente problema di Cauchy per la funzione $y = f(x)$.
$$\begin{cases} yx = y'\sqrt{x^2 + 1} \\ f(0) = 1 \end{cases}$$
Quanto vale $f'(\sqrt{3})$? $\quad \left[y = e^{\sqrt{x^2+1}-1}; \ f'(\sqrt{3}) = \dfrac{\sqrt{3}\,e}{2} \right]$

39 Della funzione $y = f(x)$ si conosce la derivata seconda, $y'' = \cos x - 2\sin x$, e si sa che la derivata prima è nulla per $x = 0$. Determina $f(\pi) - f(0)$. $\quad [2(1 - \pi)]$

40 Risolvi il problema di Cauchy
$$\begin{cases} y' = y\sin x \\ f(\pi) = -1 \end{cases}, \text{ con } y = f(x).$$
Sono tutte periodiche le soluzioni dell'equazione differenziale $y' = y\sin x$? Giustifica la tua risposta. $\quad [y = -e^{-\cos x - 1}]$

41 Considera l'equazione $y'' - 8y' + 12y = 0$.
   a. Calcola l'integrale generale.
   b. Determina se ha soluzioni in comune con l'equazione $y'' - 4y' + 4y = 0$.
   $\quad$ [a) $y = c_1 e^{2x} + c_2 e^{6x}$; b) $y = c_1 e^{2x}$]

42 Si sa che il prodotto di due funzioni $z(x)$ e $y(x)$ vale:
$$z(x) \cdot y(x) = z(x) - y'(x).$$
Determina $y(x)$ sapendo che $z(x) = 2x$ e $y(0) = 0$. $\quad [y(x) = 1 - e^{-x^2}]$

IN FISICA

43 Una pallina si muove lungo un binario con un'accelerazione $a = 4x$, dove x è l'ascissa del punto. Sapendo che la posizione e la velocità della pallina al tempo $t = 0$ sono rispettivamente $x_0 = 0$ e $v_0 = 8$, calcola come varia l'ascissa x della pallina al variare del tempo t. $\quad [x = -2e^{-2t} + 2e^{2t}]$

44 Un circuito è costituito da una resistenza $R = 10\ \Omega$ e da un condensatore di capacità $C = 10^{-4}$ F, disposti in serie, ed è alimentato da una f.e.m. $f = 100$ V. Determina il valore della carica q presente sul condensatore al variare del tempo t, sapendo che nell'istante iniziale, cioè nell'istante di chiusura del circuito, $q_0 = 0$, e ricordando che $f = \dfrac{q}{C} + Ri$, dove $i = \dfrac{dq}{dt}$. $\quad \left[q = \dfrac{1 - e^{-10^3 t}}{100} \right]$

45 Un corpo di massa $m = 1$ kg è agganciato a una molla di costante elastica $k = 4$ N/m. Il sistema è appoggiato su un piano orizzontale. La molla viene allungata fino a 0,2 m dalla posizione di equilibrio. Se il corpo viene rilasciato e se su di esso agisce una forza di attrito di modulo $F = hv$, con v velocità del corpo, quale deve essere il valore minimo di h affinché non vi siano oscillazioni attorno alla posizione di equilibrio? Determina in tal caso la legge oraria del moto. $\quad [h = 4$ kg/s; $x = e^{-2t}(0,4t + 0,2)]$

46 È data l'equazione differenziale:
$$3y'' - 2y' - y = x - 1.$$
a. Ricava per quali valori reali di a e b la funzione $y(x) = ax + b$ è una soluzione particolare dell'equazione.
b. Posto che $y_1(x)$ e $y_2(x)$ siano soluzioni dell'equazione, determina la relazione che deve esistere tra i coefficienti reali c e d affinché anche $y(x) = c \cdot y_1(x) + d \cdot y_2(x)$ sia soluzione dell'equazione stessa.

[a) $a = -1$, $b = 3$; b) $c + d = 1$]

 Allenati con **15 esercizi interattivi** con feedback "hai sbagliato, perché..."
☐ **su.zanichelli.it/tutor3**   risorsa riservata a chi ha acquistato l'edizione con tutor

VERIFICA DELLE COMPETENZE VERSO L'ESAME

ARGOMENTARE E DIMOSTRARE

47 In quali casi un'equazione differenziale del primo ordine è detta lineare e in che modo si procede per risolverla?

48 In che modo può essere scritta un'equazione differenziale lineare omogenea del secondo ordine a coefficienti costanti e in quale caso le sue soluzioni sono del tipo $y = e^{zx} \cdot (c_1 + c_2 x)$? Fai almeno un esempio.

49 Dimostra che, se y è una soluzione dell'equazione differenziale lineare $y' - x^2 y = 0$, allora la funzione $Y = xy$ è soluzione dell'equazione differenziale lineare $Y' - \frac{1 + x^3}{x} Y = 0$.

50 Di quale delle seguenti equazioni differenziali la funzione $y = \frac{\ln(x)}{x}$ è soluzione?
$$y'' + 2 \cdot \frac{y'}{x} = y, \qquad y' + x \cdot y'' = 1, \qquad x \cdot y' = \frac{1}{x} + y, \qquad x^2 \cdot y'' + x \cdot y' + \frac{2}{x} = y.$$
(*Esame di Stato, Liceo scientifico, Corso di ordinamento, Sessione ordinaria*, 2015, quesito 4)

51 Si consideri questa equazione differenziale: $y'' + 2y' + 2y = x$. Quale delle seguenti funzioni ne è una soluzione? Si giustifichi la risposta.
a. $y = e^{-x}(\sin x + \cos x) + x$ b. $y = 2e^{-x} + x$ c. $y = e^{-x}(\sin x + \cos x) + \frac{1}{2}(x - 1)$ d. $y = e^{-2x} + x$
(*Esame di Stato, Liceo scientifico, Corso di ordinamento, Sessione suppletiva*, 2016, quesito 1)

52 Considera l'equazione differenziale $y' = \frac{y}{x^2}$.
a. Dimostra, senza risolvere l'equazione, che ogni sua soluzione ha derivata seconda nulla in corrispondenza di $x = \frac{1}{2}$.
b. Si può affermare che per $x = \frac{1}{2}$ il grafico di ogni soluzione che non si riduca alla funzione nulla $y = 0$ presenta un punto di flesso? Motiva la risposta.

53 Determina quali funzioni $y = f(x)$ risolvono l'equazione differenziale $y'' = \cos x$. Stabilisci poi se le seguenti affermazioni sono vere o false, motivando la risposta.
a. Tutte le soluzioni dell'equazione precedente sono funzioni periodiche.
b. Tutte le soluzioni dell'equazione precedente sono funzioni non periodiche.

[$y(x) = -\cos x + c_1 x + c_2$; a) F; b) F]

54 Dimostra, senza risolvere l'equazione, che le soluzioni dell'equazione $y' = x^2 y$ non possono essere funzioni pari.

55 Dimostra che le equazioni differenziali $y' + y = 0$ e $y' = \frac{1}{e^x}$ hanno in comune una sola soluzione. Calcola la soluzione comune.

Capitolo 31. Equazioni differenziali

COSTRUIRE E UTILIZZARE MODELLI

56 La popolazione di una colonia di batteri è di

> 4000 batteri al tempo $t = 0$ e di 6500 al tempo $t = 3$.

Si suppone che la crescita della popolazione sia esponenziale, rappresentabile, cioè, con l'equazione differenziale

$$\frac{dy}{dt} = k \cdot y,$$

dove k è una costante e y la popolazione di batteri al tempo t.
Al tempo $t = 10$, la popolazione supererà i 20 000 batteri?

(Esame di Stato, Liceo scientifico, Scuole italiane all'estero (Europa), Sessione ordinaria, 2015, quesito 6)

[sì, 20 179 batteri al tempo $t = 10$]

57 Novità sul mercato In vista del lancio sul mercato di un nuovo modello di cuffie, l'azienda produttrice ha elaborato il seguente modello di previsione dell'incremento delle vendite, dove $n(t)$ è il numero (in milioni) di esemplari venduti dopo t mesi dal lancio in un dato Paese:

$$n'(t) = 10t - 2t \cdot n(t).$$

a. Ricava la soluzione particolare $n(t)$, data la condizione iniziale $n(0) = 0$.

b. Determina il momento in cui si ha il massimo incremento delle vendite.

c. Dimostra che in base al modello le vendite non supereranno comunque i 5 milioni di esemplari.

$\left[\text{a) } n(t) = 5(1 - e^{-t^2}); \text{ b) } t \simeq 0{,}7 \text{ mesi} \right]$

---

58 Il tempo vola! La sabbia della clessidra in figura, costituita da due coni di vetro, scende dal cono superiore con una velocità di 1 mm³/s.

a. Determina quanto volume occupa uno strato di sabbia di altezza h dal fondo della clessidra.

b. Detta $h(t)$ l'altezza dal fondo in funzione del tempo t misurato in secondi, scrivi l'equazione differenziale che caratterizza $h(t)$.

c. Determina la funzione $h(t)$ risolvendo l'equazione differenziale del punto **b**, con la condizione iniziale $h(0) = 0$.

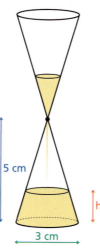

$\left[\text{a) } V(h) = \pi[3750 - 0{,}03(50 - h)^3] \text{ mm}^3; \right.$
$\left. \text{b) } 0{,}09\pi(50 - h)^2 h' = 1; \text{ c) } h(t) = 50 - \sqrt[3]{50^3 - \frac{t}{0{,}03\pi}} \right]$

59 Il paracadute Nel momento in cui apre il paracadute, il paracadutista sta cadendo alla velocità di 180 km/h. Nella discesa a paracadute aperto si può ipotizzare che la resistenza dell'aria, cioè la forza che si oppone al moto di caduta, sia proporzionale al peso complessivo uomo-paracadute e al quadrato della velocità, con la costante di proporzionalità pari a $\frac{1}{36}$ s²/m². Il paracadutista ha una massa di 76 kg e il paracadute di 5 kg.

Scrivi l'equazione differenziale modello della situazione descritta (supponi, per semplicità, che la velocità sia sempre maggiore di 6 m/s).

$\left[v'(t) = 9{,}81 - \frac{9{,}81}{36} v^2(t), v(0) = 50 \right]$

60 **Goccia a goccia** Una goccia d'acqua di massa 0,1 g che cade a terra con velocità v è soggetta alla forza-peso, $F_P \simeq 10^{-3}$ N, diretta verso il basso, e alla resistenza dell'aria, che esercita una forza $F_R \simeq 10^{-4}$ kg/s $\cdot v$ diretta verso l'alto.

a. Spiega perché l'equazione differenziale $y''(t) = 10 - y'(t)$ ha a che fare con il moto della goccia. Cosa descrive la funzione $y(t)$?

b. Partendo dall'equazione precedente, determina la funzione che descrive l'andamento della velocità della goccia. È univocamente determinata? (SUGGERIMENTO Poni $v(t) = y'(t)$.)

c. Determina la velocità limite raggiunta dalla goccia.

[b) $v(t) = 10 + ce^{-t}$; c) 10 m/s]

RISOLVIAMO UN PROBLEMA

Fuori tutto

Un piccolo impianto di irrigazione è alimentato utilizzando un recipiente di forma cubica, di lato $l = 20$ cm, con un piccolo foro circolare sul fondo di superficie $s = 4$ mm². Il recipiente inizialmente è pieno di acqua. L'acqua defluisce dal foro con una velocità istantanea $v(t)$, misurata in metri al secondo, espressa dalla legge:

$$v(t) = 2\sqrt{5h(t)},$$

dove $h(t)$ è l'altezza in metri del livello dell'acqua rispetto al fondo all'istante t, misurato in secondi.

- Ricava il problema di Cauchy per la funzione $h(t)$ che descrive il problema.
- Determina il tempo t_F necessario allo svuotamento del recipiente.

▶ **Descriviamo la situazione con le equazioni differenziali.**

La perdita dV del volume di acqua contenuto nel recipiente in un intervallo di tempo dt è data dal volume di acqua che esce dal foro, che corrisponde al volume di un cilindro di base s e altezza $dx = vdt$, cioè $dV = -svdt$. Considerando che nel recipiente si ha una diminuzione di volume $dV = l^2 dh$, possiamo scrivere la seguente equazione per $h(t)$:

$$l^2 dh = -svdt \rightarrow h' = -\frac{sv}{l^2} \rightarrow h' = -\frac{2s}{l^2}\sqrt{5h}.$$

▶ **Scriviamo il problema di Cauchy.**

Posto $l = 0,2$ m e $s = 4 \cdot 10^{-6}$ m², otteniamo

$$h' = -2\sqrt{5} \cdot 10^{-4} \sqrt{h},$$

$$\begin{cases} h' = -2\sqrt{5} \cdot 10^{-4} \sqrt{h} \\ h(0) = 0,2 \end{cases}.$$

▶ **Esprimiamo h in funzione di t.**

Risolviamo l'equazione differenziale, che è a variabili separabili:

$$\int \frac{dh}{2\sqrt{h}} = \sqrt{5} \cdot 10^{-4} \int (-1)dt \rightarrow$$

$$\sqrt{h} = \sqrt{5} \cdot 10^{-4}(-t + c) \rightarrow$$

$$h(t) = 5 \cdot 10^{-8}(c - t)^2.$$

▶ **Determiniamo la soluzione del problema di Cauchy.**

Poniamo $h(0) = 0,2$:

$$5 \cdot 10^{-8} c^2 = 0,2 \rightarrow c = 2000.$$

Quindi $h(t) = 5 \cdot 10^{-8}(2000 - t)^2$.

▶ **Troviamo il tempo t_F di svuotamento.**

$$5 \cdot 10^{-8}(2000 - t)^2 = 0 \rightarrow t = 2000 \text{ s}.$$

Pertanto $t_F = 33'\,20''$.

Capitolo 31. Equazioni differenziali

61 **Crescono o calano?** In una coltura batterica di laboratorio sono presenti inizialmente 250 batteri. Supponiamo che:
- la velocità di crescita giornaliera del numero n di batteri nella coltura, cioè il numero di nuovi batteri al giorno, sia proporzionale al numero di batteri presenti nella coltura, con costante di proporzionalità $k = \frac{3}{2}$.
- la velocità di decrescita giornaliera del numero n di batteri nella coltura, cioè il numero di batteri morti al giorno, sia una costante $h = 300$.

a. Scrivi un'equazione differenziale per la funzione $n(t)$, essendo t il numero di giorni trascorsi dall'inizio del processo di coltura, e risolvila.

b. Determina il numero di batteri dopo 4 giorni.

$$\left[\text{a) } n'(t) = \frac{3}{2}n(t) - 300; \ n(t) = 50e^{\frac{3t}{2}} + 200; \text{ b) } n(4) \simeq 20371\right]$$

INDIVIDUARE STRATEGIE E APPLICARE METODI PER RISOLVERE PROBLEMI

62 **IN FISICA** Il moto rettilineo di un'astronave in un videogioco avviene in modo che, in ogni istante t (il tempo è misurato in secondi), la somma dei valori numerici della velocità istantanea $x'(t)$ (in m/s) e dell'accelerazione istantanea $x''(t)$ (in m/s^2) equivale al doppio della coordinata $x(t)$ che rappresenta la posizione istantanea dell'astronave.

a. Ricava le possibili leggi orarie $x(t)$.

b. Ricava la posizione del punto all'istante $t = 0$, sapendo che $x'(0) = -2$ e che $\lim_{t \to +\infty} x(t) = 0$.

$$[\text{a) } x(t) = c_1 e^t + c_2 e^{-2t}; \text{ b) } x(0) = 1]$$

63 Una famiglia di curve è definita dall'equazione differenziale $yy' = x - 2x^3$.

a. Dopo averla classificata, trova l'equazione cartesiana di tutte le curve della famiglia.

b. Risolvi il problema di Cauchy, con $y = f(x)$, $\begin{cases} yy' = x - 2x^3 \\ f(0) = 0 \end{cases}$ e disegna il grafico della curva ottenuta.

c. Nella curva trovata al punto precedente determina gli insiemi dei valori assunti dalle variabili x e y e le rette tangenti alla curva nei punti di ascissa $\frac{1}{2}$.

$$\left[\text{a) equazione del primo ordine a variabili separabili, } y^2 = x^2 - x^4 + c; \text{ b) } y^2 = x^2 - x^4;\right.$$
$$\left.\text{c) } x \in [-1; 1], \ y \in \left[-\frac{1}{2}; \frac{1}{2}\right]; \ y = \pm\frac{1}{\sqrt{3}}x \pm \frac{\sqrt{3}}{12}\right]$$

64 **IN FISICA** Considera il circuito mostrato in figura. Inizialmente l'interruttore I viene posizionato in a, e il condensatore si carica secondo la legge $Rq'(t) + \frac{q(t)}{C} = \varepsilon$, dove $q(t)$ indica la carica del condensatore al tempo t, C la sua capacità e R la sua resistenza.

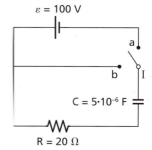

a. Determina la funzione $q(t)$, sapendo che al tempo $t = 0$ la carica è nulla.

b. Qual è il limite per $t \to \infty$ di $q(t)$? Che significato ha?

Dopo un tempo sufficiente a caricare completamente il condensatore, l'interruttore I viene posizionato in b, e il condensatore comincia a scaricarsi, secondo l'equazione

$$Rq'(t) + \frac{q(t)}{C} = 0.$$

c. Verifica che $q(t) = e^{-\frac{t+k}{RC}}$ è una generica soluzione di questa equazione differenziale e determina la costante k.

d. Dopo quanto tempo il condensatore avrà il 60% della sua carica iniziale?

$$\left[\text{a) } q(t) = \varepsilon C\left(1 - e^{-\frac{t}{RC}}\right); \text{ b) } \lim_{t \to +\infty} q(t) = \varepsilon C; \text{ c) } k = -RC\ln(\varepsilon C); \text{ d) } \simeq 5,1 \cdot 10^{-5} \text{ s}\right]$$

VERIFICA DELLE COMPETENZE PROVE

⏱ 1 ora

PROVA A

1 Risolvi le seguenti equazioni differenziali:

a. $y' = 4x^3(y^2 + 1)$;

b. $y'y = x^2$;

c. $y'' = -2x - 4e^x$;

d. $y' - 5\cos x = 0$;

e. $y'' - y' - 12y = 0$;

f. $y' + 6xy + x = 0$.

2 Dimostra che il grafico di tutte le soluzioni dell'equazione differenziale $\dfrac{y'}{y} = 5$ ha un asintoto orizzontale. Scrivi l'equazione di questo asintoto.

3 Verifica che la funzione $y = x \ln x - 1$ è soluzione dell'equazione $xy'' - xy' + y + x = 0$.

4 Determina la soluzione particolare $y = f(x)$ dell'equazione $y'' + 10y' = 0$ tale che $f(0) = 3$ e $f'(0) = 10$.

5 Senza risolvere il problema di Cauchy
$$\begin{cases} y' = 4y \sin x \\ f\left(\dfrac{\pi}{2}\right) = -5 \end{cases},$$
scrivi l'equazione della retta tangente nel punto di ascissa $\dfrac{\pi}{2}$ al grafico della curva integrale di equazione $y = f(x)$, soluzione del problema di Cauchy dato.

6 Verifica che, se la funzione $y = f(x)$ è soluzione dell'equazione $y' = 4x - y$, allora è anche soluzione dell'equazione $y'' - y = 4(1 - x)$.

PROVA B

1 In occasione di una riunione di condominio, un rilevatore di CO_2 installato nella sala indica una concentrazione dello 0,3%; i condomini chiedono di accendere l'impianto di aerazione, in modo che all'ora di inizio della riunione la concentrazione sia stata ridotta allo 0,15%. Il sistema di aerazione immette nella sala 20 m³/min di aria fresca contenente lo 0,1% di CO_2.

a. Approssimando il volume della sala a 130 m³, ricava l'equazione differenziale che descrive l'andamento della concentrazione $c(t)$ in funzione del tempo t (espresso in minuti). Verifica inoltre che la funzione $c(t) = k \cdot e^{-\frac{2}{13}t} + h$ è una soluzione di tale equazione differenziale.

b. Determina i valori da assegnare alle costanti k e h in modo che la funzione $c(t)$ rappresenti l'andamento della concentrazione di CO_2 a partire dall'istante $t = 0$ di accensione dell'aeratore. Stabilisci quindi quanto tempo prima dell'inizio della riunione esso deve essere acceso, per soddisfare la richiesta dei condomini.

c. L'impianto è in funzione da 10 minuti, quando i 50 partecipanti alla riunione accedono alla sala. Considerando che l'impianto rimane acceso anche durante la riunione e che un essere umano mediamente espira 8 litri/minuto di aria contenente il 4% di CO_2 (fonte: OSHA, *Occupational Safety and Health Administration*), descrivi in termini qualitativi come cambierà l'andamento di $c(t)$ dopo l'ingresso dei condomini nella sala, giustificando la tua risposta.

(*Esame di Stato, Liceo scientifico, Corso di ordinamento, Sessione suppletiva*, 2016, dal problema 1)

2  Un drone telecomandato si muove verso l'alto con accelerazione $a = -2v$, dove v è la velocità istantanea. La posizione e la velocità del drone al tempo $t = 0$ sono rispettivamente $y_0 = 1$ e $v_0 = 2$.

a. Determina come varia y in funzione di t.

b. Il drone continuerà a salire o si fermerà a una certa altezza? Quale?

CAPITOLO σ
DISTRIBUZIONI DI PROBABILITÀ

1 Variabili casuali discrete e distribuzioni di probabilità

Variabili casuali discrete

▶ Esercizi a p. σ31

Abbiamo un'urna contenente 6 palline verdi e 4 gialle. Estraiamo senza reimmissione 3 palline e valutiamo quante volte potrebbe uscire la pallina verde. Essa può non uscire mai, oppure una volta, o due, o tre volte.

Indichiamo con X una funzione, definita sullo spazio dei campioni dell'esperimento, che indica il numero di palline verdi estratte.

Se si verifica l'evento $E =$ «non escono palline verdi», la funzione X vale 0. Quindi possiamo scrivere

$E =$ «$X = 0$».

Analogamente possiamo scrivere l'evento «escono 2 palline verdi» come «$X = 2$», dato che in tal caso la funzione X vale 2. Per ogni valore assunto da X possiamo calcolare, perciò, la probabilità che X assuma quel valore. Avremo:

$p_0 = p(X = 0) = p$ (non escono palline verdi) $= \dfrac{4}{10} \cdot \dfrac{3}{9} \cdot \dfrac{2}{8} = \dfrac{1}{30}$;

$p_1 = p(X = 1) = p$ (esce una pallina verde) $= 3 \cdot \dfrac{6}{10} \cdot \dfrac{4}{9} \cdot \dfrac{3}{8} = \dfrac{3}{10}$;

$p_2 = p(X = 2) = p$ (escono due palline verdi) $= 3 \cdot \dfrac{6}{10} \cdot \dfrac{5}{9} \cdot \dfrac{4}{8} = \dfrac{1}{2}$;

$p_3 = p(X = 3) = p$ (escono tre palline verdi) $= \dfrac{6}{10} \cdot \dfrac{5}{9} \cdot \dfrac{4}{8} = \dfrac{1}{6}$.

Valori assunti da X	0	1	2	3
Evento	$X = 0$	$X = 1$	$X = 2$	$X = 3$
Probabilità	$\dfrac{1}{30}$	$\dfrac{3}{10}$	$\dfrac{1}{2}$	$\dfrac{1}{6}$

Osserviamo che per qualunque valore x diverso da 0, 1, 2 e 3,

$p(X = x) = p(\varnothing) = 0$.

Paragrafo 1. Variabili casuali discrete e distribuzioni di probabilità

La funzione X è una *variabile casuale discreta*: *variabile* perché assume valori diversi, *casuale* perché i valori dipendono da un esperimento aleatorio, *discreta* perché assume un numero finito di valori.

DEFINIZIONE

Una **variabile casuale** (o **aleatoria**) **discreta** X è una funzione, definita sullo spazio dei campioni di un esperimento aleatorio, che assume un numero finito, o al più un'infinità numerabile, di valori.

🇬🇧 **Listen to it**

A **random variable** is a function whose value depends on the outcome of a random experiment; it is said **discrete** if the set of all possible values it can take is finite or countably infinite.

Indichiamo con «$X = x$» l'evento «la variabile casuale X assume il valore x», e con $p(X = x)$ la probabilità di tale evento.
La variabile aleatoria X che descrive il numero di palline verdi estratte dall'urna del nostro esempio è una variabile **teorica**, perché la probabilità degli eventi associati ai valori che essa assume è calcolata teoricamente o in senso classico.

Consideriamo un'altra situazione.
Nel corso di un mese rileviamo ogni giorno il prezzo al kilogrammo di un certo prodotto venduto al banco in un supermercato. Su indicazioni della direzione il prezzo può variare ogni giorno, mantenendosi però sempre tra 4,60 e 5,40 €/kg. Suddividiamo l'intervallo [4,60; 5,40] in quattro intervalli uguali e riassumiamo i valori rilevati per il prezzo nella seguente tabella di frequenza.

Prezzo al kg in euro	4,60-4,80	4,80-5,00	5,00-5,20	5,20-5,40
Frequenza	9	3	12	6

Consideriamo una funzione Y che assume il valore 4,70 se il prezzo appartiene al primo intervallo, 4,90 se appartiene al secondo, 5,10 nel caso del terzo e 5,30 nel caso del quarto. Secondo la definizione, Y è una variabile casuale discreta, ed è **empirica**, in quanto attribuiamo le probabilità ai diversi valori dopo che l'esperimento è stato condotto, utilizzando la probabilità statistica.

Valori assunti da Y	4,70	4,90	5,10	5,30
Frequenza relativa (Probabilità statistica)	$\frac{3}{10}$	$\frac{1}{10}$	$\frac{2}{5}$	$\frac{1}{5}$

■ Distribuzioni di probabilità

▶ Esercizi a p. σ31

Torniamo alle tre estrazioni dell'urna. Consideriamo la funzione $f(x) = p(X = x)$. Abbiamo che:

$$f(0) = \frac{1}{30}, \quad f(1) = \frac{3}{10}, \quad f(2) = \frac{1}{2}, \quad f(3) = \frac{1}{6}.$$

Possiamo osservare che:
- $0 \leq f(x) \leq 1$;
- $f(0) + f(1) + f(2) + f(3) = 1$.

La funzione f si chiama *distribuzione di probabilità* della variabile aleatoria X.

DEFINIZIONE

Data una variabile casuale discreta X, la **distribuzione di probabilità** di X è la funzione $f(x)$ che associa a ogni valore $x \in \mathbb{R}$ la probabilità che questo sia assunto:
$$f(x) = p(X = x).$$

σ3

Capitolo σ. Distribuzioni di probabilità

▶ Stabilisci per quale valore di c la funzione

$$f(x) = \begin{cases} 0,3 & \text{se } x = -1 \\ 0,1 & \text{se } x = 2 \\ c & \text{se } x = 4 \\ 0 & \text{altrimenti} \end{cases}$$

è una distribuzione di probabilità e quali sono i valori assunti dalla variabile X di cui f è distribuzione. [0,6]

MATEMATICA ED ECONOMIA

Matematica antifrode
Nel 1992 il matematico statunitense Mark Nigrini propose un metodo, utilizzato ancora oggi, per stanare gli evasori fiscali.

▶ Come si può riconoscere se una dichiarazione dei redditi non è veritiera?

☐ La risposta

▶ In una classe ci sono 15 maschi e 10 femmine. Vengono interrogati due alunni. Se X è la variabile casuale che indica il numero di maschi interrogati, determina la distribuzione della variabile X.

☐ Animazione

Spesso indicheremo con f_X la distribuzione di probabilità di una variabile casuale discreta X.
Se X è una variabile casuale discreta che assume i valori $x_1, x_2, \ldots x_n$ e f è la sua distribuzione di probabilità, allora:

- $0 \leq f(x) \leq 1$;
- $f(x_1) + f(x_2) + \ldots + f(x_n) = 1$.

Possiamo rappresentare la distribuzione di probabilità di una variabile casuale discreta per mezzo di un istogramma o di un diagramma cartesiano.

ESEMPIO

Abbiamo un'urna con tre palline numerate da 1 a 3. Estraiamo consecutivamente due palline, rimettendo ogni volta la pallina estratta nell'urna. Costruiamo la distribuzione di probabilità della variabile casuale X = «somma dei due numeri estratti». Le coppie di palline che possiamo estrarre sono:

	somma dei numeri estratti
(1, 1)	2
(1, 2); (2, 1)	3
(1, 3); (3, 1); (2, 2)	4
(2, 3); (3, 2)	5
(3, 3)	6

dove per ogni coppia la probabilità di estrazione è $\frac{1}{9}$.

Quindi la variabile casuale X può assumere i valori 2, 3, 4, 5, 6, a cui corrispondono le probabilità:

$$p(X = 2) = p(X = 6) = \frac{1}{9}; \quad p(X = 3) = p(X = 5) = \frac{2}{9};$$

$$p(X = 4) = \frac{3}{9} = \frac{1}{3}.$$

La variabile casuale X ha la seguente distribuzione di probabilità.

X	2	3	4	5	6
f	$\frac{1}{9}$	$\frac{2}{9}$	$\frac{1}{3}$	$\frac{2}{9}$	$\frac{1}{9}$

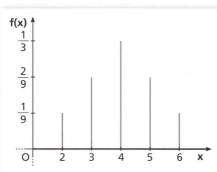
a. Diagramma cartesiano della distribuzione di probabilità di X.

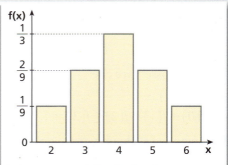
b. Istogramma della distribuzione di probabilità di X.

■ Funzione di ripartizione ▶ Esercizi a p. σ32

Riprendiamo il problema in cui estraiamo senza reimmissione 3 palline da un'urna

Paragrafo 1. Variabili casuali discrete e distribuzioni di probabilità

contenente 6 palline verdi e 4 gialle e consideriamo la distribuzione di probabilità relativa al numero di palline verdi uscite.

X	0	1	2	3
f	$\frac{1}{30}$	$\frac{3}{10}$	$\frac{1}{2}$	$\frac{1}{6}$

Ci domandiamo qual è la probabilità che le palline verdi escano al massimo una volta, oppure al massimo due volte ecc.

Per il teorema della probabilità totale, a questa domanda possiamo rispondere associando a ciascun valore della variabile casuale la somma delle probabilità dei valori che lo precedono e della probabilità del valore stesso.

Per esempio, indicando con F la funzione che a ogni $x = 0, 1, 2, 3$ associa $F(x) = p(X \le x)$, abbiamo quanto segue.

X	0	1	2	3
f	$\frac{1}{30}$	$\frac{3}{10}$	$\frac{1}{2}$	$\frac{1}{6}$
F	$\frac{1}{30}$	$\frac{1}{30} + \frac{3}{10} = \frac{1}{3}$	$\frac{1}{3} + \frac{1}{2} = \frac{5}{6}$	$\frac{5}{6} + \frac{1}{6} = 1$

Possiamo definire la funzione F su tutto $\mathbb{R}$, infatti:
- se $x < 0$, $F(x) = p(X \le x) = 0$: la probabilità che esca un numero negativo di palline verdi è 0;
- se $x > 3$, $F(x) = p(X \le x) = 1$: al massimo X può valere 3, quindi è certo che X vale meno di un numero maggiore di 3;
- se per esempio $x = 1{,}5$, $F(1{,}5) = F(1)$: la probabilità che X non sia superiore a 1,5 si ottiene sommando le probabilità che X assuma il valore 0 oppure 1:

$$F(1{,}5) = p(X \le 1{,}5) = p((X=0) \cup (X=1)) = p(X=0) + p(X=1) = \frac{1}{3}.$$

Otteniamo il grafico della funzione F in figura.

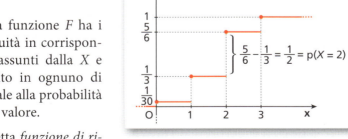

Osserviamo che la funzione F ha i punti di discontinuità in corrispondenza dei valori assunti dalla X e l'ampiezza del salto in ognuno di questi punti è uguale alla probabilità che X assuma quel valore.

La funzione F è detta *funzione di ripartizione* di X.

DEFINIZIONE

La **funzione di ripartizione** di una variabile casuale X è la funzione $F(x)$ che, per ogni $x \in \mathbb{R}$, fornisce la probabilità che X assuma un valore non superiore a x:

$$F(x) = p(X \le x),$$

dove con «$X \le x$» indichiamo l'evento «la variabile casuale X assume un valore minore o uguale a x».

Capitolo σ. Distribuzioni di probabilità

Se la variabile casuale discreta X assume i valori $x_1 < x_2 < \ldots < x_n$ con probabilità $p_1, p_2, \ldots, p_n$, si ha

$$F(x_i) = p(X \leq x_i) = p_1 + p_2 + \ldots + p_i = \sum_{k=1}^{i} p_k, \quad \text{con } i = 1, 2, \ldots, n,$$

e in generale:

$$F(x) = \begin{cases} 0 & \text{se } x < x_1 \\ \sum_{k=1}^{i} p_k & \text{se } x_i \leq x < x_{i+1} \\ 1 & \text{se } x \geq x_n \end{cases}.$$

▶ Determina la funzione di ripartizione della variabile casuale X che indica il numero di maschi interrogati dell'esercizio precedente.

Nel caso dell'esempio delle palline verdi e gialle, la funzione di ripartizione è:

$$F(x) = \begin{cases} 0 & \text{se } x < 0 \\ \dfrac{1}{30} & \text{se } 0 \leq x < 1 \\ \dfrac{1}{3} & \text{se } 1 \leq x < 2 \\ \dfrac{5}{6} & \text{se } 2 \leq x < 3 \\ 1 & \text{se } x \geq 3 \end{cases}.$$

Possiamo utilizzare la funzione di ripartizione per calcolare, per esempio, la probabilità che le palline verdi si presentino più di una volta, cioè la probabilità dell'evento «$X > 1$». Questo è l'evento contrario di «$X \leq 1$», quindi:

$$p(X > 1) = 1 - p(X \leq 1) = 1 - F(1) = 1 - \dfrac{1}{3} = \dfrac{2}{3}.$$

■ Operazioni sulle variabili casuali   ▶ Esercizi a p. σ33

Operazioni tra una variabile e delle costanti

Un'urna contiene 12 palline, di cui una pallina con il numero 3, quattro palline con il 4, due con il 7 e cinque con il 9. Estraiamo una pallina.
Consideriamo la variabile casuale X = «numero della pallina estratta» e la sua distribuzione di probabilità.

X	3	4	7	9
f_X	$\dfrac{1}{12}$	$\dfrac{1}{3}$	$\dfrac{1}{6}$	$\dfrac{5}{12}$

Da questa variabile casuale possiamo ottenerne altre, i cui valori sono distribuiti con *le stesse probabilità* dei valori di X, moltiplicando e/o sommando delle costanti ai suoi valori.

▶ Una variabile casuale X ha distribuzione di probabilità:

$$f(x) = \begin{cases} 0{,}1 & \text{se } x = -5 \\ 0{,}2 & \text{se } x = -3 \\ 0{,}4 & \text{se } x = 0 \\ 0{,}3 & \text{se } x = 1 \\ 0 & \text{altrimenti} \end{cases}.$$

Determina la distribuzione di $3X$ e di $X+5$.

Per esempio, se moltiplichiamo i valori di X per 5, otteniamo la variabile casuale, indicata con $5X$, avente la seguente distribuzione di probabilità.

5X	15	20	35	45
f_{5X}	$\dfrac{1}{12}$	$\dfrac{1}{3}$	$\dfrac{1}{6}$	$\dfrac{5}{12}$

Se invece ai valori della variabile X aggiungiamo 3, otteniamo la variabile casuale, indicata con $X + 3$, avente la seguente distribuzione di probabilità.

Paragrafo 1. Variabili casuali discrete e distribuzioni di probabilità

X + 3	6	7	10	12
f_{X+3}	$\frac{1}{12}$	$\frac{1}{3}$	$\frac{1}{6}$	$\frac{5}{12}$

In generale, date una variabile casuale discreta X e una costante h, si denota con:
- hX la variabile casuale i cui valori sono dati dal prodotto di h per i valori della variabile X;
- $X + h$ la variabile casuale i cui valori sono dati dalla somma dei valori della variabile X con h.

Per entrambe queste variabili, i valori assunti hanno le **stesse probabilità dei corrispondenti valori di X**.

Somma di due variabili

I) Prendiamo ora anche una seconda urna. Questa contiene due palline con il numero 1 e tre con il 2. Estraiamo una pallina.
Consideriamo la variabile casuale Y = «numero della pallina estratta dalla seconda urna» e la sua distribuzione di probabilità.

Y	1	2
f_Y	$\frac{2}{5}$	$\frac{3}{5}$

Estraiamo una pallina dalla prima urna e una pallina dalla seconda.

Consideriamo la variabile casuale «somma dei due numeri estratti». Indichiamo questa variabile con la notazione $X + Y$ e diciamo che è la **somma delle variabili casuali** X e Y.

Per determinare la distribuzione di probabilità di $X + Y$, costruiamo la tabella della **distribuzione congiunta** di X e Y in cui le righe corrispondono ai valori della X e le colonne corrispondono a quelli della Y.

All'interno della tabella, ogni casella contiene la probabilità di estrazione di due palline aventi rispettivamente il valore x_i e y_j, corrispondenti alla riga i-esima e alla colonna j-esima che individuano la casella.

Tale probabilità è la **probabilità congiunta** del prodotto dei due eventi:

«$X = x_i$» = «estrazione del numero x_i dalla prima urna», $i = 1, 2, 3, 4$;

«$Y = y_j$» = «estrazione del numero y_j dalla seconda urna», $j = 1, 2$.

In questo caso tutte le coppie di eventi sono indipendenti, quindi la probabilità dell'intersezione è uguale al prodotto delle probabilità.
Abbiamo, per esempio:

$$p((X = 3) \cap (Y = 1)) = p(X = 3) \cdot p(Y = 1) = \frac{1}{12} \cdot \frac{2}{5} = \frac{1}{30}.$$

La variabile casuale $Z = X + Y$ ha per valori le possibili somme tra i valori delle due variabili X e Y. Per ogni valore z_i assunto da Z, la probabilità che Z sia uguale a z_i è uguale alla somma delle probabilità (contenute nella tabella) delle possibili coppie di numeri la cui somma è uguale a z_i; infatti tali coppie corrispondono a eventi incompatibili e $Z = z_i$ corrisponde al loro evento unione.

X \ Y	1	2
3	$\frac{1}{30}$	$\frac{1}{20}$
4	$\frac{2}{15}$	$\frac{1}{5}$
7	$\frac{1}{15}$	$\frac{1}{10}$
9	$\frac{1}{6}$	$\frac{1}{4}$

▶ In un'urna ci sono 4 palline verdi e 2 rosse, in un'altra 3 verdi e 4 rosse. Da ogni urna si estraggono due palline. Dette X e Y le variabili che indicano, rispettivamente, il numero di palline verdi estratte dalla prima urna e quello delle palline verdi estratte dalla seconda, trova la distribuzione di $X + Y$.

Per esempio, la somma 5 si ottiene con 4 e 1 o con 3 e 2, quindi:

$$p(Z=5) = p(((X=4)\cap(Y=1))\cup((X=3)\cap(Y=2))) = \frac{2}{15} + \frac{1}{20} = \frac{11}{60}.$$

X + Y	4	5	6	8	9	10	11
f_{X+Y}	$\frac{1}{30}$	$\frac{11}{60}$	$\frac{1}{5}$	$\frac{1}{15}$	$\frac{1}{10}$	$\frac{1}{6}$	$\frac{1}{4}$

Se, come in questo caso, le coppie di eventi «$X = x_i$» e «$Y = y_j$» sono indipendenti per ogni coppia x_i e y_j, si dice che le variabili casuali X e Y sono **indipendenti**.

Osserviamo che:

- la distribuzione di X e la distribuzione di Y sono date, rispettivamente, dalla somma dei valori sulle righe e dalla somma dei valori sulle colonne; queste vengono dette **distribuzioni marginali** della X e della Y;
- nel caso di indipendenza delle variabili casuali, **le probabilità congiunte sono uguali al prodotto di quelle marginali**.

Y \ X	1	2	f_X
3	$\frac{1}{30}$	$\frac{1}{20}$	$\frac{1}{12}$
4	$\frac{2}{15}$	$\frac{1}{5}$	$\frac{1}{3}$
7	$\frac{1}{15}$	$\frac{1}{10}$	$\frac{1}{6}$
9	$\frac{1}{6}$	$\frac{1}{4}$	$\frac{5}{12}$
f_Y	$\frac{2}{5}$	$\frac{3}{5}$	1

II) Consideriamo ancora l'urna contenente una pallina con il numero 3, quattro con il 4, due con il 7 e cinque palline con il 9 e la variabile casuale X = «numero della pallina estratta».

X	3	4	7	9
f_X	$\frac{1}{12}$	$\frac{1}{3}$	$\frac{1}{6}$	$\frac{5}{12}$

Estraiamo consecutivamente due numeri senza reimmissione.
Indichiamo con Y la variabile casuale corrispondente al numero della pallina estratta nella seconda estrazione.

Vogliamo determinare la distribuzione di probabilità della variabile casuale $X + Y$ = «somma dei due numeri estratti».

Questa volta gli eventi

«$X = x_i$» = «estrazione del numero x_i come prima pallina»,

«$Y = y_j$» = «estrazione del numero y_j come seconda pallina»

sono dipendenti: diremo che le variabili casuali X e Y sono **dipendenti**.

Per calcolare le probabilità congiunte dobbiamo, perciò, usare la probabilità condizionata.

Per esempio:

$$p((X=3)\cap(Y=3)) = p(X=3)\cdot p(Y=3\,|\,X=3) = 0;$$

$$p((X=3)\cap(Y=4)) = p(X=3)\cdot p(Y=4\,|\,X=3) = \frac{1}{12}\cdot\frac{4}{11} = \frac{1}{33}.$$

Paragrafo 1. Variabili casuali discrete e distribuzioni di probabilità

Proseguendo nello stesso modo otteniamo la distribuzione congiunta di X e Y.

X \ Y	3	4	7	9
3	0	$\frac{1}{33}$	$\frac{1}{66}$	$\frac{5}{132}$
4	$\frac{1}{33}$	$\frac{1}{11}$	$\frac{2}{33}$	$\frac{5}{33}$
7	$\frac{1}{66}$	$\frac{2}{33}$	$\frac{1}{66}$	$\frac{5}{66}$
9	$\frac{5}{132}$	$\frac{5}{33}$	$\frac{5}{66}$	$\frac{5}{33}$

▶ In un'urna ci sono 4 palline numerate da 1 a 4. Se ne estraggono 2 contemporaneamente. Indichiamo con X la variabile che indica il numero minore e con Y quella che indica il numero maggiore. Stabilisci se X e Y sono indipendenti e trova la distribuzione di $X + Y$.

☐ **Animazione**

La distribuzione di probabilità della variabile casuale $X + Y$ si ottiene procedendo in modo analogo al caso precedente.

$X + Y$	7	8	10	11	12	13	14	16	18
f_{X+Y}	$\frac{2}{33}$	$\frac{1}{11}$	$\frac{1}{33}$	$\frac{4}{33}$	$\frac{5}{66}$	$\frac{10}{33}$	$\frac{1}{66}$	$\frac{5}{33}$	$\frac{5}{33}$

Anche in questo caso, se di due variabili casuali X e Y conosciamo la distribuzione congiunta, addizionando righe e colonne possiamo ottenere le distribuzioni marginali di X e di Y. Nel caso di variabili dipendenti, però, si può osservare che **le probabilità congiunte *non* sono il prodotto delle probabilità marginali**.

X \ Y	3	4	7	9	f_X
3	0	$\frac{1}{33}$	$\frac{1}{66}$	$\frac{5}{132}$	$\frac{1}{12}$
4	$\frac{1}{33}$	$\frac{1}{11}$	$\frac{2}{33}$	$\frac{5}{33}$	$\frac{1}{3}$
7	$\frac{1}{66}$	$\frac{2}{33}$	$\frac{1}{66}$	$\frac{5}{66}$	$\frac{1}{6}$
9	$\frac{5}{132}$	$\frac{5}{33}$	$\frac{5}{66}$	$\frac{5}{33}$	$\frac{5}{12}$
f_Y	$\frac{1}{12}$	$\frac{1}{3}$	$\frac{1}{6}$	$\frac{5}{12}$	1

Quadrato di una variabile

Consideriamo una variabile casuale X con la seguente distribuzione di probabilità.

X	-1	0	1	2
f_X	$\frac{1}{8}$	$\frac{1}{4}$	$\frac{1}{2}$	$\frac{1}{8}$

A partire da X possiamo costruire la variabile casuale X^2, **quadrato della variabile casuale** X, elevando al quadrato i valori di X. Le probabilità associate ai valori di X^2 si ottengono dalle probabilità dei rispettivi valori di X, facendo attenzione al fatto che uno stesso valore di X^2 si può ottenere da due diversi valori di X. Nel nostro esempio:

$$p(X^2 = 0) = p(X = 0) = \frac{1}{4};$$

σ9

$$p(X^2 = 1) = p((X = -1) \cup (X = 1)) = \frac{1}{8} + \frac{1}{2} = \frac{5}{8};$$

$$p(X^2 = 4) = p(X = 2) = \frac{1}{8}.$$

Dunque X^2 ha la seguente distribuzione di probabilità.

X^2	0	1	4
f_{X^2}	$\frac{1}{4}$	$\frac{5}{8}$	$\frac{1}{8}$

2 Valori caratterizzanti una variabile casuale discreta

▶ Esercizi a p. σ35

Valore medio

Un'urna contiene 4 palline con il numero 50, 5 palline con il 54, 8 con il 58 e 3 con il 62.
Effettuiamo 50 estrazioni di una pallina nelle stesse condizioni, cioè rimettendo ogni volta la pallina estratta nell'urna. Otteniamo la seguente tabella.

Valore	Frequenza assoluta
50	10
54	12
58	24
62	4

Se calcoliamo la media aritmetica, otteniamo:

$$M = \frac{50 \cdot 10 + 54 \cdot 12 + 58 \cdot 24 + 62 \cdot 4}{50} = 55{,}76.$$

Avremmo anche potuto scrivere la media nella forma:

$$M = 50 \cdot \frac{10}{50} + 54 \cdot \frac{12}{50} + 58 \cdot \frac{24}{50} + 62 \cdot \frac{4}{50} = 55{,}76,$$

dove compaiono le frequenze relative.
Consideriamo la variabile casuale X che indica il numero ottenuto in un'estrazione. Calcolando teoricamente la probabilità, abbiamo la seguente distribuzione.

X	50	54	58	62
f	$\frac{1}{5}$	$\frac{1}{4}$	$\frac{2}{5}$	$\frac{3}{20}$

La somma dei prodotti di ogni valore per la sua probabilità dà il *valore medio* di X:

$$M(X) = 50 \cdot \frac{1}{5} + 54 \cdot \frac{1}{4} + 58 \cdot \frac{2}{5} + 62 \cdot \frac{3}{20} = 56.$$

Paragrafo 2. Valori caratterizzanti una variabile casuale discreta

Il valore ottenuto, μ = 56, esprime in modo sintetico la variabile casuale ed è un **valore teorico** che, come in questo caso, può non essere mai assunto dalla variabile casuale.

> **DEFINIZIONE**
> Data una variabile casuale discreta X che assume i valori $x_1, x_2, ..., x_n$ con probabilità $p_1, p_2, ..., p_n$, il **valore medio** (o **speranza**) $M(X)$ di X è la somma dei prodotti di ogni valore assunto dalla variabile casuale per la corrispondente probabilità:
> $$M(X) = x_1 p_1 + x_2 p_2 + ... + x_n p_n = \sum_{i=1}^{n} x_i p_i.$$

🇬🇧 **Listen to it**

The **expected value** of a discrete random variable is the sum of every possible value weighted by its probability.

Significato del valore medio

Se consideriamo un numero elevato di prove relative a un esperimento aleatorio, per la legge empirica del caso la frequenza relativa di un evento approssima la sua probabilità teorica. Pertanto, se consideriamo le frequenze relative degli eventi corrispondenti ai valori della variabile casuale discreta X che descrive l'esperimento, abbiamo che la media aritmetica ponderata approssima il valore medio di X.

▶ La variabile casuale X assume i valori −5, 3, 10 rispettivamente con probabilità 0,3, 0,5 e 0,2. Determina il valore medio di X.   [2]

Riferendoci all'esempio precedente, notiamo che la media aritmetica ottenuta nell'esperimento delle 50 estrazioni, cioè il valore 55,76, è molto vicino al valore medio 56. All'aumentare del numero di estrazioni, la media aritmetica tenderà al valore medio teorico.

Quindi possiamo dire che *il valore medio permette di fare una previsione teorica sul risultato dell'esperimento aleatorio quando il numero di prove è molto grande*.

Esaminiamo un esempio.
Una ditta produce sedie da giardino e deve stabilire la quantità da produrre per la prossima stagione estiva, in relazione alla probabilità di vendita. La distribuzione di probabilità che esprime il numero di sedie che si venderanno è la seguente.

X	1500	1800	2000	2100	2500
f	0,30	0,35	0,15	0,12	0,08

Il numero di sedie che si prevede di vendere durante la prossima stagione estiva è:
$$M(X) = 1500 \cdot 0,30 + 1800 \cdot 0,35 + 2000 \cdot 0,15 + 2100 \cdot 0,12 + 2500 \cdot 0,08 =$$
$$450 + 630 + 300 + 252 + 200 = 1832.$$

Proprietà del valore medio

> **PROPRIETÀ**
> Siano X e Y due variabili casuali discrete e k, h due costanti numeriche.
> 1. Se X è *costante*, cioè assume sempre uno stesso valore a, allora $M(X) = a$;
> 2. $M(k \cdot X) = k \cdot M(X)$;
> 3. $M(X + h) = M(X) + h$;
> 4. $M(X + Y) = M(X) + M(Y)$;
> 5. Se X assume i valori $x_1, x_2, ..., x_n$ con probabilità $p_1, p_2, ..., p_n$:
> $$M(X^2) = x_1^2 p_1 + x_2^2 p_2 + ... + x_n^2 p_n = \sum_{i=1}^{n} x_i^2 p_i.$$

σ11

Combinando la seconda e la terza proprietà, otteniamo:

$M(k \cdot X + h) = k \cdot M(X) + h$.

■ Varianza e deviazione standard

Sono date le seguenti variabili discrete e le relative distribuzioni di probabilità.

X	9	12	15	18	21
f_X	0,1	0,2	0,4	0,2	0,1

Y	3	9	15	21	27
f_Y	0,15	0,2	0,3	0,2	0,15

Esse hanno la stessa media $M(X) = M(Y) = \mu = 15$. Tuttavia, osserviamo le rappresentazioni grafiche delle distribuzioni di probabilità.

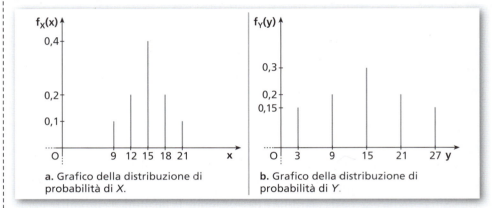

a. Grafico della distribuzione di probabilità di X.

b. Grafico della distribuzione di probabilità di Y.

Vediamo che nel primo caso i valori risultano più vicini al valore medio, pertanto c'è una minore *dispersione*.

Per misurare questa dispersione possiamo considerare gli scarti di ogni valore dal valore medio, creando così la variabile casuale $X - \mu$, che chiamiamo *variabile casuale scarto*, con la seguente distribuzione di probabilità.

$X - \mu$	-6	-3	0	3	6
$f_{X-\mu}$	0,1	0,2	0,4	0,2	0,1

Osserviamo che il valore medio della variabile casuale scarto è nullo:

$M(X - \mu) = -6 \cdot 0,1 - 3 \cdot 0,2 + 3 \cdot 0,2 + 6 \cdot 0,1 = 0$.

Nello stesso modo $M(Y - \mu) = 0$. Il valore medio dello scarto non è quindi adatto per esprimere la dispersione. Consideriamo allora i *quadrati degli scarti dal valore medio*, cioè la variabile $(X - \mu)^2$.

Assumiamo come indice della dispersione il valore medio di questa variabile casuale, che chiamiamo *varianza* e indichiamo con $var(X)$:

$var(X) = M\left[(X - \mu)^2\right] = (-6)^2 \cdot 0,1 + (-3)^2 \cdot 0,2 + 0^2 \cdot 0,4 +$

$+ 3^2 \cdot 0,2 + 6^2 \cdot 0,1 = 10,8$.

Possiamo anche considerare, come indice della dispersione, la radice quadrata della varianza, detta *deviazione standard* $\sigma(X)$:

$\sigma(X) = \sqrt{var(X)} = \sqrt{10,8} \simeq 3,29$.

La variabile casuale scarto di Y ha la seguente distribuzione di probabilità.

$Y - \mu$	-12	-6	0	6	12
$f_{Y-\mu}$	0,15	0,2	0,3	0,2	0,15

$var(Y) = M[(Y-\mu)^2] = (-12)^2 \cdot 0,15 + (-6)^2 \cdot 0,2 + 0^2 \cdot 0,3 + 6^2 \cdot 0,2 +$
$+ 12^2 \cdot 0,15 = 57,6; \qquad \sigma(Y) = \sqrt{57,6} \simeq 7,59$.

Questi valori confermano la maggiore dispersione della variabile Y che avevamo rilevato confrontando i grafici di X e Y.
Generalizziamo.

DEFINIZIONE

Data una variabile casuale discreta X, si chiama **variabile casuale scarto** di X la variabile casuale che ha per valori le differenze fra i valori di X e il valore medio $M(X)$, cioè la variabile $X - M(X)$.

Questa variabile non è molto significativa perché **il suo valore medio è sempre nullo**. Per avere informazioni riguardo alla dispersione dei valori di una variabile X, si considera allora la variabile casuale quadrato dello scarto di X.

DEFINIZIONE

Data una variabile casuale discreta X che assume i valori $x_1, x_2, ..., x_n$ con probabilità $p_1, p_2, ..., p_n$, e con valore medio $M(X) = \mu$, si chiama **varianza** di X, e si indica con $var(X)$, il valore medio della variabile casuale quadrato dello scarto di X:

$$var(X) = M[(X-\mu)^2] = \sum_{i=1}^{n}(x_i - \mu)^2 \cdot p_i = (x_1 - \mu)^2 \cdot p_1 +$$
$$+ (x_2 - \mu)^2 \cdot p_2 + ... + (x_n - \mu)^2 \cdot p_n.$$

La varianza ci dice quanto sono concentrati i valori della variabile X attorno al valore medio μ. La varianza si può anche indicare con $\sigma^2(X)$.

DEFINIZIONE

La **deviazione standard** (o **scarto quadratico medio**) $\sigma(X)$ di una variabile casuale X è la radice quadrata della varianza di X:

$\sigma(X) = \sqrt{var(X)}$.

Attraverso il **valore di sintesi** μ e il **valore di dispersione** σ^2, possiamo, individuare le **caratteristiche di una variabile casuale**.
Si può inoltre dimostrare che vale il seguente teorema.

TEOREMA

Sia X una variabile casuale. La varianza di X è uguale alla differenza tra il valore medio della variabile X^2 e il quadrato del valore medio di X:

$var(X) = M(X^2) - [M(X)]^2$.

 Listen to it

The **variance** of a discrete random variable is the expected value of the squared differences between the possible values and the expected value of the random variable.

▶ Verifica l'uguaglianza $var(X) = M(X^2) - [M(X)]^2$ nel caso particolare della variabile casuale X con la seguente distribuzione e poi nel caso generale.

X	-3	1	2	3
f	0,1	0,15	0,3	0,45

 Animazione

Capitolo σ. Distribuzioni di probabilità

Proprietà della varianza

> **PROPRIETÀ**
> Siano X e Y due variabili casuali discrete e k, h due costanti numeriche:
> 1. $var(k \cdot X) = k^2 \cdot var(X)$;
> 2. $var(X + h) = var(X)$;
> 3. se le variabili sono *indipendenti*, $var(X + Y) = var(X) + var(Y)$.

Combinando le prime due proprietà, otteniamo:

$$var(k \cdot X + h) = k^2 \cdot var(X).$$

La semidifferenza tra $var(X + Y)$ e $[var(X) + var(Y)]$ viene detta **covarianza** di X e Y e si indica con $cov(X, Y)$:

$$\boldsymbol{cov(X, Y) = \frac{var(X + Y) - [var(X) + var(Y)]}{2}}.$$

La covarianza è un indice di variabilità che lega le due variabili.
Sappiamo che, se le variabili sono indipendenti, $var(X + Y) = var(X) + var(Y)$, quindi in tal caso $cov(X, Y) = 0$.

La covarianza può anche essere calcolata direttamente (senza conoscere le varianze) nel seguente modo:

- si determinano gli scarti dei valori della variabile X;
- si determinano gli scarti dei valori della variabile Y;
- si calcola la somma dei prodotti degli scarti per le rispettive probabilità congiunte.

Notiamo che, quando conosciamo la covarianza di due variabili casuali X e Y, possiamo ricavare la varianza della loro somma dalla formula precedente:

$$var(X + Y) = var(X) + var(Y) + 2cov(X, Y).$$

> ▶ Si estraggono consecutivamente senza reimmissione due palline da un'urna che contiene quattro palline numerate da 1 a 4. Indica con X il primo numero estratto e con Y il secondo numero estratto. Calcola $var(X + Y)$ e $cov(X, Y)$.
> ----------------------------
> ☐ **Animazione**

3 Distribuzioni di probabilità di uso frequente

Per ogni fenomeno specifico si può costruire una sua variabile casuale. Lo statistico ha il compito di esaminare i fenomeni e di classificarli, andando oltre l'apparente diversità, per ricondurli a quelle «regolarità» che li descrivono.

■ Distribuzione uniforme discreta

▶ Esercizi a p. σ40

Un'urna contiene cinque palline con i numeri 3, 5, 7, 9 e 11. Si estrae una pallina. Indichiamo con X_1 la variabile casuale che rappresenta l'esito dell'estrazione. Ogni pallina ha la stessa probabilità delle altre di essere estratta, quindi, indicando con f la distribuzione di probabilità di X_1, abbiamo:

$$f(3) = f(5) = f(7) = f(9) = f(11).$$

Poiché

$$f(3) + f(5) + f(7) + f(9) + f(11) = 1,$$

σ14

Paragrafo 3. Distribuzioni di probabilità di uso frequente

deve essere:

$$f(3) = f(5) = f(7) = f(9) = f(11) = \frac{1}{5}.$$

Pertanto, la distribuzione di X_1 e la sua funzione di ripartizione sono le seguenti.

X_1	3	5	7	9	11
f	$\frac{1}{5}$	$\frac{1}{5}$	$\frac{1}{5}$	$\frac{1}{5}$	$\frac{1}{5}$
F	$\frac{1}{5}$	$\frac{2}{5}$	$\frac{3}{5}$	$\frac{4}{5}$	1

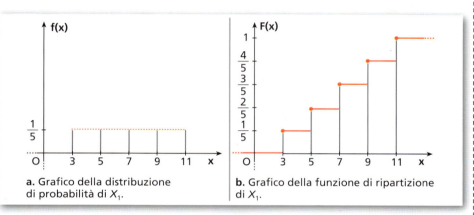

a. Grafico della distribuzione di probabilità di X_1.

b. Grafico della funzione di ripartizione di X_1.

In questo caso la distribuzione di probabilità è detta *uniforme*. Il grafico della sua distribuzione di probabilità ha un andamento rettilineo orizzontale. Il grafico della funzione di ripartizione è a gradini, con tutti i salti uguali e di ampiezza $\frac{1}{5}$.

DEFINIZIONE

Una variabile casuale discreta X ha una **distribuzione di probabilità uniforme** se tutti i suoi valori hanno la stessa probabilità, cioè, se X assume i valori $x_1, x_2, ..., x_n$ e la probabilità è data da:

$$p(X = x_i) = \frac{1}{n}, \quad i = 1, 2, ..., n.$$

Listen to it

If a discrete random variable follows a **discrete uniform distribution**, then $p(X = x) = \frac{1}{n}$.

Più semplicemente diremo che una variabile casuale è *uniforme* o *distribuita uniformemente* se ha una distribuzione di probabilità uniforme.

Per calcolare il valore medio e la varianza di una distribuzione uniforme, in genere bisogna usare le solite formule, ma se i valori di una variabile casuale X sono 1, 2, 3, ..., n e tutti hanno probabilità $p = \frac{1}{n}$, si può dimostrare che:

$$M(X) = \frac{n+1}{2} \quad \text{e} \quad var(X) = \frac{n^2 - 1}{12}.$$

Per esempio, se la variabile casuale X assume i valori 1, 2, 3, 4, 5, tutti con probabilità $\frac{1}{5}$, abbiamo:

$$\mu = \frac{5+1}{2} = 3, \quad \sigma^2 = \frac{5^2 - 1}{12} = 2, \quad \sigma = \sqrt{2}.$$

Capitolo σ. Distribuzioni di probabilità

▶ Quattro libri hanno rispettivamente i seguenti numeri di pagine: 57, 117, 177 e 237. Se ne sceglie uno a caso. Se X è la variabile che indica il numero di pagine del libro scelto, trova la distribuzione, il valore medio e la varianza di X.

 Animazione

Consideriamo di nuovo X_1. I suoi valori si possono ottenere dai valori 1, 2, 3, 4, 5 di una variabile X moltiplicando questi ultimi per 2 e aggiungendo 1 al prodotto. Pertanto X_1 è la variabile casuale $2 \cdot X + 1$ e quindi applicando le proprietà del valore medio e della varianza otteniamo:

$\mu_1 = M(2X + 1) = 2M(X) + 1 = 2 \cdot 3 + 1 = 7;$

$\sigma_1^2 = var(2X + 1) = 2^2 \, var(X) = 2^2 \cdot 2 = 8;$

$\sigma_1 = 2\sqrt{2}.$

■ Distribuzione binomiale

▶ Esercizi a p. σ41

Un'urna contiene 8 palline nere e 24 bianche. Si estraggono consecutivamente cinque palline rimettendo ogni volta la pallina estratta nell'urna. Consideriamo l'evento «uscita della pallina nera».
Abbiamo un evento, con probabilità costante $p = \dfrac{1}{4}$, sottoposto a 5 prove tutte nelle stesse condizioni.
Consideriamo la variabile casuale X corrispondente al numero delle volte in cui l'evento può verificarsi. La variabile X assume i valori 0, 1, 2, 3, 4 e 5. Secondo lo schema delle prove ripetute, la probabilità che X assuma il valore x è:

$$p(X = x) = \binom{5}{x}\left(\dfrac{1}{4}\right)^x\left(\dfrac{3}{4}\right)^{5-x}.$$

La distribuzione e la funzione di ripartizione di X quindi sono le seguenti.

X	0	1	2	3	4	5
f	0,237305	0,395508	0,263672	0,087891	0,014648	0,000977
F	0,237305	0,632813	0,896484	0,984375	0,999023	1

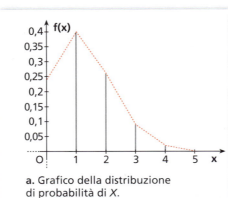

a. Grafico della distribuzione di probabilità di X.

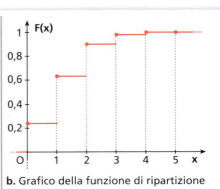

b. Grafico della funzione di ripartizione di X.

In questo caso la distribuzione è detta *binomiale* di parametri 5 e $\dfrac{1}{4}$.

🇬🇧 **Listen to it**

If a discrete random variable follows a **binomial distribution**, then

$p(X = x) = \binom{n}{x}p^x(1-p)^{n-x}.$

DEFINIZIONE

Una variabile casuale discreta X, con valori $x = 0, 1, 2, \ldots, n$, ha una **distribuzione di probabilità binomiale** di *parametri* n e p (con $0 < p < 1$) se:

$$p(X = x) = \binom{n}{x}p^x(1-p)^{n-x}.$$

Una variabile casuale con distribuzione binomiale, detta *variabile binomiale*, de-

scrive il numero di volte in cui si può verificare un evento aleatorio di probabilità p su n prove indipendenti.
Supponiamo di effettuare una sola prova. Abbiamo la seguente distribuzione di probabilità.

X_1	0	1
f	$1-p$	p

Questa particolare variabile binomiale di parametri 1 e p è detta **di Bernoulli** (o **bernoulliana**).

Il valore medio di X_1 è

$$M(X_1) = 0 \cdot (1-p) + 1 \cdot p = p$$

e la varianza vale:

$$var(X_1) = M(X_1^2) - [M(X_1)]^2 = p - p^2 = p(1-p).$$

In generale, per una variabile binomiale X di parametri n e p, si può dimostrare che:

$$M(X) = np \quad \text{e} \quad var(X) = np(1-p).$$

ESEMPIO
Una macchina di precisione produce pezzi di ricambio per elettrodomestici con una percentuale del 2% di pezzi difettosi.
Calcoliamo il numero medio di pezzi difettosi che si possono prevedere su una produzione giornaliera di 400 pezzi e la deviazione standard.
Essendo $n = 400$, $p = 0{,}02$ e $1 - p = 0{,}98$, otteniamo:

$$\mu = 400 \cdot 0{,}02 = 8 \quad \text{e} \quad \sigma = \sqrt{400 \cdot 0{,}02 \cdot 0{,}98} = 2{,}8.$$

Distribuzione di Poisson

▶ Esercizi a p. σ43

Un evento ha probabilità $p = 0{,}005$. Calcoliamo la probabilità che su 800 prove, *effettuate nelle stesse condizioni*, l'evento si verifichi 6 volte.
Possiamo considerare una variabile casuale X binomiale di parametri $n = 800$ e $p = 0{,}005$ e calcolare:

$$p(X = 6) = \binom{800}{6} \cdot 0{,}005^6 \cdot 0{,}995^{794} \simeq 0{,}10433.$$

Si può dimostrare che se, come in questo caso, n è grande e p è piccolo, allora posto $np = \lambda$, la quantità $\binom{n}{x} p^x (1-p)^{n-x}$ si può approssimare con $\dfrac{\lambda^x}{x!} \cdot e^{-\lambda}$.

Nel nostro caso, per esempio, osservato che $\lambda = n \cdot p = 800 \cdot 0{,}005 = 4$, possiamo calcolare:

$$p(X = 6) = \frac{4^6}{6!} e^{-4} \simeq 0{,}104196,$$

che è una buona approssimazione del valore precedente.
Si può provare che l'approssimazione diventa migliore al crescere di n.

Possiamo costruire, quindi, una variabile casuale X immaginando che il numero di prove sia infinito. La variabile X perciò può assumere un qualunque valore x intero non negativo, e la probabilità che assuma tale valore è:

▶ Al poligono di tiro Andrea colpisce il bersaglio una volta su dieci. Fa 6 tiri. Qual è la probabilità che colpisca il bersaglio almeno 4 volte?
[0,00127]

🎬 Video
Roulette e distribuzioni di probabilità
Alla roulette si può puntare su un gruppo di numeri.

▶ Qual è la probabilità di vincere almeno 40 volte se puntiamo 100 volte sulla prima dozzina di numeri?

▶ Usando i dati dell'esercizio precedente, qual è il numero medio di bersagli colpiti da Andrea?
[0,6]

Capitolo σ. Distribuzioni di probabilità

$$p(X = x) = \frac{\lambda^x}{x!} \cdot e^{-\lambda}.$$

Questa distribuzione si chiama *distribuzione di Poisson*.

🇬🇧 Listen to it

If a discrete random variable follows a **Poisson distribution** with parameter λ, then
$p(X=x) = \frac{\lambda^x}{x!} \cdot e^{-\lambda}$.

DEFINIZIONE

Una variabile casuale discreta X, che assume valori $x = 0, 1, 2, \ldots$, ha una **distribuzione di probabilità di Poisson** di *parametro* λ (con $\lambda > 0$) se:

$$p(X = x) = \frac{\lambda^x}{x!} \cdot e^{-\lambda}.$$

La distribuzione di Poisson approssima quella binomiale quando il numero delle prove n è elevato e la probabilità di successo p è piccola, ponendo $\lambda = np$. Per questo si usa indicare la distribuzione di Poisson come *distribuzione degli eventi rari*. Una *variabile di Poisson*, cioè una variabile che ha una distribuzione di Poisson, può assumere tutti i **valori interi non negativi**.

Le variabili di Poisson sono utilizzate, per esempio, per modellizzare importanti fenomeni in fisica (decadimento radioattivo), in medicina (malattie rare) o in campo economico (file di attesa).

Il parametro λ di una distribuzione di Poisson assume particolare interesse perché si può dimostrare che, per una variabile casuale discreta X con questa distribuzione di probabilità, esso coincide con il valore medio e la varianza della variabile:

$$M(X) = var(X) = \lambda.$$

Confrontiamo i grafici di quattro distribuzioni di Poisson con $\lambda = 0{,}5, 1, 4, 10$.

Osserviamo che all'aumentare del valore di λ la distribuzione della probabilità tende a diventare simmetrica attorno al valore medio.

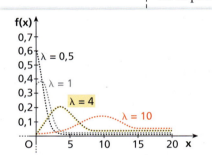

▶ A un distributore di benzina arrivano ogni ora mediamente 5 auto per fare rifornimento. Calcola la probabilità che in un'ora arrivino 6 auto al distributore. $[\simeq 0{,}15]$

ESEMPIO

A uno sportello bancario arrivano in media 30 persone all'ora.
Calcoliamo la probabilità che in 5 minuti:
- arrivino 4 persone;
- arrivino meno di 3 persone.

Calcoliamo in media quante persone arrivano in 5 minuti; essendo 30 le persone e 60 i minuti in un'ora, indicando con λ il valore medio cercato, abbiamo:

$$30 : 60 = \lambda : 5 \rightarrow \lambda = 2{,}5.$$

Modellizziamo gli arrivi con una variabile di Poisson X di parametro $\lambda = 2{,}5$.
Per ogni $x \in \mathbb{N}$,

$$p(X = x) = \frac{2{,}5^x}{x!} e^{-2{,}5},$$

pertanto $p(X = 4) = \dfrac{2{,}5^4}{4!} e^{-2{,}5} \simeq 0{,}133602$.

La probabilità che arrivino meno di 3 persone è

$$p(X \leq 2) = F(2) = p(X = 0) + p(X = 1) + p(X = 2) \simeq 0{,}543813.$$

4. Giochi aleatori

▶ Esercizi a p. σ45

Una persona decide di partecipare al seguente gioco. Viene lanciato un dado. Se esce il numero 1 essa riceve € 7, se esce un numero pari riceve € 4, altrimenti deve pagare € 2.

Consideriamo la variabile casuale X che rappresenta i guadagni (positivi e negativi) e la sua distribuzione di probabilità.

X	7	4	−2
f_X	$\frac{1}{6}$	$\frac{1}{2}$	$\frac{1}{3}$

Calcoliamo il valore medio di X.

$$M(X) = 7 \cdot \frac{1}{6} + 4 \cdot \frac{1}{2} - 2 \cdot \frac{1}{3} = 2{,}5.$$

Il valore ottenuto rappresenta non la vincita di una partita, ma quello che il giocatore può sperare di realizzare in media giocando un numero elevato di volte. Dal momento che la speranza di guadagno è positiva, possiamo pensare che il gioco sia favorevole per il giocatore.

In generale, se:

- $M(X) = 0$, si ha un **gioco equo**;
- $M(X) > 0$, il **gioco è favorevole**;
- $M(X) < 0$, il **gioco è sfavorevole**.

Consideriamo il caso di due giocatori, A e B, che giocano uno contro l'altro. Indichiamo con S_A e S_B le somme che essi pagano in caso di vincita dell'avversario e siano p la probabilità di vincita di B e $q = 1 - p$ la probabilità di vincita di A. Quindi, pensando al giocatore B, egli vince S_A con probabilità p e perde S_B con probabilità q. La speranza di vincita per B è $S_A \cdot p - S_B \cdot q$. Il gioco è equo se $S_A \cdot p - S_B \cdot q = 0$. Possiamo anche scrivere: $S_A \cdot p = S_B \cdot q$, cioè $S_A : S_B = q : p$.

Quindi *in un gioco equo le poste dei due giocatori sono proporzionali alla probabilità di vincita*.

Applicando la proprietà del comporre, si ha $(S_A + S_B) : S_B = (q + p) : p$; essendo $(S_A + S_B) = V$, dove V è il piatto, cioè la somma delle poste, e $(p + q) = 1$, si ha:

$$V : S_B = 1 : p, \quad \text{cioè} \quad S_B = V \cdot p.$$

Riprendiamo l'esempio precedente. La speranza di vincita del giocatore è 2,5, quindi possiamo dire che il gioco gli è favorevole.

Calcoliamo quanto dovrebbe essere la somma P (cioè la posta) che il giocatore dovrebbe pagare, se esce un numero dispari diverso da 1, affinché il gioco sia equo. Scriviamo la relazione $M(X) = 0$ come equazione con incognita P:

$$7 \cdot \frac{1}{6} + 4 \cdot \frac{1}{2} - P \cdot \frac{1}{3} = 0 \rightarrow P = 9{,}5.$$

Quindi la distribuzione di X, in caso di equità, dovrebbe essere la seguente.

X	7	4	−9,5
f_X	$\frac{1}{6}$	$\frac{1}{2}$	$\frac{1}{3}$

— guadagni (positivi o negativi) in caso di gioco equo

Consideriamo ora lo stesso gioco con un'altra «organizzazione».
Al giocatore viene chiesto un *prezzo* di € 9,5 per partecipare al gioco gestito da un *banco*. Questo prezzo non è altro che la posta da pagare prima che il gioco inizi.

Capitolo σ. Distribuzioni di probabilità

Per la condizione di equità, a fronte di una posta di € 9,5 pagata prima di iniziare il gioco, il giocatore dovrebbe ricevere:

- € 7 + € 9,5 = € 16,5 se esce la faccia 1;
- € 4 + € 9,5 = € 13,5 se esce un numero pari;
- € − 9,5 + € 9,5 = € 0 altrimenti.

Il gioco è lo stesso, solo che qui stiamo considerando le vincite lorde.

Consideriamo una nuova variabile, $V = X + 9,5$, che indica la vincita lorda del giocatore, cioè la somma della vincita netta e della posta.

V	16,5	13,5	0
f_V	$\dfrac{1}{6}$	$\dfrac{1}{2}$	$\dfrac{1}{3}$

Osserviamo che $M(V) = 16,5 \cdot \dfrac{1}{6} + 13,6 \cdot \dfrac{1}{3} = 9,5$, che potevamo calcolare usando le proprietà della media:

$$M(V) = M(X + 9,5) = M(X) + 9,5 = 9,5.$$

Ciò vuol dire, affinché il gioco sia equo, la posta deve essere uguale al valore medio delle vincite lorde del giocatore contro il banco.

In generale, se V è la variabile casuale che rappresenta le vincite lorde che si possono ottenere in un gioco, si ha equità se la posta P è uguale al valore medio di V:

$$P = M(V).$$

ESEMPIO

In un gioco con un mazzo di 40 carte si estraggono contemporaneamente 2 carte. Se sono due figure, si vincono 52 euro, e se è una sola figura, si vincono 26 euro. Per partecipare al gioco viene richiesta una posta di 20 euro.

Le probabilità di vincita sono $\dfrac{11}{130}$ e $\dfrac{28}{65}$, quindi la distribuzione delle vincite lorde è la seguente.

V	52	26	0
f_V	$\dfrac{11}{130}$	$\dfrac{28}{65}$	$\dfrac{63}{130}$

Affiché il gioco sia equo, la posta dovrebbe essere uguale al valore medio di V. Poiché

$$M(V) = 52 \cdot \frac{11}{130} + 26 \cdot \frac{28}{65} = 15,6,$$

il gioco è sfavorevole essendo la posta richiesta superiore.

Possiamo anche verificare che la speranza dei guadagni $X = V - 20$, in base alla posta richiesta di 20 euro, è negativa, e il risultato è proprio la differenza fra la posta in caso di equità e la posta richiesta:

$$M(X) = (52 - 20) \cdot \frac{11}{130} + (26 - 20) \cdot \frac{28}{65} - 20 \cdot \frac{63}{130} = -4,4.$$

▶ In una piccola lotteria, su 100 biglietti venduti ce n'è uno che permette di vincere € 200, 2 che permettono di vincere € 100 e 3 che permettono di vincere € 50. Ogni biglietto costa € 10. Il gioco è equo? Se non lo è, determina il prezzo del biglietto affinché la lotteria sia equa.   [€ 5,5]

Paragrafo 5. Variabili casuali standardizzate

MATEMATICA INTORNO A NOI

Conviene giocare? Esistono tanti tipi di slot machine, ma tutte si basano sullo stesso tipo di procedimento: si inseriscono i soldi, i rulli iniziano a ruotare e si fermano in modo casuale indipendentemente l'uno dall'altro.

▶ Con l'aiuto di una slot semplificata proviamo a capire se questo gioco è equo.

☐ Approfondimento

5 Variabili casuali standardizzate

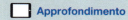

▶ Esercizi a p. σ46

Le seguenti variabili casuali discrete mostrano il punteggio di due test sottoposti ai 23 alunni di una classe, in momenti successivi. I test si differenziano per il numero dei quesiti, e quindi per il punteggio massimo ottenibile, e per la difficoltà.

X_1	0	1	2	3	4	5	6	7	8
f_{X_1}	$\frac{2}{23}$	$\frac{2}{23}$	$\frac{2}{23}$	$\frac{6}{23}$	$\frac{3}{23}$	$\frac{3}{23}$	$\frac{2}{23}$	$\frac{1}{23}$	$\frac{1}{23}$

X_2	0	1	2	3	4	5
f_{X_2}	$\frac{2}{23}$	$\frac{4}{23}$	$\frac{5}{23}$	$\frac{5}{23}$	$\frac{4}{23}$	$\frac{3}{23}$

I valori assunti dalle variabili corrispondono ai punteggi possibili, mentre le distribuzioni di probabilità sono determinate dalle frequenze relative dei punteggi nella classe (per esempio, nel secondo test 5 alunni su 23 hanno ottenuto 3 punti).

Le due variabili casuali hanno rispettivamente valori medi:

$\mu_1 \simeq 3{,}478$ e $\mu_2 \simeq 2{,}609$.

Consideriamo un alunno che ha conseguito 4 punti nel primo test e 3 nel secondo e calcoliamo gli scarti dalle medie dei suoi punteggi:

$4 - \mu_1 \simeq 0{,}522$;

$3 - \mu_2 \simeq 0{,}391$.

Potremmo concludere che l'alunno ha avuto un peggioramento, in quanto con il primo test ha uno scarto positivo, rispetto alla media della classe, maggiore di quello del secondo test.

La differenza con la media non è però sufficiente a valutare la situazione, in quanto non tiene conto della diversa difficoltà dei test.
La difficoltà è misurata dalla variabilità dei risultati, e pertanto rapportiamo le differenze dal valore medio con le deviazioni standard, cioè misuriamo gli scarti dai valori medi in unità di σ.

Essendo $\sigma_1 \simeq 2{,}061$ e $\sigma_2 \simeq 1{,}496$,

abbiamo: $\dfrac{4 - \mu_1}{\sigma_1} \simeq 0{,}253$ e $\dfrac{3 - \mu_2}{\sigma_2} \simeq 0{,}261$.

Dobbiamo concludere che, per il secondo test, l'alunno ha conseguito un miglioramento rispetto alla situazione complessiva della classe.

σ21

Capitolo σ. Distribuzioni di probabilità

Se operiamo la stessa trasformazione per tutti i valori della variabile casuale X_1, otteniamo una **nuova variabile casuale Z_1**, detta *standardizzata*, **che ha la stessa distribuzione di probabilità**:

$$Z_1 = \frac{X_1 - \mu_1}{\sigma_1} \simeq \frac{X_1 - 3{,}478}{2{,}061}.$$

Z_1	$-1{,}688$	$-1{,}202$	$-0{,}717$	$-0{,}232$	$0{,}253$	$0{,}738$	$1{,}224$	$1{,}709$	$2{,}194$
f_{Z_1}	$\frac{2}{23}$	$\frac{2}{23}$	$\frac{3}{23}$	$\frac{6}{23}$	$\frac{3}{23}$	$\frac{3}{23}$	$\frac{2}{23}$	$\frac{1}{23}$	$\frac{1}{23}$

🇬🇧 **Listen to it**

Given a random variable X whose expected value and **standard deviation** are respectively μ and σ, the **standardized random variable** associated with X is given by: $Z = \frac{X - \mu}{\sigma}$.

DEFINIZIONE

Data una variabile casuale X con valore medio μ e deviazione standard σ, la **variabile casuale standardizzata di X** è la variabile casuale:

$$Z = \frac{X - \mu}{\sigma}.$$

Effettuando la standardizzazione di una variabile casuale si possono fare confronti tra fenomeni descritti da grandezze diverse, cioè da variabili aventi unità di misura diverse, in quanto la variabile Z è indipendente dall'unità di misura.

I valori assunti dalla variabile standardizzata Z di una variabile casuale X vengono chiamati **punti zeta** e hanno la stessa distribuzione di probabilità di X.

Applicando le proprietà del valore medio e della varianza osserviamo che

$$M(Z) = M\left(\frac{X - \mu}{\sigma}\right) = \frac{1}{\sigma} M(X - \mu) = \frac{1}{\sigma}[M(X) - \mu] = \frac{1}{\sigma}(\mu - \mu) = 0$$

e

$$var(Z) = M(Z^2) - [M(Z)]^2 = M\left[\left(\frac{X - \mu}{\sigma}\right)^2\right] - 0 = \frac{1}{\sigma^2} M[(X - \mu)^2] = \frac{1}{\sigma^2} \cdot \sigma^2 = 1.$$

Pertanto vale la seguente proprietà.

▶ Una variabile casuale X assume i valori -3, 2 e 5, e ha valore medio $1{,}5$ e varianza 4. Trova i punti zeta della variabile standardizzata.
$[-2{,}25; 0{,}25; 1{,}75]$

PROPRIETÀ

Una variabile standardizzata Z ha valore medio nullo e varianza e deviazione standard unitarie:

$$M(Z) = 0, \quad var(Z) = \sigma(Z) = 1.$$

6 Variabili casuali continue

Consideriamo un esperimento in cui abbiamo un cronometro che fermiamo, in modo casuale, premendo un pulsante. Vogliamo determinare la probabilità che venga fermato, per esempio, esattamente dopo 8 secondi. La grandezza legata al fenomeno aleatorio è il tempo, che varia con continuità: a seconda della sensibilità del cronometro, possiamo pensare di considerare, oltre ai secondi, i decimi di secondo, i centesimi e così via. Se consideriamo un intervallo di tempo, per esempio

Paragrafo 6. Variabili casuali continue

fra 0 e 10 secondi, a ogni istante possiamo far corrispondere un numero reale e viceversa. In generale, diamo la seguente definizione.

> **DEFINIZIONE**
>
> Una **variabile casuale** (o **aleatoria**) **continua** X è una funzione, definita sullo spazio dei campioni di un esperimento aleatorio, che può assumere tutti i valori reali contenuti in un intervallo (limitato o illimitato).

🇬🇧 **Listen to it**

A random variable is said to be **continuous** if it can take any value in a finite or infinite interval of real values.

Riprendiamo il nostro esempio.
La possibilità di fermare il cronometro dopo 8 secondi esatti è praticamente nulla, in quanto si tratta di «centrare» un istante preciso fra gli infiniti istanti possibili. Questo è vero anche per qualsiasi altro istante.

Il modello matematico che serve per descrivere le probabilità associate a una variabile casuale continua X che varia entro un intervallo $I = [a; b]$, dove $I \subseteq \mathbb{R}$, non si basa quindi sulle probabilità dei singoli valori di X, bensì sulla probabilità che X assuma valori compresi fra due estremi $x_1, x_2 \in I$.

Per esempio, nel caso del cronometro, potremmo chiederci qual è la probabilità di fermarlo in un istante compreso fra 7 e 9 secondi.

Per il calcolo della probabilità utilizziamo una funzione $f(x) \geq 0$, definita punto per punto in $\mathbb{R}$, chiamata *funzione densità di probabilità di X*: il valore della probabilità $p(x_1 \leq X \leq x_2)$ **è uguale all'area compresa fra il grafico di $f(x)$ e l'asse delle ascisse nell'intervallo $[x_1; x_2]$**.

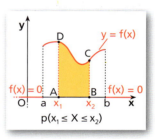

$p(x_1 \leq X \leq x_2)$

> **DEFINIZIONE**
>
> La **funzione densità di probabilità** di una variabile casuale continua X è una funzione $f(x)$ tale che:
>
> $$f(x) \geq 0, \quad \forall x \in \mathbb{R}; \qquad \int_{-\infty}^{+\infty} f(x)\, dx = 1;$$
>
> $$p(x_1 \leq X \leq x_2) = \int_{x_1}^{x_2} f(x)\, dx, \qquad \forall x_1 < x_2.$$

▶ Verifica che la funzione
$$f(x) = \begin{cases} 3e^{-3x} & \text{se } x \geq 0 \\ 0 & \text{se } x < 0 \end{cases}$$
è la densità di probabilità di una variabile casuale X e calcola $p(-3 \leq X < 4)$.
$[1 - e^{-12}]$

Il fatto che $f(x) \geq 0$ ci assicura che, per ogni $x_1 < x_2$, effettivamente

$$p(x_1 \leq X \leq x_2) \geq 0.$$

La condizione $\int_{-\infty}^{+\infty} f(x)\, dx = 1$ corrisponde alla condizione che l'evento «$X \in \mathbb{R}$» sia un evento certo, ed è l'analoga della condizione $f(x_1) + f(x_2) + \ldots + f(x_n) = 1$ per le variabili casuali discrete.

Con questa definizione si verifica facilmente che, per ogni $x \in \mathbb{R}$,

$$p(X = x) = p(x \leq X \leq x) = \int_{x}^{x} f(t)\, dt = 0,$$

cioè la probabilità che una variabile casuale continua X assuma un certo valore x è nulla.

Per questo motivo abbiamo anche che

$$p(x_1 \leq X \leq x_2) = p(x_1 < X \leq x_2) = p(x_1 \leq X < x_2) = p(x_1 < X < x_2).$$

Osserviamo che, quando l'intervallo I in cui varia X ha estremi finiti a e b, la

Capitolo σ. Distribuzioni di probabilità

Listen to it

The **probability density function** associated with a continuous random variable X is the function which computes the probability that X will assume some value within a given interval, while the **cumulative distribution function** gives the probability that X will assume a value smaller than or equal to a given value.

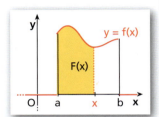

funzione densità di probabilità ha valore $f(x) = 0$, per $x < a$ e per $x > b$. L'area complessiva compresa tra il grafico di $f(x)$ e l'asse x coincide con quella relativa all'intervallo $I = [a; b]$.

Analogamente al caso discreto, introduciamo il concetto di funzione di ripartizione.

> **DEFINIZIONE**
> La **funzione di ripartizione** di una variabile casuale continua X con densità di probabilità $f(x)$ è la funzione $F(x)$ che, per ogni $x \in \mathbb{R}$, fornisce la probabilità che X assuma un valore non superiore a x:
> $$F(x) = p(X \leq x) = \int_{-\infty}^{x} f(t)\, dt.$$

- $F(x)$ è uguale all'area compresa tra il grafico della funzione densità di probabilità $f(x)$ e l'asse delle ascisse nell'intervallo $]-\infty; x]$.
- Essa è una **primitiva della funzione densità di probabilità** $f(x)$, cioè:
$$F'(x) = \frac{dF(x)}{dx} = f(x).$$
- Possiamo utilizzare $F(x)$ per calcolare $p(x_1 \leq X \leq x_2)$ applicando la relazione
$$p(x_1 \leq X \leq x_2) = F(x_2) - F(x_1).$$

Anche per le variabili casuali continue possiamo parlare di valore medio, varianza e deviazione standard. Le formule sono l'estensione nel continuo di quelle per le variabili casuali discrete; l'integrale sostituisce la sommatoria.

Valore medio:
$$M(X) = \int_{-\infty}^{+\infty} x \cdot f(x)\, dx.$$

Varianza:
$$var(X) = \int_{-\infty}^{+\infty} [x - M(X)]^2 f(x)\, dx.$$

Deviazione standard:
$$\sigma(X) = \sqrt{var(X)}.$$

Possiamo inoltre definire la somma e il prodotto tra una variabile casuale continua e una costante.
Continuano a valere le proprietà:

$M(X + h) = M(X) + h;$ $\quad M(kX) = kM(X);$

$var(X + h) = var(X);$ $\quad var(kX) = k^2 var(X).$

La standardizzata di una variabile casuale continua X con media μ e deviazione standard σ è
$$Z = \frac{X - \mu}{\sigma},$$
per la quale $M(Z) = 0$ e $var(Z) = 1$.

La probabilità che X assuma un valore compreso tra x_1 e x_2 coincide con la probabilità che la sua standardizzata Z assuma un valore compreso tra i relativi punti zeta, cioè, se $z_1 = \dfrac{x_1 - \mu}{\sigma}$ e $z_2 = \dfrac{x_2 - \mu}{\sigma}$, allora:

$$p(x_1 \leq X \leq x_2) = p(z_1 \leq Z \leq z_2).$$

È anche possibile definire la variabile casuale X^2, che ha media

$$M(X^2) = \int_{-\infty}^{+\infty} x^2 f(x) dx.$$

Come per le variabili casuali discrete, vale il teorema:

$$var(X) = M(X^2) - [M(X)]^2.$$

ESEMPIO

Una variabile casuale continua X varia nell'intervallo $[0; 2]$ e la sua funzione densità di probabilità è:

$$f(x) = \begin{cases} \dfrac{x^3}{4} & \text{se } 0 \le x \le 2 \\ 0 & \text{se } x < 0 \text{ o } x > 2 \end{cases}.$$

Determiniamo la funzione di ripartizione:

$$F(x) = \begin{cases} 0 & \text{se } x < 0 \\ \int_0^x \dfrac{t^3}{4} dt = \left[\dfrac{t^4}{16}\right]_0^x = \dfrac{1}{16} x^4 & \text{se } 0 \le x \le 2. \\ 1 & \text{se } x > 2 \end{cases}$$

Calcoliamo la probabilità che X assuma un valore compreso tra 1 e 1,5,

$$p(1 \le X \le 1,5) = \int_1^{1,5} \dfrac{x^3}{4} dx = \left[\dfrac{x^4}{16}\right]_1^{1,5} = \dfrac{1}{16}(5,0625 - 1) \simeq 0,2539.$$

Il valore medio è $M(X) = \int_0^2 x \cdot \dfrac{x^3}{4} dx = \dfrac{8}{5}$.

La varianza è:

$$var(X) = \int_0^2 \left(x - \dfrac{8}{5}\right)^2 \dfrac{x^3}{4} dx = \dfrac{8}{75}.$$

Più semplicemente, applicando la proprietà $var(X) = M(X^2) - [M(X)]^2$:

$$var(X) = \int_0^2 x^2 \cdot \dfrac{x^3}{4} dx - \left(\dfrac{8}{5}\right)^2 = \int_0^2 \dfrac{x^5}{4} dx - \dfrac{64}{25} = \dfrac{8}{3} - \dfrac{64}{25} = \dfrac{8}{75}.$$

▶ Una variabile casuale X ha la seguente funzione di ripartizione:

$$F(x) = \begin{cases} 0 & \text{se } x < 1 \\ \ln x & \text{se } 1 \le x \le e. \\ 1 & \text{se } x > e \end{cases}$$

Calcola:
- $p(0 \le X \le \sqrt{e})$;
- $M(X)$;
- $var(X)$.

🎬 **Animazione**

■ Distribuzione uniforme continua   ▶ Esercizi a p. σ49

Consideriamo una variabile casuale continua X a valori nell'intervallo $[0; 10]$, che abbia una funzione densità di probabilità del tipo:

$$f(x) = \begin{cases} 0 & \text{se } x < 0 \\ c & \text{se } 0 \le x \le 10, \quad \text{con } c \text{ un numero reale positivo costante.} \\ 0 & \text{se } x > 10 \end{cases}$$

Il grafico di $f(x)$ è rappresentato nella figura a lato.
Per la definizione di funzione densità di probabilità, l'area nell'intervallo $[0; 10]$ compresa tra questa retta e l'asse delle ascisse, cioè l'area del rettangolo di base 10 e altezza c, deve essere uguale a 1, pertanto:

$$10 \cdot c = 1 \quad \to \quad c = \dfrac{1}{10}, \quad f(x) = \dfrac{1}{10} \text{ per } 0 \le x \le 10.$$

Una distribuzione di questo tipo è detta *uniforme*.

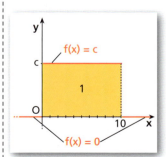

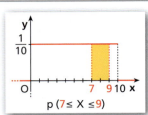

p(7 ≤ X ≤ 9)

La probabilità che la variabile X assuma valori contenuti in un intervallo $[x_1; x_2]$, per esempio $x_1 = 7$ e $x_2 = 9$, è:

$$p(7 \leq X \leq 9) = \int_7^9 \frac{1}{10} dx = \left[\frac{x}{10}\right]_7^9 = \frac{1}{5}.$$

Determiniamo la funzione di ripartizione $F(x) = p(X \leq x) = \int_{-\infty}^x f(t) dt$.

Se $x < 0$ integriamo f su un intervallo in cui essa è nulla, quindi $F(x) = 0$.
Se $0 \leq x \leq 10$, allora:

$$F(x) = p(X \leq x) = \int_0^x \frac{1}{10} dt = \left[\frac{t}{10}\right]_0^x = \frac{x}{10}.$$

Se $x > 10$ integriamo f su un intervallo in cui essa è non nulla solo tra 0 e 10, quindi:

$$F(x) = \int_{-\infty}^x f(t) dt = \int_0^{10} \frac{1}{10} dt = 1.$$

Il grafico della funzione di ripartizione è rappresentato nella figura a lato.

Utilizzando la funzione di ripartizione, possiamo calcolare in modo alternativo la probabilità che X assuma un valore compreso fra 7 e 9:

$$p(7 \leq X \leq 9) = F(9) - F(7) = \frac{9}{10} - \frac{7}{10} = \frac{1}{5}.$$

In generale abbiamo la seguente definizione.

> **DEFINIZIONE**
>
> Si dice che una variabile casuale continua X, a valori in $[a; b]$, ha una **distribuzione uniforme** se la sua funzione densità di probabilità è:
>
> $$f(x) = \begin{cases} 0 & \text{se } x < a \\ \dfrac{1}{b-a} & \text{se } a \leq x \leq b. \\ 0 & \text{se } x > b \end{cases}$$

La probabilità che X assuma valori contenuti nell'intervallo $[x_1; x_2]$ (con $a \leq x_1 \leq x_2 \leq b$) è:

$$p(x_1 \leq X \leq x_2) = \int_{x_1}^{x_2} \frac{1}{b-a} dx = \left[\frac{x}{b-a}\right]_{x_1}^{x_2} = \frac{x_2 - x_1}{b-a}.$$

La funzione di ripartizione di X è:

$$F(x) = \begin{cases} 0 & \text{se } x < a \\ \int_a^x \dfrac{1}{b-a} dt = \dfrac{x-a}{b-a} & \text{se } a \leq x \leq b. \\ 1 & \text{se } x > b \end{cases}$$

Inoltre si può dimostrare che:

$$M(X) = \frac{a+b}{2} \quad \text{e} \quad var(X) = \frac{(b-a)^2}{12}.$$

▶ Una variabile casuale X è uniformemente distribuita sull'intervallo $[-3; 5]$. Determina: $p(-2 \leq X \leq 4)$, $p(X \geq 0)$, $M(X)$ e $var(X)$.

▢ Animazione

■ Distribuzione normale o gaussiana

▶ Esercizi a p. σ50

La *distribuzione normale* è una funzione densità di probabilità che è stata individuata come il modo con il quale si distribuiscono le misure ripetute, che differiscono fra loro per motivi accidentali, di una stessa grandezza X.

> **DEFINIZIONE**
>
> Si dice che una variabile casuale continua X ha una **distribuzione normale** (o **gaussiana**) se la sua funzione densità di probabilità è definita in $\mathbb{R}$ e ha espressione:
>
> $$f(x) = \frac{1}{\sigma\sqrt{2\pi}} \cdot e^{-\frac{(x-\mu)^2}{2\sigma^2}},$$
>
> dove μ e σ sono parametri reali e $\sigma > 0$.
> Indichiamo questa distribuzione con
>
> $N(\mu; \sigma^2)$.

Sono molto frequenti i fenomeni collettivi naturali, sociali e produttivi i cui valori si possono rappresentare con una *variabile casuale normale*, cioè una variabile casuale continua con distribuzione normale.

Per una variabile casuale normale, i parametri μ e σ coincidono con il valore medio e la deviazione standard. Vale a dire, se X ha distribuzione $N(\mu; \sigma^2)$:

$$M(X) = \mu, \quad var(X) = \sigma^2, \quad \sigma(X) = \sigma.$$

La curva che rappresenta il grafico di una densità gaussiana è chiamata *curva degli errori accidentali* o, dalla sua forma dovuta alla simmetria, *curva a campana*.

Sottolineiamo alcune caratteristiche di questa curva:

- è simmetrica rispetto all'asse di equazione $x = \mu$;
- la curva ha un massimo in corrispondenza del punto $\left(\mu; \frac{1}{\sigma\sqrt{2\pi}}\right)$;
- ha l'asse delle ascisse come asintoto orizzontale;
- presenta due punti di flesso in corrispondenza di $\mu - \sigma$ e $\mu + \sigma$.

Se consideriamo più variabili casuali normali con uguale valore medio μ, ma diverso valore di σ, vediamo che *la curva si appiattisce all'aumentare della deviazione standard* (figura a lato).

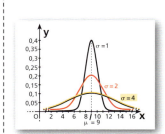

Consideriamo una variabile casuale Z con distribuzione $N(0; 1)$. Per calcolare, per esempio, $p(0 \leq Z \leq 1,35)$, dovremmo calcolare $\int_0^{1,35} \frac{1}{\sqrt{2\pi}} e^{-\frac{x^2}{2}} dx$.

Non esiste però una primitiva esplicita della funzione densità di probabilità gaussiana. Con metodi di approssimazione, tuttavia, è stata costruita la **tavola di Sheppard**, che fornisce i valori approssimati delle aree sotto la curva di una distribuzione $N(0; 1)$ nell'intervallo $[0; z]$, cioè i valori di

$$p(0 \leq Z \leq z) = \int_0^z \frac{1}{\sqrt{2\pi}} e^{-\frac{x^2}{2}} dx.$$

Riportiamo la tavola di Sheppard alla fine del volume.

Capitolo σ. Distribuzioni di probabilità

In questa tavola, le righe corrispondono alla parte intera e alla prima cifra decimale del valore z e le colonne alla cifra dei centesimi.

Per esempio, per trovare $p(0 \leq Z \leq 1{,}35)$, occorre individuare la riga in cui compare il numero 1,3 e scorrerla fino alla colonna corrispondente a 0,05. La casella così individuata contiene il valore cercato:

$$p(0 \leq Z \leq 1{,}35) \simeq 0{,}4115.$$

La simmetria della curva gaussiana rispetto all'asse y comporta che *la stessa tavola possa essere utilizzata anche per valori negativi della variabile Z*:

$$p(-z < Z < 0) = p(0 < Z < z).$$

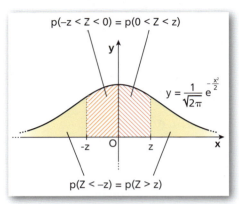

Osservato che $p(Z > 0)$ corrisponde alla metà dell'area totale sottostante la curva gaussiana (che vale 1), abbiamo anche:

$$p(Z < -z) = p(Z > z) = p(Z > 0) - p(0 < Z < z) = 0{,}5 - p(0 < Z < z).$$

Vedremo alcuni esempi negli esercizi.

Osserviamo che nella tavola non compaiono numeri z maggiori di 3,99 e che l'area sotto il grafico nell'intervallo [0; 3,99] è circa 0,5. Ciò vuol dire che l'area sotto il grafico a destra di 3,99 è praticamente nulla.

Calcoliamo ora la probabilità che la variabile casuale normale X con distribuzione $N(3; 4)$ assuma valori compresi nell'intervallo [4; 6].

Per usare la tavola di Sheppard, *standardizziamo* la variabile X nella variabile Z:

$$Z = \frac{X - \mu}{\sigma} = \frac{X - 3}{2}.$$

In questo modo abbiamo ottenuto ancora una *variabile casuale normale*, ma con valore medio $\mu = 0$ e deviazione standard $\sigma = 1$, quindi con distribuzione $N(0; 1)$.

I punti zeta corrispondenti ai valori $x_1 = 4$ e $x_2 = 6$ sono:

$$z_1 = \frac{4 - 3}{2} = 0{,}5 \quad e \quad z_2 = \frac{6 - 3}{2} = 1{,}5.$$

Quindi, utilizzando la tavola di Sheppard:

$$p(4 \leq X \leq 6) = p(0{,}5 \leq Z \leq 1{,}5) = p(0 \leq Z \leq 1{,}5) - p(0 \leq Z \leq 0{,}5) \simeq$$
$$0{,}4332 - 0{,}1915 = 0{,}2417.$$

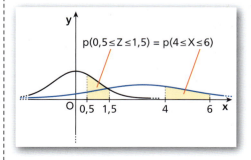

▭ **Video**

Pacchetti di caffè
Un'azienda confeziona pacchetti di caffè il cui peso è una grandezza distribuita normalmente, con valore medio di 250 g e deviazione standard di 14 g.

▶ Qual è la probabilità che un pacchetto pesi fra 245 e 255 grammi?

▶ Su 100 pacchetti, quanti avranno un peso inferiore a 230 grammi?

▶ Il tempo necessario per eseguire un test diagnostico sulle auto si distribuisce come una variabile normale X con media di 2 ore e deviazione standard di 15 minuti. Calcola la probabilità che per eseguire un test occorrano:
- più di 2 ore;
- più di un'ora e mezza;
- più di un'ora e meno di 3 ore.

▭ **Animazione**

IN SINTESI
Distribuzioni di probabilità

■ Variabili casuali discrete

- **Variabile casuale discreta**: funzione definita sullo spazio dei campioni di un esperimento aleatorio, che assume un numero finito o al più un'infinità numerabile di valori.

- **Distribuzione di probabilità** di una variabile casuale discreta X: funzione $f(x)$ che associa a ogni valore $x \in \mathbb{R}$ la probabilità che questo sia assunto, cioè:

  $f(x) = p(X = x)$.

- **Funzione di ripartizione** di una variabile casuale discreta X: la funzione $F(x)$ che, per ogni $x \in \mathbb{R}$, fornisce la probabilità che X assuma un valore non superiore a x, cioè:

  $F(x) = p(X \leq x)$.

- Se X è una variabile casuale discreta e h è una costante, i valori assunti dalle variabili hX e $X + h$ sono dati rispettivamente dal prodotto e dalla somma dei valori di X con h, e hanno le stesse probabilità dei corrispondenti valori di X.

- **Somma di due variabili casuali discrete** X e Y: la variabile $X + Y$ che ha come valori tutte le possibili somme di un valore di X con un valore di Y.
  Dato un valore z assunto da $X + Y$, il valore $p(X + Y = z)$ si trova sommando le **probabilità congiunte** $p[(X = x_i) \cap (Y = y_j)]$ per ogni coppia di valori x_i e y_j tali che $x_i + y_j = z$.

- X e Y sono variabili casuali **indipendenti** se le coppie di eventi «$X = x_i$» e «$Y = y_j$» sono indipendenti per ogni coppia di valori x_i e y_j assunti rispettivamente da X e Y.

■ Variabili casuali continue

- **Variabile casuale continua**: funzione definita sullo spazio dei campioni di un esperimento aleatorio, che assume tutti i valori reali compresi in un intervallo I (limitato o illimitato).

- **Funzione densità di probabilità** di una variabile casuale continua X: funzione $f(x)$ tale che

  $f(x) \geq 0, \quad \forall x \in \mathbb{R}; \qquad \int_{-\infty}^{+\infty} f(x)\,dx = 1; \qquad p(x_1 \leq X \leq x_2) = \int_{x_1}^{x_2} f(x)\,dx, \qquad \forall x_1 < x_2.$

- **Funzione di ripartizione** di una variabile casuale continua X con densità $f(x)$:

  $F(x) = p(X \leq x) = \int_{-\infty}^{x} f(t)\,dt$.

■ Valori caratterizzanti una variabile casuale

	Variabile casuale discreta X che assume i valori $x_1, x_2, ..., x_n$, con probabilità $p_1, p_2, ..., p_n$	Variabile casuale continua X con densità di probabilità $f(x)$
Valore medio di X	$M(X) = \sum_{i=1}^{n} x_i p_i$	$M(X) = \int_{-\infty}^{+\infty} x f(x)\,dx$
Varianza di X	$var(X) = \sum_{i=1}^{n} [x_i - M(X)]^2 p_i$	$var(X) = \int_{-\infty}^{+\infty} [x - M(X)]^2 f(x)\,dx$
Deviazione standard di X	$\sigma(X) = \sqrt{var(X)}$	

σ29

Capitolo σ. Distribuzioni di probabilità

- **Proprietà del valore medio**

  $M(kX) = kM(X);$ $\quad M(X+k) = M(X) + k;$ $\quad M(X+Y) = M(X) + M(Y).$

- **Proprietà della varianza**

  $var(kX) = k^2 var(X);$ $\quad var(X+k) = var(X);$

  se X e Y sono indipendenti,

  $var(X+Y) = var(X) + var(Y).$

  $var(X) = M(X^2) - [M(X)]^2,$

  dove $M(X^2) = \sum_{i=1}^{n} x_i^2 p_i$ se X è discreta e $M(X^2) = \int_{-\infty}^{+\infty} x^2 f(x) dx$ se X è continua.

■ Giochi aleatori

- Un gioco in cui le vincite nette (positive o negative) sono rappresentate dalla variabile casuale X è **equo** se $M(X) = 0$, **favorevole** se $M(X) > 0$ e **sfavorevole** se $M(X) < 0$.

- In un gioco in cui si conseguono vincite lorde rappresentate dalla variabile casuale V, la posta P da pagare affinché il gioco sia equo è uguale al valore medio di V: $P = M(V)$.

■ Variabili casuali standardizzate

Standardizzata di una variabile casuale X con valore medio μ e deviazione standard σ: la variabile casuale $Z = \dfrac{X - \mu}{\sigma}$. Valgono le proprietà $M(Z) = 0$ e $var(Z) = \sigma(Z) = 1$.

■ Distribuzioni di probabilità di uso frequente

- Una variabile casuale *discreta* ha una distribuzione di probabilità **uniforme** se tutti i suoi valori hanno la stessa probabilità.
  Se X è distribuita uniformemente e assume i valori $1, 2, ..., n$, ognuno con probabilità $\dfrac{1}{n}$:

  $M(X) = \dfrac{n+1}{2};$ $\quad var(X) = \dfrac{n^2 - 1}{12}.$

- Una variabile casuale *discreta* X che assume i valori $x = 0, 1, 2, ..., n$ ha una distribuzione di probabilità **binomiale** di parametri n e p (con $0 < p < 1$) se

  $p(X = x) = \binom{n}{x} p^x (1-p)^{n-x}.$

  $M(X) = np;$ $\quad var(X) = np(1-p).$

- Una variabile casuale *discreta* X che assume i valori $x = 0, 1, 2, ...$ ha una distribuzione di probabilità **di Poisson** di parametro $\lambda > 0$ se

  $p(X = x) = \dfrac{\lambda^x}{x!} e^{-\lambda}.$

  $M(X) = \lambda;$
  $var(X) = \lambda.$

- Una variabile casuale *continua* X che assume valori in un intervallo $[a; b]$ ha una distribuzione di probabilità **uniforme** se la sua funzione densità di probabilità è

  $f(x) = \begin{cases} 0 & \text{se } x < a \vee x > b \\ \dfrac{1}{b-a} & \text{se } a \leq x \leq b \end{cases}.$

  $M(X) = \dfrac{a+b}{2};$

  $var(X) = \dfrac{(b-a)^2}{12}.$

- Una variabile casuale *continua* X che assume valori in tutto $\mathbb{R}$ ha una distribuzione di probabilità **normale** (o **di Gauss**) di parametri $\mu \in \mathbb{R}$ e $\sigma > 0$ se la sua funzione densità di probabilità è

  $f(x) = \dfrac{1}{\sigma\sqrt{2\pi}} \cdot e^{-\dfrac{(x-\mu)^2}{2\sigma^2}}.$

  $M(X) = \mu;$ $\quad var(X) = \sigma^2.$

Paragrafo 1. Variabili casuali discrete e distribuzioni di probabilità

CAPITOLO σ
ESERCIZI

1 Variabili casuali discrete e distribuzioni di probabilità

Variabili casuali discrete
▶ Teoria a p. σ2

1 **TEST** Si premono due tasti a caso su un tastierino numerico (numeri da 0 a 9). Quale delle seguenti frasi descrive una variabile casuale?

- A Si premono due 9.
- B La probabilità che si premano due nove è $\frac{2}{81}$.
- C La funzione che indica la somma dei due numeri premuti.
- D La funzione che associa a ogni coppia di numeri la probabilità che essi siano premuti.
- E Si preme un 1 e un 9.

2 **ASSOCIA** Su 20 ragazzi 6 non hanno fratelli, 10 hanno un fratello e 4 hanno due fratelli. Indica con X la funzione che indica il numero di fratelli di un ragazzo scelto a caso tra i 20. Associa a ogni elemento l'oggetto matematico che rappresenta.

X	probabilità
«$X = 1$»	variabile casuale
$p(X = 1) = \frac{1}{2}$	evento

3 **FAI UN ESEMPIO** Considera una o più estrazioni da un'urna che contiene 6 palline rosse, 5 bianche e 4 nere. Fai un esempio di una variabile casuale teorica e un esempio di una variabile casuale empirica.

Distribuzioni di probabilità
▶ Teoria a p. σ3

Nei seguenti esercizi determina la distribuzione di probabilità della variabile casuale indicata e rappresentala graficamente.

4 Si lancia un dado regolare. Variabile casuale: X = «valore della faccia del dado che è uscita».
$$\left[1, 2, \ldots; \frac{1}{6}, \frac{1}{6}, \ldots\right]$$

5 Si lancia tre volte una moneta regolare. Variabile casuale: X = «numero delle facce testa uscito».
$$\left[0, 1, \ldots; \frac{1}{8}, \frac{3}{8}, \ldots\right]$$

6 Si lanciano contemporaneamente due dadi regolari. Variabile casuale: X = «somma dei due punteggi usciti».
$$\left[2, 3, 4, \ldots; \frac{1}{36}, \frac{2}{36}, \frac{3}{36}, \ldots\right]$$

7 Da un'urna contenente 4 palline nere e 5 rosse si estraggono consecutivamente senza reimmissione 4 palline. Variabile casuale: X = «numero delle palline nere uscite».
$$\left[0, 1, 2, \ldots; \frac{5}{126}, \frac{20}{63}, \frac{10}{21}, \ldots\right]$$

8 Da un'urna contenente 2 palline nere e 1 rossa si estraggono consecutivamente, con reimmissione della pallina estratta, 4 palline. Variabile casuale: X = «numero delle palline nere uscite».
$$\left[0, 1, 2, \ldots; \frac{1}{81}, \frac{8}{81}, \frac{8}{27}, \ldots\right]$$

Capitolo σ. Distribuzioni di probabilità

Funzione di ripartizione

▶ Teoria a p. σ4

9 **COMPLETA** Considera la seguente distribuzione di probabilità.

X	4	6	11	15
f	0,3	0,1	0,2	0,4

Completa la sua funzione di ripartizione.

$$F(x) = \begin{cases} 0 & \text{se } x < 4 \\ \square & \text{se } 4 \leq x < 6 \\ 0,4 & \text{se } \square \leq x < \square \\ \square & \text{se } 11 \leq x < 15 \\ 1 & \text{se } x \geq \square \end{cases}$$

10 **LEGGI IL GRAFICO** Osserva il grafico della funzione di ripartizione di una variabile casuale X. Stabilisci i valori assunti da X e la sua distribuzione di probabilità.

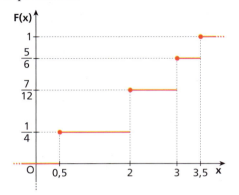

11 Rappresenta la funzione di ripartizione dell'esercizio 9 e rispondi.
   a. In quali valori di ascissa la funzione è discontinua? Che cosa rappresentano rispetto alla variabile casuale?
   b. Quanto vale l'ampiezza di ciascun salto nei punti di discontinuità?

12 **ESERCIZIO GUIDA** Da un'urna contenente 5 palline numerate da 1 a 5 se ne estraggono contemporaneamente due. Detta X la variabile casuale che indica il numero maggiore estratto, determiniamo la relativa distribuzione di probabilità, la funzione di ripartizione e calcoliamo la probabilità di avere un valore minore di 5.

La variabile casuale X può assumere i valori 2, 3, 4, 5.
L'evento «X = 2» corrisponde all'evento «escono 1 e 2», cioè alla coppia non ordinata {1; 2}:

$$p(X = 2) = \frac{1}{\binom{5}{2}} = \frac{1}{\frac{5!}{3!2!}} = \frac{1}{\frac{5 \cdot 4}{2}} = \frac{1}{10}.$$

L'evento «X = 3» corrisponde all'evento «escono un 3 e un 1 o un 3 e un 2» cioè alle coppie non ordinate {1; 3} e {2; 3}:

$$p(X = 3) = \frac{2}{10} = \frac{1}{5}.$$

Analogamente:

$$p(X = 4) = \frac{3}{10}; \quad p(X = 5) = \frac{4}{10} = \frac{2}{5}.$$

La funzione di ripartizione è

$$F(x) = \begin{cases} 0 & \text{se } x < 2 \\ \frac{1}{10} & \text{se } 2 \leq x < 3 \\ \frac{1}{10} + \frac{1}{5} = \frac{3}{10} & \text{se } 3 \leq x < 4 \\ \frac{3}{10} + \frac{3}{10} = \frac{6}{10} = \frac{3}{5} & \text{se } 4 \leq x < 5 \\ \frac{3}{5} + \frac{2}{5} = 1 & \text{se } x \geq 5 \end{cases}$$

La probabilità che X assuma un valore minore di 5 è

$$p(X < 5) = p(X \leq 4) = F(4) = \frac{3}{5}.$$

13 Un'urna contiene 4 palline rosse, 2 gialle e 3 nere. Si estraggono contemporaneamente due palline. Considera la variabile casuale X = «escono due palline con uguale colore», assegnando valore 1 se l'evento si verifica e valore 0 in caso contrario. Determina la distribuzione di probabilità e la funzione di ripartizione.

$$\left[0, 1; \frac{13}{18}, \frac{5}{18}; \frac{13}{18}, 1\right]$$

σ32

Paragrafo 1. Variabili casuali discrete e distribuzioni di probabilità

14 Preso un campione di 1000 famiglie, si rileva che la spesa media mensile per gli alimentari è la seguente: 450 famiglie spendono € 600, 300 famiglie € 700, 150 famiglie € 850 e 100 famiglie € 1100. Costruisci la distribuzione di probabilità e la funzione di ripartizione della variabile che indica la spesa media alimentare e calcola qual è la probabilità che si spendano non più di € 850. [600, 700, ...; 0,45, 0,3, ...; 0,45, 0,75, ...; 0,9]

15 Un'urna contiene i 90 numeri del lotto. Si estrae una pallina. Considera la variabile casuale X = «esce un numero multiplo di 6», assegnando valore 1 se l'evento si verifica e valore 0 in caso contrario. Determina la distribuzione di probabilità e la funzione di ripartizione. $\left[0, 1; \frac{5}{6}, \frac{1}{6}; \frac{5}{6}, 1\right]$

16 Due concorrenti tirano contemporaneamente a un bersaglio. Il primo ha la probabilità di colpirlo del 90% e il secondo del 70%. Determina la distribuzione di probabilità della variabile casuale relativa a quante volte viene colpito il bersaglio. [0, 1, 2; 0,03, 0,34, 0,63]

Operazioni sulle variabili casuali

▶ Teoria a p. σ6

17 COMPLETA Data la variabile casuale:

X	10	20	30	40
f_X	0,25	0,18	0,44	0,13

completa le seguenti tabelle.

$X + 15$	25			
f_{X+15}				

$\frac{1}{2}X$	5			
$f_{\frac{1}{2}X}$				

18 ESERCIZIO GUIDA La variabile casuale X indica il numero delle giornate di assenza per malattia degli impiegati di un'azienda in una settimana e ha la seguente distribuzione di probabilità rilevata statisticamente.

X	0	1	2	3	4	5
f_X	0,49	0,18	0,12	0,1	0,09	0,02

a. Determiniamo le distribuzioni di probabilità delle variabili $2X$, $X - 3$ e $5X + 1$.

b. Consideriamo la variabile casuale Y che indica il numero delle giornate di assenza degli impiegati per motivi diversi dalla malattia, avente la seguente distribuzione di probabilità.

Y	0	1	2
f_Y	0,9	0,08	0,02

Determiniamo la distribuzione di probabilità della somma $X + Y$ supponendo che le variabili X e Y siano indipendenti.

a. La variabile casuale $2X$ assume i valori di X moltiplicati per 2, con le stesse probabilità.

$2X$	0	2	4	6	8	10
f_{2X}	0,49	0,18	0,12	0,1	0,09	0,02

Capitolo σ. Distribuzioni di probabilità

La variabile casuale $X - 3$ assume i valori di X sommati alla costante -3, con la stessa distribuzione delle probabilità.

$X-3$	-3	-2	-1	0	1	2
f_{X-3}	0,49	0,18	0,12	0,1	0,09	0,02

La variabile casuale $5X + 1$ assume i valori di X moltiplicati per 5 e sommati a 1; le probabilità non cambiano.

$5X+1$	1	6	11	16	21	26
f_{5X+1}	0,49	0,18	0,12	0,1	0,09	0,02

b. Costruiamo la tabella della distribuzione congiunta. Poiché le variabili sono indipendenti, le coppie di eventi «$X = i$» e «$Y = j$» sono indipendenti per ogni $i = 0, 1, \ldots, 5$ e $j = 0, 1, 2$, quindi la probabilità dell'intersezione dei due eventi è uguale al prodotto delle probabilità.

X \ Y	0	1	2	f_X
0	0,441	0,0392	0,0098	0,49
1	0,162	0,0144	0,0036	0,18
2	0,108	0,0096	0,0024	0,12
3	0,09	0,008	0,002	0,1
4	0,081	0,0072	0,0018	0,09
5	0,018	0,0016	0,0004	0,02
f_Y	0,9	0,08	0,02	1

$p((X=0) \cap (Y=2)) = p(X=0) \cdot p(Y=2)$

Abbiamo perciò per esempio:

$p(X + Y = 0) = p((X = 0) \cap (Y = 0)) = 0,441;$

$p(X + Y = 1) = p((X = 1) \cap (Y = 0)) + p((X = 0) \cap (Y = 1)) = 0,162 + 0,0392 = 0,2012.$

Proseguendo in questo modo otteniamo la distribuzione di $X + Y$.

$X+Y$	0	1	2	3	4	5	6	7
f_{X+Y}	0,441	0,2012	0,1322	0,1032	0,0914	0,0272	0,0034	0,0004

Considera la variabile casuale X avente la seguente distribuzione di probabilità.

X	1	2	5	8	9	12
f_X	0,42	0,08	0,15	0,02	0,23	0,1

Determina le distribuzioni di probabilità delle variabili indicate.

19   **a.** $4X$ **b.** $X + 6$ **c.** $X - 2$

20   **a.** $3X + 8$ **b.** $-2X + 1$ **c.** $4X + 2$

Paragrafo 2. Valori caratterizzanti una variabile casuale discreta

21 Considera le variabili casuali indipendenti X e Y aventi le seguenti distribuzioni di probabilità.

X	2	3	4
f_X	0,2	0,3	0,5

Y	1	2	3	5
f_Y	0,1	0,2	0,4	0,3

Costruisci la tabella delle probabilità congiunte e quindi la distribuzione di probabilità della variabile casuale $X + Y$.

$[3, 4, \ldots, 9; \ 0,02, \ 0,07, \ \ldots, \ 0,15]$

---

22 **COMPLETA** la seguente tabella determinando la distribuzione congiunta, sapendo che le variabili X e Y sono indipendenti.

X \ Y	2	3	6	f_X
3	☐	☐	☐	0,3
4	☐	☐	☐	0,6
5	☐	☐	☐	0,1
f_Y	0,2	0,1	0,7	1

Determina la distribuzione di probabilità della variabile casuale $X + Y$.

$[5, 6, \ldots, 11; 0,06, \ 0,15, \ \ldots, \ 0,07]$

23 **COMPLETA** la tabella della seguente distribuzione congiunta di X e Y.

X \ Y	0	1	4	f_X
1	0,35	0,1	0,05	☐
2	0,21	0,06	0,03	☐
3	0,14	0,04	0,02	☐
f_Y	☐	☐	☐	1

Stabilisci se X e Y sono indipendenti e determina la distribuzione di probabilità della loro somma.

$[\text{indip.}; 1, 2, \ldots, 7; 0,35, \ 0,31, \ \ldots, \ 0,02]$

---

2 Valori caratterizzanti una variabile casuale discreta ▶ Teoria a p. σ10

Valore medio, varianza e deviazione standard

24 **VERO O FALSO?**

a. Il valore medio permette di fare una previsione teorica sul risultato di un esperimento aleatorio. V F

b. Il valore medio coincide sempre con uno dei valori assunti dalla variabile X. V F

c. La varianza è un valore che indica il grado di dispersione dei valori di una variabile X rispetto al suo valore medio. V F

d. Date due variabili X e Y con uguale valore medio, ha valori più vicini al valore medio quella con varianza maggiore. V F

e. Il valore medio della variabile scarto è sempre uguale a 0. V F

25 **ESERCIZIO GUIDA** Un'urna contiene 5 palline che portano i numeri 1, 2, 3, 6 e 7. Estraiamo consecutivamente due palline senza rimettere nell'urna la pallina estratta per prima, e consideriamo come variabile casuale X il valore del minore tra i due numeri estratti. Calcoliamo il valore medio, la varianza e la deviazione standard di X.

Troviamo la distribuzione di probabilità della variabile casuale X.
La variabile X può assumere i valori 1, 2, 3, 6.
L'evento «$X = 1$» si verifica se una delle due palline estratte ha il numero 1; quindi:

$$p(X = 1) = \frac{\binom{1}{1}\binom{4}{1}}{\binom{5}{2}} = \frac{4}{10} = \frac{2}{5}.$$

σ35

Capitolo σ. Distribuzioni di probabilità

Procedendo allo stesso modo abbiamo la seguente distribuzione.

X	1	2	3	6
f_X	$\frac{2}{5}$	$\frac{3}{10}$	$\frac{1}{5}$	$\frac{1}{10}$

Il valore medio di X è:

$$M(X) = 1 \cdot \frac{2}{5} + 2 \cdot \frac{3}{10} + 3 \cdot \frac{1}{5} + 6 \cdot \frac{1}{10} = \frac{11}{5} = 2,2.$$

$M(X) = x_1 p_1 + x_2 p_2 + \ldots + x_n p_n$

Per determinare la varianza, consideriamo la variabile casuale degli scarti dalla media.

$X - M(X)$	$-1,2$	$-0,2$	$0,8$	$3,8$
$f_{X-M(X)}$	$\frac{2}{5}$	$\frac{3}{10}$	$\frac{1}{5}$	$\frac{1}{10}$

$var(X) = [x_1 - M(X)]^2 p_1 + [x_2 - M(X)]^2 p_2 + \ldots + [x_n - M(X)]^2 p_n$

Il valore medio dei *quadrati* degli scarti è la varianza di X:

$$var(X) = 1,44 \cdot \frac{2}{5} + 0,04 \cdot \frac{3}{10} + 0,64 \cdot \frac{1}{5} + 14,44 \cdot \frac{1}{10} = 2,16.$$

Dalla varianza si ottiene la deviazione standard:

$$\sigma(X) = \sqrt{var(X)} = \sqrt{2,16} \simeq 1,47.$$

La variabile casuale considerata è caratterizzata dal valore di sintesi $\mu = 2,2$ e dal valore di dispersione $\sigma^2 = 2,16$.

Per ognuno dei seguenti esercizi determina il valore medio μ e la deviazione standard σ che caratterizzano la variabile casuale.

26 Si lancia un dado regolare. Variabile casuale: X = «valore della faccia del dado che è uscita». [3,5; 1,708]

27 Si lancia tre volte una moneta regolare. Variabile casuale: X = «numero delle facce testa uscito». [1,5; 0,866]

28 Si lanciano contemporaneamente due dadi regolari. Variabile casuale: X = «somma dei due punteggi usciti». [7; 2,415]

29 In una lista di candidati all'elezione nel consiglio di istituto di una scuola ci sono cinque ragazzi aventi le seguenti età: uno di 14 anni, uno di 15, uno di 16, uno di 17, uno di 18. Per scegliere il capolista, si estraggono contemporaneamente due nomi, ma si tiene conto solo di quello con età maggiore. Variabile casuale: X = «età maggiore ottenuta». [17; 1]

30 In una classe ci sono 13 maschi e 15 femmine. Si estraggono a caso e contemporaneamente i nomi di due ragazzi. Variabile casuale: X = «valore 1 se escono due femmine e valore 0 in caso contrario». [0,278; 0,4478]

31 Le vendite di un prodotto espresse in kg sono previste secondo la seguente distribuzione di probabilità.

Quantità venduta (kg)	60	80	100	120
Probabilità	0,2	0,3	0,35	0,15

Determina la quantità media, in kilogrammi, che si prevede di vendere e la deviazione standard. [89; 19,47]

Paragrafo 2. Valori caratterizzanti una variabile casuale discreta

32 Una macchina durante un ciclo di lavorazione produce pezzi in 5 lotti da 10. Se durante la produzione di un lotto ci sono problemi, tutti i 10 pezzi risultano difettosi. Il numero di pezzi difettosi per ciclo ha la seguente distribuzione di probabilità.

Pezzi difettosi	10	20	30	40	50
Probabilità	0,4	0,3	0,2	0,05	0,05

Determina il numero medio dei pezzi difettosi, la deviazione standard e la probabilità che la macchina produca non più di 20 pezzi difettosi. [20,5; 11,17 circa; 0,7]

33 In un'impresa i dipendenti hanno la facoltà di entrare con una flessibilità oraria di mezz'ora. Una rilevazione statistica ha mostrato la seguente distribuzione di probabilità.

Numero minuti	5	10	15	20	25	30
Probabilità	$\frac{2}{25}$	$\frac{7}{50}$	$\frac{9}{25}$	$\frac{1}{10}$	$\frac{3}{25}$	$\frac{1}{5}$

Determina il tempo medio e la deviazione standard. [18,2; 7,795]

REALTÀ E MODELLI

34 Investimenti rischiosi Un investimento in Borsa determina guadagni o perdite con diverse probabilità. Sono considerati interessanti sia i guadagni medi, sia il rischio dell'investimento. Un indicatore di rischio è la varianza: maggiore è la varianza, più rischioso è l'investimento.

Anita può scegliere tra i due seguenti investimenti.

INVESTIMENTO A

Guadagno (€)	3000	6000	9000	−2000	−1500
Probabilità	0,3	0,25	0,1	0,25	0,1

INVESTIMENTO B

Guadagno (€)	2000	7000	10 000	−5000	−400
Probabilità	0,2	0,3	0,1	0,15	0,25

a. Qual è il guadagno medio per ciascun investimento?

b. Se Anita ha una bassa propensione al rischio, quale dei due investimenti deve scegliere?

[a) € 2650; b) A]

35 Qualità media Da un controllo sulle magliette prodotte da un'azienda, risulta che il 2% delle magliette contiene due difetti, il 3,5% un solo difetto e le rimanenti nessun difetto. Si decide di rivedere il ciclo produttivo nel caso in cui la deviazione standard del numero di difetti risulti maggiore di 0,5. In base all'ultimo controllo, sarà necessario rivedere il ciclo produttivo? [no, σ = 0,331]

36 Un'urna contiene i 90 numeri del lotto. Si estrae una pallina. Samuel vince € 4 nel caso esca un multiplo di 8 e perde € 1 in caso contrario. Indicando con X la variabile che rappresenta i guadagni di Samuel, quali sono la vincita media di Samuel e la deviazione standard delle vincite? [≃ € −0,4; ≃ € 1,64]

37 Un'urna contiene 24 palline di cui 12 con il numero uno, 6 con il numero due, 3 con il numero tre, 2 con il numero quattro e 1 con il numero cinque. Quando si estrae una pallina, si vince o si perde una somma (in euro) corrispondente al numero indicato sulla pallina: se il numero è pari si vince, se il numero è dispari si perde. Quali sono la vincita media e la deviazione standard? [€ −0,25; ≃ € 2,22]

Capitolo σ. Distribuzioni di probabilità

38 **YOU & MATHS** Two fair dice are thrown. If the scores are unequal, the larger of the two scores is recorded. If the scores are equal, then that score is recorded. Let X be the number recorded.
  a. Draw up a table showing the probability distribution of X and show that $p(X=3) = \frac{5}{36}$.
  b. Find the mean and the variance of X.
  [b) 4,472; 1,97]

Proprietà del valore medio e della varianza

39 **TEST** Una variabile casuale X ha valore medio $\mu = 2$ e varianza $\sigma^2 = 0{,}09$. La variabile casuale $2 \cdot X + 3$ ha valore medio e varianza:

  A 4 e 0,36. B 4 e 0,12. C 7 e 0,09. D 7 e 0,36. E 4 e 0,39.

40 Considera la seguente distribuzione di probabilità di una variabile casuale X.

X	−4	−2	5	8	10
f	0,25	0,10	0,20	0,15	0,30

$M(hX + k) = hM(X) + k$

$\text{var}(hX + k) = h^2 \text{var}(X)$

Calcola il valore medio e la varianza delle variabili casuali $X_1 = 2X$ e $X_2 = 2X + 8$. [X_1: 8; 132; X_2: 16; 132]

41 Calcola il valore medio e la varianza della variabile casuale X avente la seguente distribuzione di probabilità.

X	4	6	11	18	25
f	0,25	0,10	0,20	0,15	0,30

Determina, applicando le relative proprietà, il valore medio e la varianza delle seguenti variabili casuali aventi la stessa distribuzione di probabilità.

a.
Y	0	2	7	14	21

b.
T	0	4	14	28	42

c.
W	2	3	5,5	9	12,5

[a) 10; 71,9; b) 20; 287,6; c) 7; 17,975]

42 Un'urna contiene 5 palline con il numero due, 3 palline con l'otto e 2 con il venti. Dopo aver costruito la variabile casuale X = «numero della pallina che si ottiene dopo un'estrazione», calcola il valore medio e la varianza di X e della variabile casuale $X + X$ = «somma dei numeri di due palline estratte consecutivamente *con* reimmissione della prima estratta nell'urna». [7,4; 46,44; 14,8; 92,88]

43 **REALTÀ E MODELLI** **Fotocopiatrici e affari** Andrea è rappresentante di un'azienda che vende macchine fotocopiatrici. Dall'analisi dello storico delle vendite, Andrea nota che nel mese di agosto gli affari calano sensibilmente rispetto al resto dell'anno. La variabile aleatoria che rappresenta il numero di fotocopiatrici vendute in agosto ha la distribuzione di probabilità rappresentata in tabella.

X	0	1	2	3	4	5	6
f	0,03	0,14	0,22	0,26	0,17	0,12	0,06

a. Considerando che, con le stesse probabilità, Andrea nel mese di settembre pensa di triplicare il numero di fotocopiatrici vendute, determina il numero medio e la deviazione standard delle vendite nel mese di settembre.

b. Sapendo che il guadagno di Andrea dipende dal numero X di fotocopiatrici vendute secondo la relazione $G = 750 + 150X$, stima il guadagno atteso da Andrea nel mese di settembre.

[a) 9; ≃ 4,49; b) € 2100]

Paragrafo 2. Valori caratterizzanti una variabile casuale discreta

44 **ESERCIZIO GUIDA** Date due variabili casuali dipendenti X e Y aventi le probabilità congiunte indicate in tabella, calcoliamo il valore medio e la varianza della somma $X + Y$ e la covarianza di X e Y.

X \ Y	3	4	7	9
3	0	$\frac{1}{33}$	$\frac{1}{66}$	$\frac{5}{132}$
4	$\frac{1}{33}$	$\frac{1}{11}$	$\frac{2}{33}$	$\frac{5}{33}$
7	$\frac{1}{66}$	$\frac{2}{33}$	$\frac{1}{66}$	$\frac{5}{66}$
9	$\frac{5}{132}$	$\frac{5}{33}$	$\frac{5}{66}$	$\frac{5}{33}$

Troviamo la distribuzione di X:

$$p(X = 3) = 0 + \frac{1}{33} + \frac{1}{66} + \frac{5}{132} = \frac{1}{12}; \qquad p(X = 4) = \frac{1}{33} + \frac{1}{11} + \frac{2}{33} + \frac{5}{33} = \frac{1}{3};$$

$$p(X = 7) = \frac{1}{66} + \frac{2}{33} + \frac{1}{66} + \frac{5}{66} = \frac{1}{6}; \qquad p(X = 9) = \frac{5}{132} + \frac{5}{33} + \frac{5}{66} + \frac{5}{33} = \frac{5}{12}.$$

Poiché Y assume gli stessi valori di X e le colonne sono uguali alle righe corrispondenti, Y ha la stessa distribuzione di X.
Il valore medio e la varianza delle due variabili sono: $\mu_X = \mu_Y = 6{,}5$ e $\sigma^2_X = \sigma^2_Y = 5{,}75$.
Calcoliamo la media μ della variabile casuale $X + Y$:

$$\mu = M(X + Y) = \mu_X + \mu_Y = 6{,}5 + 6{,}5 = 13. \qquad \boxed{M(X+Y) = M(X) + M(Y)}$$

Poiché X e Y sono dipendenti, la varianza di $X + Y$ non è la somma delle varianze. Utilizziamo la distribuzione congiunta per determinare $cov(X, Y)$ e poi usiamo la covarianza per trovare $var(X + Y)$.
Troviamo la covarianza calcolando:

- gli scarti dei valori della variabile X;
- gli scarti dei valori della variabile Y;
- la somma dei prodotti degli scarti per le rispettive probabilità congiunte.

Nella tabella seguente sono esposti i calcoli effettuati.

$X - \mu_X$ \ $Y - \mu_Y$	$-3{,}5$	$-2{,}5$	$0{,}5$	$2{,}5$	Σ
$-3{,}5$	0	$0{,}2652$	$-0{,}0265$	$-0{,}3314$	$-0{,}0927$
$-2{,}5$	$0{,}2652$	$0{,}5682$	$-0{,}0758$	$-0{,}9470$	$-0{,}1894$
$0{,}5$	$-0{,}0265$	$-0{,}0758$	$0{,}0038$	$0{,}0947$	$-0{,}0038$
$2{,}5$	$-0{,}3314$	$-0{,}9470$	$0{,}0947$	$0{,}9470$	$-0{,}2367$
					$-0{,}5226$

$(-3{,}5) \cdot (-2{,}5) \cdot \frac{1}{33}$

$0 + 0{,}2652 - 0{,}0265 - 0{,}3314$

$cov(X, Y)$

$-0{,}0927 - 0{,}1894 - 0{,}0038 - 0{,}2367$

Troviamo la varianza della somma $X + Y$: $\qquad \boxed{var(X+Y) = var(X) + var(Y) + 2 \cdot cov(X, Y)}$

$$var(X + Y) = 5{,}75 + 5{,}75 + 2 \cdot (-0{,}5226) = 10{,}4548.$$

Capitolo σ. Distribuzioni di probabilità

45 COMPLETA la seguente tabella delle probabilità congiunte e marginali di due variabili casuali X e Y.

X \ Y	1	2	3	5	f_X
2	0,01	0,03	0,07	0,09	
3	0,02	0,07	0,03	0,18	
4	0,07	0,10	0,30	0,03	
f_Y					1

Determina la distribuzione di probabilità della variabile casuale $X + Y$. Verifica che X e Y sono dipendenti. Calcola il valore medio e la varianza di X, Y e $X + Y$. Determina la covarianza di X e Y in due modi diversi.

$[3, 4, \ldots, 9; 0,01, 0,05, \ldots, 0,03; 3,3, 0,61; 3,2, 1,76; 6,5, 1,63; -0,37]$

46 COMPLETA la seguente tabella delle probabilità congiunte e marginali di due variabili casuali X e Y.

X \ Y	0	1	2	f_X
0	0,45	0,03	0,01	
1	0,16	0,015	0,005	
2	0,11	0,008	0,002	
3	0,08	0,018	0,002	
4	0,0812	0,008	0,0008	
5	0,0188	0,001	0,0002	
f_Y				1

Stabilisci se le variabili sono dipendenti. Calcola il valore medio e la varianza di X, Y e $X + Y$. Calcola la covarianza di X e Y.

$[\text{dipendenti}; 1,18, 2,1076; 0,12, 0,1456; 1,3, 2,2908; 0,0188]$

EUREKA!

47 Si lanciano due dadi. Indichiamo con X la variabile che rappresenta l'esito sul primo dado e con Y la variabile che rappresenta la somma degli esiti sui due dadi. Determina la media e la varianza di $X + Y$ e la covarianza di X e Y.
$[10,5; 14,6; 2,92]$

48 La variabile casuale X ha valore medio 1 e varianza 16. La variabile Y ha valore medio -3 e varianza 9. Inoltre si ha che $cov(X, Y) = 3$. Calcola $var(X + Y)$ e $M[(X + Y)^2]$.

3 Distribuzioni di probabilità di uso frequente

Distribuzione uniforme discreta
▶ Teoria a p. σ14

49 ESERCIZIO GUIDA Un'urna contiene 30 palline numerate da 1 a 30. Consideriamo la variabile casuale X che rappresenta il resto della divisione tra il numero presente sulla pallina estratta e il numero 6. Determiniamo la distribuzione di probabilità, la funzione di ripartizione, il valore medio, la varianza e la deviazione standard di X.

I possibili resti della divisione con divisore 6 sono 0, 1, 2, 3, 4, 5 e ognuno di questi valori ha probabilità costante di verificarsi pari a $p = \dfrac{5}{30} = \dfrac{1}{6}$. Infatti i numeri sulle palline che divisi per 6 danno resto 1 sono: 1, 7, 13, 19, 25; i numeri che divisi per 6 danno resto 2 sono: 2, 8, 14, 20, 26; e così via.

Abbiamo una **distribuzione uniforme**

X	0	1	2	3	4	5
f	$\frac{1}{6}$	$\frac{1}{6}$	$\frac{1}{6}$	$\frac{1}{6}$	$\frac{1}{6}$	$\frac{1}{6}$
F	$\frac{1}{6}$	$\frac{1}{3}$	$\frac{1}{2}$	$\frac{2}{3}$	$\frac{5}{6}$	1

con i seguenti valori di media, varianza e deviazione standard:

$$\mu = \frac{0+1+2+3+4+5}{6} = \frac{15}{6} = 2,5;$$

$$\sigma^2 = \frac{(0-2,5)^2+(1-2,5)^2+(2-2,5)^2+(3-2,5)^2+(4-2,5)^2+(5-2,5)^2}{6} = \frac{17,5}{6} = 2,91\overline{6};$$

$$\sigma = \sqrt{2,91\overline{6}} \simeq 1,708.$$

50 Viene lanciato un dado regolare. Determina la distribuzione di probabilità della variabile casuale X = «valore della faccia» e calcola il valore medio, la varianza e la deviazione standard. Determina la probabilità di ottenere un numero inferiore a 4. [3,5; 2,917; 1,708; 0,5]

51 **AL VOLO** Una variabile casuale X può assumere tutti i valori naturali da 1 a 1000 e ha distribuzione uniforme. Trova il valore medio e la varianza della variabile $\frac{X}{4}$.

52 **RIFLETTI SULLA TEORIA** È possibile che una variabile casuale discreta X con distribuzione uniforme assuma come valori tutti i numeri naturali pari? Perché?

53 **LEGGI IL GRAFICO** Considera il grafico della funzione di ripartizione della variabile casuale X. Stabilisci i valori assunti da X e la sua distribuzione di probabilità.

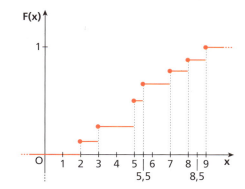

Distribuzione binomiale

▶ Teoria a p. σ16

54 **ESERCIZIO GUIDA** Vengono lanciate contemporaneamente quattro monete non regolari. La probabilità di uscita della faccia testa è $\frac{2}{3}$ e quella di uscita della faccia croce è $\frac{1}{3}$.

a. Determiniamo la distribuzione di probabilità e la funzione di ripartizione della variabile casuale X che esprime il numero di croci uscite.
b. Calcoliamo la probabilità che il valore della variabile casuale X non superi il valore 2.
c. Calcoliamo la probabilità che il valore della variabile casuale X superi il valore 1.
d. Troviamo il valore medio e la varianza di X.

a. Il numero di volte che la faccia croce può comparire varia da 0 a 4. La probabilità che esca croce, che consideriamo il successo, è $p = \frac{1}{3}$, quindi:

$$p(X=x) = \binom{n}{x}p^x(1-p)^{n-x}$$

$$p(X=0) = \binom{4}{0}\left(\frac{1}{3}\right)^0\left(\frac{2}{3}\right)^4 = \frac{16}{81} \rightarrow \text{nessuna croce (e quattro teste);}$$

$$p(X=1) = \binom{4}{1}\left(\frac{1}{3}\right)\left(\frac{2}{3}\right)^3 = \frac{32}{81} \rightarrow \text{una croce (e tre teste);}$$

Capitolo σ. Distribuzioni di probabilità

$$p(X = 2) = \binom{4}{2}\left(\frac{1}{3}\right)^2\left(\frac{2}{3}\right)^2 = \frac{8}{27} \quad \rightarrow \quad \text{due croci (e due teste);}$$

$$p(X = 3) = \binom{4}{3}\left(\frac{1}{3}\right)^3\left(\frac{2}{3}\right) = \frac{8}{81} \quad \rightarrow \quad \text{tre croci (e una testa);}$$

$$p(X = 4) = \binom{4}{4}\left(\frac{1}{3}\right)^4\left(\frac{2}{3}\right)^0 = \frac{1}{81} \quad \rightarrow \quad \text{quattro croci (e nessuna testa).}$$

La distribuzione di probabilità e la funzione di ripartizione della variabile casuale X sono le seguenti.

X	0	1	2	3	4
f	$\frac{16}{81}$	$\frac{32}{81}$	$\frac{8}{27}$	$\frac{8}{81}$	$\frac{1}{81}$
F	$\frac{16}{81}$	$\frac{16}{27}$	$\frac{8}{9}$	$\frac{80}{81}$	1

b. $p(X \leq 2) = F(2) = \frac{8}{9}$.

c. $p(X > 1) = 1 - F(1) = 1 - \frac{16}{27} = \frac{11}{27}$.

d. La variabile casuale X è binomiale di parametri $n = 4$ e $p = \frac{1}{3}$, quindi:

$$M(X) = \frac{4}{3};$$

$$var(X) = 4 \cdot \frac{1}{3} \cdot \frac{2}{3} = \frac{8}{9}.$$

> $M(X) = np$
> $var(X) = np(1 - p)$

55 Supponendo equiprobabile la nascita di un maschio e di una femmina, considera la variabile casuale $X =$ «numero dei figli maschi» in famiglie aventi quattro figli. Calcola il valore medio, la varianza e la deviazione standard di X e la probabilità che in una famiglia vi sia almeno un figlio maschio. [2; 1; 1; 0,9375]

56 Da un'analisi di mercato è risultato che il 32% della popolazione usa il prodotto A. In un gruppo di 12 persone considera la variabile casuale $X =$ «numero di persone che usa il prodotto A» e determina il valore medio, la varianza e la deviazione standard. Calcola la probabilità che le persone che usano detto prodotto sia un numero compreso tra 2 e 5. [3,84; 2,611; 1,616; 0,783]

57 **REALTÀ E MODELLI** **Tiratore alla prova** Gianni è un appassionato di tiro a segno che ha la probabilità di colpire un bersaglio del 98%. A una gara di qualificazione ha a disposizione 8 tiri.

a. Quali sono il valore medio e la varianza del numero dei bersagli colpiti durante la gara?

b. Per qualificarsi non deve fare alcun errore, cioè deve colpire sempre il bersaglio. Qual è la probabilità che Gianni si qualifichi?
[a) 7,84; 0,1568; b) 0,8508]

58 Da una statistica è risultato che lo 0,32% della popolazione possiede un terrario con rettili. In un gruppo di 12 persone qual è la probabilità che ci siano più di 2 e meno di 5 proprietari di rettili? [0,000007]

59 **REALTÀ E MODELLI** **Assicurati** Un'agenzia di una compagnia di assicurazione ha rilevato che, su 300 assicurati nel corso dell'anno precedente, 120 hanno denunciato un sinistro. Nel primo mese dell'anno nuovo si sono avuti 25 nuovi assicurati.

a. Qual è il valore medio del numero dei nuovi assicurati che denunceranno un sinistro?

b. Qual è la probabilità che al più 4 dei nuovi assicurati denuncino un sinistro?
[a) 10; b) 0,0095]

60 Si lancia un dado regolare 6 volte. Determina la distribuzione di probabilità della variabile casuale $X =$ «numero delle volte di uscita di una faccia con un numero dispari» e calcola il valore medio, la varianza, la deviazione standard. Rappresenta graficamente la distribuzione e calcola la probabilità che un numero dispari si presenti al massimo 4 volte. [3; 1,5; 1,225; 0,89]

Paragrafo 3. Distribuzioni di probabilità di uso frequente

61 Un produttore di bulbi garantisce la fioritura al 90% avendo constatato sperimentalmente che il 5% di essi non germoglia. I bulbi che pone in commercio sono confezionati in scatole da 40 unità. Quali sono il valore medio e la deviazione standard del numero di bulbi non fioriti in una scatola e qual è la probabilità che una confezione non raggiunga il livello garantito? [2; 1,378; 0,048]

62 **REALTÀ E MODELLI** **Bianco o nero?** Alberto e Beatrice si sfidano al seguente gioco. Beatrice ha davanti a sé una normale scacchiera di $8 \times 8 = 64$ caselle bianche e nere e una sola pedina; a ogni turno di gioco Beatrice colloca la pedina in una casella a suo piacimento e chiede ad Alberto, che non può vedere la scacchiera, di indovinare il colore della casella occupata. Ogni turno di gioco dura esattamente 10 secondi. Il gioco prosegue per 5 minuti.

a. Qual è la probabilità, in percentuale approssimata al primo decimale, che Alberto indovini il colore *esattamente* 20 volte?

b. Qual è, in percentuale, la probabilità che Alberto lo indovini *almeno* 10 volte?

c. Qual è la probabilità, espressa in frazione dell'unità, che Alberto non indovini mai il colore della casella?

$$\left[a)\ 2,8\%;\ b)\ 97,9\%;\ c)\ \frac{1}{2^{30}} = \frac{1}{1\,073\,741\,824} \right]$$

MATEMATICA E STORIA

999 palline bianche e nere L'astronomo e statistico belga Lambert-Adolphe-Jacques Quetelet (1796-1874), in una sua pubblicazione del 1846, esaminò la situazione di un'urna contenente un gran numero di palline, metà delle quali bianche, le altre nere. Considerò l'estrazione casuale di 999 palline e determinò la probabilità di ottenere 500 palline nere (e 499 bianche), 501 nere, 502 nere e così via. Dato che la distribuzione è simmetrica, calcolò effettivamente solo i valori corrispondenti ai casi con più palline nere che bianche.

a. Esprimi la probabilità $P(n)$ di ottenere n palline nere, supponendo di estrarre in tutto 999 palline, con reinserimento della pallina estratta.

La determinazione di $P(n)$ per ogni n avrebbe richiesto calcoli davvero gravosi, così Quetelet abbreviò la procedura calcolando le probabilità relative, cioè pose il valore di $P(500)$ uguale a 1.

b. Esprimi $P(n+1)$ in funzione di $P(n)$ e verifica che $P(501) = \frac{499}{501} \cdot P(500)$.

c. Considerando l'ipotesi $P(500) = 1$, determina, come fece Quetelet, i valori approssimati alla sesta cifra decimale di $P(501)$ e $P(502)$.

☐ Risoluzione – Esercizio in più

Distribuzione di Poisson
▶ Teoria a p. σ17

63 **ESERCIZIO GUIDA** Un'edizione di *Guerra e pace* di Tolstoj è composta da 2500 pagine. Si è constatato che la probabilità che una pagina contenga almeno un refuso, e quindi vada ristampata, è dello 0,002. Determiniamo il numero medio di pagine da ristampare in tutto il libro e la probabilità di dover ristampare un numero di pagine superiore o uguale alla media.

La variabile X che conta il numero delle pagine da ristampare è, a priori, una binomiale di parametri $n = 2500$ e $p = 0,002$.
Il numero medio di pagine da ristampare è quindi:

$$M(X) = 2500 \cdot 0,002 = 5.$$

Poiché n è molto grande e p è molto piccolo, possiamo considerare la variabile X con distribuzione di Poisson di parametro $\lambda = 5$.
Pertanto:

$$p(X = x) = \frac{\lambda^x}{x!} e^{-\lambda}$$

$p(X \geq 5) = 1 - p(X < 5) = 1 - [p(X=0) + p(X=1) + p(X=2) + p(X=3) + p(X=4)] =$

$1 - \left[e^{-5} + 5e^{-5} + \frac{5^2}{2} e^{-5} + \frac{5^3}{3!} e^{-5} + 5^4 \frac{e^{-5}}{4!} \right] \simeq 1 - 0,44 = 0,56.$

Capitolo σ. Distribuzioni di probabilità

64 Un esame di laboratorio, effettuato su 20 000 campioni, fornisce un risultato non attendibile nello 0,01% dei casi. Considera la variabile casuale X = «numero dei risultati non corretti» e determina il numero medio degli esami con risultato non corretto, la varianza e la deviazione standard. Calcola la probabilità che il risultato non sia corretto per non più del numero medio determinato. [2; 2; 1,414; 0,677]

65 Un'azienda che produce bulloni ha osservato che l'1% dei bulloni prodotti è fuori standard per misura o peso. L'azienda vende i bulloni in lotti da 500 pezzi. Qual è il numero medio di pezzi fuori standard in un lotto? Usando la distribuzione di Poisson calcola la probabilità che in un lotto ci siano:
a. un numero di bulloni difettosi superiore a metà del numero medio (estremi esclusi);
b. un numero di bulloni difettosi inferiore al numero medio (estremi esclusi). [a) 0,88; b) $\simeq$ 0,44]

REALTÀ E MODELLI

66 Overbooking Una compagnia aerea ha valutato che il 4% di coloro che prenotano un volo non si presenta o non riesce ad arrivare in tempo al check-in. Perciò decide di praticare l'*overbooking*, cioè di accettare un numero di prenotazioni superiore a quello dei posti disponibili.
a. Su 450 prenotazioni accettate, quante persone mediamente non si presenteranno?
b. Usando la distribuzione di Poisson, calcola la probabilità, su 450 prenotazioni, che la compagnia debba far restare a terra almeno 8 passeggeri per un volo con 440 posti a disposizione.
(SUGGERIMENTO Vuol dire che si sono presentate almeno 448 persone.) [a) 18; b) $\simeq 2{,}76 \cdot 10^{-6}$]

67  **Le ferrovie vicentine** La stazione di Vicenza è aperta dalle 6:00 alle 24:00; in questa fascia oraria arrivano 216 treni.
a. Utilizzando una variabile di Poisson, calcola la probabilità che tra le 16:00 e le 16:30 arrivino almeno 3 treni.
b. In realtà, per agevolare la mobilità degli studenti, nella fascia oraria compresa tra le 6:00 e le 8:00 arrivano a Vicenza 15 treni l'ora. Questa nuova informazione modifica la probabilità calcolata precedentemente? [a) $\simeq$ 0,938; b) sì: $\simeq$ 0,929]

68 A un call center arrivano mediamente 20 telefonate all'ora. Modellizzando il numero di telefonate in entrata con una variabile di Poisson, calcola la probabilità che in 15 minuti arrivino più di 4 telefonate e meno di 6. [$\simeq$ 0,18]

69 A un servizio di autolavaggio automatico, aperto 24 ore su 24, arrivano in media 42 macchine ogni giorno.
a. Determina il valore medio e la varianza della distribuzione relativa al numero di auto all'ora.
Calcola la probabilità che in un'ora:
b. non arrivi alcun veicolo;
c. ne arrivino 2;
d. ne arrivino almeno 2.
[a) 1,75; 1,75; b) 0,174; c) 0,266; d) 0,522]

4 Giochi aleatori

▶ Teoria a p. σ19

70 **ESERCIZIO GUIDA** Un giocatore partecipa a un gioco organizzato e paga un prezzo di 4 euro. Il gioco consiste nell'estrarre consecutivamente senza reimmissione due carte da un mazzo di 40: se sono due figure dello stesso seme, il giocatore vince 45 euro, mentre se hanno lo stesso valore vince 17 euro.

a. Verifichiamo che il gioco non è equo e determiniamo la posta corretta affinché lo sia.

b. Lasciando immutata la posta modifichiamo l'importo della prima vincita affinché il gioco sia equo.

a. La variabile V che rappresenta le vincite lorde assume i valori 45 e 17 con probabilità, rispettivamente, $\frac{2}{130}$ e $\frac{10}{130}$. Determiniamo il valore della posta in caso di gioco equo calcolando la speranza di V:

$$P = 45 \cdot \frac{2}{130} + 17 \cdot \frac{10}{130} = 2.$$

in caso di gioco equo:
$P = p_1 v_1 + p_2 v_2 + \ldots + p_n v_n$

Essendo il prezzo inferiore alla posta richiesta, il gioco è sfavorevole.

b. Per rispondere al secondo quesito impostiamo la seguente equazione, sempre relativa alla speranza della vincita lorda

$$x \cdot \frac{2}{130} + 17 \cdot \frac{10}{130} = 4 \quad \rightarrow \quad x = 175.$$

71 Si partecipa a un gioco estraendo contemporaneamente tre carte da un mazzo di 52 carte. Se le carte estratte sono dello stesso seme, viene corrisposta la somma di 78 euro. Determina la posta da pagare affinché il gioco sia equo. [4,26 euro circa]

72 Per partecipare a un gioco si pagano 20 euro. Si vince se vengono estratte contemporaneamente tre palline di colore uguale da un'urna che ne contiene 7 bianche e 3 nere. Calcola la somma corrisposta in caso di vincita se il gioco è equo. [66,67 euro circa]

73 Nel gioco delle 3 campanelle ci sono tre campanelle rovesciate. Sotto una è nascosta una pallina, sotto le altre due non c'è niente. Chi tiene il banco mescola le campanelle e chiede al giocatore di indovinare sotto quale campanella c'è la pallina. Per giocare bisogna pagare una posta P. In caso di vittoria del giocatore il banco paga il doppio della posta. Il gioco, nell'ipotesi che non ci siano trucchi o inganni, è equo? Se non lo è, quanto dovrebbe pagare il banco perché il gioco sia equo? [no; $3P$]

74 Matteo partecipa a un gioco. Paga € 10 per tirare 5 volte di seguito una coppia di dadi regolari e, a ogni lancio, vince € 4 se su entrambi i dadi escono numeri pari. Sia X la variabile aleatoria che rappresenta il numero di «mani» vinte da Matteo.

a. Determina la distribuzione di probabilità di X.

b. Stabilisci quale tra i seguenti eventi è il più probabile:

E_1: «Matteo non vince più di due mani»;
E_2: «Matteo vince almeno quattro mani».

c. $Y = 4X - 10$ è la variabile che rappresenta la vincita di Matteo. Calcola la *vincita attesa*, cioè il valore medio di Y. Si tratta di un gioco equo?

$\left[\text{a)} \ \frac{243}{1024}, \frac{405}{1024}, \frac{270}{1024}, \ldots; \text{b)} \ p(E_1) \simeq 0{,}9; \ p(E_2) \simeq 0{,}02; \ \text{c)} -5 \right]$

Capitolo σ. Distribuzioni di probabilità

REALTÀ E MODELLI

75 **Lotto e numeri ritardatari** Salvo è solito giocare al lotto. Ogni volta gioca 1 euro sul numero 45 sulla ruota di Bari. Sa che puntando sull'estrazione di un solo numero vincerà € 11,23 nel caso in cui venga estratto quel numero.

  a. Il gioco è equo? Se no, quale dovrebbe essere il premio in caso di gioco equo?
  b. Decide di giocare per 8 settimane. Qual è la probabilità che vinca almeno una volta? Qual è la probabilità che non vinca nemmeno una volta?
  c. Qual è la vincita netta media considerando le giocate di 8 settimane?
  d. Come cambia la risposta precedente se si sa che nelle prime 7 settimane non ha vinto nulla?

  [a) no; € 18; b) 0,37; 0,63; c) € −3; d) € −7,59]

76 **Gratta e vinci** Quando si acquista un «gratta e vinci» sarebbe opportuno informarsi sulle probabilità di vincita. Sia sul retro del biglietto, sia sul sito dell'AAMS (Amministrazione autonoma dei monopoli di Stato, ora assorbita dall'Agenzia delle dogane e dei monopoli - Area monopoli) sono disponibili i dati sul numero di biglietti vincenti per ogni tipo di vincita. Prendiamo per esempio il gioco «Turista per sempre». Ogni biglietto costa 5 euro. Sul sito dell'AAMS puoi trovare la tabella a fianco.

  a. Qual è la vincita lorda media?
  b. Il gioco è equo? Quale dovrebbe essere il costo del biglietto perché il gioco sia equo?

  [a) € 3,63; b) no; € 3,63]

Importo vincita (€)	N. biglietti vincenti per lotto iniziale di biglietti (N. 100 800 000)	Probabilità di vincita
1 450 000,00	35	1 ogni 2 880 000,00 biglietti
50 000,00	35	1 ogni 2 880 000,00 biglietti
10 000,00	210	1 ogni 480 000,00 biglietti
5000,00	420	1 ogni 240 000,00 biglietti
1000,00	8400	1 ogni 12 000,00 biglietti
500,00	16 800	1 ogni 6000,00 biglietti
200,00	117 600	1 ogni 857,14 biglietti
100,00	231 000	1 ogni 436,36 biglietti
50,00	420 000	1 ogni 240,00 biglietti
20,00	1 785 000	1 ogni 56,47 biglietti
15,00	2 520 000	1 ogni 40,00 biglietti
10,00	8 400 000	1 ogni 12,00 biglietti
5,00	13 440 000	1 ogni 7,50 biglietti

5 Variabili casuali standardizzate

▶ Teoria a p. σ21

77 **TEST** Una variabile aleatoria X ha valore medio 12,3 con deviazione standard 1,8. Al valore $x = 8,3$ corrisponde il valore della variabile standardizzata Z:

  A − 2,2.   **B** 4,25.   **C** 0,53.   **D** 0,45.   **E** 11,44.

78 **ESERCIZIO GUIDA** La variabile casuale X ha la seguente distribuzione.

X	0	1	2
f_X	0,25	0,5	0,25

Determiniamo la distribuzione della variabile standardizzata Z.

Troviamo il valore medio e la deviazione standard di X.

$$\mu = M(X) = 0 \cdot 0{,}25 + 1 \cdot 0{,}5 + 2 \cdot 0{,}25 = 1$$

$$\sigma = \sqrt{var(X)} = \sqrt{0 \cdot 0{,}25 + 1 \cdot 0{,}5 + 4 \cdot 0{,}25 - 1^2} = \sqrt{0{,}5}$$

La standardizzata di X è:

$$Z = \frac{X - 1}{\sqrt{0{,}5}}.$$

standardizzata di X:
$$Z = \frac{X - \mu}{\sigma}$$

Quindi:

$$z_1 = \frac{x_1 - 1}{\sqrt{0{,}5}} = \frac{0 - 1}{\sqrt{0{,}5}} = -\sqrt{2}; \qquad z_2 = \frac{x_2 - 1}{\sqrt{0{,}5}} = 0; \qquad z_3 = \frac{2 - 1}{\sqrt{0{,}5}} = \sqrt{2}.$$

Paragrafo 6. Variabili casuali continue

La distribuzione di Z è la seguente.

Z	$-\sqrt{2}$	0	$\sqrt{2}$
f_Z	$0{,}25$	$0{,}5$	$0{,}25$

Si verifica che:
$$M(Z) = -\sqrt{2} \cdot 0{,}25 + 0 \cdot 0{,}5 + \sqrt{2} \cdot 0{,}25 = 0;$$
$$\sigma(Z) = \sqrt{2 \cdot 0{,}25 + 0 \cdot 0{,}5 + 2 \cdot 0{,}25} = 1.$$

79 Trasforma la seguente variabile casuale X nella variabile casuale standardizzata Z e verifica che il valore medio è 0 e la deviazione standard è 1.

X	5	10	15	20	25
f	0,1	0,2	0,2	0,2	0,3

$[Z: -1{,}769; -1{,}032; \ldots]$

80 Una variabile aleatoria X ha media 6,3 e deviazione standard 2,1. Calcola i punti zeta per i seguenti valori della variabile: $x = 5{,}2$ e $x = 8{,}8$. $[-0{,}52; 1{,}19]$

81 Una variabile casuale X ha valore medio 12,5 e varianza 4,41. Calcola i valori della variabile X a cui corrispondono i punti zeta -2 e 2,4. $[8{,}3; 17{,}54]$

82 Una variabile casuale X ha valore medio 9,8 e per il valore $x = 6{,}3$ il punto zeta corrispondente è $z = -2{,}5$. Calcola la varianza di X. $[1{,}96]$

REALTÀ E MODELLI

83 Studenti a confronto In terza A il voto medio degli alunni in matematica è stato 7,3, con una deviazione standard di 2,8, e in terza B il voto medio è stato 6,8, con una deviazione standard di 1,2. Cristina, che è in terza A, ha come voto 6, mentre Sandro, in terza B, ha come voto 6,2. Rispetto all'andamento della classe, chi dei due ha il rendimento migliore? [Cristina]

84 Stesso film, località diverse Il venerdì sera, il numero medio di spettatori nella sala cinematografica di una cittadina è di 80 con una deviazione standard di 30, mentre in una seconda località è di 130 con una deviazione standard di 45. Viene proiettato lo stesso film e il numero degli spettatori è rispettivamente di 105 e 160. Determina in quale località il film ha avuto maggiore successo. $[z_1 = 0{,}83; z_2 = 0{,}67]$

6 Variabili casuali continue

85 **ESERCIZIO GUIDA** Dopo aver verificato che la seguente funzione è una funzione densità di probabilità, consideriamo in $[0; 4]$ una variabile casuale continua X avente tale funzione densità.

$$f(x) = \begin{cases} 0 & \text{se } x < 0 \\ \dfrac{1}{8}x & \text{se } 0 \leq x \leq 4 \\ 0 & \text{se } x > 4 \end{cases}$$

a. Determiniamo la funzione di ripartizione $F(x)$ di X.
b. Rappresentiamo graficamente $f(x)$ e $F(x)$.
c. Calcoliamo $p(1 \leq X \leq 3)$.
d. Calcoliamo il valore medio e la varianza di X.

σ47

Verifichiamo che la funzione $f(x)$ è una funzione densità di probabilità:

$$f(x) \geq 0 \text{ in } \mathbb{R} \quad \text{e} \quad \int_{-\infty}^{+\infty} f(x)\, dx = \int_0^4 \frac{1}{8} x\, dx = \left[\frac{1}{8} \cdot \frac{x^2}{2}\right]_0^4 = 1.$$

a. Determiniamo la funzione di ripartizione $F(x)$:

$$F(x) = \int_{-\infty}^x f(t)\, dt = \int_0^x f(t)\, dt = \int_0^x \frac{1}{8} t\, dt = \left[\frac{1}{8} \cdot \frac{t^2}{2}\right]_0^x = \frac{x^2}{16}, \quad \text{per} \quad 0 \leq x \leq 4;$$

$$F(x) = 0, \quad \text{per} \quad x < 0; \qquad F(x) = 1, \quad \text{per} \quad x > 4.$$

b. Rappresentiamo graficamente le funzioni $f(x)$ e $F(x)$:

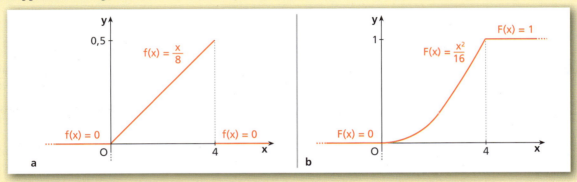

c. Calcoliamo $p(1 \leq X \leq 3)$ in due modi, cioè mediante la funzione densità di probabilità o mediante la funzione di ripartizione:

$$p(1 \leq X \leq 3) = \int_1^3 \frac{1}{8} x\, dx = \left[\frac{x^2}{16}\right]_1^3 = \frac{9}{16} - \frac{1}{16} = \frac{1}{2};$$

$$p(1 \leq X \leq 3) = F(3) - F(1) = \frac{9}{16} - \frac{1}{16} = \frac{1}{2}.$$

d. Calcoliamo il valore medio di X:

$$M(X) = \int_{-\infty}^{+\infty} x \cdot f(x)\, dx = \int_0^4 x \cdot f(x)\, dx = \int_0^4 x \cdot \frac{1}{8} x\, dx = \left[\frac{1}{8} \cdot \frac{x^3}{3}\right]_0^4 = \frac{8}{3}.$$

Calcoliamo la varianza:

$$\text{var}(X) = M(X^2) - [M(X)]^2 = \int_0^4 x^2 \cdot \frac{1}{8} x\, dx - \left(\frac{8}{3}\right)^2 = \left[\frac{1}{8} \cdot \frac{x^4}{4}\right]_0^4 - \frac{64}{9} = 8 - \frac{64}{9} = \frac{8}{9}.$$

Negli esercizi che seguono indichiamo le funzioni $f(x)$, definite in $\mathbb{R}$, solo negli intervalli in cui non si annullano. Verifica che esse sono funzioni densità di probabilità. Determina la funzione di ripartizione $F(x)$, il valore medio e la varianza della variabile casuale continua X avente $f(x)$ come funzione densità di probabilità. Rappresenta graficamente $f(x)$ e $F(x)$ e calcola la probabilità che X assuma valori compresi tra i due valori x_1 e x_2 indicati. (La funzione di ripartizione è indicata soltanto per gli intervalli in cui non vale 0 o 1.)

86 $f(x) = \dfrac{1}{5}$, $\quad [0; 5]$; $\quad x_1 = 1$, $\quad x_2 = 4$. $\qquad \left[F(x) = \dfrac{1}{5}x; 2,5; \dfrac{25}{12}; 0,6\right]$

87 $f(x) = \dfrac{2}{9}x$, $\quad [0; 3]$; $\quad x_1 = 1,3$, $\quad x_2 = 2,3$. $\qquad \left[F(x) = \dfrac{x^2}{9}; 2; \dfrac{1}{2}; 0,4\right]$

88 **AL VOLO** La variabile casuale X ha la seguente funzione di ripartizione. Calcola i valori di p indicati.

$$F(x) = \begin{cases} 0 & \text{se } x < -2 \\ \dfrac{x^3}{35} + \dfrac{8}{35} & \text{se } -2 \leq x < 3 \\ 1 & \text{se } x \geq 3 \end{cases} \qquad p(16 < X < 128) \qquad p(X > -3) \qquad p(-3 < X < 4)$$

Paragrafo 6. Variabili casuali continue

Negli esercizi che seguono indichiamo le funzioni $f(x)$, definite in $\mathbb{R}$, solo negli intervalli in cui non si annullano. Verifica che esse sono funzioni densità di probabilità. Determina la funzione di ripartizione $F(x)$ della variabile casuale continua X avente $f(x)$ come funzione densità di probabilità. Rappresenta graficamente $f(x)$ e $F(x)$ e calcola la probabilità che X assuma valori compresi tra i due valori x_1 e x_2 indicati.

89 $f(x) = \dfrac{2}{x^2}$, $[2; +\infty[$, $x_1 = 2$, $x_2 = 4$. $\left[F(x) = 1 - \dfrac{2}{x}; \dfrac{1}{2}\right]$

90 $f(x) = e^{-x}$, $[0; +\infty[$, $x_1 = 0$, $x_2 = 2$. $[F(x) = 1 - e^{-x}; 1 - e^{-2}]$

91 Data la funzione di ripartizione $F(x) = \dfrac{x^4}{16}$ di una variabile casuale continua X che può assumere valori nell'intervallo $[0; 2]$, determina la funzione densità di probabilità di X. Calcola $P(0{,}5 \le X \le 1{,}5)$ e rappresenta graficamente $F(x)$ e $f(x)$. $\left[f(x) = \dfrac{1}{4}x^3; 0{,}31\right]$

92 **REALTÀ E MODELLI** **Quanto durerà?** La durata di un componente elettronico per il settore navale si può misurare in mesi e si può modellizzare come una variabile casuale X con la seguente densità di probabilità.

$$f(x) = \begin{cases} \dfrac{1}{10} e^{-\frac{1}{10}x} & \text{se } x \ge 0 \\ 0 & \text{se } x < 0 \end{cases}$$

$$M(X) = \int_{-\infty}^{+\infty} x f(x)\, dx$$

a. Qual è la durata media del componente elettronico?

b. Il componente viene montato su una nave che sarà in mare per 10 mesi. Qual è la probabilità che il componente duri almeno per tutta la navigazione? $[a)\ 10\ \text{mesi};\ b)\ e^{-1}]$

93 **YOU & MATHS** The wait time for starting service at a checkout line has probability distribution

$$f(x) = \begin{cases} 0{,}5 e^{-0{,}5x} & \text{if } x \ge 0 \\ 0 & \text{otherwise} \end{cases}$$

(x is measured in minutes). What is the probability that the wait time will be between 1 and 3 minutes?

(USA *Arkansas Council of Teachers of Mathematics Regional Contest*)

$[\simeq 0{,}38]$

Distribuzione uniforme continua

▶ Teoria a p. σ25

94 **TEST** Una variabile casuale continua ha funzione di densità $f(x) = \dfrac{1}{6}$ nell'intervallo $[2; 8]$. Il valore medio e la varianza sono rispettivamente:

A 3 e 8,3.   B 5 e 3.   C 4 e 1,3.   D 5 e 2.   E 3 e 3.

95 **LEGGI IL GRAFICO** Osserva il grafico che rappresenta la densità di una variabile casuale X uniformemente distribuita.

a. Calcola il valore medio e la varianza di X.

b. Trova la probabilità che X sia maggiore di 13,5.

$\left[a)\ 12{,}5;\ \dfrac{25}{12};\ b)\ 0{,}3\right]$

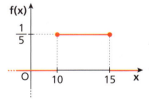

96 **ESERCIZIO GUIDA** Consideriamo una variabile casuale continua X che si distribuisce uniformemente nell'intervallo $[2; 7]$.

a. Calcoliamo la funzione di ripartizione, il valore medio, la varianza e la deviazione standard di X.

b. Calcoliamo la probabilità che X assuma valori compresi tra 2,5 e 3.

La funzione densità di probabilità di X è $f(x) = \dfrac{1}{7-2} = \dfrac{1}{5}$ se $x \in [2; 7]$, altrimenti $f(x) = 0$.

Capitolo σ. Distribuzioni di probabilità

a. La funzione di ripartizione è:

$$F(x) = \int_2^x \frac{1}{5} dt = \left[\frac{t}{5}\right]_2^x = \frac{x-2}{5} \text{ se } 2 \leq x < 7, \quad F(x) = 0 \text{ se } x < 2, \quad F(x) = 1 \text{ se } x \geq 7.$$

I valori di media, varianza e deviazione standard di X sono:

$$\mu = \frac{7+2}{2} = \frac{9}{2}; \quad \sigma^2 = \frac{(7-2)^2}{12} = \frac{25}{12}; \quad \sigma = \frac{5}{2\sqrt{3}}.$$

b. $p(2,5 \leq X \leq 3) = \int_{2,5}^{3} \frac{1}{5} dx = \left[\frac{x}{5}\right]_{2,5}^{3} = \frac{3}{5} - \frac{1}{2} = 0,1$, oppure, con la funzione di ripartizione,

$$p(2,5 \leq X \leq 3) = F(3) - F(2,5) = \frac{1}{5} - \frac{0,5}{5} = \frac{0,5}{5} = 0,1.$$

Calcola la funzione densità di probabilità e la funzione di ripartizione di una variabile casuale continua, con una distribuzione uniforme, che assume valori nell'intervallo indicato. Determina inoltre il valore medio, la varianza e la deviazione standard di tale variabile. Calcola $P(x_1 \leq X \leq x_2)$.

97 [1; 5], $x_1 = 0,5$, $x_2 = 0,75$. $\left[f(x) = \frac{1}{4}; F(x) = \frac{x}{4} - \frac{1}{4}; 3; \frac{4}{3}; \frac{2}{\sqrt{3}}; 0,0625\right]$

98 [−3; 5], $x_1 = -1$, $x_2 = 0,2$. $\left[f(x) = \frac{1}{8}; F(x) = \frac{x+3}{8}; 1; \frac{16}{3}; \frac{4}{\sqrt{3}}; 0,15\right]$

99 [4; 11], $x_1 = 5$, $x_2 = 6,5$. $\left[f(x) = \frac{1}{7}; F(x) = \frac{x-4}{7}; 7,5; \frac{49}{12}; \frac{7}{2\sqrt{3}}; 0,21\right]$

100 Determina l'ampiezza massima dell'intervallo di valori che può assumere una variabile casuale continua X affinché abbia $f(x) = 8$ come funzione densità di probabilità. [0,125]

REALTÀ E MODELLI

101 **Velocisti** Durante gli allenamenti Carl ha visto che il tempo che impiega per correre i 100 metri si comporta come una variabile casuale uniformemente distribuita tra gli 11,5 e i 12,3 secondi.

a. Qual è il tempo medio in cui Carl corre i 100 metri?
b. Qual è la probabilità che in gara Carl impieghi meno di 12 secondi per correre i 100 metri?

[a) 11,9 secondi; b) 0,625]

102 **Tagliare la corda!** Carlotta lavora in un negozio di ferramenta. Un cliente le chiede un pezzo di corda lungo 1 m. Carlotta si avvicina al rotolo da 10 m e, fidandosi della sua esperienza, srotola un po' di corda e taglia in un punto a caso. Supponendo che la lunghezza del pezzo di corda che ottiene tagliando a caso abbia una lunghezza distribuita uniformemente, indica qual è la probabilità che Carlotta sia riuscita a tagliare un pezzo di corda:

a. della lunghezza esatta di 1 m.
b. di lunghezza compresa tra 0,90 m e 1,10 m. [a) 0; b) 0,02]

Distribuzione normale o gaussiana
▶ Teoria a p. σ26

103 **ESERCIZIO GUIDA** Un'impresa costruisce rasoi elettrici la cui durata è una grandezza che si distribuisce normalmente. La durata media è di 6 anni, con una deviazione standard di 1,5 anni. Calcoliamo:

a. la probabilità che un rasoio abbia una durata fino a 8 anni;
b. la probabilità che abbia una durata di almeno 7 anni;
c. il numero di rasoi, su una produzione di 400, con una durata compresa tra 4 e 9 anni.

Indichiamo con X la variabile casuale che indica la durata dei rasoi e che, quindi, ha una distribuzione normale $N(6; 2,25)$, con una funzione densità di probabilità che ha il grafico riportato nella figura.

Utilizziamo la variabile standardizzata $Z = N(0; 1)$, che si ottiene con la trasformazione $Z = \dfrac{X-6}{1,5}$, in modo da usare la tavola di Sheppard.

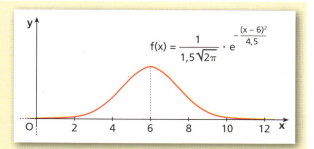

a. Il punto zeta corrispondente a $x = 8$ è $z = \dfrac{8-6}{1,5} \simeq 1,33$. Sfruttiamo la simmetria di $f(z)$ e utilizziamo la tavola:

$$p(X \leq 8) \simeq p(Z \leq 1,33) = p(Z < 0) + p(0 \leq Z \leq 1,33) \simeq 0,5 + 0,4082 = 0,9082.$$

b. Il punto zeta corrispondente a $x = 7$ è $z = \dfrac{7-6}{1,5} \simeq 0,67$:

$$p(X \geq 7) \simeq p(Z \geq 0,67) = 0,5 - p(0 < Z < 0,67) \simeq$$
$$0,5 - 0,2486 = 0,2514.$$

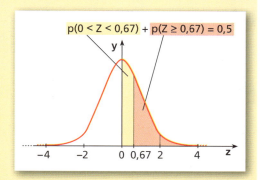

c. Calcoliamo la probabilità che un rasoio abbia una durata compresa tra 4 e 9 anni.
Trasformando $x_1 = 4$ e $x_2 = 9$ otteniamo $z_1 \simeq -1,33$ e $z_2 = 2$:

$$p(4 \leq X \leq 9) \simeq p(-1,33 \leq Z \leq 2) =$$

$$p(0 \leq Z \leq 1,33) + p(0 \leq Z \leq 2) \simeq$$

$$0,4082 + 0,4772 = 0,8854.$$

Possiamo valutare il numero di rasoi che, su una produzione di 400, avranno una durata compresa tra 4 e 9 anni. Otteniamo: $400 \cdot 0,8854 \simeq 354$.

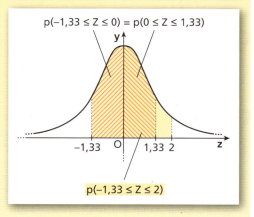

104 **TEST** Il valore medio del numero dei visitatori di una fiera campionaria che si svolge ogni anno è di 850 persone al giorno con una deviazione standard di 34 visitatori. Essendo la distribuzione del numero dei visitatori normale, la probabilità che in un certo giorno il numero dei visitatori superi il valore medio del 10% è:

    A 0,7462.   B 0,2469.   C 0,0062.   D 0,9938.   E 0,4938.

105 Il tempo per rispondere a un test con quesiti a risposta multipla ha una distribuzione gaussiana con un tempo medio di 20 minuti e una varianza pari a 16 minuti. Qual è la probabilità che un test venga restituito entro 15 minuti?
[0,1056]

106 La misura del diametro interno di alcuni tubi di plastica ha un andamento che si distribuisce secondo la curva di Gauss con una media di 8,5 cm e una deviazione standard di 0,08 cm. Calcola la percentuale di tubi che potrebbero avere un diametro:

    a. maggiore di 8,7 cm;   b. minore di 8,4 cm;   c. compreso tra 8,48 cm e 8,52 cm.

[a) 0,62%; b) 10,56%; c) 19,74%]

Capitolo σ. Distribuzioni di probabilità

107 Un'industria dolciaria che produce canditi compra cedri dolci sempre dallo stesso coltivatore in Calabria. I frutti di cui si rifornisce possono essere considerati uguali nelle dimensioni e la quantità di buccia che si ottiene da ogni frutto ha una distribuzione che si ritiene normale, con un valore medio di 1,2 kg e una deviazione standard di 0,2 kg. Determina qual è la probabilità che un frutto preso a caso abbia una scorza che pesa:
   a. meno di 1 kg;   b. tra 0,9 kg e 1,2 kg;   c. più di 1,4 kg.
   [a) 0,1587; b) 0,4332; c) 0,1587]

108 Una macchina confeziona sacchetti di cioccolatini e il loro peso si distribuisce normalmente. Sapendo che il peso medio è di 250 grammi e la deviazione standard è di 15 grammi, calcola la probabilità che un sacchetto abbia un peso compreso tra 240 e 260 grammi.   [0,4972]

109 La durata media delle pile prodotte da un'impresa è di 400 ore (h), con una varianza di 225 h^2. Sapendo che la durata è una grandezza di tipo gaussiano, determina la percentuale di pile che avranno una durata compresa tra 380 e 420 ore.   [81,65%]

110 **REALTÀ E MODELLI** **Data di scadenza** Un'azienda produce burro in confezioni da 250 grammi, la cui durata dalla data di confezionamento si distribuisce normalmente con una media di 30 giorni e una deviazione standard di 8 giorni. La data di scadenza di un lotto prodotto viene fissata 38 giorni dopo la data di confezionamento. Calcola la percentuale di confezioni che andranno a male prima della data di scadenza.   [0,1587]

111 Una macchina produce sfere di acciaio il cui diametro è una grandezza distribuita normalmente, con valore medio di 18 mm e deviazione standard di 0,5 mm. Calcola la probabilità di produrre sfere con diametro nell'intervallo indicato; calcola il corrispondente numero di sfere su un lotto di 400:
   a. $[18 - \sigma; 18 + \sigma]$;   b. $[18 - 2\sigma; 18 + 2\sigma]$;   c. $[18 - 3\sigma; 18 + 3\sigma]$.
   [a) 0,6826; 273; b) 0,9544; 381; c) 0,9974; 398]

REALTÀ E MODELLI

112 **Durata delle lampadine** La vita media di una lampadina a lunga durata è di 1500 ore con una deviazione standard di 200 ore. Sapendo che la durata è una grandezza normale, calcola la probabilità che sia:
   a. di almeno 1300 ore;   b. al massimo di 1700 ore;   c. al massimo di 1300 ore.
   [a) 0,8413; b) 0,8413; c) 0,1587]

113 **Tolleranza per i diametri dei dadi** In una fase di assemblaggio di biciclette per bambini si devono montare su viti dei dadi con un foro avente un diametro di 1,80 cm. Sono ammessi anche dadi che hanno un foro con un diametro compreso tra 1,75 cm e 1,85 cm. I dadi utilizzati hanno fori con diametri la cui misura si distribuisce normalmente con una media di 1,82 cm e con una deviazione standard di 0,02 cm.
   a. Qual è la probabilità che un dado abbia un diametro compreso nei limiti di accettabilità?
   b. Prendendo due dadi, qual è la probabilità che almeno un dado abbia un diametro inferiore a 1,75 cm?
   c. Qual è il valore del diametro per cui l'1% dei dadi ha un valore maggiore?   [a) 0,9330; b) 0,0004; c) 1,87]

MATEMATICA AL COMPUTER

Le distribuzioni di probabilità Una fabbrica produce rasoi la cui durata si distribuisce normalmente.
Costruiamo un foglio elettronico che determini la probabilità che un rasoio duri
a. sino a m anni, b. almeno n anni, c. un tempo compreso fra p e q anni,
e calcoli il numero dei rasoi corrispondenti, dopo aver ricevuto la durata media μ, la deviazione standard σ, i numeri m, n, p, q espressi in anni e il numero r dei rasoi prodotti.
Proviamo con $\mu = 6$, $\sigma = 1,5$, $m = 8$, $n = 7$, $p = 4$, $q = 9$ e $r = 10000$.

☐ Risoluzione – 16 esercizi in più

Allenati con **15 esercizi interattivi** con feedback "hai sbagliato, perché..."
☐ su.zanichelli.it/tutor3   risorsa riservata a chi ha acquistato l'edizione con tutor

VERIFICA DELLE COMPETENZE ALLENAMENTO

RISOLVERE PROBLEMI

1 **TEST** Nel laboratorio linguistico di una scuola vi sono 24 postazioni che funzionano in modo indipendente. La probabilità che un apparecchio audio si guasti in un mese è del 12,5%. In media, gli apparecchi che si guastano in un mese sono:

A 0.   B 20,5.   C 3.   D 1,2.   E 12,5.

2 Dai risultati delle verifiche di matematica e italiano, sono risultate le seguenti tabelle, in cui le variabili sono: X = «numero insufficienze in matematica» e Y = «numero insufficienze in italiano». Determina la distribuzione di probabilità della variabile $X + Y$, che rappresenta il numero di insufficienze complessive.

X	0	1	2	3	4	5
f_X	0,15	0,05	0,10	0,15	0,35	0,20

Y	0	1	2	3
f_Y	0,30	0,25	0,25	0,20

$[0, 1, \ldots; 0,045, 0,0525, \ldots]$

3 Un'urna contiene 8 palline numerate da 1 a 8 e si estrae una pallina. Costruisci la variabile casuale che indica il numero della pallina estratta e determina il valore medio e la varianza. $[4,5; 5,25]$

4 Da un mazzo di 40 carte si estrae per 5 volte una carta rimettendo ogni volta la carta estratta nel mazzo. Data la variabile casuale X = «numero delle volte di uscita dell'asso di coppe», calcola, applicando la distribuzione binomiale e quella di Poisson:

a. il valore medio, la varianza e la deviazione standard;
b. la probabilità che l'asso di coppe esca al massimo una volta;
c. la probabilità che l'asso di coppe esca almeno una volta.

[binomiale: a) $0,125; 0,122; 0,349$; b) $0,994$; c) $0,119$; Poisson: a) $0,125; 0,125; 0,354$; b) $0,993$; c) $0,118$]

5 L'ora di arrivo in ufficio degli impiegati di un'azienda varia dalle ore 8 alle ore 8:30 a causa del traffico. La funzione densità di probabilità, che misura la probabilità di arrivo a una certa ora, è stata individuata nella funzione $f(x) = \dfrac{65}{32} - (x-8)^3$. Determina:

a. la funzione di ripartizione $F(x)$;
b. il valore medio e la varianza;
c. la probabilità che ha un impiegato di arrivare fra le 8:12 e le 8:24;
d. la probabilità che ha un impiegato di arrivare negli ultimi 15 minuti.

$\left[\text{a) } F(x) = \dfrac{65}{32}x - \dfrac{(x-8)^4}{4} - \dfrac{65}{4}; \text{ b) } 8:15; 1 \text{ min e } 15 \text{ s; c) } 0,400; \text{ d) } 0,493\right]$

6 Il tempo impiegato per effettuare la rifinitura di pezzi meccanici ha una distribuzione normale con una media di 60 minuti e una deviazione standard di 12 minuti. Determina la probabilità che il tempo impiegato:

a. sia di almeno 50 minuti;
b. sia compreso tra 50 e 70 minuti;
c. sia al massimo di 50 minuti;
d. sia di almeno 70 minuti;
e. sia di almeno 60 minuti;
f. sia al massimo di 60 minuti.

[a) $0,7967$; b) $0,5934$; c) $0,2033$; d) $0,2033$; e) $0,5$; f) $0,5$]

VERIFICA DELLE COMPETENZE VERSO L'ESAME

ARGOMENTARE E DIMOSTRARE

7 Spiega che cosa si intende per variabile casuale, precisando come può essere utilizzata per descrivere gli eventi e come si costruisce la relativa distribuzione di probabilità. Aiutati con un esempio costruito considerando come esperimento il lancio di tre dadi.

8 Sia X una variabile casuale discreta e siano k e h due costanti reali. Dimostra le proprietà $M(kX) = kM(X)$ e $M(X + h) = M(X) + h$, utilizzando la definizione di valore medio. Estendi poi la dimostrazione al caso in cui X è continua.

9 Giustifica la seguente affermazione:
«una variabile binomiale di parametri n e p è la somma di n variabili bernoulliane indipendenti di parametro p».
A partire da questo fatto, dimostra le formule $M(X) = np$ e $var(X) = np(1 - p)$ per una variabile binomiale X.

10 Dimostra che, se X è una variabile binomiale di parametri n e p, allora $p = 1 - \dfrac{var(X)}{M(X)}$.

11 Vengono lanciati due dadi. Dei due punteggi, viene considerato il maggiore; se sono uguali, viene considerato il punteggio comune dei due dadi. Detto X il punteggio registrato, riportare in una tabella la distribuzione di probabilità di X e mostrare che $P(X = 3) = \dfrac{5}{36}$. Calcolare inoltre la media e la varianza di X.

(*Esame di Stato, Liceo scientifico, Corso di ordinamento, Sessione suppletiva*, 2015, quesito 3)

12 Una fabbrica produce mediamente il 3% di prodotti difettosi. Determinare la probabilità che in un campione di 100 prodotti ve ne siano 2 difettosi, usando:
- la distribuzione binomiale;
- la distribuzione di Poisson.

(*Esame di Stato, Liceo scientifico, Corso di ordinamento, Sessione suppletiva*, 2015, quesito 7)

13 Da un'analisi di mercato è risultato che il 32% della popolazione usa il prodotto A. Scelto a caso un gruppo di 12 persone, determinare il valore medio, la varianza e la deviazione standard della variabile casuale X = «numero di persone che usa il prodotto A». Calcolare inoltre la probabilità che, all'interno del gruppo scelto, il numero di persone che usano detto prodotto sia compreso tra 2 e 5, estremi inclusi.

$[M(X) = 3,84; V(X) \simeq 2,61; \sigma(X) \simeq 1,62; P(2 \leq X \leq 5) \simeq 78,3\%]$

(*Esame di Stato, Liceo scientifico, Scuole italiane all'estero (Europa), Sessione ordinaria*, 2015, quesito 2)

14 Determinare la funzione densità di probabilità di una variabile casuale continua che assume valori nell'intervallo [2; 5] con una distribuzione uniforme. Determinare inoltre il valore medio, la varianza, la deviazione standard di tale variabile e la probabilità che sia $\dfrac{7}{3} \leq x \leq \dfrac{17}{4}$. $\quad [3,5; 0,75; \simeq 0,87; p \simeq 63,9\%]$

(*Esame di Stato, Liceo scientifico, Corso di ordinamento, Sessione straordinaria*, 2015, quesito 6)

15 Supponiamo che l'intervallo di tempo t (in anni) tra due cadute di fulmini in un'area di 100 m² sia dato da una variabile casuale continua con funzione di ripartizione:

$$P(t \leq z) = \int_0^z 0,01 \cdot e^{-0,01s} ds.$$

a. Si calcoli la probabilità che, in tale area, i prossimi due fulmini cadano entro non più di 200 anni l'uno dall'altro.

b. Si determini qual è il minimo numero di anni z tale che sia almeno del 95% la probabilità che i prossimi due fulmini cadano in tale area entro non più di z anni l'uno dall'altro.

(*Esame di Stato, Liceo scientifico, Corso di ordinamento, Sessione suppletiva*, 2016, quesito 8)

Verso l'esame

COSTRUIRE E UTILIZZARE MODELLI

RISOLVIAMO UN PROBLEMA

■ Rispettare gli standard

In una falegnameria una macchina taglia assi di legno le cui lunghezze sono rappresentate da una variabile casuale normale con media di 1 m.
La ditta che ha venduto la macchina ha assicurato una deviazione standard, cioè un margine di errore, di 5 mm. Per verificare questa dichiarazione vengono tagliate alcune assi ed empiricamente si verifica che la probabilità che la macchina tagli delle assi di lunghezza inferiore a 100,5 cm e superiore a 99,5 cm è del 68%.

- Si può considerare vera l'affermazione della ditta che ha venduto la macchina?

Per una commessa, l'azienda deve tagliare 10 assi. Il committente ha richiesto la massima precisione. Rimanderà indietro tutte le assi di lunghezza inferiore a 99,7 cm e superiore a 100,2 cm.

- Su 10 assi tagliate, qual è il numero medio di pezzi che non soddisfano lo standard del committente?
- Qual è la probabilità che a lavoro ultimato il cliente rimandi indietro più della metà delle assi?

▶ **Verifichiamo l'affermazione della ditta.**

Indichiamo con X la variabile casuale che indica la lunghezza, in cm, dell'asse tagliata.
Sappiamo che è una variabile casuale normale che ha media 1 m e deviazione standard σ. Dobbiamo verificare che $\sigma = 5$ mm. Riscriviamo la relazione $p(99,5 < X < 100,5) = 0,68$ usando la variabile standardizzata.

I punti zeta relativi a 99,5 e 100,5 sono $\frac{99,5 - 100}{\sigma} = -\frac{0,5}{\sigma}$ e $\frac{100,5 - 100}{\sigma} = \frac{0,5}{\sigma}$, dunque:

$$0,68 = p(99,5 < X < 100,5) = p\left(-\frac{0,5}{\sigma} < Z < \frac{0,5}{\sigma}\right) = 2 \cdot p\left(0 < Z < \frac{0,5}{\sigma}\right) \rightarrow p\left(0 < Z < \frac{0,5}{\sigma}\right) = 0,34.$$

Cerchiamo nella tavola di Sheppard il numero più vicino a 0,34. Il valore z corrispondente è 1, quindi:

$$\frac{0,5}{\sigma} = 1 \rightarrow \sigma = 0,5.$$

L'affermazione della ditta può considerarsi vera.

▶ **Determiniamo la probabilità che un pezzo non soddisfi lo standard del committente.**

Un'asse non soddisfa le richieste del committente se la sua lunghezza è inferiore a 99,7 cm o superiore a 100,2 cm. La probabilità che ciò accada è $p(X \leq 99,7) + p(X \geq 100,2)$. Passiamo alla variabile standardizzata:

$$p(X \leq 99,7) + p(X \geq 100,2) = p\left(Z \leq \frac{99,7 - 100}{0,5}\right) + p\left(Z \geq \frac{100,2 - 100}{0,5}\right) = p(Z \leq -0,6) + p(Z \geq 0,4).$$

Per la simmetria della densità gaussiana, abbiamo

$$p(Z \leq -0,6) = p(Z \geq 0,6) = 0,5 - p(0 \leq Z \leq 0,6) \quad \text{e} \quad p(Z \geq 0,4) = 0,5 - p(0 < Z \leq 0,4),$$

quindi:

$$p(Z \leq -0,6) + p(Z \geq 0,4) = 0,5 - p(0 \leq Z \leq 0,6) + 0,5 - p(0 \leq Z \leq 0,4) \simeq 1 - 0,23 - 0,16 = 0,61.$$

▶ **Stabiliamo il numero medio di pezzi che non soddisfano lo standard.**

La variabile Y che conta le assi tagliate in modo non conforme ha una distribuzione binomiale di parametri $n = 10$ e $p = 0,61$, quindi il numero medio delle assi che non rispettano lo standard è $np = 6,1$, cioè circa 6 assi.

▶ **Calcoliamo la probabilità che più della metà delle assi non soddisfi lo standard.**

L'evento «Più della metà delle assi non soddisfa lo standard» corrisponde all'evento «$Y > 5$», che è unione di eventi incompatibili, quindi:

$$p(Y > 5) = p(Y = 6) + p(Y = 7) + p(Y = 8) + p(Y = 9) + p(Y = 10) =$$

$$\binom{10}{6} 0,61^6 \cdot 0,39^4 + \binom{10}{7} 0,61^7 \cdot 0,39^3 + \binom{10}{8} 0,61^8 \cdot 0,39^2 + \binom{10}{9} 0,61^9 \cdot 0,39 + \binom{10}{10} 0,61^{10} \simeq 0,66.$$

Capitolo σ. Distribuzioni di probabilità

16 Le pile di una certa marca hanno la probabilità del 60% di superare 2000 ore. Un negozio compra 400 pile di tale marca. Calcola il valore medio, la varianza e la deviazione standard della variabile casuale X = «numero delle pile che potrebbero superare le 2000 ore». Determina la probabilità che tutte le pile superino le 2000 ore.
[240; 96; 9,798; $1,8 \cdot 10^{-89}$]

17 In un sistema produttivo formato da 15 elementi funzionanti in modo indipendente, la probabilità che ha ciascuno di guastarsi è del 2%. Determina il valore medio del numero di elementi non funzionanti e la deviazione standard. Il sistema è funzionante se almeno 12 elementi lo sono. Determina la probabilità che il sistema si blocchi e quella che il sistema funzioni.
[binomiale 0,3; 0,5422; 0,000183; 0,999817]

18 Scarti per peso eccessivo Il peso di una piccola sbarra costruita automaticamente da una macchina è una grandezza con distribuzione normale avente un valore medio di 0,8 kg e una varianza di 0,0004 kg².
   a. Se il peso accettabile di una sbarra è compreso tra 0,77 kg e 0,83 kg, qual è la probabilità che una sbarra sia nell'intervallo fissato?
   b. Qual è la probabilità che una sbarra sia scartata a causa del suo peso maggiore del limite superiore?
   c. Su 100 sbarre costruite, qual è la probabilità che solo due siano scartate perché superano il limite superiore consentito?
[a) 0,8664; b) 0,0668; c) 0,03]

19 Prima e seconda mano Il tempo che impiega una vernice ad asciugarsi ha andamento normale, con un valore medio di 20 minuti e una deviazione standard di 4 minuti. Quattro imbianchini finiscono contemporaneamente di imbiancare le quattro stanze a loro assegnate. Qual è la probabilità che almeno uno di essi possa iniziare la seconda mano dopo meno di 12 minuti?
[0,09]

20 La giusta quantità Una macchina riempie brik da 1 L di latte fresco. La quantità di latte è una grandezza che si distribuisce normalmente con una deviazione standard di 0,02 L. Se le confezioni contengono meno di 0,95 L, devono essere ritirate dalla distribuzione in quanto non conformi allo standard stabilito, e se contengono più di 1,05 L, potrebbero esserci fuoriuscite.
   a. Quali sono gli estremi dell'intervallo centrato sul valore medio contenente il 95% delle confezioni?
   b. Qual è la percentuale delle confezioni che contiene più del limite superiore tollerato?
   c. Qual è la percentuale delle confezioni che rispettano i limiti stabiliti?
[a) [0,9608; 1,0392]; b) 0,62%; c) 98,76%]

21 Al tornio Il tempo di lavorazione per la rifinitura di un pezzo al tornio ha una distribuzione normale con una media di 300 secondi e una deviazione standard di 50 secondi.
   a. Quale durata di lavorazione non viene superata nel 5% dei casi?

Dopo la rifinitura al tornio il pezzo passa a un'altra macchina che ha un tempo di lavorazione distribuito normalmente con una media di 240 secondi e una deviazione standard di 25 secondi.

   b. Quali sono la media e la deviazione standard del tempo totale di lavorazione del pezzo, considerando il tempo del tornio e quello dell'altra macchina indipendenti?
[a) 218 secondi; b) 540 secondi; $\simeq$ 56 secondi]

INDIVIDUARE STRATEGIE E APPLICARE METODI PER RISOLVERE PROBLEMI

22 REALTÀ E MODELLI Esame di Stato Per le tre prove scritte previste all'Esame di Stato, il presidente di commissione decide di numerare i posti e di far estrarre in ognuna delle prove a ciascuno dei 35 candidati il numero del posto dove siederà.
   a. Calcola la probabilità che un candidato estragga esattamente 2 volte il numero 1.
   b. Calcola la probabilità che un candidato estragga esattamente 2 volte uno dei tre numeri 1, 2 o 3 (anche ripetuti), corrispondenti ai posti della prima fila.
   c. Uno dei commissari osserva che 26 studenti non si sono seduti in prima fila in nessuna delle tre prove e si chiede se tale risultato è in accordo con il valore teorico della probabilità. Qual è il numero atteso teorico di candidati che non si siedono mai in prima fila?
[a) 0,24%; b) 2,02%; c) $\simeq$ 27]

Verso l'esame

23 **REALTÀ E MODELLI** **Il bersaglio** Le circonferenze numerate che formano il bersaglio in figura hanno raggi in progressione aritmetica, a partire da quello centrale di raggio $\frac{r}{10}$ fino a quello più esterno di raggio r.

a. Supponendo che ogni lancio colpisca un punto a caso all'interno del bersaglio, ricava la distribuzione di probabilità della variabile casuale X = «punteggio ottenuto in un lancio» e rappresentala in un istogramma.

b. Qual è il valore medio μ della variabile X?

c. Qual è la probabilità, effettuando 3 lanci, di ottenere almeno una volta un punteggio superiore o uguale a 8?

$$\left[\text{a) } P(X=x) = \frac{21-2x}{100}, \text{ con } x = 1, 2, \ldots, 10; \text{ b) } \mu = 3,85; \text{ c) } p = 24,64\% \right]$$

24 La durata di un particolare componente di una cella solare è di X anni, dove X è una variabile casuale continua la cui densità è espressa dalla seguente funzione:

$$f(x) = \begin{cases} \frac{1}{2} e^{-\frac{1}{2}x} & \text{se } x \geq 0 \\ 0 & \text{se } x < 0 \end{cases}.$$

a. Calcola la probabilità che un componente smetta di funzionare nei primi 6 mesi.

b. Sapendo che ciascuna cella solare ha tre componenti, che funzionano indipendentemente l'uno dall'altro, e che la cella continua a funzionare se almeno due componenti lavorano correttamente, determina la probabilità che una cella solare si guasti entro sei mesi. [a) 22,1%; b) 12,4%]

25 Durante un allenamento di pallacanestro, Matteo e Leonardo si sfidano in una gara al tiro da 3 punti, in cui ogni giocatore batte 5 tiri. Le statistiche stagionali mostrano che Leonardo ha fatto 33 canestri su 92 tiri da 3 punti e Matteo 38 canestri su 118 tiri. Siano X e Y le variabili casuali che contano i tiri realizzati rispettivamente da Leonardo e da Matteo.

a. Determina le distribuzioni di X e Y e i rispettivi valori attesi.

b. Calcola la probabilità dei seguenti eventi:

   A: «Leonardo segna almeno 3 volte»;

   B: «la gara si chiude in parità»;

   C: «Matteo vince la gara».

[a) $M(X) = 1,8$; $M(Y) = 1,6$; b) 24,9%; 25,9%; 32,3%]

26 Si è osservato che in un liceo ogni studente arriva a scuola X minuti dopo le 7:15, dove X è una variabile casuale normalmente distribuita. In particolare, il 1° aprile 2016 si è osservato che il 40% degli studenti è arrivato prima delle 7:25 e il 90% è arrivato prima delle 7:40.

a. Calcola la media e la deviazione standard di X.

b. Sapendo che la scuola ha 1043 studenti e che le lezioni iniziano alle 7:45, stima il numero di studenti che sono arrivati in ritardo.

c. Se Lucrezia non è arrivata entro le 7:25, qual è la probabilità che sia arrivata in ritardo?

[a) $\mu = 12,5$; $\sigma = 9,62$; b) 36; c) 5,7%]

Capitolo σ. Distribuzioni di probabilità

VERIFICA DELLE COMPETENZE — PROVE ⏱ 1 ora

PROVA A

1. Per sei mesi si sono rilevati i tempi di percorrenza di un treno in un determinato tragitto. Nella seguente distribuzione di probabilità la variabile casuale X rappresenta i minuti di ritardo. Calcola il valore medio e la deviazione standard del ritardo. Qual è la probabilità che il treno abbia non più di 10 minuti di ritardo?

X	0	5	10	15	20
f	$\frac{1}{20}$	$\frac{9}{20}$	$\frac{5}{20}$	$\frac{3}{20}$	$\frac{2}{20}$

2. A uno sportello la probabilità che il disbrigo di una pratica duri più di 10 minuti è del 2%. Usando la distribuzione di Poisson determina la probabilità che su 60 pratiche ve ne siano 3 che comportano tale durata.

3. Dopo aver verificato che la funzione

$$f(x) = \begin{cases} \frac{1}{9}x^2 & \text{se } 0 \leq x \leq 3 \\ 0 & \text{se } x < 0 \text{ o } x > 3 \end{cases}$$

rappresenta la funzione densità di probabilità di una variabile casuale continua X, calcola $p(0 \leq X \leq 2)$, $M(X)$ e $var(X)$.

4. Monolocale In una città, capoluogo di provincia, l'importo dell'affitto di un monolocale arredato di 40 m² è distribuito normalmente con un valore medio di € 600 mensili e una deviazione standard di € 80. Determina qual è la probabilità che venga pagato un affitto:
   a. compreso tra € 560 e € 600;
   b. maggiore di € 650.
   c. Quale valore massimo sarebbe disposto a pagare il 90% degli affittuari?

PROVA B

1. Fusibili Un settore di un'impresa di materiale elettrico produce fusibili e, su un campione di 100 elementi, 8 si sono rivelati difettosi. I fusibili vengono venduti in confezioni di 50. Calcola il valore medio, la varianza e la deviazione standard della variabile casuale X = «numero di fusibili difettosi in una confezione». Determina la probabilità che vi siano al massimo due fusibili difettosi.

2. Tre anelli Al luna park Alessandra osserva un gioco in cui bisogna lanciare degli anelli in modo che si infilino in un'asta verticale. In ogni partita, il cui costo è di 1 euro, si hanno a disposizione tre anelli, e per ogni anello infilato nell'asta si vincono 2 euro. Dopo aver esaminato molti tiri da parte di diversi giocatori, Alessandra valuta che la probabilità di infilare un anello nell'asta è del 15%.
   a. Se X indica la variabile casuale che rappresenta la vincita netta per ogni partita (cioè tre anelli), quali valori assume e qual è la sua distribuzione di probabilità?
   b. Qual è la vincita netta media? Il gioco è equo?
   c. Quale dovrebbe essere la posta in caso di equità?
   d. Tenendo fissa la posta di 1 euro, quale dovrebbe essere la vincita per ogni anello infilato?

σ58

PROVA C

1 Un esperimento aleatorio viene ripetuto n volte e le singole prove, indipendenti l'una dall'altra, vengono eseguite nelle medesime condizioni. La variabile aleatoria X che conta il numero dei successi ottenuti in n prove ha media 0,4 e deviazione standard 0,6. Determina:

a. la probabilità di successo di una singola prova;

b. il numero di prove eseguite.

2 L'esito del lancio di un dado a forma di tetraedro irregolare ha la seguente distribuzione di probabilità.

Punteggio	1	2	3	4
Probabilità	$\dfrac{1}{5}$	$\dfrac{2}{5}$	$\dfrac{1}{10}$	$\dfrac{3}{10}$

Si lancia il dado due volte. Considera le variabili casuali X e Y che esprimono, rispettivamente, i punteggi ottenuti al primo e al secondo lancio. Costruisci la tabella della distribuzione congiunta di X e Y e, servendoti di essa, determina la probabilità degli eventi:

A: «la somma dei risultati è 6»;

B: «la somma dei risultati è dispari».

3 Data la funzione $f(x) = ae^{-\frac{|x-2|}{2}}$,

a. determina il valore del parametro reale a in modo tale che la funzione rappresenti una densità di probabilità di una variabile casuale continua X;

b. rappresenta graficamente la funzione.

Con il valore ottenuto determina:

c. il valore medio e la varianza di X;

d. la funzione di ripartizione $F(x)$.

PROVA D

1 Al servizio di guardia medica festivo in 24 ore arrivano in media 84 richieste. Calcola la probabilità che in un'ora:

a. vi siano 5 chiamate;

b. il numero delle chiamate sia al massimo 3;

c. il numero delle chiamate sia compreso tra 2 e 6.

d. Sapendo che le chiamate sono state effettuate dal 40% da donne che per l'80% hanno richiesto l'intervento a domicilio, mentre questa percentuale per gli uomini è stata del 70%, determina la probabilità che un intervento a domicilio sia stato effettuato in seguito alla richiesta di un uomo.

2 L'altezza e il peso di un gruppo di giocatori di volley sono considerati due grandezze indipendenti con distribuzione normale. Sapendo che l'altezza media è 1,85 m con una deviazione standard di 5 cm e che il peso medio è 74 kg con una deviazione standard di 6 kg, determina la probabilità che:

a. un giocatore abbia un'altezza compresa tra 1,82 m e 1,87 m e un peso tra 71 kg e 77 kg;

b. un giocatore abbia un'altezza inferiore a 1,80 m e un peso superiore a 78 kg;

c. il peso non superi la media di più di 8 kg.

3 Una macchina produce sbarrette meccaniche della lunghezza nominale di 22 mm e sono accettate solo le sbarrette con lunghezza superiore. Sapendo che la funzione di ripartizione per lo scarto in lunghezza è $F(x) = \dfrac{x^2}{4}$, determina entro quale limite superiore le sbarrette sono accettate, la funzione densità di probabilità e la probabilità che una sbarretta sia difettosa al massimo di 1,2 mm.

σ59

VERSO L'ESAME

Problemi

1 **Un tunnel impegnativo**

Un gruppo di ingegneri civili è al lavoro per realizzare una condotta idraulica. Per questo scopo si rende necessario lo scavo di un tunnel sotto a un terrapieno, la cui sezione trasversale è rappresentata dal grafico sottostante; l'asse x rappresenta il piano orizzontale, l'asse y la direzione verticale e l'unità di misura su entrambi gli assi è il metro.

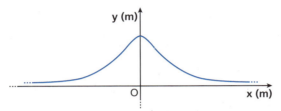

a. Quale fra questi due tipi di funzione ritieni che sia stato scelto dal gruppo di ingegneri per meglio rappresentare il profilo del terrapieno? Motiva la tua risposta.
$$y_1(x) = \frac{x^2 + A}{1 + x^2}, \qquad y_2(x) = \frac{A}{1 + x^2}.$$

b. Appurato che la scelta è ricaduta su una funzione del secondo tipo, dimostra che deve essere $A = 2$ affinché i punti di massima pendenza (in valore assoluto) del profilo del terrapieno si trovino a un'altezza di 1,5 m dal livello del suolo. Studia e rappresenta la funzione così determinata.

Per quanto riguarda la realizzazione del tunnel della condotta, nel gruppo di ingegneri emergono due progetti alternativi. Il primo prevede un tunnel a sezione semicircolare, e per massimizzare l'area della sezione si deve determinare il punto P_1 del profilo del terrapieno che si trova alla minima distanza dal centro O della sezione. Il secondo progetto prevede un tunnel a sezione rettangolare, determinato dal punto P_2 del profilo che definisce il rettangolo inscritto di area massima.

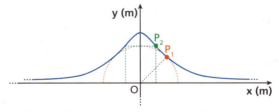

c. Ricava P_1 e P_2 e dimostra che il secondo progetto è comunque da scartare se si vuole ottimizzare la portata della condotta.

d. Ricava la portata massima, in litri/secondo, delle due possibili condotte, supponendo che la sezione della tubatura coincida con quella del tunnel e che l'acqua vi scorra a una velocità uniforme e costante di 2 m/s.

e. Dimostra che sarebbe possibile realizzare una condotta completamente interrata di portata ancora maggiore se la sezione fosse un triangolo isoscele rettangolo con l'ipotenusa sull'asse delle ascisse. Calcola anche in questo caso la portata massima, nelle stesse condizioni precedenti.

[c) $P_1(1;1)$, $P_2(1;1)$; d) $p_1 \simeq 6283$ litri/secondo, $p_2 = 4000$ litri/secondo; e) $p_3 = 8000$ litri/secondo]

Verso l'esame

2 **Un modello per la secrezione dell'insulina**

Nel corpo umano la concentrazione di glucosio nel sangue, detta *glicemia*, è normalmente compresa fra 60 mg/dL e 110 mg/dL quando si è a digiuno. Il glucosio è assorbito dai tessuti più rapidamente quando la glicemia è alta, più lentamente quando è bassa. Questo processo di assorbimento più o meno rapido è regolato dall'*insulina*, un ormone secreto dal pancreas. Se la glicemia è alta, l'insulina è prodotta più rapidamente per accelerare l'assorbimento del glucosio; se la glicemia è bassa, la produzione è più lenta, per un minore assorbimento.

In un modello semplificato, la rapidità di secrezione dell'insulina S in funzione della glicemia g è espressa dalla funzione:

$$S(g) = \frac{100}{1 + 19e^{-\frac{g}{30}}},$$

con $g \geq 0$ misurata in mg/dL e S misurata in mU/min, cioè in milliUnità al minuto.

a. Perché è stata posta la condizione $g \geq 0$ se la funzione matematica $S(g)$ può essere calcolata per qualsiasi valore di g? Ritieni che dovrebbero essere poste altre condizioni sul valore di g?
Rappresenta il grafico di $S(g)$ per $g \geq 0$.

b. Qual è, secondo il modello, la massima rapidità possibile di secrezione dell'insulina da parte del pancreas? Per quale valore della glicemia la rapidità di secrezione dell'insulina è pari al 90% della potenzialità massima?

c. Esiste un valore della glicemia in corrispondenza del quale è massimo l'aumento della rapidità di secrezione dell'insulina in seguito a un aumento, piccolo quanto si vuole, della glicemia stessa. A quale punto del grafico corrisponde? Determina il valore.

d. In condizioni fisiologiche normali la glicemia non scende sotto i 60 mg/dL. Si vuole studiare la rapidità di secrezione dell'insulina per $60 \leq g \leq 130$, cioè i valori che si hanno a digiuno e dopo un pasto non abbondante, utilizzando una retta anziché la funzione del modello $S(g)$. Nello stesso riferimento cartesiano del grafico di $S(g)$ disegna dunque la retta $\bar{s}(g)$ che assume lo stesso valore di $S(g)$ per $g = 60$ mg/dL, e la pendenza in tale punto coincide con quella di $S(g)$.
Di quanto differiscono percentualmente le previsioni sulla rapidità di secrezione dell'insulina per $g = 130$ mg/dL da parte di $S(g)$ e di $\bar{s}(g)$?

[b) 100 mU/min, $g = 30 \ln 171 \simeq 154$; c) $30 \ln 19 \simeq 88,3$; d) $\bar{s}(g) = 0,67g - 12,2$; 6,4%]

3 Sei il responsabile del controllo della navigazione della nave indicata in figura con il punto P. Nel sistema di riferimento cartesiano Oxy le posizioni della nave P, misurate negli istanti $t = 0$ e $t = 10$ (il tempo t è misurato in minuti, le coordinate x e y sono espresse in miglia nautiche), sono date dai punti $P_1(14; 13)$ e $P_2(12; 11)$. Negli stessi istanti la posizione di una seconda nave Q è data dai punti $Q_1(12; -2)$ e $Q_2(11; -1)$. Entrambe le navi si muovono in linea retta e con velocità costante, come rappresentato in figura (non in scala).

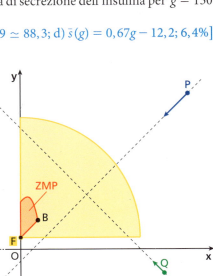

L'area indicata con ZMP è una «Zona Marittima Pericolosa». Il raggio luminoso di un faro posto nel punto F di coordinate $(0; 1)$ spazza un quarto di un cerchio di raggio 10 miglia (vedi figura).

a. Calcola dopo quanto tempo, rispetto all'istante in cui la nave P avvista per la prima volta il faro F, essa raggiunge la minima distanza dal faro, e la misura di tale distanza.

b. Determina la posizione della nave P nell'istante in cui per la prima volta la sua distanza dalla nave Q è pari a 9 miglia.

2071

Verso l'esame

c. Determina l'istante t nel quale la distanza tra le due navi è minima e calcola il valore di tale distanza.

Nel punto $B(X_B; Y_B)$ si trova una boa che segnala l'inizio della ZMP. La delimitazione della ZMP può essere descritta dai grafici delle funzioni f e g che si intersecano nel punto B e sono definite da:

$$f(x) = -x^3 + x + 4, \quad x \in \mathbb{R}, \quad 0 \le x \le x_B,$$
$$g(x) = x + 1, \quad x \in \mathbb{R}, \quad 0 \le x \le x_B,$$

e dalla retta $x = 0$.

d. Calcola l'area della ZMP.

(Esame di Stato, Liceo scientifico, Scuole italiane all'estero (Europa), Sessione ordinaria, 2015, problema 1)

$[$a$)$ 35 min, $d = \sqrt{2} \simeq 1,41$ mi; b) $P(10; 9)$; c) $t_{min} = 47$ min, $d_{min} \simeq 2,85$; d) $A_{ZMP} \simeq 3,25$ mi$^2]$

4 **Le Mont Saint-Michel** In una località sul canale della Manica la marea ha una notevole escursione e per questo è importante prevederne l'andamento. In prima approssimazione si è visto che il livello del mare può essere descritto dalla seguente funzione del tempo t:

$$h(t) = A - A\cos\left[\frac{\pi}{6}(t-b)\right], \quad \text{con } A, b \in \mathbb{R}^+.$$

a. Esprimendo t in ore e h in metri, determina i valori dei parametri A e b in modo che valgano contemporaneamente le seguenti condizioni:

- l'escursione tra il livello minimo e quello massimo sia di 8,0 m;
- si abbia il livello massimo per $t = 8,0$ ore (si scelga il minor valore positivo possibile per b).

b. Verificato che si ha $A = 4$ e $b = 2$, traccia il grafico della funzione h così determinata. Determina poi in che istanti nel corso delle prime ventiquattro ore a partire da $t = 0$ la variazione del livello è più rapida (sia in crescita sia in diminuzione) e quanto vale in tali istanti la velocità di variazione.

c. Calcola la velocità di variazione del livello del mare all'istante $t = 4$ ore. Supponendo che nelle due ore successive la velocità di innalzamento delle acque sia costante e pari al valore appena determinato, stima il livello del mare all'istante $t = 6$ ore. Che interpretazione geometrica si può dare di questo procedimento?

d. Un turista, meravigliato da una marea che sale così rapidamente, ne misura costantemente la velocità a partire da $t = 15$ ore e osserva preoccupato che tale velocità aumenta continuamente. A che istante potrà rilassarsi rilevando che la velocità comincia a diminuire? Che cosa rappresenta questo istante per il grafico di $h(t)$?

e. Supponi di installare sul livello del mare, in verticale, un tubo cavo della sezione di 1 m^2, in modo che l'acqua possa risalirvi all'interno durante l'aumento di marea. Assunto come 0 il livello dell'acqua nel tubo all'istante di bassa marea, calcola il volume medio di acqua contenuta nel tubo nell'intervallo di tempo $[2; 8]$.

$\left[\text{b) } v_{max} = \frac{2}{3}\pi \simeq 2,09 \text{ km/h per } t = 5 \text{ h e } t = 17 \text{ h}, v_{min} = -\frac{2}{3}\pi \simeq -2,09 \text{ km/h per } t = 11 \text{ h e } t = 23 \text{ h};\right.$
$\left.\text{c) } \frac{\sqrt{3}}{3}\pi \simeq 1,81 \text{ m/h}; 5,63 \text{ m}; \text{d) } t = 17 \text{ h, flesso; e) } 4 \text{ m}^3\right]$

5 Stai seguendo un corso, nell'ambito dell'orientamento universitario, per la preparazione agli studi di Medicina. Il docente introduce la lezione dicendo che un medico ben preparato deve disporre di conoscenze, anche matematiche, che permettano di costruire modelli ed interpretare i dati che definiscono lo stato di salute e la situazione clinica dei pazienti. Al tuo gruppo di lavoro viene assegnato il compito di preparare una lezione sul tema: «come varia nel tempo la concentrazione di un farmaco nel sangue?».

Se il farmaco viene somministrato per via endovenosa, si ipotizza per semplicità che la concentrazione del farmaco nel sangue raggiunga subito il valore massimo e che immediatamente inizi a diminuire, in modo proporzionale alla concentrazione stessa; nel caso che il docente ti ha chiesto di discutere, per ogni ora che passa la concentrazione diminuisce di $\frac{1}{7}$ del valore che aveva nell'ora precedente.

a. Individua la funzione $y(t)$ che presenta l'andamento richiesto, ipotizzando una concentrazione iniziale $y(0) = 1\,\mu g/mL$ (microgrammi a millilitro), e rappresentala graficamente in un piano cartesiano avente in ascisse il tempo t espresso in ore e in ordinate la concentrazione espressa in $\mu g/mL$.

Se invece la somministrazione avviene per via intramuscolare, il farmaco viene dapprima iniettato nel muscolo e progressivamente passa nel sangue. Si ipotizza pertanto che la sua concentrazione nel sangue aumenti per un certo tempo, raggiunga un massimo e poi inizi a diminuire con un andamento simile a quello riscontrato nel caso della somministrazione per via endovenosa.

b. Scegli tra le seguenti funzioni quella che ritieni più adatta per rappresentare l'andamento descritto per il caso della somministrazione per via intramuscolare, giustificando la tua scelta:

$y(t) = 1 - \dfrac{(t-4)^2}{16}$

$y(t) = \sin(3t) \cdot e^{-t}$

$y(t) = -t^3 + 3t^2 + t$

$y(t) = \dfrac{7}{2}\left(e^{-\frac{t}{7}} - e^{-\frac{t}{5}}\right)$.

c. Traccia il grafico della funzione scelta in un piano cartesiano avente in ascisse il tempo t espresso in ore e in ordinate la concentrazione y espressa in $\mu g/mL$ e descrivi le sue caratteristiche principali, in rapporto al grafico della funzione relativa alla somministrazione per via endovenosa.

Per evitare danni agli organi nei quali il farmaco si accumula è necessario tenere sotto controllo la concentrazione del farmaco nel sangue. Supponendo che in un organo il farmaco si accumuli con una velocità v, espressa in $\mu g/mL \cdot h$ (microgrammi a millilitro all'ora), proporzionale alla sua concentrazione nel sangue:

$v(t) = k \cdot y(t)$

d. determina la quantità totale di farmaco accumulata nell'organo nel caso della somministrazione endovenosa e di quella intramuscolare studiate in precedenza. In quale delle due l'accumulo sarà maggiore?

(Esame di Stato, Liceo scientifico, Corso di ordinamento, Sessione straordinaria, 2015, problema 1)

$\left[\text{a) } y(t) = \left(\dfrac{6}{7}\right)^t;\ \text{b) } y(t) = \dfrac{7}{2}\left(e^{-\frac{t}{7}} - e^{-\frac{t}{5}}\right);\ \text{d) } Q_e \simeq 6{,}49k\ \mu g/mL,\ Q_i = 7k\ \mu g/mL\right]$

6 Un gelato conveniente

Alberto lavora in una ditta che produce gelati, nel reparto che si occupa di realizzare gli incarti. Oggi deve progettare un involucro di forma conica, ricavato tagliando un settore circolare da un disco di raggio R assegnato, in modo che R sia l'apotema del cono.

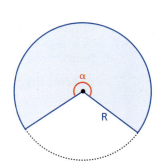

a. Posta $2x$ la misura in radianti dell'angolo α al centro del settore circolare che rappresenta lo sviluppo del cono, spiega dettagliatamente come Alberto può ricavare il volume del cono in funzione di x.

Alberto ha ottenuto la seguente espressione per il volume del cono:

$V(x) = \dfrac{R^3}{3\pi^2} x^2 \sqrt{\pi^2 - x^2}$, con $0 \leq x \leq \pi$.

b. Dopo aver verificato la correttezza dell'espressione precedente, in base a considerazioni generali e senza ricorrere a calcoli spiega perché Alberto può essere certo che vi sia un particolare valore di x, nell'intervallo $[0;\pi]$, in corrispondenza del quale il volume del cono è massimo.

Verso l'esame

c. Posto $R = \sqrt[3]{\pi^2}$ dm, studia e rappresenta la corrispondente funzione $V(x)$. Determina il valore di x che realizza l'incarto con la capienza massima, esprimendone la misura sia in radianti sia in gradi e primi. Calcola anche il valore della capienza massima, approssimando il dato ai cm³.

Ora Alberto deve affrontare un secondo problema: realizzare la base circolare di ciascun contenitore conico. Poiché la realizzazione di ciascun involucro lascia come scarto un secondo settore circolare, Alberto si chiede se sia possibile utilizzare tale scarto, ricavandone il cerchio di maggior raggio possibile, cioè quello inscritto nel settore stesso.

d. Spiega ad Alberto, utilizzando semplici considerazioni geometriche qualitative, perché non sia possibile realizzare la sua idea nel caso dell'involucro di capienza massima.

e. Dimostra che il raggio s della circonferenza inscritta nel settore circolare scartato è dato, sempre in funzione di x, dall'espressione:
$$s(x) = \frac{R \sin x}{1 + \sin x}.$$

$\left[\text{c)}\ \sqrt{\frac{2}{3}}\pi \simeq 146°\,58',\ V_{\max} \simeq 3978\ \text{cm}^3\right]$

7 **LEGGI IL GRAFICO** In figura è riportato il grafico γ della funzione:
$$f(x) = \frac{\pi(1-x)}{x^2 - 2x + 2}.$$

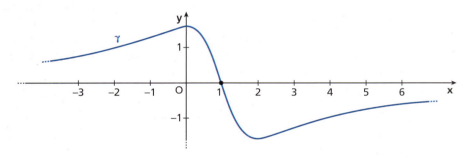

a. Dimostra che la curva γ è simmetrica rispetto al punto $(1; 0)$ e che $-\frac{\pi}{2} \leq f(x) \leq \frac{\pi}{2}$. Traccia un grafico probabile della funzione $g(x) = \cos(f(x))$ e stabilisci quanti punti di estremo relativo ha tale funzione.

b. Dal punto $\left(\frac{1}{2}; \frac{\pi}{2}\right)$ conduci le rette tangenti a γ e determina le loro equazioni.

c. Dopo aver indicato con r e s le rette tangenti che passano rispettivamente per i punti $\left(0; \frac{\pi}{2}\right)$ e $(1; 0)$ di γ, calcola l'area della regione di piano delimitata da γ e dalle rette r e s.

d. Indicata con F la funzione integrale $F(x) = \int_0^x f(t)\,dt$, determina $F(0)$, $F(1)$, $F(2)$. Quindi deduci da γ l'andamento del grafico di F e scrivi l'equazione della retta tangente a quest'ultimo nel punto di ascissa $x = 2$.

$\left[\text{a)}\ x = 0,\ x = 1,\ x = 2;\ \text{b)}\ y = \frac{\pi}{2},\ y = -\pi x + \pi,\ y = \frac{2}{25}\pi x + \frac{23}{50}\pi;\ \text{c)}\ \frac{\pi}{8}(3 - 4\ln 2);\right.$
$\left.\text{d)}\ F(0) = F(2) = 0,\ F(1) = \frac{\pi}{2}\ln 2;\ y = \frac{\pi}{2}(2 - x)\right]$

8 **LEGGI IL GRAFICO** Nella figura è rappresentato in modo qualitativo il grafico cartesiano di una funzione reale $f(x)$, definita, continua e derivabile in $\mathbb{R}$, e di cui si sa che:

- $\lim\limits_{x \to \pm\infty} f(x) = 0$;
- è simmetrica rispetto all'origine O del riferimento;

- ammette un solo massimo relativo e un solo minimo relativo.

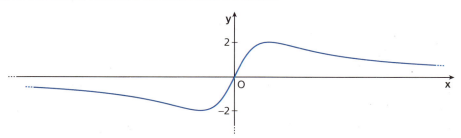

a. Stabilisci, motivando la risposta, a quale tra le seguenti famiglie di funzioni può appartenere $f(x)$:

$$f_1(x) = \frac{ax}{1+b^2x^2}, \qquad f_2(x) = bxe^{ax^2}, \qquad \text{con } a, b \in \mathbb{R}^+.$$

b. Dopo aver dimostrato che $f(x)$ è del tipo $f_1(x)$, determina i rispettivi valori di a e b per i quali sono soddisfatte le seguenti condizioni:
- $f(x)$ presenti il massimo relativo in corrispondenza di $x = 2$;
- il coefficiente angolare della retta tangente al grafico di $f(x)$ nell'origine sia 2.

c. Stabilito che i valori di a e b richiesti nel punto precedente sono $a = 2$ e $b = \frac{1}{2}$, sia $f(x)$ la funzione corrispondente. Calcola l'area della regione finita del piano delimitata dal grafico della funzione e dalle rette tangenti al grafico nell'origine O e nel punto di massimo M.

d. Supponi che, per $x \geq 0$, x rappresenti il tempo (in secondi) e $f(x)$ la velocità istantanea (in m/s) di un punto in moto rettilineo. In quali intervalli di tempo l'accelerazione istantanea è positiva, in quali è negativa, e in quali istanti è nulla? Qual è la distanza complessivamente percorsa dal punto rispetto all'origine nell'intervallo di tempo compreso tra $x = 0$ e $x = T$? Tale distanza ha un limite superiore o cresce indefinitamente al crescere del tempo T? Motiva la risposta.

$$\left[\text{c)}\ 3 - 4\ln 2;\ \text{d)}\ \text{positiva: } 0 \leq x < 2,\ \text{negativa: } x > 2,\ \text{nulla: } x = 2;\ d = 4\ln\left(\frac{4+T^2}{4}\right) \right]$$

Quesiti

Questionario 1

1. Si deve formare una delegazione di 5 rappresentanti scelti in un gruppo di 12 ragazzi. Lisa e Valentina vogliono farne parte insieme oppure essere escluse entrambe. Enrico e Davide, invece, non vogliono parteciparvi insieme. In quanti modi si può scegliere la delegazione? [308]

2. Si dimostri che la funzione $f(x) = x^5 + x^3 + x$ è invertibile. Detta $g(x)$ la funzione inversa, si determini l'equazione della tangente a $g(x)$ nel suo punto di ascissa 3. $[x - 9y + 6 = 0]$

3. Si calcoli il valore medio della funzione $y = \dfrac{4x^2}{x^2+1}$ nell'intervallo $[-1; 1]$ e i valori di x in cui la funzione assume tale valore. $\left[4 - \pi;\ x = \pm\sqrt{\dfrac{4-\pi}{\pi}}\right]$

4. Si inscriva in un cono di raggio a e altezza b il cilindro che ha massimo volume. Tale cilindro ha anche massima superficie laterale?

5. Si determini, se esiste, il limite: $\displaystyle\lim_{x \to 0^+} \frac{4x + \int_0^{2x^2} \cos t\, dt}{\ln(x+1)}$. [4]

Verso l'esame

6 È data la funzione: $F(x) = \int_1^x \dfrac{dz}{1+z^3}$, $x \in [1; +\infty[$. Si stabilisca se ammette flessi e se è biunivoca. Si determini l'equazione dell'eventuale tangente nel punto di ascissa $x = 1$.   [non ci sono flessi; $x - 2y - 1 = 0$]

7 Si dimostri che la curva di equazione $y = \dfrac{x^2 - 2x - 1}{6x - 3x^2}$ presenta un asse di simmetria r parallelo all'asse y. Effettuata una traslazione che porti r a sovrapporsi all'asse y, si verifichi che la funzione ottenuta è pari.

8 Si considerino la curva γ di equazione $y = \dfrac{x-1}{x-2}$ e la retta r di equazione $y = k(x-1)$.

Determinati i punti A e B di intersezione di γ e r, si scriva l'equazione del luogo geometrico descritto dal punto medio M del segmento AB al variare di k e si rappresenti il grafico corrispondente.

$$\left[A(1; 0),\ B\left(\frac{2k+1}{k}; k+1 \right); y = \frac{x-1}{2x-3} \right]$$

9 Per quali valori di h l'equazione $|x|^3 - x + h = 0$ ammette solo una soluzione? $\left[h = \dfrac{2\sqrt{3}}{9} \right]$

10 Scrivere in forma frazionaria l'equazione della retta r che si ottiene intersecando i piani di equazioni $x - y + z + 2 = 0$ e $x + y = 0$ e determinare l'equazione del piano α passante per il punto $A(2; 2; 2)$ e perpendicolare a r.

$$\left[r: -x = y = \frac{z+2}{2}; \alpha: x - y - 2z + 4 = 0 \right]$$

Questionario 2

1 Un recipiente vuoto riceve un litro d'acqua il primo minuto. Il secondo minuto ne riceve la metà, il terzo minuto la metà della metà e così via senza mai interrompere il versamento. Quale deve essere la capacità del recipiente affinché l'acqua non tracimi? Rispondere motivando adeguatamente la risposta.   [almeno 2 litri]

2 Si consideri la sfera di centro $C(3; 0; 4)$. Scrivere l'equazione del piano passante per il punto $Q(1; 1; 1)$ e parallelo al piano tangente alla sfera nel suo punto $P(0; 5; 0)$.   [$3x - 5y + 4z - 2 = 0$]

3 Qual è l'inclinazione dei raggi del Sole quando l'ombra di un campanile è lunga il doppio della sua altezza? Determinare la variazione dell'inclinazione in gradi, primi e secondi per cui, rispetto alla situazione precedente, l'ombra del campanile aumenta del 10%.   [$\alpha \simeq 26°33'54''; -2°7'16''$]

4 Si illustri la formula per lo sviluppo del binomio di Newton. Si determini n sapendo che nello sviluppo di $(x^2 - 2y)^n$, ordinato secondo le potenze crescenti di y, il coefficiente del terzo termine è 144.

5 Si estrae una cinquina del Lotto n volte. Determinare in funzione di n la probabilità che si ottenga almeno una volta 13. Calcolare il limite di tale funzione per $n \to -\infty$ e interpretare il risultato ottenuto. $\left[1 - \left(\dfrac{17}{18} \right)^n \right]$

6 Condurre dall'origine la retta t tangente al grafico della funzione $y = \sqrt[3]{x-1}$ e calcolare il volume del solido ottenuto dalla rotazione completa attorno all'asse delle ascisse della regione di piano delimitata dalla retta t, dal grafico della funzione e dall'asse delle ascisse. $\left[\dfrac{\pi \sqrt[3]{2}}{10} \right]$

7 Si vuole realizzare un contenitore della capacità di 4 litri impiegando la minima quantità di materiale. Supponendo che non vi siano sprechi nella lavorazione, è più conveniente realizzare il contenitore a forma di cubo o di cilindro equilatero? Motivare la risposta.

8 Un punto materiale si muove nel piano e le sue coordinate, espresse in metri, sono date dalle relazioni $\begin{cases} x = e^t \\ y = 3e^{-t} + 2 \end{cases}$, dove t è il tempo in secondi. Determinare l'equazione della traiettoria e il valore minimo del modulo della velocità. $\left[y = \dfrac{3}{x} + 2,\ x \geq 1; \sqrt{6}\ \text{m/s} \right]$

9 Determinare i valori dei parametri reali a e b affinché sia applicabile il teorema di Rolle alla funzione

$$f(x) = \begin{cases} ax + x^2 & \text{se } x < 0 \\ b\sin(2x) & \text{se } x \geq 0 \end{cases}$$

in $\left[-\dfrac{\pi}{2}; \dfrac{\pi}{2}\right]$. Trovare poi il punto o i punti la cui esistenza è assicurata dal teorema.

$$\left[a = \frac{\pi}{2}, b = \frac{\pi}{4}; x = \pm\frac{\pi}{4}\right]$$

10 Sia $y = f(x)$ una funzione continua in $\mathbb{R}$. Sapendo che $f(1) = 1$ e $\int_0^1 f(x)\, dx = 2$, calcolare i valori delle seguenti espressioni:

a. $\displaystyle\int_0^2 f\left(\frac{x}{2}\right) dx$;

b. $\displaystyle\int_0^1 x \cdot f'(x)\, dx$.

$$[\text{a}) \ 4; \ \text{b}) -1]$$

Questionario 3

1 Individua quale delle seguenti funzioni è soluzione dell'equazione differenziale $y'' - 2y' + 10y = 0$, giustificando la risposta:

a. $y = e^x \cos x$;　　　　**b.** $y = e^{3x}\cos x$;　　　　**c.** $y = e^x \cos 3x$;　　　　**d.** $y = e^{3x}\sin 3x$.

2 Si considerino i punti $A(1; 0; 0)$, $B(-2; 2; 2)$ e $C(1; 1; 4)$ in un sistema di riferimento ortogonale $Oxyz$. Dopo aver dimostrato che tali punti non sono allineati, determinare l'equazione del piano α passante per A, B, C e l'equazione parametrica della retta perpendicolare ad α condotta dal punto C.

$$\left[\alpha: 2x + 4y - z - 2 = 0; \ r: \begin{cases} x = 1 + 2t \\ y = 1 + 4t \\ z = 4 - t \end{cases} \text{con } t \in \mathbb{R}\right]$$

3 Calcolare il volume del solido generato dalla rotazione completa attorno all'asse y del cerchio avente come perimetro la circonferenza di equazione $x^2 + y^2 - 2x = 0$.

$$[2\pi^2]$$

4 Data l'iperbole γ di equazione $f(x) = \dfrac{1}{x}$ e la retta s di equazione $g(x) = 3x + 2$, determinare nel semipiano $x > 0$, al variare di una generica retta r parallela all'asse y, il luogo geometrico Γ descritto dai punti medi dei segmenti che hanno per estremi i punti in cui r interseca γ e s. Determinare, inoltre, l'asintoto obliquo di Γ.

$$\left[\Gamma: y = \frac{3x^2 + 2x + 1}{2x}; \ a: y = \frac{3}{2}x + 1\right]$$

5 15 squadre partecipanti a un torneo devono essere distribuite in tre gironi, A, B e C, ciascuno composto da cinque squadre. Le tre squadre classificatesi al primo posto l'anno precedente devono necessariamente essere collocate in gironi distinti. Calcola il numero complessivo di composizioni possibili dei tre gironi. $[207\,900]$

6 In un sistema di riferimento cartesiano Oxy, si consideri la parabola di equazione $y = x^2 - 4x + 4$ che interseca gli assi cartesiani nei punti A e B. Si tracci la retta tangente in un qualunque punto dell'arco $\overset{\frown}{AB}$ e, considerato il triangolo che tale retta forma con gli assi cartesiani, si trovi il volume massimo del solido che il triangolo genera in una rotazione completa attorno all'asse x.

$$\left[\frac{18\,432\pi}{3125}\right]$$

7 Per giungere a un appuntamento con un'amica, Veronica sceglie in modo del tutto casuale tra una bicicletta, con cui percorre il tragitto in 30 minuti e ha una probabilità di ritardo pari al 15%, e un'automobile, con cui percorre il tragitto in 10 minuti e ha una probabilità di ritardo pari al 25%.
Supponendo che, indipendentemente dal mezzo scelto, Veronica sia uscita con l'intenzione di arrivare a destinazione puntuale ma non ci sia riuscita, qual è la probabilità che abbia scelto l'automobile? $\left[\dfrac{5}{8}\right]$

Verso l'esame

8 Si consideri la funzione $f(x) = axe^{-x} + 2b$ e si determinino a e b in modo che

$$\lim_{x \to +\infty} f(x) = 4 \text{ e } \int_{-1}^{1} f(x)\, dx = 4.$$

$[a = 2e; b = 2]$

9 Determinare, al variare del parametro reale a, il dominio della funzione:

$$f(x) = \sqrt{\frac{ax - 2x}{1 - x^2}}\,.$$

Studiare e rappresentare il grafico della funzione che si ottiene per $a = 4$ (tralasciare lo studio della derivata seconda).

10 Individuare i valori del parametro reale a per i quali, relativamente all'intervallo $x \geq 0$, l'area della regione compresa tra l'asse x e la curva di equazione

$$f(x) = \frac{|a|}{1 + x^2} + e^{-ax}$$

ha valore finito.

$[a > 0]$

Questionario 4

1 Si calcoli il seguente limite, applicando almeno due metodi: $\lim_{x \to 0} \dfrac{1 - \cos x + \sin x}{1 - \cos x - \sin x}$. $[-1]$

2 Si determinino gli eventuali asintoti della funzione $f(x) = \ln(e^x - 1)$. $[x = 0, y = x]$

3 Considerato un particolare bersaglio per freccette a forma di semicerchio con disegnato all'interno il trapezio isoscele inscritto di area massima, si calcoli la probabilità che, lanciando a caso una freccetta che colpisce il bersaglio, la sua punta si conficchi nella parte del semicerchio esterna al trapezio. $\left[1 - \dfrac{3\sqrt{3}}{2\pi} \simeq 0,17\right]$

4 La quantità q domandata, e venduta, di un bene di consumo in funzione del prezzo unitario p (in euro) è espressa dalla seguente relazione: $q = 500 - 25p$.
Se il prezzo unitario non supera € 15, per quale valore del prezzo il ricavo che si ottiene dalla vendita è massimo?
Si disegnino i grafici del ricavo in funzione del prezzo unitario e in funzione della quantità venduta. $[€\ 10]$

5 Si determini il valore di $a \in \left]-\dfrac{\pi}{2}; \dfrac{3}{2}\pi\right[$ per il quale la funzione

$$f(x) = \begin{cases} -\dfrac{4}{\pi}\sin(x - a) & \text{se } x \leq a \\ \dfrac{4x^2}{\pi^2} - \dfrac{8x}{\pi} + 3 & \text{se } x > a \end{cases}$$

soddisfa le ipotesi del teorema di Rolle nell'intervallo $\left[-\dfrac{\pi}{2}; \dfrac{3}{2}\pi\right]$. $\left[a = \dfrac{\pi}{2}\right]$

6 Nel piano cartesiano Oxy si consideri la parabola γ di equazione $y = kx^2$, con $k > 0$. Preso un punto P di ascissa positiva su γ, si considerino la tangente a γ in P, che interseca l'asse x in Q, e la parallela all'asse x passante per P, che interseca γ in un altro punto P'. Si determini il limite del rapporto fra l'area del segmento parabolico individuato dalla corda PP' e l'area del triangolo curvilineo individuato da PQ, QO e dall'arco $\overset{\frown}{OP}$, al tendere di P all'infinito. $[16]$

7 Sia data la funzione $F(x) = \int_{x}^{2x} f(t)\, dt$, con $f(t)$ continua in $\mathbb{R}$. Sapendo che $f(0) = -\dfrac{1}{2}$, $f\left(\dfrac{1}{2}\right) = \dfrac{1}{4}$ e $f(1) = 1$, si calcolino $F(0)$, $F'(0)$ e $F'\left(\dfrac{1}{2}\right)$. $\left[0, -\dfrac{1}{2}, \dfrac{7}{4}\right]$

8 È data la funzione $f(x) = \begin{cases} x^3 - 2x & \text{se } x < 1 \\ \ln x & \text{se } x \geq 1 \end{cases}$. Si stabilisca, dando adeguata motivazione, il valore di verità della seguente proposizione:

«Poiché $\lim\limits_{x \to 1^-} f'(x) = \lim\limits_{x \to 1^+} f'(x) = 1$, la funzione è derivabile in $x = 1$ con derivata uguale a 1».

9 Determina l'area del triangolo che ha per lati le rette

$$r: \begin{cases} x = -5 - 3\alpha \\ y = 9 + 4\alpha \\ z = 1 \end{cases} \text{ con } \alpha \in \mathbb{R}, \quad s: \begin{cases} x - y - z + 8 = 0 \\ 2x + y + 2z - 3 = 0 \end{cases}, \quad t: \begin{cases} x = -\dfrac{4}{3}z + \dfrac{7}{3} \\ y = 1 \end{cases}.$$

$$\left[\frac{\sqrt{481}}{2} \right]$$

10 Si consideri la seguente funzione definita a tratti: $f(x) = \begin{cases} x^2 + p^2 & \text{se } x < 0 \\ p & \text{se } 0 \leq x < 2 \\ \dfrac{x + q}{x + 1} & \text{se } x \geq 2 \end{cases}$, dove p e q sono due costan-

ti reali. Per quali coppie ordinate $(p; q)$ di valori delle costanti la funzione $f(x)$ è continua in $\mathbb{R}$?

$$[(0; -2), (1; 1)]$$

Questionario 5

1 Dato il triangolo di lati 2 cm, 3 cm e 4 cm, si dimostri che è ottusangolo.

2 Si determini il dominio della funzione: $y = \sqrt{\dfrac{\ln(x - 2)}{\ln x - 2}}$.

$$[2 < x \leq 3 \vee x > e^2]$$

3 Scrivere l'equazione della sfera avente centro nel punto $C(1; 3; -2)$ e passante per il punto $P(-2; 3; 2)$. Determinare poi l'equazione del piano tangente alla sfera nel suo punto P.

$$[x^2 + y^2 + z^2 - 2x - 6y + 4z - 11 = 0; \; 3x - 4z + 14 = 0]$$

4 Senza fare uso del teorema di De L'Hospital, si calcoli: $\lim\limits_{x \to \pi} \dfrac{\sin x}{e^\pi - e^x}$.

$$[e^{-\pi}]$$

5 Una scatola contiene palline bianche e palline nere per un totale di 100 palline. Sapendo che estraendone due la probabilità che siano dello stesso colore è uguale alla probabilità che siano di colore diverso, si determini il numero di palline di ciascun colore. [45 bianche e 55 nere oppure 55 bianche e 45 nere]

6 Si calcoli per quali valori di $k \in \mathbb{R}$ si ha:

$$\int_0^k \frac{2}{x - 1}\,dx < \int_0^1 \frac{x - 1}{x + 1}\,dx.$$

$$\left[1 - \frac{\sqrt{e}}{2} < k < 1 \right]$$

7 Angela vuole farsi una collana composta da perle di plastica colorate: 6 rosse, 10 arancioni e 8 gialle da chiudere con un fermaglio. Quante sono le possibili sequenze differenti? Qual è invece il numero delle sequenze nel caso in cui Angela voglia mettere agli estremi perle di colore arancione?

8 Una sfera di raggio 1 è secata da due piani paralleli tra loro e distanti 1. Si individui la posizione dei due piani affinché la somma delle aree delle sezioni così individuate sia massima.

$$\left[\text{entrambi distanti } \frac{1}{2} \text{ dal centro della sfera} \right]$$

9 Si determini il valore del parametro k affinché l'equazione $\dfrac{x + kx}{e^x} = k$ ammetta due soluzioni coincidenti.

$$\left[k = \frac{1}{e - 1} \right]$$

2079

Verso l'esame

10 La figura a fianco rappresenta il grafico di una funzione f e le sue tangenti nei punti $O(0; 0)$, $M(3; -2)$ e $F(6; -1)$. La funzione è continua e derivabile almeno due volte in $\mathbb{R}$ e ha due flessi in O e F. Si disegni un grafico probabile della derivata prima dando adeguata giustificazione, indicando in particolare le coordinate dei suoi punti di massimo e minimo relativi.

$$\left[\min(0; -1), \max\left(6; \frac{1}{2}\right)\right]$$

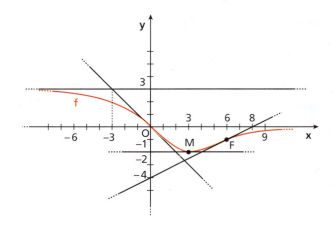

Questionario 6

1 In una parete deve essere ricavata una finestra mistilinea di forma rettangolare con una semicirconferenza al posto della base superiore. Determinare quali devono essere le dimensioni della finestra affinché il profilo sia di 4 metri e la superficie sia massima.

$$\left[\text{base rettangolo } \frac{8}{4+\pi} \text{ m, altezza rettangolo } \frac{4}{4+\pi} \text{ m, raggio semicirconferenza } \frac{4}{4+\pi} \text{ m}\right]$$

2 Si consideri la funzione $F(x) = \int_1^x \frac{t}{\ln(1+t)} dt$ e si dimostri che è invertibile nell'intervallo $]0; +\infty[$. Detta $G(y)$ la funzione inversa, si calcoli $G'(0)$.

$[\ln 2]$

3 Stabilire il numero di soluzioni dell'equazione $e^{x+1} x^2 |x+2| = k$ al variare del parametro reale k.

4 In un sistema di riferimento $Oxyz$ ortogonale e monometrico sono assegnati la superficie sferica Σ di equazione $x^2 + y^2 + z^2 - 4y - 4 = 0$ e la retta r di equazione $\begin{cases} x = -y \\ z = x \end{cases}$.

a. Determina le coordinate dei punti A e B di intersezione di Σ con r e scrivi le equazioni dei piani tangenti in essi alla sfera.

b. Scrivi in forma parametrica le equazioni della retta s ottenuta dall'intersezione dei due piani tangenti e verifica che r e s sono sghembe.

$$\left[a) \; A(-2; 2; -2), B\left(\frac{2}{3}; -\frac{2}{3}; \frac{2}{3}\right), x+z+4=0, x-4y+z-4=0; \; b) \begin{cases} x = t \\ y = -2 \\ z = -4-t \end{cases}\right]$$

5 Determinare il volume del solido avente come base la regione di piano sottesa nell'intervallo $[1; 2]$ dalla curva di equazione $f(x) = \frac{1}{x}$, e le cui sezioni, ottenute con piani perpendicolari all'asse x, siano semicerchi di diametro $f(x)$.

$\left[\frac{\pi}{16}\right]$

6 Supponi che la funzione $y = f(x)$ sia soluzione dell'equazione differenziale $y' = 2y^2 - 1$. Verifica che y è soluzione anche dell'equazione $y'' = 8y^3 - 4y$.

7 Determinare il valore di $a \in]-1; 3[$ per il quale la funzione:

$$f(x) = \begin{cases} e^{a-x} & \text{se } x < a \\ \dfrac{x^2+1}{1+x} & \text{se } x \geq a \end{cases}$$

soddisfa le ipotesi del teorema di Lagrange nell'intervallo $[-1; 3]$.

$[a = 0]$

8 Calcolare il volume del solido generato dalla rotazione di 180°, rispetto alla retta r di equazione $x = 2$, dell'arco di parabola γ di equazione $x = y^2 - 2y + 3$ avente per estremi i punti che γ ha in comune con la retta s di equazione $y = \frac{1}{2}x$. $\left[\frac{16}{5}\pi\right]$

9 Si calcoli il seguente limite: $\lim_{x \to 1}(1 + \ln x)^{\frac{1}{x-1}}$. $[e]$

10 Data la funzione

$$f(x) = \begin{cases} e^{\frac{1}{x}} & \text{se } x < 0 \\ 0 & \text{se } x = 0 \end{cases},$$

si studi la continuità di $f'(x)$.

Simulazione 1

Risolvi uno dei problemi e rispondi a 5 quesiti del questionario.

Problemi

1 **Trekking in montagna** Al termine di un'escursione di trekking in montagna, Giulia ha raggiunto un rifugio. Grazie alla nuova app che ha scaricato, ha potuto rilevare con esattezza alcuni dati relativi al percorso effettuato, riassunti nella seguente tabella.

Distanza percorsa (km)	0	3	12	20	27	30
Tempo trascorso (h)	0	1	3	5	6	7
Altitudine s.l.m. (m)	1000	1640	1800	1460	1900	2350
Velocità min/max		$v_{min} = 3$ km/h		$v_{max} = \frac{17}{3}$ km/h		

a. Supponiamo che negli intervalli di cui conosciamo gli estremi la pendenza sia costante; disegna il grafico a tratti che rappresenta l'altitudine raggiunta sul livello del mare (in metri) in funzione della distanza percorsa (in kilometri).

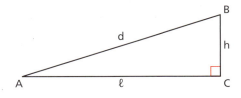

La pendenza relativa al percorso AB della figura è data dal rapporto $\frac{h}{l}$.

Per calcolare la pendenza del suo percorso, Giulia decide di approssimare, in ognuno dei tratti, la lunghezza in orizzontale l con la distanza d percorsa sul terreno.

b. Se accettiamo questa approssimazione, considerando solo l'altitudine del punto di partenza e di quello d'arrivo, qual è la pendenza percentuale media del percorso di Giulia?

c. Possiamo perfezionare il nostro modello pensando che, come avviene nella realtà, il grafico negli estremi dei tratti non abbia punti angolosi e la funzione sia quindi derivabile in ogni punto. In questa ipotesi, giustifica che deve esistere almeno un punto del cammino, distinto dalla partenza e dall'arrivo, in cui la pendenza del sentiero è del 4,5%.

d. Ricava l'altitudine media sul livello del mare a cui si svolge la camminata, con la precisione di una cifra decimale, mostrando dettagliatamente il procedimento seguito.

Ora Giulia decide di ricavare una funzione $v(t)$ che approssimi la velocità istantanea in funzione del tempo trascorso.

e. Dimostra che esiste una sola funzione polinomiale di terzo grado $v(t) = at^3 + bt^2 + ct + d$ (dove t è il

Verso l'esame

tempo trascorso espresso in ore) che presenta nell'intervallo $0 \le t \le 7$ un minimo e un massimo relativi corrispondenti a quelli indicati in tabella e ricava i valori dei coefficienti a, b, c, d. Una volta mostrato che la funzione cercata è

$$v(t) = -\frac{1}{12}t^3 + \frac{3}{4}t^2 - \frac{5}{4}t + \frac{43}{12},$$

rappresentala nell'intervallo $0 \le t \le 7$.

f. Spiega cosa rappresenta l'area delimitata dal grafico di $v(t)$ nell'intervallo $0 \le t \le 7$, calcolane la misura e utilizzala per stimare la velocità media tenuta da Giulia durante la camminata, approssimando il risultato ai centesimi.

Qual è l'errore relativo percentuale che si compie utilizzando il grafico di $v(t)$ per calcolare la stima della distanza percorsa da Giulia rispetto al dato reale riportato in tabella?

2 **Una cura efficace** Nell'ambito di uno studio epidemiologico riguardante la diffusione di una patologia influenzale in presenza di determinate strategie di prevenzione e cura, alcuni ricercatori hanno elaborato un semplice modello matematico per esprimere l'andamento temporale del numero di persone infette in un dato campione.

Indicato con t il tempo trascorso, in giorni, dall'inizio della diffusione della patologia nel campione, secondo il modello il numero $n(t)$ di persone infette al giorno t è espresso da una funzione del tipo:

$$n(t) = \frac{ae^t}{(b + e^t)^2}, \qquad \text{con } a \text{ e } b \text{ costanti reali positive e } t \text{ variabile reale positiva.}$$

a. Dimostra che, comunque si scelgano le costanti a e b, il modello prevede l'estinzione della patologia nel campione.

b. Dimostra che, se $b > 1$, vi è comunque un picco di massima diffusione in un momento $\bar{t}$ e che il numero di malati è nuovamente quello iniziale per $t = 2\bar{t}$.

c. Sempre con $b > 1$, supponi che il numero iniziale di malati sia $n_0 = 16$ e che il numero massimo di malati si verifichi per $\bar{t} = 2\ln 2$. Dimostra che i valori delle costanti sono allora $a = 400$ e $b = 4$, quindi rappresenta la funzione $n(t)$ così ottenuta per $t \ge 0$, tralasciando lo studio della derivata seconda.

Assumi ora che $n(t)$ sia la funzione determinata al punto precedente.

d. Qual è stato il numero medio di persone infette in un giorno nel periodo $0 \le t \le 2\bar{t}$? Mostra in dettaglio il procedimento seguito.

e. La funzione $n(t)$ si riferisce a un campione che mappa l'1‰ dell'intera popolazione. Se ogni ammalato è rimasto infettato in media due giorni, qual è stato approssimativamente il numero totale di ammalati fra la popolazione nei primi 100 giorni di studio?

Questionario

1 Considera la curva γ di equazione $y = -x^2 + 4x$ e il fascio di rette di equazione $y = mx$, con $m \in \mathbb{R}$. Ricava i valori di m per i quali la corrispondente retta del fascio e la curva γ delimitano una regione piana di area $\frac{9}{2}$.

2 Per decidere la meta del fine settimana, Mario lancia un dado regolare a sei facce: se esce 1 o 3, sceglierà la località A, altrimenti la località B. Le previsioni meteo per il fine settimana indicano cielo nuvoloso con probabilità 30% nella località A e 40% nella località B. Al suo ritorno, Mario incontra Lucia e le dice di aver trascorso un bel weekend di sole. Qual è la probabilità che Mario abbia trascorso il fine settimana nella località A?

3 Un rubinetto versa acqua in un recipiente di capacità 20 litri, inizialmente vuoto, con una portata variabile (misurata in litri/minuto) espressa dalla legge $p(t) = \frac{10}{1+t}$. Calcola il tempo, in minuti e secondi, necessario per riempire il recipiente.

4 Assegnata la funzione $f(x) = 3\ln x + 2x^2$, ricava l'equazione della retta tangente al grafico della funzione

$F(x) = f^{-1}(x)$, inversa di $f(x)$, nel suo punto di ascissa 2, dopo aver dimostrato che $f(x)$ è una funzione invertibile.

5 Anna e Berto si trovano sulla stessa riva di un fiume, a 50 m di distanza l'una dall'altro. Per guardare uno stesso albero che si trova sulla riva opposta, Anna deve girare lo sguardo di 45° rispetto alla perpendicolare alla riva, Berto di 60°. Le informazioni assegnate sono sufficienti per determinare in modo univoco la larghezza del fiume? Motiva adeguatamente la risposta.

6 Un contenitore di assegnata capacità V ha la forma di un cilindro sormontato alle basi da due coni equilateri aventi le basi coincidenti con quelle del cilindro. Determina per quale valore del raggio di base del cilindro la superficie totale del contenitore risulta minima.

7 In un riferimento cartesiano $Oxyz$ sono assegnate una sfera, con centro nell'origine O e raggio 5, e la retta r rappresentata dal sistema parametrico:
$$\begin{cases} x = -4t + 4 \\ y = -7t + 3, \quad \text{con } t \in \mathbb{R}. \\ z = 3t \end{cases}$$
Ricava le coordinate dei punti A e B in cui la retta interseca la superficie sferica, la lunghezza del segmento AB e la misura in gradi sessagesimali, primi e secondi dell'angolo acuto α che la retta r forma con il piano xy.

8 $f(x)$ è una funzione continua nell'intervallo $[2; 4]$, derivabile nell'intervallo aperto $]2; 4[$ e tale che:
- $f(2) = 1$;
- $2 \leq f'(x) \leq 3 \quad \forall x \in]2; 4[$.

Stabilisci se è possibile che sia $f(4) = 8$, motivando adeguatamente la risposta.

9 Una pallina, lasciata cadere da un'altezza di 1 m, rimbalza verticalmente sul pavimento. Nell'urto (anelastico) si perde parte dell'energia cinetica, pertanto la pallina risale fino a un'altezza pari ai $\dfrac{9}{10}$ di quella da cui era caduta, e così via per ogni rimbalzo. Ipotizzando infiniti rimbalzi, stabilisci se la distanza (complessivamente) percorsa dalla pallina nei suoi rimbalzi è infinita o finita e in tal caso a quanto ammonta tale distanza. Motiva la risposta con un opportuno modello matematico.

10 Determina gli eventuali asintoti verticali, orizzontali e obliqui della funzione:
$$f(x) = 3x - 4\ln x.$$

Risoluzione

Problemi

1 **a.** Disegniamo il grafico.

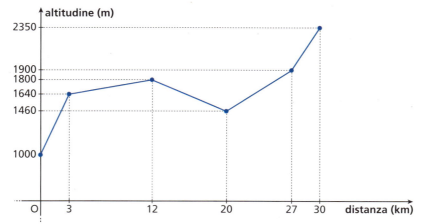

Verso l'esame

b. Calcoliamo la pendenza media come rapporto fra il dislivello arrivo-partenza e la lunghezza totale del cammino:

$$\frac{2350 - 1000}{30000} = 0,045 \ \rightarrow \ 4,5\%.$$

c. Il grafico a tratti disegnato al punto **a** è quello di una funzione continua. Supponendo di «smussare» ogni punto angoloso, e lo possiamo fare scegliendo un archetto di raggio piccolo quanto vogliamo, la funzione risulta anche derivabile.

Indichiamo con $f(x)$ tale funzione, dove $0 \le x \le 30$ rappresenta la distanza percorsa, espressa in kilometri.

In base al teorema di Lagrange sulle funzioni continue in un intervallo chiuso $[a; b]$ e derivabili almeno nell'aperto $]a; b[$, deve esistere almeno un punto c interno all'intervallo $[0; 30]$ tale che:

$$f'(c) = \frac{f(30) - f(0)}{30} = \frac{2350 - 1000}{30} = 45.$$

Esiste dunque un punto del cammino in cui la pendenza locale è pari a:

$$45 \frac{\text{m}}{\text{km}} = 45 \frac{\text{m}}{1000 \ \text{m}} = 0,045 \ \rightarrow \ 4,5\%,$$

cioè è uguale alla pendenza media dell'intero percorso.

d. L'altitudine media si può ricavare come media integrale sull'intervallo $[0; 30]$ della funzione rappresentata dalla spezzata del punto **a**, cioè come il rapporto tra l'area sottesa dal grafico e l'ampiezza dell'intervallo:

$$\text{altitudine media} = \frac{1320 \cdot 3 + 1720 \cdot 9 + 1630 \cdot 8 + 1680 \cdot 7 + 2125 \cdot 3}{30} \simeq 1687,2 \ \text{m}.$$

e. Si tratta di determinare la funzione $v(t) = at^3 + bt^2 + ct + d$ in modo che sia:

$$\begin{cases} v(1) = 3 \\ v(5) = \dfrac{17}{3} \\ v'(1) = 0 \\ v'(5) = 0 \end{cases} \rightarrow \begin{cases} a + b + c + d = 3 \\ 125a + 25b + 5c + d = \dfrac{17}{3} \\ 3a + 2b + c = 0 \\ 75a + 10b + c = 0 \end{cases} \rightarrow \begin{cases} a = -\dfrac{1}{12} \\ b = \dfrac{3}{4} \\ c = -\dfrac{5}{4} \\ d = \dfrac{43}{12} \end{cases}.$$

La funzione polinomiale cercata è quindi:

$$v(t) = -\frac{1}{12}t^3 + \frac{3}{4}t^2 - \frac{5}{4}t + \frac{43}{12}, \quad \text{con } 0 \le t \le 7.$$

Per rappresentarla, osserviamo che:

- $v(0) = \dfrac{43}{12} \simeq 3,583$;

- $v(7) = 3$;

- $v'(t) = -\dfrac{1}{4}t^2 + \dfrac{3}{2}t - \dfrac{5}{4}$, con $v'(t) < 0$ per $0 \le t < 1 \ \lor \ 5 < t \le 7$ e $v'(t) > 0$ per $1 < t < 5$;

- $v''(t) = -\dfrac{1}{2}t + \dfrac{3}{2}$, con $v''(t) < 0$ per $3 < t \le 7$ e $v''(t) > 0$ per $0 \le t < 3$;

- la funzione ha un punto di flesso di coordinate $\left(3; \dfrac{13}{3}\right)$.

2084

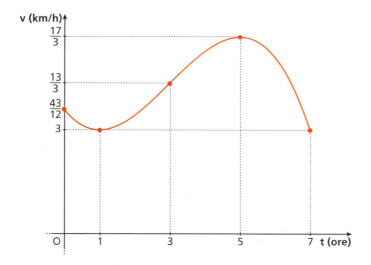

f. Il grafico di $v(t)$ riporta i tempi sull'asse delle ascisse e le velocità sull'asse delle ordinate. L'area sottesa dal grafico, dimensionalmente, è data da una velocità per un tempo, quindi rappresenta uno spazio. In particolare, l'area sottesa dal grafico nell'intervallo $[0; 7]$ rappresenta la distanza percorsa da Giulia; dividendo tale valore per la larghezza dell'intervallo $[0; 7]$, otteniamo la velocità media tenuta da Giulia. In questo modo, stiamo stimando la velocità media di Giulia ricorrendo al teorema della media:

$$D = \int_0^7 \left(-\frac{1}{12}t^3 + \frac{3}{4}t^2 - \frac{5}{4}t + \frac{43}{12}\right)dt = \left[-\frac{1}{48}t^4 + \frac{1}{4}t^3 - \frac{5}{8}t^2 + \frac{43}{12}t\right]_0^7 \simeq 30,19;$$

$$\bar{v} = \frac{D}{7} \simeq 4,31.$$

Quindi, dal grafico di $v(t)$ possiamo stimare che Giulia ha percorso circa 30,19 km, mantenendo una velocità media di circa 4,31 km/h.

L'errore relativo percentuale che si commette nello stimare mediante $v(t)$ la distanza percorsa da Giulia è pari a:

$$\varepsilon_r = \frac{|\text{distanza stimata} - \text{distanza reale}|}{\text{distanza reale}} \cdot 100 = \frac{|30,19 - 30|}{30} \cdot 100 \simeq 0,63\%.$$

2 La funzione $n(t)$ è definita nell'intervallo $[0; +\infty[$ e quindi possiamo applicare i concetti di limite e derivata su tale intervallo.

a. Si tratta di mostrare che, comunque si scelgano le costanti a e b positive, risulta:

$$\lim_{t \to +\infty} n(t) = \lim_{t \to +\infty} \frac{ae^t}{(b+e^t)^2} = 0.$$

Il limite è verificato, in quanto:

$$\lim_{t \to +\infty} \frac{ae^t}{(b+e^t)^2} = \lim_{t \to +\infty} \frac{ae^t}{[e^t(be^{-t}+1)]^2} = \lim_{t \to +\infty} \frac{a}{e^t(be^{-t}+1)^2} = 0.$$

b. Consideriamo la derivata della funzione $n(t)$:

$$n'(t) = \frac{ae^t(b+e^t)^2 - ae^t \cdot 2(b+e^t)e^t}{(b+e^t)^4} = \frac{ae^t(b+e^t) - ae^t \cdot 2e^t}{(b+e^t)^3} \rightarrow$$

$$n'(t) = \frac{ae^t(b+e^t-2e^t)}{(b+e^t)^3} = \frac{ae^t(b-e^t)}{(b+e^t)^3}, \quad \text{con } D_n = D_{n'}.$$

Verso l'esame

Poiché $(b + e^t)^3 > 0$ per ogni b costante reale e positiva, per studiare il segno di $n'(t)$ basta studiare il segno del numeratore.
Se $b > 1$, allora:

$$n'(t) = 0 \ \rightarrow \ b - e^t = 0 \ \rightarrow \ \bar{t} = \ln b.$$

Risulta poi:
$n'(t) > 0$ per $0 < t < \ln b$; in tale intervallo il numero $n(t)$ di persone infette è in aumento;
$n'(t) < 0$ per $t > \ln b$; in tale intervallo il numero $n(t)$ di persone infette decresce.

Per $\bar{t} = \ln b$ la funzione $n(t)$ ha un massimo relativo che, per quanto dimostrato in **a**, è anche il massimo assoluto della funzione $n(t)$, cioè il picco di massima diffusione della patologia.

Per quanto riguarda il numero di persone infette agli istanti $t = 0$ e $t = 2\bar{t} = 2\ln b$, risulta:

$$n(0) = \frac{ae^0}{(b + e^0)^2} = \frac{a}{(1 + b)^2};$$

$$n(2\bar{t}) = n(2\ln b) = \frac{ae^{2\ln b}}{(b + e^{2\ln b})^2} = \frac{ab^2}{(b + b^2)^2} = \frac{ab^2}{b^2(1 + b)^2} = \frac{a}{(1 + b)^2} = n(0).$$

c. Imponiamo le condizioni:

$$\begin{cases} \bar{t} = 2\ln 2 \\ n(0) = 16 \end{cases}.$$

Poiché il massimo di $n(t)$ si ha per $\bar{t} = \ln b$ il sistema diventa:

$$\begin{cases} \ln b = 2\ln 2 \\ \dfrac{a}{(1 + b)^2} = 16 \end{cases} \rightarrow \begin{cases} \ln b = \ln 4 \\ \dfrac{a}{(1 + b)^2} = 16 \end{cases} \rightarrow \begin{cases} b = 4 \\ \dfrac{a}{(1 + 4)^2} = 16 \end{cases} \rightarrow \begin{cases} a = 400 \\ b = 4 \end{cases}.$$

La funzione ottenuta è dunque:

$$n(t) = \frac{400e^t}{(4 + e^t)^2}, \quad \text{con } t \geq 0.$$

Studiamo $n(t)$.
La funzione è ovunque definita, continua e derivabile per $t \geq 0$.
Come già mostrato, si ha:

$$\lim_{x \to +\infty} n(t) = 0, \qquad \text{quindi } y = 0 \text{ è asintoto orizzontale.}$$

Inoltre $n(t) > 0$ su tutto il dominio.
La derivata prima risulta

$$n'(t) = \frac{400e^t(4 - e^t)}{(4 + e^t)^3};$$

$n'(t) > 0 \quad \text{per} \quad 0 < t < 2\ln 2;$

$n'(t) < 0 \quad \text{per} \quad t > 2\ln 2;$

$n'(t) = 0 \quad \text{per} \quad t = 2\ln 2.$

Quindi la funzione $n(t)$ è crescente per $0 < t < 2\ln 2$ e decrescente per $t > 2\ln 2$.
All'istante iniziale vale $n(0) = 16$; il valore massimo si ha per $t = 2\ln 2$ e vale:

$$n_{max} = n(2\ln 2) = \frac{400e^{2\ln 2}}{(4 + e^{2\ln 2})^2} = \frac{400 \cdot 4}{(4 + 4)^2} = 25.$$

La funzione non ha minimi relativi e tende asintoticamente all'asse delle ascisse, quindi deve esistere un punto di flesso a tangente obliqua con ascissa $t_2 > 2\ln 2$. Non avendo effettuato lo studio della derivata seconda, possiamo soltanto dire che la funzione volge la concavità verso il basso in un intorno sinistro di t_2 e verso l'alto in un intorno destro di t_2. Non possiamo escludere che vi siano altri punti di flesso a tangente obliqua corrispondenti ad altrettanti cambi di concavità.
Disegniamo un possibile grafico di $n(t)$.

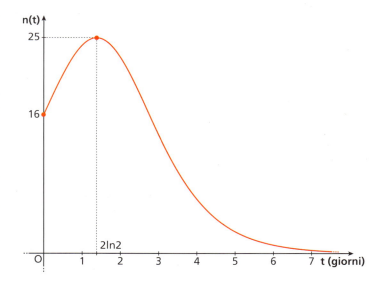

d. Sappiamo che $2\bar{t} = 4\ln 2 \cdot 3$.
Il numero medio di persone infette al giorno nel periodo $[0; 4\ln 2]$ è fornito dal teorema del valore medio:

$$\bar{n} = \frac{1}{4\ln 2} \int_0^{4\ln 2} \frac{400 e^t}{(4+e^t)^2} dt.$$

Calcoliamo l'integrale:

$$\int_0^{4\ln 2} \frac{400 e^t}{(4+e^t)^2} dt = 400 \int_0^{4\ln 2} e^t (4+e^t)^{-2} dt = 400 \left[-(4+e^t)^{-1}\right]_0^{4\ln 2} = 400 \left[-\frac{1}{4+e^t}\right]_0^{4\ln 2} =$$

$$400 \left(-\frac{1}{20} + \frac{1}{5}\right) = 400 \cdot \frac{3}{20} = 60.$$

Allora:

$$\bar{n} = \frac{1}{4\ln 2} \cdot 60 = \frac{15}{\ln 2} \simeq 22.$$

In media, nei primi 3 giorni circa, nel campione considerato ci sono circa 22 ammalati al giorno.

e. Per calcolare il numero approssimato totale N di ammalati nei primi 100 giorni dell'indagine, contiamo quante persone sono infette giorno per giorno nel periodo in esame, sommiamo tali valori, dividiamo il risultato per 2 (i giorni medi di malattia di ciascuna persona) e moltiplichiamo per 1000. Il calcolo si traduce nell'integrale:

$$N = 100 \cdot \frac{1}{2} \int_0^{100} \frac{400 e^t}{(4+e^t)^2} dt.$$

Con lo stesso calcolo dell'integrale effettuato nel punto precedente otteniamo allora:

$$N = 500 \cdot 400 \left[-\frac{1}{4+e^t}\right]_0^{100} = 200\,000 \left(-\frac{1}{4+e^{100}} + \frac{1}{5}\right) \simeq 40\,000.$$

Questionario

1 La generica retta del fascio e la curva γ si intersecano nei punti le cui coordinate sono date dal sistema:

$$\begin{cases} y = -x^2 + 4x \\ y = mx \end{cases} \rightarrow \begin{cases} x = 0 \\ y = 0 \end{cases} \vee \begin{cases} x = 4-m \\ y = m(4-m) \end{cases}.$$

La retta del fascio e la curva γ si intersecano quindi nei punti di coordinate $O(0; 0)$ e $A(4-m; 4m-m^2)$. Notiamo che se $m > 4$ l'ascissa di A è negativa, mentre se $m < 4$ allora A ha ascissa positiva. Per $m = 4$ il sistema ha soluzione $(0; 0)$ doppia e quindi la retta $y = mx$ è tangente alla curva γ in O.

Verso l'esame

L'area della regione finita di piano individuata dalla retta del fascio e dalla curva γ corrisponde al valore assoluto dell'integrale definito della funzione differenza delle due funzioni, calcolato fra gli estremi 0 e $4 - m$:

$$\left| \int_0^{4-m} (-x^2 + 4x - mx)\,dx \right| = \left| \left[-\frac{1}{3}x^3 + \frac{4-m}{2}x^2 \right]_0^{4-m} \right| = \left| \frac{1}{6}(4-m)^3 \right|.$$

Imponiamo che tale area sia pari a $\frac{9}{2}$:

$$\left| \frac{1}{6}(4-m)^3 \right| = \frac{9}{2} \;\rightarrow\; (4-m)^3 = \pm 27 \;\rightarrow\; 4 - m = \pm 3 \;\rightarrow\; m = 1 \lor m = 7.$$

2 Consideriamo gli eventi elementari:

    A: «Mario si è recato nella località A»,

    N: «è stato nuvoloso nel fine settimana»,

    $\overline{N}$: «non è stato nuvoloso nel fine settimana».

Dobbiamo quindi calcolare la probabilità condizionata $p(A\,|\,\overline{N})$, cioè la probabilità che Mario si sia recato nella località A, sapendo che non è stato nuvoloso nel fine settimana.
Calcoliamo innanzitutto la probabilità dell'evento come somma delle probabilità di due eventi disgiunti:

    $\overline{N}_A$: «Mario si è recato in A e non è stato nuvoloso in A»,

    $\overline{N}_B$: «Mario si è recato in B e non è stato nuvoloso in B».

Otteniamo:

$$p(\overline{N}) = p(\overline{N}_A) + p(\overline{N}_B) = \frac{2}{6} \cdot \frac{7}{10} + \frac{4}{6} \cdot \frac{6}{10} = \frac{19}{30}.$$

Possiamo ora calcolare la probabilità condizionata richiesta:

$$p(A\,|\,\overline{N}) = \frac{p(A \cap \overline{N})}{p(\overline{N})} = \frac{\dfrac{2}{6} \cdot \dfrac{7}{10}}{\dfrac{19}{30}} = \frac{7}{30} \cdot \frac{30}{19} = \frac{7}{19} \;\rightarrow\; p \simeq 36{,}84\%.$$

3 Indichiamo con $l(t)$ la quantità di litri presenti nel recipiente dopo t minuti, con $l(0) = 0$.

Poiché $p(t) = \dfrac{dl(t)}{dt}$, abbiamo:

$$l(t) - l(0) = \int_0^t p(x)\,dx \;\rightarrow\; l(t) = \int_0^t \frac{10}{1+x}\,dx \;\rightarrow\; l(t) = 10\ln(1+t).$$

Calcoliamo quando il recipiente di 20 litri sarà colmo:

$$10\ln(1+t) = 20 \;\rightarrow\; t = e^2 - 1 \simeq 6{,}389 \;\rightarrow\; t \simeq 6'23''.$$

4 La funzione $f(x)$ è derivabile in tutto il suo dominio $\mathbb{R}^+$ con derivata $f'(x) = \dfrac{3}{x} + 4x$ sempre positiva nel dominio di $f(x)$; la funzione è dunque monotona crescente nel suo dominio e quindi invertibile.
In particolare $f(x)$ realizza una corrispondenza biunivoca tra il dominio $\mathbb{R}^+$ e il codominio $\mathbb{R}$ (come si deduce dai limiti $\lim\limits_{x \to 0^+} f(x) = -\infty$ e $\lim\limits_{x \to \infty} f(x) = +\infty$).
Poiché

$$f(1) = 3\ln 1 + 2 = 2 \;\rightarrow\; F(2) = f^{-1}(2) = 1,$$

applicando il teorema della derivata della funzione inversa, ricaviamo:

$$F'(2) = \frac{1}{f'(1)} = \frac{1}{3+4} = \frac{1}{7}.$$

La retta tangente al grafico di $F(x)$ nel punto di coordinate $(2; 1)$ ha equazione:

$$y - 1 = \frac{1}{7}(x - 2) \;\rightarrow\; y = \frac{1}{7}x + \frac{5}{7}.$$

5 Il problema ammette due soluzioni, poiché non si specifica da quale parte rispetto alla perpendicolare ciascuno dei due osservatori debba girare lo sguardo per guardare l'albero, cioè non si specifica se l'albero sia in un punto compreso tra le due perpendicolari o se invece si trovi esternamente a esse.
Rappresentiamo le due situazioni in figura, indicando con A, B e C le posizioni rispettivamente di Anna, di Berto e dell'albero. Sia poi L la larghezza incognita del fiume.

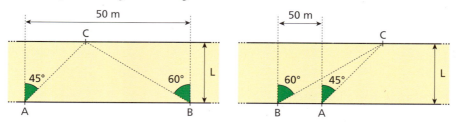

Nel primo caso è: $L\tan 60° + L\tan 45° = 50 \rightarrow L = \dfrac{50}{\sqrt{3}+1} = 25(\sqrt{3}-1) \rightarrow L \simeq 18,3$ m.

Nel secondo caso è: $L\tan 60° + L\tan 45° = 50 \rightarrow L = \dfrac{50}{\sqrt{3}-1} = 25(\sqrt{3}+1) \rightarrow L \simeq 68,3$ m.

6 Rappresentiamo in figura il contenitore, ricordando che in un cono equilatero il diametro di base è uguale all'apotema.
Indicati con h l'altezza del cilindro e con r il suo raggio di base, il volume V del contenitore è espresso dalla formula:

$$V = h\pi r^2 + \frac{2}{3}\pi r^3 \sqrt{3} \rightarrow h = \frac{V}{\pi r^2} - \frac{2}{3}r\sqrt{3}.$$

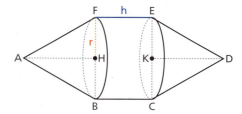

Tenendo conto del fatto che l'apotema del cono retto è $2r$, possiamo esprimere la superficie totale S del contenitore in funzione di r:

$$S(r) = 4\pi r^2 + 2\pi rh = 4\pi r^2 + \frac{2V}{r} - \frac{4}{3}\pi\sqrt{3}\, r^2.$$

Derivando, otteniamo:

$$S'(r) = 8\pi r - \frac{2V}{r^2} - \frac{8\pi r\sqrt{3}}{3} = \frac{8\pi r^3(3-\sqrt{3}) - 6V}{3r^2}.$$

Cerchiamo l'estremante di $S(r)$ ponendo $S'(r) = 0$:

$$\frac{8\pi r^3(3-\sqrt{3}) - 6V}{3r^2} = 0 \rightarrow 8\pi r^3(3-\sqrt{3}) - 6V = 0 \rightarrow r_0 = \sqrt[3]{\frac{(3+\sqrt{3})V}{8\pi}}.$$

Poiché $S'(r) < 0$ per $r < r_0$ e $S'(r) > 0$ per $r > r_0$, il valore r_0 corrisponde al minimo cercato, in corrispondenza del quale la superficie totale del contenitore è minima.

7 La superficie della sfera di raggio 5 e centro O, nel riferimento $Oxyz$, ha equazione:

$$x^2 + y^2 + z^2 = 25.$$

Per determinare le intersezioni della retta r con la superficie sferica, basta allora sostituire le equazioni parametriche della retta nell'equazione della superficie:

$$(-4t+4)^2 + (-7t+3)^2 + (3t)^2 = 25 \rightarrow t^2 - t = 0 \rightarrow t_1 = 0 \lor t_2 = 1.$$

I due valori di t trovati corrispondono ai punti di coordinate:

$$A: \begin{cases} x = -4\cdot 0 + 4 \\ y = -7\cdot 0 + 3 \\ z = 3\cdot 0 \end{cases} \rightarrow \begin{cases} x = 4 \\ y = 3 \\ z = 0 \end{cases} \rightarrow A(4;3;0); \quad B: \begin{cases} x = -4\cdot 1 + 4 \\ y = -7\cdot 1 + 3 \\ z = 3\cdot 1 \end{cases} \rightarrow \begin{cases} x = 0 \\ y = -4 \\ z = 3 \end{cases} \rightarrow B(0;-4;3).$$

Calcoliamo la lunghezza del segmento AB: $\overline{AB} = \sqrt{(4-0)^2 + (3+4)^2 + (0-3)^2} = \sqrt{74}$.

Verso l'esame

Per individuare l'angolo α procediamo nel seguente modo.

Il punto A appartiene al piano xy, mentre il punto B ha proiezione $H(0; -4; 0)$ sul piano xy; l'angolo α formato dalla retta r con il piano xy è quindi individuato dall'angolo acuto $\widehat{BAH}$:

$$\alpha = \arcsin \frac{\overline{HB}}{\overline{AB}} = \arcsin \frac{3}{\sqrt{74}} \simeq 0,3562 \text{ rad} \quad \rightarrow \quad \alpha \simeq 20°24'32''.$$

8 In base al teorema di Lagrange, possiamo dire che esiste almeno un punto $c \in \,]2; 4[$ per il quale è:

$$\frac{f(4) - f(2)}{4 - 2} = f'(c).$$

Per le ipotesi **a** e **b**, deve allora essere:

$$2 \le \frac{f(4) - 1}{2} \le 3 \quad \rightarrow \quad 4 \le f(4) - 1 \le 6 \quad \rightarrow \quad 5 \le f(4) \le 7.$$

Non è pertanto possibile che sia $f(4) = 8$.

9 Indichiamo con D_n la distanza (misurata in metri) percorsa dalla pallina in ogni rimbalzo:

$D_0 = 1$ (caduta della pallina dall'altezza di un metro);

$D_1 = \dfrac{9}{10} \cdot 2$ (primo rimbalzo: risalita fino all'altezza di 0,9 m e successiva ricaduta);

$D_2 = \dfrac{9}{10} \cdot \dfrac{9}{10} \cdot 2 = \left(\dfrac{9}{10}\right)^2 \cdot 2;$

$\ldots$

$D_n = \left(\dfrac{9}{10}\right)^n \cdot 2.$

La distanza percorsa complessivamente dalla pallina è descritta dall'espressione:

$$D = \sum_{n=0}^{+\infty} D_n = 1 + \sum_{n=1}^{+\infty} \left(\frac{9}{10}\right)^n \cdot 2 = 1 + 2 \sum_{n=1}^{+\infty} \left(\frac{9}{10}\right)^n.$$

Poiché una serie geometrica $\displaystyle\sum_{n=0}^{+\infty} q^n$ di ragione q, con $|q| < 1$, converge a $\dfrac{1}{1-q}$, ricaviamo

$$\sum_{n=1}^{+\infty} \left(\frac{9}{10}\right)^n = \sum_{n=1}^{+\infty} \left(\frac{9}{10}\right)^n + \left(\frac{9}{10}\right)^0 - \left(\frac{9}{10}\right)^0 = \sum_{n=1}^{+\infty} \left(\frac{9}{10}\right)^n - \left(\frac{9}{10}\right)^0 = \frac{1}{1 - \frac{9}{10}} - 1 = 9,$$

e di conseguenza: $D = 1 + 2 \cdot 9 = 19$. La pallina percorrerà, in tutto, 19 m.

10 La funzione $f(x)$ è definita in $\,]0; +\infty[$ ed è continua. Calcoliamo i limiti agli estremi del dominio.

$$\lim_{x \to 0^+} (3x - 4\ln x) = +\infty \quad \rightarrow \quad x = 0 \quad \rightarrow \quad \text{asintoto verticale.}$$

$$\lim_{x \to +\infty} (3x - 4\ln x) = \lim_{x \to +\infty} x\left(3 - 4\frac{\ln x}{x}\right) = +\infty \quad \rightarrow \quad \text{non ci sono asintoti orizzontali.}$$

Studiamo se la funzione ammette asintoti obliqui:

$$m = \lim_{x \to +\infty} \frac{f(x)}{x} = \lim_{x \to +\infty} \left(3 - 4\frac{\ln x}{x}\right) = 3,$$

$$q = \lim_{x \to +\infty} [f(x) - mx] = \lim_{x \to +\infty} (3x - 4\ln x - 3x) = \lim_{x \to +\infty} (-4\ln x) = -\infty.$$

Pertanto la funzione non ha asintoti obliqui.

Simulazione 2

Risolvi uno dei problemi e rispondi a 5 quesiti del questionario.

Problemi

Conversazioni telefoniche È stata condotta un'indagine su un gruppo di studenti di una scuola superiore; a ciascuno studente è stato chiesto di registrare, nel corso di una settimana, la durata totale di tutte le conversazioni telefoniche effettuate e ricevute tramite il proprio cellulare. I dati raccolti sono stati riassunti nell'istogramma sotto, in cui l'altezza di ogni rettangolo rappresenta il numero di studenti che hanno dichiarato una durata totale delle conversazioni settimanali maggiore di t ore e minore o uguale a $t+1$ ore. La spezzata in colore, che congiunge i punti corrispondenti ai valori centrali di ogni classe, è il grafico di una funzione di t, lineare a tratti, detta *poligono delle frequenze*.

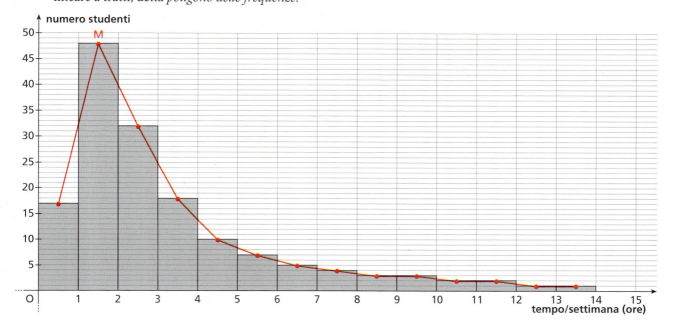

Si vuole cercare una funzione del tempo t, definita, continua e derivabile per ogni $t \geq 0$, che approssimi l'andamento del poligono delle frequenze dell'istogramma.

a. Dimostra che, comunque si scelgano le costanti reali positive A e B, la funzione

$$f(t) = Ate^{-Bt},$$

ristretta al dominio $\mathbb{R}_0^+$, ha un andamento qualitativamente simile a quello del poligono delle frequenze.

Osservando l'istogramma si deduce che le classi hanno tutte la stessa ampiezza, pari a un'ora. La quantità $S(t)$ = «somma delle aree dei rettangoli le cui basi sono comprese nell'intervallo $[0; t]$», con t intero positivo, corrisponde quindi al numero di studenti che hanno dichiarato un tempo totale di conversazioni settimanali minore o uguale a t ore. $S_{14} = S(14) = 153$ rappresenta allora il numero totale degli studenti coinvolti nell'indagine.

b. Ricava i valori delle costanti A e B in modo che siano soddisfatte le due condizioni seguenti:
- il massimo relativo di $f(t)$ si ha in corrispondenza della stessa ascissa del massimo M dell'istogramma;
- l'area del sottografico della funzione $f(t)$ nell'intervallo $[0; +\infty[$ è uguale a S_{14}.

c. Verificato che i valori delle costanti che soddisfano le richieste precedenti sono $A = 68$ e $B = \frac{2}{3}$, studia e rappresenta la corrispondente funzione $f(t)$. In particolare, determina il valore massimo di $f(t)$.

2091

Verso l'esame

d. Calcola $\int_0^4 f(t)\,dt$ e spiega che cosa rappresenta per la situazione in contesto.

e. Che significato ha il rapporto $p(4) = \dfrac{\int_0^4 f(t)\,dt}{S_{14}}$?

f. Calcola la percentuale di studenti che hanno dichiarato una durata delle conversazioni maggiore di 2 ore e minore o uguale a 3 ore, sia secondo i dati dell'istogramma sia secondo il modello della funzione $f(t)$.

2 **Previsioni meteorologiche** Nel sito web della stazione meteorologica cittadina sono stati pubblicati, come ogni giorno, due grafici. Il primo grafico visualizza la distribuzione locale della *pressione atmosferica* al suolo mediante linee di livello (*isobare*) che uniscono i punti aventi la stessa pressione (misurata in kilopascal, kPa). Le linee di livello corrispondono a valori consecutivi della pressione atmosferica (100, 101, 102, ...). La diagonale AB passa per i punti L e H, dove la pressione assume rispettivamente un minimo (100 kPa) e un massimo (120 kPa). Il secondo grafico rappresenta l'andamento della pressione $p(x)$ in funzione della posizione x lungo la diagonale AB (x è espresso in kilometri, con origine in A).

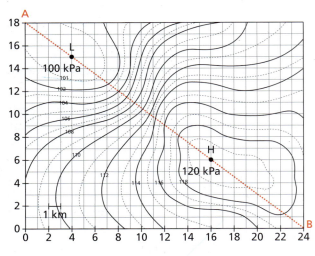
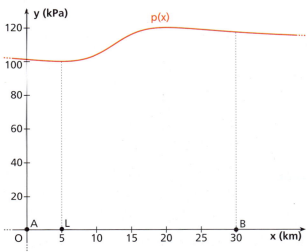

a. Utilizzando i dati del primo grafico, individua sul secondo grafico il punto corrispondente a H, fornendone ascissa e ordinata.

b. Una delle seguenti funzioni rappresenta la funzione $p(x)$ nell'intervallo $0 \le x \le 30$, con a e b costanti reali non nulle. Stabilisci quale, in base ai dati forniti nei grafici.

$$y_1(x) = 500(a + be^{-x}) \qquad y_2(x) = \dfrac{300(2x + a)}{(2x + a)^2 + 225} + b$$

Per la funzione così determinata, ricava i valori delle costanti a e b.

c. Verificato che è la seconda funzione a rappresentare i dati riportati nel grafico, con $a = -25$ e $b = 110$, studia la corrispondente funzione $p(x)$ nel suo dominio naturale, indicando in particolare quanti punti di flesso ammette senza ricorrere allo studio della derivata seconda.

d. Ricava il valore medio della pressione atmosferica lungo il tratto AB.

Considera ora il riferimento cartesiano $Oxyz$ avente origine nel vertice in basso a sinistra della mappa delle isobare, l'asse passante per B come asse x, quello passante per A come asse y e l'asse z uscente dal foglio. Un programma di grafica permette di rappresentare tridimensionalmente l'andamento della pressione $z = p(x; y)$ in funzione della posizione $(x; y)$ nel piano della mappa delle isobare.

e. In tale riferimento ricava le equazioni parametriche e quelle cartesiane della retta r congiungente i punti $L'(x_L; y_L; p(x_L, y_L))$ e $H'(x_H; y_H; p(x_H, y_H))$.

Questionario

1 Esiste un valore della costante reale a per il quale l'equazione differenziale $xy'' + ay' = 2a - 1$ abbia come soluzione la funzione $y(x) = \ln x + x$? Motiva la risposta.

2 Una vasca cubica di 2 m per lato contiene inizialmente 2 m³ d'acqua. A un istante $t = 0$ si apre un rubinetto che immette acqua nella vasca al ritmo costante di 10 m³ all'ora e nello stesso istante si apre lo scarico della vasca. Sapendo che l'acqua defluita dallo scarico dopo t ore è pari a $t(10 - e^{1-t})$ m³, qual è il massimo livello raggiunto dall'acqua nella vasca? La vasca finirà per svuotarsi?

3 Dato nel riferimento $Oxyz$ il piano α di equazione $2\sqrt{2}\,x + 3y + 2\sqrt{2}\,z - 4 = 0$ e dette A, B, C le sue intersezioni con gli assi x, y e z, calcola l'area del triangolo ABC e la distanza di O dal piano α, poi determina il volume della piramide $ABCO$.

4 Sia $f(x)$ una funzione definita e continua in $\mathbb{R}$ tale che: $\lim\limits_{x \to 0} \dfrac{f(x)}{x} = \dfrac{1}{2}$.

Calcola, giustificando il procedimento, il seguente limite: $\lim\limits_{x \to 0} \dfrac{\int_0^{2x} f(t)\,dt}{x^2}$.

5 Data la funzione $f(x) = \dfrac{4}{x^2 + 1}$, ricava le equazioni di tutte le rette tangenti al suo grafico passanti per $A(0; 4)$.

6 Data la funzione $f(x) = a\sqrt{x^2 + 9}$, determina per quale valore della costante reale positiva a risultano equivalenti i solidi ottenuti ruotando di 360° il sottografico di $f(x)$ compreso tra le ascisse $x = 0$ e $x = 4$ prima intorno all'asse x e poi intorno all'asse y.

7 Considera la funzione $f(x) = x(|x| - 1)$. Stabilisci se $f(x)$:
  a. soddisfa le ipotesi del teorema di Rolle nell'intervallo $[-1; 1]$;
  b. ammette punti di flesso nell'intervallo $[-1; 1]$.

8 Nella figura a fianco sono riportati i grafici di una funzione $f(x)$, della sua derivata prima $f'(x)$ e della sua derivata seconda $f''(x)$. Associa $f(x)$, $f'(x)$ e $f''(x)$ al proprio grafico.
Se uno dei tre grafici ha equazione

$$y(x) = \dfrac{-2x}{(x^2 + 1)^2},$$

determina le equazioni degli altri due.

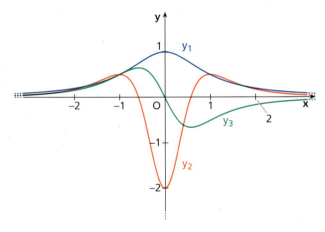

9 In un quiz televisivo un concorrente deve rispondere a 10 domande, ciascuna delle quali ha 4 risposte possibili, di cui una sola è corretta. Rispondendo a caso, qual è la probabilità che il concorrente dia la risposta corretta a esattamente 6 domande, sufficienti per passare al gioco successivo?

10 Si lanciano 5 dadi regolari a sei facce. Detto x il numero dei dadi che presentano un valore maggiore o uguale a 3, compila la tabella della distribuzione di probabilità della variabile casuale $X = x$ e ricavane il valore medio e la deviazione standard.

Verso l'università

VERSO L'UNIVERSITÀ

Sei alla fine del tuo percorso scolastico. Che cosa farai adesso?

Ti vuoi iscrivere a un corso universitario? Vuoi fare uno stage o un corso professionalizzante? Oppure preferisci cercare di entrare subito nel mondo del lavoro?
Studiare e lavorare insieme è possibile?

Su http://online.scuola.zanichelli.it/ideefuturo/ troverai le indicazioni per avere un'idea più dettagliata sulle realtà universitaria e lavorativa, per sapere a chi rivolgerti e per scoprire come affrontare al meglio i test universitari. Nella sezione **Lo sapevi che…**, invece, troverai risposta ai dubbi più immediati che ti si parano davanti mentre decidi che cosa fare da grande.

In **A chi rivolgersi**, infine, sono riportati alcuni enti e istituti certificati, che possono tornarti utili se hai bisogno di informazioni sul complesso mondo dell'università e del lavoro in Italia.

Le prove di ammissione

L'accesso ad alcuni corsi di laurea è filtrato da una **prova di ammissione**, che comprende una parte di cultura generale e ragionamento logico e una parte sulle materie che caratterizzano lo specifico indirizzo universitario.

La grande maggioranza delle prove, tra cui quelle per Medicina e Chirurgia, Professioni sanitarie e Ingegneria, è ricca di **quesiti di matematica**.

Struttura della prova

Tipicamente, la prova di ammissione consiste in **domande a scelta multipla**.

Ogni domanda presenta **5 risposte** e devi individuare l'unica corretta, scartando le conclusioni errate, arbitrarie o meno probabili.

Le 5 risposte proposte potrebbero sembrare inizialmente tutte plausibili. Sarai tu a dover scegliere basandoti non solo sulla tua conoscenza della materia, ma anche sulle tue capacità di ragionamento logico applicato ai vari ambiti.

Consigli pratici su come prepararsi alla prova di ammissione

Per superare la prova di ammissione devi essere in grado di rispondere correttamente al maggior numero di domande nel tempo che hai a disposizione. Uno dei fattori decisivi per la buona riuscita della prova di ammissione è la *gestione del tempo*. È fondamentale che ti prepari per sfruttare in modo efficiente tutti i minuti a tua disposizione, evitando di soffermarti troppo su alcuni quesiti. Un altro consiglio utile è quello di esercitarti cercando di dedicare non più di un minuto e mezzo a ciascuna domanda. Questo ti aiuterà a ottimizzare il tempo, garantendoti di rispondere velocemente alle domande di cui sei certo e permettendoti di dedicare più attenzione alle domande su cui non sei sicuro.

Per affrontare con serenità questo tipo di prova devi esercitarti rispondendo a domande simili a quelle proposte nel test, in modo da abituarti sia alla struttura dei quesiti, sia al tempo a disposizione.

Puoi iniziare a metterti alla prova risolvendo i quesiti che ti proponiamo.

---

1 Quale tra i seguenti è l'unico risultato equivalente a $\dfrac{\sin 20°}{\sin 70°}$?

A $\tan 20°$

B $\sin\left(\dfrac{2°}{7}\right)$

C $\cos 20°$

D $\dfrac{2}{7}$

E $\tan 70°$

(*Prova di ammissione ad Architettura*, 2015)

2 La retta di equazione $y = 2x$ interseca la circonferenza di equazione $x^2 + y^2 = 20$ nel punto di coordinate $(a; b)$, dove $a \geq 0$ e $b \geq 0$.
Qual è il valore di $a + b$?

A 6

B 2

C 4

D 8

E 3

(*Prova di ammissione a Medicina veterinaria*, 2015)

Verso l'università

3 Quale delle seguenti è un'equazione di una retta perpendicolare alla retta $4x + 6y = 5$?

A $3x - 2y = 14$ **D** $4x - 6y = 21$

B $6x + 4y = 17$ **E** $x + 3y = 1$

C $2x + 3y = 5$

(Prova di ammissione a Medicina e Chirurgia e a Odontoiatria e protesi dentaria, 2016)

4 La probabilità con cui un paziente deve attendere meno di dieci minuti il proprio turno in un ambulatorio medico è 0,8.
Qual è la probabilità che una paziente che si reca due volte presso l'ambulatorio medico attenda, almeno una delle due volte, meno di dieci minuti prima di essere ricevuta dal medico?

A 0,96 **C** 0,64 **E** 0,8

B 0,25 **D** 0,04

(Prova di ammissione a Medicina e Chirurgia e a Odontoiatria e protesi dentaria, 2016)

5 Calcolare il valore dell'espressione:

$$\cos \pi + \cos 2\pi + \cos 3\pi + \cos 4\pi + \ldots + \cos 10\pi$$

[gli angoli sono misurati in radianti].

A 0 **C** -1 **E** -10

B 1 **D** 10

(Prova di ammissione a Medicina veterinaria, 2015)

6 Risolvere la seguente disequazione: $(2x + 1)^2 < 9$.

A $-2 < x < 1$ **D** $x < -2$ o $x > 1$

B $-1 < x < 2$ **E** $x < 1$

C $-\dfrac{1}{2} < x < 1$

(Prova di ammissione ad Architettura, 2016)

7 Calcolare il valore della seguente frazione:

$$\frac{127^2 - 73^2}{2}.$$

A 5400 **C** 10 000 **E** 20 000

B 1458 **D** 10 800

(Prova di ammissione a Medicina e Chirurgia e a Odontoiatria e protesi dentaria, 2015)

8 Semplificare la seguente espressione:

$$(4x)^{-2} \sqrt{16x^6}, \text{ con } x > 0.$$

A $\dfrac{x}{4}$ **C** $64x$ **E** x^2

B x **D** $\dfrac{x^2}{4}$

(Prova di ammissione a Medicina e Chirurgia e a Odontoiatria e protesi dentaria, 2015)

9 Calcolare: $\log_2 16 - \log_2 (0,25) - 2\log_2 32$.

A -4 **B** 9 **C** 4 **D** 0 **E** 8

(Prova di ammissione ad Architettura, 2015)

10 Trovare l'equazione della retta passante per i punti $(2; 5)$ e $(6; -1)$.

A $2y + 3x = 16$ **D** $3y = 2x - 15$

B $3y + 2x = 16$ **E** $2y = 3x + 4$

C $2y = 3x - 20$

(Prova di ammissione ad Architettura, 2015)

11 Tre amici ricevono complessivamente € 36 da suddividere tra di loro nelle seguenti proporzioni 2:3:7. Qual è la differenza tra l'ammontare più grande e quello più piccolo ricevuti dai tre amici?

A € 15 **B** € 3 **C** € 6 **D** € 9 **E** € 12

(Prova di ammissione a Medicina e Chirurgia e a Odontoiatria e protesi dentaria, 2015)

UNITUTOR

UniTutor Zanichelli ti prepara per il **test di ammissione ai corsi di laurea con accesso programmato**.

Il sito UniTutor

Nel sito online.zanichelli.it/unitutor/ trovi:

- il link a **ZTE (Zanichelli Test)** per esercitarti online su oltre 2500 quiz interattivi divisi per materia, con feedback che ti dice perché hai sbagliato, e per simulare la prova di ammissione;
- tutte le informazioni aggiornate sulla prova di ammissione di:

Ingegneria;

Medicina;

Professioni sanitarie.

UniversitApp

Sei pronto per il test di ammissione all'università?

UniversitApp ti prepara alle prove di ammissione a Medicina, Odontoiatria, Veterinaria e Professioni sanitarie.

Ti alleni con lo smartphone quando e dove vuoi con 300 quiz di Logica, Biologia, Chimica, Fisica e Matematica tratti dalle prove ufficiali.

Rispondi alle domande, supera i livelli e sarai pronto per affrontare molti quesiti del test di ammissione.

http://online.scuola.zanichelli.it/unitutor/universitapp/

2095

TAVOLA DI SHEPPARD

Aree sotto la curva normale standardizzata da 0 a z.

z	0,00	0,01	0,02	0,03	0,04	0,05	0,06	0,07	0,08	0,09
0,0	0,0000	0,0040	0,0080	0,0120	0,0160	0,0199	0,0239	0,0279	0,0319	0,0359
0,1	0,0398	0,0438	0,0478	0,0517	0,0557	0,0596	0,0636	0,0675	0,0714	0,0753
0,2	0,0793	0,0832	0,0871	0,0910	0,0948	0,0987	0,1026	0,1064	0,1103	0,1141
0,3	0,1179	0,1217	0,1255	0,1293	0,1331	0,1368	0,1406	0,1443	0,1480	0,1517
0,4	0,1554	0,1591	0,1628	0,1664	0,1700	0,1736	0,1772	0,1808	0,1844	0,1879
0,5	0,1915	0,1950	0,1985	0,2019	0,2054	0,2088	0,2123	0,2157	0,2190	0,2224
0,6	0,2257	0,2291	0,2324	0,2357	0,2389	0,2422	0,2454	0,2486	0,2517	0,2549
0,7	0,2580	0,2611	0,2642	0,2673	0,2704	0,2734	0,2764	0,2794	0,2823	0,2852
0,8	0,2881	0,2910	0,2939	0,2967	0,2995	0,3023	0,3051	0,3078	0,3106	0,3133
0,9	0,3159	0,3186	0,3212	0,3238	0,3264	0,3289	0,3315	0,3340	0,3365	0,3389
1,0	0,3413	0,3438	0,3461	0,3485	0,3508	0,3531	0,3554	0,3577	0,3599	0,3621
1,1	0,3643	0,3665	0,3686	0,3708	0,3729	0,3749	0,3770	0,3790	0,3810	0,3830
1,2	0,3849	0,3869	0,3888	0,3907	0,3925	0,3944	0,3962	0,3980	0,3997	0,4015
1,3	0,4032	0,4049	0,4066	0,4082	0,4099	0,4115	0,4131	0,4147	0,4162	0,4177
1,4	0,4192	0,4207	0,4222	0,4236	0,4251	0,4265	0,4279	0,4292	0,4306	0,4319
1,5	0,4332	0,4345	0,4357	0,4370	0,4382	0,4394	0,4406	0,4418	0,4429	0,4441
1,6	0,4452	0,4463	0,4474	0,4484	0,4495	0,4505	0,4515	0,4525	0,4535	0,4545
1,7	0,4554	0,4564	0,4573	0,4582	0,4591	0,4599	0,4608	0,4616	0,4625	0,4633
1,8	0,4641	0,4649	0,4656	0,4664	0,4671	0,4678	0,4686	0,4693	0,4699	0,4706
1,9	0,4713	0,4719	0,4726	0,4732	0,4738	0,4744	0,4750	0,4756	0,4761	0,4767
2,0	0,4772	0,4778	0,4783	0,4788	0,4793	0,4798	0,4803	0,4808	0,4812	0,4817
2,1	0,4821	0,4826	0,4830	0,4834	0,4838	0,4842	0,4846	0,4850	0,4854	0,4857
2,2	0,4861	0,4864	0,4868	0,4871	0,4875	0,4878	0,4881	0,4834	0,4887	0,4890
2,3	0,4893	0,4896	0,4898	0,4901	0,4904	0,4906	0,4909	0,4911	0,4913	0,4916
2,4	0,4918	0,4920	0,4922	0,4925	0,4927	0,4929	0,4931	0,4932	0,4934	0,4936
2,5	0,4938	0,4940	0,4941	0,4943	0,4945	0,4946	0,4948	0,4949	0,4951	0,4952
2,6	0,4953	0,4955	0,4956	0,4957	0,4959	0,4960	0,4961	0,4962	0,4963	0,4964
2,7	0,4965	0,4966	0,4967	0,4968	0,4969	0,4970	0,4971	0,4972	0,4973	0,4974
2,8	0,4974	0,4975	0,4976	0,4977	0,4977	0,4978	0,4979	0,4979	0,4980	0,4981
2,9	0,4981	0,4982	0,4982	0,4983	0,4984	0,4984	0,4985	0,4985	0,4986	0,4986
3,0	0,4987	0,4987	0,4987	0,4988	0,4988	0,4989	0,4989	0,4989	0,4990	0,4990
3,1	0,4990	0,4991	0,4991	0,4991	0,4992	0,4992	0,4992	0,4992	0,4993	0,4993
3,2	0,4993	0,4993	0,4994	0,4994	0,4994	0,4994	0,4994	0,4995	0,4995	0,4995
3,3	0,4995	0,4995	0,4995	0,4996	0,4996	0,4996	0,4996	0,4996	0,4996	0,4997